国家自然科学基金专项项目
“基于大数据的全球基础研究人才分布及科学基金人才培养成效研究”
（编号 L1924021）

全球基础研究人才
指数报告
（2020）

GLOBAL BASIC RESEARCH TALENT
INDEX REPORT (2020)

柳学智　苗月霞　冯 凌　等　著

社会科学文献出版社
SOCIAL SCIENCES ACADEMIC PRESS (CHINA)

专家指导委员会

主　　任　余兴安

副 主 任　柳学智　郭　利

委　　员　（按姓氏拼音排序）

陈勇嘉　程家瑜　杜　屏　郭　华　郭　戎

胡文忠　黄　梅　刘　清　马润林　苗月霞

宁　笔　徐耀玲　杨耀武　岳卫平　张世奎

项目组

指数设计　柳学智　苗月霞　冯　凌

统计分析　柳学智　苗月霞　冯　凌　刘　晔　戴一鸣

王　伊　尤　静　李学明　邵　彤　张　琼

李和伟　徐若萱　李怡霖　王一苇　付雨田

于重之　束方迅　刘皓宁

数据支持　科睿唯安

序

当前，新一轮科技革命和产业变革蓬勃兴起，科学探索加速演进，学科交叉日益紧密，一些基本科学问题孕育重大突破。世界主要发达国家普遍强化基础研究，全球科技竞争不断向基础研究前移。

基础研究是创新的源头，人才是基础研究的主要驱动因素。了解和评估基础研究人才的分布和发展趋势，是政策制定和理论研究的重要依据。从微观层面看，对个体、团队、组织等的人才进行评估，评估的范围相对较小，评估的内容相对确定，评估的方法易于选择；从宏观层面看，如何从区域层面上评估一个国家或地区的基础研究人才，或者从研究领域层面上评估一个学科或学科大类的基础研究人才，评估范围广，评估内容多，文献计量评估是一种比较客观、准确的评估方法。本报告基于基础研究文献大数据，构建基础研究人才指数，对全球基础研究人才的分布和发展趋势进行评估。

对基础研究人才进行文献计量评估，必须划分研究领域。当前，研究领域的划分没有公认的标准，考虑到对中国基础研究的针对性，本报告参照中国自然科学基金委员会学科组分类，从学科、学科组、总体三个层面对研究领域进行划分，以学科为基本单元，构建指数，评估学科层面的基础研究人才；汇总学科层面的统计结果，评估学科组层面的基础研究人才；汇总学科组层面的统计结果，评估总体层面的基础研究人才。这样评估基础研究人才时既能体现研究领域的整体性，又具有学科针对性。

考虑到不同学科的文献类型有所不同，本报告在选取数据时，涵盖每一个学科的主要文献类型，避免基于一种或几种文献类型进行学科比较而产生针对性不足、偏颇等问题。

考虑到基础研究的动态性，本报告针对最近10年各年度及年度合计基础研究文献分别计算指数。年度指数反映年度变化趋势，年度合计指数更为全面地反映一个国家或地区的整体水平，作为人才比较的主要指数。

本报告基于文献被引频次分布的特点，截取被引频次的累计百分比处于前10%的优秀人才，并且依据1‰、1%、10%标线对优秀人才进行了更细致的分层，据此提出了一套全球基础研究人才指数，并运用科睿唯安大数据进行了实证，全面、客观、准确地反映了全球基础研究人才的分布和发展趋势，为政策制定和理论研究提供实证参考。

柳学智

2021年9月

目　录

第一章　全球基础研究人才指数

第一节　考量因素

本报告的数据来源于科睿唯安的 InCites 数据库，数据更新时间为 2021 年 4 月 30 日。

科睿唯安遵循客观性、选择性和动态性的文献筛选原则，将文献被引情况作为主要影响力指标，筛选每一个研究领域中最有影响力的期刊等文献，确保文献的代表性。

在科睿唯安数据库中，英国（United Kingdom）、英格兰（England）、苏格兰（Scotland）、威尔士（Wales）、北爱尔兰（Northern Ireland）的数据并行存在，这些数据之间具有包含关系，为保证分析结果的可比性，本研究删除了其中被包含的重复数据。

经过数据清洗，最后纳入统计分析的文献数据共 52795744 篇。

一　基础研究领域的划分

本报告以科睿唯安 Web of Science 学科分类为基础，选择了 198 个 Web of Science 学科，根据中国国家自然科学基金委员会关于学科组的划分，归入相应的学科组，形成 8 个学科组和 1 个交叉学科，进一步将各学科组和交叉学科归为自然科学总体，这样，就将自然科学基础研究领域划分为学科、学科组、总体三个层面。

表 1－1　基础研究领域的划分

学科组	Web of Science 学科
数学与物理学	数学（Mathematics）
	数学物理（Physics，Mathematical）
	统计学和概率论（Statistics & Probability）
	逻辑学（Logic）
	应用数学（Mathematics，Applied）

续表

学科组	Web of Science 学科
数学与物理学	跨学科应用数学(Mathematics, Interdisciplinary Applications)
	力学(Mechanics)
	天文学和天体物理学(Astronomy & Astrophysics)
	凝聚态物理(Physics, Condensed Matter)
	热力学(Thermodynamics)
	原子、分子和化学物理(Physics, Atomic, Molecular & Chemical)
	光学(Optics)
	光谱学(Spectroscopy)
	声学(Acoustics)
	粒子物理学和场论(Physics, Particles & Fields)
	核物理(Physics, Nuclear)
	核科学和技术(Nuclear Science & Technology)
	流体物理和等离子体物理(Physics, Fluids & Plasmas)
	应用物理学(Physics, Applied)
	多学科物理(Physics, Multidisciplinary)
化学	有机化学(Chemistry, Organic)
	高分子科学(Polymer Science)
	电化学(Electrochemistry)
	物理化学(Chemistry, Physical)
	分析化学(Chemistry, Analytical)
	晶体学(Crystallography)
	无机化学和核化学(Chemistry, Inorganic & Nuclear)
	纳米科学和纳米技术(Nanoscience & Nanotechnology)
	化学工程(Engineering, Chemical)
	应用化学(Chemistry, Applied)
	多学科化学(Chemistry, Multidisciplinary)
生命科学	生物学(Biology)
	微生物学(Microbiology)
	病毒学(Virology)
	植物学(Plant Sciences)
	生态学(Ecology)
	湖沼学(Limnology)
	进化生物学(Evolutionary Biology)
	动物学(Zoology)
	鸟类学(Ornithology)

续表

学科组	Web of Science 学科
生命科学	昆虫学(Entomology)
	制奶和动物科学(Agriculture, Dairy & Animal Science)
	生物物理学(Biophysics)
	生物化学和分子生物学(Biochemistry & Molecular Biology)
	生物化学研究方法(Biochemical Research Methods)
	遗传学和遗传性(Genetics & Heredity)
	数学生物学和计算生物学(Mathematical & Computational Biology)
	细胞生物学(Cell Biology)
	免疫学(Immunology)
	神经科学(Neurosciences)
	心理学(Psychology)
	应用心理学(Psychology, Applied)
	生理心理学(Psychology, Biological)
	临床心理学(Psychology, Clinical)
	发展心理学(Psychology, Developmental)
	教育心理学(Psychology, Educational)
	实验心理学(Psychology, Experimental)
	数学心理学(Psychology, Mathematical)
	多学科心理学(Psychology, Multidisciplinary)
	心理分析(Psychology, Psychoanalysis)
	社会心理学(Psychology, Social)
	行为科学(Behavioral Sciences)
	生物材料学(Materials Science, Biomaterials)
	细胞和组织工程学(Cell & Tissue Engineering)
	生理学(Physiology)
	解剖学和形态学(Anatomy & Morphology)
	发育生物学(Developmental Biology)
	生殖生物学(Reproductive Biology)
	农学(Agronomy)
	多学科农业(Agriculture, Multidisciplinary)
	生物多样性保护(Biodiversity Conservation)
	园艺学(Horticulture)
	真菌学(Mycology)
	林学(Forestry)
	兽医学(Veterinary Sciences)

续表

学科组	Web of Science 学科
生命科学	海洋生物学和淡水生物学(Marine & Freshwater Biology)
	渔业学(Fisheries)
	食品科学和技术(Food Science & Technology)
	生物医药工程(Engineering, Biomedical)
	生物技术和应用微生物学(Biotechnology & Applied Microbiology)
地球科学	地理学(Geography)
	自然地理学(Geography, Physical)
	遥感(Remote Sensing)
	地质学(Geology)
	古生物学(Paleontology)
	矿物学(Mineralogy)
	地质工程(Engineering, Geological)
	地球化学和地球物理学(Geochemistry & Geophysics)
	气象学和大气科学(Meteorology & Atmospheric Science)
	海洋学(Oceanography)
	环境科学(Environmental Sciences)
	土壤学(Soil Science)
	水资源(Water Resources)
	环境研究(Environmental Studies)
	多学科地球科学(Geosciences, Multidisciplinary)
工程与材料科学	冶金和冶金工程(Metallurgy & Metallurgical Engineering)
	陶瓷材料(Materials Science, Ceramics)
	造纸和木材(Materials Science, Paper & Wood)
	涂料和薄膜(Materials Science, Coatings & Films)
	纺织材料(Materials Science, Textiles)
	复合材料(Materials Science, Composites)
	材料检测和鉴定(Materials Science, Characterization & Testing)
	多学科材料(Materials Science, Multidisciplinary)
	石油工程(Engineering, Petroleum)
	采矿和矿物处理(Mining & Mineral Processing)
	机械工程(Engineering, Mechanical)
	制造工程(Engineering, Manufacturing)
	能源和燃料(Energy & Fuels)
	电气和电子工程(Engineering, Electrical & Electronic)
	建筑和建筑技术(Construction & Building Technology)

续表

学科组	Web of Science 学科
工程与材料科学	土木工程(Engineering, Civil)
	农业工程(Agricultural Engineering)
	环境工程(Engineering, Environmental)
	海洋工程(Engineering, Ocean)
	船舶工程(Engineering, Marine)
	交通(Transportation)
	交通科学和技术(Transportation Science & Technology)
	航空和航天工程(Engineering, Aerospace)
	工业工程(Engineering, Industrial)
	设备和仪器(Instruments & Instrumentation)
	显微镜学(Microscopy)
	绿色和可持续科学与技术(Green & Sustainable Science & Technology)
	人体工程学(Ergonomics)
	多学科工程(Engineering, Multidisciplinary)
信息科学	电信(Telecommunication)
	影像科学和照相技术(Imaging Science & Photographic Technology)
	计算机理论和方法(Computer Science, Theory & Methods)
	软件工程(Computer Science, Software Engineering)
	计算机硬件和体系架构(Computer Science, Hardware & Architecture)
	信息系统(Computer Science, Information Systems)
	控制论(Computer Science, Cybernetics)
	计算机跨学科应用(Computer Science, Interdisciplinary Applications)
	自动化和控制系统(Automation & Control Systems)
	机器人学(Robotics)
	量子科学和技术(Quantum Science & Technology)
	人工智能(Computer Science, Artificial Intelligence)
管理科学	运筹学和管理科学(Operations Research & Management Science)
	管理学(Management)
	商学(Business)
	经济学(Economics)
	金融学(Business, Finance)
	人口统计学(Demography)
	农业经济和政策(Agricultural Economics & Policy)
	公共管理(Public Administration)
	卫生保健科学和服务(Health Care Sciences & Services)

续表

学科组	Web of Science 学科
管理科学	医学伦理学(Medical Ethics)
	区域和城市规划(Regional & Urban Planning)
	信息学和图书馆学(Information Science & Library Science)
医学	呼吸系统(Respiratory System)
	心脏和心血管系统(Cardiac & Cardiovascular Systems)
	周围血管疾病学(Peripheral Vascular Disease)
	胃肠病学和肝脏病学(Gastroenterology & Hepatology)
	产科医学和妇科医学(Obstetrics & Gynecology)
	男科学(Andrology)
	儿科学(Pediatrics)
	泌尿学和肾脏学(Urology & Nephrology)
	运动科学(Sport Sciences)
	内分泌学和新陈代谢(Endocrinology & Metabolism)
	营养学和饮食学(Nutrition & Dietetics)
	血液学(Hematology)
	临床神经学(Clinical Neurology)
	药物滥用医学(Substance Abuse)
	精神病学(Psychiatry)
	敏感症学(Allergy)
	风湿病学(Rheumatology)
	皮肤医学(Dermatology)
	眼科学(Ophthalmology)
	耳鼻喉学(Otorhinolaryngology)
	听觉学和言语病理学(Audiology & Speech - Language Pathology)
	牙科医学、口腔外科和口腔医学(Dentistry, Oral Surgery & Medicine)
	急救医学(Emergency Medicine)
	危机护理医学(Critical Care Medicine)
	整形外科学(Orthopedics)
	麻醉学(Anesthesiology)
	肿瘤学(Oncology)
	康复医学(Rehabilitation)
	医学信息学(Medical Informatics)
	神经影像学(Neuroimaging)
	传染病学(Infectious Diseases)
	寄生物学(Parasitology)

续表

学科组	Web of Science 学科
医学	医学化验技术(Medical Laboratory Technology)
	放射医学、核医学和影像医学(Radiology, Nuclear Medicine & Medical Imaging)
	法医学(Medicine, Legal)
	老年病学和老年医学(Geriatrics & Gerontology)
	初级卫生保健(Primary Health Care)
	公共卫生、环境卫生和职业卫生(Public, Environmental & Occupational Health)
	热带医学(Tropical Medicine)
	药理学和药剂学(Pharmacology & Pharmacy)
	医用化学(Chemistry, Medicinal)
	毒理学(Toxicology)
	病理学(Pathology)
	外科学(Surgery)
	移植医学(Transplantation)
	护理学(Nursing)
	全科医学和内科医学(Medicine, General & Internal)
	综合医学和补充医学(Integrative & Complementary Medicine)
	研究和实验医学(Medicine, Research & Experimental)
交叉学科	交叉学科(Multidisciplinary Science)

二　文献类型的选择

基础研究成果的主要形式是在期刊、报纸、图书等各种媒介上或者在会议、研讨会、论坛等各种活动中发表的论文、综述、评论等各种文献。

考虑到学科之间文献类型存在差异，本报告选择了多种文献类型，涵盖了所研究学科的主要文献类型。

表 1－2　文献类型

中文名称	英文名称
期刊论文	Article
会议论文	Proceedings Paper
会议摘要	Meeting Abstract
综述	Review

续表

中文名称	英文名称
编辑材料	Editorial Material
快报	Letter
更正	Correction
图书章节	Book Chapter
图书综述	Book Review
传记	Biographical – Item
新闻条目	News Item
数据论文	Data Paper
转载	Reprint
软件评论	Software Review
参考书目	Bibliography
数据库评论	Database Review
硬件评论	Hardware Review
图书	Book
记录评审	Record Review
发表内容摘要	Abstract of Published Item
摘录	Excerpt
研究报告	Note
研讨	Discussion
脚本	Script
个人研究领域	Item About An Individual
年表	Chronology

三　时间范围的选择

基础研究具有动态性，本报告选择最近 10 年（2010～2019 年）基础研究文献数据作为评估某一区域或研究领域基础研究人才的依据。2020 年的文献仅发表一年或不足一年，被引频次还很小甚至为零，被引频次不能代表或者不能充分代表基础研究成果的质量，因此我们剔除了 2020 年的数据，选择 2010～2019 年的 10 年数据作为计量对象。

我们对 2010～2019 年各年度及年度合计分别进行统计分析，计算指数，反映年度变化趋势和总体水平。考虑到时间对被引频次有显著影响，年度被引频次总体上随着时间推移而逐渐减小，但是时间对被引频次的影响并不一致，越远期影响越小，越近期影响越大，基于10年合计的指数更为准确地反映一个国家或地区的人才发展，因此，我们将其作为人才比较的主要指数。

第二节　指数设计

一　文献计量方法

一篇文献可能有一个或多个作者，作者可能属于一个或多个国家或地区，甚至一篇文献可能属于一个或多个学科。在本报告中，如果一篇文献有多个作者，视为一个作者；如果一篇文献的作者属于多个国家或地区，视为作者所属的每一个国家或地区都拥有该篇文献，例如，某篇文献有7个中国作者、3个美国作者，那么中国和美国各自计量为1篇文献；如果1篇文献属于多个学科，视为文献所属的每一个学科都拥有该篇文献，例如某篇文献既属于有机化学，又属于高分子科学，那么有机化学和高分子科学各自计量为1篇文献。

二　基础研究人才层次划分

本报告将基础研究人才界定为，在某一学科某一年度的文献中，被引频次的累计百分比处于前10%的文献的作者。

为了对基础研究人才进行更细致的区分，我们继续以1‰、1%、10%为标线，将基础研究人才划分为A、B、C三个层次。

表1－3　基础研究人才层次划分

人才层次	累计百分比(p)
A	$p \leq 1‰$
B	$1‰ < p \leq 1\%$
C	$1\% < p \leq 10\%$

三　基础研究人才指数

学科是基础研究领域划分的基本单元，也是基础研究人才划分的基本单元，本报告以学科为基本单元构建指数，进行学科层面的指数计算；在学科分析的基础上，根据学科组的划分，对应汇总相应学科的指数，形成了学科组的指数；进一步汇总学科组的指数，形成自然科学总体的指数。

根据学科、学科组、总体三个研究领域层面和A、B、C层三个研究人才层次，构建每个研究领域层面每个人才层次的人才比较指数。

每一个研究领域层面都包括以下三个指数。

A层人才占比：某一个国家或地区在某一年度或年度合计中的A层人才数量占全球相应年度A层人才总数的百分比。

B层人才占比：某一个国家或地区在某一年度或年度合计中的B层人才数量占全球相应年度B层人才总数的百分比。

C层人才占比：某一个国家或地区在某一年度或年度合计中的C层人才数量占全球相应年度C层人才总数的百分比。

第三节　指数计算与结果呈现

本报告从以下三个层面进行指数计算和结果呈现。

一　学科层面

根据数学与物理学、化学、生命科学、地球科学、工程与材料科学、信息科学、管理科学、医学8个学科组，计算和呈现每一个学科组下每一个学科的排名前20的国家和地区的A、B、C层人才在2010～2019年各年度及其合计的全球占比，不足20的，列出全部国家和地区。

将交叉学科视为一个学科组，其下只有一个学科，进行学科层面的指数计算和结果呈现。

二　学科组层面

以数学与物理学、化学、生命科学、地球科学、工程与材料科学、信息科学、管理科学、医学等8个学科组为单元，在学科层面的指数计算基础上，汇总每个学科组中各个学科的计算结果，呈现每一个学科组的排名前40的国家和地区的A、B、C层人才在2010～2019年各年度及其合计的全球占比。

三　总体层面

以自然科学总体为单元，在数学与物理学、化学、生命科学、地球科学、工程与材料科学、信息科学、管理科学、医学8个学科组和交叉学科组的指数计算的基础上，汇总各个学科组的计算结果，呈现自然科学总体的排名前50的国家和地区的A、B、C层人才在2010～2019年各年度及其合计的全球占比。

第二章　数学与物理学

数学与物理学是自然科学中的基础科学，是当代科学发展的先导和基础。其研究进展和重大突破，不仅推动自身的发展，也为其他学科的发展提供理论、思想、方法和手段。

第一节　学科

数学与物理学学科组包括以下学科：数学，数学物理，统计学和概率论，逻辑学，应用数学，跨学科应用数学，力学，天文学和天体物理学，凝聚态物理，热力学，原子、分子和化学物理，光学，光谱学，声学，粒子物理学和场论，核物理，核科学和技术，流体物理和等离子体物理，应用物理学，多学科物理，共计 20 个。

一　数学

数学 A、B、C 层人才主要集中在中国大陆和美国，二者 A、B、C 层人才的世界占比合计为 34.24%、36.11%、30.61%，其中中国大陆的 A、B 层人才稍多于美国，C 层人才稍少于美国；在发展趋势上，中国大陆呈现相对上升趋势，美国呈现相对下降趋势。

意大利、德国、法国、沙特阿拉伯、英国、罗马尼亚的 A 层人才比较多，世界占比在 7%~4%①之间；土耳其、澳大利亚、西班牙、南非、中国台湾、加拿大、印度、日本、伊朗、奥地利、瑞士、巴西也有相当数量的 A 层人才，世界占比超过 1%。

法国、意大利、德国、沙特阿拉伯、英国、土耳其的 B 层人才比较多，

① 为了和表中数据对照，全书此类数据按从大到小写法呈现，如 7%~4%，而不是 4%~7%，特此说明。

世界占比在5%～3%之间；西班牙、加拿大、罗马尼亚、印度、巴基斯坦、中国台湾、日本、澳大利亚、伊朗、韩国、波兰、瑞士也有相当数量的B层人才，世界占比超过1%。

法国、德国、意大利、英国、西班牙的C层人才比较多，世界占比在7%～3%之间；加拿大、日本、土耳其、俄罗斯、印度、沙特阿拉伯、波兰、伊朗、韩国、巴西、澳大利亚、罗马尼亚、以色列也有相当数量的C层人才，世界占比超过1%。

表2－1　数学A层人才排名前20的国家和地区的占比

单位：%

国家和地区	2010年	2011年	2012年	2013年	2014年	2015年	2016年	2017年	2018年	2019年	合计
中国大陆	5.71	2.70	22.50	6.98	11.11	19.15	27.66	20.00	30.61	33.33	18.92
美国	20.00	21.62	25.00	25.58	11.11	12.77	4.26	12.00	16.33	9.80	15.32
意大利	5.71	0.00	5.00	6.98	20.00	8.51	10.64	4.00	6.12	0.00	6.76
德国	11.43	10.81	5.00	9.30	11.11	8.51	2.13	6.00	2.04	0.00	6.31
法国	2.86	10.81	7.50	6.98	6.67	4.26	4.26	2.00	2.04	0.00	4.50
沙特阿拉伯	2.86	0.00	2.50	2.33	0.00	6.38	12.77	6.00	2.04	7.84	4.50
英国	5.71	8.11	0.00	6.98	4.44	6.38	0.00	6.00	8.16	0.00	4.50
罗马尼亚	0.00	2.70	0.00	0.00	0.00	6.38	4.26	10.00	6.12	7.84	4.05
土耳其	2.86	0.00	0.00	0.00	2.22	2.13	4.26	8.00	2.04	3.92	2.70
澳大利亚	0.00	0.00	0.00	4.65	0.00	4.26	2.13	4.00	0.00	7.84	2.48
西班牙	11.43	2.70	5.00	2.33	4.44	2.13	0.00	0.00	0.00	0.00	2.48
南非	0.00	0.00	0.00	0.00	2.22	2.13	2.13	0.00	10.20	3.92	2.25
中国台湾	0.00	2.70	0.00	0.00	0.00	0.00	0.00	2.00	8.16	7.84	2.25
加拿大	2.86	13.51	0.00	0.00	6.67	0.00	0.00	0.00	0.00	0.00	2.03
印度	0.00	0.00	2.50	6.98	0.00	6.38	0.00	0.00	0.00	3.92	2.03
日本	0.00	5.41	2.50	2.33	2.22	2.13	0.00	0.00	2.04	1.96	1.80
伊朗	0.00	0.00	0.00	0.00	4.44	2.13	2.13	2.00	2.04	1.96	1.58
奥地利	5.71	2.70	0.00	0.00	0.00	0.00	4.26	2.00	0.00	0.00	1.35
瑞士	0.00	2.70	2.50	0.00	0.00	0.00	4.26	2.00	2.04	0.00	1.35
巴西	0.00	0.00	0.00	4.65	4.44	2.13	0.00	0.00	0.00	0.00	1.13

表2－2　数学B层人才排名前20的国家和地区的占比

单位：%

国家和地区	2010年	2011年	2012年	2013年	2014年	2015年	2016年	2017年	2018年	2019年	合计
中国大陆	11.52	11.04	13.37	15.54	17.69	19.29	23.11	24.38	31.67	26.40	19.98
美国	24.85	23.88	20.06	19.69	16.41	16.75	16.30	13.65	7.62	7.16	16.13

续表

国家和地区	2010年	2011年	2012年	2013年	2014年	2015年	2016年	2017年	2018年	2019年	合计
法国	7.88	7.46	5.01	5.96	4.62	7.61	5.11	2.91	1.43	1.79	4.80
意大利	4.24	5.07	2.51	4.40	5.13	5.08	6.57	3.80	3.10	3.13	4.29
德国	6.67	5.37	5.29	4.92	4.87	4.82	3.65	3.58	2.62	2.01	4.26
沙特阿拉伯	0.61	2.09	3.90	3.63	4.36	4.31	2.92	4.03	5.95	7.83	4.11
英国	3.64	6.57	4.74	2.85	3.85	3.81	3.89	3.13	1.67	1.79	3.50
土耳其	0.91	1.49	2.23	3.89	2.56	1.52	3.89	3.58	5.24	4.03	3.04
西班牙	3.94	5.07	4.74	1.81	4.10	1.78	2.19	2.01	0.71	0.45	2.55
加拿大	3.03	3.58	2.79	2.85	1.28	1.78	2.43	2.46	1.19	2.91	2.40
罗马尼亚	1.52	1.19	1.95	3.63	2.31	1.02	2.68	1.79	2.86	3.13	2.25
印度	1.82	1.79	1.95	1.04	1.03	2.79	1.95	3.13	2.38	3.36	2.17
巴基斯坦	0.61	0.30	1.11	0.26	0.26	0.51	0.73	2.01	4.29	8.05	1.96
中国台湾	2.42	0.60	1.67	0.78	1.03	1.27	1.46	2.46	2.86	4.03	1.91
日本	3.03	2.09	0.84	1.55	2.82	2.03	2.92	1.34	1.43	0.89	1.86
澳大利亚	0.91	1.49	1.11	1.55	1.54	1.78	0.73	3.13	3.81	1.12	1.76
伊朗	1.21	0.90	1.95	3.89	0.77	1.02	1.22	1.57	1.43	1.79	1.58
韩国	0.91	0.60	1.67	2.33	1.79	1.27	1.70	0.89	0.71	1.34	1.33
波兰	0.91	1.49	1.39	0.52	2.56	0.76	0.00	1.12	1.90	1.34	1.20
瑞士	1.21	1.19	1.67	0.78	1.79	1.78	0.73	1.12	0.71	0.45	1.12

表2-3　数学C层人才排名前20的国家和地区的占比

单位：%

国家和地区	2010年	2011年	2012年	2013年	2014年	2015年	2016年	2017年	2018年	2019年	合计
美国	22.44	20.10	19.47	17.27	17.24	16.99	16.83	15.18	13.36	10.83	16.71
中国大陆	10.94	11.92	12.03	13.21	13.35	13.32	15.28	14.46	16.65	16.39	13.90
法国	8.26	7.55	6.95	6.15	7.07	6.62	5.95	5.24	4.70	3.56	6.09
德国	5.06	5.60	5.51	5.31	5.58	5.72	4.66	4.97	4.80	3.96	5.09
意大利	4.59	4.82	5.13	5.06	5.21	5.08	4.69	5.33	5.32	5.05	5.04
英国	3.91	4.13	4.07	3.92	3.99	3.59	4.03	4.28	3.46	3.70	3.91
西班牙	3.39	4.13	3.88	3.50	3.45	2.98	2.94	2.78	3.22	2.77	3.27
加拿大	3.48	3.35	2.91	2.64	3.18	3.13	2.74	2.80	2.65	2.65	2.93
日本	3.21	3.35	2.63	2.81	3.10	2.75	2.43	2.40	2.00	2.00	2.63
土耳其	1.70	1.59	2.31	3.39	2.35	2.08	2.40	2.33	2.70	2.82	2.39
俄罗斯	1.94	1.53	2.06	1.89	2.00	2.77	2.67	2.78	3.14	2.35	2.35
印度	1.02	1.89	1.77	1.81	2.05	1.98	2.43	2.37	2.99	3.35	2.21
沙特阿拉伯	0.89	0.99	1.79	2.11	1.81	2.28	2.40	2.28	2.42	3.28	2.08

续表

国家和地区	2010年	2011年	2012年	2013年	2014年	2015年	2016年	2017年	2018年	2019年	合计
波　　兰	1.54	1.95	1.44	1.75	1.81	2.21	1.85	1.86	1.46	1.63	1.75
伊　　朗	1.42	1.62	1.60	2.11	1.92	1.62	1.51	1.77	1.58	2.00	1.72
韩　　国	1.45	1.59	1.79	1.59	1.86	1.33	1.70	1.46	1.68	1.82	1.63
巴　　西	1.60	1.50	1.30	1.64	1.67	1.69	1.53	1.77	1.43	1.54	1.57
澳大利亚	2.16	1.59	1.52	1.56	1.40	1.59	1.41	1.50	1.09	1.33	1.50
罗马尼亚	1.88	1.53	1.44	1.70	1.32	1.21	1.43	1.46	1.43	1.56	1.49
以 色 列	1.45	1.74	1.25	0.95	1.29	1.46	1.29	1.01	0.89	0.63	1.17

二　数学物理

数学物理 A、B、C 层人才最多的国家是美国，分别占该学科全球 A、B、C 层人才 26.56%、18.29%、18.67%。

中国大陆、英国、瑞士、法国、土耳其、俄罗斯、罗马尼亚、伊朗、比利时、葡萄牙、意大利的 A 层人才比较多，世界占比在 8%～3%之间；西班牙、南非、德国、日本、墨西哥、荷兰、巴基斯坦、波兰也有相当数量的 A 层人才，世界占比超过 1%。

中国大陆、德国、英国、法国、意大利、西班牙、土耳其、瑞士、沙特阿拉伯、加拿大的 B 层人才比较多，世界占比在 13%～2%之间；俄罗斯、日本、罗马尼亚、印度、伊朗、荷兰、斯洛文尼亚、南非、澳大利亚也有相当数量的 B 层人才，世界占比超过 1%。

中国大陆、德国、英国、法国、意大利的 C 层人才比较多，世界占比在 13%～4%之间；西班牙、印度、俄罗斯、日本、瑞士、加拿大、澳大利亚、伊朗、以色列、荷兰、巴西、中国香港、韩国、沙特阿拉伯也有相当数量的 C 层人才，世界占比超过 1%。

表 2-4　数学物理 A 层人才排名前 20 的国家和地区的占比

单位：%

国家和地区	2010年	2011年	2012年	2013年	2014年	2015年	2016年	2017年	2018年	2019年	合计
美　　国	50.00	20.00	50.00	36.36	20.00	40.00	7.14	28.57	25.00	6.67	26.56
中国大陆	6.25	0.00	25.00	0.00	0.00	0.00	7.14	14.29	25.00	6.67	7.03

续表

国家和地区	2010年	2011年	2012年	2013年	2014年	2015年	2016年	2017年	2018年	2019年	合计
英　国	6.25	0.00	0.00	18.18	20.00	13.33	7.14	0.00	0.00	0.00	7.03
瑞　士	6.25	6.67	0.00	0.00	13.33	6.67	7.14	0.00	6.25	0.00	5.47
法　国	6.25	13.33	0.00	0.00	13.33	0.00	7.14	0.00	6.25	0.00	5.47
土耳其	6.25	0.00	0.00	0.00	0.00	0.00	7.14	0.00	6.25	13.33	3.91
俄罗斯	0.00	0.00	0.00	18.18	0.00	6.67	0.00	0.00	6.25	0.00	3.13
罗马尼亚	0.00	0.00	0.00	0.00	0.00	0.00	0.00	0.00	6.25	20.00	3.13
伊　朗	0.00	0.00	25.00	9.09	0.00	0.00	0.00	0.00	0.00	13.33	3.13
比利时	6.25	0.00	0.00	0.00	0.00	0.00	7.14	14.29	6.25	0.00	3.13
葡萄牙	0.00	6.67	0.00	0.00	0.00	0.00	7.14	28.57	0.00	0.00	3.13
意大利	6.25	13.33	0.00	0.00	6.67	0.00	0.00	0.00	0.00	0.00	3.13
西班牙	0.00	6.67	0.00	0.00	6.67	0.00	7.14	0.00	0.00	0.00	2.34
南　非	0.00	0.00	0.00	0.00	0.00	0.00	7.14	0.00	6.25	6.67	2.34
德　国	0.00	6.67	0.00	0.00	6.67	6.67	0.00	0.00	0.00	0.00	2.34
日　本	0.00	6.67	0.00	9.09	0.00	0.00	0.00	0.00	0.00	0.00	1.56
墨西哥	0.00	0.00	0.00	0.00	0.00	6.67	0.00	0.00	6.25	0.00	1.56
荷　兰	0.00	0.00	0.00	0.00	0.00	0.00	0.00	14.29	0.00	6.67	1.56
巴基斯坦	0.00	0.00	0.00	0.00	0.00	0.00	0.00	0.00	0.00	13.33	1.56
波　兰	0.00	6.67	0.00	0.00	0.00	0.00	0.00	0.00	0.00	6.67	1.56

表 2-5　数学物理 B 层人才排名前 20 的国家和地区的占比

单位：%

国家和地区	2010年	2011年	2012年	2013年	2014年	2015年	2016年	2017年	2018年	2019年	合计
美　国	26.03	25.93	15.86	20.28	20.00	15.38	24.07	15.95	15.33	4.67	18.29
中国大陆	10.27	9.63	11.03	13.99	7.59	14.69	12.35	14.72	19.33	12.67	12.69
德　国	10.27	9.63	6.90	6.99	10.34	9.09	9.26	7.98	4.00	3.33	7.76
英　国	8.22	5.19	9.66	11.19	10.34	6.99	10.49	8.59	4.00	2.00	7.69
法　国	2.74	5.19	2.76	3.50	6.21	5.59	3.70	4.91	4.00	1.33	3.98
意大利	1.37	4.44	4.83	2.80	4.14	4.20	4.32	4.29	4.67	3.33	3.85
西班牙	4.11	4.44	2.76	2.10	6.21	2.80	1.85	4.91	0.67	0.00	2.97
土耳其	0.00	0.00	1.38	0.00	0.00	0.70	0.62	3.68	6.67	12.00	2.56
瑞　士	1.37	2.22	2.76	2.10	3.45	4.20	3.09	3.07	1.33	2.00	2.56
沙特阿拉伯	0.00	0.74	0.69	3.50	2.07	4.20	3.70	1.23	3.33	5.33	2.50
加拿大	1.37	5.19	4.14	1.40	2.76	0.00	1.23	1.84	0.00	2.67	2.02
俄罗斯	1.37	1.48	2.76	0.70	1.38	2.80	3.70	1.84	2.67	0.67	1.96

续表

国家和地区	2010年	2011年	2012年	2013年	2014年	2015年	2016年	2017年	2018年	2019年	合计
日　　本	2.74	2.22	2.07	2.10	2.76	2.10	0.62	2.45	1.33	0.67	1.89
罗马尼亚	0.68	0.00	0.00	0.00	0.69	1.40	1.23	3.68	4.67	5.33	1.82
印　　度	2.05	0.74	1.38	2.80	1.38	0.70	2.47	1.23	0.67	4.00	1.75
伊　　朗	2.05	0.74	2.07	1.40	0.00	0.00	0.00	1.23	3.33	4.67	1.55
荷　　兰	1.37	2.22	2.07	2.10	1.38	0.70	3.70	0.00	1.33	0.00	1.48
斯洛文尼亚	1.37	2.22	0.69	2.10	2.07	2.10	1.23	1.23	0.00	0.67	1.35
南　　非	0.00	0.00	0.69	0.00	1.38	1.40	1.85	1.23	2.67	3.33	1.28
澳大利亚	2.05	0.74	2.07	0.00	0.69	1.40	1.23	1.84	1.33	0.00	1.15

表 2-6　数学物理 C 层人才排名前 20 的国家和地区的占比

单位：%

国家和地区	2010年	2011年	2012年	2013年	2014年	2015年	2016年	2017年	2018年	2019年	合计
美　　国	23.30	21.33	18.95	21.23	19.24	19.15	17.95	18.00	15.90	11.83	18.67
中国大陆	8.40	8.80	12.21	14.95	10.73	12.81	13.46	16.45	16.28	14.78	12.89
德　　国	7.70	8.50	9.33	8.00	7.89	7.31	8.57	7.69	6.98	6.58	7.85
英　　国	7.35	7.33	6.44	6.58	7.27	6.89	6.97	6.34	5.78	5.46	6.65
法　　国	8.82	7.84	6.59	6.20	7.34	6.55	6.97	5.46	5.40	4.55	6.57
意 大 利	5.39	3.81	4.29	4.63	6.23	5.57	4.82	5.26	4.65	4.69	4.95
西 班 牙	3.01	3.37	3.55	3.81	3.32	2.72	3.22	1.69	2.18	3.01	2.98
印　　度	2.87	2.42	2.29	2.02	3.25	2.79	2.41	2.63	4.05	3.92	2.87
俄 罗 斯	1.82	2.93	2.00	2.32	2.70	3.48	2.88	2.83	4.20	3.15	2.83
日　　本	2.10	2.42	2.37	2.02	2.49	2.37	2.81	2.90	2.55	3.15	2.52
瑞　　士	1.47	2.27	1.63	2.09	2.28	2.58	3.01	1.96	1.58	1.96	2.09
加 拿 大	2.59	1.98	2.07	1.94	2.35	2.51	1.81	1.75	1.73	1.47	2.02
澳大利亚	1.89	1.47	2.07	1.20	1.31	2.37	1.74	1.62	1.20	1.26	1.62
伊　　朗	1.82	2.27	1.85	0.97	1.11	1.18	0.87	1.75	2.33	2.03	1.61
以 色 列	1.05	1.83	1.11	1.64	1.31	1.81	1.47	1.21	1.20	1.33	1.40
荷　　兰	1.82	1.61	1.78	1.57	1.31	1.67	1.47	1.15	0.68	0.77	1.38
巴　　西	0.91	0.95	1.33	0.75	1.38	0.70	1.61	1.01	1.28	1.26	1.12
中国香港	1.47	0.95	1.63	1.27	1.25	1.32	0.94	0.81	0.75	0.63	1.10
韩　　国	1.19	1.03	1.70	0.90	1.11	1.11	0.94	0.88	0.90	0.98	1.07
沙特阿拉伯	0.00	0.59	0.74	1.20	0.97	0.91	1.07	1.21	1.65	2.03	1.04

三　统计学和概率论

统计学和概率论 A、B、C 层人才最多的国家是美国，分别占该学科全球 A、B、C 层人才的 33.12%、34.06%、29.27%。

德国、加拿大、英国、瑞士、澳大利亚、中国大陆的 A 层人才比较多，世界占比在 11%~3% 之间；法国、西班牙、瑞典、丹麦、沙特阿拉伯、荷兰、突尼斯、比利时、新西兰、中国香港、意大利、葡萄牙、俄罗斯也有相当数量的 A 层人才，世界占比超过 1%。

英国、中国大陆、德国、加拿大、法国、澳大利亚的 B 层人才比较多，世界占比在 12%~3% 之间；荷兰、瑞士、西班牙、意大利、沙特阿拉伯、丹麦、日本、挪威、芬兰、韩国、中国香港、印度、以色列也有相当数量的 B 层人才，世界占比超过或接近 1%。

英国、中国大陆、德国、法国、加拿大的 C 层人才比较多，世界占比在 9%~3% 之间；意大利、西班牙、澳大利亚、瑞士、荷兰、比利时、中国香港、巴西、瑞典、印度、伊朗、日本、奥地利、丹麦也有相当数量的 C 层人才，世界占比不小于 1%。

表 2-7　统计学和概率论 A 层人才排名前 20 的国家和地区的占比

单位：%

国家和地区	2010年	2011年	2012年	2013年	2014年	2015年	2016年	2017年	2018年	2019年	合计
美国	38.46	42.86	35.71	50.00	31.25	26.67	29.41	31.25	23.53	28.57	33.12
德国	0.00	0.00	7.14	14.29	18.75	6.67	17.65	12.50	17.65	9.52	10.83
加拿大	15.38	14.29	7.14	0.00	12.50	13.33	0.00	12.50	0.00	4.76	7.64
英国	15.38	28.57	0.00	7.14	6.25	6.67	5.88	0.00	5.88	4.76	7.64
瑞士	0.00	0.00	7.14	0.00	0.00	20.00	0.00	6.25	5.88	9.52	5.10
澳大利亚	15.38	0.00	14.29	0.00	18.75	0.00	0.00	0.00	0.00	0.00	4.46
中国大陆	7.69	0.00	0.00	0.00	0.00	6.67	5.88	0.00	17.65	0.00	3.82
法国	0.00	7.14	0.00	0.00	0.00	6.67	0.00	0.00	0.00	9.52	2.55
西班牙	0.00	0.00	0.00	0.00	0.00	0.00	11.76	6.25	0.00	4.76	2.55
瑞典	0.00	0.00	0.00	14.29	6.25	0.00	5.88	0.00	0.00	0.00	2.55
丹麦	0.00	0.00	0.00	0.00	0.00	6.67	0.00	12.50	0.00	0.00	1.91
沙特阿拉伯	0.00	0.00	0.00	0.00	0.00	0.00	5.88	0.00	5.88	0.00	1.27

续表

国家和地区	2010年	2011年	2012年	2013年	2014年	2015年	2016年	2017年	2018年	2019年	合计
荷　　兰	7.69	7.14	0.00	0.00	0.00	0.00	0.00	0.00	0.00	0.00	1.27
突 尼 斯	0.00	0.00	0.00	0.00	6.25	0.00	0.00	0.00	0.00	4.76	1.27
比 利 时	0.00	0.00	7.14	0.00	0.00	0.00	0.00	0.00	5.88	0.00	1.27
新 西 兰	0.00	0.00	7.14	0.00	0.00	6.67	0.00	0.00	0.00	0.00	1.27
中国香港	0.00	0.00	7.14	0.00	0.00	0.00	0.00	0.00	5.88	0.00	1.27
意 大 利	0.00	0.00	0.00	0.00	0.00	0.00	5.88	0.00	0.00	4.76	1.27
葡 萄 牙	0.00	0.00	0.00	0.00	0.00	0.00	5.88	0.00	0.00	4.76	1.27
俄 罗 斯	0.00	0.00	7.14	7.14	0.00	0.00	0.00	0.00	0.00	0.00	1.27

表 2－8　统计学和概率论 B 层人才排名前 20 的国家和地区的占比

单位：%

国家和地区	2010年	2011年	2012年	2013年	2014年	2015年	2016年	2017年	2018年	2019年	合计
美　　国	39.20	48.09	41.09	41.43	36.84	27.89	34.55	26.19	27.33	25.77	34.06
英　　国	12.80	12.21	11.63	13.57	11.18	13.61	10.30	10.71	8.07	10.31	11.31
中国大陆	3.20	1.53	5.43	2.14	5.26	6.12	7.27	13.69	16.77	20.62	8.93
德　　国	4.80	3.05	6.98	6.43	5.92	4.76	7.27	5.95	1.24	1.55	4.70
加 拿 大	10.40	4.58	1.55	3.57	4.61	1.36	3.64	4.76	5.59	4.64	4.43
法　　国	5.60	3.82	8.53	5.71	4.61	4.76	3.03	2.38	1.86	2.58	4.10
澳大利亚	2.40	3.82	2.33	2.86	3.95	3.40	1.82	7.14	4.97	5.67	3.97
荷　　兰	2.40	2.29	3.10	2.86	3.95	2.04	2.42	1.79	3.73	4.12	2.91
瑞　　士	1.60	4.58	3.10	1.43	2.63	2.72	4.24	1.19	3.11	2.06	2.65
西 班 牙	1.60	0.76	2.33	2.86	3.95	4.08	1.82	1.79	1.24	1.55	2.18
意 大 利	1.60	2.29	2.33	2.14	0.66	2.72	0.61	2.38	2.48	0.00	1.65
沙特阿拉伯	0.00	0.00	0.00	0.71	2.63	1.36	1.82	2.98	3.73	0.52	1.46
丹　　麦	0.80	3.82	0.00	1.43	1.32	2.04	1.82	1.79	0.00	0.52	1.32
日　　本	2.40	0.00	0.78	0.71	0.00	2.04	3.03	0.60	2.48	1.03	1.32
挪　　威	0.80	0.76	0.78	1.43	0.00	1.36	1.82	1.79	1.86	0.52	1.12
芬　　兰	0.00	0.00	0.78	0.00	1.32	0.68	0.61	2.38	1.86	2.06	1.06
韩　　国	0.00	0.00	0.00	1.43	0.66	1.36	0.00	2.38	0.00	2.06	0.86
中国香港	0.00	0.76	0.00	0.71	1.32	2.72	0.61	0.60	0.62	0.52	0.79
印　　度	0.80	0.76	0.00	0.00	0.66	1.36	0.61	2.38	0.62	0.00	0.73
以 色 列	0.80	0.76	0.00	0.71	1.32	1.36	0.00	0.60	1.24	0.52	0.73

表 2-9　统计学和概率论 C 层人才排名前 20 的国家和地区的占比

单位：%

国家和地区	2010年	2011年	2012年	2013年	2014年	2015年	2016年	2017年	2018年	2019年	合计
美　国	32.71	33.03	31.36	30.87	29.18	29.94	28.74	28.42	25.38	25.26	29.27
英　国	9.62	8.62	9.45	9.11	9.15	8.90	9.21	9.00	8.70	7.29	8.87
中国大陆	5.71	5.74	6.99	8.36	8.73	10.73	8.88	9.71	11.00	10.69	8.80
德　国	5.38	5.22	5.84	6.33	5.54	6.00	5.55	4.44	4.28	5.34	5.36
法　国	6.12	5.59	5.84	5.80	4.92	5.51	5.23	3.86	4.16	4.92	5.14
加拿大	4.81	4.16	4.23	4.44	3.95	3.53	3.40	3.09	3.45	3.16	3.77
意大利	2.37	2.42	2.69	3.09	3.33	3.46	3.53	2.70	2.88	2.43	2.90
西班牙	2.69	3.33	3.00	2.71	2.77	2.90	2.87	2.25	2.81	3.04	2.83
澳大利亚	2.94	3.55	2.77	2.56	2.91	1.62	1.96	2.83	2.88	2.73	2.66
瑞　士	2.20	2.80	2.08	2.79	2.98	2.33	2.42	2.57	2.94	2.43	2.56
荷　兰	2.45	2.12	2.77	2.11	2.49	1.77	2.35	2.06	2.81	2.06	2.30
比利时	1.79	1.21	2.00	1.58	1.46	1.48	1.63	1.54	1.66	1.09	1.53
中国香港	1.06	2.04	2.15	0.83	0.97	1.41	0.98	1.22	1.34	0.97	1.28
巴　西	1.39	1.36	0.85	1.36	1.18	0.71	1.18	1.54	1.60	1.52	1.28
瑞　典	0.90	1.13	1.23	1.36	1.39	1.06	1.11	1.61	1.02	1.21	1.21
印　度	0.98	1.13	0.69	1.81	0.76	0.35	1.57	1.35	1.34	1.58	1.17
伊　朗	0.57	0.91	0.54	0.90	0.69	0.78	1.05	2.12	1.53	2.19	1.17
日　本	1.55	1.36	1.31	0.60	1.73	0.71	0.78	1.03	1.15	0.55	1.06
奥地利	1.31	1.28	1.00	0.98	0.97	0.92	1.63	1.09	0.70	0.67	1.05
丹　麦	0.73	0.68	0.92	1.20	1.66	0.85	0.98	1.16	0.90	0.85	1.00

四　逻辑学

逻辑学 A、B、C 层人才最多的国家是美国，分别占该学科全球 A、B、C 层人才的 33.33%、17.73%、13.77%。

逻辑学是小学科，A 层人才数量很少，除美国外，其他 A 层人才集中在西班牙、意大利、荷兰，世界占比在 17%~8%之间。

法国、英国、意大利、德国、西班牙、荷兰、奥地利的 B 层人才比较多，世界占比在 9%~3%之间；瑞士、澳大利亚、加拿大、波兰、捷克、葡萄牙、挪威、中国大陆、比利时、印度、瑞典、哥伦比亚也有相当数量的 B 层人才，世界占比超过或接近 1%。

英国、德国、法国、意大利、荷兰、奥地利、西班牙、加拿大的C层人才比较多，世界占比在11%~3%之间；俄罗斯、捷克、澳大利亚、日本、波兰、中国大陆、比利时、瑞典、芬兰、以色列、瑞士也有相当数量的C层人才，世界占比超过1%。

表2-10　逻辑学A层人才的国家和地区的占比

单位：%

国家和地区	2010年	2011年	2012年	2013年	2014年	2015年	2016年	2017年	2018年	2019年	合计
美　国	100.00	0.00	0.00	100.00	50.00	0.00	100.00	0.00	0.00	0.00	33.33
西班牙	0.00	100.00	0.00	0.00	0.00	0.00	0.00	0.00	0.00	100.00	16.67
意大利	0.00	0.00	0.00	0.00	50.00	0.00	0.00	0.00	0.00	0.00	8.33
荷　兰	0.00	0.00	0.00	0.00	0.00	50.00	0.00	0.00	0.00	0.00	8.33

表2-11　逻辑学B层人才排名前20的国家和地区的占比

单位：%

国家和地区	2010年	2011年	2012年	2013年	2014年	2015年	2016年	2017年	2018年	2019年	合计
美　国	16.67	16.67	14.29	9.09	14.29	25.81	21.74	31.82	13.33	5.88	17.73
法　国	8.33	8.33	4.76	22.73	7.14	9.68	0.00	0.00	13.33	11.76	8.37
英　国	8.33	8.33	4.76	9.09	14.29	3.23	8.70	9.09	0.00	11.76	7.88
意大利	0.00	8.33	0.00	0.00	7.14	19.35	8.70	9.09	0.00	5.88	6.90
德　国	8.33	8.33	0.00	9.09	3.57	9.68	8.70	0.00	0.00	17.65	6.40
西班牙	0.00	8.33	4.76	0.00	0.00	3.23	8.70	18.18	6.67	5.88	5.42
荷　兰	0.00	0.00	14.29	13.64	3.57	0.00	4.35	4.55	13.33	0.00	5.42
奥地利	8.33	0.00	4.76	0.00	10.71	3.23	4.35	0.00	0.00	5.88	3.94
瑞　士	16.67	0.00	0.00	0.00	7.14	0.00	8.70	0.00	0.00	0.00	2.96
澳大利亚	8.33	0.00	9.52	4.55	0.00	3.23	0.00	0.00	6.67	0.00	2.96
加拿大	0.00	8.33	4.76	4.55	0.00	0.00	4.35	4.55	0.00	0.00	2.46
波　兰	0.00	0.00	4.76	0.00	7.14	0.00	0.00	4.55	0.00	0.00	1.97
捷　克	0.00	0.00	4.76	0.00	3.57	3.23	0.00	0.00	0.00	5.88	1.97
葡萄牙	0.00	0.00	9.52	0.00	7.14	0.00	0.00	0.00	0.00	0.00	1.97
挪　威	0.00	0.00	0.00	4.55	0.00	0.00	0.00	0.00	0.00	17.65	1.97
中国大陆	0.00	0.00	0.00	0.00	0.00	3.23	4.35	0.00	6.67	0.00	1.48
比利时	0.00	0.00	4.76	0.00	0.00	3.23	0.00	0.00	6.67	0.00	1.48
印　度	0.00	0.00	0.00	4.55	0.00	0.00	0.00	0.00	6.67	5.88	1.48
瑞　典	0.00	0.00	4.76	0.00	0.00	3.23	0.00	0.00	0.00	0.00	0.99
哥伦比亚	0.00	0.00	0.00	0.00	0.00	0.00	0.00	9.09	0.00	0.00	0.99

表 2－12　逻辑学 C 层人才排名前 20 的国家和地区的占比

单位：%

国家和地区	2010年	2011年	2012年	2013年	2014年	2015年	2016年	2017年	2018年	2019年	合计
美　　国	13. 68	14. 86	16. 38	13. 61	15. 91	12. 33	16. 27	13. 27	12. 18	7. 79	13. 77
英　　国	7. 69	9. 14	15. 25	11. 52	11. 74	8. 00	11. 00	6. 63	11. 54	8. 44	10. 11
德　　国	7. 69	10. 86	7. 91	7. 33	7. 20	11. 33	8. 61	5. 10	10. 26	10. 39	8. 72
法　　国	8. 55	9. 71	6. 21	8. 90	9. 85	9. 67	7. 18	7. 65	4. 49	4. 55	7. 94
意 大 利	7. 69	6. 86	7. 34	7. 85	4. 55	8. 00	6. 70	6. 12	6. 41	9. 74	7. 01
荷　　兰	2. 56	6. 29	3. 39	5. 76	5. 30	2. 67	5. 26	6. 12	3. 85	7. 79	4. 85
奥 地 利	5. 98	2. 29	3. 95	4. 71	4. 92	3. 33	7. 66	1. 53	3. 21	4. 55	4. 18
西 班 牙	2. 56	4. 57	2. 82	4. 19	3. 79	0. 67	2. 39	5. 10	3. 21	4. 55	3. 25
加 拿 大	5. 13	3. 43	4. 52	5. 76	2. 65	3. 00	3. 83	2. 04	0. 64	0. 65	3. 15
俄 罗 斯	1. 71	1. 71	0. 56	1. 57	1. 14	2. 33	0. 96	4. 08	5. 77	7. 14	2. 53
捷　　克	5. 13	2. 29	2. 82	1. 57	2. 65	2. 67	2. 87	1. 53	1. 28	1. 95	2. 42
澳大利亚	4. 27	1. 71	3. 39	1. 57	2. 27	2. 33	2. 39	1. 53	1. 28	1. 95	2. 22
日　　本	3. 42	0. 57	2. 26	3. 14	1. 52	0. 67	0. 96	3. 57	4. 49	1. 30	2. 01
波　　兰	0. 85	2. 86	1. 13	2. 62	3. 41	2. 67	0. 00	0. 51	2. 56	1. 95	1. 96
中国大陆	0. 85	0. 57	1. 69	0. 52	1. 52	2. 33	2. 39	3. 06	5. 13	1. 30	1. 96
比 利 时	2. 56	2. 29	1. 69	2. 09	0. 76	2. 67	0. 96	3. 06	0. 00	1. 95	1. 81
瑞　　典	0. 85	2. 29	0. 56	2. 09	1. 52	2. 33	1. 91	1. 02	1. 28	1. 30	1. 60
芬　　兰	0. 00	1. 14	1. 69	0. 52	1. 14	3. 00	2. 39	2. 04	1. 92	0. 65	1. 60
以 色 列	1. 71	2. 29	1. 13	2. 62	0. 76	1. 00	0. 96	2. 04	1. 28	0. 65	1. 39
瑞　　士	2. 56	0. 57	0. 56	0. 52	1. 89	2. 33	1. 44	0. 51	1. 92	0. 65	1. 34

五　应用数学

应用数学 A、B、C 层人才主要集中在美国和中国大陆，二者 A、B、C 层人才的世界占比合计为 44. 03%、38. 94%、35. 31%，其中美国的 A 层人才多于中国大陆，B 层和 C 层人才少于中国大陆；在发展趋势上，中国大陆呈现相对上升趋势，美国呈现相对下降趋势。

英国、法国、德国、意大利、土耳其的 A 层人才比较多，世界占比在 4%～3% 之间；以色列、加拿大、伊朗、罗马尼亚、南非、印度、澳大利亚、中国香港、比利时、西班牙、韩国、沙特阿拉伯、奥地利也有相当数量的 A 层人才，世界占比超过或接近 1%。

沙特阿拉伯、英国、德国、意大利、法国的B层人才比较多，世界占比在5%~3%之间；土耳其、印度、澳大利亚、罗马尼亚、伊朗、加拿大、中国香港、西班牙、韩国、巴基斯坦、中国台湾、希腊、埃及也有相当数量的B层人才，世界占比超过1%。

德国、法国、意大利、英国的C层人才比较多，世界占比在5%~3%之间；印度、伊朗、西班牙、沙特阿拉伯、土耳其、加拿大、澳大利亚、韩国、中国香港、俄罗斯、巴基斯坦、波兰、罗马尼亚、日本也有相当数量的C层人才，世界占比超过1%。

表2-13 应用数学A层人才排名前20的国家和地区的占比

单位：%

国家和地区	2010年	2011年	2012年	2013年	2014年	2015年	2016年	2017年	2018年	2019年	合计
美国	45.24	43.59	22.22	24.39	27.91	18.60	22.22	25.53	17.02	2.27	24.59
中国大陆	7.14	5.13	13.89	14.63	13.95	25.58	20.00	23.40	31.91	34.09	19.44
英国	4.76	0.00	0.00	9.76	9.30	2.33	4.44	4.26	2.13	2.27	3.98
法国	2.38	7.69	5.56	7.32	9.30	4.65	0.00	2.13	0.00	0.00	3.75
德国	4.76	0.00	0.00	7.32	6.98	9.30	2.22	0.00	2.13	4.55	3.75
意大利	2.38	2.56	8.33	7.32	4.65	4.65	6.67	0.00	0.00	0.00	3.51
土耳其	0.00	0.00	0.00	4.88	0.00	2.33	2.22	2.13	4.26	13.64	3.04
以色列	4.76	5.13	2.78	4.88	4.65	2.33	0.00	2.13	0.00	0.00	2.58
加拿大	0.00	5.13	2.78	0.00	4.65	0.00	4.44	4.26	2.13	0.00	2.34
伊朗	2.38	0.00	2.78	2.44	0.00	2.33	4.44	2.13	0.00	6.82	2.34
罗马尼亚	0.00	0.00	0.00	0.00	0.00	0.00	0.00	2.13	4.26	13.64	2.11
南非	0.00	0.00	0.00	0.00	2.33	0.00	2.22	4.26	10.64	0.00	2.11
印度	0.00	2.56	2.78	0.00	0.00	0.00	4.44	2.13	4.26	4.55	2.11
澳大利亚	0.00	0.00	0.00	0.00	4.65	9.30	2.22	2.13	0.00	0.00	1.87
中国香港	2.38	0.00	5.56	4.88	0.00	0.00	4.44	0.00	2.13	0.00	1.87
比利时	0.00	5.13	2.78	4.88	0.00	0.00	0.00	4.26	0.00	0.00	1.64
西班牙	0.00	0.00	0.00	2.44	4.65	0.00	2.22	2.13	0.00	2.27	1.41
韩国	4.76	2.56	0.00	0.00	0.00	2.33	0.00	2.13	2.13	0.00	1.41
沙特阿拉伯	0.00	0.00	0.00	2.44	0.00	4.65	2.22	2.13	0.00	0.00	1.17
奥地利	4.76	5.13	0.00	0.00	0.00	0.00	0.00	0.00	0.00	0.00	0.94

表 2－14　应用数学 B 层人才排名前 20 的国家和地区的占比

单位：%

国家和地区	2010年	2011年	2012年	2013年	2014年	2015年	2016年	2017年	2018年	2019年	合计
中国大陆	14.55	16.38	18.00	21.90	20.26	24.36	27.34	31.09	33.78	37.14	25.06
美国	21.96	20.40	14.57	19.26	15.00	11.28	14.94	9.05	8.56	7.16	13.88
沙特阿拉伯	1.59	3.74	4.57	5.28	5.53	5.90	5.06	6.26	4.95	4.25	4.74
英国	3.97	4.60	4.00	3.96	2.63	4.10	4.56	4.64	2.03	1.57	3.55
德国	5.03	4.89	4.29	3.17	3.95	4.62	4.05	2.32	2.93	1.12	3.55
意大利	3.70	2.30	3.43	3.69	4.74	4.87	5.57	2.78	2.03	2.01	3.48
法国	5.56	5.46	5.14	4.75	4.47	3.08	3.29	1.39	0.90	0.89	3.35
土耳其	2.65	2.87	2.86	1.58	1.05	1.03	3.04	3.71	4.73	4.70	2.89
印度	2.12	2.59	5.14	1.58	2.11	3.08	1.77	2.32	1.80	4.03	2.64
澳大利亚	2.12	1.15	3.14	3.96	3.16	2.82	1.01	3.94	2.25	2.46	2.61
罗马尼亚	1.06	2.01	1.43	1.06	1.32	1.79	3.04	3.94	4.95	3.80	2.54
伊朗	2.12	2.30	4.57	2.64	2.89	1.03	1.52	2.32	2.70	3.13	2.51
加拿大	3.17	4.31	2.00	2.11	2.63	2.05	1.52	2.55	1.58	0.67	2.21
中国香港	2.65	1.72	2.86	3.17	2.37	3.33	1.27	1.86	1.58	1.34	2.18
西班牙	3.70	1.44	2.86	2.90	1.84	1.54	1.01	0.93	0.68	0.45	1.67
韩国	1.32	0.29	2.00	2.11	2.37	1.03	1.01	1.62	0.68	1.34	1.37
巴基斯坦	0.53	1.72	1.71	0.00	0.53	0.26	0.76	1.62	2.25	3.36	1.32
中国台湾	1.06	1.15	1.43	0.53	0.53	0.51	0.76	1.39	3.38	1.79	1.29
希腊	0.79	1.15	1.14	1.58	1.58	1.28	1.52	1.62	1.58	0.45	1.27
埃及	0.26	1.44	1.14	1.32	1.58	0.77	1.27	1.39	1.13	1.57	1.19

表 2－15　应用数学 C 层人才排名前 20 的国家和地区的占比

单位：%

国家和地区	2010年	2011年	2012年	2013年	2014年	2015年	2016年	2017年	2018年	2019年	合计
中国大陆	15.94	17.52	17.87	18.74	20.74	19.84	22.16	23.18	26.56	27.35	21.21
美国	18.50	15.18	16.01	15.11	14.18	14.29	13.67	14.15	11.66	9.31	14.10
德国	4.88	4.97	4.96	5.21	5.54	5.68	5.29	4.63	4.66	3.13	4.87
法国	6.37	5.63	4.87	6.13	4.52	5.39	4.12	4.04	3.29	3.32	4.72
意大利	4.10	4.10	4.12	4.50	4.80	5.50	5.16	4.43	4.59	3.44	4.47
英国	4.34	4.04	3.42	3.87	3.52	3.22	4.15	3.27	3.25	2.62	3.55
印度	2.64	3.81	2.90	2.61	2.76	2.33	2.25	3.08	2.95	3.69	2.90
伊朗	2.96	3.64	2.70	2.97	2.31	2.36	2.19	2.51	2.61	3.13	2.73
西班牙	3.14	3.32	2.96	3.21	2.55	2.82	2.67	2.53	1.99	2.33	2.73

续表

国家和地区	2010年	2011年	2012年	2013年	2014年	2015年	2016年	2017年	2018年	2019年	合计
沙特阿拉伯	1.09	1.76	2.09	2.29	2.99	2.98	2.86	2.78	2.90	3.39	2.54
土耳其	2.11	2.74	2.35	2.58	2.10	1.65	1.98	1.97	2.13	2.76	2.23
加拿大	2.85	2.31	2.18	2.37	2.68	1.76	1.82	1.67	1.85	1.50	2.09
澳大利亚	1.47	1.41	1.42	1.79	2.10	2.30	1.82	1.92	1.90	1.43	1.76
韩国	1.52	2.17	1.86	1.82	1.60	1.43	1.88	1.53	1.67	1.43	1.68
中国香港	1.57	1.50	2.03	1.95	2.15	1.68	1.75	1.67	1.28	1.24	1.67
俄罗斯	1.12	0.92	1.10	1.26	1.18	1.76	1.51	1.53	2.03	2.35	1.50
巴基斯坦	1.36	1.07	0.99	0.89	1.16	1.11	0.87	1.50	1.78	2.62	1.36
波兰	1.15	1.39	1.48	1.40	1.71	1.43	1.45	1.28	0.89	0.95	1.30
罗马尼亚	1.44	1.24	1.16	1.55	1.05	1.22	1.14	1.08	1.55	1.53	1.30
日本	1.41	1.47	1.42	1.29	1.23	1.49	1.45	1.13	1.03	1.09	1.29

六　跨学科应用数学

跨学科应用数学 A、B、C 层人才主要集中在美国和中国大陆，二者 A、B、C 层人才的世界占比合计为 31.94%、36.75%、37.14%，其中美国的 A 类和 B 层人才多于中国大陆，C 层人才少于中国大陆；在发展趋势上，中国大陆呈现相对上升趋势，美国呈现相对下降趋势。

德国、伊朗、英国、加拿大、法国的 A 层人才比较多，世界占比在 7%～3%之间；越南、澳大利亚、墨西哥、巴基斯坦、南非、印度、西班牙、土耳其、荷兰、葡萄牙、罗马尼亚、沙特阿拉伯、新加坡也有相当数量的 A 层人才，世界占比超过 1%。

英国、德国、伊朗、意大利的 B 层人才比较多，世界占比在 7%～3%之间；澳大利亚、沙特阿拉伯、法国、土耳其、加拿大、荷兰、印度、西班牙、韩国、巴基斯坦、越南、瑞士、中国香港、丹麦也有相当数量的 B 层人才，世界占比超过 1%。

英国、德国、伊朗、意大利、法国的 C 层人才比较多，世界占比在 6%～3%之间；印度、澳大利亚、西班牙、沙特阿拉伯、加拿大、韩国、荷兰、中国香港、日本、瑞士、巴基斯坦、土耳其、中国台湾也有相当数量的 C 层人才，世界占比超过 1%。

表 2－16　跨学科应用数学 A 层人才排名前 20 的国家和地区的占比

单位：%

国家和地区	2010年	2011年	2012年	2013年	2014年	2015年	2016年	2017年	2018年	2019年	合计
美　　国	20. 00	16. 67	50. 00	27. 27	28. 57	18. 75	7. 14	12. 50	22. 22	0. 00	18. 75
中国大陆	20. 00	0. 00	0. 00	0. 00	0. 00	6. 25	14. 29	25. 00	22. 22	28. 57	13. 19
德　　国	30. 00	0. 00	0. 00	18. 18	0. 00	6. 25	7. 14	12. 50	5. 56	0. 00	6. 94
伊　　朗	0. 00	0. 00	16. 67	9. 09	0. 00	0. 00	0. 00	6. 25	5. 56	23. 81	6. 94
英　　国	0. 00	16. 67	8. 33	9. 09	14. 29	12. 50	7. 14	0. 00	5. 56	0. 00	6. 94
加 拿 大	0. 00	25. 00	0. 00	0. 00	7. 14	6. 25	7. 14	0. 00	0. 00	4. 76	4. 86
法　　国	0. 00	0. 00	0. 00	9. 09	14. 29	0. 00	14. 29	0. 00	0. 00	0. 00	3. 47
越　　南	0. 00	0. 00	0. 00	0. 00	0. 00	0. 00	7. 14	12. 50	5. 56	0. 00	2. 78
澳大利亚	0. 00	0. 00	0. 00	0. 00	0. 00	0. 00	7. 14	6. 25	5. 56	4. 76	2. 78
墨 西 哥	0. 00	8. 33	0. 00	0. 00	7. 14	6. 25	0. 00	0. 00	5. 56	0. 00	2. 78
巴基斯坦	0. 00	0. 00	0. 00	9. 09	0. 00	0. 00	0. 00	6. 25	0. 00	4. 76	2. 08
南　　非	0. 00	0. 00	0. 00	0. 00	0. 00	0. 00	7. 14	0. 00	5. 56	4. 76	2. 08
印　　度	0. 00	0. 00	0. 00	0. 00	0. 00	6. 25	7. 14	0. 00	0. 00	4. 76	2. 08
西 班 牙	10. 00	0. 00	0. 00	0. 00	7. 14	6. 25	0. 00	0. 00	0. 00	0. 00	2. 08
土 耳 其	0. 00	0. 00	0. 00	0. 00	0. 00	0. 00	7. 14	0. 00	5. 56	4. 76	2. 08
荷　　兰	0. 00	0. 00	16. 67	0. 00	0. 00	0. 00	0. 00	0. 00	0. 00	0. 00	1. 39
葡 萄 牙	0. 00	8. 33	0. 00	0. 00	0. 00	0. 00	0. 00	6. 25	0. 00	0. 00	1. 39
罗马尼亚	0. 00	0. 00	0. 00	0. 00	0. 00	0. 00	0. 00	0. 00	5. 56	4. 76	1. 39
沙特阿拉伯	10. 00	0. 00	0. 00	0. 00	0. 00	0. 00	7. 14	0. 00	0. 00	0. 00	1. 39
新 加 坡	10. 00	0. 00	0. 00	0. 00	0. 00	6. 25	0. 00	0. 00	0. 00	0. 00	1. 39

表 2－17　跨学科应用数学 B 层人才排名前 20 的国家和地区的占比

单位：%

国家和地区	2010年	2011年	2012年	2013年	2014年	2015年	2016年	2017年	2018年	2019年	合计
美　　国	30. 93	31. 86	27. 83	23. 08	24. 09	19. 87	18. 52	14. 67	13. 29	5. 85	19. 65
中国大陆	6. 19	2. 65	8. 70	15. 38	16. 06	12. 58	17. 78	23. 33	26. 58	28. 72	17. 10
英　　国	8. 25	10. 62	7. 83	10. 77	8. 76	6. 62	5. 19	4. 67	5. 06	3. 72	6. 84
德　　国	4. 12	8. 85	8. 70	6. 15	6. 57	9. 27	5. 19	1. 33	1. 90	1. 60	5. 09
伊　　朗	2. 06	3. 54	6. 96	4. 62	3. 65	3. 97	7. 41	1. 33	4. 43	5. 85	4. 44
意 大 利	6. 19	1. 77	0. 00	3. 08	3. 65	5. 30	2. 22	4. 67	4. 43	2. 66	3. 42
澳大利亚	2. 06	0. 88	1. 74	3. 08	3. 65	1. 32	1. 48	4. 67	5. 70	2. 66	2. 84
沙特阿拉伯	0. 00	0. 88	1. 74	1. 54	2. 92	1. 32	3. 70	3. 33	5. 70	4. 79	2. 84
法　　国	5. 15	5. 31	2. 61	3. 08	1. 46	3. 31	1. 48	2. 00	1. 90	1. 60	2. 62

续表

国家和地区	2010年	2011年	2012年	2013年	2014年	2015年	2016年	2017年	2018年	2019年	合计
土耳其	0.00	2.65	0.87	0.77	1.46	0.00	0.74	3.33	4.43	6.91	2.40
加拿大	5.15	0.88	0.87	3.08	2.19	1.32	2.22	2.00	1.27	2.66	2.11
荷兰	1.03	3.54	2.61	3.08	1.46	0.66	5.19	1.33	1.90	0.53	2.04
印度	4.12	0.88	1.74	4.62	1.46	1.32	0.74	2.00	1.27	2.13	1.97
西班牙	2.06	3.54	3.48	0.77	2.19	3.31	0.00	1.33	1.27	1.06	1.82
韩国	2.06	0.88	0.00	3.85	2.92	2.65	1.48	2.00	0.00	1.06	1.67
巴基斯坦	0.00	0.00	1.74	0.00	1.46	0.00	2.96	2.00	1.27	4.79	1.60
越南	1.03	1.77	1.74	0.77	0.73	1.32	1.48	3.33	0.63	2.13	1.53
瑞士	1.03	0.88	2.61	1.54	0.73	1.99	1.48	0.00	2.53	0.00	1.24
中国香港	0.00	0.88	1.74	1.54	2.92	0.66	2.22	0.67	0.63	0.53	1.16
丹麦	3.09	3.54	1.74	0.00	0.73	1.32	0.74	0.67	1.27	0.00	1.16

表 2－18　跨学科应用数学 C 层人才排名前 20 的国家和地区的占比

单位：%

国家和地区	2010年	2011年	2012年	2013年	2014年	2015年	2016年	2017年	2018年	2019年	合计
中国大陆	11.89	12.86	16.67	18.31	18.43	20.62	22.10	25.99	26.96	25.04	20.69
美国	23.14	21.13	18.58	17.30	17.60	18.34	15.80	14.22	11.64	12.38	16.45
英国	6.69	6.83	4.74	6.36	5.82	4.71	5.84	4.60	3.44	3.67	5.10
德国	4.88	5.67	5.74	4.65	5.74	4.71	5.84	4.11	3.68	3.90	4.79
伊朗	3.40	4.68	5.19	4.81	4.23	4.15	5.06	3.69	4.46	4.52	4.42
意大利	3.29	3.06	4.28	3.26	3.40	4.50	3.66	3.69	3.26	2.49	3.46
法国	4.03	4.59	4.37	4.03	3.78	2.49	2.65	2.30	2.35	2.32	3.16
印度	2.12	2.25	2.46	3.26	1.59	2.70	2.26	3.76	2.90	3.45	2.74
澳大利亚	1.80	2.79	2.09	3.49	2.64	2.21	3.11	3.07	3.02	2.66	2.73
西班牙	3.93	2.52	2.46	3.03	3.10	2.49	2.49	2.37	1.93	1.87	2.54
沙特阿拉伯	0.64	1.17	1.91	2.09	2.19	2.15	2.57	2.72	3.02	3.90	2.38
加拿大	3.40	2.52	2.28	2.48	1.89	2.49	2.49	1.88	1.57	1.64	2.19
韩国	1.59	1.17	2.28	1.47	1.74	2.35	1.95	1.39	1.81	1.07	1.67
荷兰	1.91	2.52	1.00	1.71	1.13	1.80	1.63	2.09	1.33	0.79	1.55
中国香港	1.27	1.08	1.64	1.47	2.49	1.73	0.93	1.25	0.84	0.96	1.35
日本	1.06	1.62	1.28	1.01	1.81	1.31	1.17	1.05	1.57	1.30	1.33
瑞士	1.59	1.71	1.64	1.78	1.66	1.52	0.86	1.05	0.84	0.79	1.30
巴基斯坦	1.06	1.35	0.91	0.62	0.53	0.55	1.09	0.98	2.05	2.49	1.23
土耳其	1.49	1.44	1.37	1.32	0.76	0.48	0.78	1.18	0.90	2.15	1.19
中国台湾	2.76	1.17	0.82	1.71	1.36	1.04	0.62	0.70	0.60	0.90	1.10

七　力学

力学A、B、C层人才主要集中在美国和中国大陆，二者A、B、C层人才的世界占比合计为30.75%、30.99%、33.74%，其中美国的A层人才多于中国大陆，B、C层人才稍少于中国大陆；在发展趋势上，中国大陆呈现相对上升趋势，美国呈现相对下降趋势。

伊朗、巴基斯坦、法国、澳大利亚、沙特阿拉伯、德国、英国的A层人才比较多，世界占比在11%~3%之间；中国香港、土耳其、意大利、马来西亚、荷兰、印度、科威特、越南、阿尔及利亚、加拿大、丹麦也有相当数量的A层人才，世界占比超过1%。

伊朗、英国、澳大利亚、德国、意大利、沙特阿拉伯、法国的B层人才比较多，世界占比在10%~3%之间；马来西亚、巴基斯坦、印度、加拿大、土耳其、韩国、越南、中国香港、埃及、葡萄牙、西班牙也有相当数量的B层人才，世界占比超过1%。

伊朗、英国、意大利、法国、印度、德国、澳大利亚的C层人才比较多，世界占比在7%~3%之间；加拿大、韩国、土耳其、西班牙、沙特阿拉伯、马来西亚、中国香港、日本、荷兰、埃及、巴基斯坦也有相当数量的C层人才，世界占比超过1%。

表2-19　力学A层人才排名前20的国家和地区的占比

单位：%

国家和地区	2010年	2011年	2012年	2013年	2014年	2015年	2016年	2017年	2018年	2019年	合计
美国	39.13	24.00	34.48	20.83	21.43	20.69	16.22	13.16	16.22	5.26	19.88
中国大陆	4.35	0.00	10.34	4.17	14.29	17.24	13.51	13.16	10.81	13.16	10.87
伊朗	4.35	0.00	10.34	12.50	4.76	10.34	5.41	15.79	18.92	15.79	10.25
巴基斯坦	4.35	0.00	0.00	4.17	0.00	6.90	10.81	2.63	8.11	10.53	4.97
法国	4.35	8.00	0.00	8.33	11.90	0.00	5.41	2.63	0.00	0.00	4.04
澳大利亚	0.00	0.00	3.45	4.17	2.38	0.00	0.00	7.89	2.70	10.53	3.42
沙特阿拉伯	4.35	0.00	0.00	0.00	2.38	3.45	10.81	2.63	0.00	7.89	3.42
德国	8.70	4.00	3.45	4.17	7.14	3.45	0.00	5.26	0.00	0.00	3.42
英国	4.35	0.00	6.90	4.17	2.38	0.00	10.81	0.00	5.41	0.00	3.42
中国香港	4.35	0.00	3.45	0.00	2.38	6.90	0.00	2.63	5.41	0.00	2.48

续表

国家和地区	2010年	2011年	2012年	2013年	2014年	2015年	2016年	2017年	2018年	2019年	合计
土耳其	0.00	8.00	3.45	0.00	4.76	0.00	2.70	2.63	2.70	0.00	2.48
意大利	0.00	8.00	3.45	4.17	2.38	3.45	0.00	5.26	0.00	0.00	2.48
马来西亚	0.00	4.00	3.45	0.00	4.76	3.45	2.70	0.00	0.00	5.26	2.48
荷兰	4.35	0.00	3.45	8.33	4.76	0.00	0.00	0.00	2.70	0.00	2.17
印度	4.35	0.00	3.45	4.17	0.00	3.45	0.00	2.63	0.00	2.63	1.86
科威特	0.00	0.00	0.00	0.00	0.00	0.00	0.00	0.00	2.70	10.53	1.55
越南	0.00	0.00	0.00	0.00	0.00	0.00	0.00	5.26	5.41	2.63	1.55
阿尔及利亚	0.00	0.00	0.00	0.00	0.00	6.90	2.70	0.00	2.70	0.00	1.24
加拿大	4.35	0.00	0.00	0.00	2.38	0.00	2.70	2.63	0.00	0.00	1.24
丹麦	0.00	8.00	3.45	4.17	0.00	0.00	0.00	0.00	0.00	0.00	1.24

表 2-20　力学 B 层人才排名前 20 的国家和地区的占比

单位：%

国家和地区	2010年	2011年	2012年	2013年	2014年	2015年	2016年	2017年	2018年	2019年	合计
中国大陆	8.06	7.42	12.17	14.34	14.54	19.49	15.53	20.52	23.16	24.47	16.81
美国	24.64	24.02	20.53	15.85	15.82	14.80	12.11	9.25	7.34	7.37	14.18
伊朗	5.21	5.68	9.89	6.42	8.42	8.66	13.04	11.27	12.99	12.63	9.84
英国	7.11	4.37	4.94	4.91	7.65	3.61	2.17	3.76	3.95	3.16	4.51
澳大利亚	2.84	0.87	2.66	3.40	3.32	2.89	3.42	4.34	7.34	2.89	3.55
德国	5.21	5.68	4.56	3.02	3.83	3.61	4.66	1.45	3.39	1.58	3.52
意大利	3.79	3.93	4.94	4.15	4.59	5.42	3.42	2.02	1.41	2.37	3.49
沙特阿拉伯	0.47	0.87	1.52	1.89	2.04	3.61	5.90	4.91	4.80	5.00	3.36
法国	5.21	7.86	4.18	3.40	2.55	3.25	3.11	0.87	1.98	1.05	3.03
马来西亚	1.42	2.18	1.90	4.15	3.83	3.25	4.04	2.89	2.82	2.63	2.99
巴基斯坦	0.00	0.44	1.52	1.13	1.28	0.36	4.04	7.51	5.37	3.68	2.83
印度	3.32	1.75	3.04	4.15	2.81	3.97	2.80	1.73	2.26	2.11	2.73
加拿大	5.21	1.31	1.90	1.51	3.06	2.53	2.17	2.31	1.41	1.05	2.17
土耳其	1.42	3.49	1.52	3.77	2.55	1.44	2.17	0.29	2.54	2.11	2.11
韩国	1.90	4.80	2.28	2.64	3.57	2.53	0.31	0.87	0.56	0.53	1.88
越南	0.47	0.87	0.00	0.75	0.51	0.72	1.24	2.89	2.82	4.21	1.61
中国香港	0.95	1.31	1.90	2.26	1.79	2.17	0.93	1.16	0.56	1.84	1.48
埃及	0.95	2.18	1.14	1.89	1.53	2.17	0.62	2.02	0.56	1.32	1.41
葡萄牙	1.42	2.62	2.28	2.26	1.28	0.72	1.24	2.02	0.56	0.53	1.41
西班牙	2.84	0.87	2.66	1.13	2.55	0.36	0.00	0.87	1.69	0.00	1.25

表 2－21　力学 C 层人才排名前 20 的国家和地区的占比

单位：%

国家和地区	2010年	2011年	2012年	2013年	2014年	2015年	2016年	2017年	2018年	2019年	合计
中国大陆	11.30	11.27	14.53	16.20	17.58	19.88	21.83	24.26	28.22	27.95	20.14
美国	19.03	18.36	17.11	15.20	14.54	13.93	12.60	11.06	9.52	9.50	13.60
伊朗	4.46	5.64	6.02	5.93	6.10	6.70	7.57	8.24	7.82	8.32	6.84
英国	6.26	6.19	5.07	6.47	6.15	6.17	4.70	5.05	3.84	4.35	5.33
意大利	4.08	4.57	5.22	4.12	5.05	4.89	4.55	3.89	3.34	3.06	4.24
法国	6.55	6.79	6.13	5.23	4.92	3.73	3.32	2.45	2.29	2.37	4.15
印度	2.28	3.25	3.14	2.93	3.13	3.01	3.86	3.86	3.84	4.49	3.46
德国	4.37	4.06	4.16	3.50	4.09	2.90	3.41	2.70	2.96	2.09	3.35
澳大利亚	2.66	2.90	2.23	3.54	3.36	3.43	3.44	3.61	3.57	3.19	3.24
加拿大	3.27	3.29	3.10	2.54	2.32	2.41	2.17	2.48	2.17	2.18	2.53
韩国	2.85	2.39	2.42	2.69	2.08	2.18	2.02	1.65	1.90	1.51	2.11
土耳其	2.04	1.75	1.93	2.31	1.77	2.18	1.75	2.14	1.73	1.96	1.94
西班牙	2.37	2.26	2.23	2.16	2.47	1.81	1.72	1.59	1.32	0.99	1.85
沙特阿拉伯	0.71	0.90	1.63	1.69	1.46	1.84	2.05	2.05	2.23	2.37	1.76
马来西亚	0.66	1.49	1.63	2.16	2.06	2.03	1.93	1.68	1.38	1.27	1.65
中国香港	1.80	1.28	1.82	1.62	1.46	1.24	1.69	1.47	1.44	1.65	1.54
日本	2.14	1.45	1.67	1.19	1.48	1.43	1.36	1.53	1.08	1.74	1.49
荷兰	2.14	1.62	1.44	1.66	1.15	1.13	1.03	0.77	1.00	0.47	1.17
埃及	0.62	1.11	0.83	1.19	0.94	0.72	1.36	1.35	1.32	1.40	1.11
巴基斯坦	0.90	0.77	0.91	0.92	0.83	0.87	0.90	1.62	1.55	1.49	1.11

八　天文学和天体物理学

天文学和天体物理学 A、B、C 层人才最多的国家是美国，分别占该学科全球 A、B、C 层人才的 9.70%、14.59%、17.88%。

德国、英国、法国、加拿大、西班牙、意大利、荷兰、澳大利亚的 A 层人才比较多，世界占比在 7%～3% 之间；瑞士、中国大陆、日本、智利、芬兰、印度、瑞典、俄罗斯、中国台湾、巴西、丹麦也有相当数量的 A 层人才，世界占比超过 1%。

英国、德国、法国、意大利、西班牙、荷兰、加拿大、澳大利亚的 B 层人才比较多，世界占比在 8%～3% 之间；瑞士、日本、中国大陆、智利、瑞典、丹麦、俄罗斯、波兰、南非、巴西、中国台湾也有相当数量的 B 层人才，世界占比超过1%。

德国、英国、法国、意大利、西班牙、荷兰、加拿大、日本、瑞士的C层人才比较多，世界占比在10%~3%之间；澳大利亚、中国大陆、智利、瑞典、俄罗斯、丹麦、波兰、巴西、比利时、以色列也有相当数量的C层人才，世界占比超过1%。

表2-22 天文学和天体物理学A层人才排名前20的国家和地区的占比

单位：%

国家和地区	2010年	2011年	2012年	2013年	2014年	2015年	2016年	2017年	2018年	2019年	合计
美国	20.83	18.37	2.38	19.15	9.09	6.00	5.36	2.08	4.00	9.84	9.70
德国	10.42	6.12	2.38	12.77	6.82	6.00	3.57	2.08	4.00	6.56	6.06
英国	6.25	12.24	2.38	10.64	6.82	6.00	3.57	2.08	4.00	4.92	5.86
法国	8.33	8.16	2.38	4.26	4.55	6.00	3.57	2.08	4.00	6.56	5.05
加拿大	6.25	12.24	0.00	10.64	4.55	6.00	1.79	2.08	2.00	3.28	4.85
西班牙	10.42	6.12	2.38	2.13	4.55	6.00	3.57	2.08	4.00	4.92	4.65
意大利	8.33	6.12	2.38	2.13	4.55	6.00	3.57	2.08	4.00	3.28	4.24
荷兰	6.25	0.00	0.00	2.13	4.55	4.00	3.57	2.08	4.00	6.56	3.43
澳大利亚	0.00	6.12	2.38	6.38	0.00	4.00	5.36	2.08	4.00	0.00	3.03
瑞士	2.08	0.00	2.38	4.26	4.55	2.00	3.57	2.08	4.00	1.64	2.63
中国大陆	2.08	2.04	2.38	2.13	0.00	4.00	1.79	2.08	4.00	4.92	2.63
日本	4.17	2.04	0.00	6.38	0.00	2.00	0.00	2.08	2.00	4.92	2.42
智利	0.00	2.04	0.00	4.26	4.55	0.00	3.57	2.08	2.00	4.92	2.42
芬兰	0.00	0.00	2.38	0.00	4.55	2.00	3.57	2.08	4.00	3.28	2.22
印度	0.00	6.12	2.38	2.13	4.55	4.00	1.79	2.08	0.00	0.00	2.22
瑞典	4.17	0.00	0.00	0.00	0.00	0.00	3.57	2.08	4.00	6.56	2.22
俄罗斯	0.00	0.00	2.38	2.13	4.55	4.00	1.79	2.08	2.00	3.28	2.22
中国台湾	2.08	2.04	2.38	0.00	4.55	2.00	1.79	2.08	0.00	4.92	2.22
巴西	0.00	2.04	2.38	2.13	0.00	4.00	3.57	2.08	2.00	0.00	1.82
丹麦	2.08	0.00	0.00	0.00	4.55	2.00	3.57	2.08	4.00	0.00	1.82

表2-23 天文学和天体物理学B层人才排名前20的国家和地区的占比

单位：%

国家和地区	2010年	2011年	2012年	2013年	2014年	2015年	2016年	2017年	2018年	2019年	合计
美国	21.81	21.54	12.91	12.67	13.64	15.27	10.97	12.63	13.97	12.64	14.59
英国	8.12	10.20	6.76	7.11	6.72	10.59	7.62	8.02	7.08	6.50	7.82

续表

国家和地区	2010年	2011年	2012年	2013年	2014年	2015年	2016年	2017年	2018年	2019年	合计
德　国	10.44	8.62	5.94	6.22	7.11	9.78	7.62	7.21	8.17	6.68	7.74
法　国	7.66	7.94	4.92	5.78	4.94	7.13	5.39	4.61	6.53	5.96	6.04
意大利	5.57	6.35	4.30	4.00	3.95	4.68	4.09	5.41	3.63	5.78	4.75
西班牙	5.10	3.63	4.30	2.89	4.94	4.48	5.20	4.41	4.36	3.61	4.30
荷　兰	4.41	3.63	3.48	3.33	3.95	4.07	4.28	3.81	3.27	4.87	3.92
加拿大	5.34	6.35	2.87	2.44	3.36	2.65	4.09	4.41	3.09	4.51	3.88
澳大利亚	3.25	1.81	3.48	2.00	1.58	4.07	2.60	4.41	4.36	3.79	3.17
瑞　士	3.25	2.27	3.07	2.22	3.36	2.65	3.53	2.61	4.36	2.17	2.97
日　本	3.71	2.49	3.48	2.44	2.57	2.24	1.30	3.21	2.54	5.23	2.93
中国大陆	1.86	2.27	2.46	2.22	2.37	2.44	1.30	3.41	3.09	3.07	2.47
智　利	0.93	2.49	2.25	1.33	1.78	2.44	2.42	3.21	3.63	3.07	2.40
瑞　典	1.62	1.36	1.84	1.56	1.19	2.44	3.16	1.80	3.09	1.81	2.02
丹　麦	0.93	2.49	1.43	2.22	3.16	0.61	2.60	2.81	1.63	0.72	1.86
俄罗斯	1.16	1.59	1.64	1.56	2.17	0.81	3.16	2.61	1.27	2.17	1.84
波　兰	1.62	0.91	1.43	1.78	2.37	1.83	3.16	1.00	1.81	1.62	1.78
南　非	1.16	0.68	0.82	1.33	3.16	1.43	3.16	1.60	1.45	1.62	1.68
巴　西	0.46	0.68	1.43	1.33	0.79	2.65	2.42	2.61	2.72	0.90	1.64
中国台湾	0.23	0.91	1.64	1.56	1.98	1.83	1.67	1.60	1.09	2.35	1.52

表 2-24　天文学和天体物理学 C 层人才排名前 20 的国家和地区的占比

单位：%

国家和地区	2010年	2011年	2012年	2013年	2014年	2015年	2016年	2017年	2018年	2019年	合计
美　国	23.73	20.83	19.57	19.65	17.42	16.72	15.41	16.66	15.55	15.23	17.88
德　国	10.53	9.67	9.78	8.94	8.77	8.55	8.94	8.80	7.97	8.96	9.05
英　国	9.21	8.20	8.76	8.28	8.31	8.93	8.35	9.06	8.27	8.73	8.61
法　国	7.30	6.32	6.58	6.88	6.20	6.02	5.73	5.57	5.41	5.37	6.09
意大利	5.53	5.10	4.54	4.78	5.17	4.84	4.24	4.78	4.26	5.10	4.81
西班牙	4.19	4.25	4.17	4.12	3.99	3.75	4.06	3.96	3.96	3.88	4.03
荷　兰	3.23	3.35	3.22	3.35	3.67	3.15	3.95	3.98	3.36	3.92	3.53
加拿大	4.38	3.97	4.15	4.14	3.59	2.97	2.96	3.29	2.91	3.21	3.52
日　本	3.82	3.56	3.07	3.08	2.80	2.77	3.03	3.03	3.21	2.94	3.12
瑞　士	3.16	2.73	2.80	2.40	2.63	3.41	3.36	3.05	3.53	3.29	3.05
澳大利亚	2.26	2.69	2.95	3.06	2.96	2.79	3.03	2.62	2.67	3.17	2.83

续表

国家和地区	2010年	2011年	2012年	2013年	2014年	2015年	2016年	2017年	2018年	2019年	合计
中国大陆	1. 89	1. 95	2. 19	2. 42	1. 70	2. 37	2. 52	2. 78	3. 27	4. 07	2. 55
智　　利	1. 54	2. 18	1. 69	1. 90	2. 55	2. 03	2. 61	2. 58	2. 95	2. 47	2. 28
瑞　　典	1. 59	1. 29	1. 40	1. 38	1. 36	1. 83	1. 98	1. 63	1. 76	1. 99	1. 63
俄 罗 斯	1. 47	1. 61	1. 63	1. 70	1. 56	1. 53	1. 73	1. 46	1. 51	1. 62	1. 58
丹　　麦	1. 20	1. 84	1. 36	1. 29	2. 13	1. 69	1. 74	1. 27	1. 38	1. 53	1. 54
波　　兰	1. 17	1. 49	1. 34	1. 38	1. 40	1. 47	1. 85	1. 48	1. 55	1. 13	1. 43
巴　　西	0. 53	0. 80	0. 93	1. 20	1. 34	1. 30	1. 69	1. 57	1. 49	1. 62	1. 27
比 利 时	1. 15	1. 33	1. 20	0. 91	1. 26	1. 34	1. 25	1. 38	1. 14	1. 15	1. 21
以 色 列	0. 78	1. 29	1. 48	1. 00	1. 36	1. 30	0. 97	0. 88	1. 08	1. 36	1. 15

九　凝聚态物理

凝聚态物理 A、B、C 层人才主要集中在美国和中国大陆，二者 A、B、C 层人才的世界占比合计为 52. 58%、55. 31%、46. 09%，其中美国的 A 层人才多于中国大陆，B、C 层人才稍少于中国大陆；在发展趋势上，中国大陆呈现相对上升趋势，美国呈现相对下降趋势。

英国、新加坡、日本、韩国、德国的 A 层人才比较多，世界占比在 7%～4%之间；沙特阿拉伯、瑞士、澳大利亚、意大利、加拿大、荷兰、法国、西班牙、瑞典、中国台湾、中国香港也有相当数量的 A 层人才，世界占比超过或接近 1%。

新加坡、德国、韩国、日本、英国、澳大利亚的 B 层人才比较多，世界占比在 5%～3%之间；中国香港、加拿大、法国、沙特阿拉伯、西班牙、荷兰、中国台湾、瑞士、瑞典、意大利、印度、丹麦也有相当数量的 B 层人才，大部分世界占比超过 1%。

德国、韩国、英国、日本的 C 层人才比较多，世界占比在 7%～3%之间；法国、新加坡、澳大利亚、瑞士、西班牙、加拿大、中国香港、意大利、印度、荷兰、伊朗、沙特阿拉伯、瑞典、中国台湾也有相当数量的 C 层人才，世界占比超过 1%。

表 2－25　凝聚态物理 A 层人才排名前 18 的国家和地区的占比

单位：%

国家和地区	2010年	2011年	2012年	2013年	2014年	2015年	2016年	2017年	2018年	2019年	合计
美　　国	34. 88	37. 21	32. 56	42. 50	39. 02	25. 58	29. 17	26. 00	17. 86	22. 03	29. 83
中国大陆	9. 30	13. 95	18. 60	10. 00	14. 63	18. 60	27. 08	22. 00	41. 07	38. 98	22. 75
英　　国	6. 98	9. 30	4. 65	5. 00	12. 20	9. 30	2. 08	10. 00	3. 57	3. 39	6. 44
新 加 坡	2. 33	4. 65	13. 95	7. 50	4. 88	4. 65	4. 17	0. 00	3. 57	3. 39	4. 72
日　　本	6. 98	6. 98	9. 30	5. 00	0. 00	4. 65	2. 08	2. 00	3. 57	3. 39	4. 29
韩　　国	4. 65	4. 65	2. 33	7. 50	2. 44	6. 98	10. 42	0. 00	0. 00	3. 39	4. 08
德　　国	9. 30	2. 33	2. 33	0. 00	2. 44	4. 65	10. 42	6. 00	0. 00	3. 39	4. 08
沙特阿拉伯	0. 00	0. 00	0. 00	0. 00	0. 00	4. 65	2. 08	4. 00	8. 93	5. 08	2. 79
瑞　　士	0. 00	2. 33	0. 00	5. 00	4. 88	4. 65	0. 00	4. 00	3. 57	1. 69	2. 58
澳大利亚	2. 33	2. 33	2. 33	2. 50	2. 44	0. 00	0. 00	2. 00	5. 36	3. 39	2. 36
意 大 利	2. 33	0. 00	0. 00	2. 50	0. 00	6. 98	2. 08	2. 00	1. 79	1. 69	1. 93
加 拿 大	4. 65	4. 65	0. 00	0. 00	0. 00	0. 00	2. 08	4. 00	1. 79	0. 00	1. 72
荷　　兰	4. 65	2. 33	0. 00	0. 00	2. 44	2. 33	4. 17	0. 00	1. 79	0. 00	1. 72
法　　国	4. 65	0. 00	2. 33	5. 00	0. 00	2. 33	0. 00	2. 00	0. 00	1. 69	1. 72
西 班 牙	2. 33	2. 33	0. 00	0. 00	0. 00	2. 33	0. 00	2. 00	0. 00	0. 00	0. 86
瑞　　典	0. 00	2. 33	0. 00	0. 00	0. 00	0. 00	2. 08	2. 00	1. 79	0. 00	0. 86
中国台湾	0. 00	0. 00	6. 98	0. 00	2. 44	0. 00	0. 00	0. 00	0. 00	0. 00	0. 86
中国香港	2. 33	2. 33	0. 00	0. 00	4. 88	0. 00	0. 00	0. 00	0. 00	0. 00	0. 86

表 2－26　凝聚态物理 B 层人才排名前 20 的国家和地区的占比

单位：%

国家和地区	2010年	2011年	2012年	2013年	2014年	2015年	2016年	2017年	2018年	2019年	合计
中国大陆	14. 39	15. 31	19. 90	23. 78	26. 36	28. 10	32. 03	40. 21	42. 55	43. 31	29. 73
美　　国	37. 12	34. 95	28. 32	32. 16	28. 17	23. 89	21. 89	19. 36	19. 61	17. 29	25. 58
新 加 坡	2. 78	2. 55	4. 34	5. 14	6. 46	4. 68	5. 76	6. 17	4. 51	6. 51	4. 96
德　　国	10. 10	6. 89	6. 63	3. 78	5. 68	3. 75	3. 69	3. 83	3. 14	3. 35	4. 94
韩　　国	4. 04	4. 34	6. 12	5. 68	4. 13	6. 09	5. 99	3. 40	3. 33	4. 28	4. 68
日　　本	6. 06	5. 10	6. 12	4. 05	2. 33	4. 45	3. 23	2. 13	1. 57	2. 23	3. 59
英　　国	4. 04	4. 34	5. 10	4. 59	3. 36	3. 04	3. 46	2. 98	2. 75	1. 67	3. 43
澳大利亚	1. 26	2. 04	2. 04	2. 16	1. 81	3. 75	3. 69	4. 68	5. 29	4. 09	3. 22
中国香港	1. 26	1. 02	1. 53	0. 54	2. 58	1. 87	2. 07	3. 40	3. 73	3. 72	2. 29
加 拿 大	1. 01	2. 81	2. 04	0. 81	2. 07	1. 64	2. 30	1. 70	1. 57	2. 60	1. 88
法　　国	1. 52	4. 08	2. 55	1. 62	2. 07	2. 34	1. 61	0. 85	1. 37	0. 93	1. 83

续表

国家和地区	2010年	2011年	2012年	2013年	2014年	2015年	2016年	2017年	2018年	2019年	合计
沙特阿拉伯	0.00	1.53	1.02	0.81	1.81	2.58	2.53	2.34	2.75	1.67	1.76
西班牙	1.01	2.30	0.77	1.35	1.81	1.87	0.92	0.64	0.59	1.49	1.25
荷兰	3.28	1.28	2.81	2.43	0.52	0.70	0.23	0.85	0.39	0.37	1.20
中国台湾	2.02	0.77	1.79	1.62	2.33	0.70	0.69	0.64	0.59	0.56	1.11
瑞士	1.01	1.02	1.28	1.62	1.55	0.94	1.38	0.85	0.78	0.74	1.09
瑞典	1.26	1.28	0.77	0.54	1.03	0.94	1.15	0.21	0.98	1.12	0.93
意大利	0.76	1.53	1.28	1.62	0.52	0.94	1.61	0.85	0.00	0.37	0.90
印度	1.01	0.26	0.77	0.81	0.26	0.70	0.46	0.85	0.39	0.93	0.65
丹麦	1.26	0.51	1.53	0.81	0.78	0.00	0.00	0.21	0.00	0.19	0.49

表 2-27　凝聚态物理 C 层人才排名前 20 的国家和地区的占比

单位：%

国家和地区	2010年	2011年	2012年	2013年	2014年	2015年	2016年	2017年	2018年	2019年	合计
中国大陆	10.84	11.82	13.91	16.91	19.55	22.33	25.80	31.67	36.04	37.35	23.64
美国	26.83	27.34	27.33	26.79	25.03	23.14	20.88	19.72	17.21	15.14	22.45
德国	8.96	10.01	8.13	7.93	7.22	6.29	5.99	4.66	4.32	4.57	6.62
韩国	4.38	4.91	4.47	4.99	5.37	4.89	4.41	4.42	4.77	4.48	4.70
英国	4.79	4.81	4.70	4.78	4.62	3.54	3.74	3.53	3.43	3.01	4.02
日本	5.97	5.43	4.91	3.85	4.21	3.21	3.53	2.79	2.69	2.89	3.85
法国	4.71	4.27	3.91	3.79	2.86	2.61	2.74	1.92	1.54	1.42	2.86
新加坡	1.67	1.66	2.63	1.98	2.67	3.44	2.88	3.27	3.78	2.99	2.75
澳大利亚	1.91	1.58	1.66	1.66	2.08	2.59	2.58	3.13	3.03	3.74	2.47
瑞士	2.88	2.35	2.35	2.27	2.23	2.00	2.20	1.74	1.68	1.32	2.06
西班牙	2.21	2.38	2.45	2.06	2.23	1.64	1.88	1.65	1.47	1.32	1.89
加拿大	1.88	1.58	2.12	1.74	2.15	2.04	2.02	1.59	1.47	1.47	1.79
中国香港	0.67	0.98	1.10	1.04	1.38	1.73	2.00	2.55	2.83	2.42	1.74
意大利	2.34	2.12	1.84	2.30	1.61	1.69	1.62	1.04	1.27	1.49	1.70
印度	1.98	1.76	1.58	1.82	1.45	1.59	1.18	1.46	1.56	1.97	1.64
荷兰	2.06	2.28	1.92	1.60	1.56	1.62	1.21	1.15	0.91	1.00	1.49
伊朗	0.88	0.85	0.92	1.12	0.99	1.45	1.62	1.41	1.05	0.98	1.13
沙特阿拉伯	0.10	0.36	0.64	0.88	1.25	1.66	1.46	1.55	1.35	1.55	1.12
瑞典	1.57	1.35	1.12	1.28	1.12	1.12	0.95	0.98	0.95	0.85	1.11
中国台湾	0.82	1.24	1.43	0.93	1.17	1.16	1.02	1.11	0.89	0.72	1.04

十 热力学

热力学A层人才主要集中在美国，世界占比为17.42%；其次为中国大陆和伊朗，世界占比为8.99%、7.30%；巴基斯坦、印度、英国、马来西亚、沙特阿拉伯、德国的A层人才比较多，世界占比在7%~3%之间；丹麦、法国、南非、西班牙、中国台湾、加拿大、澳大利亚、意大利、罗马尼亚、科威特、土耳其也有相当数量的A层人才，世界占比超过1%。

B层人才主要集中在中国大陆，世界占比为15.62%；其次为伊朗和美国，世界占比为13.17%、11.25%；马来西亚、沙特阿拉伯、英国、巴基斯坦、印度的B层人才比较多，世界占比在6%~3%之间；土耳其、德国、澳大利亚、加拿大、意大利、法国、中国台湾、西班牙、罗马尼亚、韩国、泰国、葡萄牙也有相当数量的B层人才，世界占比超过1%。

C层人才主要集中在中国大陆，世界占比为20.85%；其次为美国和伊朗，世界占比为9.72%、8.69%；印度、英国、意大利、马来西亚的C层人才比较多，世界占比在5%~3%之间；德国、土耳其、法国、西班牙、加拿大、沙特阿拉伯、韩国、澳大利亚、日本、巴基斯坦、中国台湾、埃及、丹麦也有相当数量的C层人才，世界占比超过1%。

表2-28 热力学A层人才排名前20的国家和地区的占比

单位：%

国家和地区	2010年	2011年	2012年	2013年	2014年	2015年	2016年	2017年	2018年	2019年	合计
美国	7.69	16.67	23.08	33.33	27.78	21.05	13.64	13.04	18.18	4.76	17.42
中国大陆	0.00	0.00	7.69	0.00	5.56	10.53	13.64	17.39	9.09	14.29	8.99
伊朗	0.00	0.00	0.00	13.33	0.00	5.26	4.55	13.04	18.18	9.52	7.30
巴基斯坦	7.69	0.00	0.00	0.00	0.00	10.53	9.09	4.35	13.64	14.29	6.74
印度	15.38	0.00	15.38	6.67	0.00	15.79	0.00	4.35	0.00	4.76	5.62
英国	7.69	8.33	0.00	0.00	11.11	5.26	13.64	0.00	4.55	0.00	5.06
马来西亚	0.00	8.33	7.69	0.00	0.00	5.26	4.55	0.00	0.00	9.52	3.37
沙特阿拉伯	0.00	0.00	0.00	0.00	5.56	0.00	9.09	4.35	0.00	9.52	3.37
德国	0.00	8.33	7.69	6.67	5.56	5.26	4.55	0.00	0.00	0.00	3.37
丹麦	7.69	8.33	0.00	0.00	5.56	0.00	0.00	4.35	4.55	0.00	2.81
法国	0.00	8.33	7.69	6.67	5.56	0.00	0.00	4.35	0.00	0.00	2.81

续表

国家和地区	2010年	2011年	2012年	2013年	2014年	2015年	2016年	2017年	2018年	2019年	合计
南　　非	0.00	8.33	7.69	6.67	0.00	0.00	4.55	0.00	0.00	0.00	2.25
西 班 牙	0.00	8.33	7.69	0.00	5.56	0.00	0.00	0.00	4.55	0.00	2.25
中国台湾	0.00	0.00	0.00	0.00	0.00	0.00	4.55	13.04	0.00	0.00	2.25
加 拿 大	15.38	0.00	0.00	0.00	0.00	5.26	4.55	0.00	0.00	0.00	2.25
澳大利亚	7.69	0.00	0.00	0.00	0.00	0.00	0.00	0.00	4.55	9.52	2.25
意 大 利	0.00	8.33	7.69	0.00	5.56	5.26	0.00	0.00	0.00	0.00	2.25
罗马尼亚	7.69	0.00	0.00	6.67	0.00	0.00	4.55	0.00	0.00	0.00	1.69
科 威 特	0.00	0.00	0.00	0.00	0.00	0.00	0.00	0.00	4.55	9.52	1.69
土 耳 其	0.00	8.33	0.00	0.00	0.00	0.00	4.55	4.35	0.00	0.00	1.69

表 2－29　热力学 B 层人才排名前 20 的国家和地区的占比

单位：%

国家和地区	2010年	2011年	2012年	2013年	2014年	2015年	2016年	2017年	2018年	2019年	合计
中国大陆	4.07	11.67	12.61	12.03	11.98	18.60	14.81	20.54	18.98	20.16	15.62
伊　　朗	5.69	6.67	7.56	7.52	14.37	15.12	17.99	13.84	18.98	14.23	13.17
美　　国	22.76	20.00	14.29	12.78	11.98	11.63	6.88	8.48	6.94	7.91	11.25
马来西亚	4.07	3.33	3.36	10.53	8.98	7.56	4.76	5.36	3.70	1.98	5.19
沙特阿拉伯	2.44	0.83	0.84	3.01	1.20	4.65	8.47	5.36	6.02	4.74	4.20
英　　国	3.25	3.33	4.20	3.76	2.99	1.74	2.65	5.80	3.24	4.35	3.61
巴基斯坦	0.00	1.67	0.84	2.26	1.20	1.16	5.82	8.93	4.63	4.35	3.61
印　　度	4.07	0.83	4.20	4.51	2.40	4.07	5.82	2.23	2.31	1.98	3.15
土 耳 其	4.07	5.83	2.52	3.01	4.79	1.16	1.59	0.45	2.31	1.58	2.45
德　　国	7.32	3.33	4.20	3.76	1.80	1.74	1.59	0.89	1.85	0.40	2.27
澳大利亚	0.00	1.67	3.36	0.75	2.99	0.58	2.12	1.34	3.70	4.35	2.27
加 拿 大	1.63	2.50	1.68	1.50	1.80	4.65	1.59	1.34	1.85	2.37	2.10
意 大 利	2.44	1.67	5.04	0.75	4.19	2.33	2.65	1.79	0.93	0.79	2.10
法　　国	2.44	0.83	2.52	3.76	2.99	1.74	3.70	0.89	0.46	0.79	1.86
中国台湾	4.88	4.17	0.84	0.00	1.20	2.33	1.59	0.45	0.93	0.79	1.52
西 班 牙	4.07	0.83	0.84	2.26	2.40	1.16	0.00	2.68	0.93	0.79	1.52
罗马尼亚	1.63	1.67	1.68	3.76	1.20	1.16	0.00	0.89	1.39	1.98	1.46
韩　　国	0.81	3.33	1.68	0.75	0.60	2.91	0.00	0.45	0.46	1.58	1.17
泰　　国	0.81	0.00	0.00	0.75	2.40	2.33	2.12	0.89	0.46	1.19	1.17
葡 萄 牙	3.25	3.33	1.68	2.26	1.20	0.00	0.53	0.89	0.00	0.00	1.05

表 2－30　热力学 C 层人才排名前 20 的国家和地区的占比

单位：%

国家和地区	2010年	2011年	2012年	2013年	2014年	2015年	2016年	2017年	2018年	2019年	合计
中国大陆	13.69	13.75	13.72	14.84	17.70	21.24	21.58	25.17	28.24	25.81	20.85
美国	15.25	15.29	11.35	11.65	9.30	11.08	9.91	8.27	5.94	6.09	9.72
伊朗	6.07	6.01	6.86	7.72	8.88	8.15	9.31	9.56	9.58	10.91	8.69
印度	5.33	4.38	5.33	5.34	4.32	3.50	5.73	5.08	4.79	4.82	4.86
英国	4.67	3.44	3.90	4.60	3.60	3.50	3.52	4.11	3.69	4.34	3.93
意大利	3.03	2.15	3.56	3.26	4.56	4.25	3.62	3.33	2.59	2.79	3.32
马来西亚	1.80	2.84	3.98	3.93	4.32	3.67	3.42	2.63	2.35	2.03	3.03
德国	4.18	3.61	3.05	3.12	2.94	3.44	2.36	1.94	1.60	1.27	2.55
土耳其	2.70	3.09	3.13	3.12	3.00	2.53	1.76	2.49	2.15	2.07	2.51
法国	4.18	4.04	3.13	3.41	2.64	3.21	2.26	1.76	1.05	1.43	2.48
西班牙	2.79	3.44	2.79	3.41	3.30	2.81	2.16	2.03	1.70	1.12	2.39
加拿大	2.62	3.26	2.03	2.60	2.76	1.89	2.36	1.89	2.40	2.43	2.38
沙特阿拉伯	1.31	1.63	1.95	1.56	1.86	1.84	2.72	2.26	2.50	3.94	2.32
韩国	2.87	2.23	2.54	2.82	2.76	2.07	2.36	1.89	1.80	1.23	2.15
澳大利亚	1.39	1.89	1.61	2.45	1.74	2.53	2.01	2.49	2.15	2.15	2.09
日本	2.54	1.63	2.46	1.85	1.38	1.72	1.46	1.48	1.05	1.19	1.58
巴基斯坦	0.49	0.95	1.10	0.74	0.84	0.80	1.31	1.89	2.45	2.55	1.46
中国台湾	1.72	2.66	1.95	1.71	1.44	1.09	0.80	0.97	1.20	0.80	1.31
埃及	0.57	1.20	0.85	0.82	0.90	1.03	1.41	1.15	1.85	1.79	1.24
丹麦	1.15	1.37	1.44	1.11	1.20	0.92	1.06	0.83	1.60	1.47	1.21

十一　原子、分子和化学物理

原子、分子和化学物理 A、B、C 层人才最多的国家是美国，分别占该学科全球 A、B、C 层人才的 28.81%、23.71%、21.11%。

德国、伊朗、英国、中国大陆、沙特阿拉伯、印度的 A 层人才比较多，世界占比在 11%～3% 之间；韩国、以色列、西班牙、澳大利亚、荷兰、丹麦、法国、日本、加拿大、瑞典、俄罗斯、巴基斯坦、南非也有相当数量的 A 层人才，世界占比超过或接近 1%。

中国大陆、德国、英国、沙特阿拉伯、印度、日本的 B 层人才比较多，世界占比在 12%～3% 之间；法国、西班牙、意大利、瑞士、伊朗、澳大利亚、瑞典、巴基斯坦、加拿大、以色列、韩国、荷兰、丹麦也有相当数量的 B

层人才，世界占比不小于1%。

中国大陆、德国、英国、法国、印度、日本、意大利、西班牙的C层人才比较多，世界占比在12%～3%之间；瑞士、加拿大、伊朗、澳大利亚、韩国、沙特阿拉伯、荷兰、俄罗斯、瑞典、波兰、丹麦也有相当数量的C层人才，世界占比超过1%。

表2-31　原子、分子和化学物理A层人才排名前20的国家和地区的占比

单位：%

国家和地区	2010年	2011年	2012年	2013年	2014年	2015年	2016年	2017年	2018年	2019年	合计
美国	50.00	27.27	45.83	37.50	21.74	14.81	38.46	20.00	19.23	11.76	28.81
德国	18.18	13.64	4.17	16.67	8.70	11.11	7.69	12.00	7.69	5.88	10.59
伊朗	0.00	0.00	0.00	0.00	0.00	0.00	0.00	12.00	38.46	17.65	6.78
英国	4.55	0.00	8.33	12.50	8.70	7.41	7.69	12.00	0.00	0.00	6.36
中国大陆	0.00	4.55	8.33	4.17	4.35	3.70	7.69	8.00	0.00	0.00	4.24
沙特阿拉伯	0.00	0.00	4.17	0.00	4.35	3.70	0.00	0.00	11.54	11.76	3.39
印度	0.00	4.55	8.33	0.00	0.00	0.00	3.85	0.00	11.54	5.88	3.39
韩国	0.00	0.00	0.00	4.17	8.70	3.70	3.85	4.00	3.85	0.00	2.97
以色列	4.55	0.00	4.17	0.00	4.35	7.41	3.85	0.00	0.00	0.00	2.54
西班牙	0.00	9.09	0.00	0.00	0.00	7.41	3.85	4.00	0.00	0.00	2.54
澳大利亚	4.55	4.55	4.17	0.00	0.00	7.41	0.00	4.00	0.00	0.00	2.54
荷兰	0.00	4.55	0.00	4.17	0.00	7.41	3.85	0.00	0.00	0.00	2.12
丹麦	0.00	9.09	8.33	0.00	0.00	3.70	0.00	0.00	0.00	0.00	2.12
法国	0.00	4.55	0.00	8.33	4.35	0.00	0.00	4.00	0.00	0.00	2.12
日本	9.09	0.00	0.00	0.00	4.35	0.00	3.85	4.00	0.00	0.00	2.12
加拿大	0.00	0.00	0.00	4.17	8.70	3.70	0.00	0.00	0.00	0.00	1.69
瑞典	4.55	0.00	0.00	0.00	0.00	3.70	0.00	0.00	0.00	5.88	1.27
俄罗斯	0.00	4.55	0.00	4.17	0.00	0.00	0.00	0.00	0.00	5.88	1.27
巴基斯坦	4.55	0.00	0.00	0.00	0.00	0.00	0.00	0.00	3.85	5.88	1.27
南非	0.00	0.00	0.00	0.00	0.00	0.00	3.85	0.00	0.00	5.88	0.85

表2-32　原子、分子和化学物理B层人才排名前20的国家和地区的占比

单位：%

国家和地区	2010年	2011年	2012年	2013年	2014年	2015年	2016年	2017年	2018年	2019年	合计
美国	30.92	32.41	31.36	34.65	26.41	24.07	21.25	16.18	16.24	7.23	23.71
中国大陆	9.66	8.33	12.73	10.53	10.82	10.79	9.58	15.77	9.40	14.46	11.27

续表

国家和地区	2010年	2011年	2012年	2013年	2014年	2015年	2016年	2017年	2018年	2019年	合计
德　　国	11.11	10.65	7.73	9.65	7.36	10.79	4.58	7.88	8.97	2.81	8.06
英　　国	7.73	8.33	5.91	3.51	6.49	7.05	7.50	4.15	5.56	5.22	6.11
沙特阿拉伯	0.00	0.00	0.45	2.63	2.60	4.56	7.50	5.39	10.68	10.84	4.64
印　　度	1.45	1.39	0.91	2.63	3.03	2.90	5.42	8.30	6.41	4.82	3.81
日　　本	4.35	2.78	3.18	3.51	5.19	3.73	3.33	1.66	2.99	2.81	3.34
法　　国	3.38	3.24	3.64	5.26	3.03	2.49	1.67	2.49	1.71	2.81	2.95
西 班 牙	3.38	5.09	3.18	3.07	3.46	3.73	2.92	2.07	1.28	0.80	2.86
意 大 利	3.38	3.70	4.09	3.95	3.46	1.66	2.50	1.66	1.28	0.80	2.60
瑞　　士	3.38	1.85	2.27	1.75	1.73	4.15	2.92	2.07	2.14	2.01	2.43
伊　　朗	0.00	0.00	0.45	0.44	1.30	0.83	2.92	6.64	4.70	5.62	2.38
澳大利亚	3.38	2.78	3.18	0.88	2.60	1.24	0.83	2.07	1.28	3.21	2.12
瑞　　典	1.45	1.85	2.27	1.75	2.60	3.32	0.83	2.07	1.28	2.01	1.95
巴基斯坦	0.00	0.00	0.00	0.00	0.43	0.00	4.58	2.49	4.70	6.02	1.91
加 拿 大	2.42	2.31	2.27	1.32	1.30	0.41	4.58	0.83	1.28	2.01	1.86
以 色 列	1.93	2.31	1.36	1.75	4.33	2.90	0.83	0.41	0.43	0.80	1.69
韩　　国	0.48	0.93	1.82	1.75	3.03	1.24	1.67	1.24	1.71	0.40	1.43
荷　　兰	0.48	0.93	0.00	1.32	1.73	1.24	1.25	1.24	1.28	1.20	1.08
丹　　麦	2.42	1.85	0.91	1.75	1.30	0.00	0.42	0.83	0.43	0.40	1.00

表2-33　原子、分子和化学物理C层人才排名前20的国家和地区的占比

单位：%

国家和地区	2010年	2011年	2012年	2013年	2014年	2015年	2016年	2017年	2018年	2019年	合计
美　　国	26.25	25.95	24.52	23.36	22.78	20.51	17.86	18.60	17.24	15.59	21.11
中国大陆	7.32	8.78	9.34	10.28	10.73	12.60	12.07	13.05	14.07	14.90	11.42
德　　国	10.33	10.93	10.97	9.97	9.80	9.39	7.53	8.15	7.31	7.28	9.11
英　　国	6.18	6.05	6.12	6.04	5.81	5.56	6.16	5.03	5.07	4.01	5.59
法　　国	5.59	5.16	5.12	5.14	5.27	4.04	4.08	4.05	3.84	3.36	4.54
印　　度	1.73	2.06	2.18	2.21	3.46	4.53	4.93	4.10	4.44	4.87	3.51
日　　本	4.75	3.24	3.54	3.70	3.59	3.62	2.72	2.82	2.87	2.41	3.30
意 大 利	4.10	2.82	3.72	3.79	3.24	3.50	3.15	2.52	2.20	3.27	3.21
西 班 牙	3.86	3.99	3.31	3.74	3.46	2.88	2.47	2.35	2.28	2.58	3.06
瑞　　士	2.22	2.30	2.54	2.98	2.26	2.35	2.21	2.73	2.41	1.85	2.38
加 拿 大	2.13	2.44	2.67	2.66	2.44	2.31	1.79	1.79	2.20	1.55	2.19

续表

国家和地区	2010年	2011年	2012年	2013年	2014年	2015年	2016年	2017年	2018年	2019年	合计
伊朗	0.40	0.47	0.59	0.90	0.98	1.65	3.15	4.05	4.10	4.05	2.09
澳大利亚	1.68	2.67	2.67	2.53	1.77	2.10	1.66	1.41	1.99	1.34	1.97
韩国	0.89	1.50	1.45	1.67	1.73	1.69	1.87	1.96	1.86	1.03	1.58
沙特阿拉伯	0.10	0.14	0.45	0.68	0.93	1.57	3.19	2.47	2.75	2.93	1.57
荷兰	2.32	1.92	1.81	1.58	1.55	1.52	0.81	0.94	1.39	1.81	1.55
俄罗斯	1.58	1.03	1.00	1.62	1.24	1.44	1.53	1.92	2.07	1.98	1.55
瑞典	1.38	1.69	1.72	1.31	1.55	1.11	1.15	1.41	1.31	1.12	1.37
波兰	1.73	1.22	1.31	1.04	0.98	1.15	1.06	1.49	1.14	1.46	1.25
丹麦	1.04	1.50	1.31	1.08	1.37	1.36	0.89	1.19	1.01	1.29	1.21

十二 光学

光学 A、B、C 层人才主要集中在美国和中国大陆，二者 A、B、C 层人才的世界占比合计为 38.49%、39.84%、37.23%，其中美国的 A、B 层人才多于中国大陆，C 层人才稍少于中国大陆；在发展趋势上，中国大陆呈现相对上升趋势，美国呈现相对下降趋势。

英国、德国、澳大利亚、瑞士、日本、加拿大、法国、西班牙、意大利的 A 层人才比较多，世界占比在 9% ~3% 之间；新加坡、俄罗斯、荷兰、丹麦、韩国、中国香港、以色列、瑞典、奥地利也有相当数量的 A 层人才，世界占比超过或接近 1%。

德国、英国、法国、加拿大、澳大利亚的 B 层人才比较多，世界占比在 7% ~3% 之间；意大利、日本、瑞士、西班牙、新加坡、韩国、俄罗斯、荷兰、丹麦、中国香港、比利时、以色列、沙特阿拉伯也有相当数量的 B 层人才，世界占比超过或接近 1%。

德国、英国、法国、日本、意大利、加拿大的 C 层人才比较多，世界占比在 7% ~3% 之间；西班牙、印度、澳大利亚、俄罗斯、韩国、新加坡、瑞士、中国台湾、荷兰、中国香港、波兰、伊朗也有相当数量的 C 层人才，世界占比超过 1%。

表 2－34　光学 A 层人才排名前 20 的国家和地区的占比

单位：%

国家和地区	2010年	2011年	2012年	2013年	2014年	2015年	2016年	2017年	2018年	2019年	合计
美国	42.59	30.91	29.31	33.33	25.00	24.24	19.72	25.35	32.88	14.71	27.29
中国大陆	1.85	3.64	8.62	1.85	9.38	13.64	18.31	11.27	13.70	23.53	11.20
英国	12.96	9.09	8.62	3.70	10.94	9.09	11.27	8.45	2.74	7.35	8.36
德国	7.41	10.91	5.17	11.11	6.25	9.09	4.23	9.86	4.11	4.41	7.10
澳大利亚	1.85	1.82	8.62	3.70	3.13	6.06	4.23	7.04	2.74	7.35	4.73
瑞士	1.85	5.45	3.45	5.56	7.81	6.06	1.41	2.82	5.48	4.41	4.42
日本	0.00	5.45	5.17	3.70	6.25	6.06	4.23	0.00	2.74	5.88	3.94
加拿大	0.00	1.82	3.45	3.70	4.69	6.06	2.82	5.63	2.74	2.94	3.47
法国	1.85	1.82	6.90	3.70	3.13	1.52	5.63	4.23	4.11	1.47	3.47
西班牙	1.85	5.45	0.00	5.56	7.81	3.03	0.00	2.82	1.37	2.94	3.00
意大利	3.70	5.45	3.45	0.00	3.13	3.03	2.82	5.63	0.00	2.94	3.00
新加坡	1.85	1.82	0.00	1.85	1.56	6.06	4.23	0.00	2.74	4.41	2.52
俄罗斯	3.70	0.00	0.00	3.70	1.56	0.00	1.41	5.63	2.74	4.41	2.37
荷兰	3.70	1.82	6.90	0.00	0.00	0.00	1.41	1.41	1.37	1.47	1.74
丹麦	5.56	3.64	0.00	3.70	3.13	1.52	0.00	0.00	0.00	0.00	1.58
韩国	0.00	3.64	1.72	1.85	0.00	0.00	0.00	0.00	2.74	4.41	1.42
中国香港	3.70	0.00	0.00	0.00	0.00	0.00	1.41	1.41	2.74	1.47	1.10
以色列	0.00	0.00	1.72	1.85	1.56	1.52	2.82	0.00	1.37	0.00	1.10
瑞典	0.00	0.00	1.72	0.00	0.00	0.00	1.41	1.41	2.74	1.47	0.95
奥地利	0.00	1.82	0.00	1.85	0.00	1.52	0.00	1.41	1.37	0.00	0.79

表 2－35　光学 B 层人才排名前 20 的国家和地区的占比

单位：%

国家和地区	2010年	2011年	2012年	2013年	2014年	2015年	2016年	2017年	2018年	2019年	合计
美国	29.39	24.80	26.03	24.72	23.26	22.87	19.75	18.73	22.26	18.15	22.75
中国大陆	7.69	11.81	12.92	12.92	17.15	18.60	16.33	19.37	23.16	26.90	17.09
德国	7.89	10.24	8.05	6.64	7.64	7.17	8.55	4.92	4.96	4.38	6.94
英国	5.52	7.28	8.05	7.20	6.79	8.87	6.22	6.98	4.51	4.70	6.56
法国	5.13	4.72	4.87	4.61	4.07	3.41	3.89	3.17	2.41	1.78	3.73
加拿大	4.34	4.33	5.24	3.32	4.07	4.27	4.04	2.54	2.56	1.30	3.54
澳大利亚	2.96	3.15	2.43	3.69	3.90	3.41	2.64	2.22	3.61	3.57	3.16
意大利	4.34	3.35	3.37	3.69	2.89	3.24	2.95	2.22	1.95	1.46	2.89
日本	4.73	2.17	2.43	4.24	3.57	1.37	3.73	1.75	2.41	2.43	2.85

续表

国家和地区	2010年	2011年	2012年	2013年	2014年	2015年	2016年	2017年	2018年	2019年	合计
瑞士	3.75	2.17	2.81	3.14	2.89	2.90	3.27	2.70	2.26	1.94	2.77
西班牙	1.97	3.35	3.56	2.03	2.21	2.90	2.80	1.59	2.86	1.78	2.49
新加坡	1.97	1.38	2.25	2.03	2.04	2.56	1.71	2.70	2.56	3.73	2.32
韩国	0.59	1.77	1.12	1.48	3.06	1.02	1.87	2.38	1.80	1.62	1.70
俄罗斯	0.79	1.57	1.87	1.48	0.85	1.37	1.87	2.38	1.20	3.08	1.67
荷兰	1.58	1.38	1.50	2.21	2.21	1.54	1.71	1.43	1.65	0.81	1.60
丹麦	1.97	1.18	1.69	1.85	1.19	0.85	1.40	1.59	1.50	0.97	1.41
中国香港	0.79	1.38	1.31	0.37	0.85	1.37	0.78	1.75	1.95	2.59	1.34
比利时	1.78	1.18	1.12	1.48	1.19	1.02	1.56	1.11	0.75	0.49	1.15
以色列	0.99	1.38	0.94	1.29	1.19	1.19	0.93	0.79	1.20	0.81	1.07
沙特阿拉伯	0.00	0.59	0.00	0.55	0.34	1.19	0.93	2.54	1.05	2.11	0.98

表 2-36　光学 C 层人才排名前 20 的国家和地区的占比

单位：%

国家和地区	2010年	2011年	2012年	2013年	2014年	2015年	2016年	2017年	2018年	2019年	合计
中国大陆	12.06	13.01	14.19	16.96	17.38	20.48	19.84	22.65	24.74	26.12	19.10
美国	22.07	21.50	21.10	18.77	18.89	18.26	17.18	15.74	14.50	15.36	18.13
德国	8.49	8.29	8.41	7.06	7.51	6.83	6.55	5.96	5.55	4.75	6.85
英国	5.44	5.69	5.06	5.93	5.71	5.28	6.12	5.30	4.89	4.34	5.37
法国	5.54	4.68	4.79	4.45	4.03	4.00	4.18	3.51	2.96	3.27	4.09
日本	4.36	4.60	4.37	4.17	4.01	3.52	3.43	3.47	3.12	2.39	3.70
意大利	3.51	3.50	3.33	3.08	3.36	3.35	3.15	3.14	2.72	2.32	3.13
加拿大	3.45	3.17	3.19	3.30	3.28	2.99	3.12	2.63	2.69	2.45	3.01
西班牙	2.86	2.93	2.58	2.71	2.52	2.75	2.62	2.35	2.06	1.77	2.49
印度	1.68	1.49	2.50	2.52	2.75	2.41	2.50	2.78	2.65	3.20	2.48
澳大利亚	2.46	3.09	2.44	2.76	2.50	2.24	2.54	2.32	2.25	2.05	2.45
俄罗斯	2.07	2.11	2.07	2.45	2.17	2.40	2.54	2.79	2.53	2.69	2.40
韩国	2.27	2.29	2.27	2.02	1.78	2.38	1.87	1.70	2.14	1.87	2.04
新加坡	1.62	1.88	1.60	1.98	2.05	1.92	1.67	1.70	1.55	1.77	1.77
瑞士	1.81	1.35	1.67	1.41	1.38	1.59	1.78	1.27	1.41	1.40	1.50
中国台湾	1.95	1.72	1.79	1.50	1.24	1.25	0.84	0.90	0.85	0.92	1.26
荷兰	1.75	1.86	1.34	1.13	1.29	1.06	1.25	0.81	0.96	1.23	1.25
中国香港	0.87	1.04	1.04	1.19	0.97	1.30	1.15	1.51	1.60	1.37	1.22
波兰	1.18	0.96	0.99	1.20	1.26	1.39	1.36	1.08	0.94	1.07	1.15
伊朗	0.30	0.39	0.57	0.89	0.96	0.99	1.06	1.97	1.74	1.87	1.12

十三　光谱学

光谱学 A、B、C 层人才最多的国家是美国，分别占该学科全球 A、B、C 层人才的 16.25%、19.43%、17.63%。

加拿大、德国、英国、法国、印度、俄罗斯、澳大利亚、丹麦、奥地利、比利时、荷兰、波兰、韩国的 A 层人才比较多，世界占比在 8% ~3% 之间；中国大陆、伊朗、日本、西班牙、沙特阿拉伯、瑞典也有相当数量的 A 层人才，世界占比超过 1%。

英国、中国大陆、德国、印度、法国、加拿大的 B 层人才比较多，世界占比在 10% ~4% 之间；意大利、比利时、俄罗斯、澳大利亚、伊朗、西班牙、波兰、瑞士、巴西、奥地利、丹麦、荷兰、瑞典也有相当数量的 B 层人才，世界占比超过 1%。

中国大陆、德国、印度、英国、法国、意大利的 C 层人才比较多，世界占比在 15% ~3% 之间；西班牙、加拿大、伊朗、俄罗斯、日本、瑞士、荷兰、巴西、埃及、比利时、澳大利亚、波兰、土耳其也有相当数量的 C 层人才，世界占比超过 1%。

表 2－37　光谱学 A 层人才排名前 20 的国家和地区的占比

单位：%

国家和地区	2010年	2011年	2012年	2013年	2014年	2015年	2016年	2017年	2018年	2019年	合计
美国	37.50	11.11	44.44	10.00	0.00	10.00	0.00	10.00	25.00	10.00	16.25
加拿大	0.00	11.11	22.22	10.00	0.00	0.00	0.00	10.00	0.00	10.00	7.50
德国	12.50	0.00	0.00	10.00	0.00	10.00	0.00	10.00	0.00	10.00	6.25
英国	12.50	0.00	0.00	10.00	0.00	10.00	0.00	10.00	0.00	10.00	6.25
法国	0.00	0.00	11.11	10.00	0.00	0.00	0.00	10.00	0.00	10.00	5.00
印度	0.00	0.00	11.11	0.00	0.00	20.00	0.00	0.00	0.00	10.00	5.00
俄罗斯	12.50	11.11	0.00	10.00	0.00	0.00	0.00	10.00	0.00	0.00	5.00
澳大利亚	0.00	11.11	0.00	10.00	20.00	0.00	0.00	0.00	0.00	0.00	5.00
丹麦	0.00	11.11	0.00	10.00	20.00	0.00	0.00	0.00	0.00	0.00	5.00
奥地利	0.00	11.11	0.00	0.00	0.00	10.00	0.00	0.00	0.00	10.00	3.75
比利时	0.00	0.00	0.00	10.00	0.00	0.00	0.00	10.00	0.00	10.00	3.75
荷兰	0.00	11.11	0.00	0.00	10.00	0.00	0.00	10.00	0.00	0.00	3.75

续表

国家和地区	2010年	2011年	2012年	2013年	2014年	2015年	2016年	2017年	2018年	2019年	合计
波　　兰	0.00	0.00	0.00	0.00	10.00	10.00	0.00	10.00	0.00	0.00	3.75
韩　　国	12.50	0.00	0.00	0.00	0.00	10.00	0.00	0.00	0.00	10.00	3.75
中国大陆	0.00	0.00	11.11	0.00	0.00	0.00	0.00	0.00	25.00	0.00	2.50
伊　　朗	0.00	0.00	0.00	0.00	0.00	20.00	0.00	0.00	0.00	0.00	2.50
日　　本	12.50	0.00	0.00	0.00	0.00	0.00	0.00	0.00	25.00	0.00	2.50
西 班 牙	0.00	0.00	0.00	0.00	20.00	0.00	0.00	0.00	0.00	0.00	2.50
沙特阿拉伯	0.00	0.00	0.00	0.00	0.00	0.00	0.00	0.00	25.00	0.00	1.25
瑞　　典	0.00	0.00	0.00	0.00	10.00	0.00	0.00	0.00	0.00	0.00	1.25

表2－38　光谱学B层人才排名前20的国家和地区的占比

单位：%

国家和地区	2010年	2011年	2012年	2013年	2014年	2015年	2016年	2017年	2018年	2019年	合计
美　　国	22.22	27.06	24.42	24.47	19.15	14.29	18.09	18.48	17.44	10.34	19.43
英　　国	12.35	10.59	11.63	9.57	8.51	3.57	9.57	9.78	4.65	12.64	9.11
中国大陆	11.11	2.35	9.30	3.19	5.32	8.04	4.26	8.70	18.60	16.09	8.56
德　　国	7.41	8.24	11.63	6.38	10.64	8.04	8.51	4.35	9.30	6.90	8.12
印　　度	2.47	7.06	10.47	11.70	11.70	20.54	4.26	2.17	2.33	2.30	7.90
法　　国	2.47	4.71	2.33	6.38	6.38	3.57	6.38	3.26	2.33	9.20	4.72
加 拿 大	2.47	5.88	4.65	2.13	2.13	1.79	5.32	11.96	1.16	3.45	4.06
意 大 利	8.64	2.35	2.33	1.06	3.19	1.79	2.13	0.00	5.81	1.15	2.74
比 利 时	1.23	3.53	2.33	5.32	0.00	2.68	2.13	1.09	1.16	1.15	2.09
俄 罗 斯	2.47	2.35	1.16	1.06	0.00	0.89	7.45	1.09	2.33	2.30	2.09
澳大利亚	1.23	2.35	1.16	3.19	3.19	1.79	0.00	4.35	0.00	2.30	1.98
伊　　朗	0.00	1.18	2.33	0.00	2.13	7.14	4.26	0.00	1.16	0.00	1.98
西 班 牙	1.23	2.35	1.16	3.19	1.06	0.89	2.13	4.35	3.49	0.00	1.98
波　　兰	1.23	2.35	0.00	4.26	1.06	2.68	3.19	1.09	2.33	0.00	1.87
瑞　　士	0.00	1.18	1.16	3.19	1.06	2.68	4.26	1.09	0.00	2.30	1.76
巴　　西	1.23	1.18	2.33	1.06	2.13	0.89	4.26	1.09	3.49	0.00	1.76
奥 地 利	3.70	1.18	1.16	2.13	2.13	0.00	1.06	2.17	3.49	0.00	1.65
丹　　麦	1.23	2.35	2.33	2.13	2.13	0.89	2.13	0.00	1.16	2.30	1.65
荷　　兰	1.23	1.18	0.00	2.13	0.00	1.79	0.00	3.26	3.49	3.45	1.65
瑞　　典	2.47	2.35	2.33	0.00	1.06	0.89	1.06	1.09	3.49	2.30	1.65

表 2-39 光谱学 C 层人才排名前 20 的国家和地区的占比

单位：%

国家和地区	2010年	2011年	2012年	2013年	2014年	2015年	2016年	2017年	2018年	2019年	合计
美　国	21.38	21.90	19.86	18.28	13.34	15.61	19.17	20.21	14.61	12.79	17.63
中国大陆	7.55	10.55	8.58	11.58	13.97	13.22	15.29	14.01	20.78	26.29	14.14
德　国	8.45	7.57	7.52	7.33	6.20	6.96	7.16	7.23	6.05	7.16	7.15
印　度	3.46	5.50	7.40	6.06	11.13	10.14	4.49	5.86	4.91	5.52	6.60
英　国	5.89	5.62	5.05	5.84	3.89	5.07	6.31	5.74	7.05	3.99	5.41
法　国	5.25	5.16	6.46	6.38	5.78	4.08	4.00	4.71	5.54	3.52	5.09
意大利	4.10	3.56	4.82	4.04	4.62	2.49	3.40	4.13	3.15	3.64	3.79
西班牙	3.33	2.64	3.76	3.83	2.73	2.09	2.18	1.49	2.14	2.35	2.65
加拿大	3.84	3.21	2.70	2.98	2.42	1.69	2.91	2.99	2.14	1.76	2.64
伊　朗	0.77	1.95	2.59	1.28	3.99	4.08	1.94	2.18	2.90	3.17	2.53
俄罗斯	1.66	1.61	0.94	1.91	1.79	1.69	2.31	2.99	2.90	2.23	1.99
日　本	2.94	1.61	1.18	2.66	2.73	2.09	1.94	1.72	1.76	1.06	1.98
瑞　士	1.66	2.29	2.70	1.91	1.68	1.09	1.70	3.10	1.51	1.29	1.89
荷　兰	2.30	3.21	1.29	1.91	1.37	1.19	2.67	1.72	1.01	2.11	1.86
巴　西	1.66	2.18	1.06	1.70	1.37	1.59	2.18	2.18	2.77	1.64	1.82
埃　及	0.90	1.72	1.53	1.49	3.05	3.28	1.09	0.34	1.76	1.88	1.75
比利时	2.30	1.72	1.76	1.81	1.26	1.59	1.82	2.07	1.01	0.94	1.62
澳大利亚	3.20	1.95	1.29	1.70	1.37	1.79	1.94	1.26	0.88	0.70	1.60
波　兰	1.54	1.03	1.76	1.70	1.47	1.39	2.18	1.61	2.02	1.41	1.60
土耳其	1.54	1.61	2.35	0.96	0.63	1.69	1.58	1.15	1.13	0.70	1.33

十四　声学

声学 A、B、C 层人才最多的国家是美国，分别占该学科全球 A、B、C 层人才的 29.41%、16.72%、17.04%。

法国、加拿大、中国大陆、伊朗、英国、德国的 A 层人才比较多，世界占比在 12%～4%之间；芬兰、荷兰、新加坡、塞浦路斯、土耳其、希腊、以色列、意大利、挪威、奥地利、波兰、比利时、卡塔尔也有相当数量的 A 层人才，世界占比超过 1%。

英国、中国大陆、法国、德国、伊朗、意大利、澳大利亚、加拿大、印度的 B 层人才比较多，世界占比在 10%～3%之间；西班牙、丹麦、荷兰、比利时、韩国、沙特阿拉伯、日本、奥地利、罗马尼亚、中国香港也有相当数量的

B层人才，世界占比超过1%。

中国大陆、英国、法国、伊朗、意大利、德国、印度、加拿大的C层人才比较多，世界占比在14%~3%之间；澳大利亚、西班牙、日本、荷兰、韩国、丹麦、巴西、中国香港、中国台湾、土耳其、比利时也有相当数量的C层人才，世界占比超过1%。

表2-40　声学A层人才排名前20的国家和地区的占比

单位：%

国家和地区	2010年	2011年	2012年	2013年	2014年	2015年	2016年	2017年	2018年	2019年	合计
美国	25.00	20.00	33.33	0.00	44.44	75.00	25.00	40.00	66.67	20.00	29.41
法国	37.50	40.00	0.00	11.11	11.11	0.00	0.00	20.00	0.00	0.00	11.76
加拿大	0.00	20.00	66.67	11.11	22.22	0.00	8.33	0.00	0.00	0.00	10.29
中国大陆	12.50	0.00	0.00	0.00	0.00	25.00	0.00	0.00	33.33	30.00	8.82
伊朗	0.00	0.00	0.00	0.00	11.11	0.00	0.00	0.00	0.00	20.00	4.41
英国	0.00	0.00	0.00	11.11	0.00	0.00	16.67	0.00	0.00	0.00	4.41
德国	0.00	0.00	0.00	11.11	11.11	0.00	8.33	0.00	0.00	0.00	4.41
芬兰	12.50	0.00	0.00	0.00	0.00	0.00	0.00	20.00	0.00	0.00	2.94
荷兰	0.00	20.00	0.00	0.00	0.00	0.00	8.33	0.00	0.00	0.00	2.94
新加坡	12.50	0.00	0.00	0.00	0.00	0.00	0.00	0.00	0.00	10.00	2.94
塞浦路斯	0.00	0.00	0.00	0.00	0.00	0.00	0.00	0.00	0.00	10.00	1.47
土耳其	0.00	0.00	0.00	0.00	0.00	0.00	0.00	0.00	0.00	10.00	1.47
希腊	0.00	0.00	0.00	11.11	0.00	0.00	0.00	0.00	0.00	0.00	1.47
以色列	0.00	0.00	0.00	0.00	0.00	0.00	8.33	0.00	0.00	0.00	1.47
意大利	0.00	0.00	0.00	11.11	0.00	0.00	0.00	0.00	0.00	0.00	1.47
挪威	0.00	0.00	0.00	11.11	0.00	0.00	0.00	0.00	0.00	0.00	1.47
奥地利	0.00	0.00	0.00	11.11	0.00	0.00	0.00	0.00	0.00	0.00	1.47
波兰	0.00	0.00	0.00	0.00	0.00	0.00	8.33	0.00	0.00	0.00	1.47
比利时	0.00	0.00	0.00	0.00	0.00	0.00	8.33	0.00	0.00	0.00	1.47
卡塔尔	0.00	0.00	0.00	0.00	0.00	0.00	0.00	20.00	0.00	0.00	1.47

表2-41　声学B层人才排名前20的国家和地区的占比

单位：%

国家和地区	2010年	2011年	2012年	2013年	2014年	2015年	2016年	2017年	2018年	2019年	合计
美国	22.97	24.24	18.42	22.35	16.46	16.36	18.35	14.29	13.40	6.48	16.72
英国	10.81	10.61	11.84	10.59	12.66	10.00	8.26	9.52	8.25	8.33	9.90

续表

国家和地区	2010年	2011年	2012年	2013年	2014年	2015年	2016年	2017年	2018年	2019年	合计
中国大陆	5.41	3.03	6.58	2.35	13.92	8.18	11.93	7.62	13.40	10.19	8.58
法国	9.46	6.06	7.89	3.53	5.06	8.18	5.50	2.86	5.15	1.85	5.39
德国	5.41	4.55	3.95	7.06	2.53	6.36	4.59	1.90	4.12	5.56	4.62
伊朗	2.70	0.00	1.32	0.00	0.00	2.73	10.09	6.67	11.34	5.56	4.51
意大利	2.70	6.06	5.26	8.24	5.06	4.55	0.92	6.67	4.12	1.85	4.40
澳大利亚	2.70	6.06	6.58	3.53	2.53	2.73	2.75	0.95	2.06	3.70	3.19
加拿大	5.41	4.55	6.58	5.88	1.27	3.64	2.75	1.90	2.06	0.00	3.19
印度	4.05	1.52	2.63	3.53	5.06	0.91	0.92	3.81	3.09	6.48	3.19
西班牙	2.70	0.00	5.26	0.00	3.80	1.82	1.83	4.76	4.12	2.78	2.75
丹麦	2.70	0.00	1.32	2.35	1.27	1.82	2.75	3.81	2.06	3.70	2.31
荷兰	2.70	3.03	1.32	2.35	2.53	1.82	3.67	0.95	3.09	0.93	2.20
比利时	1.35	1.52	2.63	2.35	1.27	1.82	3.67	2.86	1.03	2.78	2.20
韩国	1.35	3.03	0.00	2.35	1.27	5.45	0.00	0.00	2.06	2.78	1.87
沙特阿拉伯	0.00	0.00	0.00	0.00	1.27	1.82	1.83	0.95	0.00	8.33	1.65
日本	2.70	1.52	1.32	2.35	0.00	2.73	1.83	0.00	3.09	0.00	1.54
奥地利	1.35	0.00	2.63	3.53	0.00	0.91	1.83	0.95	2.06	0.93	1.43
罗马尼亚	0.00	1.52	1.32	1.18	0.00	3.64	0.92	0.95	3.09	0.93	1.43
中国香港	0.00	1.52	1.32	1.18	1.27	1.82	0.00	4.76	1.03	0.00	1.32

表2-42　声学C层人才排名前20的国家和地区的占比

单位：%

国家和地区	2010年	2011年	2012年	2013年	2014年	2015年	2016年	2017年	2018年	2019年	合计
美国	23.12	19.60	21.13	21.10	16.46	16.53	16.25	15.04	13.82	11.21	17.04
中国大陆	8.08	8.36	10.28	11.04	13.99	14.12	16.16	15.70	18.73	17.98	13.89
英国	9.33	11.25	9.44	10.31	8.17	10.25	8.41	6.04	6.58	8.38	8.71
法国	6.96	5.78	6.34	4.54	5.07	4.92	5.07	4.06	3.23	3.23	4.81
伊朗	2.51	2.58	2.68	2.21	2.85	3.03	3.92	8.34	9.48	5.15	4.43
意大利	3.34	3.80	4.79	4.42	3.96	4.50	4.49	4.61	4.35	3.13	4.15
德国	4.46	4.26	4.51	3.31	3.84	4.92	4.02	3.84	3.01	3.43	3.94
印度	2.79	3.04	2.54	3.07	4.46	3.77	3.35	4.39	4.12	4.44	3.65
加拿大	6.13	5.17	3.10	3.56	3.71	1.99	3.06	2.52	2.34	2.63	3.29
澳大利亚	2.65	3.19	3.24	2.09	4.08	2.72	1.72	2.20	2.12	3.64	2.73
西班牙	2.79	2.13	1.27	2.45	2.35	3.66	2.20	2.09	1.90	2.02	2.30
日本	2.51	1.22	2.39	2.21	2.10	2.41	2.10	2.96	2.12	2.53	2.28
荷兰	1.67	2.43	2.39	2.45	2.48	1.67	1.91	1.87	1.11	1.62	1.93

续表

国家和地区	2010年	2011年	2012年	2013年	2014年	2015年	2016年	2017年	2018年	2019年	合计
韩　国	1.67	1.37	2.11	2.45	1.86	1.57	1.63	2.31	2.12	1.72	1.88
丹　麦	1.53	1.67	2.11	1.47	1.73	1.67	1.91	1.21	0.67	0.61	1.43
巴　西	0.84	1.52	0.85	1.47	0.87	1.67	1.72	1.32	1.23	2.32	1.42
中国香港	1.39	1.82	1.97	1.47	1.73	1.15	1.63	0.99	0.89	1.21	1.40
中国台湾	0.84	2.28	2.25	0.61	1.24	0.84	1.82	1.10	0.67	1.82	1.33
土耳其	0.70	1.22	0.70	1.23	0.87	1.46	0.96	1.76	2.23	1.82	1.33
比利时	1.81	1.22	1.55	1.96	1.36	1.05	0.86	0.99	1.11	1.31	1.29

十五　粒子物理学和场论

粒子物理学和场论A、B、C层人才最多的国家是美国，分别占该学科全球A、B、C层人才的8.73%、8.37%、10.66%。

英国、西班牙、意大利、德国、日本、瑞士、法国、比利时、中国大陆、加拿大、俄罗斯、荷兰、澳大利亚、韩国的A层人才比较多，世界占比在7%~3%之间；以色列、瑞典、丹麦、阿根廷、芬兰也有相当数量的A层人才，世界占比超过1%。

德国、英国、法国、意大利、西班牙、瑞士的B层人才比较多，世界占比在5%~3%之间；中国大陆、俄罗斯、波兰、日本、荷兰、加拿大、巴西、印度、匈牙利、中国台湾、捷克、希腊、葡萄牙也有相当数量的B层人才，世界占比超过1%。

德国、英国、意大利、瑞士、法国、西班牙、中国大陆的C层人才比较多，世界占比在7%~3%之间；日本、俄罗斯、加拿大、巴西、波兰、荷兰、印度、葡萄牙、捷克、希腊、瑞典、奥地利也有相当数量的C层人才，世界占比超过1%。

表2-43　粒子物理学和场论A层人才排名前20的国家和地区的占比

单位：%

国家和地区	2010年	2011年	2012年	2013年	2014年	2015年	2016年	2017年	2018年	2019年	合计
美　国	4.55	10.71	0.00	16.67	6.45	3.57	4.17	13.79	4.17	15.79	8.73
英　国	4.55	7.14	0.00	8.33	3.23	10.71	4.17	6.90	4.17	5.26	6.11

续表

国家和地区	2010年	2011年	2012年	2013年	2014年	2015年	2016年	2017年	2018年	2019年	合计
西班牙	4.55	7.14	0.00	8.33	3.23	7.14	4.17	10.34	4.17	5.26	6.11
意大利	4.55	3.57	0.00	8.33	3.23	10.71	4.17	6.90	4.17	5.26	5.68
德国	4.55	3.57	0.00	8.33	3.23	3.57	4.17	6.90	4.17	10.53	5.24
日本	9.09	7.14	0.00	4.17	3.23	0.00	4.17	6.90	4.17	10.53	5.24
瑞士	4.55	3.57	0.00	12.50	6.45	3.57	4.17	6.90	4.17	0.00	5.24
法国	4.55	7.14	0.00	0.00	6.45	7.14	4.17	6.90	4.17	5.26	5.24
比利时	4.55	7.14	0.00	4.17	9.68	3.57	4.17	0.00	4.17	0.00	4.37
中国大陆	4.55	3.57	0.00	0.00	6.45	3.57	0.00	6.90	4.17	5.26	3.93
加拿大	4.55	3.57	0.00	4.17	3.23	3.57	4.17	3.45	4.17	5.26	3.93
俄罗斯	4.55	7.14	0.00	0.00	3.23	3.57	4.17	3.45	4.17	0.00	3.49
荷兰	0.00	3.57	0.00	4.17	3.23	3.57	4.17	3.45	4.17	5.26	3.49
澳大利亚	4.55	0.00	0.00	4.17	3.23	3.57	4.17	3.45	4.17	5.26	3.49
韩国	4.55	3.57	0.00	4.17	3.23	3.57	4.17	0.00	4.17	0.00	3.06
以色列	4.55	3.57	0.00	0.00	3.23	0.00	4.17	0.00	4.17	5.26	2.62
瑞典	4.55	0.00	0.00	4.17	3.23	0.00	4.17	0.00	4.17	5.26	2.62
丹麦	0.00	0.00	0.00	4.17	3.23	3.57	4.17	0.00	4.17	0.00	2.18
阿根廷	4.55	0.00	0.00	0.00	3.23	3.57	4.17	0.00	4.17	0.00	2.18
芬兰	4.55	0.00	0.00	0.00	3.23	0.00	4.17	0.00	4.17	0.00	1.75

表2-44　粒子物理学和场论B层人才排名前20的国家和地区的占比

单位：%

国家和地区	2010年	2011年	2012年	2013年	2014年	2015年	2016年	2017年	2018年	2019年	合计
美国	14.63	14.51	5.69	4.69	10.04	7.01	7.16	8.83	8.90	4.93	8.37
德国	5.85	6.67	5.02	3.13	6.18	4.06	4.96	4.42	4.75	3.62	4.82
英国	6.34	7.06	2.34	3.52	3.47	4.43	4.13	4.10	4.45	3.95	4.29
法国	5.37	7.06	3.68	3.13	4.25	3.69	3.86	3.79	4.75	3.29	4.22
意大利	4.39	5.10	3.34	3.91	4.25	4.06	4.13	4.10	2.97	2.96	3.87
西班牙	2.44	4.31	3.34	3.13	5.02	3.32	4.41	3.47	4.45	3.29	3.77
瑞士	3.90	5.49	3.34	2.73	4.25	2.95	3.31	2.84	4.15	3.62	3.63
中国大陆	2.44	2.35	3.01	1.95	2.70	2.58	3.03	3.15	2.97	4.61	2.93
俄罗斯	3.41	3.92	2.34	2.34	2.32	2.58	3.03	3.15	2.08	2.30	2.72
波兰	3.41	3.53	2.01	2.34	1.93	2.95	2.48	2.21	2.97	2.30	2.58
日本	2.93	4.31	1.67	1.95	1.93	1.48	1.65	3.47	2.67	2.30	2.41
荷兰	1.95	3.14	2.01	2.73	1.16	2.58	2.48	1.89	2.37	2.96	2.34

续表

国家和地区	2010年	2011年	2012年	2013年	2014年	2015年	2016年	2017年	2018年	2019年	合计
加拿大	2.44	3.53	1.67	2.34	1.16	1.48	1.93	3.47	2.67	1.97	2.27
巴西	0.98	1.18	2.01	2.34	1.54	2.95	1.65	2.21	3.26	1.64	2.02
印度	1.46	2.35	1.00	2.73	1.54	2.21	1.65	1.26	2.08	2.96	1.92
匈牙利	2.44	0.78	2.01	1.95	2.32	1.48	1.65	1.89	1.48	1.97	1.78
中国台湾	1.46	1.18	2.01	1.56	1.16	1.85	1.65	1.89	1.78	1.97	1.67
捷克	0.98	0.78	2.01	2.34	1.54	2.21	1.65	1.58	1.48	1.32	1.61
希腊	1.95	1.57	2.01	2.34	2.32	1.11	1.38	1.26	1.19	1.32	1.61
葡萄牙	0.98	0.39	2.34	1.95	1.16	1.85	1.38	1.26	1.78	1.97	1.54

表 2-45 粒子物理学和场论 C 层人才排名前 20 的国家和地区的占比

单位：%

国家和地区	2010年	2011年	2012年	2013年	2014年	2015年	2016年	2017年	2018年	2019年	合计
美国	16.11	12.69	10.12	9.24	8.34	8.87	10.30	10.86	9.53	12.24	10.66
德国	9.27	7.74	6.46	5.91	4.79	4.96	6.67	6.58	5.19	6.77	6.34
英国	7.04	5.12	4.97	4.49	4.15	4.35	4.91	4.63	4.31	5.50	4.89
意大利	5.14	5.28	4.43	4.34	3.94	3.78	4.07	3.65	3.84	4.65	4.26
瑞士	5.05	4.71	4.60	4.13	3.83	3.65	4.07	3.59	3.49	4.12	4.08
法国	5.34	4.71	4.77	4.31	3.44	3.68	3.49	3.18	2.83	2.94	3.78
西班牙	3.88	3.59	4.16	3.61	3.16	2.95	3.32	3.31	2.92	3.50	3.42
中国大陆	3.11	2.98	2.57	3.07	2.52	2.44	3.38	3.21	3.49	5.03	3.22
日本	3.98	3.34	2.98	2.88	1.74	2.41	3.00	2.83	2.99	3.12	2.90
俄罗斯	3.74	2.78	2.77	2.92	2.38	2.44	2.63	2.23	2.26	2.38	2.61
加拿大	3.15	2.42	2.03	2.19	2.06	2.38	2.45	3.02	2.39	2.97	2.50
巴西	1.26	1.81	1.93	2.19	2.34	2.08	2.68	2.23	2.26	2.03	2.12
波兰	2.18	2.01	2.27	2.63	2.16	2.21	1.99	1.86	2.04	1.53	2.07
荷兰	1.94	1.73	1.89	1.97	1.67	1.88	1.93	1.51	1.73	1.77	1.80
印度	2.13	1.61	1.69	1.75	1.95	1.37	1.62	2.11	1.54	2.12	1.78
葡萄牙	1.16	1.41	1.59	1.50	2.09	1.88	1.90	1.76	1.76	1.56	1.68
捷克	1.26	1.33	1.59	1.61	1.81	1.74	1.62	1.57	1.64	1.50	1.58
希腊	1.02	1.61	1.56	1.64	1.95	1.77	1.44	1.23	1.86	1.50	1.57
瑞典	1.41	1.21	1.62	1.72	1.17	1.61	1.62	1.29	1.51	1.65	1.49
奥地利	1.26	1.49	1.52	1.42	1.67	1.67	1.44	1.29	1.42	0.97	1.41

十六 核物理

核物理A、B、C层人才最多的国家是美国，分别占该学科全球A、B、C层人才的25.58%、8.11%、8.91%。

日本、中国大陆、法国、荷兰、德国、俄罗斯的A层人才比较多，世界占比在14%~4%之间；巴西、印度、丹麦、匈牙利、斯洛文尼亚、韩国、奥地利、西班牙、比利时、英国也有相当数量的A层人才，世界占比超过2%。

德国、法国、意大利、中国大陆、俄罗斯、英国、瑞士的B层人才比较多，世界占比在7%~3%之间；西班牙、波兰、日本、捷克、荷兰、加拿大、巴西、韩国、匈牙利、罗马尼亚、奥地利、印度也有相当数量的B层人才，世界占比超过1%。

德国、法国、中国大陆、意大利、俄罗斯、英国、日本的C层人才比较多，世界占比在7%~3%之间；西班牙、瑞士、波兰、印度、巴西、捷克、韩国、匈牙利、加拿大、希腊、土耳其、亚美尼亚也有相当数量的C层人才，世界占比超过1%。

表2－46 核物理A层人才的国家和地区的占比

单位：%

国家和地区	2010年	2011年	2012年	2013年	2014年	2015年	2016年	2017年	2018年	2019年	合计
美国	0.00	18.18	0.00	40.00	0.00	0.00	0.00	33.33	33.33	20.00	25.58
日本	0.00	18.18	0.00	0.00	0.00	0.00	0.00	22.22	0.00	13.33	13.95
中国大陆	0.00	0.00	0.00	0.00	0.00	0.00	0.00	22.22	0.00	13.33	9.30
法国	0.00	9.09	0.00	0.00	0.00	0.00	0.00	22.22	0.00	6.67	9.30
荷兰	0.00	9.09	0.00	20.00	0.00	0.00	0.00	0.00	0.00	6.67	6.98
德国	0.00	0.00	0.00	0.00	0.00	0.00	0.00	0.00	0.00	20.00	6.98
俄罗斯	0.00	9.09	0.00	20.00	0.00	0.00	0.00	0.00	0.00	0.00	4.65
巴西	0.00	0.00	0.00	0.00	0.00	0.00	0.00	0.00	33.33	0.00	2.33
印度	0.00	0.00	0.00	0.00	0.00	0.00	0.00	0.00	0.00	6.67	2.33
丹麦	0.00	0.00	0.00	0.00	0.00	0.00	0.00	0.00	0.00	6.67	2.33
匈牙利	0.00	0.00	0.00	20.00	0.00	0.00	0.00	0.00	0.00	0.00	2.33
斯洛文尼亚	0.00	9.09	0.00	0.00	0.00	0.00	0.00	0.00	0.00	0.00	2.33
韩国	0.00	9.09	0.00	0.00	0.00	0.00	0.00	0.00	0.00	0.00	2.33
奥地利	0.00	9.09	0.00	0.00	0.00	0.00	0.00	0.00	0.00	0.00	2.33

续表

国家和地区	2010年	2011年	2012年	2013年	2014年	2015年	2016年	2017年	2018年	2019年	合计
西班牙	0.00	0.00	0.00	0.00	0.00	0.00	0.00	0.00	33.33	0.00	2.33
比利时	0.00	0.00	0.00	0.00	0.00	0.00	0.00	0.00	0.00	6.67	2.33
英国	0.00	9.09	0.00	0.00	0.00	0.00	0.00	0.00	0.00	0.00	2.33

表 2－47　核物理 B 层人才排名前 20 的国家和地区的占比

单位：%

国家和地区	2010年	2011年	2012年	2013年	2014年	2015年	2016年	2017年	2018年	2019年	合计
美国	13.42	13.33	3.17	4.00	6.92	9.55	8.24	7.10	6.31	7.69	8.11
德国	11.41	9.33	3.17	2.67	4.62	5.73	8.24	5.16	5.41	5.92	6.29
法国	6.71	5.33	3.17	2.67	4.62	4.46	6.59	2.58	3.60	4.14	4.46
意大利	4.70	5.33	2.38	2.67	3.85	5.10	6.04	1.94	2.70	2.37	3.79
中国大陆	4.70	1.33	3.17	2.67	5.38	3.18	3.85	4.52	3.60	3.55	3.58
俄罗斯	3.36	4.67	2.38	2.67	3.85	3.82	2.75	4.52	2.70	3.55	3.45
英国	5.37	3.33	2.38	2.67	3.85	3.18	3.85	2.58	2.70	3.55	3.38
瑞士	2.01	4.00	2.38	2.67	4.62	2.55	4.40	2.58	3.60	2.96	3.18
西班牙	2.01	3.33	2.38	2.67	2.31	3.82	3.85	1.94	2.70	3.55	2.91
波兰	4.70	4.00	2.38	2.67	1.54	3.82	2.20	3.87	2.70	1.18	2.91
日本	2.01	2.00	1.59	2.00	3.08	0.64	2.75	2.58	1.80	4.14	2.30
捷克	2.68	1.33	2.38	2.67	2.31	1.91	1.10	3.23	1.80	2.96	2.23
荷兰	2.01	4.00	2.38	2.00	2.31	1.91	2.75	0.00	3.60	1.18	2.16
加拿大	4.03	2.00	1.59	2.00	2.31	1.27	2.75	0.00	2.70	1.78	2.03
巴西	2.68	1.33	2.38	2.67	1.54	2.55	1.10	1.29	1.80	1.18	1.83
韩国	2.01	2.00	0.79	2.00	3.85	1.27	1.65	3.23	0.00	1.18	1.83
匈牙利	0.67	1.33	2.38	2.67	3.08	1.27	0.55	1.94	1.80	1.78	1.69
罗马尼亚	0.00	2.00	2.38	2.67	1.54	1.91	1.65	0.65	2.70	1.78	1.69
奥地利	0.67	2.00	2.38	1.33	0.77	1.27	2.20	1.29	2.70	1.78	1.62
印度	2.01	1.33	0.79	2.67	3.08	1.27	0.55	3.87	0.00	0.59	1.62

表 2－48　核物理 C 层人才排名前 20 的国家和地区的占比

单位：%

国家和地区	2010年	2011年	2012年	2013年	2014年	2015年	2016年	2017年	2018年	2019年	合计
美国	13.80	10.60	7.71	8.88	8.09	8.34	8.47	8.44	7.06	8.03	8.91
德国	10.96	9.04	6.26	7.37	6.17	5.54	5.63	6.17	4.36	5.10	6.64
法国	6.71	5.01	4.89	4.41	3.51	3.52	3.99	3.29	3.57	2.75	4.14

续表

国家和地区	2010年	2011年	2012年	2013年	2014年	2015年	2016年	2017年	2018年	2019年	合计
中国大陆	5.74	4.29	3.17	3.78	3.12	3.38	4.36	4.46	4.20	4.81	4.13
意大利	5.44	4.03	3.79	3.97	3.12	3.67	3.27	3.36	3.17	3.69	3.74
俄罗斯	5.22	4.16	3.65	3.72	2.98	3.74	3.02	3.36	2.78	2.58	3.50
英国	4.25	2.99	3.03	3.21	3.12	2.95	3.15	3.09	2.70	2.58	3.09
日本	4.40	2.93	3.17	3.21	2.52	2.23	3.27	3.02	2.30	2.99	3.01
西班牙	3.28	3.25	3.23	3.21	3.18	2.80	2.90	2.74	2.62	1.93	2.91
瑞士	3.36	3.45	3.30	2.77	3.18	2.73	2.48	2.61	2.85	2.40	2.90
波兰	3.80	2.93	3.37	3.09	2.79	2.95	2.60	2.26	2.46	2.17	2.83
印度	3.43	2.41	1.72	2.77	1.92	2.44	1.88	2.26	1.74	2.46	2.30
巴西	1.49	2.21	2.06	2.20	2.45	2.16	2.84	2.33	2.54	2.40	2.28
捷克	1.86	2.08	2.00	2.14	1.86	2.30	2.30	1.78	2.06	1.99	2.04
韩国	1.34	1.56	1.51	1.95	1.79	1.94	1.63	1.71	1.82	2.11	1.75
匈牙利	0.52	1.69	1.86	1.83	1.79	1.73	1.88	1.65	1.90	1.82	1.68
加拿大	1.86	1.95	1.38	1.45	1.39	1.44	1.75	1.58	1.35	1.35	1.55
希腊	0.67	1.37	1.65	1.45	1.79	1.80	1.81	1.51	1.67	1.64	1.54
土耳其	0.30	1.17	1.72	1.51	1.79	1.73	1.57	1.65	1.67	1.76	1.50
亚美尼亚	0.45	1.24	1.79	1.51	1.66	1.51	1.69	1.65	1.67	1.58	1.48

十七　核科学和技术

核科学和技术 A、B、C 层人才最多的国家是美国，分别占该学科全球 A、B、C 层人才的 13.04%、16.56%、15.07%。

德国、日本、法国、中国大陆、土耳其、英国、意大利、俄罗斯、沙特阿拉伯、印度、西班牙、加拿大的 A 层人才比较多，世界占比在 9%～3% 之间；奥地利、韩国、瑞士、瑞典、波兰、芬兰、南非也有相当数量的 A 层人才，世界占比超过或接近 1%。

德国、法国、中国大陆、英国、日本、意大利、瑞士、西班牙的 B 层人才比较多，世界占比在 8%～3% 之间；加拿大、印度、荷兰、俄罗斯、土耳其、韩国、波兰、比利时、捷克、沙特阿拉伯、瑞典也有相当数量的 B 层人才，世界占比超过 1%。

中国大陆、德国、法国、日本、意大利、英国、印度的 C 层人才比较多，世界占比在 11%～3% 之间；瑞士、西班牙、韩国、俄罗斯、比利时、瑞典、土耳其、加拿大、荷兰、波兰、捷克、伊朗也有相当数量的 C 层人才，世界占比超过 1%。

表 2-49 核科学和技术 A 层人才排名前 20 的国家和地区的占比

单位：%

国家和地区	2010年	2011年	2012年	2013年	2014年	2015年	2016年	2017年	2018年	2019年	合计
美国	18.18	6.67	50.00	16.67	31.25	0.00	6.25	11.11	7.69	6.25	13.04
德国	27.27	6.67	0.00	16.67	6.25	0.00	6.25	0.00	7.69	12.50	8.70
日本	9.09	20.00	0.00	16.67	12.50	0.00	6.25	5.56	7.69	0.00	8.70
法国	9.09	6.67	0.00	16.67	12.50	0.00	6.25	0.00	0.00	6.25	6.09
中国大陆	9.09	0.00	0.00	0.00	6.25	0.00	0.00	11.11	7.69	12.50	6.09
土耳其	0.00	0.00	0.00	0.00	0.00	0.00	0.00	11.11	7.69	18.75	5.22
英国	0.00	6.67	50.00	0.00	6.25	0.00	6.25	0.00	7.69	6.25	5.22
意大利	9.09	6.67	0.00	0.00	6.25	0.00	6.25	0.00	7.69	0.00	4.35
俄罗斯	9.09	6.67	0.00	0.00	6.25	0.00	6.25	0.00	0.00	6.25	4.35
沙特阿拉伯	0.00	0.00	0.00	0.00	0.00	0.00	0.00	11.11	7.69	12.50	4.35
印度	0.00	0.00	0.00	0.00	0.00	0.00	0.00	11.11	15.38	0.00	3.48
西班牙	0.00	6.67	0.00	0.00	0.00	0.00	6.25	5.56	7.69	0.00	3.48
加拿大	0.00	6.67	0.00	16.67	0.00	0.00	6.25	0.00	0.00	6.25	3.48
奥地利	9.09	6.67	0.00	0.00	0.00	0.00	0.00	0.00	7.69	0.00	2.61
韩国	0.00	6.67	0.00	0.00	0.00	50.00	6.25	0.00	0.00	0.00	2.61
瑞士	0.00	6.67	0.00	0.00	0.00	0.00	6.25	0.00	7.69	0.00	2.61
瑞典	0.00	0.00	0.00	16.67	0.00	0.00	0.00	5.56	0.00	0.00	1.74
波兰	0.00	6.67	0.00	0.00	0.00	0.00	6.25	0.00	0.00	0.00	1.74
芬兰	0.00	0.00	0.00	0.00	0.00	50.00	6.25	0.00	0.00	0.00	1.74
南非	0.00	0.00	0.00	0.00	0.00	0.00	0.00	5.56	0.00	0.00	0.87

表 2-50 核科学和技术 B 层人才排名前 20 的国家和地区的占比

单位：%

国家和地区	2010年	2011年	2012年	2013年	2014年	2015年	2016年	2017年	2018年	2019年	合计
美国	14.55	11.11	26.72	16.67	15.65	23.74	19.58	16.05	12.59	10.08	16.56
德国	8.18	9.72	8.62	11.33	11.56	8.63	6.99	4.32	6.29	3.88	7.95
法国	5.45	6.94	5.17	8.00	10.20	7.19	5.59	3.09	6.99	3.10	6.22
中国大陆	0.91	2.78	4.31	3.33	6.80	7.19	3.50	7.41	11.89	13.18	6.22
英国	4.55	4.17	6.90	7.33	5.44	5.76	7.69	2.47	4.90	3.88	5.28
日本	1.82	8.33	5.17	7.33	9.52	2.16	4.90	4.94	4.20	2.33	5.21

续表

国家和地区	2010年	2011年	2012年	2013年	2014年	2015年	2016年	2017年	2018年	2019年	合计
意大利	4.55	5.56	1.72	4.67	3.40	3.60	3.50	3.09	6.99	4.65	4.19
瑞士	8.18	5.56	1.72	4.67	2.72	2.88	5.59	3.09	4.20	2.33	4.05
西班牙	2.73	4.17	1.72	4.00	3.40	4.32	5.59	2.47	1.40	1.55	3.18
加拿大	2.73	5.56	0.86	4.00	2.72	2.16	3.50	1.85	1.40	2.33	2.75
印度	0.00	2.08	4.31	2.00	3.40	0.72	2.10	3.09	2.80	3.88	2.46
荷兰	5.45	3.47	1.72	4.00	3.40	0.72	0.70	1.85	1.40	1.55	2.39
俄罗斯	0.91	1.39	3.45	1.33	2.72	3.60	3.50	1.85	0.70	1.55	2.10
土耳其	2.73	2.78	0.86	0.67	0.68	0.72	2.10	0.62	4.20	4.65	1.95
韩国	0.91	0.69	4.31	2.67	2.04	0.72	2.10	2.47	0.70	1.55	1.81
波兰	2.73	2.08	1.72	1.33	1.36	2.88	0.70	2.47	1.40	0.78	1.74
比利时	2.73	2.08	2.59	2.00	0.68	2.88	0.70	1.23	1.40	0.78	1.66
捷克	1.82	1.39	1.72	0.67	0.00	1.44	3.50	1.85	2.10	0.78	1.52
沙特阿拉伯	0.00	0.69	0.86	0.00	0.00	1.44	0.70	1.23	3.50	6.98	1.52
瑞典	1.82	2.08	1.72	2.67	0.68	0.00	1.40	2.47	0.70	0.78	1.45

表 2-51　核科学和技术 C 层人才排名前 20 的国家和地区的占比

单位：%

国家和地区	2010年	2011年	2012年	2013年	2014年	2015年	2016年	2017年	2018年	2019年	合计
美国	13.81	15.10	16.04	17.85	16.61	15.28	15.71	14.16	13.53	12.88	15.07
中国大陆	5.51	6.37	7.59	7.62	9.12	11.05	11.26	10.65	15.47	14.63	10.06
德国	9.00	11.31	8.65	9.48	7.70	7.76	8.13	6.85	6.61	6.16	8.11
法国	8.22	8.66	9.32	7.84	6.34	6.74	5.63	5.44	5.29	3.92	6.61
日本	5.42	7.16	5.57	5.45	4.85	4.62	5.84	4.51	4.12	4.06	5.14
意大利	5.42	5.15	3.55	5.23	4.63	3.29	4.79	4.56	4.59	4.20	4.56
英国	4.81	4.58	4.90	4.26	4.35	5.72	4.52	4.21	3.58	4.69	4.54
印度	4.81	3.65	3.94	3.51	3.85	1.72	3.27	3.57	3.19	3.71	3.51
瑞士	3.32	3.29	2.11	3.21	2.85	2.74	2.57	2.34	3.27	2.38	2.80
西班牙	2.27	3.65	2.21	2.02	2.42	2.82	2.92	3.10	1.94	1.68	2.53
韩国	1.84	1.36	2.50	2.39	3.49	2.74	2.92	3.22	2.18	2.38	2.53
俄罗斯	2.62	2.86	1.83	1.57	2.21	2.35	3.13	2.63	1.87	2.73	2.41
比利时	1.92	1.86	2.31	2.91	2.21	2.27	1.39	2.46	1.48	1.47	2.03
瑞典	2.27	1.57	2.79	2.46	2.21	2.12	1.46	1.87	1.56	1.68	1.97
土耳其	1.75	1.07	1.63	1.27	2.28	1.49	1.74	1.70	3.42	3.15	1.95
加拿大	1.66	1.86	2.11	1.57	1.64	2.04	2.50	1.46	2.02	2.17	1.89
荷兰	1.14	2.15	1.83	1.94	1.64	1.88	0.90	1.93	1.48	0.91	1.58

续表

国家和地区	2010年	2011年	2012年	2013年	2014年	2015年	2016年	2017年	2018年	2019年	合计
波　　兰	1.57	1.43	1.06	1.94	2.00	1.57	1.81	1.87	1.32	1.05	1.58
捷　　克	2.19	1.72	1.63	0.75	1.00	1.41	1.25	1.52	1.01	1.54	1.39
伊　　朗	0.87	1.00	1.34	1.19	1.07	0.63	1.46	1.17	1.48	1.40	1.17

十八　流体物理和等离子体物理

流体物理和等离子体物理 A、B、C 层人才最多的国家是美国，分别占该学科全球 A、B、C 层人才的 28.37%、20.00%、20.30%。

中国大陆、英国、法国、德国、意大利、伊朗、澳大利亚的 A 层人才比较多，世界占比在 8%~3%之间；土耳其、罗马尼亚、比利时、印度、葡萄牙、加拿大、荷兰、沙特阿拉伯、日本、西班牙、智利、捷克也有相当数量的 A 层人才，世界占比超过 1%。

中国大陆、英国、法国、德国、日本、意大利的 B 层人才比较多，世界占比在 9%~3%之间；西班牙、荷兰、俄罗斯、印度、澳大利亚、比利时、瑞士、伊朗、芬兰、韩国、瑞典、葡萄牙、波兰也有相当数量的 B 层人才，世界占比超过 1%。

中国大陆、德国、英国、法国、意大利的 C 层人才比较多，世界占比在 10%~3%之间；日本、西班牙、印度、荷兰、澳大利亚、俄罗斯、瑞士、韩国、瑞典、比利时、加拿大、伊朗、葡萄牙、捷克也有相当数量的 C 层人才，世界占比超过 1%。

表 2-52　流体物理和等离子体物理 A 层人才排名前 20 的国家和地区的占比

单位：%

国家和地区	2010年	2011年	2012年	2013年	2014年	2015年	2016年	2017年	2018年	2019年	合计
美　　国	46.15	33.33	36.36	27.27	14.29	31.25	11.76	38.89	33.33	14.29	28.37
中国大陆	7.69	0.00	18.18	0.00	0.00	6.25	0.00	11.11	20.00	14.29	7.80
英　　国	7.69	8.33	0.00	9.09	14.29	12.50	5.88	0.00	0.00	7.14	6.38
法　　国	7.69	0.00	9.09	18.18	14.29	0.00	11.76	0.00	0.00	0.00	5.67
德　　国	0.00	8.33	0.00	9.09	7.14	6.25	5.88	16.67	0.00	0.00	5.67
意 大 利	0.00	16.67	9.09	9.09	7.14	6.25	5.88	5.56	0.00	0.00	5.67

续表

国家和地区	2010年	2011年	2012年	2013年	2014年	2015年	2016年	2017年	2018年	2019年	合计
伊朗	0.00	0.00	9.09	9.09	0.00	6.25	0.00	5.56	6.67	7.14	4.26
澳大利亚	0.00	8.33	9.09	9.09	7.14	0.00	0.00	0.00	0.00	7.14	3.55
土耳其	0.00	0.00	0.00	0.00	0.00	0.00	0.00	0.00	6.67	21.43	2.84
罗马尼亚	0.00	0.00	0.00	0.00	0.00	0.00	0.00	0.00	6.67	14.29	2.13
比利时	7.69	0.00	0.00	0.00	0.00	0.00	5.88	5.56	0.00	0.00	2.13
印度	7.69	0.00	0.00	0.00	14.29	0.00	0.00	0.00	0.00	0.00	2.13
葡萄牙	0.00	8.33	0.00	0.00	0.00	0.00	0.00	11.11	0.00	0.00	2.13
加拿大	0.00	0.00	0.00	0.00	7.14	0.00	5.88	0.00	0.00	7.14	2.13
荷兰	7.69	0.00	0.00	9.09	0.00	0.00	5.88	0.00	0.00	0.00	2.13
沙特阿拉伯	0.00	0.00	0.00	0.00	0.00	0.00	5.88	0.00	6.67	0.00	1.42
日本	0.00	0.00	0.00	0.00	0.00	6.25	5.88	0.00	0.00	0.00	1.42
西班牙	0.00	8.33	0.00	0.00	0.00	0.00	0.00	0.00	6.67	0.00	1.42
智利	0.00	0.00	0.00	0.00	7.14	6.25	0.00	0.00	0.00	0.00	1.42
捷克	0.00	0.00	0.00	0.00	7.14	0.00	5.88	0.00	0.00	0.00	1.42

表2-53　流体物理和等离子体物理B层人才排名前20的国家和地区的占比

单位：%

国家和地区	2010年	2011年	2012年	2013年	2014年	2015年	2016年	2017年	2018年	2019年	合计
美国	26.96	29.01	20.00	18.25	27.82	17.48	21.05	11.31	17.02	15.23	20.00
中国大陆	5.22	6.11	8.80	9.52	7.52	10.49	7.24	8.93	14.18	9.27	8.81
英国	8.70	8.40	9.60	11.11	7.52	6.29	7.24	6.55	7.09	3.31	7.44
法国	3.48	7.63	2.40	7.94	9.77	4.20	9.21	5.36	7.80	7.28	6.57
德国	4.35	8.40	3.20	3.97	4.51	4.90	12.50	7.74	4.26	6.62	6.21
日本	1.74	0.76	6.40	3.17	3.01	0.70	2.63	4.76	2.84	4.64	3.10
意大利	1.74	3.82	3.20	2.38	4.51	3.50	0.66	2.98	2.84	4.64	3.03
西班牙	5.22	2.29	4.00	3.97	4.51	2.80	0.66	3.57	1.42	1.32	2.89
荷兰	4.35	4.58	0.00	1.59	1.50	2.10	3.95	3.57	0.71	3.31	2.60
俄罗斯	0.87	0.76	4.00	1.59	0.75	4.90	3.95	2.98	2.13	2.65	2.53
印度	3.48	0.76	2.40	3.17	3.76	2.10	3.95	1.19	3.55	1.32	2.53
澳大利亚	3.48	1.53	4.00	0.79	3.01	1.40	1.97	1.79	2.13	2.65	2.24
比利时	6.09	1.53	0.00	1.59	1.50	2.80	1.97	2.38	0.71	3.31	2.17
瑞士	3.48	2.29	0.80	1.59	0.75	3.50	2.63	1.79	1.42	0.66	1.88
伊朗	0.00	1.53	3.20	1.59	2.26	0.70	5.26	1.79	2.13	0.00	1.88
芬兰	0.00	2.29	1.60	2.38	2.26	2.10	0.00	2.38	0.71	1.32	1.52

续表

国家和地区	2010年	2011年	2012年	2013年	2014年	2015年	2016年	2017年	2018年	2019年	合计
韩　国	1.74	0.76	3.20	1.59	1.50	1.40	0.66	1.19	1.42	1.32	1.44
瑞　典	1.74	0.00	1.60	1.59	0.75	3.50	1.32	0.60	1.42	1.32	1.37
葡萄牙	0.00	0.76	0.00	1.59	1.50	1.40	1.97	2.98	1.42	1.32	1.37
波　兰	0.00	1.53	0.00	0.79	0.75	0.70	1.97	1.19	0.71	3.97	1.23

表 2-54　流体物理和等离子体物理 C 层人才排名前 20 的国家和地区的占比

单位：%

国家和地区	2010年	2011年	2012年	2013年	2014年	2015年	2016年	2017年	2018年	2019年	合计
美　国	25.91	23.83	23.31	21.58	22.87	17.36	20.29	17.77	17.91	15.44	20.30
中国大陆	7.22	7.09	9.06	10.50	9.27	8.51	10.21	11.45	11.40	11.76	9.78
德　国	7.39	8.45	9.31	7.98	8.13	7.00	7.47	7.10	7.22	7.36	7.69
英　国	8.09	8.37	6.75	8.73	7.83	7.48	8.87	6.91	7.02	6.18	7.59
法　国	7.22	7.89	8.24	7.56	8.05	6.66	6.83	6.33	6.25	5.91	7.02
意大利	4.78	3.70	3.54	3.36	5.09	3.84	3.83	4.28	3.74	3.09	3.91
日　本	2.35	3.54	1.89	2.27	2.74	3.29	2.55	2.81	3.22	3.29	2.82
西班牙	2.78	2.50	1.98	2.94	2.96	2.61	2.62	2.62	2.32	2.76	2.61
印　度	2.35	2.25	2.72	1.93	2.74	2.26	2.30	2.69	3.16	3.29	2.59
荷　兰	2.70	1.93	2.80	3.36	2.43	2.75	2.36	2.43	2.77	2.37	2.58
澳大利亚	2.17	2.25	2.06	2.85	2.74	2.13	2.36	2.56	2.58	1.91	2.36
俄罗斯	1.57	2.17	1.81	1.76	1.98	2.40	2.68	2.05	3.35	2.83	2.31
瑞　士	1.39	2.01	1.48	1.76	1.75	2.40	1.72	1.60	2.13	2.37	1.88
韩　国	2.09	1.61	1.57	1.51	1.44	2.20	1.85	1.41	1.74	1.71	1.71
瑞　典	1.22	1.53	1.48	1.85	1.98	1.65	1.40	2.11	1.61	1.71	1.66
比利时	1.48	1.37	1.07	1.76	1.29	1.78	1.60	1.92	1.48	1.77	1.57
加拿大	1.65	1.69	1.81	1.60	1.06	1.51	1.21	1.09	1.22	1.64	1.43
伊　朗	1.22	1.85	2.22	1.34	1.29	1.30	1.40	1.79	0.84	0.85	1.39
葡萄牙	0.43	1.13	0.99	2.02	1.75	1.24	1.08	1.28	1.22	1.84	1.31
捷　克	0.70	0.56	0.49	1.01	0.38	1.44	1.28	1.66	1.16	1.18	1.02

十九　应用物理学

应用物理学 A、B、C 层人才主要集中在美国和中国大陆，二者 A、B、C 层人才的世界占比合计为 49.88%、52.83%、44.05%，其中美国的 A 层人才多于中国大陆，B、C 层人才稍少于中国大陆；在发展趋势上，中国大陆呈现相对上升趋势，美国呈现相对下降趋势。

英国、日本、德国、澳大利亚、新加坡、韩国的 A 层人才比较多，世界占比在 6%~3% 之间；意大利、沙特阿拉伯、瑞士、法国、加拿大、荷兰、西班牙、瑞典、中国香港、中国台湾、比利时、丹麦也有相当数量的 A 层人才，大部分世界占比超过 1%。

德国、韩国、新加坡、英国、日本、澳大利亚的 B 层人才比较多，世界占比在 6%~3% 之间；中国香港、法国、加拿大、瑞士、西班牙、沙特阿拉伯、意大利、荷兰、瑞典、中国台湾、印度、比利时也有相当数量的 B 层人才，大部分世界占比超过 1%。

德国、韩国、日本、英国、法国的 C 层人才比较多，世界占比在 7%~3% 之间；新加坡、澳大利亚、印度、意大利、西班牙、加拿大、瑞士、中国香港、荷兰、中国台湾、俄罗斯、瑞典、沙特阿拉伯也有相当数量的 C 层人才，世界占比超过或接近 1%。

表 2-55　应用物理学 A 层人才排名前 20 的国家和地区的占比

单位：%

国家和地区	2010年	2011年	2012年	2013年	2014年	2015年	2016年	2017年	2018年	2019年	合计
美国	37.89	34.74	26.42	37.84	34.45	21.37	26.23	24.62	16.30	20.00	27.30
中国大陆	14.74	18.95	16.04	15.32	20.17	16.24	22.13	31.54	30.37	33.33	22.58
英国	6.32	4.21	7.55	8.11	10.08	6.84	5.74	5.38	3.70	2.22	5.92
日本	6.32	6.32	7.55	5.41	2.52	6.84	3.28	3.85	5.19	5.93	5.24
德国	7.37	6.32	6.60	0.90	3.36	5.98	5.74	5.38	2.96	5.19	4.89
澳大利亚	3.16	1.05	1.89	1.80	2.52	3.42	4.10	7.69	7.41	4.44	3.95
新加坡	1.05	5.26	8.49	5.41	2.52	1.71	4.10	1.54	3.70	5.93	3.95
韩国	1.05	4.21	2.83	4.50	0.84	4.27	7.38	0.77	3.70	3.70	3.35
意大利	2.11	1.05	1.89	1.80	0.84	4.27	2.46	2.31	2.96	3.70	2.40
沙特阿拉伯	0.00	2.11	0.00	0.00	0.00	3.42	2.46	3.85	5.19	3.70	2.23
瑞士	0.00	1.05	0.00	3.60	4.20	6.84	0.00	0.77	1.48	2.22	2.06
法国	3.16	1.05	2.83	2.70	1.68	3.42	1.64	1.54	1.48	0.74	1.97
加拿大	2.11	3.16	0.00	0.00	1.68	2.56	3.28	3.08	1.48	1.48	1.89
荷兰	2.11	1.05	2.83	0.00	0.84	2.56	3.28	0.77	1.48	0.74	1.55
西班牙	1.05	3.16	0.94	0.90	4.20	3.42	0.00	0.77	0.00	0.74	1.46

续表

国家和地区	2010年	2011年	2012年	2013年	2014年	2015年	2016年	2017年	2018年	2019年	合计
瑞典	1.05	2.11	0.94	0.90	0.00	0.85	3.28	0.77	1.48	1.48	1.29
中国香港	1.05	1.05	0.00	0.00	3.36	0.00	0.82	0.00	2.96	0.74	1.03
中国台湾	1.05	0.00	3.77	1.80	0.84	0.00	0.82	0.77	0.74	0.74	1.03
比利时	0.00	0.00	1.89	0.90	0.84	0.85	0.00	0.00	1.48	0.74	0.69
丹麦	4.21	1.05	0.94	0.90	0.00	0.85	0.00	0.00	0.00	0.00	0.69

表 2-56　应用物理学 B 层人才排名前 20 的国家和地区的占比

单位：%

国家和地区	2010年	2011年	2012年	2013年	2014年	2015年	2016年	2017年	2018年	2019年	合计
中国大陆	11.37	14.94	16.60	20.79	24.88	27.41	31.73	36.18	40.59	39.98	27.61
美国	36.19	32.99	29.75	27.62	25.53	26.28	22.70	22.02	18.73	17.10	25.22
德国	9.74	7.93	6.05	6.34	6.50	4.91	4.03	4.23	2.88	3.58	5.40
韩国	4.52	4.37	6.05	6.53	5.01	5.39	4.21	2.94	3.37	3.18	4.48
新加坡	2.32	1.84	3.65	3.66	4.92	3.88	4.65	4.58	4.93	4.64	4.02
英国	4.41	5.17	4.91	3.96	4.18	3.97	3.59	3.11	2.88	2.77	3.81
日本	5.34	5.40	5.01	4.26	3.90	3.31	3.86	2.42	2.38	2.85	3.75
澳大利亚	1.62	2.07	2.40	2.48	2.51	3.21	3.77	3.89	3.86	3.91	3.06
中国香港	1.39	1.26	1.04	1.39	1.76	2.46	2.28	3.28	3.29	3.26	2.23
法国	2.44	2.87	2.82	2.87	2.32	1.80	2.28	1.81	1.56	1.22	2.15
加拿大	1.51	2.30	2.19	1.39	1.39	1.89	2.10	1.73	1.56	2.12	1.81
瑞士	2.44	1.84	2.09	1.98	2.04	1.51	1.75	1.21	1.15	1.38	1.70
西班牙	1.16	2.87	1.88	1.78	1.21	1.51	1.23	0.95	1.07	1.55	1.48
沙特阿拉伯	0.00	0.92	0.63	0.79	1.86	1.80	1.84	1.55	2.05	1.87	1.40
意大利	1.86	1.61	1.36	2.67	1.39	0.57	0.96	1.04	0.25	1.06	1.23
荷兰	2.20	2.18	2.82	1.49	1.02	0.95	0.53	0.43	0.66	0.41	1.18
瑞典	1.28	0.80	1.04	0.59	1.11	0.85	0.96	0.69	1.31	1.30	1.00
中国台湾	1.74	0.34	1.36	0.69	1.86	0.76	0.96	0.78	0.82	0.73	0.99
印度	0.46	1.03	1.15	1.29	0.65	0.85	0.96	0.52	0.99	1.14	0.91
比利时	1.28	0.80	0.84	0.89	0.65	0.47	0.44	0.43	0.25	0.65	0.64

表 2-57 应用物理学 C 层人才排名前 20 的国家和地区的占比

单位：%

国家和地区	2010年	2011年	2012年	2013年	2014年	2015年	2016年	2017年	2018年	2019年	合计
中国大陆	11.98	12.98	14.94	18.69	21.15	24.37	26.10	30.77	33.93	35.44	23.88
美国	24.28	24.69	24.68	22.95	21.15	20.80	18.59	17.79	16.11	14.22	20.17
德国	8.76	9.31	7.91	7.46	6.95	5.83	6.05	5.18	4.82	4.32	6.49
韩国	4.70	4.82	4.26	4.36	4.71	4.80	4.40	4.51	4.68	4.77	4.60
日本	6.53	5.86	5.52	4.87	4.59	3.86	3.85	3.62	3.00	3.00	4.35
英国	4.49	4.59	4.39	4.43	4.51	3.90	4.08	3.82	3.62	3.25	4.07
法国	5.02	4.17	4.29	4.08	3.32	3.04	2.79	2.44	1.96	1.68	3.17
新加坡	1.93	1.91	2.55	2.27	2.41	2.69	2.58	2.73	2.75	2.61	2.47
澳大利亚	1.71	1.90	2.04	1.83	2.29	2.58	2.58	2.84	2.82	3.36	2.45
印度	1.99	2.46	2.15	2.46	2.35	2.38	2.14	2.12	2.13	2.16	2.23
意大利	2.39	2.49	2.16	2.32	2.30	2.13	1.97	1.73	1.73	1.85	2.08
西班牙	2.39	2.39	2.42	2.21	2.31	2.09	1.96	1.75	1.82	1.62	2.07
加拿大	1.93	2.09	1.91	1.96	2.03	2.03	2.11	1.67	1.61	1.55	1.88
瑞士	2.39	1.93	2.35	2.02	1.84	1.72	1.74	1.44	1.62	1.15	1.79
中国香港	0.85	1.01	1.16	1.10	1.59	1.67	1.78	1.96	2.23	2.17	1.60
荷兰	1.98	1.84	1.67	1.51	1.44	1.30	1.23	1.17	0.90	1.02	1.37
中国台湾	1.67	1.59	1.68	1.47	1.40	1.23	1.19	1.14	0.96	1.09	1.32
俄罗斯	1.29	1.08	1.23	1.23	1.16	1.06	1.28	1.13	1.13	1.09	1.17
瑞典	1.45	1.24	1.38	1.36	1.24	1.01	1.13	0.95	1.09	0.90	1.16
沙特阿拉伯	0.22	0.30	0.50	0.82	0.98	1.34	1.23	1.15	1.25	1.20	0.94

二十 多学科物理

多学科物理 A、B、C 层人才最多的国家是美国，分别占该学科全球 A、B、C 层人才的 18.70%、19.27%、18.71%。

德国、英国、中国大陆、意大利、法国、日本、西班牙、加拿大、瑞士的 A 层人才比较多，世界占比在 8%～3%之间；韩国、澳大利亚、匈牙利、比利时、中国台湾、荷兰、俄罗斯、印度、中国香港、巴西也有相当数量的 A 层人才，世界占比超过 1%。

德国、中国大陆、英国、日本、法国、西班牙、瑞士、意大利的 B 层人才比较多，世界占比在 10%～3%之间；加拿大、荷兰、俄罗斯、奥地利、澳大利亚、波兰、韩国、以色列、巴西、印度、中国台湾也有相当数量的 B 层人才，世界占比超过1%。

德国、中国大陆、英国、法国、日本、意大利、瑞士的C层人才比较多，世界占比在10%~3%之间；西班牙、加拿大、俄罗斯、荷兰、奥地利、澳大利亚、韩国、以色列、印度、瑞典、波兰、巴西也有相当数量的C层人才，世界占比超过1%。

表2-58　多学科物理A层人才排名前20的国家和地区的占比

单位：%

国家和地区	2010年	2011年	2012年	2013年	2014年	2015年	2016年	2017年	2018年	2019年	合计
美　国	39.39	34.48	22.73	21.95	25.00	12.20	5.13	7.32	15.56	9.38	18.70
德　国	12.12	3.45	11.36	12.20	7.50	7.32	5.13	4.88	4.44	6.25	7.53
英　国	6.06	3.45	6.82	9.76	12.50	7.32	5.13	4.88	2.22	6.25	6.49
中国大陆	0.00	6.90	6.82	7.32	5.00	12.20	5.13	4.88	2.22	6.25	5.71
意大利	3.03	6.90	2.27	7.32	5.00	7.32	5.13	4.88	4.44	6.25	5.19
法　国	0.00	10.34	2.27	7.32	2.50	7.32	5.13	4.88	6.67	6.25	5.19
日　本	6.06	3.45	2.27	4.88	2.50	0.00	5.13	4.88	11.11	6.25	4.68
西班牙	0.00	3.45	2.27	4.88	2.50	7.32	5.13	4.88	2.22	3.13	3.64
加拿大	6.06	3.45	2.27	0.00	2.50	2.44	5.13	4.88	2.22	3.13	3.12
瑞　士	0.00	6.90	2.27	0.00	7.50	2.44	0.00	2.44	4.44	6.25	3.12
韩　国	3.03	0.00	4.55	2.44	0.00	2.44	5.13	4.88	2.22	3.13	2.86
澳大利亚	3.03	0.00	2.27	2.44	0.00	2.44	5.13	4.88	2.22	3.13	2.60
匈牙利	0.00	0.00	2.27	2.44	0.00	4.88	5.13	4.88	2.22	3.13	2.60
比利时	0.00	0.00	2.27	0.00	2.50	2.44	5.13	4.88	2.22	6.25	2.60
中国台湾	3.03	0.00	2.27	2.44	0.00	2.44	5.13	4.88	2.22	3.13	2.60
荷　兰	0.00	0.00	2.27	0.00	0.00	4.88	5.13	4.88	4.44	3.13	2.60
俄罗斯	0.00	3.45	2.27	0.00	0.00	2.44	5.13	4.88	2.22	3.13	2.34
印　度	0.00	3.45	0.00	2.44	0.00	2.44	5.13	4.88	2.22	3.13	2.34
中国香港	0.00	0.00	4.55	2.44	5.00	0.00	2.56	0.00	2.22	3.13	2.08
巴　西	0.00	0.00	0.00	0.00	0.00	2.44	5.13	4.88	2.22	3.13	1.82

表2-59　多学科物理B层人才排名前20的国家和地区的占比

单位：%

国家和地区	2010年	2011年	2012年	2013年	2014年	2015年	2016年	2017年	2018年	2019年	合计
美　国	18.79	21.55	23.16	21.78	23.18	15.84	17.29	19.85	19.22	12.98	19.27
德　国	10.40	9.77	13.74	8.66	9.97	9.61	9.04	8.33	10.46	7.06	9.66

续表

国家和地区	2010年	2011年	2012年	2013年	2014年	2015年	2016年	2017年	2018年	2019年	合计
中国大陆	3.02	4.31	5.60	3.41	6.47	4.42	8.24	8.09	7.54	7.29	5.96
英　国	5.70	5.17	6.11	5.25	5.93	5.19	6.91	4.41	7.54	2.96	5.49
日　本	4.36	5.75	5.60	3.67	5.12	3.64	3.19	5.64	3.65	5.69	4.65
法　国	5.70	4.60	4.33	4.72	5.93	4.16	5.32	4.41	3.65	4.10	4.65
西班牙	4.70	3.74	3.05	3.94	4.58	3.38	4.26	4.41	3.89	3.64	3.94
瑞　士	3.02	4.02	4.83	4.72	3.23	2.60	4.26	4.17	5.35	2.73	3.91
意大利	3.69	3.45	3.31	4.46	3.23	2.60	4.79	3.19	3.41	2.73	3.46
加拿大	1.34	3.16	3.31	2.62	3.77	3.12	4.26	2.94	1.46	2.28	2.83
荷　兰	5.03	1.72	1.53	3.94	2.96	3.90	2.39	2.21	2.43	2.28	2.78
俄罗斯	1.68	2.59	2.04	3.15	2.70	2.60	3.72	2.94	1.95	2.73	2.62
奥地利	3.02	2.30	3.82	1.05	2.16	1.82	1.33	1.23	1.95	2.05	2.05
澳大利亚	1.34	1.72	2.29	1.84	1.62	2.34	2.13	1.72	1.70	2.05	1.89
波　兰	1.34	1.44	0.76	2.36	1.35	1.56	1.60	1.72	1.46	2.05	1.57
韩　国	0.67	1.72	1.53	1.31	2.16	1.30	1.60	2.21	0.73	1.59	1.50
以色列	0.67	2.59	2.54	1.31	1.35	1.30	0.53	0.74	1.95	1.37	1.44
巴　西	0.67	2.01	1.02	1.31	0.54	1.82	2.13	1.47	0.49	1.14	1.26
印　度	1.01	1.15	1.27	0.79	0.54	1.04	1.60	1.47	0.73	1.59	1.13
中国台湾	0.67	0.57	1.02	1.57	1.35	1.30	1.86	0.98	0.24	1.37	1.10

表 2-60　多学科物理 C 层人才排名前 20 的国家和地区的占比

单位：%

国家和地区	2010年	2011年	2012年	2013年	2014年	2015年	2016年	2017年	2018年	2019年	合计
美　国	21.33	19.75	21.04	19.67	18.88	19.61	18.67	17.63	16.14	15.51	18.71
德　国	11.70	10.76	9.52	11.01	9.61	10.01	9.58	9.65	7.97	7.14	9.60
中国大陆	4.83	5.63	5.66	6.60	6.73	8.32	7.35	8.40	9.40	11.01	7.52
英　国	7.12	5.93	6.04	6.05	6.87	7.22	6.84	6.89	5.39	5.73	6.38
法　国	6.90	6.31	5.61	6.23	5.97	5.86	5.63	5.07	4.56	3.98	5.55
日　本	5.90	4.86	4.84	4.04	3.86	3.96	4.48	4.05	4.11	3.82	4.35
意大利	3.74	3.71	3.15	3.33	4.11	3.69	3.01	3.68	3.68	3.04	3.50
瑞　士	3.32	3.65	3.69	3.78	3.34	3.32	3.25	3.28	3.51	2.97	3.40
西班牙	3.00	2.99	3.41	3.48	3.01	2.73	2.68	3.01	2.73	2.50	2.95
加拿大	2.58	2.85	2.69	2.53	3.12	3.24	2.09	2.39	2.48	2.45	2.63
俄罗斯	2.51	2.16	2.28	2.09	2.63	2.62	2.47	2.31	2.20	1.86	2.30
荷　兰	2.64	2.70	2.43	1.80	1.81	2.17	2.39	2.04	2.20	1.74	2.17

续表

国家和地区	2010年	2011年	2012年	2013年	2014年	2015年	2016年	2017年	2018年	2019年	合计
奥地利	1.77	1.51	1.84	1.85	1.67	1.36	1.50	1.39	1.50	1.86	1.63
澳大利亚	1.77	1.90	1.74	1.58	1.34	1.52	1.74	1.62	1.48	1.44	1.61
韩国	1.22	1.42	1.59	1.35	1.31	1.55	1.31	1.44	1.58	1.56	1.44
以色列	1.58	1.10	1.36	1.16	1.31	1.82	1.50	1.52	1.08	1.48	1.39
印度	1.00	1.13	0.87	1.32	1.29	1.42	1.13	1.39	1.55	2.03	1.33
瑞典	1.32	1.30	1.15	1.56	1.12	1.12	1.45	1.27	0.75	1.08	1.21
波兰	0.93	1.16	1.18	1.24	1.42	1.15	1.26	1.24	1.20	0.99	1.18
巴西	0.93	1.13	0.97	1.08	1.18	1.20	1.40	1.07	1.33	1.06	1.14

第二节　学科组

在数学与物理学各学科人才分析的基础上，按照 A、B、C 三个人才层次，对各学科人才进行汇总分析，可以从学科组层面揭示人才的分布特点和发展趋势。

一　A 层人才

数学与物理学 A 层人才最多的国家是美国，占该学科组全球 A 层人才的 22.53%，中国大陆以 13.22% 的世界占比排名第二，二者的 A 层人才合计超过全球的 1/3；其后是英国、德国，世界占比分别为 5.93%、5.76%；法国、意大利、日本、澳大利亚、加拿大、西班牙、瑞士、韩国的 A 层人才也比较多，世界占比在 4%~2% 之间；伊朗、荷兰、沙特阿拉伯、新加坡、印度、俄罗斯、比利时、中国台湾、土耳其、丹麦、瑞典、中国香港也有相当数量的 A 层人才，世界占比超过 1%；奥地利、罗马尼亚、以色列、波兰、巴基斯坦、南非、芬兰、巴西、葡萄牙、智利、爱尔兰、匈牙利、墨西哥、马来西亚、捷克、希腊也有一定数量的 A 层人才，世界占比低于 1%。

在发展趋势上，美国、英国、德国、法国、加拿大呈现相对下降趋势，中国大陆、澳大利亚、沙特阿拉伯、伊朗呈现相对上升趋势，其他国家和地区没有明显变化。

表 2-61　数学与物理学 A 层人才排名前 40 的国家和地区的占比

单位：%

国家和地区	2010年	2011年	2012年	2013年	2014年	2015年	2016年	2017年	2018年	2019年	合计
美国	34.12	27.84	27.55	29.70	24.59	18.81	17.68	19.30	18.20	13.32	22.53
中国大陆	6.67	6.44	11.84	6.83	9.90	12.88	14.65	16.54	20.03	21.86	13.22
英国	6.67	6.63	5.10	7.75	8.75	7.12	6.21	5.05	3.67	3.14	5.93
德国	8.63	5.68	4.69	7.56	6.11	6.78	5.10	5.82	3.36	4.64	5.76
法国	3.92	5.49	3.67	5.35	5.28	3.22	3.34	3.06	1.99	2.25	3.68
意大利	3.14	3.98	2.86	3.32	4.46	4.92	3.50	2.76	2.14	2.10	3.29
日本	3.73	5.11	3.47	3.51	2.31	2.88	2.39	2.30	3.52	3.59	3.24
澳大利亚	2.16	1.70	3.06	2.77	2.64	3.56	2.87	4.29	3.36	4.04	3.10
加拿大	3.14	5.49	1.84	2.21	3.80	2.88	3.18	3.06	1.38	1.95	2.86
西班牙	2.75	3.98	1.22	2.03	3.80	3.22	1.75	2.14	1.38	1.65	2.37
瑞士	0.78	2.46	1.22	2.58	3.80	3.90	1.27	1.84	2.75	1.95	2.28
韩国	1.57	2.27	1.63	2.77	1.16	3.05	3.50	0.92	1.99	2.25	2.11
伊朗	0.39	0.00	1.84	1.85	0.83	1.53	1.11	2.45	3.98	3.74	1.86
荷兰	2.55	1.70	2.45	1.29	1.49	2.03	2.39	1.38	1.68	1.65	1.84
沙特阿拉伯	0.59	0.38	0.61	0.37	0.50	2.20	3.34	2.30	3.36	3.29	1.81
新加坡	1.37	1.52	3.27	2.03	1.32	1.86	1.91	0.92	1.38	2.10	1.74
印度	0.98	1.14	2.24	1.29	0.83	2.37	1.27	1.23	1.68	1.65	1.47
俄罗斯	1.18	1.52	1.43	2.58	0.99	0.85	1.11	1.53	0.92	1.35	1.33
比利时	0.78	1.33	1.43	1.48	0.99	1.36	1.27	1.68	1.22	0.90	1.24
中国台湾	0.59	0.57	1.84	0.55	0.83	0.85	1.11	1.68	1.53	1.50	1.12
土耳其	0.39	0.76	0.41	0.37	0.66	0.51	1.27	1.68	1.22	2.69	1.06
丹麦	1.76	1.89	1.22	1.48	1.32	1.02	0.64	0.77	0.61	0.15	1.04
瑞典	1.18	0.76	0.61	1.11	0.66	0.51	1.75	0.92	1.38	1.35	1.04
中国香港	1.37	0.57	1.43	0.74	1.65	0.51	0.80	0.77	1.83	0.45	1.01
奥地利	1.37	2.46	0.82	0.55	0.33	0.51	0.64	0.77	1.22	0.45	0.89
罗马尼亚	0.39	0.19	0.20	0.55	0.50	0.51	0.64	1.07	1.38	2.54	0.85
以色列	1.37	0.95	1.22	0.92	1.16	0.68	1.11	0.31	0.76	0.30	0.85
波兰	0.39	0.76	0.61	0.00	1.16	0.85	1.27	1.38	0.46	0.90	0.80
巴基斯坦	0.78	0.00	0.20	0.37	0.00	0.68	1.11	0.77	1.38	2.25	0.80
南非	0.00	0.19	0.20	0.55	0.66	0.17	1.75	0.92	1.83	1.20	0.80
芬兰	0.78	0.19	1.22	0.55	0.83	0.51	1.11	0.61	0.46	0.60	0.68
巴西	0.39	0.76	0.20	0.74	0.33	0.85	0.96	0.77	0.92	0.30	0.63
葡萄牙	0.00	1.33	1.02	0.37	0.50	0.00	0.48	1.23	0.31	0.30	0.55
智利	0.20	0.38	0.41	0.37	1.49	0.85	0.48	0.15	0.15	0.60	0.51
爱尔兰	0.20	0.19	0.00	1.11	1.16	0.17	0.64	0.31	0.46	0.00	0.43

续表

国家和地区	2010年	2011年	2012年	2013年	2014年	2015年	2016年	2017年	2018年	2019年	合计
匈　牙　利	0.20	0.00	0.41	0.55	0.00	1.19	0.48	0.77	0.31	0.30	0.43
墨　西　哥	0.39	0.38	0.20	0.00	0.50	0.85	0.16	0.31	0.76	0.30	0.39
马来西亚	0.20	0.38	0.61	0.00	0.33	0.51	0.48	0.00	0.15	1.05	0.37
捷　　克	0.39	0.38	0.61	0.18	0.66	0.17	0.48	0.31	0.15	0.45	0.37
希　　腊	0.00	0.76	0.41	0.37	0.17	0.17	0.80	0.00	0.31	0.15	0.31

二　B层人才

数学与物理学B层人才最多的国家是美国，占该学科组全球B层人才的19.32%，中国大陆以16.27%的世界占比排名第二，二者的B层人才合计超过全球的1/3；其后是德国、英国，世界占比分别为5.85%、5.29%；法国、意大利、日本、澳大利亚、加拿大、西班牙、韩国、瑞士的B层人才也比较多，世界占比在4%~2%之间；沙特阿拉伯、伊朗、印度、荷兰、新加坡、俄罗斯、中国香港、土耳其、瑞典、中国台湾也有相当数量的B层人才，世界占比超过1%；波兰、比利时、丹麦、奥地利、巴基斯坦、以色列、罗马尼亚、巴西、芬兰、葡萄牙、南非、马来西亚、希腊、捷克、埃及、爱尔兰、匈牙利、挪威也有一定数量的B层人才，世界占比低于1%。

在发展趋势上，美国、德国、英国、法国、加拿大呈现相对下降趋势，中国大陆、沙特阿拉伯、伊朗呈现相对上升趋势，其他国家和地区没有明显变化。

表2-62　数学与物理学B层人才排名前40的国家和地区的占比

单位：%

国家和地区	2010年	2011年	2012年	2013年	2014年	2015年	2016年	2017年	2018年	2019年	合计
美　　国	27.14	25.97	22.11	21.80	20.50	18.99	17.66	15.94	15.23	12.35	19.32
中国大陆	8.30	9.15	11.31	12.61	14.60	16.07	16.99	20.77	23.67	23.94	16.27
德　　国	8.30	7.74	6.64	5.81	6.39	6.23	5.84	4.61	4.56	3.71	5.85
英　　国	5.91	6.44	5.97	5.64	5.64	5.67	5.34	4.94	4.25	3.79	5.29
法　　国	4.69	5.15	4.01	4.34	4.07	3.93	3.78	2.63	2.76	2.42	3.70
意　大　利	3.38	3.44	2.90	3.36	3.19	3.16	3.15	2.63	2.12	2.17	2.91
日　　本	3.56	3.26	3.20	2.87	2.90	2.47	2.64	2.19	1.99	2.45	2.71
澳大利亚	2.08	1.81	2.48	2.26	2.36	2.59	2.33	3.13	3.55	3.05	2.61

续表

国家和地区	2010年	2011年	2012年	2013年	2014年	2015年	2016年	2017年	2018年	2019年	合计
加拿大	3.03	3.48	2.69	2.17	2.43	2.18	2.77	2.50	1.87	2.24	2.51
西班牙	2.78	3.08	2.86	2.33	2.92	2.49	2.32	2.22	1.98	1.67	2.43
韩国	1.91	2.11	2.63	2.83	2.83	2.64	2.01	2.01	1.57	2.02	2.24
瑞士	2.45	2.29	2.28	2.13	2.17	2.09	2.48	1.75	1.99	1.41	2.08
沙特阿拉伯	0.29	0.91	1.09	1.32	1.74	2.15	2.28	2.41	2.80	3.17	1.90
伊朗	0.84	0.91	1.64	1.31	1.59	1.49	2.27	2.11	2.51	2.47	1.77
印度	1.36	1.27	1.69	2.06	1.67	1.97	1.90	1.90	1.60	2.00	1.76
荷兰	2.12	2.03	1.94	2.11	1.62	1.49	1.72	1.27	1.40	1.25	1.67
新加坡	1.30	0.80	1.52	1.56	1.79	1.77	1.72	1.79	1.76	1.90	1.62
俄罗斯	1.03	1.17	1.39	1.18	1.02	1.44	1.59	1.56	1.15	1.46	1.31
中国香港	0.78	0.86	1.02	1.05	1.29	1.51	1.13	1.60	1.62	1.65	1.28
土耳其	0.72	0.87	0.90	1.12	1.00	0.65	1.05	1.02	1.70	1.80	1.11
瑞典	1.32	0.99	1.13	0.90	1.07	1.17	1.03	0.77	1.00	0.99	1.03
中国台湾	1.19	0.68	1.17	0.75	1.02	0.94	1.06	1.05	1.06	1.23	1.02
波兰	0.99	0.97	0.77	0.85	0.95	1.06	1.05	0.82	0.98	1.02	0.95
比利时	1.30	1.03	0.94	0.94	0.67	1.03	0.92	0.83	0.62	0.93	0.91
丹麦	1.11	1.11	1.02	1.01	1.07	0.65	0.84	0.91	0.75	0.51	0.88
奥地利	1.13	1.05	1.15	0.79	0.76	0.81	0.84	0.60	0.69	0.71	0.84
巴基斯坦	0.19	0.28	0.49	0.35	0.40	0.27	0.80	1.29	1.37	1.93	0.79
以色列	0.89	0.97	0.96	0.86	0.85	0.74	0.61	0.72	0.70	0.60	0.78
罗马尼亚	0.35	0.56	0.60	0.88	0.55	0.60	0.76	0.88	1.14	1.10	0.76
巴西	0.78	0.72	0.77	0.83	0.62	0.91	0.80	0.74	0.79	0.62	0.76
芬兰	0.51	0.72	0.60	0.72	0.78	0.72	0.87	0.58	0.55	0.50	0.65
葡萄牙	0.62	0.68	0.79	0.74	0.71	0.50	0.56	0.76	0.47	0.54	0.63
南非	0.27	0.32	0.26	0.59	0.62	0.33	0.93	0.65	0.79	0.96	0.59
马来西亚	0.21	0.30	0.36	0.63	0.78	0.70	0.55	0.74	0.47	0.57	0.54
希腊	0.60	0.62	0.55	0.64	0.55	0.50	0.43	0.55	0.40	0.56	0.54
捷克	0.56	0.46	0.66	0.55	0.50	0.55	0.35	0.55	0.53	0.47	0.51
埃及	0.14	0.48	0.41	0.37	0.43	0.48	0.43	0.68	0.53	0.65	0.47
爱尔兰	0.56	0.52	0.30	0.61	0.41	0.38	0.64	0.35	0.26	0.44	0.44
匈牙利	0.37	0.34	0.43	0.61	0.41	0.50	0.29	0.58	0.37	0.45	0.44
挪威	0.37	0.50	0.43	0.46	0.59	0.33	0.53	0.36	0.33	0.32	0.42

三 C层人才

数学与物理学C层人才最多的国家是美国，占该学科组全球C层人才的17.68%，中国大陆以15.47%的世界占比排名第二，二者的C层人才合计约占全球的1/3；其后是德国、英国、法国，世界占比分别为6.59%、5.25%、4.47%；意大利、日本、西班牙、加拿大、印度、韩国、澳大利亚、瑞士的C层人才也比较多，世界占比在4%~2%之间；伊朗、俄罗斯、荷兰、新加坡、瑞典、沙特阿拉伯、波兰、土耳其、中国香港、中国台湾也有相当数量的C层人才，世界占比超过1%；比利时、巴西、奥地利、以色列、丹麦、葡萄牙、捷克、巴基斯坦、芬兰、希腊、罗马尼亚、马来西亚、埃及、南非、匈牙利、智利、墨西哥也有一定数量的C层人才，世界占比低于1%。

在发展趋势上，美国、德国、英国、法国、日本呈现相对下降趋势，中国大陆、澳大利亚、沙特阿拉伯呈现相对上升趋势，其他国家和地区没有明显变化。

表2-63 数学与物理学C层人才排名前40的国家和地区的占比

单位：%

国家和地区	2010年	2011年	2012年	2013年	2014年	2015年	2016年	2017年	2018年	2019年	合计
美国	22.29	21.05	20.41	19.33	18.09	17.77	16.64	16.03	14.37	13.32	17.68
中国大陆	9.34	9.87	10.88	12.92	13.90	15.48	16.42	18.71	21.35	21.93	15.47
德国	8.10	8.17	7.54	7.16	6.80	6.46	6.37	5.85	5.32	5.07	6.59
英国	5.87	5.59	5.38	5.54	5.46	5.26	5.44	5.10	4.66	4.53	5.25
法国	6.12	5.53	5.35	5.19	4.70	4.46	4.20	3.70	3.29	3.05	4.47
意大利	3.81	3.64	3.57	3.60	3.81	3.67	3.45	3.37	3.15	3.12	3.50
日本	4.20	3.84	3.58	3.28	3.15	2.91	2.97	2.83	2.60	2.52	3.14
西班牙	3.00	3.10	3.01	2.97	2.84	2.61	2.59	2.42	2.28	2.19	2.67
加拿大	2.87	2.69	2.60	2.55	2.58	2.42	2.37	2.20	2.14	2.11	2.43
印度	2.02	2.18	2.16	2.31	2.48	2.31	2.33	2.53	2.52	2.89	2.39
韩国	2.36	2.42	2.38	2.39	2.42	2.48	2.33	2.32	2.47	2.35	2.39
澳大利亚	1.93	2.04	2.00	2.11	2.16	2.23	2.23	2.27	2.27	2.38	2.17
瑞士	2.26	2.14	2.23	2.13	2.02	2.07	2.08	1.86	1.90	1.70	2.02
伊朗	1.20	1.44	1.43	1.57	1.70	1.71	1.94	2.30	2.28	2.43	1.84
俄罗斯	1.69	1.54	1.59	1.59	1.56	1.75	1.80	1.76	1.83	1.72	1.69
荷兰	1.96	1.96	1.77	1.66	1.57	1.53	1.57	1.40	1.33	1.35	1.59

续表

国家和地区	2010年	2011年	2012年	2013年	2014年	2015年	2016年	2017年	2018年	2019年	合计
新加坡	0.98	0.93	1.13	1.05	1.19	1.26	1.17	1.22	1.27	1.15	1.14
瑞典	1.24	1.20	1.16	1.26	1.19	1.08	1.10	1.12	1.05	1.02	1.14
沙特阿拉伯	0.32	0.45	0.73	0.90	1.11	1.25	1.33	1.38	1.54	1.71	1.11
波兰	1.08	1.10	1.08	1.11	1.16	1.21	1.21	1.15	1.04	1.00	1.11
土耳其	0.89	0.93	1.05	1.12	1.04	0.96	0.98	1.06	1.19	1.39	1.07
中国香港	0.77	0.79	0.94	0.91	1.07	1.11	1.13	1.22	1.29	1.23	1.06
中国台湾	1.19	1.25	1.21	1.05	1.07	0.95	0.88	0.92	0.96	1.00	1.04
比利时	1.17	1.11	1.16	1.09	0.98	1.05	0.89	0.92	0.84	0.72	0.98
巴西	0.91	0.91	0.89	0.92	1.04	0.94	1.13	0.98	0.95	0.99	0.97
奥地利	1.06	1.01	1.04	0.99	0.83	0.89	0.93	0.78	0.79	0.69	0.89
以色列	0.90	0.96	0.93	0.90	0.82	0.90	0.88	0.77	0.69	0.68	0.84
丹麦	0.83	0.90	0.81	0.76	0.90	0.91	0.79	0.76	0.69	0.75	0.80
葡萄牙	0.60	0.71	0.74	0.75	0.77	0.67	0.66	0.62	0.63	0.67	0.68
捷克	0.68	0.63	0.67	0.63	0.63	0.66	0.69	0.62	0.60	0.62	0.64
巴基斯坦	0.35	0.36	0.37	0.41	0.45	0.51	0.62	0.80	0.98	1.20	0.63
芬兰	0.50	0.65	0.66	0.60	0.66	0.63	0.63	0.60	0.55	0.49	0.59
希腊	0.56	0.60	0.64	0.59	0.50	0.61	0.58	0.47	0.53	0.58	0.56
罗马尼亚	0.50	0.53	0.54	0.62	0.47	0.54	0.53	0.50	0.55	0.54	0.53
马来西亚	0.22	0.31	0.43	0.45	0.61	0.64	0.57	0.62	0.53	0.66	0.52
埃及	0.26	0.39	0.39	0.41	0.48	0.48	0.46	0.54	0.65	0.85	0.50
南非	0.26	0.33	0.43	0.44	0.48	0.44	0.60	0.55	0.56	0.59	0.48
匈牙利	0.35	0.44	0.51	0.44	0.44	0.45	0.49	0.44	0.42	0.38	0.44
智利	0.34	0.41	0.34	0.38	0.48	0.38	0.53	0.45	0.53	0.50	0.44
墨西哥	0.38	0.46	0.44	0.44	0.35	0.33	0.43	0.44	0.41	0.47	0.42

第三章　化学

化学是研究物质的组成、结构、性质和反应及物质转化的一门科学，是创造新分子和构建新物质的根本途径，是与其他学科密切交叉和相互渗透的中心科学。化工是利用基础学科原理，实现物质和能量的传递和转化，解决规模生产的方式和途径等过程问题的科学。

第一节　学科

化学学科组包括以下学科：有机化学、高分子科学、电化学、物理化学、分析化学、晶体学、无机化学和核化学、纳米科学和纳米技术、化学工程、应用化学、多学科化学，共计 11 个。

一　有机化学

有机化学 A、B、C 层人才主要集中在美国和中国大陆，二者 A、B、C 层人才的世界占比合计为 28.95%、40.86%、43.28%，其中美国的 A 层人才多于中国大陆，B 层和 C 层人才少于中国大陆；在发展趋势上，中国大陆呈现相对上升趋势，美国呈现相对下降趋势。

德国、英国、意大利、法国、新西兰、日本、马来西亚、印度的 A 层人才比较多，世界占比在 10%～3% 之间；澳大利亚、西班牙、荷兰、瑞典、巴西、加拿大、瑞士、新加坡、芬兰、挪威也有相当数量的 A 层人才，世界占比超过或接近 1%。

德国、印度、英国、日本、法国的 B 层人才比较多，世界占比在 7%～3% 之间；韩国、西班牙、意大利、伊朗、巴西、加拿大、澳大利亚、沙特阿拉伯、土耳其、瑞士、荷兰、新加坡、葡萄牙也有相当数量的 B 层人才，世界占比超过或接近 1%。

印度、德国、日本、英国、法国的C层人才比较多，世界占比在8%~3%之间；西班牙、韩国、意大利、加拿大、伊朗、巴西、新加坡、澳大利亚、瑞士、埃及、中国台湾、沙特阿拉伯、俄罗斯也有相当数量的C层人才，世界占比超过或接近1%。

表3-1 有机化学A层人才排名前20的国家和地区的占比

单位：%

国家和地区	2010年	2011年	2012年	2013年	2014年	2015年	2016年	2017年	2018年	2019年	合计
美国	18.18	16.67	8.33	4.17	13.64	16.67	27.27	13.04	27.27	9.52	15.35
中国大陆	9.09	12.50	4.17	12.50	9.09	8.33	9.09	26.09	27.27	19.05	13.60
德国	4.55	8.33	16.67	8.33	13.64	16.67	9.09	13.04	0.00	4.76	9.65
英国	9.09	8.33	0.00	4.17	4.55	4.17	0.00	4.35	0.00	19.05	5.26
意大利	4.55	0.00	8.33	8.33	4.55	4.17	13.64	4.35	0.00	0.00	4.82
法国	13.64	0.00	12.50	4.17	4.55	0.00	0.00	8.70	0.00	0.00	4.39
新西兰	0.00	0.00	8.33	4.17	4.55	4.17	4.55	4.35	4.55	4.76	3.95
日本	13.64	0.00	0.00	4.17	9.09	4.17	0.00	4.35	4.55	0.00	3.95
马来西亚	0.00	8.33	4.17	0.00	9.09	0.00	4.55	0.00	9.09	4.76	3.95
印度	4.55	4.17	8.33	0.00	4.55	4.17	4.55	4.35	0.00	4.76	3.95
澳大利亚	0.00	0.00	0.00	4.17	4.55	0.00	0.00	0.00	4.55	14.29	2.63
西班牙	0.00	4.17	4.17	4.17	0.00	4.17	9.09	0.00	0.00	0.00	2.63
荷兰	4.55	0.00	4.17	4.17	0.00	8.33	0.00	4.35	0.00	0.00	2.63
瑞典	0.00	4.17	4.17	4.17	0.00	4.17	0.00	0.00	0.00	4.76	2.19
巴西	9.09	8.33	0.00	0.00	0.00	0.00	0.00	0.00	4.55	0.00	2.19
加拿大	0.00	4.17	4.17	4.17	0.00	4.17	0.00	0.00	0.00	0.00	1.75
瑞士	0.00	0.00	4.17	4.17	0.00	0.00	0.00	0.00	0.00	0.00	0.88
新加坡	0.00	0.00	4.17	0.00	4.55	0.00	0.00	0.00	0.00	0.00	0.88
芬兰	0.00	4.17	0.00	4.17	0.00	0.00	0.00	0.00	0.00	0.00	0.88
挪威	0.00	0.00	0.00	4.17	0.00	4.17	0.00	0.00	0.00	0.00	0.88

表3-2 有机化学B层人才排名前20的国家和地区的占比

单位：%

国家和地区	2010年	2011年	2012年	2013年	2014年	2015年	2016年	2017年	2018年	2019年	合计
中国大陆	18.69	17.70	19.28	18.18	26.24	26.13	25.59	31.82	38.35	35.45	25.65
美国	16.36	19.03	17.04	18.64	17.65	18.02	11.85	13.64	8.25	10.91	15.21
德国	9.81	5.75	8.07	9.55	6.33	4.95	6.64	5.91	6.80	3.18	6.69
印度	7.94	6.64	9.42	8.64	6.33	6.76	5.21	6.82	6.31	2.27	6.64
英国	5.61	4.42	4.04	4.55	5.43	2.25	4.27	3.64	1.94	3.18	3.94
日本	7.94	4.42	4.48	5.45	3.17	2.70	1.42	0.45	1.46	2.27	3.39

续表

国家和地区	2010年	2011年	2012年	2013年	2014年	2015年	2016年	2017年	2018年	2019年	合计
法国	3.27	4.87	3.14	5.45	2.26	1.80	4.27	3.18	3.40	1.82	3.34
韩国	3.27	4.87	2.24	2.27	6.33	2.25	1.90	2.27	1.46	0.91	2.79
西班牙	2.34	3.10	2.24	3.64	1.36	3.60	2.37	4.09	0.97	3.18	2.70
意大利	4.21	2.65	3.14	0.91	2.71	2.25	1.90	1.36	0.97	2.73	2.29
伊朗	0.47	0.00	0.45	2.27	1.81	1.35	3.32	4.09	3.88	4.55	2.20
巴西	1.87	2.65	1.35	2.27	1.36	1.80	2.37	1.36	1.46	0.91	1.74
加拿大	1.87	2.65	3.59	0.91	1.36	0.90	0.95	2.27	0.49	2.27	1.74
澳大利亚	1.87	0.88	1.79	0.91	1.36	0.45	1.90	1.82	1.94	1.82	1.47
沙特阿拉伯	0.47	0.88	0.45	0.00	0.45	2.70	2.37	1.82	2.91	1.36	1.33
土耳其	0.93	0.00	0.00	0.91	0.00	1.35	0.47	1.82	1.46	6.36	1.33
瑞士	1.87	0.44	1.35	1.36	1.81	1.35	0.95	0.00	0.49	1.36	1.10
荷兰	0.47	2.21	1.79	0.91	0.90	1.35	0.47	0.91	0.97	0.91	1.10
新加坡	0.93	2.65	1.79	0.91	0.90	0.90	0.47	0.91	0.49	0.00	1.01
葡萄牙	0.00	0.88	0.90	0.91	1.81	1.80	0.47	0.91	0.49	0.91	0.92

表 3－3 有机化学 C 层人才排名前 20 的国家和地区的占比

单位：%

国家和地区	2010年	2011年	2012年	2013年	2014年	2015年	2016年	2017年	2018年	2019年	合计
中国大陆	17.23	21.59	23.51	25.51	31.42	32.19	36.30	34.91	38.90	37.67	29.75
美国	17.90	16.50	16.39	15.13	14.68	13.49	11.91	10.85	8.69	8.87	13.53
印度	6.81	6.69	7.44	8.10	7.90	7.89	7.49	7.53	7.65	8.29	7.57
德国	5.71	6.74	5.16	5.31	5.05	4.18	4.14	4.17	3.87	5.04	4.95
日本	6.57	6.65	5.39	5.21	4.49	4.61	3.63	3.41	2.98	2.62	4.59
英国	6.14	4.64	4.84	3.91	3.83	2.63	2.70	2.94	2.98	2.47	3.73
法国	4.85	4.24	4.15	3.68	3.41	3.10	2.93	3.13	2.43	2.20	3.43
西班牙	3.02	3.03	3.79	2.89	2.34	2.30	2.56	2.70	2.19	2.10	2.70
韩国	3.17	2.72	2.56	2.65	2.66	2.73	2.56	2.32	2.68	2.31	2.64
意大利	3.02	2.23	2.37	2.61	2.52	2.21	1.86	2.13	2.19	2.62	2.37
加拿大	3.26	2.77	2.19	2.89	2.06	2.40	2.56	1.37	1.39	1.42	2.25
伊朗	1.58	1.29	1.32	1.35	1.96	1.64	2.05	2.04	2.58	2.15	1.79
巴西	0.91	1.20	1.05	1.12	1.12	1.17	1.16	1.80	1.84	1.89	1.32
新加坡	1.44	1.78	1.96	1.86	0.94	1.46	0.65	0.85	1.04	0.89	1.30
澳大利亚	1.01	0.89	1.51	1.30	0.98	1.55	1.30	1.33	0.99	0.84	1.17
瑞士	1.49	1.65	1.51	1.21	0.89	0.85	0.70	0.99	0.65	0.68	1.07
埃及	0.77	0.80	0.78	0.56	0.89	0.89	0.79	1.37	1.39	1.57	0.97

续表

国家和地区	2010年	2011年	2012年	2013年	2014年	2015年	2016年	2017年	2018年	2019年	合计
中国台湾	1.30	1.20	1.73	0.79	0.65	0.70	0.98	0.76	0.60	0.42	0.92
沙特阿拉伯	0.38	0.76	0.68	0.51	0.65	0.70	0.65	1.52	1.54	1.68	0.90
俄罗斯	0.91	0.54	0.50	0.51	0.79	0.99	1.30	1.04	1.39	0.94	0.89

二　高分子科学

高分子科学A、B、C层人才主要集中在美国和中国大陆，二者A、B、C层人才的世界占比合计为35.41%、36.92%、37.96%，其中美国的A层人才多于中国大陆，B、C层人才少于中国大陆；在发展趋势上，中国大陆呈现相对上升趋势，美国呈现相对下降趋势。

英国、法国、韩国、新加坡、马来西亚、印度、澳大利亚、德国的A层人才比较多，世界占比在6%~3%之间；土耳其、比利时、加拿大、埃及、意大利、西班牙、沙特阿拉伯、伊朗、荷兰、爱尔兰也有相当数量的A层人才，世界占比超过1%。

印度、德国、澳大利亚、法国、韩国、英国的B层人才比较多，世界占比在5%~3%之间；西班牙、意大利、伊朗、日本、加拿大、新加坡、马来西亚、比利时、瑞典、荷兰、沙特阿拉伯、巴西也有相当数量的B层人才，世界占比超过1%。

德国、印度、法国、英国、韩国、日本的C层人才比较多，世界占比在5%~3%之间；伊朗、澳大利亚、加拿大、意大利、西班牙、荷兰、新加坡、沙特阿拉伯、巴西、比利时、埃及、土耳其也有相当数量的C层人才，世界占比超过1%。

表3-4　高分子科学A层人才排名前20的国家和地区的占比

单位：%

国家和地区	2010年	2011年	2012年	2013年	2014年	2015年	2016年	2017年	2018年	2019年	合计
美国	42.86	23.81	21.74	20.00	16.00	8.00	19.23	29.63	16.13	15.15	20.62
中国大陆	9.52	9.52	4.35	0.00	8.00	8.00	19.23	18.52	32.26	27.27	14.79
英国	0.00	9.52	4.35	8.00	0.00	8.00	11.54	3.70	0.00	6.06	5.06

续表

国家和地区	2010年	2011年	2012年	2013年	2014年	2015年	2016年	2017年	2018年	2019年	合计
法国	0.00	4.76	4.35	4.00	20.00	4.00	3.85	0.00	0.00	3.03	4.28
韩国	9.52	4.76	13.04	4.00	0.00	8.00	0.00	7.41	0.00	0.00	4.28
新加坡	4.76	0.00	4.35	0.00	0.00	8.00	7.69	3.70	6.45	3.03	3.89
马来西亚	0.00	9.52	0.00	0.00	12.00	8.00	0.00	0.00	6.45	3.03	3.89
印度	0.00	0.00	0.00	4.00	8.00	4.00	3.85	3.70	6.45	3.03	3.50
澳大利亚	9.52	0.00	8.70	0.00	4.00	8.00	0.00	3.70	0.00	3.03	3.50
德国	0.00	0.00	4.35	12.00	4.00	4.00	0.00	3.70	6.45	0.00	3.50
土耳其	4.76	0.00	0.00	0.00	0.00	4.00	3.85	3.70	3.23	6.06	2.72
比利时	0.00	4.76	0.00	12.00	0.00	0.00	3.85	3.70	0.00	0.00	2.33
加拿大	0.00	0.00	8.70	4.00	4.00	0.00	0.00	3.70	0.00	3.03	2.33
埃及	0.00	0.00	0.00	0.00	0.00	8.00	0.00	7.41	3.23	3.03	2.33
意大利	0.00	9.52	0.00	12.00	0.00	0.00	0.00	0.00	3.23	0.00	2.33
西班牙	0.00	4.76	4.35	8.00	0.00	0.00	0.00	3.70	0.00	3.03	2.33
沙特阿拉伯	0.00	0.00	0.00	0.00	0.00	0.00	7.69	3.70	0.00	3.03	1.56
伊朗	0.00	0.00	0.00	0.00	8.00	4.00	0.00	0.00	0.00	3.03	1.56
荷兰	0.00	4.76	4.35	0.00	4.00	0.00	3.85	0.00	0.00	0.00	1.56
爱尔兰	0.00	0.00	0.00	4.00	0.00	0.00	3.85	0.00	0.00	3.03	1.17

表3-5 高分子科学B层人才排名前20的国家和地区的占比

单位：%

国家和地区	2010年	2011年	2012年	2013年	2014年	2015年	2016年	2017年	2018年	2019年	合计
中国大陆	17.20	8.82	14.22	11.95	15.86	17.70	17.45	19.09	29.20	30.03	18.95
美国	23.66	17.16	18.48	23.01	20.70	18.14	15.74	21.16	13.14	12.46	17.97
印度	4.30	5.88	1.42	3.54	5.29	6.19	3.83	3.73	5.47	4.79	4.48
德国	4.30	8.82	8.06	5.31	3.08	3.54	4.26	4.56	1.82	2.24	4.40
澳大利亚	2.69	4.90	3.79	3.54	4.41	3.98	4.68	5.39	2.55	4.79	4.10
法国	3.23	4.41	7.11	4.42	3.08	5.75	3.83	3.73	3.65	2.56	4.10
韩国	7.53	5.88	4.27	4.42	4.85	4.42	3.83	2.07	1.46	2.24	3.88
英国	4.84	4.41	2.84	3.10	4.85	1.33	2.98	4.56	2.55	3.51	3.46
西班牙	2.15	2.45	2.37	3.10	2.20	3.98	3.40	2.07	2.19	1.28	2.48
意大利	2.15	2.45	3.79	2.65	2.20	2.65	2.55	2.07	1.46	2.56	2.43
伊朗	1.61	0.98	0.95	2.21	0.88	2.21	2.98	2.07	5.47	3.51	2.43
日本	2.15	3.92	4.74	4.42	2.20	1.33	2.55	0.41	1.46	1.28	2.35
加拿大	1.08	3.43	6.16	0.88	4.85	1.77	0.43	0.83	1.46	2.24	2.26

续表

国家和地区	2010年	2011年	2012年	2013年	2014年	2015年	2016年	2017年	2018年	2019年	合计
新加坡	3.23	1.47	3.79	3.10	1.76	1.77	3.40	1.24	0.36	1.92	2.13
马来西亚	0.00	1.47	1.90	1.33	2.64	2.21	2.55	3.32	1.46	2.24	1.96
比利时	1.61	1.96	1.90	1.33	1.76	2.65	1.28	2.07	2.19	1.28	1.79
瑞典	2.69	1.96	1.42	2.65	2.20	1.77	1.70	0.00	0.00	1.28	1.49
荷兰	1.61	4.41	1.90	1.33	0.88	2.21	1.28	1.66	0.36	0.32	1.49
沙特阿拉伯	1.08	0.00	0.95	0.88	0.88	1.77	2.55	2.07	2.19	0.96	1.37
巴西	2.15	0.98	0.47	1.33	0.44	2.21	0.85	2.07	2.19	0.64	1.32

表 3-6　高分子科学 C 层人才排名前 20 的国家和地区的占比

单位：%

国家和地区	2010年	2011年	2012年	2013年	2014年	2015年	2016年	2017年	2018年	2019年	合计
中国大陆	14.85	17.93	19.08	20.86	21.82	21.53	24.71	25.61	28.83	30.81	23.18
美国	19.30	18.56	19.80	16.37	16.83	15.89	13.69	12.47	9.43	9.76	14.78
德国	7.48	6.45	5.75	5.92	5.03	5.24	3.69	3.38	3.41	3.50	4.84
印度	3.56	3.32	3.74	4.36	4.59	4.66	4.98	5.56	5.84	5.88	4.75
法国	5.60	4.84	4.41	4.14	4.10	4.21	3.86	2.88	2.25	1.87	3.68
英国	4.45	5.03	3.88	3.34	3.83	3.98	3.56	3.46	2.86	2.67	3.63
韩国	3.56	3.27	3.88	3.74	3.07	4.12	3.90	3.50	3.37	3.05	3.53
日本	4.92	4.45	4.79	3.51	2.94	2.82	2.27	2.72	1.85	1.32	3.02
伊朗	1.05	1.42	0.91	2.05	2.67	2.33	3.52	3.33	5.47	5.23	2.98
澳大利亚	2.88	3.08	3.02	2.45	2.85	3.22	3.09	3.25	2.68	2.60	2.90
加拿大	3.24	2.98	3.36	3.07	3.16	3.27	2.36	2.06	2.07	1.87	2.68
意大利	2.41	2.54	2.30	3.25	2.85	2.01	2.06	2.14	2.14	2.08	2.36
西班牙	2.09	1.66	2.06	2.54	2.58	2.19	2.57	2.22	2.65	2.01	2.27
荷兰	2.67	2.34	2.21	1.73	1.78	1.57	1.07	1.19	0.98	1.07	1.60
新加坡	1.41	1.76	1.97	2.05	1.65	1.34	1.46	2.06	1.49	0.97	1.60
沙特阿拉伯	0.58	0.78	0.86	1.38	1.47	1.43	2.32	1.93	1.81	1.56	1.45
巴西	1.62	1.47	1.01	1.02	0.85	1.57	1.07	1.44	1.67	1.94	1.38
比利时	1.36	1.47	1.68	1.87	1.16	1.70	1.24	1.44	0.87	0.93	1.35
埃及	1.10	0.98	0.53	0.71	1.02	1.12	1.54	1.44	1.85	1.97	1.27
土耳其	0.99	0.93	1.10	1.29	1.25	1.07	1.42	1.52	1.02	1.18	1.18

三　电化学

电化学 A、B、C 层人才主要集中在美国和中国大陆，二者 A、B、C 层人才的世界占比合计为 40.56%、48.33%、49.19%，其中美国的 A 层人才多于中国大陆，B 层和 C 层人才少于中国大陆；在发展趋势上，中国大陆呈现相对上升趋势，美国呈现相对下降趋势。

德国、法国、英国、韩国、沙特阿拉伯的 A 层人才比较多，世界占比在 7%～3%之间；加拿大、印度、以色列、意大利、马来西亚、新加坡、瑞士、澳大利亚、荷兰、南非、西班牙、日本、伊朗也有相当数量的 A 层人才，世界占比超过 1%。

德国、印度、韩国、日本、澳大利亚、英国的 B 层人才比较多，世界占比在 5%～3%之间；加拿大、法国、意大利、沙特阿拉伯、伊朗、西班牙、马来西亚、新加坡、中国香港、瑞典、荷兰、中国台湾也有相当数量的 B 层人才，世界占比超过 1%。

韩国、印度、德国的 C 层人才比较多，世界占比在 6%～3%之间；日本、英国、伊朗、加拿大、法国、西班牙、意大利、澳大利亚、中国台湾、新加坡、沙特阿拉伯、中国香港、土耳其、马来西亚、巴西也有相当数量的 C 层人才，世界占比超过或接近 1%。

表 3－7　电化学 A 层人才排名前 20 的国家和地区的占比

单位：%

国家和地区	2010年	2011年	2012年	2013年	2014年	2015年	2016年	2017年	2018年	2019年	合计
美国	40.00	31.25	37.50	11.11	21.05	29.41	30.00	22.73	22.73	26.67	26.67
中国大陆	6.67	0.00	25.00	16.67	26.32	5.88	15.00	0.00	27.27	13.33	13.89
德国	6.67	6.25	6.25	5.56	15.79	0.00	5.00	13.64	0.00	0.00	6.11
法国	13.33	12.50	6.25	5.56	0.00	5.88	10.00	4.55	0.00	0.00	5.56
英国	0.00	0.00	12.50	5.56	5.26	0.00	5.00	22.73	0.00	0.00	5.56
韩国	0.00	6.25	0.00	5.56	10.53	0.00	0.00	4.55	9.09	0.00	3.89
沙特阿拉伯	0.00	0.00	0.00	0.00	5.26	5.88	10.00	0.00	4.55	13.33	3.89
加拿大	0.00	6.25	0.00	0.00	0.00	11.76	0.00	0.00	4.55	6.67	2.78
印度	0.00	0.00	6.25	0.00	5.26	5.88	0.00	0.00	4.55	6.67	2.78
以色列	0.00	0.00	0.00	5.56	0.00	0.00	0.00	9.09	9.09	0.00	2.78

续表

国家和地区	2010年	2011年	2012年	2013年	2014年	2015年	2016年	2017年	2018年	2019年	合计
意大利	13.33	0.00	0.00	0.00	5.26	0.00	0.00	4.55	0.00	0.00	2.22
马来西亚	0.00	6.25	0.00	0.00	5.26	0.00	5.00	0.00	0.00	6.67	2.22
新加坡	0.00	0.00	0.00	11.11	0.00	0.00	5.00	0.00	4.55	0.00	2.22
瑞士	6.67	0.00	0.00	5.56	0.00	0.00	0.00	4.55	4.55	0.00	2.22
澳大利亚	0.00	12.50	0.00	5.56	0.00	0.00	0.00	0.00	0.00	0.00	1.67
荷兰	0.00	6.25	0.00	0.00	0.00	0.00	0.00	4.55	4.55	0.00	1.67
南非	0.00	0.00	0.00	5.56	0.00	0.00	0.00	0.00	0.00	13.33	1.67
西班牙	0.00	0.00	6.25	0.00	0.00	0.00	5.00	4.55	0.00	0.00	1.67
日本	6.67	0.00	0.00	0.00	0.00	5.88	5.00	0.00	0.00	0.00	1.67
伊朗	6.67	0.00	0.00	0.00	0.00	0.00	0.00	0.00	0.00	6.67	1.11

表3-8　电化学B层人才排名前20的国家和地区的占比

单位：%

国家和地区	2010年	2011年	2012年	2013年	2014年	2015年	2016年	2017年	2018年	2019年	合计
中国大陆	20.59	24.67	23.61	32.16	34.32	31.45	28.42	31.28	40.00	30.95	30.27
美国	24.26	27.33	24.31	19.30	14.79	9.43	15.85	17.54	17.44	14.29	18.06
德国	3.68	4.67	4.17	5.26	5.92	5.03	7.65	2.37	5.13	4.76	4.86
印度	5.15	2.67	2.78	3.51	2.37	5.03	4.37	5.69	3.59	5.24	4.11
韩国	1.47	5.33	4.86	4.09	2.96	4.40	4.92	3.32	3.08	3.81	3.82
日本	5.88	5.33	4.17	3.51	2.37	5.03	2.19	2.84	1.54	1.90	3.30
澳大利亚	1.47	5.33	3.47	3.51	4.14	0.00	2.73	2.37	2.05	4.76	3.01
英国	2.94	0.67	1.39	1.17	3.55	5.03	5.46	4.27	2.56	2.38	3.01
加拿大	4.41	4.00	2.08	2.92	2.37	3.77	0.55	2.84	2.56	1.90	2.66
法国	6.62	5.33	2.78	2.34	2.96	1.89	2.19	2.37	0.51	0.48	2.55
意大利	2.94	2.00	2.78	1.17	1.78	3.14	1.64	2.37	1.03	1.43	1.97
沙特阿拉伯	0.74	0.00	0.00	1.17	1.78	1.89	0.55	3.32	4.62	1.90	1.74
伊朗	1.47	0.67	2.08	3.51	1.18	1.89	2.19	1.90	1.54	0.48	1.68
西班牙	2.21	0.00	2.78	3.51	2.37	2.52	0.55	1.42	0.00	1.90	1.68
马来西亚	1.47	0.00	1.39	1.17	1.78	2.52	2.19	2.37	0.00	1.43	1.45
新加坡	0.74	0.67	3.47	1.17	1.18	1.89	2.73	1.90	0.51	0.48	1.45
中国香港	0.74	0.67	0.69	1.17	0.59	1.26	1.09	0.95	2.56	1.43	1.16
瑞典	0.00	0.67	1.39	1.17	1.78	0.00	1.64	0.47	1.54	1.90	1.10
荷兰	0.74	0.67	0.69	0.58	1.78	1.89	0.55	0.47	1.03	1.90	1.04
中国台湾	0.74	1.33	3.47	3.51	1.18	0.00	0.00	0.00	0.00	0.95	1.04

表 3-9 电化学 C 层人才排名前 20 的国家和地区的占比

单位：%

国家和地区	2010年	2011年	2012年	2013年	2014年	2015年	2016年	2017年	2018年	2019年	合计
中国大陆	26.89	27.72	32.07	34.65	41.65	42.18	38.38	39.80	39.96	41.03	36.95
美国	16.34	16.50	14.63	13.52	11.21	10.77	11.45	10.73	11.07	8.76	12.24
韩国	6.17	4.67	5.63	5.79	4.31	5.19	5.73	4.67	4.87	5.17	5.19
印度	2.67	3.52	3.50	3.90	4.72	3.85	4.30	5.25	5.02	4.59	4.22
德国	2.75	4.73	3.85	4.49	4.31	3.27	4.35	2.84	3.89	3.48	3.79
日本	4.75	4.80	3.57	3.84	3.30	2.18	2.04	2.17	1.84	1.85	2.92
英国	3.34	2.97	2.06	2.66	2.24	2.05	2.75	3.37	3.33	2.80	2.78
伊朗	2.82	1.76	2.40	2.13	2.95	2.24	3.30	3.22	3.18	2.95	2.74
加拿大	3.71	3.25	3.64	2.66	2.24	2.56	2.26	1.92	2.25	1.74	2.55
法国	2.53	3.65	2.68	3.13	1.65	1.73	1.93	1.88	1.54	1.69	2.19
西班牙	2.75	2.77	2.27	1.77	2.06	1.86	1.98	2.02	1.49	1.32	1.99
意大利	2.08	2.50	2.34	2.24	1.36	2.18	2.04	2.17	1.13	1.64	1.94
澳大利亚	1.93	1.62	1.99	1.53	1.30	1.67	1.93	1.59	2.25	2.80	1.87
中国台湾	2.23	2.57	2.61	1.95	2.01	1.41	0.99	0.77	0.67	0.84	1.52
新加坡	1.49	1.89	2.06	2.13	1.47	1.99	1.32	1.01	1.13	0.74	1.48
沙特阿拉伯	0.37	0.41	1.03	0.71	1.30	1.79	1.10	1.30	1.64	1.37	1.14
中国香港	0.97	0.74	0.82	0.94	0.71	1.67	1.54	1.44	0.97	1.32	1.13
土耳其	1.26	0.88	0.69	0.71	0.53	0.64	0.99	1.64	1.49	1.32	1.04
马来西亚	0.97	0.68	0.76	0.89	0.83	1.41	1.38	0.67	1.08	1.16	0.98
巴西	0.89	0.61	0.69	1.18	0.65	0.83	0.50	0.82	0.77	0.90	0.78

四 物理化学

物理化学 A、B、C 层人才主要集中在美国和中国大陆，二者 A、B、C 层人才的世界占比合计为 53.84%、54.88%、49.69%，其中美国的 A 层人才多于中国大陆，B 层和 C 层人才少于中国大陆；在发展趋势上，中国大陆呈现相对上升趋势，美国呈现相对下降趋势。

英国、德国、新加坡、韩国、日本的 A 层人才比较多，世界占比在 6%~3%之间；沙特阿拉伯、澳大利亚、加拿大、瑞士、法国、意大利、西班牙、荷兰、中国香港、中国台湾、印度、巴西、瑞典也有相当数量的 A 层人才，大部分世界占比超过 1%。

德国、韩国、新加坡、澳大利亚、英国的B层人才比较多，世界占比在5%~3%之间；日本、中国香港、沙特阿拉伯、加拿大、西班牙、法国、瑞士、印度、意大利、中国台湾、荷兰、瑞典、以色列也有相当数量的B层人才，大部分世界占比超过1%。

德国、韩国、英国、日本的C层人才比较多，世界占比在5%~3%之间；澳大利亚、新加坡、法国、印度、西班牙、中国香港、加拿大、意大利、瑞士、沙特阿拉伯、荷兰、伊朗、中国台湾、瑞典也有相当数量的C层人才，世界占比超过或接近1%。

表3-10　物理化学A层人才排名前20的国家和地区的占比

单位：%

国家和地区	2010年	2011年	2012年	2013年	2014年	2015年	2016年	2017年	2018年	2019年	合计
美国	36.36	38.03	29.58	39.47	36.14	20.93	29.21	28.00	22.22	16.24	28.55
中国大陆	16.67	14.08	19.72	17.11	15.66	20.93	29.21	29.00	38.38	38.46	25.29
英国	4.55	4.23	4.23	6.58	10.84	8.14	1.12	7.00	4.04	1.71	5.13
德国	7.58	2.82	9.86	2.63	2.41	3.49	6.74	4.00	2.02	4.27	4.43
新加坡	3.03	4.23	12.68	7.89	3.61	3.49	3.37	2.00	4.04	2.56	4.43
韩国	4.55	2.82	1.41	5.26	2.41	6.98	10.11	2.00	5.05	2.56	4.31
日本	6.06	5.63	8.45	3.95	0.00	4.65	2.25	1.00	3.03	3.42	3.61
沙特阿拉伯	0.00	0.00	0.00	0.00	3.61	5.81	2.25	5.00	6.06	3.42	2.91
澳大利亚	1.52	2.82	0.00	1.32	3.61	1.16	2.25	3.00	4.04	4.27	2.56
加拿大	3.03	2.82	0.00	0.00	1.20	3.49	4.49	4.00	1.01	1.71	2.21
瑞士	0.00	2.82	0.00	3.95	3.61	3.49	1.12	1.00	2.02	0.85	1.86
法国	3.03	4.23	1.41	2.63	1.20	2.33	0.00	3.00	0.00	0.85	1.75
意大利	3.03	0.00	0.00	1.32	2.41	3.49	1.12	1.00	1.01	0.85	1.40
西班牙	1.52	4.23	0.00	1.32	0.00	3.49	0.00	2.00	0.00	0.00	1.17
荷兰	3.03	1.41	0.00	0.00	1.20	3.49	2.25	0.00	1.01	0.00	1.17
中国香港	1.52	1.41	0.00	0.00	3.61	0.00	0.00	0.00	0.00	3.42	1.05
中国台湾	0.00	0.00	4.23	2.63	2.41	1.16	0.00	0.00	1.01	0.00	1.05
印度	1.52	1.41	1.41	0.00	0.00	0.00	2.25	0.00	1.01	0.85	0.82
巴西	1.52	1.41	0.00	0.00	0.00	1.16	0.00	1.00	0.00	0.85	0.58
瑞典	0.00	1.41	1.41	0.00	0.00	0.00	1.12	0.00	1.01	0.00	0.47

表 3-11　物理化学 B 层人才排名前 20 的国家和地区的占比

单位：%

国家和地区	2010年	2011年	2012年	2013年	2014年	2015年	2016年	2017年	2018年	2019年	合计
中国大陆	16.75	20.49	23.53	25.61	26.12	27.66	32.02	38.06	42.48	42.48	31.03
美国	33.84	31.28	29.56	29.64	25.59	23.73	21.92	18.81	19.00	15.41	23.85
德国	7.54	6.47	4.83	4.32	4.09	5.08	3.33	3.63	2.82	2.71	4.25
韩国	3.35	3.85	5.58	7.34	4.49	5.58	4.56	2.64	2.61	3.08	4.18
新加坡	2.68	3.24	3.92	3.17	5.01	3.93	5.30	4.73	3.86	4.67	4.14
澳大利亚	1.84	1.69	1.81	2.59	2.90	4.19	3.45	3.96	4.91	5.04	3.44
英国	3.35	4.16	3.92	3.45	3.69	3.17	3.82	3.85	2.09	2.05	3.27
日本	4.69	4.47	3.92	3.88	3.17	2.79	2.59	2.42	1.77	1.59	2.95
中国香港	1.34	1.08	2.26	0.86	2.24	2.03	1.85	3.19	3.03	3.27	2.24
沙特阿拉伯	0.67	1.23	0.90	1.01	2.51	2.54	2.59	3.08	3.24	2.24	2.13
加拿大	1.84	1.85	1.51	1.87	1.85	1.90	2.34	2.09	1.98	2.05	1.95
西班牙	2.51	2.31	1.51	1.58	2.51	2.54	1.23	0.88	0.73	1.12	1.61
法国	2.51	2.16	2.41	1.58	2.11	1.65	1.48	0.77	1.04	1.12	1.59
瑞士	0.84	1.39	1.36	1.58	2.11	1.27	1.72	1.21	0.94	1.21	1.35
印度	2.35	1.69	1.21	1.73	0.92	1.02	1.35	0.88	1.04	1.49	1.33
意大利	1.51	0.92	1.51	2.16	1.06	1.65	1.23	1.54	0.63	0.75	1.25
中国台湾	1.34	1.39	1.96	1.29	2.37	0.76	0.86	0.55	0.52	0.84	1.13
荷兰	2.01	0.92	1.96	1.73	0.79	0.89	0.49	0.88	0.52	0.47	0.99
瑞典	0.67	0.92	1.06	0.43	0.79	1.40	0.62	0.55	0.73	0.93	0.81
以色列	0.67	0.46	0.45	0.43	0.79	0.89	0.37	0.77	0.42	0.65	0.59

表 3-12　物理化学 C 层人才排名前 20 的国家和地区的占比

单位：%

国家和地区	2010年	2011年	2012年	2013年	2014年	2015年	2016年	2017年	2018年	2019年	合计
中国大陆	17.11	19.05	20.81	23.22	26.61	30.07	30.65	35.82	39.35	40.58	29.68
美国	25.99	25.25	24.96	23.76	22.25	19.69	18.57	17.41	15.94	13.34	20.01
德国	6.70	6.17	6.24	5.96	5.70	4.83	4.64	3.68	3.82	3.31	4.91
韩国	4.26	4.53	4.79	4.70	4.86	4.81	4.58	4.45	4.18	4.15	4.51
英国	4.70	3.85	4.01	4.25	3.74	3.59	3.88	3.39	3.20	3.06	3.69
日本	4.41	4.51	3.91	3.65	3.63	3.05	2.88	2.54	2.13	2.27	3.17
澳大利亚	2.32	2.30	2.34	2.46	2.32	2.67	2.63	3.21	3.18	3.90	2.81
新加坡	2.32	2.55	2.73	2.28	2.53	2.95	2.63	2.82	3.00	2.54	2.65
法国	3.97	3.80	3.11	3.14	2.58	2.38	2.17	1.72	1.25	1.22	2.38

续表

国家和地区	2010年	2011年	2012年	2013年	2014年	2015年	2016年	2017年	2018年	2019年	合计
印度	2.35	2.43	2.15	2.75	2.19	2.04	2.28	2.12	1.90	2.03	2.20
西班牙	2.67	3.06	2.70	2.33	2.35	1.81	2.21	1.67	1.49	1.31	2.07
中国香港	1.12	1.30	1.42	1.35	1.25	1.88	1.98	2.40	2.40	2.28	1.81
加拿大	1.98	2.19	1.89	1.67	1.80	1.81	1.61	1.64	1.47	1.66	1.75
意大利	2.35	2.04	2.14	2.21	1.83	1.64	1.66	1.31	0.98	1.13	1.65
瑞士	1.98	1.53	1.72	1.79	1.64	1.45	1.42	1.19	1.40	1.00	1.47
沙特阿拉伯	0.08	0.40	0.61	0.86	1.26	1.82	1.94	1.89	1.90	2.06	1.39
荷兰	1.69	1.48	1.42	1.31	1.29	1.40	1.28	0.98	0.89	0.85	1.22
伊朗	0.88	0.68	0.78	0.92	0.82	0.95	1.25	1.33	1.36	1.77	1.12
中国台湾	1.37	1.76	1.79	1.08	1.05	1.03	1.02	0.87	0.83	0.86	1.12
瑞典	1.22	1.21	1.08	0.99	1.12	1.12	0.86	0.87	0.86	0.72	0.98

五　分析化学

分析化学A、B、C层人才主要集中在美国和中国大陆，二者A、B、C层人才的世界占比合计为38.77%、42.79%、43.72%，其中美国的A层人才多于中国大陆，B层和C层人才少于中国大陆；在发展趋势上，中国大陆呈现相对上升趋势，美国呈现相对下降趋势。

德国、加拿大、韩国、意大利、英国、西班牙、印度的A层人才比较多，世界占比在6%~3%之间；澳大利亚、伊朗、沙特阿拉伯、葡萄牙、波兰、法国、荷兰、巴西、罗马尼亚、新加坡、瑞士也有相当数量的A层人才，世界占比超过或接近1%。

英国、伊朗、韩国、西班牙、印度、德国的B层人才比较多，世界占比在5%~3%之间；澳大利亚、意大利、加拿大、沙特阿拉伯、法国、瑞士、荷兰、新加坡、中国台湾、瑞典、马来西亚、波兰也有相当数量的B层人才，世界占比超过1%。

西班牙、英国、韩国、德国、印度、伊朗的C层人才比较多，世界占比在5%~3%之间；意大利、加拿大、法国、澳大利亚、日本、巴西、瑞士、中国台湾、荷兰、土耳其、沙特阿拉伯、波兰也有相当数量的C层人才，世界占比超过1%。

表 3－13 分析化学 A 层人才排名前 20 的国家和地区的占比

单位：%

国家和地区	2010年	2011年	2012年	2013年	2014年	2015年	2016年	2017年	2018年	2019年	合计
美国	23.08	23.08	25.00	22.58	25.81	24.24	29.41	11.43	20.00	9.76	20.92
中国大陆	26.92	3.85	25.00	12.90	12.90	9.09	17.65	28.57	17.50	21.95	17.85
德国	3.85	7.69	10.71	9.68	3.23	3.03	2.94	5.71	5.00	4.88	5.54
加拿大	3.85	7.69	7.14	3.23	0.00	3.03	0.00	8.57	2.50	4.88	4.00
韩国	0.00	7.69	0.00	6.45	6.45	3.03	0.00	2.86	5.00	7.32	4.00
意大利	0.00	3.85	0.00	3.23	9.68	0.00	0.00	2.86	7.50	4.88	3.38
英国	7.69	3.85	3.57	3.23	0.00	6.06	5.88	2.86	2.50	0.00	3.38
西班牙	0.00	3.85	3.57	3.23	6.45	3.03	8.82	0.00	2.50	0.00	3.08
印度	0.00	0.00	0.00	0.00	0.00	12.12	2.94	5.71	2.50	4.88	3.08
澳大利亚	0.00	3.85	3.57	3.23	3.23	0.00	8.82	0.00	0.00	4.88	2.77
伊朗	3.85	0.00	0.00	3.23	0.00	0.00	0.00	2.86	2.50	12.20	2.77
沙特阿拉伯	0.00	0.00	3.57	3.23	3.23	3.03	5.88	2.86	2.50	2.44	2.77
葡萄牙	0.00	0.00	0.00	0.00	0.00	3.03	0.00	8.57	5.00	2.44	2.15
波兰	0.00	0.00	3.57	3.23	0.00	0.00	2.94	0.00	5.00	4.88	2.15
法国	3.85	3.85	3.57	3.23	3.23	3.03	2.94	0.00	0.00	0.00	2.15
荷兰	0.00	7.69	3.57	3.23	3.23	0.00	0.00	2.86	0.00	0.00	1.85
巴西	3.85	3.85	0.00	0.00	0.00	0.00	0.00	0.00	5.00	0.00	1.23
罗马尼亚	0.00	0.00	0.00	0.00	0.00	0.00	2.94	0.00	2.50	2.44	0.92
新加坡	7.69	0.00	0.00	0.00	0.00	3.03	0.00	0.00	0.00	0.00	0.92
瑞士	3.85	0.00	0.00	0.00	3.23	0.00	2.94	0.00	0.00	0.00	0.92

表 3－14 分析化学 B 层人才排名前 20 的国家和地区的占比

单位：%

国家和地区	2010年	2011年	2012年	2013年	2014年	2015年	2016年	2017年	2018年	2019年	合计
中国大陆	11.54	17.97	21.84	31.64	28.06	27.03	24.19	33.75	35.64	26.14	26.46
美国	25.21	25.78	21.46	19.64	15.83	11.15	17.10	13.93	9.94	10.66	16.33
英国	6.84	4.69	7.28	4.00	5.76	3.38	2.58	3.41	3.31	3.30	4.28
伊朗	1.71	1.17	2.30	2.55	2.16	2.36	4.19	4.64	6.08	9.39	4.01
韩国	4.70	3.91	5.36	3.64	2.16	3.04	3.23	3.10	5.80	4.06	3.91
西班牙	7.69	3.13	3.83	4.00	5.04	5.07	4.52	2.79	1.93	1.78	3.78
印度	2.99	3.91	3.45	2.18	3.24	3.38	2.90	4.02	5.25	4.31	3.65
德国	3.85	4.69	4.60	2.91	3.60	4.05	3.55	3.10	1.10	1.78	3.18
澳大利亚	2.14	3.13	2.30	1.09	2.16	1.69	2.90	2.79	3.31	4.82	2.74

续表

国家和地区	2010年	2011年	2012年	2013年	2014年	2015年	2016年	2017年	2018年	2019年	合计
意大利	2.99	0.78	0.77	1.45	2.52	4.05	3.55	2.79	2.76	1.78	2.38
加拿大	1.71	4.30	3.83	2.55	2.16	3.04	1.29	1.55	2.21	1.52	2.34
沙特阿拉伯	2.14	0.78	0.00	1.45	1.80	0.68	2.58	0.62	2.21	4.06	1.74
法国	2.14	1.95	0.77	1.45	1.80	3.04	2.26	1.55	0.55	1.27	1.64
瑞士	2.99	2.73	0.38	0.73	1.44	2.70	2.26	1.24	0.55	1.02	1.54
荷兰	2.56	1.95	0.38	2.55	1.44	1.01	1.61	1.55	0.83	1.02	1.44
新加坡	0.85	0.78	1.15	1.82	1.80	2.03	1.94	2.17	0.00	0.76	1.30
中国台湾	2.56	1.95	1.53	1.82	2.16	0.34	1.29	0.93	1.10	0.00	1.27
瑞典	1.71	1.17	2.68	1.09	1.08	1.35	1.29	1.24	0.00	0.76	1.17
马来西亚	0.00	0.78	2.30	1.09	1.08	1.35	0.32	1.55	0.83	1.52	1.10
波兰	0.43	1.56	1.15	2.18	0.72	1.01	0.97	0.62	1.66	0.51	1.07

表 3－15　分析化学 C 层人才排名前 20 的国家和地区的占比

单位：%

国家和地区	2010年	2011年	2012年	2013年	2014年	2015年	2016年	2017年	2018年	2019年	合计
中国大陆	19.32	21.40	23.10	26.29	30.66	31.87	32.11	35.87	37.26	34.79	30.06
美国	19.19	18.10	17.20	14.47	14.69	12.76	12.86	11.96	9.85	10.00	13.66
西班牙	6.18	5.52	5.04	5.19	4.19	4.32	3.44	3.25	3.05	3.02	4.18
英国	5.05	4.57	4.14	4.08	3.45	3.78	3.54	3.42	3.05	2.78	3.70
韩国	3.13	3.77	3.60	3.37	3.38	3.58	3.97	4.04	3.89	3.62	3.66
德国	5.09	4.25	4.30	4.05	2.97	3.18	3.64	2.17	2.52	2.78	3.39
印度	1.65	2.86	2.27	3.08	3.89	3.31	3.77	4.30	3.55	4.07	3.36
伊朗	1.87	2.74	2.62	2.72	2.90	2.41	3.71	3.25	4.56	5.22	3.34
意大利	2.48	2.70	2.78	3.37	2.72	2.64	2.72	2.60	2.57	2.68	2.72
加拿大	3.35	2.82	3.17	2.40	2.97	2.61	1.74	1.61	1.62	2.18	2.38
法国	2.44	2.98	2.19	2.22	1.87	2.51	2.43	2.04	2.04	1.31	2.16
澳大利亚	1.52	1.43	2.19	1.47	1.58	1.84	1.80	1.84	1.90	2.28	1.81
日本	2.44	2.18	2.31	1.97	2.06	1.24	1.44	1.48	1.06	1.15	1.67
巴西	1.57	1.15	1.68	1.93	1.73	1.17	1.61	1.54	1.90	1.57	1.59
瑞士	1.70	1.67	1.80	1.79	1.54	1.84	1.15	1.08	1.09	0.92	1.42
中国台湾	1.57	0.99	1.49	1.65	1.51	1.31	1.15	1.28	0.92	0.94	1.25
荷兰	1.78	2.02	1.45	1.43	1.25	1.34	1.02	0.99	0.84	0.73	1.23
土耳其	0.96	0.91	0.74	1.07	0.62	0.94	1.05	1.25	1.12	1.65	1.06
沙特阿拉伯	0.22	0.79	0.78	0.68	1.03	1.07	1.15	1.25	1.26	1.60	1.03
波兰	0.74	1.07	1.06	1.22	1.03	1.14	1.15	0.76	1.12	0.89	1.02

六 晶体学

晶体学A层人才主要集中在英国、美国、德国、中国大陆，世界占比分别为22.81%、16.67%、11.40%、11.40%；意大利、荷兰、法国、印度、俄罗斯、澳大利亚的A层人才也比较多，世界占比在6%~3%之间；日本、捷克、波兰、沙特阿拉伯、伊朗、新加坡、韩国、西班牙、瑞典也有相当数量的A层人才，世界占比超过或接近1%。

B层人才主要集中在中国大陆和美国，世界占比分别为28.17%、12.16%；德国、英国、印度、法国、日本的B层人才也比较多，世界占比在8%~3%之间；澳大利亚、意大利、西班牙、新加坡、俄罗斯、沙特阿拉伯、荷兰、加拿大、韩国、瑞士、瑞典、比利时、伊朗也有相当数量的B层人才，世界占比超过1%。

C层人才主要集中在中国大陆和美国，世界占比分别为25.47%、10.89%；印度、英国、德国、法国、日本的C层人才也比较多，世界占比在8%~3%之间；俄罗斯、西班牙、意大利、波兰、伊朗、韩国、澳大利亚、瑞士、加拿大、新加坡、瑞典、中国台湾、荷兰也有相当数量的C层人才，世界占比超过或接近1%。

表3-16 晶体学A层人才的国家和地区的占比

单位：%

国家和地区	2010年	2011年	2012年	2013年	2014年	2015年	2016年	2017年	2018年	2019年	合计
英国	35.71	41.18	15.38	23.08	9.09	18.18	25.00	0.00	25.00	27.27	22.81
美国	28.57	5.88	23.08	23.08	0.00	0.00	0.00	41.67	25.00	9.09	16.67
德国	21.43	5.88	7.69	0.00	18.18	45.45	0.00	8.33	0.00	0.00	11.40
中国大陆	0.00	0.00	7.69	23.08	0.00	9.09	0.00	25.00	25.00	27.27	11.40
意大利	0.00	5.88	7.69	7.69	18.18	9.09	0.00	0.00	0.00	0.00	5.26
荷兰	0.00	11.76	0.00	0.00	18.18	9.09	0.00	0.00	0.00	0.00	4.39
法国	0.00	0.00	7.69	0.00	0.00	9.09	0.00	0.00	12.50	9.09	3.51
印度	0.00	5.88	7.69	0.00	0.00	0.00	25.00	0.00	0.00	9.09	3.51
俄罗斯	0.00	5.88	7.69	0.00	9.09	0.00	0.00	8.33	0.00	0.00	3.51
澳大利亚	0.00	0.00	0.00	7.69	0.00	0.00	25.00	8.33	12.50	0.00	3.51
日本	0.00	11.76	0.00	7.69	0.00	0.00	0.00	0.00	0.00	0.00	2.63

续表

国家和地区	2010年	2011年	2012年	2013年	2014年	2015年	2016年	2017年	2018年	2019年	合计
捷克	0.00	5.88	0.00	0.00	9.09	0.00	0.00	0.00	0.00	0.00	1.75
波兰	7.14	0.00	7.69	0.00	0.00	0.00	0.00	0.00	0.00	0.00	1.75
沙特阿拉伯	0.00	0.00	0.00	0.00	9.09	0.00	0.00	8.33	0.00	0.00	1.75
伊朗	0.00	0.00	0.00	0.00	0.00	0.00	0.00	0.00	0.00	9.09	0.88
新加坡	0.00	0.00	7.69	0.00	0.00	0.00	0.00	0.00	0.00	0.00	0.88
韩国	0.00	0.00	0.00	0.00	0.00	0.00	25.00	0.00	0.00	0.00	0.88
西班牙	0.00	0.00	0.00	0.00	9.09	0.00	0.00	0.00	0.00	0.00	0.88
瑞典	7.14	0.00	0.00	0.00	0.00	0.00	0.00	0.00	0.00	0.00	0.88

表3-17　晶体学B层人才排名前20的国家和地区的占比

单位：%

国家和地区	2010年	2011年	2012年	2013年	2014年	2015年	2016年	2017年	2018年	2019年	合计
中国大陆	33.33	33.55	30.94	26.96	25.60	13.86	19.57	30.77	32.14	30.21	28.17
美国	19.70	11.61	10.79	18.26	8.00	17.82	7.61	9.62	9.52	6.25	12.16
德国	5.30	7.74	6.47	5.22	10.40	11.88	5.43	6.73	4.76	7.29	7.17
英国	7.58	8.39	10.07	6.09	4.80	4.95	7.61	6.73	5.95	2.08	6.65
印度	2.27	7.10	3.60	9.57	7.20	4.95	8.70	3.85	7.14	4.17	5.77
法国	6.06	3.87	1.44	5.22	4.00	8.91	2.17	2.88	3.57	1.04	3.94
日本	2.27	2.58	5.76	4.35	2.40	0.99	8.70	1.92	1.19	1.04	3.15
澳大利亚	3.03	1.29	2.16	2.61	2.40	0.99	1.09	4.81	3.57	3.13	2.45
意大利	0.76	2.58	1.44	1.74	3.20	2.97	4.35	1.92	1.19	4.17	2.36
西班牙	3.03	1.29	0.72	1.74	4.00	1.98	2.17	2.88	2.38	2.08	2.19
新加坡	0.00	4.52	0.72	1.74	1.60	0.00	4.35	2.88	0.00	2.08	1.84
俄罗斯	2.27	1.94	2.16	1.74	1.60	0.99	3.26	1.92	0.00	1.04	1.75
沙特阿拉伯	0.76	1.29	2.16	0.87	0.80	1.98	0.00	0.00	4.76	3.13	1.49
荷兰	0.76	1.29	2.88	1.74	0.80	0.99	4.35	0.96	1.19	0.00	1.49
加拿大	0.00	0.65	2.16	0.00	0.80	0.99	2.17	3.85	2.38	2.08	1.40
韩国	0.76	0.65	2.88	1.74	3.20	1.98	1.09	0.00	0.00	1.04	1.40
瑞士	0.76	0.65	1.44	0.00	0.80	4.95	1.09	1.92	2.38	1.04	1.40
瑞典	2.27	0.65	1.44	1.74	1.60	0.99	1.09	0.96	1.19	1.04	1.31
比利时	0.76	1.29	0.00	1.74	0.80	6.93	1.09	0.00	0.00	1.04	1.31
伊朗	0.76	0.00	1.44	0.00	0.80	0.99	0.00	0.00	1.19	9.38	1.31

表 3－18 晶体学 C 层人才排名前 20 的国家和地区的占比

单位：%

国家和地区	2010年	2011年	2012年	2013年	2014年	2015年	2016年	2017年	2018年	2019年	合计
中国大陆	24.41	27.57	31.85	28.20	25.27	21.85	22.11	20.43	25.94	23.33	25.47
美国	12.13	11.35	9.75	11.17	12.22	11.24	12.36	9.24	9.58	9.65	10.89
印度	7.04	6.79	6.11	9.10	10.11	7.74	8.05	8.12	7.64	8.91	7.87
英国	6.65	6.07	5.53	5.05	5.64	7.21	6.35	7.09	5.71	4.45	5.97
德国	5.63	5.87	5.45	4.68	5.64	8.17	5.56	6.25	5.81	6.15	5.87
法国	4.69	3.89	3.93	4.59	3.96	3.71	3.97	4.10	3.77	3.92	4.07
日本	4.77	4.55	4.44	3.69	3.29	3.92	4.20	2.89	3.55	2.76	3.87
俄罗斯	1.80	1.78	1.53	1.26	2.95	1.91	2.38	5.13	5.17	3.92	2.66
西班牙	2.03	1.78	2.18	3.06	2.78	2.97	3.40	3.26	2.58	2.76	2.61
意大利	2.66	1.98	2.40	3.15	1.68	2.65	1.70	2.61	2.26	1.38	2.26
波兰	1.49	1.91	2.04	2.34	2.53	1.70	1.81	2.89	1.83	2.12	2.06
伊朗	1.33	1.85	1.45	1.53	1.52	2.33	1.59	2.24	1.83	5.20	2.01
韩国	2.50	2.51	2.11	1.62	2.11	2.01	2.27	1.49	0.75	1.17	1.91
澳大利亚	1.17	1.78	1.75	1.71	1.01	1.91	2.61	1.87	2.05	2.44	1.78
瑞士	1.64	1.32	1.02	1.26	0.93	1.70	2.04	1.03	1.83	1.27	1.37
加拿大	1.56	1.58	0.87	0.45	0.84	0.74	1.81	1.96	1.72	1.06	1.26
新加坡	1.33	0.92	1.45	1.08	1.26	1.17	0.91	0.93	0.32	0.85	1.05
瑞典	0.78	0.86	0.65	1.35	0.93	0.85	0.79	1.49	1.61	1.06	1.01
中国台湾	1.33	1.45	1.75	0.54	0.84	0.64	0.23	0.65	0.43	0.42	0.91
荷兰	0.94	0.66	1.31	1.35	0.84	1.17	0.57	0.84	0.22	0.95	0.90

七 无机化学和核化学

无机化学和核化学 A、B、C 层人才主要集中在中国大陆和美国，二者 A、B、C 层人才的世界占比合计为 42.78%、41.11%、34.20%，中国大陆的三层人才均多于美国；在发展趋势上，中国大陆呈现相对上升趋势，美国呈现相对下降趋势。

法国、德国、日本、英国、意大利、西班牙的 A 层人才比较多，世界占比在 10%～3% 之间；澳大利亚、韩国、瑞士、比利时、瑞典、印度、荷兰、新加坡、新西兰、中国香港、奥地利、波兰也有相当数量的 A 层人才，大部分世界占比超过 1%。

德国、印度、法国、英国、西班牙的B层人才比较多，世界占比在6%~3%之间；日本、意大利、韩国、俄罗斯、瑞士、澳大利亚、加拿大、沙特阿拉伯、新加坡、伊朗、中国香港、葡萄牙、比利时也有相当数量的B层人才，世界占比超过1%。

印度、德国、法国、英国、西班牙、日本、意大利的C层人才比较多，世界占比在8%~3%之间；伊朗、加拿大、韩国、俄罗斯、澳大利亚、瑞士、葡萄牙、波兰、沙特阿拉伯、比利时、荷兰也有相当数量的C层人才，世界占比超过或接近1%。

表3-19　无机化学和核化学A层人才排名前20的国家和地区的占比

单位：%

国家和地区	2010年	2011年	2012年	2013年	2014年	2015年	2016年	2017年	2018年	2019年	合计
中国大陆	21.43	13.33	11.76	27.78	10.53	29.41	23.53	37.50	37.50	52.94	26.51
美国	21.43	20.00	5.88	33.33	21.05	11.76	5.88	6.25	18.75	17.65	16.27
法国	0.00	6.67	11.76	5.56	21.05	11.76	5.88	18.75	6.25	5.88	9.64
德国	7.14	26.67	17.65	5.56	0.00	5.88	0.00	6.25	0.00	5.88	7.23
日本	0.00	0.00	11.76	5.56	10.53	5.88	5.88	6.25	0.00	0.00	4.82
英国	14.29	0.00	0.00	0.00	10.53	0.00	0.00	6.25	12.50	0.00	4.22
意大利	7.14	0.00	11.76	0.00	0.00	5.88	5.88	6.25	0.00	0.00	3.61
西班牙	0.00	6.67	0.00	5.56	5.26	5.88	11.76	0.00	0.00	0.00	3.61
澳大利亚	0.00	0.00	0.00	5.56	0.00	0.00	11.76	0.00	6.25	0.00	2.41
韩国	0.00	0.00	5.88	0.00	0.00	0.00	5.88	0.00	0.00	11.76	2.41
瑞士	7.14	6.67	5.88	0.00	0.00	5.88	0.00	0.00	0.00	0.00	2.41
比利时	7.14	0.00	0.00	0.00	0.00	5.88	5.88	0.00	0.00	0.00	1.81
瑞典	0.00	0.00	5.88	0.00	5.26	5.88	0.00	0.00	0.00	0.00	1.81
印度	0.00	0.00	0.00	0.00	0.00	0.00	5.88	0.00	6.25	5.88	1.81
荷兰	0.00	0.00	5.88	5.56	5.26	0.00	0.00	0.00	0.00	0.00	1.81
新加坡	7.14	0.00	0.00	0.00	0.00	0.00	5.88	0.00	6.25	0.00	1.81
新西兰	0.00	0.00	5.88	0.00	5.26	0.00	0.00	0.00	0.00	0.00	1.20
中国香港	0.00	0.00	0.00	0.00	0.00	0.00	0.00	6.25	0.00	0.00	0.60
奥地利	0.00	6.67	0.00	0.00	0.00	0.00	0.00	0.00	0.00	0.00	0.60
波兰	0.00	0.00	0.00	5.56	0.00	0.00	0.00	0.00	0.00	0.00	0.60

表 3-20 无机化学和核化学 B 层人才排名前 20 的国家和地区的占比

单位：%

国家和地区	2010年	2011年	2012年	2013年	2014年	2015年	2016年	2017年	2018年	2019年	合计
中国大陆	17.11	14.67	18.06	23.17	27.75	30.32	30.52	34.59	43.83	51.23	29.32
美国	16.45	16.67	13.55	13.41	10.40	14.84	6.49	11.95	6.79	8.02	11.79
德国	9.21	9.33	6.45	7.93	6.94	3.23	4.55	3.14	4.32	3.70	5.86
印度	3.95	5.33	7.74	6.10	6.36	3.87	7.79	5.03	4.94	1.85	5.30
法国	6.58	4.67	3.23	7.32	5.78	1.94	8.44	4.40	2.47	0.62	4.54
英国	5.92	4.67	6.45	6.10	2.89	3.87	2.60	5.66	1.85	2.47	4.22
西班牙	3.29	4.67	2.58	4.88	4.05	3.23	3.90	1.89	0.62	3.70	3.28
日本	5.26	4.67	2.58	3.66	2.31	3.23	2.60	2.52	3.09	0.00	2.96
意大利	3.95	4.00	5.81	2.44	1.16	1.29	3.25	1.89	0.62	0.62	2.46
韩国	0.66	2.00	1.94	4.27	2.89	3.23	1.95	1.26	3.70	1.85	2.40
俄罗斯	1.97	1.33	3.87	1.22	3.47	1.94	1.30	2.52	0.62	3.09	2.14
瑞士	3.95	3.33	1.94	1.22	2.89	1.29	1.95	1.26	2.47	0.62	2.08
澳大利亚	2.63	0.67	1.29	1.22	0.58	1.94	4.55	2.52	3.70	0.62	1.95
加拿大	2.63	4.67	2.58	1.22	3.47	1.29	0.00	1.26	0.62	1.85	1.95
沙特阿拉伯	0.66	0.00	1.94	1.22	1.16	2.58	0.65	5.03	1.85	2.47	1.77
新加坡	0.66	1.33	0.65	0.61	1.73	2.58	1.95	0.63	3.70	2.47	1.64
伊朗	0.00	0.00	1.29	0.61	1.16	1.94	1.30	0.00	3.09	5.56	1.51
中国香港	1.32	2.00	1.29	3.05	1.73	0.00	1.30	1.26	0.62	1.85	1.45
葡萄牙	0.00	2.00	1.29	1.22	1.73	1.94	0.65	1.26	1.23	1.23	1.26
比利时	1.97	0.00	2.58	2.44	0.00	0.65	1.30	1.26	0.62	0.62	1.13

表 3-21 无机化学和核化学 C 层人才排名前 20 的国家和地区的占比

单位：%

国家和地区	2010年	2011年	2012年	2013年	2014年	2015年	2016年	2017年	2018年	2019年	合计
中国大陆	14.09	17.19	17.84	17.68	22.05	22.60	22.99	25.10	33.61	35.29	22.93
美国	15.37	14.40	13.96	12.52	11.57	11.08	10.83	9.62	6.95	6.80	11.27
印度	5.60	6.70	6.19	7.80	8.47	7.90	6.02	7.81	7.78	8.47	7.30
德国	9.04	9.69	8.29	8.59	7.67	7.25	7.02	6.33	4.59	4.20	7.25
法国	7.28	6.04	6.45	5.77	4.08	5.57	4.41	3.57	3.44	2.97	4.94
英国	7.22	6.44	5.53	4.79	5.05	4.21	4.61	3.36	2.93	2.47	4.64
西班牙	4.86	4.11	4.94	4.36	4.20	4.47	3.68	4.17	2.87	2.53	4.01
日本	3.44	3.58	3.88	4.24	3.84	2.85	3.48	2.76	2.30	2.35	3.27
意大利	3.44	2.59	4.54	3.93	3.47	3.04	2.87	3.30	2.87	2.10	3.21

续表

国家和地区	2010年	2011年	2012年	2013年	2014年	2015年	2016年	2017年	2018年	2019年	合计
伊　　朗	1.15	1.39	2.11	1.47	1.52	2.53	2.61	2.76	4.91	6.55	2.72
加 拿 大	2.49	2.79	2.30	2.58	2.19	1.88	2.21	1.82	1.40	0.49	2.01
韩　　国	1.35	1.92	1.05	2.03	1.83	1.68	2.07	2.22	2.10	2.35	1.87
俄 罗 斯	1.69	1.06	0.66	1.53	1.04	1.81	2.27	2.62	2.30	2.53	1.75
澳大利亚	1.08	1.46	1.38	2.27	1.64	1.75	1.67	1.88	1.79	1.17	1.61
瑞　　士	2.29	2.19	1.71	1.72	1.71	1.88	1.47	1.55	0.70	0.74	1.59
葡 萄 牙	1.28	1.73	1.91	1.84	1.77	1.55	1.54	1.48	1.02	1.24	1.54
波　　兰	1.35	1.13	1.25	1.47	1.46	1.55	1.67	1.82	1.47	1.30	1.45
沙特阿拉伯	0.34	0.46	0.66	0.68	0.91	1.49	0.74	1.21	1.91	1.24	0.97
比 利 时	0.81	0.53	0.72	0.80	1.04	1.04	0.80	1.28	0.51	0.37	0.79
荷　　兰	1.42	0.60	0.86	1.04	0.85	0.91	0.74	0.54	0.77	0.12	0.78

八　纳米科学和纳米技术

纳米科学和纳米技术 A、B、C 层人才主要集中在中国大陆和美国，二者 A、B、C 层人才的世界占比合计为 51.64%、57.47%、53.42%，其中中国大陆的三层人才均多于美国；在发展趋势上，中国大陆呈现相对上升趋势，美国呈现相对下降趋势。

英国、韩国、新加坡、德国、日本的 A 层人才比较多，世界占比在 6%~3%之间；沙特阿拉伯、瑞士、澳大利亚、加拿大、中国香港、法国、意大利、西班牙、瑞典、中国台湾、比利时、荷兰、俄罗斯也有相当数量的 A 层人才，世界占比超过或接近 1%。

韩国、新加坡、澳大利亚、德国的 B 层人才比较多，世界占比在 5%~3%；日本、英国、中国香港、沙特阿拉伯、西班牙、中国台湾、加拿大、瑞士、印度、法国、意大利、荷兰、瑞典、俄罗斯也有相当数量的 B 层人才，大部分世界占比超过 1%。

韩国、德国、新加坡、英国的 C 层人才比较多，世界占比在 6%~3%之间；澳大利亚、日本、中国香港、印度、法国、加拿大、西班牙、意大利、瑞士、中国台湾、沙特阿拉伯、荷兰、瑞典、伊朗也有相当数量的 C 层人才，世界占比超过或接近 1%。

表 3－22 纳米科学和纳米技术 A 层人才排名前 20 的国家和地区的占比

单位：%

国家和地区	2010年	2011年	2012年	2013年	2014年	2015年	2016年	2017年	2018年	2019年	合计
中国大陆	25.00	19.05	27.66	16.67	7.69	22.64	29.03	36.92	25.71	41.10	26.28
美国	36.11	30.95	25.53	31.25	28.85	26.42	22.58	21.54	22.86	17.81	25.36
英国	0.00	7.14	0.00	8.33	15.38	7.55	3.23	6.15	5.71	4.11	5.84
韩国	11.11	2.38	0.00	8.33	5.77	1.89	9.68	4.62	2.86	2.74	4.74
新加坡	2.78	7.14	17.02	6.25	0.00	3.77	3.23	0.00	1.43	2.74	4.01
德国	5.56	2.38	2.13	2.08	9.62	3.77	3.23	3.08	1.43	5.48	3.83
日本	8.33	11.90	4.26	4.17	1.92	3.77	1.61	1.54	2.86	1.37	3.65
沙特阿拉伯	0.00	0.00	0.00	0.00	0.00	1.89	3.23	6.15	5.71	5.48	2.74
瑞士	0.00	2.38	2.13	2.08	3.85	5.66	1.61	3.08	1.43	2.74	2.55
澳大利亚	0.00	0.00	2.13	2.08	1.92	0.00	1.61	4.62	4.29	2.74	2.19
加拿大	0.00	0.00	0.00	2.08	0.00	0.00	6.45	3.08	4.29	1.37	2.01
中国香港	2.78	2.38	2.13	0.00	5.77	1.89	1.61	0.00	2.86	1.37	2.01
法国	2.78	2.38	0.00	4.17	1.92	1.89	0.00	1.54	1.43	0.00	1.46
意大利	2.78	0.00	0.00	2.08	3.85	3.77	1.61	0.00	0.00	1.37	1.46
西班牙	0.00	2.38	2.13	0.00	1.92	1.89	0.00	0.00	1.43	0.00	0.91
瑞典	0.00	2.38	2.13	0.00	0.00	1.89	1.61	0.00	1.43	0.00	0.91
中国台湾	0.00	0.00	4.26	0.00	1.92	0.00	1.61	0.00	1.43	0.00	0.91
比利时	0.00	0.00	0.00	2.08	1.92	0.00	1.61	0.00	1.43	1.37	0.91
荷兰	0.00	2.38	0.00	0.00	1.92	1.89	0.00	1.54	0.00	1.37	0.91
俄罗斯	0.00	0.00	0.00	4.17	0.00	0.00	0.00	1.54	0.00	1.37	0.73

表 3－23 纳米科学和纳米技术 B 层人才排名前 20 的国家和地区的占比

单位：%

国家和地区	2010年	2011年	2012年	2013年	2014年	2015年	2016年	2017年	2018年	2019年	合计
中国大陆	17.68	24.47	24.82	28.97	27.75	27.34	33.81	40.72	41.20	43.40	32.57
美国	38.55	32.63	28.84	29.66	27.12	26.17	22.48	17.87	19.81	18.21	24.90
韩国	4.64	5.79	5.91	7.82	6.36	6.64	4.60	2.92	3.96	3.19	5.00
新加坡	0.87	2.89	5.44	4.60	4.87	3.71	5.31	5.84	4.12	6.37	4.62
澳大利亚	1.16	3.16	2.13	2.53	3.81	3.13	3.19	4.30	4.75	5.31	3.56
德国	6.38	5.53	3.78	2.30	2.97	4.30	2.83	2.58	2.22	1.82	3.24
日本	3.77	3.68	3.31	3.45	3.60	2.93	3.54	2.41	2.22	1.52	2.92
英国	3.77	4.21	2.60	3.45	2.54	2.54	2.48	3.78	2.38	2.12	2.90
中国香港	0.87	0.79	2.13	1.61	1.69	2.15	1.77	4.12	3.01	3.34	2.32

续表

国家和地区	2010年	2011年	2012年	2013年	2014年	2015年	2016年	2017年	2018年	2019年	合计
沙特阿拉伯	0.00	0.79	1.18	0.46	2.97	2.34	3.36	2.58	2.38	2.88	2.08
西班牙	3.48	1.05	1.89	1.15	2.12	2.93	1.95	1.03	0.48	0.91	1.60
中国台湾	2.03	2.37	2.36	2.07	2.75	0.59	1.06	1.03	0.95	1.06	1.52
加拿大	1.74	0.53	0.95	0.69	1.06	0.98	1.95	1.89	1.74	1.97	1.42
瑞士	1.74	1.32	0.95	1.84	1.48	1.95	2.48	0.86	0.79	0.61	1.36
印度	2.32	1.58	2.84	2.07	0.64	0.78	0.18	0.69	1.43	1.06	1.26
法国	1.45	0.53	1.18	1.15	1.27	0.98	1.59	0.34	1.27	0.61	1.02
意大利	0.58	1.32	1.18	1.61	1.06	1.76	1.06	1.20	0.16	0.30	0.98
荷兰	1.16	0.53	1.89	0.92	0.64	1.56	0.71	0.52	0.48	0.30	0.82
瑞典	0.87	1.05	0.95	0.46	0.64	0.98	0.71	0.34	0.63	0.61	0.70
俄罗斯	0.58	0.79	0.24	0.00	0.21	0.39	0.71	0.34	0.63	0.46	0.44

表 3-24　纳米科学和纳米技术 C 层人才排名前 20 的国家和地区的占比

单位：%

国家和地区	2010年	2011年	2012年	2013年	2014年	2015年	2016年	2017年	2018年	2019年	合计
中国大陆	17.36	18.85	20.06	24.77	27.35	30.97	33.70	38.45	40.91	42.04	31.17
美国	31.02	28.36	28.29	26.20	24.05	21.63	21.01	19.54	16.79	15.45	22.25
韩国	5.37	5.61	5.62	5.99	6.18	5.99	5.02	4.64	4.74	4.70	5.31
德国	5.92	5.83	5.60	4.82	4.44	4.11	4.02	3.30	3.15	3.01	4.22
新加坡	3.06	2.83	3.43	3.46	3.57	3.55	3.24	3.67	3.60	3.27	3.39
英国	4.11	3.45	3.64	3.89	3.45	3.05	3.30	2.97	3.28	2.77	3.33
澳大利亚	2.36	1.68	1.93	2.03	2.33	3.05	2.94	3.25	3.38	3.95	2.82
日本	3.74	4.33	3.79	2.83	3.11	2.49	2.74	2.36	1.79	2.24	2.81
中国香港	1.25	1.63	1.39	1.54	1.78	2.13	2.22	2.51	2.73	2.50	2.06
印度	1.93	2.25	2.35	2.21	2.26	2.09	2.06	1.54	1.40	1.57	1.92
法国	2.95	3.15	2.73	2.28	1.73	1.78	1.69	1.10	1.07	1.06	1.81
加拿大	2.01	2.25	2.00	1.82	2.07	1.70	1.67	1.64	1.49	1.68	1.80
西班牙	1.93	2.51	2.00	1.96	1.63	1.84	1.60	1.20	1.44	1.24	1.67
意大利	2.13	2.03	1.90	1.77	1.42	1.44	1.25	1.08	1.23	1.12	1.47
瑞士	2.16	1.52	1.69	1.84	1.76	1.56	1.49	1.13	1.30	0.83	1.47
中国台湾	1.52	1.58	1.93	1.59	1.42	1.20	1.00	0.98	0.86	1.01	1.25
沙特阿拉伯	0.03	0.29	0.49	0.97	1.40	1.44	1.45	1.48	1.48	1.22	1.11
荷兰	1.63	1.58	1.36	1.29	1.08	0.90	0.93	0.79	0.88	0.92	1.08
瑞典	1.43	1.23	1.13	0.69	0.95	0.86	0.79	0.86	0.97	0.85	0.95
伊朗	0.67	0.88	0.66	0.53	0.38	0.66	0.59	0.93	1.04	0.68	0.71

九　化学工程

化学工程A、B、C层人才主要集中在中国大陆和美国，二者A、B、C层人才的世界占比合计为45.60%、46.70%、41.71%，中国大陆的三层人才均多于美国；在发展趋势上，中国大陆呈现相对上升趋势，美国呈现相对下降趋势。

英国、新加坡、澳大利亚、加拿大、沙特阿拉伯、德国、韩国、瑞士的A层人才比较多，世界占比在7%~3%之间；西班牙、日本、中国香港、印度、马来西亚、丹麦、荷兰、爱尔兰、伊朗、意大利也有相当数量的A层人才，世界占比超过1%。

英国、澳大利亚、韩国、德国、新加坡的B层人才比较多，世界占比在4%~3%；印度、沙特阿拉伯、日本、加拿大、西班牙、中国香港、马来西亚、法国、伊朗、意大利、荷兰、瑞士、瑞典也有相当数量的B层人才，世界占比超过或接近1%。

印度、英国、西班牙、澳大利亚、韩国、伊朗的C层人才比较多，世界占比在4%~3%之间；德国、加拿大、意大利、法国、日本、新加坡、马来西亚、沙特阿拉伯、荷兰、巴西、中国香港、土耳其也有相当数量的C层人才，世界占比超过1%。

表3-25　化学工程A层人才排名前20的国家和地区的占比

单位：%

国家和地区	2010年	2011年	2012年	2013年	2014年	2015年	2016年	2017年	2018年	2019年	合计
中国大陆	10.34	17.65	13.89	24.39	19.51	21.43	27.08	28.30	34.55	50.00	27.09
美国	17.24	23.53	22.22	19.51	24.39	14.29	14.58	16.98	20.00	15.63	18.51
英国	13.79	8.82	8.33	4.88	12.20	9.52	4.17	3.77	1.82	3.13	6.32
新加坡	0.00	8.82	13.89	4.88	2.44	0.00	8.33	7.55	1.82	1.56	4.74
澳大利亚	6.90	2.94	5.56	2.44	2.44	2.38	4.17	3.77	7.27	0.00	3.61
加拿大	0.00	8.82	2.78	7.32	2.44	0.00	0.00	1.89	7.27	4.69	3.61
沙特阿拉伯	3.45	0.00	0.00	4.88	2.44	4.76	2.08	9.43	3.64	1.56	3.39
德国	3.45	0.00	2.78	4.88	0.00	2.38	6.25	1.89	7.27	3.13	3.39
韩国	0.00	8.82	2.78	0.00	0.00	7.14	4.17	5.66	0.00	3.13	3.16
瑞士	0.00	2.94	0.00	2.44	4.88	7.14	8.33	1.89	3.64	0.00	3.16

续表

国家和地区	2010年	2011年	2012年	2013年	2014年	2015年	2016年	2017年	2018年	2019年	合计
西班牙	0.00	0.00	5.56	2.44	4.88	7.14	2.08	1.89	1.82	0.00	2.48
日本	0.00	0.00	0.00	7.32	2.44	4.76	4.17	0.00	0.00	1.56	2.03
中国香港	6.90	0.00	0.00	0.00	0.00	2.38	0.00	1.89	1.82	4.69	1.81
印度	3.45	0.00	5.56	0.00	2.44	0.00	2.08	1.89	1.82	0.00	1.58
马来西亚	3.45	5.88	0.00	2.44	0.00	2.38	0.00	0.00	1.82	1.56	1.58
丹麦	13.79	0.00	5.56	0.00	0.00	0.00	0.00	0.00	0.00	0.00	1.35
荷兰	3.45	2.94	0.00	2.44	2.44	2.38	0.00	0.00	0.00	1.56	1.35
爱尔兰	3.45	2.94	2.78	0.00	0.00	0.00	0.00	1.89	0.00	1.56	1.13
伊朗	0.00	0.00	2.78	0.00	0.00	0.00	2.08	1.89	3.64	0.00	1.13
意大利	0.00	2.94	0.00	2.44	2.44	4.76	0.00	0.00	0.00	0.00	1.13

表3-26　化学工程B层人才排名前20的国家和地区的占比

单位：%

国家和地区	2010年	2011年	2012年	2013年	2014年	2015年	2016年	2017年	2018年	2019年	合计
中国大陆	15.59	18.38	19.82	23.51	26.40	25.31	31.42	38.27	45.02	45.45	30.92
美国	22.05	25.55	21.60	17.57	20.27	16.79	10.84	12.47	11.83	8.91	15.78
英国	4.56	3.74	3.55	2.97	4.53	4.01	5.09	4.65	2.49	4.36	4.00
澳大利亚	4.18	2.18	4.44	2.70	2.93	3.76	3.98	3.17	2.90	6.18	3.73
韩国	2.28	3.12	2.37	4.05	4.00	4.51	3.54	3.59	2.49	4.18	3.48
德国	5.32	3.74	2.96	2.70	2.67	4.01	3.10	1.69	4.56	2.73	3.26
新加坡	2.28	2.49	4.44	4.32	5.07	1.75	3.54	2.11	2.70	2.36	3.06
印度	3.42	2.49	2.37	2.16	4.80	3.51	2.21	1.48	2.07	2.91	2.68
沙特阿拉伯	0.38	1.56	1.48	1.35	1.33	2.51	3.98	3.81	5.19	1.45	2.49
日本	3.04	3.43	1.78	3.24	2.93	1.50	3.76	2.75	0.83	1.09	2.34
加拿大	3.04	2.80	3.55	2.97	2.13	1.75	2.43	0.85	1.45	1.45	2.11
西班牙	3.42	3.43	3.85	2.70	1.87	2.51	1.55	1.48	1.04	0.73	2.06
中国香港	1.52	0.31	0.59	1.62	2.67	1.50	2.21	3.17	1.45	2.55	1.86
马来西亚	1.90	1.87	1.18	2.43	3.20	2.51	1.77	1.06	1.04	1.09	1.74
法国	1.90	2.49	2.66	2.97	1.07	1.25	1.77	2.33	0.21	0.73	1.64
伊朗	0.76	1.25	1.78	1.89	1.87	1.50	1.77	2.11	1.04	1.82	1.62
意大利	1.90	1.87	2.37	1.62	1.33	2.26	1.55	1.06	1.04	0.91	1.52
荷兰	2.66	1.56	2.66	2.43	0.53	1.00	1.77	1.27	0.83	0.91	1.47
瑞士	1.52	1.25	2.37	1.08	0.80	1.50	0.66	1.06	1.66	0.36	1.17
瑞典	1.14	0.31	0.89	2.43	0.53	1.50	1.11	0.63	0.41	0.36	0.89

表 3-27 化学工程 C 层人才排名前 20 的国家和地区的占比

单位：%

国家和地区	2010年	2011年	2012年	2013年	2014年	2015年	2016年	2017年	2018年	2019年	合计
中国大陆	16.53	18.61	19.42	22.41	24.38	26.03	30.04	35.50	38.85	43.12	29.39
美国	14.30	15.05	15.28	14.40	13.64	12.13	12.53	11.27	10.47	8.46	12.32
印度	3.95	3.95	3.81	4.25	4.17	3.87	3.77	3.84	3.21	3.46	3.78
英国	4.03	4.01	3.28	3.55	3.41	4.09	3.75	4.08	3.29	3.13	3.62
西班牙	5.90	4.93	5.09	4.06	4.22	3.57	3.31	2.50	2.47	1.94	3.53
澳大利亚	3.22	3.53	3.43	3.33	3.19	3.64	3.60	3.09	3.47	3.42	3.40
韩国	2.49	2.77	3.87	3.55	3.38	3.47	3.24	3.29	3.37	3.37	3.31
伊朗	2.95	3.40	2.95	2.87	4.38	4.19	2.90	2.97	2.83	2.82	3.20
德国	3.60	2.86	3.99	3.00	2.95	3.37	2.73	2.11	2.17	2.01	2.77
加拿大	3.53	2.67	2.86	2.76	2.14	2.20	2.14	1.90	2.33	2.06	2.38
意大利	2.84	2.10	3.01	3.14	2.49	2.42	2.73	2.33	1.76	1.39	2.34
法国	3.45	3.53	3.22	2.73	2.30	1.90	1.99	1.71	1.42	1.27	2.19
日本	2.76	2.70	2.20	2.65	2.46	1.82	1.72	1.52	1.56	1.48	1.99
新加坡	1.57	2.10	1.82	2.22	1.79	1.80	1.43	1.77	1.96	1.39	1.76
马来西亚	2.07	2.42	2.35	2.06	1.79	2.00	1.56	1.20	1.22	1.26	1.71
沙特阿拉伯	0.58	0.60	0.83	1.52	1.60	2.50	1.90	2.07	1.58	1.84	1.59
荷兰	2.26	1.62	2.11	1.54	1.33	1.50	1.25	0.94	1.10	0.89	1.37
巴西	1.69	1.53	1.73	1.27	1.46	0.92	1.09	1.11	0.72	0.77	1.16
中国香港	0.84	0.86	0.80	0.89	1.00	1.07	1.12	1.32	1.60	1.48	1.15
土耳其	2.45	1.72	1.25	1.08	1.14	1.40	1.12	0.90	0.68	0.46	1.11

十 应用化学

应用化学 A、B、C 层人才主要集中在中国大陆和美国，二者 A、B、C 层人才的世界占比合计为 29.54%、32.54%、35.78%，其中中国大陆的三层人才均多于美国；在发展趋势上，中国大陆呈现相对上升趋势，美国呈现相对下降趋势。

西班牙、印度、马来西亚、德国、巴西、意大利、伊朗、韩国的 A 层人才比较多，世界占比在 7%~3%之间；法国、英国、比利时、荷兰、沙特阿拉伯、罗马尼亚、日本、葡萄牙、土耳其、爱尔兰也有相当数量的 A 层人才，世界占比超过 1%。

印度、伊朗、西班牙的 B 层人才比较多，世界占比在 8%～3%之间；英国、韩国、意大利、法国、德国、加拿大、马来西亚、巴西、沙特阿拉伯、澳大利亚、巴基斯坦、葡萄牙、土耳其、日本、荷兰也有相当数量的 B 层人才，世界占比超过 1%。

印度、西班牙、伊朗、意大利、韩国、巴西的 C 层人才比较多，世界占比在 6%～3%之间；法国、加拿大、德国、英国、日本、澳大利亚、土耳其、埃及、葡萄牙、马来西亚、沙特阿拉伯、波兰也有相当数量的 C 层人才，世界占比超过 1%。

表 3－28　应用化学 A 层人才排名前 20 的国家和地区的占比

单位：%

国家和地区	2010年	2011年	2012年	2013年	2014年	2015年	2016年	2017年	2018年	2019年	合计
中国大陆	6.67	5.88	0.00	11.11	15.79	5.26	22.22	25.00	16.67	30.77	15.03
美国	26.67	29.41	17.65	11.11	21.05	15.79	11.11	0.00	12.50	7.69	14.51
西班牙	13.33	11.76	11.76	11.11	0.00	5.26	0.00	10.00	4.17	0.00	6.22
印度	6.67	0.00	11.76	0.00	5.26	21.05	5.56	0.00	8.33	3.85	6.22
马来西亚	0.00	11.76	5.88	5.56	10.53	0.00	5.56	0.00	8.33	7.69	5.70
德国	6.67	5.88	5.88	5.56	10.53	5.26	11.11	0.00	0.00	0.00	4.66
巴西	13.33	5.88	0.00	0.00	0.00	5.26	5.56	5.00	8.33	0.00	4.15
意大利	0.00	5.88	11.76	5.56	5.26	0.00	11.11	5.00	0.00	0.00	4.15
伊朗	6.67	0.00	0.00	5.56	0.00	0.00	5.56	5.00	4.17	7.69	3.63
韩国	0.00	5.88	0.00	11.11	0.00	5.26	0.00	0.00	4.17	3.85	3.11
法国	6.67	0.00	17.65	0.00	0.00	0.00	0.00	5.00	0.00	0.00	2.59
英国	0.00	0.00	0.00	0.00	5.26	0.00	5.56	5.00	4.17	3.85	2.59
比利时	0.00	5.88	0.00	0.00	0.00	0.00	0.00	10.00	4.17	0.00	2.07
荷兰	0.00	0.00	5.88	5.56	0.00	5.26	0.00	5.00	0.00	0.00	2.07
沙特阿拉伯	0.00	0.00	0.00	0.00	0.00	0.00	0.00	5.00	0.00	7.69	1.55
罗马尼亚	0.00	5.88	0.00	0.00	0.00	0.00	5.56	0.00	0.00	3.85	1.55
日本	6.67	0.00	0.00	0.00	0.00	0.00	0.00	5.00	4.17	0.00	1.55
葡萄牙	0.00	0.00	0.00	0.00	0.00	15.79	0.00	0.00	0.00	0.00	1.55
土耳其	0.00	0.00	0.00	0.00	0.00	0.00	5.56	0.00	4.17	3.85	1.55
爱尔兰	0.00	0.00	0.00	5.56	0.00	0.00	0.00	0.00	0.00	3.85	1.04

表 3-29 应用化学 B 层人才排名前 20 的国家和地区的占比

单位：%

国家和地区	2010年	2011年	2012年	2013年	2014年	2015年	2016年	2017年	2018年	2019年	合计
中国大陆	12.50	12.90	9.21	18.90	18.60	18.13	20.11	24.48	35.48	35.08	21.90
美国	15.97	13.55	17.76	12.20	9.88	13.45	10.58	9.90	3.69	5.65	10.64
印度	7.64	9.03	5.92	8.54	4.65	7.60	7.94	5.73	8.76	6.45	7.21
伊朗	2.08	1.29	1.32	3.66	3.49	6.43	7.41	7.81	9.68	7.26	5.43
西班牙	3.47	5.16	5.92	4.88	4.07	3.51	2.65	1.56	2.76	2.82	3.55
英国	2.78	5.16	1.97	3.05	5.81	2.92	2.65	3.65	0.46	2.02	2.94
韩国	2.08	2.58	5.26	4.27	4.07	3.51	2.12	3.13	0.92	2.02	2.88
意大利	3.47	1.29	4.61	3.66	4.65	3.51	3.17	2.08	1.84	0.81	2.77
法国	2.78	5.16	4.61	3.66	2.33	1.17	1.59	3.65	1.84	1.21	2.66
德国	4.86	3.23	2.63	2.44	2.91	4.68	1.59	2.08	0.46	2.02	2.55
加拿大	3.47	4.52	2.63	1.83	2.91	2.34	1.06	3.65	0.92	1.61	2.38
马来西亚	0.69	1.94	3.29	1.83	2.91	1.17	1.59	3.65	1.84	3.63	2.33
巴西	0.69	3.87	3.29	3.05	5.23	1.75	2.12	1.04	2.30	0.40	2.27
沙特阿拉伯	0.69	0.65	1.97	0.00	1.16	5.26	3.70	3.65	2.76	0.81	2.11
澳大利亚	2.78	1.29	0.66	1.83	1.74	1.17	2.65	1.56	1.84	3.63	2.00
巴基斯坦	1.39	0.65	0.66	0.00	0.58	1.17	4.23	4.17	2.76	1.61	1.83
葡萄牙	1.39	2.58	3.29	2.44	2.91	1.75	1.06	1.04	0.00	1.21	1.66
土耳其	1.39	0.00	1.32	0.61	1.16	2.92	1.59	1.56	3.23	0.81	1.50
日本	2.78	3.23	2.63	1.22	3.49	1.17	0.53	0.00	0.92	0.40	1.50
荷兰	2.08	3.87	0.66	1.22	1.74	4.09	0.00	0.52	0.46	0.00	1.33

表 3-30 应用化学 C 层人才排名前 20 的国家和地区的占比

单位：%

国家和地区	2010年	2011年	2012年	2013年	2014年	2015年	2016年	2017年	2018年	2019年	合计
中国大陆	17.71	17.91	20.22	22.80	24.75	24.45	26.08	30.72	33.50	40.22	26.91
美国	11.69	11.90	11.79	9.15	10.70	8.05	8.58	6.71	7.07	6.08	8.87
印度	3.90	4.38	4.35	6.40	5.32	4.83	5.54	6.20	5.61	5.26	5.24
西班牙	5.45	6.47	7.51	5.61	5.62	5.13	4.65	4.65	3.88	2.91	5.02
伊朗	1.63	1.70	2.50	3.29	4.12	3.52	4.71	4.39	6.39	6.72	4.15
意大利	3.97	4.12	3.75	5.00	2.45	3.22	2.38	3.10	2.69	2.23	3.20
韩国	2.90	3.01	3.69	2.74	2.81	4.05	3.05	3.67	2.69	2.35	3.06
巴西	1.77	2.42	3.10	2.87	2.93	3.28	2.99	3.56	3.24	3.47	3.02
法国	3.68	3.27	2.83	2.93	2.93	3.16	2.44	1.70	2.46	1.37	2.58

续表

国家和地区	2010年	2011年	2012年	2013年	2014年	2015年	2016年	2017年	2018年	2019年	合计
加拿大	3.90	3.73	2.31	3.23	2.63	2.27	1.83	2.07	1.83	2.05	2.50
德国	4.46	3.01	3.82	3.17	2.45	2.62	2.05	1.65	1.55	1.16	2.45
英国	3.47	3.33	2.31	2.26	2.39	2.62	2.55	2.17	2.10	1.41	2.39
日本	3.82	3.46	2.64	2.50	2.45	1.43	1.44	1.14	0.78	1.11	1.94
澳大利亚	2.05	2.29	2.44	1.71	1.97	1.25	1.83	2.22	1.83	1.37	1.87
土耳其	1.77	1.63	1.19	1.77	1.26	2.27	1.99	1.81	1.55	1.16	1.63
埃及	1.27	1.11	0.79	0.91	1.26	1.55	2.21	1.91	1.96	1.67	1.51
葡萄牙	1.49	1.83	1.65	1.77	1.37	1.85	1.33	1.29	1.41	0.98	1.47
马来西亚	1.49	1.83	1.25	1.10	1.37	1.55	1.77	1.91	1.19	1.03	1.43
沙特阿拉伯	0.14	0.39	0.33	0.55	0.84	2.03	2.44	1.76	1.60	1.20	1.19
波兰	0.99	0.72	1.25	1.83	1.20	1.49	1.33	0.93	0.91	1.28	1.19

十一　多学科化学

多学科化学 A、B、C 层人才主要集中在美国和中国大陆，二者 A、B、C 层人才的世界占比合计为 50.73%、52.42%、47.74%，其中美国的 A 层人才多于中国大陆，B 层和 C 层人才少于中国大陆；在发展趋势上，中国大陆呈现相对上升趋势，美国呈现相对下降趋势。

德国、英国、韩国、新加坡、澳大利亚、沙特阿拉伯的 A 层人才比较多，世界占比在 7%~3%之间；日本、瑞士、加拿大、法国、西班牙、意大利、荷兰、印度、中国香港、瑞典、中国台湾、丹麦也有相当数量的 A 层人才，大部分世界占比超过或等于 1%。

德国、新加坡、韩国、英国、日本、澳大利亚的 B 层人才比较多，世界占比在 6%~3%之间；西班牙、法国、加拿大、中国香港、沙特阿拉伯、瑞士、意大利、荷兰、印度、中国台湾、瑞典、比利时也有相当数量的 B 层人才，世界占比超过或接近 1%。

德国、英国、日本、韩国的 C 层人才比较多，世界占比在 7%~4%之间；新加坡、法国、西班牙、澳大利亚、印度、加拿大、意大利、瑞士、中国香港、荷兰、沙特阿拉伯、中国台湾、瑞典、比利时也有相当数量的 C 层人才，世界占比超过或接近 1%。

表 3-31　多学科化学 A 层人才排名前 20 的国家和地区的占比

单位：%

国家和地区	2010年	2011年	2012年	2013年	2014年	2015年	2016年	2017年	2018年	2019年	合计
美　　国	44.29	29.27	24.18	32.98	29.36	21.74	25.81	17.05	18.98	23.18	25.41
中国大陆	15.71	15.85	20.88	25.53	17.43	25.22	24.19	33.33	27.01	35.76	25.32
德　　国	5.71	13.41	5.49	6.38	4.59	6.96	6.45	5.43	8.03	4.64	6.53
英　　国	4.29	6.10	6.59	4.26	8.26	5.22	4.03	6.20	5.84	6.62	5.81
韩　　国	7.14	3.66	6.59	3.19	3.67	2.61	3.23	3.10	1.46	3.31	3.54
新 加 坡	2.86	3.66	5.49	9.57	1.83	4.35	1.61	1.55	2.19	2.65	3.36
澳大利亚	1.43	0.00	1.10	1.06	4.59	3.48	1.61	4.65	6.57	3.31	3.09
沙特阿拉伯	1.43	0.00	0.00	1.06	2.75	4.35	3.23	4.65	5.84	3.97	3.09
日　　本	1.43	4.88	5.49	2.13	6.42	2.61	1.61	3.10	0.73	1.99	2.90
瑞　　士	4.29	2.44	0.00	1.06	4.59	4.35	1.61	3.88	2.92	1.32	2.63
加 拿 大	0.00	3.66	4.40	1.06	1.83	2.61	2.42	0.78	2.19	1.99	2.09
法　　国	1.43	1.22	4.40	1.06	0.92	2.61	2.42	2.33	1.46	0.66	1.81
西 班 牙	1.43	1.22	2.20	0.00	1.83	3.48	1.61	0.00	4.38	0.00	1.63
意 大 利	1.43	1.22	0.00	1.06	2.75	1.74	3.23	0.00	1.46	0.66	1.36
荷　　兰	2.86	1.22	2.20	2.13	0.92	1.74	0.81	0.00	1.46	0.66	1.27
印　　度	0.00	1.22	2.20	0.00	1.83	0.00	1.61	1.55	0.73	0.66	1.00
中国香港	0.00	2.44	0.00	2.13	1.83	0.87	0.81	0.78	0.73	0.66	1.00
瑞　　典	1.43	2.44	1.10	0.00	0.92	0.87	1.61	0.00	0.73	0.00	0.82
中国台湾	0.00	1.22	1.10	1.06	0.92	0.00	0.81	0.78	0.00	1.32	0.73
丹　　麦	0.00	0.00	0.00	1.06	0.00	0.87	0.81	0.78	0.73	1.32	0.64

表 3-32　多学科化学 B 层人才排名前 20 的国家和地区的占比

单位：%

国家和地区	2010年	2011年	2012年	2013年	2014年	2015年	2016年	2017年	2018年	2019年	合计
中国大陆	15.51	18.84	23.02	24.27	24.59	27.12	29.13	36.99	40.46	37.38	29.35
美　　国	36.39	27.46	28.38	26.95	24.49	22.40	20.82	20.45	19.41	15.71	23.07
德　　国	7.91	6.86	6.21	5.69	5.08	5.67	5.27	3.57	3.19	3.85	5.05
新 加 坡	1.42	2.29	5.12	3.60	4.37	4.04	4.47	4.26	5.16	4.58	4.11
韩　　国	3.32	4.04	4.38	5.81	4.17	4.33	4.29	3.31	3.19	4.15	4.07
英　　国	6.01	5.38	4.14	4.18	4.67	4.04	4.11	3.66	3.52	2.62	4.05
日　　本	3.01	3.36	3.78	3.48	3.86	3.85	3.49	3.31	2.29	2.69	3.27
澳大利亚	0.95	2.56	1.46	2.32	2.64	2.88	3.93	4.09	3.60	4.58	3.13
西 班 牙	3.16	4.44	2.80	2.21	3.05	2.12	1.88	1.48	1.47	1.75	2.28

续表

国家和地区	2010年	2011年	2012年	2013年	2014年	2015年	2016年	2017年	2018年	2019年	合计
法　　国	2.85	2.96	1.95	2.79	2.34	2.12	1.79	1.57	1.64	2.11	2.13
加 拿 大	2.37	2.42	1.58	1.86	2.13	1.83	1.97	1.65	2.13	2.62	2.06
中国香港	0.63	0.94	1.10	0.46	1.73	2.31	1.52	3.05	2.62	2.33	1.82
沙特阿拉伯	0.47	1.35	0.49	0.46	2.44	2.50	2.32	2.44	2.54	1.38	1.76
瑞　　士	1.90	2.56	1.71	1.97	2.03	2.21	2.23	1.22	1.15	0.73	1.69
意 大 利	1.58	2.29	2.56	1.86	1.02	1.63	1.34	0.96	0.41	1.24	1.40
荷　　兰	1.58	1.75	2.07	1.51	1.63	1.92	0.98	1.22	0.57	1.16	1.38
印　　度	1.11	1.21	1.34	2.09	1.42	1.06	1.07	1.22	0.49	1.60	1.25
中国台湾	1.11	0.40	1.71	1.16	1.32	0.77	0.98	0.70	0.66	1.09	0.98
瑞　　典	0.63	0.81	0.97	0.81	0.71	0.58	1.61	0.44	0.74	1.02	0.84
比 利 时	0.63	1.21	0.73	0.93	0.51	0.58	1.61	0.87	0.49	0.51	0.79

表 3－33　多学科化学 C 层人才排名前 20 的国家和地区的占比

单位：%

国家和地区	2010年	2011年	2012年	2013年	2014年	2015年	2016年	2017年	2018年	2019年	合计
中国大陆	14.91	17.16	18.57	22.15	22.67	25.08	26.00	29.48	33.04	34.10	25.63
美　　国	30.03	26.98	26.78	25.17	23.64	21.90	20.95	20.52	18.33	15.70	22.11
德　　国	7.94	7.82	7.11	6.97	6.41	6.18	6.14	5.72	5.30	5.06	6.26
英　　国	5.39	5.65	5.28	4.75	4.78	4.73	4.85	4.90	3.97	3.64	4.68
日　　本	6.09	6.34	5.28	4.87	4.49	3.88	3.63	3.12	2.91	2.88	4.09
韩　　国	3.57	4.52	4.26	4.53	4.31	4.50	4.21	3.35	3.68	3.56	4.01
新 加 坡	2.10	2.31	2.57	2.64	2.82	2.92	2.64	2.93	2.67	2.54	2.65
法　　国	3.70	3.44	3.41	2.89	2.89	2.40	2.52	2.23	1.93	1.79	2.59
西 班 牙	2.81	2.80	2.58	2.54	2.40	2.44	2.48	1.91	2.00	2.04	2.34
澳大利亚	1.81	1.59	1.83	2.04	2.03	2.18	2.49	2.49	2.55	3.14	2.30
印　　度	1.35	1.39	1.90	2.02	2.50	2.26	2.29	2.17	2.03	2.14	2.06
加 拿 大	2.24	2.32	2.17	2.17	2.30	1.86	1.98	1.75	1.56	1.91	1.99
意 大 利	2.24	2.02	1.80	1.93	1.73	1.66	1.90	1.63	1.94	2.06	1.88
瑞　　士	2.08	2.06	1.85	1.83	1.87	2.06	1.80	1.84	1.84	1.69	1.87
中国香港	1.12	1.20	1.19	1.41	1.31	1.44	1.50	1.74	2.17	2.02	1.58
荷　　兰	2.23	1.89	1.82	1.69	1.40	1.52	1.43	1.43	1.14	1.20	1.51
沙特阿拉伯	0.13	0.33	0.72	0.95	1.51	1.61	1.72	1.53	1.52	1.45	1.25
中国台湾	1.09	1.29	1.37	0.99	0.97	1.00	0.90	0.88	0.72	0.96	0.99
瑞　　典	1.17	0.96	1.03	0.77	0.95	0.91	0.92	0.96	0.95	0.87	0.94
比 利 时	0.82	1.10	1.02	0.97	0.88	0.78	0.86	0.59	0.61	0.62	0.80

第二节　学科组

在化学各学科人才分析的基础上，按照A、B、C三个人才层次，对各学科人才进行汇总分析，可以从学科组层面揭示人才的分布特点和发展趋势。

一　A层人才

化学A层人才最多的国家是美国，占该学科组全球A层人才的23.20%，中国大陆以22.61%的世界占比排名第二，二者的A层人才合计占比超过全球的45%；其后是英国、德国，世界占比分别为5.71%、5.44%；韩国、新加坡、日本、澳大利亚、沙特阿拉伯、法国、加拿大、意大利的A层人才也比较多，世界占比在4%~2%之间;、瑞士、西班牙、印度、荷兰、马来西亚、中国香港也有相当数量的A层人才，世界占比超过1%；伊朗、瑞典、中国台湾、巴西、比利时、爱尔兰、丹麦、以色列、葡萄牙、波兰、新西兰、俄罗斯、芬兰、土耳其、希腊、埃及、南非、奥地利、捷克、巴基斯坦、挪威、罗马尼亚也有一定数量的A层人才，世界占比低于1%。

在发展趋势上，美国、日本呈现相对下降趋势，中国大陆、沙特阿拉伯呈现相对上升趋势，其他国家和地区没有明显变化。

表3-34　化学A层人才排名前40的国家和地区的占比

单位：%

国家和地区	2010年	2011年	2012年	2013年	2014年	2015年	2016年	2017年	2018年	2019年	合计
美国	33.23	27.67	23.50	27.09	26.45	19.68	23.49	19.72	20.42	17.22	23.20
中国大陆	15.24	12.60	17.49	18.47	14.39	18.78	23.92	29.08	29.20	36.03	22.61
英国	6.40	7.12	4.70	5.67	8.58	6.33	3.88	6.18	4.39	4.75	5.71
德国	6.10	6.85	7.31	5.42	5.57	6.11	5.39	4.98	4.20	3.87	5.44
韩国	4.27	4.38	3.13	4.19	3.02	3.85	4.96	3.19	2.67	3.16	3.62
新加坡	2.74	3.29	7.83	5.67	1.62	2.94	3.23	1.79	2.48	1.93	3.22
日本	4.57	4.38	3.92	3.45	3.25	3.17	1.94	1.79	1.53	1.58	2.79
澳大利亚	1.83	1.64	1.83	2.22	3.02	1.81	2.80	3.19	4.39	3.16	2.70
沙特阿拉伯	0.61	0.00	0.26	0.99	2.32	3.39	3.66	4.78	4.20	3.87	2.65
法国	3.35	2.74	4.44	2.96	3.71	2.71	1.94	2.79	0.95	0.88	2.51

续表

国家和地区	2010年	2011年	2012年	2013年	2014年	2015年	2016年	2017年	2018年	2019年	合计
加拿大	0.91	3.29	2.61	1.97	1.39	2.26	2.37	2.39	2.67	2.46	2.27
意大利	2.44	1.92	1.83	2.96	3.71	2.71	2.59	1.20	1.34	0.88	2.08
瑞士	1.83	2.19	0.78	2.22	3.02	3.39	1.94	1.99	1.91	0.88	1.99
西班牙	1.22	3.01	2.87	2.22	2.09	3.39	2.37	1.39	1.91	0.18	1.99
印度	1.22	1.10	3.13	0.25	1.86	2.49	2.37	1.39	2.10	1.76	1.79
荷兰	1.83	2.74	1.83	1.72	2.09	2.49	0.86	1.00	0.76	0.53	1.50
马来西亚	0.61	2.74	0.52	0.74	2.32	0.90	0.86	0.00	1.72	1.58	1.20
中国香港	1.22	1.10	0.52	1.23	1.86	0.68	0.65	1.39	0.76	1.58	1.11
伊朗	0.91	0.27	0.52	0.74	0.46	0.23	0.43	0.80	1.15	2.46	0.86
瑞典	0.61	1.37	1.57	0.25	0.93	1.58	1.08	0.00	0.76	0.35	0.82
中国台湾	0.00	0.55	1.83	0.74	1.16	0.68	0.65	0.40	0.57	0.53	0.70
巴西	2.44	2.19	0.00	0.00	0.00	0.68	0.43	0.40	1.34	0.18	0.70
比利时	0.30	0.82	0.26	0.99	0.23	0.68	1.08	1.20	0.76	0.35	0.68
爱尔兰	0.30	0.55	1.31	1.23	0.23	0.45	0.43	0.60	0.00	0.70	0.57
丹麦	1.52	0.82	0.52	1.23	0.23	0.45	0.43	0.20	0.19	0.35	0.54
以色列	0.61	0.55	0.26	0.49	0.23	0.68	0.65	0.60	0.95	0.35	0.54
葡萄牙	0.00	0.00	1.31	0.00	0.70	1.36	0.00	1.00	0.38	0.18	0.50
波兰	0.30	0.00	0.78	0.49	0.93	0.00	0.22	0.40	0.57	0.88	0.48
新西兰	0.00	0.00	0.78	0.25	0.46	0.23	0.22	0.80	0.57	0.88	0.45
俄罗斯	0.30	0.27	0.26	1.23	0.46	0.00	0.00	1.20	0.19	0.18	0.41
芬兰	0.91	1.10	0.00	0.25	0.00	0.68	0.43	0.20	0.19	0.00	0.34
土耳其	0.30	0.00	0.00	0.00	0.00	0.23	0.65	0.80	0.57	0.53	0.34
希腊	0.30	0.27	0.78	0.00	0.23	0.45	0.22	0.20	0.19	0.35	0.29
埃及	0.00	0.27	0.00	0.00	0.00	0.68	0.22	0.40	0.76	0.35	0.29
南非	0.30	0.00	0.00	0.49	0.00	0.23	0.22	0.00	0.38	0.88	0.27
奥地利	0.00	0.27	0.00	0.99	0.23	0.00	0.22	0.40	0.38	0.18	0.27
捷克	0.00	0.27	0.26	0.00	0.70	0.00	0.86	0.40	0.00	0.00	0.25
巴基斯坦	0.00	0.27	0.00	0.25	0.00	0.00	0.22	0.40	0.57	0.53	0.25
挪威	0.00	0.00	0.26	0.25	0.00	0.45	0.43	0.20	0.00	0.35	0.20
罗马尼亚	0.00	0.27	0.00	0.00	0.00	0.00	0.65	0.00	0.19	0.53	0.18

二 B层人才

化学B层人才最多的是中国大陆，占该学科组全球B层人才的28.89%，美国以 20.00% 的世界占比排名第二，二者的 B 层人才合计占比将近全球的 50%；其后是德国，世界占比为 4.38%；韩国、英国、新加坡、澳大利亚、日本、印度、西班牙、法国、加拿大的 B 层人才也比较多，世界占比在 4%~2%；沙特阿拉伯、意大利、中国香港、瑞士、伊朗、荷兰、中国台湾也有相当数量的 B 层人才，世界占比超过 1%；瑞典、比利时、马来西亚、俄罗斯、葡萄牙、巴西、爱尔兰、土耳其、波兰、丹麦、以色列、芬兰、捷克、巴基斯坦、奥地利、埃及、希腊、南非、泰国、新西兰、墨西哥也有一定数量的 B 层人才，世界占比低于 1%。

在发展趋势上，美国、德国、英国、日本呈现相对下降趋势，中国大陆、新加坡、沙特阿拉伯、中国香港、伊朗呈现相对上升趋势，其他国家和地区没有明显变化。

表 3－35 化学 B 层人才排名前 40 的国家和地区的占比

单位：%

国家和地区	2010年	2011年	2012年	2013年	2014年	2015年	2016年	2017年	2018年	2019年	合计
中国大陆	16.97	19.47	21.70	24.59	25.59	26.08	28.78	35.37	40.05	38.58	28.89
美国	28.60	25.44	24.22	23.67	21.22	20.00	17.77	17.09	15.67	13.55	20.00
德国	6.66	6.11	5.24	4.65	4.45	4.94	4.16	3.33	3.07	2.98	4.38
韩国	3.36	4.01	4.42	5.36	4.35	4.55	3.86	2.87	2.98	3.32	3.85
英国	4.84	4.57	4.14	3.73	4.27	3.39	3.79	4.01	2.65	2.70	3.71
新加坡	1.52	2.33	3.65	2.95	3.59	2.92	3.86	3.46	3.11	3.51	3.16
澳大利亚	1.98	2.42	2.18	2.33	2.78	2.83	3.47	3.64	3.65	4.66	3.12
日本	3.79	3.60	3.43	3.41	3.09	2.78	2.94	2.28	1.75	1.68	2.76
印度	3.20	3.19	2.89	3.27	2.76	2.65	2.45	2.30	2.55	2.49	2.73
西班牙	3.29	2.95	2.61	2.57	2.81	2.85	2.08	1.60	1.19	1.57	2.26
法国	3.03	2.95	2.49	2.84	2.28	2.16	2.22	1.78	1.46	1.36	2.17
加拿大	2.14	2.54	2.38	1.73	2.12	1.82	1.74	1.84	1.79	2.08	2.00
沙特阿拉伯	0.66	0.97	0.91	0.78	1.97	2.41	2.59	2.67	3.01	1.98	1.90
意大利	2.04	1.83	2.35	1.89	1.59	2.14	1.78	1.49	0.86	1.19	1.66
中国香港	0.89	0.86	1.25	0.84	1.67	1.65	1.48	2.48	2.11	2.23	1.62
瑞士	1.61	1.56	1.30	1.49	1.62	1.79	1.64	0.99	1.00	0.81	1.35
伊朗	0.86	0.56	0.79	1.11	0.86	1.03	1.41	1.40	1.94	2.36	1.31
荷兰	1.68	1.59	1.81	1.49	1.14	1.55	0.99	0.99	0.63	0.74	1.20
中国台湾	1.38	1.12	1.76	1.41	1.42	0.59	0.90	0.64	0.75	0.96	1.06
瑞典	0.92	0.94	1.13	0.95	0.96	0.98	1.11	0.46	0.63	0.83	0.88

续表

国家和地区	2010年	2011年	2012年	2013年	2014年	2015年	2016年	2017年	2018年	2019年	合计
比利时	0.76	0.94	0.88	0.73	0.53	1.06	0.99	0.61	0.40	0.49	0.72
马来西亚	0.33	0.47	0.82	0.73	0.86	0.88	0.74	0.96	0.40	0.70	0.70
俄罗斯	0.56	0.74	0.62	0.32	0.43	0.71	0.67	0.37	0.38	0.55	0.53
葡萄牙	0.46	0.89	0.76	0.41	0.73	0.47	0.37	0.35	0.31	0.47	0.51
巴西	0.72	0.53	0.37	0.54	0.53	0.61	0.39	0.55	0.65	0.25	0.50
爱尔兰	0.96	0.56	0.57	0.76	0.20	0.42	0.44	0.22	0.31	0.42	0.46
土耳其	0.46	0.50	0.48	0.30	0.40	0.44	0.39	0.46	0.52	0.53	0.45
波兰	0.46	0.47	0.40	0.51	0.46	0.49	0.53	0.26	0.58	0.36	0.45
丹麦	0.63	0.80	0.76	0.43	0.46	0.47	0.30	0.28	0.25	0.28	0.44
以色列	0.49	0.44	0.25	0.30	0.66	0.47	0.39	0.42	0.29	0.51	0.42
芬兰	0.72	0.68	0.17	0.27	0.18	0.37	0.23	0.22	0.38	0.32	0.34
捷克	0.49	0.50	0.31	0.38	0.35	0.22	0.09	0.42	0.25	0.30	0.32
巴基斯坦	0.13	0.06	0.17	0.11	0.13	0.27	0.53	0.55	0.44	0.51	0.31
奥地利	0.40	0.35	0.23	0.19	0.53	0.29	0.56	0.18	0.23	0.19	0.31
埃及	0.10	0.21	0.25	0.16	0.23	0.25	0.35	0.15	0.42	0.55	0.28
希腊	0.36	0.35	0.23	0.35	0.33	0.27	0.16	0.26	0.27	0.15	0.27
南非	0.16	0.15	0.08	0.16	0.25	0.25	0.39	0.24	0.31	0.40	0.25
泰国	0.26	0.38	0.20	0.22	0.18	0.22	0.23	0.15	0.15	0.21	0.21
新西兰	0.23	0.18	0.06	0.11	0.15	0.25	0.39	0.20	0.21	0.21	0.20
墨西哥	0.30	0.18	0.20	0.16	0.00	0.12	0.07	0.18	0.31	0.21	0.17

三　C层人才

化学C层人才最多的是中国大陆，占该学科组全球C层人才的28.30%，美国以17.51%的世界占比排名第二，二者的C层人才合计占比超过全球的45%；其后是德国，世界占比为4.79%；韩国、英国、印度、日本、西班牙、法国、澳大利亚、新加坡、意大利、加拿大的C层人才也比较多，世界占比在4%~2%之间；伊朗、瑞士、中国香港、沙特阿拉伯、荷兰、中国台湾也有相当数量的C层人才，世界占比超过1%；瑞典、巴西、比利时、土耳其、俄罗斯、波兰、马来西亚、葡萄牙、丹麦、埃及、以色列、奥地利、捷克、芬兰、爱尔兰、巴基斯坦、希腊、南非、泰国、墨西哥、挪威也有一定数量的C层人才，世界占比低于1%。

在发展趋势上，美国、德国、英国、日本、法国呈现相对下降趋势，中国大陆、伊朗、沙特阿拉伯呈现相对上升趋势，其他国家和地区没有明显变化。

表 3-36 化学 C 层人才排名前 40 的国家和地区的占比

单位：%

国家和地区	2010年	2011年	2012年	2013年	2014年	2015年	2016年	2017年	2018年	2019年	合计
中国大陆	17.29	19.48	21.04	23.70	26.11	28.03	29.54	33.16	36.43	37.79	28.30
美国	22.66	21.38	21.37	19.78	19.02	17.32	16.74	15.68	13.91	12.29	17.51
德国	6.24	6.03	5.76	5.47	5.08	4.82	4.58	3.92	3.78	3.61	4.79
韩国	3.69	3.96	4.12	4.17	4.09	4.30	4.07	3.73	3.73	3.65	3.94
英国	4.92	4.55	4.22	4.05	3.92	3.86	3.91	3.81	3.37	3.04	3.89
印度	3.01	3.22	3.19	3.73	3.78	3.38	3.40	3.47	3.20	3.33	3.38
日本	4.53	4.61	4.03	3.68	3.50	2.92	2.79	2.47	2.12	2.16	3.15
西班牙	3.37	3.35	3.28	3.00	2.81	2.65	2.61	2.21	2.10	1.90	2.65
法国	3.92	3.73	3.37	3.11	2.69	2.57	2.44	2.04	1.77	1.56	2.60
澳大利亚	2.04	1.99	2.18	2.15	2.11	2.45	2.54	2.65	2.69	3.08	2.44
新加坡	1.83	2.03	2.22	2.17	2.17	2.29	2.04	2.28	2.23	1.97	2.13
意大利	2.54	2.27	2.38	2.59	2.05	1.99	1.98	1.85	1.75	1.73	2.07
加拿大	2.62	2.52	2.33	2.24	2.21	2.04	1.93	1.75	1.68	1.79	2.06
伊朗	1.21	1.29	1.29	1.41	1.66	1.70	1.85	1.89	2.30	2.48	1.77
瑞士	1.72	1.58	1.54	1.45	1.45	1.44	1.32	1.20	1.24	1.01	1.37
中国香港	0.98	1.02	1.00	1.09	1.07	1.34	1.39	1.62	1.75	1.66	1.33
沙特阿拉伯	0.23	0.46	0.68	0.92	1.30	1.62	1.64	1.63	1.61	1.59	1.24
荷兰	1.75	1.52	1.49	1.37	1.20	1.25	1.13	1.01	0.91	0.91	1.21
中国台湾	1.42	1.45	1.61	1.13	1.03	1.02	0.97	0.84	0.77	0.93	1.08
瑞典	1.14	1.05	1.03	0.94	0.99	0.92	0.86	0.83	0.88	0.74	0.92
巴西	0.81	0.77	0.81	0.84	0.81	0.76	0.77	0.76	0.76	0.81	0.79
比利时	0.87	0.91	0.96	0.91	0.81	0.83	0.80	0.62	0.60	0.58	0.77
土耳其	0.83	0.66	0.54	0.58	0.52	0.66	0.64	0.66	0.60	0.67	0.63
俄罗斯	0.53	0.49	0.46	0.44	0.69	0.58	0.68	0.73	0.76	0.78	0.63
波兰	0.56	0.57	0.59	0.59	0.60	0.71	0.65	0.65	0.66	0.66	0.63
马来西亚	0.58	0.60	0.66	0.62	0.67	0.67	0.66	0.61	0.54	0.63	0.62
葡萄牙	0.79	0.77	0.66	0.79	0.65	0.60	0.59	0.51	0.48	0.48	0.61
丹麦	0.68	0.67	0.62	0.48	0.62	0.57	0.43	0.43	0.40	0.41	0.52
埃及	0.36	0.39	0.29	0.31	0.40	0.50	0.54	0.54	0.65	0.74	0.49
以色列	0.54	0.60	0.44	0.53	0.47	0.47	0.51	0.50	0.46	0.35	0.48

续表

国家和地区	2010年	2011年	2012年	2013年	2014年	2015年	2016年	2017年	2018年	2019年	合计
奥 地 利	0. 63	0. 56	0. 48	0. 50	0. 31	0. 37	0. 44	0. 37	0. 30	0. 31	0. 41
捷 克	0. 45	0. 44	0. 43	0. 40	0. 46	0. 41	0. 37	0. 31	0. 33	0. 38	0. 39
芬 兰	0. 37	0. 48	0. 41	0. 38	0. 43	0. 39	0. 35	0. 37	0. 39	0. 36	0. 39
爱 尔 兰	0. 50	0. 50	0. 48	0. 39	0. 48	0. 39	0. 46	0. 28	0. 25	0. 27	0. 39
巴 基 斯 坦	0. 13	0. 12	0. 16	0. 19	0. 20	0. 33	0. 42	0. 48	0. 49	0. 66	0. 34
希 腊	0. 52	0. 36	0. 36	0. 31	0. 36	0. 35	0. 35	0. 28	0. 24	0. 26	0. 33
南 非	0. 27	0. 27	0. 22	0. 31	0. 23	0. 33	0. 34	0. 30	0. 30	0. 31	0. 29
泰 国	0. 38	0. 31	0. 29	0. 25	0. 23	0. 24	0. 27	0. 18	0. 24	0. 26	0. 26
墨 西 哥	0. 28	0. 27	0. 28	0. 25	0. 24	0. 14	0. 16	0. 29	0. 21	0. 27	0. 24
挪 威	0. 29	0. 27	0. 29	0. 18	0. 24	0. 14	0. 18	0. 18	0. 13	0. 21	0. 20

第四章　生命科学

生命科学是研究生命现象、揭示生命活动规律和生命本质的科学。其研究对象包括动物、植物、微生物及人类本身，其研究层次涉及分子、细胞、组织、器官、个体、群体及群落和生态系统。生命科学既是一门基础科学，又与国民经济和社会发展密切相关。它既探究生命起源、进化等重要理论问题，又有助于解决人口健康、农业、生态环境等国家重大需求问题。

第一节　学科

生命科学学科组包括以下学科：生物学、微生物学、病毒学、植物学、生态学、湖沼学、进化生物学、动物学、鸟类学、昆虫学、制奶和动物科学、生物物理学、生物化学和分子生物学、生物化学研究方法、遗传学和遗传性、数学生物学和计算生物学、细胞生物学、免疫学、神经科学、心理学、应用心理学、生理心理学、临床心理学、发展心理学、教育心理学、实验心理学、数学心理学、多学科心理学、心理分析、社会心理学、行为科学、生物材料学、细胞和组织工程学、生理学、解剖学和形态学、发育生物学、生殖生物学、农学、多学科农业、生物多样性保护、园艺学、真菌学、林学、兽医学、海洋生物学和淡水生物学、渔业学、食品科学和技术、生物医药工程、生物技术和应用微生物学，共计 49 个。

一　生物学

生物学 A、B、C 层人才最多的国家是美国，分别占该学科全球 A、B、C 层人才的 19.92%、24.00%、28.09%。

英国、德国、澳大利亚、瑞典、加拿大的 A 层人才比较多，世界占比在 12%~3% 之间；中国大陆、法国、意大利、丹麦、新西兰、荷兰、印度、奥地利、以色列、沙特阿拉伯、比利时、韩国、瑞士、南非也有相当数量的 A 层人才，世界占比超过 1%。

英国、德国、法国、加拿大、澳大利亚、中国大陆、瑞士的 B 层人才比较多，世界占比在 12%～3% 之间；荷兰、西班牙、瑞典、意大利、日本、丹麦、巴西、奥地利、芬兰、比利时、新西兰、挪威也有相当数量的 B 层人才，世界占比超过或接近 1%。

英国、德国、法国、中国大陆、加拿大、澳大利亚的 C 层人才比较多，世界占比在 13%～4% 之间；瑞士、荷兰、日本、西班牙、意大利、瑞典、丹麦、比利时、奥地利、巴西、以色列、印度、南非也有相当数量的 C 层人才，世界占比超过或接近 1%。

表 4-1　生物学 A 层人才排名前 20 的国家和地区的占比

单位：%

国家和地区	2010年	2011年	2012年	2013年	2014年	2015年	2016年	2017年	2018年	2019年	合计
美国	22.73	10.00	17.39	19.23	22.73	32.14	29.63	13.33	20.83	10.34	19.92
英国	22.73	10.00	8.70	11.54	13.64	10.71	14.81	6.67	12.50	10.34	11.95
德国	9.09	5.00	8.70	11.54	4.55	0.00	11.11	6.67	4.17	10.34	7.17
澳大利亚	0.00	5.00	8.70	0.00	9.09	3.57	7.41	3.33	4.17	6.90	4.78
瑞典	9.09	0.00	4.35	3.85	4.55	7.14	3.70	3.33	4.17	0.00	3.98
加拿大	4.55	5.00	8.70	0.00	4.55	0.00	7.41	3.33	0.00	6.90	3.98
中国大陆	0.00	0.00	8.70	0.00	0.00	3.57	3.70	0.00	4.17	6.90	2.79
法国	4.55	5.00	4.35	7.69	0.00	0.00	0.00	3.33	4.17	0.00	2.79
意大利	4.55	0.00	0.00	7.69	0.00	0.00	3.70	0.00	4.17	0.00	1.99
丹麦	0.00	0.00	0.00	3.85	0.00	3.57	0.00	6.67	4.17	0.00	1.99
新西兰	4.55	0.00	4.35	0.00	9.09	3.57	0.00	0.00	0.00	0.00	1.99
荷兰	0.00	0.00	4.35	3.85	4.55	0.00	0.00	3.33	0.00	3.45	1.99
印度	0.00	0.00	0.00	0.00	0.00	3.57	0.00	3.33	0.00	10.34	1.99
奥地利	0.00	0.00	0.00	7.69	0.00	3.57	0.00	3.33	0.00	3.45	1.99
以色列	0.00	5.00	0.00	0.00	0.00	3.57	7.41	3.33	0.00	0.00	1.99
沙特阿拉伯	0.00	0.00	0.00	0.00	0.00	0.00	7.41	3.33	4.17	3.45	1.99
比利时	0.00	0.00	4.35	0.00	0.00	3.57	0.00	0.00	4.17	3.45	1.59
韩国	0.00	0.00	0.00	0.00	0.00	3.57	3.70	0.00	4.17	3.45	1.59
瑞士	0.00	0.00	0.00	3.85	0.00	3.57	0.00	3.33	4.17	0.00	1.59
南非	0.00	0.00	0.00	0.00	9.09	0.00	0.00	3.33	0.00	0.00	1.20

表 4-2　生物学 B 层人才排名前 20 的国家和地区的占比

单位：%

国家和地区	2010年	2011年	2012年	2013年	2014年	2015年	2016年	2017年	2018年	2019年	合计
美　　国	26.13	27.35	23.36	29.41	24.24	29.76	16.67	20.61	17.35	26.25	24.00
英　　国	14.07	13.90	10.66	15.13	16.45	13.10	6.06	10.14	8.22	8.11	11.42
德　　国	8.54	7.17	6.15	6.30	6.93	7.54	6.06	8.78	5.02	6.56	6.93
法　　国	7.54	8.07	4.92	5.04	3.90	2.38	2.65	4.39	4.57	5.41	4.78
加 拿 大	7.04	3.59	4.10	3.78	6.49	5.95	3.41	5.07	3.65	4.63	4.74
澳大利亚	4.52	3.59	4.51	4.20	3.90	7.54	2.65	6.08	5.94	3.47	4.66
中国大陆	1.51	1.79	2.05	2.94	3.90	4.37	3.41	4.73	8.68	6.56	4.04
瑞　　士	1.51	3.59	4.51	1.26	3.90	1.98	3.03	3.72	3.65	3.09	3.05
荷　　兰	5.03	3.14	2.46	2.52	1.30	2.38	2.27	3.72	1.37	3.47	2.76
西 班 牙	2.51	3.14	3.69	1.26	3.03	2.78	0.38	2.70	2.28	2.32	2.39
瑞　　典	2.01	1.79	3.28	3.78	2.16	1.19	1.14	3.38	3.65	1.54	2.39
意 大 利	3.02	4.48	2.46	3.78	3.46	0.79	1.52	2.03	1.37	1.16	2.35
日　　本	2.01	2.24	2.05	3.78	3.03	1.19	1.14	1.69	1.83	1.54	2.02
丹　　麦	1.01	2.24	2.46	0.42	0.43	0.79	0.76	2.03	2.74	2.32	1.53
巴　　西	0.00	0.90	2.46	0.42	1.30	0.79	1.89	1.01	0.91	2.70	1.28
奥 地 利	1.51	0.45	0.41	0.84	1.73	1.59	2.27	0.68	1.37	0.77	1.15
芬　　兰	0.50	2.24	1.23	0.84	0.43	0.79	0.76	1.69	1.37	1.54	1.15
比 利 时	1.51	1.79	1.23	0.84	0.43	0.40	1.89	1.01	0.91	0.39	1.03
新 西 兰	1.01	0.00	1.64	0.42	2.16	0.79	0.38	1.35	1.83	0.00	0.95
挪　　威	0.50	0.45	2.05	0.42	1.73	0.79	0.38	0.68	2.28	0.39	0.95

表 4-3　生物学 C 层人才排名前 20 的国家和地区的占比

单位：%

国家和地区	2010年	2011年	2012年	2013年	2014年	2015年	2016年	2017年	2018年	2019年	合计
美　　国	31.20	29.53	29.29	30.52	29.87	28.77	26.87	26.33	25.71	23.95	28.09
英　　国	12.78	13.94	14.12	12.00	13.96	12.30	12.61	12.40	11.59	10.34	12.58
德　　国	7.92	7.18	7.14	7.14	7.69	8.37	7.84	7.20	7.82	7.29	7.55
法　　国	5.25	4.46	5.02	4.73	4.68	4.01	4.55	4.26	5.11	3.69	4.55
中国大陆	3.02	2.44	3.19	3.72	2.74	3.04	3.78	5.04	7.06	8.79	4.32
加 拿 大	4.41	4.88	4.76	4.56	4.29	3.85	4.01	4.29	3.91	3.31	4.22
澳大利亚	2.87	4.28	3.95	4.06	4.02	4.33	4.32	4.12	4.53	4.15	4.08
瑞　　士	2.53	3.04	2.64	2.58	3.27	2.96	3.44	2.91	2.58	2.60	2.86
荷　　兰	2.72	3.04	2.47	2.58	3.18	3.04	2.64	2.10	2.66	3.18	2.74

续表

国家和地区	2010年	2011年	2012年	2013年	2014年	2015年	2016年	2017年	2018年	2019年	合计
日　本	2.33	2.16	2.38	3.04	2.03	2.32	2.64	2.40	1.91	2.18	2.35
西班牙	2.23	2.30	2.42	2.32	2.25	2.24	1.95	2.20	2.09	2.47	2.24
意大利	2.92	3.08	1.87	3.00	1.55	1.76	1.83	1.72	1.51	2.26	2.12
瑞　典	2.23	2.02	1.66	1.65	2.08	2.60	2.18	2.33	1.95	1.93	2.07
丹　麦	1.04	1.06	1.11	1.06	1.59	1.40	1.26	1.42	1.38	0.96	1.24
比利时	1.49	1.10	1.40	1.31	1.24	1.12	1.38	0.98	1.11	1.17	1.22
奥地利	0.99	0.69	0.98	0.93	1.02	1.20	1.34	1.28	0.71	1.42	1.07
巴　西	1.04	0.97	0.98	1.39	1.06	0.96	0.96	0.81	0.89	0.80	0.98
以色列	0.94	1.20	0.98	0.68	1.06	1.04	1.15	1.05	0.98	0.59	0.97
印　度	0.99	0.78	0.81	1.06	0.49	0.88	0.96	0.74	0.98	1.17	0.88
南　非	0.94	0.69	0.77	0.63	0.75	0.76	0.99	0.98	1.02	0.84	0.84

二　微生物学

微生物学A、B、C层人才最多的国家是美国，分别占该学科全球A、B、C层人才的23.04%、27.33%、27.43%。

英国、德国、法国、加拿大、澳大利亚、瑞典、荷兰、丹麦、中国大陆、比利时、西班牙的A层人才比较多，世界占比在7%～3%之间；瑞士、韩国、意大利、巴西、挪威、日本、印度、芬兰也有相当数量的A层人才，世界占比超过1%。

英国、德国、法国、加拿大、澳大利亚、荷兰、中国大陆、瑞士的B层人才比较多，世界占比在8%～3%之间；西班牙、意大利、丹麦、瑞典、比利时、奥地利、以色列、印度、爱尔兰、韩国、芬兰也有相当数量的B层人才，世界占比超过或接近1%。

英国、德国、法国、中国大陆、加拿大、荷兰、澳大利亚、西班牙的C层人才比较多，世界占比在8%～3%之间；意大利、瑞士、比利时、丹麦、日本、瑞典、印度、巴西、奥地利、韩国、爱尔兰也有相当数量的C层人才，世界占比超过或等于1%。

表 4－4　微生物学 A 层人才排名前 20 的国家和地区的占比

单位：%

国家和地区	2010年	2011年	2012年	2013年	2014年	2015年	2016年	2017年	2018年	2019年	合计
美　　国	25.00	32.26	25.71	27.78	26.47	23.08	28.57	15.56	15.91	16.67	23.04
英　　国	14.29	0.00	8.57	2.78	5.88	7.69	9.52	4.44	9.09	4.17	6.54
德　　国	3.57	6.45	2.86	5.56	5.88	7.69	7.14	2.22	6.82	8.33	5.76
法　　国	7.14	6.45	5.71	5.56	11.76	5.13	7.14	2.22	2.27	4.17	5.50
加 拿 大	7.14	12.90	2.86	5.56	5.88	2.56	9.52	2.22	4.55	2.08	5.24
澳大利亚	7.14	0.00	8.57	5.56	0.00	5.13	4.76	2.22	9.09	0.00	4.19
瑞　　典	7.14	6.45	5.71	8.33	2.94	5.13	2.38	2.22	0.00	4.17	4.19
荷　　兰	0.00	6.45	0.00	8.33	2.94	2.56	2.38	4.44	4.55	6.25	3.93
丹　　麦	7.14	3.23	5.71	5.56	2.94	5.13	0.00	2.22	4.55	0.00	3.40
中国大陆	3.57	3.23	2.86	5.56	0.00	2.56	2.38	2.22	4.55	6.25	3.40
比 利 时	3.57	3.23	8.57	2.78	2.94	5.13	0.00	0.00	2.27	4.17	3.14
西 班 牙	0.00	6.45	0.00	0.00	2.94	5.13	4.76	2.22	6.82	2.08	3.14
瑞　　士	0.00	0.00	2.86	0.00	5.88	0.00	2.38	4.44	4.55	6.25	2.88
韩　　国	3.57	0.00	2.86	0.00	2.94	0.00	2.38	6.67	2.27	2.08	2.36
意 大 利	3.57	0.00	0.00	0.00	2.94	2.56	0.00	2.22	2.27	4.17	1.83
巴　　西	0.00	3.23	0.00	0.00	0.00	2.56	2.38	4.44	0.00	2.08	1.57
挪　　威	0.00	0.00	0.00	0.00	0.00	2.56	2.38	2.22	0.00	6.25	1.57
日　　本	0.00	3.23	0.00	0.00	0.00	2.56	2.38	0.00	2.27	2.08	1.31
印　　度	0.00	0.00	0.00	0.00	0.00	2.56	0.00	4.44	2.27	2.08	1.31
芬　　兰	0.00	3.23	0.00	8.33	0.00	0.00	0.00	2.22	0.00	0.00	1.31

表 4－5　微生物学 B 层人才排名前 20 的国家和地区的占比

单位：%

国家和地区	2010年	2011年	2012年	2013年	2014年	2015年	2016年	2017年	2018年	2019年	合计
美　　国	35.38	29.64	25.63	36.31	27.71	25.55	28.46	26.30	25.32	18.39	27.33
英　　国	7.69	10.75	6.96	7.08	10.24	7.97	7.31	8.19	8.10	5.75	7.93
德　　国	5.77	10.42	7.91	3.69	6.93	7.97	5.74	3.97	6.84	3.45	6.14
法　　国	7.69	5.86	6.65	5.54	4.52	5.49	3.92	4.96	4.30	4.37	5.20
加 拿 大	5.77	5.54	3.80	4.00	5.12	3.57	3.13	4.96	3.04	4.37	4.26
澳大利亚	3.46	2.28	4.11	5.23	3.31	3.85	4.18	3.72	3.80	4.83	3.92
荷　　兰	5.00	2.93	4.75	2.77	3.92	2.75	4.70	3.23	6.84	2.53	3.92
中国大陆	1.92	1.95	2.22	4.31	3.01	4.40	3.39	5.46	4.56	3.91	3.64
瑞　　士	3.08	1.95	2.85	3.08	2.71	4.40	3.13	2.73	3.04	2.99	3.01

续表

国家和地区	2010年	2011年	2012年	2013年	2014年	2015年	2016年	2017年	2018年	2019年	合计
西 班 牙	2.69	1.63	3.48	2.77	3.61	3.02	4.70	2.73	2.78	1.38	2.87
意 大 利	2.31	1.30	2.22	4.00	2.71	3.30	1.83	3.47	1.77	2.53	2.56
丹　　麦	1.15	1.63	2.85	2.15	2.11	3.85	1.83	2.48	2.28	1.84	2.24
瑞　　典	0.77	3.91	2.22	2.15	2.71	0.82	1.31	2.23	3.29	2.76	2.24
比 利 时	1.54	2.28	2.22	0.62	3.31	1.92	1.31	2.48	2.03	1.84	1.96
奥 地 利	2.31	2.61	1.90	0.00	2.41	1.37	1.04	0.74	0.25	1.38	1.34
以 色 列	0.38	0.98	1.27	0.92	1.20	0.55	3.39	1.24	1.27	1.38	1.31
印　　度	0.00	0.65	0.95	0.92	0.60	0.55	2.09	3.23	1.77	1.15	1.28
爱 尔 兰	0.77	1.30	0.95	1.23	0.60	1.65	0.78	1.49	1.52	1.38	1.19
韩　　国	0.77	1.30	0.63	0.00	0.90	0.55	1.31	1.99	2.03	0.92	1.08
芬　　兰	1.15	0.65	0.63	0.62	1.20	1.10	1.57	0.99	1.01	0.69	0.97

表 4－6　微生物学 C 层人才排名前 20 的国家和地区的占比

单位：%

国家和地区	2010年	2011年	2012年	2013年	2014年	2015年	2016年	2017年	2018年	2019年	合计
美　　国	30.93	31.03	30.14	30.66	28.09	28.58	25.84	24.89	24.29	23.50	27.43
英　　国	8.41	8.23	7.75	6.96	7.14	7.70	7.36	7.19	7.60	6.72	7.45
德　　国	7.35	6.76	6.74	6.44	6.26	6.42	6.96	5.68	5.81	5.87	6.37
法　　国	6.14	6.72	5.76	5.75	5.26	4.91	5.19	5.08	4.93	4.42	5.34
中国大陆	2.11	2.72	2.78	3.74	3.90	4.83	5.14	6.89	6.84	7.67	4.92
加 拿 大	3.56	3.54	3.54	3.77	3.99	3.72	4.18	3.60	3.21	3.43	3.65
荷　　兰	3.72	3.77	3.80	3.71	3.84	3.27	3.13	3.57	3.73	3.66	3.61
澳大利亚	2.70	3.51	2.81	3.62	2.81	2.81	3.61	3.30	3.27	3.52	3.22
西 班 牙	3.21	2.98	3.26	3.99	3.51	2.64	3.03	2.88	3.63	2.92	3.19
意 大 利	2.07	2.23	3.00	2.23	2.75	2.70	2.84	3.12	2.62	2.81	2.67
瑞　　士	2.35	2.26	2.81	2.20	2.66	2.76	2.97	2.60	2.77	2.79	2.64
比 利 时	1.96	1.54	1.68	2.01	2.00	2.13	2.22	1.88	1.63	1.61	1.86
丹　　麦	1.60	1.64	1.90	1.76	2.00	1.93	2.22	1.79	1.81	1.61	1.83
日　　本	2.50	2.23	1.99	1.79	1.45	1.42	1.37	1.66	1.79	1.68	1.76
瑞　　典	2.03	1.74	1.68	1.67	1.36	1.82	1.50	1.44	1.79	1.36	1.62
印　　度	1.02	0.89	1.23	1.14	1.57	1.45	1.79	1.56	1.89	2.14	1.52
巴　　西	1.10	1.28	1.01	1.27	1.24	1.31	1.69	1.88	1.40	1.61	1.41
奥 地 利	1.25	1.02	1.45	1.58	1.21	1.19	1.15	1.19	1.19	1.08	1.22
韩　　国	1.17	1.18	1.01	0.90	1.15	0.94	0.99	1.21	0.91	1.66	1.12
爱 尔 兰	0.82	1.02	1.27	1.05	0.97	1.11	1.15	0.92	0.96	0.78	1.00

三 病毒学

病毒学 A、B、C 层人才最多的国家是美国，分别占该学科全球 A、B、C 层人才的 37.39%、32.58%、34.42%。

英国、中国大陆、法国、德国、加拿大的 A 层人才比较多，世界占比在 9%~4%之间；瑞典、荷兰、丹麦、中国香港、比利时、日本、澳大利亚、南非、塞拉利昂、新西兰、新加坡、尼日利亚、危地马拉、西班牙也有相当数量的 A 层人才，世界占比超过或接近 1%。

英国、德国、荷兰、法国、加拿大、中国大陆的 B 层人才比较多，世界占比在 8%~3%之间；澳大利亚、瑞士、日本、西班牙、巴西、意大利、比利时、南非、新加坡、丹麦、瑞典、俄罗斯、中国香港也有相当数量的 B 层人才，世界占比超过 1%。

英国、德国、中国大陆、法国、荷兰、加拿大、澳大利亚的 C 层人才比较多，世界占比在 8%~3%之间；日本、瑞士、西班牙、意大利、比利时、南非、新加坡、瑞典、巴西、丹麦、印度、中国香港也有相当数量的 C 层人才，世界占比超过或接近 1%。

表 4-7 病毒学 A 层人才排名前 20 的国家和地区的占比

单位：%

国家和地区	2010年	2011年	2012年	2013年	2014年	2015年	2016年	2017年	2018年	2019年	合计
美　国	63.64	72.73	30.77	35.71	28.57	15.38	55.56	33.33	14.29	40.00	37.39
英　国	9.09	0.00	15.38	7.14	14.29	7.69	11.11	16.67	7.14	0.00	8.70
中国大陆	0.00	0.00	15.38	14.29	0.00	7.69	11.11	0.00	7.14	20.00	7.83
法　国	0.00	9.09	7.69	7.14	7.14	7.69	0.00	0.00	7.14	10.00	6.09
德　国	9.09	9.09	0.00	0.00	7.14	0.00	11.11	16.67	14.29	0.00	6.09
加拿大	0.00	0.00	0.00	0.00	7.14	0.00	0.00	33.33	7.14	10.00	4.35
瑞　典	0.00	9.09	0.00	0.00	0.00	7.69	0.00	0.00	7.14	0.00	2.61
荷　兰	0.00	0.00	7.69	0.00	7.14	0.00	0.00	0.00	7.14	0.00	2.61
丹　麦	0.00	0.00	0.00	0.00	0.00	7.69	0.00	0.00	14.29	0.00	2.61
中国香港	0.00	0.00	7.69	0.00	0.00	7.69	11.11	0.00	0.00	0.00	2.61
比利时	0.00	0.00	0.00	0.00	7.14	0.00	0.00	0.00	7.14	0.00	1.74
日　本	0.00	0.00	7.69	0.00	0.00	0.00	0.00	0.00	0.00	10.00	1.74

续表

国家和地区	2010年	2011年	2012年	2013年	2014年	2015年	2016年	2017年	2018年	2019年	合计
澳大利亚	0.00	0.00	0.00	14.29	0.00	0.00	0.00	0.00	0.00	0.00	1.74
南　　非	0.00	0.00	0.00	0.00	0.00	7.69	0.00	0.00	0.00	10.00	1.74
塞拉利昂	0.00	0.00	0.00	0.00	7.14	0.00	0.00	0.00	0.00	0.00	0.87
新 西 兰	0.00	0.00	0.00	0.00	0.00	0.00	0.00	0.00	7.14	0.00	0.87
新 加 坡	0.00	0.00	0.00	7.14	0.00	0.00	0.00	0.00	0.00	0.00	0.87
尼日利亚	0.00	0.00	0.00	0.00	7.14	0.00	0.00	0.00	0.00	0.00	0.87
危地马拉	0.00	0.00	7.69	0.00	0.00	0.00	0.00	0.00	0.00	0.00	0.87
西 班 牙	9.09	0.00	0.00	0.00	0.00	0.00	0.00	0.00	0.00	0.00	0.87

表4－8　病毒学B层人才排名前20的国家和地区的占比

单位：%

国家和地区	2010年	2011年	2012年	2013年	2014年	2015年	2016年	2017年	2018年	2019年	合计
美　　国	41.23	43.22	32.77	35.61	28.80	39.32	33.87	30.97	20.97	18.92	32.58
英　　国	6.14	10.17	13.45	6.06	8.80	5.13	6.45	7.08	4.03	6.31	7.35
德　　国	7.02	5.93	8.40	4.55	4.00	7.69	7.26	6.19	8.06	5.41	6.43
荷　　兰	4.39	4.24	6.72	9.85	3.20	4.27	4.03	3.54	5.65	4.50	5.10
法　　国	6.14	2.54	6.72	4.55	6.40	4.27	2.42	6.19	4.84	3.60	4.76
加 拿 大	4.39	4.24	4.20	3.79	5.60	1.71	3.23	4.42	3.23	7.21	4.18
中国大陆	2.63	0.85	2.52	7.58	1.60	2.56	2.42	3.54	5.65	6.31	3.59
澳大利亚	1.75	2.54	0.00	3.79	2.40	2.56	3.23	1.77	4.03	3.60	2.59
瑞　　士	5.26	1.69	0.84	0.76	2.40	5.13	3.23	1.77	2.42	1.80	2.51
日　　本	3.51	2.54	1.68	2.27	1.60	3.42	1.61	2.65	3.23	2.70	2.51
西 班 牙	1.75	3.39	1.68	1.52	4.00	3.42	0.81	2.65	1.61	0.90	2.17
巴　　西	0.00	0.85	0.84	0.76	2.40	1.71	4.84	2.65	3.23	2.70	2.01
意 大 利	1.75	0.85	1.68	2.27	0.80	0.85	1.61	0.88	3.23	4.50	1.84
比 利 时	4.39	1.69	0.84	0.00	2.40	1.71	1.61	0.00	2.42	2.70	1.75
南　　非	0.00	1.69	1.68	0.76	4.80	0.85	0.81	2.65	1.61	1.80	1.67
新 加 坡	0.00	0.85	0.84	1.52	0.80	0.85	4.03	2.65	2.42	0.90	1.50
丹　　麦	0.88	0.00	3.36	1.52	1.60	1.71	0.00	2.65	0.81	0.00	1.25
瑞　　典	0.00	0.85	2.52	0.76	2.40	0.85	0.00	0.88	1.61	0.90	1.09
俄 罗 斯	0.88	0.00	0.00	0.76	0.80	0.00	0.81	2.65	3.23	1.80	1.09
中国香港	0.88	0.00	0.84	4.55	0.00	0.00	0.81	0.00	0.81	2.70	1.09

表 4-9 病毒学 C 层人才排名前 20 的国家和地区的占比

单位：%

国家和地区	2010年	2011年	2012年	2013年	2014年	2015年	2016年	2017年	2018年	2019年	合计
美国	37.02	36.78	38.71	35.86	32.67	34.03	34.65	34.25	30.02	29.67	34.42
英国	9.79	9.11	6.79	7.58	8.79	8.47	6.35	7.37	6.83	7.68	7.86
德国	6.65	5.95	5.52	7.80	6.23	6.04	6.75	5.52	5.64	7.04	6.32
中国大陆	2.79	4.64	3.99	5.40	4.79	5.70	6.19	7.73	7.23	6.51	5.49
法国	6.20	6.30	5.77	5.55	5.11	4.69	5.14	5.06	5.32	3.95	5.33
荷兰	3.14	3.33	3.74	2.78	3.75	3.19	3.38	2.85	3.34	3.63	3.31
加拿大	3.41	2.28	3.31	3.08	3.19	2.60	3.94	2.76	3.97	4.16	3.26
澳大利亚	2.52	2.71	2.21	3.15	3.35	3.10	2.33	4.05	3.18	3.84	3.02
日本	3.86	3.24	4.84	2.63	2.56	1.93	2.65	2.67	2.62	1.81	2.89
瑞士	2.70	2.80	3.31	2.63	3.12	1.93	2.81	2.12	3.18	1.92	2.68
西班牙	2.25	1.49	1.78	1.50	3.19	1.42	2.25	2.21	1.83	2.67	2.04
意大利	1.53	1.84	2.04	2.10	2.00	1.84	2.25	1.84	1.99	2.99	2.03
比利时	1.80	1.23	0.85	1.28	0.88	1.68	1.21	1.10	1.67	2.03	1.35
南非	1.53	1.14	1.02	1.43	1.68	1.17	1.05	1.38	1.59	1.17	1.32
新加坡	0.90	1.40	1.27	0.98	1.52	1.84	1.05	0.83	1.27	1.17	1.23
瑞典	0.99	0.70	1.02	1.35	0.96	1.17	0.96	1.10	1.35	1.49	1.11
巴西	0.27	0.53	0.34	0.83	1.28	0.92	1.61	2.39	1.19	1.81	1.10
丹麦	0.90	0.79	0.59	0.68	0.88	0.67	1.21	0.46	0.79	1.07	0.80
印度	0.54	0.61	0.68	0.45	0.88	0.67	1.21	1.10	0.79	0.75	0.77
中国香港	0.99	0.96	0.51	0.98	0.80	1.01	0.32	0.46	1.03	0.32	0.75

四 植物学

植物学 A、B、C 层人才最多的国家是美国，分别占该学科全球 A、B、C 层人才的 18.31%、17.56%、16.82%。

英国、澳大利亚、中国大陆、德国、荷兰、法国、加拿大、西班牙的 A 层人才比较多，世界占比在 10%～3% 之间；瑞士、日本、比利时、巴西、印度、波兰、意大利、墨西哥、巴基斯坦、以色列、芬兰也有相当数量的 A 层人才，世界占比超过 1%。

中国大陆、德国、英国、澳大利亚、法国、日本、西班牙、荷兰、加拿大的B层人才比较多，世界占比在10%~3%之间；瑞士、印度、意大利、比利时、瑞典、墨西哥、韩国、丹麦、捷克、巴西也有相当数量的B层人才，世界占比超过1%。

中国大陆、德国、英国、法国、澳大利亚、日本、西班牙的C层人才比较多，世界占比在15%~3%之间；加拿大、意大利、印度、荷兰、瑞士、比利时、韩国、巴西、瑞典、捷克、丹麦、墨西哥也有相当数量的C层人才，世界占比超过或接近1%。

表4-10　植物学A层人才排名前20的国家和地区的占比

单位：%

国家和地区	2010年	2011年	2012年	2013年	2014年	2015年	2016年	2017年	2018年	2019年	合计
美　国	21.21	22.22	18.42	11.76	27.91	15.56	11.11	20.00	18.75	16.67	18.31
英　国	9.09	13.89	10.53	14.71	4.65	4.44	13.33	4.44	8.33	10.42	9.16
澳大利亚	3.03	5.56	7.89	8.82	9.30	11.11	4.44	4.44	10.42	8.33	7.47
中国大陆	3.03	0.00	2.63	0.00	4.65	15.56	2.22	6.67	10.42	18.75	6.99
德　国	12.12	8.33	7.89	8.82	4.65	8.89	2.22	2.22	6.25	6.25	6.51
荷　兰	0.00	2.78	10.53	14.71	4.65	6.67	6.67	2.22	2.08	4.17	5.30
法　国	9.09	8.33	5.26	5.88	4.65	8.89	2.22	2.22	4.17	2.08	5.06
加拿大	3.03	2.78	2.63	2.94	11.63	0.00	2.22	2.22	6.25	4.17	3.86
西班牙	3.03	0.00	5.26	2.94	6.98	0.00	2.22	6.67	2.08	4.17	3.37
瑞　士	3.03	0.00	0.00	2.94	0.00	4.44	4.44	2.22	6.25	0.00	2.41
日　本	0.00	2.78	0.00	2.94	6.98	0.00	2.22	4.44	2.08	2.08	2.41
比利时	6.06	5.56	0.00	5.88	0.00	0.00	0.00	2.22	2.08	2.08	2.17
巴　西	3.03	0.00	2.63	0.00	0.00	4.44	4.44	2.22	2.08	2.08	2.17
印　度	3.03	2.78	0.00	2.94	0.00	2.22	2.22	6.67	0.00	0.00	1.93
波　兰	3.03	0.00	2.63	0.00	2.33	2.22	4.44	0.00	0.00	2.08	1.69
意大利	0.00	5.56	5.26	0.00	2.33	0.00	0.00	0.00	4.17	0.00	1.69
墨西哥	0.00	5.56	0.00	0.00	0.00	2.22	2.22	4.44	0.00	0.00	1.45
巴基斯坦	0.00	0.00	0.00	2.94	0.00	0.00	0.00	2.22	0.00	6.25	1.20
以色列	3.03	2.78	2.63	0.00	4.65	0.00	0.00	0.00	0.00	0.00	1.20
芬　兰	3.03	0.00	0.00	0.00	0.00	2.22	4.44	0.00	2.08	0.00	1.20

表 4－11 植物学 B 层人才排名前 20 的国家和地区的占比

单位：%

国家和地区	2010年	2011年	2012年	2013年	2014年	2015年	2016年	2017年	2018年	2019年	合计
美国	22.19	21.05	20.57	17.08	17.78	16.79	14.52	17.67	16.12	14.78	17.56
中国大陆	4.97	5.88	5.71	7.44	9.79	10.43	10.60	13.72	12.15	11.35	9.54
德国	9.27	8.36	8.57	6.61	6.96	5.85	6.68	6.98	5.37	8.57	7.25
英国	7.62	8.36	10.57	6.06	5.93	5.60	6.91	6.74	5.61	4.93	6.70
澳大利亚	5.30	7.43	4.86	5.23	7.22	4.83	4.61	4.42	6.31	6.64	5.67
法国	4.64	7.12	5.71	7.16	5.41	4.07	6.91	5.35	5.14	3.43	5.44
日本	5.30	5.26	5.71	5.23	4.64	4.58	1.84	2.79	2.57	3.00	3.95
西班牙	3.31	3.72	4.00	3.31	3.35	3.05	2.30	3.26	4.91	3.00	3.40
荷兰	4.97	3.10	2.86	3.58	2.58	3.56	3.69	2.33	3.04	3.00	3.22
加拿大	1.32	4.64	3.71	2.20	4.64	3.56	0.69	2.79	3.50	3.43	3.04
瑞士	3.64	2.17	3.43	2.75	2.84	2.80	2.76	2.09	2.34	1.71	2.60
印度	1.99	0.62	2.57	1.10	3.35	3.31	3.46	3.02	1.64	2.14	2.37
意大利	2.98	2.17	1.43	3.58	2.06	1.78	2.30	1.86	2.34	2.36	2.27
比利时	1.32	1.24	2.29	2.75	1.29	1.02	1.84	0.70	2.34	3.21	1.83
瑞典	1.32	0.31	1.71	2.48	1.29	2.29	1.84	1.40	2.10	1.71	1.68
墨西哥	0.66	1.24	0.57	1.38	2.06	1.78	0.92	1.63	1.17	1.50	1.32
韩国	1.66	1.55	1.43	0.83	1.55	1.27	0.46	1.16	0.93	1.07	1.16
丹麦	1.66	0.93	1.43	2.75	1.29	0.51	0.92	0.23	0.70	0.86	1.08
捷克	0.66	1.24	1.14	0.83	1.03	0.51	1.38	1.40	1.17	0.86	1.03
巴西	0.66	0.31	0.00	0.55	0.77	1.53	1.84	1.16	1.40	1.28	1.01

表 4－12 植物学 C 层人才排名前 20 的国家和地区的占比

单位：%

国家和地区	2010年	2011年	2012年	2013年	2014年	2015年	2016年	2017年	2018年	2019年	合计
美国	19.37	17.70	18.93	17.68	17.83	16.76	15.76	15.54	15.75	14.70	16.82
中国大陆	9.67	9.00	10.98	12.23	13.35	14.39	15.48	16.39	18.42	18.92	14.29
德国	9.44	8.67	7.90	7.93	7.94	7.18	7.54	7.02	7.01	7.18	7.70
英国	6.75	7.29	6.97	6.03	5.69	5.78	5.31	6.28	5.63	5.43	6.05
法国	6.36	5.73	5.63	5.42	5.56	5.28	4.82	4.23	3.48	3.95	4.95
澳大利亚	4.47	5.19	4.50	4.61	4.28	4.53	4.98	5.27	4.59	4.22	4.66
日本	5.63	5.49	5.08	4.44	4.23	3.75	3.35	3.07	3.34	2.91	4.01
西班牙	3.61	4.26	3.51	3.74	4.10	3.53	3.35	3.17	2.84	3.29	3.51
加拿大	3.54	3.00	2.82	2.51	2.74	2.73	2.82	2.79	2.19	2.47	2.73

续表

国家和地区	2010年	2011年	2012年	2013年	2014年	2015年	2016年	2017年	2018年	2019年	合计
意大利	2.38	2.55	2.64	2.29	2.49	2.88	3.00	2.55	3.09	3.02	2.72
印度	1.99	2.37	2.24	2.23	1.92	2.73	3.10	2.50	2.49	2.49	2.43
荷兰	2.75	2.73	2.35	2.62	2.46	2.13	2.19	2.17	1.84	1.82	2.27
瑞士	2.05	2.04	1.80	2.57	2.28	1.93	2.70	1.94	2.01	1.60	2.09
比利时	1.69	1.74	2.32	2.46	2.02	1.88	1.63	1.61	1.20	1.33	1.76
韩国	1.75	1.65	1.45	1.68	1.51	1.70	1.54	1.49	1.71	1.73	1.62
巴西	1.19	0.90	1.34	1.51	1.67	1.53	1.49	1.68	1.98	1.58	1.51
瑞典	0.99	1.02	1.48	1.37	1.51	1.15	1.42	1.51	1.45	1.18	1.32
捷克	0.89	0.87	1.39	0.92	1.20	1.28	1.05	1.25	1.11	0.97	1.10
丹麦	0.89	1.23	1.22	1.28	0.69	1.08	1.21	1.16	0.85	0.76	1.03
墨西哥	0.73	1.29	1.19	0.81	0.87	0.75	1.02	1.04	0.76	1.08	0.95

五　生态学

生态学 A、B、C 层人才最多的国家是美国，分别占该学科全球 A、B、C 层人才的 17.93%、15.31%、20.91%。

英国、澳大利亚、加拿大、德国、法国、瑞典、荷兰、瑞士、西班牙的 A 层人才比较多，世界占比在 11%~3% 之间；南非、意大利、新西兰、巴西、中国大陆、芬兰、丹麦、挪威、葡萄牙、以色列也有相当数量的 A 层人才，世界占比超过 1%。

英国、澳大利亚、德国、加拿大、法国、瑞士、荷兰、西班牙、瑞典的 B 层人才比较多，世界占比在 9%~3% 之间；巴西、中国大陆、丹麦、新西兰、意大利、南非、日本、芬兰、比利时、葡萄牙也有相当数量的 B 层人才，世界占比超过 1%。

英国、澳大利亚、德国、加拿大、法国、中国大陆、瑞士、荷兰、西班牙的 C 层人才比较多，世界占比在 10%~3% 之间；瑞典、意大利、丹麦、巴西、新西兰、比利时、挪威、芬兰、南非、奥地利也有相当数量的 C 层人才，世界占比超过 1%。

表 4－13　生态学 A 层人才排名前 20 的国家和地区的占比

单位：%

国家和地区	2010年	2011年	2012年	2013年	2014年	2015年	2016年	2017年	2018年	2019年	合计
美　　国	18.52	24.14	31.03	12.12	11.76	27.03	17.24	17.86	13.64	10.26	17.93
英　　国	18.52	10.34	17.24	9.09	8.82	13.51	10.34	7.14	11.36	5.13	10.94
澳大利亚	3.70	10.34	6.90	3.03	5.88	5.41	10.34	10.71	6.82	5.13	6.69
加 拿 大	7.41	6.90	10.34	3.03	0.00	5.41	3.45	3.57	9.09	2.56	5.17
德　　国	3.70	0.00	0.00	9.09	2.94	5.41	3.45	3.57	4.55	7.69	4.26
法　　国	3.70	3.45	10.34	6.06	0.00	2.70	6.90	3.57	4.55	2.56	4.26
瑞　　典	3.70	3.45	6.90	6.06	5.88	2.70	0.00	3.57	6.82	0.00	3.95
荷　　兰	7.41	3.45	3.45	3.03	2.94	0.00	3.45	10.71	2.27	2.56	3.65
瑞　　士	11.11	3.45	0.00	6.06	2.94	2.70	3.45	0.00	2.27	5.13	3.65
西 班 牙	0.00	3.45	3.45	6.06	0.00	2.70	3.45	3.57	2.27	5.13	3.04
南　　非	3.70	3.45	0.00	0.00	0.00	2.70	0.00	7.14	2.27	5.13	2.43
意 大 利	3.70	0.00	0.00	3.03	5.88	0.00	6.90	0.00	2.27	2.56	2.43
新 西 兰	3.70	3.45	0.00	3.03	2.94	2.70	3.45	0.00	0.00	2.56	2.13
巴　　西	0.00	0.00	0.00	0.00	5.88	2.70	0.00	3.57	2.27	2.56	1.82
中国大陆	0.00	3.45	3.45	0.00	2.94	2.70	0.00	0.00	0.00	5.13	1.82
芬　　兰	0.00	6.90	0.00	3.03	0.00	0.00	0.00	3.57	2.27	0.00	1.52
丹　　麦	0.00	0.00	0.00	0.00	0.00	5.41	0.00	3.57	2.27	2.56	1.52
挪　　威	0.00	3.45	0.00	3.03	2.94	0.00	0.00	0.00	2.27	2.56	1.52
葡 萄 牙	0.00	0.00	0.00	6.06	0.00	0.00	0.00	3.57	2.27	2.56	1.52
以 色 列	0.00	0.00	0.00	3.03	0.00	5.41	0.00	0.00	4.55	0.00	1.52

表 4－14　生态学 B 层人才排名前 20 的国家和地区的占比

单位：%

国家和地区	2010年	2011年	2012年	2013年	2014年	2015年	2016年	2017年	2018年	2019年	合计
美　　国	20.62	23.51	17.96	16.44	15.77	12.65	10.87	17.90	13.37	9.83	15.31
英　　国	10.89	10.07	7.04	8.39	10.41	8.53	9.24	10.23	5.66	6.99	8.61
澳大利亚	4.67	8.96	5.63	6.04	8.20	7.06	7.07	6.91	5.91	4.59	6.44
德　　国	4.67	6.34	4.58	5.03	7.26	5.59	5.16	5.12	5.40	4.15	5.28
加 拿 大	5.45	6.34	7.04	5.37	2.84	3.24	5.16	6.14	4.88	4.15	4.99
法　　国	4.28	3.73	4.58	3.69	4.10	4.41	4.08	4.60	4.11	3.49	4.09
瑞　　士	2.72	2.99	4.58	4.03	3.79	4.12	3.26	3.58	4.11	3.49	3.68
荷　　兰	3.89	2.61	5.28	3.36	4.73	3.53	4.62	2.05	2.06	2.84	3.41
西 班 牙	2.33	4.10	3.87	4.03	3.79	4.41	3.26	2.56	2.83	2.84	3.35

续表

国家和地区	2010年	2011年	2012年	2013年	2014年	2015年	2016年	2017年	2018年	2019年	合计
瑞　典	5.06	3.36	1.76	4.03	3.47	3.24	2.45	4.09	3.60	2.84	3.35
巴　西	1.95	2.24	2.46	2.01	1.89	4.12	2.45	2.56	2.57	1.97	2.43
中国大陆	1.17	0.37	2.11	2.01	2.84	2.35	2.45	3.07	3.34	2.40	2.31
丹　麦	0.39	2.61	2.46	2.35	1.26	1.76	3.26	1.53	2.31	2.18	2.05
新西兰	1.95	1.87	1.06	1.68	2.21	1.47	3.80	1.02	1.54	1.75	1.84
意大利	1.56	1.12	2.11	1.01	1.89	1.18	1.90	1.79	2.31	1.97	1.72
南　非	1.56	3.36	0.00	1.68	0.95	1.47	1.63	1.53	1.54	2.18	1.60
日　本	1.17	1.12	1.06	1.68	1.26	0.88	1.90	0.77	2.06	1.53	1.36
芬　兰	1.17	1.12	1.41	1.01	1.58	2.06	0.27	1.02	1.29	2.18	1.34
比利时	1.17	0.75	1.76	0.34	0.63	1.18	1.63	1.02	1.80	1.97	1.28
葡萄牙	0.78	0.75	0.70	1.68	1.26	1.18	1.36	1.28	1.80	1.53	1.28

表 4－15　生态学 C 层人才排名前 20 的国家和地区的占比

单位：%

国家和地区	2010年	2011年	2012年	2013年	2014年	2015年	2016年	2017年	2018年	2019年	合计
美　国	26.25	24.26	24.58	22.85	21.59	21.26	19.78	18.58	17.05	17.28	20.91
英　国	11.06	9.73	9.36	9.08	9.62	10.25	9.30	8.61	8.39	8.97	9.36
澳大利亚	5.06	6.14	6.04	7.12	7.61	7.11	7.35	6.54	6.18	7.21	6.69
德　国	5.96	5.88	6.78	6.92	6.37	6.42	5.72	6.07	6.36	5.55	6.18
加拿大	5.88	6.36	5.09	5.33	5.69	5.07	5.02	5.19	4.65	4.81	5.25
法　国	5.14	4.61	5.02	5.53	4.45	4.38	5.10	4.50	5.23	4.55	4.84
中国大陆	2.43	2.62	2.79	2.83	2.86	3.51	3.27	4.25	4.04	3.91	3.33
瑞　士	3.22	2.96	2.90	3.54	3.41	3.21	3.55	3.56	3.62	3.08	3.32
荷　兰	3.45	3.67	3.36	4.02	3.35	3.54	3.30	2.76	2.85	3.05	3.30
西班牙	3.45	3.74	3.43	2.80	2.86	3.09	3.30	3.73	3.33	3.25	3.29
瑞　典	2.94	2.47	2.90	3.21	2.60	2.82	2.87	2.57	2.93	2.81	2.81
意大利	1.88	1.50	1.59	1.45	2.31	1.89	2.14	2.15	2.40	2.27	2.00
丹　麦	1.73	1.87	2.47	1.62	1.98	1.86	2.17	1.88	2.24	1.88	1.98
巴　西	1.29	1.31	1.38	1.25	1.72	2.07	2.42	1.96	1.82	1.81	1.74
新西兰	1.96	1.83	1.94	1.42	1.63	1.59	1.18	1.46	1.29	1.37	1.54
比利时	1.02	1.35	1.20	1.38	1.30	1.62	1.24	1.88	1.69	1.71	1.47
挪　威	0.98	1.54	1.31	1.55	1.40	1.29	1.27	1.44	1.69	1.47	1.40
芬　兰	1.26	1.35	1.48	1.48	1.27	1.08	1.30	1.38	1.50	1.47	1.36
南　非	0.86	1.39	0.71	1.18	1.56	1.20	1.80	1.66	1.21	1.37	1.32
奥地利	0.78	1.09	0.95	1.05	1.27	1.23	1.58	1.44	1.85	1.44	1.31

六　湖沼学

湖沼学 A、B、C 层人才最多的国家是美国，分别占该学科全球 A、B、C 层人才的 41.67%、25.72%、32.72%。

湖沼学是小学科，A 层人才数量很少，除美国外，其他 A 层人才集中在澳大利亚、德国、荷兰、中国台湾、加拿大，世界占比在 25%~8%。

英国、澳大利亚、加拿大、法国、荷兰、中国大陆、德国、意大利、瑞士的 B 层人才比较多，世界占比在 8%~3%之间；比利时、瑞典、西班牙、奥地利、日本、沙特阿拉伯、巴西、丹麦、葡萄牙、以色列也有相当数量的 B 层人才，世界占比超过或接近 1%。

英国、澳大利亚、加拿大、德国、中国大陆、瑞士、荷兰、法国、意大利、瑞典的 C 层人才比较多，世界占比在 8%~3%之间；西班牙、丹麦、新西兰、日本、奥地利、挪威、比利时、以色列、芬兰也有相当数量的 C 层人才，世界占比超过或接近 1%。

表 4－16　湖沼学 A 层人才的国家和地区的占比

单位：%

国家和地区	2010年	2011年	2012年	2013年	2014年	2015年	2016年	2017年	2018年	2019年	合计
美　国	50.00	0.00	50.00	0.00	0.00	33.33	0.00	0.00	100.00	0.00	41.67
澳大利亚	50.00	0.00	0.00	50.00	100.00	0.00	0.00	0.00	0.00	0.00	25.00
德　国	0.00	0.00	0.00	0.00	0.00	33.33	0.00	0.00	0.00	0.00	8.33
荷　兰	0.00	0.00	0.00	50.00	0.00	0.00	0.00	0.00	0.00	0.00	8.33
中国台湾	0.00	0.00	0.00	0.00	0.00	33.33	0.00	0.00	0.00	0.00	8.33
加拿大	0.00	0.00	50.00	0.00	0.00	0.00	0.00	0.00	0.00	0.00	8.33

表 4－17　湖沼学 B 层人才排名前 20 的国家和地区的占比

单位：%

国家和地区	2010年	2011年	2012年	2013年	2014年	2015年	2016年	2017年	2018年	2019年	合计
美　国	42.31	15.38	37.50	22.22	36.36	25.93	19.35	24.24	20.69	19.35	25.72
英　国	0.00	11.54	12.50	3.70	13.64	11.11	9.68	6.06	3.45	9.68	7.97
澳大利亚	7.69	3.85	8.33	7.41	9.09	14.81	9.68	3.03	3.45	6.45	7.25
加拿大	7.69	7.69	4.17	3.70	9.09	11.11	6.45	3.03	10.34	6.45	6.88
法　国	3.85	3.85	4.17	11.11	4.55	3.70	9.68	15.15	3.45	3.23	6.52

续表

国家和地区	2010年	2011年	2012年	2013年	2014年	2015年	2016年	2017年	2018年	2019年	合计
荷兰	11.54	7.69	12.50	0.00	0.00	11.11	6.45	3.03	3.45	6.45	6.16
中国大陆	3.85	3.85	0.00	7.41	0.00	3.70	3.23	12.12	3.45	9.68	5.07
德国	3.85	7.69	4.17	3.70	9.09	3.70	3.23	6.06	0.00	6.45	4.71
意大利	7.69	3.85	4.17	0.00	0.00	3.70	9.68	3.03	3.45	6.45	4.35
瑞士	3.85	3.85	0.00	11.11	4.55	3.70	0.00	3.03	3.45	6.45	3.99
比利时	3.85	3.85	0.00	0.00	0.00	0.00	3.23	3.03	3.45	3.23	2.17
瑞典	0.00	0.00	0.00	7.41	4.55	3.70	0.00	0.00	3.45	3.23	2.17
西班牙	0.00	0.00	4.17	0.00	0.00	0.00	3.23	3.03	6.90	0.00	1.81
奥地利	0.00	0.00	0.00	0.00	0.00	3.70	3.23	3.03	0.00	3.23	1.45
日本	0.00	3.85	0.00	0.00	0.00	0.00	0.00	0.00	3.45	6.45	1.45
沙特阿拉伯	0.00	3.85	0.00	3.70	0.00	0.00	0.00	3.03	0.00	0.00	1.09
巴西	0.00	0.00	0.00	7.41	0.00	0.00	0.00	0.00	3.45	0.00	1.09
丹麦	0.00	3.85	0.00	0.00	0.00	0.00	3.23	0.00	3.45	0.00	1.09
葡萄牙	0.00	0.00	0.00	0.00	4.55	0.00	3.23	0.00	0.00	0.00	0.72
以色列	0.00	3.85	0.00	0.00	0.00	0.00	0.00	0.00	3.45	0.00	0.72

表 4-18　湖沼学 C 层人才排名前 20 的国家和地区的占比

单位：%

国家和地区	2010年	2011年	2012年	2013年	2014年	2015年	2016年	2017年	2018年	2019年	合计
美国	34.00	28.51	34.94	33.85	33.59	33.46	25.89	37.93	29.86	34.81	32.72
英国	4.80	8.09	6.83	9.62	8.20	7.48	9.57	6.21	9.71	7.85	7.86
澳大利亚	8.40	13.19	6.83	4.62	5.86	5.12	7.09	6.55	5.76	7.51	7.03
加拿大	9.20	3.40	6.02	5.77	4.30	6.69	6.74	4.83	6.47	5.12	5.86
德国	5.20	5.11	6.02	5.77	7.81	5.12	4.61	5.17	5.40	4.44	5.44
中国大陆	3.20	3.83	4.02	3.08	5.47	5.91	3.90	6.21	6.83	7.85	5.10
瑞士	2.80	3.83	4.02	4.23	4.30	6.30	4.96	4.48	2.52	3.75	4.12
荷兰	5.60	5.53	2.41	5.38	4.30	1.18	6.74	2.41	3.60	3.07	4.00
法国	2.40	2.13	5.22	3.85	1.95	3.54	4.96	3.45	3.60	1.02	3.21
意大利	4.00	2.55	1.61	3.08	3.91	2.76	5.32	2.76	2.52	2.73	3.14
瑞典	2.80	1.70	4.02	3.85	1.95	3.54	2.13	3.45	5.40	2.05	3.10
西班牙	3.60	2.55	0.80	1.54	1.95	1.18	2.13	3.10	1.80	3.41	2.23
丹麦	1.60	1.28	0.80	1.54	2.73	0.39	1.42	1.38	1.44	1.37	1.40
新西兰	2.00	1.70	1.61	1.54	1.17	1.97	1.77	1.38	0.72	0.00	1.36
日本	1.20	1.70	1.61	0.77	1.17	0.79	0.71	2.07	1.08	1.71	1.28
奥地利	0.40	0.85	2.41	0.77	1.17	1.57	0.71	1.38	0.72	1.71	1.17

续表

国家和地区	2010年	2011年	2012年	2013年	2014年	2015年	2016年	2017年	2018年	2019年	合计
挪威	0.80	1.70	0.80	1.15	0.39	1.57	0.71	0.69	2.16	0.34	1.02
比利时	0.80	0.85	1.20	0.77	0.39	1.57	1.06	0.34	0.36	1.71	0.91
以色列	0.40	2.13	0.00	1.15	1.17	1.97	1.06	0.34	0.36	0.00	0.83
芬兰	0.40	0.85	0.80	1.54	0.39	0.39	0.00	1.03	0.36	1.37	0.72

七 进化生物学

进化生物学A、B、C层人才最多的国家是美国，分别占该学科全球A、B、C层人才的24.53%、23.93%、23.64%。

英国、法国、新西兰、奥地利、德国、日本、澳大利亚、沙特阿拉伯、瑞士的A层人才比较多，世界占比在12%~4%之间；中国大陆、丹麦、西班牙、瑞典、以色列、中国澳门、阿根廷、墨西哥、比利时、荷兰也有相当数量的A层人才，世界占比超过或接近1%。

英国、加拿大、法国、澳大利亚、德国、瑞士、瑞典、新西兰的B层人才比较多，世界占比在11%~3%之间；西班牙、荷兰、中国大陆、丹麦、奥地利、挪威、巴西、日本、阿根廷、南非、葡萄牙也有相当数量的B层人才，世界占比超过或接近1%。

英国、德国、澳大利亚、加拿大、法国、瑞士的C层人才比较多，世界占比在11%~3%之间；中国大陆、西班牙、瑞典、荷兰、丹麦、挪威、意大利、巴西、新西兰、日本、比利时、奥地利、芬兰也有相当数量的C层人才，世界占比超过1%。

表4-19 进化生物学A层人才排名前20的国家和地区的占比

单位：%

国家和地区	2010年	2011年	2012年	2013年	2014年	2015年	2016年	2017年	2018年	2019年	合计
美国	12.50	33.33	16.67	25.00	7.14	50.00	23.08	27.27	25.00	33.33	24.53
英国	12.50	16.67	16.67	0.00	7.14	10.00	15.38	9.09	8.33	16.67	11.32
法国	25.00	0.00	16.67	12.50	0.00	0.00	0.00	9.09	0.00	8.33	6.60
新西兰	25.00	16.67	16.67	0.00	7.14	0.00	0.00	0.00	8.33	0.00	6.60
奥地利	0.00	16.67	0.00	12.50	7.14	10.00	7.69	0.00	8.33	0.00	5.66

续表

国家和地区	2010年	2011年	2012年	2013年	2014年	2015年	2016年	2017年	2018年	2019年	合计
德　　国	0.00	0.00	16.67	12.50	7.14	0.00	7.69	9.09	0.00	0.00	5.66
日　　本	0.00	16.67	0.00	25.00	7.14	0.00	7.69	0.00	8.33	0.00	5.66
澳大利亚	0.00	0.00	8.33	0.00	7.14	0.00	7.69	9.09	0.00	8.33	4.72
沙特阿拉伯	0.00	0.00	0.00	12.50	7.14	0.00	15.38	0.00	8.33	0.00	4.72
瑞　　士	25.00	0.00	0.00	0.00	0.00	0.00	0.00	9.09	8.33	8.33	4.72
中国大陆	0.00	0.00	0.00	0.00	7.14	10.00	0.00	0.00	0.00	8.33	2.83
丹　　麦	0.00	0.00	0.00	0.00	7.14	0.00	0.00	18.18	0.00	0.00	2.83
西班牙	0.00	0.00	0.00	0.00	0.00	0.00	7.69	9.09	0.00	0.00	1.89
瑞　　典	0.00	0.00	8.33	0.00	0.00	10.00	0.00	0.00	0.00	0.00	1.89
以色列	0.00	0.00	0.00	0.00	0.00	10.00	0.00	0.00	0.00	0.00	0.94
中国澳门	0.00	0.00	0.00	0.00	7.14	0.00	0.00	0.00	0.00	0.00	0.94
阿根廷	0.00	0.00	0.00	0.00	0.00	0.00	7.69	0.00	0.00	0.00	0.94
墨西哥	0.00	0.00	0.00	0.00	7.14	0.00	0.00	0.00	0.00	0.00	0.94
比利时	0.00	0.00	0.00	0.00	0.00	0.00	0.00	0.00	8.33	0.00	0.94
荷　　兰	0.00	0.00	0.00	0.00	0.00	0.00	0.00	0.00	0.00	8.33	0.94

表4-20　进化生物学B层人才排名前20的国家和地区的占比

单位：%

国家和地区	2010年	2011年	2012年	2013年	2014年	2015年	2016年	2017年	2018年	2019年	合计
美　　国	30.39	27.10	26.72	26.23	25.40	27.13	32.84	17.91	15.28	15.13	23.93
英　　国	16.67	14.02	9.48	9.84	11.90	10.85	7.46	8.21	7.64	12.50	10.66
加拿大	6.86	5.61	9.48	4.92	6.35	6.20	8.21	8.96	7.64	5.26	6.95
法　　国	11.76	4.67	6.90	7.38	3.17	3.10	7.46	5.97	4.86	4.61	5.85
澳大利亚	3.92	5.61	3.45	2.46	8.73	9.30	5.97	5.22	4.86	5.26	5.53
德　　国	6.86	9.35	6.90	3.28	7.14	5.43	4.48	2.99	4.86	5.26	5.53
瑞　　士	3.92	2.80	4.31	4.92	2.38	3.88	3.73	4.48	6.25	3.29	4.03
瑞　　典	3.92	4.67	4.31	4.10	3.17	3.88	2.99	3.73	3.47	3.95	3.79
新西兰	3.92	2.80	5.17	3.28	2.38	3.10	0.75	4.48	2.08	3.29	3.08
西班牙	0.00	0.93	2.59	4.10	3.97	3.88	2.24	2.99	3.47	3.95	2.92
荷　　兰	1.96	4.67	5.17	4.10	3.97	1.55	2.24	1.49	1.39	2.63	2.84
中国大陆	0.98	1.87	1.72	1.64	3.17	0.00	2.99	4.48	4.86	4.61	2.76
丹　　麦	0.00	0.93	4.31	0.82	1.59	3.10	1.49	0.75	2.78	3.29	1.97
奥地利	0.00	3.74	0.00	2.46	0.79	2.33	1.49	0.75	2.78	1.32	1.58
挪　　威	0.98	0.93	0.86	2.46	1.59	1.55	1.49	2.24	1.39	1.32	1.50

续表

国家和地区	2010年	2011年	2012年	2013年	2014年	2015年	2016年	2017年	2018年	2019年	合计
巴　西	0.00	0.00	0.86	0.00	0.79	0.78	2.24	3.73	0.69	2.63	1.26
日　本	0.98	0.93	2.59	0.82	1.59	0.00	0.75	2.24	0.69	1.32	1.18
阿根廷	0.00	0.00	0.00	0.82	0.00	0.78	1.49	2.24	2.08	1.97	1.03
南　非	0.00	0.93	0.00	2.46	1.59	0.78	0.00	1.49	1.39	0.66	0.95
葡萄牙	0.00	0.00	0.00	1.64	0.00	2.33	0.00	1.49	1.39	1.97	0.95

表 4－21　进化生物学 C 层人才排名前 20 的国家和地区的占比

单位：%

国家和地区	2010年	2011年	2012年	2013年	2014年	2015年	2016年	2017年	2018年	2019年	合计
美　国	29.50	25.40	25.64	24.76	23.40	26.09	25.00	19.94	20.61	19.41	23.64
英　国	12.80	13.04	10.82	11.78	11.82	12.20	10.29	9.87	9.08	8.84	10.90
德　国	6.00	6.47	6.73	7.82	7.51	5.65	5.63	5.45	6.87	6.01	6.39
澳大利亚	4.70	5.90	5.11	6.10	6.71	6.38	6.76	6.42	5.61	6.27	6.04
加拿大	6.20	6.85	5.62	5.42	6.63	5.98	5.18	5.11	5.98	4.42	5.68
法　国	5.30	3.24	6.13	6.02	4.71	5.17	6.23	5.31	4.87	5.15	5.24
瑞　士	3.20	3.04	3.41	3.01	3.04	2.42	2.48	3.93	3.84	2.84	3.13
中国大陆	1.20	2.28	2.47	2.92	2.80	2.91	2.93	3.93	4.14	3.50	2.99
西班牙	3.20	3.90	2.98	2.92	2.80	2.58	2.63	3.11	2.73	2.90	2.95
瑞　典	3.10	2.19	2.64	2.49	2.32	2.50	3.15	3.11	3.47	3.56	2.89
荷　兰	1.70	2.38	2.30	2.75	2.08	2.34	2.18	1.45	1.99	2.24	2.13
丹　麦	0.90	1.71	2.90	1.38	1.28	1.78	1.43	1.93	2.36	2.05	1.80
挪　威	0.80	1.81	1.36	1.72	1.44	1.86	1.65	1.79	2.29	1.78	1.68
意大利	1.00	2.28	1.53	1.03	1.76	0.81	1.80	1.93	1.77	1.98	1.61
巴　西	1.20	1.24	1.28	0.69	1.52	1.86	1.35	2.42	1.40	2.18	1.56
新西兰	1.20	1.71	1.53	1.12	1.44	1.13	1.43	1.24	0.96	1.52	1.33
日　本	1.40	1.14	1.62	0.86	0.88	1.37	1.20	1.38	1.55	1.12	1.25
比利时	1.50	0.76	1.11	1.46	1.20	1.05	1.28	1.79	1.11	1.06	1.24
奥地利	1.60	1.05	0.94	0.86	1.52	0.97	1.43	1.10	1.11	1.45	1.21
芬　兰	1.00	1.43	1.19	1.20	1.28	1.70	1.43	0.83	1.03	0.79	1.17

八　动物学

动物学 A、B、C 层人才最多的国家是美国，分别占该学科全球 A、B、C 层人才的 21.35%、22.64%、23.04%。

德国、英国、法国、加拿大、巴西的 A 层人才比较多，世界占比在 12%～

4%之间；西班牙、澳大利亚、瑞典、荷兰、阿根廷、丹麦、挪威、日本、比利时、中国大陆、瑞士、奥地利、泰国、以色列也有相当数量的A层人才，世界占比超过1%。

英国、德国、澳大利亚、加拿大、法国、中国大陆、西班牙的B层人才比较多，世界占比在11%~3%之间；意大利、巴西、荷兰、瑞典、瑞士、日本、丹麦、比利时、波兰、挪威、南非、奥地利也有相当数量的B层人才，世界占比超过或接近1%。

英国、德国、澳大利亚、加拿大、中国大陆、法国、巴西、西班牙、意大利的C层人才比较多，世界占比在9%~3%之间；日本、瑞士、荷兰、瑞典、比利时、挪威、南非、奥地利、丹麦、葡萄牙也有相当数量的C层人才，世界占比超过1%。

表4-22　动物学A层人才排名前20的国家和地区的占比

单位：%

国家和地区	2010年	2011年	2012年	2013年	2014年	2015年	2016年	2017年	2018年	2019年	合计
美国	17.65	100.00	26.32	23.53	19.05	21.05	33.33	8.33	27.27	16.00	21.35
德国	17.65	0.00	15.79	11.76	14.29	5.26	4.17	8.33	18.18	12.00	11.24
英国	0.00	0.00	10.53	5.88	9.52	26.32	4.17	0.00	9.09	8.00	7.87
法国	11.76	0.00	5.26	11.76	9.52	5.26	8.33	8.33	0.00	4.00	7.30
加拿大	0.00	0.00	10.53	5.88	4.76	10.53	0.00	4.17	9.09	4.00	5.06
巴西	5.88	0.00	0.00	5.88	0.00	0.00	12.50	8.33	0.00	4.00	4.49
西班牙	11.76	0.00	5.26	0.00	0.00	0.00	0.00	4.17	0.00	4.00	2.81
澳大利亚	0.00	0.00	5.26	0.00	0.00	5.26	4.17	0.00	0.00	8.00	2.81
瑞典	5.88	0.00	0.00	0.00	9.52	5.26	0.00	0.00	0.00	4.00	2.81
荷兰	5.88	0.00	0.00	0.00	4.76	0.00	8.33	4.17	0.00	0.00	2.81
阿根廷	0.00	0.00	0.00	0.00	0.00	0.00	4.17	4.17	9.09	4.00	2.25
丹麦	0.00	0.00	0.00	5.88	0.00	0.00	4.17	4.17	0.00	4.00	2.25
挪威	5.88	0.00	0.00	0.00	0.00	0.00	0.00	4.17	9.09	4.00	2.25
日本	5.88	0.00	5.26	0.00	0.00	0.00	0.00	4.17	0.00	4.00	2.25
比利时	5.88	0.00	0.00	0.00	0.00	0.00	0.00	4.17	0.00	4.00	1.69
中国大陆	0.00	0.00	0.00	0.00	0.00	5.26	4.17	0.00	9.09	0.00	1.69
瑞士	0.00	0.00	0.00	5.88	4.76	0.00	0.00	0.00	0.00	4.00	1.69
奥地利	0.00	0.00	0.00	5.88	0.00	0.00	4.17	0.00	0.00	0.00	1.12
泰国	0.00	0.00	5.26	0.00	0.00	0.00	0.00	0.00	9.09	0.00	1.12
以色列	5.88	0.00	0.00	0.00	4.76	0.00	0.00	0.00	0.00	0.00	1.12

表 4－23 动物学 B 层人才排名前 20 的国家和地区的占比

单位：%

国家和地区	2010年	2011年	2012年	2013年	2014年	2015年	2016年	2017年	2018年	2019年	合计
美国	28.18	20.95	29.69	23.12	26.94	21.26	22.27	17.51	19.57	18.72	22.64
英国	12.71	12.86	10.94	12.56	11.40	14.01	6.16	10.14	6.96	9.09	10.61
德国	6.08	5.71	5.73	8.04	9.33	8.21	7.58	3.69	7.39	6.95	6.86
澳大利亚	4.97	4.76	6.25	6.03	7.25	5.31	7.11	6.91	6.09	4.81	5.97
加拿大	6.08	6.19	5.73	6.03	5.70	4.35	7.11	3.69	5.65	2.67	5.33
法国	7.73	3.81	2.60	5.03	1.04	7.25	3.79	3.23	3.91	0.53	3.90
中国大陆	1.10	0.95	2.08	1.51	0.52	2.90	5.21	5.07	4.78	10.16	3.45
西班牙	4.97	4.76	2.60	1.51	1.04	2.90	3.79	3.23	3.04	3.21	3.11
意大利	1.66	1.43	0.00	2.01	3.63	5.31	1.90	4.61	3.04	2.14	2.61
巴西	1.10	1.43	3.13	1.51	2.07	1.93	4.27	4.61	2.61	2.14	2.52
荷兰	2.76	1.90	3.13	2.51	2.59	1.45	2.84	2.30	1.30	2.14	2.27
瑞典	3.31	2.38	3.13	3.02	1.04	0.97	3.32	0.92	3.48	1.07	2.27
瑞士	1.66	0.95	3.13	4.52	2.59	1.45	1.42	1.38	1.30	1.07	1.92
日本	2.76	1.43	2.08	1.01	1.55	1.45	2.84	2.30	0.00	2.67	1.78
丹麦	2.21	2.38	0.52	3.02	1.04	0.48	1.42	1.84	1.30	1.07	1.53
比利时	1.66	1.90	0.52	1.51	2.59	0.48	1.42	1.84	1.74	1.07	1.48
波兰	0.00	1.43	1.56	1.01	0.52	2.42	1.90	1.84	1.30	2.14	1.43
挪威	1.10	2.86	1.04	0.50	0.00	0.00	2.84	2.76	1.30	1.07	1.38
南非	0.55	1.43	1.04	1.51	1.04	1.45	0.47	1.38	1.74	1.60	1.23
奥地利	0.00	0.48	1.04	1.01	1.04	1.93	0.47	2.76	0.43	0.53	0.99

表 4－24 动物学 C 层人才排名前 20 的国家和地区的占比

单位：%

国家和地区	2010年	2011年	2012年	2013年	2014年	2015年	2016年	2017年	2018年	2019年	合计
美国	25.53	26.44	25.99	24.29	26.00	22.89	20.46	19.66	20.83	19.01	23.04
英国	8.58	10.29	8.73	9.59	7.86	7.70	8.28	8.37	6.63	7.02	8.28
德国	7.85	6.91	5.63	6.76	5.91	7.06	6.22	6.05	6.59	5.28	6.41
澳大利亚	4.89	5.14	5.94	5.71	5.54	5.05	4.52	5.85	4.98	5.64	5.33
加拿大	6.65	6.03	5.99	5.02	5.17	5.15	4.52	5.14	5.12	4.15	5.27
中国大陆	3.18	2.43	2.53	3.68	4.06	5.25	4.63	5.14	6.93	6.51	4.48
法国	4.32	4.48	3.72	4.02	3.64	4.22	4.47	3.68	3.22	3.43	3.91
巴西	2.44	2.32	3.05	2.53	3.27	2.70	4.22	4.08	4.29	4.87	3.39
西班牙	2.33	3.65	3.93	3.13	3.16	2.50	3.14	3.73	3.17	2.61	3.14

续表

国家和地区	2010年	2011年	2012年	2013年	2014年	2015年	2016年	2017年	2018年	2019年	合计
意大利	3.18	2.71	2.48	2.24	3.38	3.38	3.29	3.23	2.68	3.53	3.01
日本	3.01	3.04	1.91	2.53	2.69	2.40	2.47	1.76	2.10	2.36	2.41
瑞士	2.50	1.66	1.81	1.94	1.53	2.65	1.80	2.37	1.56	1.54	1.93
荷兰	1.53	2.21	2.43	2.09	1.79	1.57	1.44	1.41	1.66	1.08	1.72
瑞典	2.10	1.66	1.86	1.79	1.53	1.37	1.39	1.51	1.61	1.28	1.60
比利时	1.71	1.00	1.40	1.14	1.27	1.91	1.80	1.71	1.12	1.49	1.45
挪威	2.33	1.44	1.50	1.44	1.32	0.69	1.18	1.41	1.02	1.18	1.34
南非	1.25	1.33	1.09	1.44	1.64	0.98	1.29	1.51	1.12	1.38	1.30
奥地利	1.25	0.50	1.50	1.49	1.00	1.47	1.49	1.11	1.12	0.87	1.19
丹麦	1.19	1.11	1.19	1.24	1.00	1.18	1.03	0.91	1.41	0.97	1.12
葡萄牙	0.57	0.77	0.88	0.94	1.42	0.98	1.13	1.21	1.02	1.84	1.08

九 鸟类学

鸟类学A层人才主要集中在加拿大和美国，两国人数相当，均占该学科全球人才的28.57%。B、C层人才最多的国家是美国，分别占该学科全球B、C层人才的28.26%、22.50%。

鸟类学是小学科，A层人才数量很少，除美国和加拿大外，其他A层人才集中在荷兰、新西兰、英国，世界占比均为14.29%。

英国、加拿大、澳大利亚、荷兰、巴西、西班牙、瑞士的B层人才比较多，世界占比在14%~3%之间；芬兰、南非、捷克、瑞典、土耳其、挪威、德国、匈牙利、新西兰、爱尔兰、葡萄牙、墨西哥也有相当数量的B层人才，世界占比超过或接近1%。

英国、加拿大、澳大利亚、西班牙、荷兰、德国、法国的C层人才比较多，世界占比在10%~3%之间；中国大陆、南非、瑞士、瑞典、波兰、丹麦、新西兰、挪威、巴西、捷克、芬兰、阿根廷也有相当数量的C层人才，世界占比超过1%。

表 4－25 鸟类学 A 层人才的国家和地区的占比

单位：%

国家和地区	2010年	2011年	2012年	2013年	2014年	2015年	2016年	2017年	2018年	2019年	合计
加拿大	0.00	0.00	0.00	0.00	0.00	0.00	50.00	0.00	50.00	0.00	28.57
美国	0.00	0.00	0.00	0.00	0.00	0.00	50.00	100.00	0.00	0.00	28.57
荷兰	0.00	0.00	0.00	100.00	0.00	0.00	0.00	0.00	0.00	0.00	14.29
新西兰	0.00	0.00	0.00	0.00	0.00	0.00	0.00	0.00	50.00	0.00	14.29
英国	0.00	0.00	100.00	0.00	0.00	0.00	0.00	0.00	0.00	0.00	14.29

表 4－26 鸟类学 B 层人才排名前 20 的国家和地区的占比

单位：%

国家和地区	2010年	2011年	2012年	2013年	2014年	2015年	2016年	2017年	2018年	2019年	合计
美国	0.00	36.84	33.33	26.67	42.86	37.50	25.00	28.57	21.05	5.56	28.26
英国	0.00	5.26	0.00	20.00	21.43	6.25	8.33	14.29	10.53	33.33	13.04
加拿大	0.00	0.00	0.00	6.67	7.14	12.50	0.00	42.86	10.53	0.00	6.52
澳大利亚	0.00	0.00	16.67	13.33	0.00	6.25	0.00	0.00	0.00	0.00	4.35
荷兰	0.00	0.00	5.56	0.00	0.00	6.25	8.33	0.00	5.26	11.11	4.35
巴西	0.00	0.00	5.56	13.33	0.00	6.25	0.00	0.00	0.00	5.56	3.62
西班牙	0.00	0.00	5.56	0.00	0.00	6.25	8.33	0.00	0.00	11.11	3.62
瑞士	0.00	5.26	0.00	0.00	0.00	0.00	25.00	0.00	5.26	0.00	3.62
芬兰	0.00	5.26	0.00	0.00	0.00	6.25	8.33	0.00	5.26	0.00	2.90
南非	0.00	5.26	0.00	0.00	0.00	6.25	0.00	0.00	0.00	11.11	2.90
捷克	0.00	5.26	0.00	0.00	7.14	0.00	0.00	0.00	5.26	0.00	2.17
瑞典	0.00	10.53	0.00	0.00	0.00	0.00	0.00	0.00	0.00	0.00	1.45
土耳其	0.00	0.00	5.56	0.00	0.00	6.25	0.00	0.00	0.00	0.00	1.45
挪威	0.00	0.00	0.00	0.00	0.00	0.00	8.33	0.00	5.26	0.00	1.45
德国	0.00	0.00	0.00	6.67	7.14	0.00	0.00	0.00	0.00	0.00	1.45
匈牙利	0.00	5.26	0.00	0.00	0.00	0.00	0.00	0.00	5.26	0.00	1.45
新西兰	0.00	5.26	5.56	0.00	0.00	0.00	0.00	0.00	0.00	0.00	1.45
爱尔兰	0.00	0.00	0.00	0.00	0.00	0.00	0.00	0.00	5.26	5.56	1.45
葡萄牙	0.00	0.00	0.00	0.00	0.00	0.00	8.33	0.00	0.00	0.00	0.72
墨西哥	0.00	0.00	0.00	0.00	0.00	0.00	0.00	14.29	0.00	0.00	0.72

表 4－27　鸟类学 C 层人才排名前 20 的国家和地区的占比

单位：%

国家和地区	2010年	2011年	2012年	2013年	2014年	2015年	2016年	2017年	2018年	2019年	合计
美　　国	24.02	32.75	24.28	24.05	22.00	21.94	18.50	23.35	22.49	8.76	22.50
英　　国	8.94	10.53	10.98	8.86	9.33	10.32	9.83	7.11	10.65	7.30	9.39
加 拿 大	8.94	7.60	11.56	8.86	11.33	7.10	4.62	8.12	10.65	2.92	8.24
澳大利亚	3.91	8.77	4.05	5.06	4.67	5.16	3.47	5.58	4.73	3.65	4.93
西 班 牙	5.59	4.68	4.62	6.33	5.33	1.94	5.78	3.55	6.51	2.92	4.75
荷　　兰	4.47	4.09	2.89	5.06	5.33	5.81	3.47	4.06	2.96	3.65	4.15
德　　国	2.79	4.09	4.62	3.16	4.67	5.16	2.31	5.58	0.59	1.46	3.49
法　　国	2.23	5.26	4.05	3.16	3.33	2.58	4.05	2.54	2.37	5.11	3.43
中国大陆	2.23	1.75	2.89	3.80	0.00	5.16	1.73	4.06	3.55	3.65	2.89
南　　非	1.68	1.17	1.16	2.53	6.00	6.45	0.58	2.54	4.14	0.73	2.65
瑞　　士	4.47	1.17	3.47	1.27	2.00	3.23	2.89	2.03	1.78	2.92	2.53
瑞　　典	2.79	0.00	1.73	1.27	2.67	1.94	2.89	3.05	2.96	3.65	2.29
波　　兰	2.23	0.58	1.73	2.53	3.33	3.87	1.16	1.02	0.59	2.92	1.93
丹　　麦	1.68	0.58	2.31	3.16	0.67	0.00	1.73	2.03	2.37	3.65	1.81
新 西 兰	1.12	1.17	1.73	1.27	0.67	0.65	0.58	3.55	3.55	2.92	1.74
挪　　威	2.23	1.17	0.58	1.90	0.67	0.65	2.31	1.02	2.37	2.92	1.56
巴　　西	0.56	1.75	1.73	1.90	0.67	0.65	1.16	1.52	2.37	0.73	1.32
捷　　克	1.12	0.58	0.58	2.53	2.67	1.29	2.31	0.51	0.00	1.46	1.26
芬　　兰	1.12	0.00	2.89	0.00	0.67	0.00	1.16	1.02	1.78	2.92	1.14
阿 根 廷	1.12	1.75	1.16	4.43	0.67	0.00	0.00	0.00	0.59	1.46	1.08

十　昆虫学

昆虫学 A、B、C 层人才最多的国家是美国，分别占该学科全球 A、B、C 层人才的 21.74%、24.34%、24.53%。

中国大陆、澳大利亚、法国、瑞士、英国、德国、比利时、巴西、荷兰、加拿大、意大利的 A 层人才比较多，世界占比在 11%~3% 之间；日本、新西兰、西班牙、阿根廷、哥伦比亚、墨西哥、捷克、奥地利也有相当数量的 A 层人才，世界占比超过 1%。

法国、英国、德国、意大利、中国大陆、澳大利亚、瑞士、西班牙、荷兰、加拿大的 B 层人才比较多，世界占比在 6%~3% 之间；巴西、比利时、南非、日本、希腊、丹麦、瑞典、墨西哥、新西兰也有相当数量的B层人才，世界占比超过1%。

中国大陆、英国、德国、法国、澳大利亚、巴西、意大利、加拿大的C层人才比较多，世界占比在10%~3%之间；西班牙、比利时、瑞士、荷兰、日本、希腊、印度、奥地利、南非、瑞典、捷克也有相当数量的C层人才，世界占比超过1%。

表4-28　昆虫学A层人才排名前20的国家和地区的占比

单位：%

国家和地区	2010年	2011年	2012年	2013年	2014年	2015年	2016年	2017年	2018年	2019年	合计
美　　国	42.86	33.33	12.50	33.33	11.11	11.11	10.00	20.00	9.09	38.46	21.74
中国大陆	0.00	16.67	12.50	11.11	0.00	11.11	10.00	20.00	9.09	15.38	10.87
澳大利亚	14.29	16.67	0.00	11.11	22.22	0.00	10.00	10.00	9.09	0.00	8.70
法　　国	0.00	0.00	37.50	0.00	0.00	11.11	10.00	0.00	9.09	0.00	6.52
瑞　　士	0.00	0.00	0.00	0.00	11.11	0.00	0.00	10.00	9.09	7.69	4.35
英　　国	0.00	0.00	25.00	11.11	11.11	0.00	0.00	0.00	0.00	0.00	4.35
德　　国	14.29	0.00	0.00	0.00	11.11	11.11	10.00	0.00	0.00	0.00	4.35
比 利 时	14.29	0.00	0.00	0.00	11.11	0.00	10.00	0.00	9.09	0.00	4.35
巴　　西	0.00	0.00	0.00	0.00	0.00	0.00	10.00	0.00	18.18	7.69	4.35
荷　　兰	0.00	0.00	0.00	11.11	11.11	0.00	0.00	10.00	9.09	0.00	4.35
加 拿 大	0.00	0.00	12.50	11.11	0.00	0.00	0.00	10.00	0.00	0.00	3.26
意 大 利	0.00	0.00	0.00	0.00	0.00	11.11	0.00	0.00	9.09	7.69	3.26
日　　本	0.00	0.00	0.00	0.00	11.11	11.11	0.00	0.00	0.00	0.00	2.17
新 西 兰	0.00	16.67	0.00	0.00	0.00	0.00	0.00	10.00	0.00	0.00	2.17
西 班 牙	0.00	0.00	0.00	0.00	0.00	11.11	0.00	0.00	9.09	0.00	2.17
阿 根 廷	0.00	0.00	0.00	0.00	0.00	0.00	0.00	0.00	0.00	7.69	1.09
哥伦比亚	0.00	0.00	0.00	0.00	0.00	0.00	0.00	10.00	0.00	0.00	1.09
墨 西 哥	0.00	16.67	0.00	0.00	0.00	0.00	0.00	0.00	0.00	0.00	1.09
捷　　克	0.00	0.00	0.00	11.11	0.00	0.00	0.00	0.00	0.00	0.00	1.09
奥 地 利	14.29	0.00	0.00	0.00	0.00	0.00	0.00	0.00	0.00	0.00	1.09

表4-29　昆虫学B层人才排名前20的国家和地区的占比

单位：%

国家和地区	2010年	2011年	2012年	2013年	2014年	2015年	2016年	2017年	2018年	2019年	合计
美　　国	26.58	30.49	17.50	26.51	26.97	21.98	30.11	23.00	26.00	16.52	24.34
法　　国	5.06	8.54	5.00	9.64	7.87	2.20	7.53	2.00	6.00	4.35	5.70

续表

国家和地区	2010年	2011年	2012年	2013年	2014年	2015年	2016年	2017年	2018年	2019年	合计
英　国	6. 33	7. 32	6. 25	6. 02	10. 11	5. 49	5. 38	4. 00	4. 00	3. 48	5. 70
德　国	11. 39	3. 66	5. 00	4. 82	6. 74	8. 79	6. 45	3. 00	2. 00	4. 35	5. 48
意大利	2. 53	2. 44	5. 00	6. 02	3. 37	2. 20	8. 60	7. 00	5. 00	7. 83	5. 15
中国大陆	6. 33	4. 88	2. 50	0. 00	2. 25	3. 30	5. 38	5. 00	3. 00	6. 96	4. 06
澳大利亚	5. 06	8. 54	2. 50	3. 61	5. 62	3. 30	4. 30	1. 00	4. 00	0. 87	3. 73
瑞　士	5. 06	2. 44	5. 00	3. 61	2. 25	2. 20	5. 38	5. 00	3. 00	1. 74	3. 51
西班牙	3. 80	2. 44	5. 00	4. 82	2. 25	1. 10	2. 15	3. 00	4. 00	4. 35	3. 29
荷　兰	1. 27	1. 22	2. 50	3. 61	7. 87	5. 49	4. 30	1. 00	3. 00	1. 74	3. 18
加拿大	3. 80	4. 88	2. 50	1. 20	3. 37	6. 59	2. 15	3. 00	2. 00	1. 74	3. 07
巴　西	0. 00	0. 00	0. 00	2. 41	4. 49	0. 00	3. 23	5. 00	7. 00	2. 61	2. 63
比利时	1. 27	1. 22	5. 00	2. 41	1. 12	3. 30	2. 15	4. 00	3. 00	1. 74	2. 52
南　非	3. 80	1. 22	1. 25	2. 41	0. 00	2. 20	1. 08	0. 00	5. 00	0. 87	1. 75
日　本	3. 80	1. 22	1. 25	2. 41	0. 00	2. 20	1. 08	3. 00	0. 00	1. 74	1. 64
希　腊	1. 27	1. 22	1. 25	0. 00	1. 12	1. 10	1. 08	2. 00	4. 00	2. 61	1. 64
丹　麦	2. 53	1. 22	2. 50	2. 41	1. 12	0. 00	1. 08	3. 00	0. 00	0. 87	1. 43
瑞　典	2. 53	2. 44	1. 25	2. 41	1. 12	2. 20	0. 00	1. 00	0. 00	0. 87	1. 32
墨西哥	1. 27	1. 22	5. 00	0. 00	1. 12	1. 10	1. 08	0. 00	0. 00	1. 74	1. 21
新西兰	0. 00	1. 22	0. 00	1. 20	0. 00	2. 20	0. 00	2. 00	2. 00	1. 74	1. 10

表 4－30　昆虫学 C 层人才排名前 20 的国家和地区的占比

单位：%

国家和地区	2010年	2011年	2012年	2013年	2014年	2015年	2016年	2017年	2018年	2019年	合计
美　国	27. 58	24. 09	29. 85	21. 68	22. 49	27. 28	24. 15	26. 06	22. 45	21. 23	24. 53
中国大陆	6. 14	7. 37	7. 78	8. 65	11. 30	8. 66	10. 60	10. 03	10. 98	12. 95	9. 62
英　国	7. 19	7. 37	4. 97	5. 48	6. 23	5. 69	5. 36	4. 65	6. 43	4. 58	5. 75
德　国	4. 84	4. 49	4. 97	4. 51	5. 88	4. 27	5. 57	3. 41	4. 85	3. 60	4. 61
法　国	5. 36	4. 74	4. 34	5. 85	3. 92	3. 32	4. 15	4. 14	4. 06	4. 67	4. 43
澳大利亚	5. 36	3. 12	3. 06	4. 63	3. 69	3. 56	4. 04	4. 55	4. 95	2. 63	3. 95
巴　西	2. 75	3. 37	3. 57	3. 17	3. 69	4. 86	4. 48	3. 72	3. 96	4. 67	3. 86
意大利	2. 48	3. 75	3. 83	3. 05	4. 15	4. 03	3. 61	3. 93	4. 35	4. 58	3. 82
加拿大	2. 75	3. 87	3. 70	3. 78	3. 46	3. 32	2. 95	3. 52	2. 37	3. 12	3. 26
西班牙	2. 61	3. 62	2. 42	2. 19	1. 85	2. 49	2. 40	2. 28	2. 47	2. 14	2. 43
比利时	2. 09	2. 37	2. 04	2. 92	2. 19	1. 90	2. 19	3. 41	1. 48	2. 63	2. 33
瑞　士	1. 70	2. 37	1. 53	2. 07	2. 65	1. 90	1. 75	2. 07	2. 37	2. 04	2. 06
荷　兰	2. 22	1. 87	1. 15	2. 31	1. 96	2. 73	1. 31	2. 48	1. 68	1. 85	1. 95

续表

国家和地区	2010年	2011年	2012年	2013年	2014年	2015年	2016年	2017年	2018年	2019年	合计
日　　本	3.01	3.00	1.79	1.58	1.15	2.14	1.86	1.34	1.19	0.97	1.75
希　　腊	1.18	1.37	1.02	1.71	0.81	1.07	0.98	1.65	1.38	1.66	1.30
印　　度	0.78	1.62	1.15	1.34	1.61	1.07	1.53	1.14	0.99	1.56	1.28
奥 地 利	1.31	0.62	1.15	1.83	1.38	1.07	0.77	1.65	0.99	1.07	1.18
南　　非	1.83	1.50	2.04	1.71	0.69	0.83	0.98	1.14	0.79	0.68	1.18
瑞　　典	1.05	1.12	0.89	2.07	1.04	1.42	1.53	0.62	0.99	0.68	1.12
捷　　克	0.39	1.12	0.51	0.73	1.15	0.83	1.09	0.83	1.58	1.95	1.06

十一　制奶和动物科学

制奶和动物科学 A、B、C 层人才最多的国家是美国，分别占该学科全球 A、B、C 层人才的 21.74%、19.58%、18.62%。

意大利、加拿大、澳大利亚、中国大陆、法国的 A 层人才比较多，世界占比在 12%~5%之间；奥地利、挪威、丹麦、荷兰、新西兰、英国、马来西亚、墨西哥、韩国、德国、印度、爱尔兰、尼日利亚、南非也有相当数量的 A 层人才，世界占比超过或接近 1%。

中国大陆、加拿大、英国、意大利、澳大利亚、法国、荷兰、德国的 B 层人才比较多，世界占比在 8%~3%之间；西班牙、爱尔兰、丹麦、巴西、新西兰、比利时、韩国、印度、奥地利、瑞士、芬兰也有相当数量的 B 层人才，世界占比超过 1%。

中国大陆、加拿大、英国、澳大利亚、意大利、法国、巴西、德国、荷兰、西班牙的 C 层人才比较多，世界占比在 8%~3%之间；丹麦、新西兰、瑞士、韩国、爱尔兰、埃及、伊朗、比利时、波兰也有相当数量的 C 层人才，世界占比超过 1%。

表 4－31　制奶和动物科学 A 层人才排名前 20 的国家和地区的占比

单位：%

国家和地区	2010年	2011年	2012年	2013年	2014年	2015年	2016年	2017年	2018年	2019年	合计
美　　国	15.38	10.00	27.27	25.00	22.22	12.50	23.08	40.00	20.00	22.22	21.74
意 大 利	15.38	0.00	0.00	12.50	22.22	25.00	7.69	10.00	6.67	16.67	11.30

续表

国家和地区	2010年	2011年	2012年	2013年	2014年	2015年	2016年	2017年	2018年	2019年	合计
加拿大	0.00	20.00	0.00	25.00	11.11	12.50	0.00	10.00	26.67	0.00	9.57
澳大利亚	7.69	10.00	18.18	12.50	0.00	0.00	7.69	0.00	6.67	5.56	6.96
中国大陆	0.00	0.00	0.00	0.00	11.11	12.50	7.69	10.00	6.67	5.56	5.22
法国	23.08	0.00	9.09	0.00	11.11	0.00	7.69	0.00	0.00	0.00	5.22
奥地利	0.00	10.00	0.00	0.00	0.00	0.00	7.69	0.00	0.00	5.56	2.61
挪威	0.00	0.00	9.09	0.00	0.00	0.00	7.69	10.00	0.00	0.00	2.61
丹麦	7.69	10.00	0.00	0.00	11.11	0.00	0.00	0.00	0.00	0.00	2.61
荷兰	7.69	0.00	0.00	12.50	0.00	12.50	0.00	0.00	0.00	0.00	2.61
新西兰	7.69	0.00	0.00	12.50	0.00	0.00	7.69	0.00	0.00	0.00	2.61
英国	0.00	10.00	0.00	0.00	0.00	0.00	0.00	0.00	0.00	11.11	2.61
马来西亚	0.00	0.00	0.00	0.00	0.00	0.00	0.00	0.00	0.00	11.11	1.74
墨西哥	0.00	0.00	0.00	0.00	0.00	0.00	7.69	0.00	6.67	0.00	1.74
韩国	0.00	0.00	0.00	0.00	0.00	0.00	0.00	10.00	0.00	5.56	1.74
德国	0.00	10.00	9.09	0.00	0.00	0.00	0.00	0.00	0.00	0.00	1.74
印度	0.00	0.00	0.00	0.00	0.00	0.00	7.69	10.00	0.00	0.00	1.74
爱尔兰	0.00	10.00	0.00	0.00	0.00	0.00	0.00	0.00	0.00	5.56	1.74
尼日利亚	0.00	0.00	0.00	0.00	0.00	0.00	0.00	0.00	0.00	5.56	0.87
南非	0.00	0.00	0.00	0.00	11.11	0.00	0.00	0.00	0.00	0.00	0.87

表4-32　制奶和动物科学B层人才排名前20的国家和地区的占比

单位：%

国家和地区	2010年	2011年	2012年	2013年	2014年	2015年	2016年	2017年	2018年	2019年	合计
美国	24.58	19.57	20.95	25.81	18.56	20.00	16.95	21.64	16.08	14.58	19.58
中国大陆	2.54	2.17	10.48	3.23	4.12	3.16	5.93	11.19	5.59	17.36	7.11
加拿大	7.63	11.96	13.33	7.53	2.06	2.11	7.63	7.46	6.99	0.69	6.58
英国	10.17	7.61	2.86	5.38	11.34	6.32	8.47	5.97	4.20	4.17	6.50
意大利	2.54	1.09	3.81	5.38	5.15	8.42	6.78	7.46	5.59	10.42	5.88
澳大利亚	6.78	6.52	8.57	4.30	10.31	3.16	2.54	1.49	3.50	5.56	5.09
法国	4.24	3.26	2.86	4.30	6.19	4.21	5.93	2.99	3.50	4.17	4.13
荷兰	5.93	7.61	1.90	7.53	3.09	2.11	4.24	2.99	4.20	2.08	4.04
德国	5.08	5.43	4.76	3.23	0.00	5.26	1.69	3.73	5.59	2.08	3.69
西班牙	2.54	2.17	5.71	1.08	0.00	6.32	3.39	1.49	2.80	2.08	2.72
爱尔兰	1.69	3.26	0.95	2.15	2.06	2.11	3.39	2.24	5.59	2.78	2.72
丹麦	0.85	1.09	2.86	2.15	3.09	3.16	4.24	2.99	2.10	4.17	2.72

续表

国家和地区	2010年	2011年	2012年	2013年	2014年	2015年	2016年	2017年	2018年	2019年	合计
巴　　西	2.54	1.09	1.90	0.00	3.09	4.21	3.39	4.48	2.80	0.69	2.46
新 西 兰	4.24	1.09	3.81	6.45	4.12	0.00	1.69	1.49	0.70	1.39	2.37
比 利 时	0.85	5.43	2.86	1.08	3.09	2.11	3.39	1.49	2.10	0.69	2.19
韩　　国	2.54	2.17	0.95	4.30	3.09	1.05	0.00	0.75	2.80	0.69	1.76
印　　度	0.85	1.09	0.00	1.08	2.06	2.11	2.54	1.49	2.80	2.08	1.67
奥 地 利	1.69	1.09	1.90	2.15	1.03	3.16	0.85	1.49	1.40	0.69	1.49
瑞　　士	0.85	1.09	0.95	2.15	1.03	2.11	0.85	0.75	2.10	2.78	1.49
芬　　兰	1.69	0.00	0.00	2.15	1.03	0.00	1.69	2.24	1.40	2.08	1.32

表 4－33　制奶和动物科学 C 层人才排名前 20 的国家和地区的占比

单位：%

国家和地区	2010年	2011年	2012年	2013年	2014年	2015年	2016年	2017年	2018年	2019年	合计
美　　国	23.35	18.46	20.98	20.86	17.86	18.41	15.50	19.43	18.33	14.93	18.62
中国大陆	3.91	3.90	4.68	5.99	6.42	7.55	7.61	10.41	10.81	10.63	7.58
加 拿 大	6.60	6.65	7.80	5.67	6.52	6.14	6.24	5.98	5.67	5.01	6.14
英　　国	5.56	6.88	4.68	4.71	5.45	4.83	4.95	5.36	5.37	3.88	5.08
澳大利亚	4.60	5.05	5.27	5.13	6.42	5.84	5.60	4.20	4.68	3.94	4.96
意 大 利	3.91	3.56	3.02	4.39	4.06	4.63	4.68	3.57	4.98	6.81	4.51
法　　国	5.21	5.05	5.37	5.03	3.96	3.62	4.31	3.65	4.06	3.22	4.26
巴　　西	3.99	3.21	3.02	3.64	5.35	4.53	4.04	4.82	3.91	4.60	4.15
德　　国	2.78	5.05	4.29	3.85	3.53	3.82	3.30	3.11	2.91	4.00	3.62
荷　　兰	3.56	5.28	3.61	3.96	4.06	3.72	4.13	2.18	2.99	2.27	3.43
西 班 牙	4.69	3.56	3.90	4.17	3.53	2.41	3.21	2.80	2.22	3.64	3.39
丹　　麦	2.34	3.10	3.61	2.89	2.46	2.92	1.93	2.49	2.15	1.61	2.47
新 西 兰	1.22	1.95	1.56	2.25	2.57	2.11	1.93	1.94	1.00	1.85	1.80
瑞　　士	0.87	2.18	0.98	1.82	2.14	2.21	2.57	1.32	1.53	2.39	1.80
韩　　国	2.00	1.38	1.76	2.14	1.93	2.11	1.19	1.86	1.69	1.79	1.78
爱 尔 兰	2.34	1.38	1.66	0.96	2.46	1.21	1.93	1.32	2.38	1.61	1.74
埃　　及	1.04	0.57	0.68	1.39	1.60	1.21	1.19	2.49	2.84	2.63	1.69
伊　　朗	1.22	0.92	1.85	1.71	2.03	1.61	1.19	2.10	2.15	1.79	1.69
比 利 时	2.43	0.92	1.46	2.25	1.60	2.11	1.74	1.79	1.07	1.49	1.68
波　　兰	0.87	1.95	1.66	1.60	1.28	1.01	2.29	1.55	1.53	2.15	1.62

十二　生物物理学

生物物理学A、B、C层人才最多的国家是美国，分别占该学科全球A、B、C层人才的29.41%、23.60%、22.97%。

中国大陆、英国、德国、印度、法国、澳大利亚的A层人才比较多，世界占比在12%~3%之间；荷兰、韩国、瑞士、瑞典、加拿大、西班牙、日本、意大利、斯洛文尼亚、伊朗、丹麦、马来西亚、波兰也有相当数量的A层人才，世界占比超过或接近1%。

中国大陆、英国、德国、印度、法国的B层人才比较多，世界占比在14%~3%之间；瑞士、加拿大、意大利、荷兰、日本、澳大利亚、西班牙、韩国、瑞典、伊朗、波兰、以色列、丹麦、南非也有相当数量的B层人才，世界占比超过或接近1%。

中国大陆、德国、英国、印度、法国、意大利、日本的C层人才比较多，世界占比在19%~3%；加拿大、韩国、西班牙、荷兰、澳大利亚、伊朗、瑞士、瑞典、巴西、葡萄牙、以色列、俄罗斯也有相当数量的C层人才，世界占比超过或接近1%。

表4-34　生物物理学A层人才排名前20的国家和地区的占比

单位：%

国家和地区	2010年	2011年	2012年	2013年	2014年	2015年	2016年	2017年	2018年	2019年	合计
美国	45.83	25.00	27.27	33.33	46.15	36.36	25.00	19.23	20.00	16.00	29.41
中国大陆	0.00	0.00	18.18	8.33	19.23	13.64	12.50	11.54	24.00	8.00	11.76
英国	16.67	30.00	9.09	8.33	0.00	9.09	16.67	3.85	12.00	8.00	10.92
德国	12.50	5.00	4.55	12.50	0.00	0.00	8.33	3.85	4.00	0.00	5.04
印度	4.17	0.00	0.00	4.17	0.00	0.00	0.00	7.69	4.00	12.00	3.36
法国	0.00	0.00	4.55	4.17	3.85	0.00	0.00	3.85	8.00	8.00	3.36
澳大利亚	0.00	5.00	4.55	4.17	7.69	4.55	0.00	0.00	0.00	8.00	3.36
荷兰	0.00	10.00	4.55	0.00	0.00	0.00	0.00	3.85	4.00	8.00	2.94
韩国	4.17	10.00	0.00	0.00	3.85	0.00	0.00	0.00	4.00	8.00	2.94
瑞士	0.00	5.00	4.55	0.00	0.00	0.00	4.17	7.69	4.00	0.00	2.52
瑞典	8.33	0.00	0.00	0.00	3.85	0.00	4.17	3.85	0.00	0.00	2.10
加拿大	0.00	5.00	4.55	0.00	0.00	0.00	0.00	7.69	0.00	4.00	2.10

续表

国家和地区	2010年	2011年	2012年	2013年	2014年	2015年	2016年	2017年	2018年	2019年	合计
西班牙	0.00	0.00	0.00	4.17	0.00	9.09	4.17	3.85	0.00	0.00	2.10
日本	0.00	0.00	9.09	4.17	0.00	4.55	0.00	0.00	4.00	0.00	2.10
意大利	0.00	0.00	0.00	4.17	3.85	0.00	0.00	3.85	0.00	4.00	1.68
斯洛文尼亚	0.00	0.00	4.55	0.00	0.00	0.00	0.00	0.00	4.00	4.00	1.26
伊朗	4.17	0.00	0.00	0.00	0.00	0.00	4.17	0.00	0.00	4.00	1.26
丹麦	0.00	0.00	0.00	4.17	3.85	0.00	4.17	0.00	0.00	0.00	1.26
马来西亚	0.00	0.00	0.00	0.00	3.85	4.55	0.00	0.00	0.00	4.00	1.26
波兰	0.00	0.00	0.00	0.00	0.00	0.00	4.17	3.85	0.00	0.00	0.84

表4－35　生物物理学B层人才排名前20的国家和地区的占比

单位：%

国家和地区	2010年	2011年	2012年	2013年	2014年	2015年	2016年	2017年	2018年	2019年	合计
美国	34.39	30.41	30.77	29.87	27.98	20.24	17.12	21.01	11.40	14.41	23.60
中国大陆	4.07	7.73	4.33	10.39	11.93	13.36	17.57	23.53	18.86	20.27	13.40
英国	10.41	5.15	10.58	7.36	7.00	8.10	7.66	7.14	7.02	8.11	7.85
德国	7.69	6.70	9.62	6.06	7.00	7.69	4.05	3.36	5.26	4.50	6.17
印度	5.43	3.09	1.44	5.63	3.29	2.43	4.05	7.14	7.02	5.41	4.53
法国	2.71	5.67	4.81	3.03	2.88	3.24	3.60	2.94	2.19	2.70	3.33
瑞士	4.07	3.09	3.85	2.60	1.23	2.02	3.60	2.52	3.95	1.80	2.84
加拿大	4.52	3.09	4.81	1.73	1.65	4.86	1.80	0.84	1.75	2.25	2.71
意大利	3.17	1.55	2.88	0.87	4.12	2.83	4.50	1.68	2.19	2.25	2.62
荷兰	1.81	3.09	1.44	1.73	4.94	2.02	2.25	2.94	2.63	2.25	2.53
日本	2.26	1.55	0.96	3.46	3.29	3.24	3.60	1.26	2.19	1.80	2.40
澳大利亚	1.36	3.09	2.40	4.33	2.88	1.62	1.80	1.68	1.75	3.15	2.40
西班牙	1.81	4.12	1.44	2.16	2.88	2.02	2.25	1.68	2.19	1.35	2.17
韩国	0.90	0.52	1.92	2.16	1.65	2.02	3.60	0.42	3.51	4.05	2.09
瑞典	1.81	2.58	2.40	2.60	1.65	2.43	2.25	1.26	1.32	1.35	1.95
伊朗	0.90	0.00	0.00	2.16	1.65	0.81	2.25	1.68	2.63	3.15	1.55
波兰	0.90	1.55	2.40	1.30	0.41	1.62	0.00	1.26	1.32	1.80	1.24
以色列	0.90	0.52	1.92	1.30	0.82	1.62	1.80	0.42	0.88	1.35	1.15
丹麦	0.90	1.55	0.00	1.73	0.41	0.40	1.80	0.84	1.32	1.35	1.02
南非	0.00	0.52	0.00	0.00	0.00	0.00	2.25	2.52	3.07	1.35	0.98

表 4－36　生物物理学 C 层人才排名前 20 的国家和地区的占比

单位：%

国家和地区	2010年	2011年	2012年	2013年	2014年	2015年	2016年	2017年	2018年	2019年	合计
美　　国	32.45	28.56	29.18	25.02	23.94	22.07	19.56	17.75	16.32	15.82	22.97
中国大陆	7.63	11.69	10.28	16.00	16.39	20.22	21.17	25.21	27.83	24.17	18.21
德　　国	7.68	7.66	7.79	6.41	6.43	6.69	6.11	4.74	4.49	3.76	6.16
英　　国	6.31	6.05	6.14	5.49	5.31	6.11	5.92	5.76	5.34	5.78	5.81
印　　度	2.19	2.69	2.78	4.45	3.90	3.40	3.90	4.39	4.05	6.13	3.79
法　　国	3.79	4.81	4.53	3.53	3.36	3.45	2.98	2.69	2.18	3.46	3.45
意 大 利	3.56	3.10	2.39	3.18	3.36	3.40	3.08	3.97	3.29	3.31	3.28
日　　本	3.88	3.47	3.85	2.70	3.15	3.24	2.85	2.13	2.58	2.22	3.00
加 拿 大	3.56	3.21	3.56	2.96	3.11	2.63	2.98	2.22	1.91	1.88	2.80
韩　　国	2.19	1.91	2.19	2.75	2.45	3.20	2.98	2.77	2.80	2.52	2.60
西 班 牙	3.02	2.22	2.00	2.48	2.28	2.46	2.07	2.13	1.91	2.13	2.27
荷　　兰	2.56	2.07	2.44	2.40	2.53	2.01	1.65	1.71	1.16	1.78	2.03
澳大利亚	1.78	2.28	2.05	1.87	2.32	1.64	2.53	1.49	2.05	1.88	1.98
伊　　朗	0.87	0.98	1.12	1.35	1.33	1.31	1.93	2.13	3.16	3.36	1.75
瑞　　士	1.78	1.60	1.90	1.92	1.54	1.23	1.01	1.83	0.98	1.29	1.51
瑞　　典	2.01	1.14	1.22	1.26	1.29	0.94	1.65	1.15	1.42	1.24	1.33
巴　　西	0.64	0.93	0.93	1.13	1.08	0.98	1.24	1.45	1.42	1.53	1.14
葡 萄 牙	0.78	1.40	0.93	1.18	1.29	0.78	1.01	0.81	0.71	0.84	0.97
以 色 列	1.28	1.14	1.51	0.83	1.08	1.39	0.60	0.34	0.62	0.64	0.94
俄 罗 斯	0.78	0.67	0.97	0.87	0.62	0.94	0.96	1.07	0.84	1.33	0.90

十三　生物化学和分子生物学

生物化学和分子生物学 A、B、C 层人才最多的国家是美国，分别占该学科全球 A、B、C 层人才的 34.33%、33.65%、29.49%。

英国、德国、瑞士、加拿大、中国大陆、法国的 A 层人才比较多，世界占比在 11%～3% 之间；日本、荷兰、瑞典、西班牙、丹麦、澳大利亚、奥地利、以色列、意大利、比利时、挪威、韩国、爱尔兰也有相当数量的 A 层人才，世界占比超过或接近 1%。

英国、德国、中国大陆、加拿大、法国的 B 层人才比较多，世界占比在 9%～3% 之间；瑞士、日本、荷兰、澳大利亚、意大利、西班牙、瑞典、丹麦、以色列、比利时、韩国、奥地利、印度、新加坡也有相当数量的 B 层人才，世界占比超过或接近 1%。

中国大陆、英国、德国、法国、日本、加拿大、意大利的 C 层人才比较多，世界占比在 9%～3% 之间；澳大利亚、西班牙、瑞士、荷兰、瑞典、印度、韩国、比利时、丹麦、以色列、奥地利、巴西也有相当数量的 C 层人才，世界占比超过或接近 1%。

表 4-37　生物化学和分子生物学 A 层人才排名前 20 的国家和地区的占比

单位：%

国家和地区	2010年	2011年	2012年	2013年	2014年	2015年	2016年	2017年	2018年	2019年	合计
美国	48.98	37.63	30.56	34.91	39.25	34.26	30.28	36.00	20.91	33.07	34.33
英国	10.20	12.90	10.19	7.55	13.08	10.19	6.42	12.00	10.91	13.39	10.69
德国	6.12	10.75	6.48	8.49	4.67	10.19	8.26	10.00	7.27	7.87	7.97
瑞士	4.08	4.30	4.63	2.83	3.74	6.48	4.59	4.00	5.45	6.30	4.69
加拿大	4.08	4.30	1.85	2.83	3.74	1.85	5.50	4.00	5.45	2.36	3.56
中国大陆	2.04	4.30	2.78	2.83	3.74	2.78	7.34	2.00	4.55	3.15	3.56
法国	2.04	3.23	4.63	2.83	3.74	1.85	5.50	2.00	6.36	2.36	3.47
日本	8.16	3.23	3.70	1.89	2.80	0.93	2.75	2.00	2.73	1.57	2.91
荷兰	0.00	4.30	2.78	1.89	1.87	3.70	3.67	4.00	2.73	3.15	2.81
瑞典	2.04	2.15	3.70	2.83	5.61	2.78	2.75	2.00	1.82	2.36	2.81
西班牙	2.04	0.00	4.63	3.77	0.93	2.78	1.83	3.00	1.82	4.72	2.63
丹麦	1.02	2.15	0.93	1.89	1.87	2.78	2.75	4.00	2.73	2.36	2.25
澳大利亚	1.02	1.08	2.78	3.77	0.93	5.56	0.92	2.00	2.73	0.79	2.16
奥地利	0.00	1.08	2.78	5.66	0.00	0.93	2.75	0.00	1.82	2.36	1.78
以色列	0.00	0.00	0.93	0.00	2.80	1.85	2.75	2.00	2.73	1.57	1.50
意大利	0.00	1.08	0.93	2.83	0.00	0.93	1.83	3.00	0.91	3.15	1.50
比利时	0.00	3.23	0.93	0.00	0.93	0.93	0.92	1.00	2.73	0.79	1.13
挪威	0.00	0.00	1.85	2.83	0.93	0.00	0.00	0.00	1.82	1.57	0.94
韩国	1.02	0.00	0.93	0.00	2.80	1.85	0.00	1.00	0.00	0.79	0.84
爱尔兰	1.02	2.15	0.00	0.94	0.93	0.93	0.00	1.00	1.82	0.00	0.84

表 4-38　生物化学和分子生物学 B 层人才排名前 20 的国家和地区的占比

单位：%

国家和地区	2010年	2011年	2012年	2013年	2014年	2015年	2016年	2017年	2018年	2019年	合计
美国	40.32	36.81	35.28	36.46	36.49	33.68	31.46	30.19	29.88	27.96	33.65
英国	9.34	9.68	8.79	9.47	8.74	8.99	8.74	8.08	8.01	6.57	8.59

续表

国家和地区	2010年	2011年	2012年	2013年	2014年	2015年	2016年	2017年	2018年	2019年	合计
德　国	8.09	7.55	6.85	6.08	7.19	6.40	7.84	6.63	6.37	7.10	7.00
中国大陆	2.28	2.77	3.58	5.46	4.93	6.20	7.14	8.17	8.52	12.62	6.34
加拿大	3.64	4.04	3.78	2.88	4.62	4.65	3.42	3.46	3.08	2.89	3.63
法　国	3.87	3.62	4.19	3.19	3.49	3.20	3.82	3.46	2.77	3.16	3.47
瑞　士	2.85	3.40	2.97	2.16	2.98	2.48	3.32	2.88	3.18	2.37	2.85
日　本	3.87	4.36	3.17	3.19	2.77	2.27	1.81	2.12	2.16	2.80	2.83
荷　兰	2.16	2.77	3.99	2.78	3.08	1.76	2.61	3.17	3.18	2.63	2.82
澳大利亚	1.94	2.45	1.94	3.50	3.19	3.00	2.21	3.08	2.87	3.51	2.79
意大利	2.62	2.66	2.25	2.47	2.77	2.27	2.51	2.60	1.95	2.45	2.45
西班牙	2.16	2.55	2.66	2.37	2.47	1.96	2.71	2.31	1.85	2.10	2.31
瑞　典	1.94	1.91	1.64	2.06	2.36	2.48	2.11	2.21	2.46	1.93	2.11
丹　麦	1.14	1.70	1.64	2.06	1.03	1.34	1.51	2.21	2.16	1.14	1.59
以色列	2.39	0.96	0.82	1.34	1.54	1.45	1.91	1.54	0.82	1.67	1.44
比利时	1.03	1.49	2.04	1.24	1.23	0.93	1.51	1.25	1.95	1.31	1.40
韩　国	1.37	0.96	1.64	1.03	1.13	1.45	1.01	1.25	2.05	1.40	1.33
奥地利	0.91	1.06	0.92	0.72	0.51	1.76	1.61	0.87	1.23	1.14	1.08
印　度	0.23	0.96	0.92	0.41	0.82	0.83	0.50	0.67	0.92	2.10	0.86
新加坡	0.68	0.43	1.12	0.82	1.03	0.93	0.50	0.67	1.03	0.70	0.79

表4-39　生物化学和分子生物学C层人才排名前20的国家和地区的占比

单位：%

国家和地区	2010年	2011年	2012年	2013年	2014年	2015年	2016年	2017年	2018年	2019年	合计
美　国	35.41	35.14	32.82	32.19	31.18	30.26	27.00	26.96	25.01	20.96	29.49
中国大陆	4.62	5.19	6.30	7.30	7.73	7.85	8.67	11.38	13.84	15.15	8.94
英　国	8.54	8.28	7.93	8.30	8.16	8.36	8.34	7.39	7.11	6.28	7.84
德　国	8.19	7.67	7.97	7.73	7.22	7.41	7.26	6.94	6.15	6.27	7.26
法　国	4.55	4.50	4.73	4.20	3.81	4.27	4.25	3.88	3.39	3.38	4.08
日　本	4.22	4.33	4.30	3.86	3.27	3.31	3.14	3.08	2.63	2.65	3.46
加拿大	4.10	3.75	3.47	3.69	3.68	3.46	3.57	3.09	2.92	2.67	3.42
意大利	2.89	2.91	2.67	3.34	2.69	2.80	3.00	3.02	3.55	3.76	3.07
澳大利亚	2.23	2.42	2.42	2.57	3.01	2.76	3.03	2.79	2.70	2.66	2.67
西班牙	2.25	2.11	2.66	2.07	2.41	2.53	2.37	2.44	2.57	2.38	2.38
瑞　士	2.42	2.12	2.46	2.76	2.35	2.35	2.40	2.28	2.27	2.17	2.36
荷　兰	2.32	2.34	2.46	2.53	2.64	2.28	2.34	1.90	2.19	2.04	2.30
瑞　典	1.80	1.64	1.61	1.55	1.59	1.69	1.85	1.51	1.73	1.72	1.67
印　度	1.10	1.21	1.17	1.19	1.58	1.62	1.84	2.09	1.82	2.55	1.64

续表

国家和地区	2010年	2011年	2012年	2013年	2014年	2015年	2016年	2017年	2018年	2019年	合计
韩　国	1.20	1.26	1.63	1.53	1.79	1.54	1.59	1.76	1.66	1.89	1.59
比利时	1.49	1.49	1.38	1.37	1.23	1.30	1.18	0.98	0.87	0.85	1.21
丹　麦	1.16	1.03	1.09	1.38	1.24	1.24	1.43	1.15	1.18	1.12	1.20
以色列	1.40	1.18	1.14	0.98	0.94	1.06	1.07	0.96	0.87	0.71	1.02
奥地利	1.03	0.92	0.99	0.97	1.19	0.83	1.14	0.94	0.94	0.84	0.98
巴　西	0.61	0.64	0.75	0.61	0.72	0.87	0.94	1.06	0.92	1.10	0.83

十四　生物化学研究方法

生物化学研究方法A、B、C层人才最多的国家是美国，分别占该学科全球A、B、C层人才的38.17%、33.58%、28.67%。

英国、德国、澳大利亚、瑞士的A层人才比较多，世界占比在12%~3%之间；加拿大、法国、中国大陆、瑞典、西班牙、丹麦、意大利、俄罗斯、新加坡、奥地利、比利时、荷兰、中国香港、以色列、新西兰也有相当数量的A层人才，世界占比超过或接近1%。

德国、英国、中国大陆、加拿大、瑞士、法国、澳大利亚的B层人才比较多，世界占比在9%~3%之间；荷兰、日本、丹麦、沙特阿拉伯、西班牙、奥地利、瑞典、意大利、韩国、比利时、新加坡、芬兰也有相当数量的B层人才，世界占比超过1%。

中国大陆、德国、英国、法国、加拿大、西班牙、瑞士的C层人才比较多，世界占比在10%~3%之间；荷兰、意大利、澳大利亚、日本、韩国、瑞典、丹麦、比利时、奥地利、新加坡、印度、巴西也有相当数量的C层人才，世界占比超过或接近1%。

表4-40　生物化学研究方法A层人才排名前20的国家和地区的占比

单位：%

国家和地区	2010年	2011年	2012年	2013年	2014年	2015年	2016年	2017年	2018年	2019年	合计
美　国	45.83	33.33	44.00	47.83	19.23	39.13	38.46	40.74	46.15	21.43	38.17
英　国	16.67	22.22	0.00	8.70	15.38	13.04	11.54	0.00	15.38	14.29	11.62
德　国	8.33	7.41	8.00	8.70	19.23	17.39	19.23	7.41	3.85	14.29	11.20

续表

国家和地区	2010年	2011年	2012年	2013年	2014年	2015年	2016年	2017年	2018年	2019年	合计
澳大利亚	12.50	0.00	8.00	4.35	11.54	4.35	3.85	11.11	0.00	0.00	5.81
瑞　士	0.00	3.70	8.00	0.00	3.85	8.70	0.00	0.00	3.85	14.29	3.73
加拿大	4.17	0.00	4.00	0.00	7.69	0.00	0.00	11.11	0.00	0.00	2.90
法　国	0.00	0.00	8.00	0.00	0.00	0.00	0.00	3.70	3.85	21.43	2.90
中国大陆	4.17	0.00	0.00	0.00	0.00	4.35	0.00	3.70	7.69	7.14	2.49
瑞　典	4.17	3.70	0.00	8.70	3.85	0.00	3.85	0.00	0.00	0.00	2.49
西班牙	0.00	3.70	4.00	0.00	0.00	0.00	7.69	3.70	0.00	0.00	2.07
丹　麦	0.00	11.11	0.00	0.00	0.00	0.00	0.00	3.70	0.00	0.00	1.66
意大利	0.00	0.00	0.00	4.35	0.00	4.35	3.85	0.00	3.85	0.00	1.66
俄罗斯	4.17	0.00	4.00	4.35	0.00	0.00	0.00	0.00	3.85	0.00	1.66
新加坡	0.00	0.00	4.00	0.00	0.00	4.35	7.69	0.00	0.00	0.00	1.66
奥地利	0.00	3.70	0.00	0.00	0.00	0.00	0.00	3.70	3.85	0.00	1.24
比利时	0.00	0.00	0.00	4.35	0.00	0.00	0.00	3.70	3.85	0.00	1.24
荷　兰	0.00	7.41	0.00	0.00	0.00	0.00	0.00	0.00	3.85	0.00	1.24
中国香港	0.00	0.00	4.00	0.00	3.85	0.00	0.00	0.00	0.00	0.00	0.83
以色列	0.00	0.00	0.00	4.35	0.00	0.00	3.85	0.00	0.00	0.00	0.83
新西兰	0.00	0.00	4.00	0.00	3.85	0.00	0.00	0.00	0.00	0.00	0.83

表4-41　生物化学研究方法B层人才排名前20的国家和地区的占比

单位：%

国家和地区	2010年	2011年	2012年	2013年	2014年	2015年	2016年	2017年	2018年	2019年	合计
美　国	41.28	40.25	37.33	35.89	35.27	29.66	34.18	30.04	27.47	25.32	33.58
德　国	7.34	7.88	11.56	8.13	7.88	7.20	8.02	8.64	9.01	9.28	8.49
英　国	8.72	8.30	10.22	7.66	7.05	10.59	10.55	6.58	8.58	5.91	8.41
中国大陆	2.75	3.73	7.56	6.22	6.22	4.24	8.44	11.52	13.73	12.66	7.76
加拿大	5.50	4.15	3.56	2.39	3.73	3.39	2.53	5.35	3.00	3.80	3.75
瑞　士	4.13	4.15	3.56	2.39	3.73	2.97	2.11	3.29	1.29	4.64	3.23
法　国	4.13	2.49	2.67	3.83	2.90	3.81	0.84	2.47	4.72	3.80	3.15
澳大利亚	1.38	3.32	2.22	2.87	2.90	3.39	2.53	5.35	3.86	2.53	3.06
荷　兰	3.67	2.07	1.78	2.87	2.49	3.81	2.95	3.29	2.58	3.38	2.89
日　本	2.29	1.66	1.33	0.00	0.83	3.39	2.53	1.65	2.15	3.38	1.94
丹　麦	1.38	1.24	1.33	1.91	2.07	2.54	0.84	1.23	2.58	2.53	1.77
沙特阿拉伯	0.46	0.83	0.00	1.91	2.90	1.69	5.06	1.23	2.15	0.42	1.68
西班牙	1.83	0.41	1.33	3.35	1.24	2.12	1.27	2.06	1.29	2.11	1.68

续表

国家和地区	2010年	2011年	2012年	2013年	2014年	2015年	2016年	2017年	2018年	2019年	合计
奥地利	1.38	1.66	1.33	0.96	4.15	1.27	0.00	2.06	2.15	0.84	1.59
瑞典	0.92	1.24	1.33	2.39	3.73	0.85	1.27	0.41	1.72	1.69	1.55
意大利	0.92	1.66	2.22	1.91	0.83	1.27	2.11	0.41	1.72	1.27	1.42
韩国	0.92	2.49	0.89	1.91	1.66	2.12	1.69	0.41	0.86	0.84	1.38
比利时	1.38	1.66	0.44	0.48	2.07	2.97	1.27	0.82	0.86	1.69	1.38
新加坡	0.92	0.83	0.44	0.96	0.83	1.27	1.27	2.47	0.43	1.69	1.12
芬兰	0.92	0.41	0.89	0.96	0.83	1.27	1.27	1.65	1.29	0.84	1.03

表4-42　生物化学研究方法C层人才排名前20的国家和地区的占比

单位：%

国家和地区	2010年	2011年	2012年	2013年	2014年	2015年	2016年	2017年	2018年	2019年	合计
美国	30.07	31.25	31.26	29.92	30.20	29.04	28.06	28.37	26.17	22.59	28.67
中国大陆	6.02	6.25	7.29	8.14	8.95	8.90	10.33	12.21	13.66	12.68	9.50
德国	9.31	7.93	8.58	7.90	8.28	9.17	8.72	6.74	7.37	7.49	8.13
英国	7.14	7.34	7.34	7.13	6.57	6.53	7.45	6.33	6.42	5.97	6.82
法国	4.08	4.28	3.33	3.26	3.18	3.40	3.77	3.13	2.74	3.20	3.43
加拿大	3.52	4.28	3.73	3.21	3.47	3.62	3.00	3.00	3.00	3.42	3.43
西班牙	3.89	3.94	3.20	3.40	3.72	3.45	3.05	2.63	3.25	3.50	3.40
瑞士	3.01	2.73	3.16	3.49	2.84	3.53	2.92	3.87	3.08	3.12	3.17
荷兰	3.99	2.81	2.85	3.35	2.80	2.42	3.00	2.10	2.87	3.50	2.95
意大利	2.36	2.35	3.07	3.30	2.89	2.91	3.26	2.67	2.91	3.12	2.88
澳大利亚	2.69	2.35	2.76	2.25	2.26	2.28	2.62	3.04	3.04	4.20	2.75
日本	2.59	2.18	2.80	2.20	2.01	2.06	1.78	1.81	1.97	1.86	2.12
韩国	1.34	2.27	1.96	1.24	1.84	2.01	1.99	2.06	1.88	1.51	1.82
瑞典	1.99	1.68	2.22	1.72	2.09	1.30	1.74	1.93	1.67	1.56	1.79
丹麦	2.36	1.43	1.60	1.20	1.63	1.74	1.31	1.32	2.23	1.69	1.65
比利时	1.48	1.13	0.98	1.77	1.80	2.24	1.35	0.95	1.54	1.69	1.49
奥地利	1.16	1.43	1.42	1.77	1.59	1.12	1.18	1.19	1.11	0.87	1.28
新加坡	0.88	1.13	1.47	1.10	1.21	0.98	1.27	1.23	0.86	1.04	1.12
印度	0.93	1.34	0.71	0.62	0.92	0.72	0.47	1.15	0.90	1.90	0.97
巴西	1.11	0.55	0.76	0.72	1.00	0.67	1.31	0.99	0.86	0.87	0.88

十五　遗传学和遗传性

遗传学和遗传性A、B、C层人才最多的国家是美国，分别占该学科全球

A、B、C 层人才的 15.72%、18.29%、23.88%。

德国、英国、澳大利亚、日本、西班牙、加拿大、瑞士、荷兰的 A 层人才比较多，世界占比在 8%～3%之间；法国、意大利、瑞典、丹麦、中国大陆、芬兰、比利时、挪威、沙特阿拉伯、奥地利、冰岛也有相当数量的 A 层人才，世界占比超过 1%。

英国、德国、加拿大、荷兰、澳大利亚、日本、中国大陆、法国、瑞典、西班牙、意大利的 B 层人才比较多，世界占比在 9%～3%之间；瑞士、丹麦、芬兰、挪威、奥地利、比利时、冰岛、希腊也有相当数量的 B 层人才，世界占比超过 1%。

英国、德国、中国大陆、法国、加拿大、荷兰、澳大利亚的 C 层人才比较多，世界占比在 10%～3%之间；意大利、日本、西班牙、瑞典、瑞士、丹麦、比利时、芬兰、奥地利、挪威、以色列、巴西也有相当数量的 C 层人才，世界占比超过或接近 1%。

表 4－43　遗传学和遗传性 A 层人才排名前 20 的国家和地区的占比

单位：%

国家和地区	2010年	2011年	2012年	2013年	2014年	2015年	2016年	2017年	2018年	2019年	合计
美国	15.38	27.78	16.67	17.86	9.09	7.50	17.78	30.95	6.45	8.51	15.72
德国	23.08	11.11	6.67	7.14	9.09	5.00	4.44	7.14	3.23	6.38	7.86
英国	7.69	8.33	10.00	7.14	2.27	5.00	8.89	9.52	6.45	6.38	7.05
澳大利亚	7.69	5.56	3.33	3.57	4.55	5.00	4.44	7.14	6.45	4.26	5.15
日本	0.00	5.56	6.67	21.43	4.55	0.00	4.44	0.00	12.90	0.00	4.88
西班牙	0.00	5.56	6.67	7.14	2.27	5.00	4.44	7.14	3.23	4.26	4.61
加拿大	3.85	2.78	3.33	3.57	2.27	5.00	6.67	4.76	3.23	4.26	4.07
瑞士	11.54	0.00	3.33	3.57	2.27	5.00	2.22	4.76	6.45	4.26	4.07
荷兰	3.85	2.78	3.33	3.57	2.27	5.00	2.22	4.76	3.23	6.38	3.79
法国	7.69	2.78	3.33	3.57	2.27	2.50	0.00	2.38	3.23	2.13	2.71
意大利	0.00	2.78	3.33	3.57	4.55	2.50	4.44	0.00	3.23	2.13	2.71
瑞典	0.00	2.78	0.00	3.57	2.27	0.00	6.67	0.00	0.00	6.38	2.44
丹麦	3.85	2.78	3.33	0.00	2.27	2.50	0.00	4.76	0.00	4.26	2.44
中国大陆	3.85	0.00	6.67	0.00	2.27	2.50	2.22	0.00	3.23	2.13	2.17
芬兰	3.85	2.78	0.00	0.00	2.27	0.00	6.67	0.00	0.00	4.26	2.17
比利时	0.00	2.78	0.00	3.57	2.27	0.00	0.00	2.38	6.45	4.26	2.17

续表

国家和地区	2010年	2011年	2012年	2013年	2014年	2015年	2016年	2017年	2018年	2019年	合计
挪　　威	0. 00	2. 78	0. 00	3. 57	2. 27	0. 00	2. 22	0. 00	3. 23	4. 26	1. 90
沙特阿拉伯	0. 00	0. 00	0. 00	3. 57	0. 00	2. 50	4. 44	0. 00	6. 45	0. 00	1. 63
奥 地 利	0. 00	0. 00	0. 00	0. 00	2. 27	2. 50	2. 22	0. 00	3. 23	2. 13	1. 36
冰　　岛	0. 00	0. 00	0. 00	3. 57	2. 27	0. 00	0. 00	0. 00	0. 00	6. 38	1. 36

表 4 - 44　遗传学和遗传性 B 层人才排名前 20 的国家和地区的占比

单位：%

国家和地区	2010年	2011年	2012年	2013年	2014年	2015年	2016年	2017年	2018年	2019年	合计
美　　国	20. 80	21. 07	24. 04	16. 71	16. 33	18. 71	20. 76	15. 40	15. 71	15. 12	18. 29
英　　国	7. 65	9. 79	8. 44	6. 69	8. 54	8. 08	7. 34	7. 31	8. 81	8. 91	8. 18
德　　国	7. 95	13. 06	9. 72	11. 70	9. 55	9. 24	4. 56	6. 27	5. 24	5. 81	8. 13
加 拿 大	5. 20	3. 86	2. 56	3. 06	3. 52	3. 46	4. 30	5. 22	3. 57	4. 84	3. 97
荷　　兰	5. 20	3. 56	4. 35	4. 46	3. 02	4. 16	4. 05	3. 13	3. 10	4. 26	3. 92
澳大利亚	3. 36	2. 97	3. 84	3. 90	3. 52	3. 93	3. 54	2. 87	5. 24	4. 65	3. 84
日　　本	1. 83	4. 75	3. 07	2. 79	4. 52	5. 54	4. 05	4. 70	2. 86	2. 91	3. 71
中国大陆	2. 75	1. 48	3. 84	1. 67	4. 02	3. 46	4. 30	3. 92	5. 00	5. 23	3. 69
法　　国	4. 28	2. 97	3. 84	3. 90	3. 77	2. 08	5. 32	4. 18	3. 10	2. 71	3. 56
瑞　　典	4. 28	2. 08	2. 81	4. 46	4. 02	3. 00	3. 04	3. 92	3. 57	3. 88	3. 51
西 班 牙	3. 98	2. 97	4. 35	3. 34	2. 51	2. 77	3. 29	2. 87	2. 62	2. 91	3. 13
意 大 利	3. 36	3. 26	3. 32	3. 34	1. 76	3. 00	3. 54	3. 66	2. 14	3. 10	3. 03
瑞　　士	2. 45	1. 78	2. 30	2. 51	2. 26	2. 31	2. 28	1. 57	4. 05	3. 10	2. 50
丹　　麦	2. 75	2. 08	2. 81	1. 67	2. 51	2. 31	2. 28	1. 83	3. 57	1. 55	2. 32
芬　　兰	2. 75	1. 48	1. 79	3. 06	1. 51	1. 39	2. 03	2. 35	2. 14	2. 13	2. 05
挪　　威	1. 83	2. 37	1. 02	2. 51	1. 51	1. 39	2. 28	1. 57	2. 62	2. 13	1. 92
奥 地 利	1. 83	1. 19	1. 28	1. 39	1. 26	1. 62	1. 77	1. 83	1. 67	1. 36	1. 52
比 利 时	1. 53	2. 08	1. 53	1. 39	0. 25	1. 39	1. 52	2. 09	1. 19	1. 36	1. 41
冰　　岛	2. 14	1. 78	1. 53	1. 67	0. 75	0. 92	0. 76	1. 04	2. 14	0. 97	1. 34
希　　腊	1. 53	1. 48	1. 02	1. 67	0. 75	1. 15	0. 76	2. 09	1. 19	1. 55	1. 31

表 4 - 45　遗传学和遗传性 C 层人才排名前 20 的国家和地区的占比

单位：%

国家和地区	2010年	2011年	2012年	2013年	2014年	2015年	2016年	2017年	2018年	2019年	合计
美　　国	26. 48	26. 17	24. 28	23. 27	23. 57	23. 02	23. 30	22. 79	24. 32	22. 60	23. 88
英　　国	9. 84	8. 73	9. 27	8. 86	8. 69	8. 88	8. 88	9. 55	8. 97	8. 63	9. 01
德　　国	13. 44	11. 17	11. 54	11. 51	11. 43	10. 76	6. 47	4. 80	1. 68	0. 50	8. 05

续表

国家和地区	2010年	2011年	2012年	2013年	2014年	2015年	2016年	2017年	2018年	2019年	合计
中国大陆	2.60	3.47	3.63	4.36	4.81	4.86	6.09	6.40	9.02	10.72	5.78
法　国	4.89	4.87	4.39	4.66	3.85	4.30	4.23	4.29	4.36	4.51	4.42
加拿大	4.22	4.10	4.49	4.71	3.95	4.25	3.49	3.85	4.07	3.99	4.10
荷　兰	3.88	3.80	4.49	3.80	3.40	3.45	3.65	3.93	3.89	3.73	3.79
澳大利亚	2.99	3.24	3.66	3.69	3.65	3.50	3.58	3.83	4.16	3.77	3.63
意大利	2.90	2.73	3.00	2.84	2.95	3.05	2.67	3.15	2.91	3.49	2.98
日　本	3.42	3.36	3.34	3.45	2.67	2.25	2.22	2.31	1.75	2.20	2.65
西班牙	2.23	2.67	2.85	2.25	3.07	2.42	2.75	2.22	2.59	2.74	2.59
瑞　典	1.83	2.05	2.32	2.22	2.69	2.56	2.41	2.77	2.29	2.65	2.40
瑞　士	1.99	1.90	2.04	2.03	2.12	1.69	2.46	2.58	2.19	2.16	2.12
丹　麦	1.47	1.34	1.44	2.46	2.09	2.18	1.93	1.79	2.27	1.77	1.89
比利时	1.86	1.40	1.41	1.63	1.26	1.62	1.43	1.36	1.33	1.42	1.47
芬　兰	1.34	1.22	1.17	1.39	1.13	1.20	1.34	1.17	1.23	0.93	1.20
奥地利	1.04	1.37	0.99	1.26	1.11	0.94	1.24	1.19	1.11	1.40	1.17
挪　威	0.79	1.01	0.73	1.02	0.98	1.15	0.98	1.65	1.01	1.01	1.04
以色列	0.98	1.13	0.97	0.86	0.91	0.89	1.10	0.79	0.89	1.08	0.96
巴　西	0.40	0.83	0.81	0.62	0.71	0.87	1.03	0.81	1.43	1.25	0.89

十六　数学生物学和计算生物学

数学生物学和计算生物学 A、B、C 层人才最多的国家是美国，分别占该学科全球 A、B、C 层人才的 32.03%、28.27%、28.37%。

德国、英国、澳大利亚、中国大陆、瑞士、加拿大的 A 层人才比较多，世界占比在 12%~3% 之间；新西兰、新加坡、瑞典、荷兰、俄罗斯、沙特阿拉伯、西班牙、巴西、法国、马来西亚、墨西哥、挪威、韩国也有相当数量的 A 层人才，世界占比超过或接近 1%。

英国、中国大陆、德国、澳大利亚、加拿大、法国的 B 层人才比较多，世界占比在 12%~3% 之间；荷兰、瑞士、西班牙、意大利、日本、沙特阿拉伯、新加坡、比利时、中国香港、瑞典、丹麦、奥地利、俄罗斯也有相当数量的 B 层人才，世界占比超过 1%。

英国、中国大陆、德国、法国、加拿大的 C 层人才比较多，世界占比在 10%~3%之间；意大利、澳大利亚、瑞士、西班牙、荷兰、印度、日本、瑞典、新加坡、以色列、比利时、丹麦、奥地利、韩国也有相当数量的 C 层人才，世界占比超过或接近 1%。

表 4-46 数学生物学和计算生物学 A 层人才排名前 20 的国家和地区的占比

单位：%

国家和地区	2010年	2011年	2012年	2013年	2014年	2015年	2016年	2017年	2018年	2019年	合计
美国	50.00	45.45	33.33	53.85	15.38	30.77	9.09	35.71	33.33	17.65	32.03
德国	0.00	9.09	16.67	15.38	23.08	7.69	27.27	0.00	8.33	11.76	11.72
英国	8.33	27.27	8.33	7.69	15.38	7.69	18.18	14.29	0.00	5.88	10.94
澳大利亚	16.67	0.00	16.67	0.00	23.08	7.69	0.00	14.29	0.00	5.88	8.59
中国大陆	16.67	0.00	0.00	0.00	0.00	7.69	9.09	7.14	8.33	17.65	7.03
瑞士	0.00	9.09	0.00	0.00	7.69	7.69	0.00	0.00	0.00	11.76	3.91
加拿大	8.33	0.00	0.00	0.00	7.69	7.69	0.00	7.14	0.00	0.00	3.13
新西兰	0.00	0.00	8.33	0.00	7.69	0.00	0.00	0.00	0.00	5.88	2.34
新加坡	0.00	0.00	8.33	0.00	0.00	0.00	9.09	0.00	8.33	0.00	2.34
瑞典	0.00	0.00	0.00	7.69	0.00	0.00	9.09	0.00	0.00	5.88	2.34
荷兰	0.00	9.09	0.00	0.00	0.00	7.69	0.00	0.00	0.00	0.00	1.56
俄罗斯	0.00	0.00	8.33	7.69	0.00	0.00	0.00	0.00	0.00	0.00	1.56
沙特阿拉伯	0.00	0.00	0.00	0.00	0.00	0.00	9.09	7.14	0.00	0.00	1.56
西班牙	0.00	0.00	0.00	0.00	0.00	0.00	9.09	7.14	0.00	0.00	1.56
巴西	0.00	0.00	0.00	7.69	0.00	7.69	0.00	0.00	0.00	0.00	1.56
法国	0.00	0.00	0.00	0.00	0.00	0.00	0.00	0.00	8.33	5.88	1.56
马来西亚	0.00	0.00	0.00	0.00	0.00	0.00	0.00	0.00	8.33	0.00	0.78
墨西哥	0.00	0.00	0.00	0.00	0.00	0.00	0.00	0.00	8.33	0.00	0.78
挪威	0.00	0.00	0.00	0.00	0.00	7.69	0.00	0.00	0.00	0.00	0.78
韩国	0.00	0.00	0.00	0.00	0.00	0.00	0.00	7.14	0.00	0.00	0.78

表 4-47 数学生物学和计算生物学 B 层人才排名前 20 的国家和地区的占比

单位：%

国家和地区	2010年	2011年	2012年	2013年	2014年	2015年	2016年	2017年	2018年	2019年	合计
美国	37.50	35.00	42.06	35.59	26.09	23.48	27.73	21.43	21.43	17.69	28.27
英国	12.50	8.00	9.35	14.41	8.70	13.04	15.13	14.29	8.93	9.52	11.44
中国大陆	1.79	2.00	10.28	4.24	6.09	7.83	10.08	16.67	18.75	24.49	10.76
德国	2.68	10.00	11.21	3.39	6.96	7.83	5.88	5.56	3.57	4.08	5.98
澳大利亚	1.79	5.00	1.87	4.24	4.35	1.74	1.68	7.14	4.46	3.40	3.59
加拿大	8.04	3.00	0.93	5.08	5.22	1.74	2.52	4.76	2.68	2.04	3.59

续表

国家和地区	2010年	2011年	2012年	2013年	2014年	2015年	2016年	2017年	2018年	2019年	合计
法国	6.25	6.00	3.74	5.08	5.22	2.61	1.68	0.79	0.89	1.36	3.25
荷兰	5.36	4.00	0.93	1.69	3.48	3.48	1.68	1.59	2.68	3.40	2.82
瑞士	1.79	6.00	1.87	1.69	2.61	2.61	3.36	3.17	2.68	1.36	2.65
西班牙	0.89	1.00	0.93	2.54	0.87	3.48	2.52	2.38	3.57	1.36	1.96
意大利	0.89	2.00	2.80	0.00	2.61	2.61	5.04	1.59	0.89	0.68	1.88
日本	1.79	0.00	0.00	0.85	1.74	2.61	2.52	0.00	2.68	3.40	1.62
沙特阿拉伯	0.00	0.00	0.00	0.00	2.61	2.61	4.20	2.38	2.68	0.68	1.54
新加坡	1.79	1.00	0.00	3.39	0.00	0.00	0.00	3.17	3.57	1.36	1.45
比利时	1.79	5.00	0.93	0.00	0.87	2.61	0.00	0.00	1.79	1.36	1.37
中国香港	0.89	0.00	1.87	0.00	0.87	4.35	0.84	1.59	0.89	1.36	1.28
瑞典	0.00	0.00	1.87	1.69	2.61	0.87	1.68	1.59	0.89	0.68	1.20
丹麦	0.89	2.00	0.93	0.85	3.48	1.74	0.84	0.79	0.00	0.68	1.20
奥地利	0.00	3.00	0.00	0.85	1.74	0.87	1.68	0.00	1.79	0.68	1.02
俄罗斯	0.89	0.00	0.93	0.85	0.00	2.61	3.36	0.00	0.89	0.68	1.02

表4-48　数学生物学和计算生物学C层人才排名前20的国家和地区的占比

单位：%

国家和地区	2009年	2010年	2011年	2012年	2013年	2014年	2015年	2016年	2017年	2018年	合计
美国	32.59	33.81	30.76	29.51	29.93	29.75	29.34	24.90	23.98	22.58	28.37
英国	11.31	9.40	11.10	11.82	9.86	10.04	8.89	8.30	9.29	7.20	9.62
中国大陆	5.08	5.21	5.46	6.47	6.11	7.62	9.75	11.64	14.52	12.70	8.72
德国	6.41	6.64	6.96	8.11	6.89	7.89	5.87	5.45	5.31	4.58	6.33
法国	4.72	4.49	5.08	4.49	4.01	4.57	5.09	3.01	3.73	3.27	4.19
加拿大	3.47	4.49	4.05	3.80	4.54	2.51	3.62	3.42	3.49	3.73	3.70
意大利	2.58	2.15	3.39	3.88	3.49	2.87	3.11	2.77	2.57	2.75	2.96
澳大利亚	2.49	2.66	3.20	2.85	3.14	2.51	1.90	3.09	3.32	3.34	2.87
瑞士	2.94	3.47	3.10	2.93	2.97	2.60	1.73	2.93	2.16	2.62	2.72
西班牙	2.14	2.76	3.01	2.16	2.53	3.41	2.50	2.36	2.49	3.47	2.70
荷兰	2.49	2.96	1.88	2.50	2.79	2.15	1.64	1.79	2.57	2.09	2.27
印度	0.98	0.82	1.22	1.29	1.13	2.15	2.07	3.34	2.24	3.40	1.95
日本	2.58	1.63	2.73	1.04	1.40	1.16	1.73	2.12	2.32	2.03	1.88
瑞典	1.69	1.02	1.79	1.81	1.92	0.99	1.73	1.46	1.08	1.57	1.51
新加坡	1.07	0.82	0.94	0.78	0.70	0.99	1.81	1.63	1.24	1.11	1.12
以色列	1.07	1.23	1.22	1.47	1.31	1.52	1.04	0.98	0.50	0.85	1.10
比利时	1.69	0.82	0.94	1.12	1.22	1.16	1.21	0.65	0.91	1.05	1.08
丹麦	1.07	1.12	0.56	1.47	1.66	1.08	0.86	1.06	1.08	0.79	1.07
奥地利	1.07	1.94	0.47	0.69	1.05	0.99	1.38	0.90	0.58	0.52	0.93
韩国	0.89	0.82	0.75	0.69	0.61	0.90	0.95	1.14	1.16	1.05	0.91

十七 细胞生物学

细胞生物学 A、B、C 层人才最多的国家是美国，分别占该学科全球 A、B、C 层人才的 32.82%、37.69%、34.11%。

英国、德国、法国、荷兰的 A 层人才比较多，世界占比在 6%~3%之间；中国大陆、西班牙、意大利、日本、瑞典、澳大利亚、瑞士、比利时、加拿大、以色列、奥地利、巴西、芬兰、匈牙利、挪威也有相当数量的 A 层人才，世界占比超过 1%。

英国、德国、中国大陆、荷兰、法国、加拿大、意大利、日本的 B 层人才比较多，世界占比在 8%~3%之间；瑞士、西班牙、瑞典、澳大利亚、以色列、比利时、丹麦、奥地利、韩国、新加坡、芬兰也有相当数量的 B 层人才，世界占比超过或接近 1%。

中国大陆、英国、德国、法国、日本、加拿大、意大利的 C 层人才比较多，世界占比在 9%~3%之间；瑞士、荷兰、澳大利亚、西班牙、瑞典、比利时、韩国、丹麦、以色列、新加坡、奥地利、中国台湾也有相当数量的 C 层人才，大部分世界占比超过 1%。

表 4-49 细胞生物学 A 层人才排名前 20 的国家和地区的占比

单位：%

国家和地区	2010年	2011年	2012年	2013年	2014年	2015年	2016年	2017年	2018年	2019年	合计
美国	61.22	51.92	7.02	50.00	44.07	34.38	9.86	33.77	2.22	38.33	32.82
英国	10.20	13.46	3.51	3.70	6.78	3.13	1.41	5.19	2.22	6.67	5.44
德国	6.12	3.85	1.75	3.70	3.39	7.81	1.41	7.79	2.22	5.00	4.42
法国	2.04	7.69	1.75	5.56	6.78	1.56	4.23	2.60	4.44	6.67	4.25
荷兰	2.04	1.92	3.51	3.70	1.69	4.69	1.41	6.49	2.22	3.33	3.23
中国大陆	0.00	1.92	1.75	7.41	1.69	1.56	2.82	3.90	2.22	5.00	2.89
西班牙	0.00	0.00	1.75	1.85	3.39	6.25	2.82	2.60	2.22	5.00	2.72
意大利	2.04	5.77	1.75	3.70	1.69	3.13	1.41	2.60	2.22	3.33	2.72
日本	8.16	5.77	1.75	0.00	1.69	0.00	1.41	2.60	2.22	1.67	2.38
瑞典	0.00	1.92	1.75	3.70	3.39	1.56	4.23	1.30	2.22	3.33	2.38
澳大利亚	4.08	0.00	1.75	1.85	5.08	1.56	1.41	2.60	2.22	1.67	2.21
瑞士	4.08	1.92	1.75	1.85	1.69	3.13	1.41	2.60	2.22	1.67	2.21

续表

国家和地区	2010年	2011年	2012年	2013年	2014年	2015年	2016年	2017年	2018年	2019年	合计
比利时	0.00	3.85	1.75	0.00	1.69	3.13	1.41	1.30	2.22	5.00	2.04
加拿大	0.00	0.00	1.75	3.70	1.69	0.00	1.41	2.60	2.22	1.67	1.53
以色列	0.00	0.00	1.75	0.00	3.39	1.56	1.41	2.60	2.22	1.67	1.53
奥地利	0.00	0.00	1.75	0.00	1.69	1.56	1.41	1.30	2.22	1.67	1.19
巴西	0.00	0.00	1.75	1.85	1.69	0.00	1.41	2.60	2.22	0.00	1.19
芬兰	0.00	0.00	1.75	0.00	0.00	1.56	1.41	2.60	2.22	1.67	1.19
匈牙利	0.00	0.00	1.75	1.85	1.69	1.56	1.41	1.30	2.22	0.00	1.19
挪威	0.00	0.00	1.75	1.85	0.00	3.13	1.41	1.30	2.22	0.00	1.19

表 4－50　细胞生物学 B 层人才排名前 20 的国家和地区的占比

单位：%

国家和地区	2010年	2011年	2012年	2013年	2014年	2015年	2016年	2017年	2018年	2019年	合计
美国	39.64	44.82	39.77	38.95	40.61	35.94	35.93	35.88	34.25	33.75	37.69
英国	8.88	7.19	8.88	8.72	8.35	6.66	6.84	6.77	8.61	7.90	7.80
德国	8.20	7.40	5.98	3.68	8.35	6.16	6.22	7.20	6.23	7.18	6.64
中国大陆	1.82	2.96	4.05	5.43	4.36	5.99	6.07	5.62	7.33	7.00	5.20
荷兰	5.01	3.17	5.02	4.46	4.17	3.49	4.20	3.17	3.30	3.59	3.92
法国	3.19	4.02	1.93	4.65	3.61	3.16	3.27	4.03	2.56	3.77	3.43
加拿大	3.42	2.54	3.67	3.68	2.85	2.66	3.42	3.60	2.75	3.59	3.23
意大利	3.42	3.17	2.90	4.26	2.85	2.66	3.11	2.59	2.75	3.23	3.06
日本	5.69	3.81	2.70	3.68	4.74	2.33	1.71	2.59	2.01	1.97	3.01
瑞士	2.96	3.59	2.51	1.36	2.09	2.83	3.27	2.74	3.30	3.23	2.79
西班牙	1.14	3.17	2.32	2.71	1.52	2.16	1.87	3.46	2.56	2.69	2.39
瑞典	2.28	1.69	1.35	2.33	2.47	3.33	2.49	2.16	2.93	2.51	2.38
澳大利亚	2.05	1.48	1.74	1.16	2.85	3.49	2.02	2.74	2.20	2.51	2.27
以色列	1.59	1.27	0.77	1.74	0.76	3.16	2.33	2.02	1.47	2.87	1.85
比利时	2.05	1.27	2.51	0.39	1.52	2.00	0.93	1.30	2.38	1.26	1.54
丹麦	0.91	1.06	0.97	1.94	1.52	2.50	1.87	1.44	1.65	1.26	1.54
奥地利	0.68	0.63	0.77	1.55	0.19	1.50	1.24	1.30	1.65	1.62	1.14
韩国	0.91	0.85	1.16	1.94	0.95	0.83	1.40	0.86	0.73	0.72	1.03
新加坡	0.91	0.63	1.16	0.58	1.14	1.33	1.24	0.58	0.92	0.90	0.94
芬兰	1.14	1.06	1.16	1.36	0.38	0.17	1.09	0.43	0.37	0.36	0.73

表 4-51 细胞生物学 C 层人才排名前 20 的国家和地区的占比

单位：%

国家和地区	2010年	2011年	2012年	2013年	2014年	2015年	2016年	2017年	2018年	2019年	合计
美国	40.24	39.14	37.16	36.57	37.00	34.63	32.05	30.71	30.25	26.72	34.11
中国大陆	3.09	3.92	5.18	6.11	7.07	8.26	9.49	13.87	12.13	14.28	8.68
英国	8.79	8.12	8.44	7.98	7.74	8.46	8.43	7.92	7.90	7.52	8.12
德国	7.95	7.80	8.53	7.71	7.30	6.74	7.24	7.28	7.32	6.60	7.41
法国	4.61	4.69	4.24	4.21	4.57	4.75	3.95	4.21	3.67	3.69	4.24
日本	4.66	4.99	4.51	3.85	3.59	3.02	3.45	3.36	2.92	2.86	3.66
加拿大	3.39	3.71	3.59	2.88	3.23	3.61	3.54	3.11	3.21	3.00	3.32
意大利	3.09	2.77	3.04	3.34	3.08	3.44	3.34	3.01	3.36	3.20	3.17
瑞士	2.84	2.39	2.65	2.90	2.73	2.56	2.69	2.63	2.90	2.91	2.72
荷兰	2.82	2.58	3.10	3.12	2.43	2.39	2.79	2.08	2.54	2.64	2.63
澳大利亚	1.95	1.94	1.94	2.45	2.47	2.33	2.33	2.53	2.40	2.73	2.33
西班牙	1.91	2.37	2.49	2.23	2.33	2.01	2.41	2.05	2.52	2.24	2.25
瑞典	1.61	1.26	1.49	1.36	1.74	1.52	1.94	1.47	1.90	2.28	1.67
比利时	1.27	1.71	1.45	1.32	1.34	1.30	1.33	1.16	1.25	1.14	1.32
韩国	1.11	1.13	1.16	1.42	1.41	1.28	1.43	1.26	1.33	1.32	1.29
丹麦	0.89	0.79	0.92	1.48	1.36	1.16	1.27	0.95	1.21	1.05	1.11
以色列	1.09	1.34	0.96	1.01	1.19	1.35	0.99	0.98	1.06	0.99	1.09
新加坡	0.98	0.98	1.22	1.38	0.73	1.10	1.03	0.94	0.92	0.78	1.00
奥地利	1.11	0.85	0.92	0.99	1.15	0.79	0.99	1.07	1.00	1.03	0.99
中国台湾	0.45	0.62	0.59	0.63	0.63	0.71	0.63	0.60	0.52	0.63	0.60

十八 免疫学

免疫学 A、B、C 层人才最多的国家是美国，分别占该学科全球 A、B、C 层人才的 33.27%、31.68%、29.66%。

英国、德国、法国、日本、澳大利亚、荷兰、瑞士的 A 层人才比较多，世界占比在 8%~3% 之间；意大利、加拿大、西班牙、新加坡、比利时、巴西、以色列、爱尔兰、奥地利、中国大陆、瑞典、挪威也有相当数量的 A 层人才，世界占比超过 1%。

英国、德国、法国、澳大利亚、荷兰、瑞士、意大利、加拿大、日本的 B 层人才比较多，世界占比在 9%~3% 之间；中国大陆、西班牙、比利时、瑞典、丹麦、爱尔兰、以色列、奥地利、新加坡、波兰也有相当数量的 B 层人才，世界占比超过或接近 1%。

英国、德国、中国大陆、法国、意大利、荷兰、澳大利亚、加拿大、瑞士的 C 层人才比较多，世界占比在 8%～3%之间；日本、西班牙、瑞典、比利时、丹麦、奥地利、巴西、南非、韩国、以色列也有相当数量的 C 层人才，世界占比超过或接近 1%。

表 4－52　免疫学 A 层人才排名前 20 的国家和地区的占比

单位：%

国家和地区	2010年	2011年	2012年	2013年	2014年	2015年	2016年	2017年	2018年	2019年	合计
美国	32.61	48.94	46.43	29.17	33.90	27.78	35.48	44.74	18.75	24.29	33.27
英国	17.39	2.13	10.71	6.25	6.78	11.11	4.84	5.26	7.81	5.71	7.72
德国	2.17	2.13	7.14	6.25	10.17	7.41	9.68	2.63	7.81	5.71	6.43
法国	6.52	6.38	7.14	6.25	6.78	1.85	4.84	2.63	3.13	1.43	4.60
日本	6.52	8.51	1.79	8.33	3.39	1.85	3.23	2.63	4.69	4.29	4.41
澳大利亚	6.52	4.26	5.36	4.17	3.39	1.85	3.23	0.00	3.13	2.86	3.49
荷兰	0.00	0.00	3.57	4.17	5.08	5.56	1.61	7.89	4.69	2.86	3.49
瑞士	4.35	4.26	5.36	0.00	3.39	1.85	4.84	2.63	1.56	2.86	3.13
意大利	2.17	6.38	1.79	0.00	5.08	0.00	3.23	2.63	1.56	2.86	2.57
加拿大	2.17	4.26	1.79	2.08	1.69	3.70	1.61	0.00	6.25	1.43	2.57
西班牙	0.00	2.13	1.79	2.08	0.00	1.85	1.61	2.63	6.25	2.86	2.21
新加坡	2.17	0.00	0.00	0.00	5.08	0.00	1.61	0.00	1.56	4.29	1.65
比利时	0.00	0.00	0.00	4.17	3.39	1.85	1.61	0.00	1.56	2.86	1.65
巴西	0.00	0.00	0.00	0.00	0.00	5.56	3.23	2.63	3.13	1.43	1.65
以色列	2.17	2.13	0.00	2.08	3.39	0.00	1.61	2.63	3.13	0.00	1.65
爱尔兰	4.35	0.00	0.00	0.00	1.69	0.00	4.84	2.63	0.00	1.43	1.47
奥地利	2.17	0.00	1.79	0.00	0.00	3.70	1.61	2.63	1.56	1.43	1.47
中国大陆	0.00	0.00	1.79	0.00	0.00	3.70	4.84	0.00	1.56	1.43	1.47
瑞典	0.00	4.26	0.00	2.08	0.00	0.00	1.61	5.26	0.00	1.43	1.29
挪威	2.17	0.00	0.00	4.17	0.00	3.70	0.00	0.00	0.00	1.43	1.10

表 4－53　免疫学 B 层人才排名前 20 的国家和地区的占比

单位：%

国家和地区	2010年	2011年	2012年	2013年	2014年	2015年	2016年	2017年	2018年	2019年	合计
美国	36.71	38.53	31.05	37.84	31.20	31.85	25.75	29.63	29.46	28.64	31.68
英国	7.25	9.40	7.62	10.36	10.90	9.33	6.39	7.41	6.96	6.37	8.13

续表

国家和地区	2010年	2011年	2012年	2013年	2014年	2015年	2016年	2017年	2018年	2019年	合计
德　国	8. 21	7. 57	6. 64	6. 77	6. 58	6. 90	7. 28	7. 41	6. 96	6. 53	7. 05
法　国	4. 35	3. 44	4. 10	4. 44	5. 64	6. 49	3. 91	3. 52	4. 64	4. 19	4. 47
澳大利亚	3. 14	2. 98	3. 52	3. 38	3. 76	6. 69	3. 02	2. 41	3. 93	3. 52	3. 63
荷　兰	2. 90	3. 90	3. 52	3. 38	3. 38	2. 23	4. 44	4. 63	3. 57	3. 35	3. 55
瑞　士	4. 83	4. 36	2. 73	3. 81	2. 63	3. 04	3. 73	4. 07	3. 75	2. 01	3. 44
意大利	2. 42	3. 44	3. 52	2. 54	3. 20	2. 43	3. 37	3. 15	4. 82	3. 69	3. 30
加拿大	4. 59	3. 90	2. 54	3. 38	3. 76	3. 65	2. 13	2. 41	3. 04	3. 02	3. 18
日　本	4. 83	2. 52	2. 93	2. 75	2. 63	4. 46	2. 31	2. 59	2. 32	3. 52	3. 05
中国大陆	1. 21	1. 15	0. 78	2. 75	1. 88	1. 22	3. 37	2. 96	5. 18	4. 36	2. 60
西班牙	1. 69	1. 38	1. 95	1. 06	2. 26	1. 22	2. 31	2. 04	1. 96	2. 18	1. 84
比利时	1. 45	1. 61	1. 76	1. 27	2. 07	1. 62	1. 78	2. 59	1. 61	2. 18	1. 82
瑞　典	0. 72	1. 15	2. 54	2. 11	2. 07	1. 01	2. 31	2. 41	0. 36	0. 84	1. 56
丹　麦	0. 97	1. 15	1. 37	1. 48	1. 32	0. 20	1. 78	2. 41	1. 79	0. 67	1. 33
爱尔兰	1. 21	0. 69	1. 37	1. 27	1. 50	0. 81	1. 24	2. 41	1. 07	1. 17	1. 29
以色列	0. 24	1. 15	0. 78	1. 06	1. 50	1. 83	0. 89	1. 48	0. 89	1. 51	1. 15
奥地利	0. 24	1. 15	1. 17	1. 27	1. 13	1. 42	1. 60	1. 30	0. 71	0. 84	1. 09
新加坡	0. 97	0. 46	1. 76	1. 48	0. 56	1. 42	0. 71	0. 74	1. 07	1. 17	1. 04
波　兰	0. 24	0. 69	0. 98	0. 63	0. 75	0. 41	1. 24	0. 37	1. 43	1. 01	0. 80

表 4－54　免疫学 C 层人才排名前 20 的国家和地区的占比

单位：%

国家和地区	2010年	2011年	2012年	2013年	2014年	2015年	2016年	2017年	2018年	2019年	合计
美　国	35. 05	34. 95	34. 08	32. 06	30. 79	29. 45	28. 29	26. 89	25. 43	23. 12	29. 66
英　国	7. 66	8. 07	7. 99	8. 27	8. 25	7. 45	7. 65	7. 68	7. 51	6. 60	7. 69
德　国	6. 50	5. 95	6. 68	6. 44	5. 86	6. 72	6. 33	5. 69	6. 39	6. 51	6. 31
中国大陆	2. 63	2. 95	3. 68	4. 00	4. 88	4. 92	5. 84	6. 92	7. 76	7. 28	5. 25
法　国	4. 28	4. 78	4. 27	4. 54	4. 84	4. 26	4. 24	4. 47	4. 21	4. 64	4. 45
意大利	3. 55	3. 48	3. 87	3. 83	3. 50	3. 80	3. 35	3. 96	4. 41	4. 07	3. 80
荷　兰	3. 29	3. 52	3. 18	3. 83	3. 60	3. 57	3. 35	3. 30	3. 44	3. 11	3. 41
澳大利亚	3. 12	3. 34	3. 26	3. 68	3. 43	3. 44	3. 16	3. 46	3. 67	3. 16	3. 37
加拿大	3. 24	3. 32	3. 58	3. 25	2. 81	2. 94	3. 21	3. 26	2. 84	3. 23	3. 16
瑞　士	2. 92	3. 48	3. 18	2. 76	2. 71	2. 86	3. 46	3. 26	3. 13	2. 87	3. 06
日　本	3. 46	3. 59	3. 16	3. 14	3. 26	2. 88	2. 92	2. 53	2. 68	2. 13	2. 94
西班牙	2. 27	2. 29	2. 25	2. 28	2. 28	2. 32	2. 33	2. 57	2. 52	2. 65	2. 39
瑞　典	1. 84	2. 04	1. 91	1. 74	1. 66	2. 07	2. 00	1. 92	2. 20	2. 23	1. 97

续表

国家和地区	2010年	2011年	2012年	2013年	2014年	2015年	2016年	2017年	2018年	2019年	合计
比利时	1.84	1.62	1.45	1.51	1.47	1.46	1.60	2.12	1.67	2.02	1.68
丹　麦	1.18	0.94	1.09	1.14	1.15	1.46	1.35	1.24	1.06	1.46	1.22
奥地利	1.18	1.10	0.89	0.97	0.98	0.98	1.48	1.07	1.28	1.26	1.13
巴　西	1.09	0.75	0.85	0.86	1.19	1.21	1.44	1.36	1.21	1.05	1.11
南　非	1.11	0.87	1.11	1.27	1.07	1.23	0.97	1.05	1.08	0.87	1.06
韩　国	0.89	0.85	0.85	0.93	1.11	0.94	1.03	1.05	1.17	1.00	0.99
以色列	0.89	1.01	0.79	1.01	1.02	1.06	0.88	0.82	0.97	1.16	0.96

十九　神经科学

神经科学A、B、C层人才最多的国家是美国，分别占该学科全球A、B、C层人才的32.30%、34.62%、32.48%。

英国、德国、加拿大、荷兰、瑞典、法国、瑞士、意大利、澳大利亚的A层人才比较多，世界占比在11%~3%之间；中国大陆、西班牙、丹麦、日本、比利时、爱尔兰、奥地利、挪威、芬兰、新加坡也有相当数量的A层人才，世界占比超过或接近1%。

英国、德国、加拿大、荷兰、法国、瑞士、澳大利亚、意大利、中国大陆的B层人才比较多，世界占比在11%~3%之间；西班牙、瑞典、日本、比利时、丹麦、奥地利、爱尔兰、挪威、韩国、巴西也有相当数量的B层人才，世界占比超过或接近1%。

英国、德国、加拿大、中国大陆、意大利、法国、荷兰、澳大利亚的C层人才比较多，世界占比在10%~3%之间；瑞士、日本、西班牙、瑞典、比利时、丹麦、韩国、巴西、以色列、奥地利、挪威也有相当数量的C层人才，大部分世界占比超过1%。

表4-55　神经科学A层人才排名前20的国家和地区的占比

单位：%

国家和地区	2010年	2011年	2012年	2013年	2014年	2015年	2016年	2017年	2018年	2019年	合计
美　国	39.71	27.78	47.30	44.00	36.14	32.56	31.11	22.77	25.00	24.77	32.30
英　国	10.29	6.94	16.22	14.67	13.25	6.98	7.78	13.86	4.76	12.84	10.81

续表

国家和地区	2010年	2011年	2012年	2013年	2014年	2015年	2016年	2017年	2018年	2019年	合计
德　　国	7.35	8.33	8.11	8.00	4.82	9.30	11.11	8.91	7.14	8.26	8.19
加 拿 大	7.35	11.11	5.41	4.00	3.61	5.81	2.22	3.96	4.76	1.83	4.75
荷　　兰	5.88	9.72	4.05	2.67	4.82	3.49	5.56	4.95	2.38	4.59	4.75
瑞　　典	1.47	4.17	2.70	2.67	1.20	3.49	4.44	2.97	4.76	7.34	3.68
法　　国	4.41	2.78	2.70	1.33	2.41	3.49	4.44	3.96	7.14	3.67	3.68
瑞　　士	0.00	2.78	2.70	4.00	3.61	5.81	3.33	5.94	2.38	1.83	3.33
意 大 利	4.41	6.94	1.35	1.33	3.61	3.49	3.33	2.97	3.57	2.75	3.33
澳大利亚	4.41	1.39	0.00	1.33	1.20	3.49	4.44	3.96	2.38	7.34	3.21
中国大陆	2.94	1.39	0.00	4.00	0.00	3.49	5.56	0.99	8.33	0.92	2.73
西 班 牙	0.00	2.78	1.35	1.33	3.61	0.00	3.33	2.97	2.38	0.92	1.90
丹　　麦	4.41	1.39	0.00	0.00	2.41	3.49	1.11	1.98	0.00	2.75	1.78
日　　本	1.47	1.39	1.35	0.00	2.41	1.16	0.00	0.99	5.95	1.83	1.66
比 利 时	0.00	0.00	1.35	0.00	2.41	2.33	0.00	2.97	0.00	4.59	1.54
爱 尔 兰	0.00	2.78	1.35	1.33	1.20	2.33	3.33	0.99	0.00	0.00	1.31
奥 地 利	1.47	0.00	2.70	1.33	2.41	0.00	0.00	0.00	2.38	1.83	1.19
挪　　威	0.00	0.00	0.00	1.33	2.41	1.16	0.00	1.98	0.00	2.75	1.07
芬　　兰	2.94	1.39	0.00	1.33	1.20	1.16	0.00	0.99	1.19	0.00	0.95
新 加 坡	0.00	1.39	0.00	0.00	1.20	1.16	0.00	0.00	4.76	0.92	0.95

表4－56　神经科学B层人才排名前20的国家和地区的占比

单位：%

国家和地区	2010年	2011年	2012年	2013年	2014年	2015年	2016年	2017年	2018年	2019年	合计
美　　国	41.65	39.88	38.12	39.36	36.57	32.44	30.80	32.97	31.05	29.23	34.62
英　　国	11.40	11.35	11.58	11.14	11.30	9.23	12.25	10.58	8.72	10.39	10.73
德　　国	9.59	7.67	8.80	7.67	6.78	7.69	7.97	6.84	7.21	7.23	7.66
加 拿 大	3.97	5.98	4.11	4.78	4.52	4.23	4.64	4.74	4.65	5.09	4.68
荷　　兰	3.97	3.68	5.13	4.20	3.99	4.23	3.92	4.63	4.19	3.36	4.12
法　　国	2.48	3.83	3.37	3.62	4.39	4.23	4.16	3.64	3.02	3.16	3.60
瑞　　士	3.97	2.91	3.81	2.89	3.32	3.59	3.33	2.87	3.60	3.36	3.35
澳大利亚	3.14	2.76	2.35	3.04	3.06	2.95	3.57	3.31	4.30	3.67	3.26
意 大 利	3.97	2.76	3.37	2.60	2.93	2.69	3.21	3.64	2.56	3.77	3.16
中国大陆	1.49	1.69	1.17	3.33	3.72	2.82	2.97	2.65	5.47	4.68	3.13
西 班 牙	1.98	1.99	2.79	2.03	1.60	3.46	2.14	1.65	2.21	1.83	2.15
瑞　　典	0.99	0.77	2.49	0.58	1.86	1.92	2.73	1.76	2.91	2.34	1.91
日　　本	2.31	1.23	0.73	2.17	2.39	2.18	1.55	2.43	1.86	1.32	1.82

续表

国家和地区	2010年	2011年	2012年	2013年	2014年	2015年	2016年	2017年	2018年	2019年	合计
比利时	1.16	1.84	0.88	1.30	0.93	0.77	1.78	1.54	1.51	1.73	1.37
丹　麦	0.99	0.77	1.32	0.72	0.40	1.79	1.31	1.87	1.16	2.24	1.32
奥地利	0.83	1.07	1.17	1.45	0.80	1.28	1.55	1.21	0.93	0.92	1.12
爱尔兰	0.99	0.77	0.88	0.43	1.20	1.15	1.31	1.76	1.05	0.81	1.06
挪　威	1.32	1.07	0.59	0.58	0.93	0.77	0.71	1.10	1.86	1.22	1.03
韩　国	0.33	0.77	1.03	0.58	0.40	1.15	0.59	1.43	1.16	1.32	0.92
巴　西	0.50	0.61	0.44	0.72	0.80	0.64	1.55	0.88	1.28	1.32	0.92

表4－57　神经科学C层人才排名前20的国家和地区的占比

单位：%

国家和地区	2010年	2011年	2012年	2013年	2014年	2015年	2016年	2017年	2018年	2019年	合计
美　国	37.78	37.70	35.92	34.66	33.31	33.19	30.81	29.76	29.08	26.64	32.48
英　国	10.17	9.72	10.07	9.78	8.88	9.63	9.29	9.06	9.77	9.08	9.51
德　国	8.29	8.54	8.38	8.12	7.78	7.90	7.87	7.41	6.97	7.33	7.81
加拿大	4.85	4.82	4.98	5.07	5.16	4.83	4.78	5.03	4.96	4.95	4.94
中国大陆	2.17	2.83	3.20	3.24	4.37	4.97	5.33	6.58	6.66	7.22	4.85
意大利	4.07	4.06	4.14	3.89	4.11	4.04	3.96	4.01	4.33	4.56	4.12
法　国	3.78	4.18	3.86	3.81	3.93	3.64	3.57	3.67	3.49	3.31	3.70
荷　兰	3.92	3.89	4.21	3.63	3.85	3.48	3.53	3.34	3.33	3.58	3.65
澳大利亚	2.60	2.81	2.60	3.33	3.53	3.53	3.53	3.32	3.63	3.76	3.30
瑞　士	2.30	2.64	2.42	2.73	2.76	2.73	2.55	2.64	2.38	2.44	2.56
日　本	3.03	2.74	2.72	2.76	2.21	2.50	2.40	2.44	2.15	2.20	2.49
西班牙	2.23	1.84	2.55	2.35	2.70	2.14	2.43	2.52	2.42	2.38	2.37
瑞　典	1.71	1.80	1.59	1.74	1.76	1.60	1.94	2.10	1.67	1.81	1.78
比利时	1.45	1.54	1.28	1.61	1.47	1.20	1.42	1.33	1.35	1.59	1.42
丹　麦	1.03	0.65	1.01	0.94	1.00	1.26	1.30	1.33	1.25	1.41	1.14
韩　国	0.81	0.68	1.03	1.13	1.15	1.02	1.38	1.25	1.12	1.14	1.09
巴　西	0.75	0.61	0.81	0.86	0.96	0.78	1.15	1.22	1.39	1.19	0.99
以色列	1.04	1.10	0.95	1.12	1.01	1.09	0.98	0.84	0.91	0.93	0.99
奥地利	0.86	0.90	0.78	0.73	1.11	0.93	0.80	0.98	0.85	1.05	0.90
挪　威	0.77	0.64	0.65	0.58	0.65	0.62	0.66	0.81	0.54	0.72	0.67

二十　心理学

心理学A、B、C层人才最多的国家是美国，分别占该学科全球A、B、C

层人才的46.21%、35.10%、35.03%。

英国、加拿大、荷兰、澳大利亚、德国的A层人才比较多，世界占比在17%~3%之间；瑞士、巴西、以色列、新西兰、新加坡、西班牙、芬兰、法国、中国香港、爱尔兰、意大利、比利时、沙特阿拉伯、中国大陆也有相当数量的A层人才，世界占比超过或接近1%。

英国、荷兰、德国、加拿大、澳大利亚的B层人才比较多，世界占比在13%~4%之间；比利时、意大利、西班牙、以色列、瑞士、瑞典、中国大陆、法国、日本、新西兰、巴西、挪威、爱尔兰、丹麦也有相当数量的B层人才，世界占比超过或接近1%。

英国、德国、澳大利亚、加拿大、荷兰的C层人才比较多，世界占比在13%~5%之间；意大利、法国、瑞士、西班牙、比利时、瑞典、中国大陆、以色列、丹麦、奥地利、挪威、爱尔兰、日本、芬兰也有相当数量的C层人才，大部分世界占比超过或接近1%。

表4-58 心理学A层人才排名前20的国家和地区的占比

单位：%

国家和地区	2010年	2011年	2012年	2013年	2014年	2015年	2016年	2017年	2018年	2019年	合计
美国	54.55	55.56	50.00	43.75	43.75	42.86	58.33	53.33	50.00	23.53	46.21
英国	9.09	22.22	25.00	12.50	25.00	28.57	8.33	6.67	0.00	23.53	16.67
加拿大	0.00	11.11	8.33	12.50	6.25	0.00	16.67	6.67	0.00	5.88	6.82
荷兰	9.09	0.00	0.00	12.50	12.50	0.00	0.00	0.00	10.00	5.88	5.30
澳大利亚	0.00	0.00	0.00	0.00	6.25	7.14	8.33	6.67	0.00	11.76	4.55
德国	0.00	11.11	0.00	0.00	0.00	7.14	0.00	6.67	10.00	0.00	3.03
瑞士	9.09	0.00	0.00	6.25	0.00	0.00	0.00	0.00	10.00	0.00	2.27
巴西	0.00	0.00	0.00	0.00	0.00	0.00	0.00	0.00	0.00	11.76	1.52
以色列	9.09	0.00	0.00	0.00	0.00	7.14	0.00	0.00	0.00	0.00	1.52
新西兰	0.00	0.00	0.00	6.25	0.00	0.00	0.00	6.67	0.00	0.00	1.52
新加坡	9.09	0.00	0.00	0.00	0.00	0.00	0.00	0.00	0.00	5.88	1.52
西班牙	0.00	0.00	0.00	0.00	0.00	0.00	0.00	0.00	10.00	5.88	1.52
芬兰	0.00	0.00	0.00	0.00	0.00	0.00	0.00	0.00	10.00	0.00	0.76
法国	0.00	0.00	8.33	0.00	0.00	0.00	0.00	0.00	0.00	0.00	0.76
中国香港	0.00	0.00	0.00	0.00	0.00	0.00	0.00	6.67	0.00	0.00	0.76
爱尔兰	0.00	0.00	0.00	0.00	0.00	0.00	0.00	6.67	0.00	0.00	0.76

续表

国家和地区	2010年	2011年	2012年	2013年	2014年	2015年	2016年	2017年	2018年	2019年	合计
意大利	0.00	0.00	0.00	0.00	0.00	0.00	0.00	0.00	0.00	5.88	0.76
比利时	0.00	0.00	8.33	0.00	0.00	0.00	0.00	0.00	0.00	0.00	0.76
沙特阿拉伯	0.00	0.00	0.00	0.00	6.25	0.00	0.00	0.00	0.00	0.00	0.76
中国大陆	0.00	0.00	0.00	6.25	0.00	0.00	0.00	0.00	0.00	0.00	0.76

表4－59　心理学B层人才排名前20的国家和地区的占比

单位：%

国家和地区	2010年	2011年	2012年	2013年	2014年	2015年	2016年	2017年	2018年	2019年	合计
美国	53.77	51.26	38.66	30.56	30.72	44.68	23.84	34.03	22.70	30.43	35.10
英国	13.21	10.92	18.49	13.89	11.11	12.77	11.92	13.19	12.06	11.80	12.84
荷兰	4.72	5.04	5.04	4.86	5.23	7.80	9.93	4.17	5.67	7.45	6.09
德国	5.66	3.36	6.72	11.81	5.23	1.42	4.64	4.86	8.51	6.21	5.87
加拿大	5.66	10.08	4.20	4.86	3.92	6.38	4.64	8.33	4.26	4.97	5.66
澳大利亚	0.00	2.52	4.20	6.94	3.92	5.67	5.30	4.17	5.67	8.07	4.86
比利时	1.89	0.84	3.36	2.08	3.27	3.55	2.65	1.39	4.96	2.48	2.68
意大利	1.89	0.84	0.00	1.39	3.27	0.71	4.64	2.78	4.96	0.62	2.18
西班牙	0.00	0.00	1.68	2.78	3.27	1.42	1.99	2.78	2.13	1.86	1.89
以色列	1.89	2.52	2.52	2.08	2.61	0.71	0.66	0.69	1.42	3.11	1.81
瑞士	0.94	1.68	0.84	2.08	0.65	0.71	3.31	0.69	4.26	2.48	1.81
瑞典	2.83	0.00	2.52	1.39	0.65	1.42	1.99	1.39	1.42	1.86	1.52
中国大陆	0.94	0.00	0.00	0.69	2.61	1.42	0.66	1.39	2.13	3.11	1.38
法国	0.00	0.84	2.52	2.78	1.96	0.00	1.32	1.39	2.13	0.00	1.31
日本	1.89	0.84	1.68	0.00	1.31	0.00	1.32	1.39	1.42	1.86	1.16
新西兰	0.94	0.00	0.84	2.08	1.31	0.00	1.99	1.39	0.71	1.24	1.09
巴西	0.00	0.84	0.00	0.69	1.31	0.71	1.99	1.39	0.71	1.24	0.94
挪威	0.94	0.00	2.52	0.69	0.00	0.71	1.32	0.00	1.42	1.24	0.87
爱尔兰	0.00	0.84	0.84	0.69	0.65	0.71	1.99	0.69	0.71	1.24	0.87
丹麦	0.00	0.84	1.68	0.00	0.65	0.71	0.00	0.69	1.42	1.86	0.80

表4－60　心理学C层人才排名前20的国家和地区的占比

单位：%

国家和地区	2010年	2011年	2012年	2013年	2014年	2015年	2016年	2017年	2018年	2019年	合计
美国	39.06	39.51	38.99	36.29	33.26	35.58	33.47	34.42	30.27	31.67	35.03
英国	11.71	13.81	13.40	13.17	12.53	12.47	12.35	13.68	13.32	13.40	12.99
德国	6.91	7.87	7.75	7.64	8.13	8.01	7.25	6.77	6.38	7.01	7.38

续表

国家和地区	2010年	2011年	2012年	2013年	2014年	2015年	2016年	2017年	2018年	2019年	合计
澳大利亚	5.66	5.94	5.74	5.93	4.96	6.45	6.00	7.88	7.18	6.18	6.21
加拿大	4.89	5.94	6.18	6.48	6.61	4.82	5.87	5.39	6.46	6.04	5.88
荷兰	7.58	5.42	6.09	4.98	5.44	5.53	5.94	5.32	5.25	5.35	5.63
意大利	2.59	2.27	1.91	2.73	3.17	2.98	2.48	2.14	3.39	3.26	2.71
法国	1.82	1.66	1.74	1.98	2.13	2.27	2.28	1.38	1.86	1.74	1.90
瑞士	0.96	1.22	1.04	2.18	2.96	1.98	1.52	1.87	2.58	1.94	1.87
西班牙	1.63	1.22	1.65	1.57	1.72	1.42	2.35	2.42	1.86	2.57	1.87
比利时	1.54	1.84	1.48	1.84	2.00	1.49	1.86	1.66	2.02	1.53	1.73
瑞典	1.34	2.01	1.22	1.09	2.13	1.84	1.73	1.73	2.10	1.94	1.72
中国大陆	0.77	0.96	1.04	1.57	1.03	1.35	1.73	2.00	1.86	2.01	1.47
以色列	2.02	0.87	0.96	1.23	1.10	1.42	1.17	0.76	1.05	1.32	1.18
丹麦	0.77	0.44	1.22	0.61	0.62	0.85	1.52	0.97	0.97	0.83	0.88
奥地利	0.48	0.87	0.70	0.89	1.45	0.78	0.69	0.69	0.65	0.76	0.81
挪威	0.48	1.05	0.61	0.41	0.55	0.71	0.48	1.31	1.29	0.97	0.79
爱尔兰	1.06	0.70	1.04	0.55	0.83	0.71	0.48	0.48	0.48	0.97	0.72
日本	0.48	0.44	0.26	0.61	0.55	1.13	0.69	0.55	0.97	1.18	0.70
芬兰	0.38	0.79	0.44	0.48	0.90	0.64	0.76	0.69	1.05	0.49	0.66

二十一　应用心理学

应用心理学A、B、C层人才最多的国家是美国，分别占该学科全球A、B、C层人才的55.56%、42.44%、36.55%。

荷兰、英国、澳大利亚、南非的A层人才比较多，世界占比在10%~3%之间；法国、西班牙、德国、瑞士、以色列、意大利、新西兰、挪威、比利时、葡萄牙、加拿大、斯洛文尼亚也有相当数量的A层人才，世界占比均为1.59%。

英国、荷兰、澳大利亚、加拿大、德国的B层人才比较多，世界占比在9%~4%之间；法国、中国香港、比利时、瑞士、中国大陆、意大利、挪威、新加坡、西班牙、瑞典、韩国、芬兰、南非、葡萄牙也有相当数量的B层人才，大部分世界占比超过1%。

英国、荷兰、澳大利亚、加拿大、德国、中国大陆的C层人才比较多，世界占比在10%~3%之间；中国香港、比利时、瑞士、西班牙、法国、意大利、新加坡、韩国、瑞典、以色列、挪威、芬兰、丹麦也有相当数量的C层人才，世界占比超过或接近1%。

表4－61　应用心理学A层人才的国家和地区的占比

单位：%

国家和地区	2010年	2011年	2012年	2013年	2014年	2015年	2016年	2017年	2018年	2019年	合计
美国	66.67	83.33	57.14	85.71	33.33	57.14	71.43	33.33	28.57	28.57	55.56
荷兰	0.00	0.00	28.57	14.29	0.00	14.29	0.00	16.67	0.00	14.29	9.52
英国	0.00	0.00	0.00	0.00	66.67	0.00	0.00	0.00	28.57	14.29	7.94
澳大利亚	0.00	0.00	14.29	0.00	0.00	0.00	0.00	0.00	0.00	28.57	4.76
南非	0.00	0.00	0.00	0.00	0.00	0.00	14.29	16.67	0.00	0.00	3.17
法国	0.00	0.00	0.00	0.00	0.00	0.00	0.00	0.00	14.29	0.00	1.59
西班牙	0.00	16.67	0.00	0.00	0.00	0.00	0.00	0.00	0.00	0.00	1.59
德国	0.00	0.00	0.00	0.00	0.00	14.29	0.00	0.00	0.00	0.00	1.59
瑞士	16.67	0.00	0.00	0.00	0.00	0.00	0.00	0.00	0.00	0.00	1.59
以色列	0.00	0.00	0.00	0.00	0.00	0.00	0.00	0.00	14.29	0.00	1.59
意大利	0.00	0.00	0.00	0.00	0.00	0.00	0.00	16.67	0.00	0.00	1.59
新西兰	0.00	0.00	0.00	0.00	0.00	0.00	0.00	0.00	0.00	14.29	1.59
挪威	0.00	0.00	0.00	0.00	0.00	0.00	0.00	16.67	0.00	0.00	1.59
比利时	0.00	0.00	0.00	0.00	0.00	0.00	14.29	0.00	0.00	0.00	1.59
葡萄牙	16.67	0.00	0.00	0.00	0.00	0.00	0.00	0.00	0.00	0.00	1.59
加拿大	0.00	0.00	0.00	0.00	0.00	0.00	0.00	0.00	14.29	0.00	1.59
斯洛文尼亚	0.00	0.00	0.00	0.00	0.00	14.29	0.00	0.00	0.00	0.00	1.59

表4－62　应用心理学B层人才排名前20的国家和地区的占比

单位：%

国家和地区	2010年	2011年	2012年	2013年	2014年	2015年	2016年	2017年	2018年	2019年	合计
美国	53.45	57.38	53.13	56.67	41.46	44.12	45.68	39.02	21.79	25.29	42.44
英国	3.45	4.92	7.81	8.33	9.76	11.76	6.17	10.98	8.97	9.20	8.32
荷兰	10.34	9.84	6.25	8.33	4.88	2.94	8.64	4.88	10.26	4.60	6.93
澳大利亚	3.45	3.28	4.69	5.00	6.10	7.35	7.41	8.54	6.41	8.05	6.24
加拿大	10.34	3.28	6.25	5.00	7.32	4.41	8.64	3.66	8.97	3.45	6.10
德国	3.45	4.92	1.56	5.00	6.10	5.88	1.23	7.32	5.13	4.60	4.58
法国	0.00	1.64	3.13	1.67	3.66	1.47	2.47	1.22	3.85	4.60	2.50
中国香港	0.00	1.64	6.25	3.33	2.44	0.00	0.00	2.44	6.41	2.30	2.50
比利时	1.72	0.00	1.56	0.00	0.00	5.88	2.47	1.22	5.13	3.45	2.22

续表

国家和地区	2010年	2011年	2012年	2013年	2014年	2015年	2016年	2017年	2018年	2019年	合计
瑞　　士	1.72	1.64	1.56	0.00	0.00	4.41	3.70	2.44	2.56	1.15	1.94
中国大陆	0.00	1.64	0.00	1.67	1.22	0.00	2.47	2.44	2.56	4.60	1.80
意 大 利	0.00	0.00	0.00	0.00	0.00	0.00	0.00	0.00	3.85	6.90	1.25
挪　　威	0.00	1.64	3.13	0.00	1.22	1.47	1.23	2.44	0.00	1.15	1.25
新 加 坡	0.00	1.64	0.00	0.00	1.22	0.00	1.23	1.22	1.28	3.45	1.11
西 班 牙	1.72	0.00	0.00	1.67	3.66	0.00	0.00	2.44	0.00	1.15	1.11
瑞　　典	1.72	0.00	0.00	1.67	0.00	0.00	0.00	1.22	3.85	2.30	1.11
韩　　国	0.00	0.00	3.13	0.00	0.00	1.47	0.00	1.22	2.56	0.00	0.83
芬　　兰	0.00	0.00	0.00	0.00	0.00	1.47	0.00	1.22	1.28	3.45	0.83
南　　非	1.72	0.00	1.56	0.00	0.00	0.00	1.23	0.00	1.28	1.15	0.69
葡 萄 牙	1.72	1.64	0.00	0.00	1.22	0.00	0.00	0.00	0.00	2.30	0.69

表 4-63　应用心理学 C 层人才排名前 20 的国家和地区的占比

单位：%

国家和地区	2010年	2011年	2012年	2013年	2014年	2015年	2016年	2017年	2018年	2019年	合计
美　　国	47.59	45.06	41.18	35.76	35.65	35.43	33.55	34.55	31.56	30.73	36.55
英　　国	7.59	7.87	8.90	11.00	8.28	9.10	10.58	10.80	10.26	9.79	9.50
荷　　兰	6.21	7.37	6.20	6.15	6.81	7.84	5.16	4.77	6.75	5.58	6.24
澳大利亚	4.48	4.19	3.97	5.50	6.94	5.32	6.58	7.41	6.75	6.57	5.90
加 拿 大	6.21	5.70	5.72	6.96	6.54	4.76	5.55	5.53	6.75	4.96	5.84
德　　国	6.21	3.52	6.36	4.37	4.54	4.90	5.94	5.90	5.58	5.08	5.26
中国大陆	2.59	1.34	2.38	3.72	3.07	4.90	3.74	3.52	2.99	5.33	3.44
中国香港	2.59	1.84	2.23	3.24	3.47	3.50	2.32	2.51	1.17	1.73	2.44
比 利 时	1.72	1.84	2.07	1.94	2.27	2.10	2.71	1.38	2.08	2.11	2.03
瑞　　士	2.24	1.01	2.70	2.75	1.87	2.94	1.81	1.26	1.43	2.23	2.00
西 班 牙	1.21	1.84	2.07	1.46	2.40	0.84	2.71	2.01	1.69	1.61	1.81
法　　国	1.38	1.51	1.75	1.13	0.93	2.10	2.06	1.63	1.95	1.61	1.62
意 大 利	0.86	1.84	1.91	0.97	1.34	1.68	1.16	1.88	1.82	1.49	1.51
新 加 坡	0.86	1.68	0.95	1.46	1.20	1.40	1.29	1.26	1.43	1.12	1.27
韩　　国	0.52	0.84	0.64	1.78	1.20	0.84	1.81	1.38	1.56	1.12	1.19
瑞　　典	0.52	1.34	0.32	0.97	1.74	1.40	0.90	1.76	1.56	0.99	1.18
以 色 列	0.86	2.18	1.43	0.81	0.40	1.40	0.90	1.13	1.43	0.62	1.09
挪　　威	0.52	1.51	0.48	0.65	1.07	1.26	1.16	0.63	1.17	1.86	1.05
芬　　兰	0.69	1.17	0.64	0.65	0.80	0.70	1.68	1.26	1.30	1.12	1.02
丹　　麦	0.52	0.84	1.59	0.81	0.80	0.98	0.39	0.75	0.39	1.12	0.81

二十二　生理心理学

生理心理学 A、B、C 层人才最多的国家是美国，分别占该学科全球 A、B、C 层人才的 44.00%、35.29%、33.85%。

英国的 A 层人才比较多，世界占比为 28%；加拿大、法国、德国、匈牙利、荷兰、瑞士、奥地利也有一定数量的 A 层人才，世界占比均为 4.00%。

英国、德国、荷兰、澳大利亚、加拿大的 B 层人才比较多，世界占比在 12%~4%之间；瑞典、比利时、以色列、法国、瑞士、丹麦、意大利、西班牙、挪威、中国大陆、奥地利、新西兰、爱尔兰、芬兰也有相当数量的 B 层人才，世界占比超过或接近 1%。

英国、德国、加拿大、荷兰、澳大利亚的 C 层人才比较多，世界占比在 13%~4%之间；瑞士、法国、西班牙、意大利、中国大陆、比利时、瑞典、巴西、奥地利、新西兰、日本、丹麦、以色列、芬兰也有相当数量的 C 层人才，世界占比超过或接近 1%。

表 4-64　生理心理学 A 层人才的国家和地区的占比

单位：%

国家和地区	2010年	2011年	2012年	2013年	2014年	2015年	2016年	2017年	2018年	2019年	合计
美　国	33.33	33.33	66.67	0.00	50.00	66.67	100.00	50.00	0.00	0.00	44.00
英　国	0.00	0.00	33.33	66.67	50.00	33.33	0.00	25.00	0.00	50.00	28.00
加拿大	33.33	0.00	0.00	0.00	0.00	0.00	0.00	0.00	0.00	0.00	4.00
法　国	0.00	33.33	0.00	0.00	0.00	0.00	0.00	0.00	0.00	0.00	4.00
德　国	0.00	0.00	0.00	33.33	0.00	0.00	0.00	0.00	0.00	0.00	4.00
匈牙利	0.00	33.33	0.00	0.00	0.00	0.00	0.00	0.00	0.00	0.00	4.00
荷　兰	0.00	0.00	0.00	0.00	0.00	0.00	0.00	25.00	0.00	0.00	4.00
瑞　士	33.33	0.00	0.00	0.00	0.00	0.00	0.00	0.00	0.00	0.00	4.00
奥地利	0.00	0.00	0.00	0.00	0.00	0.00	0.00	0.00	0.00	50.00	4.00

表 4-65　生理心理学 B 层人才排名前 20 的国家和地区的占比

单位：%

国家和地区	2010年	2011年	2012年	2013年	2014年	2015年	2016年	2017年	2018年	2019年	合计
美　国	51.85	41.38	31.25	28.13	21.88	57.58	37.84	41.03	10.00	38.46	35.29
英　国	7.41	6.90	6.25	18.75	12.50	15.15	16.22	15.38	5.00	7.69	11.18

续表

国家和地区	2010年	2011年	2012年	2013年	2014年	2015年	2016年	2017年	2018年	2019年	合计
德　　国	11.11	0.00	21.88	3.13	15.63	6.06	2.70	5.13	7.50	10.26	8.24
荷　　兰	7.41	6.90	9.38	6.25	9.38	3.03	5.41	7.69	7.50	10.26	7.35
澳大利亚	0.00	6.90	6.25	3.13	6.25	0.00	2.70	5.13	5.00	7.69	4.41
加 拿 大	7.41	3.45	6.25	0.00	6.25	0.00	8.11	2.56	5.00	5.13	4.41
瑞　　典	0.00	3.45	0.00	3.13	0.00	3.03	0.00	2.56	7.50	2.56	2.35
比 利 时	0.00	0.00	3.13	3.13	3.13	3.03	0.00	2.56	2.50	2.56	2.06
以 色 列	0.00	0.00	6.25	3.13	6.25	0.00	0.00	5.13	0.00	0.00	2.06
法　　国	3.70	3.45	0.00	3.13	3.13	3.03	0.00	0.00	2.50	2.56	2.06
瑞　　士	0.00	0.00	0.00	6.25	3.13	0.00	2.70	2.56	5.00	0.00	2.06
丹　　麦	3.70	3.45	0.00	3.13	0.00	3.03	5.41	0.00	0.00	0.00	1.76
意 大 利	0.00	3.45	3.13	0.00	3.13	0.00	2.70	2.56	2.50	0.00	1.76
西 班 牙	0.00	3.45	0.00	3.13	3.13	0.00	5.41	0.00	2.50	0.00	1.76
挪　　威	0.00	0.00	3.13	0.00	0.00	0.00	0.00	5.13	2.50	2.56	1.47
中国大陆	0.00	0.00	0.00	0.00	3.13	0.00	2.70	0.00	2.50	5.13	1.47
奥 地 利	3.70	0.00	0.00	3.13	0.00	0.00	0.00	0.00	5.00	0.00	1.18
新 西 兰	0.00	0.00	0.00	0.00	0.00	0.00	0.00	2.56	5.00	2.56	1.18
爱 尔 兰	0.00	6.90	0.00	3.13	0.00	0.00	0.00	0.00	0.00	0.00	0.88
芬　　兰	3.70	3.45	0.00	0.00	0.00	0.00	2.70	0.00	0.00	0.00	0.88

表 4－66　生理心理学 C 层人才排名前 20 的国家和地区的占比

单位：%

国家和地区	2010年	2011年	2012年	2013年	2014年	2015年	2016年	2017年	2018年	2019年	合计
美　　国	39.06	36.08	36.04	34.74	36.45	31.35	33.44	30.48	33.71	28.69	33.85
英　　国	14.06	13.75	15.26	11.69	8.71	9.40	11.35	15.51	15.58	13.64	12.97
德　　国	9.38	9.62	8.44	10.71	9.68	8.46	8.90	5.61	5.10	7.67	8.25
加 拿 大	5.00	4.47	4.55	5.19	3.87	6.27	6.44	4.81	4.53	3.13	4.81
荷　　兰	5.63	4.81	4.55	3.57	5.81	3.76	3.99	6.95	3.97	4.26	4.75
澳大利亚	4.06	3.78	3.90	6.49	3.55	5.64	3.99	6.42	5.10	3.69	4.69
瑞　　士	3.75	2.41	0.65	4.22	3.87	2.82	1.53	2.67	2.83	1.70	2.64
法　　国	1.88	3.44	2.92	1.62	0.97	3.45	2.76	3.48	2.27	3.41	2.64
西 班 牙	2.50	1.72	1.95	3.25	2.58	1.57	2.45	1.34	1.98	5.11	2.45
意 大 利	1.25	1.72	1.95	2.92	2.90	2.82	2.45	2.41	1.98	2.27	2.27
中国大陆	1.25	2.06	0.97	0.97	1.94	4.39	2.76	2.14	2.27	2.27	2.12
比 利 时	1.56	1.72	2.27	3.90	1.94	1.57	1.53	1.87	2.27	2.27	2.09
瑞　　典	1.56	2.06	1.30	1.30	1.94	2.51	0.92	0.80	0.57	0.85	1.35

续表

国家和地区	2010年	2011年	2012年	2013年	2014年	2015年	2016年	2017年	2018年	2019年	合计
巴　　西	0.31	0.34	1.62	0.32	1.61	1.57	0.92	1.07	2.27	1.99	1.23
奥 地 利	0.94	1.37	1.62	0.97	2.58	1.25	0.61	0.53	0.85	0.57	1.10
新 西 兰	1.56	1.03	0.32	0.65	1.29	0.63	1.84	0.80	0.85	1.42	1.04
日　　本	0.94	1.37	0.32	0.32	0.00	0.94	2.76	1.07	0.57	1.42	0.98
丹　　麦	0.00	0.69	0.97	0.00	0.97	1.88	1.23	1.60	1.13	0.57	0.92
以 色 列	1.25	0.34	0.32	0.32	1.61	0.31	0.92	1.34	0.57	1.42	0.86
芬　　兰	0.31	1.37	0.32	0.65	0.97	0.63	0.92	0.53	1.70	0.85	0.83

二十三　临床心理学

临床心理学A、B、C层人才最多的国家是美国，分别占该学科全球A、B、C层人才的47.75%、36.54%、43.64%。

英国、加拿大、荷兰、比利时、澳大利亚的A层人才比较多，世界占比在14%~3%之间；新西兰、瑞士、德国、挪威、沙特阿拉伯、新加坡、南非、巴西、西班牙、丹麦、瑞典、爱尔兰、以色列也有相当数量的A层人才，世界占比超过或接近1%。

英国、澳大利亚、荷兰、加拿大的B层人才比较多，世界占比在13%~5%之间；德国、比利时、瑞典、新西兰、意大利、瑞士、中国大陆、挪威、西班牙、日本、丹麦、以色列、法国、罗马尼亚、巴西也有相当数量的B层人才，世界占比超过或接近1%。

英国、澳大利亚、加拿大、荷兰、德国的C层人才比较多，世界占比在12%~4%之间；意大利、瑞典、西班牙、比利时、瑞士、挪威、以色列、中国大陆、丹麦、法国、新西兰、葡萄牙、爱尔兰、芬兰也有相当数量的C层人才。

表4-67　临床心理学A层人才的国家和地区的占比

单位：%

国家和地区	2010年	2011年	2012年	2013年	2014年	2015年	2016年	2017年	2018年	2019年	合计
美　　国	81.82	50.00	60.00	50.00	35.71	46.15	60.00	28.57	50.00	25.00	47.75
英　　国	9.09	16.67	20.00	8.33	21.43	23.08	0.00	14.29	0.00	12.50	13.51

续表

国家和地区	2010年	2011年	2012年	2013年	2014年	2015年	2016年	2017年	2018年	2019年	合计
加拿大	0.00	8.33	0.00	8.33	7.14	7.69	20.00	14.29	16.67	6.25	8.11
荷兰	0.00	8.33	0.00	16.67	7.14	0.00	0.00	14.29	0.00	18.75	7.21
比利时	9.09	8.33	0.00	8.33	7.14	0.00	0.00	0.00	0.00	0.00	3.60
澳大利亚	0.00	0.00	0.00	0.00	7.14	7.69	10.00	14.29	0.00	0.00	3.60
新西兰	0.00	0.00	0.00	8.33	7.14	0.00	0.00	14.29	0.00	0.00	2.70
瑞士	0.00	8.33	0.00	0.00	0.00	0.00	0.00	0.00	16.67	6.25	2.70
德国	0.00	0.00	10.00	0.00	0.00	7.69	0.00	0.00	0.00	0.00	1.80
挪威	0.00	0.00	0.00	0.00	0.00	0.00	0.00	0.00	16.67	0.00	0.90
沙特阿拉伯	0.00	0.00	0.00	0.00	7.14	0.00	0.00	0.00	0.00	0.00	0.90
新加坡	0.00	0.00	0.00	0.00	0.00	0.00	0.00	0.00	0.00	6.25	0.90
南非	0.00	0.00	0.00	0.00	0.00	0.00	10.00	0.00	0.00	0.00	0.90
巴西	0.00	0.00	0.00	0.00	0.00	0.00	0.00	0.00	0.00	6.25	0.90
西班牙	0.00	0.00	0.00	0.00	0.00	0.00	0.00	0.00	0.00	6.25	0.90
丹麦	0.00	0.00	0.00	0.00	0.00	0.00	0.00	0.00	0.00	6.25	0.90
瑞典	0.00	0.00	0.00	0.00	0.00	0.00	0.00	0.00	0.00	6.25	0.90
爱尔兰	0.00	0.00	10.00	0.00	0.00	0.00	0.00	0.00	0.00	0.00	0.90
以色列	0.00	0.00	0.00	0.00	0.00	7.69	0.00	0.00	0.00	0.00	0.90

表4-68　临床心理学B层人才排名前20的国家和地区的占比

单位：%

国家和地区	2010年	2011年	2012年	2013年	2014年	2015年	2016年	2017年	2018年	2019年	合计
美国	43.12	48.31	49.07	45.45	24.60	47.01	32.09	27.34	27.34	29.56	36.54
英国	12.84	15.25	12.04	13.22	12.70	11.97	11.19	10.79	10.07	14.47	12.44
澳大利亚	0.00	5.93	4.63	8.26	7.94	9.40	6.72	9.35	7.19	6.29	6.69
荷兰	7.34	5.08	1.85	7.44	4.76	9.40	5.97	4.32	7.19	4.40	5.75
加拿大	4.59	9.32	7.41	6.61	5.56	0.85	7.46	3.60	4.32	6.29	5.59
德国	2.75	1.69	3.70	4.13	2.38	1.71	2.99	2.88	4.32	3.14	2.99
比利时	0.92	0.85	2.78	2.48	3.17	2.56	2.24	1.44	2.88	3.14	2.28
瑞典	1.83	0.85	1.85	0.83	1.59	1.71	2.24	1.44	2.16	1.89	1.65
新西兰	1.83	0.00	0.93	1.65	2.38	0.00	2.24	1.44	2.16	3.14	1.65
意大利	2.75	0.85	0.00	1.65	1.59	1.71	1.49	2.88	2.16	1.26	1.65
瑞士	0.00	2.54	3.70	2.48	0.79	1.71	0.00	0.72	2.16	1.89	1.57
中国大陆	1.83	0.00	0.00	0.00	2.38	1.71	0.75	1.44	1.44	3.77	1.42
挪威	0.00	1.69	1.85	1.65	0.79	0.85	0.75	0.72	2.88	2.52	1.42

续表

国家和地区	2010年	2011年	2012年	2013年	2014年	2015年	2016年	2017年	2018年	2019年	合计
西班牙	0.92	0.00	1.85	0.00	3.97	0.00	1.49	2.16	2.16	0.63	1.34
日本	1.83	0.85	0.00	0.83	1.59	0.85	1.49	2.16	1.44	1.26	1.26
丹麦	0.92	0.85	0.93	0.83	0.79	0.85	0.00	1.44	2.88	1.89	1.18
以色列	2.75	0.85	0.93	0.00	2.38	0.85	1.49	0.72	1.44	0.63	1.18
法国	2.75	0.00	0.93	0.00	1.59	0.85	2.99	1.44	0.72	0.00	1.10
罗马尼亚	0.92	0.00	0.93	0.00	2.38	1.71	1.49	1.44	0.72	0.63	1.02
巴西	0.92	0.85	0.93	0.00	1.59	0.00	1.49	1.44	0.72	1.26	0.94

表 4-69　临床心理学 C 层人才排名前 20 的国家和地区的占比

单位：%

国家和地区	2010年	2011年	2012年	2013年	2014年	2015年	2016年	2017年	2018年	2019年	合计
美国	49.08	51.12	49.16	48.43	44.92	42.04	43.17	36.47	39.07	36.98	43.64
英国	9.87	10.74	9.72	10.89	12.34	11.94	10.30	13.00	11.21	12.41	11.32
澳大利亚	4.89	5.66	7.57	5.61	5.81	6.66	8.12	7.55	7.85	6.72	6.67
加拿大	6.73	6.83	6.45	7.01	6.45	7.18	6.56	5.01	5.76	5.76	6.33
荷兰	6.18	4.00	5.42	5.69	5.32	6.49	6.25	4.93	5.60	4.35	5.38
德国	4.34	4.41	3.83	4.13	4.76	3.89	3.67	4.93	5.12	5.57	4.51
意大利	2.03	1.00	0.75	1.16	1.53	1.73	1.87	3.06	2.64	3.77	2.03
瑞典	1.94	1.83	1.87	1.98	2.34	1.30	2.11	1.72	1.92	1.73	1.87
西班牙	1.38	1.25	1.21	1.57	1.61	1.30	1.33	2.32	2.00	2.11	1.64
比利时	1.29	1.08	1.12	1.16	0.89	2.16	1.33	2.17	1.76	1.66	1.48
瑞士	1.20	0.83	1.40	1.82	0.89	1.82	1.25	1.72	1.92	1.54	1.44
挪威	0.83	1.17	1.12	0.91	0.97	1.12	1.25	1.35	0.88	1.47	1.12
以色列	1.29	1.08	1.12	0.58	0.65	1.04	0.94	1.05	1.28	1.28	1.03
中国大陆	0.18	0.58	0.75	0.58	0.81	1.04	1.09	1.35	0.80	1.60	0.91
丹麦	0.55	0.92	0.84	0.50	0.97	1.12	0.86	0.97	0.96	0.58	0.82
法国	0.92	0.58	0.47	1.24	0.73	0.61	1.01	0.82	0.88	0.70	0.80
新西兰	0.55	0.75	0.56	0.50	0.48	0.95	0.86	0.82	0.96	0.83	0.73
葡萄牙	0.55	0.33	0.37	0.50	0.89	0.95	0.62	0.52	0.40	0.51	0.56
爱尔兰	0.28	0.17	0.56	0.50	0.81	0.35	0.55	0.67	0.48	0.90	0.54
芬兰	0.37	0.50	0.56	0.50	0.73	0.78	0.31	0.45	0.48	0.32	0.49

二十四　发展心理学

发展心理学 A、B、C 层人才最多的国家是美国，分别占该学科全球 A、

B、C 层人才的 52.44%、40.69%、46.62%。

英国、加拿大、澳大利亚的 A 层人才比较多，世界占比在 15%~4% 之间；法国、荷兰、新西兰、挪威、沙特阿拉伯、中国台湾、塞浦路斯、德国、中国香港、爱尔兰也有相当数量的 A 层人才，世界占比超过 1%。

英国、加拿大、荷兰、德国、澳大利亚的 B 层人才比较多，世界占比在 14%~3% 之间；意大利、西班牙、瑞士、瑞典、比利时、挪威、以色列、法国、丹麦、南非、中国大陆、中国台湾、芬兰、奥地利也有相当数量的 B 层人才，世界占比超过或接近 1%。

英国、加拿大、荷兰、澳大利亚、德国的 C 层人才比较多，世界占比在 11%~3% 之间；意大利、瑞典、比利时、中国大陆、瑞士、以色列、挪威、法国、西班牙、丹麦、芬兰、爱尔兰、南非、中国香港也有相当数量的 C 层人才，大部分世界占比超过 1%。

表 4-70 发展心理学 A 层人才的国家和地区的占比

单位：%

国家和地区	2010年	2011年	2012年	2013年	2014年	2015年	2016年	2017年	2018年	2019年	合计
美国	66.67	33.33	0.00	50.00	75.00	55.56	30.00	27.27	81.82	53.85	52.44
英国	0.00	16.67	0.00	12.50	0.00	11.11	30.00	18.18	9.09	23.08	14.63
加拿大	16.67	33.33	0.00	25.00	12.50	0.00	20.00	18.18	9.09	0.00	13.41
澳大利亚	0.00	0.00	0.00	0.00	12.50	0.00	10.00	9.09	0.00	7.69	4.88
法国	16.67	0.00	0.00	0.00	0.00	11.11	0.00	0.00	0.00	0.00	2.44
荷兰	0.00	16.67	0.00	0.00	0.00	0.00	0.00	0.00	0.00	7.69	2.44
新西兰	0.00	0.00	0.00	0.00	0.00	0.00	0.00	9.09	0.00	0.00	1.22
挪威	0.00	0.00	0.00	12.50	0.00	0.00	0.00	0.00	0.00	0.00	1.22
沙特阿拉伯	0.00	0.00	0.00	0.00	0.00	0.00	10.00	0.00	0.00	0.00	1.22
中国台湾	0.00	0.00	0.00	0.00	0.00	11.11	0.00	0.00	0.00	0.00	1.22
塞浦路斯	0.00	0.00	0.00	0.00	0.00	11.11	0.00	0.00	0.00	0.00	1.22
德国	0.00	0.00	0.00	0.00	0.00	0.00	0.00	0.00	0.00	7.69	1.22
中国香港	0.00	0.00	0.00	0.00	0.00	0.00	0.00	9.09	0.00	0.00	1.22
爱尔兰	0.00	0.00	0.00	0.00	0.00	0.00	0.00	9.09	0.00	0.00	1.22

表 4－71　发展心理学 B 层人才排名前 20 的国家和地区的占比

单位：%

国家和地区	2010年	2011年	2012年	2013年	2014年	2015年	2016年	2017年	2018年	2019年	合计
美　国	48. 44	54. 29	55. 07	43. 66	39. 73	50. 00	38. 20	32. 22	32. 63	26. 96	40. 69
英　国	15. 63	8. 57	14. 49	9. 86	10. 96	11. 25	17. 98	14. 44	13. 68	17. 39	13. 73
加拿大	7. 81	10. 00	7. 25	9. 86	4. 11	7. 50	6. 74	6. 67	4. 21	11. 30	7. 60
荷　兰	6. 25	8. 57	2. 90	2. 82	8. 22	5. 00	5. 62	4. 44	5. 26	5. 22	5. 39
德　国	1. 56	4. 29	1. 45	7. 04	5. 48	3. 75	4. 49	8. 89	3. 16	2. 61	4. 29
澳大利亚	1. 56	2. 86	0. 00	4. 23	4. 11	5. 00	4. 49	4. 44	1. 05	4. 35	3. 31
意大利	0. 00	1. 43	1. 45	1. 41	1. 37	1. 25	2. 25	2. 22	4. 21	1. 74	1. 84
西班牙	1. 56	0. 00	0. 00	4. 23	2. 74	1. 25	0. 00	3. 33	1. 05	2. 61	1. 72
瑞　士	1. 56	0. 00	1. 45	1. 41	0. 00	5. 00	2. 25	1. 11	1. 05	2. 61	1. 72
瑞　典	1. 56	0. 00	0. 00	1. 41	1. 37	1. 25	1. 12	2. 22	2. 11	4. 35	1. 72
比利时	4. 69	0. 00	0. 00	0. 00	1. 37	1. 25	1. 12	1. 11	2. 11	1. 74	1. 35
挪　威	0. 00	2. 86	4. 35	0. 00	1. 37	0. 00	1. 12	0. 00	3. 16	0. 87	1. 35
以色列	3. 13	1. 43	0. 00	1. 41	1. 37	0. 00	1. 12	1. 11	0. 00	1. 74	1. 10
法　国	0. 00	1. 43	0. 00	1. 41	1. 37	0. 00	1. 12	2. 22	0. 00	1. 74	0. 98
丹　麦	3. 13	1. 43	0. 00	0. 00	1. 37	2. 50	1. 12	0. 00	0. 00	0. 00	0. 86
南　非	0. 00	0. 00	2. 90	0. 00	1. 37	0. 00	0. 00	1. 11	1. 05	0. 87	0. 74
中国大陆	0. 00	0. 00	2. 90	0. 00	2. 74	0. 00	0. 00	0. 00	2. 11	0. 00	0. 74
中国台湾	0. 00	0. 00	0. 00	0. 00	0. 00	0. 00	1. 12	2. 22	0. 00	2. 61	0. 74
芬　兰	0. 00	2. 86	0. 00	0. 00	0. 00	1. 25	2. 25	0. 00	0. 00	0. 87	0. 74
奥地利	0. 00	0. 00	0. 00	1. 41	1. 37	0. 00	0. 00	1. 11	0. 00	2. 61	0. 74

表 4－72　发展心理学 C 层人才排名前 20 的国家和地区的占比

单位：%

国家和地区	2010年	2011年	2012年	2013年	2014年	2015年	2016年	2017年	2018年	2019年	合计
美　国	54. 83	51. 23	50. 41	54. 34	49. 86	49. 82	40. 57	42. 26	41. 32	39. 80	46. 62
英　国	8. 10	9. 84	10. 77	10. 07	9. 25	8. 94	10. 44	11. 00	12. 85	12. 86	10. 59
加拿大	5. 76	8. 25	6. 20	7. 03	6. 36	5. 36	7. 35	6. 62	5. 96	4. 32	6. 25
荷　兰	6. 07	5. 35	5. 87	4. 00	4. 19	5. 36	4. 51	5. 80	5. 14	4. 32	5. 04
澳大利亚	3. 74	4. 20	3. 43	5. 10	5. 49	3. 69	5. 81	5. 70	5. 96	5. 83	5. 02
德　国	3. 89	3. 33	3. 26	2. 90	3. 32	2. 86	4. 03	3. 67	4. 42	3. 02	3. 49
意大利	1. 09	2. 03	1. 47	1. 24	1. 59	2. 50	2. 73	2. 44	2. 47	2. 01	2. 03
瑞　典	0. 62	1. 16	1. 96	1. 10	1. 01	1. 79	1. 90	2. 04	2. 88	2. 01	1. 73
比利时	1. 56	1. 30	1. 63	1. 24	1. 16	2. 38	1. 19	1. 53	1. 95	2. 21	1. 65
中国大陆	0. 47	0. 87	0. 49	0. 55	1. 16	1. 43	1. 54	1. 73	1. 54	2. 01	1. 26

续表

国家和地区	2010年	2011年	2012年	2013年	2014年	2015年	2016年	2017年	2018年	2019年	合计
瑞　士	0.78	0.72	1.63	1.10	0.43	1.67	1.07	1.43	1.34	1.81	1.24
以色列	1.40	1.45	1.47	1.38	0.87	1.43	1.07	1.32	0.82	1.21	1.23
挪　威	0.78	0.58	1.79	0.41	1.16	0.83	1.30	1.02	1.64	1.91	1.18
法　国	1.56	1.45	0.82	0.69	1.16	0.83	0.95	0.81	1.03	1.61	1.09
西班牙	0.78	0.58	0.49	0.41	0.87	0.60	1.42	1.53	1.34	2.01	1.08
丹　麦	0.93	0.58	0.33	0.41	0.72	0.72	1.19	1.02	0.82	1.11	0.81
芬　兰	1.87	1.01	0.65	0.55	0.72	0.83	0.71	0.71	0.62	0.60	0.80
爱尔兰	0.78	0.58	0.49	0.28	0.29	0.72	0.71	0.51	0.10	0.70	0.51
南　非	0.00	0.00	0.33	0.00	0.72	0.36	0.95	0.61	0.51	1.21	0.51
中国香港	0.31	0.43	0.16	0.41	0.87	0.60	0.59	0.51	0.21	0.90	0.51

二十五　教育心理学

教育心理学 A、B、C 层人才最多的国家是美国，分别占该学科全球 A、B、C 层人才的 82.35%、46.77%、43.24%。

澳大利亚、荷兰的 A 层人才比较多，世界占比均为 5.88%；加拿大、丹麦也有相当数量的 A 层人才，世界占比均为 2.94%。

德国、英国、加拿大、澳大利亚、荷兰的 B 层人才比较多，世界占比在 10%～4%之间；韩国、比利时、瑞士、中国大陆、挪威、芬兰、西班牙、意大利、新加坡、智利、希腊、奥地利、波兰、法国也有相当数量的 B 层人才，大部分世界占比超过或接近 1%。

德国、英国、加拿大、澳大利亚、荷兰的 C 层人才比较多，世界占比在 8%～5%之间；西班牙、芬兰、中国大陆、比利时、挪威、中国香港、以色列、意大利、法国、韩国、瑞士、瑞典、新加坡、中国台湾也有相当数量的 C 层人才，大部分世界占比超过 1%。

表 4－73　教育心理学 A 层人才的国家和地区的占比

单位：%

国家和地区	2010年	2011年	2012年	2013年	2014年	2015年	2016年	2017年	2018年	2019年	合计
美　国	100.00	100.00	100.00	66.67	100.00	100.00	100.00	75.00	66.67	50.00	82.35
澳大利亚	0.00	0.00	0.00	0.00	0.00	0.00	0.00	0.00	33.33	16.67	5.88

续表

国家和地区	2010年	2011年	2012年	2013年	2014年	2015年	2016年	2017年	2018年	2019年	合计
荷　兰	0.00	0.00	0.00	33.33	0.00	0.00	0.00	0.00	0.00	16.67	5.88
加拿大	0.00	0.00	0.00	0.00	0.00	0.00	0.00	25.00	0.00	0.00	2.94
丹　麦	0.00	0.00	0.00	0.00	0.00	0.00	0.00	0.00	0.00	16.67	2.94

表4－74　教育心理学B层人才排名前20的国家和地区的占比

单位：%

国家和地区	2010年	2011年	2012年	2013年	2014年	2015年	2016年	2017年	2018年	2019年	合计
美　国	54.29	56.25	52.78	53.13	40.00	54.55	51.35	58.82	26.53	37.29	46.77
德　国	2.86	6.25	13.89	9.38	17.50	9.09	5.41	5.88	12.24	8.47	9.30
英　国	5.71	6.25	11.11	0.00	7.50	0.00	8.11	11.76	14.29	11.86	8.27
加拿大	17.14	9.38	5.56	15.63	7.50	6.06	5.41	2.94	4.08	3.39	7.24
澳大利亚	2.86	3.13	2.78	0.00	2.50	9.09	5.41	2.94	8.16	6.78	4.65
荷　兰	8.57	3.13	2.78	6.25	5.00	3.03	0.00	5.88	4.08	3.39	4.13
韩　国	2.86	6.25	2.78	3.13	0.00	3.03	5.41	0.00	2.04	3.39	2.84
比利时	2.86	0.00	0.00	0.00	0.00	3.03	2.70	2.94	4.08	1.69	1.81
瑞　士	2.86	3.13	0.00	0.00	5.00	0.00	2.70	0.00	4.08	0.00	1.81
中国大陆	0.00	0.00	2.78	0.00	0.00	0.00	0.00	0.00	2.04	5.08	1.29
挪　威	0.00	0.00	0.00	0.00	0.00	3.03	2.70	0.00	2.04	1.69	1.03
芬　兰	0.00	3.13	0.00	3.13	2.50	0.00	0.00	0.00	2.04	0.00	1.03
西班牙	0.00	0.00	0.00	0.00	0.00	0.00	5.41	0.00	2.04	1.69	1.03
意大利	0.00	0.00	0.00	0.00	2.50	0.00	2.70	0.00	0.00	3.39	1.03
新加坡	0.00	0.00	2.78	3.13	0.00	0.00	0.00	2.94	0.00	0.00	0.78
智　利	0.00	0.00	0.00	0.00	0.00	6.06	0.00	0.00	0.00	1.69	0.78
希　腊	0.00	3.13	0.00	0.00	0.00	0.00	0.00	0.00	2.04	1.69	0.78
奥地利	0.00	0.00	0.00	0.00	2.50	0.00	0.00	0.00	0.00	1.69	0.52
波　兰	0.00	0.00	0.00	0.00	0.00	0.00	0.00	2.94	2.04	0.00	0.52
法　国	0.00	0.00	0.00	0.00	2.50	0.00	0.00	0.00	0.00	1.69	0.52

表4－75　教育心理学C层人才排名前20的国家和地区的占比

单位：%

国家和地区	2010年	2011年	2012年	2013年	2014年	2015年	2016年	2017年	2018年	2019年	合计
美　国	48.70	48.31	48.10	46.93	39.04	42.14	43.89	42.27	37.44	39.80	43.24
德　国	7.25	6.08	5.54	9.82	10.58	7.55	9.72	7.73	6.65	7.06	7.81
英　国	4.06	7.09	6.41	5.83	6.80	5.35	6.11	8.56	7.39	6.86	6.50

续表

国家和地区	2010年	2011年	2012年	2013年	2014年	2015年	2016年	2017年	2018年	2019年	合计
加拿大	9.28	5.41	5.54	6.13	5.29	4.72	6.94	5.52	6.16	5.49	6.03
澳大利亚	1.74	4.73	4.96	6.13	7.81	8.18	4.44	5.52	5.17	6.86	5.62
荷兰	6.67	6.42	5.25	3.99	5.04	5.66	3.89	5.25	4.43	5.10	5.13
西班牙	1.45	1.35	1.46	1.23	1.01	3.77	3.06	1.66	2.71	3.33	2.16
芬兰	1.45	2.36	1.17	2.45	1.76	2.20	2.22	1.93	1.97	0.98	1.80
中国大陆	0.87	2.03	1.17	0.92	0.76	0.94	1.67	1.38	3.94	3.14	1.77
比利时	0.58	1.69	1.75	0.92	2.52	1.57	1.67	1.93	1.97	1.37	1.61
挪威	2.61	1.69	1.46	1.84	1.01	0.63	0.83	1.38	2.71	1.57	1.58
中国香港	1.74	1.01	1.46	1.53	1.51	1.57	1.11	1.10	1.48	2.16	1.50
以色列	2.32	0.34	1.46	0.61	1.51	3.46	1.11	1.10	1.72	0.59	1.39
意大利	0.87	1.69	0.87	0.92	1.51	0.94	1.39	1.10	1.72	2.16	1.37
法国	1.45	1.01	0.87	0.92	1.01	0.00	1.11	1.66	0.74	1.76	1.09
韩国	0.87	0.68	0.58	0.00	1.76	1.89	1.67	1.10	0.99	1.18	1.09
瑞士	0.29	0.68	1.75	0.92	1.26	0.31	0.28	0.55	0.49	1.76	0.87
瑞典	0.87	1.35	0.58	0.92	0.50	0.63	1.11	0.55	1.72	0.59	0.87
新加坡	1.16	1.01	1.17	0.31	1.01	0.31	0.28	0.28	0.49	0.78	0.68
中国台湾	0.58	1.69	0.87	1.53	0.00	0.31	0.28	0.55	0.25	0.59	0.63

二十六　实验心理学

实验心理学A、B、C层人才最多的国家是美国，分别占该学科全球A、B、C层人才的49.58%、34.42%、32.70%。

英国、荷兰、加拿大、德国的A层人才比较多，世界占比在12%~4%之间；澳大利亚、比利时、土耳其、奥地利、马来西亚、中国台湾、捷克、新西兰、丹麦、秘鲁、芬兰、波兰、印度、新加坡、以色列也有相当数量的A层人才，世界占比超过或接近1%。

英国、荷兰、加拿大、德国、澳大利亚的B层人才比较多，世界占比在15%~3%之间；中国大陆、西班牙、瑞士、意大利、比利时、法国、以色列、奥地利、韩国、瑞典、芬兰、新加坡、中国香港、丹麦也有相当数量的B层人才，世界占比超过或接近1%。

英国、德国、加拿大、荷兰、澳大利亚、意大利的C层人才比较多，世界占比在13%~3%之间；法国、比利时、瑞士、中国大陆、西班牙、以色列、韩国、瑞典、中国台湾、芬兰、丹麦、奥地利、日本也有相当数量的 C 层人才，世界占比超过或接近 1%。

表 4－76　实验心理学 A 层人才排名前 20 的国家和地区的占比

单位：%

国家和地区	2010年	2011年	2012年	2013年	2014年	2015年	2016年	2017年	2018年	2019年	合计
美　国	54.55	54.55	54.55	53.85	50.00	53.85	69.23	57.14	20.00	18.75	49.58
英　国	9.09	9.09	18.18	15.38	8.33	7.69	0.00	14.29	20.00	18.75	11.76
荷　兰	18.18	0.00	9.09	7.69	16.67	7.69	0.00	7.14	20.00	0.00	7.56
加拿大	0.00	18.18	0.00	7.69	8.33	0.00	0.00	0.00	0.00	12.50	5.04
德　国	0.00	9.09	0.00	7.69	0.00	0.00	0.00	14.29	0.00	6.25	4.20
澳大利亚	0.00	0.00	0.00	0.00	0.00	7.69	7.69	7.14	0.00	0.00	2.52
比利时	0.00	0.00	0.00	7.69	8.33	7.69	0.00	0.00	0.00	0.00	2.52
土耳其	0.00	0.00	0.00	0.00	0.00	7.69	0.00	0.00	0.00	6.25	1.68
奥地利	0.00	0.00	9.09	0.00	0.00	0.00	7.69	0.00	0.00	0.00	1.68
马来西亚	0.00	0.00	0.00	0.00	0.00	0.00	0.00	0.00	0.00	6.25	0.84
中国台湾	0.00	9.09	0.00	0.00	0.00	0.00	0.00	0.00	0.00	0.00	0.84
捷　克	0.00	0.00	0.00	0.00	0.00	0.00	0.00	0.00	20.00	0.00	0.84
新西兰	0.00	0.00	0.00	0.00	0.00	0.00	0.00	0.00	0.00	6.25	0.84
丹　麦	0.00	0.00	0.00	0.00	0.00	0.00	0.00	0.00	0.00	6.25	0.84
秘　鲁	0.00	0.00	0.00	0.00	0.00	7.69	0.00	0.00	0.00	0.00	0.84
芬　兰	0.00	0.00	0.00	0.00	0.00	0.00	7.69	0.00	0.00	0.00	0.84
波　兰	0.00	0.00	9.09	0.00	0.00	0.00	0.00	0.00	0.00	0.00	0.84
印　度	0.00	0.00	0.00	0.00	0.00	0.00	0.00	0.00	20.00	0.00	0.84
新加坡	0.00	0.00	0.00	0.00	0.00	0.00	0.00	0.00	0.00	6.25	0.84
以色列	0.00	0.00	0.00	0.00	8.33	0.00	0.00	0.00	0.00	0.00	0.84

表 4－77　实验心理学 B 层人才排名前 20 的国家和地区的占比

单位：%

国家和地区	2010年	2011年	2012年	2013年	2014年	2015年	2016年	2017年	2018年	2019年	合计
美　国	41.51	45.28	40.52	39.02	36.22	33.07	25.24	33.86	21.09	30.47	34.42
英　国	16.04	9.43	16.38	16.26	10.24	19.69	20.39	12.60	7.81	15.63	14.36
荷　兰	3.77	5.66	7.76	5.69	5.51	3.94	9.71	3.94	11.72	8.59	6.63
加拿大	6.60	7.55	6.90	7.32	10.24	5.51	4.85	3.15	5.47	5.47	6.30
德　国	6.60	6.60	6.90	4.88	8.66	5.51	4.85	7.09	4.69	6.25	6.21
澳大利亚	1.89	1.89	1.72	4.88	0.79	4.72	0.97	3.94	6.25	7.81	3.61

续表

国家和地区	2010年	2011年	2012年	2013年	2014年	2015年	2016年	2017年	2018年	2019年	合计
中国大陆	0.94	1.89	1.72	0.00	3.15	0.00	2.91	6.30	2.34	4.69	2.43
西班牙	3.77	0.00	0.86	4.88	3.94	4.72	0.00	2.36	1.56	0.78	2.35
瑞士	2.83	2.83	1.72	2.44	1.57	0.00	2.91	2.36	2.34	1.56	2.02
意大利	1.89	2.83	2.59	1.63	0.79	2.36	4.85	0.79	2.34	0.78	2.02
比利时	2.83	0.00	1.72	3.25	1.57	1.57	0.97	3.15	0.78	3.13	1.93
法国	1.89	2.83	4.31	0.81	1.57	1.57	0.97	1.57	1.56	2.34	1.93
以色列	1.89	2.83	0.86	1.63	2.36	1.57	0.00	1.57	0.00	0.00	1.26
奥地利	0.00	0.00	0.00	1.63	4.72	0.79	0.97	0.00	1.56	0.78	1.09
韩国	1.89	0.94	0.00	0.00	0.00	2.36	2.91	0.79	0.78	0.00	0.92
瑞典	0.00	0.00	0.86	0.81	0.79	0.79	0.00	1.57	3.91	0.00	0.92
芬兰	0.94	1.89	0.00	0.00	0.79	1.57	0.00	2.36	1.56	0.00	0.92
新加坡	0.00	0.94	0.86	0.00	0.79	1.57	0.97	0.79	1.56	0.78	0.84
中国香港	0.00	1.89	0.00	0.81	1.57	0.00	0.00	2.36	0.00	0.78	0.76
丹麦	0.00	0.94	0.86	0.81	0.00	1.57	0.00	0.00	0.78	1.56	0.67

表 4-78　实验心理学 C 层人才排名前 20 的国家和地区的占比

单位：%

国家和地区	2010年	2011年	2012年	2013年	2014年	2015年	2016年	2017年	2018年	2019年	合计
美国	36.76	37.19	35.29	35.75	33.39	33.20	30.77	31.73	29.99	25.97	32.70
英国	12.82	11.77	12.98	11.94	11.29	11.52	13.75	13.11	13.97	12.29	12.55
德国	7.16	7.53	9.16	8.48	8.53	7.68	6.37	7.03	7.23	8.13	7.73
加拿大	6.88	6.87	6.49	6.10	5.93	5.04	4.66	5.44	5.09	5.68	5.77
荷兰	6.22	6.31	4.62	4.53	4.71	5.92	3.65	5.44	5.42	6.68	5.36
澳大利亚	3.20	3.48	3.64	3.95	3.49	2.88	3.73	5.20	3.45	4.76	3.82
意大利	3.20	3.86	3.56	2.39	3.41	4.48	3.50	2.72	3.37	3.44	3.39
法国	3.02	3.30	3.82	3.13	2.68	2.88	2.49	2.40	2.38	2.91	2.88
比利时	3.58	2.92	2.49	3.13	3.01	1.84	2.18	2.16	1.89	2.84	2.59
瑞士	2.07	1.69	2.04	2.88	2.92	2.64	1.94	1.60	2.47	2.31	2.27
中国大陆	1.04	1.13	1.24	1.40	1.54	2.48	3.19	3.44	2.88	3.44	2.25
西班牙	1.79	1.60	1.42	2.14	2.03	2.48	2.72	1.60	2.38	2.45	2.09
以色列	1.89	1.79	1.78	1.48	1.79	1.60	1.32	1.44	1.73	1.45	1.61
韩国	0.94	0.56	0.89	0.99	1.14	1.20	1.40	1.44	0.99	0.73	1.03
瑞典	0.75	1.22	1.42	1.24	0.97	0.72	0.47	0.80	1.40	0.93	0.98
中国台湾	1.13	0.38	0.44	0.66	1.30	0.88	1.40	1.20	0.49	0.99	0.90
芬兰	0.66	0.85	0.80	0.66	0.89	0.96	1.24	0.72	0.90	1.06	0.88

续表

国家和地区	2010年	2011年	2012年	2013年	2014年	2015年	2016年	2017年	2018年	2019年	合计
丹　麦	0. 38	0. 56	1. 07	0. 82	0. 81	0. 64	1. 01	0. 96	1. 23	0. 79	0. 84
奥地利	0. 75	0. 85	0. 71	0. 66	1. 06	0. 56	0. 39	1. 20	1. 15	0. 59	0. 79
日　本	1. 04	0. 85	0. 53	0. 66	0. 81	0. 64	0. 47	0. 48	0. 41	1. 12	0. 70

二十七　数学心理学

数学心理学A、B、C层人才最多的国家是美国，分别占该学科全球A、B、C层人才的100%、38. 55%、37. 06%。

荷兰、英国、加拿大、德国、比利时的B层人才比较多，世界占比在14%~4%之间；丹麦、西班牙、捷克、芬兰、印度、以色列、日本、新西兰、澳大利亚、瑞士、奥地利也有相当数量的B层人才，世界占比超过1%。

英国、荷兰、德国、加拿大、澳大利亚、比利时、瑞士的C层人才比较多，世界占比在11%~3%之间；西班牙、法国、瑞典、意大利、中国大陆、波兰、丹麦、奥地利、南非、韩国、挪威、葡萄牙也有相当数量的C层人才，大部分世界占比超过或接近1%。

表4-79　数学心理学A层人才的国家和地区的占比

单位：%

国家和地区	2010年	2011年	2012年	2013年	2014年	2015年	2016年	2017年	2018年	2019年	合计
美　国	0. 00	0. 00	0. 00	0. 00	0. 00	0. 00	100. 00	100. 00	0. 00	0. 00	100. 00

表4-80　数学心理学B层人才的国家和地区的占比

单位：%

国家和地区	2010年	2011年	2012年	2013年	2014年	2015年	2016年	2017年	2018年	2019年	合计
美　国	37. 50	57. 14	28. 57	42. 86	37. 50	62. 50	44. 44	40. 00	18. 18	25. 00	38. 55
荷　兰	0. 00	0. 00	28. 57	0. 00	25. 00	0. 00	22. 22	10. 00	36. 36	0. 00	13. 25
英　国	0. 00	14. 29	14. 29	0. 00	12. 50	12. 50	22. 22	10. 00	18. 18	12. 50	12. 05
加拿大	12. 50	28. 57	14. 29	14. 29	12. 50	0. 00	0. 00	10. 00	0. 00	12. 50	9. 64
德　国	25. 00	0. 00	0. 00	14. 29	0. 00	0. 00	0. 00	0. 00	9. 09	12. 50	6. 02
比利时	0. 00	0. 00	14. 29	14. 29	0. 00	12. 50	0. 00	10. 00	0. 00	0. 00	4. 82
丹　麦	0. 00	0. 00	0. 00	0. 00	0. 00	0. 00	0. 00	10. 00	0. 00	12. 50	2. 41

续表

国家和地区	2010年	2011年	2012年	2013年	2014年	2015年	2016年	2017年	2018年	2019年	合计
西班牙	12.50	0.00	0.00	0.00	0.00	12.50	0.00	0.00	0.00	0.00	2.41
捷克	0.00	0.00	0.00	0.00	0.00	0.00	0.00	0.00	9.09	0.00	1.20
芬兰	0.00	0.00	0.00	0.00	0.00	0.00	0.00	10.00	0.00	0.00	1.20
印度	0.00	0.00	0.00	0.00	0.00	0.00	0.00	0.00	9.09	0.00	1.20
以色列	0.00	0.00	0.00	0.00	12.50	0.00	0.00	0.00	0.00	0.00	1.20
日本	0.00	0.00	0.00	0.00	0.00	0.00	0.00	0.00	0.00	12.50	1.20
新西兰	0.00	0.00	0.00	0.00	0.00	0.00	0.00	0.00	0.00	12.50	1.20
澳大利亚	0.00	0.00	0.00	0.00	0.00	0.00	11.11	0.00	0.00	0.00	1.20
瑞士	0.00	0.00	0.00	14.29	0.00	0.00	0.00	0.00	0.00	0.00	1.20
奥地利	12.50	0.00	0.00	0.00	0.00	0.00	0.00	0.00	0.00	0.00	1.20

表 4－81　数学心理学 C 层人才排名前 20 的国家和地区的占比

单位：%

国家和地区	2010年	2011年	2012年	2013年	2014年	2015年	2016年	2017年	2018年	2019年	合计
美国	41.33	33.80	30.88	40.91	42.47	41.25	51.19	24.75	32.26	35.58	37.06
英国	14.67	8.45	13.24	6.06	6.85	8.75	10.71	18.81	7.53	9.62	10.67
荷兰	5.33	7.04	7.35	4.55	9.59	10.00	8.33	12.87	9.68	8.65	8.59
德国	5.33	5.63	7.35	6.06	10.96	10.00	3.57	7.92	8.60	11.54	7.85
加拿大	4.00	5.63	5.88	7.58	4.11	2.50	7.14	3.96	3.23	6.73	5.03
澳大利亚	2.67	12.68	5.88	6.06	2.74	3.75	3.57	3.96	2.15	5.77	4.79
比利时	6.67	1.41	4.41	9.09	4.11	2.50	2.38	4.95	1.08	4.81	4.05
瑞士	5.33	5.63	2.94	0.00	0.00	5.00	1.19	0.99	7.53	3.85	3.31
西班牙	2.67	1.41	2.94	6.06	2.74	1.25	4.76	2.97	2.15	0.96	2.70
法国	5.33	1.41	4.41	4.55	2.74	2.50	1.19	1.98	2.15	1.92	2.70
瑞典	1.33	1.41	2.94	1.52	0.00	2.50	1.19	3.96	3.23	1.92	2.09
意大利	1.33	4.23	2.94	0.00	1.37	2.50	1.19	2.97	1.08	0.00	1.72
中国大陆	0.00	0.00	0.00	1.52	0.00	1.25	0.00	0.99	2.15	2.88	0.98
波兰	0.00	0.00	0.00	0.00	1.37	2.50	0.00	0.99	1.08	0.00	0.61
丹麦	0.00	1.41	0.00	0.00	1.37	0.00	0.00	0.99	2.15	0.00	0.61
奥地利	1.33	0.00	0.00	0.00	0.00	1.25	1.19	0.99	1.08	0.00	0.61
南非	0.00	0.00	0.00	0.00	1.37	0.00	0.00	0.00	3.23	0.96	0.61
韩国	0.00	0.00	0.00	3.03	0.00	1.25	0.00	0.99	0.00	0.96	0.61
挪威	0.00	1.41	0.00	0.00	0.00	0.00	1.19	0.99	1.08	0.00	0.49
葡萄牙	0.00	1.41	1.47	0.00	1.37	0.00	0.00	0.00	1.08	0.00	0.49

二十八 多学科心理学

多学科心理学 A、B、C 层人才最多的国家是美国，分别占该学科全球 A、B、C 层人才的 43.41%、41.02%、35.99%。

英国、加拿大、荷兰、澳大利亚、德国的 A 层人才比较多，世界占比在 18%~4%之间；比利时、以色列、意大利、新西兰、瑞典、瑞士、法国、印度尼西亚、乌拉圭、黎巴嫩、奥地利、挪威、巴西、巴拉圭也有相当数量的 A 层人才。

英国、荷兰、加拿大、德国、澳大利亚的 B 层人才比较多，世界占比在 12%~4%之间；西班牙、比利时、意大利、中国大陆、瑞士、挪威、芬兰、新西兰、以色列、韩国、瑞典、法国、葡萄牙、新加坡也有相当数量的 B 层人才，世界占比超过或接近 1%。

英国、德国、加拿大、澳大利亚、荷兰、西班牙的 C 层人才比较多，世界占比在 10%~3%之间；意大利、中国大陆、法国、比利时、瑞士、瑞典、韩国、以色列、挪威、芬兰、中国香港、奥地利、中国台湾也有相当数量的 C 层人才，世界占比超过或接近 1%。

表 4-82 多学科心理学 A 层人才排名前 20 的国家和地区的占比

单位：%

国家和地区	2010年	2011年	2012年	2013年	2014年	2015年	2016年	2017年	2018年	2019年	合计
美国	58.33	58.33	62.50	47.06	50.00	15.79	28.00	57.14	45.45	30.00	43.41
英国	8.33	8.33	25.00	17.65	22.22	5.26	16.00	9.52	18.18	35.00	17.03
加拿大	0.00	8.33	6.25	11.76	5.56	5.26	8.00	4.76	4.55	5.00	6.04
荷兰	0.00	0.00	0.00	5.88	16.67	10.53	4.00	0.00	13.64	0.00	5.49
澳大利亚	8.33	0.00	6.25	0.00	5.56	5.26	4.00	0.00	13.64	5.00	4.95
德国	0.00	16.67	0.00	5.88	0.00	5.26	4.00	14.29	0.00	5.00	4.95
比利时	0.00	0.00	0.00	0.00	0.00	5.26	4.00	4.76	0.00	0.00	1.65
以色列	8.33	0.00	0.00	0.00	0.00	5.26	0.00	0.00	0.00	5.00	1.65
意大利	8.33	0.00	0.00	0.00	0.00	5.26	0.00	0.00	0.00	5.00	1.65
新西兰	0.00	8.33	0.00	0.00	0.00	0.00	4.00	4.76	0.00	0.00	1.65
瑞典	0.00	0.00	0.00	0.00	0.00	5.26	4.00	0.00	0.00	0.00	1.10
瑞士	0.00	0.00	0.00	5.88	0.00	0.00	4.00	0.00	0.00	0.00	1.10

续表

国家和地区	2010年	2011年	2012年	2013年	2014年	2015年	2016年	2017年	2018年	2019年	合计
法国	0.00	0.00	0.00	0.00	0.00	0.00	4.00	4.76	0.00	0.00	1.10
印度尼西亚	0.00	0.00	0.00	0.00	0.00	0.00	4.00	0.00	0.00	0.00	0.55
乌拉圭	0.00	0.00	0.00	0.00	0.00	5.26	0.00	0.00	0.00	0.00	0.55
黎巴嫩	0.00	0.00	0.00	0.00	0.00	0.00	4.00	0.00	0.00	0.00	0.55
奥地利	0.00	0.00	0.00	0.00	0.00	5.26	0.00	0.00	0.00	0.00	0.55
挪威	0.00	0.00	0.00	0.00	0.00	0.00	4.00	0.00	0.00	0.00	0.55
巴西	0.00	0.00	0.00	0.00	0.00	0.00	0.00	0.00	0.00	5.00	0.55
巴拉圭	0.00	0.00	0.00	0.00	0.00	5.26	0.00	0.00	0.00	0.00	0.55

表4－83 多学科心理学B层人才排名前20的国家和地区的占比

单位：%

国家和地区	2010年	2011年	2012年	2013年	2014年	2015年	2016年	2017年	2018年	2019年	合计
美国	46.55	49.56	44.79	46.67	50.85	50.60	32.28	34.41	36.32	31.70	41.02
英国	7.76	8.85	12.88	16.97	7.34	8.43	16.14	11.83	10.95	12.95	11.84
荷兰	5.17	13.27	6.75	7.27	6.78	5.42	7.48	7.53	3.98	4.46	6.57
加拿大	12.93	7.08	7.98	4.85	10.73	6.02	3.15	6.99	2.99	4.46	6.23
德国	3.45	5.31	3.68	7.27	2.82	1.81	3.15	5.91	7.46	8.04	4.99
澳大利亚	1.72	1.77	3.07	4.24	3.95	6.02	4.72	3.23	4.98	4.91	4.08
西班牙	0.00	0.88	1.84	1.82	2.26	2.41	3.54	3.23	3.48	5.80	2.83
比利时	1.72	0.88	1.23	1.21	1.69	3.01	2.76	0.54	3.98	1.34	1.93
意大利	0.86	0.00	0.61	0.00	1.69	0.60	3.15	2.69	2.49	3.13	1.76
中国大陆	0.86	0.88	1.23	0.00	1.13	0.60	1.57	3.23	2.49	3.13	1.64
瑞士	0.86	0.88	0.00	2.42	0.56	0.60	2.36	4.30	1.00	1.34	1.53
挪威	2.59	0.00	2.45	0.00	0.56	1.20	1.18	0.00	2.49	2.23	1.30
芬兰	1.72	0.88	0.00	0.00	1.13	0.60	0.79	1.61	2.99	0.89	1.08
新西兰	0.86	0.88	1.23	1.21	0.56	0.60	0.79	1.08	0.00	1.34	0.85
以色列	2.59	0.00	1.84	0.61	0.00	1.20	0.00	1.08	0.00	1.79	0.85
韩国	1.72	0.88	0.00	0.00	0.00	1.81	1.57	0.54	0.50	0.89	0.79
瑞典	1.72	0.00	1.84	0.61	0.56	0.60	0.39	0.54	1.00	0.89	0.79
法国	0.86	0.00	2.45	0.61	0.00	0.60	0.79	0.54	1.49	0.00	0.74
葡萄牙	0.86	0.00	0.61	0.00	0.00	0.60	0.39	2.69	0.50	0.89	0.68
新加坡	0.00	1.77	0.61	0.00	1.13	1.81	0.79	0.00	0.50	0.45	0.68

表 4－84　多学科心理学 C 层人才排名前 20 的国家和地区的占比

单位：%

国家和地区	2010年	2011年	2012年	2013年	2014年	2015年	2016年	2017年	2018年	2019年	合计
美　　国	47.57	44.42	43.25	41.53	39.11	36.48	30.88	32.61	29.43	26.81	35.99
英　　国	8.58	9.65	9.54	9.25	9.49	9.33	9.27	10.31	9.30	9.71	9.46
德　　国	4.25	6.11	5.90	4.90	6.29	5.84	5.48	5.66	6.18	5.44	5.64
加 拿 大	7.37	5.58	5.96	6.77	4.97	5.14	4.34	4.86	5.16	4.49	5.31
澳大利亚	3.64	3.98	4.14	5.65	4.97	5.14	5.60	4.81	6.13	6.91	5.24
荷　　兰	5.72	5.49	4.90	4.90	5.20	6.08	4.30	4.49	4.85	4.80	4.99
西 班 牙	2.25	2.39	2.26	2.36	2.46	3.25	3.19	4.55	4.80	5.01	3.38
意 大 利	1.56	2.48	1.82	1.99	2.06	2.72	3.63	3.59	3.27	4.12	2.85
中国大陆	0.69	1.42	1.19	1.06	1.77	1.59	2.92	3.07	3.83	4.33	2.36
法　　国	1.30	2.12	1.63	1.61	1.66	1.48	1.89	1.48	1.84	2.06	1.72
比 利 时	1.13	1.59	1.76	1.43	1.49	1.53	1.74	1.74	1.74	1.90	1.63
瑞　　士	1.47	1.59	1.76	1.55	1.77	1.77	1.46	1.16	1.64	1.79	1.59
瑞　　典	0.87	1.15	1.13	1.49	1.37	1.12	1.74	1.48	1.69	1.74	1.43
韩　　国	1.04	0.97	1.00	1.06	1.60	1.30	1.30	1.37	1.23	0.63	1.17
以 色 列	1.39	0.97	0.88	1.68	1.09	1.06	1.22	0.95	1.23	1.11	1.16
挪　　威	0.52	0.62	1.00	0.62	1.09	0.77	1.22	1.43	1.18	0.79	0.97
芬　　兰	0.17	0.88	0.56	0.81	0.91	1.00	0.99	1.00	1.02	1.27	0.90
中国香港	0.87	0.53	0.50	1.06	0.63	0.53	0.91	1.00	1.33	1.27	0.89
奥 地 利	0.61	1.24	0.63	0.56	0.86	1.18	0.91	1.00	0.72	0.95	0.87
中国台湾	1.21	0.62	0.50	0.81	1.20	0.83	1.10	0.85	0.56	0.90	0.87

二十九　心理分析

心理分析 A 层人才分布在美国、英国、奥地利、意大利，世界占比分别为 55.56%、22.22%、11.11%、11.11%。

美国的 B 层人才最多，世界占比为 45.67%；英国、意大利、德国、加拿大的 B 层人才比较多，世界占比在 15%～3% 之间；比利时、澳大利亚、奥地利、法国、荷兰、挪威、智利、爱尔兰、以色列、巴基斯坦、南非、西班牙、瑞典也有相当数量的 B 层人才，世界占比超过或接近 1%。

美国的 C 层人才最多，世界占比为 40.76%；德国、英国、意大利、加拿大、以色列的 C 层人才比较多，世界占比在 18%～3% 之间；奥地利、瑞士、瑞典、澳大利亚、挪威、比利时、南非、丹麦、西班牙、法国、荷兰、巴西、爱尔兰、葡萄牙也有相当数量的C层人才。

表4-85　心理分析A层人才的国家和地区的占比

单位：%

国家和地区	2010年	2011年	2012年	2013年	2014年	2015年	2016年	2017年	2018年	2019年	合计
美国	100.00	100.00	100.00	0.00	100.00	100.00	0.00	0.00	0.00	0.00	55.56
英国	0.00	0.00	0.00	100.00	0.00	0.00	0.00	0.00	100.00	0.00	22.22
奥地利	0.00	0.00	0.00	0.00	0.00	0.00	0.00	100.00	0.00	0.00	11.11
意大利	0.00	0.00	0.00	0.00	0.00	0.00	100.00	0.00	0.00	0.00	11.11

表4-86　心理分析B层人才的国家和地区的占比

单位：%

国家和地区	2010年	2011年	2012年	2013年	2014年	2015年	2016年	2017年	2018年	2019年	合计
美国	54.55	66.67	50.00	25.00	66.67	46.15	53.33	35.29	18.75	55.56	45.67
英国	9.09	0.00	20.00	25.00	0.00	7.69	26.67	17.65	25.00	0.00	14.17
意大利	9.09	0.00	10.00	8.33	8.33	23.08	0.00	17.65	25.00	22.22	12.60
德国	9.09	25.00	10.00	8.33	8.33	7.69	0.00	0.00	12.50	11.11	8.66
加拿大	9.09	0.00	0.00	8.33	0.00	0.00	6.67	5.88	0.00	0.00	3.15
比利时	0.00	0.00	10.00	0.00	0.00	0.00	0.00	11.76	0.00	0.00	2.36
澳大利亚	0.00	0.00	0.00	0.00	8.33	7.69	0.00	0.00	0.00	0.00	1.57
奥地利	9.09	0.00	0.00	0.00	0.00	0.00	0.00	0.00	0.00	11.11	1.57
法国	0.00	0.00	0.00	0.00	0.00	7.69	0.00	0.00	6.25	0.00	1.57
荷兰	0.00	0.00	0.00	0.00	0.00	0.00	6.67	0.00	6.25	0.00	1.57
挪威	0.00	0.00	0.00	0.00	8.33	0.00	0.00	0.00	6.25	0.00	1.57
智利	0.00	0.00	0.00	8.33	0.00	0.00	0.00	0.00	0.00	0.00	0.79
爱尔兰	0.00	0.00	0.00	0.00	0.00	0.00	6.67	0.00	0.00	0.00	0.79
以色列	0.00	8.33	0.00	0.00	0.00	0.00	0.00	0.00	0.00	0.00	0.79
巴基斯坦	0.00	0.00	0.00	0.00	0.00	0.00	0.00	5.88	0.00	0.00	0.79
南非	0.00	0.00	0.00	0.00	0.00	0.00	0.00	5.88	0.00	0.00	0.79
西班牙	0.00	0.00	0.00	8.33	0.00	0.00	0.00	0.00	0.00	0.00	0.79
瑞典	0.00	0.00	0.00	8.33	0.00	0.00	0.00	0.00	0.00	0.00	0.79

表 4－87　心理分析 C 层人才排名前 20 的国家和地区的占比

单位：%

国家和地区	2010年	2011年	2012年	2013年	2014年	2015年	2016年	2017年	2018年	2019年	合计
美　国	48.04	50.00	53.68	35.25	39.25	42.11	30.17	37.50	38.41	36.76	40.76
德　国	16.67	14.29	14.74	18.03	14.95	13.68	22.41	13.97	19.87	23.53	17.12
英　国	11.76	12.50	13.68	13.93	13.08	13.68	14.66	13.24	7.95	7.35	12.23
意大利	4.90	5.36	1.05	4.92	3.74	3.16	3.45	2.21	7.28	5.88	4.26
加拿大	3.92	2.68	3.16	4.92	5.61	2.11	5.17	3.68	1.32	2.94	3.53
以色列	2.94	1.79	1.05	4.10	2.80	5.26	4.31	2.94	3.97	0.00	3.08
奥地利	3.92	0.89	2.11	3.28	1.87	2.11	2.59	3.68	3.31	2.94	2.72
瑞　士	1.96	1.79	2.11	2.46	2.80	3.16	0.86	4.41	2.65	1.47	2.45
瑞　典	0.00	1.79	2.11	1.64	2.80	2.11	2.59	0.74	1.99	0.00	1.63
澳大利亚	0.00	1.79	1.05	0.00	0.93	2.11	4.31	1.47	0.66	1.47	1.36
挪　威	0.00	1.79	1.05	0.82	0.93	1.05	1.72	0.74	0.66	5.88	1.27
比利时	0.98	1.79	0.00	1.64	0.00	2.11	0.86	1.47	1.32	1.47	1.18
南　非	0.00	0.00	0.00	0.82	0.93	3.16	0.86	0.74	1.99	0.00	0.91
丹　麦	0.00	0.00	1.05	0.82	1.87	2.11	0.00	0.74	0.00	2.94	0.82
西班牙	0.98	0.00	0.00	0.82	0.93	0.00	0.00	0.74	1.99	2.94	0.82
法　国	1.96	0.89	0.00	0.82	0.93	0.00	0.86	0.74	1.32	0.00	0.82
荷　兰	0.00	0.00	0.00	1.64	2.80	0.00	0.86	1.47	0.66	0.00	0.82
巴　西	0.00	0.89	1.05	0.82	0.00	0.00	1.72	2.21	0.00	0.00	0.72
爱尔兰	0.00	0.00	0.00	0.00	0.00	1.05	0.00	1.47	1.99	0.00	0.54
葡萄牙	0.00	0.89	0.00	0.00	0.93	0.00	0.86	0.00	0.00	1.47	0.36

三十　社会心理学

社会心理学 A、B、C 层人才最多的国家是美国，分别占该学科全球 A、B、C 层人才的 60.78%、46.32%、39.48%。

比利时、荷兰、英国、澳大利亚、德国、意大利的 A 层人才比较多，世界占比在 8%～3%之间；秘鲁、土耳其、加拿大、以色列也有相当数量的 A 层人才，世界占比均为 1.96%。

加拿大、英国、荷兰、德国的 B 层人才比较多，世界占比在 10%～7%之间；澳大利亚、意大利、比利时、新西兰、瑞士、新加坡、波兰、西班牙、法国、韩国、奥地利、中国大陆、以色列、丹麦、中国香港也有相当数量的 B

层人才。

英国、加拿大、德国、荷兰、澳大利亚的 C 层人才比较多，世界占比在 10%~4% 之间；意大利、中国大陆、比利时、以色列、瑞士、新西兰、西班牙、波兰、法国、中国香港、新加坡、韩国、挪威、瑞典也有相当数量的 C 层人才，世界占比超过或接近 1%。

表 4-88　社会心理学 A 层人才的国家和地区的占比

单位：%

国家和地区	2010年	2011年	2012年	2013年	2014年	2015年	2016年	2017年	2018年	2019年	合计
美　　国	80.00	80.00	0.00	16.67	0.00	50.00	71.43	50.00	100.00	50.00	60.78
比 利 时	0.00	0.00	0.00	16.67	0.00	16.67	0.00	12.50	0.00	12.50	7.84
荷　　兰	20.00	0.00	0.00	0.00	0.00	0.00	0.00	25.00	0.00	0.00	5.88
英　　国	0.00	0.00	0.00	33.33	0.00	0.00	14.29	0.00	0.00	0.00	5.88
澳大利亚	0.00	20.00	0.00	0.00	0.00	0.00	14.29	0.00	0.00	0.00	3.92
德　　国	0.00	0.00	0.00	16.67	0.00	0.00	0.00	0.00	0.00	12.50	3.92
意 大 利	0.00	0.00	0.00	16.67	0.00	0.00	0.00	0.00	0.00	12.50	3.92
秘　　鲁	0.00	0.00	0.00	0.00	0.00	16.67	0.00	0.00	0.00	0.00	1.96
土 耳 其	0.00	0.00	0.00	0.00	0.00	16.67	0.00	0.00	0.00	0.00	1.96
加 拿 大	0.00	0.00	0.00	0.00	0.00	0.00	0.00	0.00	0.00	12.50	1.96
以 色 列	0.00	0.00	0.00	0.00	0.00	0.00	0.00	12.50	0.00	0.00	1.96

表 4-89　社会心理学 B 层人才排名前 20 的国家和地区的占比

单位：%

国家和地区	2010年	2011年	2012年	2013年	2014年	2015年	2016年	2017年	2018年	2019年	合计
美　　国	54.84	64.15	55.36	38.89	34.85	50.82	49.23	42.65	41.43	39.34	46.32
加 拿 大	16.13	3.77	5.36	12.96	6.06	6.56	12.31	11.76	11.43	6.56	9.06
英　　国	6.45	5.66	1.79	12.96	7.58	11.48	10.77	11.76	5.71	11.48	8.72
荷　　兰	12.90	5.66	5.36	12.96	9.09	4.92	6.15	8.82	5.71	8.20	7.69
德　　国	0.00	7.55	7.14	5.56	7.58	4.92	4.62	7.35	7.14	16.39	7.18
澳大利亚	0.00	1.89	1.79	1.85	1.52	3.28	3.08	2.94	2.86	3.28	2.39
意 大 利	0.00	0.00	1.79	1.85	3.03	1.64	1.54	2.94	2.86	1.64	1.88
比 利 时	0.00	0.00	1.79	1.85	1.52	1.64	0.00	1.47	2.86	3.28	1.54
新 西 兰	3.23	0.00	3.57	1.85	0.00	0.00	0.00	1.47	1.43	3.28	1.37
瑞　　士	0.00	0.00	3.57	1.85	1.52	0.00	0.00	1.47	2.86	1.64	1.37
新 加 坡	3.23	1.89	0.00	0.00	3.03	0.00	0.00	0.00	1.43	0.00	0.85

续表

国家和地区	2010年	2011年	2012年	2013年	2014年	2015年	2016年	2017年	2018年	2019年	合计
波　兰	0.00	0.00	1.79	0.00	3.03	1.64	0.00	1.47	0.00	0.00	0.85
西班牙	0.00	0.00	0.00	1.85	1.52	1.64	0.00	1.47	1.43	0.00	0.85
法　国	0.00	0.00	0.00	0.00	0.00	1.64	3.08	0.00	1.43	1.64	0.85
韩　国	0.00	0.00	0.00	0.00	1.52	3.28	1.54	0.00	1.43	0.00	0.85
奥地利	0.00	1.89	0.00	0.00	3.03	0.00	0.00	1.47	0.00	0.00	0.68
中国大陆	0.00	1.89	0.00	0.00	0.00	1.64	0.00	0.00	2.86	0.00	0.68
以色列	0.00	1.89	1.79	0.00	0.00	0.00	1.54	0.00	1.43	0.00	0.68
丹　麦	0.00	0.00	0.00	0.00	1.52	0.00	1.54	0.00	1.43	1.64	0.68
中国香港	0.00	0.00	0.00	0.00	3.03	1.64	0.00	0.00	0.00	0.00	0.51

表 4-90　社会心理学 C 层人才排名前 20 的国家和地区的占比

单位：%

国家和地区	2010年	2011年	2012年	2013年	2014年	2015年	2016年	2017年	2018年	2019年	合计
美　国	48.93	47.32	48.24	43.54	42.56	34.63	37.20	32.74	32.79	34.70	39.48
英　国	8.54	8.05	8.04	6.83	10.38	10.19	9.22	9.92	10.15	8.20	9.02
加拿大	8.54	6.13	7.84	7.56	6.92	6.63	6.52	7.07	6.03	8.06	7.11
德　国	5.63	6.51	3.73	5.54	6.92	7.44	5.41	5.98	6.18	7.38	6.14
荷　兰	4.47	6.51	6.27	6.64	4.50	5.83	5.72	4.89	6.47	5.87	5.71
澳大利亚	4.27	3.26	2.75	3.69	3.81	5.18	5.72	5.71	5.74	5.46	4.68
意大利	0.97	2.68	2.55	1.48	1.38	1.78	2.70	2.85	1.32	2.87	2.10
中国大陆	0.78	0.57	0.78	1.48	2.08	2.91	1.75	2.58	2.65	2.87	1.95
比利时	1.94	1.72	1.96	1.85	1.90	2.43	1.27	0.68	2.79	2.19	1.86
以色列	1.55	2.87	1.37	1.48	1.38	1.78	2.07	1.09	1.32	1.50	1.62
瑞　士	1.36	1.92	0.39	1.85	1.56	1.13	1.59	1.90	1.18	2.05	1.52
新西兰	1.36	0.77	0.78	2.95	1.21	1.13	1.11	1.22	1.76	1.09	1.34
西班牙	1.17	1.15	1.57	0.74	1.56	0.81	2.23	1.36	1.32	1.09	1.30
波　兰	0.39	0.57	0.20	0.74	0.69	0.65	1.75	1.77	1.32	2.05	1.09
法　国	1.17	0.96	0.98	1.11	1.38	0.49	0.48	1.36	1.76	0.68	1.04
中国香港	0.39	0.77	1.18	0.92	0.52	1.29	0.95	1.49	0.74	0.96	0.94
新加坡	0.78	1.34	0.98	0.92	1.38	0.65	1.11	0.27	1.18	0.96	0.94
韩　国	0.78	0.96	0.98	0.55	1.21	1.62	0.95	0.95	0.59	0.14	0.86
挪　威	0.78	1.15	0.59	0.55	0.87	0.49	0.32	1.22	1.47	0.41	0.79
瑞　典	0.78	0.00	0.98	0.00	0.52	1.29	1.11	0.95	1.03	0.41	0.73

三十一　行为科学

行为科学 A、B、C 层人才最多的国家是美国，分别占该学科全球 A、B、C 层人才的 35.58%、30.21%、30.51%。

英国、德国、荷兰、加拿大、瑞典、奥地利、澳大利亚的 A 层人才比较多，世界占比在 15%~3% 之间；西班牙、丹麦、瑞士、爱尔兰、意大利、新西兰、巴拿马、比利时、波兰、中国大陆、中国台湾、塞浦路斯也有相当数量的 A 层人才，世界占比超过或接近 1%。

英国、德国、加拿大、荷兰、澳大利亚、意大利的 B 层人才比较多，世界占比在 16%~3% 之间；法国、瑞士、巴西、西班牙、中国大陆、比利时、瑞典、以色列、丹麦、奥地利、爱尔兰、挪威、日本也有相当数量的 B 层人才，大部分世界占比超过 1%。

英国、德国、加拿大、荷兰、澳大利亚、意大利、法国的 C 层人才比较多，世界占比在 13%~3% 之间；中国大陆、瑞士、西班牙、比利时、瑞典、巴西、日本、奥地利、丹麦、以色列、新西兰、芬兰也有相当数量的 C 层人才，世界占比超过或接近 1%。

表 4-91　行为科学 A 层人才排名前 20 的国家和地区的占比

单位：%

国家和地区	2010年	2011年	2012年	2013年	2014年	2015年	2016年	2017年	2018年	2019年	合计
美　国	50.00	60.00	20.00	33.33	20.00	30.77	53.85	36.36	18.18	28.57	35.58
英　国	0.00	10.00	0.00	44.44	30.00	15.38	0.00	9.09	9.09	21.43	14.42
德　国	0.00	10.00	20.00	11.11	0.00	0.00	7.69	9.09	9.09	21.43	8.65
荷　兰	0.00	10.00	0.00	11.11	0.00	0.00	7.69	9.09	18.18	14.29	7.69
加拿大	37.50	0.00	0.00	0.00	0.00	7.69	7.69	0.00	0.00	0.00	4.81
瑞　典	0.00	0.00	20.00	0.00	0.00	7.69	0.00	9.09	18.18	0.00	4.81
奥地利	0.00	0.00	20.00	0.00	10.00	0.00	7.69	0.00	0.00	7.14	3.85
澳大利亚	0.00	10.00	0.00	0.00	0.00	15.38	7.69	0.00	0.00	0.00	3.85
西班牙	0.00	0.00	0.00	0.00	10.00	0.00	0.00	9.09	9.09	0.00	2.88
丹　麦	0.00	0.00	0.00	0.00	0.00	0.00	7.69	0.00	9.09	0.00	1.92
瑞　士	12.50	0.00	0.00	0.00	0.00	0.00	0.00	9.09	0.00	0.00	1.92
爱尔兰	0.00	0.00	0.00	0.00	0.00	7.69	0.00	0.00	0.00	0.00	0.96

续表

国家和地区	2010年	2011年	2012年	2013年	2014年	2015年	2016年	2017年	2018年	2019年	合计
意大利	0.00	0.00	0.00	0.00	10.00	0.00	0.00	0.00	0.00	0.00	0.96
新西兰	0.00	0.00	20.00	0.00	0.00	0.00	0.00	0.00	0.00	0.00	0.96
巴拿马	0.00	0.00	0.00	0.00	0.00	7.69	0.00	0.00	0.00	0.00	0.96
比利时	0.00	0.00	0.00	0.00	0.00	0.00	0.00	9.09	0.00	0.00	0.96
波兰	0.00	0.00	0.00	0.00	0.00	0.00	0.00	0.00	0.00	7.14	0.96
中国大陆	0.00	0.00	0.00	0.00	0.00	0.00	0.00	0.00	9.09	0.00	0.96
中国台湾	0.00	0.00	0.00	0.00	10.00	0.00	0.00	0.00	0.00	0.00	0.96
塞浦路斯	0.00	0.00	0.00	0.00	10.00	0.00	0.00	0.00	0.00	0.00	0.96

表 4-92　行为科学 B 层人才排名前 20 的国家和地区的占比

单位：%

国家和地区	2010年	2011年	2012年	2013年	2014年	2015年	2016年	2017年	2018年	2019年	合计
美国	27.16	35.56	34.09	31.91	26.80	31.09	35.04	29.75	30.77	21.31	30.21
英国	20.99	12.22	18.18	17.02	13.40	18.49	17.09	13.22	15.38	14.75	15.97
德国	13.58	10.00	5.68	8.51	11.34	7.56	6.84	9.09	8.55	9.02	8.89
加拿大	1.23	7.78	5.68	6.38	6.19	8.40	11.11	8.26	5.13	6.56	6.88
荷兰	9.88	5.56	5.68	5.32	4.12	6.72	5.13	4.96	5.98	7.38	6.02
澳大利亚	2.47	2.22	7.95	2.13	3.09	9.24	3.42	6.61	5.13	7.38	5.16
意大利	3.70	4.44	3.41	2.13	5.15	1.68	4.27	2.48	3.42	4.10	3.44
法国	1.23	3.33	3.41	6.38	3.09	0.84	1.71	1.65	0.85	3.28	2.49
瑞士	0.00	3.33	0.00	4.26	1.03	0.84	3.42	1.65	2.56	2.46	2.01
巴西	1.23	2.22	1.14	1.06	4.12	0.84	1.71	1.65	1.71	3.28	1.91
西班牙	3.70	1.11	1.14	3.19	1.03	3.36	0.85	0.83	0.85	1.64	1.72
中国大陆	0.00	2.22	1.14	0.00	2.06	0.00	0.00	3.31	4.27	3.28	1.72
比利时	3.70	0.00	0.00	1.06	2.06	0.00	0.85	1.65	3.42	1.64	1.43
瑞典	2.47	0.00	1.14	1.06	3.09	2.52	0.00	1.65	2.56	0.00	1.43
以色列	1.23	3.33	1.14	2.13	0.00	0.84	0.85	1.65	0.85	0.82	1.24
丹麦	1.23	0.00	1.14	2.13	0.00	2.52	0.85	0.83	0.85	0.82	1.05
奥地利	1.23	0.00	0.00	0.00	3.09	0.84	1.71	0.83	0.00	1.64	0.96
爱尔兰	0.00	1.11	1.14	0.00	3.09	0.84	0.85	0.83	0.85	0.00	0.86
挪威	0.00	1.11	0.00	1.06	0.00	0.00	0.00	1.65	0.85	0.82	0.57
日本	0.00	0.00	0.00	0.00	1.03	0.00	0.85	0.00	0.85	1.64	0.48

表 4-93 行为科学 C 层人才排名前 20 的国家和地区的占比

单位：%

国家和地区	2010年	2011年	2012年	2013年	2014年	2015年	2016年	2017年	2018年	2019年	合计
美国	35.17	35.44	34.29	32.17	30.87	29.06	28.18	28.87	29.79	25.21	30.51
英国	11.76	14.22	12.47	12.14	10.64	12.83	11.24	11.88	13.63	10.26	12.06
德国	8.26	6.67	7.19	9.74	7.51	8.38	5.88	6.78	7.14	7.44	7.45
加拿大	6.13	5.33	6.12	5.80	6.05	4.97	4.93	6.16	6.20	5.04	5.64
荷兰	4.63	6.33	6.00	5.36	5.32	6.28	5.10	5.37	4.98	5.56	5.50
澳大利亚	4.38	4.11	4.32	4.92	4.80	5.15	7.00	5.90	6.20	6.15	5.40
意大利	4.01	3.78	4.68	3.50	3.86	6.11	4.32	4.58	3.57	3.42	4.21
法国	3.63	3.78	4.08	3.28	3.23	3.14	3.11	2.55	2.44	3.25	3.20
中国大陆	0.88	1.22	1.68	1.75	3.02	2.44	3.63	4.05	3.38	4.27	2.77
瑞士	2.00	2.11	2.04	2.84	2.82	2.88	1.90	2.20	2.73	2.56	2.42
西班牙	1.25	1.67	1.92	2.52	1.88	2.36	2.07	1.41	1.60	2.56	1.94
比利时	2.88	1.33	1.32	1.64	2.29	1.75	1.56	1.23	1.60	2.39	1.79
瑞典	1.25	1.22	1.20	1.42	1.77	1.66	1.82	1.58	0.85	1.28	1.42
巴西	1.00	1.22	1.20	0.55	1.46	0.70	1.47	2.29	1.50	2.22	1.40
日本	1.38	1.89	0.84	1.31	0.83	1.05	1.64	0.97	1.13	1.45	1.25
奥地利	1.00	0.56	0.48	0.66	1.46	1.13	0.69	1.94	1.32	1.54	1.11
丹麦	0.63	0.89	0.84	0.88	1.36	0.87	1.64	1.14	1.32	0.77	1.05
以色列	1.75	0.89	0.48	1.20	0.73	0.87	1.12	1.06	0.85	0.94	0.98
新西兰	0.50	1.11	0.96	0.88	0.83	0.26	0.61	0.79	0.66	0.51	0.69
芬兰	0.88	0.67	0.96	0.66	0.63	0.26	0.95	0.35	0.85	0.51	0.65

三十二 生物材料学

生物材料学 A、B、C 层人才主要集中在美国和中国大陆，二者 A、B、C 层人才的世界占比合计为 37.61%、45.17%、45.94%，其中美国的 A 层人才多于中国大陆，B 层和 C 层人才少于中国大陆。

印度、沙特阿拉伯、英国、澳大利亚、德国、韩国、新加坡的 A 层人才比较多，世界占比在 7%~3% 之间；比利时、加拿大、中国香港、伊朗、意大利、日本、瑞士、荷兰、巴基斯坦、巴西、泰国也有相当数量的 A 层人才，世界占比超过或接近 1%。

印度、德国、韩国、英国、澳大利亚的B层人才比较多，世界占比在5%～3%之间；新加坡、荷兰、意大利、中国香港、日本、伊朗、加拿大、瑞士、葡萄牙、沙特阿拉伯、比利时、西班牙、巴西也有相当数量的B层人才，世界占比超过1%。

德国、印度、韩国、英国的C层人才比较多，世界占比在5%～3%之间；伊朗、澳大利亚、新加坡、意大利、日本、加拿大、荷兰、法国、西班牙、瑞士、中国台湾、葡萄牙、中国香港、巴西也有相当数量的C层人才，世界占比超过1%。

表4－94　生物材料学A层人才排名前20的国家和地区的占比

单位：%

国家和地区	2010年	2011年	2012年	2013年	2014年	2015年	2016年	2017年	2018年	2019年	合计
美国	11.11	57.14	25.00	0.00	23.08	25.00	30.77	21.43	30.00	0.00	21.10
中国大陆	22.22	14.29	0.00	20.00	7.69	8.33	15.38	28.57	30.00	15.38	16.51
印度	11.11	0.00	12.50	10.00	0.00	8.33	0.00	0.00	0.00	23.08	6.42
沙特阿拉伯	0.00	0.00	12.50	10.00	7.69	8.33	15.38	0.00	0.00	0.00	5.50
英国	0.00	0.00	0.00	10.00	7.69	0.00	7.69	7.14	10.00	7.69	5.50
澳大利亚	0.00	0.00	0.00	10.00	15.38	0.00	7.69	0.00	0.00	7.69	4.59
德国	11.11	14.29	12.50	0.00	0.00	0.00	0.00	7.14	0.00	7.69	4.59
韩国	0.00	14.29	0.00	0.00	0.00	8.33	7.69	7.14	0.00	0.00	3.67
新加坡	0.00	0.00	0.00	10.00	0.00	0.00	7.69	0.00	20.00	0.00	3.67
比利时	0.00	0.00	12.50	0.00	7.69	0.00	0.00	0.00	0.00	7.69	2.75
加拿大	11.11	0.00	0.00	0.00	0.00	0.00	0.00	0.00	10.00	7.69	2.75
中国香港	0.00	0.00	0.00	0.00	0.00	0.00	0.00	14.29	0.00	7.69	2.75
伊朗	11.11	0.00	0.00	10.00	7.69	0.00	0.00	0.00	0.00	0.00	2.75
意大利	0.00	0.00	12.50	10.00	0.00	0.00	0.00	7.14	0.00	0.00	2.75
日本	0.00	0.00	12.50	0.00	7.69	0.00	0.00	0.00	0.00	7.69	2.75
瑞士	0.00	0.00	0.00	10.00	0.00	8.33	0.00	0.00	0.00	0.00	1.83
荷兰	11.11	0.00	0.00	0.00	7.69	0.00	0.00	0.00	0.00	0.00	1.83
巴基斯坦	0.00	0.00	0.00	0.00	0.00	8.33	0.00	0.00	0.00	0.00	0.92
巴西	0.00	0.00	0.00	0.00	0.00	0.00	0.00	7.14	0.00	0.00	0.92
泰国	0.00	0.00	0.00	0.00	7.69	0.00	0.00	0.00	0.00	0.00	0.92

表 4－95　生物材料学 B 层人才排名前 20 的国家和地区的占比

单位：%

国家和地区	2010年	2011年	2012年	2013年	2014年	2015年	2016年	2017年	2018年	2019年	合计
中国大陆	15. 19	23. 61	25. 00	27. 18	23. 08	22. 76	22. 95	22. 73	25. 44	26. 43	23. 65
美　　国	22. 78	37. 50	23. 68	18. 45	23. 08	22. 76	20. 49	17. 42	21. 05	16. 43	21. 52
印　　度	6. 33	6. 94	3. 95	7. 77	5. 13	2. 44	4. 10	3. 03	1. 75	5. 00	4. 45
德　　国	7. 59	2. 78	0. 00	1. 94	5. 13	8. 94	2. 46	4. 55	4. 39	1. 43	3. 99
韩　　国	5. 06	0. 00	0. 00	0. 97	3. 42	4. 07	3. 28	5. 30	6. 14	3. 57	3. 43
英　　国	3. 80	2. 78	2. 63	1. 94	2. 56	6. 50	6. 56	3. 03	0. 00	2. 86	3. 34
澳大利亚	3. 80	1. 39	3. 95	2. 91	3. 42	4. 07	2. 46	2. 27	1. 75	4. 29	3. 06
新 加 坡	5. 06	0. 00	1. 32	1. 94	1. 71	0. 81	3. 28	3. 79	5. 26	2. 14	2. 60
荷　　兰	1. 27	2. 78	3. 95	0. 97	2. 56	4. 88	1. 64	1. 52	1. 75	3. 57	2. 50
意 大 利	2. 53	1. 39	1. 32	1. 94	3. 42	2. 44	3. 28	0. 00	4. 39	2. 86	2. 41
中国香港	2. 53	4. 17	5. 26	1. 94	3. 42	1. 63	0. 82	0. 76	2. 63	0. 71	2. 13
日　　本	1. 27	1. 39	0. 00	3. 88	0. 00	2. 44	2. 46	1. 52	1. 75	3. 57	1. 95
伊　　朗	0. 00	0. 00	1. 32	0. 00	0. 00	0. 00	4. 10	2. 27	2. 63	5. 71	1. 86
加 拿 大	2. 53	0. 00	1. 32	1. 94	1. 71	1. 63	3. 28	0. 76	2. 63	0. 71	1. 67
瑞　　士	3. 80	2. 78	2. 63	2. 91	0. 85	1. 63	1. 64	0. 00	0. 88	1. 43	1. 67
葡 萄 牙	0. 00	2. 78	1. 32	2. 91	1. 71	2. 44	0. 00	1. 52	1. 75	1. 43	1. 58
沙特阿拉伯	0. 00	1. 39	0. 00	1. 94	0. 00	0. 00	1. 64	3. 03	3. 51	2. 14	1. 48
比 利 时	1. 27	1. 39	2. 63	0. 97	1. 71	2. 44	0. 82	2. 27	0. 88	0. 00	1. 39
西 班 牙	3. 80	0. 00	0. 00	2. 91	0. 85	0. 81	0. 00	2. 27	1. 75	0. 71	1. 30
巴　　西	0. 00	1. 39	1. 32	2. 91	2. 56	0. 00	1. 64	0. 00	0. 88	0. 71	1. 11

表 4－96　生物材料学 C 层人才排名前 20 的国家和地区的占比

单位：%

国家和地区	2010年	2011年	2012年	2013年	2014年	2015年	2016年	2017年	2018年	2019年	合计
中国大陆	14. 25	18. 34	21. 16	26. 23	25. 48	23. 91	23. 58	27. 05	29. 27	29. 71	24. 68
美　　国	30. 11	27. 08	26. 46	21. 11	22. 69	22. 60	19. 64	17. 39	16. 38	17. 18	21. 26
德　　国	5. 82	5. 78	4. 23	5. 23	3. 75	5. 26	3. 86	4. 21	2. 70	3. 08	4. 25
印　　度	2. 97	3. 67	4. 50	4. 62	3. 49	3. 53	4. 27	3. 37	4. 62	5. 94	4. 16
韩　　国	4. 34	3. 95	4. 89	3. 62	3. 84	2. 79	4. 85	3. 68	4. 18	3. 65	3. 93
英　　国	3. 22	2. 54	3. 17	3. 42	3. 49	3. 20	4. 44	4. 14	2. 09	3. 08	3. 33
伊　　朗	1. 12	1. 13	0. 93	2. 11	1. 75	2. 14	3. 62	3. 52	4. 09	5. 23	2. 81
澳大利亚	3. 22	3. 95	2. 78	2. 41	2. 62	2. 96	2. 14	2. 45	3. 40	2. 58	2. 79
新 加 坡	4. 58	2. 54	2. 65	2. 41	3. 23	2. 38	2. 22	2. 84	2. 44	1. 65	2. 62

续表

国家和地区	2010年	2011年	2012年	2013年	2014年	2015年	2016年	2017年	2018年	2019年	合计
意大利	2.97	2.12	2.65	2.41	2.18	2.71	2.47	2.68	2.44	2.22	2.48
日本	3.22	3.81	2.78	1.81	2.62	2.55	1.97	1.92	1.57	1.00	2.19
加拿大	2.60	3.24	2.51	1.01	1.83	1.07	1.81	2.68	1.57	1.93	1.95
荷兰	2.35	1.83	2.25	2.41	2.18	1.81	1.48	1.92	1.57	1.36	1.87
法国	1.61	2.12	1.85	1.81	1.75	1.73	1.56	1.38	1.31	1.36	1.61
西班牙	0.62	1.69	1.32	1.21	2.01	2.05	2.05	1.76	1.31	1.50	1.60
瑞士	2.48	2.12	1.72	2.01	1.22	2.05	1.56	1.38	1.39	0.57	1.57
中国台湾	1.12	2.82	2.12	2.61	2.01	1.73	1.31	1.00	0.87	0.50	1.51
葡萄牙	1.61	2.12	1.72	2.51	1.05	1.31	1.40	1.30	1.48	1.00	1.49
中国香港	1.24	1.13	1.32	1.51	1.22	1.89	0.90	1.53	2.00	1.36	1.43
巴西	1.73	0.56	0.79	1.21	0.79	1.64	1.48	1.30	1.48	1.15	1.24

三十三　细胞和组织工程学

细胞和组织工程学A、B、C层人才最多的国家是美国，分别占该学科全球A、B、C层人才的50.00%、33.02%、31.77%。

中国大陆、加拿大、澳大利亚、法国、德国的A层人才比较多，世界占比在9%~4%之间；马其顿、新加坡、瑞典、土耳其、中国香港、英国、印度、意大利、日本也有相当数量的A层人才，世界占比均为2.17%。

中国大陆、英国、日本、德国、荷兰、加拿大、意大利、瑞士的B层人才比较多，世界占比在10%~3%；韩国、澳大利亚、瑞典、法国、新加坡、西班牙、中国香港、比利时、以色列、爱尔兰、奥地利也有相当数量的B层人才，世界占比超过或接近1%。

中国大陆、英国、德国、日本、意大利、加拿大、荷兰的C层人才比较多，世界占比在10%~3%之间；法国、澳大利亚、韩国、西班牙、瑞士、瑞典、新加坡、比利时、巴西、印度、以色列、中国香港也有相当数量的C层人才，世界占比超过或接近1%。

表 4－97　细胞和组织工程学 A 层人才的国家和地区的占比

单位：%

国家和地区	2010年	2011年	2012年	2013年	2014年	2015年	2016年	2017年	2018年	2019年	合计
美　　国	50.00	66.67	20.00	0.00	50.00	42.86	66.67	50.00	50.00	66.67	50.00
中国大陆	0.00	0.00	0.00	0.00	16.67	14.29	0.00	33.33	0.00	0.00	8.70
加 拿 大	0.00	33.33	20.00	0.00	16.67	0.00	0.00	0.00	0.00	16.67	8.70
澳大利亚	0.00	0.00	20.00	0.00	0.00	14.29	0.00	0.00	0.00	0.00	4.35
法　　国	0.00	0.00	0.00	0.00	16.67	0.00	0.00	0.00	25.00	0.00	4.35
德　　国	50.00	0.00	0.00	0.00	0.00	14.29	0.00	0.00	0.00	0.00	4.35
马 其 顿	0.00	0.00	0.00	0.00	0.00	0.00	0.00	0.00	25.00	0.00	2.17
新 加 坡	0.00	0.00	0.00	100.00	0.00	0.00	0.00	0.00	0.00	0.00	2.17
瑞　　典	0.00	0.00	0.00	0.00	0.00	14.29	0.00	0.00	0.00	0.00	2.17
土 耳 其	0.00	0.00	0.00	0.00	0.00	0.00	16.67	0.00	0.00	0.00	2.17
中国香港	0.00	0.00	0.00	0.00	0.00	0.00	0.00	16.67	0.00	0.00	2.17
英　　国	0.00	0.00	0.00	0.00	0.00	0.00	0.00	0.00	0.00	16.67	2.17
印　　度	0.00	0.00	20.00	0.00	0.00	0.00	0.00	0.00	0.00	0.00	2.17
意 大 利	0.00	0.00	0.00	0.00	0.00	0.00	16.67	0.00	0.00	0.00	2.17
日　　本	0.00	0.00	20.00	0.00	0.00	0.00	0.00	0.00	0.00	0.00	2.17

表 4－98　细胞和组织工程学 B 层人才排名前 20 的国家和地区的占比

单位：%

国家和地区	2010年	2011年	2012年	2013年	2014年	2015年	2016年	2017年	2018年	2019年	合计
美　　国	33.33	40.00	43.14	43.48	42.42	30.56	26.79	27.42	19.30	29.31	33.02
中国大陆	7.41	2.86	1.96	6.52	12.12	25.00	8.93	11.29	8.77	5.17	10.00
英　　国	11.11	0.00	7.84	2.17	7.58	6.94	7.14	8.06	8.77	5.17	6.60
日　　本	7.41	5.71	7.84	17.39	7.58	4.17	1.79	3.23	7.02	3.45	6.23
德　　国	0.00	0.00	7.84	2.17	4.55	6.94	7.14	6.45	7.02	0.00	4.72
荷　　兰	11.11	2.86	1.96	6.52	0.00	2.78	7.14	3.23	8.77	1.72	4.15
加 拿 大	7.41	5.71	9.80	0.00	0.00	1.39	3.57	1.61	8.77	5.17	3.96
意 大 利	0.00	0.00	0.00	4.35	4.55	4.17	5.36	4.84	1.75	5.17	3.40
瑞　　士	0.00	0.00	1.96	4.35	3.03	4.17	3.57	3.23	1.75	8.62	3.40
韩　　国	3.70	5.71	1.96	0.00	1.52	4.17	1.79	1.61	1.75	5.17	2.64
澳大利亚	7.41	2.86	0.00	6.52	0.00	0.00	0.00	4.84	5.26	1.72	2.45
瑞　　典	0.00	0.00	1.96	0.00	4.55	0.00	3.57	4.84	3.51	3.45	2.45
法　　国	0.00	0.00	1.96	2.17	1.52	0.00	3.57	3.23	3.51	5.17	2.26
新 加 坡	3.70	8.57	0.00	2.17	3.03	0.00	5.36	3.23	0.00	0.00	2.26

续表

国家和地区	2010年	2011年	2012年	2013年	2014年	2015年	2016年	2017年	2018年	2019年	合计
西班牙	0.00	5.71	0.00	0.00	1.52	1.39	1.79	0.00	0.00	3.45	1.32
中国香港	0.00	5.71	0.00	0.00	3.03	0.00	0.00	1.61	1.75	0.00	1.13
比利时	0.00	0.00	0.00	0.00	0.00	2.78	3.57	0.00	0.00	1.72	0.94
以色列	3.70	5.71	0.00	0.00	1.52	0.00	0.00	0.00	0.00	1.72	0.94
爱尔兰	0.00	0.00	3.92	0.00	0.00	0.00	1.79	0.00	3.51	0.00	0.94
奥地利	3.70	0.00	0.00	2.17	0.00	0.00	0.00	1.61	1.75	0.00	0.75

表4－99　细胞和组织工程学C层人才排名前20的国家和地区的占比

单位：%

国家和地区	2010年	2011年	2012年	2013年	2014年	2015年	2016年	2017年	2018年	2019年	合计
美国	46.01	38.55	32.61	32.37	37.48	28.96	31.16	30.11	25.56	24.67	31.77
中国大陆	4.35	6.38	6.88	6.71	7.43	8.56	10.69	10.97	14.81	17.38	9.83
英国	9.06	4.06	7.27	7.91	6.62	5.42	6.88	8.18	6.30	7.66	6.88
德国	5.80	6.67	6.29	6.95	6.30	6.70	6.52	4.91	6.30	4.49	6.07
日本	5.07	4.93	5.30	5.76	5.01	4.28	6.34	4.58	5.56	4.86	5.13
意大利	2.17	3.19	4.72	4.32	4.04	4.14	5.43	4.42	3.15	3.55	4.04
加拿大	3.62	3.48	3.93	1.92	1.94	3.85	2.90	3.27	3.33	3.93	3.21
荷兰	3.62	4.35	2.75	4.56	1.78	3.71	3.08	2.78	2.04	2.99	3.06
法国	2.17	2.03	3.93	4.32	3.07	2.28	1.63	3.11	2.96	2.24	2.78
澳大利亚	1.45	1.74	2.95	2.88	2.42	3.99	2.54	2.13	2.78	2.06	2.61
韩国	2.17	2.03	3.34	1.68	2.58	3.00	1.45	1.96	3.15	3.18	2.51
西班牙	1.81	3.77	2.95	1.92	1.62	2.28	2.72	2.62	2.78	1.87	2.41
瑞士	2.54	0.87	1.57	2.64	2.91	2.28	1.81	1.96	2.04	2.62	2.15
瑞典	1.09	1.16	1.57	0.48	1.45	1.71	1.63	2.13	2.04	1.50	1.55
新加坡	0.72	2.03	2.16	2.16	1.62	2.14	0.91	1.80	0.56	1.12	1.55
比利时	0.00	0.87	0.79	0.96	0.48	1.71	0.54	1.47	2.04	0.75	1.04
巴西	0.36	0.87	1.18	0.72	0.81	1.14	1.09	1.31	1.48	0.56	1.00
印度	0.00	1.16	0.59	0.48	0.97	1.00	0.91	1.31	1.30	0.56	0.88
以色列	1.09	2.03	0.39	0.48	0.81	1.14	1.27	0.82	0.56	0.37	0.86
中国香港	1.09	0.58	0.59	0.48	1.45	0.86	0.91	0.33	1.11	0.93	0.84

三十四　生理学

生理学A、B、C层人才最多的国家是美国，分别占该学科全球A、B、C

层人才的33.33%、29.87%、28.09%。

英国、加拿大、澳大利亚、德国、意大利的A层人才比较多，世界占比在11%~3%之间；伊朗、荷兰、中国大陆、瑞士、日本、法国、比利时、墨西哥、西班牙、印度、中国台湾、立陶宛、丹麦、中国香港也有相当数量的A层人才，世界占比超过1%。

中国大陆、英国、德国、澳大利亚、加拿大、意大利的B层人才比较多，世界占比在8%~4%之间；伊朗、法国、荷兰、瑞士、西班牙、比利时、日本、丹麦、瑞典、巴西、芬兰、韩国、新西兰也有相当数量的B层人才，世界占比超过或接近1%。

中国大陆、英国、加拿大、德国、澳大利亚、意大利的C层人才比较多，世界占比在12%~3%之间；法国、西班牙、日本、荷兰、丹麦、瑞典、伊朗、瑞士、比利时、巴西、韩国、新西兰、挪威也有相当数量的C层人才，世界占比超过或接近1%。

表4-100　生理学A层人才排名前20的国家和地区的占比

单位：%

国家和地区	2010年	2011年	2012年	2013年	2014年	2015年	2016年	2017年	2018年	2019年	合计
美　国	43.75	46.15	29.41	37.50	33.33	42.11	35.29	27.78	27.27	20.83	33.33
英　国	6.25	15.38	11.76	0.00	11.11	10.53	17.65	11.11	9.09	12.50	10.56
加拿大	18.75	7.69	17.65	12.50	0.00	5.26	17.65	5.56	0.00	4.17	8.33
澳大利亚	6.25	0.00	17.65	12.50	5.56	0.00	11.76	0.00	9.09	4.17	6.67
德　国	0.00	7.69	0.00	18.75	0.00	5.26	5.88	11.11	9.09	4.17	6.11
意大利	6.25	7.69	0.00	0.00	5.56	0.00	0.00	0.00	4.55	12.50	3.89
伊　朗	0.00	0.00	0.00	0.00	0.00	0.00	0.00	0.00	4.55	16.67	2.78
荷　兰	6.25	0.00	0.00	0.00	0.00	5.26	0.00	11.11	0.00	4.17	2.78
中国大陆	0.00	0.00	0.00	0.00	5.56	5.26	0.00	5.56	0.00	4.17	2.22
瑞　士	6.25	0.00	0.00	6.25	0.00	0.00	0.00	5.56	0.00	4.17	2.22
日　本	0.00	7.69	0.00	0.00	0.00	5.26	0.00	5.56	4.55	0.00	2.22
法　国	6.25	0.00	0.00	6.25	5.56	0.00	0.00	5.56	0.00	0.00	2.22
比利时	0.00	0.00	0.00	0.00	5.56	0.00	5.88	5.56	0.00	0.00	1.67
墨西哥	0.00	0.00	0.00	6.25	0.00	5.26	0.00	0.00	4.55	0.00	1.67
西班牙	0.00	0.00	0.00	0.00	0.00	5.26	5.88	0.00	4.55	0.00	1.67
印　度	0.00	0.00	0.00	0.00	11.11	5.26	0.00	0.00	0.00	0.00	1.67

续表

国家和地区	2010年	2011年	2012年	2013年	2014年	2015年	2016年	2017年	2018年	2019年	合计
中国台湾	0.00	7.69	0.00	0.00	0.00	0.00	0.00	0.00	4.55	0.00	1.11
立陶宛	0.00	0.00	0.00	0.00	0.00	0.00	0.00	0.00	4.55	4.17	1.11
丹麦	0.00	0.00	5.88	0.00	0.00	0.00	0.00	0.00	4.55	0.00	1.11
中国香港	0.00	0.00	0.00	0.00	0.00	5.26	0.00	5.56	0.00	0.00	1.11

表 4-101 生理学 B 层人才排名前 20 的国家和地区的占比

单位：%

国家和地区	2010年	2011年	2012年	2013年	2014年	2015年	2016年	2017年	2018年	2019年	合计
美国	38.31	28.08	32.03	32.91	33.54	29.78	30.22	26.67	27.51	22.71	29.87
中国大陆	1.30	1.37	1.96	2.53	6.10	7.30	6.04	11.67	16.40	14.98	7.48
英国	7.14	5.48	9.80	10.13	7.32	7.87	8.79	7.78	4.23	3.38	7.07
德国	6.49	6.85	9.15	7.59	10.98	3.93	4.40	7.22	4.76	3.38	6.31
澳大利亚	5.84	5.48	5.23	6.33	4.27	6.18	6.59	7.22	5.29	3.86	5.61
加拿大	7.79	7.53	5.88	4.43	7.93	6.74	7.14	1.67	2.65	4.35	5.49
意大利	5.19	0.68	3.92	6.33	6.71	2.81	3.85	1.11	4.23	5.31	4.03
伊朗	0.00	0.00	0.00	0.00	0.00	0.00	2.20	0.00	10.58	12.08	2.86
法国	1.30	4.79	0.65	1.27	1.22	5.06	3.85	4.44	2.12	1.45	2.63
荷兰	2.60	2.74	5.23	3.80	4.27	2.25	1.65	1.11	1.06	0.97	2.45
瑞士	3.90	2.05	1.31	4.43	2.44	3.37	2.20	2.78	1.06	0.97	2.40
西班牙	1.30	0.68	5.23	3.80	0.61	1.12	2.20	2.22	3.70	2.42	2.34
比利时	1.30	2.74	1.31	1.90	0.00	3.37	2.75	4.44	2.12	1.45	2.16
日本	0.65	4.79	3.27	2.53	1.22	1.12	0.55	2.22	1.06	1.93	1.87
丹麦	1.95	1.37	1.31	1.90	0.00	2.25	3.30	2.78	0.53	2.42	1.81
瑞典	1.95	2.74	1.31	0.63	2.44	1.69	1.65	1.11	1.06	0.48	1.46
巴西	0.65	2.05	1.31	1.27	1.83	1.69	2.75	0.00	1.06	1.45	1.40
芬兰	1.95	0.68	0.00	1.27	0.00	0.56	1.10	0.00	0.53	2.42	0.88
韩国	0.00	2.74	0.00	0.00	0.00	1.69	1.10	2.22	0.00	0.48	0.82
新西兰	1.30	2.05	0.65	0.00	1.22	1.12	0.55	1.11	0.00	0.48	0.82

表 4-102 生理学 C 层人才排名前 20 的国家和地区的占比

单位：%

国家和地区	2010年	2011年	2012年	2013年	2014年	2015年	2016年	2017年	2018年	2019年	合计
美国	36.64	35.72	33.31	33.29	30.57	30.11	26.19	23.82	20.40	18.32	28.09
中国大陆	2.55	2.25	3.41	4.84	6.38	10.80	10.68	17.12	20.50	23.00	11.04

续表

国家和地区	2010年	2011年	2012年	2013年	2014年	2015年	2016年	2017年	2018年	2019年	合计
英　国	8. 57	8. 00	8. 66	7. 46	8. 90	7. 75	8. 30	8. 15	6. 60	5. 83	7. 73
加拿大	7. 23	5. 61	5. 90	6. 34	6. 14	4. 81	6. 31	5. 24	4. 52	4. 45	5. 58
德　国	6. 36	5. 68	5. 84	6. 21	5. 48	6. 46	5. 57	4. 54	3. 96	3. 72	5. 28
澳大利亚	4. 42	4. 70	4. 39	5. 30	5. 90	4. 81	5. 80	5. 47	5. 12	4. 22	5. 01
意大利	2. 68	3. 51	3. 08	3. 47	3. 43	3. 76	3. 13	3. 55	4. 67	3. 76	3. 54
法　国	4. 09	2. 95	3. 28	2. 55	2. 89	2. 64	3. 24	2. 27	2. 33	1. 42	2. 70
西班牙	2. 41	3. 44	2. 62	2. 42	2. 65	1. 76	2. 10	2. 80	3. 30	1. 93	2. 52
日　本	2. 61	3. 23	3. 34	3. 53	1. 93	2. 41	2. 22	2. 04	1. 47	1. 61	2. 36
荷　兰	2. 01	2. 32	2. 89	2. 75	2. 95	1. 70	2. 22	2. 62	1. 83	1. 74	2. 27
丹　麦	3. 15	2. 81	2. 49	1. 57	2. 17	2. 05	2. 22	1. 46	1. 73	1. 97	2. 13
瑞　典	1. 41	2. 25	1. 51	2. 16	1. 38	1. 82	1. 88	1. 40	1. 73	1. 52	1. 69
伊　朗	0. 13	0. 14	0. 26	0. 07	0. 24	0. 18	0. 40	0. 93	2. 79	7. 85	1. 56
瑞　士	1. 67	2. 25	1. 31	1. 83	1. 81	1. 70	1. 70	0. 99	1. 47	0. 87	1. 53
比利时	1. 61	1. 12	2. 16	1. 18	1. 56	1. 17	1. 14	1. 40	1. 12	1. 06	1. 33
巴　西	0. 74	0. 84	1. 25	0. 98	1. 56	1. 35	1. 99	1. 51	1. 52	1. 24	1. 32
韩　国	1. 14	1. 33	1. 18	1. 37	1. 74	1. 23	1. 53	1. 11	1. 22	0. 64	1. 23
新西兰	0. 80	0. 56	0. 72	0. 98	1. 20	1. 00	0. 68	1. 34	0. 91	0. 87	0. 91
挪　威	1. 41	0. 63	1. 05	1. 18	1. 08	0. 76	0. 74	0. 70	0. 71	0. 55	0. 86

三十五　解剖学和形态学

解剖学和形态学 A、B、C 层人才最多的国家是美国，分别占该学科全球 A、B、C 层人才的 44. 44%、28. 19%、25. 42%。

澳大利亚、西班牙、比利时、英国、智利、丹麦、伊朗、意大利、新西兰、波兰的 A 层人才比较多，世界占比均为 5. 56%。

中国大陆、德国、巴基斯坦、英国、法国、意大利、加拿大、西班牙、瑞士的 B 层人才比较多，世界占比在 8%~3% 之间；澳大利亚、沙特阿拉伯、荷兰、日本、比利时、波兰、瑞典、以色列、伊朗、土耳其也有相当数量的 B 层人才，世界占比超过 1%。

德国、英国、西班牙、意大利、法国、中国大陆、加拿大、澳大利亚的 C 层人才比较多，世界占比在 10%~3% 之间；日本、荷兰、瑞士、巴西、奥地利、波兰、比利时、伊朗、格林纳达、韩国、丹麦也有相当数量的 C 层人才，世界占比超过 1%。

表 4－103　解剖学和形态学 A 层人才的国家和地区的占比

单位：%

国家和地区	2010年	2011年	2012年	2013年	2014年	2015年	2016年	2017年	2018年	2019年	合计
美　　国	100.00	100.00	50.00	0.00	66.67	33.33	0.00	0.00	0.00	50.00	44.44
澳大利亚	0.00	0.00	0.00	0.00	33.33	0.00	0.00	0.00	0.00	0.00	5.56
西 班 牙	0.00	0.00	0.00	0.00	0.00	33.33	0.00	0.00	0.00	0.00	5.56
比 利 时	0.00	0.00	0.00	50.00	0.00	0.00	0.00	0.00	0.00	0.00	5.56
英　　国	0.00	0.00	0.00	0.00	0.00	0.00	0.00	0.00	0.00	50.00	5.56
智　　利	0.00	0.00	0.00	0.00	0.00	0.00	0.00	33.33	0.00	0.00	5.56
丹　　麦	0.00	0.00	0.00	0.00	0.00	0.00	0.00	33.33	0.00	0.00	5.56
伊　　朗	0.00	0.00	0.00	0.00	0.00	0.00	0.00	33.33	0.00	0.00	5.56
意 大 利	0.00	0.00	0.00	0.00	0.00	33.33	0.00	0.00	0.00	0.00	5.56
新 西 兰	0.00	0.00	0.00	50.00	0.00	0.00	0.00	0.00	0.00	0.00	5.56
波　　兰	0.00	0.00	50.00	0.00	0.00	0.00	0.00	0.00	0.00	0.00	5.56

表 4－104　解剖学和形态学 B 层人才排名前 20 的国家和地区的占比

单位：%

国家和地区	2010年	2011年	2012年	2013年	2014年	2015年	2016年	2017年	2018年	2019年	合计
美　　国	48.00	31.82	47.37	28.00	32.14	25.81	34.38	32.14	16.22	11.76	28.19
中国大陆	0.00	0.00	0.00	4.00	3.57	12.90	6.25	10.71	5.41	17.65	7.38
德　　国	8.00	13.64	15.79	8.00	3.57	6.45	9.38	7.14	2.70	3.92	7.05
巴基斯坦	0.00	0.00	0.00	0.00	0.00	0.00	0.00	0.00	16.22	29.41	7.05
英　　国	4.00	9.09	5.26	16.00	3.57	3.23	9.38	7.14	8.11	3.92	6.71
法　　国	0.00	9.09	0.00	8.00	7.14	16.13	9.38	7.14	5.41	0.00	6.04
意 大 利	4.00	13.64	5.26	4.00	7.14	0.00	3.13	0.00	2.70	3.92	4.03
加 拿 大	16.00	4.55	10.53	0.00	0.00	0.00	6.25	0.00	2.70	1.96	3.69
西 班 牙	4.00	9.09	0.00	8.00	7.14	0.00	0.00	3.57	2.70	0.00	3.02
瑞　　士	4.00	0.00	5.26	0.00	7.14	6.45	3.13	0.00	2.70	1.96	3.02
澳大利亚	0.00	0.00	0.00	4.00	0.00	6.45	3.13	3.57	8.11	0.00	2.68
沙特阿拉伯	0.00	0.00	0.00	0.00	0.00	0.00	0.00	0.00	8.11	9.80	2.68
荷　　兰	4.00	0.00	0.00	8.00	7.14	0.00	0.00	3.57	2.70	0.00	2.35
日　　本	4.00	4.55	0.00	8.00	0.00	3.23	0.00	0.00	2.70	0.00	2.01

续表

国家和地区	2010年	2011年	2012年	2013年	2014年	2015年	2016年	2017年	2018年	2019年	合计
比利时	0.00	0.00	10.53	0.00	3.57	0.00	0.00	0.00	2.70	0.00	1.34
波　兰	0.00	0.00	0.00	0.00	0.00	3.23	3.13	7.14	0.00	0.00	1.34
瑞　典	0.00	0.00	0.00	0.00	3.57	3.23	0.00	0.00	2.70	0.00	1.01
以色列	0.00	0.00	0.00	4.00	0.00	0.00	3.13	0.00	0.00	1.96	1.01
伊　朗	0.00	0.00	0.00	0.00	3.57	0.00	0.00	0.00	2.70	1.96	1.01
土耳其	0.00	0.00	0.00	0.00	0.00	0.00	0.00	0.00	0.00	5.88	1.01

表 4-105　解剖学和形态学 C 层人才排名前 20 的国家和地区的占比

单位：%

国家和地区	2010年	2011年	2012年	2013年	2014年	2015年	2016年	2017年	2018年	2019年	合计
美　国	31.56	30.89	30.15	26.41	28.91	25.00	23.66	20.34	21.22	20.95	25.42
德　国	10.25	9.35	6.99	7.36	7.03	12.15	12.98	7.46	8.04	8.81	9.03
英　国	9.43	8.94	9.19	8.23	8.59	6.25	10.69	8.14	7.72	6.43	8.21
西班牙	4.10	4.88	2.57	3.90	4.69	7.64	3.82	4.07	3.22	4.76	4.39
意大利	2.87	3.66	2.57	5.19	3.52	4.51	4.58	6.10	3.86	4.52	4.18
法　国	4.51	3.25	4.04	3.46	3.13	4.17	4.96	4.41	4.18	3.81	4.00
中国大陆	2.87	2.03	2.57	5.63	2.73	3.13	3.44	4.07	7.07	4.76	3.93
加拿大	3.28	4.07	4.04	4.76	1.95	4.17	5.73	3.73	3.22	2.62	3.68
澳大利亚	1.64	3.66	2.21	3.90	2.73	5.21	3.05	4.07	2.89	3.33	3.29
日　本	3.28	0.81	1.47	3.90	3.91	1.74	2.29	4.41	2.25	3.10	2.73
荷　兰	2.46	3.66	1.10	0.87	2.73	3.13	3.05	3.39	2.57	2.86	2.62
瑞　士	3.28	2.03	1.47	0.87	3.52	1.74	2.29	3.05	1.29	2.14	2.16
巴　西	2.46	0.41	2.94	3.90	3.52	1.04	1.15	2.03	1.61	0.95	1.91
奥地利	0.82	1.63	2.21	0.87	0.78	0.69	1.15	0.68	2.25	2.14	1.38
波　兰	0.41	0.81	1.84	0.87	1.95	0.69	1.15	1.69	1.93	1.67	1.35
比利时	0.82	1.22	2.94	0.00	1.95	1.74	1.15	1.69	0.96	0.71	1.31
伊　朗	0.41	0.41	0.74	1.73	1.17	0.69	0.38	1.36	2.57	2.38	1.27
格林纳达	0.82	1.22	1.10	0.87	2.34	1.74	0.38	1.02	2.57	0.48	1.24
韩　国	0.41	1.22	1.84	1.30	2.73	0.35	0.76	1.02	0.96	0.95	1.13
丹　麦	0.82	1.22	0.74	1.30	0.78	1.04	1.15	2.03	0.32	1.19	1.06

三十六　发育生物学

发育生物学 A、B、C 层人才最多的国家是美国，分别占该学科全球 A、

B、C 层人才的 55.56%、42.03%、38.16%。

日本、英国、德国、荷兰、法国、瑞典的 A 层人才比较多，世界占比在 8%~3%之间；新加坡、西班牙、瑞士、丹麦、厄瓜多尔、爱尔兰、葡萄牙也有相当数量的 A 层人才，世界占比均为 1.59%。

英国、德国、法国、日本、荷兰、中国大陆的 B 层人才比较多，世界占比在 11%~3%之间；澳大利亚、加拿大、瑞士、西班牙、新加坡、比利时、意大利、奥地利、瑞典、以色列、挪威、丹麦、阿根廷也有相当数量的 B 层人才，大部分世界占比超过 1%。

英国、德国、法国、日本、中国大陆、加拿大、澳大利亚的 C 层人才比较多，世界占比在 11%~3%之间；瑞士、西班牙、荷兰、意大利、瑞典、比利时、奥地利、以色列、新加坡、丹麦、芬兰、韩国也有相当数量的 C 层人才，世界占比超过或接近 1%。

表 4-106 发育生物学 A 层人才的国家和地区的占比

单位：%

国家和地区	2010年	2011年	2012年	2013年	2014年	2015年	2016年	2017年	2018年	2019年	合计
美国	57.14	28.57	71.43	71.43	33.33	60.00	57.14	100.00	28.57	66.67	55.56
日本	14.29	28.57	0.00	0.00	16.67	20.00	0.00	0.00	0.00	0.00	7.94
英国	0.00	14.29	0.00	0.00	0.00	0.00	28.57	0.00	14.29	16.67	7.94
德国	0.00	0.00	0.00	14.29	16.67	20.00	0.00	0.00	0.00	16.67	6.35
荷兰	14.29	0.00	14.29	0.00	16.67	0.00	0.00	0.00	0.00	0.00	4.76
法国	0.00	0.00	0.00	0.00	16.67	0.00	0.00	0.00	14.29	0.00	3.17
瑞典	0.00	14.29	0.00	0.00	0.00	0.00	0.00	0.00	14.29	0.00	3.17
新加坡	0.00	0.00	0.00	14.29	0.00	0.00	0.00	0.00	0.00	0.00	1.59
西班牙	14.29	0.00	0.00	0.00	0.00	0.00	0.00	0.00	0.00	0.00	1.59
瑞士	0.00	14.29	0.00	0.00	0.00	0.00	0.00	0.00	0.00	0.00	1.59
丹麦	0.00	0.00	0.00	0.00	0.00	0.00	14.29	0.00	0.00	0.00	1.59
厄瓜多尔	0.00	0.00	14.29	0.00	0.00	0.00	0.00	0.00	0.00	0.00	1.59
爱尔兰	0.00	0.00	0.00	0.00	0.00	0.00	0.00	0.00	14.29	0.00	1.59
葡萄牙	0.00	0.00	0.00	0.00	0.00	0.00	0.00	0.00	14.29	0.00	1.59

表 4－107　发育生物学 B 层人才排名前 20 的国家和地区的占比

单位：%

国家和地区	2010年	2011年	2012年	2013年	2014年	2015年	2016年	2017年	2018年	2019年	合计
美　国	53.16	45.95	46.15	45.45	36.76	45.71	42.86	34.62	32.26	35.38	42.03
英　国	5.06	9.46	4.62	7.58	20.59	10.00	7.94	11.54	14.52	10.77	10.14
德　国	5.06	8.11	4.62	7.58	11.76	7.14	6.35	7.69	14.52	9.23	8.12
法　国	6.33	5.41	6.15	6.06	1.47	1.43	3.17	3.85	4.84	6.15	4.49
日　本	2.53	6.76	3.08	1.52	4.41	4.29	4.76	2.56	0.00	4.62	3.48
荷　兰	1.27	4.05	3.08	0.00	4.41	2.86	6.35	6.41	0.00	4.62	3.33
中国大陆	3.80	2.70	7.69	1.52	1.47	2.86	3.17	3.85	3.23	1.54	3.19
澳大利亚	3.80	0.00	3.08	1.52	2.94	1.43	4.76	5.13	1.61	3.08	2.75
加拿大	3.80	2.70	0.00	3.03	1.47	4.29	1.59	2.56	1.61	3.08	2.46
瑞　士	1.27	4.05	0.00	4.55	1.47	1.43	1.59	2.56	6.45	0.00	2.32
西班牙	1.27	1.35	1.54	3.03	1.47	1.43	3.17	2.56	0.00	6.15	2.17
新加坡	3.80	1.35	3.08	1.52	2.94	2.86	0.00	2.56	0.00	3.08	2.17
比利时	3.80	0.00	3.08	0.00	0.00	1.43	0.00	3.85	3.23	0.00	1.59
意大利	1.27	2.70	0.00	1.52	2.94	2.86	0.00	0.00	1.61	3.08	1.59
奥地利	0.00	0.00	4.62	3.03	0.00	0.00	0.00	2.56	3.23	1.54	1.45
瑞　典	1.27	2.70	1.54	1.52	0.00	2.86	0.00	0.00	1.61	1.54	1.30
以色列	0.00	1.35	0.00	0.00	1.47	2.86	3.17	2.56	0.00	0.00	1.16
挪　威	0.00	0.00	0.00	0.00	2.94	1.43	1.59	1.28	0.00	0.00	0.72
丹　麦	0.00	0.00	1.54	3.03	0.00	1.43	0.00	0.00	0.00	0.00	0.58
阿根廷	0.00	0.00	0.00	0.00	0.00	0.00	0.00	0.00	4.84	0.00	0.43

表 4－108　发育生物学 C 层人才排名前 20 的国家和地区的占比

单位：%

国家和地区	2010年	2011年	2012年	2013年	2014年	2015年	2016年	2017年	2018年	2019年	合计
美　国	41.66	41.80	44.57	37.35	35.76	41.11	32.88	36.99	34.69	33.67	38.16
英　国	11.25	11.96	9.01	9.76	11.13	10.51	11.82	10.30	10.20	10.95	10.71
德　国	5.95	5.11	6.52	7.16	8.01	6.18	6.67	7.86	5.97	6.30	6.57
法　国	4.53	6.05	5.28	5.18	6.23	4.95	5.76	5.56	5.81	6.80	5.59
日　本	6.08	4.03	5.90	6.55	4.15	4.33	5.30	3.66	5.02	3.15	4.83
中国大陆	1.29	2.69	2.64	2.44	3.56	3.25	4.85	5.96	6.44	6.14	3.87
加拿大	3.75	3.63	4.50	5.03	4.15	4.33	3.48	2.57	3.45	3.65	3.84
澳大利亚	2.46	2.69	1.71	3.20	3.41	3.71	3.03	4.07	3.30	3.81	3.13
瑞　士	3.10	2.55	2.95	2.90	3.71	3.09	3.18	2.85	2.83	2.32	2.95

续表

国家和地区	2010年	2011年	2012年	2013年	2014年	2015年	2016年	2017年	2018年	2019年	合计
西班牙	2.20	2.42	2.64	2.59	1.78	1.85	2.27	1.90	2.51	3.32	2.33
荷兰	2.46	1.88	3.11	1.83	2.23	1.55	3.48	1.63	2.04	1.82	2.20
意大利	1.55	1.21	2.02	2.44	2.08	0.93	1.82	2.03	1.26	3.15	1.83
瑞典	1.94	1.48	1.09	1.52	1.19	0.77	0.61	1.36	1.73	1.99	1.37
比利时	1.29	1.08	1.09	1.37	1.19	1.39	1.67	0.95	0.63	0.66	1.14
奥地利	1.42	0.81	0.93	0.46	1.19	0.77	1.36	1.22	1.57	1.16	1.09
以色列	1.03	1.34	0.31	0.91	1.34	1.39	0.91	0.68	0.94	1.33	1.02
新加坡	1.81	0.40	0.93	1.68	1.34	0.93	0.45	0.54	0.94	0.33	0.94
丹麦	0.52	0.81	0.31	0.76	1.34	1.55	0.15	0.68	1.10	0.83	0.80
芬兰	0.78	0.94	0.31	1.52	0.89	0.77	0.45	0.27	0.47	0.66	0.71
韩国	0.65	0.94	0.31	0.76	0.45	0.77	1.21	0.54	0.16	0.50	0.63

三十七　生殖生物学

生殖生物学 A、B、C 层人才最多的国家是美国，分别占该学科全球 A、B、C 层人才的 24.00%、20.90%、23.37%。

英国、澳大利亚、西班牙、荷兰、丹麦、比利时、意大利、以色列、芬兰的 A 层人才比较多，世界占比在 10%～3%；希腊、日本、挪威、南非、巴西、瑞士、加拿大、土耳其、法国、德国也有相当数量的 A 层人才，世界占比均为 2%。

英国、澳大利亚、意大利、西班牙、荷兰、法国、比利时、丹麦、中国大陆、德国的 B 层人才比较多，世界占比在 11%～3% 之间；加拿大、瑞典、巴西、以色列、瑞士、日本、土耳其、希腊、葡萄牙也有相当数量的 B 层人才，世界占比超过或接近 1%。

英国、中国大陆、意大利、澳大利亚、西班牙、法国、加拿大、荷兰、比利时、德国、日本的 C 层人才比较多，世界占比在 8%～3% 之间；巴西、丹麦、瑞典、以色列、韩国、印度、土耳其、伊朗也有相当数量的 C 层人才，世界占比超过 1%。

表 4－109 生殖生物学 A 层人才排名前 20 的国家和地区的占比

单位：%

国家和地区	2010年	2011年	2012年	2013年	2014年	2015年	2016年	2017年	2018年	2019年	合计
美国	23.08	8.33	36.36	25.00	0.00	63.64	0.00	22.22	10.00	30.00	24.00
英国	7.69	25.00	9.09	0.00	14.29	9.09	20.00	0.00	10.00	10.00	10.00
澳大利亚	23.08	0.00	9.09	0.00	0.00	0.00	0.00	0.00	20.00	10.00	7.00
西班牙	0.00	16.67	0.00	8.33	0.00	0.00	0.00	22.22	0.00	10.00	6.00
荷兰	0.00	8.33	9.09	0.00	14.29	0.00	20.00	0.00	10.00	0.00	5.00
丹麦	0.00	8.33	0.00	16.67	0.00	0.00	0.00	11.11	0.00	10.00	5.00
比利时	0.00	8.33	0.00	8.33	14.29	0.00	20.00	0.00	0.00	0.00	4.00
意大利	0.00	16.67	9.09	0.00	0.00	0.00	0.00	11.11	0.00	0.00	4.00
以色列	0.00	0.00	0.00	0.00	14.29	0.00	0.00	22.22	0.00	0.00	3.00
芬兰	0.00	0.00	0.00	8.33	14.29	0.00	0.00	0.00	10.00	0.00	3.00
希腊	0.00	8.33	9.09	0.00	0.00	0.00	0.00	0.00	0.00	0.00	2.00
日本	7.69	0.00	0.00	0.00	0.00	9.09	0.00	0.00	0.00	0.00	2.00
挪威	7.69	0.00	0.00	8.33	0.00	0.00	0.00	0.00	0.00	0.00	2.00
南非	7.69	0.00	0.00	0.00	0.00	9.09	0.00	0.00	0.00	0.00	2.00
巴西	0.00	0.00	0.00	0.00	0.00	0.00	0.00	11.11	0.00	10.00	2.00
瑞士	7.69	0.00	0.00	8.33	0.00	0.00	0.00	0.00	0.00	0.00	2.00
加拿大	0.00	0.00	0.00	0.00	0.00	0.00	0.00	0.00	0.00	20.00	2.00
土耳其	0.00	0.00	9.09	0.00	0.00	0.00	20.00	0.00	0.00	0.00	2.00
法国	7.69	0.00	0.00	0.00	0.00	9.09	0.00	0.00	0.00	0.00	2.00
德国	7.69	0.00	0.00	0.00	14.29	0.00	0.00	0.00	0.00	0.00	2.00

表 4－110 生殖生物学 B 层人才排名前 20 的国家和地区的占比

单位：%

国家和地区	2010年	2011年	2012年	2013年	2014年	2015年	2016年	2017年	2018年	2019年	合计
美国	25.44	29.17	21.05	24.30	23.85	17.35	10.68	23.01	14.02	17.82	20.90
英国	14.04	14.17	13.16	13.08	11.93	7.14	6.80	9.73	6.54	8.91	10.68
澳大利亚	9.65	5.83	6.14	5.61	8.26	4.08	8.74	4.42	8.41	8.91	7.00
意大利	4.39	3.33	7.02	4.67	10.09	6.12	5.83	7.96	9.35	7.92	6.63
西班牙	4.39	6.67	6.14	4.67	5.50	7.14	3.88	5.31	4.67	0.99	4.97
荷兰	4.39	8.33	4.39	4.67	6.42	6.12	1.94	2.65	4.67	4.95	4.88
法国	1.75	5.00	4.39	3.74	3.67	7.14	4.85	4.42	2.80	4.95	4.24
比利时	3.51	4.17	5.26	3.74	2.75	5.10	4.85	2.65	5.61	1.98	3.96
丹麦	5.26	2.50	2.63	4.67	3.67	2.04	3.88	6.19	2.80	0.99	3.50

续表

国家和地区	2010年	2011年	2012年	2013年	2014年	2015年	2016年	2017年	2018年	2019年	合计
中国大陆	1.75	2.50	3.51	3.74	4.59	5.10	2.91	1.77	2.80	6.93	3.50
德　国	3.51	0.83	4.39	1.87	3.67	2.04	3.88	2.65	4.67	2.97	3.04
加拿大	3.51	0.83	2.63	2.80	0.00	2.04	0.00	4.42	0.93	4.95	2.21
瑞　典	2.63	1.67	0.00	0.93	0.92	4.08	2.91	1.77	2.80	1.98	1.93
巴　西	0.88	0.00	0.00	2.80	0.00	4.08	1.94	1.77	0.00	2.97	1.38
以色列	0.88	2.50	0.00	0.93	1.83	2.04	1.94	0.00	2.80	0.99	1.38
瑞　士	1.75	0.00	1.75	0.00	0.92	2.04	1.94	3.54	1.87	0.00	1.38
日　本	2.63	0.83	2.63	0.00	0.92	1.02	0.97	0.88	0.93	1.98	1.29
土耳其	0.88	0.83	4.39	1.87	0.92	0.00	0.00	1.77	0.93	0.99	1.29
希　腊	0.88	2.50	1.75	1.87	0.00	1.02	0.97	0.00	1.87	0.99	1.20
葡萄牙	0.88	0.00	0.88	0.93	0.92	0.00	0.97	0.88	2.80	0.99	0.92

表 4-111　生殖生物学 C 层人才排名前 20 的国家和地区的占比

单位：%

国家和地区	2010年	2011年	2012年	2013年	2014年	2015年	2016年	2017年	2018年	2019年	合计
美　国	22.75	25.21	24.18	23.88	25.88	23.92	23.72	23.46	22.19	18.06	23.37
英　国	8.49	8.76	8.03	8.20	9.02	7.14	6.63	7.33	5.67	5.55	7.52
中国大陆	2.36	2.67	4.74	4.56	5.69	7.71	7.84	9.19	10.10	12.92	6.63
意大利	4.55	5.76	3.92	4.92	5.20	4.82	6.91	5.28	6.70	6.76	5.47
澳大利亚	4.29	4.09	5.11	4.83	4.51	5.59	4.39	5.08	3.97	4.74	4.65
西班牙	4.20	4.09	4.65	4.10	4.02	4.63	4.11	4.50	5.67	4.84	4.47
法　国	3.85	3.26	5.29	3.46	4.02	3.28	4.48	3.32	3.49	3.43	3.79
加拿大	3.76	4.17	4.84	3.74	3.73	3.09	4.67	3.03	2.55	3.03	3.68
荷　兰	4.37	3.76	3.92	3.46	3.63	3.28	2.61	3.71	3.12	3.03	3.50
比利时	3.32	3.09	3.83	4.47	4.51	3.18	3.17	3.03	3.78	2.32	3.47
德　国	4.37	4.26	3.38	5.01	2.75	2.51	2.43	3.23	2.27	2.22	3.28
日　本	3.59	3.26	3.56	3.19	2.35	2.89	2.89	2.83	2.93	3.43	3.10
巴　西	3.15	2.59	2.19	2.83	1.96	2.51	3.45	2.74	3.12	3.73	2.82
丹　麦	2.36	2.25	2.74	3.01	2.16	1.74	2.43	2.64	1.70	2.02	2.31
瑞　典	1.75	2.75	2.01	1.37	1.57	2.51	1.59	1.96	1.04	1.92	1.85
以色列	1.40	1.42	2.10	0.82	1.86	1.54	1.21	0.88	1.51	1.51	1.43
韩　国	1.57	1.50	1.09	1.28	1.18	1.45	0.75	0.59	0.47	1.21	1.12
印　度	0.87	1.17	0.73	1.55	0.39	1.16	0.93	0.98	1.61	1.21	1.06
土耳其	0.96	1.09	0.73	1.28	0.88	1.25	1.40	0.59	1.51	0.71	1.04
伊　朗	1.49	0.67	0.55	0.64	0.59	0.96	0.56	0.98	1.61	2.12	1.01

三十八　农学

农学A、B、C层人才主要集中在美国和中国大陆，二者A、B、C层人才的世界占比合计为33.10%、24.23%、30.29%，其中美国的A、B层人才多于中国大陆，C层人才少于中国大陆。

澳大利亚、法国、巴西、加拿大、德国、意大利的A层人才比较多，世界占比在8%～3%之间；印度、英国、荷兰、伊朗、比利时、墨西哥、捷克、巴基斯坦、韩国、芬兰、瑞典、西班牙也有相当数量的A层人才，世界占比超过1%。

德国、澳大利亚、法国、意大利、英国、西班牙、印度、荷兰的B层人才比较多，世界占比在6%～3%之间；巴西、加拿大、墨西哥、瑞典、瑞士、丹麦、伊朗、日本、比利时、肯尼亚也有相当数量的B层人才，世界占比超过1%。

澳大利亚、法国、德国、西班牙、意大利、英国、印度、巴西的C层人才比较多，世界占比在5%～3%之间；加拿大、荷兰、日本、伊朗、墨西哥、比利时、葡萄牙、巴基斯坦、瑞士、丹麦也有相当数量的C层人才，世界占比超过1%。

表4－112　农学A层人才排名前20的国家和地区的占比

单位：%

国家和地区	2010年	2011年	2012年	2013年	2014年	2015年	2016年	2017年	2018年	2019年	合计
美　国	8.33	0.00	35.71	35.71	26.67	20.00	12.50	23.53	17.65	36.84	22.54
中国大陆	0.00	0.00	7.14	0.00	0.00	20.00	18.75	5.88	11.76	36.84	10.56
澳大利亚	25.00	7.69	7.14	14.29	6.67	0.00	6.25	0.00	11.76	0.00	7.75
法　国	8.33	15.38	21.43	0.00	6.67	0.00	12.50	5.88	0.00	5.26	7.75
巴　西	0.00	7.69	0.00	7.14	6.67	0.00	18.75	5.88	5.88	0.00	5.63
加拿大	0.00	0.00	7.14	7.14	20.00	0.00	0.00	11.76	0.00	0.00	4.93
德　国	0.00	15.38	0.00	0.00	0.00	20.00	6.25	5.88	11.76	0.00	4.93
意大利	8.33	7.69	0.00	7.14	0.00	0.00	0.00	5.88	0.00	5.26	3.52
印　度	0.00	0.00	7.14	0.00	13.33	0.00	6.25	0.00	0.00	0.00	2.82
英　国	25.00	0.00	0.00	0.00	0.00	0.00	0.00	0.00	0.00	5.26	2.82
荷　兰	0.00	0.00	0.00	14.29	0.00	0.00	0.00	5.88	0.00	0.00	2.11

续表

国家和地区	2010年	2011年	2012年	2013年	2014年	2015年	2016年	2017年	2018年	2019年	合计
伊　朗	0.00	0.00	0.00	0.00	0.00	0.00	0.00	5.88	0.00	10.53	2.11
比利时	0.00	0.00	0.00	0.00	0.00	0.00	6.25	0.00	5.88	0.00	1.41
墨西哥	0.00	0.00	0.00	0.00	13.33	0.00	0.00	0.00	0.00	0.00	1.41
捷　克	0.00	7.69	0.00	0.00	0.00	20.00	0.00	0.00	0.00	0.00	1.41
巴基斯坦	0.00	0.00	7.14	0.00	0.00	0.00	0.00	0.00	5.88	0.00	1.41
韩　国	0.00	7.69	0.00	7.14	0.00	0.00	0.00	0.00	0.00	0.00	1.41
芬　兰	0.00	7.69	0.00	0.00	0.00	0.00	0.00	5.88	0.00	0.00	1.41
瑞　典	8.33	0.00	0.00	0.00	0.00	0.00	6.25	0.00	0.00	0.00	1.41
西班牙	0.00	0.00	0.00	0.00	0.00	0.00	0.00	11.76	0.00	0.00	1.41

表4－113　农学B层人才排名前20的国家和地区的占比

单位：%

国家和地区	2010年	2011年	2012年	2013年	2014年	2015年	2016年	2017年	2018年	2019年	合计
美　国	21.01	19.83	14.40	15.48	17.14	12.21	12.59	10.97	14.11	12.50	14.70
中国大陆	7.56	5.79	4.80	7.10	9.29	4.65	12.59	13.55	13.50	14.20	9.53
德　国	5.88	8.26	8.00	7.10	4.29	5.23	6.99	5.16	1.84	5.68	5.72
澳大利亚	7.56	6.61	4.80	7.74	8.57	3.49	1.40	7.10	6.75	3.41	5.65
法　国	5.04	4.96	6.40	9.03	5.00	5.23	4.90	5.81	3.07	3.98	5.31
意大利	3.36	4.96	5.60	1.94	6.43	4.07	6.99	5.16	5.52	5.68	4.97
英　国	4.20	4.96	4.00	3.87	3.57	4.65	2.80	7.10	5.52	5.68	4.70
西班牙	4.20	0.00	3.20	5.16	3.57	5.81	6.29	2.58	3.68	2.27	3.74
印　度	3.36	6.61	4.00	4.52	5.00	4.07	0.00	1.94	1.23	3.98	3.40
荷　兰	2.52	4.13	2.40	3.87	4.29	3.49	2.10	4.52	1.23	3.41	3.20
巴　西	1.68	0.83	3.20	1.94	2.86	3.49	3.50	1.94	5.52	0.57	2.59
加拿大	1.68	3.31	4.80	2.58	3.57	1.74	4.90	0.65	1.84	1.70	2.59
墨西哥	2.52	0.83	1.60	0.65	4.29	2.91	2.80	1.29	0.00	1.14	1.77
瑞　典	4.20	0.00	0.80	1.29	0.00	4.07	1.40	1.94	0.61	2.27	1.70
瑞　士	1.68	3.31	1.60	1.29	1.43	2.91	2.10	1.29	1.23	0.57	1.70
丹　麦	1.68	0.83	2.40	1.29	1.43	2.33	1.40	1.29	1.23	1.70	1.57
伊　朗	1.68	1.65	0.00	0.65	0.71	1.16	2.10	0.65	3.07	2.27	1.43
日　本	0.00	4.13	2.40	0.65	1.43	1.16	1.40	0.65	0.61	1.14	1.29
比利时	1.68	0.00	1.60	1.29	0.71	2.33	2.10	0.00	0.61	1.14	1.16
肯尼亚	0.84	0.83	0.80	0.65	0.71	1.74	0.00	1.29	0.61	3.41	1.16

表 4-114　农学 C 层人才排名前 20 的国家和地区的占比

单位：%

国家和地区	2010年	2011年	2012年	2013年	2014年	2015年	2016年	2017年	2018年	2019年	合计
中国大陆	12.50	13.08	11.40	13.05	15.07	16.92	16.35	17.30	19.41	18.75	15.67
美　　国	15.29	17.33	17.36	13.99	14.07	15.20	14.17	15.21	14.18	11.16	14.62
澳大利亚	6.08	5.81	6.20	3.95	5.57	4.98	4.70	4.10	4.58	3.63	4.86
法　　国	4.48	4.66	4.79	5.82	5.14	4.15	4.56	4.03	3.74	3.29	4.42
德　　国	4.56	5.23	4.38	4.42	4.71	3.58	4.09	4.23	4.19	4.63	4.38
西 班 牙	4.65	3.43	4.88	4.69	3.93	3.83	3.41	3.71	3.80	3.68	3.97
意 大 利	3.72	3.35	3.55	3.35	4.14	3.64	4.56	4.03	4.26	4.19	3.90
英　　国	4.31	4.74	3.72	4.48	3.86	2.81	3.34	3.97	3.80	3.07	3.76
印　　度	3.89	4.01	4.71	4.28	2.43	3.13	3.07	2.60	2.64	3.35	3.36
巴　　西	1.86	2.29	3.31	2.88	3.79	3.45	3.81	4.42	3.87	2.57	3.26
加 拿 大	2.96	3.03	2.64	3.15	3.00	2.36	2.79	3.32	2.13	2.01	2.71
荷　　兰	2.96	1.96	2.40	1.74	2.36	1.53	2.25	2.60	1.29	1.90	2.07
日　　本	3.38	2.04	1.90	1.81	1.93	1.28	1.63	0.91	1.35	1.28	1.69
伊　　朗	1.52	1.47	1.16	1.54	1.07	1.66	0.89	1.82	1.87	2.79	1.62
墨 西 哥	2.20	2.21	2.64	1.74	1.29	1.09	1.29	1.24	1.23	1.62	1.61
比 利 时	1.27	1.47	1.16	1.34	1.14	0.96	1.16	1.30	1.29	1.40	1.25
葡 萄 牙	0.84	0.65	1.82	1.87	0.93	1.53	1.09	0.85	1.35	1.17	1.22
巴基斯坦	0.59	0.90	0.74	1.14	1.00	1.09	1.29	1.50	1.42	1.90	1.20
瑞　　士	1.44	1.31	0.83	1.00	1.50	1.47	1.29	0.72	1.42	0.95	1.19
丹　　麦	0.76	1.31	1.24	0.94	0.79	1.15	0.75	1.37	1.23	0.84	1.03

三十九　多学科农业

多学科农业 A、B、C 层人才主要集中在美国和中国大陆，二者 A、B、C 层人才的世界占比合计为 30.30%、28.22%、33.89%，其中美国的 A 层人才多于中国大陆，B 层人才等于中国大陆，C 层人才少于中国大陆。

澳大利亚、荷兰、西班牙、加拿大、意大利、英国、法国、德国、印度的 A 层人才比较多，世界占比在 10%～3%之间；奥地利、巴基斯坦、巴西、爱尔兰、瑞典、新西兰、沙特阿拉伯、马拉维、南非也有相当数量的 A 层人才，世界占比超过 1%。

英国、西班牙、德国、荷兰、法国、意大利、澳大利亚、加拿大的 B 层人才比较多，世界占比在7%~3%之间；印度、巴西、新西兰、墨西哥、比利时、肯尼亚、瑞士、希腊、瑞典、阿根廷也有相当数量的B层人才，世界占比超过或接近1%。

西班牙、意大利、德国、澳大利亚、英国的C层人才比较多，世界占比在6%~3%之间；荷兰、巴西、法国、加拿大、韩国、日本、印度、中国台湾、比利时、丹麦、新西兰、土耳其、伊朗也有相当数量的C层人才，世界占比超过1%。

表4-115　多学科农业A层人才排名前20的国家和地区的占比

单位：%

国家和地区	2010年	2011年	2012年	2013年	2014年	2015年	2016年	2017年	2018年	2019年	合计
美国	55.56	10.00	44.44	22.22	22.22	0.00	18.18	22.22	7.69	0.00	19.19
中国大陆	22.22	10.00	0.00	0.00	0.00	0.00	0.00	0.00	30.77	40.00	11.11
澳大利亚	11.11	0.00	0.00	11.11	33.33	0.00	18.18	0.00	7.69	10.00	9.09
荷兰	11.11	0.00	11.11	0.00	11.11	10.00	0.00	22.22	0.00	0.00	6.06
西班牙	0.00	0.00	11.11	0.00	11.11	0.00	0.00	11.11	7.69	10.00	5.05
加拿大	0.00	0.00	11.11	11.11	0.00	10.00	0.00	0.00	7.69	10.00	5.05
意大利	0.00	10.00	0.00	0.00	11.11	0.00	0.00	11.11	7.69	0.00	4.04
英国	0.00	10.00	0.00	11.11	0.00	0.00	9.09	0.00	7.69	0.00	4.04
法国	0.00	0.00	0.00	11.11	0.00	0.00	9.09	11.11	0.00	10.00	4.04
德国	0.00	10.00	11.11	0.00	0.00	10.00	9.09	0.00	0.00	0.00	4.04
印度	0.00	0.00	0.00	0.00	0.00	10.00	0.00	0.00	7.69	10.00	3.03
奥地利	0.00	10.00	0.00	11.11	0.00	0.00	0.00	0.00	0.00	0.00	2.02
巴基斯坦	0.00	10.00	0.00	0.00	0.00	10.00	0.00	0.00	0.00	0.00	2.02
巴西	0.00	10.00	0.00	0.00	11.11	0.00	0.00	0.00	0.00	0.00	2.02
爱尔兰	0.00	0.00	0.00	0.00	0.00	10.00	0.00	0.00	7.69	0.00	2.02
瑞典	0.00	0.00	0.00	0.00	0.00	10.00	9.09	0.00	0.00	0.00	2.02
新西兰	0.00	0.00	0.00	22.22	0.00	0.00	0.00	0.00	0.00	0.00	2.02
沙特阿拉伯	0.00	0.00	0.00	0.00	0.00	0.00	0.00	11.11	0.00	0.00	1.01
马拉维	0.00	0.00	0.00	0.00	0.00	10.00	0.00	0.00	0.00	0.00	1.01
南非	0.00	0.00	0.00	0.00	0.00	0.00	9.09	0.00	0.00	0.00	1.01

表 4－116 多学科农业 B 层人才排名前 20 的国家和地区的占比

单位：%

国家和地区	2010年	2011年	2012年	2013年	2014年	2015年	2016年	2017年	2018年	2019年	合计
中国大陆	3.53	14.58	14.46	10.47	10.11	20.88	12.50	9.35	18.49	23.21	14.11
美　　国	15.29	19.79	25.30	17.44	14.61	5.49	8.33	11.21	15.97	9.82	14.11
英　　国	4.71	8.33	6.02	6.98	10.11	5.49	8.33	8.41	2.52	4.46	6.43
西 班 牙	3.53	6.25	4.82	8.14	7.87	7.69	7.29	7.48	2.52	3.57	5.81
德　　国	3.53	3.13	4.82	4.65	6.74	5.49	7.29	3.74	4.20	2.68	4.56
荷　　兰	5.88	5.21	2.41	2.33	5.62	1.10	1.04	7.48	6.72	6.25	4.56
法　　国	5.88	1.04	4.82	6.98	3.37	5.49	0.00	7.48	2.52	3.57	4.05
意 大 利	2.35	2.08	6.02	2.33	5.62	4.40	4.17	4.67	1.68	3.57	3.63
澳大利亚	0.00	3.13	2.41	2.33	4.49	4.40	1.04	7.48	2.52	5.36	3.42
加 拿 大	11.76	3.13	2.41	0.00	1.12	5.49	3.13	2.80	1.68	3.57	3.42
印　　度	2.35	3.13	0.00	2.33	0.00	3.30	3.13	2.80	4.20	1.79	2.39
巴　　西	0.00	0.00	0.00	3.49	3.37	1.10	3.13	0.93	4.20	0.89	1.76
新 西 兰	3.53	1.04	1.20	2.33	1.12	1.10	2.08	0.93	2.52	0.00	1.56
墨 西 哥	2.35	2.08	0.00	0.00	0.00	3.30	3.13	0.93	2.52	0.89	1.56
比 利 时	3.53	1.04	0.00	1.16	0.00	2.20	1.04	0.93	2.52	1.79	1.45
肯 尼 亚	3.53	1.04	0.00	2.33	2.25	1.10	1.04	0.93	1.68	0.89	1.45
瑞　　士	1.18	3.13	1.20	2.33	1.12	1.10	1.04	0.00	0.84	0.89	1.24
希　　腊	1.18	0.00	2.41	1.16	0.00	1.10	2.08	3.74	0.00	0.89	1.24
瑞　　典	1.18	2.08	3.61	0.00	1.12	1.10	1.04	0.93	0.00	0.89	1.14
阿 根 廷	2.35	0.00	0.00	1.16	2.25	1.10	1.04	0.00	0.84	0.89	0.93

表 4－117 多学科农业 C 层人才排名前 20 的国家和地区的占比

单位：%

国家和地区	2010年	2011年	2012年	2013年	2014年	2015年	2016年	2017年	2018年	2019年	合计
中国大陆	12.03	13.85	15.05	15.14	18.63	16.49	17.68	25.45	29.62	31.98	20.18
美　　国	15.54	16.03	15.89	16.00	15.48	13.60	13.09	11.49	11.47	10.53	13.71
西 班 牙	6.66	6.87	7.89	7.57	5.59	4.82	3.81	4.95	4.56	5.57	5.71
意 大 利	5.61	4.03	4.54	5.74	4.89	6.00	5.27	4.55	3.09	5.26	4.83
德　　国	4.79	4.58	4.18	4.64	5.01	3.10	5.86	3.37	3.50	2.33	4.10
澳大利亚	2.45	4.47	4.30	3.79	4.31	3.32	3.32	3.56	4.48	2.83	3.69
英　　国	3.74	3.82	2.99	3.17	2.44	3.43	4.10	2.97	2.44	3.14	3.21
荷　　兰	2.45	2.40	1.91	3.54	3.49	3.32	2.44	2.18	3.25	2.43	2.74
巴　　西	1.17	3.27	2.75	3.05	2.44	1.82	4.39	3.56	1.95	2.43	2.69

续表

国家和地区	2010年	2011年	2012年	2013年	2014年	2015年	2016年	2017年	2018年	2019年	合计
法　国	3.15	2.29	2.75	2.69	2.21	2.36	3.22	2.97	2.03	1.11	2.46
加拿大	3.27	2.62	2.63	2.32	2.21	2.46	2.44	2.87	2.12	1.82	2.46
韩　国	1.99	1.96	2.63	2.44	1.28	2.68	1.66	2.08	1.71	1.11	1.93
日　本	2.45	3.49	2.63	2.20	1.75	1.93	1.37	0.50	1.46	0.81	1.81
印　度	2.34	1.09	1.67	1.47	1.40	1.39	2.05	1.98	2.12	1.42	1.71
中国台湾	3.50	4.25	2.87	1.71	0.81	1.71	0.78	0.59	0.73	0.61	1.68
比利时	2.34	1.74	1.79	1.95	1.16	1.71	1.95	1.58	0.98	0.91	1.58
丹　麦	1.87	1.85	1.08	1.34	1.51	1.71	0.78	1.29	0.81	0.91	1.29
新西兰	1.75	1.53	1.19	0.73	1.40	1.18	1.07	0.79	0.73	1.11	1.13
土耳其	0.82	1.20	0.48	0.98	0.93	1.82	1.46	0.50	0.65	2.02	1.09
伊　朗	1.17	1.42	1.31	0.98	0.35	1.18	1.17	0.89	0.90	1.42	1.08

四十　生物多样性保护

生物多样性保护A、B、C层人才最多的国家是美国，分别占该学科全球A、B、C层人才的22.39%、12.87%、16.97%。

德国、澳大利亚、加拿大、英国、中国大陆、法国的A层人才比较多，世界占比在11%~4%之间；日本、荷兰、瑞士、比利时、巴西、丹麦有相当数量的A层人才，世界占比均为2.99%；巴拿马、越南、葡萄牙、俄罗斯、孟加拉国、南非、保加利亚也有相当数量的A层人才，世界占比均为1.49%。

澳大利亚、英国、德国、法国、中国大陆、加拿大、西班牙、瑞士的B层人才比较多，世界占比在7%~3%之间；意大利、巴西、瑞典、荷兰、丹麦、奥地利、比利时、南非、新西兰、芬兰、日本也有相当数量的B层人才，世界占比超过1%。

英国、澳大利亚、德国、中国大陆、加拿大、法国、西班牙的C层人才比较多，世界占比在10%~3%之间；意大利、瑞士、荷兰、瑞典、巴西、丹麦、南非、比利时、挪威、新西兰、芬兰、奥地利也有相当数量的C层人才，世界占比超过1%。

表 4－118　生物多样性保护 A 层人才排名前 20 的国家和地区的占比

单位：%

国家和地区	2010年	2011年	2012年	2013年	2014年	2015年	2016年	2017年	2018年	2019年	合计
美　国	60.00	50.00	33.33	0.00	0.00	10.00	12.50	40.00	16.67	14.29	22.39
德　国	0.00	0.00	33.33	14.29	0.00	0.00	0.00	10.00	25.00	0.00	10.45
澳大利亚	0.00	50.00	0.00	14.29	0.00	10.00	0.00	10.00	0.00	14.29	7.46
加拿大	0.00	0.00	0.00	0.00	0.00	10.00	12.50	20.00	0.00	0.00	5.97
英　国	20.00	0.00	16.67	14.29	0.00	0.00	12.50	0.00	0.00	0.00	5.97
中国大陆	0.00	0.00	0.00	0.00	0.00	0.00	12.50	0.00	0.00	28.57	4.48
法　国	0.00	0.00	0.00	14.29	0.00	10.00	0.00	10.00	0.00	0.00	4.48
日　本	0.00	0.00	0.00	0.00	0.00	10.00	0.00	0.00	8.33	0.00	2.99
荷　兰	0.00	0.00	0.00	14.29	0.00	0.00	0.00	0.00	8.33	0.00	2.99
瑞　士	0.00	0.00	0.00	14.29	0.00	0.00	0.00	10.00	0.00	0.00	2.99
比利时	0.00	0.00	0.00	0.00	0.00	0.00	0.00	0.00	8.33	14.29	2.99
巴　西	20.00	0.00	0.00	0.00	0.00	0.00	0.00	0.00	8.33	0.00	2.99
丹　麦	0.00	0.00	0.00	0.00	0.00	20.00	0.00	0.00	0.00	0.00	2.99
巴拿马	0.00	0.00	0.00	0.00	0.00	0.00	0.00	0.00	8.33	0.00	1.49
越　南	0.00	0.00	0.00	0.00	0.00	0.00	0.00	0.00	0.00	14.29	1.49
葡萄牙	0.00	0.00	0.00	14.29	0.00	0.00	0.00	0.00	0.00	0.00	1.49
俄罗斯	0.00	0.00	0.00	0.00	0.00	0.00	0.00	0.00	8.33	0.00	1.49
孟加拉国	0.00	0.00	0.00	0.00	0.00	10.00	0.00	0.00	0.00	0.00	1.49
南　非	0.00	0.00	0.00	0.00	0.00	0.00	12.50	0.00	0.00	0.00	1.49
保加利亚	0.00	0.00	16.67	0.00	0.00	0.00	0.00	0.00	0.00	0.00	1.49

表 4－119　生物多样性保护 B 层人才排名前 20 的国家和地区的占比

单位：%

国家和地区	2010年	2011年	2012年	2013年	2014年	2015年	2016年	2017年	2018年	2019年	合计
美　国	9.52	19.18	16.22	10.81	13.95	10.47	15.46	12.63	14.63	7.97	12.87
澳大利亚	1.59	9.59	9.46	2.70	8.14	4.65	5.15	10.53	8.13	4.35	6.49
英　国	14.29	5.48	5.41	5.41	10.47	5.81	6.19	5.26	4.88	5.07	6.49
德　国	6.35	6.85	6.76	2.70	5.81	5.81	5.15	3.16	5.69	2.90	4.95
法　国	6.35	1.37	5.41	4.05	4.65	3.49	6.19	3.16	6.50	2.90	4.40
中国大陆	3.17	1.37	1.35	1.35	4.65	4.65	5.15	7.37	2.44	6.52	4.07
加拿大	9.52	2.74	2.70	4.05	2.33	1.16	5.15	4.21	3.25	1.45	3.41
西班牙	4.76	5.48	5.41	4.05	3.49	2.33	2.06	2.11	3.25	2.17	3.30
瑞　士	0.00	5.48	4.05	4.05	2.33	1.16	2.06	4.21	6.50	1.45	3.19

续表

国家和地区	2010年	2011年	2012年	2013年	2014年	2015年	2016年	2017年	2018年	2019年	合计
意大利	4.76	1.37	5.41	1.35	3.49	2.33	2.06	4.21	3.25	1.45	2.86
巴西	0.00	2.74	1.35	1.35	3.49	3.49	5.15	2.11	2.44	2.90	2.64
瑞典	6.35	2.74	2.70	1.35	3.49	2.33	4.12	2.11	2.44	0.72	2.64
荷兰	4.76	1.37	5.41	0.00	3.49	3.49	4.12	2.11	0.00	2.17	2.53
丹麦	3.17	4.11	1.35	1.35	2.33	2.33	3.09	2.11	1.63	1.45	2.20
奥地利	1.59	1.37	1.35	0.00	1.16	3.49	2.06	4.21	2.44	2.17	2.09
比利时	1.59	1.37	4.05	1.35	0.00	1.16	3.09	1.05	1.63	2.17	1.76
南非	0.00	2.74	0.00	1.35	2.33	1.16	1.03	3.16	3.25	1.45	1.76
新西兰	3.17	2.74	1.35	1.35	2.33	1.16	2.06	1.05	0.81	1.45	1.65
芬兰	3.17	0.00	1.35	1.35	1.16	1.16	0.00	3.16	2.44	1.45	1.54
日本	1.59	1.37	0.00	2.70	1.16	1.16	2.06	1.05	1.63	0.72	1.32

表 4-120　生物多样性保护 C 层人才排名前 20 的国家和地区的占比

单位：%

国家和地区	2010年	2011年	2012年	2013年	2014年	2015年	2016年	2017年	2018年	2019年	合计
美国	22.29	20.95	20.17	20.13	17.91	15.28	14.07	15.66	14.56	14.72	16.97
英国	10.82	8.92	8.96	9.48	11.39	9.67	9.75	7.92	9.14	8.70	9.38
澳大利亚	6.46	8.62	8.12	7.27	8.42	6.55	6.78	7.74	7.37	6.50	7.32
德国	5.17	4.61	7.00	7.01	5.58	6.65	5.65	5.66	6.01	5.28	5.86
中国大陆	2.42	2.08	2.38	4.03	4.39	4.37	5.24	4.72	7.20	8.21	4.91
加拿大	5.33	5.20	5.74	4.29	5.46	4.78	5.03	5.19	3.64	3.74	4.73
法国	4.68	5.05	3.50	4.03	3.44	4.26	4.83	4.62	4.74	3.66	4.28
西班牙	4.04	3.57	4.20	1.95	2.85	4.26	2.46	3.21	3.39	2.93	3.25
意大利	2.58	2.23	2.52	2.47	2.97	3.33	3.70	2.92	2.96	2.93	2.91
瑞士	4.68	2.53	2.24	1.95	3.68	3.43	2.77	2.92	2.96	2.03	2.87
荷兰	2.75	2.67	3.08	3.90	2.25	3.01	3.08	2.55	2.29	2.76	2.80
瑞典	2.58	2.53	3.36	3.64	2.97	2.08	2.16	1.98	2.20	2.20	2.49
巴西	1.62	1.34	3.22	2.34	2.02	2.49	2.87	1.79	2.20	1.95	2.19
丹麦	1.94	2.08	2.38	2.08	1.90	2.29	2.05	2.17	2.37	2.11	2.15
南非	2.10	1.78	1.82	1.95	2.14	1.35	2.77	2.83	0.85	1.14	1.83
比利时	1.13	1.63	1.26	1.56	0.83	1.35	1.23	2.17	1.78	1.63	1.50
挪威	0.48	2.08	1.68	2.08	1.66	0.94	1.54	0.94	1.78	1.54	1.47
新西兰	1.45	1.04	1.40	1.04	1.90	1.77	0.92	1.98	1.35	1.14	1.41
芬兰	1.62	1.04	1.68	1.17	1.42	1.56	0.82	1.04	1.44	1.71	1.35
奥地利	0.65	1.34	0.84	0.91	1.19	1.25	1.75	1.89	1.44	1.14	1.29

四十一　园艺学

园艺学 A、B、C 层人才最多的是中国大陆和美国，二者 A、B、C 层人才的世界占比合计为 23.53%、31.56%、33.79%。中国大陆 A、B、C 层人才占比均略大于美国。

意大利、墨西哥、法国、印度、塞浦路斯、日本、中国台湾的 A 层人才比较多，世界占比在 9%~4% 之间；加拿大、哥伦比亚、德国、西班牙、澳大利亚、巴西也有相当数量的 A 层人才，世界占比均为 2.94%；以色列、肯尼亚、新西兰、波兰、比利时也有相当数量的 A 层人才，世界占比均为 1.47%。

意大利、德国、澳大利亚、墨西哥、西班牙、法国、印度的 B 层人才比较多，世界占比在 8%~3% 之间；以色列、英国、荷兰、南非、伊朗、土耳其、日本、巴西、肯尼亚、加拿大、比利时也有相当数量的 B 层人才，世界占比超过 1%。

意大利、西班牙、澳大利亚、德国、法国、印度的 C 层人才比较多，世界占比在 6%~3% 之间；巴西、日本、加拿大、英国、墨西哥、荷兰、伊朗、韩国、土耳其、新西兰、南非、以色列也有相当数量的 C 层人才，世界占比超过或等于 1%。

表 4-121　园艺学 A 层人才排名前 20 的国家和地区的占比

单位：%

国家和地区	2010年	2011年	2012年	2013年	2014年	2015年	2016年	2017年	2018年	2019年	合计
中国大陆	14.29	37.50	0.00	0.00	0.00	0.00	33.33	16.67	0.00	28.57	13.24
美　国	14.29	12.50	16.67	37.50	0.00	0.00	0.00	0.00	0.00	14.29	10.29
意大利	0.00	0.00	0.00	0.00	0.00	22.22	16.67	16.67	40.00	0.00	8.82
墨西哥	0.00	0.00	0.00	0.00	33.33	11.11	33.33	0.00	0.00	0.00	7.35
法　国	0.00	0.00	33.33	12.50	0.00	0.00	0.00	0.00	0.00	14.29	5.88
印　度	0.00	12.50	0.00	12.50	33.33	0.00	0.00	0.00	0.00	0.00	5.88
塞浦路斯	0.00	0.00	0.00	0.00	0.00	0.00	0.00	16.67	40.00	0.00	4.41
日　本	28.57	0.00	0.00	0.00	16.67	0.00	0.00	0.00	0.00	0.00	4.41
中国台湾	14.29	0.00	0.00	12.50	0.00	0.00	0.00	16.67	0.00	0.00	4.41
加拿大	0.00	0.00	0.00	12.50	0.00	11.11	0.00	0.00	0.00	0.00	2.94

续表

国家和地区	2010年	2011年	2012年	2013年	2014年	2015年	2016年	2017年	2018年	2019年	合计
哥伦比亚	0.00	0.00	16.67	12.50	0.00	0.00	0.00	0.00	0.00	0.00	2.94
德　国	0.00	0.00	16.67	0.00	0.00	11.11	0.00	0.00	0.00	0.00	2.94
西班牙	14.29	0.00	16.67	0.00	0.00	0.00	0.00	0.00	0.00	0.00	2.94
澳大利亚	0.00	12.50	0.00	0.00	0.00	0.00	0.00	0.00	0.00	14.29	2.94
巴　西	0.00	12.50	0.00	0.00	0.00	11.11	0.00	0.00	0.00	0.00	2.94
以色列	0.00	0.00	0.00	0.00	0.00	0.00	16.67	0.00	0.00	0.00	1.47
肯尼亚	0.00	0.00	0.00	0.00	16.67	0.00	0.00	0.00	0.00	0.00	1.47
新西兰	0.00	0.00	0.00	0.00	0.00	0.00	0.00	0.00	0.00	14.29	1.47
波　兰	0.00	0.00	0.00	0.00	0.00	0.00	0.00	16.67	0.00	0.00	1.47
比利时	0.00	0.00	0.00	0.00	0.00	11.11	0.00	0.00	0.00	0.00	1.47

表4-122　园艺学B层人才排名前20的国家和地区的占比

单位：%

国家和地区	2010年	2011年	2012年	2013年	2014年	2015年	2016年	2017年	2018年	2019年	合计
中国大陆	9.46	13.33	18.82	18.92	12.20	8.24	17.11	20.29	25.76	29.23	16.91
美　国	10.81	16.00	14.12	12.16	20.73	12.94	15.79	14.49	18.18	10.77	14.65
意大利	9.46	5.33	5.88	6.76	7.32	9.41	15.79	7.25	4.55	4.62	7.72
德　国	9.46	4.00	8.24	5.41	3.66	4.71	5.26	4.35	6.06	1.54	5.33
澳大利亚	6.76	5.33	11.76	2.70	4.88	4.71	1.32	4.35	6.06	4.62	5.33
墨西哥	6.76	10.67	7.06	2.70	7.32	4.71	3.95	1.45	3.03	3.08	5.19
西班牙	8.11	5.33	5.88	2.70	3.66	4.71	7.89	5.80	1.52	1.54	4.79
法　国	1.35	5.33	3.53	9.46	3.66	5.88	1.32	1.45	4.55	3.08	3.99
印　度	4.05	5.33	3.53	5.41	1.22	5.88	1.32	1.45	0.00	3.08	3.20
以色列	1.35	4.00	2.35	0.00	1.22	1.18	7.89	0.00	3.03	0.00	2.13
英　国	0.00	1.33	2.35	1.35	3.66	0.00	2.63	2.90	4.55	3.08	2.13
荷　兰	4.05	0.00	1.18	1.35	3.66	2.35	2.63	1.45	1.52	1.54	2.00
南　非	0.00	0.00	1.18	5.41	2.44	1.18	1.32	4.35	0.00	0.00	1.60
伊　朗	2.70	0.00	0.00	2.70	1.22	0.00	2.63	2.90	0.00	4.62	1.60
土耳其	2.70	2.67	0.00	0.00	2.44	1.18	0.00	0.00	3.03	0.00	1.20
日　本	0.00	2.67	0.00	5.41	0.00	0.00	0.00	2.90	0.00	1.54	1.20
巴　西	0.00	1.33	1.18	0.00	0.00	2.35	1.32	2.90	3.03	0.00	1.20
肯尼亚	1.35	1.33	2.35	0.00	0.00	2.35	0.00	1.45	1.52	1.54	1.20
加拿大	0.00	1.33	0.00	1.35	1.22	0.00	1.32	2.90	1.52	1.54	1.07
比利时	2.70	0.00	0.00	1.35	0.00	1.18	3.95	1.45	0.00	0.00	1.07

表 4-123　园艺学 C 层人才排名前 20 的国家和地区的占比

单位：%

国家和地区	2010年	2011年	2012年	2013年	2014年	2015年	2016年	2017年	2018年	2019年	合计
中国大陆	12.09	12.71	14.66	14.44	17.24	18.32	15.89	19.50	22.61	25.99	17.19
美　国	18.49	18.35	19.60	17.38	15.92	17.70	15.44	15.29	14.06	12.52	16.60
意大利	5.41	7.47	5.44	5.48	6.32	6.35	6.45	6.59	4.93	4.28	5.90
西班牙	6.26	6.29	5.69	7.09	4.61	5.74	5.25	5.05	4.35	4.91	5.55
澳大利亚	5.55	6.29	3.92	4.14	5.13	5.01	3.30	3.93	4.35	2.22	4.43
德　国	3.70	3.28	3.79	4.28	4.08	3.30	4.20	3.93	3.19	4.75	3.83
法　国	4.41	4.19	4.05	5.35	4.21	2.56	2.25	2.95	1.16	2.06	3.36
印　度	3.70	2.62	3.54	3.61	3.16	3.42	3.45	2.81	1.74	2.54	3.07
巴　西	2.13	2.49	2.15	2.27	2.24	2.44	2.25	2.52	3.48	2.69	2.46
日　本	4.13	2.88	4.17	1.60	2.24	1.71	2.85	1.26	1.59	2.06	2.46
加拿大	3.41	2.23	1.64	1.74	1.18	2.93	3.90	2.10	2.32	1.27	2.26
英　国	2.56	2.10	1.90	1.74	3.29	1.10	3.00	2.24	2.03	2.38	2.21
墨西哥	3.27	0.79	1.77	2.81	1.97	1.34	2.25	1.68	2.03	2.38	2.00
荷　兰	1.99	2.49	2.02	2.01	1.71	0.85	1.95	1.96	1.88	2.38	1.91
伊　朗	0.57	1.31	0.51	1.07	0.66	1.83	1.80	1.96	3.77	4.60	1.74
韩　国	1.42	1.70	0.76	0.67	1.05	1.95	1.50	1.26	1.74	2.38	1.43
土耳其	1.56	1.57	1.39	1.20	1.18	0.85	1.20	1.54	1.30	1.27	1.30
新西兰	1.28	1.83	2.02	0.40	1.32	1.59	1.20	0.98	1.30	0.79	1.29
南　非	1.00	1.44	1.01	1.34	0.92	1.47	1.65	1.54	0.87	0.95	1.22
以色列	1.28	0.79	1.52	1.20	0.66	0.73	1.20	0.98	0.87	0.79	1.00

四十二　真菌学

真菌学 A、C 层人才最多的国家是美国，分别占该学科全球 A、C 层人才的 27.78%、13.51%；真菌学 B 层人才最多的国家是荷兰，占该学科全球 B 层人才的 7.62%；荷兰和美国在 B 层人才上数量相当，两国合计占世界 B 层人才的 14.94%。

荷兰的 A 层人才比较多，世界占比为 11.11%；新西兰、阿曼、瑞士、加拿大、泰国、中国大陆、乌克兰、爱沙尼亚、英国、德国、以色列也有相当数量的 A 层人才，世界占比均为 5.56%。

中国大陆、泰国、德国、英国、澳大利亚、意大利、新西兰的 B 层人才比较多，世界占比在6%~3%之间；巴西、丹麦、沙特阿拉伯、加拿大、日本、毛里求斯、韩国、西班牙、印度、法国、俄罗斯也有相当数量的B层人才，世界占比超过1%。

中国大陆、荷兰、德国、英国、泰国、法国、巴西、西班牙的C层人才比较多，世界占比在8%~3%之间；印度、南非、意大利、澳大利亚、奥地利、加拿大、日本、沙特阿拉伯、比利时、葡萄牙、新西兰也有相当数量的C层人才，世界占比超过1%。

表4-124　真菌学A层人才的国家和地区的占比

单位：%

国家和地区	2010年	2011年	2012年	2013年	2014年	2015年	2016年	2017年	2018年	2019年	合计
美　　国	33.33	33.33	0.00	0.00	0.00	0.00	50.00	0.00	25.00	0.00	27.78
荷　　兰	0.00	33.33	50.00	0.00	0.00	0.00	0.00	0.00	0.00	0.00	11.11
新 西 兰	0.00	0.00	50.00	0.00	0.00	0.00	0.00	0.00	0.00	0.00	5.56
阿　　曼	0.00	0.00	0.00	0.00	0.00	0.00	0.00	0.00	25.00	0.00	5.56
瑞　　士	0.00	0.00	0.00	0.00	0.00	0.00	0.00	50.00	0.00	0.00	5.56
加 拿 大	0.00	0.00	0.00	0.00	0.00	0.00	25.00	0.00	0.00	0.00	5.56
泰　　国	0.00	0.00	0.00	0.00	0.00	0.00	0.00	0.00	25.00	0.00	5.56
中国大陆	0.00	0.00	0.00	0.00	0.00	0.00	0.00	0.00	25.00	0.00	5.56
乌 克 兰	33.33	0.00	0.00	0.00	0.00	0.00	0.00	0.00	0.00	0.00	5.56
爱沙尼亚	0.00	0.00	0.00	0.00	0.00	0.00	25.00	0.00	0.00	0.00	5.56
英　　国	0.00	0.00	0.00	0.00	0.00	0.00	0.00	50.00	0.00	0.00	5.56
德　　国	0.00	33.33	0.00	0.00	0.00	0.00	0.00	0.00	0.00	0.00	5.56
以 色 列	33.33	0.00	0.00	0.00	0.00	0.00	0.00	0.00	0.00	0.00	5.56

表4-125　真菌学B层人才排名前20的国家和地区的占比

单位：%

国家和地区	2010年	2011年	2012年	2013年	2014年	2015年	2016年	2017年	2018年	2019年	合计
荷　　兰	7.14	8.82	16.67	11.90	8.00	3.57	0.00	2.94	4.65	6.45	7.62
美　　国	25.00	5.88	7.14	9.52	4.00	7.14	4.76	2.94	4.65	3.23	7.32
中国大陆	3.57	5.88	7.14	2.38	4.00	7.14	4.76	2.94	6.98	6.45	5.18
泰　　国	0.00	2.94	7.14	2.38	4.00	7.14	9.52	2.94	9.30	6.45	5.18
德　　国	10.71	2.94	4.76	4.76	4.00	0.00	4.76	2.94	6.98	6.45	4.88
英　　国	3.57	2.94	7.14	7.14	4.00	3.57	4.76	2.94	6.98	0.00	4.57

续表

国家和地区	2010年	2011年	2012年	2013年	2014年	2015年	2016年	2017年	2018年	2019年	合计
澳大利亚	7. 14	2. 94	11. 90	2. 38	4. 00	3. 57	0. 00	2. 94	2. 33	0. 00	3. 96
意 大 利	3. 57	0. 00	0. 00	4. 76	8. 00	3. 57	4. 76	2. 94	4. 65	6. 45	3. 66
新 西 兰	0. 00	5. 88	7. 14	2. 38	4. 00	3. 57	4. 76	0. 00	2. 33	0. 00	3. 05
巴　　西	0. 00	2. 94	2. 38	7. 14	0. 00	3. 57	4. 76	2. 94	0. 00	3. 23	2. 74
丹　　麦	7. 14	5. 88	0. 00	2. 38	8. 00	0. 00	0. 00	0. 00	2. 33	3. 23	2. 74
沙特阿拉伯	0. 00	2. 94	2. 38	2. 38	0. 00	3. 57	4. 76	2. 94	2. 33	3. 23	2. 44
加 拿 大	0. 00	5. 88	2. 38	2. 38	8. 00	3. 57	0. 00	0. 00	2. 33	0. 00	2. 44
日　　本	3. 57	2. 94	0. 00	4. 76	8. 00	0. 00	4. 76	2. 94	0. 00	0. 00	2. 44
毛里求斯	0. 00	0. 00	0. 00	0. 00	0. 00	3. 57	9. 52	2. 94	6. 98	3. 23	2. 44
韩　　国	3. 57	2. 94	0. 00	0. 00	8. 00	0. 00	4. 76	0. 00	2. 33	6. 45	2. 44
西 班 牙	3. 57	2. 94	0. 00	2. 38	0. 00	3. 57	0. 00	2. 94	2. 33	3. 23	2. 13
印　　度	0. 00	0. 00	0. 00	2. 38	0. 00	3. 57	4. 76	2. 94	4. 65	3. 23	2. 13
法　　国	3. 57	0. 00	2. 38	4. 76	0. 00	3. 57	4. 76	2. 94	0. 00	0. 00	2. 13
俄 罗 斯	0. 00	2. 94	0. 00	0. 00	0. 00	0. 00	4. 76	2. 94	4. 65	3. 23	1. 83

表 4 –126　真菌学 C 层人才排名前 20 的国家和地区的占比

单位：%

国家和地区	2010年	2011年	2012年	2013年	2014年	2015年	2016年	2017年	2018年	2019年	合计
美　　国	20. 83	21. 01	19. 95	14. 07	11. 96	12. 18	10. 53	7. 16	12. 26	7. 45	13. 51
中国大陆	4. 17	5. 32	8. 33	6. 65	7. 61	7. 98	7. 11	8. 44	6. 67	8. 02	7. 13
荷　　兰	5. 56	8. 68	5. 56	8. 18	7. 34	6. 59	7. 37	7. 93	6. 88	6. 59	7. 08
德　　国	6. 60	4. 76	5. 05	8. 44	5. 71	6. 39	5. 79	4. 09	6. 45	6. 02	5. 94
英　　国	7. 64	4. 20	3. 79	4. 09	3. 80	4. 99	3. 68	3. 84	5. 38	3. 15	4. 43
泰　　国	2. 78	4. 48	3. 54	3. 32	4. 89	4. 59	4. 21	6. 65	4. 09	5. 16	4. 40
法　　国	4. 51	3. 36	4. 04	3. 84	3. 53	3. 79	4. 47	2. 56	5. 38	3. 15	3. 89
巴　　西	1. 74	3. 92	3. 03	4. 35	3. 26	3. 39	3. 68	3. 58	3. 23	3. 15	3. 37
西 班 牙	5. 90	2. 80	3. 03	4. 09	2. 99	2. 79	3. 68	2. 30	3. 01	2. 87	3. 27
印　　度	1. 74	0. 56	2. 02	2. 05	2. 17	2. 79	3. 16	3. 58	4. 09	5. 44	2. 80
南　　非	2. 43	0. 56	1. 52	2. 30	3. 26	3. 79	2. 89	3. 84	2. 80	3. 44	2. 73
意 大 利	0. 35	1. 96	2. 53	1. 79	3. 26	3. 59	2. 89	3. 58	3. 01	1. 72	2. 57
澳大利亚	2. 43	3. 08	1. 77	2. 56	2. 45	2. 59	2. 37	1. 53	3. 23	3. 44	2. 55
奥 地 利	2. 43	2. 80	3. 03	1. 53	2. 17	2. 20	2. 63	1. 53	3. 01	1. 43	2. 29
加 拿 大	1. 39	2. 80	3. 28	2. 56	2. 99	2. 40	2. 89	1. 53	1. 08	1. 43	2. 24
日　　本	3. 13	1. 12	2. 27	4. 09	2. 72	2. 59	1. 58	1. 02	0. 65	1. 43	2. 03

续表

国家和地区	2010年	2011年	2012年	2013年	2014年	2015年	2016年	2017年	2018年	2019年	合计
沙特阿拉伯	1.74	3.92	2.27	0.00	2.45	3.39	1.84	2.30	0.22	0.86	1.90
比利时	1.39	1.40	1.77	1.02	1.63	2.20	1.84	2.30	1.94	1.72	1.75
葡萄牙	2.78	0.84	2.53	1.53	1.09	1.20	1.84	3.32	0.43	1.72	1.67
新西兰	1.39	1.40	1.52	1.28	2.45	1.40	1.58	1.28	1.51	2.58	1.62

四十三　林学

林学 A、B、C 层人才最多的国家是美国，分别占该学科全球 A、B、C 层人才的 28.89%、14.49%、17.00%。

中国大陆、德国、意大利、加拿大、伊朗、西班牙、澳大利亚的 A 层人才比较多，世界占比在 12%～4% 之间；日本、尼泊尔、挪威、巴西、韩国、捷克、瑞典、法国、中国台湾、印度、英国、以色列也有相当数量的 A 层人才，世界占比均为 2.22%。

德国、加拿大、法国、中国大陆、英国、意大利、澳大利亚、瑞士、西班牙、奥地利的 B 层人才比较多，世界占比在 7%～3% 之间；荷兰、瑞典、芬兰、捷克、丹麦、日本、波兰、巴西、比利时也有相当数量的 B 层人才，世界占比超过 1%。

中国大陆、德国、西班牙、法国、加拿大、澳大利亚、意大利、英国、芬兰、瑞典、瑞士的 C 层人才比较多，世界占比在 9%～3% 之间；捷克、巴西、荷兰、奥地利、比利时、葡萄牙、日本、丹麦也有相当数量的 C 层人才，世界占比超过 1%。

表 4－127　林学 A 层人才排名前 20 的国家和地区的占比

单位：%

国家和地区	2010年	2011年	2012年	2013年	2014年	2015年	2016年	2017年	2018年	2019年	合计
美国	0.00	100.00	40.00	25.00	33.33	16.67	0.00	25.00	33.33	20.00	28.89
中国大陆	0.00	0.00	20.00	0.00	16.67	0.00	0.00	0.00	22.22	10.00	11.11
德国	0.00	0.00	0.00	0.00	33.33	0.00	0.00	0.00	11.11	0.00	6.67
意大利	0.00	0.00	0.00	25.00	0.00	16.67	0.00	0.00	11.11	0.00	6.67
加拿大	0.00	0.00	0.00	25.00	0.00	0.00	0.00	0.00	11.11	0.00	4.44

续表

国家和地区	2010年	2011年	2012年	2013年	2014年	2015年	2016年	2017年	2018年	2019年	合计
伊朗	0.00	0.00	0.00	0.00	0.00	0.00	0.00	0.00	0.00	20.00	4.44
西班牙	0.00	0.00	0.00	0.00	0.00	0.00	0.00	25.00	11.11	0.00	4.44
澳大利亚	0.00	0.00	20.00	0.00	0.00	16.67	0.00	0.00	0.00	0.00	4.44
日本	0.00	0.00	0.00	0.00	0.00	0.00	0.00	25.00	0.00	0.00	2.22
尼泊尔	0.00	0.00	0.00	0.00	0.00	0.00	0.00	0.00	0.00	10.00	2.22
挪威	0.00	0.00	0.00	0.00	0.00	0.00	0.00	0.00	0.00	10.00	2.22
巴西	0.00	0.00	0.00	0.00	0.00	16.67	0.00	0.00	0.00	0.00	2.22
韩国	0.00	0.00	0.00	25.00	0.00	0.00	0.00	0.00	0.00	0.00	2.22
捷克	0.00	0.00	0.00	0.00	0.00	0.00	0.00	25.00	0.00	0.00	2.22
瑞典	0.00	0.00	0.00	0.00	0.00	16.67	0.00	0.00	0.00	0.00	2.22
法国	0.00	0.00	0.00	0.00	0.00	0.00	0.00	0.00	0.00	10.00	2.22
中国台湾	0.00	0.00	20.00	0.00	0.00	0.00	0.00	0.00	0.00	0.00	2.22
印度	0.00	0.00	0.00	0.00	0.00	0.00	0.00	0.00	0.00	10.00	2.22
英国	0.00	0.00	0.00	0.00	0.00	16.67	0.00	0.00	0.00	0.00	2.22
以色列	0.00	0.00	0.00	0.00	16.67	0.00	0.00	0.00	0.00	0.00	2.22

表 4-128 林学 B 层人才排名前 20 的国家和地区的占比

单位：%

国家和地区	2010年	2011年	2012年	2013年	2014年	2015年	2016年	2017年	2018年	2019年	合计
美国	28.33	22.86	20.29	12.16	11.69	14.06	7.29	12.22	16.46	8.33	14.49
德国	6.67	4.29	7.25	6.76	6.49	4.69	7.29	11.11	5.06	3.70	6.35
加拿大	10.00	4.29	7.25	10.81	6.49	6.25	0.00	5.56	3.80	6.48	5.84
法国	5.00	8.57	4.35	9.46	5.19	4.69	5.21	4.44	6.33	2.78	5.46
中国大陆	3.33	4.29	2.90	0.00	2.60	10.94	2.08	5.56	13.92	4.63	4.96
英国	1.67	2.86	4.35	6.76	5.19	4.69	3.13	5.56	5.06	5.56	4.57
意大利	3.33	2.86	1.45	4.05	9.09	7.81	4.17	6.67	2.53	1.85	4.32
澳大利亚	6.67	2.86	10.14	4.05	5.19	6.25	3.13	2.22	2.53	1.85	4.19
瑞士	6.67	2.86	4.35	4.05	7.79	1.56	4.17	5.56	2.53	2.78	4.19
西班牙	1.67	2.86	2.90	4.05	5.19	1.56	4.17	2.22	1.27	3.70	3.05
奥地利	3.33	1.43	2.90	1.35	3.90	3.13	5.21	3.33	1.27	3.70	3.05
荷兰	1.67	7.14	2.90	6.76	3.90	3.13	3.13	0.00	0.00	1.85	2.92
瑞典	0.00	0.00	5.80	1.35	2.60	3.13	1.04	6.67	2.53	2.78	2.67
芬兰	1.67	1.43	4.35	2.70	0.00	1.56	2.08	1.11	5.06	2.78	2.29
捷克	1.67	1.43	2.90	2.70	1.30	3.13	4.17	4.44	0.00	0.93	2.29

续表

国家和地区	2010年	2011年	2012年	2013年	2014年	2015年	2016年	2017年	2018年	2019年	合计
丹　麦	0.00	2.86	1.45	5.41	2.60	0.00	1.04	0.00	2.53	1.85	1.78
日　本	1.67	5.71	1.45	1.35	1.30	3.13	0.00	0.00	2.53	0.93	1.65
波　兰	0.00	2.86	0.00	1.35	0.00	1.56	3.13	1.11	2.53	1.85	1.52
巴　西	1.67	2.86	1.45	2.70	1.30	1.56	2.08	1.11	0.00	0.93	1.52
比利时	1.67	0.00	0.00	1.35	2.60	1.56	1.04	0.00	2.53	1.85	1.27

表 4－129　林学 C 层人才排名前 20 的国家和地区的占比

单位：%

国家和地区	2010年	2011年	2012年	2013年	2014年	2015年	2016年	2017年	2018年	2019年	合计
美　国	17.00	19.53	21.29	17.97	17.99	19.59	16.51	14.90	15.16	12.65	17.00
中国大陆	5.05	4.14	4.75	8.13	4.83	8.51	8.43	10.10	11.22	12.14	8.07
德　国	8.25	6.36	7.66	7.28	6.98	6.57	6.67	7.81	5.73	6.53	6.93
西班牙	5.72	4.73	6.58	4.56	4.30	5.41	5.27	4.21	5.13	3.88	4.92
法　国	5.89	5.03	5.05	6.28	5.91	3.74	3.75	3.25	4.30	3.57	4.56
加拿大	6.23	5.47	5.67	3.71	3.62	4.77	3.75	3.25	3.22	4.08	4.28
澳大利亚	4.88	4.29	4.90	4.71	4.30	5.80	3.40	2.76	3.34	3.37	4.09
意大利	3.20	3.99	2.60	4.14	3.49	4.12	3.40	3.49	3.82	3.98	3.65
英　国	2.69	4.29	2.14	4.14	3.62	3.09	3.40	3.61	3.94	4.59	3.61
芬　兰	5.56	3.11	3.98	2.57	3.89	2.96	3.04	2.64	2.51	3.27	3.28
瑞　典	3.03	4.29	2.76	3.28	3.76	2.71	3.98	3.13	2.03	3.67	3.27
瑞　士	4.21	2.22	2.91	3.42	3.89	3.09	3.04	3.00	2.98	2.45	3.09
捷　克	2.02	0.44	1.23	1.71	2.42	1.93	2.22	3.00	2.98	2.55	2.12
巴　西	2.86	2.22	1.99	2.14	2.42	1.29	2.11	1.32	1.55	1.84	1.93
荷　兰	2.02	1.78	1.53	1.43	2.55	1.29	2.11	1.68	1.91	1.94	1.83
奥地利	1.85	1.04	1.84	1.43	1.61	1.68	1.52	3.37	1.31	2.24	1.82
比利时	1.01	2.07	1.38	1.57	1.07	0.90	1.76	0.84	1.67	1.84	1.43
葡萄牙	1.68	1.78	0.92	2.00	1.21	1.68	1.99	1.08	1.31	0.82	1.43
日　本	1.52	1.18	2.14	2.28	0.54	1.42	1.17	1.56	1.31	1.22	1.41
丹　麦	1.01	1.33	1.68	0.86	1.21	1.16	1.05	1.92	1.67	1.43	1.35

四十四　兽医学

兽医学 A、B、C 层人才最多的国家是美国，分别占该学科全球 A、B、C

层人才的25.76%、17.35%、18.17%。

英国、意大利、中国大陆、法国、加拿大的A层人才比较多，世界占比在9%~5%之间；澳大利亚、巴西、挪威、日本、德国、韩国、西班牙、瑞士、印度、瑞典、荷兰、墨西哥、委内瑞拉、智利也有相当数量的A层人才，世界占比超过1%。

英国、中国大陆、德国、意大利、西班牙、法国、澳大利亚、荷兰、加拿大的B层人才比较多，世界占比在11%~3%之间；比利时、丹麦、巴西、瑞士、印度、日本、奥地利、埃及、伊朗、泰国也有相当数量的B层人才，世界占比超过1%。

中国大陆、英国、西班牙、意大利、德国、加拿大、澳大利亚、法国、巴西的C层人才比较多，世界占比在10%~3%之间；荷兰、比利时、瑞士、丹麦、日本、印度、瑞典、韩国、奥地利、挪威也有相当数量的C层人才，世界占比超过1%。

表4-130　兽医学A层人才排名前20的国家和地区的占比

单位：%

国家和地区	2010年	2011年	2012年	2013年	2014年	2015年	2016年	2017年	2018年	2019年	合计
美　国	23.81	23.81	28.00	26.09	22.73	38.46	31.58	38.89	11.11	22.22	25.76
英　国	4.76	4.76	12.00	13.04	9.09	0.00	10.53	0.00	11.11	11.11	8.08
意大利	9.52	9.52	4.00	4.35	9.09	0.00	5.26	11.11	3.70	11.11	6.57
中国大陆	0.00	0.00	4.00	4.35	4.55	15.38	5.26	11.11	14.81	0.00	6.06
法　国	19.05	4.76	8.00	8.70	4.55	0.00	5.26	0.00	3.70	0.00	6.06
加拿大	4.76	9.52	0.00	13.04	4.55	0.00	5.26	0.00	11.11	0.00	5.56
澳大利亚	9.52	0.00	0.00	4.35	0.00	0.00	0.00	5.56	3.70	0.00	2.53
巴　西	0.00	0.00	4.00	0.00	4.55	7.69	5.26	0.00	3.70	0.00	2.53
挪　威	0.00	4.76	0.00	4.35	4.55	0.00	0.00	0.00	3.70	0.00	2.02
日　本	4.76	0.00	4.00	0.00	0.00	7.69	0.00	0.00	0.00	11.11	2.02
德　国	0.00	4.76	0.00	0.00	9.09	0.00	0.00	0.00	0.00	11.11	2.02
韩　国	0.00	0.00	4.00	0.00	4.55	0.00	0.00	11.11	0.00	0.00	2.02
西班牙	0.00	9.52	4.00	0.00	0.00	0.00	5.26	0.00	0.00	0.00	2.02
瑞　士	0.00	4.76	4.00	0.00	4.55	0.00	5.26	0.00	0.00	0.00	2.02
印　度	0.00	0.00	0.00	0.00	4.55	7.69	5.26	0.00	3.70	0.00	2.02
瑞　典	0.00	0.00	0.00	0.00	4.55	0.00	0.00	0.00	0.00	22.22	1.52

续表

国家和地区	2010年	2011年	2012年	2013年	2014年	2015年	2016年	2017年	2018年	2019年	合计
荷　兰	4.76	9.52	0.00	0.00	0.00	0.00	0.00	0.00	0.00	0.00	1.52
墨西哥	4.76	0.00	0.00	0.00	0.00	7.69	0.00	0.00	3.70	0.00	1.52
委内瑞拉	0.00	0.00	4.00	4.35	0.00	0.00	0.00	0.00	0.00	0.00	1.01
智　利	0.00	4.76	0.00	0.00	0.00	0.00	0.00	5.56	0.00	0.00	1.01

表 4－131　兽医学 B 层人才排名前 20 的国家和地区的占比

单位：%

国家和地区	2010年	2011年	2012年	2013年	2014年	2015年	2016年	2017年	2018年	2019年	合计
美　国	20.83	22.12	20.36	19.31	21.99	16.75	14.14	17.51	12.81	10.74	17.35
英　国	18.23	10.10	11.31	11.39	10.99	8.37	9.60	10.60	6.61	5.56	10.03
中国大陆	3.13	3.85	4.98	5.94	5.76	5.91	7.58	10.60	8.26	13.33	7.18
德　国	5.73	3.37	5.43	5.94	3.14	7.88	4.55	6.91	5.79	3.33	5.18
意大利	1.56	6.73	4.07	4.95	3.14	4.43	7.07	4.61	7.02	7.04	5.18
西班牙	4.17	4.81	6.79	4.46	4.71	6.40	6.06	1.84	4.55	3.70	4.71
法　国	5.21	4.33	6.33	4.95	1.57	4.43	4.04	3.69	2.89	2.22	3.92
澳大利亚	5.73	1.92	4.07	3.96	5.24	5.91	4.04	1.84	2.89	3.33	3.82
荷　兰	5.21	5.29	3.62	4.95	1.57	2.96	3.54	1.38	5.37	1.48	3.50
加拿大	2.60	5.77	4.07	2.48	5.24	1.97	3.54	4.61	2.89	1.48	3.40
比利时	3.65	3.37	2.71	3.96	3.14	3.45	2.02	1.84	3.31	2.22	2.94
丹　麦	3.13	2.40	1.36	3.47	3.66	3.45	1.01	1.38	2.48	2.22	2.43
巴　西	2.60	3.37	0.90	2.97	2.62	3.45	0.51	0.92	2.07	1.48	2.05
瑞　士	2.60	2.40	1.81	0.99	3.14	2.46	1.52	1.38	1.65	0.74	1.82
印　度	0.52	0.00	2.26	1.98	1.05	0.99	3.03	2.76	2.89	2.22	1.82
日　本	0.52	2.88	2.26	0.50	1.57	0.99	2.53	0.92	1.65	1.48	1.54
奥地利	0.52	0.96	0.90	0.99	1.05	2.96	1.52	3.23	2.48	0.37	1.49
埃　及	1.04	0.00	1.36	0.50	0.52	0.99	2.53	3.23	1.24	2.22	1.40
伊　朗	0.00	0.96	0.90	0.00	0.52	1.48	2.53	1.84	0.83	3.33	1.31
泰　国	0.00	0.48	0.45	0.99	1.05	0.99	0.51	2.30	1.65	3.33	1.26

表 4－132　兽医学 C 层人才排名前 20 的国家和地区的占比

单位：%

国家和地区	2010年	2011年	2012年	2013年	2014年	2015年	2016年	2017年	2018年	2019年	合计
美　国	21.95	20.17	19.59	20.33	18.92	19.07	18.66	16.90	14.07	13.82	18.17
中国大陆	4.77	5.16	5.68	7.10	7.68	10.42	10.29	13.25	14.11	16.18	9.67
英　国	9.16	9.22	9.82	8.51	9.72	8.43	8.57	7.62	7.44	6.70	8.46

续表

国家和地区	2010年	2011年	2012年	2013年	2014年	2015年	2016年	2017年	2018年	2019年	合计
西班牙	4.77	5.26	4.84	5.06	3.81	3.71	4.03	3.97	4.44	4.41	4.44
意大利	4.34	4.01	4.04	3.55	3.81	3.60	3.98	4.02	5.20	5.54	4.26
德国	4.55	4.15	4.60	3.94	4.07	4.89	4.08	4.61	4.17	3.17	4.19
加拿大	3.85	4.10	4.09	3.79	3.97	3.81	4.49	3.49	3.45	3.14	3.80
澳大利亚	4.07	3.47	3.85	4.38	3.81	4.24	3.13	3.54	3.90	3.48	3.78
法国	3.96	4.01	3.57	3.99	4.27	3.54	3.68	2.68	3.81	2.71	3.60
巴西	3.63	3.86	2.91	3.79	3.41	3.06	3.93	3.54	3.09	3.06	3.41
荷兰	2.71	3.33	3.43	2.97	3.46	2.42	2.12	1.82	2.33	2.01	2.65
比利时	2.93	2.75	2.63	2.58	2.49	2.58	1.71	1.88	1.93	1.78	2.31
瑞士	1.79	2.22	1.88	1.85	1.93	2.26	1.61	2.15	1.70	1.82	1.91
丹麦	1.95	1.88	2.25	2.14	1.63	1.93	2.02	1.56	1.66	1.20	1.81
日本	2.38	2.03	2.02	2.14	1.88	1.29	1.92	1.18	1.39	1.24	1.73
印度	1.68	2.03	1.17	1.07	1.48	1.50	2.02	1.45	1.57	1.43	1.53
瑞典	1.41	1.98	1.93	1.51	1.48	1.34	1.56	1.13	1.52	1.12	1.50
韩国	1.63	1.54	1.55	1.12	1.02	1.18	1.46	1.50	1.75	1.16	1.39
奥地利	1.08	1.06	0.99	1.12	1.22	1.40	1.06	1.02	1.25	1.55	1.18
挪威	1.52	1.64	1.03	1.17	1.32	0.97	1.41	1.13	0.58	1.16	1.18

四十五　海洋生物学和淡水生物学

海洋生物学和淡水生物学 A、B、C 层人才最多的国家是美国，分别占该学科全球 A、B、C 层人才的 25.95%、17.40%、16.74%。

英国、澳大利亚、法国、加拿大、德国、意大利、荷兰、挪威、中国大陆的 A 层人才比较多，世界占比在 11%~3% 之间；巴西、丹麦、葡萄牙、韩国、比利时、爱尔兰、印度、西班牙、新加坡、乌克兰也有相当数量的 A 层人才，世界占比超过或接近 1%。

英国、澳大利亚、加拿大、意大利、法国、德国、中国大陆、西班牙、挪威的 B 层人才比较多，世界占比在 8%~3% 之间；荷兰、丹麦、巴西、葡萄牙、比利时、日本、新西兰、瑞典、韩国、爱尔兰也有相当数量的 B 层人才，世界占比超过 1%。

中国大陆、澳大利亚、英国、法国、西班牙、德国、加拿大、意大利的 C 层人才比较多，世界占比在 9%~3% 之间；挪威、巴西、荷兰、葡萄牙、丹麦、瑞典、日本、印度、新西兰、比利时、韩国也有相当数量的C层人才，世界占比超过1%。

表4－133　海洋生物学和淡水生物学A层人才排名前20的国家和地区的占比

单位：%

国家和地区	2010年	2011年	2012年	2013年	2014年	2015年	2016年	2017年	2018年	2019年	合计
美　　国	16.67	31.25	38.46	23.53	18.18	11.11	35.00	33.33	21.05	23.53	25.95
英　　国	16.67	18.75	7.69	5.88	0.00	16.67	10.00	19.05	0.00	11.76	10.76
澳大利亚	16.67	6.25	23.08	23.53	18.18	0.00	5.00	9.52	5.26	0.00	9.49
法　　国	0.00	6.25	0.00	11.76	9.09	11.11	5.00	4.76	0.00	0.00	5.06
加 拿 大	0.00	0.00	0.00	0.00	18.18	0.00	5.00	9.52	0.00	11.76	4.43
德　　国	0.00	0.00	15.38	5.88	0.00	5.56	10.00	0.00	0.00	5.88	4.43
意 大 利	0.00	0.00	0.00	5.88	9.09	5.56	0.00	4.76	5.26	5.88	3.80
荷　　兰	16.67	0.00	0.00	0.00	0.00	5.56	0.00	4.76	5.26	5.88	3.16
挪　　威	0.00	6.25	0.00	0.00	0.00	0.00	5.00	0.00	5.26	11.76	3.16
中国大陆	0.00	0.00	0.00	0.00	9.09	0.00	5.00	0.00	5.26	11.76	3.16
巴　　西	0.00	0.00	0.00	0.00	0.00	5.56	5.00	0.00	10.53	0.00	2.53
丹　　麦	0.00	6.25	0.00	5.88	0.00	5.56	0.00	4.76	0.00	0.00	2.53
葡 萄 牙	0.00	0.00	0.00	0.00	0.00	5.56	5.00	0.00	10.53	0.00	2.53
韩　　国	0.00	0.00	0.00	0.00	0.00	5.56	0.00	4.76	5.26	0.00	1.90
比 利 时	0.00	6.25	0.00	5.88	0.00	5.56	0.00	0.00	0.00	0.00	1.90
爱 尔 兰	0.00	6.25	0.00	0.00	0.00	5.56	0.00	0.00	0.00	5.88	1.90
印　　度	0.00	0.00	0.00	0.00	0.00	0.00	0.00	0.00	5.26	5.88	1.27
西 班 牙	0.00	6.25	0.00	5.88	0.00	0.00	0.00	0.00	0.00	0.00	1.27
新 加 坡	0.00	0.00	0.00	0.00	9.09	0.00	0.00	0.00	0.00	0.00	0.63
乌 克 兰	0.00	6.25	0.00	0.00	0.00	0.00	0.00	0.00	0.00	0.00	0.63

表4－134　海洋生物学和淡水生物学B层人才排名前20的国家和地区的占比

单位：%

国家和地区	2010年	2011年	2012年	2013年	2014年	2015年	2016年	2017年	2018年	2019年	合计
美　　国	21.71	20.71	15.89	19.33	23.33	18.56	22.10	12.17	12.78	10.67	17.40
英　　国	8.53	9.29	4.64	7.33	6.67	10.18	9.94	10.05	4.44	7.87	7.93
澳大利亚	5.43	7.86	7.95	4.00	8.00	5.39	7.73	6.35	3.33	7.30	6.32
加 拿 大	3.88	4.29	7.28	4.00	6.67	4.79	5.52	2.65	5.00	3.93	4.77
意 大 利	3.88	3.57	5.30	2.67	4.00	5.39	4.42	5.29	7.22	3.37	4.58
法　　国	5.43	2.86	7.28	2.00	1.33	3.59	4.42	6.35	5.00	5.62	4.46

续表

国家和地区	2010年	2011年	2012年	2013年	2014年	2015年	2016年	2017年	2018年	2019年	合计
德　　国	3.88	3.57	6.62	5.33	3.33	4.19	3.87	4.23	3.33	4.49	4.27
中国大陆	0.78	2.14	0.66	8.00	4.67	7.78	2.76	2.65	5.56	5.62	4.15
西 班 牙	3.88	2.14	4.64	2.67	2.67	2.99	6.08	4.76	1.11	4.49	3.59
挪　　威	2.33	2.14	4.64	4.67	4.67	2.99	1.10	2.65	0.56	5.06	3.03
荷　　兰	2.33	2.86	3.31	2.67	1.33	2.40	4.42	4.76	2.22	2.81	2.97
丹　　麦	2.33	3.57	1.32	4.00	1.33	3.59	3.87	2.65	1.11	1.69	2.54
巴　　西	0.78	2.14	1.99	2.67	2.00	4.19	2.21	2.65	2.22	1.12	2.23
葡 萄 牙	0.00	1.43	1.32	0.67	2.67	1.80	2.21	2.65	5.00	2.81	2.17
比 利 时	1.55	2.14	3.31	1.33	2.67	2.40	1.10	2.65	0.56	1.69	1.92
日　　本	1.55	2.86	0.66	2.67	0.67	1.80	1.66	2.12	2.22	1.69	1.80
新 西 兰	3.88	0.71	3.31	0.67	0.67	0.60	1.66	1.06	0.56	2.25	1.49
瑞　　典	0.78	1.43	1.99	2.67	2.00	1.80	1.10	1.06	1.11	0.00	1.36
韩　　国	0.78	1.43	1.32	2.67	1.33	0.60	0.55	1.06	1.67	1.12	1.24
爱 尔 兰	0.78	0.71	1.32	0.67	0.67	0.60	0.55	2.65	1.11	2.25	1.18

表 4-135　海洋生物学和淡水生物学 C 层人才排名前 20 的国家和地区的占比

单位：%

国家和地区	2010年	2011年	2012年	2013年	2014年	2015年	2016年	2017年	2018年	2019年	合计
美　　国	21.34	20.48	19.07	18.16	16.17	16.76	15.28	15.84	14.06	13.17	16.74
中国大陆	4.63	6.19	6.72	7.93	8.38	10.78	8.39	10.43	11.26	10.38	8.72
澳大利亚	7.14	7.76	8.09	7.67	7.26	7.29	7.64	6.65	6.06	6.25	7.13
英　　国	8.88	6.67	8.37	7.87	7.06	6.36	6.72	5.41	5.26	6.11	6.76
法　　国	6.15	4.97	4.39	4.66	5.02	4.05	3.96	4.34	4.00	4.47	4.55
西 班 牙	4.18	4.83	3.84	4.39	4.69	4.24	3.91	4.23	3.60	4.57	4.24
德　　国	5.09	4.56	4.53	5.05	3.43	3.74	3.91	4.06	3.77	3.70	4.14
加 拿 大	5.01	5.58	6.17	3.87	2.97	4.36	4.25	3.33	3.54	3.03	4.13
意 大 利	2.43	2.86	3.22	4.13	4.36	3.24	3.50	4.06	4.69	4.47	3.76
挪　　威	2.81	2.59	3.43	3.74	2.84	2.93	2.58	2.03	2.69	3.37	2.89
巴　　西	1.59	1.63	1.99	1.97	2.64	2.99	2.76	3.38	2.17	2.55	2.41
荷　　兰	2.35	1.63	1.92	1.77	1.85	1.81	2.41	2.31	2.69	1.68	2.04
葡 萄 牙	2.05	2.79	1.65	1.31	2.38	2.37	2.70	1.75	1.94	1.39	2.01
丹　　麦	1.59	2.18	2.47	1.77	1.85	2.55	1.67	2.03	1.54	1.54	1.90
瑞　　典	1.59	1.36	1.58	1.57	1.39	1.43	1.67	1.58	2.17	1.44	1.58
日　　本	1.52	1.84	1.17	2.30	0.99	0.93	1.44	1.35	1.09	1.78	1.44
印　　度	1.21	1.70	1.44	1.31	1.32	1.12	1.67	1.01	1.60	1.49	1.39

续表

国家和地区	2010年	2011年	2012年	2013年	2014年	2015年	2016年	2017年	2018年	2019年	合计
新西兰	1.75	1.56	1.44	0.33	1.45	1.56	1.55	1.30	1.66	1.35	1.39
比利时	1.97	1.09	0.82	1.11	1.19	0.81	1.21	0.90	0.80	1.25	1.10
韩国	0.99	1.29	1.30	1.31	1.06	1.12	0.69	1.24	0.97	0.91	1.08

四十六　渔业学

渔业学 A、B、C 层人才最多的国家是美国，分别占该学科全球 A、B、C 层人才的 17.39%、12.81%、14.93%。

澳大利亚、挪威、英国、西班牙、加拿大、日本、埃及、法国、意大利的 A 层人才比较多，世界占比在 11%～4%之间；德国、爱尔兰、斯洛文尼亚、南非、巴西、以色列、中国大陆、泰国、丹麦、土耳其也有相当数量的 A 层人才，世界占比超过 1%。

英国、挪威、中国大陆、加拿大、澳大利亚、意大利、西班牙、法国、德国的 B 层人才比较多，世界占比在 8%～3%之间；荷兰、伊朗、葡萄牙、泰国、瑞典、巴西、比利时、丹麦、希腊、日本也有相当数量的 B 层人才，世界占比超过 1%。

中国大陆、加拿大、澳大利亚、英国、挪威、西班牙、法国的 C 层人才比较多，世界占比在 14%～3%之间；意大利、巴西、德国、丹麦、荷兰、伊朗、日本、印度、葡萄牙、埃及、泰国、韩国也有相当数量的 C 层人才，世界占比超过 1%。

表 4－136　渔业学 A 层人才排名前 20 的国家和地区的占比

单位：%

国家和地区	2010年	2011年	2012年	2013年	2014年	2015年	2016年	2017年	2018年	2019年	合计
美国	25.00	37.50	0.00	57.14	25.00	0.00	28.57	0.00	0.00	9.09	17.39
澳大利亚	0.00	25.00	0.00	0.00	50.00	33.33	14.29	0.00	0.00	9.09	10.14
挪威	0.00	0.00	0.00	14.29	0.00	33.33	0.00	10.00	12.50	18.18	8.70
英国	25.00	0.00	0.00	0.00	0.00	33.33	14.29	20.00	0.00	0.00	7.25
西班牙	0.00	25.00	14.29	0.00	0.00	0.00	0.00	0.00	12.50	9.09	7.25
加拿大	0.00	12.50	0.00	14.29	0.00	0.00	14.29	0.00	0.00	9.09	5.80

续表

国家和地区	2010年	2011年	2012年	2013年	2014年	2015年	2016年	2017年	2018年	2019年	合计
日　　本	25.00	0.00	0.00	0.00	0.00	0.00	0.00	10.00	12.50	9.09	5.80
埃　　及	0.00	0.00	0.00	0.00	0.00	0.00	0.00	10.00	12.50	9.09	4.35
法　　国	0.00	0.00	14.29	0.00	25.00	0.00	0.00	10.00	0.00	0.00	4.35
意 大 利	0.00	0.00	14.29	0.00	0.00	0.00	0.00	0.00	12.50	9.09	4.35
德　　国	25.00	0.00	0.00	0.00	0.00	0.00	0.00	0.00	0.00	9.09	2.90
爱 尔 兰	0.00	0.00	0.00	14.29	0.00	0.00	0.00	10.00	0.00	0.00	2.90
斯洛文尼亚	0.00	0.00	14.29	0.00	0.00	0.00	0.00	0.00	0.00	0.00	1.45
南　　非	0.00	0.00	0.00	0.00	0.00	0.00	14.29	0.00	0.00	0.00	1.45
巴　　西	0.00	0.00	0.00	0.00	0.00	0.00	14.29	0.00	0.00	0.00	1.45
以 色 列	0.00	0.00	14.29	0.00	0.00	0.00	0.00	0.00	0.00	0.00	1.45
中国大陆	0.00	0.00	0.00	0.00	0.00	0.00	0.00	0.00	12.50	0.00	1.45
泰　　国	0.00	0.00	0.00	0.00	0.00	0.00	0.00	0.00	0.00	9.09	1.45
丹　　麦	0.00	0.00	0.00	0.00	0.00	0.00	0.00	10.00	0.00	0.00	1.45
土 耳 其	0.00	0.00	14.29	0.00	0.00	0.00	0.00	0.00	0.00	0.00	1.45

表 4-137　渔业学 B 层人才排名前 20 的国家和地区的占比

单位：%

国家和地区	2010年	2011年	2012年	2013年	2014年	2015年	2016年	2017年	2018年	2019年	合计
美　　国	11.76	20.59	11.27	16.00	14.29	20.99	12.77	13.48	5.38	6.12	12.81
英　　国	11.76	11.76	7.04	4.00	5.71	6.17	10.64	6.74	6.45	8.16	7.84
挪　　威	7.84	2.94	14.08	4.00	7.14	3.70	5.32	7.87	7.53	8.16	6.93
中国大陆	1.96	2.94	4.23	12.00	5.71	7.41	5.32	6.74	7.53	10.20	6.54
加 拿 大	7.84	10.29	8.45	4.00	10.00	4.94	7.45	5.62	4.30	0.00	6.01
澳大利亚	3.92	8.82	2.82	4.00	8.57	8.64	7.45	3.37	4.30	5.10	5.75
意 大 利	1.96	4.41	4.23	10.00	0.00	3.70	5.32	2.25	5.38	5.10	4.18
西 班 牙	5.88	4.41	4.23	6.00	2.86	3.70	5.32	5.62	2.15	3.06	4.18
法　　国	5.88	1.47	5.63	4.00	2.86	0.00	3.19	7.87	2.15	2.04	3.40
德　　国	0.00	2.94	4.23	4.00	4.29	3.70	1.06	5.62	3.23	2.04	3.14
荷　　兰	3.92	1.47	4.23	0.00	7.14	1.23	4.26	1.12	3.23	1.02	2.75
伊　　朗	0.00	0.00	0.00	0.00	0.00	1.23	2.13	2.25	3.23	11.22	2.48
葡 萄 牙	5.88	2.94	4.23	4.00	0.00	1.23	0.00	5.62	2.15	0.00	2.35
泰　　国	0.00	0.00	0.00	4.00	1.43	3.70	2.13	0.00	3.23	6.12	2.22
瑞　　典	0.00	1.47	2.82	4.00	2.86	2.47	2.13	1.12	4.30	1.02	2.22
巴　　西	1.96	1.47	0.00	4.00	0.00	2.47	2.13	4.49	2.15	1.02	1.96

续表

国家和地区	2010年	2011年	2012年	2013年	2014年	2015年	2016年	2017年	2018年	2019年	合计
比利时	1.96	1.47	2.82	2.00	0.00	0.00	2.13	2.25	2.15	3.06	1.83
丹麦	1.96	1.47	2.82	0.00	1.43	0.00	3.19	3.37	3.23	0.00	1.83
希腊	5.88	2.94	0.00	2.00	1.43	1.23	2.13	1.12	2.15	1.02	1.83
日本	1.96	0.00	2.82	0.00	1.43	2.47	2.13	1.12	1.08	3.06	1.70

表 4－138　渔业学 C 层人才排名前 20 的国家和地区的占比

单位：%

国家和地区	2010年	2011年	2012年	2013年	2014年	2015年	2016年	2017年	2018年	2019年	合计
美国	20.69	18.67	16.62	14.35	16.28	15.00	14.47	13.89	11.96	10.98	14.93
中国大陆	6.73	10.75	9.64	12.28	13.49	17.24	11.63	13.89	17.20	19.03	13.61
加拿大	6.73	7.64	7.27	7.40	4.25	5.66	6.17	5.04	4.21	3.63	5.65
澳大利亚	7.39	7.64	5.64	4.29	5.13	5.66	6.17	4.26	4.44	6.04	5.61
英国	6.40	5.80	7.42	5.47	5.13	5.92	5.34	5.26	4.67	4.33	5.48
挪威	5.25	5.80	6.53	8.43	5.72	4.34	5.34	3.81	4.10	4.83	5.30
西班牙	4.76	4.53	4.75	4.73	5.28	4.61	4.15	4.26	3.76	3.22	4.33
法国	4.60	4.10	4.01	4.44	4.55	4.08	2.37	3.25	2.39	1.91	3.43
意大利	2.46	2.12	1.34	3.11	3.67	2.89	2.49	2.24	2.51	2.32	2.50
巴西	1.15	1.98	2.37	1.63	2.20	1.84	2.14	3.02	2.39	3.02	2.24
德国	2.63	2.40	2.23	3.40	1.76	2.50	2.25	1.57	2.28	1.81	2.24
丹麦	1.15	1.41	2.08	2.07	2.93	1.71	3.20	2.02	1.59	1.81	2.01
荷兰	2.46	1.13	1.93	2.22	1.91	1.84	2.14	2.02	2.05	1.41	1.89
伊朗	0.33	1.13	1.63	1.04	1.61	1.18	2.37	2.69	2.39	3.02	1.85
日本	2.63	2.97	1.93	2.07	1.32	1.05	2.02	1.57	1.71	1.51	1.84
印度	2.13	1.56	2.67	1.63	2.35	0.92	1.66	1.01	1.37	2.01	1.70
葡萄牙	1.64	1.84	1.19	1.78	0.88	1.71	1.78	1.12	1.82	1.41	1.52
埃及	0.66	0.14	0.15	0.15	0.44	1.58	1.30	2.46	2.51	2.82	1.36
泰国	0.82	1.13	1.04	0.30	0.73	0.92	0.83	2.69	1.71	2.32	1.34
韩国	1.31	1.56	0.89	1.63	0.88	0.92	0.95	1.01	1.48	1.11	1.17

四十七　食品科学和技术

食品科学和技术 A 层人才最多的国家是美国，世界占比为 12.20%；意大利、西班牙、中国大陆、英国、德国、印度、伊朗、法国、巴西、加拿大的 A

层人才比较多，世界占比在7%~3%之间；荷兰、土耳其、葡萄牙、比利时、韩国、丹麦、澳大利亚、瑞典、瑞士也有相当数量的A层人才，世界占比超过1%。

B层人才主要集中在中国大陆和美国，世界占比分别为13.00%和12.52%；西班牙、意大利、加拿大、印度、英国、法国、巴西、伊朗、爱尔兰的B层人才比较多，世界占比在7%~3%之间；澳大利亚、德国、葡萄牙、荷兰、比利时、土耳其、韩国、马来西亚、波兰也有相当数量的B层人才，世界占比超过1%。

C层人才最多的是中国大陆，世界占比为16.61%；美国、西班牙、意大利、巴西、加拿大、英国的C层人才比较多，世界占比在11%~3%之间；法国、德国、印度、澳大利亚、韩国、伊朗、爱尔兰、葡萄牙、荷兰、土耳其、比利时、波兰、日本也有相当数量的C层人才，世界占比超过1%。

表4-139 食品科学和技术A层人才排名前20的国家和地区的占比

单位：%

国家和地区	2010年	2011年	2012年	2013年	2014年	2015年	2016年	2017年	2018年	2019年	合计
美国	14.29	29.63	15.38	6.67	15.63	6.06	2.86	12.82	12.82	10.64	12.20
意大利	17.86	7.41	7.69	10.00	3.13	3.03	8.57	10.26	0.00	4.26	6.85
西班牙	3.57	11.11	3.85	3.33	3.13	9.09	2.86	10.26	5.13	6.38	5.95
中国大陆	7.14	3.70	0.00	0.00	3.13	3.03	17.14	0.00	5.13	12.77	5.65
英国	3.57	3.70	7.69	3.33	3.13	6.06	2.86	2.56	5.13	6.38	4.46
德国	3.57	11.11	0.00	10.00	3.13	3.03	0.00	5.13	0.00	6.38	4.17
印度	0.00	3.70	11.54	6.67	3.13	9.09	0.00	0.00	7.69	2.13	4.17
伊朗	0.00	0.00	0.00	0.00	0.00	0.00	5.71	5.13	10.26	12.77	4.17
法国	10.71	0.00	7.69	3.33	3.13	3.03	8.57	5.13	0.00	0.00	3.87
巴西	3.57	0.00	3.85	3.33	0.00	6.06	8.57	0.00	7.69	0.00	3.27
加拿大	0.00	3.70	7.69	0.00	3.13	6.06	2.86	0.00	5.13	4.26	3.27
荷兰	3.57	0.00	0.00	3.33	6.25	9.09	2.86	5.13	0.00	0.00	2.98
土耳其	0.00	0.00	0.00	3.33	3.13	0.00	8.57	2.56	2.56	4.26	2.68
葡萄牙	3.57	0.00	0.00	3.33	3.13	6.06	0.00	7.69	0.00	0.00	2.38
比利时	0.00	3.70	3.85	3.33	3.13	3.03	0.00	2.56	2.56	2.13	2.38
韩国	3.57	7.41	0.00	3.33	0.00	3.03	0.00	2.56	5.13	0.00	2.38
丹麦	3.57	3.70	0.00	6.67	6.25	0.00	2.86	2.56	0.00	0.00	2.38

续表

国家和地区	2010年	2011年	2012年	2013年	2014年	2015年	2016年	2017年	2018年	2019年	合计
澳大利亚	3.57	0.00	0.00	6.67	0.00	3.03	5.71	0.00	0.00	2.13	2.08
瑞　　典	3.57	0.00	0.00	3.33	6.25	6.06	0.00	0.00	0.00	0.00	1.79
瑞　　士	3.57	0.00	0.00	3.33	3.13	0.00	0.00	5.13	0.00	0.00	1.49

表 4－140　食品科学和技术 B 层人才排名前 20 的国家和地区的占比

单位：%

国家和地区	2010年	2011年	2012年	2013年	2014年	2015年	2016年	2017年	2018年	2019年	合计
中国大陆	3.95	8.75	3.53	9.85	8.74	9.35	15.76	15.86	19.51	24.74	13.00
美　　国	19.37	12.92	16.08	14.23	13.99	14.19	13.64	11.83	7.42	6.38	12.52
西 班 牙	6.72	9.58	7.45	4.74	7.34	8.39	3.94	4.84	8.24	5.61	6.57
意 大 利	6.32	6.25	6.27	8.03	6.99	6.77	5.45	3.76	5.49	4.85	5.88
加 拿 大	6.32	7.08	3.92	2.19	2.10	4.19	2.12	4.84	2.75	3.57	3.80
印　　度	3.56	4.58	4.71	1.82	4.20	4.52	5.76	1.34	4.12	3.06	3.71
英　　国	4.74	7.08	1.96	5.11	4.55	1.61	2.42	3.23	3.30	2.81	3.54
法　　国	4.74	2.92	4.71	3.28	3.50	4.52	2.12	2.69	2.20	2.81	3.25
巴　　西	3.56	1.67	3.53	2.92	3.50	1.61	2.73	3.23	5.49	3.32	3.22
伊　　朗	1.58	0.83	1.96	2.19	2.45	3.23	3.03	4.57	3.30	5.87	3.12
爱 尔 兰	2.77	3.33	4.71	5.11	3.50	2.90	2.12	3.49	2.75	1.53	3.12
澳大利亚	3.16	1.67	2.35	3.28	4.90	2.26	3.03	4.57	1.65	2.81	2.99
德　　国	2.77	3.33	3.14	2.55	2.10	1.94	2.12	3.23	1.92	2.55	2.54
葡 萄 牙	2.77	1.67	3.14	2.92	3.85	1.94	2.12	1.61	1.92	1.53	2.28
荷　　兰	1.98	1.67	3.14	2.55	1.40	1.29	1.82	3.23	0.55	1.79	1.92
比 利 时	2.37	1.25	3.92	1.82	2.80	1.29	2.42	0.81	0.55	1.02	1.72
土 耳 其	3.16	0.83	0.78	0.73	1.75	2.26	1.82	1.34	2.47	1.53	1.69
韩　　国	1.58	1.67	0.39	1.82	2.10	1.94	1.21	2.69	0.27	1.28	1.50
马来西亚	0.79	1.25	1.57	1.46	1.75	0.97	2.12	0.81	1.37	1.28	1.33
波　　兰	0.79	0.42	0.78	1.09	1.40	0.97	0.91	0.81	2.47	0.77	1.07

表 4－141　食品科学和技术 C 层人才排名前 20 的国家和地区的占比

单位：%

国家和地区	2010年	2011年	2012年	2013年	2014年	2015年	2016年	2017年	2018年	2019年	合计
中国大陆	8.77	9.60	12.90	13.28	15.60	15.27	15.94	19.49	22.22	25.41	16.61
美　　国	13.93	12.73	12.86	10.89	11.96	10.67	10.15	10.61	9.56	8.21	10.92
西 班 牙	7.51	8.65	9.78	8.13	7.49	7.17	5.98	6.67	5.98	5.47	7.11

续表

国家和地区	2010年	2011年	2012年	2013年	2014年	2015年	2016年	2017年	2018年	2019年	合计
意大利	6.14	5.48	4.50	5.86	5.19	6.04	5.69	5.08	5.38	5.16	5.44
巴西	2.32	3.26	4.18	4.36	4.25	4.37	4.88	4.99	4.95	5.26	4.39
加拿大	3.86	4.45	3.49	3.62	3.21	2.89	2.85	3.23	2.52	2.80	3.22
英国	4.09	4.24	2.68	2.87	3.71	3.34	3.23	2.81	3.29	2.46	3.22
法国	3.46	3.46	3.49	2.87	2.67	2.89	3.04	2.33	2.40	1.72	2.75
德国	3.11	3.30	3.29	3.13	3.10	2.93	2.52	2.38	2.26	2.10	2.75
印度	2.91	2.72	2.03	2.69	2.52	3.31	3.39	2.38	2.46	2.62	2.71
澳大利亚	2.71	2.55	2.47	2.31	2.63	2.54	2.62	2.75	2.92	2.52	2.61
韩国	2.79	3.01	2.88	2.76	2.38	2.64	2.81	1.93	1.60	2.05	2.43
伊朗	1.49	1.48	1.50	2.13	1.87	1.80	2.91	2.24	3.06	3.18	2.25
爱尔兰	1.30	1.94	1.91	1.90	2.31	2.06	1.71	2.16	1.77	1.62	1.87
葡萄牙	2.05	2.06	1.74	1.98	1.48	1.58	1.84	1.93	2.03	1.85	1.85
荷兰	1.73	1.85	1.87	1.53	1.98	1.96	1.91	1.65	1.49	1.57	1.74
土耳其	2.32	2.10	1.50	1.53	1.30	1.77	2.00	1.76	1.72	1.44	1.73
比利时	1.89	1.94	1.70	1.86	2.02	2.41	1.52	1.70	1.35	0.98	1.70
波兰	0.98	1.07	1.30	1.42	1.26	1.45	1.78	1.62	1.29	1.85	1.43
日本	2.71	2.27	1.66	1.42	1.62	1.00	1.62	0.99	1.03	0.69	1.42

四十八 生物医药工程

生物医药工程A、B、C层人才最多的国家是美国，分别占该学科全球A、B、C层人才的28.41%、25.07%、26.19%。

中国大陆、英国、德国、荷兰、加拿大、澳大利亚、瑞士的A层人才比较多，世界占比在12%~3%之间；法国、日本、韩国、俄罗斯、芬兰、中国香港、意大利、新加坡、葡萄牙、沙特阿拉伯、土耳其、波兰也有相当数量的A层人才，世界占比超过1%。

中国大陆、英国、韩国、德国的B层人才比较多，世界占比在20%~3%之间；荷兰、加拿大、澳大利亚、瑞士、新加坡、中国香港、法国、意大利、印度、西班牙、日本、葡萄牙、中国台湾、比利时、沙特阿拉伯也有相当数量的B层人才，世界占比超过或接近1%。

中国大陆、德国、英国、意大利、韩国、加拿大的C层人才比较多，世界占比在15%~3%之间；澳大利亚、荷兰、瑞士、日本、法国、西班牙、新加坡、印度、伊朗、中国台湾、中国香港、比利时、瑞典也有相当数量的 C 层人才，世界占比超过 1%。

表 4－142　生物医药工程 A 层人才排名前 20 的国家和地区的占比

单位：%

国家和地区	2010年	2011年	2012年	2013年	2014年	2015年	2016年	2017年	2018年	2019年	合计
美　　国	27.27	36.36	31.82	30.77	25.93	30.00	26.92	23.33	25.93	28.13	28.41
中国大陆	18.18	18.18	9.09	11.54	7.41	0.00	3.85	16.67	18.52	12.50	11.36
英　　国	0.00	4.55	13.64	3.85	3.70	6.67	3.85	3.33	14.81	9.38	6.44
德　　国	13.64	13.64	4.55	3.85	7.41	6.67	3.85	3.33	0.00	6.25	6.06
荷　　兰	9.09	4.55	4.55	0.00	3.70	6.67	11.54	6.67	0.00	3.13	4.92
加 拿 大	4.55	4.55	4.55	0.00	3.70	6.67	0.00	3.33	3.70	6.25	3.79
澳大利亚	4.55	0.00	0.00	7.69	7.41	3.33	3.85	3.33	0.00	3.13	3.41
瑞　　士	9.09	4.55	4.55	7.69	0.00	3.33	3.85	0.00	0.00	3.13	3.41
法　　国	0.00	0.00	0.00	7.69	3.70	3.33	0.00	3.33	3.70	3.13	2.65
日　　本	0.00	0.00	4.55	3.85	3.70	0.00	0.00	0.00	3.70	6.25	2.27
韩　　国	0.00	4.55	0.00	0.00	3.70	0.00	3.85	6.67	0.00	3.13	2.27
俄 罗 斯	4.55	0.00	4.55	0.00	3.70	0.00	0.00	0.00	3.70	3.13	1.89
芬　　兰	0.00	0.00	4.55	3.85	3.70	3.33	3.85	0.00	0.00	0.00	1.89
中国香港	0.00	0.00	0.00	0.00	0.00	0.00	0.00	10.00	3.70	3.13	1.89
意 大 利	0.00	0.00	4.55	3.85	3.70	3.33	0.00	3.33	0.00	0.00	1.89
新 加 坡	0.00	0.00	0.00	3.85	0.00	0.00	0.00	3.33	11.11	0.00	1.89
葡 萄 牙	0.00	4.55	0.00	3.85	0.00	3.33	3.85	0.00	0.00	3.13	1.89
沙特阿拉伯	0.00	0.00	0.00	0.00	3.70	3.33	3.85	3.33	0.00	0.00	1.52
土 耳 其	0.00	0.00	0.00	0.00	0.00	3.33	3.85	3.33	0.00	0.00	1.14
波　　兰	0.00	0.00	0.00	0.00	3.70	0.00	3.85	0.00	3.70	0.00	1.14

表 4－143　生物医药工程 B 层人才排名前 20 的国家和地区的占比

单位：%

国家和地区	2010年	2011年	2012年	2013年	2014年	2015年	2016年	2017年	2018年	2019年	合计
美　　国	32.34	28.64	24.11	29.24	22.99	23.79	23.26	23.84	23.24	21.50	25.07
中国大陆	9.79	19.10	19.64	26.27	19.54	20.07	21.71	17.08	18.26	23.89	19.62
英　　国	5.96	2.51	4.02	3.39	4.21	8.92	6.20	4.63	4.56	3.07	4.81
韩　　国	3.40	2.51	3.57	2.54	4.21	2.97	3.88	5.34	7.05	4.10	4.00
德　　国	4.68	5.03	0.89	4.24	4.60	7.06	2.33	3.56	3.73	3.41	3.96
荷　　兰	2.13	4.02	2.68	1.69	4.21	4.09	2.71	3.56	1.66	2.73	2.96

续表

国家和地区	2010年	2011年	2012年	2013年	2014年	2015年	2016年	2017年	2018年	2019年	合计
加拿大	3.83	2.51	3.13	3.39	2.30	1.49	2.33	2.85	4.15	3.41	2.92
澳大利亚	2.13	4.02	2.23	2.12	3.07	2.60	3.10	2.49	1.66	3.41	2.68
瑞士	5.11	3.02	4.02	1.69	2.30	2.60	2.33	2.85	2.07	1.37	2.68
新加坡	4.26	4.02	2.68	3.39	0.77	1.12	3.10	1.07	4.15	3.07	2.68
中国香港	2.13	2.51	3.13	2.97	3.07	1.86	2.33	3.91	1.24	2.39	2.56
法国	3.83	4.02	2.68	1.27	2.68	2.23	1.16	3.56	2.90	1.02	2.48
意大利	2.55	2.01	3.57	2.54	2.30	3.35	1.94	1.42	2.49	2.39	2.44
印度	1.70	1.51	1.79	0.85	3.07	2.23	1.16	1.42	2.90	2.73	1.96
西班牙	2.98	1.51	1.34	1.27	1.15	2.23	1.55	2.14	2.07	2.05	1.84
日本	1.70	2.01	0.89	2.97	0.77	1.12	1.16	1.78	1.24	2.05	1.56
葡萄牙	0.85	1.51	1.34	2.54	1.15	0.37	1.16	1.07	1.24	1.02	1.20
中国台湾	1.28	1.51	2.23	1.69	1.53	1.49	1.94	0.36	0.00	0.00	1.16
比利时	0.43	1.01	1.79	0.00	0.77	1.49	1.16	2.49	1.24	0.68	1.12
沙特阿拉伯	0.00	0.50	1.34	0.00	1.53	0.74	1.16	1.78	0.83	1.02	0.92

表 4-144 生物医药工程 C 层人才排名前 20 的国家和地区的占比

单位：%

国家和地区	2010年	2011年	2012年	2013年	2014年	2015年	2016年	2017年	2018年	2019年	合计
美国	29.72	31.27	28.71	28.02	27.49	25.95	24.84	23.07	22.67	22.44	26.19
中国大陆	9.49	10.21	11.63	14.21	14.86	13.54	13.73	16.52	17.98	20.90	14.54
德国	6.46	6.89	5.86	6.39	5.47	6.49	5.28	5.26	3.79	4.44	5.58
英国	5.68	4.07	4.35	4.95	5.16	5.47	5.36	6.14	4.85	5.06	5.15
意大利	4.03	3.92	4.53	3.69	4.08	3.79	4.40	4.01	3.14	3.04	3.85
韩国	3.03	3.67	4.03	2.87	3.70	3.11	4.09	3.68	3.83	3.78	3.58
加拿大	3.73	3.42	3.21	3.04	3.16	2.62	3.25	2.83	3.02	2.68	3.07
澳大利亚	3.03	3.22	3.07	2.65	2.81	2.62	2.66	2.83	2.94	3.37	2.91
荷兰	3.55	3.27	3.07	2.82	3.00	3.30	2.66	2.28	2.45	2.38	2.86
瑞士	2.64	2.82	3.11	2.82	2.16	2.81	2.78	2.10	2.53	1.58	2.51
日本	3.38	3.27	2.61	2.61	2.50	2.74	1.98	2.47	1.79	1.98	2.51
法国	3.03	2.41	2.88	2.95	2.27	2.32	2.62	2.32	2.00	2.24	2.49
西班牙	2.12	1.76	1.92	2.13	1.89	2.66	2.38	1.88	1.67	2.24	2.08
新加坡	2.86	2.11	1.42	2.26	2.12	1.99	2.06	1.77	2.12	1.87	2.05
印度	0.78	1.21	1.74	1.17	1.50	1.27	2.70	2.69	3.67	2.49	1.96
伊朗	0.56	0.65	0.60	1.09	1.00	0.86	1.83	1.80	3.34	2.38	1.45
中国台湾	1.82	1.76	1.65	1.95	1.54	1.12	1.15	0.88	0.73	0.81	1.31

续表

国家和地区	2010年	2011年	2012年	2013年	2014年	2015年	2016年	2017年	2018年	2019年	合计
中国香港	1.47	1.21	1.24	1.04	0.96	1.35	0.95	1.32	1.59	1.32	1.25
比利时	0.91	1.01	1.60	1.04	1.35	1.39	1.27	1.47	1.10	1.06	1.23
瑞典	1.30	1.11	1.51	1.61	0.96	1.50	1.27	1.21	0.98	0.88	1.23

四十九　生物技术和应用微生物学

生物技术和应用微生物学 A、B、C 层人才最多的国家是美国，分别占该学科全球 A、B、C 层人才的 37.16%、28.92%、21.04%。

英国、德国、澳大利亚、中国大陆、加拿大、法国的 A 层人才比较多，世界占比在 9%~3% 之间；西班牙、瑞典、瑞士、丹麦、韩国、比利时、新加坡、印度、意大利、沙特阿拉伯、俄罗斯、日本、奥地利也有相当数量的 A 层人才，大部分世界占比超过 1%。

中国大陆、英国、德国、加拿大、澳大利亚的 B 层人才比较多，世界占比在 11%~3% 之间；法国、印度、韩国、荷兰、日本、瑞士、西班牙、意大利、瑞典、丹麦、比利时、沙特阿拉伯、奥地利、中国香港也有相当数量的 B 层人才，世界占比超过或接近 1%。

中国大陆、英国、德国、印度的 C 层人才比较多，世界占比在 18%~3% 之间；韩国、法国、加拿大、澳大利亚、西班牙、意大利、荷兰、日本、巴西、瑞典、丹麦、比利时、瑞士、伊朗、中国台湾也有相当数量的 C 层人才，世界占比超过或接近 1%。

表 4-145　生物技术和应用微生物学 A 层人才排名前 20 的国家和地区的占比

单位：%

国家和地区	2010年	2011年	2012年	2013年	2014年	2015年	2016年	2017年	2018年	2019年	合计
美国	45.95	50.00	38.46	47.62	36.96	36.96	22.22	43.48	27.66	28.00	37.16
英国	2.70	13.16	7.69	4.76	6.52	10.87	13.33	4.35	12.77	10.00	8.72
德国	5.41	2.63	5.13	4.76	13.04	6.52	11.11	2.17	10.64	8.00	7.11
澳大利亚	10.81	5.26	5.13	0.00	13.04	8.70	2.22	2.17	6.38	6.00	5.96
中国大陆	8.11	0.00	2.56	2.38	0.00	8.70	4.44	4.35	8.51	10.00	5.05
加拿大	2.70	0.00	5.13	4.76	4.35	2.17	2.22	4.35	2.13	6.00	3.44

续表

国家和地区	2010年	2011年	2012年	2013年	2014年	2015年	2016年	2017年	2018年	2019年	合计
法　国	0.00	5.26	2.56	2.38	2.17	2.17	4.44	4.35	2.13	6.00	3.21
西班牙	5.41	2.63	7.69	2.38	2.17	0.00	4.44	4.35	0.00	2.00	2.98
瑞　典	2.70	2.63	0.00	4.76	2.17	2.17	6.67	2.17	2.13	2.00	2.75
瑞　士	0.00	5.26	5.13	0.00	2.17	2.17	2.22	2.17	2.13	2.00	2.29
丹　麦	2.70	2.63	0.00	0.00	0.00	2.17	2.22	2.17	2.13	4.00	1.83
韩　国	0.00	0.00	0.00	2.38	2.17	2.17	2.22	2.17	4.26	2.00	1.83
比利时	0.00	2.63	2.56	0.00	4.35	2.17	0.00	2.17	0.00	2.00	1.61
新加坡	0.00	0.00	5.13	2.38	0.00	0.00	0.00	4.35	2.13	2.00	1.61
印　度	5.41	0.00	0.00	2.38	2.17	0.00	0.00	2.17	4.26	0.00	1.61
意大利	0.00	0.00	0.00	2.38	2.17	0.00	2.22	0.00	2.13	2.00	1.15
沙特阿拉伯	0.00	0.00	0.00	0.00	2.17	2.17	2.22	2.17	0.00	0.00	0.92
俄罗斯	0.00	0.00	2.56	2.38	0.00	0.00	0.00	2.17	2.13	0.00	0.92
日　本	2.70	0.00	2.56	2.38	0.00	0.00	0.00	2.17	0.00	0.00	0.92
奥地利	0.00	2.63	0.00	2.38	0.00	2.17	0.00	0.00	0.00	0.00	0.69

表 4－146　生物技术和应用微生物学 B 层人才排名前 20 的国家和地区的占比

单位：%

国家和地区	2010年	2011年	2012年	2013年	2014年	2015年	2016年	2017年	2018年	2019年	合计
美　国	34.99	34.01	38.27	30.75	32.14	23.76	28.92	26.24	23.88	20.61	28.92
中国大陆	4.66	5.81	7.82	6.20	10.00	10.12	11.52	12.53	16.55	19.74	10.86
英　国	7.87	7.56	8.10	5.68	6.19	8.71	7.84	6.15	7.80	7.68	7.35
德　国	6.71	4.94	5.03	4.91	4.52	6.12	3.19	5.91	3.31	5.26	4.97
加拿大	6.41	4.07	3.91	2.33	3.33	1.88	3.19	4.73	2.13	3.95	3.54
澳大利亚	0.58	4.07	3.35	4.39	5.00	2.82	2.45	3.55	1.89	3.29	3.16
法　国	3.21	2.62	2.79	3.62	3.81	1.65	3.68	2.36	2.84	2.41	2.88
印　度	2.04	2.62	2.51	2.84	1.90	2.59	2.94	2.36	5.44	3.29	2.88
韩　国	2.33	2.62	2.23	2.58	2.14	2.12	1.96	2.84	4.26	4.17	2.76
荷　兰	2.04	2.91	3.07	3.62	1.90	2.12	3.92	2.60	2.13	2.19	2.63
日　本	2.04	1.45	0.84	3.88	2.14	2.35	2.70	1.65	1.89	2.41	2.16
瑞　士	3.50	2.62	2.23	1.29	2.62	1.88	1.72	2.13	1.18	1.97	2.08
西班牙	1.75	2.33	2.23	1.03	2.14	3.06	1.47	2.60	1.42	1.32	1.93
意大利	2.04	2.33	0.84	1.81	1.43	1.41	1.96	1.65	2.36	1.75	1.76
瑞　典	1.17	1.45	1.96	1.81	1.19	1.88	2.21	2.36	1.65	1.54	1.73
丹　麦	0.58	1.45	1.40	2.58	1.90	2.82	1.23	1.65	0.95	1.10	1.58

续表

国家和地区	2010年	2011年	2012年	2013年	2014年	2015年	2016年	2017年	2018年	2019年	合计
比利时	2.04	1.74	0.28	1.81	1.43	1.65	0.98	0.71	0.24	1.54	1.23
沙特阿拉伯	0.00	0.58	0.84	0.78	2.62	1.18	1.72	1.89	1.89	0.22	1.20
奥地利	0.87	1.74	1.12	1.29	1.43	0.71	0.98	1.89	0.71	0.66	1.13
中国香港	0.29	0.00	0.28	0.78	1.43	1.41	0.49	0.71	0.71	1.97	0.85

表 4-147　生物技术和应用微生物学 C 层人才排名前 20 的国家和地区的占比

单位：%

国家和地区	2010年	2011年	2012年	2013年	2014年	2015年	2016年	2017年	2018年	2019年	合计
美国	25.08	27.61	25.83	23.62	22.21	20.46	19.83	17.04	16.10	15.30	21.04
中国大陆	9.59	11.44	11.30	15.20	16.01	16.91	19.60	21.27	24.30	24.96	17.39
英国	6.07	5.93	6.18	5.14	5.44	5.19	5.42	5.53	4.31	4.25	5.31
德国	5.92	5.68	5.26	5.14	5.10	5.24	5.24	4.41	4.14	3.64	4.94
印度	3.17	2.97	3.57	3.37	3.84	2.94	3.65	3.94	3.76	4.91	3.64
韩国	2.99	2.60	3.04	2.97	2.49	2.99	3.30	3.06	3.28	3.14	2.99
法国	3.76	3.39	3.57	3.21	2.88	3.08	2.51	2.92	2.43	2.24	2.97
加拿大	3.58	3.19	2.95	2.84	3.13	3.41	2.31	2.33	2.16	2.60	2.83
澳大利亚	2.28	2.51	3.12	2.27	2.98	2.89	3.11	2.94	3.31	2.72	2.83
西班牙	3.49	3.05	3.63	2.65	2.56	2.99	2.66	2.71	2.56	2.29	2.83
意大利	2.19	2.35	3.18	2.49	3.64	2.77	2.71	3.20	2.73	2.72	2.81
荷兰	3.11	2.83	2.61	2.54	2.41	2.21	2.36	1.92	1.43	1.94	2.31
日本	3.76	2.23	2.70	2.81	2.04	2.09	1.99	2.09	1.83	1.56	2.27
巴西	1.33	1.50	1.46	1.63	1.43	1.59	1.71	1.54	1.58	1.91	1.58
瑞典	1.69	1.41	1.80	1.52	1.43	1.54	1.22	1.90	1.03	1.35	1.48
丹麦	1.30	1.50	1.41	1.44	1.26	1.80	1.69	1.69	1.40	1.23	1.48
比利时	1.66	1.84	1.60	1.31	1.60	1.59	1.42	1.09	1.23	1.11	1.43
瑞士	2.01	1.41	1.10	1.63	1.33	1.52	1.29	1.47	1.20	1.39	1.43
伊朗	0.36	0.54	0.67	0.83	0.54	0.97	1.69	1.40	2.66	2.10	1.21
中国台湾	0.95	1.16	0.79	1.31	1.18	1.09	0.75	0.95	0.95	0.68	0.98

第二节　学科组

在生命科学各学科人才分析的基础上，按照 A、B、C 层三个人才层次，对各学科人才进行汇总分析，可以从学科组层面揭示人才的分布特点和发展趋势。

一 A层人才

生命科学A层人才最多的国家是美国，占该学科组全球A层人才的29.90%，英国以8.95%的世界占比排名第二，这两个国家的A层人才合计占比接近全球的40%；德国、澳大利亚、中国大陆和加拿大紧随其后，世界占比分别为6.15%、4.36%、4.12%和4.12%；法国、荷兰、瑞士、意大利、西班牙、瑞典的A层人才也比较多，世界占比在4%~2%之间；日本、比利时、丹麦、巴西、奥地利、印度、韩国、以色列也有相当数量的A层人才，世界占比超过1%；挪威、新西兰、新加坡、芬兰、爱尔兰、葡萄牙、沙特阿拉伯、墨西哥、俄罗斯、波兰、南非、土耳其、伊朗、中国香港、中国台湾、希腊、阿根廷、马来西亚、捷克、泰国也有一定数量的A层人才，世界占比低于1%。

在发展趋势上，美国呈现相对下降趋势，中国大陆呈现相对上升趋势，其他国家和地区没有明显变化。

表4-148 生命科学A层人才排名前40的国家和地区的占比

单位：%

国家和地区	2010年	2011年	2012年	2013年	2014年	2016年	2017年	2018年	2019年	合计
美国	38.29	36.26	32.06	33.07	30.52	27.94	29.68	22.01	24.05	29.90
英国	9.45	10.16	10.15	8.44	9.07	8.28	7.27	8.22	10.09	8.95
德国	6.17	6.78	5.65	6.75	5.98	6.29	5.68	5.27	6.40	6.15
澳大利亚	5.16	3.14	4.73	4.27	5.66	4.29	3.49	4.16	4.32	4.36
中国大陆	3.02	2.38	2.88	2.92	2.67	4.89	3.59	6.69	6.67	4.12
加拿大	3.90	5.02	4.04	4.27	4.27	4.09	4.28	4.77	3.60	4.12
法国	4.53	3.51	5.07	4.05	3.84	3.69	3.09	3.65	3.15	3.69
荷兰	2.90	3.89	3.11	4.05	3.63	2.59	4.58	2.84	3.51	3.46
瑞士	3.40	2.38	2.42	2.47	2.35	2.20	2.99	2.64	2.79	2.65
意大利	2.64	3.01	1.61	2.70	2.77	2.30	2.59	2.54	3.06	2.54
西班牙	1.51	2.89	2.65	2.02	1.60	2.50	3.49	2.43	2.70	2.44
瑞典	2.02	2.13	1.61	2.59	2.45	2.59	1.49	1.83	2.34	2.15
日本	3.02	2.51	2.19	2.14	2.13	1.20	1.39	2.74	1.80	1.99

续表

国家和地区	2010 年	2011 年	2012 年	2013 年	2014 年	2016 年	2017 年	2018 年	2019 年	合计
比利时	0.88	1.88	1.38	1.57	2.13	0.90	1.59	1.72	2.25	1.62
丹麦	1.51	1.76	0.81	1.35	1.17	1.40	2.29	1.42	1.62	1.57
巴西	0.50	0.50	0.58	0.90	0.75	2.50	1.59	2.03	1.08	1.26
奥地利	0.38	0.88	1.38	1.80	0.64	1.20	0.60	1.32	1.62	1.10
印度	0.88	0.50	0.81	1.12	1.28	0.50	1.29	1.52	1.53	1.08
韩国	0.88	1.13	0.69	0.67	1.17	0.80	1.79	1.01	0.99	1.05
以色列	0.88	0.75	0.92	0.34	1.81	1.30	1.10	1.12	0.45	1.02
挪威	0.38	0.63	0.58	1.57	0.96	0.70	0.90	1.01	1.80	0.97
新西兰	1.13	0.63	1.73	1.01	1.07	1.20	0.90	0.71	0.99	0.96
新加坡	0.38	0.38	1.50	0.90	0.85	1.10	0.40	2.03	0.90	0.88
芬兰	0.88	0.88	0.58	1.12	0.75	1.00	0.70	0.61	0.63	0.79
爱尔兰	1.13	1.00	0.58	0.45	0.75	0.70	1.00	0.61	0.72	0.78
葡萄牙	0.38	0.50	0.58	0.79	0.43	0.40	1.00	0.91	0.54	0.63
沙特阿拉伯	0.00	0.13	0.23	0.56	0.64	1.40	0.90	0.51	0.18	0.56
墨西哥	0.13	0.50	0.12	0.11	1.07	0.80	0.60	0.81	0.09	0.53
俄罗斯	0.38	0.00	0.81	0.34	0.32	0.60	0.70	1.32	0.27	0.51
波兰	0.13	0.25	0.58	0.11	0.32	1.00	0.60	0.71	0.72	0.48
南非	0.76	0.13	0.35	0.11	0.43	1.00	0.80	0.30	0.54	0.48
土耳其	0.13	0.00	0.46	0.34	0.21	0.90	0.20	0.71	0.45	0.44
伊朗	0.25	0.00	0.23	0.22	0.11	0.40	0.50	0.81	1.44	0.43
中国香港	0.00	0.00	0.58	0.00	0.32	0.30	1.20	0.20	0.45	0.42
中国台湾	0.13	0.38	0.58	0.22	0.21	0.50	0.40	0.41	0.18	0.37
希腊	0.00	0.13	0.69	0.22	0.43	0.50	0.10	0.71	0.54	0.36
阿根廷	0.00	0.13	0.23	0.22	0.21	0.50	0.80	0.41	0.27	0.31
马来西亚	0.00	0.13	0.23	0.11	0.21	0.10	0.40	0.91	0.54	0.30
捷克	0.00	0.38	0.12	0.56	0.21	0.30	0.20	0.41	0.36	0.27
泰国	0.00	0.00	0.46	0.00	0.64	0.20	0.00	0.41	0.36	0.24

二　B层人才

生命科学 B 层人才最多的国家是美国，占该学科组全球 B 层人才的 27.42%，英国以 8.49%的世界占比排名第二，这两个国家的 B 层人才合计占比超过全球的 1/3；中国大陆、德国、加拿大紧随其后，世界占比分别为 6.22%、6.14%、4.14%；澳大利亚、法国、荷兰、意大利、西班牙、瑞士、日本的B层人才也比较多，世界占比在4%～2%之间；瑞典、比利时、丹麦、印度、韩国、巴西、奥地利也有相当数量的B层人才，世界占比超过1%；以色列、挪威、芬兰、爱尔兰、新加坡、新西兰、葡萄牙、南非、波兰、沙特阿拉伯、伊朗、墨西哥、中国香港、希腊、俄罗斯、捷克、土耳其、中国台湾、阿根廷、匈牙利、马来西亚也有一定数量的B层人才，世界占比低于1%。

在发展趋势上，美国呈现相对下降趋势，中国大陆呈现相对上升趋势，其他国家和地区没有明显变化。

表4－149　生命科学B层人才排名前40的国家和地区的占比

单位：%

国家和地区	2010年	2011年	2012年	2013年	2014年	2015年	2016年	2017年	2018年	2019年	合计
美国	33.33	32.75	30.62	30.28	28.77	27.29	25.54	25.26	22.78	21.43	27.42
英国	9.29	8.98	8.87	8.94	8.94	8.60	8.59	8.26	7.33	7.56	8.49
中国大陆	2.80	3.58	4.15	5.31	5.53	5.97	6.55	7.63	8.59	9.96	6.22
德国	6.83	6.73	6.71	5.94	6.50	6.25	5.60	5.93	5.70	5.64	6.14
加拿大	5.11	4.84	4.36	3.80	4.32	3.83	3.87	4.21	3.65	3.80	4.14
澳大利亚	3.19	3.69	3.64	3.95	4.44	4.36	3.67	4.06	4.05	4.16	3.94
法国	4.04	3.79	3.92	4.05	3.57	3.52	3.59	3.62	3.24	3.01	3.61
荷兰	3.85	3.69	4.01	3.76	3.68	3.25	3.85	3.40	3.47	3.25	3.60
意大利	2.80	2.61	2.75	2.91	3.08	2.79	3.28	2.90	3.17	3.21	2.97
西班牙	2.57	2.67	3.00	2.71	2.67	2.98	2.68	2.68	2.66	2.45	2.70
瑞士	2.84	2.64	2.62	2.43	2.40	2.48	2.63	2.45	2.74	2.24	2.54
日本	2.37	2.37	1.95	2.30	2.13	2.19	1.74	1.76	1.62	2.03	2.03
瑞典	1.74	1.46	1.80	1.89	1.99	1.87	1.80	1.87	2.17	1.74	1.84
比利时	1.67	1.56	1.80	1.29	1.43	1.67	1.64	1.56	1.80	1.65	1.61
丹麦	1.23	1.41	1.46	1.70	1.25	1.63	1.49	1.62	1.55	1.43	1.48
印度	0.83	0.99	0.99	1.01	1.08	1.10	1.21	1.18	1.49	1.53	1.16
韩国	0.99	0.93	1.03	0.93	1.08	1.26	1.05	1.23	1.46	1.30	1.14
巴西	0.62	0.65	0.90	1.00	1.06	1.24	1.49	1.31	1.45	1.24	1.12
奥地利	0.78	1.03	0.98	1.00	1.15	1.23	1.14	1.20	1.02	0.90	1.05
以色列	1.14	1.04	0.77	0.91	0.93	1.04	1.24	0.91	0.74	1.04	0.98
挪威	0.76	0.79	1.13	0.87	0.72	0.81	0.72	0.90	1.09	1.00	0.88
芬兰	0.91	0.86	0.69	0.81	0.65	0.73	0.77	0.89	0.90	0.96	0.82
爱尔兰	0.70	0.74	0.84	0.83	0.67	0.80	0.84	0.98	0.94	0.68	0.80
新加坡	0.74	0.63	0.73	0.85	0.68	0.75	0.69	0.81	0.85	0.75	0.75

续表

国家和地区	2010年	2011年	2012年	2013年	2014年	2015年	2016年	2017年	2018年	2019年	合计
新西兰	0.82	0.74	0.89	0.82	0.72	0.55	0.69	0.62	0.63	0.85	0.73
葡萄牙	0.56	0.61	0.65	0.89	0.79	0.67	0.75	0.86	0.85	0.53	0.72
南非	0.39	0.42	0.36	0.51	0.51	0.54	0.48	0.75	0.82	0.63	0.55
波兰	0.21	0.44	0.51	0.36	0.44	0.48	0.68	0.51	0.91	0.80	0.55
沙特阿拉伯	0.08	0.27	0.26	0.37	0.62	0.85	0.88	0.60	0.67	0.54	0.53
伊朗	0.22	0.25	0.20	0.33	0.31	0.35	0.63	0.56	0.81	1.37	0.53
墨西哥	0.45	0.58	0.45	0.43	0.53	0.49	0.50	0.65	0.42	0.51	0.50
中国香港	0.35	0.35	0.38	0.45	0.53	0.63	0.41	0.59	0.44	0.59	0.48
希腊	0.44	0.51	0.52	0.39	0.32	0.47	0.42	0.49	0.69	0.45	0.47
俄罗斯	0.34	0.27	0.37	0.30	0.46	0.48	0.62	0.63	0.53	0.52	0.46
捷克	0.26	0.42	0.38	0.45	0.40	0.50	0.36	0.51	0.47	0.44	0.42
土耳其	0.23	0.27	0.34	0.31	0.36	0.33	0.41	0.39	0.56	0.55	0.38
中国台湾	0.22	0.27	0.40	0.31	0.43	0.36	0.40	0.49	0.35	0.41	0.37
阿根廷	0.31	0.32	0.30	0.31	0.35	0.22	0.26	0.39	0.41	0.43	0.34
匈牙利	0.25	0.51	0.21	0.32	0.24	0.38	0.32	0.40	0.33	0.30	0.33
马来西亚	0.17	0.15	0.21	0.28	0.32	0.29	0.47	0.26	0.39	0.45	0.31

三　C 层人才

生命科学 C 层人才最多的国家是美国，占该学科组全球 C 层人才的 26.49%，中国大陆以 8.46% 的世界占比排名第二，二者的 C 层人才合计占比超过全球的 1/3；英国、德国紧随其后，世界占比分别为 7.81%、6.29%；加拿大、澳大利亚、法国、意大利、荷兰、西班牙、日本、瑞士的 C 层人才也比较多，世界占比在 4%~2% 之间；瑞典、比利时、巴西、印度、韩国、丹麦也有相当数量的 C 层人才，世界占比超过 1%；奥地利、以色列、挪威、葡萄牙、芬兰、伊朗、新加坡、波兰、新西兰、爱尔兰、中国台湾、南非、捷克、墨西哥、中国香港、土耳其、沙特阿拉伯、希腊、俄罗斯、阿根廷、埃及、马来西亚也有一定数量的 C 层人才，世界占比低于 1%。

在发展趋势上，美国呈现相对下降趋势，中国大陆呈现相对上升趋势，其他国家和地区没有明显变化。

表 4－150　生命科学 C 层人才排名前 40 的国家和地区的占比

单位：%

国家和地区	2010年	2011年	2012年	2013年	2014年	2015年	2016年	2017年	2018年	2019年	合计
美　国	31.21	30.70	29.84	28.45	27.65	26.70	25.07	24.24	22.92	21.04	26.49
中国大陆	4.55	5.16	5.76	6.90	7.59	8.35	8.70	10.68	11.90	12.65	8.46
英　国	8.35	8.26	8.12	7.92	7.87	7.82	7.87	7.73	7.44	7.01	7.81
德　国	7.05	6.72	6.86	6.83	6.55	6.59	6.22	5.78	5.50	5.33	6.29
加拿大	4.44	4.35	4.29	4.12	4.05	3.89	3.98	3.82	3.64	3.57	3.99
澳大利亚	3.35	3.70	3.60	3.82	3.92	3.85	3.97	3.97	4.02	3.96	3.83
法　国	4.22	4.19	4.13	4.02	3.78	3.71	3.76	3.52	3.40	3.29	3.77
意大利	3.04	3.04	3.04	3.14	3.21	3.29	3.31	3.30	3.44	3.60	3.26
荷　兰	3.25	3.21	3.21	3.19	3.17	3.02	2.96	2.75	2.84	2.83	3.03
西班牙	2.95	3.01	3.13	2.92	2.94	2.83	2.83	2.86	2.92	2.93	2.93
日　本	3.02	2.84	2.78	2.58	2.25	2.18	2.19	2.04	1.92	1.84	2.33
瑞　士	2.22	2.12	2.16	2.30	2.25	2.24	2.25	2.23	2.17	2.04	2.20
瑞　典	1.61	1.59	1.64	1.60	1.62	1.60	1.73	1.63	1.69	1.64	1.64
比利时	1.62	1.51	1.51	1.59	1.51	1.55	1.46	1.43	1.36	1.43	1.49
巴　西	1.12	1.15	1.27	1.29	1.40	1.42	1.65	1.68	1.63	1.64	1.44
印　度	1.10	1.14	1.12	1.23	1.25	1.28	1.47	1.43	1.49	1.78	1.34
韩　国	1.25	1.22	1.32	1.31	1.36	1.36	1.42	1.39	1.35	1.34	1.33
丹　麦	1.20	1.18	1.32	1.31	1.28	1.34	1.36	1.27	1.30	1.22	1.28
奥地利	0.96	0.90	0.93	0.94	1.00	0.91	1.00	0.98	0.97	0.96	0.96
以色列	0.97	1.01	0.88	0.83	0.83	0.93	0.82	0.77	0.76	0.75	0.85
挪　威	0.73	0.81	0.72	0.78	0.75	0.68	0.77	0.77	0.77	0.87	0.77
葡萄牙	0.68	0.78	0.67	0.77	0.75	0.75	0.82	0.74	0.79	0.80	0.76
芬　兰	0.75	0.78	0.77	0.75	0.74	0.73	0.74	0.66	0.75	0.74	0.74
伊　朗	0.32	0.39	0.38	0.46	0.43	0.52	0.71	0.83	1.16	1.40	0.69
新加坡	0.63	0.60	0.65	0.66	0.65	0.65	0.67	0.67	0.68	0.65	0.65
波　兰	0.43	0.45	0.50	0.60	0.61	0.65	0.70	0.76	0.75	0.91	0.65
新西兰	0.64	0.63	0.66	0.62	0.65	0.61	0.59	0.59	0.61	0.64	0.62
爱尔兰	0.67	0.63	0.63	0.61	0.60	0.62	0.59	0.59	0.62	0.57	0.61
中国台湾	0.63	0.69	0.60	0.62	0.61	0.57	0.54	0.53	0.51	0.53	0.58
南　非	0.50	0.46	0.47	0.55	0.58	0.55	0.59	0.61	0.58	0.63	0.56
捷　克	0.38	0.37	0.40	0.45	0.49	0.49	0.50	0.51	0.57	0.56	0.48
墨西哥	0.41	0.45	0.44	0.43	0.43	0.45	0.45	0.52	0.45	0.56	0.46
中国香港	0.41	0.40	0.41	0.43	0.46	0.45	0.43	0.51	0.50	0.52	0.45

续表

国家和地区	2010年	2011年	2012年	2013年	2014年	2015年	2016年	2017年	2018年	2019年	合计
土耳其	0.36	0.38	0.36	0.33	0.40	0.47	0.54	0.50	0.48	0.59	0.45
沙特阿拉伯	0.12	0.22	0.24	0.27	0.44	0.55	0.55	0.51	0.49	0.60	0.41
希腊	0.43	0.35	0.38	0.39	0.42	0.43	0.33	0.41	0.39	0.45	0.40
俄罗斯	0.24	0.27	0.26	0.31	0.32	0.42	0.41	0.44	0.46	0.59	0.38
阿根廷	0.41	0.37	0.40	0.38	0.37	0.39	0.35	0.35	0.37	0.38	0.37
埃及	0.17	0.16	0.18	0.17	0.23	0.27	0.32	0.40	0.47	0.57	0.31
马来西亚	0.20	0.21	0.28	0.29	0.32	0.34	0.33	0.36	0.40	0.37	0.31

第五章　地球科学

地球科学是人类认识地球的一门基础科学。它以地球系统及其组成部分为研究对象，探究发生在其中的各种现象、过程及过程之间的相互作用，以提高对地球的认识水平，并利用获取的知识为解决人类生存与可持续发展中的资源供给、环境保护、减轻灾害等重大问题提供科学依据与技术支撑。

第一节　学科

地球科学学科组包括以下学科：地理学、自然地理学、遥感、地质学、古生物学、矿物学、地质工程、地球化学和地球物理学、气象学和大气科学、海洋学、环境科学、土壤学、水资源、环境研究、多学科地球科学，共计 15 个。

一　地理学

地理学 A、B、C 层人才主要集中在英国和美国，两国 A、B、C 层人才的世界占比合计为 45.12%、35.66%、39.28%，其中英国的 A、C 层人才多于美国，B 层人才少于美国。

荷兰、澳大利亚、加拿大、中国大陆、德国、爱尔兰、挪威、法国的 A 层人才比较多，世界占比在 13%~3% 之间；意大利、瑞典、新西兰、波兰、南非、韩国、奥地利、丹麦也有相当数量的 A 层人才，世界占比超过 1%。

中国大陆、荷兰、加拿大、德国、瑞典、澳大利亚、挪威的 B 层人才比较多，世界占比在 7%~3% 之间；奥地利、法国、意大利、瑞士、比利时、中国香港、日本、西班牙、丹麦、巴西、新加坡也有相当数量的 B 层人才，世界占比超过 1%。

澳大利亚、加拿大、中国大陆、荷兰、德国、意大利的 C 层人才比较多，世界占比在 6%~3% 之间；瑞典、西班牙、法国、比利时、瑞士、中国香港、挪威、丹麦、芬兰、奥地利、新西兰、新加坡也有相当数量的 C 层人才，世界占比超过或接近 1%。

表 5-1　地理学 A 层人才的国家和地区的占比

单位：%

国家和地区	2010年	2011年	2012年	2013年	2014年	2015年	2016年	2017年	2018年	2019年	合计
英　国	57.14	22.22	75.00	57.14	14.29	10.00	22.22	0.00	12.50	25.00	25.61
美　国	28.57	11.11	25.00	14.29	28.57	20.00	33.33	11.11	12.50	16.67	19.51
荷　兰	0.00	11.11	0.00	14.29	14.29	30.00	11.11	11.11	0.00	16.67	12.20
澳大利亚	0.00	0.00	0.00	0.00	28.57	10.00	0.00	0.00	12.50	0.00	4.88
加拿大	14.29	0.00	0.00	0.00	0.00	10.00	0.00	0.00	12.50	8.33	4.88
中国大陆	0.00	0.00	0.00	0.00	0.00	10.00	22.22	11.11	0.00	0.00	4.88
德　国	0.00	11.11	0.00	0.00	0.00	0.00	11.11	11.11	0.00	0.00	3.66
爱尔兰	0.00	0.00	0.00	0.00	14.29	0.00	0.00	0.00	12.50	8.33	3.66
挪　威	0.00	0.00	0.00	14.29	0.00	0.00	0.00	0.00	0.00	16.67	3.66
法　国	0.00	0.00	0.00	0.00	0.00	0.00	0.00	11.11	12.50	8.33	3.66
意大利	0.00	0.00	0.00	0.00	0.00	0.00	0.00	11.11	12.50	0.00	2.44
瑞　典	0.00	11.11	0.00	0.00	0.00	10.00	0.00	0.00	0.00	0.00	2.44
新西兰	0.00	0.00	0.00	0.00	0.00	0.00	0.00	0.00	12.50	0.00	1.22
波　兰	0.00	11.11	0.00	0.00	0.00	0.00	0.00	0.00	0.00	0.00	1.22
南　非	0.00	11.11	0.00	0.00	0.00	0.00	0.00	0.00	0.00	0.00	1.22
韩　国	0.00	0.00	0.00	0.00	0.00	0.00	0.00	11.11	0.00	0.00	1.22
奥地利	0.00	0.00	0.00	0.00	0.00	0.00	0.00	11.11	0.00	0.00	1.22
丹　麦	0.00	11.11	0.00	0.00	0.00	0.00	0.00	0.00	0.00	0.00	1.22

表 5-2　地理学 B 层人才排名前 20 的国家和地区的占比

单位：%

国家和地区	2010年	2011年	2012年	2013年	2014年	2015年	2016年	2017年	2018年	2019年	合计
美　国	20.00	23.17	18.52	19.05	18.18	15.22	21.00	17.80	19.51	13.95	18.40
英　国	23.08	34.15	18.52	16.67	17.05	20.65	16.00	7.63	13.82	13.95	17.26
中国大陆	4.62	3.66	6.17	4.76	5.68	7.61	7.00	10.17	5.69	10.85	6.96
荷　兰	6.15	6.10	3.70	4.76	3.41	5.43	9.00	8.47	9.76	4.65	6.34
加拿大	10.77	10.98	8.64	5.95	7.95	2.17	5.00	2.54	4.07	3.88	5.72
德　国	4.62	0.00	4.94	8.33	7.95	8.70	4.00	7.63	5.69	4.65	5.72
瑞　典	3.08	2.44	2.47	4.76	2.27	7.61	8.00	5.08	5.69	3.10	4.57
澳大利亚	6.15	3.66	7.41	1.19	4.55	4.35	5.00	5.93	2.44	4.65	4.47
挪　威	1.54	2.44	2.47	4.76	3.41	4.35	4.00	3.39	3.25	3.10	3.33
奥地利	1.54	0.00	0.00	2.38	2.27	0.00	3.00	5.08	4.88	3.10	2.49
法　国	3.08	2.44	4.94	0.00	1.14	1.09	2.00	1.69	3.25	3.10	2.29

续表

国家和地区	2010年	2011年	2012年	2013年	2014年	2015年	2016年	2017年	2018年	2019年	合计
意大利	0.00	0.00	0.00	1.19	1.14	6.52	1.00	5.93	3.25	0.78	2.18
瑞士	1.54	0.00	2.47	5.95	2.27	1.09	3.00	1.69	2.44	0.78	2.08
比利时	0.00	0.00	0.00	1.19	2.27	1.09	3.00	1.69	1.63	3.10	1.56
中国香港	1.54	1.22	0.00	0.00	0.00	1.09	2.00	0.85	2.44	3.10	1.35
日本	1.54	0.00	1.23	1.19	1.14	1.09	0.00	4.24	0.00	1.55	1.25
西班牙	1.54	1.22	2.47	2.38	0.00	1.09	0.00	0.85	1.63	1.55	1.25
丹麦	3.08	1.22	2.47	1.19	4.55	1.09	0.00	0.00	0.81	0.00	1.25
巴西	0.00	0.00	1.23	2.38	2.27	3.26	0.00	0.00	0.00	1.55	1.04
新加坡	0.00	0.00	1.23	1.19	1.14	2.17	1.00	0.00	0.00	3.10	1.04

表5-3　地理学C层人才排名前20的国家和地区的占比

单位：%

国家和地区	2010年	2011年	2012年	2013年	2014年	2015年	2016年	2017年	2018年	2019年	合计
英国	24.77	25.03	23.99	22.51	19.88	19.54	18.58	20.34	17.81	17.99	20.64
美国	23.53	18.98	21.31	19.95	19.65	21.52	16.53	15.54	17.81	15.48	18.64
澳大利亚	4.02	5.08	6.30	7.18	5.58	7.17	6.67	5.93	5.82	5.19	5.92
加拿大	6.97	6.77	5.09	7.79	5.81	5.63	6.47	4.71	4.28	4.07	5.61
中国大陆	3.41	3.02	3.62	4.14	4.77	3.53	6.57	6.59	7.79	7.09	5.32
荷兰	5.26	6.29	5.09	5.60	5.70	4.86	5.65	5.46	4.71	4.67	5.29
德国	4.49	2.90	4.83	3.28	4.88	4.30	3.49	3.67	4.54	4.50	4.09
意大利	2.94	3.14	2.01	3.04	2.67	2.76	3.90	3.95	3.25	2.85	3.10
瑞典	2.32	3.02	2.55	2.43	3.14	3.75	3.08	3.20	2.83	3.20	2.99
西班牙	1.24	2.54	2.41	1.95	3.26	2.98	2.87	2.64	2.57	2.42	2.53
法国	1.86	2.42	1.88	1.22	2.79	1.77	1.64	2.45	1.46	2.68	2.03
比利时	1.55	1.81	1.61	1.95	1.63	1.10	1.95	1.69	2.48	1.82	1.79
瑞士	1.86	1.93	1.47	1.22	2.21	1.66	1.95	1.69	1.54	1.82	1.73
中国香港	1.08	1.21	1.07	0.73	1.05	0.99	1.54	1.51	1.88	1.47	1.30
挪威	1.39	1.57	0.67	0.97	1.40	1.55	1.13	1.13	1.46	1.56	1.30
丹麦	1.24	0.60	0.94	1.58	1.63	1.55	1.64	0.94	1.28	1.12	1.25
芬兰	0.62	1.33	0.80	1.82	0.93	0.99	0.62	1.51	1.37	1.04	1.12
奥地利	0.62	1.09	0.94	1.22	1.63	1.32	0.92	0.85	1.37	1.04	1.11
新西兰	1.24	1.81	1.47	0.85	1.05	1.21	1.13	0.66	0.86	0.95	1.09
新加坡	1.24	0.60	0.54	0.73	0.70	0.66	0.72	1.13	0.94	1.56	0.91

二　自然地理学

自然地理学A、B、C层人才最多的国家是美国，分别占该学科全球A、B、C层人才的21.51%、15.77%、16.35%。

英国、西班牙、中国大陆、澳大利亚、奥地利、德国、荷兰、加拿大、瑞士、法国的A层人才比较多，世界占比在13%~3%之间；意大利、挪威、葡萄牙、罗马尼亚、新加坡、丹麦、瑞典、埃及、日本也有相当数量的A层人才，世界占比超过1%。

中国大陆、英国、德国、澳大利亚、加拿大、法国、瑞士的B层人才比较多，世界占比在9%~3%之间；丹麦、荷兰、意大利、挪威、西班牙、瑞典、奥地利、比利时、日本、芬兰、葡萄牙、新西兰也有相当数量的B层人才，世界占比超过1%。

中国大陆、英国、德国、法国、澳大利亚、西班牙、意大利、瑞士、荷兰、加拿大的C层人才比较多，世界占比在11%~3%之间；瑞典、比利时、挪威、丹麦、日本、芬兰、巴西、印度、奥地利也有相当数量的C层人才，世界占比超过1%。

表5-4　自然地理学A层人才排名前20的国家和地区的占比

单位：%

国家和地区	2010年	2011年	2012年	2013年	2014年	2015年	2016年	2017年	2018年	2019年	合计
美　国	12.50	57.14	28.57	0.00	16.67	12.50	16.67	23.08	16.67	21.43	21.51
英　国	25.00	0.00	14.29	0.00	8.33	12.50	25.00	15.38	0.00	14.29	12.90
西班牙	12.50	0.00	28.57	0.00	8.33	0.00	8.33	0.00	25.00	0.00	8.60
中国大陆	0.00	0.00	0.00	0.00	8.33	25.00	8.33	15.38	0.00	7.14	7.53
澳大利亚	0.00	14.29	0.00	0.00	8.33	37.50	0.00	0.00	0.00	7.14	6.45
奥地利	12.50	0.00	0.00	0.00	8.33	0.00	8.33	7.69	8.33	7.14	6.45
德　国	12.50	0.00	0.00	0.00	0.00	0.00	0.00	15.38	8.33	7.14	5.38
荷　兰	12.50	14.29	0.00	0.00	8.33	12.50	0.00	7.69	0.00	0.00	5.38
加拿大	12.50	0.00	0.00	0.00	0.00	0.00	8.33	0.00	0.00	14.29	4.30
瑞　士	0.00	0.00	0.00	0.00	8.33	0.00	0.00	0.00	16.67	7.14	4.30
法　国	0.00	0.00	14.29	0.00	8.33	0.00	0.00	0.00	8.33	0.00	3.23
意大利	0.00	0.00	0.00	0.00	0.00	0.00	0.00	7.69	8.33	0.00	2.15

续表

国家和地区	2010年	2011年	2012年	2013年	2014年	2015年	2016年	2017年	2018年	2019年	合计
挪　　威	0.00	0.00	0.00	0.00	0.00	0.00	8.33	0.00	8.33	0.00	2.15
葡 萄 牙	0.00	0.00	14.29	0.00	0.00	0.00	0.00	0.00	0.00	0.00	1.08
罗马尼亚	0.00	0.00	0.00	0.00	0.00	0.00	8.33	0.00	0.00	0.00	1.08
新 加 坡	0.00	0.00	0.00	0.00	8.33	0.00	0.00	0.00	0.00	0.00	1.08
丹　　麦	0.00	0.00	0.00	0.00	8.33	0.00	0.00	0.00	0.00	0.00	1.08
瑞　　典	0.00	0.00	0.00	0.00	0.00	0.00	8.33	0.00	0.00	0.00	1.08
埃　　及	0.00	0.00	0.00	0.00	0.00	0.00	0.00	7.69	0.00	0.00	1.08
日　　本	0.00	0.00	0.00	0.00	0.00	0.00	0.00	0.00	0.00	7.14	1.08

表 5-5　自然地理学 B 层人才排名前 20 的国家和地区的占比

单位：%

国家和地区	2010年	2011年	2012年	2013年	2014年	2015年	2016年	2017年	2018年	2019年	合计
美　　国	24.66	20.25	16.67	19.27	17.59	8.11	19.20	16.10	9.60	11.67	15.77
中国大陆	9.59	5.06	2.56	4.59	11.11	6.31	9.60	16.10	8.00	13.33	8.99
英　　国	10.96	10.13	11.54	9.17	9.26	6.31	12.00	8.47	2.40	5.83	8.32
德　　国	6.85	6.33	6.41	3.67	7.41	7.21	9.60	8.47	3.20	10.00	6.98
澳大利亚	5.48	11.39	6.41	4.59	2.78	4.50	4.80	4.24	2.40	4.17	4.78
加 拿 大	10.96	2.53	6.41	1.83	2.78	5.41	2.40	5.93	3.20	7.50	4.68
法　　国	2.74	2.53	7.69	5.50	6.48	4.50	2.40	3.39	4.00	5.00	4.40
瑞　　士	0.00	6.33	6.41	4.59	0.93	3.60	4.80	4.24	1.60	6.67	3.92
丹　　麦	4.11	3.80	7.69	2.75	3.70	1.80	1.60	0.85	1.60	2.50	2.77
荷　　兰	1.37	1.27	0.00	1.83	2.78	6.31	2.40	0.85	4.80	3.33	2.68
意 大 利	1.37	5.06	0.00	4.59	4.63	2.70	2.40	2.54	1.60	0.83	2.58
挪　　威	1.37	2.53	2.56	3.67	0.93	2.70	2.40	1.69	1.60	5.00	2.49
西 班 牙	1.37	5.06	5.13	0.00	0.93	4.50	3.20	2.54	1.60	1.67	2.49
瑞　　典	2.74	0.00	3.85	1.83	1.85	0.90	4.00	1.69	3.20	2.50	2.29
奥 地 利	2.74	1.27	1.28	2.75	1.85	3.60	2.40	1.69	1.60	1.67	2.10
比 利 时	1.37	0.00	2.56	2.75	1.85	1.80	0.80	0.85	3.20	1.67	1.72
日　　本	1.37	2.53	0.00	1.83	0.00	1.80	0.00	0.00	3.20	3.33	1.43
芬　　兰	0.00	0.00	1.28	0.00	0.93	0.00	4.00	0.85	3.20	1.67	1.34
葡 萄 牙	1.37	0.00	3.85	0.00	0.93	0.90	1.60	1.69	1.60	0.83	1.24
新 西 兰	0.00	1.27	3.85	1.83	1.85	1.80	0.00	0.85	0.80	0.83	1.24

表 5－6　自然地理学 C 层人才排名前 20 的国家和地区的占比

单位：%

国家和地区	2010年	2011年	2012年	2013年	2014年	2015年	2016年	2017年	2018年	2019年	合计
美　　国	19.20	18.45	16.77	17.23	16.94	17.34	16.34	14.45	14.94	13.98	16.35
中国大陆	7.68	6.46	7.08	9.60	11.51	11.02	9.77	12.60	14.45	13.33	10.73
英　　国	12.21	10.80	9.32	11.56	8.85	8.67	8.78	9.64	8.60	9.51	9.64
德　　国	7.27	7.38	7.45	8.15	7.52	6.32	7.47	6.85	7.14	6.71	7.20
法　　国	5.49	5.93	5.84	4.64	4.66	4.61	5.91	4.90	4.55	5.22	5.13
澳大利亚	2.47	3.56	3.48	5.99	4.09	4.25	3.61	3.55	4.38	3.36	3.92
西 班 牙	3.29	5.01	4.22	3.51	4.66	3.25	4.11	4.06	2.68	4.38	3.88
意 大 利	4.53	4.35	2.98	2.37	3.62	4.16	4.68	2.96	3.73	3.91	3.72
瑞　　士	3.98	4.22	4.47	3.10	3.90	3.43	3.78	3.47	3.25	3.08	3.61
荷　　兰	2.88	4.35	4.72	3.30	3.52	3.70	2.71	2.96	3.33	3.91	3.49
加 拿 大	3.43	2.37	4.22	3.51	2.95	4.34	3.45	2.45	3.00	2.42	3.20
瑞　　典	2.33	0.79	1.61	2.58	2.00	1.17	1.72	1.18	1.87	1.77	1.70
比 利 时	1.37	1.84	2.11	2.06	1.14	1.81	1.31	1.69	1.87	1.68	1.68
挪　　威	2.19	1.45	1.37	1.55	2.00	1.99	1.89	1.86	0.97	1.49	1.67
丹　　麦	2.33	0.79	1.86	1.44	1.71	1.36	1.97	1.35	0.97	1.21	1.48
日　　本	2.06	1.32	1.74	1.44	0.67	1.54	1.07	1.35	1.54	1.30	1.37
芬　　兰	0.96	0.66	1.37	1.34	1.33	0.81	0.74	2.11	0.97	1.03	1.15
巴　　西	0.82	0.66	0.99	0.52	1.05	1.17	1.07	1.52	1.46	1.58	1.13
印　　度	1.51	0.40	1.12	0.93	1.33	1.26	1.23	0.76	0.89	1.40	1.09
奥 地 利	0.41	1.58	0.87	0.52	1.24	0.90	1.81	1.61	0.73	0.84	1.08

三　遥感

遥感 A、B、C 层人才主要集中在美国和中国大陆，二者 A、B、C 层人才的世界占比合计为 42.65%、35.48%、38.01%，其中美国的 A、B 层人才多于中国大陆，C 层人才稍少于中国大陆。

德国、法国、西班牙、意大利、奥地利、加拿大、澳大利亚、荷兰的 A 层人才比较多，世界占比在 9%～3% 之间；英国、葡萄牙、瑞士、伊朗、冰岛、丹麦、中国香港、日本、罗马尼亚也有相当数量的 A 层人才，世界占比超过或接近 1%。

德国、法国、意大利、西班牙、英国、荷兰、澳大利亚、加拿大的 B 层人才比较多，世界占比在8%~3%之间；奥地利、瑞士、比利时、冰岛、日本、葡萄牙、芬兰、印度、瑞典、伊朗也有相当数量的B层人才，世界占比超过或接近1%。

德国、意大利、法国、英国、加拿大、西班牙、澳大利亚、荷兰的C层人才比较多，世界占比在7%~3%之间；瑞士、日本、比利时、印度、奥地利、中国香港、芬兰、巴西、伊朗、挪威也有相当数量的C层人才，世界占比超过或接近1%。

表5-7 遥感A层人才的国家和地区的占比

单位：%

国家和地区	2010年	2011年	2012年	2013年	2014年	2015年	2016年	2017年	2018年	2019年	合计
美国	57.14	71.43	27.27	23.08	18.75	13.33	11.11	21.43	23.08	18.18	23.53
中国大陆	0.00	0.00	0.00	15.38	6.25	33.33	33.33	14.29	38.46	22.73	19.12
德国	0.00	0.00	9.09	7.69	6.25	6.67	5.56	7.14	7.69	18.18	8.09
法国	0.00	14.29	18.18	15.38	0.00	6.67	0.00	14.29	0.00	4.55	6.62
西班牙	0.00	0.00	18.18	15.38	6.25	0.00	11.11	7.14	0.00	4.55	6.62
意大利	0.00	14.29	9.09	0.00	12.50	6.67	0.00	0.00	0.00	9.09	5.15
奥地利	14.29	0.00	0.00	0.00	6.25	0.00	11.11	7.14	7.69	0.00	4.41
加拿大	14.29	0.00	0.00	0.00	12.50	0.00	5.56	0.00	7.69	4.55	4.41
澳大利亚	14.29	0.00	0.00	0.00	6.25	6.67	5.56	0.00	0.00	9.09	4.41
荷兰	0.00	0.00	9.09	0.00	6.25	6.67	0.00	7.14	7.69	0.00	3.68
英国	0.00	0.00	0.00	0.00	6.25	13.33	5.56	0.00	0.00	0.00	2.94
葡萄牙	0.00	0.00	9.09	15.38	0.00	0.00	0.00	0.00	0.00	0.00	2.21
瑞士	0.00	0.00	0.00	0.00	0.00	0.00	0.00	14.29	7.69	0.00	2.21
冰岛	0.00	0.00	0.00	0.00	0.00	6.67	0.00	0.00	0.00	4.55	1.47
丹麦	0.00	0.00	0.00	0.00	6.25	0.00	0.00	0.00	0.00	0.00	0.74
中国香港	0.00	0.00	0.00	0.00	0.00	0.00	5.56	0.00	0.00	0.00	0.74
日本	0.00	0.00	0.00	0.00	0.00	0.00	0.00	0.00	0.00	4.55	0.74
罗马尼亚	0.00	0.00	0.00	0.00	0.00	0.00	5.56	0.00	0.00	0.00	0.74

表5-8 遥感B层人才排名前20的国家和地区的占比

单位：%

国家和地区	2010年	2011年	2012年	2013年	2014年	2015年	2016年	2017年	2018年	2019年	合计
美国	32.22	22.08	20.37	23.77	25.68	7.52	16.67	17.95	15.14	15.98	18.83
中国大陆	13.33	6.49	4.63	17.21	21.62	14.29	17.86	18.59	20.54	20.10	16.65
德国	13.33	7.79	6.48	4.92	8.11	9.02	8.33	7.05	5.95	8.25	7.75

续表

国家和地区	2010年	2011年	2012年	2013年	2014年	2015年	2016年	2017年	2018年	2019年	合计
法　国	8.89	10.39	5.56	4.92	3.38	8.27	3.57	7.69	3.78	5.67	5.79
意大利	4.44	6.49	5.56	6.56	4.05	6.02	3.57	3.85	3.78	5.67	4.85
西班牙	4.44	6.49	4.63	6.56	4.05	3.76	4.17	3.85	4.32	4.64	4.56
英　国	2.22	2.60	4.63	4.10	1.35	5.26	5.36	3.85	4.32	3.61	3.84
荷　兰	0.00	3.90	7.41	3.28	3.38	6.77	4.17	3.85	3.78	1.55	3.77
澳大利亚	1.11	2.60	5.56	4.10	4.05	2.26	5.36	2.56	3.78	4.12	3.69
加拿大	1.11	2.60	5.56	2.46	3.38	5.26	2.98	3.85	4.32	3.09	3.55
奥地利	2.22	2.60	6.48	2.46	0.68	2.26	2.38	1.92	2.16	2.06	2.39
瑞　士	2.22	1.30	3.70	0.00	2.03	2.26	4.76	1.92	1.08	2.06	2.17
比利时	2.22	1.30	0.93	1.64	2.03	4.51	1.19	2.56	1.62	2.06	2.03
冰　岛	4.44	1.30	0.00	0.82	3.38	4.51	0.60	1.92	1.62	1.03	1.88
日　本	1.11	3.90	1.85	1.64	0.68	0.75	0.00	2.56	2.16	3.61	1.81
葡萄牙	1.11	2.60	1.85	2.46	2.03	3.76	0.60	1.92	1.08	0.00	1.59
芬　兰	1.11	2.60	0.93	2.46	0.00	0.75	2.38	2.56	1.62	0.52	1.45
印　度	1.11	0.00	1.85	0.82	0.68	0.75	1.19	1.92	1.62	0.52	1.09
瑞　典	0.00	1.30	0.93	0.00	0.00	0.00	2.98	0.00	1.62	1.03	0.87
伊　朗	0.00	0.00	0.00	0.82	0.00	0.00	1.19	0.00	0.54	3.61	0.80

表 5-9　遥感 C 层人才排名前 20 的国家和地区的占比

单位：%

国家和地区	2010年	2011年	2012年	2013年	2014年	2015年	2016年	2017年	2018年	2019年	合计
中国大陆	8.41	10.24	12.51	15.68	20.37	18.82	19.69	25.78	23.32	24.22	19.26
美　国	23.04	22.83	22.56	22.74	19.31	18.03	17.53	17.69	16.14	14.88	18.75
德　国	9.22	7.61	8.44	7.22	6.41	7.41	6.22	5.31	6.72	6.28	6.87
意大利	6.11	6.56	5.88	6.22	5.64	5.70	6.40	4.01	4.60	4.43	5.41
法　国	4.95	6.43	5.12	4.40	4.72	4.63	4.97	4.49	3.68	3.80	4.57
英　国	4.72	3.28	3.79	3.73	2.89	4.13	4.61	4.08	3.85	5.28	4.11
加拿大	5.76	3.67	3.98	3.82	4.51	3.64	2.93	4.01	3.56	3.64	3.85
西班牙	4.03	4.33	3.98	3.73	4.09	2.57	4.01	2.86	3.91	2.85	3.56
澳大利亚	3.00	3.41	3.13	3.73	3.66	3.56	3.05	3.67	3.68	3.22	3.43
荷　兰	3.34	5.25	4.45	2.90	2.40	4.28	3.59	2.38	2.99	2.96	3.32
瑞　士	2.76	2.23	1.42	2.24	1.97	2.21	1.62	1.70	1.55	0.90	1.76
日　本	2.19	1.44	1.61	1.99	1.20	1.43	0.84	1.43	2.01	1.53	1.53
比利时	1.15	1.97	1.71	1.08	1.13	1.64	1.74	1.16	1.61	1.27	1.43
印　度	1.61	1.18	1.14	1.08	1.55	1.07	1.68	1.43	1.44	1.27	1.36

续表

国家和地区	2010年	2011年	2012年	2013年	2014年	2015年	2016年	2017年	2018年	2019年	合计
奥地利	1.50	1.71	1.99	1.24	1.13	1.64	1.56	0.88	0.80	0.84	1.26
中国香港	0.23	1.31	0.85	1.16	1.55	1.00	1.50	1.36	1.38	1.53	1.25
芬兰	1.84	1.05	1.23	1.16	1.27	0.86	1.32	1.36	0.57	1.16	1.15
巴西	0.92	2.10	0.95	1.08	0.63	0.71	1.14	1.02	1.21	1.42	1.10
伊朗	0.23	0.92	0.57	0.83	0.92	1.00	1.08	0.95	1.03	1.79	1.01
挪威	1.38	1.05	1.04	1.24	0.99	0.78	1.08	0.75	0.75	0.95	0.97

四 地质学

地质学A层人才最多的是澳大利亚和中国大陆，世界占比均为18.42%，其次为英国和美国，世界占比均为15.79%；B层人才主要集中在美国和中国大陆，世界占比分别为18.90%、16.25%；C层人才主要集中在美国和中国大陆，世界占比分别为18.03%、13.72%。

加拿大、德国、瑞士的A层人才比较多，世界占比均为5.26%；马来西亚、南非、韩国、法国也有相当数量的A层人才，世界占比均为2.63%。

英国、澳大利亚、德国、加拿大的B层人才比较多，世界占比在9%~5%之间；瑞士、意大利、法国、日本、挪威、新西兰、俄罗斯、奥地利、瑞典、西班牙、荷兰、土耳其、墨西哥、中国香港也有相当数量的B层人才，世界占比超过或接近1%。

英国、澳大利亚、德国、加拿大、法国、意大利的C层人才比较多，世界占比在11%~3%之间；瑞士、挪威、西班牙、日本、荷兰、巴西、瑞典、新西兰、俄罗斯、丹麦、南非、波兰也有相当数量的C层人才，世界占比超过或接近1%。

表5-10 地质学A层人才的国家和地区的占比

单位：%

国家和地区	2010年	2011年	2012年	2013年	2014年	2015年	2016年	2017年	2018年	2019年	合计
澳大利亚	0.00	50.00	0.00	20.00	25.00	0.00	20.00	20.00	33.33	0.00	18.42
中国大陆	0.00	0.00	0.00	20.00	0.00	20.00	0.00	20.00	33.33	33.33	18.42
英国	0.00	50.00	0.00	20.00	25.00	20.00	20.00	20.00	0.00	0.00	15.79

续表

国家和地区	2010年	2011年	2012年	2013年	2014年	2015年	2016年	2017年	2018年	2019年	合计
美　　国	0.00	0.00	0.00	20.00	25.00	20.00	0.00	0.00	16.67	33.33	15.79
加 拿 大	0.00	0.00	0.00	0.00	0.00	20.00	0.00	0.00	16.67	0.00	5.26
德　　国	0.00	0.00	0.00	0.00	25.00	0.00	20.00	0.00	0.00	0.00	5.26
瑞　　士	0.00	0.00	0.00	0.00	0.00	0.00	20.00	20.00	0.00	0.00	5.26
马来西亚	0.00	0.00	0.00	0.00	0.00	0.00	0.00	0.00	0.00	16.67	2.63
南　　非	0.00	0.00	0.00	0.00	0.00	0.00	20.00	0.00	0.00	0.00	2.63
韩　　国	0.00	0.00	0.00	0.00	0.00	0.00	0.00	0.00	0.00	16.67	2.63
法　　国	0.00	0.00	0.00	0.00	0.00	20.00	0.00	0.00	0.00	0.00	2.63

表 5－11　地质学 B 层人才排名前 20 的国家和地区的占比

单位：%

国家和地区	2010年	2011年	2012年	2013年	2014年	2015年	2016年	2017年	2018年	2019年	合计
美　　国	24.56	15.38	31.48	28.89	12.77	19.23	10.71	18.84	14.52	15.28	18.90
中国大陆	1.75	19.23	11.11	8.89	12.77	28.85	10.71	27.54	17.74	19.44	16.25
英　　国	7.02	7.69	9.26	6.67	8.51	7.69	10.71	5.80	12.90	11.11	8.83
澳大利亚	5.26	13.46	5.56	8.89	8.51	9.62	12.50	10.14	3.23	8.33	8.48
德　　国	5.26	3.85	7.41	6.67	6.38	3.85	7.14	7.25	4.84	5.56	5.83
加 拿 大	5.26	7.69	1.85	6.67	2.13	7.69	5.36	7.25	6.45	5.56	5.65
瑞　　士	3.51	3.85	1.85	4.44	0.00	0.00	3.57	4.35	3.23	2.78	2.83
意 大 利	5.26	7.69	0.00	0.00	4.26	1.92	5.36	1.45	1.61	1.39	2.83
法　　国	3.51	1.92	0.00	2.22	6.38	0.00	7.14	1.45	3.23	2.78	2.83
日　　本	1.75	3.85	1.85	4.44	6.38	1.92	0.00	2.90	3.23	1.39	2.65
挪　　威	5.26	0.00	7.41	4.44	2.13	0.00	1.79	0.00	1.61	1.39	2.30
新 西 兰	1.75	0.00	9.26	0.00	2.13	0.00	1.79	1.45	0.00	1.39	1.77
俄 罗 斯	1.75	1.92	0.00	2.22	2.13	1.92	1.79	1.45	1.61	2.78	1.77
奥 地 利	1.75	1.92	1.85	0.00	2.13	1.92	0.00	1.45	1.61	2.78	1.59
瑞　　典	5.26	0.00	0.00	2.22	2.13	0.00	1.79	1.45	1.61	0.00	1.41
西 班 牙	1.75	1.92	1.85	0.00	2.13	1.92	0.00	0.00	1.61	1.39	1.24
荷　　兰	0.00	0.00	3.70	0.00	4.26	1.92	0.00	1.45	1.61	0.00	1.24
土 耳 其	3.51	0.00	0.00	2.22	2.13	1.92	0.00	0.00	0.00	1.39	1.06
墨 西 哥	1.75	0.00	0.00	0.00	2.13	0.00	1.79	0.00	1.61	1.39	0.88
中国香港	0.00	3.85	0.00	0.00	0.00	0.00	3.57	0.00	1.61	0.00	0.88

表 5－12 地质学 C 层人才排名前 20 的国家和地区的占比

单位：%

国家和地区	2010年	2011年	2012年	2013年	2014年	2015年	2016年	2017年	2018年	2019年	合计
美国	20.76	19.51	22.24	18.48	20.09	15.94	17.41	16.62	15.69	15.54	18.03
中国大陆	9.98	14.23	9.82	13.35	10.04	14.31	14.66	16.92	17.81	13.68	13.72
英国	10.38	10.77	10.82	9.24	11.14	11.23	9.83	9.54	9.64	10.64	10.29
澳大利亚	6.59	4.67	6.41	6.37	6.55	8.15	6.55	8.15	7.35	7.09	6.86
德国	6.39	5.49	7.01	8.62	5.90	5.98	4.48	4.46	6.37	5.24	5.92
加拿大	4.19	5.89	4.81	5.34	5.90	6.88	7.24	6.62	4.41	6.25	5.79
法国	6.19	5.69	4.21	4.52	5.90	3.99	3.10	3.85	5.07	5.24	4.72
意大利	3.39	2.64	3.81	4.52	3.71	3.80	4.31	3.69	3.27	3.55	3.67
瑞士	2.59	3.46	3.21	2.46	2.40	2.54	2.93	2.46	1.31	2.53	2.56
挪威	3.39	2.85	2.61	1.85	1.97	1.81	2.07	1.69	1.96	2.53	2.25
西班牙	2.20	1.83	2.00	2.26	2.84	0.91	1.90	0.92	1.63	2.70	1.88
日本	2.59	3.05	3.81	2.05	2.18	1.81	0.69	1.08	0.82	1.35	1.86
荷兰	2.20	1.42	2.00	0.82	2.18	2.72	2.41	1.69	1.47	1.01	1.79
巴西	0.80	0.41	0.60	0.82	0.87	0.72	1.55	2.92	2.12	1.69	1.33
瑞典	1.60	1.02	0.80	1.44	0.66	1.09	2.59	1.23	0.65	0.84	1.20
新西兰	1.40	0.61	2.40	0.62	0.44	1.27	1.03	0.62	0.82	1.69	1.09
俄罗斯	1.60	0.81	0.60	0.62	1.09	0.54	0.52	2.00	1.96	0.84	1.09
丹麦	0.20	1.02	1.20	1.03	1.31	1.45	0.52	0.62	0.82	0.84	0.89
南非	1.00	1.02	0.80	0.62	1.09	0.91	0.17	0.62	1.31	1.18	0.87
波兰	0.80	1.02	0.80	1.03	0.66	0.54	0.52	0.62	0.98	1.18	0.81

五 古生物学

古生物学 A、B、C 层人才主要集中在英国和美国，两国 A、B、C 层人才的世界占比合计为 45.71%、32.35%、28.87%，其中英国的 A 层人才多于美国，B、C 层人才少于美国。

中国大陆、阿根廷、加拿大、德国的 A 层人才比较多，世界占比在 12%~5%之间；波兰、俄罗斯、西班牙、瑞士、澳大利亚、中国台湾、丹麦、马来西亚也有相当数量的 A 层人才，世界占比均为 2.86%。

德国、中国大陆、法国、加拿大、瑞士的 B 层人才比较多，世界占比在 9%~3%之间；意大利、俄罗斯、瑞典、澳大利亚、丹麦、西班牙、阿根廷、挪威、比利时、南非、荷兰、奥地利、日本也有相当数量的B层人才，世界占比超过1%。

德国、中国大陆、法国、西班牙、加拿大、意大利、澳大利亚、瑞士的C层人才比较多，世界占比在10%~3%；阿根廷、瑞典、巴西、俄罗斯、荷兰、波兰、日本、挪威、奥地利、比利时也有相当数量的C层人才，世界占比超过1%。

表5-13　古生物学A层人才的国家和地区的占比

单位：%

国家和地区	2010年	2011年	2012年	2013年	2014年	2015年	2016年	2017年	2018年	2019年	合计
英　　国	25.00	0.00	0.00	0.00	50.00	25.00	20.00	66.67	33.33	16.67	25.71
美　　国	25.00	50.00	33.33	0.00	0.00	0.00	20.00	0.00	0.00	50.00	20.00
中国大陆	0.00	0.00	33.33	0.00	0.00	25.00	0.00	0.00	0.00	33.33	11.43
阿根廷	0.00	50.00	0.00	0.00	0.00	0.00	20.00	0.00	0.00	0.00	5.71
加拿大	0.00	0.00	0.00	0.00	0.00	0.00	0.00	33.33	16.67	0.00	5.71
德　　国	0.00	0.00	0.00	0.00	0.00	25.00	20.00	0.00	0.00	0.00	5.71
波　　兰	0.00	0.00	0.00	0.00	0.00	25.00	0.00	0.00	0.00	0.00	2.86
俄罗斯	0.00	0.00	0.00	0.00	0.00	0.00	20.00	0.00	0.00	0.00	2.86
西班牙	25.00	0.00	0.00	0.00	0.00	0.00	0.00	0.00	0.00	0.00	2.86
瑞　　士	0.00	0.00	33.33	0.00	0.00	0.00	0.00	0.00	0.00	0.00	2.86
澳大利亚	25.00	0.00	0.00	0.00	0.00	0.00	0.00	0.00	0.00	0.00	2.86
中国台湾	0.00	0.00	0.00	0.00	0.00	0.00	0.00	0.00	16.67	0.00	2.86
丹　　麦	0.00	0.00	0.00	0.00	0.00	0.00	0.00	0.00	16.67	0.00	2.86
马来西亚	0.00	0.00	0.00	0.00	0.00	0.00	0.00	0.00	16.67	0.00	2.86

表5-14　古生物学B层人才排名前20的国家和地区的占比

单位：%

国家和地区	2010年	2011年	2012年	2013年	2014年	2015年	2016年	2017年	2018年	2019年	合计
美　　国	16.22	16.67	23.53	20.41	14.29	23.53	21.82	12.50	10.91	21.05	18.15
英　　国	16.22	14.81	15.69	10.20	16.67	25.49	9.09	7.14	14.55	14.04	14.20
德　　国	13.51	7.41	9.80	8.16	4.76	9.80	9.09	5.36	5.45	15.79	8.88
中国大陆	2.70	3.70	3.92	10.20	11.90	3.92	9.09	5.36	9.09	8.77	6.90
法　　国	16.22	7.41	5.88	6.12	2.38	1.96	5.45	5.36	5.45	7.02	6.11
加拿大	0.00	5.56	1.96	4.08	2.38	3.92	5.45	7.14	0.00	1.75	3.35
瑞　　士	0.00	1.85	3.92	2.04	0.00	3.92	1.82	7.14	9.09	1.75	3.35

续表

国家和地区	2010年	2011年	2012年	2013年	2014年	2015年	2016年	2017年	2018年	2019年	合计
意大利	2.70	3.70	0.00	0.00	2.38	5.88	0.00	7.14	3.64	3.51	2.96
俄罗斯	0.00	1.85	5.88	0.00	4.76	1.96	5.45	3.57	3.64	0.00	2.76
瑞典	5.41	1.85	3.92	2.04	0.00	0.00	1.82	5.36	3.64	1.75	2.56
澳大利亚	2.70	3.70	0.00	2.04	2.38	3.92	3.64	1.79	1.82	3.51	2.56
丹麦	5.41	1.85	1.96	2.04	2.38	0.00	1.82	1.79	3.64	5.26	2.56
西班牙	2.70	3.70	1.96	4.08	2.38	0.00	0.00	1.79	3.64	1.75	2.17
阿根廷	2.70	1.85	1.96	2.04	4.76	0.00	1.82	1.79	3.64	0.00	1.97
挪威	0.00	0.00	1.96	6.12	0.00	0.00	5.45	0.00	0.00	3.51	1.78
比利时	0.00	0.00	0.00	2.04	2.38	1.96	3.64	7.14	0.00	0.00	1.78
南非	2.70	0.00	0.00	4.08	2.38	3.92	0.00	1.79	1.82	0.00	1.58
荷兰	0.00	1.85	0.00	4.08	0.00	1.96	1.82	3.57	1.82	0.00	1.58
奥地利	2.70	3.70	0.00	0.00	2.38	0.00	1.82	0.00	1.82	1.75	1.38
日本	0.00	3.70	1.96	2.04	0.00	0.00	0.00	0.00	1.82	1.75	1.18

表 5-15　古生物学 C 层人才排名前 20 的国家和地区的占比

单位：%

国家和地区	2010年	2011年	2012年	2013年	2014年	2015年	2016年	2017年	2018年	2019年	合计
美国	22.25	19.18	18.09	17.82	19.27	19.28	17.45	15.79	14.16	14.05	17.49
英国	9.62	11.13	11.64	12.87	13.15	10.84	11.33	10.34	10.89	12.07	11.38
德国	8.79	11.96	11.23	11.63	8.62	8.84	6.83	8.83	10.34	8.65	9.51
中国大陆	3.57	5.98	7.69	7.18	7.94	6.63	8.81	8.65	11.62	11.35	8.18
法国	5.49	7.42	5.82	6.44	6.35	5.42	6.47	5.83	5.63	4.68	5.94
西班牙	5.22	4.54	4.57	4.21	4.08	2.61	4.32	5.45	2.72	4.68	4.21
加拿大	4.40	3.09	4.16	4.95	4.99	4.02	4.14	3.76	3.27	2.34	3.84
意大利	5.22	2.89	2.91	2.72	3.63	4.22	3.24	2.82	3.63	3.96	3.49
澳大利亚	3.30	2.89	2.29	2.72	2.72	2.61	4.32	3.76	2.00	3.78	3.06
瑞士	2.20	2.06	3.95	4.46	3.63	4.22	1.62	2.63	3.45	2.16	3.00
阿根廷	1.65	1.86	3.74	2.48	2.04	3.82	3.24	1.50	2.54	2.52	2.57
瑞典	3.02	2.47	2.70	1.49	1.59	3.41	2.34	1.88	2.36	2.16	2.34
巴西	1.65	1.44	1.04	2.48	1.13	1.61	2.16	1.88	2.72	3.42	1.99
俄罗斯	1.37	2.06	1.46	1.73	1.36	1.61	2.34	0.94	2.54	2.16	1.79
荷兰	3.30	2.47	1.66	1.24	1.81	2.21	1.80	1.32	1.27	0.72	1.73
波兰	0.82	1.86	1.04	1.73	1.36	1.00	1.62	1.50	2.00	1.44	1.46
日本	0.82	0.62	2.08	1.24	1.36	0.80	0.72	1.88	1.09	1.26	1.19
挪威	1.10	2.47	1.46	1.24	0.68	0.60	1.44	1.32	0.73	0.72	1.17
奥地利	0.55	0.62	1.04	0.74	0.91	1.61	1.08	1.50	1.45	1.44	1.13
比利时	1.65	1.44	0.83	0.25	1.81	1.00	0.72	1.69	0.91	0.72	1.09

六 矿物学

矿物学 A、B、C 层人才主要集中在美国和中国大陆，二者 A、B、C 层人才的世界占比合计为 46.34%、34.18%、35.53%，其中，美国的 A 层多于中国大陆，B、C 层人才少于中国大陆。

澳大利亚、英国、加拿大、法国的 A 层人才比较多，世界占比在 18%~4% 之间；沙特阿拉伯、瑞士、中国台湾、阿尔及利亚、丹麦、印度、巴基斯坦也有相当数量的 A 层人才，世界占比均为 2.44%。

澳大利亚、加拿大、法国、德国、英国的 B 层人才比较多，世界占比在 12%~4% 之间；俄罗斯、瑞士、日本、韩国、意大利、西班牙、南非、奥地利、中国台湾、印度、土耳其、伊朗、比利时也有相当数量的 B 层人才，世界占比超过或接近 1%。

澳大利亚、加拿大、德国、英国、法国的 C 层人才比较多，世界占比在 12%~4% 之间；意大利、日本、巴西、印度、伊朗、西班牙、俄罗斯、中国香港、瑞士、南非、土耳其、瑞典、韩国也有相当数量的 C 层人才，大部分世界占比超过 1%。

表 5-16 矿物学 A 层人才的国家和地区的占比

单位：%

国家和地区	2010年	2011年	2012年	2013年	2014年	2015年	2016年	2017年	2018年	2019年	合计
美国	50.00	25.00	0.00	25.00	33.33	20.00	25.00	16.67	33.33	14.29	24.39
中国大陆	0.00	0.00	0.00	25.00	33.33	40.00	25.00	0.00	0.00	57.14	21.95
澳大利亚	0.00	0.00	0.00	25.00	0.00	20.00	25.00	16.67	16.67	28.57	17.07
英国	50.00	25.00	0.00	0.00	0.00	0.00	25.00	0.00	0.00	0.00	7.32
加拿大	0.00	25.00	0.00	0.00	33.33	0.00	0.00	0.00	0.00	0.00	4.88
法国	0.00	0.00	0.00	0.00	0.00	20.00	0.00	0.00	16.67	0.00	4.88
沙特阿拉伯	0.00	0.00	0.00	0.00	0.00	0.00	0.00	16.67	0.00	0.00	2.44
瑞士	0.00	0.00	0.00	0.00	0.00	0.00	0.00	16.67	0.00	0.00	2.44
中国台湾	0.00	0.00	0.00	25.00	0.00	0.00	0.00	0.00	0.00	0.00	2.44
阿尔及利亚	0.00	0.00	0.00	0.00	0.00	0.00	0.00	0.00	16.67	0.00	2.44
丹麦	0.00	25.00	0.00	0.00	0.00	0.00	0.00	0.00	0.00	0.00	2.44
印度	0.00	0.00	0.00	0.00	0.00	0.00	0.00	0.00	16.67	0.00	2.44
巴基斯坦	0.00	0.00	0.00	0.00	0.00	0.00	0.00	16.67	0.00	0.00	2.44

表 5-17　矿物学 B 层人才排名前 20 的国家和地区的占比

单位：%

国家和地区	2010年	2011年	2012年	2013年	2014年	2015年	2016年	2017年	2018年	2019年	合计
中国大陆	12.50	16.22	10.00	13.95	23.26	21.15	20.00	22.03	20.34	35.48	20.55
美　　国	15.63	10.81	15.00	18.60	13.95	19.23	22.00	16.95	5.08	3.23	13.63
澳大利亚	15.63	13.51	10.00	13.95	9.30	21.15	10.00	6.78	6.78	14.52	11.95
加 拿 大	3.13	8.11	10.00	9.30	9.30	9.62	4.00	3.39	6.78	3.23	6.50
法　　国	3.13	2.70	5.00	11.63	4.65	0.00	8.00	6.78	10.17	0.00	5.24
德　　国	3.13	8.11	2.50	6.98	6.98	1.92	0.00	8.47	5.08	4.84	4.82
英　　国	6.25	0.00	7.50	4.65	4.65	3.85	8.00	6.78	3.39	0.00	4.40
俄 罗 斯	6.25	5.41	0.00	2.33	0.00	5.77	2.00	3.39	0.00	3.23	2.73
瑞　　士	6.25	0.00	2.50	2.33	2.33	0.00	2.00	8.47	1.69	0.00	2.52
日　　本	3.13	5.41	5.00	0.00	9.30	0.00	2.00	1.69	0.00	0.00	2.31
韩　　国	0.00	0.00	2.50	0.00	0.00	0.00	2.00	1.69	3.39	8.06	2.10
意 大 利	3.13	2.70	7.50	4.65	0.00	0.00	0.00	0.00	3.39	0.00	1.89
西 班 牙	3.13	0.00	0.00	0.00	4.65	1.92	0.00	1.69	1.69	4.84	1.89
南　　非	6.25	5.41	2.50	0.00	0.00	1.92	0.00	0.00	1.69	1.61	1.68
奥 地 利	3.13	8.11	0.00	0.00	0.00	0.00	4.00	0.00	0.00	1.61	1.47
中国台湾	0.00	0.00	0.00	4.65	0.00	3.85	2.00	0.00	1.69	0.00	1.26
印　　度	0.00	0.00	5.00	2.33	0.00	0.00	0.00	0.00	3.39	1.61	1.26
土 耳 其	0.00	0.00	2.50	0.00	2.33	1.92	0.00	1.69	3.39	0.00	1.26
伊　　朗	0.00	0.00	0.00	2.33	0.00	0.00	0.00	0.00	3.39	1.61	0.84
比 利 时	0.00	0.00	2.50	0.00	0.00	1.92	0.00	1.69	1.69	0.00	0.84

表 5-18　矿物学 C 层人才排名前 20 的国家和地区的占比

单位：%

国家和地区	2010年	2011年	2012年	2013年	2014年	2015年	2016年	2017年	2018年	2019年	合计
中国大陆	17.17	16.58	24.23	20.84	24.94	23.97	21.55	20.85	26.80	27.53	22.88
美　　国	14.16	13.32	15.21	14.29	10.02	15.72	15.73	12.82	10.16	7.77	12.65
澳大利亚	11.75	10.60	14.93	8.43	10.49	9.82	13.36	11.62	9.81	13.01	11.33
加 拿 大	5.12	6.25	3.94	6.09	4.90	7.07	5.82	8.03	5.43	6.76	6.09
德　　国	5.42	7.88	4.79	4.45	5.13	5.30	4.96	5.13	4.90	2.70	4.94
英　　国	5.12	4.89	3.38	6.09	4.43	4.32	4.96	5.64	4.73	3.21	4.66
法　　国	5.72	5.16	3.94	6.56	4.66	2.55	4.31	3.93	4.38	4.22	4.45
意 大 利	3.61	2.99	1.97	3.28	2.10	2.16	1.72	1.88	2.63	2.36	2.42
日　　本	1.81	2.45	3.10	3.75	3.03	1.38	1.51	0.85	2.80	2.20	2.22

续表

国家和地区	2010年	2011年	2012年	2013年	2014年	2015年	2016年	2017年	2018年	2019年	合计
巴　西	2.11	2.72	1.13	0.70	2.33	1.57	1.51	2.91	1.05	2.53	1.88
印　度	1.51	2.72	0.56	1.41	2.33	1.57	1.08	2.56	1.75	2.70	1.88
伊　朗	0.90	1.63	1.41	1.41	1.86	2.75	1.51	2.05	1.93	2.53	1.88
西班牙	1.81	1.90	2.54	2.34	1.63	1.57	1.51	1.37	1.93	1.86	1.81
俄罗斯	1.81	1.63	1.97	2.34	1.63	0.20	0.86	1.54	0.88	3.04	1.58
中国香港	2.71	1.36	1.97	2.58	2.33	2.16	0.65	0.51	0.88	0.84	1.49
瑞　士	1.51	1.63	1.41	1.17	2.10	1.57	1.94	1.88	1.05	0.68	1.47
南　非	1.81	0.82	1.13	0.94	1.17	0.98	0.86	1.03	1.05	2.20	1.21
土耳其	2.71	1.36	1.69	1.41	1.86	0.98	0.22	0.85	0.53	0.68	1.12
瑞　典	1.20	0.82	0.85	1.64	0.70	0.98	1.08	0.51	0.35	1.01	0.89
韩　国	0.60	0.27	0.56	0.47	0.93	0.98	0.65	0.85	0.35	0.84	0.67

七　地质工程

地质工程 A、B、C 层人才最多的是中国大陆，分别占该学科全球 A、B、C 层人才的 15.94%、30.91%、23.43%。

意大利、美国、沙特阿拉伯、越南、阿尔及利亚、加拿大、法国、英国、挪威的 A 层人才比较多，世界占比在 9%~4% 之间；埃及、德国、伊朗、马来西亚、瑞士、捷克、印度、荷兰、塞尔维亚、韩国也有相当数量的 A 层人才，世界占比超过 1%。

美国、澳大利亚、意大利、英国、加拿大、中国香港的 B 层人才比较多，世界占比在 13%~4% 之间；法国、日本、伊朗、新加坡、德国、瑞士、希腊、挪威、韩国、土耳其、西班牙、印度、马来西亚也有相当数量的 B 层人才，世界占比超过或接近 1%。

美国、澳大利亚、意大利、英国、加拿大、中国香港、法国、伊朗的 C 层人才比较多，世界占比在 12%~3% 之间；日本、印度、新加坡、西班牙、德国、希腊、瑞士、土耳其、韩国、中国台湾、新西兰也有相当数量的 C 层人才，世界占比超过或接近 1%。

表 5-19 地质工程 A 层人才排名前 20 的国家和地区的占比

单位：%

国家和地区	2010年	2011年	2012年	2013年	2014年	2015年	2016年	2017年	2018年	2019年	合计
中国大陆	25.00	20.00	0.00	0.00	0.00	11.11	0.00	50.00	18.18	9.09	15.94
意大利	25.00	0.00	0.00	0.00	14.29	11.11	0.00	0.00	18.18	9.09	8.70
美国	0.00	20.00	0.00	0.00	28.57	11.11	0.00	10.00	0.00	9.09	8.70
沙特阿拉伯	0.00	0.00	0.00	0.00	0.00	0.00	22.22	0.00	18.18	9.09	7.25
越南	0.00	0.00	0.00	0.00	0.00	0.00	11.11	10.00	9.09	9.09	5.80
阿尔及利亚	0.00	0.00	0.00	0.00	0.00	0.00	11.11	0.00	18.18	9.09	5.80
加拿大	0.00	0.00	0.00	0.00	28.57	11.11	0.00	0.00	0.00	9.09	5.80
法国	25.00	0.00	33.33	0.00	0.00	11.11	0.00	0.00	9.09	0.00	5.80
英国	0.00	20.00	33.33	0.00	0.00	11.11	0.00	0.00	0.00	9.09	5.80
挪威	0.00	0.00	0.00	0.00	0.00	0.00	11.11	10.00	0.00	9.09	4.35
埃及	0.00	0.00	0.00	0.00	0.00	0.00	22.22	0.00	0.00	0.00	2.90
德国	0.00	0.00	33.33	0.00	0.00	0.00	0.00	0.00	9.09	0.00	2.90
伊朗	0.00	0.00	0.00	0.00	0.00	0.00	11.11	0.00	0.00	9.09	2.90
马来西亚	0.00	0.00	0.00	0.00	0.00	0.00	11.11	10.00	0.00	0.00	2.90
瑞士	0.00	0.00	0.00	0.00	14.29	11.11	0.00	0.00	0.00	0.00	2.90
捷克	0.00	20.00	0.00	0.00	0.00	0.00	0.00	0.00	0.00	0.00	1.45
印度	0.00	0.00	0.00	0.00	0.00	0.00	0.00	0.00	0.00	9.09	1.45
荷兰	25.00	0.00	0.00	0.00	0.00	0.00	0.00	0.00	0.00	0.00	1.45
塞尔维亚	0.00	20.00	0.00	0.00	0.00	0.00	0.00	0.00	0.00	0.00	1.45
韩国	0.00	0.00	0.00	0.00	0.00	0.00	0.00	10.00	0.00	0.00	1.45

表 5-20 地质工程 B 层人才排名前 20 的国家和地区的占比

单位：%

国家和地区	2010年	2011年	2012年	2013年	2014年	2015年	2016年	2017年	2018年	2019年	合计
中国大陆	15.09	18.64	16.98	14.12	18.31	34.04	34.00	37.78	46.79	47.96	30.91
美国	11.32	13.56	7.55	17.65	15.49	19.15	14.00	6.67	9.17	8.16	12.32
澳大利亚	5.66	6.78	11.32	7.06	5.63	3.19	7.00	7.78	4.59	9.18	6.65
意大利	5.66	8.47	3.77	4.71	8.45	4.26	2.00	4.44	8.26	4.08	5.30
英国	5.66	8.47	5.66	9.41	7.04	4.26	4.00	7.78	0.92	2.04	5.17
加拿大	11.32	5.08	11.32	3.53	12.68	3.19	5.00	0.00	0.00	2.04	4.56
中国香港	0.00	3.39	3.77	4.71	5.63	5.32	4.00	4.44	4.59	3.06	4.06
法国	5.66	3.39	7.55	1.18	2.82	3.19	2.00	3.33	2.75	0.00	2.83
日本	1.89	5.08	1.89	4.71	1.41	3.19	1.00	1.11	2.75	4.08	2.71

续表

国家和地区	2010年	2011年	2012年	2013年	2014年	2015年	2016年	2017年	2018年	2019年	合计
伊　朗	0.00	0.00	1.89	2.35	2.82	1.06	1.00	1.11	5.50	5.10	2.34
新加坡	0.00	5.08	5.66	4.71	0.00	2.13	4.00	0.00	1.83	0.00	2.22
德　国	1.89	3.39	3.77	1.18	2.82	2.13	2.00	2.22	0.92	0.00	1.85
瑞　士	1.89	3.39	3.77	2.35	1.41	2.13	2.00	0.00	0.92	0.00	1.60
希　腊	7.55	1.69	0.00	0.00	2.82	1.06	2.00	2.22	0.00	0.00	1.48
挪　威	1.89	0.00	1.89	2.35	0.00	0.00	1.00	3.33	0.92	3.06	1.48
韩　国	5.66	0.00	3.77	1.18	0.00	3.19	0.00	0.00	0.00	1.02	1.23
土耳其	1.89	1.69	1.89	1.18	2.82	0.00	1.00	0.00	0.92	1.02	1.11
西班牙	3.77	3.39	0.00	2.35	1.41	0.00	2.00	0.00	0.00	0.00	1.11
印　度	1.89	0.00	0.00	1.18	1.41	0.00	3.00	2.22	0.00	1.02	1.11
马来西亚	0.00	0.00	0.00	1.18	1.41	3.19	1.00	0.00	0.00	2.04	0.99

表5-21　地质工程C层人才排名前20的国家和地区的占比

单位：%

国家和地区	2010年	2011年	2012年	2013年	2014年	2015年	2016年	2017年	2018年	2019年	合计
中国大陆	12.98	12.03	13.22	17.05	18.07	22.40	25.59	26.68	32.45	36.00	23.43
美　国	14.92	14.95	12.07	14.62	14.71	11.26	12.04	10.54	9.08	8.18	11.79
澳大利亚	7.17	7.56	8.24	8.21	7.70	8.77	8.92	7.51	6.84	7.24	7.82
意大利	5.23	7.04	6.13	4.74	7.00	8.77	3.66	7.51	6.43	6.30	6.31
英　国	6.40	4.64	7.28	6.15	5.18	4.22	5.70	5.61	5.71	4.51	5.43
加拿大	6.20	5.67	3.45	4.87	4.90	5.74	5.38	4.82	3.88	2.91	4.69
中国香港	2.33	3.61	3.64	4.62	3.50	4.00	3.76	3.59	3.78	3.29	3.66
法　国	4.65	3.61	5.56	4.62	4.20	2.81	2.90	3.36	2.24	2.26	3.40
伊　朗	2.71	2.92	3.64	3.46	3.08	2.60	2.90	3.36	3.67	2.63	3.09
日　本	3.68	3.95	3.83	3.33	2.80	2.49	1.18	2.58	1.94	2.54	2.67
印　度	2.91	2.58	2.11	2.18	1.26	2.38	2.69	2.35	1.22	1.88	2.11
新加坡	2.33	1.37	2.30	2.44	1.54	1.41	1.83	1.79	2.35	2.73	2.02
西班牙	2.71	3.26	3.26	2.31	1.68	2.06	1.83	1.57	0.92	0.47	1.82
德　国	2.13	0.86	1.72	1.41	1.82	2.16	2.58	1.01	1.63	1.88	1.75
希　腊	2.91	2.06	2.87	2.44	1.82	1.52	1.40	1.12	0.92	1.50	1.72
瑞　士	1.36	1.72	1.92	0.77	2.66	1.84	1.83	1.57	1.53	1.13	1.61
土耳其	2.13	2.58	1.53	2.18	2.52	1.62	1.29	0.45	1.02	0.94	1.52
韩　国	1.16	1.72	1.72	1.41	1.12	0.43	1.18	0.56	0.51	1.69	1.10
中国台湾	0.97	3.26	1.53	1.67	1.26	0.87	0.75	0.90	0.51	0.47	1.10
新西兰	2.13	1.89	1.15	0.90	2.10	0.65	0.22	1.12	0.61	0.38	0.99

八 地球化学和地球物理学

地球化学和地球物理学 A、B、C 层人才最多的国家是美国，分别占该学科全球 A、B、C 层人才的 25.84%、24.02%、23.16%。

中国大陆、德国、英国、法国、瑞士、澳大利亚的 A 层人才比较多，世界占比在 17%~3% 之间；西班牙、意大利、荷兰、加拿大、冰岛、奥地利、俄罗斯、捷克、印度、新西兰、丹麦、瑞典、芬兰也有相当数量的 A 层人才，大部分世界占比超过 1%。

中国大陆、英国、德国、法国、澳大利亚、加拿大的 B 层人才比较多，世界占比在 14%~4% 之间；意大利、日本、西班牙、瑞士、荷兰、挪威、冰岛、俄罗斯、新西兰、葡萄牙、丹麦、比利时、南非也有相当数量的 B 层人才，世界占比超过或接近 1%。

中国大陆、法国、英国、德国、澳大利亚、加拿大、意大利、瑞士的 C 层人才比较多，世界占比在 13%~3% 之间；日本、荷兰、西班牙、挪威、丹麦、俄罗斯、瑞典、新西兰、中国香港、奥地利、比利时也有相当数量的 C 层人才，世界占比超过或接近 1%。

表 5-22 地球化学和地球物理学 A 层人才排名前 20 的国家和地区的占比

单位：%

国家和地区	2010年	2011年	2012年	2013年	2014年	2015年	2016年	2017年	2018年	2019年	合计
美国	23.53	21.43	61.54	18.75	23.53	27.78	15.79	20.00	19.05	34.78	25.84
中国大陆	11.76	7.14	7.69	6.25	5.88	5.56	36.84	15.00	33.33	21.74	16.29
德国	11.76	7.14	0.00	6.25	0.00	5.56	10.53	10.00	9.52	13.04	7.87
英国	17.65	14.29	7.69	12.50	5.88	5.56	0.00	5.00	9.52	0.00	7.30
法国	11.76	7.14	7.69	6.25	0.00	16.67	5.26	10.00	4.76	4.35	7.30
瑞士	5.88	7.14	0.00	6.25	0.00	5.56	0.00	5.00	4.76	4.35	3.93
澳大利亚	0.00	7.14	0.00	12.50	17.65	0.00	5.26	0.00	0.00	0.00	3.93
西班牙	0.00	0.00	0.00	6.25	5.88	0.00	5.26	10.00	0.00	0.00	2.81
意大利	0.00	7.14	7.69	0.00	0.00	5.56	0.00	0.00	4.76	4.35	2.81
荷兰	0.00	0.00	0.00	6.25	11.76	0.00	0.00	5.00	0.00	0.00	2.25
加拿大	0.00	0.00	7.69	0.00	0.00	5.56	0.00	0.00	4.76	4.35	2.25
冰岛	0.00	0.00	0.00	0.00	5.88	5.56	0.00	0.00	4.76	4.35	2.25

续表

国家和地区	2010年	2011年	2012年	2013年	2014年	2015年	2016年	2017年	2018年	2019年	合计
奥地利	5.88	0.00	0.00	0.00	0.00	5.56	0.00	5.00	0.00	0.00	1.69
俄罗斯	5.88	7.14	0.00	0.00	0.00	0.00	0.00	5.00	0.00	0.00	1.69
捷克	0.00	0.00	0.00	0.00	5.88	0.00	0.00	5.00	0.00	0.00	1.12
印度	0.00	0.00	0.00	0.00	0.00	0.00	5.26	0.00	0.00	4.35	1.12
新西兰	0.00	0.00	0.00	12.50	0.00	0.00	0.00	0.00	0.00	0.00	1.12
丹麦	5.88	0.00	0.00	0.00	0.00	0.00	0.00	0.00	0.00	0.00	0.56
瑞典	0.00	0.00	0.00	0.00	5.88	0.00	0.00	0.00	0.00	0.00	0.56
芬兰	0.00	0.00	0.00	0.00	5.88	0.00	0.00	0.00	0.00	0.00	0.56

表 5-23　地球化学和地球物理学 B 层人才排名前 20 的国家和地区的占比

单位：%

国家和地区	2010年	2011年	2012年	2013年	2014年	2015年	2016年	2017年	2018年	2019年	合计
美国	26.97	32.87	28.86	23.12	23.08	24.86	25.00	21.72	19.70	18.52	24.02
中国大陆	10.11	6.29	8.72	11.56	10.99	14.45	16.67	14.65	17.24	19.44	13.45
英国	8.43	4.90	9.40	4.05	7.69	6.94	7.29	5.56	7.39	7.87	6.97
德国	11.24	5.59	4.03	8.67	4.95	3.47	7.81	7.07	7.39	7.41	6.86
法国	6.18	6.99	9.40	8.67	7.14	5.78	5.73	8.08	4.43	5.56	6.70
澳大利亚	7.87	4.20	6.04	7.51	6.59	7.51	5.21	6.06	4.43	4.63	5.98
加拿大	3.37	6.29	6.04	2.89	7.14	5.20	5.73	4.04	4.43	3.70	4.81
意大利	2.81	4.20	4.03	3.47	3.85	1.16	2.08	2.53	1.97	3.70	2.93
日本	2.25	5.59	1.34	2.89	2.20	2.31	2.08	5.56	0.99	2.78	2.77
西班牙	1.12	2.80	4.70	1.73	3.30	1.73	2.60	4.04	2.46	2.78	2.71
瑞士	2.25	1.40	0.67	2.89	2.75	2.31	1.56	3.03	3.94	4.17	2.60
荷兰	1.69	0.70	2.68	1.16	1.10	2.31	2.08	1.52	4.43	4.17	2.27
挪威	1.12	0.70	1.34	1.73	2.20	0.58	1.04	1.52	2.96	0.93	1.44
冰岛	1.69	0.70	0.00	0.58	1.65	4.05	1.04	2.53	0.99	0.93	1.44
俄罗斯	1.12	2.80	0.67	1.73	1.65	1.16	0.52	0.00	0.49	0.46	1.00
新西兰	1.12	0.00	0.67	0.58	0.55	0.58	2.08	1.52	0.99	1.39	1.00
葡萄牙	0.56	1.40	2.01	1.73	0.55	2.31	0.00	0.51	0.49	0.46	0.94
丹麦	0.56	1.40	1.34	1.16	0.55	0.00	1.04	1.52	0.99	0.46	0.89
比利时	0.00	0.00	1.34	0.58	1.65	0.58	1.04	2.02	1.48	0.00	0.89
南非	2.25	2.10	1.34	0.58	0.55	1.16	1.04	0.00	0.49	0.00	0.89

表 5－24　地球化学和地球物理学 C 层人才排名前 20 的国家和地区的占比

单位：%

国家和地区	2010年	2011年	2012年	2013年	2014年	2015年	2016年	2017年	2018年	2019年	合计
美　国	25.61	24.86	23.57	23.97	24.30	25.04	22.66	22.83	21.81	18.37	23.16
中国大陆	6.69	8.40	9.58	10.49	11.54	13.14	13.40	14.93	15.27	15.94	12.19
法　国	9.75	8.82	8.97	8.85	9.81	6.63	8.16	7.29	6.69	6.90	8.12
英　国	7.03	7.84	7.34	7.27	8.64	8.17	8.10	7.89	8.13	7.65	7.82
德　国	9.07	8.61	8.29	7.62	7.58	6.34	7.00	6.49	7.24	6.85	7.45
澳大利亚	4.42	5.04	6.11	4.69	5.24	5.74	4.85	4.98	5.64	5.81	5.25
加拿大	3.57	4.13	5.16	4.92	4.68	4.68	4.08	4.83	3.79	4.57	4.43
意大利	4.08	4.62	3.33	3.58	1.95	3.91	3.20	3.07	3.69	3.38	3.45
瑞　士	4.08	2.94	3.60	3.34	3.18	3.67	2.92	3.02	3.54	3.23	3.35
日　本	2.66	2.24	2.79	3.40	1.95	1.66	2.43	2.61	2.50	2.53	2.48
荷　兰	2.83	2.38	1.63	1.99	1.84	1.48	2.48	1.81	1.95	1.44	1.97
西班牙	1.87	2.38	1.70	1.88	2.06	1.54	0.99	1.66	1.30	1.69	1.69
挪　威	1.59	1.19	1.29	1.35	1.23	0.89	1.16	1.36	1.35	1.39	1.28
丹　麦	0.85	1.54	1.02	1.00	1.00	0.95	1.27	1.11	0.60	1.04	1.02
俄罗斯	0.96	0.91	1.09	1.47	1.00	0.77	0.72	0.80	0.85	1.09	0.96
瑞　典	0.91	0.63	0.88	0.94	0.56	1.07	1.16	1.41	0.80	1.14	0.96
新西兰	0.96	0.84	1.22	0.76	0.72	0.65	0.77	0.85	1.05	0.65	0.84
中国香港	0.79	0.84	0.88	0.59	0.78	0.83	0.88	0.80	0.80	0.70	0.79
奥地利	0.74	0.84	0.54	0.47	0.45	0.59	0.83	0.65	0.80	1.14	0.71
比利时	0.57	0.49	0.61	0.47	0.67	0.65	0.66	0.65	1.10	1.04	0.71

九　气象学和大气科学

气象学和大气科学 A、B、C 层人才最多的国家是美国，分别占该学科全球 A、B、C 层人才的 22.75%、20.88%、23.69%。

英国、德国、日本、中国大陆、法国、加拿大、瑞士、荷兰、澳大利亚、奥地利的 A 层人才比较多，世界占比在 9%~3% 之间；意大利、比利时、西班牙、瑞典、挪威、沙特阿拉伯、芬兰、新西兰、韩国也有相当数量的 A 层人才，世界占比超过 1%。

英国、德国、澳大利亚、中国大陆、荷兰、法国、加拿大、瑞士、日本、意大利的 B 层人才比较多，世界占比在 10%～3% 之间；挪威、瑞典、西班牙、奥地利、芬兰、丹麦、比利时、韩国、印度也有相当数量的 B 层人才，世界占比超过或接近 1%。

中国大陆、英国、德国、法国、澳大利亚、加拿大、瑞士、荷兰的 C 层人才比较多，世界占比在 9%～3% 之间；意大利、日本、西班牙、瑞典、挪威、奥地利、芬兰、印度、韩国、比利时、丹麦也有相当数量的 C 层人才，世界占比超过 1%。

表 5－25　气象学和大气科学 A 层人才排名前 20 的国家和地区的占比

单位：%

国家和地区	2010年	2011年	2012年	2013年	2014年	2015年	2016年	2017年	2018年	2019年	合计
美　　国	25.00	18.18	52.94	33.33	28.57	22.22	8.00	20.00	7.69	13.64	22.75
英　　国	12.50	9.09	5.88	9.52	14.29	5.56	12.00	4.00	7.69	4.55	8.47
德　　国	6.25	9.09	5.88	4.76	4.76	5.56	8.00	12.00	7.69	9.09	7.41
日　　本	6.25	18.18	5.88	4.76	4.76	5.56	8.00	4.00	7.69	4.55	6.35
中国大陆	6.25	0.00	5.88	9.52	9.52	5.56	8.00	4.00	7.69	4.55	6.35
法　　国	12.50	0.00	5.88	4.76	9.52	0.00	8.00	0.00	7.69	4.55	5.29
加 拿 大	0.00	0.00	5.88	4.76	0.00	11.11	8.00	0.00	7.69	4.55	4.23
瑞　　士	0.00	0.00	0.00	4.76	0.00	5.56	8.00	8.00	7.69	4.55	4.23
荷　　兰	12.50	9.09	0.00	0.00	4.76	0.00	4.00	4.00	7.69	4.55	4.23
澳大利亚	0.00	0.00	5.88	0.00	4.76	5.56	8.00	0.00	7.69	4.55	3.70
奥 地 利	6.25	18.18	0.00	4.76	0.00	5.56	0.00	4.00	0.00	0.00	3.17
意 大 利	6.25	0.00	0.00	0.00	0.00	5.56	0.00	4.00	7.69	4.55	2.65
比 利 时	0.00	0.00	0.00	4.76	0.00	0.00	4.00	0.00	7.69	4.55	2.12
西 班 牙	6.25	0.00	0.00	0.00	0.00	0.00	4.00	4.00	0.00	4.55	2.12
瑞　　典	0.00	9.09	0.00	0.00	0.00	5.56	0.00	4.00	0.00	4.55	2.12
挪　　威	0.00	0.00	0.00	4.76	0.00	0.00	4.00	0.00	7.69	4.55	2.12
沙特阿拉伯	0.00	0.00	5.88	0.00	9.52	0.00	0.00	0.00	0.00	0.00	1.59
芬　　兰	0.00	0.00	0.00	0.00	4.76	0.00	0.00	4.00	0.00	0.00	1.06
新 西 兰	0.00	0.00	0.00	0.00	0.00	0.00	4.00	0.00	0.00	4.55	1.06
韩　　国	0.00	9.09	0.00	0.00	0.00	0.00	0.00	4.00	0.00	0.00	1.06

表 5－26　气象学和大气科学 B 层人才排名前 20 的国家和地区的占比

单位：%

国家和地区	2010年	2011年	2012年	2013年	2014年	2015年	2016年	2017年	2018年	2019年	合计
美　国	34.04	24.26	17.14	17.28	20.41	17.89	19.25	25.64	19.08	18.50	20.88
英　国	6.38	11.24	7.43	9.95	8.67	9.63	9.62	8.97	10.31	9.06	9.24
德　国	8.51	10.06	7.43	7.33	6.63	6.88	6.69	6.41	8.40	9.45	7.74
澳大利亚	3.55	5.33	5.14	6.81	5.10	6.42	5.86	5.13	6.11	6.69	5.72
中国大陆	2.84	2.96	3.43	5.24	5.61	5.05	6.28	7.26	3.82	7.09	5.15
荷　兰	2.13	5.92	3.43	3.66	5.10	4.13	6.69	4.27	5.34	4.33	4.62
法　国	2.13	3.55	3.43	5.76	4.59	5.96	6.28	3.85	3.44	4.33	4.43
加拿大	1.42	4.73	4.00	6.81	4.59	2.29	3.77	6.41	3.82	5.12	4.38
瑞　士	2.84	4.14	5.14	3.14	3.57	5.96	3.35	4.70	4.58	4.33	4.23
日　本	0.71	5.33	2.29	4.19	3.57	3.21	4.18	2.56	2.67	3.54	3.27
意大利	3.55	1.78	4.57	2.62	4.08	2.75	2.51	2.56	4.96	1.97	3.13
挪　威	3.55	1.78	5.71	3.14	2.04	3.67	1.67	1.71	1.91	2.76	2.69
瑞　典	6.38	0.59	4.00	1.57	0.51	3.21	2.93	2.56	2.29	2.76	2.60
西班牙	1.42	2.96	2.86	4.19	2.04	2.29	1.26	1.71	2.67	2.76	2.41
奥地利	2.13	4.73	1.71	1.05	3.06	1.83	2.93	2.56	1.91	1.18	2.26
芬　兰	3.55	1.78	2.86	2.62	2.04	1.38	1.26	1.71	1.53	0.39	1.78
丹　麦	0.71	1.78	2.86	1.57	0.51	2.75	0.00	1.28	0.76	1.57	1.35
比利时	1.42	0.00	0.00	0.52	1.02	1.83	0.84	1.28	1.53	1.57	1.06
韩　国	0.71	0.00	0.00	1.57	2.04	0.92	1.67	0.43	0.76	1.97	1.06
印　度	0.00	0.00	0.00	1.05	2.55	0.92	1.67	0.85	0.76	0.79	0.91

表 5－27　气象学和大气科学 C 层人才排名前 20 的国家和地区的占比

单位：%

国家和地区	2010年	2011年	2012年	2013年	2014年	2015年	2016年	2017年	2018年	2019年	合计
美　国	28.89	26.05	27.79	25.55	26.34	24.18	22.66	21.92	18.92	19.02	23.69
中国大陆	6.32	6.62	7.44	6.45	7.52	9.68	9.43	9.96	10.30	12.72	8.89
英　国	8.09	8.60	9.24	9.40	8.63	8.84	7.98	8.64	8.07	7.87	8.51
德　国	7.61	7.24	8.08	7.67	6.41	7.48	7.77	6.95	6.50	6.56	7.19
法　国	5.10	5.26	4.48	6.04	4.14	4.21	4.44	4.12	4.81	4.98	4.73
澳大利亚	2.31	3.53	4.07	4.42	4.19	3.79	3.88	3.50	3.46	3.41	3.68
加拿大	4.42	4.21	3.49	3.71	3.08	3.51	3.76	3.59	3.13	3.24	3.57
瑞　士	3.94	3.77	3.37	2.89	3.28	3.37	3.41	2.92	3.21	2.45	3.22
荷　兰	2.79	3.71	2.91	2.69	3.58	2.85	3.07	3.19	3.46	2.45	3.07

续表

国家和地区	2010年	2011年	2012年	2013年	2014年	2015年	2016年	2017年	2018年	2019年	合计
意大利	3.06	2.91	2.97	3.20	2.98	3.32	2.48	2.97	2.74	2.93	2.94
日本	2.92	2.60	3.02	3.30	2.57	2.06	1.92	2.52	2.20	2.67	2.54
西班牙	2.11	2.10	2.38	1.57	2.07	1.87	1.92	1.55	2.41	3.02	2.10
瑞典	1.77	1.92	1.63	1.78	1.92	1.64	2.43	2.30	2.83	1.57	2.01
挪威	1.36	1.79	1.45	2.39	1.92	1.82	2.56	1.90	1.77	1.57	1.88
奥地利	1.09	1.79	1.40	1.52	1.77	1.59	1.66	1.64	2.03	1.36	1.60
芬兰	1.50	1.61	1.74	1.42	1.82	1.26	1.79	1.51	1.60	1.31	1.55
印度	1.50	1.67	0.99	1.02	1.41	1.40	1.24	1.51	0.84	1.62	1.31
韩国	1.16	0.80	0.76	0.76	1.11	1.03	0.90	1.64	1.35	1.75	1.15
比利时	0.82	1.24	0.81	0.91	0.91	1.17	0.98	1.51	1.60	1.22	1.14
丹麦	0.88	1.05	1.63	1.68	1.06	0.84	0.98	0.80	0.76	0.87	1.04

十　海洋学

海洋学 A、B、C 层人才最多的国家是美国，分别占该学科全球 A、B、C 层人才的 37.25%、23.85%、23.97%。

澳大利亚、英国、加拿大、法国、德国的 A 层人才比较多，世界占比在 10%~5% 之间；意大利、瑞典、比利时、中国大陆、荷兰、挪威、葡萄牙、俄罗斯、韩国、瑞士、阿根廷、中国台湾、百慕大、巴基斯坦也有相当数量的 A 层人才，世界占比超过或接近 1%。

英国、法国、澳大利亚、德国、中国大陆、加拿大、挪威、西班牙的 B 层人才比较多，世界占比在 10%~3% 之间；意大利、荷兰、日本、丹麦、瑞典、葡萄牙、新西兰、比利时、希腊、以色列、南非也有相当数量的 B 层人才，世界占比超过或接近 1%。

英国、中国大陆、法国、澳大利亚、德国、加拿大、西班牙、挪威、意大利的 C 层人才比较多，世界占比在 10%~3% 之间；荷兰、日本、丹麦、瑞典、新西兰、葡萄牙、比利时、俄罗斯、韩国、希腊也有相当数量的 C 层人才，世界占比超过或接近 1%。

表 5－28 海洋学 A 层人才排名前 20 的国家和地区的占比

单位：%

国家和地区	2010年	2011年	2012年	2013年	2014年	2015年	2016年	2017年	2018年	2019年	合计
美国	40.00	57.14	37.50	25.00	11.11	53.85	41.67	36.36	35.71	33.33	37.25
澳大利亚	20.00	14.29	12.50	0.00	22.22	0.00	16.67	9.09	7.14	6.67	9.80
英国	0.00	0.00	0.00	12.50	22.22	7.69	16.67	9.09	7.14	6.67	8.82
加拿大	0.00	0.00	12.50	12.50	11.11	7.69	8.33	9.09	0.00	13.33	7.84
法国	0.00	0.00	12.50	12.50	0.00	15.38	0.00	0.00	14.29	13.33	7.84
德国	20.00	0.00	12.50	0.00	0.00	0.00	8.33	9.09	7.14	6.67	5.88
意大利	0.00	14.29	0.00	12.50	11.11	0.00	0.00	0.00	0.00	0.00	2.94
瑞典	0.00	14.29	0.00	0.00	11.11	0.00	0.00	0.00	7.14	0.00	2.94
比利时	0.00	0.00	0.00	0.00	11.11	0.00	0.00	0.00	7.14	0.00	1.96
中国大陆	0.00	0.00	0.00	12.50	0.00	0.00	0.00	0.00	0.00	6.67	1.96
荷兰	0.00	0.00	0.00	0.00	0.00	0.00	0.00	0.00	7.14	6.67	1.96
挪威	0.00	0.00	0.00	0.00	0.00	0.00	0.00	9.09	0.00	6.67	1.96
葡萄牙	0.00	0.00	0.00	0.00	0.00	0.00	8.33	0.00	0.00	0.00	0.98
俄罗斯	0.00	0.00	0.00	0.00	0.00	0.00	0.00	9.09	0.00	0.00	0.98
韩国	0.00	0.00	0.00	0.00	0.00	7.69	0.00	0.00	0.00	0.00	0.98
瑞士	20.00	0.00	0.00	0.00	0.00	0.00	0.00	0.00	0.00	0.00	0.98
阿根廷	0.00	0.00	0.00	12.50	0.00	0.00	0.00	0.00	0.00	0.00	0.98
中国台湾	0.00	0.00	0.00	0.00	0.00	7.69	0.00	0.00	0.00	0.00	0.98
百慕大	0.00	0.00	12.50	0.00	0.00	0.00	0.00	0.00	0.00	0.00	0.98
巴基斯坦	0.00	0.00	0.00	0.00	0.00	0.00	0.00	0.00	7.14	0.00	0.98

表 5－29 海洋学 B 层人才排名前 20 的国家和地区的占比

单位：%

国家和地区	2010年	2011年	2012年	2013年	2014年	2015年	2016年	2017年	2018年	2019年	合计
美国	34.52	28.24	29.63	31.52	24.78	23.21	26.85	20.00	15.87	13.39	23.85
英国	7.14	8.24	6.17	10.87	9.73	8.04	12.04	7.50	7.14	13.39	9.16
法国	5.95	5.88	3.70	5.43	2.65	3.57	7.41	9.17	10.32	8.66	6.49
澳大利亚	5.95	3.53	4.94	6.52	7.08	8.93	10.19	6.67	5.56	3.94	6.39
德国	8.33	5.88	8.64	5.43	4.42	7.14	6.48	5.00	7.14	6.30	6.39
中国大陆	3.57	0.00	0.00	2.17	4.42	4.46	2.78	7.50	4.76	11.81	4.58
加拿大	4.76	5.88	3.70	3.26	3.54	5.36	3.70	4.17	3.97	4.72	4.29
挪威	2.38	3.53	4.94	2.17	7.08	5.36	2.78	5.83	3.97	0.79	3.91
西班牙	4.76	5.88	4.94	1.09	3.54	5.36	0.00	3.33	5.56	2.36	3.63

续表

国家和地区	2010年	2011年	2012年	2013年	2014年	2015年	2016年	2017年	2018年	2019年	合计
意大利	1.19	3.53	2.47	2.17	4.42	2.68	2.78	1.67	6.35	1.57	2.96
荷　兰	1.19	2.35	3.70	1.09	3.54	1.79	0.93	3.33	3.17	5.51	2.77
日　本	1.19	2.35	1.23	2.17	1.77	2.68	2.78	1.67	1.59	3.15	2.10
丹　麦	2.38	2.35	3.70	5.43	2.65	0.89	0.93	2.50	0.79	0.79	2.10
瑞　典	0.00	3.53	1.23	2.17	2.65	1.79	1.85	1.67	0.79	3.94	2.00
葡萄牙	0.00	1.18	1.23	0.00	1.77	2.68	0.93	3.33	3.17	1.57	1.72
新西兰	2.38	2.35	0.00	2.17	0.88	0.89	1.85	1.67	0.79	0.79	1.34
比利时	1.19	1.18	2.47	2.17	0.00	0.89	2.78	0.83	0.79	0.79	1.24
希　腊	1.19	2.35	1.23	1.09	1.77	0.00	0.93	1.67	0.79	0.79	1.15
以色列	0.00	1.18	1.23	0.00	0.00	0.89	0.93	0.83	3.17	0.79	0.95
南　非	0.00	2.35	1.23	1.09	0.00	0.89	1.85	0.00	1.59	0.79	0.95

表5-30　海洋学C层人才排名前20的国家和地区的占比

单位：%

国家和地区	2010年	2011年	2012年	2013年	2014年	2015年	2016年	2017年	2018年	2019年	合计
美　国	29.53	28.31	27.36	26.69	24.84	24.10	21.69	21.79	19.59	20.04	23.97
英　国	8.26	8.70	10.65	9.59	9.75	8.80	10.48	8.30	10.45	9.13	9.43
中国大陆	4.25	4.29	4.84	4.68	4.97	7.09	5.42	8.13	10.12	11.79	6.82
法　国	8.38	7.19	7.51	5.66	5.90	5.98	5.33	5.98	5.93	4.79	6.16
澳大利亚	4.25	7.42	5.69	7.30	6.09	5.13	6.16	5.45	6.17	5.41	5.89
德　国	6.32	4.87	5.57	5.12	6.56	5.21	5.70	5.98	4.94	5.32	5.55
加拿大	4.50	5.22	4.36	5.34	4.31	5.04	3.22	3.75	4.28	4.79	4.45
西班牙	3.77	3.13	2.54	3.27	4.22	2.99	3.49	4.46	2.30	3.19	3.34
挪　威	1.94	2.67	2.78	3.81	2.25	2.99	4.32	4.02	3.62	3.19	3.21
意大利	3.28	1.62	1.94	2.94	4.03	3.42	3.58	3.30	3.05	3.81	3.16
荷　兰	3.52	3.48	3.03	2.07	2.16	3.08	2.11	2.59	3.21	2.30	2.73
日　本	2.19	2.32	2.42	2.51	2.06	1.54	1.47	1.43	1.23	1.95	1.86
丹　麦	1.58	2.09	1.33	1.42	2.25	1.88	2.39	1.79	2.06	1.33	1.83
瑞　典	1.22	1.04	1.57	1.74	1.31	1.11	1.56	1.96	2.30	1.68	1.58
新西兰	2.19	1.86	1.33	1.31	0.94	1.11	1.47	1.16	1.81	0.62	1.35
葡萄牙	1.34	1.28	1.82	1.09	1.12	1.11	1.19	0.71	0.99	1.33	1.17
比利时	1.22	1.28	1.09	0.65	0.56	0.77	1.29	0.89	0.82	0.98	0.94
俄罗斯	0.73	0.70	0.73	0.76	0.66	1.79	0.83	0.63	0.74	0.71	0.84
韩　国	0.49	0.81	1.45	0.54	0.94	0.60	0.55	0.63	0.74	1.51	0.82
希　腊	0.73	0.81	0.24	0.44	0.94	0.60	1.29	0.89	0.74	1.24	0.81

十一　环境科学

环境科学A、B、C层人才最多的国家是美国，分别占该学科全球A、B、C层人才的16.52%、15.39%、17.16%。

中国大陆、英国、德国、荷兰、澳大利亚、瑞士、加拿大、法国的A层人才比较多，世界占比在11%~3%之间；瑞典、意大利、奥地利、韩国、日本、西班牙、印度、丹麦、中国香港、新西兰、巴西也有相当数量的A层人才，世界占比超过1%。

中国大陆、英国、德国、澳大利亚、荷兰、加拿大、法国、意大利的B层人才比较多，世界占比在14%~3%之间；西班牙、瑞士、瑞典、韩国、印度、日本、丹麦、奥地利、挪威、比利时、中国香港也有相当数量的B层人才，世界占比超过1%。

中国大陆、英国、德国、澳大利亚、加拿大、西班牙、意大利、法国、荷兰的C层人才比较多，世界占比在17%~3%之间；印度、瑞士、瑞典、韩国、日本、丹麦、中国香港、巴西、挪威、比利时也有相当数量的C层人才，世界占比超过1%。

表5-31　环境科学A层人才排名前20的国家和地区的占比

单位：%

国家和地区	2010年	2011年	2012年	2013年	2014年	2015年	2016年	2017年	2018年	2019年	合计
美　国	29.41	18.18	31.03	16.42	13.24	17.65	14.77	17.72	13.60	9.93	16.52
中国大陆	3.92	5.45	6.90	5.97	10.29	7.84	12.50	8.86	12.80	15.23	10.21
英　国	7.84	7.27	5.17	11.94	10.29	7.84	5.68	8.86	7.20	6.62	7.69
德　国	5.88	3.64	10.34	13.43	1.47	7.84	5.68	5.06	8.00	5.30	6.56
荷　兰	7.84	5.45	6.90	5.97	5.88	1.96	3.41	11.39	4.80	5.30	5.80
澳大利亚	3.92	5.45	5.17	2.99	7.35	5.88	4.55	3.80	7.20	6.62	5.55
瑞　士	1.96	0.00	3.45	2.99	2.94	5.88	7.95	3.80	4.80	3.97	4.04
加拿大	3.92	5.45	1.72	4.48	1.47	3.92	2.27	1.27	4.00	5.30	3.53
法　国	3.92	1.82	1.72	5.97	7.35	0.00	2.27	2.53	3.20	2.65	3.15
瑞　典	1.96	0.00	0.00	0.00	2.94	5.88	3.41	1.27	4.80	4.64	2.90
意大利	3.92	1.82	3.45	4.48	1.47	3.92	2.27	2.53	2.40	1.99	2.65
奥地利	3.92	7.27	0.00	0.00	1.47	1.96	2.27	3.80	1.60	1.99	2.27

续表

国家和地区	2010年	2011年	2012年	2013年	2014年	2015年	2016年	2017年	2018年	2019年	合计
韩　国	3.92	1.82	1.72	1.49	1.47	3.92	2.27	3.80	0.00	2.65	2.14
日　本	3.92	5.45	0.00	1.49	2.94	1.96	4.55	2.53	0.00	1.32	2.14
西班牙	0.00	3.64	1.72	4.48	1.47	1.96	2.27	1.27	3.20	0.66	2.02
印　度	0.00	0.00	1.72	0.00	2.94	1.96	2.27	1.27	2.40	2.65	1.77
丹　麦	3.92	1.82	1.72	1.49	0.00	1.96	1.14	0.00	1.60	1.32	1.39
中国香港	1.96	0.00	0.00	0.00	1.47	0.00	0.00	1.27	2.40	3.31	1.39
新西兰	1.96	0.00	0.00	0.00	2.94	0.00	1.14	2.53	0.80	1.99	1.26
巴　西	1.96	1.82	0.00	0.00	1.47	0.00	3.41	1.27	0.80	0.66	1.13

表 5－32　环境科学 B 层人才排名前 20 的国家和地区的占比

单位：%

国家和地区	2010年	2011年	2012年	2013年	2014年	2015年	2016年	2017年	2018年	2019年	合计
美　国	21.04	22.95	19.14	17.69	16.59	13.53	17.46	13.89	13.04	9.88	15.39
中国大陆	7.81	8.58	9.11	9.92	11.63	11.54	13.52	13.35	16.89	19.92	13.45
英　国	7.38	7.65	6.32	8.60	8.53	6.50	7.89	7.33	5.77	5.41	6.91
德　国	5.42	5.78	5.76	4.79	5.74	4.91	4.90	4.81	6.74	5.02	5.40
澳大利亚	4.34	5.04	5.20	5.29	4.96	4.51	5.74	5.80	4.72	4.63	5.02
荷　兰	4.34	3.54	4.46	3.64	4.34	3.85	4.31	3.72	2.89	2.93	3.66
加拿大	5.64	4.48	3.35	4.46	2.64	3.45	4.55	3.39	3.15	2.86	3.62
法　国	3.04	4.48	3.35	3.64	3.57	3.05	4.43	3.39	1.49	2.24	3.08
意大利	2.60	2.99	3.53	2.81	4.03	4.38	2.87	2.84	2.45	2.63	3.04
西班牙	3.25	2.80	4.09	2.81	2.79	2.39	2.27	2.30	2.36	2.24	2.60
瑞　士	3.04	2.80	3.90	3.14	2.79	2.79	2.15	2.19	2.80	1.70	2.59
瑞　典	2.82	2.80	2.97	2.48	2.48	1.99	1.91	3.06	2.71	1.47	2.38
韩　国	1.30	2.43	0.93	0.99	1.71	1.86	2.51	1.97	2.62	2.39	2.01
印　度	1.08	1.31	0.93	1.98	2.48	2.12	1.79	1.64	2.54	2.55	1.98
日　本	0.65	2.24	2.04	2.64	1.86	1.72	1.67	1.75	1.49	1.85	1.79
丹　麦	2.39	1.68	2.23	1.98	2.17	2.12	1.08	0.98	1.22	1.24	1.58
奥地利	1.30	2.05	1.49	1.98	2.33	1.59	1.56	1.64	1.57	0.77	1.55
挪　威	1.74	1.31	2.42	2.15	0.93	2.25	1.08	1.42	1.05	1.70	1.55
比利时	1.08	1.49	0.93	1.82	1.40	1.59	1.67	1.86	0.79	1.39	1.40
中国香港	0.43	0.19	0.74	0.99	0.78	0.40	1.08	1.31	2.36	2.39	1.29

表 5－33　环境科学 C 层人才排名前 20 的国家和地区的占比

单位：%

国家和地区	2010年	2011年	2012年	2013年	2014年	2015年	2016年	2017年	2018年	2019年	合计
美　国	22. 43	22. 63	22. 97	21. 85	20. 84	17. 33	16. 86	15. 23	13. 00	11. 84	17. 16
中国大陆	11. 42	11. 76	11. 69	12. 82	12. 61	13. 37	15. 33	18. 34	19. 82	22. 63	16. 26
英　国	6. 26	6. 52	6. 33	6. 46	6. 55	6. 50	6. 68	5. 97	5. 43	5. 50	6. 10
德　国	4. 97	5. 09	5. 75	5. 25	5. 10	5. 48	5. 12	4. 58	4. 34	3. 75	4. 78
澳大利亚	3. 81	4. 22	4. 65	4. 69	4. 69	4. 85	4. 46	4. 54	4. 70	4. 16	4. 48
加拿大	4. 18	4. 67	3. 65	3. 62	3. 61	3. 87	3. 62	3. 27	2. 96	2. 82	3. 47
西班牙	3. 35	3. 58	3. 77	3. 10	3. 47	3. 51	3. 34	2. 94	2. 99	3. 12	3. 26
意大利	2. 87	2. 45	2. 90	2. 92	3. 05	3. 22	3. 37	3. 58	3. 29	3. 22	3. 15
法　国	3. 35	3. 13	3. 24	3. 35	3. 38	3. 22	3. 28	2. 97	2. 92	2. 65	3. 08
荷　兰	3. 35	2. 88	3. 47	3. 39	3. 50	3. 22	3. 15	3. 03	2. 72	2. 38	3. 01
印　度	1. 95	2. 13	1. 54	1. 85	1. 72	2. 09	2. 23	2. 13	2. 49	3. 11	2. 25
瑞　士	2. 91	2. 45	2. 85	2. 49	2. 73	2. 79	2. 15	2. 21	1. 82	1. 34	2. 22
瑞　典	2. 14	2. 07	2. 34	2. 30	2. 25	2. 41	2. 35	2. 03	2. 04	1. 42	2. 07
韩　国	1. 42	1. 43	1. 72	1. 65	1. 30	1. 55	1. 46	1. 38	1. 94	1. 98	1. 64
日　本	1. 86	2. 17	2. 15	1. 77	1. 58	1. 65	1. 34	1. 33	1. 21	1. 27	1. 54
丹　麦	1. 44	1. 51	1. 59	1. 57	1. 47	1. 62	1. 39	1. 42	1. 13	1. 31	1. 41
中国香港	0. 92	1. 28	0. 94	0. 92	0. 87	1. 06	1. 40	1. 51	1. 73	1. 39	1. 28
巴　西	1. 47	0. 92	0. 99	1. 07	1. 21	1. 27	1. 41	1. 32	1. 42	1. 36	1. 28
挪　威	1. 40	1. 43	1. 20	1. 37	1. 38	1. 30	1. 34	1. 31	1. 08	0. 98	1. 24
比利时	1. 42	1. 24	1. 09	1. 32	1. 16	1. 70	1. 05	1. 12	1. 29	1. 01	1. 22

十二　土壤学

土壤学 A 层人才最多的国家是美国，世界占比为 19. 15%；其后是德国、英国、荷兰，世界占比分别为 12. 77%、10. 64%、10. 64%；澳大利亚、加拿大、中国大陆、奥地利、意大利的 A 层人才也比较多，世界占比在 9%～4%之间；哥伦比亚、俄罗斯、塞尔维亚、西班牙、瑞典、瑞士、阿根廷、比利时也有相当数量的 A 层人才，世界占比均为 2. 13%。

B 层人才最多的国家是美国，世界占比为 14. 92%；中国大陆、德国、澳大利亚、英国、法国、意大利、荷兰、西班牙、伊朗的 B 层人才比较多，世界占比在 13%～3%之间；加拿大、瑞士、比利时、新西兰、奥地利、瑞典、韩国、马来西亚、挪威、印度也有相当数量的 B 层人才，世界占比超过 1%。

C 层人才最多的是中国大陆，世界占比为 17.54%；美国、德国、澳大利亚、英国、西班牙、法国、意大利的 C 层人才比较多，世界占比在 14%~3% 之间；巴西、印度、加拿大、荷兰、瑞士、瑞典、比利时、奥地利、新西兰、伊朗、丹麦、俄罗斯也有相当数量的 C 层人才，世界占比超过 1%。

表 5-34　土壤学 A 层人才的国家和地区的占比

单位：%

国家和地区	2010年	2011年	2012年	2013年	2014年	2015年	2016年	2017年	2018年	2019年	合计
美　国	16.67	0.00	20.00	28.57	33.33	0.00	25.00	14.29	0.00	33.33	19.15
德　国	0.00	0.00	0.00	14.29	0.00	50.00	0.00	14.29	33.33	33.33	12.77
英　国	50.00	0.00	20.00	0.00	0.00	0.00	12.50	0.00	0.00	0.00	10.64
荷　兰	0.00	0.00	0.00	14.29	33.33	0.00	12.50	14.29	16.67	0.00	10.64
澳大利亚	16.67	0.00	20.00	28.57	0.00	0.00	0.00	0.00	0.00	0.00	8.51
加拿大	0.00	0.00	20.00	0.00	33.33	0.00	0.00	14.29	0.00	0.00	6.38
中国大陆	16.67	0.00	0.00	0.00	0.00	0.00	12.50	14.29	0.00	0.00	6.38
奥地利	0.00	0.00	0.00	0.00	0.00	0.00	0.00	14.29	16.67	0.00	4.26
意大利	0.00	0.00	0.00	14.29	0.00	0.00	12.50	0.00	0.00	0.00	4.26
哥伦比亚	0.00	0.00	0.00	0.00	0.00	0.00	0.00	0.00	16.67	0.00	2.13
俄罗斯	0.00	0.00	0.00	0.00	0.00	50.00	0.00	0.00	0.00	0.00	2.13
塞尔维亚	0.00	0.00	0.00	0.00	0.00	0.00	0.00	14.29	0.00	0.00	2.13
西班牙	0.00	0.00	0.00	0.00	0.00	0.00	12.50	0.00	0.00	0.00	2.13
瑞　典	0.00	0.00	20.00	0.00	0.00	0.00	0.00	0.00	0.00	0.00	2.13
瑞　士	0.00	0.00	0.00	0.00	0.00	0.00	0.00	0.00	16.67	0.00	2.13
阿根廷	0.00	0.00	0.00	0.00	0.00	0.00	12.50	0.00	0.00	0.00	2.13
比利时	0.00	0.00	0.00	0.00	0.00	0.00	0.00	0.00	0.00	33.33	2.13

表 5-35　土壤学 B 层人才排名前 20 的国家和地区的占比

单位：%

国家和地区	2010年	2011年	2012年	2013年	2014年	2015年	2016年	2017年	2018年	2019年	合计
美　国	23.21	19.35	12.96	17.19	23.61	10.45	15.49	8.97	12.05	10.00	14.92
中国大陆	8.93	4.84	14.81	15.63	9.72	8.96	9.86	19.23	24.10	8.89	12.77
德　国	12.50	11.29	9.26	7.81	4.17	8.96	4.23	7.69	7.23	7.78	7.89
澳大利亚	10.71	9.68	1.85	3.13	9.72	8.96	7.04	6.41	4.82	6.67	6.89
英　国	7.14	14.52	9.26	6.25	4.17	4.48	2.82	1.28	3.61	1.11	5.02

续表

国家和地区	2010年	2011年	2012年	2013年	2014年	2015年	2016年	2017年	2018年	2019年	合计
法　国	5.36	4.84	1.85	7.81	2.78	1.49	4.23	3.85	2.41	5.56	4.02
意大利	3.57	4.84	7.41	1.56	2.78	2.99	7.04	1.28	4.82	3.33	3.87
荷　兰	3.57	3.23	1.85	3.13	2.78	5.97	5.63	2.56	3.61	3.33	3.59
西班牙	1.79	0.00	3.70	6.25	1.39	2.99	5.63	2.56	4.82	1.11	3.01
伊　朗	0.00	0.00	1.85	0.00	1.39	2.99	2.82	3.85	3.61	10.00	3.01
加拿大	1.79	1.61	3.70	0.00	5.56	2.99	4.23	2.56	2.41	2.22	2.73
瑞　士	3.57	4.84	3.70	1.56	2.78	1.49	1.41	2.56	1.20	1.11	2.30
比利时	1.79	1.61	1.85	6.25	0.00	1.49	2.82	2.56	1.20	2.22	2.15
新西兰	1.79	1.61	3.70	3.13	2.78	2.99	1.41	0.00	1.20	1.11	1.87
奥地利	1.79	0.00	0.00	4.69	1.39	1.49	5.63	1.28	0.00	1.11	1.72
瑞　典	3.57	1.61	3.70	0.00	0.00	2.99	1.41	1.28	0.00	2.22	1.58
韩　国	0.00	3.23	0.00	0.00	1.39	0.00	0.00	5.13	2.41	2.22	1.58
马来西亚	0.00	0.00	3.70	0.00	4.17	2.99	0.00	1.28	1.20	2.22	1.58
挪　威	0.00	3.23	1.85	0.00	0.00	1.49	1.41	2.56	2.41	1.11	1.43
印　度	0.00	0.00	0.00	1.56	0.00	2.99	0.00	3.85	2.41	2.22	1.43

表 5-36　土壤学 C 层人才排名前 20 的国家和地区的占比

单位：%

国家和地区	2010年	2011年	2012年	2013年	2014年	2015年	2016年	2017年	2018年	2019年	合计
中国大陆	13.95	14.08	14.72	13.83	16.84	18.67	15.47	20.86	20.08	23.62	17.54
美　国	15.76	16.61	14.72	12.72	13.68	13.80	11.75	14.71	10.94	10.53	13.33
德　国	7.25	7.40	6.98	7.47	8.72	7.95	7.59	6.95	9.01	5.80	7.53
澳大利亚	6.88	6.68	7.17	4.77	6.77	7.31	5.87	5.21	5.53	6.07	6.16
英　国	7.07	6.86	5.66	7.00	3.46	4.87	3.87	4.68	4.50	4.32	5.12
西班牙	5.98	4.51	5.85	5.25	3.31	3.08	5.87	2.67	2.32	2.56	4.01
法　国	4.17	4.87	5.09	4.29	4.51	3.08	4.58	2.54	3.09	2.70	3.81
意大利	2.54	2.89	1.89	3.02	3.16	4.71	3.58	2.67	3.60	3.10	3.15
巴　西	2.17	1.08	3.02	3.82	2.56	1.79	4.01	2.14	2.96	2.29	2.61
印　度	1.63	1.99	2.64	2.70	2.56	2.27	3.58	2.94	3.09	2.29	2.61
加拿大	2.90	2.89	3.77	3.02	2.11	1.46	1.43	2.41	2.96	2.56	2.52
荷　兰	1.63	3.43	1.70	1.43	1.95	3.08	2.72	3.61	1.42	3.24	2.44
瑞　士	2.36	2.89	2.26	2.23	2.86	2.27	1.58	2.41	1.67	1.08	2.12
瑞　典	2.72	2.17	1.70	2.86	1.80	1.62	1.58	1.07	1.16	1.48	1.77
比利时	1.99	1.62	0.94	2.07	2.26	1.62	1.72	1.34	1.03	1.48	1.60

续表

国家和地区	2010年	2011年	2012年	2013年	2014年	2015年	2016年	2017年	2018年	2019年	合计
奥地利	2.36	2.35	0.19	1.43	1.65	0.81	1.15	1.87	1.29	0.94	1.40
新西兰	1.09	1.44	2.45	1.43	1.65	1.14	1.15	0.80	1.67	1.21	1.38
伊朗	0.72	0.18	0.75	0.79	1.65	1.30	0.86	1.87	2.06	2.70	1.37
丹麦	0.72	1.08	1.89	1.91	1.50	0.65	1.29	0.94	0.64	1.21	1.17
俄罗斯	0.36	0.72	0.38	0.79	1.35	0.65	1.58	0.80	1.42	2.02	1.06

十三　水资源

水资源 A、B、C 层人才主要集中在美国和中国大陆，二者 A、B、C 层人才的世界占比合计为 23.19%、25.62%、30.19%；其中，美国的 A、C 层多于中国大陆，B 层人才稍低于中国大陆。

澳大利亚、英国、荷兰、德国、意大利、瑞士、奥地利、沙特阿拉伯的 A 层人才比较多，世界占比在 8%~3% 之间；法国、印度、马来西亚、新加坡、伊朗、加拿大、葡萄牙、芬兰、中国香港、韩国也有相当数量的 A 层人才，世界占比超过 1%。

澳大利亚、英国、荷兰、德国、意大利、加拿大的 B 层人才比较多，世界占比在 7%~3% 之间；法国、瑞士、西班牙、伊朗、马来西亚、印度、奥地利、韩国、挪威、瑞典、中国香港、比利时也有相当数量的 B 层人才，世界占比超过 1%。

澳大利亚、英国、德国、意大利、加拿大、荷兰、西班牙、伊朗的 C 层人才比较多，世界占比在 6%~3% 之间；印度、法国、瑞士、韩国、日本、瑞典、比利时、马来西亚、土耳其、新加坡也有相当数量的 C 层人才，世界占比超过 1%。

表 5－37　水资源 A 层人才排名前 20 的国家和地区的占比

单位：%

国家和地区	2010年	2011年	2012年	2013年	2014年	2015年	2016年	2017年	2018年	2019年	合计
美国	12.50	17.65	16.67	15.00	0.00	8.70	20.00	15.38	20.69	6.67	14.43
中国大陆	0.00	5.88	0.00	5.00	0.00	13.04	10.00	7.69	17.24	20.00	8.76

续表

国家和地区	2010年	2011年	2012年	2013年	2014年	2015年	2016年	2017年	2018年	2019年	合计
澳大利亚	6. 25	0. 00	5. 56	15. 00	7. 69	4. 35	3. 33	15. 38	10. 34	13. 33	7. 73
英　　国	0. 00	0. 00	16. 67	5. 00	7. 69	17. 39	6. 67	0. 00	6. 90	6. 67	7. 22
荷　　兰	6. 25	11. 76	5. 56	5. 00	7. 69	0. 00	10. 00	15. 38	0. 00	13. 33	6. 70
德　　国	18. 75	5. 88	5. 56	10. 00	15. 38	0. 00	3. 33	7. 69	6. 90	0. 00	6. 70
意大利	12. 50	5. 88	0. 00	10. 00	0. 00	4. 35	3. 33	7. 69	0. 00	0. 00	4. 12
瑞　　士	0. 00	5. 88	5. 56	5. 00	7. 69	4. 35	3. 33	0. 00	0. 00	6. 67	3. 61
奥地利	12. 50	5. 88	0. 00	5. 00	0. 00	0. 00	3. 33	0. 00	3. 45	0. 00	3. 09
沙特阿拉伯	6. 25	5. 88	5. 56	5. 00	0. 00	4. 35	3. 33	0. 00	0. 00	0. 00	3. 09
法　　国	6. 25	0. 00	0. 00	10. 00	0. 00	0. 00	3. 33	0. 00	3. 45	0. 00	2. 58
印　　度	0. 00	11. 76	5. 56	0. 00	7. 69	4. 35	0. 00	0. 00	0. 00	0. 00	2. 58
马来西亚	0. 00	5. 88	0. 00	0. 00	7. 69	8. 70	3. 33	0. 00	0. 00	0. 00	2. 58
新加坡	0. 00	0. 00	0. 00	0. 00	7. 69	0. 00	0. 00	0. 00	10. 34	0. 00	2. 06
伊　　朗	0. 00	0. 00	5. 56	0. 00	0. 00	0. 00	0. 00	7. 69	0. 00	6. 67	1. 55
加拿大	0. 00	5. 88	0. 00	0. 00	0. 00	0. 00	0. 00	0. 00	6. 90	0. 00	1. 55
葡萄牙	0. 00	0. 00	0. 00	5. 00	7. 69	0. 00	3. 33	0. 00	0. 00	0. 00	1. 55
芬　　兰	0. 00	0. 00	0. 00	0. 00	0. 00	4. 35	3. 33	0. 00	3. 45	0. 00	1. 55
中国香港	0. 00	0. 00	0. 00	0. 00	0. 00	4. 35	0. 00	0. 00	3. 45	6. 67	1. 55
韩　　国	6. 25	0. 00	0. 00	0. 00	0. 00	4. 35	0. 00	7. 69	0. 00	0. 00	1. 55

表 5－38　水资源 B 层人才排名前 20 的国家和地区的占比

单位：%

国家和地区	2010年	2011年	2012年	2013年	2014年	2015年	2016年	2017年	2018年	2019年	合计
中国大陆	6. 63	7. 55	9. 30	8. 63	11. 57	12. 40	12. 50	14. 13	23. 51	17. 06	13. 14
美　　国	15. 66	12. 58	14. 53	13. 20	14. 35	15. 29	11. 76	10. 04	11. 19	9. 36	12. 48
澳大利亚	10. 24	5. 66	8. 14	7. 61	4. 63	7. 02	5. 51	5. 58	7. 46	7. 36	6. 81
英　　国	6. 02	8. 18	8. 14	7. 61	7. 41	9. 92	5. 51	4. 46	5. 22	4. 35	6. 46
荷　　兰	4. 82	7. 55	8. 72	6. 60	4. 63	4. 13	5. 88	2. 97	1. 87	3. 01	4. 69
德　　国	7. 23	5. 66	2. 91	3. 05	5. 09	3. 72	4. 41	4. 09	3. 36	2. 34	4. 03
意大利	6. 02	3. 14	2. 91	3. 55	2. 78	3. 72	3. 68	2. 60	2. 99	3. 34	3. 41
加拿大	3. 01	6. 29	4. 07	4. 06	2. 78	4. 13	4. 78	1. 12	1. 87	2. 01	3. 23
法　　国	3. 01	1. 89	1. 74	4. 57	2. 78	3. 31	2. 94	3. 72	2. 61	1. 67	2. 83
瑞　　士	2. 41	2. 52	5. 81	4. 57	2. 78	0. 83	3. 31	1. 86	2. 61	2. 68	2. 83
西班牙	6. 02	3. 77	3. 49	2. 54	2. 78	2. 48	2. 57	2. 23	1. 87	1. 67	2. 74
伊　　朗	0. 60	1. 89	3. 49	1. 52	2. 31	1. 65	2. 57	2. 60	3. 36	4. 68	2. 61

续表

国家和地区	2010年	2011年	2012年	2013年	2014年	2015年	2016年	2017年	2018年	2019年	合计
马来西亚	0.60	1.89	5.23	2.03	3.24	3.31	2.94	1.86	2.61	1.00	2.43
印　　度	3.01	1.89	0.58	2.03	0.00	2.48	4.04	2.60	1.49	3.34	2.26
奥 地 利	1.81	2.52	2.33	3.05	3.24	0.83	0.37	2.60	1.87	0.67	1.81
韩　　国	1.81	2.52	1.74	1.02	1.85	0.41	1.47	2.23	1.87	3.01	1.81
挪　　威	0.60	1.26	2.91	0.51	1.85	1.65	2.21	2.60	2.24	1.34	1.77
瑞　　典	1.20	0.00	0.58	3.05	2.78	1.24	1.47	0.74	1.12	1.34	1.37
中国香港	1.81	0.63	0.00	1.02	1.39	2.89	2.21	1.86	0.75	0.33	1.33
比 利 时	0.60	0.63	0.58	1.02	1.39	1.65	2.94	1.86	0.75	0.67	1.28

表 5-39　水资源 C 层人才排名前 20 的国家和地区的占比

单位：%

国家和地区	2010年	2011年	2012年	2013年	2014年	2015年	2016年	2017年	2018年	2019年	合计
美　　国	18.82	18.54	18.20	19.13	17.28	18.24	15.20	17.04	15.44	12.78	16.81
中国大陆	9.35	10.38	10.17	11.51	11.87	12.42	14.69	15.39	15.14	18.51	13.38
澳大利亚	5.42	6.11	6.80	5.48	6.16	5.91	5.59	5.25	5.02	5.37	5.65
英　　国	5.12	5.61	5.81	5.63	6.16	5.14	5.82	5.29	5.63	4.90	5.50
德　　国	5.48	4.71	5.23	4.83	5.41	4.71	4.77	3.96	4.87	3.10	4.64
意 大 利	3.45	3.06	4.24	3.99	4.16	4.24	3.87	3.27	4.07	3.65	3.81
加 拿 大	4.11	4.39	3.90	4.19	3.86	3.60	3.17	3.43	3.27	2.94	3.61
荷　　兰	4.59	4.46	4.07	4.14	4.11	2.78	3.52	3.39	3.20	2.75	3.60
西 班 牙	4.59	3.38	3.78	3.79	3.11	3.43	3.24	3.19	3.23	2.86	3.41
伊　　朗	2.98	3.18	2.44	2.49	2.45	2.66	3.13	3.35	3.50	4.55	3.13
印　　度	3.16	2.74	2.91	3.24	2.76	2.96	2.62	3.03	2.89	3.18	2.95
法　　国	3.51	3.50	3.90	3.59	3.11	2.48	2.81	2.67	2.17	1.88	2.86
瑞　　士	2.92	2.48	2.67	2.79	2.81	2.70	2.31	2.50	2.28	1.37	2.44
韩　　国	1.67	1.72	1.16	1.25	1.45	1.07	1.41	1.33	1.52	2.16	1.48
日　　本	1.31	1.59	1.45	1.35	1.40	1.11	1.09	1.29	1.60	1.14	1.32
瑞　　典	1.37	1.15	1.28	1.25	1.20	1.54	1.56	1.41	1.18	0.94	1.29
比 利 时	1.19	1.78	1.10	1.69	0.70	1.37	1.06	1.25	0.91	1.18	1.20
马来西亚	1.19	0.96	1.16	1.15	1.35	1.46	1.21	1.05	0.99	1.45	1.20
土 耳 其	1.49	1.27	1.74	0.85	1.30	1.16	1.06	1.05	0.91	1.06	1.16
新 加 坡	0.89	1.02	0.64	1.40	1.05	1.07	1.41	1.13	1.26	1.18	1.13

十四　环境研究

环境研究 A、B、C 层人才最多的国家是美国，分别占该学科全球 A、B、C 层人才的 17.65%、15.93%、16.13%。

英国、澳大利亚、德国、荷兰、中国大陆、瑞士、法国、瑞典、奥地利、西班牙、加拿大、日本的 A 层人才比较多，世界占比在 11%～3%之间；意大利、芬兰、中国台湾、比利时、丹麦、南非、波兰也有相当数量的 A 层人才，大部分世界占比超过 1%。

英国、澳大利亚、德国、荷兰、中国大陆、加拿大、瑞典、法国的 B 层人才比较多，世界占比在 12%～3%之间；意大利、奥地利、挪威、瑞士、西班牙、丹麦、日本、芬兰、印度、比利时、南非也有相当数量的 B 层人才，世界占比超过或接近 1%。

英国、中国大陆、德国、澳大利亚、荷兰、加拿大、西班牙、意大利、瑞典的 C 层人才比较多，世界占比在 12%～3%之间；法国、瑞士、挪威、奥地利、丹麦、比利时、中国香港、日本、芬兰、印度也有相当数量的 C 层人才，世界占比超过 1%。

表 5－40　环境研究 A 层人才排名前 20 的国家和地区的占比

单位：%

国家和地区	2010年	2011年	2012年	2013年	2014年	2015年	2016年	2017年	2018年	2019年	合计
美　　国	33.33	30.00	33.33	25.00	0.00	7.69	18.18	8.70	13.79	13.33	17.65
英　　国	33.33	20.00	8.33	18.75	0.00	7.69	9.09	4.35	3.45	10.00	10.46
澳大利亚	0.00	10.00	8.33	6.25	0.00	7.69	9.09	4.35	10.34	6.67	7.19
德　　国	0.00	0.00	8.33	6.25	0.00	0.00	9.09	8.70	6.90	10.00	6.54
荷　　兰	0.00	10.00	8.33	0.00	0.00	0.00	0.00	8.70	10.34	3.33	5.23
中国大陆	0.00	0.00	8.33	0.00	0.00	7.69	18.18	4.35	3.45	6.67	5.23
瑞　　士	0.00	0.00	0.00	6.25	0.00	7.69	9.09	4.35	10.34	3.33	5.23
法　　国	0.00	0.00	0.00	6.25	0.00	0.00	9.09	4.35	3.45	10.00	4.58
瑞　　典	11.11	0.00	0.00	0.00	0.00	15.38	0.00	0.00	6.90	3.33	3.92
奥 地 利	0.00	0.00	0.00	0.00	0.00	7.69	0.00	8.70	3.45	3.33	3.27
西 班 牙	0.00	0.00	0.00	6.25	0.00	0.00	9.09	4.35	3.45	3.33	3.27
加 拿 大	0.00	10.00	0.00	6.25	0.00	7.69	0.00	0.00	3.45	3.33	3.27

续表

国家和地区	2010年	2011年	2012年	2013年	2014年	2015年	2016年	2017年	2018年	2019年	合计
日　　本	0.00	0.00	0.00	6.25	0.00	0.00	9.09	4.35	3.45	3.33	3.27
意 大 利	0.00	0.00	0.00	0.00	0.00	7.69	0.00	8.70	3.45	0.00	2.61
芬　　兰	0.00	0.00	0.00	0.00	0.00	0.00	0.00	4.35	3.45	3.33	1.96
中国台湾	11.11	0.00	0.00	0.00	0.00	0.00	0.00	0.00	3.45	0.00	1.31
比 利 时	0.00	0.00	8.33	0.00	0.00	0.00	0.00	0.00	0.00	3.33	1.31
丹　　麦	0.00	0.00	0.00	6.25	0.00	0.00	0.00	0.00	0.00	3.33	1.31
南　　非	0.00	0.00	0.00	6.25	0.00	0.00	0.00	4.35	0.00	0.00	1.31
波　　兰	0.00	10.00	0.00	0.00	0.00	0.00	0.00	0.00	0.00	0.00	0.65

表 5-41　环境研究 B 层人才排名前 20 的国家和地区的占比

单位：%

国家和地区	2010年	2011年	2012年	2013年	2014年	2015年	2016年	2017年	2018年	2019年	合计
美　　国	19.05	26.96	13.33	19.42	13.11	17.05	15.03	17.75	12.59	13.65	15.93
英　　国	20.95	13.04	10.00	10.07	10.38	10.23	9.33	9.96	12.23	11.87	11.45
澳大利亚	6.67	8.70	7.50	9.35	6.01	5.68	6.22	9.52	5.04	6.53	6.93
德　　国	5.71	8.70	7.50	7.19	4.37	5.68	7.25	6.93	7.91	5.64	6.61
荷　　兰	6.67	2.61	5.00	6.47	6.56	7.95	7.25	7.79	6.12	4.15	6.07
中国大陆	0.00	2.61	4.17	3.60	4.92	4.55	4.66	5.63	5.76	8.31	5.11
加 拿 大	6.67	5.22	5.00	5.76	2.19	3.41	3.63	3.90	4.32	4.15	4.21
瑞　　典	2.86	3.48	3.33	5.04	2.73	5.11	2.07	3.46	4.32	4.15	3.73
法　　国	2.86	2.61	4.17	3.60	4.37	2.27	5.18	2.60	2.52	2.97	3.25
意 大 利	0.00	3.48	4.17	2.16	4.37	3.98	2.59	3.46	3.96	1.48	2.98
奥 地 利	0.00	1.74	1.67	2.16	3.83	2.27	3.11	4.33	2.52	3.86	2.88
挪　　威	0.95	0.87	3.33	4.32	2.19	4.55	2.07	3.03	2.52	2.67	2.72
瑞　　士	2.86	0.00	5.83	2.16	2.73	3.41	4.15	2.60	1.08	1.78	2.50
西 班 牙	3.81	1.74	1.67	5.76	0.55	2.27	1.55	2.60	3.24	2.37	2.50
丹　　麦	1.90	0.87	2.50	1.44	4.37	2.84	2.07	0.87	2.52	1.19	2.02
日　　本	0.95	0.87	2.50	1.44	2.73	0.57	2.59	3.03	2.16	1.78	1.97
芬　　兰	0.95	0.00	2.50	2.88	1.09	2.27	1.04	0.00	1.44	0.59	1.17
印　　度	0.00	0.87	0.00	0.72	2.73	1.14	1.55	0.87	1.08	1.19	1.12
比 利 时	0.95	0.87	0.00	0.00	0.00	0.00	2.07	0.43	2.16	1.78	1.01
南　　非	1.90	0.87	0.83	0.00	1.09	0.57	1.55	0.43	1.44	0.89	0.96

表 5-42　环境研究 C 层人才排名前 20 的国家和地区的占比

单位：%

国家和地区	2010年	2011年	2012年	2013年	2014年	2015年	2016年	2017年	2018年	2019年	合计
美　　国	21.59	20.31	19.26	18.85	18.33	15.74	16.94	14.60	13.54	12.02	16.13
英　　国	14.43	14.17	14.05	14.05	11.45	11.73	12.71	11.12	10.19	10.15	11.89
中国大陆	6.08	5.27	4.79	5.77	6.70	7.00	7.04	9.44	9.37	10.90	7.87
德　　国	5.69	5.19	6.45	5.56	6.09	7.18	6.55	5.96	5.43	5.74	5.97
澳大利亚	6.38	5.53	7.36	6.88	6.76	6.64	6.05	5.78	4.61	4.75	5.85
荷　　兰	5.10	5.88	4.46	5.98	5.79	5.27	5.01	4.70	4.72	3.97	4.95
加 拿 大	4.81	4.24	4.38	4.38	3.41	4.07	3.74	3.93	3.31	2.95	3.76
西 班 牙	3.63	3.46	3.14	3.13	2.80	3.23	3.14	3.43	3.87	4.31	3.51
意 大 利	2.26	2.94	2.23	3.13	1.58	2.93	3.69	4.34	3.46	4.18	3.27
瑞　　典	3.04	2.77	3.39	3.27	2.92	3.77	3.03	2.94	3.42	2.78	3.12
法　　国	2.06	3.11	2.64	2.09	3.53	2.33	2.37	2.44	2.94	2.55	2.62
瑞　　士	1.86	2.68	2.48	2.02	1.83	2.33	1.82	2.53	1.90	1.97	2.11
挪　　威	0.98	1.99	1.90	1.53	1.95	2.03	1.98	2.08	2.16	1.49	1.84
奥 地 利	1.37	1.56	2.31	1.46	2.68	1.74	1.87	1.49	1.56	1.56	1.74
丹　　麦	1.47	1.38	1.98	1.88	1.46	1.68	1.27	1.58	1.60	0.98	1.48
比 利 时	1.37	1.73	0.99	0.70	1.16	1.68	1.38	1.63	1.56	1.12	1.34
中国香港	0.59	2.07	1.24	1.11	1.10	1.38	1.60	1.58	1.15	1.05	1.28
日　　本	1.47	1.30	1.49	1.88	1.28	0.96	0.99	0.95	1.04	1.15	1.20
芬　　兰	0.79	0.86	1.07	1.04	0.85	0.84	1.10	1.17	1.49	1.12	1.08
印　　度	0.98	0.61	0.50	0.56	1.10	1.14	1.43	0.90	1.00	1.77	1.08

十五　多学科地球科学

多学科地球科学 A、B、C 层人才最多的国家是美国，分别占该学科全球 A、B、C 层人才的 14.00%、17.16%、18.67%。

英国、德国、法国、荷兰、中国大陆、澳大利亚、瑞士、加拿大、挪威、奥地利、意大利、日本的 A 层人才比较多，世界占比在 9%~3% 之间；比利时、瑞典、西班牙、新西兰、丹麦、中国香港、俄罗斯也有相当数量的 A 层人才，世界占比超过 1%。

英国、中国大陆、德国、法国、澳大利亚、加拿大、荷兰、瑞士、意大利的 B 层人才比较多，世界占比在 10%~3% 之间；挪威、日本、瑞典、西班牙、奥地利、比利时、伊朗、丹麦、韩国、印度也有相当数量的 B 层人才，世界占比超过1%。

中国大陆、英国、德国、澳大利亚、法国、加拿大、意大利的C层人才比较多，世界占比在13%~3%之间；瑞士、荷兰、西班牙、日本、挪威、瑞典、印度、比利时、奥地利、伊朗、丹麦、新西兰也有相当数量的C层人才，世界占比超过或接近1%。

表5－43　多学科地球科学A层人才排名前20的国家和地区的占比

单位：%

国家和地区	2010年	2011年	2012年	2013年	2014年	2015年	2016年	2017年	2018年	2019年	合计
美　　国	16.13	26.67	23.33	10.81	13.89	12.12	10.20	10.87	10.71	13.56	14.00
英　　国	12.90	3.33	10.00	8.11	11.11	12.12	8.16	4.35	8.93	5.08	8.11
德　　国	6.45	6.67	6.67	8.11	11.11	9.09	8.16	8.70	5.36	6.78	7.62
法　　国	9.68	3.33	0.00	5.41	8.33	3.03	8.16	4.35	5.36	10.17	6.14
荷　　兰	6.45	10.00	3.33	5.41	5.56	6.06	4.08	6.52	5.36	6.78	5.90
中国大陆	3.23	6.67	3.33	5.41	5.56	15.15	4.08	8.70	3.57	3.39	5.65
澳大利亚	3.23	3.33	6.67	8.11	8.33	6.06	6.12	4.35	3.57	5.08	5.41
瑞　　士	6.45	6.67	3.33	2.70	8.33	6.06	6.12	4.35	3.57	5.08	5.16
加 拿 大	0.00	3.33	10.00	5.41	2.78	3.03	6.12	4.35	7.14	3.39	4.67
挪　　威	0.00	0.00	6.67	2.70	0.00	0.00	6.12	6.52	7.14	5.08	3.93
奥 地 利	3.23	3.33	3.33	0.00	2.78	3.03	6.12	8.70	5.36	1.69	3.93
意 大 利	3.23	3.33	0.00	5.41	2.78	0.00	2.04	4.35	8.93	3.39	3.69
日　　本	3.23	6.67	3.33	5.41	0.00	0.00	4.08	0.00	5.36	6.78	3.69
比 利 时	3.23	0.00	0.00	5.41	0.00	0.00	2.04	4.35	3.57	1.69	2.21
瑞　　典	0.00	3.33	0.00	5.41	2.78	6.06	2.04	0.00	0.00	1.69	1.97
西 班 牙	3.23	0.00	3.33	0.00	2.78	0.00	2.04	0.00	3.57	3.39	1.97
新 西 兰	0.00	0.00	0.00	5.41	0.00	0.00	4.08	2.17	1.79	3.39	1.97
丹　　麦	0.00	0.00	3.33	2.70	5.56	3.03	0.00	0.00	1.79	1.69	1.72
中国香港	3.23	0.00	3.33	0.00	5.56	3.03	0.00	0.00	0.00	3.39	1.72
俄 罗 斯	0.00	0.00	0.00	2.70	2.78	6.06	2.04	0.00	0.00	3.39	1.72

表5－44　多学科地球科学B层人才排名前20的国家和地区的占比

单位：%

国家和地区	2010年	2011年	2012年	2013年	2014年	2015年	2016年	2017年	2018年	2019年	合计
美　　国	22.89	22.90	18.32	18.50	19.85	15.97	15.63	15.11	13.76	14.10	17.16
英　　国	11.97	8.42	11.49	10.72	10.05	10.28	9.89	9.11	8.39	6.58	9.50

续表

国家和地区	2010年	2011年	2012年	2013年	2014年	2015年	2016年	2017年	2018年	2019年	合计
中国大陆	4.93	9.76	5.90	6.17	9.80	7.00	7.36	11.27	12.04	14.29	9.22
德　国	5.99	5.39	9.32	5.90	6.78	7.00	7.59	8.15	6.45	4.89	6.71
法　国	7.39	4.71	4.66	6.43	4.77	6.35	3.91	5.52	4.73	3.95	5.15
澳大利亚	5.28	4.38	5.59	4.29	3.77	5.47	4.83	3.60	3.87	6.39	4.77
加拿大	5.63	4.71	3.42	3.49	3.27	3.94	5.29	4.80	3.01	5.08	4.25
荷　兰	3.52	3.70	3.73	4.56	4.02	4.16	3.22	4.32	3.66	3.38	3.82
瑞　士	1.76	2.36	3.73	4.83	2.76	4.81	4.14	4.08	3.23	2.44	3.47
意大利	4.23	1.68	1.55	2.41	3.02	3.50	2.53	2.64	5.59	3.01	3.09
挪　威	1.41	2.02	2.80	3.75	2.26	3.06	3.91	3.36	2.37	1.50	2.66
日　本	1.06	4.71	1.86	1.88	2.76	1.75	2.76	2.40	3.01	2.63	2.49
瑞　典	1.41	1.35	2.17	1.61	3.52	2.84	3.68	3.12	1.94	1.50	2.36
西班牙	3.17	2.36	1.86	1.61	2.01	2.19	2.30	1.44	1.94	2.44	2.11
奥地利	1.76	2.69	1.86	2.14	1.51	1.75	1.61	1.20	2.15	1.50	1.78
比利时	1.76	0.34	0.00	2.14	1.51	1.97	1.15	1.20	1.94	1.13	1.36
伊　朗	0.00	0.67	0.62	0.54	0.75	0.44	1.15	0.96	1.51	4.51	1.28
丹　麦	1.41	0.67	1.55	1.61	1.26	1.09	1.15	0.96	2.15	0.75	1.26
韩　国	0.70	1.68	0.62	1.07	1.51	0.44	0.92	0.48	1.51	1.88	1.11
印　度	0.70	0.34	0.31	0.27	0.75	0.44	1.15	1.44	1.72	2.07	1.01

表 5－45　多学科地球科学 C 层人才排名前 20 的国家和地区的占比

单位：%

国家和地区	2010年	2011年	2012年	2013年	2014年	2015年	2016年	2017年	2018年	2019年	合计
美　国	22.33	21.76	20.18	18.43	20.07	19.09	18.75	17.60	16.69	15.13	18.67
中国大陆	7.23	8.61	10.74	10.37	11.67	13.15	12.57	14.55	15.60	18.93	12.86
英　国	9.09	8.58	9.19	9.59	8.48	8.19	8.39	7.54	7.81	7.21	8.31
德　国	7.76	7.07	6.23	7.76	7.10	7.02	6.66	6.24	6.00	5.71	6.68
澳大利亚	3.93	4.91	4.77	5.55	5.31	5.28	5.14	5.33	5.31	4.93	5.09
法　国	5.83	5.77	5.31	5.68	5.21	4.92	5.29	4.68	4.28	4.03	5.01
加拿大	4.56	4.02	4.61	3.83	3.85	3.98	3.92	3.60	3.28	3.34	3.84
意大利	3.51	3.95	3.46	2.94	3.50	3.41	3.19	3.60	3.80	4.03	3.54
瑞　士	3.05	2.75	3.37	2.72	2.91	3.00	2.92	2.98	2.81	2.24	2.85
荷　兰	3.30	2.92	3.24	3.07	2.50	2.81	2.52	3.27	2.29	2.51	2.80
西班牙	3.09	2.33	2.16	2.59	2.50	1.92	2.61	2.16	2.56	2.15	2.39
日　本	1.76	3.33	2.54	3.42	1.71	2.49	2.32	1.92	2.29	2.11	2.36

续表

国家和地区	2010年	2011年	2012年	2013年	2014年	2015年	2016年	2017年	2018年	2019年	合计
挪　威	1.83	1.72	1.68	2.16	1.63	2.01	2.01	1.99	1.51	1.48	1.80
瑞　典	1.69	1.13	1.68	1.89	1.40	1.55	1.86	1.56	1.78	1.38	1.60
印　度	1.65	1.10	1.27	1.78	1.51	1.23	1.22	1.42	1.18	1.82	1.42
比利时	1.51	1.34	1.59	1.43	1.00	1.26	1.24	1.63	1.15	1.13	1.31
奥地利	0.91	1.13	1.05	1.16	1.28	1.01	1.46	1.51	1.26	0.92	1.18
伊　朗	0.49	0.58	0.64	0.94	0.74	0.98	0.93	1.39	1.39	2.11	1.09
丹　麦	1.16	1.00	1.21	0.89	1.02	1.03	1.06	1.34	0.90	0.75	1.02
新西兰	0.98	1.00	1.24	1.02	1.00	1.12	0.69	0.79	0.82	0.69	0.91

第二节　学科组

在地球科学各学科人才分析的基础上，按照 A、B、C 层三个人才层次，对各学科人才进行汇总分析，可以从学科组层面揭示人才的分布特点和发展趋势。

一　A 层人才

地球科学 A 层人才最多的国家是美国，占该学科组全球 A 层人才的 18.62%，中国大陆以 9.50% 的世界占比排名第二，二者的 A 层人才合计占比接近全球的 30%；英国、德国、澳大利亚紧随其后，世界占比分别为 8.84%、6.61%、5.94%；荷兰、法国、加拿大、瑞士、意大利、奥地利、西班牙、日本的 A 层人才也比较多，世界占比在 6%~2% 之间；瑞典、挪威、比利时、印度、韩国、丹麦、新西兰也有相当数量的 A 层人才，世界占比超过 1%；中国香港、沙特阿拉伯、南非、俄罗斯、马来西亚、葡萄牙、芬兰、新加坡、巴西、伊朗、中国台湾、捷克、巴基斯坦、越南、波兰、以色列、墨西哥、阿根廷、阿尔及利亚、冰岛也有一定数量的 A 层人才，世界占比低于 1%。

在发展趋势上，美国呈现相对下降趋势，中国大陆呈现相对上升趋势，其他国家和地区没有明显变化。

表 5－46　地球科学 A 层人才排名前 40 的国家和地区的占比

单位：%

国家和地区	2010年	2011年	2012年	2013年	2014年	2015年	2016年	2017年	2018年	2019年	合计
美国	24.59	25.56	31.75	19.00	16.97	17.62	15.46	16.20	14.65	15.40	18.62
中国大陆	4.37	4.44	4.76	6.79	6.88	12.33	12.50	10.21	11.55	13.13	9.50
英国	14.75	8.33	9.52	11.31	10.55	10.13	8.88	6.34	6.76	6.57	8.84
德国	7.10	4.44	6.88	8.60	4.59	5.29	6.58	7.75	7.04	6.82	6.61
澳大利亚	4.37	5.00	5.29	6.79	9.63	6.17	5.59	3.87	6.48	6.06	5.94
荷兰	6.01	6.67	4.23	4.52	6.42	3.52	3.62	7.75	4.51	4.80	5.12
法国	6.01	2.22	4.23	6.33	5.05	4.41	3.62	3.52	4.79	4.80	4.50
加拿大	2.73	3.89	4.23	3.62	4.13	4.85	3.29	2.11	5.07	5.05	3.99
瑞士	2.73	2.22	2.65	3.17	3.67	4.41	4.93	4.58	4.79	3.54	3.83
意大利	3.83	3.33	2.12	4.07	2.75	3.52	1.64	3.52	4.23	2.53	3.13
奥地利	4.92	4.44	0.53	0.90	1.83	2.20	2.96	5.28	2.82	1.52	2.70
西班牙	2.73	1.67	3.17	3.17	2.29	0.88	3.29	2.11	2.82	1.52	2.35
日本	2.19	3.89	1.06	2.26	1.38	0.88	3.29	1.76	1.41	2.53	2.07
瑞典	1.09	2.22	1.06	0.90	2.29	4.41	1.64	0.70	2.54	2.53	1.99
挪威	0.00	0.56	1.59	1.81	0.92	0.00	2.30	1.76	2.25	3.03	1.64
比利时	0.55	0.56	1.59	2.26	0.92	0.44	1.32	1.41	1.41	1.26	1.21
印度	0.55	1.11	1.59	0.45	1.38	0.88	0.99	1.06	1.13	2.02	1.17
韩国	1.64	1.11	0.53	0.45	0.46	1.76	0.66	3.52	0.28	1.26	1.17
丹麦	1.64	1.67	1.06	1.36	2.29	0.88	0.33	0.00	1.13	1.01	1.06
新西兰	0.55	0.00	0.00	1.81	1.38	0.00	1.64	1.06	0.85	2.02	1.06
中国香港	1.09	0.00	0.53	0.45	1.38	0.88	0.66	0.35	1.13	2.27	0.98
沙特阿拉伯	0.55	1.11	1.06	0.45	1.38	1.32	1.97	0.35	0.56	0.25	0.86
南非	0.00	1.11	1.59	0.90	0.92	0.44	1.32	0.70	0.56	0.25	0.74
俄罗斯	0.55	1.11	0.53	0.45	0.92	1.32	0.66	0.70	0.28	0.76	0.70
马来西亚	0.55	0.56	0.00	0.00	0.46	0.88	0.99	1.06	0.85	0.76	0.66
葡萄牙	0.00	0.00	1.06	2.71	0.46	0.00	0.66	0.35	0.56	0.51	0.63
芬兰	0.55	0.56	0.00	0.45	0.92	0.88	0.33	1.06	0.85	0.51	0.63
新加坡	0.00	0.00	0.53	0.45	1.38	0.00	0.66	0.35	1.69	0.25	0.59
巴西	1.09	1.11	0.00	0.45	0.46	0.00	1.32	0.35	0.28	0.25	0.51
伊朗	0.00	0.56	0.53	0.00	0.00	0.00	0.33	0.70	0.56	1.01	0.43
中国台湾	0.55	1.11	0.00	0.45	0.00	0.44	0.33	0.70	0.85	0.00	0.43
捷克	0.55	0.56	0.00	0.00	0.46	0.00	0.33	1.41	0.00	0.25	0.35
巴基斯坦	0.00	0.00	0.00	0.45	0.46	1.32	0.33	0.35	0.28	0.25	0.35

续表

国家和地区	2010年	2011年	2012年	2013年	2014年	2015年	2016年	2017年	2018年	2019年	合计
越　　南	0.00	0.00	0.00	0.00	0.00	0.00	0.33	0.35	0.28	1.26	0.31
波　　兰	0.00	1.67	0.53	0.00	0.00	0.44	0.66	0.35	0.00	0.00	0.31
以 色 列	0.00	0.56	1.06	0.00	0.46	0.00	0.99	0.00	0.00	0.00	0.27
墨 西 哥	0.00	0.56	0.00	0.00	0.46	0.00	0.33	0.35	0.28	0.51	0.27
阿 根 廷	0.00	1.11	0.00	0.45	0.46	0.00	0.66	0.00	0.28	0.00	0.27
阿尔及利亚	0.00	0.00	0.53	0.00	0.00	0.44	0.33	0.00	0.85	0.25	0.27
冰　　岛	0.00	0.00	0.00	0.00	0.46	0.88	0.00	0.00	0.56	0.51	0.27

二　B层人才

地球科学B层人才最多的国家是美国，占该学科组全球B层人才的17.05%，中国大陆以11.58%的世界占比排名第二，二者的B层人才合计占比接近全球的30%；英国、德国、澳大利亚紧随其后，世界占比分别为8.13%、6.03%、5.58%；法国、加拿大、荷兰、意大利、瑞士、西班牙、瑞典、挪威、日本的B层人才也比较多，世界占比在5%~2%之间；奥地利、丹麦、印度、比利时、韩国也有相当数量的B层人才，世界占比超过1%；中国香港、芬兰、伊朗、葡萄牙、新西兰、马来西亚、巴西、南非、新加坡、俄罗斯、沙特阿拉伯、希腊、捷克、土耳其、中国台湾、以色列、波兰、越南、墨西哥、爱尔兰、巴基斯坦也有一定数量的B层人才，世界占比低于1%。

在发展趋势上，美国呈现相对下降趋势，中国大陆呈现相对上升趋势，其他国家和地区没有明显变化。

表5－47　地球科学B层人才排名前40的国家和地区的占比

单位：%

国家和地区	2010年	2011年	2012年	2013年	2014年	2015年	2016年	2017年	2018年	2019年	合计
美　　国	23.22	22.28	19.08	19.15	18.42	15.80	17.50	15.86	13.82	12.52	17.05
中国大陆	6.75	7.38	7.18	8.60	10.74	10.67	11.63	13.40	15.03	16.82	11.58
英　　国	9.25	9.52	8.77	8.77	8.62	8.58	8.43	7.23	7.16	6.85	8.13
德　　国	7.17	6.13	6.36	5.61	5.80	5.71	6.00	6.04	6.23	5.72	6.03
澳大利亚	5.84	5.73	5.88	5.82	5.13	5.82	5.90	5.66	4.71	5.69	5.58

续表

国家和地区	2010年	2011年	2012年	2013年	2014年	2015年	2016年	2017年	2018年	2019年	合计
法国	4.73	4.39	4.34	4.98	4.08	4.06	4.43	4.41	3.27	3.37	4.11
加拿大	4.94	5.13	4.48	4.18	3.92	3.99	4.47	3.84	3.33	3.66	4.09
荷兰	3.13	3.49	4.05	3.71	3.88	4.09	4.17	3.74	3.67	3.17	3.71
意大利	3.19	3.29	3.13	2.95	3.72	3.70	2.77	2.91	3.64	2.65	3.18
瑞士	2.39	2.49	3.85	3.25	2.47	2.95	2.97	2.85	2.65	2.27	2.78
西班牙	3.08	2.94	3.23	2.78	2.35	2.41	2.13	2.21	2.51	2.32	2.53
瑞典	2.34	1.60	2.26	2.02	2.00	2.26	2.37	2.43	2.26	1.80	2.14
挪威	1.54	1.45	2.89	2.57	1.80	2.41	2.00	2.14	1.83	1.80	2.03
日本	1.06	3.19	1.73	2.32	2.12	1.69	1.70	2.27	1.86	2.27	2.03
奥地利	1.49	2.24	1.64	1.86	1.96	1.47	1.80	1.85	1.66	1.37	1.71
丹麦	1.70	1.30	2.07	1.60	1.88	1.47	1.10	0.90	1.38	1.00	1.38
印度	0.85	0.65	0.58	1.14	1.29	1.29	1.47	1.34	1.78	1.85	1.31
比利时	1.06	0.70	0.77	1.56	1.21	1.58	1.60	1.66	1.33	1.26	1.31
韩国	0.85	1.40	0.67	0.84	1.14	1.01	1.37	1.18	1.55	1.85	1.25
中国香港	0.64	0.75	0.43	0.76	0.59	0.83	1.00	0.99	1.66	1.37	0.97
芬兰	1.01	0.70	0.87	1.18	0.90	0.90	0.93	1.15	1.13	0.85	0.97
伊朗	0.27	0.35	0.53	0.63	0.71	0.50	0.77	0.74	1.38	2.42	0.95
葡萄牙	0.69	0.90	0.72	0.59	0.59	0.93	0.80	0.80	1.13	0.72	0.80
新西兰	0.90	0.80	1.40	0.97	0.51	1.01	0.73	0.70	0.71	0.62	0.80
马来西亚	0.27	0.35	1.06	0.55	0.98	0.93	0.60	0.58	0.93	0.77	0.72
巴西	0.64	0.45	0.82	0.38	1.02	0.54	0.83	0.80	0.59	0.80	0.70
南非	0.80	0.85	0.87	0.72	0.74	0.68	0.63	0.54	0.68	0.54	0.68
新加坡	0.21	0.95	0.82	0.59	0.74	0.72	0.70	0.54	0.51	0.82	0.66
俄罗斯	0.74	0.75	1.06	0.93	0.86	0.68	0.57	0.67	0.34	0.41	0.66
沙特阿拉伯	0.11	0.55	0.24	0.55	0.43	0.57	0.67	0.83	0.71	0.62	0.56
希腊	0.96	0.35	0.43	0.34	0.43	0.50	0.67	0.61	0.56	0.62	0.55
捷克	0.74	0.25	0.34	0.34	0.35	0.47	0.40	0.61	0.71	0.52	0.48
土耳其	0.58	0.50	0.63	0.21	0.55	0.47	0.47	0.32	0.37	0.70	0.48
中国台湾	0.37	0.25	0.53	0.84	0.16	0.54	0.33	0.22	0.59	0.36	0.42
以色列	0.32	0.45	0.29	0.34	0.31	0.22	0.40	0.64	0.65	0.36	0.41
波兰	0.58	0.25	0.29	0.25	0.51	0.47	0.50	0.38	0.51	0.31	0.41
越南	0.00	0.15	0.29	0.08	0.24	0.07	0.30	0.51	0.62	1.13	0.40
墨西哥	0.37	0.45	0.48	0.34	0.63	0.47	0.33	0.29	0.28	0.36	0.39
爱尔兰	0.32	0.25	0.29	0.08	0.24	0.57	0.43	0.61	0.54	0.33	0.39
巴基斯坦	0.11	0.25	0.05	0.08	0.12	0.36	0.23	0.42	0.39	0.59	0.29

三　C层人才

地球科学C层人才最多的国家是美国，占该学科组全球C层人才的18.24%，中国大陆以13.49%的世界占比排名第二，二者的C层人才合计占比超过全球的30%；其后是英国、德国、澳大利亚，世界占比分别为7.84%、5.73%、5.06%；法国、加拿大、意大利、荷兰、西班牙、瑞士的C层人才也比较多，世界占比在5%~2%之间；瑞典、日本、印度、挪威、比利时、丹麦、奥地利、伊朗、中国香港、韩国、巴西也有相当数量的C层人才，世界占比超过1%；芬兰、新西兰、葡萄牙、希腊、南非、土耳其、新加坡、马来西亚、中国台湾、波兰、俄罗斯、沙特阿拉伯、捷克、巴基斯坦、爱尔兰、以色列、智利、墨西哥也有一定数量的C层人才，世界占比低于1%。

在发展趋势上，美国呈现相对下降趋势，中国大陆呈现相对上升趋势，其他国家和地区没有明显变化。

表5-48　地球科学C层人才排名前40的国家和地区的占比

单位：%

国家和地区	2010年	2011年	2012年	2013年	2014年	2015年	2016年	2017年	2018年	2019年	合计
美国	22.51	21.69	21.46	20.58	20.24	18.77	17.74	16.86	15.14	13.63	18.24
中国大陆	8.61	9.26	9.98	10.81	11.68	12.66	13.41	15.56	16.70	19.10	13.49
英国	8.32	8.53	8.50	8.57	7.99	7.79	7.96	7.59	7.25	7.02	7.84
德国	6.46	6.02	6.39	6.20	6.05	6.00	5.78	5.32	5.38	4.76	5.73
澳大利亚	4.38	4.94	5.37	5.39	5.29	5.40	5.11	5.06	4.97	4.75	5.06
法国	4.96	4.79	4.62	4.61	4.57	3.89	4.20	3.85	3.64	3.44	4.15
加拿大	4.42	4.44	4.12	4.20	3.91	4.15	3.82	3.78	3.33	3.27	3.86
意大利	3.48	3.34	3.25	3.35	3.35	3.76	3.58	3.58	3.58	3.60	3.51
荷兰	3.32	3.41	3.26	3.09	3.15	3.05	3.05	3.02	2.80	2.54	3.02
西班牙	3.21	3.15	3.14	2.90	3.05	2.71	2.98	2.71	2.76	2.90	2.92
瑞士	2.86	2.60	2.80	2.47	2.68	2.72	2.37	2.41	2.17	1.72	2.42
瑞典	1.78	1.61	1.80	1.90	1.70	1.88	1.99	1.78	1.87	1.48	1.78
日本	1.97	2.16	2.22	2.28	1.64	1.66	1.47	1.55	1.59	1.58	1.76
印度	1.60	1.48	1.30	1.53	1.51	1.57	1.68	1.66	1.67	2.20	1.66
挪威	1.45	1.47	1.35	1.57	1.44	1.46	1.57	1.50	1.32	1.19	1.42
比利时	1.23	1.32	1.14	1.18	1.03	1.36	1.15	1.23	1.28	1.09	1.20

续表

国家和地区	2010年	2011年	2012年	2013年	2014年	2015年	2016年	2017年	2018年	2019年	合计
丹　　麦	1.10	1.19	1.34	1.25	1.24	1.20	1.20	1.20	1.01	1.02	1.16
奥 地 利	0.94	1.12	1.09	1.07	1.31	1.12	1.22	1.16	1.14	0.97	1.12
伊　　朗	0.84	0.78	0.67	0.84	0.81	0.93	0.99	1.30	1.41	1.75	1.10
中国香港	0.77	1.12	0.97	0.90	0.92	1.04	1.11	1.19	1.34	1.21	1.08
韩　　国	0.92	0.92	0.93	0.95	0.91	0.90	0.90	1.00	1.26	1.49	1.05
巴　　西	0.96	0.81	0.86	0.90	0.94	0.98	1.16	1.14	1.20	1.23	1.05
芬　　兰	0.73	0.80	0.83	0.75	0.91	0.83	0.89	0.89	0.88	0.85	0.84
新 西 兰	0.89	0.96	0.94	0.90	0.82	0.80	0.67	0.69	0.69	0.60	0.77
葡 萄 牙	0.70	0.75	0.82	0.82	0.64	0.78	0.82	0.77	0.71	0.85	0.77
希　　腊	0.80	0.64	0.67	0.68	0.57	0.62	0.71	0.67	0.64	0.74	0.67
南　　非	0.61	0.56	0.49	0.60	0.72	0.66	0.59	0.67	0.75	0.73	0.65
土 耳 其	0.78	0.60	0.56	0.57	0.58	0.59	0.62	0.50	0.60	0.63	0.60
新 加 坡	0.47	0.52	0.51	0.61	0.53	0.53	0.56	0.58	0.66	0.65	0.57
马来西亚	0.44	0.34	0.43	0.44	0.60	0.59	0.57	0.64	0.60	0.74	0.56
中国台湾	0.77	0.84	0.66	0.58	0.52	0.52	0.39	0.50	0.44	0.53	0.55
波　　兰	0.38	0.44	0.35	0.37	0.40	0.54	0.61	0.62	0.73	0.75	0.55
俄 罗 斯	0.53	0.51	0.47	0.59	0.59	0.58	0.58	0.57	0.54	0.51	0.55
沙特阿拉伯	0.15	0.26	0.29	0.36	0.43	0.56	0.50	0.56	0.57	0.62	0.46
捷　　克	0.39	0.35	0.27	0.27	0.42	0.41	0.44	0.40	0.51	0.42	0.40
巴基斯坦	0.12	0.17	0.18	0.21	0.18	0.29	0.32	0.43	0.55	0.77	0.36
爱 尔 兰	0.40	0.46	0.33	0.32	0.35	0.37	0.39	0.33	0.38	0.32	0.36
以 色 列	0.50	0.41	0.34	0.28	0.44	0.38	0.26	0.30	0.41	0.32	0.36
智　　利	0.32	0.31	0.33	0.37	0.30	0.32	0.37	0.38	0.45	0.36	0.36
墨 西 哥	0.31	0.38	0.48	0.27	0.32	0.27	0.37	0.31	0.31	0.37	0.34

第六章　工程与材料科学

工程与材料科学包括工程和材料两个学科领域，是保障国家安全、促进社会进步与经济可持续发展、提高人民生活质量的重要科学基础和技术支撑。

第一节　学科

工程与材料科学学科组包括以下学科：冶金和冶金工程、陶瓷材料、造纸和木材、涂料和薄膜、纺织材料、复合材料、材料检测和鉴定、多学科材料、石油工程、采矿和矿物处理、机械工程、制造工程、能源和燃料、电气和电子工程、建筑和建筑技术、土木工程、农业工程、环境工程、海洋工程、船舶工程、交通、交通科学和技术、航空和航天工程、工业工程、设备和仪器、显微镜学、绿色和可持续科学与技术、人体工程学、多学科工程，共计29个。

一　冶金和冶金工程

冶金和冶金工程A、B、C层人才主要集中在美国和中国大陆，二者A、B、C层人才的世界占比合计为40.24%、37.75%、41.52%，其中美国的A层人才多于中国大陆，B、C层人才少于中国大陆。

德国、澳大利亚、英国、印度、日本的A层人才比较多，世界占比在12%~3%之间；比利时、伊朗、中国台湾、法国、韩国、中国香港、捷克、瑞典、波兰、挪威、沙特阿拉伯、新加坡、新西兰也有相当数量的A层人才，世界占比超过或接近1%。

德国、澳大利亚、英国、印度、日本、韩国、法国的B层人才比较多，世界占比在7%~3%之间；伊朗、沙特阿拉伯、加拿大、西班牙、俄罗斯、比利时、埃及、中国台湾、中国香港、奥地利、瑞典也有相当数量的B层人才，世界占比超过或接近1%。

印度、德国、日本、英国、韩国、澳大利亚、法国、伊朗的C层人才比较多，世界占比在6%~3%之间；加拿大、俄罗斯、西班牙、奥地利、意大利、土耳其、中国台湾、中国香港、瑞典、沙特阿拉伯也有相当数量的C层人才，世界占比超过或接近1%。

表6-1　冶金和冶金工程A层人才排名前20的国家和地区的占比

单位：%

国家和地区	2010年	2011年	2012年	2013年	2014年	2015年	2016年	2017年	2018年	2019年	合计
美国	25.00	22.73	21.05	29.17	25.00	20.83	33.33	17.86	10.00	19.44	21.91
中国大陆	0.00	13.64	26.32	8.33	12.50	4.17	8.33	25.00	36.67	33.33	18.33
德国	30.00	18.18	5.26	12.50	16.67	4.17	16.67	10.71	6.67	2.78	11.55
澳大利亚	10.00	4.55	15.79	4.17	4.17	8.33	0.00	0.00	13.33	2.78	5.98
英国	5.00	4.55	0.00	12.50	8.33	8.33	4.17	0.00	3.33	2.78	4.78
印度	0.00	9.09	0.00	8.33	8.33	4.17	0.00	3.57	6.67	2.78	4.38
日本	0.00	9.09	5.26	4.17	0.00	4.17	8.33	0.00	0.00	5.56	3.59
比利时	10.00	0.00	5.26	4.17	0.00	0.00	4.17	3.57	0.00	0.00	2.39
伊朗	5.00	0.00	0.00	0.00	0.00	0.00	4.17	7.14	3.33	0.00	1.99
中国台湾	0.00	4.55	10.53	4.17	4.17	0.00	0.00	0.00	0.00	0.00	1.99
法国	0.00	9.09	0.00	0.00	0.00	4.17	4.17	3.57	0.00	0.00	1.99
韩国	5.00	0.00	0.00	0.00	0.00	0.00	4.17	0.00	3.33	2.78	1.59
中国香港	0.00	0.00	0.00	0.00	0.00	0.00	4.17	7.14	0.00	2.78	1.59
捷克	5.00	0.00	0.00	4.17	0.00	0.00	4.17	0.00	0.00	2.78	1.59
瑞典	0.00	0.00	0.00	0.00	4.17	4.17	0.00	3.57	0.00	2.78	1.59
波兰	0.00	0.00	0.00	0.00	4.17	4.17	0.00	0.00	0.00	2.78	1.20
挪威	0.00	0.00	0.00	0.00	0.00	4.17	0.00	3.57	0.00	2.78	1.20
沙特阿拉伯	0.00	0.00	5.26	0.00	0.00	4.17	0.00	3.57	0.00	0.00	1.20
新加坡	0.00	0.00	0.00	0.00	0.00	4.17	0.00	0.00	3.33	2.78	1.20
新西兰	0.00	0.00	0.00	0.00	0.00	4.17	0.00	0.00	3.33	0.00	0.80

表6-2　冶金和冶金工程B层人才排名前20的国家和地区的占比

单位：%

国家和地区	2010年	2011年	2012年	2013年	2014年	2015年	2016年	2017年	2018年	2019年	合计
中国大陆	10.16	17.86	16.10	19.72	20.64	21.82	22.67	28.52	28.62	34.10	22.97
美国	16.58	14.29	18.05	20.66	14.68	14.55	17.78	13.28	13.01	8.52	14.78
德国	8.02	8.16	10.73	5.63	11.47	8.18	7.11	4.30	7.06	1.97	6.97
澳大利亚	6.95	9.69	3.90	3.76	3.67	5.00	4.89	5.08	4.83	1.64	4.75
英国	4.81	3.06	3.41	4.23	3.21	8.18	9.78	3.91	2.97	2.62	4.53
印度	6.42	3.57	4.39	2.35	4.59	4.55	4.89	5.47	4.09	4.59	4.49

续表

国家和地区	2010年	2011年	2012年	2013年	2014年	2015年	2016年	2017年	2018年	2019年	合计
日　　本	5.88	4.59	4.88	4.23	4.59	4.55	3.11	4.30	2.60	2.30	3.97
韩　　国	4.28	4.08	4.88	4.23	3.67	2.27	2.67	3.52	3.35	2.95	3.53
法　　国	3.74	0.51	4.88	4.69	3.67	2.73	2.22	1.95	4.83	2.95	3.23
伊　　朗	3.74	4.59	2.44	1.88	0.92	3.18	1.33	2.73	4.09	2.62	2.75
沙特阿拉伯	1.60	1.02	0.49	0.47	0.92	0.91	2.22	1.17	2.23	4.26	1.66
加 拿 大	1.60	1.02	2.93	1.41	3.67	1.36	0.44	0.78	0.00	2.62	1.57
西 班 牙	0.53	1.53	2.44	2.82	2.29	0.91	0.44	1.56	1.49	1.64	1.57
俄 罗 斯	0.53	1.02	1.46	1.88	1.38	1.82	1.78	1.17	1.12	2.30	1.48
比 利 时	2.14	1.02	0.98	1.88	1.83	1.36	1.33	0.78	2.23	0.00	1.31
埃　　及	1.60	1.02	0.49	1.41	0.46	1.36	1.33	0.78	0.74	2.62	1.22
中国台湾	2.14	2.55	1.46	0.94	0.92	1.82	0.44	0.00	0.37	1.31	1.13
中国香港	0.00	2.04	0.49	1.88	0.46	2.27	0.44	1.95	1.12	0.33	1.09
奥 地 利	0.00	1.02	0.98	1.88	1.38	0.00	1.78	1.56	1.12	0.00	0.96
瑞　　典	0.53	1.53	0.49	0.47	0.92	2.27	1.33	0.39	1.12	0.66	0.96

表 6－3　冶金和冶金工程 C 层人才排名前 20 的国家和地区的占比

单位：%

国家和地区	2010年	2011年	2012年	2013年	2014年	2015年	2016年	2017年	2018年	2019年	合计
中国大陆	20.30	22.24	24.31	27.75	26.23	28.26	31.42	33.22	34.37	38.52	29.38
美　　国	14.48	13.74	13.53	12.29	12.22	13.18	13.06	11.11	12.19	7.86	12.14
印　　度	5.87	5.44	5.25	5.34	5.88	5.20	5.21	5.34	4.51	4.23	5.17
德　　国	5.87	5.54	5.83	4.91	5.78	6.03	4.86	4.67	4.79	3.83	5.13
日　　本	6.31	5.69	5.64	4.81	3.86	4.32	3.51	3.30	3.78	2.56	4.24
英　　国	5.05	5.08	4.75	4.08	4.14	3.90	4.34	4.08	3.30	3.07	4.11
韩　　国	3.68	4.18	4.36	5.30	4.80	3.57	3.64	3.85	3.22	4.17	4.06
澳大利亚	3.84	3.47	3.87	3.30	4.23	3.81	3.37	3.14	3.46	3.42	3.57
法　　国	4.72	4.28	3.58	4.08	3.62	2.74	2.85	2.79	2.37	1.71	3.16
伊　　朗	3.89	4.28	3.09	2.62	2.49	2.92	3.02	3.06	2.70	3.11	3.09
加 拿 大	2.96	2.67	2.99	2.43	2.40	2.74	2.10	1.65	1.69	1.54	2.25
俄 罗 斯	0.82	1.16	1.47	1.31	1.65	1.30	1.62	1.96	2.01	1.88	1.56
西 班 牙	1.48	1.56	1.81	1.80	1.50	1.67	1.36	1.06	1.65	1.13	1.48
奥 地 利	1.37	1.31	1.13	0.83	1.22	1.30	1.14	1.33	0.97	0.72	1.11
意 大 利	0.93	0.55	0.54	1.17	0.61	0.74	0.61	1.02	1.85	1.64	1.01
土 耳 其	0.93	1.61	1.23	1.31	0.99	1.11	0.57	0.63	0.72	0.99	0.99
中国台湾	1.70	1.06	1.13	1.12	1.08	1.07	0.83	0.67	0.60	0.61	0.95

续表

国家和地区	2010年	2011年	2012年	2013年	2014年	2015年	2016年	2017年	2018年	2019年	合计
中国香港	0.55	0.75	0.83	0.97	1.03	1.11	1.05	1.18	1.05	0.68	0.93
瑞　　典	0.77	1.26	0.74	0.78	1.08	1.30	0.92	0.82	0.72	0.89	0.92
沙特阿拉伯	0.55	0.70	0.64	0.83	0.99	1.25	0.57	0.94	0.85	1.13	0.86

二　陶瓷材料

陶瓷材料 A 层人才最多的国家是美国，世界占比为 24.24%，中国大陆以 16.67% 的世界占比排名第二，二者合计拥有超过 40% 的 A 层人才；德国、伊朗、意大利、日本、马来西亚、韩国、也门、沙特阿拉伯的 A 层人才比较多，世界占比在 10%～3% 之间；法国、印度、伊拉克、澳大利亚、巴基斯坦、奥地利、葡萄牙、英国、卡塔尔、墨西哥也有相当数量的 A 层人才，世界占比超过 1%。

B 层人才最多的是中国大陆，世界占比为 21.72%；美国、伊朗、德国、英国、印度、韩国的 B 层人才比较多，世界占比在 12%～3% 之间；沙特阿拉伯、土耳其、澳大利亚、日本、马来西亚、意大利、法国、巴西、西班牙、俄罗斯、埃及、瑞士、巴基斯坦也有相当数量的 B 层人才，世界占比超过或接近 1%。

C 层人才最多的是中国大陆，世界占比为 29.12%；美国、印度、伊朗、韩国、德国、法国、日本、英国的 C 层人才比较多，世界占比在 9%～3% 之间；意大利、西班牙、沙特阿拉伯、马来西亚、土耳其、埃及、巴西、澳大利亚、巴基斯坦、中国台湾、俄罗斯也有相当数量的 C 层人才，世界占比超过或接近 1%。

表 6－4　陶瓷材料 A 层人才排名前 20 的国家和地区的占比

单位：%

国家和地区	2010年	2011年	2012年	2013年	2014年	2015年	2016年	2017年	2018年	2019年	合计
美　　国	40.00	75.00	16.67	16.67	60.00	14.29	16.67	12.50	33.33	0.00	24.24
中国大陆	0.00	0.00	0.00	16.67	20.00	0.00	16.67	25.00	22.22	40.00	16.67
德　　国	20.00	0.00	33.33	0.00	0.00	28.57	16.67	0.00	0.00	0.00	9.09

续表

国家和地区	2010年	2011年	2012年	2013年	2014年	2015年	2016年	2017年	2018年	2019年	合计
伊朗	0.00	0.00	0.00	0.00	0.00	0.00	16.67	12.50	11.11	30.00	9.09
意大利	20.00	0.00	16.67	0.00	0.00	14.29	33.33	0.00	0.00	0.00	7.58
日本	0.00	25.00	0.00	16.67	0.00	14.29	0.00	0.00	0.00	0.00	4.55
马来西亚	0.00	0.00	0.00	16.67	0.00	0.00	0.00	0.00	11.11	0.00	3.03
韩国	0.00	0.00	0.00	0.00	0.00	14.29	0.00	0.00	11.11	0.00	3.03
也门	0.00	0.00	0.00	16.67	0.00	0.00	0.00	0.00	0.00	10.00	3.03
沙特阿拉伯	0.00	0.00	0.00	16.67	0.00	0.00	0.00	12.50	0.00	0.00	3.03
法国	0.00	0.00	0.00	0.00	0.00	0.00	0.00	0.00	11.11	0.00	1.52
印度	0.00	0.00	0.00	0.00	0.00	0.00	0.00	12.50	0.00	0.00	1.52
伊拉克	0.00	0.00	0.00	0.00	0.00	0.00	0.00	0.00	0.00	10.00	1.52
澳大利亚	0.00	0.00	16.67	0.00	0.00	0.00	0.00	0.00	0.00	0.00	1.52
巴基斯坦	0.00	0.00	0.00	0.00	0.00	0.00	0.00	12.50	0.00	0.00	1.52
奥地利	20.00	0.00	0.00	0.00	0.00	0.00	0.00	0.00	0.00	0.00	1.52
葡萄牙	0.00	0.00	0.00	0.00	20.00	0.00	0.00	0.00	0.00	0.00	1.52
英国	0.00	0.00	0.00	0.00	0.00	0.00	0.00	12.50	0.00	0.00	1.52
卡塔尔	0.00	0.00	0.00	0.00	0.00	0.00	0.00	0.00	0.00	10.00	1.52
墨西哥	0.00	0.00	16.67	0.00	0.00	0.00	0.00	0.00	0.00	0.00	1.52

表6-5　陶瓷材料B层人才排名前20的国家和地区的占比

单位：%

国家和地区	2010年	2011年	2012年	2013年	2014年	2015年	2016年	2017年	2018年	2019年	合计
中国大陆	17.91	19.35	19.67	17.46	21.05	25.81	28.95	21.92	24.05	20.00	21.72
美国	17.91	24.19	8.20	11.11	15.79	9.68	14.47	13.70	3.80	2.22	11.71
伊朗	1.49	3.23	0.00	3.17	6.58	6.45	9.21	8.22	10.13	17.78	7.19
德国	10.45	6.45	6.56	3.17	5.26	6.45	5.26	6.85	8.86	0.00	5.78
英国	13.43	3.23	8.20	11.11	3.95	8.06	3.95	2.74	1.27	2.22	5.50
印度	4.48	3.23	6.56	4.76	5.26	8.06	5.26	5.48	7.59	3.33	5.36
韩国	2.99	0.00	0.00	4.76	3.95	3.23	2.63	1.37	1.27	12.22	3.53
沙特阿拉伯	0.00	0.00	0.00	0.00	0.00	3.23	0.00	6.85	6.33	8.89	2.82
土耳其	1.49	0.00	1.64	1.59	1.32	0.00	0.00	2.74	3.80	12.22	2.82
澳大利亚	0.00	4.84	3.28	0.00	3.95	6.45	2.63	1.37	2.53	2.22	2.68
日本	2.99	0.00	1.64	12.70	3.95	1.61	0.00	1.37	2.53	1.11	2.68
马来西亚	0.00	6.45	1.64	3.17	3.95	1.61	2.63	4.11	1.27	1.11	2.54
意大利	2.99	1.61	1.64	3.17	5.26	1.61	2.63	1.37	1.27	2.22	2.40

续表

国家和地区	2010年	2011年	2012年	2013年	2014年	2015年	2016年	2017年	2018年	2019年	合计
法　国	2.99	4.84	6.56	3.17	0.00	3.23	1.32	1.37	1.27	0.00	2.26
巴　西	2.99	1.61	1.64	0.00	0.00	0.00	5.26	2.74	2.53	1.11	1.83
西班牙	2.99	3.23	3.28	3.17	1.32	1.61	1.32	1.37	1.27	0.00	1.83
俄罗斯	0.00	0.00	0.00	4.76	0.00	1.61	0.00	2.74	3.80	1.11	1.41
埃　及	0.00	0.00	1.64	0.00	0.00	0.00	1.32	4.11	1.27	2.22	1.13
瑞　士	0.00	3.23	4.92	1.59	2.63	0.00	0.00	0.00	0.00	0.00	1.13
巴基斯坦	0.00	0.00	3.28	0.00	1.32	0.00	0.00	0.00	3.80	1.11	0.99

表 6－6　陶瓷材料 C 层人才排名前 20 的国家和地区的占比

单位：%

国家和地区	2010年	2011年	2012年	2013年	2014年	2015年	2016年	2017年	2018年	2019年	合计
中国大陆	17.87	20.33	23.04	22.87	26.26	29.96	30.41	35.94	39.20	39.98	29.12
美　国	13.48	13.77	12.02	8.97	6.94	7.64	6.65	7.67	6.51	7.29	8.90
印　度	6.11	4.59	9.02	7.77	9.80	8.22	7.21	6.96	8.17	7.41	7.56
伊　朗	1.88	2.13	3.34	4.63	7.07	4.41	4.53	3.69	4.02	3.77	4.01
韩　国	4.08	4.10	4.01	3.89	4.35	4.99	4.38	3.69	2.91	3.28	3.95
德　国	5.33	5.74	4.34	5.68	2.72	4.55	4.67	2.27	2.49	1.70	3.85
法　国	5.02	7.05	4.51	4.04	2.86	3.38	3.39	2.27	1.52	0.49	3.31
日　本	5.96	4.59	5.18	4.04	2.59	2.94	2.26	3.27	1.66	1.09	3.24
英　国	4.70	3.77	2.34	2.39	2.86	2.50	3.96	2.84	2.91	2.19	3.02
意大利	4.55	2.62	3.01	4.04	2.04	2.50	2.55	2.70	2.49	2.43	2.86
西班牙	3.45	2.13	3.01	3.44	2.18	2.35	1.98	1.99	1.52	1.34	2.29
沙特阿拉伯	0.47	0.33	1.00	0.75	1.50	1.91	1.84	1.28	3.74	4.62	1.84
马来西亚	1.72	1.15	1.67	1.64	2.59	2.50	1.84	1.70	1.66	1.58	1.81
土耳其	1.72	1.15	1.84	2.54	1.22	1.76	1.41	0.99	1.66	3.28	1.79
埃　及	1.10	0.98	2.00	1.49	2.45	1.32	0.85	0.99	2.22	2.67	1.64
巴　西	1.57	1.97	1.84	1.35	1.50	1.17	1.98	1.28	0.83	1.09	1.44
澳大利亚	0.63	1.64	1.34	1.49	1.36	1.03	0.99	1.42	1.80	1.09	1.28
巴基斯坦	0.00	0.82	0.50	1.49	1.22	0.44	1.41	1.42	1.39	2.07	1.12
中国台湾	2.51	1.97	1.17	1.64	1.36	0.59	0.85	0.85	0.00	0.36	1.09
俄罗斯	1.25	0.82	0.17	0.90	0.41	1.47	0.57	0.85	0.97	1.82	0.94

三　造纸和木材

造纸和木材 A 层人才最多的国家是美国，世界占比为 21.43%；奥地利、中国大陆、罗马尼亚 A 层人才占比紧随其后，均为 14.29%；瑞典、突尼斯、加拿大、丹麦、芬兰也有相当数量的 A 层人才，世界占比均为 7.14%。

B 层人才最多的是中国大陆，世界占比为 15.38%；美国、瑞典、加拿大、马来西亚、芬兰、法国、西班牙的 B 层人才比较多，世界占比在 11%~3% 之间；印度、伊朗、德国、巴西、澳大利亚、意大利、韩国、日本、挪威、英国、瑞士、沙特阿拉伯也有相当数量的 B 层人才，世界占比超过 1%。

C 层人才最多的是中国大陆，世界占比为 19.85%；美国、芬兰、加拿大、瑞典、日本、马来西亚、法国、德国、西班牙的 C 层人才比较多，世界占比在 12%~3% 之间；巴西、伊朗、奥地利、英国、韩国、葡萄牙、波兰、印度、意大利、瑞士也有相当数量的 C 层人才，世界占比超过 1%。

表 6-7　造纸和木材 A 层人才的国家和地区的占比

单位：%

国家和地区	2010年	2011年	2012年	2013年	2014年	2015年	2016年	2017年	2018年	2019年	合计
美　　国	0.00	0.00	0.00	50.00	50.00	0.00	0.00	0.00	0.00	33.33	21.43
奥 地 利	0.00	0.00	0.00	0.00	0.00	0.00	50.00	0.00	0.00	33.33	14.29
中国大陆	0.00	0.00	0.00	0.00	50.00	0.00	0.00	0.00	0.00	33.33	14.29
罗马尼亚	50.00	50.00	0.00	0.00	0.00	0.00	0.00	0.00	0.00	0.00	14.29
瑞　　典	0.00	0.00	0.00	0.00	0.00	0.00	50.00	0.00	0.00	0.00	7.14
突 尼 斯	0.00	0.00	0.00	0.00	0.00	0.00	0.00	100.00	0.00	0.00	7.14
加 拿 大	0.00	0.00	0.00	50.00	0.00	0.00	0.00	0.00	0.00	0.00	7.14
丹　　麦	50.00	0.00	0.00	0.00	0.00	0.00	0.00	0.00	0.00	0.00	7.14
芬　　兰	0.00	50.00	0.00	0.00	0.00	0.00	0.00	0.00	0.00	0.00	7.14

表 6-8　造纸和木材 B 层人才排名前 20 的国家和地区的占比

单位：%

国家和地区	2010年	2011年	2012年	2013年	2014年	2015年	2016年	2017年	2018年	2019年	合计
中国大陆	6.25	16.67	7.69	0.00	11.11	20.69	3.70	14.81	40.00	18.52	15.38
美　　国	12.50	16.67	11.54	9.09	7.41	10.34	11.11	18.52	5.71	7.41	10.77
瑞　　典	25.00	8.33	11.54	4.55	18.52	6.90	7.41	3.70	2.86	0.00	8.08
加 拿 大	0.00	4.17	3.85	4.55	11.11	20.69	3.70	7.41	0.00	0.00	5.77
马来西亚	6.25	8.33	3.85	9.09	0.00	3.45	7.41	11.11	5.71	0.00	5.38
芬　　兰	12.50	8.33	3.85	0.00	7.41	3.45	11.11	7.41	0.00	0.00	5.00
法　　国	0.00	0.00	11.54	4.55	0.00	6.90	7.41	0.00	5.71	3.70	4.23

续表

国家和地区	2010年	2011年	2012年	2013年	2014年	2015年	2016年	2017年	2018年	2019年	合计
西班牙	6.25	0.00	7.69	4.55	7.41	0.00	7.41	0.00	0.00	0.00	3.08
印度	0.00	4.17	0.00	4.55	3.70	3.45	0.00	3.70	2.86	3.70	2.69
伊朗	0.00	4.17	0.00	0.00	3.70	3.45	3.70	0.00	5.71	3.70	2.69
德国	0.00	0.00	3.85	4.55	0.00	0.00	3.70	0.00	2.86	11.11	2.69
巴西	6.25	0.00	0.00	0.00	3.70	0.00	0.00	7.41	2.86	3.70	2.31
澳大利亚	0.00	0.00	0.00	9.09	0.00	3.45	0.00	0.00	2.86	7.41	2.31
意大利	0.00	0.00	3.85	9.09	0.00	0.00	7.41	3.70	0.00	0.00	2.31
韩国	6.25	0.00	0.00	4.55	3.70	3.45	0.00	0.00	0.00	7.41	2.31
日本	6.25	0.00	0.00	4.55	0.00	3.45	0.00	7.41	2.86	0.00	2.31
挪威	0.00	4.17	0.00	4.55	7.41	0.00	3.70	0.00	0.00	0.00	1.92
英国	0.00	4.17	3.85	4.55	0.00	0.00	3.70	3.70	0.00	0.00	1.92
瑞士	6.25	0.00	0.00	4.55	11.11	0.00	0.00	0.00	0.00	0.00	1.92
沙特阿拉伯	0.00	4.17	0.00	0.00	0.00	0.00	7.41	0.00	0.00	3.70	1.54

表6-9 造纸和木材C层人才排名前20的国家和地区的占比

单位：%

国家和地区	2010年	2011年	2012年	2013年	2014年	2015年	2016年	2017年	2018年	2019年	合计
中国大陆	13.94	11.93	12.35	16.29	20.45	15.91	20.88	22.45	24.92	33.33	19.85
美国	18.75	9.05	13.15	13.57	14.39	8.33	8.42	10.20	9.63	7.94	11.06
芬兰	2.88	8.64	5.98	4.98	8.33	4.17	4.03	5.71	4.98	3.49	5.30
加拿大	2.88	4.12	6.37	4.07	8.33	4.55	4.76	4.08	4.65	4.13	4.84
瑞典	5.77	3.70	5.18	4.07	4.92	4.92	5.86	4.49	4.32	3.49	4.64
日本	6.25	4.94	4.78	4.52	4.92	2.65	2.56	2.86	3.99	1.90	3.83
马来西亚	1.44	5.76	5.98	5.43	2.65	4.55	5.49	2.04	2.66	1.59	3.71
法国	4.81	5.35	6.37	4.07	3.03	4.17	1.83	2.04	2.33	2.54	3.56
德国	5.29	4.12	1.59	4.52	3.79	4.55	4.03	2.04	2.33	2.86	3.44
西班牙	1.44	3.29	4.78	3.62	1.52	3.03	4.40	4.08	2.99	1.27	3.02
巴西	3.37	4.12	3.19	2.26	1.89	3.03	2.56	3.67	0.66	1.90	2.59
伊朗	2.40	2.88	0.80	3.17	1.89	1.14	1.47	2.45	3.32	3.49	2.32
奥地利	2.40	3.29	1.59	1.36	1.52	3.41	2.56	0.82	0.66	1.27	1.86
英国	4.33	2.06	1.20	1.36	1.14	2.65	1.83	0.41	1.99	1.59	1.82
韩国	1.44	1.23	1.99	1.81	1.14	1.89	0.37	2.45	1.66	2.54	1.66
葡萄牙	1.44	1.65	1.59	3.17	1.52	1.89	2.20	1.63	1.00	0.32	1.59
波兰	0.48	0.41	0.80	1.36	0.76	1.14	2.93	2.04	2.99	1.59	1.51
印度	2.40	2.06	1.99	0.90	0.38	0.76	1.47	3.67	1.33	0.63	1.51
意大利	0.48	1.65	1.99	2.71	1.14	1.89	0.73	2.04	1.00	0.63	1.39
瑞士	2.40	2.06	1.99	1.36	2.27	0.38	1.47	0.82	1.00	0.63	1.39

四　涂料和薄膜

涂料和薄膜A层人才最多的是美国，世界占比为22.68%；中国大陆、德国、沙特阿拉伯、加拿大、瑞典、澳大利亚、法国、中国香港、印度的A层人才比较多，世界占比在22%~3%之间；日本、意大利、巴西、阿曼、捷克、巴基斯坦、冰岛、葡萄牙、伊朗、卡塔尔也有相当数量的A层人才，世界占比超过1%。

涂料和薄膜B层人才最多的是中国大陆，世界占比为29.64%；美国、德国、伊朗、日本、印度、加拿大、法国的B层人才比较多，世界占比在17%~3%之间；韩国、英国、澳大利亚、瑞士、沙特阿拉伯、西班牙、瑞典、中国香港、意大利、荷兰、土耳其、新加坡也有相当数量的B层人才，世界占比超过或接近1%。

涂料和薄膜C层人才最多的是中国大陆，世界占比为33.46%；美国、印度、伊朗、德国、韩国、加拿大的C层人才比较多，世界占比在11%~3%之间；日本、法国、英国、澳大利亚、中国台湾、西班牙、意大利、土耳其、波兰、瑞典、马来西亚、俄罗斯、中国香港也有相当数量的C层人才，世界占比超过或接近1%。

表6-10　涂料和薄膜A层人才排名前20的国家和地区的占比

单位：%

国家和地区	2010年	2011年	2012年	2013年	2014年	2015年	2016年	2017年	2018年	2019年	合计
美国	30.00	25.00	12.50	44.44	33.33	11.11	33.33	20.00	16.67	7.69	22.68
中国大陆	0.00	0.00	12.50	22.22	0.00	22.22	11.11	30.00	41.67	53.85	21.65
德国	30.00	0.00	12.50	0.00	11.11	0.00	22.22	0.00	0.00	0.00	7.22
沙特阿拉伯	0.00	0.00	0.00	0.00	0.00	11.11	0.00	20.00	8.33	7.69	5.15
加拿大	10.00	12.50	0.00	0.00	11.11	11.11	0.00	0.00	8.33	0.00	5.15
瑞典	10.00	0.00	12.50	0.00	11.11	0.00	11.11	0.00	0.00	0.00	4.12
澳大利亚	10.00	25.00	0.00	11.11	0.00	0.00	0.00	0.00	0.00	0.00	4.12
法国	0.00	0.00	0.00	0.00	0.00	22.22	0.00	0.00	8.33	0.00	3.09
中国香港	0.00	0.00	0.00	0.00	0.00	11.11	0.00	10.00	0.00	7.69	3.09
印度	0.00	0.00	0.00	0.00	0.00	0.00	11.11	10.00	0.00	7.69	3.09
日本	0.00	0.00	0.00	11.11	0.00	11.11	0.00	0.00	0.00	0.00	2.06

续表

国家和地区	2010年	2011年	2012年	2013年	2014年	2015年	2016年	2017年	2018年	2019年	合计
意大利	0.00	0.00	0.00	0.00	11.11	0.00	0.00	0.00	8.33	0.00	2.06
巴　西	0.00	0.00	0.00	0.00	0.00	0.00	0.00	0.00	0.00	7.69	1.03
阿　曼	0.00	12.50	0.00	0.00	0.00	0.00	0.00	0.00	0.00	0.00	1.03
捷　克	0.00	0.00	12.50	0.00	0.00	0.00	0.00	0.00	0.00	0.00	1.03
巴基斯坦	0.00	12.50	0.00	0.00	0.00	0.00	0.00	0.00	0.00	0.00	1.03
冰　岛	0.00	0.00	12.50	0.00	0.00	0.00	0.00	0.00	0.00	0.00	1.03
葡萄牙	0.00	0.00	0.00	0.00	11.11	0.00	0.00	0.00	0.00	0.00	1.03
伊　朗	0.00	0.00	0.00	0.00	0.00	0.00	11.11	0.00	0.00	0.00	1.03
卡塔尔	0.00	0.00	0.00	0.00	0.00	0.00	0.00	0.00	0.00	7.69	1.03

表6-11　涂料和薄膜B层人才排名前20的国家和地区的占比

单位：%

国家和地区	2010年	2011年	2012年	2013年	2014年	2015年	2016年	2017年	2018年	2019年	合计
中国大陆	14.02	17.50	13.75	14.77	31.40	25.29	32.14	40.00	53.33	43.80	29.64
美　国	23.36	26.25	35.00	23.86	18.60	13.79	5.95	9.00	10.48	8.26	16.84
德　国	6.54	5.00	3.75	3.41	6.98	6.90	9.52	7.00	1.90	1.65	5.12
伊　朗	7.48	3.75	1.25	2.27	6.98	2.30	5.95	4.00	4.76	4.96	4.48
日　本	5.61	5.00	3.75	9.09	4.65	4.60	1.19	3.00	1.90	1.65	3.94
印　度	4.67	2.50	1.25	9.09	3.49	2.30	3.57	2.00	3.81	4.13	3.73
加拿大	4.67	8.75	1.25	4.55	2.33	2.30	2.38	5.00	1.90	3.31	3.62
法　国	5.61	5.00	2.50	3.41	3.49	4.60	3.57	3.00	0.95	1.65	3.30
韩　国	3.74	3.75	1.25	3.41	2.33	4.60	0.00	3.00	0.95	4.13	2.77
英　国	0.93	2.50	3.75	2.27	3.49	4.60	1.19	1.00	0.95	2.48	2.24
澳大利亚	0.93	0.00	1.25	4.55	0.00	1.15	5.95	1.00	1.90	0.83	1.71
瑞　士	1.87	1.25	0.00	1.14	0.00	2.30	3.57	1.00	0.00	0.83	1.17
沙特阿拉伯	0.00	1.25	0.00	0.00	0.00	3.45	2.38	1.00	0.95	2.48	1.17
西班牙	0.93	1.25	2.50	1.14	0.00	2.30	1.19	0.00	0.95	1.65	1.17
瑞　典	2.80	0.00	1.25	1.14	1.16	0.00	1.19	1.00	0.95	0.83	1.07
中国香港	0.00	0.00	1.25	2.27	0.00	2.30	1.19	0.00	1.90	0.83	0.96
意大利	1.87	0.00	1.25	1.14	0.00	2.30	1.19	1.00	0.00	0.83	0.96
荷　兰	1.87	2.50	2.50	0.00	0.00	1.15	0.00	0.00	0.00	1.65	0.96
土耳其	0.93	1.25	0.00	1.14	2.33	0.00	1.19	2.00	0.95	0.00	0.96
新加坡	0.00	0.00	2.50	0.00	1.16	1.15	2.38	0.00	0.00	1.65	0.85

表 6-12　涂料和薄膜 C 层人才排名前 20 的国家和地区的占比

单位：%

国家和地区	2010年	2011年	2012年	2013年	2014年	2015年	2016年	2017年	2018年	2019年	合计
中国大陆	19.13	23.89	25.19	27.36	32.64	35.93	33.37	41.90	45.79	42.25	33.46
美　　国	14.20	13.32	14.09	12.71	13.30	9.61	10.69	7.83	7.24	6.12	10.59
印　　度	4.73	5.61	5.99	3.27	4.80	4.92	4.04	5.82	4.62	6.12	5.03
伊　　朗	2.80	4.44	3.74	5.33	5.91	3.09	4.63	4.13	5.70	5.79	4.59
德　　国	3.96	4.57	4.61	5.69	4.31	4.92	4.63	4.34	3.35	2.45	4.17
韩　　国	4.83	4.96	3.37	3.03	3.69	2.86	3.44	2.86	4.07	3.67	3.69
加 拿 大	3.19	4.05	3.24	4.48	3.82	3.66	2.85	3.07	2.62	1.79	3.18
日　　本	5.89	5.48	3.62	3.15	1.48	2.63	1.78	2.43	1.09	1.22	2.79
法　　国	4.44	3.26	3.37	4.00	1.97	2.06	2.85	1.69	1.81	2.04	2.71
英　　国	2.80	1.83	2.49	2.06	2.22	2.29	2.38	2.22	1.99	2.04	2.23
澳大利亚	2.13	1.70	1.87	1.45	1.23	1.37	1.66	1.59	1.72	1.88	1.68
中国台湾	3.67	2.74	2.24	2.18	1.60	0.34	0.83	0.74	0.90	1.31	1.64
西 班 牙	3.00	1.17	1.37	1.69	1.60	1.83	2.14	1.06	1.27	0.90	1.59
意 大 利	1.64	1.96	2.12	0.73	1.60	1.37	1.19	1.16	1.63	1.22	1.45
土 耳 其	1.55	1.17	1.50	1.21	1.35	1.37	1.43	0.53	0.81	1.06	1.18
波　　兰	1.45	0.65	1.00	0.73	1.11	1.49	1.43	1.27	1.09	0.98	1.13
瑞　　典	1.26	1.57	1.87	0.97	0.99	1.49	0.95	0.85	0.81	0.57	1.09
马来西亚	0.48	0.26	0.75	1.09	1.11	1.83	1.07	1.16	0.54	1.47	0.99
俄 罗 斯	0.77	1.17	0.62	1.21	0.62	0.92	0.83	0.85	0.63	1.14	0.88
中国香港	0.58	0.65	0.62	1.21	0.62	0.69	0.83	1.16	0.81	1.22	0.86

五　纺织材料

纺织材料 A、B、C 层人才最多的是中国大陆，分别占该学科全球 A、B、C 层人才的 26.09%、25.29%、31.24%。

美国、芬兰、瑞典的 A 层人才比较多，世界占比在 18%~8% 之间；奥地利、突尼斯、加拿大、丹麦、印度、意大利、马来西亚、巴基斯坦、中国台湾也有相当数量的 A 层人才，世界占比均为 4.35%。

印度、美国、加拿大、瑞典、韩国、法国、马来西亚、芬兰的 B 层人才比较多，世界占比在 7%~3% 之间；巴西、伊朗、西班牙、澳大利亚、意大利、瑞士、埃及、英国、巴基斯坦、德国、沙特阿拉伯也有相当数量的 B 层人才，世界占比超过1%。

美国、印度、韩国、伊朗、土耳其的C层人才比较多，世界占比在7%～3%之间；法国、日本、加拿大、瑞典、芬兰、意大利、西班牙、中国香港、英国、波兰、埃及、德国、澳大利亚、巴西也有相当数量的C层人才，世界占比超过1%。

表6-13 纺织材料A层人才的国家和地区的占比

单位：%

国家和地区	2010年	2011年	2012年	2013年	2014年	2015年	2016年	2017年	2018年	2019年	合计
中国大陆	0.00	33.33	0.00	0.00	33.33	0.00	0.00	33.33	100.00	40.00	26.09
美国	0.00	33.33	0.00	33.33	33.33	0.00	0.00	0.00	0.00	20.00	17.39
芬兰	0.00	33.33	0.00	0.00	0.00	0.00	33.33	0.00	0.00	0.00	8.70
瑞典	50.00	0.00	0.00	0.00	0.00	0.00	33.33	0.00	0.00	0.00	8.70
奥地利	0.00	0.00	0.00	0.00	0.00	0.00	0.00	0.00	0.00	20.00	4.35
突尼斯	0.00	0.00	0.00	0.00	0.00	0.00	0.00	33.33	0.00	0.00	4.35
加拿大	0.00	0.00	0.00	33.33	0.00	0.00	0.00	0.00	0.00	0.00	4.35
丹麦	50.00	0.00	0.00	0.00	0.00	0.00	0.00	0.00	0.00	0.00	4.35
印度	0.00	0.00	0.00	0.00	33.33	0.00	0.00	0.00	0.00	0.00	4.35
意大利	0.00	0.00	0.00	33.33	0.00	0.00	0.00	0.00	0.00	0.00	4.35
马来西亚	0.00	0.00	0.00	0.00	0.00	0.00	0.00	33.33	0.00	0.00	4.35
巴基斯坦	0.00	0.00	0.00	0.00	0.00	0.00	33.33	0.00	0.00	0.00	4.35
中国台湾	0.00	0.00	0.00	0.00	0.00	0.00	0.00	0.00	0.00	20.00	4.35

表6-14 纺织材料B层人才排名前20的国家和地区的占比

单位：%

国家和地区	2010年	2011年	2012年	2013年	2014年	2015年	2016年	2017年	2018年	2019年	合计
中国大陆	7.69	15.63	25.00	16.13	13.33	25.00	12.50	36.96	42.86	36.73	25.29
印度	0.00	0.00	3.57	0.00	3.33	3.13	3.13	13.04	9.52	16.33	6.32
美国	7.69	3.13	17.86	12.90	3.33	6.25	6.25	8.70	0.00	0.00	6.03
加拿大	0.00	3.13	7.14	9.68	10.00	18.75	3.13	2.17	0.00	0.00	4.89
瑞典	7.69	3.13	7.14	0.00	16.67	6.25	6.25	2.17	2.38	2.04	4.89
韩国	7.69	6.25	0.00	9.68	3.33	6.25	3.13	4.35	7.14	2.04	4.89
法国	7.69	0.00	7.14	6.45	0.00	6.25	6.25	0.00	4.76	4.08	4.02
马来西亚	3.85	3.13	3.57	0.00	0.00	3.13	6.25	2.17	4.76	6.12	3.45
芬兰	7.69	3.13	7.14	3.23	6.67	0.00	9.38	0.00	0.00	0.00	3.16

续表

国家和地区	2010年	2011年	2012年	2013年	2014年	2015年	2016年	2017年	2018年	2019年	合计
巴　　西	15.38	3.13	0.00	3.23	3.33	0.00	0.00	2.17	2.38	2.04	2.87
伊　　朗	0.00	3.13	3.57	3.23	6.67	3.13	0.00	4.35	2.38	0.00	2.59
西 班 牙	3.85	0.00	3.57	3.23	10.00	0.00	6.25	0.00	0.00	0.00	2.30
澳大利亚	3.85	0.00	3.57	6.45	0.00	3.13	0.00	0.00	4.76	2.04	2.30
意 大 利	0.00	6.25	0.00	12.90	0.00	0.00	3.13	2.17	0.00	0.00	2.30
瑞　　士	3.85	6.25	0.00	0.00	13.33	0.00	0.00	2.17	0.00	0.00	2.30
埃　　及	0.00	6.25	0.00	0.00	0.00	3.13	3.13	2.17	2.38	4.08	2.30
英　　国	3.85	6.25	0.00	0.00	0.00	0.00	3.13	2.17	2.38	0.00	1.72
巴基斯坦	0.00	0.00	0.00	0.00	3.33	0.00	6.25	0.00	2.38	2.04	1.44
德　　国	3.85	0.00	3.57	0.00	0.00	0.00	3.13	0.00	0.00	4.08	1.44
沙特阿拉伯	0.00	3.13	0.00	0.00	0.00	0.00	6.25	2.17	0.00	2.04	1.44

表 6-15　纺织材料 C 层人才排名前 20 的国家和地区的占比

单位：%

国家和地区	2010年	2011年	2012年	2013年	2014年	2015年	2016年	2017年	2018年	2019年	合计
中国大陆	15.00	17.39	18.36	29.79	23.45	28.67	32.93	41.87	41.08	45.33	31.24
美　　国	8.08	8.07	5.86	6.16	11.03	6.64	6.59	6.22	7.37	4.47	6.87
印　　度	5.38	9.63	6.64	6.16	5.86	5.94	8.98	3.59	6.52	7.93	6.69
韩　　国	6.54	5.28	7.03	3.08	4.14	4.90	3.89	4.78	3.68	5.89	4.90
伊　　朗	3.85	2.48	5.08	4.79	5.52	5.24	5.39	3.11	2.27	1.63	3.72
土 耳 其	6.92	6.52	7.42	3.77	2.41	1.75	2.10	2.15	0.85	1.83	3.30
法　　国	3.08	2.80	5.08	3.08	4.14	4.20	1.80	2.39	2.27	1.42	2.85
日　　本	4.62	3.42	2.34	3.42	3.10	1.75	0.90	0.96	2.27	1.63	2.30
加 拿 大	1.92	2.17	1.56	1.71	4.83	3.15	1.80	2.63	2.55	1.22	2.30
瑞　　典	2.69	2.17	3.13	2.05	2.41	2.45	2.10	2.15	2.55	1.22	2.21
芬　　兰	0.77	2.48	2.34	2.40	4.48	1.75	2.10	1.44	2.83	0.61	2.03
意 大 利	1.15	2.17	1.56	4.79	2.41	3.50	1.50	1.91	1.13	0.20	1.91
西 班 牙	1.54	1.55	1.17	2.74	2.07	2.10	2.10	2.87	1.13	1.22	1.85
中国香港	4.62	4.35	1.95	0.68	3.10	0.70	0.60	1.20	0.85	1.42	1.85
英　　国	4.23	3.73	2.73	0.68	2.07	0.35	1.20	0.72	1.70	1.63	1.82
波　　兰	1.15	2.80	1.17	1.37	0.69	1.05	2.99	1.44	1.42	1.22	1.54
埃　　及	2.31	0.93	0.39	2.05	1.03	2.45	1.80	0.72	1.70	1.83	1.51
德　　国	1.54	1.86	1.56	2.05	1.03	1.75	1.80	0.96	0.57	1.42	1.42
澳大利亚	1.15	0.31	2.73	2.05	0.34	2.10	1.80	0.72	1.13	1.83	1.39
巴　　西	0.38	1.55	2.73	1.03	1.72	1.40	1.50	2.15	0.85	0.61	1.36

六　复合材料

复合材料 A 层人才最多的国家是美国，世界占比为 20.00%；中国大陆、阿尔及利亚、澳大利亚、英国、沙特阿拉伯、新西兰、中国香港、印度、意大利的 A 层人才比较多，世界占比在 16%~3% 之间；以色列、马来西亚、荷兰、葡萄牙、南非、加拿大、韩国、埃及、西班牙、德国也有相当数量的 A 层人才，世界占比均为 1.54%。

B 层人才最多的是中国大陆，世界占比为 20.68%；美国、澳大利亚、伊朗、意大利、沙特阿拉伯、阿尔及利亚、中国香港、印度、英国、韩国的 B 层人才比较多，世界占比在 12%~3% 之间；德国、埃及、葡萄牙、马来西亚、土耳其、加拿大、西班牙、日本、越南也有相当数量的 B 层人才，世界占比超过 1%。

C 层人才最多的是中国大陆，世界占比为 21.18%；美国、伊朗、意大利、英国、澳大利亚、韩国、印度的 C 层人才比较多，世界占比在 9%~3% 之间；德国、中国香港、法国、加拿大、西班牙、土耳其、葡萄牙、日本、沙特阿拉伯、马来西亚、比利时、越南也有相当数量的 C 层人才，世界占比超过 1%。

表 6－16　复合材料 A 层人才排名前 20 的国家和地区的占比

单位：%

国家和地区	2010年	2011年	2012年	2013年	2014年	2015年	2016年	2017年	2018年	2019年	合计
美　　国	28.57	0.00	20.00	20.00	16.67	40.00	0.00	28.57	44.44	0.00	20.00
中国大陆	0.00	0.00	20.00	0.00	0.00	0.00	0.00	42.86	22.22	36.36	15.38
阿尔及利亚	0.00	0.00	0.00	20.00	16.67	20.00	40.00	0.00	0.00	18.18	10.77
澳大利亚	0.00	20.00	20.00	0.00	0.00	0.00	0.00	14.29	22.22	9.09	9.23
英　　国	28.57	0.00	20.00	0.00	16.67	0.00	0.00	0.00	0.00	0.00	6.15
沙特阿拉伯	0.00	0.00	0.00	0.00	16.67	0.00	0.00	0.00	0.00	18.18	4.62
新西兰	0.00	0.00	0.00	0.00	16.67	0.00	20.00	0.00	11.11	0.00	4.62
中国香港	14.29	0.00	20.00	0.00	0.00	0.00	0.00	0.00	0.00	0.00	3.08
印　　度	0.00	0.00	0.00	20.00	0.00	20.00	0.00	0.00	0.00	0.00	3.08
意大利	0.00	20.00	0.00	0.00	0.00	20.00	0.00	0.00	0.00	0.00	3.08
以色列	14.29	0.00	0.00	0.00	0.00	0.00	0.00	0.00	0.00	0.00	1.54
马来西亚	0.00	0.00	0.00	0.00	0.00	0.00	20.00	0.00	0.00	0.00	1.54

续表

国家和地区	2010年	2011年	2012年	2013年	2014年	2015年	2016年	2017年	2018年	2019年	合计
荷　　兰	0.00	20.00	0.00	0.00	0.00	0.00	0.00	0.00	0.00	0.00	1.54
葡 萄 牙	0.00	0.00	0.00	20.00	0.00	0.00	0.00	0.00	0.00	0.00	1.54
南　　非	0.00	0.00	0.00	0.00	0.00	0.00	0.00	0.00	0.00	9.09	1.54
加 拿 大	0.00	20.00	0.00	0.00	0.00	0.00	0.00	0.00	0.00	0.00	1.54
韩　　国	0.00	0.00	0.00	20.00	0.00	0.00	0.00	0.00	0.00	0.00	1.54
埃　　及	0.00	0.00	0.00	0.00	16.67	0.00	0.00	0.00	0.00	0.00	1.54
西 班 牙	0.00	0.00	0.00	0.00	0.00	0.00	0.00	14.29	0.00	0.00	1.54
德　　国	14.29	0.00	0.00	0.00	0.00	0.00	0.00	0.00	0.00	0.00	1.54

表 6－17　复合材料 B 层人才排名前 20 的国家和地区的占比

单位：%

国家和地区	2010年	2011年	2012年	2013年	2014年	2015年	2016年	2017年	2018年	2019年	合计
中国大陆	9.52	10.87	19.57	22.22	15.09	12.28	16.44	20.90	34.09	30.69	20.68
美　　国	22.22	10.87	8.70	11.11	11.32	12.28	6.85	7.46	15.91	8.91	11.57
澳大利亚	6.35	2.17	8.70	5.56	7.55	8.77	2.74	20.90	12.50	0.00	7.41
伊　　朗	1.59	8.70	4.35	1.85	5.66	3.51	10.96	7.46	4.55	8.91	6.02
意 大 利	3.17	8.70	4.35	7.41	1.89	7.02	6.85	7.46	1.14	2.97	4.78
沙特阿拉伯	0.00	0.00	0.00	3.70	1.89	10.53	5.48	4.48	3.41	8.91	4.32
阿尔及利亚	0.00	2.17	0.00	1.85	1.89	8.77	2.74	5.97	5.68	6.93	4.01
中国香港	3.17	10.87	6.52	7.41	9.43	7.02	2.74	0.00	0.00	0.00	3.86
印　　度	1.59	2.17	4.35	9.26	7.55	3.51	4.11	4.48	2.27	1.98	3.86
英　　国	7.94	0.00	6.52	1.85	5.66	5.26	2.74	1.49	4.55	1.98	3.70
韩　　国	1.59	0.00	4.35	3.70	3.77	3.51	1.37	5.97	3.41	2.97	3.09
德　　国	7.94	2.17	2.17	3.70	3.77	0.00	2.74	1.49	3.41	0.99	2.78
埃　　及	1.59	2.17	0.00	3.70	0.00	10.53	2.74	0.00	1.14	3.96	2.62
葡 萄 牙	4.76	6.52	10.87	1.85	0.00	0.00	1.37	1.49	0.00	0.00	2.16
马来西亚	1.59	0.00	0.00	1.85	5.66	1.75	5.48	1.49	1.14	1.98	2.16
土 耳 其	1.59	0.00	2.17	7.41	1.89	1.75	0.00	2.99	0.00	2.97	2.01
加 拿 大	1.59	2.17	2.17	1.85	3.77	0.00	4.11	1.49	0.00	0.00	1.54
西 班 牙	3.17	4.35	2.17	0.00	0.00	0.00	0.00	0.00	3.41	0.00	1.23
日　　本	1.59	2.17	0.00	0.00	0.00	0.00	5.48	0.00	0.00	1.98	1.23
越　　南	0.00	2.17	0.00	0.00	0.00	0.00	4.11	1.49	0.00	2.97	1.23

表 6-18　复合材料 C 层人才排名前 20 的国家和地区的占比

单位：%

国家和地区	2010年	2011年	2012年	2013年	2014年	2015年	2016年	2017年	2018年	2019年	合计
中国大陆	9.28	11.09	12.02	13.13	18.11	20.34	25.96	24.54	31.87	29.93	21.18
美国	13.28	12.70	10.52	9.38	8.87	7.06	6.53	9.31	9.77	4.96	8.89
伊朗	4.96	4.44	5.36	7.32	4.07	5.38	6.23	6.91	5.01	8.03	5.94
意大利	4.48	5.65	4.94	7.50	7.39	7.73	7.42	6.63	5.62	2.68	5.80
英国	9.44	7.26	7.94	7.50	6.28	6.72	5.19	3.39	3.66	3.37	5.71
澳大利亚	3.36	4.64	6.44	4.88	4.25	5.21	3.56	3.95	5.25	5.25	4.67
韩国	2.40	4.03	3.22	4.69	4.81	5.88	4.15	3.67	3.30	4.96	4.13
印度	2.72	3.23	3.43	4.13	3.33	2.86	2.37	4.37	4.52	6.54	3.96
德国	5.76	4.44	1.93	1.88	4.44	2.52	2.67	2.40	2.81	1.68	2.95
中国香港	3.04	2.42	2.79	2.63	1.48	4.03	3.86	3.24	2.44	2.48	2.85
法国	3.36	6.45	4.51	3.38	3.88	2.35	2.82	2.12	0.73	1.49	2.81
加拿大	4.64	4.84	2.36	2.06	2.40	3.03	2.08	2.96	1.22	1.59	2.58
西班牙	2.40	3.23	5.15	3.19	1.66	1.68	2.23	2.54	2.56	1.19	2.43
土耳其	2.88	1.41	1.29	3.00	2.77	1.51	2.52	2.26	2.08	2.18	2.21
葡萄牙	2.72	2.22	3.43	4.13	2.59	1.85	1.19	1.69	1.10	1.39	2.07
日本	2.40	3.02	1.72	0.75	1.29	1.85	1.78	1.41	0.61	1.09	1.52
沙特阿拉伯	0.80	0.60	1.07	2.63	2.22	1.18	1.19	1.55	1.22	1.59	1.41
马来西亚	0.96	1.41	1.50	0.94	1.48	0.34	1.04	0.99	1.47	2.28	1.30
比利时	1.60	0.81	0.64	0.75	2.40	2.18	1.78	0.71	0.85	0.69	1.21
越南	0.32	0.40	0.43	1.50	0.55	2.02	1.48	0.99	1.34	1.88	1.18

七　材料检测和鉴定

材料检测和鉴定 A 层人才最多的国家是美国，世界占比为 17.78%；中国大陆、伊朗、英国、阿尔及利亚、法国、波兰、沙特阿拉伯、土耳其的 A 层人才比较多，世界占比在 14%~4% 之间；澳大利亚、巴西、埃及、拉脱维亚、马来西亚、荷兰、罗马尼亚、西班牙也有相当数量的 A 层人才，世界占比均为 2.22%。

B 层人才最多的国家是美国，世界占比为 13.36%；中国大陆、伊朗、英国、印度、意大利、德国、法国、沙特阿拉伯的 B 层人才比较多，世界占比在 13%~3% 之间；加拿大、韩国、巴西、日本、澳大利亚、阿尔及利亚、埃及、马来西亚、西班牙、土耳其、越南也有相当数量的B层人才，世界占比超过1%。

C层人才最多的是中国大陆，世界占比为19.60%；美国、伊朗、英国、法国、意大利、印度、德国的C层人才比较多，世界占比在12%~4%之间；波兰、韩国、加拿大、西班牙、日本、巴西、澳大利亚、土耳其、葡萄牙、俄罗斯、比利时、马来西亚也有相当数量的C层人才，世界占比超过1%。

表6-19　材料检测和鉴定A层人才的国家和地区的占比

单位：%

国家和地区	2010年	2011年	2012年	2013年	2014年	2015年	2016年	2017年	2018年	2019年	合计
美国	50.00	0.00	0.00	25.00	0.00	33.33	0.00	40.00	33.33	16.67	17.78
中国大陆	0.00	40.00	20.00	50.00	0.00	0.00	0.00	20.00	0.00	0.00	13.33
伊朗	0.00	40.00	0.00	0.00	0.00	0.00	40.00	20.00	0.00	0.00	11.11
英国	0.00	0.00	20.00	25.00	20.00	33.33	20.00	0.00	0.00	0.00	11.11
阿尔及利亚	0.00	0.00	0.00	0.00	20.00	0.00	20.00	0.00	0.00	33.33	8.89
法国	25.00	0.00	20.00	0.00	20.00	0.00	0.00	0.00	0.00	0.00	6.67
波兰	25.00	20.00	0.00	0.00	0.00	0.00	0.00	0.00	0.00	0.00	4.44
沙特阿拉伯	0.00	0.00	0.00	0.00	0.00	0.00	0.00	0.00	0.00	33.33	4.44
土耳其	0.00	0.00	0.00	0.00	0.00	0.00	0.00	20.00	33.33	0.00	4.44
澳大利亚	0.00	0.00	0.00	0.00	20.00	0.00	0.00	0.00	0.00	0.00	2.22
巴西	0.00	0.00	0.00	0.00	0.00	33.33	0.00	0.00	0.00	0.00	2.22
埃及	0.00	0.00	0.00	0.00	0.00	0.00	0.00	0.00	0.00	16.67	2.22
拉脱维亚	0.00	0.00	20.00	0.00	0.00	0.00	0.00	0.00	0.00	0.00	2.22
马来西亚	0.00	0.00	0.00	0.00	0.00	0.00	20.00	0.00	0.00	0.00	2.22
荷兰	0.00	0.00	0.00	0.00	20.00	0.00	0.00	0.00	0.00	0.00	2.22
罗马尼亚	0.00	0.00	0.00	0.00	0.00	0.00	0.00	0.00	33.33	0.00	2.22
西班牙	0.00	0.00	20.00	0.00	0.00	0.00	0.00	0.00	0.00	0.00	2.22

表6-20　材料检测和鉴定B层人才排名前20的国家和地区的占比

单位：%

国家和地区	2010年	2011年	2012年	2013年	2014年	2015年	2016年	2017年	2018年	2019年	合计
美国	21.62	20.45	17.39	13.95	10.87	15.00	12.77	9.26	8.00	8.77	13.36
中国大陆	13.51	13.64	8.70	11.63	15.22	10.00	4.26	16.67	18.00	14.04	12.72
伊朗	0.00	4.55	4.35	2.33	4.35	10.00	6.38	9.26	16.00	12.28	7.33
英国	10.81	15.91	10.87	4.65	4.35	5.00	6.38	3.70	2.00	1.75	6.25
印度	5.41	6.82	2.17	2.33	4.35	0.00	8.51	9.26	2.00	5.26	4.74

续表

国家和地区	2010年	2011年	2012年	2013年	2014年	2015年	2016年	2017年	2018年	2019年	合计
意大利	8.11	0.00	4.35	4.65	4.35	5.00	4.26	3.70	4.00	3.51	4.09
德国	0.00	11.36	4.35	0.00	2.17	5.00	4.26	1.85	8.00	3.51	4.09
法国	5.41	0.00	6.52	6.98	4.35	5.00	4.26	0.00	6.00	0.00	3.66
沙特阿拉伯	0.00	0.00	0.00	2.33	0.00	2.50	2.13	1.85	4.00	14.04	3.02
加拿大	2.70	2.27	0.00	2.33	2.17	7.50	6.38	3.70	2.00	0.00	2.80
韩国	8.11	0.00	6.52	2.33	4.35	5.00	0.00	0.00	0.00	0.00	2.37
巴西	5.41	6.82	2.17	2.33	2.17	0.00	0.00	3.70	0.00	0.00	2.16
日本	5.41	2.27	0.00	4.65	6.52	0.00	0.00	0.00	0.00	3.51	2.16
澳大利亚	0.00	2.27	4.35	4.65	4.35	0.00	0.00	3.70	0.00	0.00	1.94
阿尔及利亚	0.00	0.00	2.17	4.65	0.00	2.50	0.00	0.00	0.00	7.02	1.72
埃及	0.00	0.00	0.00	0.00	0.00	2.50	4.26	3.70	0.00	5.26	1.72
马来西亚	2.70	0.00	0.00	2.33	4.35	0.00	2.13	1.85	4.00	0.00	1.72
西班牙	0.00	0.00	4.35	6.98	0.00	0.00	2.13	0.00	2.00	0.00	1.51
土耳其	0.00	0.00	0.00	0.00	0.00	0.00	4.26	3.70	0.00	5.26	1.51
越南	0.00	0.00	0.00	0.00	0.00	2.50	0.00	1.85	4.00	3.51	1.29

表 6-21　材料检测和鉴定 C 层人才排名前 20 的国家和地区的占比

单位：%

国家和地区	2010年	2011年	2012年	2013年	2014年	2015年	2016年	2017年	2018年	2019年	合计
中国大陆	13.52	13.36	15.58	15.75	18.10	22.28	21.35	26.78	24.14	22.96	19.60
美国	15.05	14.87	10.53	9.55	11.37	12.47	9.37	8.86	10.57	9.57	11.09
伊朗	1.28	2.37	5.47	3.58	3.71	6.37	5.45	5.59	6.90	10.78	5.35
英国	5.87	5.17	7.79	6.21	5.57	3.98	5.66	4.62	4.83	3.13	5.24
法国	6.38	7.76	5.47	4.77	6.73	3.71	3.05	3.47	2.30	4.17	4.75
意大利	4.59	6.25	2.32	5.73	4.64	6.37	5.45	3.85	2.30	3.83	4.47
印度	4.85	5.39	4.42	4.30	3.71	4.24	4.14	3.85	3.68	5.57	4.44
德国	4.34	4.31	6.11	5.49	2.78	3.18	5.66	3.85	3.22	1.91	4.05
波兰	2.30	2.37	2.11	3.34	1.86	1.86	3.92	2.89	3.68	3.30	2.79
韩国	2.81	3.23	2.74	4.06	3.71	1.86	2.83	2.89	1.84	1.57	2.73
加拿大	3.32	2.59	2.11	2.39	2.78	3.71	1.09	2.70	4.14	2.26	2.66
西班牙	4.85	1.51	2.32	3.58	1.16	0.53	3.92	1.73	1.15	1.22	2.16
日本	1.02	3.45	2.53	1.67	2.09	2.65	1.53	2.70	1.84	1.39	2.09
巴西	1.02	1.51	2.53	2.63	1.62	1.06	2.40	1.93	1.61	2.09	1.87
澳大利亚	1.79	0.65	1.05	1.91	1.62	2.12	1.53	2.89	2.53	2.09	1.83

续表

国家和地区	2010年	2011年	2012年	2013年	2014年	2015年	2016年	2017年	2018年	2019年	合计
土耳其	1.79	1.72	2.53	0.72	0.46	1.86	1.53	1.35	2.07	2.96	1.74
葡萄牙	2.30	3.02	2.11	1.43	0.70	1.59	1.74	0.96	1.84	1.04	1.65
俄罗斯	1.02	2.16	1.05	2.15	1.86	1.33	1.31	1.73	2.30	0.87	1.56
比利时	1.79	0.65	1.47	1.19	2.09	1.06	2.61	1.35	2.07	0.35	1.43
马来西亚	1.79	0.65	2.53	2.63	2.09	0.80	0.44	0.39	0.46	1.39	1.30

八　多学科材料

多学科材料 A、B、C 层人才主要集中在美国和中国大陆，二者 A、B、C 层人才的世界占比合计为 49.50%、54.35%、47.58%，其中美国的 A 层人才多于中国大陆，B、C 层人才少于中国大陆。

英国、韩国、日本、德国、新加坡的 A 层人才比较多，世界占比在 6%～3%之间；澳大利亚、瑞士、沙特阿拉伯、加拿大、法国、意大利、中国香港、荷兰、中国台湾、西班牙、瑞典、比利时、爱尔兰也有相当数量的 A 层人才，世界占比超过 1%。

德国、韩国、新加坡、英国、澳大利亚、日本的 B 层人才比较多，世界占比在 5%～3%之间；中国香港、法国、加拿大、西班牙、沙特阿拉伯、瑞士、印度、中国台湾、意大利、荷兰、瑞典、以色列也有相当数量的 B 层人才，大部分世界占比超过 1%。

德国、韩国、英国、日本的 C 层人才比较多，世界占比在 6%～3%之间；澳大利亚、法国、印度、新加坡、西班牙、加拿大、中国香港、意大利、瑞士、中国台湾、荷兰、沙特阿拉伯、伊朗、瑞典也有相当数量的 C 层人才，世界占比超过或接近 1%。

表 6－22　多学科材料 A 层人才排名前 20 的国家和地区的占比

单位：%

国家和地区	2010年	2011年	2012年	2013年	2014年	2015年	2016年	2017年	2018年	2019年	合计
美国	31.48	38.97	26.85	35.10	30.00	26.53	30.19	27.11	25.00	22.48	28.81
中国大陆	12.96	19.12	22.82	13.91	16.88	17.01	18.87	22.89	25.51	29.36	20.69

续表

国家和地区	2010年	2011年	2012年	2013年	2014年	2015年	2016年	2017年	2018年	2019年	合计
英国	5. 56	5. 88	4. 03	5. 96	9. 38	9. 52	5. 03	7. 23	3. 57	2. 75	5. 72
韩国	7. 41	4. 41	4. 70	5. 30	3. 75	8. 16	6. 29	4. 82	3. 57	3. 67	5. 03
日本	9. 26	6. 62	4. 70	3. 31	2. 50	4. 76	5. 66	3. 61	3. 57	5. 50	4. 78
德国	6. 48	4. 41	6. 71	3. 31	5. 63	4. 08	5. 66	4. 82	3. 57	4. 13	4. 78
新加坡	2. 78	3. 68	6. 71	5. 30	2. 50	2. 72	2. 52	0. 60	2. 04	2. 75	3. 08
澳大利亚	1. 85	1. 47	2. 01	1. 32	2. 50	2. 04	1. 26	4. 82	4. 08	5. 05	2. 83
瑞士	0. 93	2. 21	2. 01	3. 97	2. 50	2. 72	4. 40	2. 41	2. 55	2. 29	2. 64
沙特阿拉伯	0. 00	2. 21	1. 34	0. 00	1. 88	2. 72	1. 89	4. 82	4. 08	2. 75	2. 33
加拿大	0. 93	1. 47	1. 34	0. 66	1. 25	2. 04	4. 40	3. 61	3. 06	1. 83	2. 14
法国	4. 63	1. 47	2. 01	4. 64	1. 25	2. 04	1. 26	3. 61	1. 02	0. 46	2. 08
意大利	2. 78	0. 00	1. 34	0. 66	3. 13	4. 76	1. 26	2. 41	1. 53	2. 29	2. 01
中国香港	0. 93	0. 74	1. 34	0. 66	2. 50	0. 68	1. 89	0. 00	2. 55	4. 13	1. 70
荷兰	1. 85	1. 47	1. 34	0. 66	1. 25	2. 72	1. 26	0. 60	1. 53	1. 83	1. 45
中国台湾	0. 00	0. 00	2. 68	1. 32	2. 50	0. 00	0. 63	0. 60	1. 53	0. 92	1. 07
西班牙	1. 85	0. 74	0. 67	0. 66	2. 50	1. 36	0. 00	1. 20	1. 02	0. 46	1. 01
瑞典	1. 85	1. 47	1. 34	0. 00	0. 00	0. 68	1. 26	0. 60	2. 04	0. 46	0. 94
比利时	0. 93	0. 00	0. 00	1. 99	0. 63	0. 68	1. 89	0. 00	0. 51	1. 38	0. 82
爱尔兰	0. 93	1. 47	1. 34	2. 65	0. 63	0. 68	0. 00	0. 00	0. 00	0. 46	0. 75

表 6-23　多学科材料 B 层人才排名前 20 的国家和地区的占比

单位：%

国家和地区	2010年	2011年	2012年	2013年	2014年	2015年	2016年	2017年	2018年	2019年	合计
中国大陆	16. 55	20. 21	22. 21	24. 38	25. 28	25. 60	29. 56	34. 59	40. 09	39. 98	29. 19
美国	35. 77	31. 09	28. 90	28. 32	26. 11	25. 23	23. 20	22. 17	19. 65	19. 58	25. 16
德国	6. 89	6. 01	4. 90	4. 16	5. 33	4. 68	4. 28	3. 94	2. 82	3. 29	4. 44
韩国	3. 49	5. 03	5. 79	6. 20	5. 12	4. 91	4. 49	3. 03	3. 11	2. 67	4. 27
新加坡	2. 98	2. 92	3. 71	3. 50	4. 85	3. 70	4. 14	4. 24	3. 78	4. 37	3. 89
英国	3. 60	4. 46	3. 71	4. 38	3. 74	3. 93	3. 94	4. 12	3. 39	2. 77	3. 76
澳大利亚	2. 57	2. 35	2. 38	2. 55	3. 53	3. 10	4. 14	4. 24	4. 52	3. 60	3. 40
日本	4. 73	4. 55	3. 94	3. 58	3. 25	3. 40	3. 52	2. 85	2. 60	2. 11	3. 32
中国香港	1. 34	1. 14	1. 63	1. 68	1. 59	2. 79	2. 28	2. 85	2. 88	3. 24	2. 25
法国	2. 26	2. 68	2. 08	2. 48	1. 87	1. 66	2. 35	1. 15	1. 41	1. 18	1. 84
加拿大	1. 75	1. 87	1. 63	1. 61	1. 52	1. 74	1. 86	1. 88	1. 75	2. 42	1. 83
西班牙	1. 85	2. 11	1. 78	2. 04	1. 39	1. 81	1. 73	1. 21	0. 79	1. 18	1. 53

续表

国家和地区	2010年	2011年	2012年	2013年	2014年	2015年	2016年	2017年	2018年	2019年	合计
沙特阿拉伯	0. 00	0. 65	0. 52	0. 88	1. 87	2. 49	1. 73	1. 82	1. 92	2. 00	1. 48
瑞士	1. 13	1. 79	1. 34	1. 53	1. 59	1. 81	1. 93	1. 09	1. 24	1. 08	1. 43
印度	1. 54	1. 46	1. 93	1. 31	1. 32	1. 44	0. 76	0. 91	1. 19	0. 98	1. 25
中国台湾	1. 54	1. 22	2. 08	1. 53	1. 94	1. 06	0. 90	0. 61	0. 62	1. 18	1. 23
意大利	1. 44	1. 30	1. 26	1. 82	1. 11	1. 51	1. 45	0. 97	0. 40	0. 51	1. 12
荷兰	1. 75	1. 14	1. 86	1. 24	0. 97	1. 06	0. 76	0. 85	0. 79	0. 46	1. 03
瑞典	0. 82	0. 81	0. 97	0. 66	1. 39	1. 21	0. 69	0. 55	1. 41	1. 03	0. 97
以色列	0. 51	0. 81	0. 45	0. 58	0. 69	0. 45	0. 69	0. 79	0. 45	0. 41	0. 58

表 6－24　多学科材料 C 层人才排名前 20 的国家和地区的占比

单位：%

国家和地区	2010年	2011年	2012年	2013年	2014年	2015年	2016年	2017年	2018年	2019年	合计
中国大陆	16. 22	17. 45	20. 46	22. 87	26. 50	29. 23	29. 80	33. 61	36. 01	37. 87	28. 15
美国	25. 35	23. 14	22. 86	21. 45	20. 18	19. 47	18. 55	17. 92	16. 15	14. 46	19. 43
德国	6. 34	6. 90	6. 22	6. 00	5. 50	5. 05	4. 70	4. 06	4. 26	3. 93	5. 15
韩国	4. 45	4. 90	4. 80	4. 84	5. 12	5. 09	4. 91	4. 47	4. 32	4. 21	4. 68
英国	4. 54	4. 17	4. 06	4. 18	3. 86	3. 68	3. 99	3. 71	3. 83	3. 18	3. 87
日本	5. 05	4. 91	4. 12	3. 87	3. 68	3. 13	3. 16	2. 74	2. 52	2. 61	3. 45
澳大利亚	2. 37	2. 33	2. 27	2. 54	2. 54	3. 06	3. 14	3. 36	3. 29	3. 71	2. 93
法国	4. 35	4. 08	3. 80	3. 38	2. 73	2. 30	2. 25	2. 02	1. 72	1. 39	2. 65
印度	2. 76	3. 19	2. 87	3. 04	2. 87	2. 48	2. 50	2. 17	2. 32	2. 51	2. 64
新加坡	2. 09	2. 21	2. 57	2. 33	2. 41	2. 82	2. 77	2. 96	2. 75	2. 61	2. 58
西班牙	2. 20	2. 35	2. 55	2. 23	2. 18	1. 85	1. 90	1. 66	1. 48	1. 30	1. 92
加拿大	2. 09	2. 18	2. 07	1. 97	2. 09	1. 83	1. 75	1. 68	1. 61	1. 78	1. 88
中国香港	0. 97	1. 20	1. 34	1. 29	1. 63	1. 94	1. 99	2. 14	2. 42	2. 24	1. 79
意大利	2. 32	2. 25	1. 89	2. 12	1. 92	1. 54	1. 61	1. 60	1. 45	1. 31	1. 75
瑞士	2. 10	1. 57	1. 60	1. 65	1. 51	1. 53	1. 47	1. 46	1. 50	1. 15	1. 52
中国台湾	1. 50	1. 68	1. 79	1. 39	1. 26	1. 23	1. 08	1. 00	0. 87	0. 88	1. 23
荷兰	1. 49	1. 56	1. 37	1. 29	1. 08	1. 14	1. 07	0. 98	0. 87	1. 00	1. 15
沙特阿拉伯	0. 23	0. 36	0. 48	0. 85	1. 14	1. 39	1. 45	1. 54	1. 44	1. 50	1. 11
伊朗	1. 25	1. 17	0. 90	0. 92	0. 84	0. 99	1. 12	1. 03	1. 05	1. 19	1. 04
瑞典	1. 24	1. 26	0. 91	1. 18	0. 95	1. 01	1. 03	0. 95	1. 00	0. 79	1. 01

九　石油工程

石油工程 A、B、C 层人才主要集中在中国大陆和美国，二者 A、B、C 层人才的世界占比合计为 52.00%、59.04%、47.90%，其中中国大陆的 A 层和 C 层人才多于美国，B 层人才少于美国。

澳大利亚的 A 层人才比较多，世界占比为 12.00%；加拿大、荷兰、马来西亚、墨西哥、尼日利亚、挪威、德国也有相当数量的 A 层人才，世界占比在 8%~4%。

加拿大、伊朗、澳大利亚、英国、印度的 B 层人才比较多，世界占比在 6%~3%之间；马来西亚、挪威、德国、沙特阿拉伯、俄罗斯、阿联酋、法国、荷兰、土耳其、巴基斯坦、日本、巴西、尼日利亚也有相当数量的 B 层人才，大部分世界占比超过 1%。

伊朗、加拿大、澳大利亚、英国、挪威的 C 层人才比较多，世界占比在 8%~3%之间；俄罗斯、法国、印度、沙特阿拉伯、马来西亚、巴西、荷兰、德国、日本、韩国、意大利、阿联酋、卡塔尔也有相当数量的 C 层人才，大部分世界占比超过 1%。

表 6－25　石油工程 A 层人才的国家和地区的占比

单位：%

国家和地区	2010年	2011年	2012年	2013年	2014年	2015年	2016年	2017年	2018年	2019年	合计
中国大陆	0.00	0.00	50.00	0.00	50.00	0.00	33.33	50.00	50.00	60.00	32.00
美　国	50.00	0.00	0.00	0.00	50.00	66.67	0.00	0.00	0.00	20.00	20.00
澳大利亚	0.00	0.00	50.00	33.33	0.00	0.00	33.33	0.00	0.00	0.00	12.00
加拿大	50.00	0.00	0.00	0.00	0.00	0.00	0.00	0.00	0.00	20.00	8.00
荷　兰	0.00	0.00	0.00	0.00	0.00	0.00	33.33	50.00	0.00	0.00	8.00
马来西亚	0.00	0.00	0.00	0.00	0.00	0.00	0.00	0.00	50.00	0.00	4.00
墨西哥	0.00	100.00	0.00	0.00	0.00	0.00	0.00	0.00	0.00	0.00	4.00
尼日利亚	0.00	0.00	0.00	33.33	0.00	0.00	0.00	0.00	0.00	0.00	4.00
挪　威	0.00	0.00	0.00	33.33	0.00	0.00	0.00	0.00	0.00	0.00	4.00
德　国	0.00	0.00	0.00	0.00	0.00	33.33	0.00	0.00	0.00	0.00	4.00

表 6－26　石油工程 B 层人才排名前 20 的国家和地区的占比

单位：%

国家和地区	2010年	2011年	2012年	2013年	2014年	2015年	2016年	2017年	2018年	2019年	合计
美　　国	40.00	55.56	40.91	27.59	46.15	21.43	28.57	27.78	29.73	25.00	32.42
中国大陆	12.00	11.11	27.27	31.03	11.54	17.86	21.43	38.89	35.14	38.64	26.62
加 拿 大	12.00	5.56	4.55	6.90	7.69	14.29	7.14	0.00	2.70	0.00	5.46
伊　　朗	4.00	0.00	4.55	10.34	7.69	7.14	7.14	0.00	0.00	4.55	4.44
澳大利亚	4.00	0.00	18.18	0.00	3.85	0.00	3.57	5.56	2.70	0.00	3.41
英　　国	4.00	0.00	0.00	3.45	7.69	3.57	0.00	2.78	5.41	4.55	3.41
印　　度	0.00	0.00	0.00	0.00	3.85	7.14	3.57	2.78	2.70	9.09	3.41
马来西亚	0.00	0.00	0.00	0.00	0.00	3.57	7.14	2.78	2.70	4.55	2.39
挪　　威	8.00	0.00	0.00	3.45	0.00	3.57	0.00	2.78	0.00	2.27	2.05
德　　国	0.00	5.56	0.00	3.45	0.00	7.14	3.57	0.00	0.00	2.27	2.05
沙特阿拉伯	0.00	5.56	0.00	0.00	3.85	3.57	0.00	0.00	8.11	0.00	2.05
俄 罗 斯	4.00	0.00	0.00	0.00	0.00	0.00	3.57	5.56	0.00	2.27	1.71
阿 联 酋	0.00	0.00	4.55	3.45	3.85	0.00	3.57	0.00	2.70	0.00	1.71
法　　国	4.00	0.00	0.00	3.45	3.85	0.00	3.57	0.00	0.00	0.00	1.37
荷　　兰	4.00	0.00	0.00	0.00	0.00	3.57	0.00	2.78	0.00	0.00	1.02
土 耳 其	0.00	0.00	0.00	0.00	0.00	0.00	0.00	2.78	0.00	2.27	0.68
巴基斯坦	0.00	0.00	0.00	0.00	0.00	3.57	3.57	0.00	0.00	0.00	0.68
日　　本	0.00	0.00	0.00	3.45	0.00	0.00	3.57	0.00	0.00	0.00	0.68
巴　　西	0.00	0.00	0.00	3.45	0.00	0.00	0.00	2.78	0.00	0.00	0.68
尼日利亚	0.00	0.00	0.00	0.00	0.00	0.00	0.00	0.00	2.70	0.00	0.34

表 6－27　石油工程 C 层人才排名前 20 的国家和地区的占比

单位：%

国家和地区	2010年	2011年	2012年	2013年	2014年	2015年	2016年	2017年	2018年	2019年	合计
中国大陆	11.72	13.71	13.74	20.55	18.37	26.34	22.01	29.36	38.56	35.39	24.85
美　　国	24.69	25.14	29.38	24.32	25.71	27.10	19.31	24.77	24.18	14.29	23.05
伊　　朗	5.02	10.86	7.58	6.51	10.61	7.25	8.11	5.81	7.52	9.38	7.83
加 拿 大	11.72	8.00	9.48	7.88	5.71	4.96	7.34	4.89	5.88	4.48	6.68
澳大利亚	2.93	2.86	4.27	4.79	5.31	4.20	3.86	5.20	2.94	4.69	4.20
英　　国	5.86	6.29	0.95	2.74	4.08	2.67	3.86	3.36	3.27	2.77	3.45
挪　　威	7.95	3.43	6.16	3.77	3.27	3.05	2.70	2.75	1.96	1.71	3.41
俄 罗 斯	3.35	5.14	1.90	3.77	2.86	1.91	1.93	3.36	2.94	0.85	2.62
法　　国	7.53	4.57	4.27	3.08	3.27	0.76	3.09	0.00	0.65	1.49	2.55

续表

国家和地区	2010年	2011年	2012年	2013年	2014年	2015年	2016年	2017年	2018年	2019年	合计
印度	1.67	1.14	1.90	2.05	0.41	3.05	3.47	2.45	1.96	2.56	2.15
沙特阿拉伯	0.84	1.14	1.42	1.03	2.04	2.67	3.09	3.06	0.65	3.62	2.12
马来西亚	0.84	1.14	0.95	1.03	0.82	1.91	1.16	2.14	1.63	4.05	1.80
巴西	2.09	0.57	1.90	1.71	1.22	3.05	3.47	0.00	0.65	1.28	1.54
荷兰	1.67	2.86	1.42	1.03	2.04	1.53	1.93	1.22	0.98	0.43	1.36
德国	0.84	1.14	2.37	1.71	3.67	0.38	1.16	1.22	0.33	0.21	1.18
日本	2.09	0.57	1.42	2.05	0.00	0.00	1.16	1.22	0.00	0.43	0.86
韩国	0.84	0.57	0.95	0.68	0.00	1.15	1.16	1.22	0.98	0.64	0.83
意大利	0.84	1.14	0.95	1.03	2.04	0.76	0.77	0.31	0.00	0.43	0.75
阿联酋	0.84	0.00	0.47	1.03	0.00	0.00	1.93	0.92	0.33	0.85	0.68
卡塔尔	0.00	0.00	0.00	0.68	0.00	0.38	0.77	0.31	0.98	1.71	0.61

十 采矿和矿物处理

采矿和矿物处理A层人才主要集中在中国大陆和美国，二者的世界占比合计为57.57%；加拿大、澳大利亚、印度、意大利、南非、西班牙、中国台湾、土耳其、比利时、英国、中国香港也有相当数量的A层人才，世界占比在10%~3%之间。

B层人才最多的是中国大陆，世界占比为31.72%；美国、澳大利亚、加拿大、德国、英国的B层人才比较多，世界占比在16%~3%之间；日本、法国、韩国、土耳其、印度、伊朗、奥地利、比利时、俄罗斯、马来西亚、西班牙、巴西、瑞士、瑞典也有相当数量的B层人才，世界占比超过或接近1%。

C层人才最多的是中国大陆，世界占比为28.02%；澳大利亚、美国、加拿大、英国、伊朗、德国、印度的C层人才比较多，世界占比在13%~3%之间；法国、南非、土耳其、日本、西班牙、巴西、瑞典、俄罗斯、意大利、智利、韩国、中国香港也有相当数量的C层人才，世界占比超过或接近1%。

表 6 –28　采矿和矿物处理 A 层人才的国家和地区的占比

单位：%

国家和地区	2010年	2011年	2012年	2013年	2014年	2015年	2016年	2017年	2018年	2019年	合计
中国大陆	50.00	0.00	0.00	0.00	33.33	25.00	0.00	66.67	33.33	57.14	33.33
美　国	0.00	0.00	0.00	50.00	33.33	0.00	100.00	33.33	16.67	28.57	24.24
加拿大	0.00	100.00	0.00	25.00	33.33	0.00	0.00	0.00	0.00	0.00	9.09
澳大利亚	50.00	0.00	0.00	0.00	0.00	0.00	0.00	0.00	0.00	14.29	6.06
印　度	0.00	0.00	0.00	0.00	0.00	0.00	0.00	0.00	16.67	0.00	3.03
意大利	0.00	0.00	50.00	0.00	0.00	0.00	0.00	0.00	0.00	0.00	3.03
南　非	0.00	0.00	0.00	0.00	0.00	0.00	0.00	0.00	16.67	0.00	3.03
西班牙	0.00	0.00	0.00	0.00	0.00	25.00	0.00	0.00	0.00	0.00	3.03
中国台湾	0.00	0.00	0.00	25.00	0.00	0.00	0.00	0.00	0.00	0.00	3.03
土耳其	0.00	0.00	50.00	0.00	0.00	0.00	0.00	0.00	0.00	0.00	3.03
比利时	0.00	0.00	0.00	0.00	0.00	25.00	0.00	0.00	0.00	0.00	3.03
英　国	0.00	0.00	0.00	0.00	0.00	25.00	0.00	0.00	0.00	0.00	3.03
中国香港	0.00	0.00	0.00	0.00	0.00	0.00	0.00	0.00	16.67	0.00	3.03

表 6 –29　采矿和矿物处理 B 层人才排名前 20 的国家和地区的占比

单位：%

国家和地区	2010年	2011年	2012年	2013年	2014年	2015年	2016年	2017年	2018年	2019年	合计
中国大陆	12.90	28.13	20.45	22.92	18.42	40.48	21.28	47.17	36.73	48.57	31.72
美　国	19.35	9.38	20.45	18.75	23.68	16.67	23.40	20.75	4.08	2.86	15.20
澳大利亚	12.90	18.75	20.45	8.33	7.89	11.90	12.77	13.21	6.12	18.57	13.22
加拿大	9.68	3.13	4.55	4.17	7.89	2.38	4.26	3.77	6.12	0.00	4.19
德　国	3.23	0.00	4.55	2.08	7.89	4.76	4.26	3.77	6.12	1.43	3.74
英　国	3.23	3.13	2.27	6.25	0.00	0.00	4.26	3.77	6.12	1.43	3.08
日　本	3.23	9.38	0.00	2.08	10.53	2.38	2.13	0.00	2.04	0.00	2.64
法　国	0.00	3.13	4.55	2.08	5.26	0.00	4.26	1.89	4.08	0.00	2.42
韩　国	0.00	0.00	2.27	2.08	0.00	2.38	2.13	1.89	0.00	7.14	2.20
土耳其	3.23	3.13	2.27	8.33	0.00	0.00	0.00	0.00	6.12	0.00	2.20
印　度	3.23	0.00	0.00	6.25	0.00	2.38	0.00	0.00	2.04	0.00	1.32
伊　朗	0.00	0.00	0.00	0.00	2.63	2.38	0.00	0.00	4.08	2.86	1.32
奥地利	0.00	6.25	0.00	0.00	0.00	2.38	4.26	0.00	0.00	0.00	1.10
比利时	3.23	0.00	0.00	2.08	0.00	2.38	2.13	0.00	2.04	0.00	1.10
俄罗斯	0.00	0.00	0.00	0.00	2.63	2.38	2.13	1.89	0.00	1.43	1.10
马来西亚	0.00	0.00	2.27	2.08	0.00	0.00	0.00	0.00	2.04	1.43	0.88

续表

国家和地区	2010年	2011年	2012年	2013年	2014年	2015年	2016年	2017年	2018年	2019年	合计
西班牙	0.00	3.13	0.00	2.08	0.00	0.00	0.00	0.00	0.00	2.86	0.88
巴　西	3.23	0.00	0.00	0.00	2.63	0.00	2.13	1.89	0.00	0.00	0.88
瑞　士	0.00	0.00	4.55	2.08	2.63	0.00	0.00	0.00	0.00	0.00	0.88
瑞　典	0.00	0.00	2.27	0.00	0.00	4.76	2.13	0.00	0.00	0.00	0.88

表6-30　采矿和矿物处理C层人才排名前20的国家和地区的占比

单位：%

国家和地区	2010年	2011年	2012年	2013年	2014年	2015年	2016年	2017年	2018年	2019年	合计
中国大陆	15.48	18.92	23.89	23.61	27.51	32.54	32.87	30.96	34.22	31.05	28.02
澳大利亚	14.19	15.20	13.30	8.58	13.23	11.40	13.33	12.83	10.96	13.04	12.42
美　国	9.68	11.15	10.10	10.09	13.49	13.54	12.87	11.41	9.83	8.06	10.89
加拿大	7.10	5.74	4.68	6.65	6.08	5.94	4.83	6.31	5.67	6.52	5.96
英　国	3.87	4.05	3.45	3.43	4.50	1.90	2.76	3.67	2.65	2.92	3.24
伊　朗	3.55	4.73	4.43	3.22	3.44	3.56	2.53	2.44	2.27	2.92	3.20
德　国	2.58	2.70	3.45	4.72	2.65	2.38	2.53	4.68	3.02	2.40	3.15
印　度	6.77	3.38	3.20	3.65	2.12	2.38	2.76	2.24	2.08	3.60	3.11
法　国	2.90	3.04	4.68	2.79	2.91	1.90	1.84	1.22	3.97	2.74	2.78
南　非	2.90	4.73	1.72	2.58	1.59	0.48	1.38	1.43	1.89	1.89	1.95
土耳其	4.84	2.36	2.22	1.07	2.38	2.38	0.92	1.22	1.70	1.37	1.90
日　本	2.26	2.03	1.23	2.36	2.91	1.66	1.15	0.81	2.08	1.37	1.74
西班牙	1.61	1.69	1.72	1.72	1.06	1.19	1.38	1.63	2.27	0.34	1.44
巴　西	3.55	1.35	1.23	1.29	1.06	0.24	1.61	1.43	0.95	1.37	1.34
瑞　典	2.26	0.34	1.48	1.93	1.59	1.43	1.61	0.61	0.95	1.20	1.32
俄罗斯	0.65	0.34	1.23	1.50	0.79	0.48	0.46	1.83	0.95	3.09	1.25
意大利	0.97	1.69	1.23	2.58	1.06	0.71	0.92	1.02	0.95	1.20	1.23
智　利	0.65	1.01	0.00	1.50	0.53	0.71	1.61	1.63	1.32	0.69	1.00
韩　国	1.29	2.03	0.99	0.64	1.06	0.95	0.69	0.61	0.57	1.20	0.95
中国香港	0.65	0.00	0.00	0.86	1.32	2.85	0.69	0.81	0.95	0.34	0.86

十一　机械工程

机械工程A、B、C层人才主要集中在美国和中国大陆，二者A、B、C层人才的世界占比合计为34.54%、36.06%、36.43%，其中美国的A层人才多于中国大陆，B、C 层人才少于中国大陆。

伊朗、英国、沙特阿拉伯、阿尔及利亚、巴基斯坦的 A 层人才比较多，世界占比在 8%~3% 之间；加拿大、澳大利亚、德国、韩国、法国、马来西亚、印度、埃及、芬兰、西班牙、新加坡、中国台湾、爱尔兰也有相当数量的 A 层人才，世界占比超过 1%。

伊朗、英国、德国的 B 层人才比较多，世界占比在 8%~3% 之间；法国、沙特阿拉伯、印度、澳大利亚、意大利、加拿大、韩国、巴基斯坦、土耳其、马来西亚、西班牙、中国香港、日本、新加坡、越南也有相当数量的 B 层人才，世界占比超过或接近 1%。

英国、伊朗、印度、意大利、德国、法国、加拿大、澳大利亚的 C 层人才比较多，世界占比在 6%~3% 之间；韩国、日本、西班牙、土耳其、中国香港、波兰、沙特阿拉伯、中国台湾、瑞典、新加坡也有相当数量的 C 层人才，世界占比超过 1%。

表 6-31　机械工程 A 层人才排名前 20 的国家和地区的占比

单位：%

国家和地区	2010年	2011年	2012年	2013年	2014年	2015年	2016年	2017年	2018年	2019年	合计
美国	25.00	35.14	30.77	32.61	26.67	22.73	10.91	20.75	9.26	7.02	21.29
中国大陆	7.50	2.70	7.69	10.87	20.00	18.18	23.64	9.43	12.96	14.04	13.25
伊朗	0.00	0.00	0.00	8.70	5.00	2.27	5.45	13.21	18.52	12.28	7.03
英国	5.00	10.81	9.62	4.35	3.33	4.55	7.27	0.00	3.70	0.00	4.62
沙特阿拉伯	0.00	0.00	0.00	2.17	3.33	2.27	10.91	7.55	3.70	8.77	4.22
阿尔及利亚	0.00	0.00	0.00	0.00	3.33	4.55	7.27	9.43	5.56	5.26	3.82
巴基斯坦	2.50	0.00	1.92	2.17	0.00	4.55	5.45	1.89	9.26	8.77	3.82
加拿大	5.00	5.41	5.77	6.52	0.00	2.27	1.82	1.89	1.85	0.00	2.81
澳大利亚	2.50	5.41	3.85	2.17	0.00	2.27	0.00	0.00	1.85	8.77	2.61
德国	0.00	5.41	3.85	2.17	6.67	4.55	1.82	0.00	0.00	0.00	2.41
韩国	2.50	2.70	5.77	2.17	1.67	4.55	3.64	0.00	1.85	0.00	2.41
法国	7.50	2.70	1.92	2.17	1.67	2.27	0.00	1.89	3.70	0.00	2.21
马来西亚	2.50	2.70	1.92	0.00	1.67	0.00	1.82	1.89	0.00	3.51	1.61
印度	5.00	0.00	3.85	0.00	1.67	2.27	1.82	0.00	0.00	1.75	1.61
埃及	0.00	0.00	0.00	0.00	0.00	2.27	5.45	5.66	0.00	0.00	1.41
芬兰	0.00	0.00	1.92	0.00	3.33	2.27	0.00	3.77	0.00	1.75	1.41

续表

国家和地区	2010年	2011年	2012年	2013年	2014年	2015年	2016年	2017年	2018年	2019年	合计
西班牙	5.00	5.41	1.92	0.00	1.67	0.00	0.00	0.00	1.85	0.00	1.41
新加坡	2.50	0.00	1.92	0.00	1.67	4.55	0.00	1.89	0.00	1.75	1.41
中国台湾	5.00	0.00	0.00	0.00	0.00	0.00	1.82	3.77	0.00	1.75	1.20
爱尔兰	2.50	5.41	1.92	2.17	0.00	2.27	0.00	0.00	0.00	0.00	1.20

表 6-32 机械工程 B 层人才排名前 20 的国家和地区的占比

单位：%

国家和地区	2010年	2011年	2012年	2013年	2014年	2015年	2016年	2017年	2018年	2019年	合计
中国大陆	9.24	10.82	14.02	18.96	17.57	24.57	23.33	21.53	23.81	27.71	19.60
美国	28.01	24.27	21.13	17.77	17.40	18.43	13.79	13.68	7.58	8.23	16.46
伊朗	2.52	3.51	4.81	4.27	6.15	5.41	9.33	9.86	11.26	10.84	7.07
英国	4.48	4.68	4.18	6.64	3.87	4.42	2.84	4.83	3.25	3.41	4.20
德国	3.08	5.85	3.77	4.74	3.87	2.46	1.83	2.01	3.03	1.41	3.12
法国	4.48	6.14	4.81	3.79	4.04	1.97	2.64	1.41	0.65	0.40	2.92
沙特阿拉伯	0.84	0.88	1.46	1.18	1.58	3.69	3.85	5.43	4.76	4.02	2.87
印度	5.88	1.75	3.35	4.03	2.64	3.19	4.06	1.21	1.95	1.41	2.87
澳大利亚	2.24	2.63	1.67	1.66	3.34	3.44	3.04	2.82	4.11	2.61	2.78
意大利	4.20	2.05	3.77	3.55	2.81	1.97	2.23	3.42	2.38	1.61	2.78
加拿大	4.20	4.39	1.67	3.32	3.51	3.69	1.83	2.01	2.38	1.81	2.78
韩国	1.96	3.22	3.56	3.32	4.22	1.72	2.03	1.01	0.87	0.60	2.25
巴基斯坦	1.12	0.58	0.84	0.95	1.05	0.25	2.23	6.04	3.90	2.01	1.99
土耳其	0.84	1.46	1.88	1.90	2.46	1.72	3.04	1.41	2.16	2.01	1.94
马来西亚	1.12	1.17	1.88	2.37	1.58	1.47	1.22	2.01	2.81	2.41	1.83
西班牙	2.24	1.17	2.51	1.42	1.93	1.23	0.81	1.21	1.08	0.40	1.39
中国香港	1.40	0.88	1.46	1.90	1.23	1.97	0.61	0.80	1.73	2.01	1.39
日本	2.80	1.75	1.88	0.95	1.41	0.25	1.22	1.01	0.43	1.00	1.24
新加坡	1.40	0.58	1.67	0.47	1.05	1.97	0.41	1.41	0.87	0.20	0.99
越南	0.00	0.00	0.42	0.24	0.18	0.00	0.61	1.41	2.16	4.02	0.97

表 6-33 机械工程 C 层人才排名前 20 的国家和地区的占比

单位：%

国家和地区	2010年	2011年	2012年	2013年	2014年	2015年	2016年	2017年	2018年	2019年	合计
中国大陆	12.64	12.79	16.46	18.29	20.12	23.33	26.09	27.14	29.98	30.43	22.23
美国	19.25	19.22	16.40	16.98	14.25	15.03	12.40	11.94	9.81	9.88	14.20

续表

国家和地区	2010年	2011年	2012年	2013年	2014年	2015年	2016年	2017年	2018年	2019年	合计
英国	6.39	6.67	5.88	5.96	5.39	5.62	5.11	4.75	4.71	5.17	5.50
伊朗	2.77	2.87	4.36	3.21	4.48	3.36	5.29	5.38	5.50	6.05	4.45
印度	4.07	4.22	4.64	4.18	4.07	3.23	4.65	4.73	4.17	5.21	4.35
意大利	4.12	4.22	4.70	4.25	4.40	3.92	3.85	3.40	3.22	2.67	3.86
德国	4.67	4.62	4.13	3.81	3.96	3.71	3.11	3.32	2.91	2.54	3.63
法国	5.64	5.22	4.15	4.87	3.67	3.87	2.88	2.53	2.12	2.00	3.58
加拿大	3.62	3.95	3.25	2.97	3.01	3.08	3.05	2.55	2.77	2.86	3.07
澳大利亚	1.88	2.90	2.53	3.04	3.12	3.71	3.11	3.46	3.34	2.98	3.03
韩国	3.87	3.20	3.65	3.16	3.26	3.03	2.55	2.38	2.05	1.87	2.87
日本	3.43	2.38	2.00	2.45	2.38	1.73	1.57	1.85	1.10	1.62	2.02
西班牙	2.30	2.44	1.83	2.55	2.24	2.06	1.44	1.39	1.60	1.18	1.87
土耳其	1.80	1.57	1.48	1.46	1.38	1.48	1.44	1.39	1.69	1.26	1.48
中国香港	1.11	1.45	1.37	0.86	1.28	1.09	1.48	1.14	1.76	1.93	1.36
波兰	0.91	0.81	1.29	0.96	1.60	1.60	1.48	1.22	1.15	1.16	1.24
沙特阿拉伯	0.41	0.66	0.72	0.94	0.90	1.14	1.30	1.67	1.69	1.62	1.13
中国台湾	1.69	2.29	1.81	1.41	1.10	0.86	0.45	0.63	0.79	0.44	1.10
瑞典	1.27	1.33	1.03	1.56	1.19	1.25	0.74	0.98	0.97	0.63	1.07
新加坡	1.33	0.94	0.80	1.48	1.21	1.07	1.09	0.77	0.97	1.01	1.06

十二　制造工程

制造工程A层人才主要集中在美国，世界占比为22.22%；德国、法国、英国、中国大陆、澳大利亚、加拿大、意大利的A层人才比较多，世界占比在10%~4%之间；丹麦、印度、伊朗、瑞典、马来西亚、西班牙、比利时、巴西、俄罗斯、中国香港、新加坡、韩国也有相当数量的A层人才，世界占比超过1%。

制造工程B层人才主要集中在美国和中国大陆，二者世界占比分别为16.28%和14.69%；英国、德国、加拿大、印度、法国、澳大利亚的B层人才比较多，世界占比在10%~3%之间；意大利、中国香港、韩国、日本、新加坡、比利时、瑞典、荷兰、西班牙、伊朗、丹麦、葡萄牙也有相当数量的B层人才，世界占比超过1%。

制造工程C层人才主要集中在中国大陆和美国，二者世界占比分别为18.44%和14.68%；英国、印度、德国、加拿大、意大利、法国的C层人才比较多，世界占比在8%～3%之间；伊朗、韩国、日本、澳大利亚、中国台湾、中国香港、西班牙、土耳其、新加坡、瑞典、荷兰、马来西亚也有相当数量的C层人才，世界占比超过1%。

表6－34 制造工程A层人才排名前20的国家和地区的占比

单位：%

国家和地区	2010年	2011年	2012年	2013年	2014年	2015年	2016年	2017年	2018年	2019年	合计
美国	9.09	27.78	17.65	33.33	37.50	28.57	9.09	8.33	33.33	9.52	22.22
德国	27.27	11.11	5.88	13.33	6.25	0.00	9.09	8.33	0.00	19.05	9.80
法国	0.00	0.00	5.88	6.67	0.00	7.14	9.09	8.33	11.11	23.81	7.84
英国	18.18	5.56	5.88	13.33	6.25	7.14	9.09	8.33	5.56	0.00	7.19
中国大陆	0.00	5.56	0.00	13.33	12.50	0.00	0.00	8.33	16.67	0.00	5.88
澳大利亚	0.00	0.00	11.76	0.00	0.00	28.57	9.09	0.00	5.56	0.00	5.23
加拿大	0.00	5.56	17.65	0.00	0.00	0.00	0.00	0.00	11.11	4.76	4.58
意大利	9.09	11.11	5.88	6.67	0.00	0.00	9.09	8.33	0.00	0.00	4.58
丹麦	0.00	0.00	5.88	0.00	12.50	0.00	9.09	0.00	0.00	0.00	2.61
印度	0.00	0.00	0.00	0.00	6.25	7.14	0.00	8.33	0.00	4.76	2.61
伊朗	0.00	0.00	0.00	0.00	6.25	0.00	0.00	0.00	5.56	4.76	1.96
瑞典	0.00	5.56	5.88	0.00	0.00	7.14	0.00	0.00	0.00	0.00	1.96
马来西亚	0.00	0.00	0.00	0.00	0.00	0.00	9.09	8.33	0.00	4.76	1.96
西班牙	0.00	5.56	5.88	6.67	0.00	0.00	0.00	0.00	0.00	0.00	1.96
比利时	0.00	0.00	5.88	0.00	6.25	0.00	0.00	8.33	0.00	0.00	1.96
巴西	0.00	0.00	0.00	0.00	0.00	0.00	0.00	8.33	5.56	4.76	1.96
俄罗斯	0.00	0.00	0.00	0.00	0.00	0.00	0.00	0.00	0.00	14.29	1.96
中国香港	9.09	5.56	0.00	0.00	0.00	0.00	0.00	0.00	0.00	0.00	1.31
新加坡	0.00	0.00	0.00	0.00	0.00	7.14	0.00	8.33	0.00	0.00	1.31
韩国	0.00	5.56	0.00	6.67	0.00	0.00	0.00	0.00	0.00	0.00	1.31

表6－35 制造工程B层人才排名前20的国家和地区的占比

单位：%

国家和地区	2010年	2011年	2012年	2013年	2014年	2015年	2016年	2017年	2018年	2019年	合计
美国	23.36	13.41	17.56	13.79	17.57	18.25	16.18	11.97	13.95	18.95	16.28
中国大陆	8.41	7.82	8.29	18.39	6.76	13.49	13.24	24.65	21.51	22.63	14.69

续表

国家和地区	2010年	2011年	2012年	2013年	2014年	2015年	2016年	2017年	2018年	2019年	合计
英　国	9.35	10.06	9.76	11.49	7.43	9.52	10.29	9.15	9.30	7.89	9.44
德　国	6.54	10.06	5.37	5.75	13.51	7.94	6.62	4.93	4.65	3.68	6.78
加拿大	4.67	10.61	4.39	3.45	3.38	5.56	1.47	1.41	3.49	1.58	4.05
印　度	2.80	2.23	5.85	1.15	6.08	6.35	4.41	4.23	2.91	4.74	4.05
法　国	3.74	3.91	2.44	5.17	2.70	2.38	5.88	2.82	5.81	4.21	3.93
澳大利亚	6.54	2.79	3.90	2.87	2.03	3.97	2.94	4.93	2.91	2.63	3.42
意大利	0.93	1.12	2.93	3.45	2.70	3.97	3.68	4.23	4.07	2.63	2.98
中国香港	1.87	1.68	3.41	6.32	0.68	1.59	3.68	0.70	4.07	2.11	2.72
韩　国	0.93	2.79	3.41	1.72	4.05	4.76	0.74	2.82	1.16	0.00	2.22
日　本	5.61	2.79	3.41	4.02	0.68	1.59	2.21	0.70	0.58	1.05	2.22
新加坡	1.87	2.23	0.98	1.15	1.35	1.59	2.21	4.23	2.91	2.11	2.03
比利时	0.93	3.35	1.95	1.72	4.73	1.59	2.21	0.00	1.16	1.58	1.96
瑞　典	0.93	1.12	1.46	1.72	2.03	3.17	0.74	4.93	0.58	1.05	1.71
荷　兰	1.87	2.79	1.95	0.57	2.03	0.79	2.21	0.00	0.58	1.58	1.46
西班牙	2.80	2.23	2.44	1.72	0.68	0.79	2.21	0.00	1.16	0.00	1.39
伊　朗	0.00	2.23	2.44	2.30	0.68	2.38	0.74	0.70	0.58	1.05	1.39
丹　麦	0.93	1.68	0.98	2.30	2.70	0.00	0.74	0.70	2.33	1.05	1.39
葡萄牙	0.00	1.68	1.95	0.57	2.03	0.00	0.00	3.52	0.58	1.05	1.20

表6-36　制造工程C层人才排名前20的国家和地区的占比

单位：%

国家和地区	2010年	2011年	2012年	2013年	2014年	2015年	2016年	2017年	2018年	2019年	合计
中国大陆	11.16	12.37	15.08	15.16	18.30	19.22	24.82	21.06	23.07	24.02	18.44
美　国	17.23	15.02	14.06	14.45	14.61	16.24	12.97	14.41	14.96	13.89	14.68
英　国	8.08	6.89	6.70	6.73	6.60	7.75	7.77	6.57	7.07	7.28	7.08
印　度	6.35	6.44	6.03	6.31	6.24	6.38	6.57	5.15	6.14	6.46	6.21
德　国	5.20	4.46	4.70	4.66	4.33	3.55	3.52	4.56	3.42	3.34	4.16
加拿大	4.43	4.18	4.35	4.37	3.97	2.26	3.04	2.61	4.81	3.17	3.78
意大利	3.56	4.18	2.76	4.13	3.62	4.36	3.20	4.26	3.25	3.23	3.62
法　国	3.56	3.44	3.48	4.25	3.40	4.28	3.36	3.14	3.13	2.68	3.45
伊　朗	3.27	3.84	3.17	3.83	2.62	2.58	2.80	2.46	2.61	2.08	2.94
韩　国	2.79	4.12	3.78	2.77	3.19	2.50	2.32	2.61	1.86	2.02	2.83
日　本	3.46	3.56	2.91	2.18	2.62	2.26	1.92	2.24	1.45	1.37	2.37
澳大利亚	2.12	1.81	1.89	2.30	2.27	3.39	1.68	3.66	2.49	2.30	2.35
中国台湾	3.75	3.73	4.45	2.71	2.84	1.21	0.72	1.19	1.04	1.04	2.33
中国香港	2.21	2.43	2.61	2.54	1.91	2.18	1.92	1.87	2.03	2.52	2.26

续表

国家和地区	2010年	2011年	2012年	2013年	2014年	2015年	2016年	2017年	2018年	2019年	合计
西班牙	2.31	2.54	2.66	2.83	1.35	1.62	1.44	1.87	1.74	1.42	2.01
土耳其	2.79	2.26	2.40	2.06	1.91	2.10	1.36	1.12	1.04	1.09	1.80
新加坡	2.02	1.98	1.79	1.30	1.70	1.94	2.00	1.72	2.09	1.42	1.78
瑞　典	0.77	1.07	1.38	1.36	1.56	1.05	2.08	1.94	1.33	1.70	1.43
荷　兰	1.92	1.36	1.64	1.24	1.84	1.53	0.88	0.37	0.93	0.88	1.25
马来西亚	1.06	0.96	1.28	1.30	1.49	1.45	1.36	0.82	0.99	0.49	1.10

十三　能源和燃料

能源和燃料A、B、C层人才主要集中在中国大陆和美国，二者A、B、C层人才的世界占比合计为41.26%、43.89%、40.82%，其中中国大陆的A层人才与美国相当，B层和C层人才均多于美国。

英国、德国、日本、意大利、澳大利亚、加拿大、新加坡、韩国的A层人才比较多，世界占比在6%~3%之间；西班牙、瑞士、印度、中国香港、法国、荷兰、以色列、沙特阿拉伯、马来西亚、瑞典也有相当数量的A层人才，世界占比超过1%。

英国、澳大利亚、德国、新加坡、加拿大的B层人才比较多，世界占比在5%~3%之间；韩国、印度、马来西亚、日本、中国香港、西班牙、沙特阿拉伯、法国、意大利、瑞士、荷兰、瑞典、伊朗也有相当数量的B层人才，世界占比超过1%。

英国、印度、澳大利亚、德国、韩国的C层人才比较多，世界占比在5%~3%之间；加拿大、西班牙、伊朗、意大利、马来西亚、日本、法国、新加坡、中国香港、荷兰、瑞典、沙特阿拉伯、土耳其也有相当数量的C层人才，世界占比超过1%。

表6-37　能源和燃料A层人才排名前20的国家和地区的占比

单位：%

国家和地区	2010年	2011年	2012年	2013年	2014年	2015年	2016年	2017年	2018年	2019年	合计
中国大陆	3.70	9.09	15.00	25.00	16.95	23.44	16.90	23.81	22.35	28.57	20.63
美　国	14.81	30.30	30.00	21.15	22.03	14.06	21.13	17.86	20.00	20.88	20.63
英　国	7.41	3.03	7.50	3.85	11.86	7.81	5.63	7.14	1.18	2.20	5.45

续表

国家和地区	2010年	2011年	2012年	2013年	2014年	2015年	2016年	2017年	2018年	2019年	合计
德　　国	0.00	3.03	5.00	5.77	0.00	4.69	4.23	7.14	9.41	4.40	4.95
日　　本	3.70	0.00	2.50	5.77	3.39	4.69	8.45	4.76	3.53	6.59	4.79
意 大 利	3.70	3.03	2.50	1.92	5.08	7.81	1.41	3.57	3.53	3.30	3.63
澳大利亚	3.70	3.03	5.00	1.92	1.69	4.69	2.82	4.76	4.71	2.20	3.47
加 拿 大	3.70	9.09	0.00	3.85	1.69	1.56	4.23	1.19	3.53	5.49	3.30
新 加 坡	0.00	6.06	2.50	5.77	1.69	1.56	4.23	3.57	4.71	2.20	3.30
韩　　国	0.00	6.06	5.00	1.92	1.69	4.69	7.04	2.38	2.35	1.10	3.14
西 班 牙	7.41	6.06	7.50	1.92	3.39	3.13	2.82	1.19	2.35	1.10	2.97
瑞　　士	0.00	3.03	0.00	3.85	3.39	4.69	7.04	2.38	1.18	1.10	2.81
印　　度	11.11	3.03	5.00	1.92	3.39	0.00	0.00	0.00	3.53	2.20	2.31
中国香港	3.70	0.00	0.00	0.00	1.69	0.00	2.82	1.19	2.35	6.59	2.15
法　　国	0.00	0.00	2.50	3.85	3.39	0.00	1.41	4.76	1.18	0.00	1.82
荷　　兰	3.70	0.00	0.00	1.92	1.69	1.56	0.00	1.19	2.35	3.30	1.65
以 色 列	0.00	3.03	0.00	1.92	1.69	1.56	1.41	2.38	2.35	0.00	1.49
沙特阿拉伯	0.00	0.00	0.00	0.00	3.39	6.25	0.00	1.19	1.18	0.00	1.32
马来西亚	0.00	3.03	2.50	0.00	0.00	1.56	1.41	2.38	1.18	1.10	1.32
瑞　　典	0.00	0.00	0.00	1.92	3.39	0.00	2.82	0.00	1.18	1.10	1.16

表 6-38　能源和燃料 B 层人才排名前 20 的国家和地区的占比

单位：%

国家和地区	2010年	2011年	2012年	2013年	2014年	2015年	2016年	2017年	2018年	2019年	合计
中国大陆	9.58	14.38	15.92	21.47	27.50	25.65	22.87	26.43	34.93	33.71	25.68
美　　国	21.46	27.76	21.23	19.58	19.31	17.10	14.06	16.73	19.60	14.91	18.21
英　　国	8.05	3.01	5.59	4.42	4.55	4.19	6.03	5.44	4.27	3.76	4.80
澳大利亚	4.21	2.68	7.26	3.58	3.64	3.66	5.41	3.98	4.27	5.89	4.52
德　　国	2.68	4.68	3.91	3.16	5.28	5.58	3.55	3.19	3.87	3.76	3.97
新 加 坡	0.38	2.01	2.79	5.05	4.55	3.14	4.02	3.05	2.13	2.88	3.15
加 拿 大	4.98	3.34	3.91	3.58	2.55	3.32	2.32	2.39	2.53	3.13	3.00
韩　　国	1.15	2.34	3.35	3.37	3.46	2.44	4.02	3.19	3.07	2.38	2.98
印　　度	5.36	1.67	3.07	3.58	3.28	3.84	2.94	3.45	1.73	1.75	2.91
马来西亚	3.07	4.35	2.51	3.37	3.10	3.66	2.78	2.66	0.80	0.88	2.47
日　　本	1.15	4.01	2.23	2.53	2.00	1.57	2.94	2.66	1.60	1.75	2.20
中国香港	1.92	0.00	0.84	1.05	1.82	1.75	1.55	2.79	2.67	3.51	2.05
西 班 牙	3.07	2.01	4.19	2.32	1.46	2.09	2.47	2.12	1.33	1.13	2.03

续表

国家和地区	2010年	2011年	2012年	2013年	2014年	2015年	2016年	2017年	2018年	2019年	合计
沙特阿拉伯	0.00	0.33	0.00	1.26	0.73	2.27	2.63	2.39	2.13	2.01	1.67
法国	2.30	3.34	2.51	2.11	1.82	0.70	2.01	1.73	0.67	1.13	1.63
意大利	2.30	2.34	1.96	0.42	2.00	1.75	2.63	1.46	0.53	1.00	1.52
瑞士	1.15	2.01	2.51	1.05	0.73	1.75	1.70	1.73	1.33	1.00	1.45
荷兰	1.53	1.67	2.51	1.68	0.55	1.57	1.55	1.33	1.07	0.88	1.34
瑞典	1.53	1.00	0.84	1.68	0.55	2.09	1.08	0.80	1.20	1.13	1.17
伊朗	0.38	0.00	0.56	1.47	1.09	0.70	1.39	1.46	0.80	1.50	1.06

表6-39 能源和燃料C层人才排名前20的国家和地区的占比

单位：%

国家和地区	2010年	2011年	2012年	2013年	2014年	2015年	2016年	2017年	2018年	2019年	合计
中国大陆	15.32	15.91	16.98	23.71	28.17	30.21	27.07	29.19	32.52	34.58	27.47
美国	16.98	19.49	18.04	14.56	13.67	12.47	12.52	12.32	11.96	10.27	13.35
英国	5.05	5.02	5.30	4.60	3.93	4.17	4.56	5.12	4.48	4.05	4.55
印度	4.71	4.23	3.28	3.58	3.18	3.73	4.39	4.39	4.09	3.81	3.94
澳大利亚	3.01	3.00	3.31	3.19	3.07	3.71	3.52	3.89	3.99	4.01	3.58
德国	3.24	4.10	4.60	4.13	3.85	3.46	3.72	3.00	3.31	2.72	3.50
韩国	3.16	3.24	2.89	3.55	3.14	3.58	3.57	3.23	3.42	3.02	3.30
加拿大	4.05	3.28	3.37	3.02	2.72	2.74	2.41	1.96	2.45	2.37	2.66
西班牙	4.40	3.45	3.84	3.09	3.29	2.63	2.27	2.26	1.67	1.79	2.60
伊朗	1.89	1.47	1.66	2.15	2.46	2.42	3.17	3.19	2.68	3.10	2.60
意大利	2.39	2.32	3.03	2.66	2.72	2.65	2.55	2.50	1.87	1.83	2.40
马来西亚	2.28	2.77	2.72	2.89	2.51	2.44	2.36	2.12	1.63	1.71	2.25
日本	3.24	2.73	2.61	2.64	2.36	1.99	2.12	1.80	1.86	1.75	2.16
法国	2.70	2.80	2.75	2.66	2.36	1.68	1.71	1.70	1.20	1.31	1.91
新加坡	0.96	1.30	1.40	1.98	1.77	1.77	1.63	1.73	1.82	1.51	1.65
中国香港	0.77	0.72	1.01	1.30	1.30	1.56	1.54	1.66	1.93	1.89	1.50
荷兰	1.77	1.84	2.05	1.87	1.25	1.20	1.44	0.92	1.01	0.89	1.30
瑞典	1.66	1.57	1.37	1.55	1.58	1.09	1.32	1.11	1.33	0.93	1.29
沙特阿拉伯	0.50	0.48	0.84	0.83	0.91	1.59	1.49	1.47	1.67	1.63	1.28
土耳其	2.55	1.64	1.54	1.00	1.25	1.06	0.95	1.12	1.12	0.93	1.20

十四　电气和电子工程

电气和电子工程 A、B、C 层人才主要集中在美国和中国大陆，二者 A、B、C 层人才的世界占比合计为 43.90%、42.85%、37.70%，其中美国的 A 层人才多于中国大陆，B、C 层人才少于中国大陆；在发展趋势上，中国大陆呈现相对上升趋势，美国呈现相对下降趋势。

英国、德国、加拿大、法国、澳大利亚、新加坡、中国香港的 A 层人才比较多，世界占比在 7%~3% 之间；西班牙、意大利、韩国、瑞典、日本、丹麦、瑞士、沙特阿拉伯、荷兰、芬兰、印度也有相当数量的 A 层人才，世界占比超过或接近 1%。

英国、澳大利亚、加拿大的 B 层人才比较多，世界占比在 6%~4% 之间；新加坡、中国香港、德国、韩国、法国、意大利、西班牙、印度、日本、伊朗、丹麦、瑞典、瑞士、中国台湾、荷兰也有相当数量的 B 层人才，世界占比超过或接近 1%。

英国、加拿大、意大利、印度、韩国、德国、法国的 C 层人才比较多，世界占比在 6%~3% 之间；澳大利亚、西班牙、日本、中国香港、伊朗、中国台湾、新加坡、瑞士、瑞典、荷兰、巴西也有相当数量的 C 层人才，世界占比超过或接近 1%。

表 6-40　电气和电子工程 A 层人才排名前 20 的国家和地区的占比

单位：%

国家和地区	2010年	2011年	2012年	2013年	2014年	2015年	2016年	2017年	2018年	2019年	合计
美　国	35.48	34.00	33.90	33.17	22.22	22.62	21.21	26.39	19.40	17.48	25.44
中国大陆	9.03	10.67	7.34	11.06	16.44	18.65	20.08	22.68	25.37	30.89	18.46
英　国	2.58	7.33	4.52	4.02	6.22	5.95	8.71	7.43	8.21	5.28	6.26
德　国	3.23	4.00	5.08	2.51	5.78	3.57	6.44	3.72	2.99	2.03	3.95
加拿大	7.10	4.67	5.08	3.02	3.56	3.57	3.79	4.09	2.61	3.66	3.95
法　国	4.52	3.33	4.52	5.53	4.44	4.37	3.03	2.97	2.61	3.25	3.76
澳大利亚	2.58	0.67	1.69	2.51	4.89	3.97	4.17	2.97	4.10	6.50	3.63
新加坡	1.29	4.67	3.39	6.03	2.22	2.38	2.27	2.23	4.10	5.69	3.40
中国香港	4.52	4.67	1.69	4.02	4.00	2.78	2.65	4.09	2.99	2.03	3.27
西班牙	2.58	4.67	3.95	3.02	4.00	1.19	2.65	1.86	1.87	0.41	2.45

续表

国家和地区	2010年	2011年	2012年	2013年	2014年	2015年	2016年	2017年	2018年	2019年	合计
意大利	1.29	2.00	1.69	2.01	3.11	3.97	3.03	0.74	3.73	1.22	2.36
韩国	1.94	1.33	2.82	1.01	1.78	2.78	2.27	2.23	3.36	2.03	2.22
瑞典	0.00	0.67	2.26	2.01	1.78	1.59	2.27	2.97	1.87	0.81	1.72
日本	1.29	1.33	1.69	2.01	0.89	1.98	1.52	0.74	2.24	2.85	1.68
丹麦	0.65	0.67	1.69	4.02	3.56	1.19	2.27	1.12	0.75	0.41	1.63
瑞士	2.58	2.00	3.39	1.51	0.89	1.19	1.52	1.49	1.87	0.00	1.54
沙特阿拉伯	0.00	0.67	0.56	0.00	1.78	0.79	1.52	1.12	0.37	2.44	1.00
荷兰	3.87	0.67	2.26	0.50	0.89	0.40	1.14	0.37	0.37	0.41	0.95
芬兰	0.65	1.33	0.00	0.00	1.33	1.19	1.52	0.74	1.12	0.81	0.91
印度	1.29	0.00	1.13	2.51	0.44	0.79	0.76	0.74	0.37	1.22	0.91

表6-41　电气和电子工程B层人才排名前20的国家和地区的占比

单位：%

国家和地区	2010年	2011年	2012年	2013年	2014年	2015年	2016年	2017年	2018年	2019年	合计
中国大陆	12.32	12.11	13.24	16.68	19.04	22.83	25.07	28.43	32.34	34.60	22.98
美国	25.64	26.60	25.06	24.42	20.93	18.15	18.03	19.41	14.36	13.55	19.87
英国	5.80	4.83	5.88	5.78	5.31	6.49	5.81	6.02	5.96	5.80	5.81
澳大利亚	3.30	2.82	4.02	3.93	3.85	4.33	4.40	5.40	4.87	5.23	4.34
加拿大	4.30	4.75	5.57	4.04	4.72	4.55	4.02	3.79	3.99	2.76	4.19
新加坡	2.58	2.38	2.85	2.86	3.26	3.71	2.48	2.55	2.77	2.71	2.84
中国香港	3.87	2.30	3.03	3.65	2.58	2.78	2.65	3.30	2.35	2.09	2.83
德国	3.94	3.57	3.47	3.71	3.60	2.47	3.08	2.10	2.06	1.28	2.81
韩国	3.08	4.16	3.09	2.70	2.09	2.30	2.86	3.09	2.65	2.23	2.76
法国	3.72	3.42	3.71	3.31	3.12	2.52	2.48	2.18	1.43	1.57	2.62
意大利	3.44	3.19	3.47	2.75	3.41	2.78	2.22	1.94	2.10	1.81	2.62
西班牙	2.94	3.57	2.48	2.81	2.43	1.90	2.22	1.57	1.34	1.47	2.16
印度	1.29	1.78	1.79	1.97	2.43	2.30	2.01	1.81	2.23	2.61	2.06
日本	1.93	2.30	1.92	2.08	1.46	1.19	1.96	1.07	1.51	1.57	1.64
伊朗	0.93	0.52	1.30	1.07	1.75	1.59	1.75	1.11	1.43	1.71	1.37
丹麦	1.00	1.04	1.05	1.24	1.85	1.32	1.71	1.03	1.39	1.05	1.29
瑞典	1.29	1.26	1.30	1.18	1.27	1.55	1.62	1.48	0.97	0.81	1.28
瑞士	1.93	1.93	1.73	1.40	1.56	1.37	0.73	0.91	0.97	0.57	1.23
中国台湾	2.08	1.86	1.61	1.68	1.02	0.84	0.90	0.54	1.01	0.90	1.15
荷兰	1.58	2.30	1.18	1.07	0.97	0.66	0.94	0.70	0.63	0.71	0.99

表 6-42 电气和电子工程 C 层人才排名前 20 的国家和地区的占比

单位：%

国家和地区	2010年	2011年	2012年	2013年	2014年	2015年	2016年	2017年	2018年	2019年	合计
中国大陆	11.27	12.71	13.74	15.12	17.60	18.77	21.41	23.90	27.04	28.77	20.02
美国	21.95	21.81	21.37	20.73	18.16	18.10	16.20	16.55	14.43	12.82	17.68
英国	5.03	5.09	4.60	4.69	4.67	4.95	5.51	5.30	5.31	4.99	5.04
加拿大	5.06	4.80	4.68	4.46	4.18	4.20	4.14	3.74	3.77	3.28	4.14
意大利	3.86	4.16	3.73	4.11	3.96	4.01	3.58	3.10	2.84	2.42	3.51
印度	2.04	2.35	2.49	2.94	3.54	3.56	4.06	3.73	4.35	4.38	3.49
韩国	3.90	3.57	3.72	3.39	3.10	3.20	3.20	3.16	3.37	3.37	3.36
德国	4.19	3.66	3.60	3.45	3.44	3.49	2.89	2.84	2.16	2.02	3.08
法国	4.02	4.08	3.87	3.79	3.34	3.06	2.91	2.52	2.06	1.80	3.01
澳大利亚	2.34	2.63	2.62	2.70	2.90	3.08	2.74	3.20	3.24	3.16	2.91
西班牙	3.06	3.13	3.41	3.09	2.75	2.69	2.42	2.30	2.15	2.21	2.65
日本	3.28	2.94	2.71	2.52	2.53	2.37	2.01	1.84	1.80	1.58	2.27
中国香港	2.55	2.54	2.53	2.22	2.48	2.21	2.05	2.28	2.19	1.86	2.26
伊朗	1.85	1.99	1.89	1.90	2.10	2.16	2.47	2.45	2.47	2.49	2.22
中国台湾	4.54	3.83	3.26	2.71	2.32	1.92	1.58	1.31	1.30	1.19	2.18
新加坡	2.31	2.17	2.13	2.29	2.10	2.14	2.23	2.12	1.97	1.78	2.11
瑞士	1.61	1.52	1.46	1.35	1.48	1.25	1.17	1.17	0.99	0.70	1.23
瑞典	1.13	1.26	1.44	1.39	1.50	1.11	1.26	1.06	0.90	0.88	1.18
荷兰	1.58	1.33	1.44	1.30	1.13	1.11	1.03	0.95	0.78	0.73	1.09
巴西	1.05	1.05	0.94	1.11	0.99	0.89	0.94	0.90	0.91	0.99	0.97

十五　建筑和建筑技术

建筑和建筑技术 A 层人才最多的国家是美国，世界占比为 14.11%；中国大陆、阿尔及利亚、英国、沙特阿拉伯、瑞士、澳大利亚、加拿大、法国、德国的 A 层人才比较多，世界占比在 11%～3% 之间；西班牙、挪威、比利时、韩国、印度、意大利、巴西、埃及、荷兰、马来西亚也有相当数量的 A 层人才，世界占比超过 1%。

B 层人才最多的是中国大陆，世界占比为 13.81%，其次为美国，世界占比为 13.11%；澳大利亚、英国、加拿大、中国香港、意大利、瑞士的 B 层人才比较多，世界占比在 7%～3% 之间；伊朗、马来西亚、德国、荷兰、韩国、法国、印度、比利时、葡萄牙、西班牙、丹麦、新加坡也有相当数量的 B 层人才，世界占比超过 1%。

C 层人才最多的是中国大陆，世界占比为 17.04%；美国、英国、澳大利亚、意大利、加拿大、中国香港、法国、伊朗的 C 层人才比较多，世界占比在 14%~3%之间；西班牙、德国、韩国、瑞士、印度、葡萄牙、荷兰、土耳其、马来西亚、新加坡、比利时也有相当数量的 C 层人才，世界占比超过 1%。

表 6-43　建筑和建筑技术 A 层人才排名前 20 的国家和地区的占比

单位：%

国家和地区	2010年	2011年	2012年	2013年	2014年	2015年	2016年	2017年	2018年	2019年	合计
美国	30.00	15.38	14.29	13.33	11.76	8.33	10.00	26.32	9.09	9.52	14.11
中国大陆	0.00	7.69	14.29	13.33	11.76	16.67	10.00	21.05	4.55	4.76	10.43
阿尔及利亚	0.00	0.00	0.00	6.67	0.00	16.67	15.00	15.79	4.55	28.57	9.82
英国	30.00	0.00	7.14	6.67	17.65	8.33	0.00	5.26	18.18	4.76	9.20
沙特阿拉伯	0.00	0.00	0.00	0.00	0.00	8.33	10.00	15.79	0.00	28.57	7.36
瑞士	0.00	30.77	14.29	0.00	0.00	0.00	0.00	0.00	9.09	4.76	5.52
澳大利亚	0.00	7.69	7.14	13.33	11.76	0.00	5.00	0.00	4.55	0.00	4.91
加拿大	0.00	7.69	0.00	0.00	5.88	8.33	5.00	10.53	4.55	0.00	4.29
法国	0.00	7.69	0.00	0.00	5.88	0.00	10.00	0.00	9.09	4.76	4.29
德国	0.00	7.69	7.14	6.67	11.76	0.00	0.00	0.00	0.00	4.76	3.68
西班牙	0.00	7.69	0.00	13.33	0.00	8.33	0.00	0.00	0.00	0.00	2.45
挪威	10.00	0.00	7.14	0.00	0.00	0.00	0.00	5.26	0.00	0.00	1.84
比利时	10.00	0.00	0.00	0.00	5.88	0.00	5.00	0.00	0.00	0.00	1.84
韩国	0.00	0.00	0.00	6.67	0.00	0.00	5.00	0.00	4.55	0.00	1.84
印度	10.00	0.00	0.00	0.00	5.88	8.33	0.00	0.00	0.00	0.00	1.84
意大利	0.00	0.00	14.29	0.00	0.00	0.00	5.00	0.00	0.00	0.00	1.84
巴西	0.00	0.00	0.00	0.00	0.00	0.00	0.00	0.00	9.09	0.00	1.23
埃及	0.00	0.00	0.00	0.00	0.00	8.33	5.00	0.00	0.00	0.00	1.23
荷兰	0.00	0.00	0.00	6.67	0.00	0.00	0.00	0.00	4.55	0.00	1.23
马来西亚	0.00	0.00	0.00	0.00	5.88	0.00	5.00	0.00	0.00	0.00	1.23

表 6 – 44　建筑和建筑技术 B 层人才排名前 20 的国家和地区的占比

单位：%

国家和地区	2010年	2011年	2012年	2013年	2014年	2015年	2016年	2017年	2018年	2019年	合计
中国大陆	9. 28	6. 15	6. 06	15. 49	8. 72	11. 72	6. 95	17. 99	18. 37	27. 94	13. 81
美　国	21. 65	17. 69	16. 67	14. 08	15. 44	12. 41	10. 70	10. 58	10. 71	8. 82	13. 11
澳大利亚	5. 15	3. 85	4. 55	7. 75	6. 71	6. 90	3. 74	8. 47	9. 18	7. 35	6. 56
英　国	8. 25	6. 15	9. 85	7. 04	6. 04	6. 21	4. 81	5. 82	2. 55	3. 92	5. 73
加拿大	3. 09	5. 38	6. 82	4. 23	4. 03	2. 76	4. 81	1. 06	2. 04	2. 94	3. 56
中国香港	4. 12	3. 08	5. 30	4. 93	2. 68	2. 07	3. 21	5. 82	3. 06	1. 47	3. 50
意大利	4. 12	3. 08	4. 55	4. 93	2. 68	3. 45	5. 35	2. 12	2. 55	1. 96	3. 37
瑞　士	4. 12	4. 62	3. 03	2. 11	2. 68	4. 83	3. 21	2. 65	5. 61	0. 98	3. 31
伊　朗	2. 06	0. 00	3. 03	0. 70	1. 34	1. 38	3. 74	4. 23	4. 08	5. 88	2. 93
马来西亚	0. 00	0. 77	2. 27	3. 52	4. 70	2. 76	3. 21	3. 70	3. 06	3. 43	2. 93
德　国	1. 03	2. 31	3. 03	2. 82	2. 01	3. 45	4. 28	2. 65	2. 55	1. 47	2. 61
荷　兰	1. 03	3. 08	3. 03	0. 70	2. 01	5. 52	4. 81	1. 59	1. 02	1. 47	2. 42
韩　国	2. 06	5. 38	0. 76	4. 93	2. 68	2. 07	1. 60	0. 00	2. 04	2. 94	2. 36
法　国	3. 09	1. 54	3. 03	2. 11	4. 70	2. 07	1. 07	2. 12	2. 04	1. 47	2. 23
印　度	0. 00	2. 31	0. 76	3. 52	2. 68	0. 69	3. 21	3. 17	3. 57	0. 49	2. 16
比利时	2. 06	1. 54	3. 03	0. 70	2. 01	2. 76	4. 28	2. 65	1. 02	1. 47	2. 16
葡萄牙	3. 09	3. 85	6. 06	0. 70	3. 36	1. 38	1. 07	1. 59	0. 00	1. 96	2. 10
西班牙	1. 03	4. 62	0. 00	0. 00	6. 71	2. 07	2. 14	3. 17	0. 00	0. 98	2. 04
丹　麦	1. 03	5. 38	3. 79	2. 82	0. 00	0. 69	1. 07	4. 23	0. 51	0. 49	1. 91
新加坡	1. 03	0. 00	2. 27	2. 11	1. 34	1. 38	2. 67	2. 12	2. 55	1. 96	1. 85

表 6 – 45　建筑和建筑技术 C 层人才排名前 20 的国家和地区的占比

单位：%

国家和地区	2010年	2011年	2012年	2013年	2014年	2015年	2016年	2017年	2018年	2019年	合计
中国大陆	9. 92	9. 20	11. 51	10. 78	14. 05	15. 46	18. 71	20. 38	23. 71	25. 15	17. 04
美　国	17. 56	18. 40	15. 65	15. 54	14. 45	12. 87	11. 81	13. 68	11. 36	11. 34	13. 82
英　国	8. 26	6. 08	6. 02	7. 33	5. 79	6. 07	5. 37	5. 41	5. 89	4. 81	5. 93
澳大利亚	2. 38	3. 84	3. 39	4. 55	4. 46	5. 18	5. 31	5. 51	6. 20	6. 44	4. 97
意大利	3. 10	4. 24	4. 51	4. 91	5. 59	6. 14	4. 52	4. 97	3. 89	2. 94	4. 45
加拿大	4. 03	3. 76	3. 31	4. 11	3. 99	3. 55	3. 34	3. 08	3. 00	2. 94	3. 44
中国香港	3. 72	3. 60	3. 01	2. 27	2. 66	3. 11	3. 34	3. 89	3. 94	3. 87	3. 39
法　国	5. 06	4. 40	4. 14	3. 52	3. 60	3. 25	2. 94	2. 11	1. 74	1. 68	3. 01
伊　朗	2. 79	2. 88	2. 48	2. 93	2. 53	2. 22	2. 54	2. 65	4. 00	4. 20	3. 01

续表

国家和地区	2010年	2011年	2012年	2013年	2014年	2015年	2016年	2017年	2018年	2019年	合计
西班牙	3.51	4.24	3.76	4.55	3.06	2.51	2.54	2.32	1.89	1.63	2.84
德国	1.86	2.24	2.26	1.98	3.13	3.48	2.60	2.76	2.42	2.29	2.52
韩国	2.27	2.08	3.76	2.79	2.73	2.22	3.00	1.68	1.37	2.19	2.36
瑞士	2.48	2.32	2.26	2.93	2.20	2.88	2.15	1.46	1.58	2.15	2.18
印度	1.86	1.12	1.50	1.54	1.20	1.63	2.37	2.59	2.89	3.03	2.09
葡萄牙	1.55	2.00	3.09	2.42	3.06	2.29	2.09	1.68	1.79	1.26	2.07
荷兰	3.31	1.84	1.88	1.98	1.86	2.22	1.92	1.78	1.26	1.35	1.85
土耳其	1.96	2.64	3.31	1.91	2.33	2.37	1.58	1.14	1.26	1.07	1.85
马来西亚	1.14	1.92	2.48	2.35	1.53	1.04	2.20	1.35	1.84	1.63	1.76
新加坡	1.14	1.04	1.43	1.69	1.60	1.04	1.58	2.11	2.37	2.19	1.70
比利时	1.96	1.84	1.81	1.54	1.66	2.29	1.70	0.97	1.37	0.79	1.52

十六　土木工程

土木工程 A 层人才最多的国家是美国，世界占比为 15.26%；阿尔及利亚、中国大陆、沙特阿拉伯、英国、澳大利亚、加拿大、埃及、伊朗的 A 层人才比较多，世界占比在 13%～3% 之间；法国、德国、印度、意大利、中国香港、日本、西班牙、挪威、比利时、韩国、荷兰也有相当数量的 A 层人才，世界占比超过 1%。

B 层人才最多的是中国大陆，世界占比为 17.31%，其次为美国，占比为 15.13%；澳大利亚、英国、伊朗、加拿大、中国香港、意大利的 B 层人才比较多，世界占比在 7%～3% 之间；马来西亚、荷兰、葡萄牙、韩国、印度、法国、德国、土耳其、新加坡、西班牙、日本、瑞士也有相当数量的 B 层人才，世界占比超过 1%。

C 层人才最多的是中国大陆，世界占比为 17.84%，其次为美国，占比为 15.30%；英国、澳大利亚、意大利、伊朗、加拿大、中国香港的 C 层人才比较多，世界占比在 6%～3% 之间；西班牙、法国、印度、德国、韩国、葡萄牙、荷兰、土耳其、新加坡、瑞士、日本、马来西亚也有相当数量的 C 层人才，世界占比超过 1%。

表 6-46　土木工程 A 层人才排名前 20 的国家和地区的占比

单位：%

国家和地区	2010年	2011年	2012年	2013年	2014年	2015年	2016年	2017年	2018年	2019年	合计
美国	25.00	16.67	13.79	19.35	25.81	10.71	8.33	15.38	15.00	9.30	15.26
阿尔及利亚	0.00	0.00	3.45	3.23	0.00	21.43	22.22	25.64	15.00	20.93	12.77
中国大陆	5.00	4.17	6.90	9.68	9.68	10.71	11.11	12.82	17.50	9.30	10.28
沙特阿拉伯	0.00	0.00	3.45	0.00	0.00	10.71	19.44	20.51	12.50	20.93	10.28
英国	30.00	12.50	6.90	6.45	6.45	3.57	0.00	5.13	0.00	0.00	5.61
澳大利亚	0.00	0.00	6.90	12.90	3.23	0.00	2.78	2.56	7.50	4.65	4.36
加拿大	0.00	8.33	0.00	6.45	12.90	3.57	0.00	5.13	2.50	2.33	4.05
埃及	0.00	0.00	0.00	0.00	0.00	10.71	16.67	10.26	0.00	0.00	4.05
伊朗	0.00	4.17	10.34	3.23	3.23	0.00	2.78	0.00	5.00	4.65	3.43
法国	0.00	8.33	0.00	0.00	3.23	0.00	8.33	0.00	2.50	2.33	2.49
德国	5.00	4.17	6.90	0.00	6.45	0.00	0.00	0.00	0.00	2.33	2.18
印度	5.00	0.00	3.45	3.23	3.23	3.57	0.00	0.00	0.00	2.33	1.87
意大利	10.00	4.17	6.90	0.00	0.00	0.00	2.78	0.00	0.00	0.00	1.87
中国香港	0.00	0.00	3.45	0.00	0.00	3.57	0.00	0.00	7.50	2.33	1.87
日本	0.00	4.17	0.00	0.00	3.23	0.00	0.00	0.00	2.50	4.65	1.56
西班牙	0.00	4.17	0.00	9.68	0.00	0.00	0.00	0.00	2.50	0.00	1.56
挪威	5.00	12.50	3.45	0.00	0.00	0.00	0.00	0.00	0.00	0.00	1.56
比利时	5.00	4.17	0.00	0.00	3.23	3.57	0.00	0.00	0.00	0.00	1.25
韩国	0.00	0.00	0.00	6.45	0.00	0.00	0.00	0.00	2.50	2.33	1.25
荷兰	0.00	4.17	0.00	3.23	3.23	3.57	0.00	0.00	0.00	0.00	1.25

表 6-47　土木工程 B 层人才排名前 20 的国家和地区的占比

单位：%

国家和地区	2010年	2011年	2012年	2013年	2014年	2015年	2016年	2017年	2018年	2019年	合计
中国大陆	11.00	8.22	9.12	16.07	13.26	15.85	13.04	19.83	22.40	31.93	17.31
美国	21.00	21.92	23.36	14.64	15.77	16.60	13.66	13.22	11.46	8.17	15.13
澳大利亚	5.50	2.28	3.28	7.86	5.38	4.91	5.90	8.62	8.07	7.43	6.22
英国	6.00	6.85	9.12	7.50	5.73	9.06	5.59	4.02	5.21	3.71	6.05
伊朗	2.50	1.83	3.28	3.21	2.51	2.64	4.04	4.31	5.73	6.44	3.93
加拿大	4.00	5.94	4.74	5.36	4.30	2.64	4.97	3.74	1.56	2.97	3.87
中国香港	4.50	5.02	4.01	2.86	2.87	2.64	2.80	5.17	2.86	2.97	3.50
意大利	4.50	3.65	4.01	3.93	3.94	4.15	4.35	2.87	2.86	1.24	3.39
马来西亚	0.50	0.91	2.92	2.86	3.23	3.02	3.11	2.59	3.13	2.97	2.66

续表

国家和地区	2010年	2011年	2012年	2013年	2014年	2015年	2016年	2017年	2018年	2019年	合计
荷　兰	4.50	4.11	2.55	1.43	3.94	4.91	3.73	2.30	0.78	0.25	2.59
葡萄牙	2.50	3.20	5.84	1.07	2.51	1.89	0.62	1.44	1.30	0.99	1.98
韩　国	1.00	3.65	1.82	2.86	2.15	2.64	1.86	0.57	1.30	1.98	1.92
印　度	1.50	1.83	2.19	2.50	1.79	0.00	3.73	2.30	2.08	0.74	1.88
法　国	2.00	1.83	1.82	2.14	2.51	1.89	2.17	2.30	1.56	0.74	1.85
德　国	3.00	2.28	0.73	1.79	3.94	1.51	2.17	1.15	1.04	1.49	1.82
土耳其	0.50	3.65	3.65	0.71	2.15	2.64	0.93	1.44	1.56	1.49	1.82
新加坡	1.50	1.37	1.09	3.57	1.43	0.75	1.86	2.30	2.34	0.50	1.68
西班牙	3.00	0.46	1.46	1.43	3.94	1.89	1.86	2.59	0.52	0.25	1.65
日　本	4.00	2.28	1.09	1.07	1.43	1.51	1.24	1.72	0.52	1.49	1.51
瑞　士	1.00	1.83	1.09	1.79	1.79	1.13	1.86	1.15	1.30	0.00	1.24

表6-48 土木工程C层人才排名前20的国家和地区的占比

单位：%

国家和地区	2010年	2011年	2012年	2013年	2014年	2015年	2016年	2017年	2018年	2019年	合计
中国大陆	9.30	9.62	12.05	12.35	14.71	16.17	19.04	21.20	25.71	26.44	17.84
美　国	21.73	20.51	16.82	17.87	17.01	15.13	13.26	13.61	11.57	11.90	15.30
英　国	5.96	6.18	5.73	6.37	6.00	5.99	6.01	5.35	5.33	5.14	5.75
澳大利亚	4.47	4.90	4.32	5.73	5.09	6.34	5.75	6.44	6.32	5.87	5.63
意大利	4.67	5.22	5.36	4.95	5.71	5.18	4.75	5.53	4.58	3.71	4.91
伊　朗	3.13	3.57	3.16	3.60	3.29	3.65	3.52	3.93	4.10	5.24	3.82
加拿大	4.83	4.17	3.31	4.52	3.92	3.26	3.23	2.84	2.92	3.15	3.51
中国香港	3.24	3.39	3.65	2.81	2.45	3.11	2.97	3.08	3.43	3.15	3.13
西班牙	3.65	3.80	3.20	3.13	2.96	2.65	2.42	2.33	1.93	1.81	2.66
法　国	3.03	2.98	3.16	2.60	2.82	2.30	2.13	2.00	1.96	1.26	2.32
印　度	2.62	1.69	1.90	2.39	1.68	1.77	2.10	2.15	2.79	3.02	2.26
德　国	2.41	2.29	2.60	1.64	2.71	2.65	2.13	2.30	2.04	1.79	2.22
韩　国	1.90	1.79	3.24	2.39	1.90	2.07	2.26	2.00	1.82	2.24	2.16
葡萄牙	1.75	1.79	2.79	2.17	2.41	2.15	1.97	1.63	1.39	1.44	1.91
荷　兰	2.67	1.79	2.23	1.96	2.16	1.84	2.10	1.78	1.63	1.08	1.86
土耳其	1.75	2.29	2.42	1.92	2.12	2.38	1.75	1.36	1.29	1.36	1.80
新加坡	1.28	0.92	1.75	1.53	1.24	1.34	1.81	1.87	1.96	1.84	1.61
瑞　士	1.39	1.79	1.79	1.78	1.72	1.65	1.49	1.00	1.50	0.96	1.47
日　本	1.80	1.92	2.34	1.25	1.28	1.50	1.36	1.15	0.91	1.03	1.39
马来西亚	0.67	1.28	1.41	1.67	1.10	1.04	1.81	1.09	1.82	1.26	1.35

十七　农业工程

农业工程 A 层人才最多的国家是美国，世界占比为 19.57%；中国大陆、印度、英国、荷兰、比利时、韩国、瑞典、中国台湾的 A 层人才比较多，世界占比在 16%~4% 之间；澳大利亚、加拿大、法国、爱尔兰、马来西亚、沙特阿拉伯、西班牙、瑞士也有相当数量的 A 层人才，世界占比均为 2.17%。

B 层人才最多的是中国大陆，世界占比为 23.82%；美国、印度、韩国、澳大利亚、西班牙的 B 层人才比较多，世界占比在 16%~3% 之间；中国台湾、法国、加拿大、马来西亚、巴西、中国香港、英国、德国、葡萄牙、瑞典、比利时、新加坡、荷兰、波兰也有相当数量的 B 层人才，世界占比超过或接近 1%。

C 层人才最多的是中国大陆，世界占比为 27.73%；美国、印度、韩国、西班牙的 C 层人才比较多，世界占比在 12%~3% 之间；澳大利亚、巴西、加拿大、法国、英国、意大利、马来西亚、日本、中国台湾、德国、荷兰、丹麦、比利时、土耳其、伊朗也有相当数量的 C 层人才，世界占比超过 1%。

表 6－49　农业工程 A 层人才的国家和地区的占比

单位：%

国家和地区	2010年	2011年	2012年	2013年	2014年	2015年	2016年	2017年	2018年	2019年	合计
美　　国	0.00	20.00	25.00	16.67	25.00	40.00	16.67	0.00	20.00	33.33	19.57
中国大陆	0.00	20.00	0.00	0.00	0.00	20.00	0.00	40.00	20.00	66.67	15.22
印　　度	33.33	0.00	0.00	0.00	50.00	0.00	16.67	20.00	40.00	0.00	15.22
英　　国	0.00	20.00	25.00	16.67	0.00	20.00	0.00	0.00	0.00	0.00	8.70
荷　　兰	0.00	20.00	25.00	16.67	0.00	0.00	0.00	0.00	0.00	0.00	6.52
比 利 时	33.33	0.00	0.00	16.67	0.00	0.00	0.00	0.00	0.00	0.00	4.35
韩　　国	0.00	0.00	0.00	0.00	25.00	0.00	16.67	0.00	0.00	0.00	4.35
瑞　　典	0.00	0.00	0.00	0.00	0.00	0.00	33.33	0.00	0.00	0.00	4.35
中国台湾	0.00	20.00	0.00	0.00	0.00	0.00	0.00	20.00	0.00	0.00	4.35
澳大利亚	0.00	0.00	0.00	0.00	0.00	20.00	0.00	0.00	0.00	0.00	2.17
加 拿 大	0.00	0.00	0.00	16.67	0.00	0.00	0.00	0.00	0.00	0.00	2.17
法　　国	0.00	0.00	0.00	0.00	0.00	0.00	16.67	0.00	0.00	0.00	2.17
爱 尔 兰	0.00	0.00	0.00	0.00	0.00	0.00	0.00	0.00	20.00	0.00	2.17
马来西亚	0.00	0.00	0.00	0.00	0.00	0.00	0.00	20.00	0.00	0.00	2.17

续表

国家和地区	2010年	2011年	2012年	2013年	2014年	2015年	2016年	2017年	2018年	2019年	合计
沙特阿拉伯	0.00	0.00	0.00	16.67	0.00	0.00	0.00	0.00	0.00	0.00	2.17
西　班　牙	33.33	0.00	0.00	0.00	0.00	0.00	0.00	0.00	0.00	0.00	2.17
瑞　　士	0.00	0.00	25.00	0.00	0.00	0.00	0.00	0.00	0.00	0.00	2.17

表 6－50　农业工程 B 层人才排名前 20 的国家和地区的占比

单位：%

国家和地区	2010年	2011年	2012年	2013年	2014年	2015年	2016年	2017年	2018年	2019年	合计
中国大陆	9.76	13.04	28.89	13.79	25.49	27.45	28.30	20.75	29.09	38.18	23.82
美　　国	29.27	28.26	20.00	15.52	11.76	19.61	11.32	7.55	5.45	10.91	15.35
印　　度	7.32	10.87	2.22	12.07	9.80	5.88	5.66	11.32	14.55	5.45	8.66
韩　　国	4.88	0.00	4.44	6.90	1.96	3.92	3.77	7.55	7.27	10.91	5.31
澳大利亚	0.00	8.70	6.67	3.45	3.92	1.96	3.77	5.66	1.82	3.64	3.94
西 班 牙	2.44	0.00	6.67	0.00	1.96	5.88	5.66	1.89	5.45	3.64	3.35
中国台湾	2.44	0.00	2.22	3.45	1.96	7.84	1.89	5.66	0.00	1.82	2.76
法　　国	4.88	6.52	2.22	5.17	1.96	1.96	3.77	0.00	0.00	1.82	2.76
加 拿 大	7.32	2.17	2.22	0.00	5.88	1.96	0.00	5.66	0.00	0.00	2.36
马来西亚	0.00	0.00	4.44	5.17	0.00	1.96	3.77	1.89	1.82	3.64	2.36
巴　　西	2.44	2.17	2.22	5.17	0.00	0.00	3.77	1.89	3.64	0.00	2.17
中国香港	0.00	2.17	0.00	0.00	0.00	0.00	1.89	5.66	5.45	5.45	2.17
英　　国	0.00	8.70	2.22	0.00	1.96	0.00	1.89	1.89	1.82	1.82	1.97
德　　国	0.00	0.00	2.22	0.00	5.88	1.96	1.89	0.00	3.64	0.00	1.57
葡 萄 牙	4.88	0.00	0.00	3.45	1.96	0.00	3.77	0.00	0.00	0.00	1.38
瑞　　典	2.44	2.17	2.22	0.00	0.00	0.00	1.89	1.89	1.82	0.00	1.18
比 利 时	0.00	2.17	4.44	1.72	0.00	0.00	0.00	3.77	0.00	0.00	1.18
新 加 坡	0.00	0.00	0.00	3.45	1.96	0.00	1.89	1.89	1.82	0.00	1.18
荷　　兰	2.44	0.00	2.22	3.45	0.00	1.96	0.00	0.00	1.82	0.00	1.18
波　　兰	0.00	0.00	0.00	0.00	1.96	3.92	0.00	0.00	0.00	1.82	0.79

表 6－51　农业工程 C 层人才排名前 20 的国家和地区的占比

单位：%

国家和地区	2010年	2011年	2012年	2013年	2014年	2015年	2016年	2017年	2018年	2019年	合计
中国大陆	17.39	20.00	20.63	24.50	26.12	27.12	29.71	31.46	38.06	37.75	27.73
美　　国	16.18	18.24	15.25	11.58	12.45	9.94	8.70	8.54	6.53	7.18	11.17
印　　度	6.28	6.15	6.28	3.69	4.69	7.25	5.25	6.80	5.41	7.00	5.83

续表

国家和地区	2010年	2011年	2012年	2013年	2014年	2015年	2016年	2017年	2018年	2019年	合计
韩　国	6.28	4.62	3.14	3.52	3.67	3.52	3.62	4.08	4.85	3.50	4.04
西班牙	5.56	3.96	4.48	3.86	3.67	4.55	3.08	3.11	2.43	1.84	3.58
澳大利亚	1.69	3.08	1.57	2.35	4.08	3.11	3.62	2.33	4.10	2.21	2.84
巴　西	2.17	3.30	2.91	2.85	3.06	4.76	3.08	1.75	2.05	2.03	2.78
加拿大	4.11	3.52	2.69	2.85	2.45	2.69	1.81	2.52	1.68	2.95	2.68
法　国	2.17	0.88	4.26	3.19	3.27	2.48	2.72	2.14	2.61	1.29	2.50
英　国	3.38	4.18	2.47	2.35	2.86	2.69	2.17	1.75	2.24	1.47	2.50
意大利	1.45	1.98	2.02	2.01	2.86	1.86	2.90	3.30	2.80	2.58	2.41
马来西亚	2.66	3.74	2.91	2.68	2.45	2.48	2.36	1.36	0.93	2.03	2.33
日　本	3.14	0.88	3.14	3.36	2.24	1.86	1.63	1.75	0.93	1.66	2.05
中国台湾	0.97	2.86	2.24	1.85	2.45	2.07	1.63	1.75	2.05	2.03	1.99
德　国	1.45	2.42	1.57	2.35	1.63	2.07	2.72	2.14	1.49	0.92	1.89
荷　兰	2.42	3.08	2.47	2.68	1.22	1.24	1.81	0.97	0.19	0.37	1.61
丹　麦	1.21	1.76	2.02	1.85	1.02	1.04	1.09	1.94	1.12	1.29	1.43
比利时	1.21	0.66	1.12	1.51	1.84	0.83	1.45	1.36	2.05	0.74	1.29
土耳其	0.97	1.32	2.47	1.51	1.43	2.07	0.72	0.58	0.93	0.92	1.27
伊　朗	0.48	0.88	0.67	1.51	0.61	1.24	1.09	1.36	1.68	2.58	1.25

十八　环境工程

环境工程A、B、C层人才最多的是中国大陆，分别占该学科全球A、B、C层人才的20.49%、29.13%、29.27%。

美国、英国、德国、澳大利亚、荷兰、瑞士、韩国、沙特阿拉伯、加拿大、印度的A层人才比较多，世界占比在14%~3%之间；瑞典、新加坡、马来西亚、葡萄牙、伊朗、爱尔兰、意大利、挪威、西班牙也有相当数量的A层人才，世界占比超过1%。

美国、澳大利亚、英国的B层人才比较多，世界占比在13%~3%之间；德国、印度、荷兰、加拿大、韩国、沙特阿拉伯、西班牙、法国、意大利、瑞士、马来西亚、中国香港、日本、瑞典、伊朗、芬兰也有相当数量的B层人才，世界占比超过1%。

美国、澳大利亚、英国、西班牙的C层人才比较多，世界占比在14%~3%之间；印度、德国、加拿大、韩国、荷兰、意大利、法国、中国香港、瑞士、伊朗、日本、马来西亚、瑞典、丹麦、沙特阿拉伯也有相当数量的 C 层人才，世界占比超过 1%。

表 6 – 52　环境工程 A 层人才排名前 20 的国家和地区的占比

单位：%

国家和地区	2010年	2011年	2012年	2013年	2014年	2015年	2016年	2017年	2018年	2019年	合计
中国大陆	11.76	11.76	4.55	0.00	5.00	31.82	11.11	16.67	36.11	43.24	20.49
美国	29.41	17.65	27.27	12.50	20.00	4.55	3.70	16.67	8.33	5.41	13.11
英国	0.00	5.88	22.73	12.50	5.00	13.64	3.70	6.67	2.78	2.70	6.97
德国	5.88	5.88	4.55	12.50	10.00	0.00	0.00	3.33	5.56	2.70	4.51
澳大利亚	11.76	5.88	4.55	0.00	10.00	0.00	3.70	3.33	2.78	2.70	4.10
荷兰	0.00	0.00	0.00	6.25	5.00	4.55	3.70	6.67	0.00	8.11	3.69
瑞士	0.00	5.88	4.55	6.25	10.00	0.00	7.41	0.00	0.00	5.41	3.69
韩国	11.76	11.76	0.00	0.00	10.00	4.55	0.00	3.33	0.00	2.70	3.69
沙特阿拉伯	0.00	5.88	0.00	0.00	0.00	9.09	3.70	6.67	5.56	2.70	3.69
加拿大	5.88	11.76	0.00	6.25	0.00	0.00	3.70	0.00	5.56	2.70	3.28
印度	0.00	5.88	4.55	0.00	5.00	4.55	3.70	3.33	5.56	0.00	3.28
瑞典	0.00	0.00	0.00	0.00	5.00	0.00	11.11	0.00	2.78	2.70	2.46
新加坡	0.00	0.00	0.00	0.00	0.00	0.00	7.41	3.33	8.33	0.00	2.46
马来西亚	11.76	0.00	0.00	0.00	0.00	0.00	3.70	0.00	5.56	0.00	2.05
葡萄牙	5.88	0.00	0.00	6.25	0.00	0.00	0.00	3.33	2.78	0.00	1.64
伊朗	0.00	0.00	4.55	0.00	0.00	0.00	0.00	6.67	0.00	2.70	1.64
爱尔兰	0.00	5.88	4.55	0.00	0.00	0.00	0.00	0.00	2.78	2.70	1.64
意大利	0.00	0.00	0.00	12.50	0.00	0.00	7.41	0.00	0.00	0.00	1.64
挪威	0.00	0.00	4.55	6.25	0.00	4.55	0.00	0.00	0.00	2.70	1.64
西班牙	0.00	0.00	0.00	0.00	0.00	9.09	0.00	3.33	0.00	0.00	1.23

表 6 – 53　环境工程 B 层人才排名前 20 的国家和地区的占比

单位：%

国家和地区	2010年	2011年	2012年	2013年	2014年	2015年	2016年	2017年	2018年	2019年	合计
中国大陆	17.18	16.47	23.62	17.16	23.98	29.95	27.31	31.29	40.68	43.12	29.13
美国	18.40	19.41	17.09	17.16	12.76	12.56	15.26	10.88	9.32	5.20	12.87
澳大利亚	7.98	3.53	4.02	4.90	4.08	3.86	5.62	5.10	4.04	5.81	4.89
英国	3.68	7.06	5.03	4.41	5.10	3.86	3.61	3.74	1.86	2.45	3.82
德国	3.07	2.35	3.02	3.43	4.59	1.93	1.20	3.06	3.73	2.75	2.92
印度	1.84	5.29	1.01	2.45	3.06	3.86	2.81	3.40	2.48	3.06	2.92

续表

国家和地区	2010年	2011年	2012年	2013年	2014年	2015年	2016年	2017年	2018年	2019年	合计
荷　　兰	2.45	2.94	2.01	5.39	5.10	2.90	4.02	2.04	1.55	0.92	2.75
加 拿 大	4.29	4.12	1.51	3.92	1.53	2.42	2.41	2.72	2.17	1.53	2.53
韩　　国	2.45	2.94	2.01	2.94	1.02	0.97	2.41	2.72	0.93	3.98	2.27
沙特阿拉伯	0.61	2.35	0.50	0.49	2.04	2.90	3.21	3.74	3.11	2.14	2.27
西 班 牙	4.91	3.53	3.52	1.96	3.57	2.90	0.40	0.68	1.86	0.92	2.15
法　　国	1.23	3.53	2.51	2.45	2.55	1.93	2.81	2.72	0.62	1.83	2.15
意 大 利	3.07	0.59	4.02	2.94	4.08	1.93	1.20	2.38	1.24	0.92	2.10
瑞　　士	4.29	1.76	4.02	1.47	2.55	0.00	1.20	1.02	1.55	1.53	1.80
马来西亚	1.23	1.18	1.01	0.49	5.10	1.45	1.61	1.36	1.86	2.14	1.76
中国香港	1.23	1.76	1.51	2.45	3.06	1.45	1.20	1.36	1.24	2.14	1.72
日　　本	0.61	1.76	1.51	0.98	1.53	1.93	1.61	3.06	1.24	1.22	1.59
瑞　　典	0.61	1.76	2.51	1.96	2.04	1.45	1.20	2.38	0.93	0.92	1.54
伊　　朗	2.45	1.18	0.50	2.45	0.00	0.97	1.20	1.36	0.62	2.14	1.29
芬　　兰	1.23	1.18	0.50	1.96	0.00	2.42	1.20	2.72	0.93	0.61	1.29

表 6-54　环境工程 C 层人才排名前 20 的国家和地区的占比

单位：%

国家和地区	2010年	2011年	2012年	2013年	2014年	2015年	2016年	2017年	2018年	2019年	合计
中国大陆	19.41	20.64	20.31	22.78	23.79	24.06	28.15	34.77	37.36	42.75	29.27
美　　国	18.11	16.77	18.19	17.53	17.86	14.61	13.08	11.56	9.79	8.49	13.78
澳大利亚	3.51	4.06	3.84	3.71	4.16	4.37	3.34	4.08	4.38	3.84	3.95
英　　国	3.64	4.54	3.69	4.46	3.75	4.17	4.15	4.05	3.12	3.33	3.83
西 班 牙	4.25	3.93	4.04	3.30	3.80	3.48	3.63	2.30	2.30	1.73	3.09
印　　度	3.08	2.78	2.68	2.35	2.29	3.18	3.26	2.74	3.02	3.21	2.89
德　　国	3.08	3.69	3.69	2.85	2.71	2.68	2.81	2.09	1.70	1.51	2.53
加 拿 大	3.14	4.48	3.49	2.75	2.24	2.44	1.91	1.85	1.98	1.48	2.41
韩　　国	2.71	2.12	2.32	2.25	2.45	2.29	2.28	2.47	2.11	2.86	2.40
荷　　兰	3.02	2.18	2.58	3.20	2.76	2.58	2.73	2.09	1.57	1.26	2.28
意 大 利	2.28	1.27	2.68	2.25	2.65	3.33	2.93	2.13	1.92	1.54	2.26
法　　国	3.08	2.00	3.08	1.95	2.24	2.14	2.36	1.89	1.86	1.35	2.11
中国香港	1.85	2.06	1.67	1.20	1.56	1.69	2.32	2.50	2.55	2.61	2.09
瑞　　士	2.59	2.18	2.63	2.70	1.77	1.89	1.67	1.27	1.01	0.72	1.70
伊　　朗	1.91	1.33	1.31	1.25	1.30	1.34	1.47	1.68	2.61	1.92	1.68
日　　本	1.85	1.82	2.07	2.15	1.82	1.64	1.75	1.03	1.23	1.04	1.56
马来西亚	1.48	2.24	1.67	1.75	1.25	1.54	1.47	1.51	1.29	1.45	1.53

续表

国家和地区	2010年	2011年	2012年	2013年	2014年	2015年	2016年	2017年	2018年	2019年	合计
瑞　　典	1.54	1.39	1.21	1.75	1.82	1.94	1.75	1.41	1.10	0.85	1.43
丹　　麦	1.42	1.33	1.41	1.60	1.41	1.69	1.43	1.30	0.91	0.75	1.27
沙特阿拉伯	0.25	0.54	0.71	0.90	1.67	1.29	1.43	1.47	1.48	1.67	1.23

十九　海洋工程

海洋工程 A、B、C 层人才主要集中在中国大陆和美国，二者 A、B、C 层人才的世界占比合计为 50.00%、32.04%、34.67%，其中中国大陆的 A、B 和 C 层人才均多于美国。

澳大利亚和日本的 A 层人才比较多，世界占比均为 7.69%；荷兰、新加坡、西班牙、中国台湾、土耳其、加拿大、英国、印度、科威特也有相当数量的 A 层人才，世界占比均为 3.85%。

英国、荷兰、西班牙、意大利、澳大利亚、日本的 B 层人才比较多，世界占比在 11%~3% 之间；德国、新加坡、伊朗、法国、加拿大、葡萄牙、比利时、中国香港、土耳其、印度、丹麦、芬兰也有相当数量的 B 层人才，世界占比超过 1%。

英国、澳大利亚、意大利、荷兰、挪威、法国的 C 层人才比较多，世界占比在 10%~3% 之间；日本、西班牙、韩国、葡萄牙、加拿大、德国、印度、伊朗、新加坡、丹麦、土耳其、巴西也有相当数量的 C 层人才，世界占比超过 1%。

表 6-55　海洋工程 A 层人才的国家和地区的占比

单位：%

国家和地区	2010年	2011年	2012年	2013年	2014年	2015年	2016年	2017年	2018年	2019年	合计
中国大陆	50.00	0.00	0.00	0.00	50.00	33.33	33.33	33.33	0.00	60.00	30.77
美　　国	0.00	50.00	50.00	50.00	0.00	0.00	33.33	33.33	0.00	0.00	19.23
澳大利亚	0.00	0.00	0.00	0.00	0.00	0.00	33.33	0.00	0.00	20.00	7.69
日　　本	0.00	0.00	50.00	0.00	0.00	0.00	0.00	0.00	50.00	0.00	7.69
荷　　兰	0.00	50.00	0.00	0.00	0.00	0.00	0.00	0.00	0.00	0.00	3.85
新 加 坡	50.00	0.00	0.00	0.00	0.00	0.00	0.00	0.00	0.00	0.00	3.85

续表

国家和地区	2010年	2011年	2012年	2013年	2014年	2015年	2016年	2017年	2018年	2019年	合计
西班牙	0.00	0.00	0.00	50.00	0.00	0.00	0.00	0.00	0.00	0.00	3.85
中国台湾	0.00	0.00	0.00	0.00	0.00	0.00	0.00	0.00	0.00	20.00	3.85
土耳其	0.00	0.00	0.00	0.00	0.00	0.00	0.00	0.00	50.00	0.00	3.85
加拿大	0.00	0.00	0.00	0.00	50.00	0.00	0.00	0.00	0.00	0.00	3.85
英国	0.00	0.00	0.00	0.00	0.00	33.33	0.00	0.00	0.00	0.00	3.85
印度	0.00	0.00	0.00	0.00	0.00	33.33	0.00	0.00	0.00	0.00	3.85
科威特	0.00	0.00	0.00	0.00	0.00	0.00	0.00	33.33	0.00	0.00	3.85

表6-56 海洋工程B层人才排名前20的国家和地区的占比

单位：%

国家和地区	2010年	2011年	2012年	2013年	2014年	2015年	2016年	2017年	2018年	2019年	合计
中国大陆	5.56	10.53	9.52	15.38	5.88	31.43	3.70	17.24	19.57	31.48	17.48
美国	38.89	36.84	19.05	23.08	14.71	17.14	14.81	13.79	2.17	1.85	14.56
英国	5.56	0.00	9.52	19.23	11.76	5.71	11.11	10.34	10.87	12.96	10.36
荷兰	22.22	5.26	14.29	7.69	11.76	5.71	11.11	3.45	6.52	1.85	7.77
西班牙	0.00	10.53	4.76	3.85	8.82	5.71	0.00	10.34	2.17	1.85	4.53
意大利	5.56	0.00	4.76	0.00	8.82	0.00	3.70	6.90	4.35	1.85	3.56
澳大利亚	5.56	0.00	0.00	7.69	0.00	2.86	3.70	3.45	4.35	5.56	3.56
日本	0.00	0.00	0.00	3.85	5.88	0.00	3.70	0.00	4.35	7.41	3.24
德国	5.56	0.00	0.00	7.69	2.94	0.00	7.41	0.00	4.35	1.85	2.91
新加坡	0.00	10.53	0.00	0.00	2.94	0.00	11.11	3.45	2.17	1.85	2.91
伊朗	0.00	0.00	0.00	0.00	0.00	2.86	7.41	3.45	4.35	3.70	2.59
法国	0.00	0.00	9.52	0.00	0.00	5.71	0.00	0.00	4.35	3.70	2.59
加拿大	0.00	5.26	4.76	0.00	0.00	0.00	3.70	3.45	4.35	1.85	2.27
葡萄牙	0.00	0.00	0.00	0.00	2.94	2.86	0.00	3.45	4.35	1.85	1.94
比利时	0.00	0.00	0.00	0.00	0.00	2.86	3.70	10.34	0.00	0.00	1.62
中国香港	0.00	0.00	9.52	0.00	0.00	2.86	0.00	0.00	2.17	1.85	1.62
土耳其	0.00	5.26	0.00	0.00	2.94	2.86	0.00	3.45	2.17	0.00	1.62
印度	0.00	0.00	0.00	3.85	0.00	2.86	0.00	0.00	0.00	5.56	1.62
丹麦	5.56	0.00	0.00	0.00	2.94	0.00	0.00	3.45	0.00	1.85	1.29
芬兰	0.00	0.00	0.00	0.00	0.00	5.71	3.70	0.00	2.17	0.00	1.29

表 6－57　海洋工程 C 层人才排名前 20 的国家和地区的占比

单位：%

国家和地区	2010年	2011年	2012年	2013年	2014年	2015年	2016年	2017年	2018年	2019年	合计
中国大陆	4.32	10.20	10.15	12.50	13.27	14.41	14.29	24.60	26.26	28.40	17.76
美　国	31.35	29.08	19.29	26.21	20.37	14.12	19.27	11.50	9.13	8.45	16.91
英　国	10.81	9.69	6.60	6.05	9.88	10.29	11.96	10.22	9.59	9.39	9.57
澳大利亚	7.03	4.59	6.60	3.23	4.01	4.41	2.33	4.79	7.08	3.76	4.72
意大利	4.32	5.61	4.57	3.63	4.94	5.59	3.65	4.47	4.57	3.29	4.41
荷　兰	4.86	2.04	3.55	1.61	4.01	2.94	3.32	2.88	4.34	3.29	3.34
挪　威	1.62	3.06	6.09	4.84	2.16	5.59	2.99	2.88	2.74	2.35	3.34
法　国	5.41	5.10	4.06	2.42	2.47	3.82	4.32	3.83	1.83	1.64	3.20
日　本	2.16	2.55	7.61	2.02	3.09	1.76	3.65	1.92	2.74	2.82	2.90
西班牙	2.70	4.08	3.55	1.61	4.01	2.65	2.33	2.24	2.05	2.35	2.66
韩　国	2.70	2.55	3.55	3.63	1.54	3.53	1.99	1.60	2.05	3.29	2.59
葡萄牙	1.08	2.04	2.03	4.03	2.16	1.76	4.65	1.92	2.74	2.82	2.59
加拿大	3.78	1.53	1.52	3.63	2.47	2.35	1.99	2.56	2.74	2.82	2.56
德　国	1.62	0.51	1.02	3.23	4.01	3.82	2.66	2.56	2.28	1.64	2.46
印　度	0.54	1.02	2.54	1.21	1.85	7.06	1.66	1.28	1.60	1.88	2.19
伊　朗	1.62	2.55	1.02	2.42	1.54	3.24	1.33	2.24	2.51	2.11	2.12
新加坡	1.08	1.53	2.54	1.21	2.16	2.65	1.99	1.60	1.14	3.29	1.99
丹　麦	1.08	1.02	2.03	2.02	3.40	1.18	1.99	1.28	0.46	1.64	1.58
土耳其	1.08	2.04	0.51	1.61	0.62	0.59	2.66	2.24	1.37	1.64	1.45
巴　西	1.08	1.53	1.52	1.61	1.23	0.88	0.00	0.32	1.60	0.94	1.04

二十　船舶工程

船舶工程 A、B、C 层人才最多的是中国大陆，分别占该学科全球 A、B、C 层人才的 36.36%、22.68%、23.57%。

美国的 A 层人才比较多，世界占比为 18.18%；葡萄牙、英国、科威特、中国台湾、土耳其、澳大利亚、意大利、日本也有相当数量的 A 层人才，世界占比在 10%～4%之间。

英国、美国、新加坡、澳大利亚、伊朗、挪威、意大利、荷兰的 B 层人才比较多，世界占比在 13%～3%之间；加拿大、法国、葡萄牙、土耳其、波兰、韩国、西班牙、丹麦、德国、日本、印度也有相当数量的 B 层人才，世界占比超过1%。

英国、美国、韩国、挪威、澳大利亚、意大利、葡萄牙的C层人才比较多，世界占比在11%~3%之间；伊朗、日本、印度、加拿大、新加坡、土耳其、德国、波兰、西班牙、荷兰、法国、瑞典也有相当数量的C层人才，世界占比超过1%。

表6-58　船舶工程A层人才的国家和地区的占比

单位：%

国家和地区	2010年	2011年	2012年	2013年	2014年	2015年	2016年	2017年	2018年	2019年	合计
中国大陆	0.00	0.00	0.00	0.00	50.00	25.00	50.00	33.33	33.33	60.00	36.36
美　　国	0.00	0.00	0.00	0.00	50.00	25.00	0.00	33.33	0.00	20.00	18.18
葡 萄 牙	0.00	0.00	0.00	50.00	0.00	0.00	0.00	0.00	33.33	0.00	9.09
英　　国	0.00	0.00	100.00	0.00	0.00	25.00	0.00	0.00	0.00	0.00	9.09
科 威 特	0.00	0.00	0.00	0.00	0.00	0.00	0.00	33.33	0.00	0.00	4.55
中国台湾	0.00	0.00	0.00	0.00	0.00	0.00	0.00	0.00	0.00	20.00	4.55
土 耳 其	0.00	0.00	0.00	0.00	0.00	0.00	0.00	0.00	33.33	0.00	4.55
澳大利亚	0.00	0.00	0.00	50.00	0.00	0.00	0.00	0.00	0.00	0.00	4.55
意 大 利	0.00	0.00	0.00	0.00	0.00	0.00	50.00	0.00	0.00	0.00	4.55
日　　本	0.00	0.00	0.00	0.00	0.00	25.00	0.00	0.00	0.00	0.00	4.55

表6-59　船舶工程B层人才排名前20的国家和地区的占比

单位：%

国家和地区	2010年	2011年	2012年	2013年	2014年	2015年	2016年	2017年	2018年	2019年	合计
中国大陆	20.00	8.33	8.33	23.08	3.57	31.71	15.38	27.27	21.57	36.17	22.68
英　　国	13.33	8.33	16.67	11.54	7.14	12.20	19.23	9.09	11.76	17.02	12.71
美　　国	20.00	33.33	8.33	19.23	7.14	7.32	3.85	9.09	1.96	2.13	8.25
新 加 坡	13.33	16.67	8.33	0.00	7.14	0.00	11.54	6.06	3.92	2.13	5.15
澳大利亚	6.67	0.00	0.00	3.85	3.57	4.88	3.85	0.00	7.84	4.26	4.12
伊　　朗	0.00	0.00	0.00	0.00	3.57	7.32	11.54	6.06	3.92	0.00	3.78
挪　　威	6.67	0.00	16.67	7.69	3.57	2.44	7.69	3.03	1.96	0.00	3.78
意 大 利	0.00	0.00	0.00	7.69	10.71	2.44	0.00	9.09	1.96	0.00	3.44
荷　　兰	6.67	0.00	0.00	0.00	3.57	2.44	3.85	0.00	5.88	4.26	3.09
加 拿 大	6.67	8.33	0.00	0.00	3.57	2.44	3.85	3.03	3.92	0.00	2.75
法　　国	0.00	0.00	8.33	3.85	0.00	2.44	0.00	6.06	1.96	4.26	2.75
葡 萄 牙	0.00	0.00	8.33	0.00	7.14	2.44	0.00	6.06	1.96	2.13	2.75

续表

国家和地区	2010年	2011年	2012年	2013年	2014年	2015年	2016年	2017年	2018年	2019年	合计
土耳其	0.00	8.33	0.00	0.00	3.57	2.44	3.85	3.03	3.92	2.13	2.75
波兰	0.00	0.00	0.00	0.00	0.00	7.32	0.00	6.06	1.96	2.13	2.41
韩国	0.00	0.00	8.33	0.00	7.14	2.44	0.00	0.00	3.92	0.00	2.06
西班牙	0.00	0.00	8.33	0.00	0.00	4.88	0.00	0.00	5.88	0.00	2.06
丹麦	6.67	0.00	0.00	7.69	7.14	0.00	0.00	0.00	0.00	0.00	1.72
德国	0.00	0.00	0.00	0.00	3.57	0.00	3.85	0.00	1.96	2.13	1.37
日本	0.00	0.00	0.00	3.85	3.57	2.44	0.00	0.00	1.96	0.00	1.37
印度	0.00	0.00	0.00	3.85	0.00	0.00	0.00	0.00	1.96	4.26	1.37

表 6-60 船舶工程 C 层人才排名前 20 的国家和地区的占比

单位：%

国家和地区	2010年	2011年	2012年	2013年	2014年	2015年	2016年	2017年	2018年	2019年	合计
中国大陆	11.11	14.02	14.71	20.08	22.78	19.25	19.44	27.81	30.85	29.91	23.57
英国	11.11	9.35	8.82	9.24	10.04	10.00	10.32	9.55	9.94	11.92	10.16
美国	17.78	8.41	9.56	9.24	9.27	8.75	8.33	4.49	4.55	4.67	7.38
韩国	7.41	7.48	10.29	6.83	7.72	6.75	5.95	5.34	2.69	3.50	5.63
挪威	4.44	2.80	4.41	3.61	3.09	4.75	7.54	4.21	4.35	4.21	4.42
澳大利亚	4.44	7.48	6.62	3.61	6.56	4.00	1.98	3.09	5.59	1.64	4.10
意大利	2.96	2.80	3.68	2.41	3.86	4.00	4.37	3.93	4.55	3.04	3.71
葡萄牙	0.00	6.54	5.15	6.43	3.09	3.25	4.76	2.53	3.11	3.27	3.60
伊朗	3.70	3.74	2.94	2.41	3.09	3.75	2.38	2.25	2.07	3.27	2.85
日本	2.96	2.80	4.41	3.61	3.47	3.25	2.38	1.69	1.86	2.34	2.67
印度	2.96	0.93	3.68	2.01	1.16	2.75	3.17	1.69	1.86	1.40	2.07
加拿大	4.44	2.80	1.47	2.41	0.77	1.75	1.19	2.81	1.66	2.34	2.03
新加坡	2.96	3.74	4.41	2.01	0.77	2.50	2.78	0.84	1.66	1.87	2.03
土耳其	2.96	2.80	1.47	2.01	0.39	1.25	2.78	1.97	1.86	2.10	1.85
德国	2.22	1.87	1.47	1.61	0.77	2.25	1.98	2.81	1.66	0.93	1.75
波兰	0.00	0.93	0.00	0.80	0.39	3.00	1.59	3.93	1.66	0.70	1.60
西班牙	0.00	2.80	0.74	2.41	1.54	1.75	1.19	1.97	1.24	1.40	1.53
荷兰	2.22	1.87	0.74	0.80	0.39	0.50	0.79	2.53	2.90	1.64	1.53
法国	1.48	1.87	0.74	0.40	2.70	2.25	1.59	1.40	0.83	1.64	1.50
瑞典	1.48	1.87	0.74	2.01	1.54	0.75	1.59	1.40	1.66	1.64	1.46

二十一　交通

交通 A、B、C 层人才最多的国家是美国，分别占该学科全球 A、B、C 层人才的 32.20%、22.98%、20.84%。

荷兰、英国、中国大陆、加拿大、瑞典、澳大利亚、智利、德国、意大利、挪威、新加坡的 A 层人才比较多，世界占比在 11%~3% 之间；法国、中国香港、瑞士、奥地利也有相当数量的 A 层人才，世界占比均为 1.69%。

中国大陆、英国、荷兰、加拿大、澳大利亚、中国香港的 B 层人才比较多，世界占比在 11%~4% 之间；比利时、德国、瑞士、法国、瑞典、西班牙、伊朗、丹麦、印度、意大利、中国台湾、土耳其、新加坡也有相当数量的 B 层人才，世界占比超过 1%。

中国大陆、英国、澳大利亚、加拿大、荷兰、德国、中国香港、意大利的 C 层人才比较多，世界占比在 12%~3% 之间；瑞典、法国、西班牙、新加坡、比利时、丹麦、韩国、挪威、中国台湾、瑞士、土耳其也有相当数量的 C 层人才，世界占比超过 1%。

表 6-61　交通 A 层人才的国家和地区的占比

单位：%

国家和地区	2010年	2011年	2012年	2013年	2014年	2015年	2016年	2017年	2018年	2019年	合计
美　国	66.67	25.00	40.00	20.00	20.00	16.67	50.00	28.57	37.50	25.00	32.20
荷　兰	33.33	0.00	0.00	0.00	20.00	16.67	12.50	28.57	0.00	0.00	10.17
英　国	0.00	50.00	60.00	0.00	0.00	0.00	12.50	0.00	0.00	0.00	10.17
中国大陆	0.00	0.00	0.00	0.00	0.00	16.67	0.00	14.29	25.00	12.50	8.47
加拿大	0.00	25.00	0.00	20.00	20.00	0.00	0.00	14.29	0.00	0.00	6.78
瑞　典	0.00	0.00	0.00	20.00	0.00	33.33	0.00	0.00	0.00	0.00	5.08
澳大利亚	0.00	0.00	0.00	20.00	0.00	0.00	12.50	0.00	0.00	0.00	3.39
智　利	0.00	0.00	0.00	20.00	0.00	16.67	0.00	0.00	0.00	0.00	3.39
德　国	0.00	0.00	0.00	0.00	20.00	0.00	0.00	0.00	0.00	12.50	3.39
意大利	0.00	0.00	0.00	0.00	20.00	0.00	0.00	0.00	12.50	0.00	3.39
挪　威	0.00	0.00	0.00	0.00	0.00	0.00	12.50	14.29	0.00	0.00	3.39
新加坡	0.00	0.00	0.00	0.00	0.00	0.00	0.00	0.00	12.50	12.50	3.39
法　国	0.00	0.00	0.00	0.00	0.00	0.00	0.00	0.00	0.00	12.50	1.69
中国香港	0.00	0.00	0.00	0.00	0.00	0.00	0.00	0.00	0.00	12.50	1.69
瑞　士	0.00	0.00	0.00	0.00	0.00	0.00	0.00	0.00	12.50	0.00	1.69
奥地利	0.00	0.00	0.00	0.00	0.00	0.00	0.00	0.00	0.00	12.50	1.69

表 6-62　交通 B 层人才排名前 20 的国家和地区的占比

单位：%

国家和地区	2010年	2011年	2012年	2013年	2014年	2015年	2016年	2017年	2018年	2019年	合计
美　国	15.15	20.00	32.61	19.23	13.73	33.33	30.14	24.66	22.37	16.00	22.98
中国大陆	0.00	5.00	4.35	1.92	5.88	11.76	9.59	12.33	13.16	25.33	10.35
英　国	9.09	17.50	8.70	9.62	13.73	5.88	6.85	9.59	14.47	9.33	10.35
荷　兰	24.24	2.50	4.35	5.77	7.84	5.88	6.85	6.85	6.58	4.00	6.84
加拿大	0.00	5.00	6.52	5.77	7.84	1.96	5.48	4.11	3.95	10.67	5.44
澳大利亚	12.12	2.50	2.17	3.85	9.80	3.92	6.85	2.74	7.89	4.00	5.44
中国香港	0.00	5.00	4.35	3.85	1.96	0.00	2.74	4.11	5.26	9.33	4.04
比利时	6.06	0.00	0.00	3.85	1.96	3.92	2.74	4.11	1.32	4.00	2.81
德　国	0.00	2.50	4.35	3.85	5.88	1.96	2.74	2.74	3.95	0.00	2.81
瑞　士	0.00	2.50	6.52	5.77	1.96	1.96	2.74	5.48	0.00	0.00	2.63
法　国	3.03	5.00	2.17	5.77	1.96	0.00	1.37	2.74	1.32	1.33	2.28
瑞　典	6.06	2.50	4.35	1.92	0.00	1.96	1.37	1.37	2.63	1.33	2.11
西班牙	3.03	2.50	2.17	3.85	1.96	5.88	1.37	1.37	0.00	0.00	1.93
伊　朗	0.00	0.00	0.00	1.92	3.92	3.92	4.11	2.74	1.32	0.00	1.93
丹　麦	6.06	2.50	0.00	5.77	1.96	0.00	1.37	1.37	0.00	1.33	1.75
印　度	3.03	0.00	0.00	0.00	1.96	1.96	2.74	0.00	1.32	2.67	1.40
意大利	3.03	2.50	0.00	1.92	1.96	1.96	0.00	4.11	0.00	0.00	1.40
中国台湾	3.03	7.50	0.00	1.92	0.00	0.00	0.00	0.00	0.00	2.67	1.23
土耳其	0.00	0.00	2.17	1.92	0.00	1.96	0.00	0.00	2.63	1.33	1.05
新加坡	0.00	0.00	2.17	0.00	5.88	0.00	0.00	0.00	2.63	0.00	1.05

表 6-63　交通 C 层人才排名前 20 的国家和地区的占比

单位：%

国家和地区	2010年	2011年	2012年	2013年	2014年	2015年	2016年	2017年	2018年	2019年	合计
美　国	27.38	28.39	22.96	23.47	20.29	18.32	18.71	20.88	17.92	17.95	20.84
中国大陆	2.46	5.63	7.06	7.06	8.88	8.21	11.71	14.63	18.45	18.89	11.56
英　国	8.62	11.00	11.92	9.35	7.79	8.02	10.14	7.81	6.85	7.69	8.71
澳大利亚	5.54	8.18	6.84	8.02	5.98	6.68	5.29	5.26	4.74	5.94	6.08
加拿大	8.92	3.84	4.42	7.06	5.62	5.53	5.57	3.69	4.61	4.59	5.20
荷　兰	4.92	5.12	6.84	4.39	5.25	4.96	5.29	4.97	3.95	3.91	4.87
德　国	4.00	1.53	3.09	3.05	2.90	3.24	3.71	3.55	3.29	4.59	3.38

续表

国家和地区	2010年	2011年	2012年	2013年	2014年	2015年	2016年	2017年	2018年	2019年	合计
中国香港	2.15	3.58	3.09	1.91	3.62	1.72	4.00	2.84	4.61	3.37	3.21
意大利	4.00	2.56	3.75	3.24	2.90	5.53	3.43	3.13	2.11	2.29	3.19
瑞典	2.15	3.84	3.09	3.44	2.90	3.05	2.71	2.27	2.77	1.35	2.68
法国	3.08	3.07	2.65	2.48	2.72	2.67	2.14	2.27	1.45	2.02	2.34
西班牙	3.38	1.28	2.43	1.15	2.54	3.63	3.14	1.42	1.45	1.62	2.13
新加坡	1.85	1.53	1.99	1.34	1.63	1.91	2.71	2.27	2.24	2.16	2.03
比利时	2.15	3.07	2.65	2.10	2.72	2.29	1.57	1.28	1.58	1.35	1.96
丹麦	1.54	1.53	1.32	2.29	2.17	2.10	1.14	1.85	1.71	1.48	1.71
韩国	2.77	1.02	0.88	1.15	1.63	2.10	0.86	1.85	2.37	0.94	1.53
挪威	0.92	2.56	0.66	1.53	1.63	1.91	1.14	1.99	1.45	1.48	1.53
中国台湾	2.46	1.79	1.99	1.72	0.91	0.95	1.14	0.99	1.45	1.21	1.37
瑞士	1.23	0.77	1.77	1.91	2.17	0.95	1.00	1.28	0.92	0.81	1.25
土耳其	0.31	1.02	1.32	0.76	1.09	1.53	1.43	1.56	1.19	0.54	1.11

二十二　交通科学和技术

交通科学和技术 A、B、C 层人才最多的国家是美国，分别占该学科全球 A、B、C 层人才的 35.25%、23.60%、21.12%。

中国大陆、英国、加拿大、德国、瑞典的 A 层人才比较多，世界占比在 21%~3%之间；法国、日本、新加坡、西班牙、澳大利亚、智利、希腊、以色列、意大利、挪威、沙特阿拉伯、韩国、瑞士、中国台湾也有相当数量的 A 层人才，世界占比超过或接近 1%。

中国大陆、英国、加拿大、澳大利亚、荷兰的 B 层人才比较多，世界占比在 21%~3%之间；中国香港、德国、法国、新加坡、瑞士、瑞典、意大利、西班牙、日本、韩国、希腊、伊朗、中国台湾、葡萄牙也有相当数量的 B 层人才，世界占比超过 1%。

中国大陆、英国、加拿大、澳大利亚、德国、荷兰的 C 层人才比较多，世界占比在 19%~3%之间；法国、意大利、中国香港、韩国、瑞典、新加坡、西班牙、日本、中国台湾、希腊、瑞士、印度、伊朗也有相当数量的 C 层人才，世界占比超过 1%。

表 6-64 交通科学和技术 A 层人才排名前 20 的国家和地区的占比

单位：%

国家和地区	2010年	2011年	2012年	2013年	2014年	2015年	2016年	2017年	2018年	2019年	合计
美国	57.14	25.00	54.55	57.14	33.33	41.67	40.00	25.00	27.78	18.75	35.25
中国大陆	14.29	12.50	0.00	14.29	8.33	25.00	13.33	25.00	33.33	37.50	20.49
英国	0.00	12.50	18.18	0.00	0.00	0.00	20.00	12.50	5.56	6.25	8.20
加拿大	0.00	12.50	9.09	14.29	0.00	0.00	0.00	6.25	11.11	6.25	5.74
德国	14.29	12.50	0.00	0.00	33.33	0.00	0.00	0.00	0.00	6.25	5.74
瑞典	0.00	0.00	9.09	0.00	0.00	16.67	0.00	0.00	0.00	6.25	3.28
法国	0.00	0.00	9.09	0.00	0.00	0.00	6.67	0.00	0.00	6.25	2.46
日本	0.00	0.00	0.00	0.00	8.33	0.00	0.00	0.00	5.56	6.25	2.46
新加坡	0.00	12.50	0.00	0.00	0.00	0.00	0.00	12.50	0.00	0.00	2.46
西班牙	0.00	0.00	0.00	0.00	0.00	8.33	0.00	6.25	5.56	0.00	2.46
澳大利亚	0.00	0.00	0.00	0.00	0.00	0.00	6.67	0.00	5.56	0.00	1.64
智利	14.29	0.00	0.00	14.29	0.00	0.00	0.00	0.00	0.00	0.00	1.64
希腊	0.00	0.00	0.00	0.00	8.33	0.00	0.00	0.00	0.00	6.25	1.64
以色列	0.00	0.00	0.00	0.00	0.00	0.00	0.00	6.25	0.00	0.00	0.82
意大利	0.00	0.00	0.00	0.00	0.00	8.33	0.00	0.00	0.00	0.00	0.82
挪威	0.00	0.00	0.00	0.00	0.00	0.00	0.00	6.25	0.00	0.00	0.82
沙特阿拉伯	0.00	0.00	0.00	0.00	0.00	0.00	6.67	0.00	0.00	0.00	0.82
韩国	0.00	0.00	0.00	0.00	0.00	0.00	0.00	0.00	5.56	0.00	0.82
瑞士	0.00	0.00	0.00	0.00	8.33	0.00	0.00	0.00	0.00	0.00	0.82
中国台湾	0.00	12.50	0.00	0.00	0.00	0.00	0.00	0.00	0.00	0.00	0.82

表 6-65 交通科学和技术 B 层人才排名前 20 的国家和地区的占比

单位：%

国家和地区	2010年	2011年	2012年	2013年	2014年	2015年	2016年	2017年	2018年	2019年	合计
美国	27.63	25.64	26.26	24.18	20.91	33.04	28.08	21.43	17.53	16.67	23.60
中国大陆	2.63	8.97	11.11	16.48	17.27	16.96	21.92	23.57	32.47	36.23	20.80
英国	2.63	8.97	9.09	7.69	4.55	8.93	6.85	7.86	8.44	6.52	7.26
加拿大	3.95	7.69	5.05	3.30	4.55	5.36	6.85	7.86	5.19	7.25	5.86
澳大利亚	7.89	1.28	1.01	5.49	5.45	2.68	2.74	4.29	3.25	6.52	4.02
荷兰	5.26	3.85	6.06	6.59	6.36	4.46	2.05	2.14	2.60	2.17	3.85
中国香港	3.95	6.41	3.03	2.20	0.91	0.00	2.05	3.57	3.90	4.35	2.97
德国	3.95	2.56	2.02	4.40	8.18	0.89	2.05	1.43	3.25	0.72	2.80
法国	5.26	5.13	1.01	3.30	0.91	0.00	2.74	3.57	2.60	0.72	2.36

续表

国家和地区	2010年	2011年	2012年	2013年	2014年	2015年	2016年	2017年	2018年	2019年	合计
新加坡	2.63	1.28	2.02	2.20	2.73	0.89	1.37	0.00	3.25	2.90	1.92
瑞士	2.63	2.56	4.04	2.20	3.64	0.89	2.74	1.43	0.00	0.00	1.84
瑞典	3.95	1.28	5.05	1.10	0.91	0.00	3.42	1.43	1.95	0.00	1.84
意大利	1.32	2.56	1.01	1.10	2.73	3.57	0.00	2.14	1.30	2.17	1.75
西班牙	2.63	3.85	0.00	0.00	4.55	1.79	1.37	0.71	0.65	1.45	1.57
日本	0.00	1.28	2.02	1.10	1.82	0.89	2.05	1.43	1.30	1.45	1.40
韩国	2.63	0.00	5.05	1.10	0.00	0.89	0.00	0.71	1.30	2.90	1.40
希腊	6.58	1.28	1.01	2.20	0.00	1.79	0.00	0.71	1.30	0.00	1.22
伊朗	1.32	0.00	0.00	1.10	1.82	0.89	2.74	3.57	0.00	0.00	1.22
中国台湾	1.32	2.56	2.02	2.20	0.00	1.79	1.37	0.00	0.00	1.45	1.14
葡萄牙	0.00	2.56	3.03	2.20	0.00	0.89	0.00	0.71	1.30	0.72	1.05

表 6-66　交通科学和技术 C 层人才排名前 20 的国家和地区的占比

单位：%

国家和地区	2010年	2011年	2012年	2013年	2014年	2015年	2016年	2017年	2018年	2019年	合计
美国	26.09	29.64	26.19	25.06	20.92	21.49	17.35	18.85	17.17	18.15	21.12
中国大陆	8.74	9.03	9.44	10.82	13.04	17.14	21.69	22.15	26.07	29.78	18.52
英国	4.92	6.74	6.09	6.61	6.94	5.86	7.79	6.26	6.55	6.10	6.45
加拿大	9.84	6.36	5.48	5.69	6.10	5.51	6.47	5.13	5.13	6.52	6.05
澳大利亚	2.73	4.58	4.16	4.78	3.38	3.37	3.01	3.59	3.95	4.56	3.81
德国	5.87	3.05	4.16	3.64	4.41	3.64	2.87	2.95	2.96	2.52	3.45
荷兰	3.55	3.44	3.35	3.53	3.00	3.91	3.09	3.02	2.47	2.24	3.07
法国	2.60	3.18	3.35	3.76	3.94	2.66	3.09	3.38	2.16	1.61	2.89
意大利	3.42	2.29	3.96	3.08	3.47	3.73	2.87	2.67	1.67	1.89	2.80
中国香港	2.73	3.18	2.54	2.16	3.56	2.04	2.50	1.90	3.21	2.80	2.66
韩国	2.46	2.16	2.94	2.05	2.81	1.95	2.87	2.74	3.09	1.26	2.46
瑞典	1.78	2.80	2.23	3.08	2.63	2.40	2.57	2.25	2.10	1.05	2.24
新加坡	1.78	1.78	2.54	2.05	1.13	2.49	2.65	2.39	2.47	2.45	2.24
西班牙	4.23	2.54	3.05	1.71	2.91	2.22	2.79	1.34	1.67	1.26	2.23
日本	1.50	2.16	1.93	1.59	1.03	2.22	1.47	1.62	0.80	0.91	1.46
中国台湾	2.46	2.04	1.93	1.59	1.69	1.33	1.10	0.91	0.93	1.12	1.39
希腊	1.64	1.02	1.42	1.37	1.03	1.87	1.25	1.27	1.11	0.77	1.25
瑞士	0.68	1.27	1.12	2.05	1.31	1.33	1.10	1.41	1.05	0.84	1.20
印度	0.41	0.89	0.91	0.91	0.75	0.80	1.62	1.62	1.73	1.40	1.20
伊朗	1.37	0.38	1.32	1.14	0.94	1.15	0.96	1.41	1.36	1.54	1.19

二十三　航空和航天工程

航空和航天工程 A、B、C 层人才主要集中在中国大陆和美国，两国 A、B、C 层人才的世界占比合计为 39.24%、43.57%、46.30%，其中中国大陆的 A 层和 C 层人才稍多于美国，B 层人才稍少于美国；在发展趋势上，中国大陆呈现相对上升趋势，美国呈现相对下降趋势。

英国、日本、瑞典、加拿大、伊朗、荷兰的 A 层人才比较多，世界占比在 9%~3% 之间；德国、印度、意大利、俄罗斯、瑞士、土耳其、阿尔及利亚、法国、丹麦、爱尔兰、葡萄牙、韩国也有相当数量的 A 层人才，世界占比超过 1%。

英国、德国、意大利、伊朗、澳大利亚、法国、印度的 B 层人才比较多，世界占比在 6%~3% 之间；加拿大、韩国、荷兰、俄罗斯、日本、新加坡、西班牙、瑞典、瑞士、比利时、以色列也有相当数量的 B 层人才，世界占比超过或接近 1%。

英国、意大利、德国、加拿大、法国的 C 层人才比较多，世界占比在 6%~3% 之间；印度、韩国、伊朗、荷兰、澳大利亚、俄罗斯、日本、西班牙、新加坡、瑞士、以色列、土耳其、瑞典也有相当数量的 C 层人才，世界占比超过或接近 1%。

表 6-67　航空和航天工程 A 层人才排名前 20 的国家和地区的占比

单位：%

国家和地区	2010年	2011年	2012年	2013年	2014年	2015年	2016年	2017年	2018年	2019年	合计
中国大陆	0.00	0.00	14.29	16.67	0.00	0.00	33.33	10.00	36.36	66.67	20.25
美国	33.33	0.00	14.29	16.67	14.29	11.11	22.22	30.00	18.18	22.22	18.99
英国	16.67	0.00	14.29	0.00	28.57	11.11	11.11	10.00	0.00	0.00	8.86
日本	16.67	20.00	14.29	0.00	0.00	11.11	0.00	0.00	0.00	0.00	5.06
瑞典	33.33	0.00	14.29	0.00	0.00	0.00	0.00	0.00	0.00	11.11	5.06
加拿大	0.00	0.00	0.00	16.67	14.29	0.00	0.00	10.00	0.00	0.00	3.80
伊朗	0.00	0.00	0.00	0.00	0.00	0.00	0.00	10.00	18.18	0.00	3.80
荷兰	0.00	0.00	0.00	0.00	14.29	0.00	22.22	0.00	0.00	0.00	3.80
德国	0.00	0.00	0.00	0.00	0.00	11.11	0.00	10.00	0.00	0.00	2.53
印度	0.00	20.00	14.29	0.00	0.00	0.00	0.00	0.00	0.00	0.00	2.53

续表

国家和地区	2010年	2011年	2012年	2013年	2014年	2015年	2016年	2017年	2018年	2019年	合计
意大利	0.00	0.00	0.00	0.00	14.29	11.11	0.00	0.00	0.00	0.00	2.53
俄罗斯	0.00	20.00	0.00	0.00	0.00	11.11	0.00	0.00	0.00	0.00	2.53
瑞士	0.00	0.00	0.00	0.00	0.00	11.11	0.00	10.00	0.00	0.00	2.53
土耳其	0.00	0.00	0.00	0.00	0.00	0.00	11.11	0.00	9.09	0.00	2.53
阿尔及利亚	0.00	0.00	0.00	16.67	14.29	0.00	0.00	0.00	0.00	0.00	2.53
法国	0.00	20.00	0.00	0.00	0.00	0.00	0.00	10.00	0.00	0.00	2.53
丹麦	0.00	0.00	0.00	0.00	0.00	11.11	0.00	0.00	0.00	0.00	1.27
爱尔兰	0.00	0.00	0.00	16.67	0.00	0.00	0.00	0.00	0.00	0.00	1.27
葡萄牙	0.00	0.00	0.00	16.67	0.00	0.00	0.00	0.00	0.00	0.00	1.27
韩国	0.00	0.00	0.00	0.00	0.00	0.00	0.00	0.00	9.09	0.00	1.27

表 6-68　航空和航天工程 B 层人才排名前 20 的国家和地区的占比

单位：%

国家和地区	2010年	2011年	2012年	2013年	2014年	2015年	2016年	2017年	2018年	2019年	合计
美国	35.09	32.65	30.00	27.59	39.06	15.00	18.99	20.00	7.07	15.00	22.12
中国大陆	5.26	16.33	18.57	22.41	14.06	15.00	30.38	30.00	20.20	31.00	21.45
英国	3.51	14.29	4.29	6.90	6.25	6.25	6.33	4.44	5.05	3.00	5.63
德国	12.28	2.04	5.71	5.17	4.69	11.25	2.53	0.00	4.04	4.00	4.96
意大利	5.26	0.00	5.71	5.17	4.69	3.75	3.80	3.33	5.05	2.00	3.89
伊朗	1.75	0.00	0.00	0.00	3.13	5.00	6.33	4.44	6.06	6.00	3.75
澳大利亚	0.00	2.04	5.71	1.72	4.69	2.50	1.27	5.56	4.04	4.00	3.35
法国	3.51	0.00	4.29	3.45	1.56	6.25	5.06	2.22	3.03	3.00	3.35
印度	1.75	0.00	1.43	0.00	3.13	6.25	7.59	4.44	1.01	3.00	3.08
加拿大	0.00	2.04	7.14	1.72	4.69	3.75	1.27	3.33	1.01	4.00	2.95
韩国	1.75	4.08	0.00	5.17	3.13	1.25	6.33	3.33	1.01	2.00	2.68
荷兰	12.28	2.04	1.43	1.72	0.00	1.25	1.27	3.33	4.04	1.00	2.68
俄罗斯	3.51	0.00	1.43	3.45	3.13	2.50	0.00	2.22	4.04	1.00	2.14
日本	1.75	4.08	1.43	3.45	0.00	2.50	0.00	1.11	1.01	2.00	1.61
新加坡	0.00	4.08	1.43	0.00	0.00	2.50	0.00	2.22	2.02	3.00	1.61
西班牙	0.00	2.04	0.00	1.72	1.56	0.00	1.27	1.11	3.03	3.00	1.47
瑞典	5.26	2.04	1.43	1.72	1.56	1.25	0.00	0.00	1.01	1.00	1.34
瑞士	3.51	0.00	0.00	1.72	0.00	2.50	0.00	0.00	2.02	0.00	0.94
比利时	0.00	0.00	0.00	1.72	0.00	1.25	1.27	1.11	2.02	0.00	0.80
以色列	0.00	6.12	0.00	0.00	1.56	0.00	0.00	0.00	1.01	1.00	0.80

表 6-69 航空和航天工程 C 层人才排名前 20 的国家和地区的占比

单位：%

国家和地区	2010年	2011年	2012年	2013年	2014年	2015年	2016年	2017年	2018年	2019年	合计
中国大陆	11.60	12.45	15.12	21.01	23.76	24.40	25.97	33.26	32.58	39.15	25.40
美国	36.46	28.48	27.99	21.96	20.55	20.16	18.70	16.91	15.37	12.97	20.90
英国	7.37	10.55	6.44	6.16	5.78	4.77	5.06	5.22	5.63	4.99	5.95
意大利	6.26	7.38	6.29	4.58	6.58	4.91	5.97	3.97	4.33	4.61	5.32
德国	3.68	5.91	5.24	4.74	4.98	4.38	4.81	4.65	4.11	3.74	4.57
加拿大	5.52	3.59	4.64	3.95	3.37	3.71	4.29	3.63	3.46	1.87	3.73
法国	6.08	3.80	3.89	3.79	2.57	3.98	4.03	1.93	2.27	1.62	3.24
印度	1.66	2.11	2.69	1.74	1.93	1.33	3.12	2.61	3.35	3.87	2.53
韩国	1.84	2.32	2.10	3.32	2.09	1.86	1.30	1.70	2.92	2.87	2.23
伊朗	1.10	0.63	1.20	2.37	3.21	3.05	2.34	2.84	2.16	2.12	2.19
荷兰	2.58	3.38	1.95	2.53	2.57	1.59	1.69	1.93	2.27	2.12	2.19
澳大利亚	1.84	2.32	3.14	3.16	2.41	2.25	2.21	2.38	1.73	0.62	2.16
俄罗斯	1.47	1.48	1.80	1.90	1.93	3.85	2.08	1.82	1.52	2.37	2.05
日本	1.84	2.74	2.10	3.00	2.25	1.19	0.78	1.70	1.52	1.87	1.82
西班牙	1.29	0.84	1.65	1.74	1.28	2.65	1.43	1.82	1.95	1.25	1.64
新加坡	0.55	0.84	0.45	0.63	1.12	1.59	0.39	1.02	1.08	0.62	0.85
瑞士	0.00	1.69	1.05	0.63	0.96	0.66	1.17	0.45	1.08	0.75	0.83
以色列	0.92	0.42	0.90	0.95	1.12	1.33	0.78	0.79	0.43	0.75	0.83
土耳其	0.18	0.42	1.35	1.74	0.64	0.40	1.30	0.57	0.54	0.87	0.81
瑞典	0.74	0.84	0.75	0.63	0.96	0.13	0.78	0.45	1.41	0.87	0.76

二十四 工业工程

工业工程 A 层人才最多的国家是美国，世界占比为 21.53%；中国大陆、英国、澳大利亚、德国、加拿大、意大利的 A 层人才比较多，世界占比在 16%~4%之间；土耳其、丹麦、法国、荷兰、中国香港、印度、南非、挪威、波兰、瑞典、奥地利、比利时、巴西也有相当数量的 A 层人才，世界占比超过 1%。

B 层人才最多的是中国大陆和美国，世界占比分别为 15.85%和 15.35%；英国、德国、加拿大、法国、意大利、澳大利亚的 B 层人才比较多，世界占比在 9%~3%；中国香港、印度、伊朗、西班牙、比利时、瑞典、丹麦、中国台湾、土耳其、日本、荷兰、新加坡也有相当数量的 B 层人才，世界占比超过 1%。

C 层人才最多的是中国大陆和美国，占比分别为 15.69% 和 14.46%；英国、意大利、德国、加拿大、澳大利亚、法国、印度的 C 层人才比较多，世界占比在 9%~3% 之间；中国香港、伊朗、西班牙、中国台湾、荷兰、韩国、瑞典、土耳其、新加坡、巴西、日本也有相当数量的 C 层人才，世界占比超过 1%。

表 6－70　工业工程 A 层人才排名前 20 的国家和地区的占比

单位：%

国家和地区	2010年	2011年	2012年	2013年	2014年	2015年	2016年	2017年	2018年	2019年	合计
美　　国	11.11	11.11	15.38	6.25	50.00	29.41	17.65	16.67	42.86	11.76	21.53
中国大陆	11.11	11.11	7.69	12.50	21.43	11.76	0.00	27.78	35.71	11.76	15.28
英　　国	11.11	0.00	0.00	12.50	14.29	0.00	11.76	16.67	7.14	5.88	8.33
澳大利亚	0.00	0.00	15.38	6.25	0.00	17.65	5.88	5.56	7.14	11.76	7.64
德　　国	22.22	0.00	7.69	0.00	0.00	11.76	11.76	0.00	0.00	5.88	5.56
加 拿 大	0.00	0.00	15.38	6.25	0.00	0.00	0.00	5.56	0.00	11.76	4.17
意 大 利	11.11	11.11	7.69	6.25	0.00	0.00	5.88	5.56	0.00	0.00	4.17
土 耳 其	0.00	22.22	0.00	12.50	0.00	0.00	0.00	0.00	0.00	0.00	2.78
丹　　麦	0.00	0.00	15.38	0.00	7.14	0.00	5.88	0.00	0.00	0.00	2.78
法　　国	0.00	0.00	0.00	0.00	0.00	5.88	5.88	0.00	0.00	11.76	2.78
荷　　兰	0.00	11.11	0.00	0.00	0.00	0.00	17.65	0.00	0.00	0.00	2.78
中国香港	11.11	11.11	0.00	6.25	0.00	0.00	0.00	0.00	0.00	0.00	2.08
印　　度	0.00	0.00	0.00	6.25	0.00	11.76	0.00	0.00	0.00	0.00	2.08
南　　非	0.00	11.11	0.00	6.25	0.00	5.88	0.00	0.00	0.00	0.00	2.08
挪　　威	0.00	0.00	0.00	0.00	0.00	0.00	0.00	5.56	7.14	0.00	1.39
波　　兰	11.11	0.00	0.00	6.25	0.00	0.00	0.00	0.00	0.00	0.00	1.39
瑞　　典	0.00	0.00	7.69	0.00	0.00	5.88	0.00	0.00	0.00	0.00	1.39
奥 地 利	0.00	11.11	0.00	0.00	0.00	0.00	5.88	0.00	0.00	0.00	1.39
比 利 时	0.00	0.00	7.69	0.00	0.00	0.00	0.00	5.56	0.00	0.00	1.39
巴　　西	0.00	0.00	0.00	0.00	0.00	0.00	0.00	5.56	0.00	5.88	1.39

表 6-71 工业工程 B 层人才排名前 20 的国家和地区的占比

单位：%

国家和地区	2010年	2011年	2012年	2013年	2014年	2015年	2016年	2017年	2018年	2019年	合计
中国大陆	7.59	5.26	9.76	11.11	14.81	14.01	13.04	22.91	23.91	26.32	15.85
美国	16.46	12.28	15.45	18.06	22.22	18.47	14.91	12.85	11.59	12.28	15.35
英国	8.86	11.40	8.13	10.42	8.15	7.64	10.56	8.38	4.35	7.60	8.49
德国	5.06	9.65	8.13	6.94	11.85	8.28	9.94	3.91	2.90	7.02	7.35
加拿大	2.53	6.14	7.32	4.17	2.22	5.10	4.97	3.35	5.80	5.85	4.78
法国	5.06	3.51	3.25	5.56	2.22	1.27	3.73	3.35	5.80	4.68	3.78
意大利	1.27	7.02	4.07	5.56	2.96	4.46	3.11	3.91	2.90	1.75	3.71
澳大利亚	1.27	1.75	2.44	3.47	1.48	1.27	4.97	3.91	5.80	2.34	3.00
中国香港	2.53	1.75	2.44	3.47	0.74	3.18	3.11	2.79	4.35	3.51	2.86
印度	0.00	1.75	2.44	1.39	2.22	2.55	3.11	1.68	2.90	4.09	2.36
伊朗	3.80	1.75	0.81	1.39	2.22	3.18	0.00	5.03	2.17	1.17	2.14
西班牙	3.80	6.14	2.44	0.69	2.22	1.91	3.11	1.12	0.72	0.58	2.07
比利时	3.80	4.39	2.44	2.78	4.44	0.00	3.11	0.00	0.72	0.58	2.00
瑞典	2.53	2.63	0.81	2.08	1.48	1.27	0.00	4.47	1.45	2.34	1.93
丹麦	0.00	2.63	0.81	2.08	3.70	1.27	0.62	2.23	3.62	1.17	1.86
中国台湾	5.06	0.88	1.63	3.47	2.22	1.27	1.24	0.00	2.17	1.17	1.71
土耳其	2.53	1.75	0.81	2.08	1.48	1.27	1.86	1.68	0.72	1.17	1.50
日本	3.80	0.88	4.07	1.39	0.00	1.91	0.62	0.56	1.45	1.17	1.43
荷兰	1.27	0.88	3.25	1.39	4.44	1.27	1.86	0.00	0.00	0.00	1.36
新加坡	3.80	0.00	1.63	0.69	0.00	1.27	1.24	2.23	1.45	1.17	1.28

表 6-72 工业工程 C 层人才排名前 20 的国家和地区的占比

单位：%

国家和地区	2010年	2011年	2012年	2013年	2014年	2015年	2016年	2017年	2018年	2019年	合计
中国大陆	8.07	8.60	11.39	12.28	13.79	14.14	17.59	16.46	23.47	23.77	15.69
美国	19.80	17.56	16.95	15.23	15.94	13.34	12.32	12.89	12.84	12.28	14.46
英国	7.44	7.67	8.22	8.12	7.05	8.47	8.51	8.49	8.20	8.21	8.10
意大利	3.66	3.88	4.45	3.88	4.44	5.07	5.27	4.92	3.28	4.01	4.35
德国	5.04	5.27	4.71	5.10	5.21	4.40	4.25	4.22	3.21	2.65	4.31
加拿大	5.17	4.71	4.79	4.67	5.44	3.60	3.17	3.69	4.21	3.40	4.17
澳大利亚	3.15	3.42	3.34	3.95	2.68	3.87	3.87	3.98	3.85	3.95	3.66
法国	3.91	3.23	3.08	4.53	3.83	3.87	3.30	4.10	3.50	2.78	3.61
印度	1.13	2.50	2.57	2.59	3.07	3.20	3.05	3.10	3.92	4.20	3.06

续表

国家和地区	2010年	2011年	2012年	2013年	2014年	2015年	2016年	2017年	2018年	2019年	合计
中国香港	3.91	2.77	3.85	2.51	2.68	2.67	3.05	2.75	2.92	3.27	2.99
伊　　朗	2.52	2.13	2.74	2.87	2.30	2.87	2.67	2.40	3.71	3.02	2.75
西 班 牙	2.65	2.77	2.48	3.66	2.61	2.20	2.10	2.17	1.43	1.54	2.31
中国台湾	5.17	3.42	3.85	2.44	2.30	2.27	1.33	1.52	1.36	1.42	2.29
荷　　兰	3.91	4.07	2.48	2.01	2.07	2.27	2.35	1.82	1.64	1.48	2.27
韩　　国	1.77	1.76	2.23	1.65	1.92	2.27	1.52	1.99	1.71	1.48	1.82
瑞　　典	1.01	1.94	1.63	1.15	2.22	1.73	2.10	2.23	1.71	1.11	1.71
土 耳 其	2.52	1.76	2.23	1.51	1.61	2.67	1.59	1.41	0.93	1.17	1.68
新 加 坡	1.51	1.29	1.37	1.29	1.76	1.47	1.46	1.41	1.85	1.30	1.47
巴　　西	0.88	0.92	1.46	1.15	1.00	1.40	1.21	1.41	1.14	1.48	1.23
日　　本	2.40	2.22	1.46	1.15	1.30	0.87	1.40	1.00	0.71	0.68	1.23

二十五　设备和仪器

设备和仪器 A、B、C 层人才主要集中在中国大陆和美国，二者 A、B、C 层人才的世界占比合计为 31.82%、30.33%、36.35%，其中二者的 A 层人才数量相当，中国大陆的 B、C 层人才多于美国；在发展趋势上，中国大陆呈现相对上升趋势，美国呈现相对下降趋势。

英国、西班牙、意大利、德国、澳大利亚、印度、智利的 A 层人才比较多，世界占比在 9%~3%之间；加拿大、韩国、丹麦、法国、波兰、日本、瑞士、土耳其、中国台湾、新加坡、沙特阿拉伯也有相当数量的 A 层人才，世界占比超过 1%。

英国、韩国、澳大利亚、意大利、德国的 B 层人才比较多，世界占比在 5%~3%之间；西班牙、加拿大、法国、印度、瑞士、新加坡、伊朗、中国台湾、波兰、日本、荷兰、沙特阿拉伯、土耳其也有相当数量的 B 层人才，世界占比超过 1%。

韩国、英国、印度、意大利、德国、西班牙的 C 层人才比较多，世界占比在 5%~3%之间；法国、加拿大、澳大利亚、伊朗、日本、中国台湾、瑞士、新加坡、波兰、土耳其、中国香港、巴西也有相当数量的 C 层人才，世界占比超过 1%。

表 6－73　设备和仪器 A 层人才排名前 20 的国家和地区的占比

单位：%

国家和地区	2010年	2011年	2012年	2013年	2014年	2015年	2016年	2017年	2018年	2019年	合计
中国大陆	4.76	5.26	18.18	8.00	18.18	10.34	6.25	50.00	12.50	39.47	15.91
美国	23.81	15.79	27.27	12.00	13.64	17.24	6.25	0.00	25.00	15.79	15.91
英国	4.76	5.26	9.09	20.00	9.09	10.34	9.38	0.00	12.50	2.63	8.64
西班牙	9.52	10.53	9.09	4.00	4.55	3.45	12.50	25.00	0.00	0.00	6.36
意大利	0.00	5.26	0.00	0.00	9.09	10.34	3.13	0.00	12.50	7.89	5.00
德国	4.76	5.26	0.00	4.00	9.09	6.90	6.25	0.00	12.50	0.00	4.55
澳大利亚	0.00	0.00	4.55	4.00	4.55	0.00	9.38	0.00	0.00	7.89	4.09
印度	9.52	0.00	9.09	8.00	0.00	3.45	3.13	0.00	0.00	2.63	4.09
智利	14.29	5.26	4.55	4.00	0.00	0.00	0.00	25.00	0.00	0.00	3.18
加拿大	4.76	0.00	4.55	0.00	4.55	0.00	3.13	0.00	0.00	5.26	2.73
韩国	0.00	0.00	0.00	0.00	13.64	3.45	3.13	0.00	0.00	0.00	2.27
丹麦	0.00	5.26	0.00	8.00	0.00	6.90	0.00	0.00	0.00	0.00	2.27
法国	0.00	5.26	0.00	0.00	4.55	0.00	6.25	0.00	0.00	2.63	2.27
波兰	9.52	0.00	0.00	0.00	0.00	0.00	3.13	0.00	0.00	2.63	1.82
日本	0.00	0.00	4.55	4.00	0.00	3.45	3.13	0.00	0.00	0.00	1.82
瑞士	4.76	0.00	0.00	0.00	0.00	6.90	3.13	0.00	0.00	0.00	1.82
土耳其	4.76	0.00	0.00	0.00	0.00	3.45	3.13	0.00	0.00	0.00	1.36
中国台湾	0.00	0.00	0.00	8.00	0.00	0.00	0.00	0.00	0.00	2.63	1.36
新加坡	0.00	0.00	0.00	8.00	0.00	0.00	0.00	0.00	0.00	2.63	1.36
沙特阿拉伯	0.00	0.00	0.00	0.00	4.55	3.45	0.00	0.00	0.00	2.63	1.36

表 6－74　设备和仪器 B 层人才排名前 20 的国家和地区的占比

单位：%

国家和地区	2010年	2011年	2012年	2013年	2014年	2015年	2016年	2017年	2018年	2019年	合计
中国大陆	6.83	7.35	10.50	10.96	13.92	14.78	20.60	21.12	25.34	38.58	18.72
美国	21.46	18.63	11.50	12.28	16.03	8.26	10.30	7.14	8.17	9.26	11.61
英国	4.88	5.39	6.50	4.82	5.49	4.35	4.98	3.42	3.54	4.32	4.62
韩国	3.90	4.90	6.00	3.51	3.80	1.74	2.99	3.11	3.27	3.70	3.59
澳大利亚	2.44	0.00	3.50	1.75	3.38	4.35	5.32	3.11	4.36	5.56	3.59
意大利	6.83	3.92	3.00	2.19	3.80	4.78	3.32	1.86	2.72	3.70	3.48
德国	5.37	4.41	4.00	3.07	3.38	3.91	3.99	2.80	1.63	2.16	3.28
西班牙	1.95	5.39	3.50	4.39	2.53	5.22	3.65	2.80	1.09	1.23	2.98
加拿大	3.41	5.39	3.50	2.63	2.53	2.17	1.99	2.48	3.27	2.47	2.90

续表

国家和地区	2010年	2011年	2012年	2013年	2014年	2015年	2016年	2017年	2018年	2019年	合计
法　　国	4.88	5.39	3.50	3.51	2.53	3.04	2.99	1.86	2.18	1.23	2.90
印　　度	1.95	1.47	1.50	2.19	4.22	4.78	1.99	2.80	2.18	4.32	2.79
瑞　　士	4.88	3.43	3.00	4.82	2.95	1.30	1.99	1.86	1.09	0.31	2.33
新 加 坡	0.98	1.47	1.00	0.88	2.53	4.35	1.66	2.17	1.09	2.78	1.91
伊　　朗	0.98	0.98	2.00	2.63	2.11	0.87	2.66	0.93	2.45	2.47	1.87
中国台湾	2.44	0.98	1.50	1.32	1.27	0.87	2.33	1.24	1.91	0.31	1.41
波　　兰	1.46	1.96	1.50	1.75	0.42	1.74	1.66	1.24	1.36	0.62	1.34
日　　本	1.95	2.45	2.00	1.32	0.42	1.30	1.66	0.93	0.82	0.93	1.30
荷　　兰	1.95	1.47	1.00	2.19	1.27	1.30	1.66	0.31	0.54	1.23	1.22
沙特阿拉伯	1.46	0.00	0.00	0.88	1.27	0.43	1.66	1.86	2.72	0.62	1.22
土 耳 其	0.98	1.47	2.50	0.44	1.69	1.74	1.33	0.93	0.54	0.93	1.18

表 6－75　设备和仪器 C 层人才排名前 20 的国家和地区的占比

单位：%

国家和地区	2010年	2011年	2012年	2013年	2014年	2015年	2016年	2017年	2018年	2019年	合计
中国大陆	10.52	13.85	15.37	17.13	20.48	24.00	25.59	30.69	33.32	31.49	23.62
美　　国	16.37	18.65	17.37	13.94	12.32	12.76	11.35	11.32	9.42	9.29	12.73
韩　　国	4.14	5.15	4.70	4.41	4.94	5.04	4.76	4.77	4.97	4.73	4.77
英　　国	5.81	5.44	4.80	4.85	5.02	4.47	4.20	4.40	4.17	4.36	4.67
印　　度	2.43	2.67	2.95	4.24	4.55	4.39	3.82	5.01	5.10	5.05	4.17
意 大 利	3.86	4.80	4.65	4.89	4.51	4.05	3.89	3.61	3.64	3.26	4.03
德　　国	5.24	4.90	5.26	4.28	3.22	3.29	3.96	2.73	2.10	2.89	3.61
西 班 牙	3.33	3.81	2.60	3.89	3.01	2.98	2.50	3.27	3.12	2.74	3.09
法　　国	4.00	4.30	3.70	3.19	2.40	2.79	3.37	2.22	1.64	1.82	2.80
加 拿 大	2.81	3.46	3.70	2.88	3.39	2.87	2.88	2.25	1.76	2.74	2.80
澳大利亚	1.76	1.83	1.90	1.66	2.32	2.79	2.26	2.39	2.59	2.77	2.29
伊　　朗	1.67	1.09	1.40	1.49	2.58	2.18	2.40	2.63	2.93	2.40	2.16
日　　本	2.43	2.62	3.10	2.71	2.49	1.76	1.88	1.43	1.58	1.62	2.07
中国台湾	2.81	2.67	2.30	2.66	2.19	1.76	1.01	0.99	1.27	0.95	1.74
瑞　　士	2.71	2.67	2.25	1.97	1.80	1.60	1.42	0.89	1.11	0.72	1.60
新 加 坡	1.24	1.78	1.65	1.49	1.42	1.15	1.39	1.43	1.30	1.01	1.36
波　　兰	1.43	1.53	1.45	1.53	1.12	1.07	1.42	0.99	1.02	1.10	1.24
土 耳 其	1.09	1.19	1.00	0.96	1.33	1.22	1.35	1.09	0.99	1.53	1.19
中国香港	1.19	1.24	1.20	1.09	1.03	1.11	1.46	1.26	1.11	1.10	1.18
巴　　西	1.38	0.94	1.05	0.96	1.07	0.92	0.97	1.02	1.27	1.13	1.07

二十六　显微镜学

显微镜学 A、B、C 层人才最多的国家是美国，分别占该学科全球 A、B、C 层人才的 29.41%、23.66%、17.95%。

德国、英国的 A 层人才比较多，世界占比均为 17.65%；加拿大、比利时、日本、荷兰、韩国也有相当数量的 A 层人才，世界占比在 12%~5%之间。

德国、英国、日本、巴基斯坦、比利时、澳大利亚、奥地利、加拿大、中国大陆、荷兰的 B 层人才比较多，世界占比在 14%~3%之间；法国、瑞士、沙特阿拉伯、印度、意大利、土耳其、俄罗斯、西班牙、波兰也有相当数量的 B 层人才，大部分世界占比超过 1%。

德国、英国、日本、中国大陆、法国、澳大利亚、荷兰的 C 层人才比较多，世界占比在 12%~3%之间；加拿大、奥地利、比利时、西班牙、巴基斯坦、意大利、瑞士、巴西、沙特阿拉伯、韩国、印度、捷克也有相当数量的 C 层人才，世界占比超过 1%。

表 6-76　显微镜学 A 层人才的国家和地区的占比

单位：%

国家和地区	2010年	2011年	2012年	2013年	2014年	2015年	2016年	2017年	2018年	2019年	合计
美国	50.00	100.00	0.00	0.00	50.00	0.00	0.00	0.00	50.00	50.00	29.41
德国	0.00	0.00	100.00	50.00	0.00	0.00	0.00	50.00	0.00	0.00	17.65
英国	50.00	0.00	0.00	50.00	0.00	0.00	100.00	0.00	0.00	0.00	17.65
加拿大	0.00	0.00	0.00	0.00	50.00	0.00	0.00	0.00	0.00	50.00	11.76
比利时	0.00	0.00	0.00	0.00	0.00	50.00	0.00	0.00	0.00	0.00	5.88
日本	0.00	0.00	0.00	0.00	0.00	0.00	0.00	0.00	50.00	0.00	5.88
荷兰	0.00	0.00	0.00	0.00	0.00	50.00	0.00	0.00	0.00	0.00	5.88
韩国	0.00	0.00	0.00	0.00	0.00	0.00	0.00	50.00	0.00	0.00	5.88

表 6-77　显微镜学 B 层人才排名前 20 的国家和地区的占比

单位：%

国家和地区	2010年	2011年	2012年	2013年	2014年	2015年	2016年	2017年	2018年	2019年	合计
美国	22.22	15.00	23.53	35.00	27.78	44.44	27.78	17.39	0.00	22.22	23.66
德国	16.67	15.00	0.00	10.00	27.78	16.67	11.11	21.74	18.75	0.00	13.98
英国	5.56	10.00	23.53	10.00	16.67	16.67	16.67	13.04	12.50	0.00	12.37

续表

国家和地区	2010年	2011年	2012年	2013年	2014年	2015年	2016年	2017年	2018年	2019年	合计
日本	22.22	5.00	5.88	5.00	0.00	0.00	11.11	4.35	12.50	0.00	6.45
巴基斯坦	0.00	0.00	0.00	0.00	0.00	0.00	0.00	0.00	18.75	33.33	4.84
比利时	0.00	5.00	11.76	10.00	5.56	5.56	0.00	0.00	0.00	0.00	3.76
澳大利亚	5.56	10.00	5.88	0.00	0.00	11.11	0.00	4.35	0.00	0.00	3.76
奥地利	0.00	5.00	5.88	0.00	5.56	0.00	5.56	8.70	0.00	0.00	3.23
加拿大	11.11	5.00	5.88	10.00	0.00	0.00	0.00	0.00	0.00	0.00	3.23
中国大陆	0.00	0.00	5.88	0.00	0.00	0.00	0.00	0.00	6.25	22.22	3.23
荷兰	5.56	5.00	5.88	0.00	5.56	0.00	11.11	0.00	0.00	0.00	3.23
法国	0.00	5.00	0.00	10.00	0.00	0.00	5.56	4.35	0.00	0.00	2.69
瑞士	0.00	10.00	0.00	5.00	0.00	0.00	5.56	4.35	0.00	0.00	2.69
沙特阿拉伯	0.00	0.00	0.00	0.00	0.00	0.00	0.00	0.00	12.50	11.11	2.15
印度	0.00	0.00	0.00	0.00	11.11	0.00	0.00	4.35	0.00	0.00	1.61
意大利	0.00	0.00	0.00	0.00	0.00	0.00	0.00	4.35	6.25	5.56	1.61
土耳其	5.56	5.00	0.00	0.00	0.00	0.00	0.00	0.00	0.00	5.56	1.61
俄罗斯	0.00	0.00	0.00	5.00	0.00	0.00	0.00	4.35	0.00	0.00	1.08
西班牙	5.56	0.00	0.00	0.00	0.00	0.00	0.00	4.35	0.00	0.00	1.08
波兰	0.00	0.00	5.88	0.00	0.00	0.00	0.00	0.00	0.00	0.00	0.54

表 6-78　显微镜学 C 层人才排名前 20 的国家和地区的占比

单位：%

国家和地区	2010年	2011年	2012年	2013年	2014年	2015年	2016年	2017年	2018年	2019年	合计
美国	17.32	18.28	25.75	17.70	22.67	15.51	21.81	18.37	15.47	8.46	17.95
德国	14.53	11.83	15.57	14.35	13.95	13.37	12.23	7.14	9.39	7.96	11.95
英国	9.50	15.05	3.59	7.66	9.88	11.76	8.51	9.69	5.52	10.45	9.22
日本	6.70	10.75	4.19	6.22	6.40	11.23	5.32	6.12	6.63	4.48	6.81
中国大陆	6.15	2.15	1.80	2.39	5.23	3.74	5.85	5.10	9.39	12.44	5.47
法国	3.91	6.99	4.79	5.74	7.56	3.74	5.85	4.08	3.87	4.48	5.09
澳大利亚	4.47	7.53	4.79	6.22	2.33	4.81	1.06	5.61	1.66	1.49	4.02
荷兰	3.35	2.69	5.39	5.26	4.07	4.28	2.13	3.57	5.52	0.50	3.64
加拿大	5.03	3.23	2.99	2.87	1.16	1.60	2.13	4.08	1.66	1.00	2.57
奥地利	2.23	1.61	1.80	2.39	2.91	3.21	1.60	3.06	3.31	2.99	2.52
比利时	1.68	2.15	2.99	2.87	2.33	4.81	2.13	3.57	2.21	0.50	2.52
西班牙	1.12	2.69	1.80	3.35	2.33	3.21	2.66	4.08	0.55	1.49	2.36
巴基斯坦	0.00	0.00	0.00	0.00	0.00	0.00	0.00	1.02	8.29	11.94	2.20
意大利	1.12	1.61	2.99	3.83	1.16	2.67	3.19	1.53	1.10	1.99	2.14

续表

国家和地区	2010年	2011年	2012年	2013年	2014年	2015年	2016年	2017年	2018年	2019年	合计
瑞　　士	2.79	1.61	1.80	1.44	2.33	1.07	2.13	2.55	1.66	1.49	1.88
巴　　西	3.91	0.54	1.80	2.39	1.74	0.00	3.72	1.53	1.10	1.99	1.88
沙特阿拉伯	0.00	0.54	0.00	0.00	0.00	0.00	0.53	1.53	3.87	5.97	1.29
韩　　国	1.12	3.23	0.60	0.96	1.16	0.00	0.53	1.53	1.66	1.49	1.23
印　　度	1.68	0.54	1.80	1.91	1.74	1.60	0.00	1.53	1.10	0.50	1.23
捷　　克	2.23	0.54	0.60	0.96	0.58	2.67	1.60	0.51	2.21	0.00	1.18

二十七　绿色和可持续科学与技术

绿色和可持续科学与技术 A、B、C 层人才最多的是中国大陆，分别占该学科全球 A、B、C 层人才的 11.49%、14.94%、20.37%。

英国、印度、美国、德国、荷兰、马来西亚、澳大利亚、意大利、沙特阿拉伯的 A 层人才比较多，世界占比在 11%～3% 之间；西班牙、瑞典、加拿大、丹麦、法国、葡萄牙、韩国、巴基斯坦、伊朗、瑞士也有相当数量的 A 层人才，世界占比超过 1%。

美国、马来西亚、英国、印度、澳大利亚的 B 层人才比较多，世界占比在 10%～3% 之间；德国、西班牙、荷兰、加拿大、伊朗、瑞典、沙特阿拉伯、法国、意大利、土耳其、韩国、丹麦、葡萄牙、巴西也有相当数量的 B 层人才，世界占比超过 1%。

美国、印度、英国、澳大利亚、马来西亚、德国、西班牙、意大利、伊朗的 C 层人才比较多，世界占比在 10%～3% 之间；加拿大、荷兰、法国、韩国、瑞典、巴西、丹麦、沙特阿拉伯、日本、葡萄牙也有相当数量的 C 层人才，世界占比超过 1%。

表 6－79　绿色和可持续科学与技术 A 层人才排名前 20 的国家和地区的占比

单位：%

国家和地区	2010年	2011年	2012年	2013年	2014年	2015年	2016年	2017年	2018年	2019年	合计
中国大陆	0.00	0.00	0.00	0.00	0.00	0.00	12.50	16.67	16.67	13.64	11.49
英　　国	0.00	0.00	16.67	25.00	18.18	0.00	8.33	16.67	4.76	11.36	10.14
印　　度	0.00	25.00	0.00	12.50	0.00	0.00	0.00	0.00	9.52	6.82	6.08

续表

国家和地区	2010年	2011年	2012年	2013年	2014年	2015年	2016年	2017年	2018年	2019年	合计
美国	33.33	0.00	16.67	0.00	0.00	0.00	4.17	16.67	4.76	6.82	6.08
德国	0.00	0.00	16.67	12.50	0.00	0.00	4.17	0.00	4.76	6.82	5.41
荷兰	0.00	0.00	16.67	12.50	9.09	0.00	4.17	16.67	2.38	2.27	4.73
马来西亚	0.00	25.00	0.00	0.00	0.00	0.00	8.33	16.67	4.76	0.00	4.05
澳大利亚	0.00	0.00	0.00	0.00	0.00	0.00	8.33	0.00	7.14	0.00	3.38
意大利	0.00	0.00	0.00	0.00	9.09	0.00	8.33	0.00	4.76	0.00	3.38
沙特阿拉伯	0.00	0.00	0.00	0.00	0.00	0.00	4.17	0.00	4.76	4.55	3.38
西班牙	0.00	0.00	0.00	0.00	9.09	0.00	4.17	0.00	2.38	2.27	2.70
瑞典	0.00	0.00	0.00	12.50	0.00	0.00	8.33	0.00	2.38	0.00	2.70
加拿大	0.00	0.00	0.00	0.00	0.00	0.00	0.00	0.00	2.38	6.82	2.70
丹麦	0.00	0.00	0.00	0.00	9.09	0.00	0.00	0.00	2.38	4.55	2.70
法国	0.00	0.00	0.00	0.00	0.00	0.00	4.17	0.00	0.00	6.82	2.70
葡萄牙	33.33	0.00	0.00	0.00	9.09	0.00	0.00	0.00	0.00	4.55	2.70
韩国	0.00	0.00	0.00	0.00	0.00	0.00	4.17	0.00	4.76	2.27	2.70
巴基斯坦	0.00	0.00	0.00	0.00	0.00	0.00	4.17	0.00	2.38	2.27	2.03
伊朗	0.00	25.00	0.00	0.00	0.00	0.00	0.00	0.00	0.00	4.55	2.03
瑞士	0.00	25.00	16.67	0.00	0.00	0.00	0.00	0.00	0.00	0.00	1.35

表 6-80　绿色和可持续科学与技术 B 层人才排名前 20 的国家和地区的占比

单位：%

国家和地区	2010年	2011年	2012年	2013年	2014年	2015年	2016年	2017年	2018年	2019年	合计
中国大陆	7.69	11.90	5.26	6.94	10.78	8.19	12.89	13.55	20.94	19.30	14.94
美国	17.95	21.43	8.77	12.50	17.65	7.60	11.11	6.63	10.21	7.02	9.61
马来西亚	2.56	11.90	7.02	6.94	10.78	7.60	8.44	6.93	4.19	3.26	6.04
英国	10.26	7.14	8.77	5.56	9.80	6.43	5.33	5.42	5.24	4.76	5.82
印度	10.26	2.38	10.53	4.17	8.82	5.85	8.89	7.23	3.40	3.51	5.71
澳大利亚	7.69	2.38	3.51	5.56	1.96	4.09	4.44	3.31	3.14	4.76	3.90
德国	5.13	2.38	8.77	5.56	1.96	4.09	2.67	1.81	2.88	2.01	2.86
西班牙	10.26	4.76	8.77	1.39	3.92	3.51	3.56	2.11	1.31	2.26	2.80
荷兰	0.00	0.00	7.02	4.17	2.94	2.92	2.67	2.71	2.36	2.51	2.69
加拿大	5.13	4.76	0.00	4.17	2.94	2.34	2.67	3.01	2.36	2.01	2.58
伊朗	0.00	0.00	1.75	6.94	0.98	1.17	2.67	2.71	1.83	3.26	2.42
瑞典	0.00	0.00	0.00	0.00	0.00	2.92	1.33	2.71	3.66	3.01	2.36
沙特阿拉伯	2.56	0.00	0.00	0.00	0.98	2.34	1.33	3.61	3.40	2.26	2.36

续表

国家和地区	2010年	2011年	2012年	2013年	2014年	2015年	2016年	2017年	2018年	2019年	合计
法国	0.00	4.76	5.26	1.39	5.88	2.92	1.78	2.11	1.05	2.01	2.20
意大利	2.56	2.38	3.51	0.00	3.92	2.92	1.78	2.11	1.31	2.51	2.14
土耳其	5.13	2.38	1.75	0.00	1.96	1.17	3.11	1.81	2.09	1.50	1.92
韩国	2.56	0.00	1.75	4.17	0.98	1.75	2.22	2.71	1.57	1.25	1.87
丹麦	0.00	2.38	0.00	2.78	0.00	2.34	1.33	1.81	2.09	1.50	1.65
葡萄牙	2.56	4.76	0.00	2.78	0.98	1.17	1.78	1.81	0.52	1.50	1.43
巴西	0.00	0.00	0.00	1.39	0.98	1.17	1.33	0.60	1.57	2.51	1.37

表6-81 绿色和可持续科学与技术C层人才排名前20的国家和地区的占比

单位：%

国家和地区	2010年	2011年	2012年	2013年	2014年	2015年	2016年	2017年	2018年	2019年	合计
中国大陆	9.36	11.82	10.43	10.12	14.92	15.15	19.22	21.32	23.47	26.18	20.37
美国	14.71	14.42	15.48	13.18	12.60	10.17	9.31	8.55	8.43	7.84	9.54
印度	7.49	5.44	6.43	5.55	6.01	6.64	6.56	6.09	5.43	4.77	5.76
英国	5.88	7.33	5.22	4.85	6.49	5.58	5.60	5.86	5.43	5.47	5.64
澳大利亚	5.35	3.31	3.83	3.19	3.97	4.78	3.17	3.24	4.16	4.07	3.85
马来西亚	3.48	6.86	6.78	6.38	4.75	4.32	4.40	3.90	2.51	2.34	3.67
德国	5.88	6.38	5.91	5.27	4.55	4.52	2.57	3.14	3.16	2.39	3.43
西班牙	2.41	3.31	4.35	4.72	3.00	4.05	3.53	2.55	3.14	2.98	3.22
意大利	2.14	1.89	2.61	2.64	3.20	2.99	2.98	3.01	3.68	3.09	3.10
伊朗	1.34	1.18	1.39	2.91	2.03	2.39	2.94	3.67	3.49	3.43	3.06
加拿大	3.74	3.55	3.83	3.05	3.49	2.92	2.89	2.00	2.38	2.08	2.56
荷兰	2.67	2.60	3.13	3.88	3.10	3.06	2.20	2.39	1.54	1.87	2.27
法国	4.28	3.55	2.78	3.33	2.33	2.19	2.02	2.00	1.68	1.71	2.07
韩国	1.60	1.42	1.74	0.97	2.23	1.53	1.93	2.00	1.78	1.79	1.80
瑞典	1.87	1.42	1.22	1.94	2.42	2.06	1.38	1.90	1.70	1.35	1.68
巴西	1.07	0.47	1.39	0.97	0.97	1.26	1.33	1.77	2.16	1.27	1.50
丹麦	1.60	1.65	1.22	2.08	1.94	1.73	1.70	1.05	1.19	1.30	1.40
沙特阿拉伯	0.53	0.00	1.04	1.11	0.68	1.20	1.33	1.74	1.51	1.48	1.36
日本	1.60	3.78	1.74	1.25	2.13	0.93	1.70	1.31	0.95	1.04	1.31
葡萄牙	2.14	1.65	1.57	1.66	1.07	1.46	1.15	1.11	1.24	1.22	1.27

二十八　人体工程学

人体工程学A、B、C层人才最多的国家是美国，分别占该学科全球A、

B、C 层人才的 56.25%、28.46%、25.43%。

加拿大、中国大陆、英国的 A 层人才比较多，世界占比均为 12.50%；以色列也有相当数量的 A 层人才，世界占比为 6.25%。

英国、中国大陆、德国、荷兰、韩国、中国香港、澳大利亚、加拿大、法国的 B 层人才比较多，世界占比在 11%~3%之间；瑞典、挪威、丹麦、瑞士、西班牙、土耳其、沙特阿拉伯、哥伦比亚、印度、芬兰也有相当数量的 B 层人才，世界占比超过或接近 1%。

英国、中国大陆、澳大利亚、加拿大、德国、荷兰的 C 层人才比较多，世界占比在 10%~3%之间；瑞典、意大利、韩国、法国、西班牙、中国台湾、中国香港、挪威、丹麦、芬兰、瑞士、新西兰、新加坡也有相当数量的 C 层人才，世界占比超过或接近 1%。

表 6-82　人体工程学 A 层人才的国家和地区的占比

单位：%

国家和地区	2010年	2011年	2012年	2013年	2014年	2015年	2016年	2017年	2018年	2019年	合计
美国	50.00	50.00	0.00	66.67	50.00	50.00	100.00	50.00	50.00	0.00	56.25
加拿大	0.00	0.00	0.00	0.00	50.00	50.00	0.00	0.00	0.00	0.00	12.50
中国大陆	0.00	0.00	0.00	33.33	0.00	0.00	0.00	0.00	50.00	0.00	12.50
英国	0.00	50.00	0.00	0.00	0.00	0.00	0.00	50.00	0.00	0.00	12.50
以色列	50.00	0.00	0.00	0.00	0.00	0.00	0.00	0.00	0.00	0.00	6.25

表 6-83　人体工程学 B 层人才排名前 20 的国家和地区的占比

单位：%

国家和地区	2010年	2011年	2012年	2013年	2014年	2015年	2016年	2017年	2018年	2019年	合计
美国	16.67	30.00	45.45	33.33	19.05	40.00	28.57	37.50	26.92	15.79	28.46
英国	5.56	10.00	13.64	0.00	19.05	6.67	11.43	8.33	15.38	10.53	10.16
中国大陆	0.00	0.00	9.09	3.70	9.52	6.67	5.71	8.33	3.85	21.05	7.72
德国	16.67	0.00	4.55	3.70	9.52	6.67	8.57	8.33	11.54	2.63	6.91
荷兰	11.11	0.00	13.64	0.00	4.76	6.67	8.57	0.00	3.85	5.26	5.28
韩国	5.56	0.00	4.55	11.11	4.76	6.67	0.00	0.00	3.85	2.63	3.66
中国香港	0.00	0.00	0.00	7.41	4.76	0.00	8.57	0.00	0.00	7.89	3.66
澳大利亚	0.00	5.00	0.00	3.70	4.76	0.00	0.00	12.50	7.69	2.63	3.66
加拿大	5.56	0.00	4.55	0.00	4.76	0.00	2.86	0.00	7.69	5.26	3.25

续表

国家和地区	2010年	2011年	2012年	2013年	2014年	2015年	2016年	2017年	2018年	2019年	合计
法国	0.00	10.00	4.55	7.41	0.00	0.00	2.86	0.00	0.00	5.26	3.25
瑞典	5.56	5.00	0.00	0.00	4.76	6.67	0.00	0.00	7.69	2.63	2.85
挪威	5.56	10.00	0.00	7.41	0.00	6.67	2.86	0.00	0.00	0.00	2.85
丹麦	0.00	5.00	0.00	3.70	0.00	6.67	2.86	0.00	0.00	0.00	1.63
瑞士	5.56	0.00	0.00	0.00	0.00	0.00	2.86	0.00	3.85	2.63	1.63
西班牙	0.00	0.00	0.00	7.41	0.00	0.00	0.00	8.33	0.00	0.00	1.63
土耳其	0.00	0.00	0.00	3.70	0.00	0.00	2.86	0.00	0.00	2.63	1.22
沙特阿拉伯	0.00	0.00	0.00	0.00	4.76	0.00	0.00	0.00	0.00	2.63	0.81
哥伦比亚	0.00	0.00	0.00	0.00	0.00	0.00	0.00	8.33	0.00	0.00	0.81
印度	5.56	0.00	0.00	0.00	0.00	0.00	0.00	0.00	0.00	2.63	0.81
芬兰	5.56	0.00	0.00	0.00	0.00	0.00	0.00	4.17	0.00	0.00	0.81

表 6-84 人体工程学 C 层人才排名前 20 的国家和地区的占比

单位：%

国家和地区	2010年	2011年	2012年	2013年	2014年	2015年	2016年	2017年	2018年	2019年	合计
美国	30.22	28.90	23.47	27.92	22.00	24.20	27.03	26.42	24.00	21.47	25.43
英国	11.54	7.80	9.18	9.43	7.50	10.05	10.47	9.91	7.27	9.29	9.22
中国大陆	4.40	3.67	5.61	5.66	9.00	8.22	12.16	9.43	12.73	11.86	8.67
澳大利亚	7.69	12.39	9.69	10.94	8.00	8.68	10.14	7.55	4.73	5.77	8.46
加拿大	8.24	5.05	6.63	4.91	5.50	4.11	2.70	1.89	4.00	4.49	4.59
德国	0.00	3.67	6.63	2.26	5.50	4.11	3.04	3.77	4.73	7.05	4.17
荷兰	2.75	4.13	4.59	1.13	3.00	3.65	2.36	3.30	2.91	3.85	3.12
瑞典	3.30	5.05	1.53	2.26	2.00	2.74	2.70	4.25	3.27	1.60	2.82
意大利	2.75	2.29	2.04	1.13	2.00	5.02	2.03	4.25	4.00	1.28	2.61
韩国	4.95	0.92	1.53	3.02	1.50	3.65	2.36	2.36	2.55	1.92	2.44
法国	1.65	3.67	2.04	3.02	3.50	2.28	1.35	2.36	1.45	0.64	2.11
西班牙	1.65	2.29	3.06	1.13	1.50	1.83	2.36	0.94	1.82	1.92	1.85
中国台湾	3.30	3.21	2.04	2.64	1.00	1.37	2.03	0.94	0.36	1.60	1.81
中国香港	2.75	0.92	2.04	1.13	2.50	0.91	2.03	2.36	0.73	2.24	1.73
挪威	0.55	4.13	0.51	2.64	1.50	0.91	1.01	1.89	1.82	1.60	1.68
丹麦	1.65	1.38	2.55	1.51	4.00	0.91	1.01	0.94	0.73	0.64	1.43
芬兰	0.00	1.83	0.51	0.75	2.50	1.37	1.35	0.47	1.09	1.60	1.18
瑞士	2.20	0.00	1.02	1.51	1.00	1.37	1.69	0.00	0.73	0.96	1.05
新西兰	0.00	1.38	1.02	0.75	1.00	0.91	1.01	2.36	0.36	0.96	0.97
新加坡	1.10	1.38	2.04	0.00	0.50	0.00	1.01	1.89	0.73	0.64	0.88

二十九　多学科工程

多学科工程A、B、C层人才主要集中在美国和中国大陆，二者A、B、C层人才的世界占比合计为35.35%、33.89%、33.14%，其中美国的A层人才多于中国大陆，B、C层人才少于中国大陆。

澳大利亚、伊朗、德国、意大利、英国、韩国的A层人才比较多，世界占比在7%~3%之间；加拿大、中国香港、越南、法国、丹麦、荷兰、印度、比利时、沙特阿拉伯、葡萄牙、埃及、阿尔及利亚也有相当数量的A层人才，世界占比超过1%。

伊朗、印度、意大利、澳大利亚、英国、德国、法国的B层人才比较多，世界占比在7%~3%之间；韩国、加拿大、沙特阿拉伯、越南、土耳其、中国香港、西班牙、马来西亚、日本、葡萄牙、荷兰也有相当数量的B层人才，世界占比超过1%。

印度、伊朗、英国、意大利、德国、法国的C层人才比较多，世界占比在6%~3%之间；澳大利亚、韩国、西班牙、加拿大、土耳其、日本、波兰、中国台湾、马来西亚、沙特阿拉伯、中国香港、新加坡也有相当数量的C层人才，世界占比超过1%。

表6-85　多学科工程A层人才排名前20的国家和地区的占比

单位：%

国家和地区	2010年	2011年	2012年	2013年	2014年	2015年	2016年	2017年	2018年	2019年	合计
美国	23.53	21.74	25.00	32.00	17.24	22.50	19.51	16.22	20.51	12.82	20.38
中国大陆	5.88	0.00	8.33	4.00	13.79	20.00	21.95	10.81	17.95	28.21	14.97
澳大利亚	0.00	8.70	8.33	0.00	6.90	5.00	2.44	10.81	12.82	7.69	6.69
伊朗	0.00	4.35	4.17	0.00	6.90	7.50	4.88	2.70	10.26	17.95	6.69
德国	29.41	0.00	8.33	4.00	0.00	7.50	7.32	8.11	0.00	0.00	5.41
意大利	0.00	4.35	4.17	4.00	3.45	5.00	4.88	13.51	0.00	0.00	4.14
英国	11.76	4.35	4.17	4.00	6.90	5.00	2.44	2.70	2.56	0.00	3.82
韩国	5.88	0.00	4.17	4.00	0.00	10.00	0.00	0.00	5.13	2.56	3.18
加拿大	0.00	4.35	0.00	0.00	3.45	5.00	2.44	5.41	0.00	2.56	2.55
中国香港	0.00	4.35	4.17	0.00	6.90	0.00	0.00	0.00	5.13	5.13	2.55
越南	5.88	0.00	0.00	0.00	0.00	0.00	4.88	5.41	5.13	2.56	2.55

续表

国家和地区	2010年	2011年	2012年	2013年	2014年	2015年	2016年	2017年	2018年	2019年	合计
法　　国	0. 00	13. 04	4. 17	4. 00	0. 00	0. 00	4. 88	0. 00	0. 00	0. 00	2. 23
丹　　麦	5. 88	8. 70	4. 17	4. 00	3. 45	0. 00	0. 00	2. 70	0. 00	0. 00	2. 23
荷　　兰	0. 00	4. 35	4. 17	8. 00	0. 00	0. 00	0. 00	2. 70	2. 56	0. 00	1. 91
印　　度	0. 00	0. 00	0. 00	8. 00	6. 90	0. 00	0. 00	5. 41	0. 00	0. 00	1. 91
比 利 时	0. 00	4. 35	4. 17	0. 00	0. 00	0. 00	0. 00	2. 70	0. 00	2. 56	1. 27
沙特阿拉伯	5. 88	0. 00	0. 00	0. 00	3. 45	0. 00	2. 44	0. 00	0. 00	2. 56	1. 27
葡 萄 牙	0. 00	0. 00	0. 00	8. 00	0. 00	2. 50	0. 00	0. 00	0. 00	2. 56	1. 27
埃　　及	0. 00	4. 35	0. 00	0. 00	6. 90	0. 00	2. 44	0. 00	0. 00	0. 00	1. 27
阿尔及利亚	0. 00	0. 00	0. 00	0. 00	6. 90	2. 50	0. 00	0. 00	0. 00	2. 56	1. 27

表 6 – 86　多学科工程 B 层人才排名前 20 的国家和地区的占比

单位：%

国家和地区	2010年	2011年	2012年	2013年	2014年	2015年	2016年	2017年	2018年	2019年	合计
中国大陆	7. 84	9. 05	8. 92	18. 22	15. 81	18. 73	20. 86	20. 47	25. 14	31. 33	19. 40
美　　国	31. 37	22. 86	21. 13	9. 78	19. 49	14. 33	12. 03	12. 17	11. 27	6. 52	14. 49
伊　　朗	4. 58	6. 19	7. 51	6. 22	5. 51	5. 23	7. 75	3. 86	7. 51	8. 52	6. 43
印　　度	1. 96	4. 29	6. 10	9. 78	4. 41	3. 03	8. 29	4. 45	5. 78	4. 01	5. 26
意 大 利	4. 58	3. 81	5. 16	3. 56	3. 31	6. 89	5. 61	6. 23	4. 05	3. 01	4. 70
澳大利亚	1. 96	2. 38	2. 82	4. 00	3. 31	3. 86	4. 28	5. 04	8. 09	3. 26	4. 15
英　　国	5. 23	4. 29	4. 69	6. 67	4. 78	3. 86	4. 55	3. 56	3. 47	2. 01	4. 08
德　　国	3. 92	5. 24	3. 76	3. 56	4. 41	4. 68	3. 74	1. 78	2. 02	1. 50	3. 28
法　　国	7. 84	6. 19	6. 10	1. 78	2. 94	3. 31	2. 67	2. 67	1. 45	0. 50	3. 04
韩　　国	1. 31	3. 33	3. 29	2. 67	3. 68	2. 20	1. 87	2. 37	1. 45	4. 26	2. 66
加 拿 大	5. 23	1. 43	2. 35	4. 89	2. 21	3. 03	2. 14	2. 97	1. 45	1. 25	2. 49
沙特阿拉伯	1. 31	0. 48	1. 88	2. 67	1. 84	2. 20	1. 60	1. 78	2. 89	2. 76	2. 04
越　　南	0. 00	1. 43	0. 94	0. 89	0. 74	0. 83	1. 60	1. 48	2. 89	5. 26	1. 87
土 耳 其	1. 96	2. 86	0. 94	3. 11	2. 94	0. 83	1. 60	2. 08	0. 87	2. 01	1. 83
中国香港	0. 65	0. 48	1. 41	1. 33	1. 10	2. 75	1. 34	1. 48	2. 31	2. 76	1. 73
西 班 牙	4. 58	0. 95	1. 41	3. 11	1. 84	1. 93	0. 53	2. 37	1. 45	0. 75	1. 69
马来西亚	0. 65	0. 00	0. 47	1. 33	1. 84	1. 65	1. 60	0. 89	1. 16	3. 01	1. 42
日　　本	1. 31	2. 38	3. 29	1. 33	1. 47	1. 65	0. 53	0. 59	0. 58	1. 25	1. 31
葡 萄 牙	1. 31	2. 38	1. 88	1. 78	2. 21	0. 28	0. 27	2. 37	0. 58	1. 00	1. 28
荷　　兰	0. 00	3. 33	1. 41	2. 22	0. 74	1. 65	1. 07	1. 48	0. 58	0. 00	1. 18

表 6-87　多学科工程 C 层人才排名前 20 的国家和地区的占比

单位：%

国家和地区	2010年	2011年	2012年	2013年	2014年	2015年	2016年	2017年	2018年	2019年	合计
中国大陆	12.78	15.51	14.82	16.20	17.38	18.48	19.57	22.20	23.34	26.88	19.79
美国	20.17	17.67	15.28	14.51	14.18	14.55	12.20	12.38	11.62	8.82	13.35
印度	3.16	3.34	4.13	5.34	6.10	5.67	7.52	5.67	6.26	6.08	5.63
伊朗	3.36	6.09	6.60	6.71	4.59	4.57	4.71	3.87	4.11	4.82	4.86
英国	6.66	6.82	5.57	5.57	4.89	4.89	4.17	3.93	4.14	3.94	4.80
意大利	3.50	3.58	3.95	4.29	4.56	4.51	4.71	6.10	5.39	3.52	4.50
德国	5.72	4.37	4.32	2.97	4.19	2.95	3.94	3.63	2.38	2.14	3.43
法国	4.84	3.93	4.18	3.92	3.31	2.95	2.64	2.47	2.53	2.00	3.04
澳大利亚	3.03	2.90	1.76	2.46	3.16	2.63	2.47	3.72	3.16	3.45	2.93
韩国	2.56	2.01	2.97	2.33	2.83	3.07	2.52	2.50	3.01	3.92	2.86
西班牙	2.89	2.50	2.97	2.69	2.53	2.43	2.41	2.65	2.62	1.85	2.49
加拿大	2.35	2.95	3.07	2.74	2.09	2.69	2.30	2.23	2.18	1.85	2.38
土耳其	2.02	2.06	2.23	2.24	2.24	1.74	2.33	1.34	1.85	1.81	1.95
日本	1.88	2.85	1.90	1.51	2.02	1.68	1.39	1.77	1.10	1.14	1.64
波兰	0.81	1.08	1.30	1.51	1.10	2.11	1.39	1.92	1.55	1.45	1.49
中国台湾	3.09	2.65	1.86	1.60	1.40	1.36	1.33	0.79	1.13	1.19	1.48
马来西亚	0.47	1.33	1.49	2.05	1.95	1.33	1.48	1.31	1.22	1.66	1.46
沙特阿拉伯	0.47	0.59	1.11	1.46	1.54	1.47	2.04	1.31	1.25	1.59	1.38
中国香港	1.21	0.98	1.21	1.05	1.03	1.07	1.39	1.22	1.13	1.81	1.25
新加坡	1.95	1.47	0.98	0.64	1.21	1.01	0.74	1.10	1.04	1.16	1.08

第二节　学科组

在工程与材料科学各学科人才分析的基础上，按照 A、B、C 层三个人才层次，对各学科人才进行汇总分析，可以从学科组层面揭示人才的分布特点和发展趋势。

一　A 层人才

工程与材料科学 A 层人才最多的国家是美国，占该学科组全球 A 层人才的 23.25%，中国大陆以 17.72% 的世界占比排名第二，二者的 A 层人才达到全球的40.97%；其后是英国、德国，世界占比分别为6.08%、4.53%；澳大利亚、加拿大、韩国、法国、日本、意大利、新加坡、沙特阿拉伯的A层人才也比较多，世界占比在4%~2%之间；中国香港、西班牙、瑞士、印度、荷兰、伊朗、瑞典、阿尔及利亚、丹麦也有相当数量的A层人才，世界占比超过1%；比利时、中国台湾、马来西亚、以色列、土耳其、葡萄牙、挪威、爱尔兰、芬兰、巴基斯坦、埃及、波兰、奥地利、智利、巴西、新西兰、俄罗斯、南非、卡塔尔也有一定数量的A层人才，世界占比低于1%。

在发展趋势上，美国呈现相对下降趋势，中国大陆、沙特阿拉伯、阿尔及利亚、伊朗、俄罗斯呈现相对上升趋势，其他国家和地区没有明显变化。

表6-88　工程与材料科学A层人才排名前40的国家和地区的占比

单位：%

国家和地区	2010年	2011年	2012年	2013年	2014年	2015年	2016年	2017年	2018年	2019年	合计
美国	29.59	29.95	27.37	28.90	24.90	21.64	20.23	22.77	19.58	16.24	23.25
中国大陆	7.93	10.87	12.29	11.99	15.28	17.08	16.63	21.24	24.02	28.25	17.72
英国	6.58	6.60	7.00	6.36	7.91	7.17	6.63	6.34	4.76	3.15	6.08
德国	7.16	4.63	5.75	3.76	5.93	4.17	5.35	3.99	3.17	3.15	4.53
澳大利亚	2.71	2.50	4.35	3.18	3.43	3.78	3.49	3.29	4.87	4.82	3.76
加拿大	3.87	4.63	3.27	3.32	3.29	2.61	3.02	3.40	2.86	3.15	3.27
韩国	3.09	2.50	2.95	2.60	2.37	4.04	3.26	2.11	3.07	1.87	2.76
法国	3.09	3.21	2.64	3.47	2.50	2.61	3.14	2.58	2.01	2.46	2.72
日本	2.71	3.03	2.64	2.31	1.45	2.74	2.79	1.41	2.33	3.05	2.43
意大利	2.13	1.96	2.49	1.73	3.03	4.30	2.91	2.00	2.33	1.38	2.42
新加坡	1.55	2.67	2.80	3.61	1.45	1.96	1.98	1.76	2.65	2.66	2.31
沙特阿拉伯	0.19	0.89	0.78	0.43	1.84	2.61	3.02	3.87	2.33	4.13	2.25
中国香港	2.32	1.96	1.40	1.45	2.24	1.43	1.51	1.76	2.65	2.56	1.96
西班牙	2.51	3.39	2.49	2.31	2.37	1.83	1.74	1.41	1.38	0.39	1.84
瑞士	1.35	2.32	2.49	1.73	1.45	1.96	2.21	1.53	1.48	0.89	1.69
印度	2.32	1.07	1.87	2.75	1.98	1.69	0.81	1.17	1.90	1.57	1.68
荷兰	1.93	1.78	1.87	1.45	1.58	1.30	1.86	1.17	0.95	1.28	1.47
伊朗	0.39	0.89	1.09	1.16	1.05	0.65	1.28	1.76	2.65	2.56	1.47
瑞典	1.35	1.07	1.87	1.16	1.19	1.69	2.33	1.17	1.27	0.79	1.38
阿尔及利亚	0.00	0.00	0.16	0.58	0.92	1.56	2.09	2.11	1.06	2.36	1.23
丹麦	1.55	1.25	1.71	1.73	1.98	1.04	1.16	0.47	0.53	0.39	1.10

续表

国家和地区	2010年	2011年	2012年	2013年	2014年	2015年	2016年	2017年	2018年	2019年	合计
比利时	1.74	1.07	0.93	1.30	0.92	0.91	0.93	0.59	0.21	0.59	0.85
中国台湾	0.77	0.89	1.09	1.30	1.05	0.26	0.47	1.17	0.53	0.98	0.84
马来西亚	0.58	0.89	0.78	0.29	0.79	0.39	1.16	1.06	1.06	0.69	0.79
以色列	1.55	0.89	0.31	0.29	0.26	0.65	0.70	0.94	0.53	0.30	0.60
土耳其	0.58	0.71	0.31	1.16	0.66	0.52	0.93	0.35	0.53	0.30	0.59
葡萄牙	1.16	1.07	0.93	1.16	0.66	0.52	0.12	0.23	0.32	0.30	0.58
挪威	0.58	0.89	0.62	0.72	0.40	0.39	0.23	0.94	0.21	0.69	0.55
爱尔兰	1.16	1.07	1.09	1.16	0.13	0.26	0.47	0.12	0.42	0.20	0.54
芬兰	0.39	0.89	0.16	0.00	0.66	1.04	0.81	0.47	0.42	0.30	0.51
巴基斯坦	0.19	0.18	0.31	0.29	0.00	0.39	0.70	0.47	0.95	0.89	0.49
埃及	0.00	0.36	0.16	0.14	0.66	0.65	1.28	0.82	0.21	0.10	0.46
波兰	1.35	0.18	0.00	0.43	0.53	0.26	0.47	0.23	0.21	0.69	0.42
奥地利	0.39	0.18	0.31	0.14	0.53	0.52	0.35	0.59	0.32	0.59	0.41
智利	1.55	0.36	0.47	1.01	0.26	0.52	0.12	0.35	0.00	0.00	0.39
巴西	0.19	0.18	0.00	0.29	0.26	0.52	0.23	0.82	0.63	0.30	0.37
新西兰	0.19	0.00	0.16	0.58	0.53	0.39	0.35	0.47	0.74	0.10	0.37
俄罗斯	0.19	0.36	0.31	0.72	0.40	0.26	0.12	0.12	0.21	0.49	0.32
南非	0.39	0.36	0.31	0.43	0.26	0.52	0.12	0.00	0.42	0.39	0.32
卡塔尔	0.19	0.00	0.00	0.14	0.53	0.39	0.93	0.12	0.11	0.39	0.30

二　B层人才

工程与材料科学B层人才最多的是中国大陆，占该学科组全球B层人才的22.93%，美国以18.65%的世界占比排名第二，二者的B层人才超过全球的40%；其后是英国，世界占比5.12%；澳大利亚、德国、加拿大、韩国、印度、法国、新加坡、意大利、中国香港、伊朗、日本的B层人才也比较多，世界占比在5%~2%之间；西班牙、沙特阿拉伯、荷兰、瑞士、马来西亚、瑞典、中国台湾也有相当数量的B层人才，世界占比超过1%；丹麦、土耳其、比利时、葡萄牙、巴西、芬兰、希腊、挪威、巴基斯坦、埃及、爱尔兰、波兰、俄罗斯、奥地利、以色列、新西兰、越南、阿尔及利亚、南非也有一定数量的B层人才，世界占比低于1%。

在发展趋势上，美国呈现相对下降趋势，中国大陆、澳大利亚、伊朗、越南、阿尔及利亚呈现相对上升趋势，其他国家和地区没有明显变化。

表 6-89 工程与材料科学 B 层人才排名前 40 的国家和地区的占比

单位：%

国家和地区	2010年	2011年	2012年	2013年	2014年	2015年	2016年	2017年	2018年	2019年	合计
中国大陆	11.80	13.63	15.22	18.40	19.55	21.95	22.92	26.92	31.37	33.98	22.93
美国	26.25	24.83	23.26	21.45	20.26	18.28	17.06	16.63	14.08	12.78	18.65
英国	5.36	5.37	5.65	5.71	4.96	5.57	5.36	5.08	4.64	4.16	5.12
澳大利亚	3.60	2.88	3.63	3.68	3.73	3.93	4.36	4.85	4.88	4.49	4.11
德国	4.83	4.83	4.17	3.85	4.94	3.86	3.68	2.79	2.92	2.32	3.67
加拿大	3.56	3.98	3.63	3.28	3.35	3.43	2.99	2.86	2.67	2.55	3.15
韩国	2.77	3.64	3.69	3.71	3.15	2.77	2.82	2.62	2.38	2.56	2.95
印度	2.43	2.07	2.43	2.68	2.78	2.68	2.87	2.57	2.37	2.44	2.54
法国	3.37	3.41	3.33	3.14	2.67	2.20	2.53	1.92	1.67	1.47	2.44
新加坡	1.93	1.87	2.28	2.32	2.84	2.68	2.31	2.43	2.36	2.37	2.37
意大利	2.88	2.38	2.76	2.58	2.67	2.65	2.39	2.15	1.71	1.52	2.30
中国香港	2.16	1.73	2.15	2.52	1.87	2.24	1.97	2.56	2.28	2.46	2.22
伊朗	1.46	1.32	1.74	1.64	2.04	1.98	2.67	2.30	2.54	2.95	2.16
日本	2.96	2.92	2.50	2.54	2.00	1.80	2.11	1.73	1.51	1.62	2.07
西班牙	2.55	2.62	2.40	2.26	2.22	1.99	1.90	1.60	1.20	1.15	1.89
沙特阿拉伯	0.35	0.58	0.38	0.79	1.17	1.88	1.55	1.92	2.18	2.16	1.43
荷兰	2.16	1.87	1.92	1.45	1.41	1.47	1.53	1.12	0.97	0.78	1.39
瑞士	1.77	2.00	1.66	1.53	1.55	1.34	1.27	1.04	1.03	0.66	1.31
马来西亚	0.55	0.94	1.12	1.11	1.46	1.34	1.28	1.46	1.20	1.38	1.22
瑞典	1.42	1.17	1.23	1.10	1.25	1.41	1.14	1.12	1.20	0.88	1.18
中国台湾	1.66	1.23	1.38	1.44	1.13	0.86	0.85	0.56	0.76	0.91	1.02
丹麦	1.05	1.28	0.97	1.16	1.15	0.77	0.96	0.90	0.88	0.64	0.95
土耳其	0.92	1.43	1.07	0.93	0.93	0.87	1.05	0.80	0.70	0.98	0.95
比利时	1.05	1.19	1.08	1.13	1.01	0.71	1.10	0.80	0.49	0.58	0.88
葡萄牙	0.95	1.17	1.30	0.73	0.80	0.55	0.46	0.74	0.69	0.56	0.76
巴西	0.92	0.55	0.54	0.53	0.41	0.61	0.58	0.45	0.69	0.63	0.58
芬兰	0.51	0.64	0.51	0.45	0.53	0.77	0.60	0.57	0.53	0.45	0.55
希腊	0.74	0.38	0.74	0.62	0.69	0.57	0.60	0.46	0.30	0.38	0.53
挪威	0.47	0.75	0.66	0.46	0.46	0.46	0.53	0.39	0.61	0.32	0.50
巴基斯坦	0.16	0.17	0.23	0.37	0.31	0.30	0.50	0.67	0.74	0.81	0.47
埃及	0.29	0.36	0.20	0.53	0.23	0.65	0.65	0.43	0.47	0.67	0.47
爱尔兰	0.74	0.57	0.53	0.31	0.45	0.41	0.43	0.30	0.42	0.28	0.42
波兰	0.39	0.34	0.41	0.29	0.32	0.46	0.48	0.43	0.51	0.44	0.42

续表

国家和地区	2010年	2011年	2012年	2013年	2014年	2015年	2016年	2017年	2018年	2019年	合计
俄罗斯	0.29	0.23	0.38	0.37	0.31	0.40	0.41	0.44	0.53	0.57	0.41
奥地利	0.51	0.87	0.39	0.39	0.32	0.33	0.63	0.38	0.28	0.23	0.41
以色列	0.62	0.66	0.34	0.51	0.48	0.43	0.43	0.38	0.25	0.25	0.41
新西兰	0.43	0.49	0.33	0.15	0.32	0.24	0.35	0.43	0.28	0.33	0.33
越南	0.12	0.09	0.20	0.12	0.07	0.14	0.28	0.30	0.40	1.13	0.32
阿尔及利亚	0.10	0.15	0.11	0.20	0.15	0.30	0.19	0.32	0.42	0.56	0.28
南非	0.23	0.06	0.15	0.23	0.15	0.30	0.36	0.44	0.28	0.31	0.27

三　C层人才

工程与材料科学C层人才最多的是中国大陆，占该学科组全球C层人才的23.17%，美国以15.97%的世界占比排名第二，二者的C层人才合计占比接近全球的40%；英国排名第三，世界占比为4.88%；德国、印度、韩国、澳大利亚、加拿大、意大利、法国、伊朗、日本、西班牙的C层人才也比较多，世界占比在4%~2%之间；中国香港、新加坡、中国台湾、荷兰、瑞士、瑞典、土耳其、马来西亚也有相当数量的C层人才，世界占比超过1%；沙特阿拉伯、比利时、巴西、葡萄牙、丹麦、波兰、埃及、芬兰、希腊、俄罗斯、巴基斯坦、挪威、奥地利、以色列、爱尔兰、捷克、墨西哥、南非、新西兰也有一定数量的C层人才，世界占比低于1%。

在发展趋势上，美国呈现相对下降趋势，中国大陆、沙特阿拉伯、巴基斯坦呈现相对上升趋势，其他国家和地区没有明显变化。

表6-90　工程与材料科学C层人才排名前40的国家和地区的占比

单位：%

国家和地区	2010年	2011年	2012年	2013年	2014年	2015年	2016年	2017年	2018年	2019年	合计
中国大陆	13.25	14.62	16.36	18.38	20.98	22.54	24.32	27.21	30.21	31.96	23.17
美国	20.81	20.22	19.26	18.19	16.77	16.19	14.72	14.53	13.07	11.60	15.97
英国	5.40	5.35	4.94	4.97	4.73	4.82	5.08	4.84	4.73	4.43	4.88
德国	4.66	4.66	4.49	4.16	4.08	3.84	3.53	3.26	2.96	2.68	3.70
印度	3.03	3.18	3.21	3.35	3.50	3.51	3.89	3.66	3.82	3.98	3.57

续表

国家和地区	2010年	2011年	2012年	2013年	2014年	2015年	2016年	2017年	2018年	2019年	合计
韩国	3.63	3.63	3.73	3.53	3.52	3.47	3.34	3.20	3.20	3.24	3.42
澳大利亚	2.68	2.94	2.87	3.08	3.12	3.48	3.18	3.58	3.64	3.66	3.28
加拿大	3.91	3.65	3.50	3.42	3.29	3.19	3.04	2.71	2.77	2.59	3.13
意大利	3.21	3.31	3.25	3.41	3.41	3.40	3.15	3.00	2.69	2.30	3.06
法国	4.14	3.97	3.73	3.55	3.10	2.78	2.63	2.30	1.93	1.68	2.82
伊朗	2.08	2.21	2.25	2.28	2.37	2.33	2.65	2.65	2.69	2.96	2.50
日本	3.54	3.38	2.96	2.71	2.59	2.29	2.10	1.94	1.75	1.71	2.38
西班牙	2.86	2.80	2.92	2.82	2.54	2.44	2.27	2.08	1.95	1.75	2.37
中国香港	1.70	1.77	1.83	1.59	1.80	1.82	1.89	1.95	2.10	1.96	1.86
新加坡	1.66	1.66	1.76	1.78	1.74	1.82	1.83	1.85	1.81	1.67	1.76
中国台湾	2.66	2.38	2.19	1.85	1.59	1.38	1.14	0.96	0.93	0.93	1.48
荷兰	1.80	1.59	1.65	1.53	1.32	1.31	1.31	1.14	1.03	0.97	1.32
瑞士	1.60	1.45	1.45	1.38	1.29	1.24	1.17	1.10	1.04	0.84	1.21
瑞典	1.23	1.31	1.24	1.37	1.35	1.16	1.20	1.09	1.05	0.86	1.17
土耳其	1.43	1.41	1.33	1.09	1.08	1.08	1.01	0.91	0.93	1.03	1.10
马来西亚	0.69	0.94	1.12	1.17	1.19	1.05	1.13	1.02	0.96	1.08	1.05
沙特阿拉伯	0.30	0.43	0.54	0.74	0.89	1.12	1.13	1.19	1.23	1.44	0.97
比利时	1.16	1.05	1.09	1.09	0.99	0.94	0.81	0.71	0.75	0.57	0.88
巴西	0.97	0.96	0.94	0.88	0.90	0.78	0.85	0.81	0.81	0.84	0.87
葡萄牙	0.78	0.83	1.06	0.95	0.92	0.79	0.81	0.67	0.70	0.73	0.81
丹麦	0.75	0.75	0.81	0.81	0.82	0.85	0.82	0.82	0.78	0.73	0.80
波兰	0.59	0.57	0.68	0.58	0.63	0.78	0.75	0.73	0.68	0.69	0.68
埃及	0.43	0.44	0.37	0.51	0.53	0.53	0.59	0.63	0.66	0.86	0.58
芬兰	0.57	0.57	0.56	0.60	0.71	0.64	0.58	0.53	0.56	0.53	0.58
希腊	0.84	0.70	0.71	0.61	0.59	0.58	0.61	0.53	0.42	0.43	0.58
俄罗斯	0.49	0.46	0.50	0.46	0.53	0.54	0.56	0.58	0.61	0.62	0.54
巴基斯坦	0.17	0.22	0.18	0.33	0.31	0.43	0.54	0.64	0.71	1.00	0.50
挪威	0.48	0.56	0.46	0.53	0.50	0.48	0.48	0.47	0.43	0.43	0.48
奥地利	0.65	0.60	0.53	0.49	0.47	0.49	0.44	0.47	0.40	0.31	0.47
以色列	0.54	0.47	0.48	0.46	0.42	0.35	0.37	0.32	0.27	0.26	0.38
爱尔兰	0.43	0.42	0.45	0.39	0.37	0.35	0.42	0.34	0.31	0.28	0.37
捷克	0.38	0.34	0.33	0.30	0.33	0.35	0.30	0.32	0.27	0.31	0.32
墨西哥	0.33	0.32	0.34	0.35	0.35	0.27	0.30	0.30	0.24	0.31	0.31
南非	0.24	0.22	0.21	0.25	0.26	0.30	0.31	0.29	0.27	0.27	0.27
新西兰	0.28	0.30	0.24	0.26	0.28	0.26	0.22	0.28	0.24	0.26	0.26

第七章　信息科学

信息科学是研究信息的获取、存储、传输和处理的科学。随着学科发展和经济社会进步，信息科学的研究拓展到高速网络及信息安全、高性能计算（网络计算与并行计算）、软件技术与高性能算法、虚拟现实与网络多媒体技术、控制技术、电子与光子学器件技术等领域。

第一节　学科

信息科学学科组包括以下学科：电信、影像科学和照相技术、计算机理论和方法、软件工程、计算机硬件和体系架构、信息系统、控制论、计算机跨学科应用、自动化和控制系统、机器人学、量子科学和技术、人工智能，共计12个。

一　电信

电信A、B、C层人才主要集中在美国和中国大陆，二者A、B、C层人才的世界占比合计为37.75%、40.10%、38.21%，其中美国的A层人才多于中国大陆，B层和C层人才少于中国大陆；在发展趋势上，中国大陆呈现相对上升趋势，美国呈现相对下降趋势。

英国、新加坡、加拿大、法国、德国、韩国、澳大利亚、意大利的A层人才比较多，世界占比在7%~3%之间；瑞典、芬兰、中国香港、西班牙、日本、印度、希腊、沙特阿拉伯、卡塔尔、挪威也有相当数量的A层人才，世界占比超过1%。

英国、加拿大、澳大利亚、新加坡、韩国的B层人才比较多，世界占比在7%~3%之间；意大利、德国、法国、瑞典、日本、中国香港、西班牙、印度、中国台湾、芬兰、希腊、沙特阿拉伯、土耳其也有相当数量的B层人才，世界占比超过或接近1%。

英国、加拿大、韩国、意大利、印度的C层人才比较多，世界占比在6%~3%之间；澳大利亚、法国、德国、西班牙、中国香港、新加坡、中国台湾、日本、瑞典、沙特阿拉伯、伊朗、芬兰、希腊也有相当数量的C层人才，世界占比超过1%。

表7-1　电信A层人才排名前20的国家和地区的占比

单位：%

国家和地区	2010年	2011年	2012年	2013年	2014年	2015年	2016年	2017年	2018年	2019年	合计
美国	39.39	27.27	43.90	37.50	21.82	19.05	22.06	21.25	16.46	10.23	23.32
中国大陆	3.03	0.00	2.44	7.14	9.09	19.05	13.24	13.75	27.85	23.86	14.43
英国	0.00	9.09	2.44	5.36	3.64	7.94	11.76	8.75	6.33	7.95	6.88
新加坡	3.03	3.03	0.00	12.50	1.82	6.35	4.41	2.50	5.06	10.23	5.37
加拿大	12.12	6.06	4.88	3.57	3.64	3.17	4.41	7.50	5.06	4.55	5.20
法国	3.03	6.06	2.44	7.14	9.09	3.17	4.41	5.00	2.53	4.55	4.70
德国	9.09	9.09	4.88	3.57	7.27	3.17	4.41	6.25	3.80	1.14	4.70
韩国	3.03	3.03	7.32	1.79	3.64	6.35	2.94	7.50	3.80	2.27	4.19
澳大利亚	3.03	0.00	4.88	1.79	9.09	3.17	1.47	2.50	1.27	6.82	3.52
意大利	9.09	6.06	4.88	3.57	5.45	4.76	2.94	0.00	0.00	1.14	3.02
瑞典	3.03	3.03	4.88	3.57	1.82	0.00	2.94	3.75	1.27	0.00	2.18
芬兰	0.00	3.03	2.44	0.00	3.64	0.00	4.41	3.75	2.53	1.14	2.18
中国香港	0.00	0.00	0.00	3.57	0.00	3.17	2.94	2.50	2.53	2.27	2.01
西班牙	0.00	6.06	2.44	3.57	5.45	1.59	1.47	1.25	1.27	0.00	2.01
日本	3.03	3.03	0.00	0.00	0.00	1.59	1.47	1.25	5.06	2.27	1.85
印度	3.03	3.03	4.88	0.00	0.00	1.59	0.00	1.25	0.00	2.27	1.34
希腊	0.00	0.00	0.00	3.57	1.82	1.59	0.00	2.50	0.00	1.14	1.17
沙特阿拉伯	0.00	3.03	0.00	0.00	1.82	0.00	1.47	0.00	2.53	2.27	1.17
卡塔尔	0.00	0.00	0.00	0.00	0.00	3.17	1.47	1.25	1.27	1.14	1.01
挪威	0.00	0.00	0.00	0.00	0.00	0.00	1.47	1.25	1.27	3.41	1.01

表7-2　电信B层人才排名前20的国家和地区的占比

单位：%

国家和地区	2010年	2011年	2012年	2013年	2014年	2015年	2016年	2017年	2018年	2019年	合计
中国大陆	8.68	11.88	12.23	13.28	16.14	19.01	20.99	23.79	29.06	33.96	21.09
美国	29.64	29.04	23.64	24.55	21.65	17.58	16.20	17.24	13.82	12.78	19.01
英国	6.89	4.29	5.71	7.24	5.12	7.28	8.93	7.26	6.63	7.02	6.83
加拿大	7.49	5.28	6.25	6.24	6.30	8.17	8.10	6.27	4.80	4.89	6.29

续表

国家和地区	2010年	2011年	2012年	2013年	2014年	2015年	2016年	2017年	2018年	2019年	合计
澳大利亚	3.89	0.99	3.26	2.62	2.95	3.37	3.14	5.56	3.53	3.63	3.47
新加坡	4.19	2.97	3.26	3.62	4.72	4.80	3.14	2.14	1.97	2.76	3.23
韩国	4.19	4.95	2.99	2.82	2.76	2.13	3.47	3.70	4.23	1.88	3.19
意大利	3.89	5.94	6.52	3.42	2.95	3.73	2.15	1.85	1.69	1.38	2.91
德国	2.69	3.96	2.72	3.62	3.94	2.84	3.64	2.28	1.41	1.50	2.69
法国	2.69	1.98	2.17	3.62	3.15	2.84	2.48	2.71	1.27	1.88	2.43
瑞典	1.50	2.31	3.26	2.01	1.18	3.20	2.48	2.85	1.55	1.13	2.10
日本	1.20	2.64	2.99	2.41	1.77	1.24	2.31	1.42	2.26	1.75	1.95
中国香港	2.69	1.65	2.17	3.22	2.17	2.49	1.98	1.57	1.55	1.00	1.95
西班牙	3.59	2.31	1.90	2.21	3.74	1.07	1.98	1.28	1.69	1.00	1.91
印度	1.20	1.32	1.63	1.21	1.77	1.60	2.15	1.71	2.54	2.63	1.89
中国台湾	1.80	2.31	1.36	1.61	0.20	2.13	1.65	1.57	1.41	1.25	1.49
芬兰	0.60	0.99	1.90	1.61	1.57	2.84	1.49	1.71	0.99	0.88	1.47
希腊	0.90	1.32	3.26	2.82	2.36	2.13	1.49	1.00	0.28	0.25	1.43
沙特阿拉伯	0.30	1.32	0.27	1.61	1.57	0.71	0.99	2.14	1.69	2.13	1.41
土耳其	0.30	2.64	0.82	1.21	0.79	0.71	0.83	1.14	0.71	0.25	0.85

表 7－3　电信 C 层人才排名前 20 的国家和地区的占比

单位：%

国家和地区	2010年	2011年	2012年	2013年	2014年	2015年	2016年	2017年	2018年	2019年	合计
中国大陆	9.99	12.27	15.41	16.63	18.05	19.10	22.52	24.73	29.26	30.47	21.67
美国	24.17	22.85	21.83	19.96	18.34	16.21	15.66	14.91	12.46	10.95	16.54
英国	5.39	5.58	5.16	5.17	6.03	6.46	6.55	6.47	6.47	5.59	5.98
加拿大	7.04	6.89	7.29	5.74	5.52	5.04	5.76	4.57	4.89	4.03	5.39
韩国	5.32	4.36	4.76	3.94	2.88	3.66	3.68	3.46	3.65	3.58	3.80
意大利	4.20	4.39	3.87	4.61	3.87	4.32	3.29	3.02	2.32	1.93	3.38
印度	1.19	1.25	1.75	2.24	2.61	4.16	3.27	3.81	3.85	4.16	3.13
澳大利亚	2.50	2.16	2.23	2.42	2.84	2.74	2.57	3.17	3.65	3.20	2.86
法国	2.76	3.75	2.93	3.07	3.33	3.11	2.66	2.39	1.81	1.68	2.61
德国	3.98	3.35	2.42	3.13	3.17	3.22	2.62	2.12	1.94	1.35	2.55
西班牙	3.51	2.70	3.23	2.95	2.39	2.70	2.13	2.02	1.83	1.77	2.38
中国香港	2.85	2.84	2.74	2.55	2.86	2.34	2.25	2.21	2.00	1.64	2.32
新加坡	2.35	2.30	2.69	2.51	2.55	2.59	2.62	1.89	2.07	1.68	2.27
中国台湾	3.79	3.75	2.74	2.75	2.22	2.10	1.77	1.35	1.12	1.24	2.03

续表

国家和地区	2010年	2011年	2012年	2013年	2014年	2015年	2016年	2017年	2018年	2019年	合计
日本	2.44	2.37	2.18	1.86	2.20	1.82	1.60	1.85	1.61	1.30	1.83
瑞典	1.57	1.79	1.51	2.24	1.91	1.90	2.22	1.59	1.31	1.20	1.69
沙特阿拉伯	0.38	0.68	0.91	1.25	1.17	1.32	1.57	1.90	1.67	2.38	1.48
伊朗	1.38	1.28	1.67	1.37	0.82	1.34	1.24	1.22	1.42	1.75	1.36
芬兰	0.85	1.12	1.05	1.62	1.83	1.56	1.33	1.25	1.13	1.19	1.31
希腊	1.66	1.96	1.34	1.31	1.03	1.18	1.21	1.01	0.72	0.78	1.13

二 影像科学和照相技术

影像科学和照相技术A、B、C层人才最多的国家是美国，分别占该学科全球A、B、C层人才的31.51%、21.62%、21.25%。

中国大陆、德国、法国、西班牙、葡萄牙、澳大利亚、加拿大、意大利的A层人才比较多，世界占比在15%~3%之间；荷兰、英国、奥地利、中国香港、瑞士、韩国、冰岛、以色列、日本、罗马尼亚、比利时也有相当数量的A层人才，世界占比超过或接近1%。

中国大陆、德国、法国、意大利、英国、西班牙、荷兰、澳大利亚、加拿大的B层人才比较多，世界占比在16%~3%之间；奥地利、瑞士、比利时、日本、冰岛、中国香港、芬兰、葡萄牙、印度、新加坡也有相当数量的B层人才，世界占比超过或接近1%。

中国大陆、德国、法国、意大利、英国、加拿大、西班牙的C层人才比较多，世界占比在19%~3%之间；澳大利亚、荷兰、瑞士、中国香港、日本、比利时、奥地利、印度、韩国、芬兰、巴西、挪威也有相当数量的C层人才，世界占比超过或接近1%。

表7-4 影像科学和照相技术A层人才排名前20的国家和地区的占比

单位：%

国家和地区	2010年	2011年	2012年	2013年	2014年	2015年	2016年	2017年	2018年	2019年	合计
美国	54.55	61.54	20.00	25.00	30.77	14.29	37.50	26.67	31.58	21.74	31.51
中国大陆	0.00	0.00	0.00	16.67	15.38	0.00	18.75	13.33	36.84	21.74	14.38
德国	0.00	7.69	10.00	0.00	15.38	7.14	12.50	6.67	0.00	17.39	8.22

续表

国家和地区	2010年	2011年	2012年	2013年	2014年	2015年	2016年	2017年	2018年	2019年	合计
法　　国	9.09	0.00	20.00	16.67	0.00	7.14	0.00	13.33	0.00	4.35	6.16
西 班 牙	0.00	15.38	10.00	16.67	7.69	0.00	0.00	6.67	0.00	4.35	5.48
葡 萄 牙	0.00	7.69	10.00	16.67	0.00	7.14	6.25	0.00	0.00	0.00	4.11
澳大利亚	0.00	0.00	0.00	0.00	7.69	0.00	6.25	0.00	5.26	8.70	3.42
加 拿 大	9.09	0.00	0.00	0.00	7.69	7.14	0.00	0.00	5.26	4.35	3.42
意 大 利	0.00	7.69	10.00	0.00	7.69	0.00	0.00	0.00	0.00	8.70	3.42
荷　　兰	9.09	0.00	10.00	0.00	0.00	7.14	0.00	6.67	0.00	0.00	2.74
英　　国	0.00	0.00	10.00	0.00	0.00	7.14	0.00	0.00	10.53	0.00	2.74
奥 地 利	9.09	0.00	0.00	0.00	0.00	0.00	6.25	6.67	0.00	0.00	2.05
中国香港	0.00	0.00	0.00	0.00	7.69	0.00	6.25	0.00	5.26	0.00	2.05
瑞　　士	0.00	0.00	0.00	0.00	0.00	7.14	0.00	13.33	0.00	0.00	2.05
韩　　国	9.09	0.00	0.00	0.00	0.00	0.00	0.00	0.00	5.26	0.00	1.37
冰　　岛	0.00	0.00	0.00	0.00	0.00	0.00	0.00	0.00	0.00	4.35	0.68
以 色 列	0.00	0.00	0.00	0.00	0.00	7.14	0.00	0.00	0.00	0.00	0.68
日　　本	0.00	0.00	0.00	0.00	0.00	0.00	0.00	0.00	0.00	4.35	0.68
罗马尼亚	0.00	0.00	0.00	0.00	0.00	0.00	6.25	0.00	0.00	0.00	0.68
比 利 时	0.00	0.00	0.00	8.33	0.00	0.00	0.00	0.00	0.00	0.00	0.68

表 7-5　影像科学和照相技术 B 层人才排名前 20 的国家和地区的占比

单位：%

国家和地区	2010年	2011年	2012年	2013年	2014年	2015年	2016年	2017年	2018年	2019年	合计
美　　国	35.35	23.97	21.43	24.39	32.52	9.63	24.49	19.76	17.55	16.67	21.62
中国大陆	7.07	8.26	5.10	13.82	20.33	17.04	17.69	16.77	17.55	20.48	15.38
德　　国	9.09	5.79	6.12	5.69	6.50	6.67	7.48	6.59	5.85	7.62	6.73
法　　国	7.07	8.26	7.14	6.50	2.44	8.89	1.36	7.78	4.26	5.71	5.81
意 大 利	5.05	7.44	4.08	7.32	1.63	7.41	2.72	3.59	3.72	5.71	4.82
英　　国	2.02	2.48	6.12	5.69	3.25	8.15	6.12	4.19	5.32	3.81	4.75
西 班 牙	3.03	4.13	5.10	8.13	3.25	3.70	3.40	3.59	2.66	4.29	4.04
荷　　兰	1.01	6.61	5.10	2.44	2.44	4.44	4.08	4.79	3.72	1.43	3.54
澳大利亚	2.02	2.48	6.12	3.25	1.63	1.48	4.76	2.99	2.66	4.76	3.26
加 拿 大	2.02	3.31	5.10	1.63	1.63	4.44	3.40	2.99	3.72	3.33	3.19
奥 地 利	2.02	2.48	6.12	1.63	1.63	0.74	1.36	2.40	1.60	1.90	2.06
瑞　　士	2.02	1.65	2.04	0.00	2.44	1.48	4.76	1.80	1.60	1.90	1.98
比 利 时	1.01	1.65	1.02	1.63	3.25	4.44	0.68	2.40	1.06	1.90	1.91

续表

国家和地区	2010年	2011年	2012年	2013年	2014年	2015年	2016年	2017年	2018年	2019年	合计
日　　本	1.01	2.48	2.04	1.63	0.81	0.74	0.68	2.40	2.13	3.33	1.84
冰　　岛	3.03	1.65	0.00	0.81	3.25	5.19	0.00	1.80	1.60	0.95	1.77
中国香港	3.03	0.83	1.02	0.81	2.44	1.48	3.40	0.60	2.13	0.48	1.56
芬　　兰	1.01	3.31	1.02	2.44	0.00	0.74	0.68	2.40	1.60	0.48	1.35
葡 萄 牙	1.01	0.83	2.04	2.44	1.63	3.70	0.00	1.80	1.06	0.00	1.35
印　　度	1.01	0.83	2.04	0.00	0.00	0.74	0.00	1.80	2.66	0.48	0.99
新 加 坡	3.03	0.00	0.00	0.81	0.81	0.74	2.04	0.00	0.53	1.43	0.92

表 7-6　影像科学和照相技术 C 层人才排名前 20 的国家和地区的占比

单位：%

国家和地区	2010年	2011年	2012年	2013年	2014年	2015年	2016年	2017年	2018年	2019年	合计
美　　国	27.37	26.27	25.49	23.79	22.08	18.63	22.10	19.49	19.33	15.72	21.25
中国大陆	8.58	9.81	10.26	15.03	20.12	19.36	19.70	24.73	23.80	23.90	18.76
德　　国	8.58	6.65	8.91	6.84	6.39	6.57	6.18	5.59	5.99	5.76	6.54
法　　国	6.03	7.15	5.49	5.59	4.77	4.67	4.94	4.48	3.84	3.73	4.89
意 大 利	4.49	6.65	5.18	5.18	4.52	5.19	4.67	4.18	3.96	4.35	4.75
英　　国	5.52	4.07	4.25	4.51	4.01	4.46	4.67	4.83	4.64	5.32	4.67
加 拿 大	4.70	3.99	3.94	3.67	3.07	3.65	2.13	3.47	3.28	3.53	3.48
西 班 牙	3.78	3.57	4.15	3.34	3.92	2.41	3.36	3.42	3.67	2.95	3.40
澳大利亚	2.15	2.58	2.49	3.01	4.18	3.29	2.88	2.89	3.00	3.05	2.98
荷　　兰	3.06	3.82	3.94	2.25	1.96	3.87	2.95	2.12	2.09	2.90	2.83
瑞　　士	3.06	2.08	2.07	2.50	2.30	2.48	2.54	2.00	1.58	1.16	2.08
中国香港	1.74	1.33	1.35	1.75	2.30	1.39	2.13	1.24	1.41	1.55	1.60
日　　本	1.33	1.25	1.66	2.09	1.36	1.24	0.48	1.24	2.04	1.40	1.41
比 利 时	1.33	1.25	1.35	0.75	0.85	1.75	1.58	1.24	1.24	1.31	1.28
奥 地 利	2.15	1.08	2.07	1.25	1.45	1.61	1.37	0.77	0.85	0.92	1.26
印　　度	1.43	1.00	0.73	1.00	1.11	0.95	1.30	1.59	1.30	1.26	1.20
韩　　国	1.23	1.25	1.35	0.92	0.60	0.95	1.03	0.47	1.70	1.94	1.18
芬　　兰	1.33	1.00	1.14	1.17	1.11	0.95	1.17	1.12	0.51	1.11	1.04
巴　　西	0.82	1.66	0.93	1.00	0.60	0.80	0.89	1.18	0.85	1.35	1.03
挪　　威	1.53	1.50	1.04	1.42	0.60	0.58	1.03	0.82	0.73	0.82	0.97

三　计算机理论和方法

计算机理论和方法 A、B、C 层人才最多的国家是美国，分别占该学科全球 A、B、C 层人才的 29.28%、23.82%、22.85%。

中国大陆、英国、澳大利亚、新加坡、中国香港的 A 层人才比较多，世界占比在 18%~3% 之间；德国、印度、加拿大、法国、意大利、韩国、西班牙、日本、以色列、瑞士、芬兰、荷兰、奥地利、希腊也有相当数量的 A 层人才，世界占比超过或接近 1%。

中国大陆、英国、澳大利亚、中国香港、印度、德国、新加坡的 B 层人才比较多，世界占比在 21%~3% 之间；法国、加拿大、意大利、韩国、西班牙、瑞士、沙特阿拉伯、日本、荷兰、以色列、伊朗、奥地利也有相当数量的 B 层人才，世界占比超过或接近 1%。

中国大陆、英国、德国、印度、法国、意大利、澳大利亚、加拿大的 C 层人才比较多，世界占比在 15%~3% 之间；西班牙、中国香港、新加坡、韩国、瑞士、日本、荷兰、中国台湾、以色列、奥地利、波兰也有相当数量的 C 层人才，世界占比超过 1%。

表 7-7　计算机理论和方法 A 层人才排名前 20 的国家和地区的占比

单位：%

国家和地区	2010年	2011年	2012年	2013年	2014年	2015年	2016年	2017年	2018年	2019年	合计
美国	34.43	29.31	38.00	32.08	30.77	31.18	33.33	32.97	17.58	21.00	29.28
中国大陆	13.11	10.34	8.00	13.21	12.82	21.51	23.33	18.68	19.78	24.00	17.65
英国	4.92	13.79	14.00	11.32	2.56	10.75	5.56	8.79	7.69	5.00	7.97
澳大利亚	1.64	0.00	8.00	7.55	5.13	6.45	2.22	2.20	7.69	6.00	4.71
新加坡	6.56	8.62	0.00	1.89	1.28	1.08	5.56	5.49	2.20	4.00	3.66
中国香港	4.92	1.72	0.00	3.77	5.13	4.30	4.44	2.20	2.20	2.00	3.14
德国	1.64	0.00	4.00	1.89	3.85	4.30	5.56	3.30	0.00	3.00	2.88
印度	0.00	1.72	0.00	5.66	2.56	2.15	1.11	2.20	4.40	5.00	2.61
加拿大	4.92	3.45	4.00	3.77	3.85	2.15	2.22	1.10	3.30	0.00	2.61
法国	4.92	5.17	8.00	0.00	2.56	2.15	1.11	1.10	0.00	0.00	2.09
意大利	1.64	1.72	4.00	0.00	1.28	0.00	2.22	2.20	4.40	2.00	1.96
韩国	0.00	3.45	2.00	1.89	1.28	0.00	2.22	2.20	3.30	3.00	1.96
西班牙	0.00	3.45	0.00	1.89	3.85	0.00	1.11	0.00	2.20	3.00	1.57
日本	1.64	0.00	0.00	1.89	1.28	1.08	0.00	1.10	2.20	3.00	1.31
以色列	3.28	3.45	0.00	1.89	1.28	1.08	0.00	0.00	2.20	0.00	1.18
瑞士	1.64	1.72	0.00	1.89	1.28	3.23	1.11	1.10	0.00	0.00	1.18

续表

国家和地区	2010年	2011年	2012年	2013年	2014年	2015年	2016年	2017年	2018年	2019年	合计
芬兰	1.64	0.00	0.00	0.00	5.13	0.00	1.11	1.10	1.10	0.00	1.05
荷兰	1.64	3.45	0.00	1.89	2.56	0.00	0.00	0.00	0.00	1.00	0.92
奥地利	0.00	3.45	2.00	0.00	0.00	0.00	0.00	1.10	1.10	1.00	0.78
希腊	0.00	1.72	2.00	0.00	0.00	2.15	0.00	0.00	2.20	0.00	0.78

表 7-8　计算机理论和方法 B 层人才排名前 20 的国家和地区的占比

单位：%

国家和地区	2010年	2011年	2012年	2013年	2014年	2015年	2016年	2017年	2018年	2019年	合计
美国	34.97	34.03	28.22	28.33	25.07	24.09	23.47	23.62	15.66	13.60	23.82
中国大陆	8.38	11.85	13.77	15.21	19.97	20.70	22.50	24.85	26.86	28.88	20.69
英国	7.29	6.50	6.77	5.42	5.54	5.33	6.62	6.24	7.66	5.96	6.33
澳大利亚	3.28	3.44	4.51	5.42	4.66	5.08	5.29	6.61	4.69	5.73	5.00
中国香港	2.73	2.29	2.93	3.33	4.37	3.03	3.25	3.67	4.00	2.36	3.24
印度	1.09	1.91	1.35	3.13	2.48	3.63	2.41	3.18	5.94	4.27	3.18
德国	6.38	4.40	3.61	5.63	2.77	3.27	3.25	2.45	1.26	1.35	3.14
新加坡	2.73	1.72	3.61	2.50	3.35	3.51	3.25	2.94	3.77	3.26	3.14
法国	4.19	4.40	4.51	3.96	2.33	3.15	2.17	1.59	1.49	1.12	2.62
加拿大	2.73	3.82	2.71	1.67	4.08	1.45	1.81	2.45	2.74	2.58	2.56
意大利	1.46	1.34	2.48	2.50	2.33	2.18	2.41	1.71	1.83	1.57	1.97
韩国	1.28	1.34	1.81	1.88	1.60	1.21	1.56	2.82	1.94	2.58	1.85
西班牙	1.82	1.53	3.16	1.46	1.75	1.57	1.20	0.98	1.60	2.58	1.72
瑞士	3.10	2.29	1.81	2.50	1.31	1.45	1.81	1.71	1.26	0.56	1.66
沙特阿拉伯	0.00	0.38	0.90	0.63	1.31	1.09	2.05	1.35	1.71	2.92	1.39
日本	1.46	1.15	1.13	1.04	1.31	1.33	1.32	1.35	1.49	1.24	1.30
荷兰	2.73	3.25	2.03	1.25	0.58	1.09	0.36	0.86	0.46	0.79	1.17
以色列	1.82	1.34	1.35	0.83	2.19	0.48	0.96	0.49	0.00	0.22	0.87
伊朗	0.91	0.19	1.13	0.83	0.58	0.36	0.96	0.73	1.26	1.01	0.81
奥地利	0.91	1.15	1.13	0.42	0.58	0.61	0.84	0.86	1.14	0.22	0.77

表 7-9　计算机理论和方法 C 层人才排名前 20 的国家和地区的占比

单位：%

国家和地区	2010年	2011年	2012年	2013年	2014年	2015年	2016年	2017年	2018年	2019年	合计
美国	27.87	27.26	25.08	23.05	22.06	23.16	22.89	24.22	19.47	17.20	22.85
中国大陆	6.99	8.64	9.87	10.61	12.32	11.42	14.05	17.69	20.22	22.56	14.14
英国	6.76	6.16	6.32	6.00	5.60	5.55	6.03	5.33	5.40	4.74	5.71

续表

国家和地区	2010年	2011年	2012年	2013年	2014年	2015年	2016年	2017年	2018年	2019年	合计
德　　国	7.05	6.91	5.21	5.40	5.40	5.33	4.69	4.16	3.62	2.80	4.89
印　　度	1.70	1.95	3.35	2.85	2.99	4.56	4.91	3.19	4.98	5.99	3.84
法　　国	5.12	5.35	4.14	4.86	4.43	3.94	3.56	2.86	2.55	2.18	3.74
意 大 利	3.68	3.74	3.67	3.87	3.53	3.42	3.56	3.09	3.03	2.71	3.38
澳大利亚	2.15	2.72	2.81	3.45	3.20	3.33	3.35	3.33	3.61	3.91	3.25
加 拿 大	4.18	4.09	3.74	3.68	3.41	3.70	2.79	2.45	2.54	2.38	3.20
西 班 牙	2.85	2.93	3.06	3.41	2.75	2.57	2.16	2.16	2.16	2.18	2.54
中国香港	1.76	1.97	1.86	2.01	2.27	1.74	1.91	2.37	2.27	2.27	2.06
新 加 坡	1.61	1.44	1.77	1.92	2.37	1.92	2.03	2.13	1.92	1.86	1.92
韩　　国	1.21	1.44	1.58	1.68	1.67	1.89	1.57	2.28	2.21	2.36	1.84
瑞　　士	2.53	1.81	2.13	1.53	1.91	1.56	1.74	1.86	1.51	1.23	1.74
日　　本	1.74	1.69	1.79	1.61	1.92	1.97	1.90	1.81	1.52	1.19	1.72
荷　　兰	2.97	2.01	1.92	2.07	1.44	1.63	1.44	1.41	1.22	0.95	1.63
中国台湾	1.57	1.54	1.70	1.74	1.26	1.15	1.04	0.83	0.93	1.14	1.23
以 色 列	1.55	1.77	1.77	1.43	1.44	1.28	1.17	1.09	0.72	0.36	1.19
奥 地 利	1.53	1.12	1.22	1.30	1.43	1.15	1.17	1.10	1.04	0.66	1.15
波　　兰	1.08	1.06	1.22	1.18	1.38	1.38	1.27	0.68	0.79	0.66	1.06

四　软件工程

软件工程 A、B、C 层人才最多的国家是美国，分别占该学科全球 A、B、C 层人才的 30.68%、24.35%、22.05%。

中国大陆、澳大利亚、英国、德国、法国、印度的 A 层人才比较多，世界占比在 15%~3%之间；荷兰、西班牙、中国香港、奥地利、以色列、韩国、意大利、瑞典、新加坡、巴西、加拿大、中国澳门、瑞士也有相当数量的 A 层人才，世界占比超过或接近 1%。

中国大陆、英国、德国、澳大利亚、加拿大、法国、意大利的 B 层人才比较多，世界占比在 17%~3%之间；印度、瑞士、新加坡、中国香港、日本、西班牙、荷兰、韩国、以色列、瑞典、马来西亚、伊朗也有相当数量的 B 层人才，世界占比超过 1%。

中国大陆、德国、英国、加拿大、法国、意大利的 C 层人才比较多，世界占比在 15%~3%之间；澳大利亚、印度、西班牙、瑞士、中国香港、荷兰、新加坡、奥地利、韩国、日本、中国台湾、瑞典、以色列也有相当数量的C层人才，世界占比超过1%。

表7－10　软件工程A层人才排名前20的国家和地区的占比

单位：%

国家和地区	2010年	2011年	2012年	2013年	2014年	2015年	2016年	2017年	2018年	2019年	合计
美　国	50.00	42.11	22.22	33.33	26.92	22.58	34.38	37.50	25.00	19.35	30.68
中国大陆	4.55	5.26	0.00	9.52	11.54	9.68	15.63	9.38	37.50	25.81	14.39
澳大利亚	0.00	5.26	11.11	0.00	7.69	6.45	9.38	12.50	6.25	12.90	7.58
英　国	9.09	0.00	22.22	9.52	3.85	6.45	3.13	0.00	3.13	3.23	5.30
德　国	4.55	0.00	5.56	0.00	11.54	16.13	6.25	6.25	0.00	0.00	5.30
法　国	4.55	5.26	0.00	9.52	15.38	3.23	3.13	0.00	0.00	0.00	3.79
印　度	0.00	10.53	0.00	4.76	0.00	0.00	0.00	3.13	6.25	6.45	3.03
荷　兰	4.55	5.26	0.00	0.00	0.00	0.00	3.13	0.00	3.13	3.23	1.89
西班牙	0.00	5.26	5.56	0.00	0.00	3.23	3.13	3.13	0.00	0.00	1.89
中国香港	4.55	5.26	0.00	0.00	0.00	3.23	3.13	0.00	0.00	3.23	1.89
奥地利	4.55	5.26	0.00	0.00	0.00	0.00	6.25	0.00	0.00	0.00	1.52
以色列	0.00	0.00	0.00	4.76	7.69	0.00	0.00	0.00	3.13	0.00	1.52
韩　国	4.55	0.00	0.00	0.00	0.00	3.23	0.00	0.00	3.13	3.23	1.52
意大利	4.55	0.00	0.00	0.00	0.00	3.23	0.00	3.13	0.00	3.23	1.52
瑞　典	0.00	0.00	0.00	0.00	0.00	9.68	0.00	0.00	0.00	3.23	1.52
新加坡	0.00	5.26	0.00	4.76	0.00	0.00	0.00	0.00	3.13	0.00	1.14
巴　西	0.00	5.26	0.00	4.76	0.00	0.00	0.00	3.13	0.00	0.00	1.14
加拿大	0.00	0.00	5.56	0.00	0.00	0.00	0.00	6.25	0.00	0.00	1.14
中国澳门	0.00	0.00	0.00	0.00	0.00	0.00	0.00	3.13	3.13	3.23	1.14
瑞　士	0.00	0.00	0.00	4.76	0.00	0.00	0.00	0.00	3.13	0.00	0.76

表7－11　软件工程B层人才排名前20的国家和地区的占比

单位：%

国家和地区	2010年	2011年	2012年	2013年	2014年	2015年	2016年	2017年	2018年	2019年	合计
美　国	34.17	29.21	29.41	31.31	29.58	25.27	21.80	21.33	16.95	15.63	24.35
中国大陆	7.54	7.87	11.76	8.08	15.00	13.19	14.53	20.63	24.07	31.88	16.79
英　国	7.54	6.74	5.88	7.07	7.50	4.76	5.19	6.29	4.07	5.00	5.84
德　国	10.05	3.93	5.88	5.05	5.00	5.86	4.84	3.15	4.75	1.56	4.78
澳大利亚	1.01	6.18	2.94	4.04	3.75	5.49	3.81	5.24	5.08	5.94	4.49
加拿大	4.02	3.37	4.12	3.03	4.17	4.40	6.23	2.80	4.07	2.81	3.92

续表

国家和地区	2010年	2011年	2012年	2013年	2014年	2015年	2016年	2017年	2018年	2019年	合计
法　国	6.53	2.81	7.06	6.57	3.75	3.30	3.46	2.80	3.05	0.63	3.68
意大利	1.01	2.81	2.94	4.04	2.08	4.40	3.81	2.45	4.07	2.81	3.10
印　度	0.00	2.25	1.18	2.02	1.67	1.10	2.08	3.85	4.41	7.19	2.86
瑞　士	3.02	2.25	2.94	4.04	2.92	4.03	2.08	3.50	1.02	0.31	2.49
新加坡	2.51	0.56	2.94	2.02	2.92	2.20	3.46	2.80	1.36	1.25	2.21
中国香港	2.51	3.93	1.76	2.53	1.67	1.83	2.77	1.40	3.73	0.63	2.21
日　本	0.00	1.12	1.18	1.52	0.00	1.47	2.42	2.10	2.03	2.19	1.51
西班牙	1.51	2.25	3.53	2.02	0.83	2.20	0.69	1.05	1.36	0.63	1.47
荷　兰	1.51	2.25	1.76	1.52	1.25	1.47	0.69	2.10	1.02	0.94	1.39
韩　国	0.50	1.69	0.59	0.51	2.08	1.10	1.38	1.05	1.36	1.88	1.27
以色列	4.02	5.06	1.18	1.01	1.25	0.37	0.35	1.40	0.34	0.00	1.27
瑞　典	1.01	1.12	1.18	0.51	1.67	0.73	1.04	1.05	1.69	0.63	1.06
马来西亚	0.00	1.12	0.59	0.51	1.67	2.20	1.73	1.05	1.02	0.31	1.06
伊　朗	0.50	0.56	0.00	0.51	1.25	0.73	2.08	2.45	0.68	0.94	1.06

表 7－12　软件工程 C 层人才排名前 20 的国家和地区的占比

单位：%

国家和地区	2010年	2011年	2012年	2013年	2014年	2015年	2016年	2017年	2018年	2019年	合计
美　国	28.17	24.09	25.25	23.42	24.66	22.34	23.27	19.96	17.69	15.72	22.05
中国大陆	7.98	8.57	9.43	11.45	11.46	12.79	14.74	16.10	20.76	22.13	14.17
德　国	6.11	7.65	6.40	5.39	5.77	6.03	5.19	5.23	4.23	4.20	5.50
英　国	5.65	5.75	5.81	5.80	5.56	4.61	5.65	5.06	4.89	4.28	5.24
加拿大	4.54	4.83	4.39	5.08	4.75	5.56	4.84	4.06	3.03	3.45	4.42
法　国	4.80	4.77	4.80	4.78	4.03	3.78	3.12	3.27	3.34	3.08	3.85
意大利	3.58	3.68	3.62	4.01	3.74	4.36	3.76	3.85	3.38	3.11	3.71
澳大利亚	1.82	1.84	2.37	2.36	2.33	2.22	2.67	3.17	3.80	3.19	2.65
印　度	1.26	1.90	1.30	1.03	1.78	1.63	2.11	2.96	4.89	5.70	2.60
西班牙	2.98	2.88	2.19	3.13	2.89	2.18	2.14	2.58	1.71	1.99	2.42
瑞　士	2.78	2.19	2.55	2.36	2.84	2.80	2.14	2.48	2.29	1.35	2.36
中国香港	2.52	2.47	2.31	2.47	1.95	2.03	2.25	1.82	1.94	2.18	2.16
荷　兰	3.28	2.07	2.85	1.49	1.99	2.22	1.61	2.10	1.59	1.43	2.01
新加坡	1.82	1.50	2.02	2.36	1.87	2.00	2.46	2.24	1.86	1.61	1.99
奥地利	1.77	1.21	1.66	1.54	1.91	1.89	1.47	1.58	1.71	1.16	1.59
韩　国	2.07	1.50	1.72	1.28	1.36	1.31	1.58	2.03	1.20	1.20	1.52
日　本	1.26	1.38	0.77	1.28	1.36	1.56	1.79	1.48	1.82	1.31	1.44
中国台湾	1.41	2.70	1.72	2.21	1.53	1.42	1.16	1.14	0.89	0.86	1.42
瑞　典	1.06	1.32	1.24	0.77	1.44	1.45	1.30	1.48	1.13	1.28	1.27
以色列	1.87	1.55	1.36	1.64	1.49	1.63	1.16	0.69	0.97	0.45	1.23

五　计算机硬件和体系架构

计算机硬件和体系架构 A、B、C 层人才主要集中在美国和中国大陆，二者合计占该学科全球 A、B、C 层人才的 50.70%、46.42%、41.62%。其中美国的 A、B、C 层人才均多于中国大陆。

英国、澳大利亚、加拿大、韩国的 A 层人才比较多，世界占比在 5%~3% 之间；意大利、日本、新加坡、法国、德国、马来西亚、希腊、中国香港、瑞典、西班牙、瑞士、以色列、比利时、芬兰也有相当数量的 A 层人才，世界占比超过或接近 1%。

澳大利亚、英国、加拿大、中国香港的 B 层人才比较多，世界占比在 7%~3% 之间；德国、韩国、印度、意大利、新加坡、法国、西班牙、沙特阿拉伯、日本、瑞典、希腊、卡塔尔、马来西亚、伊朗也有相当数量的 B 层人才，世界占比超过或接近 1%。

英国、加拿大、意大利、印度、德国的 C 层人才比较多，世界占比在 5%~3% 之间；法国、澳大利亚、中国香港、韩国、西班牙、中国台湾、新加坡、日本、伊朗、瑞士、沙特阿拉伯、希腊、瑞典也有相当数量的 C 层人才，世界占比超过或接近 1%。

表 7－13　计算机硬件和体系架构 A 层人才排名前 20 的国家和地区的占比

单位：%

国家和地区	2010年	2011年	2012年	2013年	2014年	2015年	2016年	2017年	2018年	2019年	合计
美　　国	38.46	21.43	40.00	28.57	23.08	34.48	25.00	34.62	12.50	21.74	27.44
中国大陆	7.69	7.14	20.00	14.29	19.23	27.59	33.33	19.23	29.17	39.13	23.26
英　　国	0.00	7.14	0.00	19.05	3.85	3.45	4.17	3.85	0.00	4.35	4.65
澳大利亚	7.69	0.00	6.67	0.00	3.85	0.00	12.50	0.00	4.17	8.70	4.19
加 拿 大	7.69	0.00	13.33	0.00	3.85	6.90	0.00	3.85	0.00	4.35	3.72
韩　　国	7.69	0.00	6.67	4.76	3.85	0.00	0.00	3.85	8.33	4.35	3.72
意 大 利	7.69	7.14	6.67	0.00	0.00	3.45	4.17	0.00	4.17	0.00	2.79
日　　本	0.00	0.00	6.67	0.00	0.00	3.45	0.00	3.85	8.33	4.35	2.79
新 加 坡	0.00	7.14	0.00	4.76	0.00	6.90	4.17	0.00	0.00	4.35	2.79
法　　国	7.69	0.00	0.00	0.00	15.38	3.45	0.00	0.00	0.00	0.00	2.79
德　　国	0.00	7.14	0.00	0.00	3.85	0.00	4.17	0.00	4.17	0.00	1.86

续表

国家和地区	2010年	2011年	2012年	2013年	2014年	2015年	2016年	2017年	2018年	2019年	合计
马来西亚	0.00	0.00	0.00	0.00	3.85	0.00	0.00	11.54	0.00	0.00	1.86
希　　腊	0.00	0.00	0.00	4.76	0.00	3.45	0.00	3.85	0.00	0.00	1.40
中国香港	0.00	7.14	0.00	4.76	0.00	3.45	0.00	0.00	0.00	0.00	1.40
瑞　　典	0.00	7.14	0.00	0.00	0.00	0.00	0.00	0.00	4.17	4.35	1.40
西 班 牙	0.00	7.14	0.00	4.76	0.00	0.00	0.00	0.00	0.00	0.00	0.93
瑞　　士	0.00	0.00	0.00	0.00	0.00	3.45	0.00	3.85	0.00	0.00	0.93
以 色 列	0.00	0.00	0.00	4.76	0.00	0.00	0.00	0.00	4.17	0.00	0.93
比 利 时	0.00	7.14	0.00	0.00	3.85	0.00	0.00	0.00	0.00	0.00	0.93
芬　　兰	7.69	0.00	0.00	0.00	3.85	0.00	0.00	0.00	0.00	0.00	0.93

表 7－14　计算机硬件和体系架构 B 层人才排名前 20 的国家和地区的占比

单位：%

国家和地区	2010年	2011年	2012年	2013年	2014年	2015年	2016年	2017年	2018年	2019年	合计
美　　国	40.30	34.90	29.48	26.57	24.36	20.38	21.30	21.03	13.21	13.95	23.33
中国大陆	12.69	15.44	12.72	18.84	22.22	25.38	24.35	24.60	33.02	32.56	23.09
澳大利亚	5.22	4.70	4.62	5.31	4.70	6.92	7.39	7.54	8.96	6.98	6.39
英　　国	6.72	5.37	5.78	4.83	5.56	4.23	2.17	4.76	6.60	6.05	5.08
加 拿 大	3.73	3.36	2.31	6.28	3.85	5.00	5.22	1.59	5.19	3.26	4.02
中国香港	2.99	2.01	3.47	3.86	3.42	3.08	3.04	4.37	2.36	1.40	3.05
德　　国	8.21	2.68	4.62	3.86	2.99	1.54	1.30	1.59	1.89	0.93	2.66
韩　　国	1.49	2.01	2.89	1.93	2.99	2.31	3.04	2.78	2.36	1.86	2.42
印　　度	0.00	1.34	2.31	3.86	1.28	1.54	1.30	2.78	3.77	4.65	2.37
意 大 利	0.75	2.01	3.47	1.93	2.14	2.69	2.17	3.97	2.36	1.40	2.37
新 加 坡	4.48	2.68	2.31	1.45	2.99	3.08	1.30	1.59	2.36	1.40	2.27
法　　国	1.49	4.03	2.89	2.90	2.14	1.15	1.30	1.98	0.94	0.00	1.79
西 班 牙	0.00	2.68	2.89	1.45	3.42	0.77	1.30	1.59	0.94	0.47	1.55
沙特阿拉伯	0.00	0.67	0.58	1.45	0.43	2.31	3.91	0.79	1.42	2.33	1.50
日　　本	0.75	0.67	1.16	0.00	1.71	1.92	1.74	1.19	2.36	2.79	1.50
瑞　　典	1.49	0.00	1.16	0.48	0.00	2.31	1.30	2.78	2.36	1.40	1.40
希　　腊	0.75	0.67	1.16	2.90	2.56	1.92	0.87	0.79	0.00	0.00	1.21
卡 塔 尔	0.75	0.67	0.58	0.00	0.43	1.15	1.74	1.59	0.94	0.93	0.92
马来西亚	0.00	0.67	0.58	0.48	1.28	1.54	1.30	1.19	0.00	0.93	0.87
伊　　朗	0.00	1.34	1.16	1.45	0.85	0.38	0.87	1.59	0.00	0.93	0.87

表 7－15　计算机硬件和体系架构 C 层人才排名前 20 的国家和地区的占比

单位：%

国家和地区	2010年	2011年	2012年	2013年	2014年	2015年	2016年	2017年	2018年	2019年	合计
美国	35.19	32.10	31.07	28.85	27.71	21.50	21.68	22.67	19.05	19.18	25.03
中国大陆	7.29	11.77	11.17	13.67	13.61	15.04	19.38	19.33	24.70	23.42	16.59
英国	4.19	4.60	4.40	3.73	3.91	3.87	3.93	4.36	4.20	4.38	4.13
加拿大	6.43	4.87	4.33	4.64	3.74	4.19	3.79	3.21	3.64	3.06	4.05
意大利	3.57	4.39	3.60	4.54	3.61	3.87	4.12	3.68	2.71	3.20	3.71
印度	1.09	2.23	2.56	2.07	2.91	4.75	2.67	3.68	5.56	5.94	3.53
德国	4.34	4.04	3.85	3.48	3.87	4.23	3.32	3.13	2.15	2.40	3.43
法国	2.56	3.48	3.36	3.28	3.57	3.79	2.43	2.58	2.05	2.03	2.91
澳大利亚	2.17	1.88	2.93	2.67	1.91	3.03	2.76	3.64	4.11	2.87	2.86
中国香港	2.64	3.76	2.56	2.82	3.44	2.23	2.57	2.45	3.13	2.31	2.76
韩国	2.71	1.95	1.47	2.37	2.57	2.15	2.43	2.07	2.61	2.59	2.30
西班牙	2.87	2.58	2.32	3.03	2.04	2.43	1.83	2.79	1.40	1.60	2.25
中国台湾	3.10	2.72	2.75	3.23	2.09	2.15	2.29	1.82	1.26	1.04	2.16
新加坡	1.94	2.44	1.83	2.47	2.22	1.68	2.62	1.99	1.68	1.56	2.03
日本	1.86	1.04	2.50	2.27	1.74	2.51	1.54	2.24	1.49	1.70	1.92
伊朗	0.93	0.63	1.04	1.31	1.44	1.36	1.17	1.65	1.91	1.98	1.40
瑞士	1.86	1.53	1.34	1.11	1.65	1.04	1.45	1.23	1.21	0.75	1.29
沙特阿拉伯	0.23	0.49	0.49	0.86	0.87	1.16	1.50	1.18	1.68	1.56	1.07
希腊	1.40	1.04	1.22	1.36	0.96	1.00	0.75	0.76	0.84	0.85	0.99
瑞典	0.62	0.91	0.92	0.71	0.83	1.20	1.31	1.44	0.70	0.80	0.97

六　信息系统

信息系统 A、B、C 层人才主要集中在美国和中国大陆，二者合计占该学科全球 A、B、C 层人才的 41.09%、42.41% 和 38.76%，其中美国的 A、B、C 层人才均多于中国大陆。

英国、加拿大、德国、澳大利亚、法国、新加坡的 A 层人才比较多，世界占比在 6%～3%之间；意大利、西班牙、韩国、印度、中国香港、日本、荷兰、瑞士、沙特阿拉伯、芬兰、中国澳门、挪威也有相当数量的 A 层人才，世界占比超过 1%。

英国、加拿大、澳大利亚、德国的 B 层人才比较多，世界占比在 6%～3%

之间；新加坡、韩国、印度、中国香港、法国、意大利、西班牙、中国台湾、日本、沙特阿拉伯、瑞士、瑞典、芬兰、荷兰也有相当数量的 B 层人才，世界占比超过 1%。

英国、加拿大、德国、澳大利亚、意大利的 C 层人才比较多，世界占比在 6%～3% 之间；印度、韩国、西班牙、法国、中国香港、中国台湾、新加坡、日本、荷兰、瑞士、沙特阿拉伯、瑞典、希腊也有相当数量的 C 层人才，世界占比超过或接近 1%。

表 7－16　信息系统 A 层人才排名前 20 的国家和地区的占比

单位：%

国家和地区	2010年	2011年	2012年	2013年	2014年	2015年	2016年	2017年	2018年	2019年	合计
美国	53.33	31.82	35.90	40.00	22.73	26.32	28.99	15.49	17.86	14.58	26.09
中国大陆	0.00	6.82	5.13	8.00	18.18	13.16	15.94	16.90	20.24	26.04	15.00
英国	4.44	9.09	5.13	6.00	4.55	6.58	4.35	7.04	5.95	6.25	5.94
加拿大	13.33	4.55	2.56	4.00	4.55	2.63	10.14	7.04	3.57	5.21	5.63
德国	4.44	9.09	7.69	6.00	3.03	2.63	4.35	5.63	2.38	2.08	4.22
澳大利亚	2.22	0.00	5.13	4.00	9.09	1.32	2.90	2.82	3.57	7.29	4.06
法国	0.00	2.27	5.13	4.00	9.09	1.32	1.45	4.23	2.38	4.17	3.44
新加坡	0.00	2.27	0.00	4.00	1.52	3.95	4.35	4.23	5.95	4.17	3.44
意大利	4.44	6.82	5.13	4.00	3.03	2.63	2.90	0.00	1.19	1.04	2.66
西班牙	4.44	2.27	5.13	6.00	3.03	2.63	2.90	0.00	1.19	1.04	2.50
韩国	2.22	0.00	0.00	2.00	1.52	3.95	2.90	4.23	3.57	2.08	2.50
印度	0.00	2.27	2.56	0.00	3.03	1.32	1.45	4.23	2.38	2.08	2.03
中国香港	2.22	0.00	5.13	0.00	1.52	2.63	1.45	1.41	2.38	2.08	1.88
日本	0.00	2.27	0.00	0.00	0.00	2.63	0.00	2.82	3.57	1.04	1.41
荷兰	0.00	4.55	5.13	0.00	0.00	2.63	0.00	0.00	1.19	1.04	1.25
瑞士	2.22	2.27	0.00	0.00	0.00	3.95	2.90	0.00	0.00	0.00	1.09
沙特阿拉伯	0.00	0.00	0.00	0.00	1.52	0.00	0.00	1.41	2.38	3.13	1.09
芬兰	0.00	0.00	2.56	0.00	1.52	0.00	1.45	1.41	2.38	1.04	1.09
中国澳门	0.00	0.00	0.00	0.00	1.52	0.00	0.00	2.82	1.19	3.13	1.09
挪威	0.00	0.00	0.00	0.00	0.00	0.00	2.90	1.41	1.19	3.13	1.09

表 7 – 17　信息系统 B 层人才排名前 20 的国家和地区的占比

单位：%

国家和地区	2010年	2011年	2012年	2013年	2014年	2015年	2016年	2017年	2018年	2019年	合计
美　　国	37. 14	32. 31	30. 52	30. 96	26. 86	21. 69	20. 06	22. 09	13. 90	11. 94	22. 71
中国大陆	7. 38	9. 23	10. 47	9. 58	16. 89	16. 64	18. 54	24. 69	28. 48	33. 26	19. 70
英　　国	6. 19	4. 10	7. 85	7. 35	4. 05	6. 24	7. 14	5. 67	4. 86	5. 68	5. 83
加 拿 大	4. 52	4. 36	3. 20	4. 68	6. 25	5. 35	6. 38	3. 22	3. 91	3. 59	4. 57
澳大利亚	2. 38	2. 82	1. 45	3. 79	3. 04	3. 12	4. 10	5. 37	3. 10	4. 63	3. 58
德　　国	6. 43	5. 13	3. 78	3. 56	3. 55	4. 31	3. 34	2. 15	1. 75	1. 62	3. 27
新 加 坡	1. 43	2. 56	2. 62	2. 00	4. 05	2. 67	4. 26	2. 30	1. 75	1. 85	2. 56
韩　　国	2. 62	2. 56	3. 49	2. 23	1. 86	2. 38	2. 28	2. 15	3. 64	2. 32	2. 53
印　　度	0. 95	1. 79	2. 03	1. 34	1. 18	2. 08	2. 43	2. 45	3. 78	3. 82	2. 39
中国香港	2. 62	2. 56	3. 20	2. 00	2. 87	1. 93	2. 28	2. 91	1. 89	1. 16	2. 23
法　　国	3. 10	2. 31	2. 03	3. 12	2. 87	2. 97	2. 43	1. 53	1. 35	1. 16	2. 18
意 大 利	1. 90	2. 31	3. 78	1. 78	2. 53	1. 93	1. 98	2. 15	2. 02	2. 09	2. 18
西 班 牙	1. 67	2. 56	3. 78	3. 34	3. 04	1. 78	1. 52	1. 07	2. 16	1. 16	2. 04
中国台湾	1. 19	1. 79	0. 87	1. 56	1. 86	1. 93	1. 37	1. 53	1. 35	1. 27	1. 49
日　　本	1. 19	0. 51	0. 29	1. 56	1. 35	0. 89	2. 13	1. 53	2. 29	1. 85	1. 49
沙特阿拉伯	0. 00	0. 77	0. 29	1. 11	0. 84	1. 19	1. 52	2. 30	2. 16	1. 97	1. 38
瑞　　士	3. 10	3. 33	2. 03	2. 23	1. 35	1. 78	1. 37	0. 77	0. 27	0. 12	1. 38
瑞　　典	1. 19	0. 77	0. 58	1. 11	0. 68	1. 78	1. 67	2. 45	1. 35	1. 04	1. 33
芬　　兰	0. 71	0. 51	1. 45	1. 78	0. 17	1. 93	1. 06	1. 23	1. 21	0. 70	1. 07
荷　　兰	3. 10	2. 31	2. 03	0. 89	1. 35	1. 04	0. 76	0. 61	0. 27	0. 12	1. 04

表 7 – 18　信息系统 C 层人才排名前 20 的国家和地区的占比

单位：%

国家和地区	2010年	2011年	2012年	2013年	2014年	2015年	2016年	2017年	2018年	2019年	合计
美　　国	28. 11	28. 21	26. 99	23. 82	23. 50	21. 61	19. 83	18. 66	15. 32	11. 76	20. 52
中国大陆	8. 34	8. 20	10. 60	12. 59	13. 07	14. 27	18. 94	22. 41	28. 12	29. 18	18. 24
英　　国	5. 22	5. 91	5. 24	5. 67	5. 18	5. 50	5. 43	5. 24	5. 42	4. 82	5. 33
加 拿 大	4. 29	4. 60	5. 03	4. 21	4. 13	3. 79	4. 03	3. 83	3. 61	2. 87	3. 91
德　　国	5. 30	5. 88	4. 47	4. 08	4. 29	4. 71	3. 50	2. 75	2. 48	1. 77	3. 67
澳大利亚	3. 26	2. 89	2. 91	2. 89	3. 59	3. 88	3. 78	3. 53	3. 99	3. 17	3. 46
意 大 利	3. 86	3. 20	3. 03	3. 62	3. 38	3. 29	3. 28	3. 36	1. 94	2. 43	3. 06

续表

国家和地区	2010年	2011年	2012年	2013年	2014年	2015年	2016年	2017年	2018年	2019年	合计
印　　度	1.22	1.29	2.00	1.64	2.22	3.44	3.14	3.44	3.68	4.15	2.87
韩　　国	2.04	2.08	2.74	2.28	2.27	2.13	2.49	2.69	2.80	3.58	2.58
西 班 牙	3.57	2.94	3.18	3.48	2.74	2.90	2.41	2.13	1.60	1.96	2.56
法　　国	3.12	3.47	2.77	2.76	3.04	3.00	2.21	1.96	2.00	1.44	2.46
中国香港	2.37	2.86	2.94	2.80	2.46	2.50	2.41	2.18	1.73	1.48	2.27
中国台湾	3.00	3.34	3.27	2.85	2.42	2.07	1.59	1.42	1.44	1.54	2.11
新 加 坡	1.73	1.92	2.50	2.19	2.34	2.47	2.61	2.02	1.88	1.58	2.11
日　　本	1.41	1.97	1.68	1.62	1.57	1.88	1.52	1.60	1.46	1.37	1.59
荷　　兰	3.07	2.44	1.94	2.21	1.80	1.75	1.34	1.00	0.87	0.56	1.54
瑞　　士	2.18	1.81	1.38	1.89	1.78	1.34	1.14	1.37	0.88	0.65	1.35
沙特阿拉伯	0.34	0.39	0.53	0.89	0.87	1.00	1.29	1.49	1.70	2.39	1.23
瑞　　典	0.84	1.23	0.97	0.93	1.06	1.13	1.40	1.10	0.84	0.82	1.03
希　　腊	1.70	1.55	1.24	1.14	1.05	0.88	0.89	0.81	0.60	0.70	0.98

七　控制论

控制论 A、B、C 层人才最多的是中国大陆，分别占该学科全球 A、B、C 层人才的 43.55%、38.28%、23.49%。

澳大利亚、英国、新加坡、美国、加拿大、中国香港、中国澳门、荷兰、卡塔尔的 A 层人才比较多，世界占比在 15%～3% 之间；法国、克罗地亚、丹麦也有相当数量的 A 层人才，世界占比均为 1.61%。

英国、美国、澳大利亚、中国香港、加拿大、新加坡的 B 层人才比较多，世界占比在 10%～3% 之间；德国、中国澳门、意大利、韩国、瑞士、西班牙、法国、荷兰、沙特阿拉伯、日本、卡塔尔、印度、中国台湾也有相当数量的 B 层人才，大部分世界占比超过 1%。

美国、英国、澳大利亚、德国、加拿大、中国香港的 C 层人才比较多，世界占比在 19%～3% 之间；意大利、新加坡、韩国、西班牙、法国、荷兰、中国台湾、日本、印度、沙特阿拉伯、中国澳门、瑞士、丹麦也有相当数量的 C 层人才，世界占比超过或接近 1%。

表 7－19 控制论 A 层人才的国家和地区的占比

单位：%

国家和地区	2010年	2011年	2012年	2013年	2014年	2015年	2016年	2017年	2018年	2019年	合计
中国大陆	0.00	50.00	50.00	20.00	40.00	40.00	57.14	44.44	36.36	63.64	43.55
澳大利亚	33.33	0.00	0.00	0.00	0.00	0.00	0.00	33.33	27.27	18.18	14.52
英　国	0.00	0.00	0.00	40.00	0.00	20.00	0.00	11.11	9.09	9.09	9.68
新加坡	0.00	0.00	50.00	20.00	0.00	0.00	14.29	0.00	9.09	0.00	6.45
美　国	66.67	0.00	0.00	0.00	20.00	0.00	0.00	0.00	0.00	0.00	4.84
加拿大	0.00	0.00	0.00	0.00	0.00	20.00	0.00	11.11	0.00	0.00	3.23
中国香港	0.00	0.00	0.00	0.00	0.00	0.00	14.29	0.00	9.09	0.00	3.23
中国澳门	0.00	0.00	0.00	0.00	20.00	0.00	14.29	0.00	0.00	0.00	3.23
荷　兰	0.00	25.00	0.00	20.00	0.00	0.00	0.00	0.00	0.00	0.00	3.23
卡塔尔	0.00	0.00	0.00	0.00	0.00	0.00	0.00	0.00	9.09	9.09	3.23
法　国	0.00	25.00	0.00	0.00	0.00	0.00	0.00	0.00	0.00	0.00	1.61
克罗地亚	0.00	0.00	0.00	0.00	0.00	20.00	0.00	0.00	0.00	0.00	1.61
丹　麦	0.00	0.00	0.00	0.00	20.00	0.00	0.00	0.00	0.00	0.00	1.61

表 7－20 控制论 B 层人才排名前 20 的国家和地区的占比

单位：%

国家和地区	2010年	2011年	2012年	2013年	2014年	2015年	2016年	2017年	2018年	2019年	合计
中国大陆	24.39	25.00	13.33	32.08	34.78	40.82	40.26	44.58	44.44	50.47	38.28
英　国	4.88	18.18	24.44	7.55	15.22	6.12	7.79	8.43	5.56	4.67	9.04
美　国	14.63	25.00	6.67	15.09	6.52	12.24	6.49	4.82	6.48	4.67	8.88
澳大利亚	0.00	4.55	2.22	5.66	10.87	8.16	10.39	12.05	8.33	7.48	7.66
中国香港	7.32	2.27	4.44	3.77	6.52	10.20	3.90	4.82	4.63	4.67	5.05
加拿大	2.44	6.82	4.44	5.66	0.00	2.04	3.90	3.61	6.48	0.93	3.68
新加坡	4.88	0.00	2.22	1.89	6.52	2.04	3.90	6.02	3.70	1.87	3.37
德　国	7.32	0.00	4.44	3.77	2.17	0.00	3.90	2.41	0.93	1.87	2.45
中国澳门	0.00	2.27	0.00	0.00	2.17	0.00	3.90	3.61	3.70	2.80	2.30
意大利	0.00	2.27	0.00	3.77	0.00	4.08	0.00	2.41	2.78	2.80	1.99
韩　国	2.44	0.00	2.22	5.66	0.00	2.04	0.00	1.20	2.78	1.87	1.84
瑞　士	0.00	2.27	6.67	5.66	2.17	0.00	2.60	0.00	0.00	0.00	1.53
西班牙	7.32	0.00	4.44	0.00	4.35	2.04	0.00	1.20	0.93	0.00	1.53
法　国	4.88	2.27	2.22	0.00	0.00	4.08	1.30	1.20	0.93	0.93	1.53
荷　兰	2.44	0.00	13.33	0.00	0.00	0.00	2.60	0.00	0.00	0.00	1.38
沙特阿拉伯	0.00	0.00	0.00	0.00	0.00	2.04	3.90	1.20	1.85	0.00	1.07

续表

国家和地区	2010年	2011年	2012年	2013年	2014年	2015年	2016年	2017年	2018年	2019年	合计
日　　本	0.00	0.00	2.22	0.00	0.00	0.00	0.00	0.00	0.00	3.74	0.77
卡 塔 尔	0.00	0.00	0.00	0.00	0.00	2.04	1.30	0.00	0.00	1.87	0.61
印　　度	0.00	2.27	2.22	0.00	0.00	2.04	0.00	0.00	0.93	0.00	0.61
中国台湾	0.00	2.27	0.00	0.00	0.00	0.00	0.00	1.20	0.00	1.87	0.61

表 7-21　控制论 C 层人才排名前 20 的国家和地区的占比

单位：%

国家和地区	2010年	2011年	2012年	2013年	2014年	2015年	2016年	2017年	2018年	2019年	合计
中国大陆	12.72	12.27	14.08	14.97	21.35	23.03	22.83	32.57	23.76	35.61	23.49
美　　国	25.45	22.45	21.60	17.27	16.78	22.24	19.76	16.47	17.40	11.62	18.16
英　　国	10.94	9.03	7.51	7.49	6.97	6.89	7.34	6.49	6.45	6.93	7.32
澳大利亚	0.76	4.40	2.82	4.61	5.66	4.92	3.74	5.53	4.30	5.65	4.46
德　　国	4.07	5.09	3.76	5.76	3.27	3.35	4.41	4.09	4.77	2.13	4.01
加 拿 大	4.07	3.01	4.46	2.88	4.58	3.94	3.87	3.49	4.40	3.20	3.78
中国香港	2.54	2.55	2.82	2.11	3.05	3.15	3.20	4.69	2.71	3.52	3.15
意 大 利	3.56	3.24	3.52	3.45	3.27	1.97	2.67	2.40	2.99	2.35	2.84
新 加 坡	2.80	3.47	2.35	2.30	2.18	2.95	2.67	4.45	1.78	1.71	2.61
韩　　国	3.05	1.39	1.88	2.50	2.61	1.97	1.60	0.60	2.25	3.09	2.07
西 班 牙	3.56	3.47	2.82	2.50	2.61	1.77	2.00	1.08	1.87	1.17	2.05
法　　国	1.53	2.31	1.88	3.07	2.83	3.54	2.00	1.20	2.15	0.64	1.98
荷　　兰	2.80	2.31	3.52	2.69	2.40	1.38	1.87	0.84	1.50	1.17	1.83
中国台湾	2.54	3.70	3.52	2.30	2.83	1.57	1.47	0.60	0.47	1.28	1.69
日　　本	2.29	4.40	1.88	2.69	1.53	1.18	2.54	0.60	1.12	0.85	1.69
印　　度	1.27	1.16	1.88	1.73	1.31	0.98	1.07	0.60	2.81	1.49	1.50
沙特阿拉伯	0.00	0.23	1.41	0.77	1.31	1.38	2.14	1.68	1.50	1.81	1.38
中国澳门	0.00	0.23	0.23	0.38	1.09	1.18	1.47	1.92	1.78	1.92	1.25
瑞　　士	1.02	1.85	2.82	4.61	0.44	0.20	0.93	0.24	1.03	0.43	1.19
丹　　麦	1.27	1.62	0.00	0.77	1.09	1.57	1.07	0.84	1.22	0.11	0.92

八　计算机跨学科应用

计算机跨学科应用 A、B、C 层人才最多的国家是美国，分别占该学科全球 A、B、C 层人才的 27.45%、21.00%、19.81%。

中国大陆、英国、德国、澳大利亚、加拿大、瑞士、法国的 A 层人才比较多，世界占比在10%~3%之间；荷兰、西班牙、意大利、瑞典、比利时、丹麦、挪威、沙特阿拉伯、南非、中国香港、伊朗、俄罗斯也有相当数量的A层人才，世界占比超过或接近1%。

中国大陆、英国、德国、澳大利亚、西班牙、加拿大、法国的B层人才比较多，世界占比在14%~3%之间；荷兰、印度、伊朗、意大利、瑞士、中国香港、新加坡、韩国、土耳其、马来西亚、瑞典、日本也有相当数量的B层人才，世界占比超过1%。

中国大陆、英国、德国、西班牙、印度、澳大利亚、加拿大、意大利、法国、伊朗的C层人才比较多，世界占比在14%~3%之间；荷兰、中国台湾、韩国、中国香港、土耳其、瑞士、新加坡、日本、比利时也有相当数量的C层人才，世界占比超过1%。

表7-22 计算机跨学科应用A层人才排名前20的国家和地区的占比

单位：%

国家和地区	2010年	2011年	2012年	2013年	2014年	2015年	2016年	2017年	2018年	2019年	合计
美国	41.38	33.33	32.35	35.29	25.64	27.45	19.23	22.92	22.92	25.49	27.45
中国大陆	6.90	3.03	5.88	2.94	5.13	5.88	5.77	12.50	12.50	23.53	9.07
英国	10.34	12.12	5.88	5.88	12.82	7.84	9.62	8.33	10.42	1.96	8.35
德国	0.00	6.06	8.82	5.88	10.26	9.80	9.62	4.17	8.33	1.96	6.68
澳大利亚	6.90	3.03	5.88	5.88	12.82	5.88	3.85	8.33	2.08	3.92	5.73
加拿大	6.90	0.00	2.94	0.00	5.13	5.88	3.85	12.50	4.17	1.96	4.53
瑞士	0.00	0.00	11.76	0.00	2.56	9.80	3.85	4.17	4.17	1.96	4.06
法国	3.45	6.06	0.00	5.88	7.69	3.92	1.92	2.08	2.08	1.96	3.34
荷兰	10.34	6.06	2.94	2.94	0.00	0.00	5.77	4.17	0.00	0.00	2.86
西班牙	3.45	3.03	2.94	0.00	0.00	0.00	7.69	2.08	2.08	0.00	2.15
意大利	3.45	6.06	0.00	2.94	2.56	0.00	1.92	2.08	2.08	0.00	1.91
瑞典	0.00	0.00	0.00	2.94	2.56	1.96	3.85	0.00	2.08	0.00	1.43
比利时	3.45	0.00	2.94	0.00	0.00	0.00	1.92	0.00	4.17	1.96	1.43
丹麦	0.00	0.00	0.00	2.94	0.00	3.92	1.92	4.17	0.00	0.00	1.43
挪威	0.00	0.00	0.00	0.00	0.00	1.96	0.00	4.17	2.08	1.96	1.19
沙特阿拉伯	0.00	0.00	0.00	0.00	0.00	0.00	1.92	2.08	0.00	5.88	1.19
南非	3.45	6.06	0.00	0.00	2.56	0.00	0.00	2.08	0.00	0.00	1.19
中国香港	0.00	0.00	2.94	2.94	0.00	1.96	0.00	0.00	2.08	1.96	1.19
伊朗	0.00	0.00	0.00	2.94	2.56	0.00	1.92	0.00	0.00	1.96	0.95
俄罗斯	0.00	0.00	5.88	2.94	0.00	0.00	0.00	0.00	2.08	0.00	0.95

表 7－23 计算机跨学科应用 B 层人才排名前 20 的国家和地区的占比

单位：%

国家和地区	2010年	2011年	2012年	2013年	2014年	2015年	2016年	2017年	2018年	2019年	合计
美　　国	29.17	26.53	28.13	22.83	23.59	19.11	20.68	19.13	15.88	13.60	21.00
中国大陆	5.68	5.10	9.38	6.75	12.33	10.40	10.87	18.91	22.75	25.73	13.80
英　　国	7.58	8.16	8.44	8.04	7.51	9.34	7.04	5.22	6.40	5.23	7.17
德　　国	6.06	6.46	7.50	4.50	5.63	6.58	5.12	3.70	2.13	3.35	4.95
澳大利亚	1.89	1.36	3.44	3.86	4.56	2.97	3.62	5.00	4.98	5.44	3.88
西 班 牙	4.55	5.10	1.88	4.50	3.49	3.18	3.62	3.26	2.37	1.67	3.24
加 拿 大	6.44	3.40	1.88	4.18	2.14	1.49	4.90	2.17	3.08	3.56	3.21
法　　国	4.55	5.10	4.69	3.54	4.83	3.82	2.13	2.61	1.66	0.63	3.13
荷　　兰	3.79	3.40	3.13	1.93	2.95	2.55	4.48	2.17	1.90	1.67	2.74
印　　度	1.14	2.38	1.25	2.89	2.68	1.70	2.77	1.96	3.08	3.97	2.46
伊　　朗	1.52	1.70	1.56	2.25	1.61	2.12	2.56	3.70	1.42	2.51	2.18
意 大 利	1.89	2.04	2.50	2.89	1.88	2.97	1.49	1.74	1.90	1.46	2.05
瑞　　士	1.89	3.40	1.56	2.25	2.14	1.49	1.71	1.30	1.42	1.05	1.73
中国香港	1.89	1.36	0.94	0.96	1.07	2.12	1.28	2.61	2.37	1.88	1.71
新 加 坡	1.89	2.04	1.56	1.61	0.54	1.27	1.07	2.83	2.84	1.26	1.68
韩　　国	1.14	1.02	1.88	1.61	0.80	1.49	0.64	1.74	3.32	2.09	1.61
土 耳 其	0.76	2.38	1.25	3.22	1.07	2.34	0.85	0.43	1.90	1.67	1.55
马来西亚	0.00	1.02	2.19	1.29	0.80	2.12	1.71	2.17	1.90	1.26	1.53
瑞　　典	1.14	0.34	0.63	2.57	1.88	1.06	0.43	2.39	1.18	1.05	1.27
日　　本	1.89	0.34	1.25	0.64	0.54	1.49	1.28	0.43	2.13	1.67	1.19

表 7－24 计算机跨学科应用 C 层人才排名前 20 的国家和地区的占比

单位：%

国家和地区	2010年	2011年	2012年	2013年	2014年	2015年	2016年	2017年	2018年	2019年	合计
美　　国	25.97	22.48	23.14	21.46	21.58	19.42	19.02	18.25	16.95	14.84	19.81
中国大陆	7.77	8.87	10.23	11.35	11.25	12.97	13.72	16.68	19.45	20.02	13.83
英　　国	6.80	6.12	6.41	6.04	6.37	6.47	5.91	5.77	5.28	5.47	6.02
德　　国	4.95	5.40	5.10	4.96	4.77	4.90	4.49	4.54	2.95	3.44	4.48
西 班 牙	4.13	4.33	3.76	4.61	3.85	3.50	2.93	2.84	2.92	2.84	3.47
印　　度	1.82	2.61	2.58	2.45	2.83	2.84	3.65	4.13	4.51	5.25	3.41
澳大利亚	2.36	2.89	3.09	3.46	3.02	4.05	3.26	3.66	4.01	3.37	3.39
加 拿 大	3.71	3.82	3.47	2.99	3.71	3.48	3.15	2.93	3.15	3.05	3.31
意 大 利	3.48	3.30	3.54	3.24	3.77	3.32	3.33	3.21	2.75	3.07	3.28

续表

国家和地区	2010年	2011年	2012年	2013年	2014年	2015年	2016年	2017年	2018年	2019年	合计
法　国	5. 33	3. 78	4. 14	3. 85	3. 46	3. 37	2. 93	2. 37	2. 58	2. 22	3. 25
伊　朗	2. 43	2. 48	2. 77	3. 50	2. 55	2. 76	2. 93	3. 62	3. 47	3. 85	3. 09
荷　兰	2. 47	2. 72	2. 52	2. 96	2. 44	2. 14	2. 43	1. 81	1. 46	1. 74	2. 21
中国台湾	3. 79	3. 68	2. 64	2. 45	2. 47	1. 99	1. 62	1. 66	1. 49	1. 08	2. 14
韩　国	1. 74	1. 41	2. 07	1. 40	1. 55	1. 66	1. 99	1. 87	1. 83	1. 97	1. 77
中国香港	1. 43	1. 48	1. 91	1. 21	1. 16	1. 73	1. 42	1. 51	2. 08	1. 65	1. 57
土耳其	1. 28	2. 17	1. 47	1. 75	1. 52	1. 68	1. 51	1. 38	1. 36	1. 51	1. 55
瑞　士	1. 58	1. 65	1. 63	1. 65	1. 72	1. 62	1. 47	1. 44	1. 26	1. 49	1. 54
新加坡	1. 12	1. 13	1. 31	1. 14	1. 05	1. 51	1. 27	1. 55	1. 81	1. 37	1. 35
日　本	1. 16	1. 44	1. 31	1. 02	1. 19	1. 05	1. 31	1. 61	1. 02	1. 40	1. 26
比利时	2. 05	1. 58	1. 31	1. 62	1. 25	1. 22	0. 94	0. 97	0. 87	0. 78	1. 19

九　自动化和控制系统

自动化和控制系统 A、B、C 层人才最多的是中国大陆，分别占该学科全球 A、B、C 层人才的 31. 27%、32. 54%、26. 51%。

美国、澳大利亚、英国、德国、加拿大的 A 层人才比较多，世界占比在 13%～3%之间；西班牙、新加坡、法国、中国香港、意大利、土耳其、卡塔尔、印度、瑞士、荷兰、智利、韩国、瑞典、挪威也有相当数量的 A 层人才，世界占比超过 1%。

美国、英国、澳大利亚、中国香港、加拿大、新加坡的 B 层人才比较多，世界占比在 15%～3%之间；意大利、德国、法国、韩国、西班牙、沙特阿拉伯、瑞典、伊朗、印度、丹麦、中国澳门、瑞士、日本也有相当数量的 B 层人才，世界占比超过或接近 1%。

美国、英国、法国、加拿大、意大利、澳大利亚的 C 层人才比较多，世界占比在 14%～3%之间；德国、印度、韩国、中国香港、伊朗、新加坡、西班牙、日本、瑞士、中国台湾、荷兰、瑞典、沙特阿拉伯也有相当数量的 C 层人才，世界占比超过或接近 1%。

表 7－25　自动化和控制系统 A 层人才排名前 20 的国家和地区的占比

单位：%

国家和地区	2010年	2011年	2012年	2013年	2014年	2015年	2016年	2017年	2018年	2019年	合计
中国大陆	11.54	4.00	16.13	15.79	29.73	27.27	32.61	49.02	44.68	52.38	31.27
美　国	19.23	28.00	19.35	13.16	21.62	18.18	6.52	1.96	4.26	4.76	12.14
澳大利亚	0.00	0.00	9.68	7.89	8.11	9.09	8.70	13.73	14.89	14.29	9.56
英　国	0.00	8.00	9.68	7.89	5.41	4.55	8.70	7.84	4.26	9.52	6.72
德　国	3.85	8.00	9.68	5.26	5.41	4.55	8.70	0.00	0.00	0.00	4.13
加拿大	11.54	0.00	6.45	0.00	2.70	0.00	4.35	7.84	4.26	2.38	3.88
西班牙	7.69	4.00	0.00	0.00	2.70	2.27	4.35	5.88	2.13	0.00	2.84
新加坡	0.00	0.00	3.23	5.26	0.00	2.27	2.17	1.96	4.26	2.38	2.33
法　国	3.85	4.00	3.23	2.63	0.00	4.55	0.00	1.96	2.13	2.38	2.33
中国香港	3.85	4.00	0.00	2.63	2.70	0.00	4.35	3.92	0.00	0.00	2.07
意大利	0.00	4.00	0.00	5.26	0.00	2.27	2.17	0.00	2.13	4.76	2.07
土耳其	0.00	8.00	0.00	5.26	0.00	4.55	2.17	0.00	0.00	0.00	1.81
卡塔尔	0.00	0.00	0.00	2.63	0.00	2.27	2.17	0.00	2.13	4.76	1.55
印　度	7.69	0.00	0.00	2.63	0.00	2.27	2.17	0.00	0.00	0.00	1.29
瑞　士	3.85	4.00	0.00	0.00	5.41	2.27	0.00	0.00	0.00	0.00	1.29
荷　兰	3.85	0.00	3.23	5.26	2.70	0.00	0.00	0.00	0.00	0.00	1.29
智　利	11.54	0.00	0.00	2.63	0.00	0.00	0.00	1.96	0.00	0.00	1.29
韩　国	0.00	4.00	0.00	0.00	2.70	4.55	2.17	0.00	0.00	0.00	1.29
瑞　典	0.00	0.00	6.45	2.63	0.00	2.27	0.00	0.00	2.13	0.00	1.29
挪　威	0.00	0.00	3.23	0.00	2.70	0.00	0.00	1.96	2.13	0.00	1.03

表 7－26　自动化和控制系统 B 层人才排名前 20 的国家和地区的占比

单位：%

国家和地区	2010年	2011年	2012年	2013年	2014年	2015年	2016年	2017年	2018年	2019年	合计
中国大陆	19.28	19.57	16.96	25.36	26.14	31.50	35.18	40.82	42.96	49.48	32.54
美　国	25.70	19.13	24.03	13.41	19.03	10.75	12.53	9.94	11.03	6.02	14.11
英　国	4.42	3.48	10.25	6.41	6.25	4.75	7.23	5.83	4.46	6.54	5.98
澳大利亚	4.82	4.78	4.24	5.83	5.68	8.00	4.82	7.78	5.87	5.76	5.93
中国香港	5.22	2.17	4.59	3.21	3.41	4.25	3.86	5.83	4.46	3.93	4.18
加拿大	2.81	3.48	3.53	2.92	2.56	2.50	3.86	2.81	3.76	2.36	3.05
新加坡	1.61	3.91	1.77	2.62	3.41	2.75	3.61	5.40	2.11	2.36	3.05
意大利	4.42	3.91	4.24	2.33	3.69	3.00	2.41	2.16	1.64	2.88	2.91
德　国	5.22	2.61	3.53	4.08	2.56	3.50	3.13	1.30	1.17	1.31	2.68

续表

国家和地区	2010年	2011年	2012年	2013年	2014年	2015年	2016年	2017年	2018年	2019年	合计
法国	3.21	5.65	2.83	4.08	1.99	3.25	2.41	1.73	1.64	0.52	2.54
韩国	0.80	2.61	1.06	2.04	1.70	3.25	1.20	2.38	1.41	1.83	1.86
西班牙	2.41	3.91	1.77	2.92	1.70	3.00	1.20	0.65	0.94	0.79	1.78
沙特阿拉伯	0.00	0.00	0.00	1.17	0.85	1.75	2.17	1.51	2.58	1.83	1.35
瑞典	1.20	0.87	1.06	1.75	1.99	1.75	0.72	0.86	1.17	0.79	1.21
伊朗	0.40	0.43	0.35	1.17	3.13	1.25	1.20	0.65	1.41	0.52	1.10
印度	1.61	0.87	0.71	1.46	1.14	1.00	1.45	0.43	0.94	1.57	1.10
丹麦	0.80	2.61	1.06	2.33	1.42	0.50	0.24	1.08	0.47	0.26	0.99
中国澳门	0.00	0.00	0.00	0.00	0.85	0.50	0.96	1.73	2.35	2.09	0.99
瑞士	1.61	1.74	3.18	1.46	0.85	1.50	0.96	0.00	0.00	0.00	0.99
日本	1.20	0.87	1.06	1.75	0.00	1.00	0.96	0.43	0.47	2.09	0.96

表 7-27 自动化和控制系统 C 层人才排名前 20 的国家和地区的占比

单位：%

国家和地区	2010年	2011年	2012年	2013年	2014年	2015年	2016年	2017年	2018年	2019年	合计
中国大陆	16.17	17.36	18.68	19.99	22.86	25.29	28.75	32.67	33.35	37.74	26.51
美国	19.10	16.75	16.92	15.66	14.14	14.66	12.44	11.79	11.28	10.34	13.83
英国	5.20	5.69	5.31	4.75	4.42	4.14	5.13	4.18	4.89	5.35	4.84
法国	5.07	5.64	4.70	5.08	3.82	4.06	3.65	2.70	2.50	1.99	3.73
加拿大	3.84	3.83	3.98	3.76	3.50	3.66	3.50	3.41	3.60	3.45	3.62
意大利	3.92	4.94	5.02	4.30	3.56	3.91	2.99	3.09	3.21	2.36	3.61
澳大利亚	3.09	4.32	3.51	3.29	3.64	3.15	3.33	3.95	3.60	3.71	3.55
德国	4.50	3.04	4.12	3.73	3.27	2.83	3.18	2.39	2.30	1.62	2.99
印度	2.39	2.86	2.65	3.14	2.44	3.48	2.67	3.13	3.24	3.07	2.95
韩国	2.60	2.25	2.80	2.39	2.75	2.73	2.76	2.39	3.14	2.31	2.63
中国香港	2.19	2.25	2.04	2.18	2.27	2.32	2.84	2.75	2.69	3.02	2.50
伊朗	1.98	1.76	1.76	2.30	2.18	2.62	2.37	2.48	2.81	2.25	2.31
新加坡	1.98	2.29	1.90	2.06	2.35	2.40	2.37	2.50	2.38	2.17	2.27
西班牙	2.72	3.70	3.30	3.23	2.47	2.27	1.60	1.32	1.56	1.06	2.17
日本	2.23	2.07	1.86	1.34	1.84	1.36	1.36	0.91	0.91	0.77	1.38
瑞士	2.06	1.45	1.47	1.55	1.86	1.36	1.46	0.86	0.74	0.48	1.27
中国台湾	2.23	2.38	2.26	1.67	1.64	1.03	0.72	0.77	0.60	0.66	1.26
荷兰	2.10	1.37	1.54	1.49	1.66	0.81	1.23	1.07	1.06	0.72	1.25
瑞典	1.32	1.01	1.43	1.40	1.89	1.31	1.11	1.41	0.65	0.90	1.23
沙特阿拉伯	0.33	0.26	0.25	0.48	0.83	1.31	1.16	1.04	1.20	1.56	0.92

十　机器人学

机器人学A、B、C层人才最多的国家是美国，分别占该学科全球A、B、C层人才的42.06%、29.67%、23.71%。

德国、瑞士、英国、意大利、西班牙、中国大陆、比利时的A层人才比较多，世界占比在12%~3%之间；澳大利亚、中国香港、瑞典、以色列、新西兰、加拿大、哥伦比亚、法国、日本、荷兰、韩国、中国台湾也有相当数量的A层人才，世界占比超过或接近1%。

德国、瑞士、中国大陆、意大利、英国、西班牙、法国的B层人才比较多，世界占比在8%~3%之间；加拿大、韩国、澳大利亚、日本、新加坡、中国香港、荷兰、瑞典、比利时、印度、希腊、马来西亚也有相当数量的B层人才，大部分世界占比超过1%。

中国大陆、德国、意大利、英国、法国、日本、瑞士、加拿大、西班牙的C层人才比较多，世界占比在9%~3%；澳大利亚、韩国、新加坡、荷兰、中国香港、葡萄牙、瑞典、印度、比利时、伊朗也有相当数量的C层人才，世界占比超过1%。

表7-28　机器人学A层人才排名前20的国家和地区的占比

单位：%

国家和地区	2010年	2011年	2012年	2013年	2014年	2015年	2016年	2017年	2018年	2019年	合计
美　国	77.78	66.67	40.00	20.00	40.00	45.00	25.00	37.50	28.57	60.00	42.06
德　国	0.00	16.67	20.00	30.00	20.00	5.00	12.50	6.25	7.14	6.67	11.11
瑞　士	11.11	16.67	0.00	0.00	10.00	15.00	12.50	12.50	7.14	6.67	9.52
英　国	0.00	0.00	0.00	10.00	0.00	5.00	6.25	12.50	14.29	0.00	5.56
意大利	11.11	0.00	10.00	10.00	0.00	0.00	6.25	6.25	0.00	6.67	4.76
西班牙	0.00	0.00	10.00	0.00	10.00	5.00	6.25	12.50	0.00	0.00	4.76
中国大陆	0.00	0.00	0.00	0.00	0.00	5.00	0.00	6.25	14.29	6.67	3.97
比利时	0.00	0.00	0.00	20.00	0.00	5.00	0.00	0.00	7.14	0.00	3.17
澳大利亚	0.00	0.00	10.00	0.00	0.00	0.00	12.50	0.00	0.00	0.00	2.38
中国香港	0.00	0.00	0.00	0.00	0.00	5.00	0.00	6.25	7.14	0.00	2.38
瑞　典	0.00	0.00	0.00	0.00	10.00	0.00	6.25	0.00	0.00	0.00	1.59
以色列	0.00	0.00	0.00	0.00	0.00	5.00	6.25	0.00	0.00	0.00	1.59

续表

国家和地区	2010年	2011年	2012年	2013年	2014年	2015年	2016年	2017年	2018年	2019年	合计
新西兰	0.00	0.00	10.00	0.00	0.00	0.00	0.00	0.00	0.00	6.67	1.59
加拿大	0.00	0.00	0.00	0.00	0.00	0.00	0.00	0.00	0.00	6.67	0.79
哥伦比亚	0.00	0.00	0.00	0.00	0.00	0.00	6.25	0.00	0.00	0.00	0.79
法国	0.00	0.00	0.00	0.00	0.00	5.00	0.00	0.00	0.00	0.00	0.79
日本	0.00	0.00	0.00	0.00	0.00	0.00	0.00	0.00	7.14	0.00	0.79
荷兰	0.00	0.00	0.00	10.00	0.00	0.00	0.00	0.00	0.00	0.00	0.79
韩国	0.00	0.00	0.00	0.00	10.00	0.00	0.00	0.00	0.00	0.00	0.79
中国台湾	0.00	0.00	0.00	0.00	0.00	0.00	0.00	0.00	7.14	0.00	0.79

表7-29　机器人学B层人才排名前20的国家和地区的占比

单位：%

国家和地区	2010年	2011年	2012年	2013年	2014年	2015年	2016年	2017年	2018年	2019年	合计
美国	31.71	38.33	32.95	32.26	36.94	23.37	28.86	32.19	29.32	21.90	29.67
德国	7.32	11.67	9.09	11.83	7.21	9.78	8.72	5.48	6.02	3.65	7.78
瑞士	8.54	6.67	6.82	11.83	8.11	7.07	9.40	6.85	6.02	6.57	7.69
中国大陆	8.54	1.67	2.27	4.30	1.80	7.07	4.70	10.27	9.77	15.33	7.19
意大利	3.66	5.00	6.82	4.30	7.21	8.70	8.05	4.11	4.51	5.84	6.09
英国	3.66	8.33	3.41	3.23	5.41	5.43	4.70	6.16	8.27	8.03	5.75
西班牙	4.88	6.67	2.27	4.30	3.60	2.72	4.03	0.00	3.01	4.38	3.30
法国	2.44	1.67	5.68	4.30	2.70	4.35	2.68	0.68	4.51	2.19	3.13
加拿大	2.44	1.67	1.14	3.23	4.50	2.17	4.70	1.37	3.01	3.65	2.87
韩国	1.22	0.00	4.55	3.23	1.80	2.17	1.34	4.79	3.76	3.65	2.79
澳大利亚	3.66	3.33	9.09	1.08	2.70	2.72	1.34	1.37	2.26	2.19	2.70
日本	8.54	1.67	3.41	2.15	0.90	1.63	1.34	2.05	3.76	3.65	2.70
新加坡	1.22	3.33	0.00	1.08	0.00	3.26	1.34	4.79	1.50	2.19	2.03
中国香港	1.22	1.67	0.00	1.08	0.90	0.54	2.01	4.11	5.26	1.46	1.94
荷兰	2.44	3.33	3.41	1.08	1.80	1.09	1.34	2.05	1.50	0.00	1.61
瑞典	0.00	0.00	2.27	1.08	0.90	1.09	0.67	2.05	0.75	1.46	1.10
比利时	2.44	0.00	2.27	0.00	0.90	2.17	0.67	0.68	0.75	0.00	1.01
印度	1.22	0.00	0.00	0.00	0.00	0.54	2.01	0.00	1.50	2.19	0.85
希腊	1.22	0.00	1.14	1.08	0.90	1.63	1.34	0.00	0.00	0.73	0.85
马来西亚	1.22	0.00	1.14	0.00	0.00	0.54	1.34	0.68	0.75	0.73	0.68

表 7－30　机器人学 C 层人才排名前 20 的国家和地区的占比

单位：%

国家和地区	2010年	2011年	2012年	2013年	2014年	2015年	2016年	2017年	2018年	2019年	合计
美　国	29.87	27.20	27.69	24.06	25.83	23.50	21.48	20.84	23.33	19.62	23.71
中国大陆	5.58	6.59	6.49	5.88	6.89	7.55	7.25	9.17	10.12	13.25	8.13
德　国	9.09	8.78	10.08	8.34	7.72	8.06	9.58	8.44	6.27	5.05	8.04
意大利	4.94	5.91	6.95	6.31	5.97	6.80	7.32	7.04	7.69	6.54	6.68
英　国	4.29	4.05	4.52	4.81	5.88	5.77	5.77	7.04	7.27	7.86	5.95
法　国	4.68	3.89	5.45	5.24	4.41	3.95	4.51	3.74	4.35	3.15	4.27
日　本	5.97	5.91	4.75	3.85	2.94	4.00	3.45	4.92	2.93	3.31	4.03
瑞　士	3.77	3.38	4.06	4.71	4.50	3.66	4.08	4.62	3.34	3.73	4.00
加拿大	4.29	4.39	2.90	3.42	3.68	3.54	3.38	2.93	2.51	2.90	3.32
西班牙	4.55	3.55	3.24	4.28	3.13	2.69	2.68	2.71	2.59	1.99	3.00
澳大利亚	2.86	3.55	2.78	3.10	2.48	2.80	3.66	2.27	3.34	2.15	2.87
韩　国	2.21	2.20	3.36	2.89	2.67	2.86	2.54	2.49	3.68	3.15	2.83
新加坡	1.30	1.01	0.58	0.96	2.02	1.89	2.46	1.91	2.26	2.48	1.82
荷　兰	2.34	1.35	1.97	1.93	2.67	1.14	1.48	1.61	2.09	1.74	1.78
中国香港	0.26	0.34	0.35	0.64	1.29	0.74	1.62	1.54	2.42	3.73	1.41
葡萄牙	0.52	1.52	1.51	2.57	1.29	1.09	1.20	1.25	0.59	1.32	1.25
瑞　典	2.60	0.84	1.04	1.50	1.29	0.80	1.48	1.03	0.67	1.57	1.23
印　度	1.17	0.51	0.70	0.86	0.92	1.83	1.27	1.03	1.51	1.24	1.19
比利时	0.78	2.03	1.04	0.64	1.01	1.32	0.92	1.25	1.42	0.75	1.10
伊　朗	0.91	1.18	0.46	1.60	1.19	1.09	1.20	0.81	0.92	1.16	1.06

十一　量子科学和技术

量子科学和技术 A、B、C 层人才最多的国家是美国，分别占该学科全球 A、B、C 层人才的 30.77%、16.85%、17.76%。

德国、日本的 A 层人才比较多，世界占比均为 15.38%；瑞士、巴西、法国、爱尔兰、墨西哥也有相当数量的 A 层人才，世界占比均为 7.69%。

英国、德国、意大利、法国、中国大陆、荷兰、澳大利亚、加拿大、俄罗斯、日本的 B 层人才比较多，世界占比在 9%～3% 之间；西班牙、比利时、匈牙利、波兰、瑞士、印度、韩国、土耳其、巴西也有相当数量的 B 层人才，世界占比超过 1%。

中国大陆、英国、德国、加拿大、法国、意大利、日本、西班牙的 C 层人才比较多，世界占比在 11%～3%之间；瑞士、荷兰、澳大利亚、印度、俄罗斯、中国台湾、伊朗、奥地利、瑞典、巴西、波兰也有相当数量的 C 层人才，世界占比超过 1%。

表 7-31 量子科学和技术 A 层人才的国家和地区的占比

单位：%

国家和地区	2010年	2011年	2012年	2013年	2014年	2015年	2016年	2017年	2018年	2019年	合计
美国	100.00	50.00	0.00	50.00	0.00	0.00	50.00	0.00	0.00	0.00	30.77
德国	0.00	0.00	0.00	50.00	0.00	0.00	0.00	100.00	0.00	0.00	15.38
日本	0.00	0.00	50.00	0.00	0.00	0.00	0.00	0.00	33.33	0.00	15.38
瑞士	0.00	0.00	0.00	0.00	0.00	0.00	0.00	0.00	33.33	0.00	7.69
巴西	0.00	0.00	0.00	0.00	0.00	0.00	50.00	0.00	0.00	0.00	7.69
法国	0.00	0.00	0.00	0.00	0.00	0.00	0.00	0.00	33.33	0.00	7.69
爱尔兰	0.00	50.00	0.00	0.00	0.00	0.00	0.00	0.00	0.00	0.00	7.69
墨西哥	0.00	0.00	50.00	0.00	0.00	0.00	0.00	0.00	0.00	0.00	7.69

表 7-32 量子科学和技术 B 层人才排名前 20 的国家和地区的占比

单位：%

国家和地区	2010年	2011年	2012年	2013年	2014年	2015年	2016年	2017年	2018年	2019年	合计
美国	8.00	20.00	12.50	34.78	26.92	4.55	16.67	18.75	19.05	10.42	16.85
英国	8.00	12.00	8.33	13.04	15.38	4.55	16.67	6.25	4.76	4.17	8.24
德国	8.00	8.00	8.33	13.04	0.00	4.55	0.00	9.38	14.29	4.17	7.53
意大利	8.00	8.00	8.33	8.70	7.69	9.09	0.00	3.13	4.76	2.08	5.73
法国	8.00	8.00	8.33	13.04	7.69	9.09	8.33	0.00	2.38	2.08	5.73
中国大陆	4.00	0.00	0.00	4.35	7.69	4.55	8.33	9.38	7.14	6.25	5.38
荷兰	8.00	4.00	8.33	4.35	0.00	4.55	0.00	3.13	7.14	2.08	4.30
澳大利亚	4.00	4.00	0.00	0.00	7.69	4.55	0.00	6.25	7.14	4.17	4.30
加拿大	0.00	0.00	4.17	0.00	3.85	4.55	8.33	6.25	4.76	8.33	4.30
俄罗斯	8.00	4.00	4.17	0.00	3.85	4.55	8.33	3.13	7.14	2.08	4.30
日本	4.00	8.00	8.33	4.35	0.00	0.00	8.33	6.25	0.00	4.17	3.94
西班牙	4.00	4.00	8.33	0.00	0.00	4.55	0.00	3.13	0.00	2.08	2.51
比利时	0.00	0.00	4.17	0.00	7.69	4.55	0.00	3.13	0.00	2.08	2.15
匈牙利	4.00	0.00	4.17	0.00	0.00	9.09	0.00	3.13	0.00	2.08	2.15
波兰	8.00	4.00	4.17	0.00	0.00	4.55	0.00	0.00	0.00	2.08	2.15

续表

国家和地区	2010年	2011年	2012年	2013年	2014年	2015年	2016年	2017年	2018年	2019年	合计
瑞　士	0.00	0.00	4.17	0.00	0.00	0.00	8.33	0.00	4.76	2.08	1.79
印　度	4.00	4.00	4.17	0.00	0.00	4.55	0.00	3.13	0.00	0.00	1.79
韩　国	0.00	4.00	0.00	0.00	0.00	4.55	0.00	3.13	2.38	0.00	1.43
土耳其	0.00	0.00	0.00	0.00	0.00	0.00	0.00	0.00	4.76	2.08	1.08
巴　西	0.00	0.00	0.00	0.00	0.00	4.55	8.33	3.13	0.00	0.00	1.08

表7－33　量子科学和技术C层人才排名前20的国家和地区的占比

单位：%

国家和地区	2010年	2011年	2012年	2013年	2014年	2015年	2016年	2017年	2018年	2019年	合计
美　国	23.08	21.52	15.81	18.18	17.32	18.66	18.30	16.44	15.72	15.49	17.76
中国大陆	2.56	4.64	5.56	13.64	8.23	11.62	13.07	15.07	15.18	10.80	10.54
英　国	9.40	9.28	8.55	6.20	10.39	7.75	8.82	6.85	5.15	10.56	8.27
德　国	9.40	8.86	5.98	5.37	4.76	6.34	6.86	6.51	7.32	5.63	6.65
加拿大	4.27	5.49	5.13	4.96	6.06	6.34	7.19	4.79	4.88	4.23	5.29
法　国	5.13	8.44	7.69	5.79	4.76	2.82	4.25	3.08	3.79	3.99	4.76
意大利	3.85	4.64	5.56	4.55	6.49	4.23	6.21	2.74	4.88	3.29	4.55
日　本	5.98	4.64	5.56	6.61	2.60	4.93	2.94	4.79	2.71	2.82	4.17
西班牙	2.56	4.22	3.85	6.20	3.90	2.46	2.29	3.42	1.90	2.82	3.22
瑞　士	0.43	1.27	1.71	1.24	3.03	4.23	1.96	2.74	2.71	2.82	2.31
荷　兰	3.85	2.53	2.99	1.24	2.60	1.41	0.98	2.05	3.25	1.88	2.24
澳大利亚	2.56	1.27	4.27	1.65	0.87	1.41	2.29	2.05	2.17	0.70	1.86
印　度	0.43	1.69	1.71	0.00	2.16	2.82	2.94	3.42	1.63	1.41	1.86
俄罗斯	2.14	0.00	2.56	2.48	2.16	2.11	1.96	1.71	1.90	0.94	1.75
中国台湾	1.28	0.84	1.28	3.31	2.16	1.06	1.96	1.71	1.08	1.41	1.58
伊　朗	0.85	0.84	0.85	1.24	1.30	1.06	1.63	2.40	1.08	2.58	1.47
奥地利	1.28	1.27	1.28	0.41	0.43	1.76	0.65	1.71	1.90	1.64	1.30
瑞　典	1.71	2.95	0.85	1.65	0.43	1.41	0.98	1.03	0.54	1.41	1.26
巴　西	0.00	2.11	2.56	0.41	0.87	1.41	0.98	1.37	1.36	1.17	1.23
波　兰	1.71	1.27	2.56	1.65	1.30	1.06	0.98	1.03	0.54	0.94	1.23

十二　人工智能

人工智能A、B、C层人才主要集中在美国和中国大陆，二者A、B、C层人才的世界占比合计为48.54%、43.95%、38.77%，其中美国的A层人才多于中国大陆，B、C层人才少于中国大陆；在发展趋势上，中国大陆呈现相对上升趋势，美国呈现相对下降趋势。

英国、中国香港、法国、澳大利亚、加拿大的A层人才比较多，世界占比在8%~3%之间；新加坡、德国、瑞士、荷兰、西班牙、韩国、日本、瑞典、印度、意大利、以色列、奥地利、比利时也有相当数量的A层人才，大部分世界占比超过1%。

英国、澳大利亚、中国香港、新加坡、德国的B层人才比较多，世界占比在7%~3%之间；加拿大、西班牙、法国、印度、瑞士、沙特阿拉伯、意大利、日本、韩国、伊朗、土耳其、荷兰、中国台湾也有相当数量的B层人才，世界占比超过或接近1%。

英国、澳大利亚、印度、德国、西班牙的C层人才比较多，世界占比在6%~3%之间；法国、中国香港、加拿大、新加坡、意大利、中国台湾、伊朗、韩国、土耳其、日本、瑞士、沙特阿拉伯、荷兰也有相当数量的C层人才，世界占比超过1%。

表7-34　人工智能A层人才排名前20的国家和地区的占比

单位：%

国家和地区	2010年	2011年	2012年	2013年	2014年	2015年	2016年	2017年	2018年	2019年	合计
美国	34.88	20.00	27.08	23.40	37.29	36.76	33.80	30.59	28.57	16.67	29.06
中国大陆	9.30	12.50	10.42	19.15	13.56	20.59	18.31	18.82	24.68	34.62	19.48
英国	9.30	10.00	10.42	2.13	1.69	8.82	14.08	7.06	7.79	5.13	7.63
中国香港	6.98	10.00	0.00	6.38	8.47	2.94	5.63	4.71	5.19	1.28	4.87
法国	11.63	7.50	4.17	10.64	1.69	0.00	0.00	3.53	2.60	3.85	3.90
澳大利亚	0.00	2.50	2.08	0.00	0.00	1.47	4.23	3.53	5.19	11.54	3.57
加拿大	6.98	2.50	2.08	4.26	6.78	2.94	1.41	5.88	1.30	2.56	3.57
新加坡	0.00	7.50	4.17	4.26	1.69	2.94	4.23	1.18	3.90	1.28	2.92
德国	0.00	5.00	8.33	2.13	1.69	4.41	1.41	3.53	1.30	1.28	2.76
瑞士	2.33	2.50	10.42	4.26	0.00	4.41	2.82	2.35	0.00	0.00	2.60
荷兰	4.65	0.00	2.08	6.38	3.39	0.00	1.41	4.71	0.00	0.00	2.11
西班牙	2.33	2.50	4.17	4.26	5.08	0.00	0.00	2.35	2.60	0.00	2.11
韩国	2.33	0.00	2.08	2.13	0.00	4.41	2.82	1.18	2.60	0.00	1.79
日本	0.00	2.50	0.00	4.26	0.00	0.00	0.00	0.00	3.90	3.85	1.46

续表

国家和地区	2010年	2011年	2012年	2013年	2014年	2015年	2016年	2017年	2018年	2019年	合计
瑞　典	0.00	0.00	0.00	0.00	5.08	1.47	1.41	2.35	1.30	0.00	1.30
印　度	0.00	2.50	0.00	0.00	1.69	1.47	1.41	0.00	0.00	3.85	1.14
意大利	0.00	2.50	0.00	2.13	3.39	0.00	0.00	1.18	2.60	0.00	1.14
以色列	2.33	5.00	2.08	0.00	1.69	0.00	0.00	0.00	0.00	0.00	0.81
奥地利	0.00	2.50	2.08	0.00	0.00	0.00	1.41	1.18	0.00	0.00	0.65
比利时	2.33	0.00	0.00	2.13	0.00	2.94	0.00	0.00	0.00	0.00	0.65

表7-35　人工智能B层人才排名前20的国家和地区的占比

单位：%

国家和地区	2010年	2011年	2012年	2013年	2014年	2015年	2016年	2017年	2018年	2019年	合计
中国大陆	16.92	16.03	17.93	19.68	25.70	24.52	26.37	29.04	31.59	35.49	25.72
美　国	24.49	24.94	19.77	23.15	18.01	18.31	18.88	17.71	13.12	12.25	18.23
英　国	4.80	7.89	9.89	7.18	7.50	7.17	6.08	7.16	5.78	4.37	6.64
澳大利亚	2.27	3.31	4.83	4.63	5.63	4.62	4.52	6.38	8.32	5.49	5.28
中国香港	5.56	4.58	4.60	5.56	4.69	5.25	4.21	3.65	2.82	2.68	4.18
新加坡	5.05	2.80	4.37	2.78	2.63	4.46	3.28	3.52	3.95	2.82	3.54
德　国	5.05	4.33	3.22	4.17	3.56	3.34	4.06	2.08	1.55	1.83	3.10
加拿大	3.28	3.31	3.22	3.01	3.19	2.71	2.50	2.21	2.40	1.97	2.67
西班牙	2.78	2.80	2.53	3.70	2.06	2.55	2.65	1.82	1.83	2.96	2.50
法　国	3.03	2.54	4.14	3.47	2.44	3.34	1.87	1.69	1.55	0.85	2.32
印　度	0.51	1.53	0.92	1.39	3.56	2.23	2.18	2.47	2.40	3.10	2.18
瑞　士	1.77	2.80	2.99	2.08	1.13	1.43	2.65	1.43	0.99	0.70	1.68
沙特阿拉伯	0.00	0.00	0.46	0.46	1.13	1.27	2.34	2.60	2.54	1.55	1.45
意大利	1.77	1.53	1.84	1.39	1.31	1.75	1.40	1.17	1.97	0.70	1.45
日　本	1.52	0.51	0.46	2.08	1.88	1.75	1.40	1.04	1.27	2.11	1.43
韩　国	1.26	1.27	1.38	1.16	1.31	1.43	1.09	1.69	1.83	1.27	1.40
伊　朗	2.27	1.27	0.69	0.93	0.94	0.80	0.94	0.65	1.83	1.83	1.20
土耳其	1.77	3.56	0.92	1.16	0.56	0.64	0.94	0.52	0.42	1.13	1.03
荷　兰	0.76	1.53	2.76	0.46	0.38	0.96	1.25	0.52	0.71	0.85	0.96
中国台湾	1.52	1.53	1.61	0.69	0.56	0.80	0.47	0.26	0.85	0.14	0.74

表 7-36 人工智能 C 层人才排名前 20 的国家和地区的占比

单位：%

国家和地区	2010年	2011年	2012年	2013年	2014年	2015年	2016年	2017年	2018年	2019年	合计
中国大陆	14.05	16.42	15.33	17.70	20.13	22.95	25.39	26.20	30.37	31.72	23.27
美国	17.57	16.62	17.40	18.11	16.08	16.42	15.37	15.34	13.53	11.65	15.50
英国	6.56	5.99	6.08	6.79	5.69	5.30	5.45	5.54	5.47	4.80	5.66
澳大利亚	2.35	2.98	2.79	3.72	3.84	3.97	3.64	4.01	4.24	4.16	3.69
印度	2.25	3.16	3.15	2.75	3.16	3.38	3.55	3.89	4.46	5.34	3.65
德国	5.30	4.23	4.02	4.21	3.73	3.03	3.20	3.55	2.14	1.66	3.33
西班牙	3.93	4.10	4.74	3.70	3.75	3.59	2.76	2.61	2.33	2.70	3.27
法国	4.29	3.94	4.11	4.00	3.79	2.61	2.46	2.22	1.96	1.69	2.90
中国香港	3.00	2.85	3.19	2.59	2.85	2.99	2.72	2.70	2.85	2.83	2.84
加拿大	3.28	3.11	3.43	2.82	2.49	2.80	3.15	2.61	2.59	2.45	2.82
新加坡	2.56	2.31	2.56	2.80	2.97	2.84	2.76	2.44	2.45	2.15	2.57
意大利	2.69	2.18	2.65	2.68	2.61	2.69	2.29	2.60	1.73	1.64	2.34
中国台湾	4.91	4.90	3.57	2.08	2.36	1.44	1.21	0.99	1.17	0.87	2.05
伊朗	2.48	2.62	1.90	1.83	1.94	1.74	1.50	1.95	2.33	2.28	2.03
韩国	1.94	2.07	2.32	2.01	1.85	2.10	1.71	1.73	1.76	2.38	1.97
土耳其	2.58	2.85	2.18	1.34	1.08	1.39	1.36	1.18	1.12	1.39	1.54
日本	1.50	1.79	1.53	1.59	1.43	1.51	1.68	1.53	1.18	1.23	1.48
瑞士	1.78	1.84	1.83	1.80	1.58	1.20	1.23	1.33	1.29	0.81	1.40
沙特阿拉伯	0.10	0.31	0.40	0.53	1.18	1.64	1.65	1.48	1.45	1.42	1.14
荷兰	1.68	1.50	1.62	1.59	1.18	0.92	1.05	0.85	0.72	0.94	1.13

第二节 学科组

在信息科学各学科人才分析的基础上，按照 A、B、C 层三个人才层次，对各学科人才进行汇总分析，可以从学科组层面揭示人才的分布特点和发展趋势。

一 A 层人才

信息科学 A 层人才最多的国家是美国，占该学科组全球 A 层人才的 26.29%，中国大陆以 17.35% 的世界占比排名第二，二者的 A 层人才合计占比超过全球的40%；其后是英国、澳大利亚、德国，世界占比分别为6.80%、4.99%、4.33%；加拿大、法国、新加坡、中国香港、西班牙、意大利、韩国的A层人才也比较多，世界占比在4%~2%之间；瑞士、印度、荷兰、日本、瑞典也有相当数量的A层人才，世界占比超过1%；芬兰、沙特阿拉伯、以色列、比利时、奥地利、卡塔尔、希腊、挪威、土耳其、中国澳门、马来西亚、伊朗、葡萄牙、丹麦、爱尔兰、南非、中国台湾、新西兰、巴西、俄罗斯、捷克、波兰、约旦也有一定数量的A层人才，世界占比低于1%。

在发展趋势上，美国、加拿大呈现相对下降趋势，中国大陆、澳大利亚呈现相对上升趋势，其他国家和地区没有明显变化。

表7-37　信息科学A层人才排名前40的国家和地区的占比

单位：%

国家和地区	2010年	2011年	2012年	2013年	2014年	2015年	2016年	2017年	2018年	2019年	合计
美国	41.22	30.93	32.33	30.09	27.29	27.53	26.37	24.19	18.90	17.38	26.29
中国大陆	6.76	6.87	7.67	11.17	14.49	17.21	18.66	19.43	25.52	28.85	17.35
英国	4.73	8.93	8.33	7.74	4.11	7.69	7.71	7.24	6.81	5.38	6.80
澳大利亚	2.36	1.03	6.00	3.44	6.52	3.85	4.67	5.14	5.67	8.24	4.99
德国	2.70	5.50	7.00	4.30	5.80	5.06	5.68	4.19	2.27	2.33	4.33
加拿大	7.77	2.41	4.00	2.29	4.11	3.04	3.45	5.90	3.02	2.87	3.81
法国	4.73	4.81	4.00	5.16	6.04	2.63	1.42	2.86	1.70	2.51	3.32
新加坡	1.69	4.12	1.33	4.87	0.97	2.63	3.45	2.29	3.78	3.94	2.97
中国香港	3.04	2.75	1.00	2.87	2.90	2.83	3.25	2.29	2.65	1.61	2.52
西班牙	2.03	4.12	3.00	3.15	3.38	1.21	2.43	2.10	1.51	0.90	2.21
意大利	3.38	4.12	3.00	2.58	2.42	1.62	2.03	1.14	1.89	1.79	2.21
韩国	2.03	1.37	2.00	1.43	1.69	2.63	1.83	2.48	2.84	1.61	2.05
瑞士	1.69	1.72	3.33	1.15	1.21	4.05	2.03	1.90	0.95	0.54	1.81
印度	1.01	2.75	1.00	2.01	1.45	1.21	0.81	1.33	1.51	2.69	1.58
荷兰	3.04	3.09	2.00	2.58	1.21	0.81	1.01	1.33	0.38	0.72	1.41
日本	1.01	1.37	0.67	0.86	0.24	1.42	0.41	1.14	3.40	1.97	1.34
瑞典	0.68	1.37	1.33	1.15	1.69	1.62	1.42	1.14	0.95	0.54	1.18
芬兰	0.68	0.34	0.67	0.00	2.42	0.40	1.22	0.95	0.95	0.54	0.85
沙特阿拉伯	0.00	0.34	0.00	0.00	0.72	0.40	0.81	1.33	1.32	1.79	0.80
以色列	1.35	2.75	0.33	0.86	0.97	1.21	0.41	0.00	0.76	0.00	0.75
比利时	1.35	1.03	0.33	1.43	0.48	1.01	0.61	0.00	0.95	0.18	0.68

续表

国家和地区	2010年	2011年	2012年	2013年	2014年	2015年	2016年	2017年	2018年	2019年	合计
奥地利	1.01	2.06	1.00	0.29	0.00	0.40	1.42	0.76	0.19	0.18	0.66
卡塔尔	0.00	0.00	0.00	0.57	0.72	1.42	0.81	0.38	0.76	1.08	0.66
希腊	0.34	0.34	0.67	1.72	0.48	0.81	0.20	1.14	0.57	0.18	0.64
挪威	0.00	0.00	1.00	0.00	0.24	0.20	0.61	0.95	1.13	1.25	0.61
土耳其	1.01	1.03	0.33	1.72	0.97	0.81	0.20	0.19	0.00	0.36	0.59
中国澳门	0.00	0.00	0.00	0.00	0.72	0.20	0.41	1.14	1.32	1.08	0.59
马来西亚	0.00	0.00	0.33	0.29	0.48	0.81	0.00	1.14	0.95	1.08	0.59
伊朗	0.34	0.00	0.33	0.86	0.97	0.00	0.61	0.00	0.19	1.25	0.47
葡萄牙	0.00	0.34	0.67	0.57	0.24	1.42	0.81	0.38	0.00	0.00	0.45
丹麦	0.00	0.00	0.33	0.57	0.97	1.21	0.41	0.38	0.19	0.18	0.45
爱尔兰	0.00	1.03	1.00	0.00	0.00	0.00	1.22	0.00	0.38	0.18	0.35
南非	0.34	1.03	0.00	0.29	0.24	0.00	0.00	0.38	1.13	0.00	0.33
中国台湾	0.00	0.69	0.33	0.86	0.00	0.20	0.20	0.38	0.57	0.18	0.33
新西兰	0.00	0.00	1.33	0.00	0.00	0.00	0.41	0.19	0.76	0.54	0.33
巴西	0.00	0.34	0.00	0.57	0.48	0.61	0.20	0.57	0.00	0.00	0.28
俄罗斯	0.00	0.00	1.00	0.29	0.24	0.00	0.41	0.38	0.57	0.00	0.28
捷克	1.01	0.00	0.33	0.00	0.00	0.40	0.00	0.76	0.19	0.00	0.26
波兰	1.35	0.00	0.00	0.57	0.48	0.00	0.20	0.19	0.00	0.00	0.24
约旦	0.00	0.00	0.00	0.00	0.00	0.00	0.00	0.57	0.57	0.72	0.24

二　B层人才

信息科学B层人才最多的是中国大陆，占该学科组全球B层人才的21.18%，美国以20.84%的世界占比排名第二，二者的B层人才合计占比超过全球的40%；其后是英国、澳大利亚，世界占比分别为6.31%、4.54%；加拿大、德国、中国香港、新加坡、法国、意大利、印度、西班牙、韩国的B层人才也比较多，世界占比在4%~2%之间；瑞士、日本、荷兰、沙特阿拉伯、瑞典也有相当数量的B层人才，世界占比超过1%；伊朗、中国台湾、芬兰、马来西亚、土耳其、比利时、奥地利、希腊、巴西、巴基斯坦、以色列、葡萄牙、丹麦、挪威、中国澳门、卡塔尔、波兰、爱尔兰、新西兰、俄罗斯、埃及、阿联酋也有一定数量的B层人才，世界占比低于1%。

在发展趋势上，美国呈现相对下降趋势，中国大陆、澳大利亚呈现相对上升趋势，其他国家和地区没有明显变化。

表7－38　信息科学B层人才排名前40的国家和地区的占比

单位：%

国家和地区	2010年	2011年	2012年	2013年	2014年	2015年	2016年	2017年	2018年	2019年	合计
中国大陆	10.49	11.66	12.65	14.62	19.01	19.58	21.34	25.56	28.66	32.42	21.18
美国	31.38	28.93	25.73	25.15	23.82	19.56	19.74	19.30	14.61	12.72	20.84
英国	6.16	6.09	7.85	6.67	6.01	6.33	6.68	6.21	6.01	5.70	6.31
澳大利亚	2.94	3.17	3.91	4.21	4.29	4.50	4.44	5.99	5.10	5.12	4.54
加拿大	4.08	3.80	3.44	3.83	4.13	3.68	4.58	3.09	3.62	3.22	3.72
德国	6.12	4.58	4.41	4.61	3.79	4.15	3.94	2.61	2.12	2.02	3.59
中国香港	3.30	2.47	2.87	2.99	3.09	2.97	2.85	3.19	2.92	1.84	2.82
新加坡	2.90	2.25	2.72	2.34	3.09	3.14	3.01	2.96	2.57	2.27	2.74
法国	3.76	3.73	3.87	3.90	2.85	3.35	2.26	2.13	1.73	1.26	2.69
意大利	2.33	2.88	3.55	2.77	2.48	3.08	2.30	2.07	2.20	1.98	2.49
印度	0.93	1.66	1.40	1.84	1.91	2.01	2.08	2.20	3.31	3.41	2.22
西班牙	2.58	2.88	2.79	2.93	2.59	2.10	1.92	1.47	1.75	1.78	2.17
韩国	1.68	1.99	2.04	1.93	1.73	1.83	1.72	2.36	2.72	2.02	2.03
瑞士	2.58	2.36	2.40	2.27	1.62	1.72	1.95	1.24	0.91	0.62	1.63
日本	1.47	1.11	1.36	1.53	1.15	1.32	1.61	1.26	1.77	2.00	1.49
荷兰	2.22	2.36	2.26	1.06	1.18	1.12	1.26	1.04	0.78	0.60	1.26
沙特阿拉伯	0.04	0.37	0.43	0.90	0.97	1.23	1.77	1.68	1.81	1.82	1.24
瑞典	0.90	0.66	1.18	1.09	0.92	1.38	1.17	1.45	1.15	0.97	1.12
伊朗	0.86	0.63	0.90	0.90	1.02	0.65	1.08	1.08	1.03	1.14	0.95
中国台湾	1.04	1.29	0.75	1.00	0.89	1.07	0.80	0.72	0.82	1.05	0.93
芬兰	1.07	0.63	0.82	1.00	0.68	1.34	0.86	0.75	0.68	0.58	0.83
马来西亚	0.07	0.41	0.68	0.47	0.68	0.67	0.75	0.99	0.91	1.24	0.75
土耳其	0.75	1.59	0.68	1.00	0.68	0.76	0.55	0.54	0.66	0.70	0.75
比利时	1.11	1.29	1.36	0.90	0.86	0.67	0.44	0.50	0.41	0.37	0.71
奥地利	0.86	1.37	0.75	0.56	0.55	0.69	0.86	0.56	0.45	0.47	0.67
希腊	0.57	0.85	1.04	1.00	1.05	1.09	0.53	0.46	0.25	0.29	0.67
巴西	0.79	0.44	0.43	0.87	0.47	0.51	0.69	0.54	0.70	0.79	0.63
巴基斯坦	0.07	0.18	0.18	0.22	0.47	0.38	0.53	0.93	1.23	1.18	0.62
以色列	1.36	1.11	0.93	0.72	0.97	0.51	0.44	0.41	0.33	0.12	0.61
葡萄牙	0.39	0.48	1.04	0.53	0.81	0.58	0.46	0.29	0.74	0.74	0.60
丹麦	0.61	0.96	0.39	0.72	0.52	0.65	0.71	0.37	0.62	0.21	0.55
挪威	0.75	0.89	0.43	0.59	0.47	0.33	0.42	0.39	0.43	0.79	0.53
中国澳门	0.04	0.18	0.00	0.09	0.44	0.54	0.57	0.43	0.58	0.89	0.44

续表

国家和地区	2010年	2011年	2012年	2013年	2014年	2015年	2016年	2017年	2018年	2019年	合计
卡塔尔	0.25	0.11	0.11	0.09	0.39	0.58	0.53	0.62	0.21	0.58	0.39
波兰	0.36	0.33	0.32	0.34	0.50	0.45	0.42	0.23	0.27	0.54	0.38
爱尔兰	0.36	0.48	0.36	0.53	0.24	0.54	0.40	0.23	0.37	0.29	0.37
新西兰	0.54	0.41	0.36	0.53	0.29	0.22	0.38	0.14	0.33	0.50	0.36
俄罗斯	0.18	0.15	0.14	0.25	0.18	0.42	0.33	0.31	0.53	0.58	0.34
埃及	0.07	0.30	0.00	0.22	0.18	0.31	0.18	0.33	0.60	0.83	0.34
阿联酋	0.04	0.15	0.21	0.06	0.18	0.47	0.20	0.19	0.23	0.60	0.26

三　C层人才

信息科学C层人才最多的国家是美国，占该学科组全球C层人才的19.35%，中国大陆以18.46%的世界占比排名第二，二者的C层人才合计占比超过全球的1/3；之后是英国、德国，世界占比分别为5.54%、4.06%；加拿大、意大利、澳大利亚、法国、印度、西班牙、韩国、中国香港、新加坡的C层人才也比较多，世界占比在4%～2%之间；中国台湾、日本、伊朗、瑞士、荷兰、瑞典、沙特阿拉伯也有相当数量的C层人才，世界占比超过1%；土耳其、巴西、比利时、希腊、奥地利、芬兰、马来西亚、葡萄牙、波兰、巴基斯坦、丹麦、以色列、挪威、爱尔兰、埃及、墨西哥、俄罗斯、捷克、新西兰、卡塔尔也有一定数量的C层人才，世界占比低于1%。

在发展趋势上，美国、德国呈现相对下降趋势，中国大陆、印度呈现相对上升趋势，其他国家和地区没有明显变化。

表7-39　信息科学C层人才排名前40的国家和地区的占比

单位：%

国家和地区	2010年	2011年	2012年	2013年	2014年	2015年	2016年	2017年	2018年	2019年	合计
美国	25.37	23.81	22.97	21.38	20.69	19.69	18.84	18.14	15.85	13.60	19.35
中国大陆	9.60	11.08	12.47	14.21	15.37	16.29	19.26	22.25	25.55	27.21	18.46
英国	5.97	5.81	5.66	5.59	5.47	5.44	5.69	5.45	5.47	5.18	5.54
德国	5.63	5.39	4.69	4.51	4.44	4.50	4.05	3.64	2.98	2.46	4.06
加拿大	4.48	4.37	4.40	4.03	3.84	3.88	3.75	3.34	3.38	3.08	3.76
意大利	3.68	3.77	3.74	3.94	3.58	3.71	3.42	3.27	2.73	2.61	3.38

续表

国家和地区	2010年	2011年	2012年	2013年	2014年	2015年	2016年	2017年	2018年	2019年	合计
澳大利亚	2.48	2.80	2.83	3.10	3.22	3.39	3.26	3.52	3.81	3.47	3.26
法国	4.26	4.44	3.94	4.01	3.74	3.46	3.00	2.57	2.38	2.02	3.22
印度	1.61	2.02	2.39	2.24	2.55	3.46	3.29	3.36	4.05	4.51	3.13
西班牙	3.40	3.34	3.41	3.48	2.94	2.80	2.34	2.30	2.06	2.10	2.71
韩国	2.29	2.04	2.50	2.23	2.07	2.21	2.22	2.28	2.47	2.68	2.31
中国香港	2.22	2.35	2.35	2.24	2.38	2.16	2.24	2.26	2.25	2.13	2.25
新加坡	1.86	1.81	2.00	2.07	2.24	2.15	2.29	2.08	1.98	1.73	2.03
中国台湾	2.83	2.97	2.49	2.23	1.92	1.56	1.31	1.13	1.07	1.09	1.71
日本	1.85	1.92	1.84	1.72	1.72	1.80	1.66	1.71	1.45	1.33	1.67
伊朗	1.34	1.37	1.45	1.53	1.31	1.37	1.35	1.65	1.75	1.95	1.53
瑞士	2.04	1.70	1.74	1.74	1.83	1.49	1.46	1.44	1.24	0.94	1.51
荷兰	2.48	1.95	1.89	1.80	1.58	1.47	1.39	1.15	1.06	0.95	1.48
瑞典	0.99	1.02	0.99	1.09	1.13	1.09	1.24	1.10	0.80	0.87	1.03
沙特阿拉伯	0.21	0.35	0.52	0.75	0.87	1.07	1.20	1.24	1.37	1.62	1.01
土耳其	1.10	1.33	1.04	0.93	0.88	0.80	0.92	0.84	0.80	0.98	0.94
巴西	0.81	0.85	0.90	0.87	0.98	0.96	0.96	0.88	0.92	0.95	0.92
比利时	1.23	1.19	1.22	0.95	0.96	0.96	0.73	0.66	0.58	0.59	0.86
希腊	1.28	1.18	1.09	0.97	0.79	0.81	0.73	0.68	0.58	0.61	0.82
奥地利	1.05	0.83	0.90	0.89	0.97	0.87	0.80	0.71	0.65	0.47	0.79
芬兰	0.70	0.72	0.58	0.93	1.02	0.89	0.84	0.71	0.71	0.70	0.78
马来西亚	0.35	0.45	0.63	0.55	0.80	0.88	0.75	0.88	0.86	0.99	0.76
葡萄牙	0.58	0.77	0.77	0.75	0.84	0.72	0.74	0.54	0.57	0.77	0.70
波兰	0.71	0.60	0.78	0.78	0.93	0.90	0.82	0.50	0.56	0.46	0.70
巴基斯坦	0.15	0.12	0.27	0.36	0.42	0.45	0.60	0.84	1.00	1.70	0.67
丹麦	0.72	0.79	0.70	0.80	0.66	0.72	0.59	0.60	0.66	0.57	0.67
以色列	1.05	0.91	0.84	0.74	0.83	0.74	0.70	0.54	0.38	0.26	0.66
挪威	0.63	0.55	0.51	0.55	0.54	0.48	0.56	0.43	0.39	0.45	0.50
爱尔兰	0.63	0.46	0.49	0.48	0.37	0.46	0.36	0.45	0.44	0.32	0.44
埃及	0.15	0.21	0.25	0.28	0.30	0.36	0.39	0.35	0.52	0.82	0.39
墨西哥	0.27	0.38	0.35	0.42	0.35	0.35	0.39	0.35	0.32	0.42	0.36
俄罗斯	0.25	0.16	0.33	0.26	0.32	0.45	0.42	0.36	0.45	0.38	0.35
捷克	0.42	0.33	0.32	0.33	0.37	0.36	0.32	0.31	0.30	0.28	0.33
新西兰	0.33	0.31	0.30	0.30	0.35	0.27	0.29	0.38	0.32	0.32	0.32
卡塔尔	0.04	0.06	0.10	0.23	0.27	0.39	0.37	0.35	0.30	0.48	0.29

第八章　管理科学

管理科学是研究人类管理活动规律及其应用的综合性交叉科学。管理科学的基础是数学、经济学与行为科学。

第一节　学科

管理科学学科组包括以下学科：运筹学和管理科学、管理学、商学、经济学、金融学、人口统计学、农业经济和政策、公共管理、卫生保健科学和服务、医学伦理学、区域和城市规划、信息学和图书馆学，共计 12 个。

一　运筹学和管理科学

运筹学和管理科学 A、B、C 层人才最多的国家是美国，分别占该学科全球 A、B、C 层人才的 22.28%、19.10%、17.73%。

中国大陆、加拿大、英国、德国、法国、中国香港、澳大利亚、比利时、荷兰的 A 层人才比较多，世界占比在 10%~3% 之间；巴西、伊朗、土耳其、丹麦、西班牙、挪威、阿联酋、韩国、马来西亚、沙特阿拉伯也有相当数量的 A 层人才，世界占比超过 1%。

中国大陆、英国、加拿大、法国、德国、中国香港、印度的 B 层人才比较多，世界占比在 15%~3% 之间；西班牙、伊朗、意大利、澳大利亚、中国台湾、土耳其、荷兰、丹麦、比利时、新加坡、瑞士、葡萄牙也有相当数量的 B 层人才，世界占比超过 1%。

中国大陆、英国、加拿大、法国、中国香港、意大利、印度、西班牙、德国、中国台湾的 C 层人才比较多，世界占比在 15%~3%；澳大利亚、伊朗、荷兰、土耳其、韩国、新加坡、巴西、比利时、葡萄牙也有相当数量的 C 层人才，世界占比超过 1%。

表 8-1　运筹学和管理科学 A 层人才排名前 20 的国家和地区的占比

单位：%

国家和地区	2010年	2011年	2012年	2013年	2014年	2015年	2016年	2017年	2018年	2019年	合计
美国	21.05	35.29	13.33	26.67	23.53	19.05	18.18	23.53	31.58	13.64	22.28
中国大陆	15.79	11.76	0.00	0.00	5.88	4.76	4.55	17.65	21.05	13.64	9.78
加拿大	5.26	5.88	20.00	13.33	0.00	4.76	0.00	5.88	10.53	9.09	7.07
英国	10.53	17.65	0.00	13.33	5.88	0.00	13.64	5.88	5.26	0.00	7.07
德国	0.00	0.00	0.00	6.67	11.76	4.76	4.55	0.00	10.53	13.64	5.43
法国	0.00	0.00	0.00	13.33	5.88	4.76	0.00	0.00	10.53	13.64	4.89
中国香港	10.53	11.76	6.67	6.67	5.88	0.00	9.09	0.00	0.00	0.00	4.89
澳大利亚	0.00	0.00	6.67	0.00	0.00	19.05	4.55	0.00	5.26	4.55	4.35
比利时	5.26	5.88	0.00	6.67	5.88	4.76	4.55	0.00	0.00	4.55	3.80
荷兰	0.00	5.88	0.00	0.00	5.88	4.76	9.09	5.88	0.00	0.00	3.26
巴西	0.00	0.00	0.00	6.67	0.00	0.00	4.55	5.88	5.26	4.55	2.72
伊朗	5.26	0.00	6.67	0.00	0.00	4.76	0.00	0.00	0.00	4.55	2.17
土耳其	5.26	5.88	6.67	0.00	0.00	0.00	4.55	0.00	0.00	0.00	2.17
丹麦	0.00	0.00	6.67	0.00	5.88	4.76	0.00	0.00	0.00	0.00	1.63
西班牙	5.26	0.00	0.00	0.00	5.88	0.00	0.00	5.88	0.00	0.00	1.63
挪威	0.00	0.00	6.67	0.00	0.00	4.76	4.55	0.00	0.00	0.00	1.63
阿联酋	0.00	0.00	0.00	0.00	0.00	0.00	0.00	5.88	0.00	4.55	1.09
韩国	5.26	0.00	0.00	0.00	0.00	0.00	4.55	0.00	0.00	0.00	1.09
马来西亚	0.00	0.00	6.67	0.00	0.00	4.76	0.00	0.00	0.00	0.00	1.09
沙特阿拉伯	0.00	0.00	0.00	0.00	0.00	0.00	0.00	11.76	0.00	0.00	1.09

表 8-2　运筹学和管理科学 B 层人才排名前 20 的国家和地区的占比

单位：%

国家和地区	2010年	2011年	2012年	2013年	2014年	2015年	2016年	2017年	2018年	2019年	合计
美国	21.26	23.75	19.61	25.00	20.63	18.32	21.78	13.23	15.73	14.15	19.10
中国大陆	10.92	11.88	11.76	11.84	8.75	14.66	15.35	15.87	19.10	21.95	14.51
英国	8.05	6.88	7.19	7.24	8.75	5.76	8.91	13.23	8.43	6.34	8.11
加拿大	8.05	4.38	7.19	5.92	4.38	3.14	3.96	4.76	3.37	4.88	4.93
法国	4.02	1.88	3.27	5.26	4.38	5.24	6.93	3.70	2.25	4.88	4.25
德国	4.02	3.75	3.92	3.95	4.38	5.76	2.48	2.12	2.25	4.88	3.74
中国香港	5.17	5.63	4.58	4.61	1.88	2.09	3.47	2.12	2.81	3.41	3.51
印度	0.00	0.00	3.27	1.32	5.63	6.81	2.48	2.65	3.37	5.37	3.17

续表

国家和地区	2010年	2011年	2012年	2013年	2014年	2015年	2016年	2017年	2018年	2019年	合计
西班牙	4.02	3.13	1.96	1.32	1.88	3.14	1.98	2.65	1.69	2.93	2.49
伊朗	1.72	1.88	0.65	2.63	3.75	3.14	1.49	2.65	3.37	3.41	2.49
意大利	2.30	4.38	3.27	1.32	3.13	2.09	1.49	2.12	3.37	0.98	2.38
澳大利亚	1.72	0.63	1.96	1.32	2.50	2.62	1.98	1.59	3.93	3.41	2.21
中国台湾	4.60	5.00	2.61	2.63	1.88	1.05	1.49	0.00	2.25	0.98	2.15
土耳其	3.45	5.00	2.61	0.66	0.63	2.09	2.97	1.06	1.12	1.46	2.10
荷兰	0.00	0.63	3.27	3.29	3.13	2.09	0.99	3.17	2.81	0.98	1.98
丹麦	1.72	2.50	1.96	0.00	3.75	0.52	1.49	2.65	2.81	1.95	1.93
比利时	2.30	4.38	3.27	3.95	1.25	2.09	1.49	0.53	0.56	0.49	1.93
新加坡	2.30	0.00	2.61	1.97	3.13	2.62	0.50	0.00	0.00	2.44	1.53
瑞士	1.15	0.63	0.65	1.97	1.88	2.09	1.49	1.06	0.56	0.00	1.13
葡萄牙	0.00	1.25	3.27	0.66	1.25	1.05	0.00	1.59	2.25	0.00	1.08

表 8-3　运筹学和管理科学 C 层人才排名前 20 的国家和地区的占比

单位：%

国家和地区	2010年	2011年	2012年	2013年	2014年	2015年	2016年	2017年	2018年	2019年	合计
美国	21.68	19.88	18.42	20.70	19.36	16.51	16.30	16.96	15.17	14.14	17.73
中国大陆	8.90	12.65	12.50	11.25	13.65	14.51	15.48	16.84	18.59	19.66	14.61
英国	5.04	5.73	6.25	6.69	6.24	7.05	7.51	8.00	7.67	7.95	6.87
加拿大	4.34	4.67	3.92	4.49	4.81	3.73	4.45	3.69	4.48	3.61	4.20
法国	3.93	3.43	3.59	4.55	3.44	3.79	4.45	4.03	3.53	3.97	3.88
中国香港	3.57	4.17	4.72	3.59	3.44	3.36	3.47	2.97	3.53	3.25	3.58
意大利	3.98	2.31	3.39	2.97	3.31	4.15	4.04	3.58	3.25	3.10	3.44
印度	2.17	3.30	2.79	2.07	3.90	3.26	3.07	3.25	3.58	4.44	3.21
西班牙	3.10	3.18	4.59	3.73	3.25	3.21	3.53	2.63	2.18	2.06	3.10
德国	3.34	2.55	3.79	3.80	3.18	3.15	2.81	3.19	2.46	2.68	3.07
中国台湾	7.38	6.17	4.92	3.17	2.53	1.68	1.18	1.40	1.29	1.50	3.00
澳大利亚	2.05	2.12	2.13	3.59	2.60	3.21	2.81	2.69	3.64	3.15	2.81
伊朗	2.93	3.18	2.46	2.35	2.34	2.52	2.04	2.46	3.25	3.10	2.67
荷兰	3.22	2.37	1.86	2.83	2.53	2.68	2.71	2.24	2.02	1.91	2.43
土耳其	4.45	3.93	2.99	2.07	1.82	2.63	1.99	1.57	1.06	1.34	2.35
韩国	1.76	1.93	1.66	1.59	1.62	2.10	1.69	1.96	1.68	1.75	1.78
新加坡	1.76	2.06	1.80	1.10	1.69	1.84	2.25	1.29	1.51	1.44	1.68

续表

国家和地区	2010年	2011年	2012年	2013年	2014年	2015年	2016年	2017年	2018年	2019年	合计
巴　西	1.11	1.12	1.86	1.66	1.43	1.79	2.15	1.96	1.57	1.55	1.63
比利时	1.58	1.87	1.06	1.86	1.23	1.42	1.18	1.23	0.95	1.44	1.37
葡萄牙	1.29	1.18	1.46	1.45	0.71	1.42	1.12	1.34	1.29	0.88	1.21

二　管理学

管理学A、B、C层人才最多的国家是美国，分别占该学科全球A、B、C层人才的34.16%、29.79%、24.98%。

英国、德国、荷兰、澳大利亚、加拿大、中国大陆、西班牙的A层人才比较多，世界占比在13%~3%之间；法国、挪威、丹麦、瑞士、意大利、中国香港、葡萄牙、以色列、奥地利、韩国、巴西、伊朗也有相当数量的A层人才，世界占比超过或接近1%。

英国、加拿大、中国大陆、荷兰、德国、澳大利亚、西班牙、法国的B层人才比较多，世界占比在12%~3%之间；意大利、中国香港、芬兰、比利时、瑞士、丹麦、新加坡、瑞典、奥地利、中国台湾、韩国也有相当数量的B层人才，世界占比超过1%。

英国、中国大陆、澳大利亚、加拿大、德国、荷兰、西班牙、意大利的C层人才比较多，世界占比在12%~3%之间；法国、中国香港、瑞士、芬兰、瑞典、丹麦、中国台湾、比利时、韩国、印度、新加坡也有相当数量的C层人才，世界占比超过1%。

表8-4　管理学A层人才排名前20的国家和地区的占比

单位：%

国家和地区	2010年	2011年	2012年	2013年	2014年	2015年	2016年	2017年	2018年	2019年	合计
美　国	62.07	63.33	44.00	35.71	32.26	28.13	20.59	26.32	27.78	15.38	34.16
英　国	6.90	3.33	8.00	14.29	16.13	9.38	23.53	10.53	19.44	12.82	12.73
德　国	3.45	0.00	12.00	10.71	6.45	9.38	14.71	2.63	11.11	0.00	6.83
荷　兰	0.00	3.33	12.00	3.57	6.45	9.38	8.82	2.63	5.56	5.13	5.59
澳大利亚	0.00	3.33	4.00	7.14	3.23	6.25	5.88	2.63	5.56	5.13	4.35
加拿大	3.45	3.33	4.00	3.57	3.23	0.00	5.88	5.26	2.78	5.13	3.73

续表

国家和地区	2010年	2011年	2012年	2013年	2014年	2015年	2016年	2017年	2018年	2019年	合计
中国大陆	3.45	3.33	0.00	0.00	0.00	3.13	0.00	5.26	2.78	15.38	3.73
西班牙	3.45	6.67	0.00	3.57	3.23	3.13	0.00	7.89	0.00	2.56	3.11
法国	0.00	3.33	0.00	3.57	3.23	3.13	0.00	2.63	2.78	7.69	2.80
挪威	0.00	0.00	0.00	0.00	0.00	6.25	2.94	7.89	0.00	2.56	2.17
丹麦	0.00	0.00	0.00	3.57	6.45	6.25	2.94	2.63	0.00	0.00	2.17
瑞士	3.45	3.33	4.00	0.00	0.00	0.00	2.94	5.26	2.78	0.00	2.17
意大利	0.00	0.00	0.00	3.57	0.00	0.00	2.94	5.26	2.78	2.56	1.86
中国香港	3.45	3.33	4.00	0.00	6.45	0.00	0.00	0.00	0.00	0.00	1.55
葡萄牙	3.45	0.00	0.00	0.00	3.23	3.13	0.00	0.00	0.00	2.56	1.24
以色列	0.00	3.33	0.00	0.00	3.23	0.00	2.94	0.00	2.78	0.00	1.24
奥地利	0.00	0.00	0.00	0.00	3.23	0.00	0.00	5.26	0.00	0.00	0.93
韩国	0.00	0.00	0.00	0.00	0.00	6.25	0.00	0.00	2.78	0.00	0.93
巴西	0.00	0.00	4.00	3.57	0.00	0.00	0.00	0.00	0.00	2.56	0.93
伊朗	0.00	0.00	0.00	0.00	0.00	3.13	0.00	0.00	2.78	2.56	0.93

表8-5　管理学B层人才排名前20的国家和地区的占比

单位：%

国家和地区	2010年	2011年	2012年	2013年	2014年	2015年	2016年	2017年	2018年	2019年	合计
美国	39.00	42.60	37.76	35.97	31.45	27.18	30.46	22.29	21.70	17.85	29.79
英国	8.11	11.55	9.96	11.86	13.07	12.54	12.00	13.49	13.21	11.90	11.88
加拿大	8.88	7.22	7.47	7.51	6.01	6.97	4.00	4.40	4.72	3.12	5.82
中国大陆	1.16	1.81	3.32	2.77	4.24	4.88	4.31	6.74	10.06	11.33	5.38
荷兰	6.18	5.78	7.05	3.95	3.89	4.53	2.15	5.57	5.35	2.83	4.63
德国	3.86	2.17	1.66	5.14	3.53	4.88	4.00	4.11	4.72	7.65	4.29
澳大利亚	3.09	2.89	3.73	4.74	3.53	4.53	5.23	4.40	4.72	3.97	4.12
西班牙	3.47	2.53	2.90	3.56	3.89	3.14	2.77	2.93	4.09	4.25	3.37
法国	3.09	2.53	2.07	2.77	4.24	2.79	3.08	2.05	2.83	5.10	3.10
意大利	1.16	1.81	3.73	1.19	1.41	2.09	4.00	4.69	3.77	4.25	2.93
中国香港	1.93	2.17	4.15	2.37	2.47	3.14	3.08	2.93	2.52	1.42	2.59
芬兰	1.16	2.17	2.07	0.79	2.12	2.44	2.46	2.64	1.89	0.57	1.84
比利时	0.77	1.81	0.41	1.98	1.41	2.79	2.15	2.64	2.20	1.13	1.77
瑞士	1.93	1.08	4.15	0.40	1.41	2.79	1.23	2.05	0.31	1.42	1.63
丹麦	3.09	1.44	0.83	0.79	1.77	1.05	2.15	2.05	0.94	1.42	1.57

续表

国家和地区	2010年	2011年	2012年	2013年	2014年	2015年	2016年	2017年	2018年	2019年	合计
新加坡	0.39	0.72	0.41	1.19	2.12	2.09	2.46	0.00	1.26	2.27	1.33
瑞典	1.54	1.08	2.07	1.58	1.06	0.35	1.54	2.35	0.94	0.28	1.26
奥地利	1.93	0.00	0.83	1.58	1.41	0.70	0.92	0.88	0.94	1.98	1.12
中国台湾	0.77	0.36	0.83	2.37	1.41	0.70	1.85	1.17	0.94	0.85	1.12
韩国	1.54	1.08	0.41	0.00	0.00	2.44	1.23	1.47	1.26	1.13	1.09

表 8－6 管理学 C 层人才排名前 20 的国家和地区的占比

单位：%

国家和地区	2010年	2011年	2012年	2013年	2014年	2015年	2016年	2017年	2018年	2019年	合计
美国	32.21	31.55	29.60	26.14	26.05	24.41	22.38	23.18	21.62	16.60	24.98
英国	10.28	11.84	12.28	11.49	11.63	12.10	11.34	11.62	10.29	11.02	11.37
中国大陆	3.17	3.11	4.00	4.43	4.51	6.00	6.36	6.42	7.45	10.02	5.72
澳大利亚	4.24	4.49	4.70	4.63	4.86	4.50	5.01	5.20	4.75	4.61	4.72
加拿大	6.19	5.36	4.83	5.59	4.55	4.09	4.43	3.73	4.36	3.61	4.61
德国	4.09	3.77	4.37	4.63	5.04	5.25	4.95	4.58	4.52	3.88	4.51
荷兰	4.09	4.60	4.29	4.55	4.41	4.13	4.37	3.61	4.14	3.46	4.14
西班牙	3.13	3.11	3.54	3.03	3.95	4.13	3.89	3.31	3.12	3.85	3.52
意大利	2.75	2.35	2.83	2.91	2.78	3.72	3.92	3.22	4.11	5.25	3.45
法国	3.02	2.28	2.58	2.99	3.07	2.93	3.05	2.96	3.18	3.10	2.93
中国香港	2.75	3.08	2.33	3.47	2.61	2.90	2.73	2.72	1.82	2.03	2.62
瑞士	1.72	1.38	2.08	2.15	2.08	1.91	1.83	1.80	1.56	1.27	1.76
芬兰	2.10	1.30	1.75	1.88	2.15	1.43	1.77	1.71	1.75	1.43	1.72
瑞典	1.80	1.81	1.62	2.19	1.76	1.57	2.09	1.63	1.53	1.31	1.72
丹麦	1.30	1.67	2.00	1.28	2.01	1.67	1.77	1.27	1.37	1.73	1.60
中国台湾	2.29	2.14	1.67	2.11	1.62	1.77	0.83	1.33	1.15	1.31	1.59
比利时	1.68	1.52	1.25	1.96	1.94	1.43	1.45	1.06	1.24	1.09	1.44
韩国	1.03	1.45	1.87	1.28	1.09	1.23	1.22	1.60	1.56	1.34	1.37
印度	0.88	0.91	0.67	0.88	1.09	1.13	1.22	1.71	2.20	2.15	1.33
新加坡	1.07	1.41	1.42	1.52	1.27	1.70	1.16	1.48	1.08	0.94	1.30

三 商学

商学 A、B、C 层人才最多的国家是美国，分别占该学科全球 A、B、C 层人才的 36.93%、30.81%、26.61%。

德国、英国、法国、澳大利亚、荷兰、加拿大、新西兰的 A 层人才比较多，世界占比在10%～3%之间；印度、意大利、西班牙、马来西亚、挪威、瑞士、比利时、葡萄牙、韩国、中国台湾、黎巴嫩、奥地利也有相当数量的A层人才，世界占比超过或接近1%。

英国、加拿大、德国、法国、荷兰、澳大利亚、西班牙、中国大陆的B层人才比较多，世界占比在12%～3%之间；意大利、芬兰、瑞典、中国香港、瑞士、丹麦、比利时、挪威、印度、奥地利、新加坡也有相当数量的B层人才，世界占比超过1%。

英国、德国、澳大利亚、加拿大、中国大陆、荷兰、西班牙、法国、意大利的C层人才比较多，世界占比在11%～3%之间；瑞典、芬兰、瑞士、中国香港、韩国、中国台湾、丹麦、比利时、印度、新西兰也有相当数量的C层人才，世界占比超过1%。

表8－7　商学A层人才排名前20的国家和地区的占比

单位：%

国家和地区	2010年	2011年	2012年	2013年	2014年	2015年	2016年	2017年	2018年	2019年	合计
美国	60.00	40.00	61.11	42.11	34.78	24.00	37.93	44.83	28.57	13.33	36.93
德国	5.00	10.00	11.11	10.53	8.70	16.00	10.34	3.45	7.14	13.33	9.54
英国	0.00	0.00	0.00	10.53	13.04	8.00	6.90	17.24	14.29	3.33	7.88
法国	5.00	5.00	0.00	0.00	13.04	0.00	3.45	3.45	7.14	6.67	4.56
澳大利亚	0.00	0.00	5.56	5.26	4.35	8.00	6.90	6.90	0.00	6.67	4.56
荷兰	5.00	0.00	5.56	5.26	0.00	8.00	13.79	0.00	7.14	0.00	4.56
加拿大	5.00	10.00	0.00	10.53	8.70	4.00	0.00	0.00	0.00	3.33	3.73
新西兰	0.00	5.00	0.00	5.26	4.35	4.00	0.00	0.00	0.00	13.33	3.32
印度	0.00	0.00	0.00	0.00	0.00	0.00	10.34	3.45	3.57	3.33	2.49
意大利	0.00	0.00	5.56	0.00	0.00	0.00	0.00	3.45	10.71	3.33	2.49
西班牙	5.00	15.00	5.56	0.00	0.00	0.00	0.00	0.00	0.00	0.00	2.07
马来西亚	0.00	0.00	0.00	0.00	0.00	4.00	0.00	0.00	0.00	10.00	1.66
挪威	0.00	0.00	0.00	0.00	0.00	0.00	0.00	3.45	0.00	10.00	1.66
瑞士	0.00	5.00	0.00	0.00	0.00	0.00	3.45	3.45	3.57	0.00	1.66
比利时	0.00	0.00	0.00	0.00	4.35	0.00	0.00	0.00	3.57	3.33	1.24
葡萄牙	0.00	0.00	0.00	0.00	0.00	8.00	3.45	0.00	0.00	0.00	1.24
韩国	0.00	0.00	5.56	5.26	0.00	4.00	0.00	0.00	0.00	0.00	1.24
中国台湾	0.00	0.00	0.00	0.00	0.00	0.00	0.00	0.00	3.57	3.33	0.83
黎巴嫩	0.00	0.00	0.00	0.00	0.00	0.00	0.00	0.00	3.57	3.33	0.83
奥地利	0.00	0.00	0.00	0.00	0.00	4.00	0.00	3.45	0.00	0.00	0.83

表 8－8　商学 B 层人才排名前 20 的国家和地区的占比

单位：%

国家和地区	2010年	2011年	2012年	2013年	2014年	2015年	2016年	2017年	2018年	2019年	合计
美国	43.48	42.35	41.32	31.28	33.33	31.17	30.08	27.70	21.07	18.15	30.81
英国	8.70	10.20	8.38	14.53	11.76	10.82	13.16	13.31	12.64	10.74	11.58
加拿大	8.15	6.63	7.78	7.26	5.39	6.06	3.01	5.04	5.75	2.22	5.46
德国	5.43	4.59	3.59	5.03	4.90	5.19	3.76	5.04	4.98	5.19	4.79
法国	3.80	3.06	1.80	2.79	5.39	5.63	4.14	3.60	3.83	8.15	4.38
荷兰	5.43	5.61	4.79	1.68	4.41	3.90	3.01	5.04	4.21	3.70	4.16
澳大利亚	3.26	3.57	1.80	3.91	5.88	3.46	6.02	3.24	4.60	2.59	3.89
西班牙	3.80	3.06	4.19	2.79	4.90	3.03	3.76	3.60	4.98	4.44	3.89
中国大陆	2.17	1.02	4.79	1.12	2.94	3.90	3.38	3.60	6.90	7.04	3.89
意大利	1.09	1.53	2.40	2.23	0.49	2.16	4.14	2.16	4.98	4.07	2.68
芬兰	0.54	1.53	1.20	3.35	2.45	3.03	2.26	2.88	1.15	1.48	2.01
瑞典	1.09	1.53	0.60	2.79	1.96	1.73	2.63	2.88	0.77	1.85	1.83
中国香港	2.17	2.55	4.19	1.12	0.98	1.73	1.50	1.44	1.53	1.48	1.79
瑞士	2.72	1.53	2.40	2.23	1.47	3.46	1.88	1.08	0.38	0.74	1.70
丹麦	2.17	1.02	1.20	1.12	0.00	1.30	1.50	2.52	1.15	2.22	1.48
比利时	0.54	1.53	0.60	1.68	0.00	1.30	1.88	2.88	1.53	1.11	1.39
挪威	0.00	1.02	2.40	0.56	0.98	0.87	1.13	1.08	1.92	2.22	1.25
印度	0.00	0.00	0.00	0.00	1.47	0.87	1.88	2.16	2.30	1.85	1.21
奥地利	0.54	0.00	1.20	2.23	1.96	1.73	0.75	0.72	1.53	1.11	1.16
新加坡	0.00	1.02	0.00	0.56	1.96	2.16	2.63	0.00	0.77	1.11	1.07

表 8－9　商学 C 层人才排名前 20 的国家和地区的占比

单位：%

国家和地区	2010年	2011年	2012年	2013年	2014年	2015年	2016年	2017年	2018年	2019年	合计
美国	35.63	34.49	32.02	28.92	28.92	25.02	24.68	23.47	22.54	17.55	26.61
英国	8.87	9.96	11.26	12.45	11.07	11.20	11.89	10.42	10.28	10.73	10.82
德国	4.49	4.55	5.21	4.24	5.46	6.29	5.85	4.75	4.44	4.27	4.98
澳大利亚	5.15	4.70	4.36	4.87	4.74	4.87	4.85	4.64	4.76	5.44	4.85
加拿大	5.97	5.52	4.96	5.89	4.84	4.16	4.85	4.75	4.27	3.90	4.84
中国大陆	2.19	1.89	2.97	2.83	3.29	4.25	5.03	5.16	6.77	7.23	4.40
荷兰	4.87	4.29	4.24	4.13	4.30	4.43	3.39	3.33	3.51	3.05	3.88
西班牙	3.07	3.17	3.15	3.17	3.92	4.43	3.91	3.77	3.27	3.82	3.61

续表

国家和地区	2010年	2011年	2012年	2013年	2014年	2015年	2016年	2017年	2018年	2019年	合计
法　　国	2.96	2.45	2.66	3.28	3.43	3.14	3.39	3.33	4.03	3.98	3.32
意大利	2.30	1.74	2.60	2.94	2.90	3.14	3.32	3.14	3.75	5.08	3.18
瑞　　典	1.70	2.10	1.69	1.87	2.66	1.99	2.16	2.08	1.73	1.75	1.98
芬　　兰	1.59	1.28	1.82	1.98	2.18	2.21	1.86	1.90	1.90	1.54	1.83
瑞　　士	1.53	1.89	2.54	1.87	1.93	1.86	1.64	1.68	1.41	1.46	1.75
中国香港	2.35	1.53	1.82	2.55	1.55	1.59	1.42	2.05	1.25	1.67	1.75
韩　　国	1.59	1.53	2.12	1.64	1.06	1.90	1.53	1.94	1.90	1.54	1.68
中国台湾	1.81	2.30	1.94	1.75	1.45	2.17	1.27	1.13	1.21	0.69	1.52
丹　　麦	1.31	1.58	1.39	2.04	1.79	1.59	1.19	1.50	1.21	1.38	1.48
比利时	1.75	1.48	1.39	1.41	1.21	1.20	1.12	1.32	1.21	1.14	1.30
印　　度	0.44	0.61	0.67	0.74	0.97	0.93	1.38	1.57	2.18	2.52	1.28
新西兰	1.15	1.69	1.33	0.74	0.68	1.06	1.04	1.21	1.13	1.30	1.13

四　经济学

经济学 A、B、C 层人才最多的国家是美国，分别占该学科全球 A、B、C 层人才的 35.41%、32.82%、27.66%。

英国、荷兰、加拿大、德国、澳大利亚的 A 层人才比较多，世界占比在 14%~3% 之间；中国大陆、西班牙、法国、瑞典、意大利、丹麦、瑞士、土耳其、奥地利、比利时、中国香港、新西兰、新加坡、印度也有相当数量的 A 层人才，世界占比超过或接近 1%。

英国、中国大陆、德国、荷兰、法国、加拿大、澳大利亚的 B 层人才比较多，世界占比在 12%~3% 之间；意大利、西班牙、瑞士、瑞典、新加坡、比利时、丹麦、挪威、中国香港、奥地利、巴基斯坦、日本也有相当数量的 B 层人才，大部分世界占比超过 1%。

英国、德国、中国大陆、荷兰、意大利、澳大利亚、法国、加拿大的 C 层人才比较多，世界占比在 12%~3% 之间；西班牙、瑞典、瑞士、比利时、丹麦、中国香港、挪威、奥地利、新加坡、日本、韩国也有相当数量的 C 层人才，世界占比超过或接近 1%。

表 8-10　经济学 A 层人才排名前 20 的国家和地区的占比

单位：%

国家和地区	2010年	2011年	2012年	2013年	2014年	2015年	2016年	2017年	2018年	2019年	合计
美　　国	56.76	41.03	43.48	34.04	37.25	38.18	43.86	29.51	23.73	19.35	35.41
英　　国	8.11	15.38	10.87	10.64	9.80	14.55	12.28	13.11	15.25	17.74	13.04
荷　　兰	5.41	10.26	8.70	8.51	3.92	7.27	7.02	6.56	3.39	4.84	6.42
加 拿 大	5.41	7.69	6.52	8.51	5.88	3.64	3.51	3.28	5.08	1.61	4.86
德　　国	0.00	5.13	6.52	6.38	5.88	0.00	5.26	3.28	5.08	6.45	4.47
澳大利亚	5.41	0.00	0.00	4.26	1.96	3.64	5.26	8.20	5.08	1.61	3.70
中国大陆	0.00	0.00	0.00	2.13	1.96	1.82	1.75	1.64	5.08	11.29	2.92
西 班 牙	2.70	2.56	0.00	6.38	1.96	0.00	1.75	4.92	1.69	6.45	2.92
法　　国	2.70	2.56	2.17	0.00	1.96	1.82	0.00	1.64	6.78	6.45	2.72
瑞　　典	0.00	2.56	2.17	2.13	1.96	5.45	3.51	3.28	1.69	3.23	2.72
意 大 利	2.70	0.00	6.52	0.00	0.00	1.82	1.75	3.28	1.69	1.61	1.95
丹　　麦	0.00	5.13	0.00	2.13	7.84	0.00	1.75	1.64	0.00	0.00	1.75
瑞　　士	2.70	2.56	0.00	0.00	1.96	1.82	0.00	3.28	3.39	1.61	1.75
土 耳 其	2.70	0.00	2.17	2.13	1.96	3.64	0.00	1.64	0.00	1.61	1.56
奥 地 利	0.00	0.00	0.00	4.26	0.00	3.64	1.75	1.64	0.00	0.00	1.17
比 利 时	0.00	2.56	4.35	0.00	1.96	0.00	1.75	1.64	0.00	0.00	1.17
中国香港	0.00	2.56	2.17	0.00	0.00	0.00	0.00	0.00	3.39	1.61	0.97
新 西 兰	0.00	0.00	0.00	2.13	0.00	1.82	1.75	1.64	0.00	0.00	0.78
新 加 坡	0.00	0.00	2.17	0.00	0.00	3.64	1.75	0.00	0.00	0.00	0.78
印　　度	0.00	0.00	0.00	0.00	0.00	0.00	0.00	1.64	3.39	1.61	0.78

表 8-11　经济学 B 层人才排名前 20 的国家和地区的占比

单位：%

国家和地区	2010年	2011年	2012年	2013年	2014年	2015年	2016年	2017年	2018年	2019年	合计
美　　国	40.40	43.60	40.44	35.60	35.37	36.23	29.42	27.95	23.91	23.20	32.82
英　　国	12.99	12.07	11.14	9.98	10.32	11.74	13.52	9.80	11.01	11.60	11.37
中国大陆	2.82	2.22	1.94	2.95	4.00	5.47	6.56	9.07	13.66	14.73	6.82
德　　国	4.80	5.42	7.02	4.99	4.84	6.07	3.98	4.36	5.50	6.26	5.31
荷　　兰	3.11	4.68	5.08	5.44	4.63	3.85	4.37	3.27	3.23	2.76	3.99
法　　国	3.95	2.46	3.63	2.49	3.79	4.45	4.57	4.17	3.61	4.05	3.76
加 拿 大	3.95	2.22	4.84	3.40	2.95	2.23	3.78	4.90	2.09	2.95	3.31
澳大利亚	2.82	1.48	2.66	2.95	4.84	3.44	3.78	3.09	3.98	2.76	3.23

续表

国家和地区	2010年	2011年	2012年	2013年	2014年	2015年	2016年	2017年	2018年	2019年	合计
意大利	2.54	1.72	2.18	2.95	3.58	3.44	3.38	2.54	2.47	2.76	2.78
西班牙	2.26	2.22	2.66	4.31	2.32	1.62	2.39	2.36	2.47	2.21	2.46
瑞士	1.69	2.96	2.91	1.81	1.89	2.43	1.79	3.09	0.76	2.03	2.12
瑞典	1.69	2.46	0.97	2.04	1.47	1.82	1.39	1.27	2.47	2.76	1.85
新加坡	1.13	0.74	1.21	2.49	0.63	1.62	1.19	2.00	3.23	0.92	1.55
比利时	1.98	1.23	1.69	1.59	1.68	2.02	1.39	1.45	1.14	1.10	1.51
丹麦	0.28	1.23	0.73	1.13	1.68	0.40	0.99	1.81	1.71	1.10	1.15
挪威	1.41	0.99	0.73	1.13	1.05	1.21	0.60	2.36	0.76	1.10	1.15
中国香港	0.85	1.72	0.73	1.36	0.84	1.01	1.39	1.09	1.14	1.10	1.13
奥地利	0.85	0.74	0.97	1.13	2.74	0.61	0.99	0.73	0.57	1.29	1.06
巴基斯坦	0.00	0.49	0.48	0.91	0.21	0.40	0.99	1.09	0.38	0.92	0.62
日本	0.56	0.49	0.24	0.68	1.05	0.61	0.60	0.73	0.57	0.18	0.57

表 8-12 经济学C层人才排名前20的国家和地区的占比

单位：%

国家和地区	2010年	2011年	2012年	2013年	2014年	2015年	2016年	2017年	2018年	2019年	合计
美国	34.93	34.06	31.06	30.08	28.83	27.55	25.93	25.11	23.06	21.16	27.66
英国	11.72	10.86	12.39	11.39	11.52	11.53	11.42	10.92	10.93	9.67	11.18
德国	5.92	6.60	6.63	6.93	6.64	7.03	6.93	6.05	5.73	6.08	6.45
中国大陆	2.90	3.37	4.41	4.64	4.75	4.70	6.17	7.39	8.04	9.60	5.83
荷兰	4.14	4.26	4.76	4.62	4.17	3.28	3.83	3.75	3.24	3.41	3.90
意大利	3.10	3.31	3.25	3.57	3.35	4.01	3.68	3.95	3.71	4.07	3.63
澳大利亚	3.18	3.70	3.36	3.73	3.29	3.65	3.39	3.81	4.05	3.73	3.60
法国	3.15	3.85	2.82	3.90	3.40	3.95	3.62	3.39	3.38	3.07	3.45
加拿大	4.14	3.34	3.67	3.32	3.57	3.46	3.23	3.17	3.16	2.80	3.35
西班牙	3.46	2.55	2.72	2.74	3.48	2.79	3.11	2.36	2.88	2.76	2.88
瑞典	2.34	1.94	2.06	1.97	2.34	2.12	2.28	2.54	1.96	1.69	2.12
瑞士	1.80	2.09	2.13	2.25	1.78	2.23	1.85	2.24	2.11	2.18	2.07
比利时	1.58	1.63	1.35	1.62	1.61	1.68	1.44	1.26	1.52	1.25	1.48
丹麦	1.15	1.15	1.14	1.41	1.59	1.43	1.56	1.30	1.50	1.03	1.33
中国香港	0.90	1.30	1.37	1.00	1.12	1.09	1.34	1.30	1.40	1.37	1.23
挪威	0.90	1.45	1.04	1.14	1.23	1.15	1.05	1.58	1.09	0.98	1.16
奥地利	0.85	1.02	1.21	1.39	0.88	0.84	1.05	0.98	0.87	1.14	1.02
新加坡	0.65	0.69	1.04	0.83	0.77	1.15	1.17	1.00	1.32	1.11	0.99
日本	0.87	0.74	1.42	1.28	0.92	0.90	0.88	1.08	0.79	0.98	0.98
韩国	0.87	0.61	0.71	0.72	0.90	0.90	0.72	0.84	1.05	1.14	0.86

五 金融学

金融学 A、B、C 层人才最多的国家是美国，分别占该学科全球 A、B、C 层人才的 44.36%、36.98%、31.98%。

英国、加拿大、法国、荷兰、中国香港、爱尔兰、德国、意大利、黎巴嫩、中国大陆的 A 层人才比较多，世界占比在 9%~3% 之间；韩国、澳大利亚、丹麦、南非、比利时也有相当数量的 A 层人才，世界占比超过或接近 1%。

英国、中国大陆、澳大利亚、加拿大、德国、法国、中国香港的 B 层人才比较多，世界占比在 10%~3% 之间；荷兰、意大利、西班牙、瑞士、新加坡、比利时、南非、新西兰、韩国、瑞典、黎巴嫩、爱尔兰也有相当数量的 B 层人才，世界占比超过或接近 1%。

英国、澳大利亚、中国大陆、加拿大、德国、法国的 C 层人才比较多，世界占比在 12%~3% 之间；荷兰、意大利、中国香港、瑞士、西班牙、新加坡、新西兰、韩国、比利时、瑞典、中国台湾、芬兰、马来西亚也有相当数量的 C 层人才，世界占比超过或接近 1%。

表 8-13 金融学 A 层人才的国家和地区的占比

单位：%

国家和地区	2010年	2011年	2012年	2013年	2014年	2015年	2016年	2017年	2018年	2019年	合计
美国	100.00	63.64	63.64	50.00	46.67	40.00	64.29	33.33	12.50	6.67	44.36
英国	0.00	0.00	0.00	0.00	13.33	6.67	7.14	13.33	18.75	13.33	8.27
加拿大	0.00	9.09	0.00	0.00	6.67	6.67	0.00	0.00	12.50	13.33	5.26
法国	0.00	0.00	0.00	0.00	0.00	6.67	0.00	13.33	0.00	20.00	4.51
荷兰	0.00	9.09	0.00	33.33	0.00	0.00	7.14	0.00	0.00	0.00	4.51
中国香港	0.00	9.09	18.18	0.00	6.67	0.00	0.00	0.00	6.25	0.00	3.76
爱尔兰	0.00	0.00	0.00	0.00	0.00	0.00	14.29	0.00	6.25	13.33	3.76
德国	0.00	0.00	0.00	8.33	6.67	0.00	7.14	0.00	6.25	0.00	3.01
意大利	0.00	0.00	9.09	0.00	0.00	13.33	0.00	0.00	0.00	6.67	3.01
黎巴嫩	0.00	0.00	0.00	0.00	0.00	0.00	0.00	13.33	0.00	13.33	3.01
中国大陆	0.00	0.00	0.00	0.00	0.00	13.33	0.00	0.00	6.25	6.67	3.01

续表

国家和地区	2010年	2011年	2012年	2013年	2014年	2015年	2016年	2017年	2018年	2019年	合计
韩　　国	0. 00	9. 09	9. 09	0. 00	0. 00	0. 00	0. 00	0. 00	6. 25	0. 00	2. 26
澳大利亚	0. 00	0. 00	0. 00	0. 00	0. 00	6. 67	0. 00	0. 00	6. 25	0. 00	1. 50
丹　　麦	0. 00	0. 00	0. 00	8. 33	6. 67	0. 00	0. 00	0. 00	0. 00	0. 00	1. 50
南　　非	0. 00	0. 00	0. 00	0. 00	6. 67	0. 00	0. 00	6. 67	0. 00	0. 00	1. 50
比 利 时	0. 00	0. 00	0. 00	0. 00	0. 00	0. 00	0. 00	6. 67	0. 00	0. 00	0. 75

表 8 – 14　金融学 B 层人才排名前 20 的国家和地区的占比

单位：%

国家和地区	2010年	2011年	2012年	2013年	2014年	2015年	2016年	2017年	2018年	2019年	合计
美　　国	55. 68	42. 42	53. 06	44. 35	42. 14	40. 52	32. 03	33. 09	24. 82	16. 44	36. 98
英　　国	4. 55	12. 12	8. 16	6. 96	10. 00	7. 84	11. 72	8. 82	12. 77	14. 38	9. 97
中国大陆	2. 27	3. 03	3. 06	4. 35	2. 86	7. 19	4. 69	9. 56	7. 80	11. 64	6. 03
澳大利亚	5. 68	5. 05	4. 08	5. 22	5. 00	7. 19	3. 91	6. 62	5. 67	6. 85	5. 63
加 拿 大	5. 68	6. 06	4. 08	4. 35	2. 86	1. 96	3. 91	5. 88	4. 26	4. 79	4. 26
德　　国	2. 27	3. 03	3. 06	6. 09	2. 14	5. 88	6. 25	2. 21	4. 26	1. 37	3. 70
法　　国	1. 14	3. 03	1. 02	3. 48	1. 43	2. 61	4. 69	1. 47	3. 55	8. 22	3. 22
中国香港	4. 55	7. 07	3. 06	3. 48	2. 86	3. 27	5. 47	2. 94	0. 00	0. 68	3. 14
荷　　兰	4. 55	2. 02	4. 08	2. 61	3. 57	3. 27	3. 13	2. 21	2. 13	0. 68	2. 73
意 大 利	1. 14	1. 01	3. 06	1. 74	1. 43	3. 27	3. 13	3. 68	4. 26	2. 74	2. 65
西 班 牙	0. 00	1. 01	1. 02	2. 61	3. 57	1. 96	3. 91	0. 74	2. 84	2. 74	2. 17
瑞　　士	1. 14	3. 03	3. 06	0. 00	2. 14	2. 61	3. 91	1. 47	0. 71	2. 05	2. 01
新 加 坡	2. 27	1. 01	2. 04	2. 61	0. 71	1. 96	2. 34	2. 21	0. 71	0. 00	1. 53
比 利 时	2. 27	1. 01	1. 02	3. 48	1. 43	0. 65	1. 56	0. 00	2. 13	0. 68	1. 37
南　　非	0. 00	0. 00	0. 00	0. 00	0. 71	0. 65	1. 56	2. 21	3. 55	2. 05	1. 21
新 西 兰	1. 14	1. 01	0. 00	0. 00	0. 71	0. 00	1. 56	2. 94	1. 42	0. 68	0. 96
韩　　国	1. 14	0. 00	2. 04	1. 74	2. 14	0. 00	0. 78	0. 74	1. 42	0. 00	0. 96
瑞　　典	0. 00	1. 01	0. 00	0. 00	1. 43	1. 31	0. 00	2. 21	0. 71	1. 37	0. 88
黎 巴 嫩	1. 14	0. 00	1. 02	0. 00	0. 00	0. 00	0. 78	0. 00	0. 71	3. 42	0. 72
爱 尔 兰	2. 27	0. 00	0. 00	0. 87	0. 71	0. 65	0. 00	0. 00	0. 71	2. 05	0. 72

表 8－15　金融学 C 层人才排名前 20 的国家和地区的占比

单位：%

国家和地区	2010年	2011年	2012年	2013年	2014年	2015年	2016年	2017年	2018年	2019年	合计
美　国	43. 32	43. 49	42. 90	37. 18	32. 32	29. 32	28. 68	27. 61	26. 04	20. 51	31. 98
英　国	9. 33	9. 61	10. 98	10. 62	12. 88	12. 12	11. 22	10. 67	11. 82	10. 87	11. 14
澳大利亚	4. 72	5. 79	5. 54	4. 97	4. 54	7. 11	6. 07	5. 26	4. 60	6. 36	5. 54
中国大陆	2. 53	3. 00	2. 92	2. 87	3. 05	3. 93	5. 24	5. 96	6. 35	8. 34	4. 62
加拿大	4. 49	4. 44	4. 03	5. 40	4. 02	5. 15	4. 66	4. 33	4. 08	2. 94	4. 33
德　国	3. 11	3. 31	3. 52	4. 89	5. 96	3. 86	5. 24	4. 02	4. 81	3. 76	4. 32
法　国	2. 88	2. 48	2. 32	4. 30	3. 50	4. 54	3. 41	3. 48	4. 67	3. 49	3. 60
荷　兰	4. 15	3. 93	3. 83	3. 29	2. 46	2. 44	2. 33	2. 24	1. 82	2. 12	2. 74
意大利	2. 53	2. 27	1. 41	1. 60	2. 98	3. 05	2. 99	2. 86	2. 48	2. 53	2. 52
中国香港	2. 76	2. 79	3. 83	3. 29	2. 31	2. 23	2. 41	2. 24	1. 53	2. 05	2. 47
瑞　士	1. 96	1. 45	1. 61	1. 94	1. 86	2. 30	1. 66	2. 55	1. 97	1. 91	1. 95
西班牙	1. 96	1. 55	1. 21	1. 18	1. 94	1. 96	1. 75	1. 47	1. 68	2. 26	1. 72
新加坡	1. 73	1. 24	1. 51	1. 43	1. 41	2. 10	1. 91	0. 85	1. 82	0. 89	1. 49
新西兰	1. 04	1. 14	1. 41	1. 52	1. 04	1. 02	1. 16	2. 17	1. 75	1. 85	1. 43
韩　国	1. 84	1. 03	1. 21	0. 59	1. 19	1. 15	0. 75	0. 85	1. 24	2. 19	1. 21
比利时	1. 27	1. 03	1. 11	1. 18	1. 04	0. 61	1. 08	1. 55	1. 60	1. 09	1. 15
瑞　典	0. 46	0. 83	0. 40	1. 26	1. 41	0. 81	1. 58	1. 24	0. 80	0. 82	0. 99
中国台湾	1. 04	1. 03	1. 61	0. 93	0. 97	1. 08	0. 67	0. 93	0. 95	0. 75	0. 98
芬　兰	0. 92	0. 62	1. 01	0. 59	1. 34	1. 08	0. 75	1. 31	0. 44	0. 82	0. 90
马来西亚	0. 12	0. 41	0. 30	0. 67	1. 04	1. 15	1. 58	1. 01	0. 88	1. 09	0. 88

六　人口统计学

人口统计学 A、B、C 层人才最多的国家是美国，分别占该学科全球 A、B、C 层人才的 36. 84%、35. 56%、27. 36%。

英国的 A 层人才比较多，世界占比为 26. 32%；瑞士、瑞典、奥地利、比利时、希腊、挪威也有相当数量的 A 层人才，世界占比在 11%～5% 之间。

英国的 B 层人才排名第二，世界占比为 20. 08%；德国、澳大利亚、荷兰的 B 层人才比较多，世界占比在 6%～3% 之间；加拿大、瑞士、瑞典、奥地利、比利时、意大利、法国、挪威、西班牙、以色列、丹麦、墨西哥、波兰、南非、新加坡也有相当数量的 B 层人才，世界占比超过或接近 1%。

英国、德国、荷兰、意大利、加拿大、澳大利亚的C层人才比较多，世界占比在16%~3%之间；瑞典、西班牙、瑞士、法国、比利时、奥地利、挪威、中国大陆、丹麦、芬兰、新加坡、中国香港、南非也有相当数量的C层人才，世界占比超过或接近1%。

表8-16 人口统计学A层人才的国家和地区的占比

单位：%

国家和地区	2010年	2011年	2012年	2013年	2014年	2015年	2016年	2017年	2018年	2019年	合计
美国	0.00	50.00	50.00	0.00	0.00	33.33	50.00	66.67	0.00	50.00	36.84
英国	100.00	0.00	0.00	50.00	0.00	0.00	0.00	33.33	50.00	50.00	26.32
瑞士	0.00	0.00	50.00	0.00	0.00	0.00	50.00	0.00	0.00	0.00	10.53
瑞典	0.00	0.00	0.00	0.00	0.00	33.33	0.00	0.00	0.00	0.00	5.26
奥地利	0.00	50.00	0.00	0.00	0.00	0.00	0.00	0.00	0.00	0.00	5.26
比利时	0.00	0.00	0.00	50.00	0.00	0.00	0.00	0.00	0.00	0.00	5.26
希腊	0.00	0.00	0.00	0.00	0.00	0.00	0.00	0.00	50.00	0.00	5.26
挪威	0.00	0.00	0.00	0.00	0.00	33.33	0.00	0.00	0.00	0.00	5.26

表8-17 人口统计学B层人才排名前20的国家和地区的占比

单位：%

国家和地区	2010年	2011年	2012年	2013年	2014年	2015年	2016年	2017年	2018年	2019年	合计
美国	52.63	40.91	55.56	45.83	40.74	36.00	14.71	36.67	0.00	22.50	35.56
英国	15.79	22.73	27.78	20.83	22.22	16.00	23.53	6.67	0.00	25.00	20.08
德国	5.26	13.64	0.00	4.17	0.00	4.00	8.82	6.67	0.00	2.50	5.02
澳大利亚	10.53	4.55	0.00	8.33	3.70	8.00	2.94	0.00	0.00	2.50	4.18
荷兰	0.00	0.00	0.00	4.17	0.00	0.00	8.82	6.67	0.00	5.00	3.35
加拿大	0.00	0.00	0.00	0.00	3.70	8.00	2.94	6.67	0.00	2.50	2.93
瑞士	0.00	0.00	0.00	0.00	0.00	4.00	5.88	3.33	0.00	7.50	2.93
瑞典	0.00	0.00	0.00	0.00	3.70	0.00	2.94	3.33	0.00	5.00	2.09
奥地利	0.00	4.55	0.00	0.00	3.70	0.00	0.00	6.67	0.00	2.50	2.09
比利时	5.26	0.00	0.00	0.00	3.70	0.00	2.94	6.67	0.00	0.00	2.09
意大利	10.53	0.00	0.00	4.17	0.00	0.00	0.00	3.33	0.00	2.50	2.09
法国	0.00	9.09	0.00	0.00	0.00	4.00	2.94	3.33	0.00	0.00	2.09
挪威	0.00	0.00	5.56	4.17	0.00	0.00	2.94	3.33	0.00	2.50	2.09
西班牙	0.00	0.00	0.00	8.33	0.00	4.00	2.94	3.33	0.00	0.00	2.09

续表

国家和地区	2010年	2011年	2012年	2013年	2014年	2015年	2016年	2017年	2018年	2019年	合计
以色列	0.00	4.55	0.00	0.00	0.00	4.00	0.00	0.00	0.00	5.00	1.67
丹麦	0.00	0.00	0.00	0.00	0.00	0.00	5.88	0.00	0.00	2.50	1.26
墨西哥	0.00	0.00	0.00	0.00	0.00	4.00	0.00	0.00	0.00	2.50	0.84
波兰	0.00	0.00	0.00	0.00	0.00	4.00	0.00	0.00	0.00	2.50	0.84
南非	0.00	0.00	0.00	0.00	0.00	0.00	5.88	0.00	0.00	0.00	0.84
新加坡	0.00	0.00	0.00	0.00	3.70	0.00	0.00	0.00	0.00	2.50	0.84

表 8－18　人口统计学 C 层人才排名前 20 的国家和地区的占比

单位：%

国家和地区	2010年	2011年	2012年	2013年	2014年	2015年	2016年	2017年	2018年	2019年	合计
美国	29.61	32.08	36.60	34.17	29.39	28.24	32.27	26.07	14.49	20.19	27.36
英国	15.64	16.98	13.40	12.50	14.04	19.47	13.42	15.18	14.78	18.59	15.46
德国	7.26	6.60	5.67	9.58	6.58	6.49	5.75	6.93	4.35	9.62	6.84
荷兰	10.06	3.77	5.67	7.08	3.51	7.63	9.27	6.93	5.51	7.69	6.76
意大利	2.79	2.83	4.12	3.75	4.39	2.67	4.47	3.96	3.48	3.21	3.59
加拿大	1.68	4.25	2.58	2.92	4.82	3.05	2.24	5.94	2.32	3.85	3.40
澳大利亚	3.35	3.30	2.06	3.33	2.19	3.05	5.75	2.97	2.03	4.49	3.32
瑞典	1.68	2.83	2.58	1.67	2.19	3.82	3.19	4.29	2.61	3.21	2.90
西班牙	1.68	2.83	3.61	3.33	2.63	1.53	2.24	1.65	2.03	1.92	2.28
瑞士	0.56	0.94	1.03	0.83	2.19	2.29	3.51	2.64	2.03	2.88	2.05
法国	1.12	2.83	2.06	1.67	2.63	1.15	2.56	1.98	1.74	1.60	1.93
比利时	2.23	0.94	3.09	1.67	2.63	1.91	0.64	2.64	1.45	1.92	1.85
奥地利	1.12	1.42	1.55	1.25	2.19	2.29	1.60	0.99	2.32	1.92	1.70
挪威	2.23	0.94	2.06	2.50	3.51	0.76	0.96	1.32	2.61	0.32	1.66
中国大陆	1.68	1.42	0.52	0.42	2.19	1.53	0.96	1.98	2.32	2.56	1.62
丹麦	1.12	1.89	1.55	0.42	0.88	0.76	0.64	2.31	0.87	1.60	1.20
芬兰	1.12	0.94	1.03	1.67	0.00	0.38	0.32	0.99	1.16	1.28	0.89
新加坡	0.56	1.42	0.00	1.25	0.88	1.15	0.32	0.66	0.58	1.92	0.89
中国香港	0.00	0.47	1.55	0.00	0.44	0.76	0.00	1.32	0.87	1.92	0.77
南非	1.12	0.94	0.52	0.83	1.75	1.91	0.32	0.33	0.29	0.32	0.77

七　农业经济和政策

农业经济和政策 A、B、C 层人才最多的国家是美国，分别占该学科全球 A、B、C 层人才的 21.74%、26.83%、27.47%。

意大利的 A 层人才比较多，世界占比为 17.39%；瑞典、英国、丹麦、法国、德国、肯尼亚、澳大利亚、荷兰、比利时、西班牙、加拿大、塞浦路斯也有相当数量的 A 层人才，世界占比在 9%～4%之间。

意大利、英国、德国、澳大利亚、法国、荷兰、中国大陆、挪威的 B 层人才比较多，世界占比在 8%～3%之间；加拿大、丹麦、瑞典、瑞上、马拉维、日本、西班牙、奥地利、比利时、肯尼亚、尼日利亚也有相当数量的 B 层人才，世界占比超过 1%。

德国、英国、意大利、中国大陆、澳大利亚、荷兰、西班牙的 C 层人才比较多，世界占比在 8%～3%之间；法国、比利时、挪威、加拿大、肯尼亚、丹麦、印度、瑞士、埃塞俄比亚、瑞典、日本、新西兰也有相当数量的 C 层人才，世界占比超过或接近 1%。

表 8－19　农业经济和政策 A 层人才的国家和地区的占比

单位：%

国家和地区	2010年	2011年	2012年	2013年	2014年	2015年	2016年	2017年	2018年	2019年	合计
美　国	0.00	0.00	50.00	0.00	0.00	50.00	0.00	66.67	33.33	0.00	21.74
意大利	50.00	0.00	0.00	0.00	0.00	50.00	33.33	0.00	33.33	0.00	17.39
瑞　典	0.00	0.00	0.00	50.00	0.00	0.00	0.00	0.00	0.00	33.33	8.70
英　国	0.00	100.00	0.00	0.00	0.00	0.00	0.00	0.00	0.00	33.33	8.70
丹　麦	0.00	0.00	0.00	0.00	50.00	0.00	0.00	0.00	0.00	0.00	4.35
法　国	0.00	0.00	0.00	0.00	0.00	0.00	33.33	0.00	0.00	0.00	4.35
德　国	0.00	0.00	0.00	0.00	0.00	0.00	0.00	0.00	33.33	0.00	4.35
肯尼亚	0.00	0.00	0.00	50.00	0.00	0.00	0.00	0.00	0.00	0.00	4.35
澳大利亚	50.00	0.00	0.00	0.00	0.00	0.00	0.00	0.00	0.00	0.00	4.35
荷　兰	0.00	0.00	50.00	0.00	0.00	0.00	0.00	0.00	0.00	0.00	4.35
比利时	0.00	0.00	0.00	0.00	50.00	0.00	0.00	0.00	0.00	0.00	4.35
西班牙	0.00	0.00	0.00	0.00	0.00	0.00	0.00	0.00	0.00	33.33	4.35
加拿大	0.00	0.00	0.00	0.00	0.00	0.00	0.00	33.33	0.00	0.00	4.35
塞浦路斯	0.00	0.00	0.00	0.00	0.00	0.00	33.33	0.00	0.00	0.00	4.35

表 8-20　农业经济和政策 B 层人才排名前 20 的国家和地区的占比

单位：%

国家和地区	2010年	2011年	2012年	2013年	2014年	2015年	2016年	2017年	2018年	2019年	合计
美　国	18.18	44.00	30.00	38.10	18.18	16.67	16.67	36.67	28.00	23.81	26.83
意大利	9.09	0.00	5.00	9.52	9.09	13.33	10.00	13.33	0.00	4.76	7.72
英　国	9.09	20.00	5.00	4.76	4.55	10.00	6.67	3.33	0.00	0.00	6.50
德　国	9.09	0.00	5.00	9.52	9.09	3.33	10.00	3.33	8.00	4.76	6.10
澳大利亚	4.55	0.00	10.00	4.76	9.09	3.33	3.33	0.00	8.00	4.76	4.47
法　国	0.00	0.00	0.00	9.52	9.09	6.67	3.33	3.33	4.00	4.76	4.07
荷　兰	4.55	0.00	5.00	0.00	13.64	0.00	6.67	0.00	8.00	0.00	3.66
中国大陆	4.55	4.00	5.00	0.00	0.00	6.67	0.00	0.00	8.00	9.52	3.66
挪　威	4.55	8.00	0.00	4.76	0.00	3.33	0.00	3.33	4.00	4.76	3.25
加拿大	4.55	0.00	0.00	0.00	0.00	6.67	0.00	3.33	4.00	0.00	2.03
丹　麦	4.55	0.00	10.00	0.00	0.00	0.00	0.00	3.33	4.00	0.00	2.03
瑞　典	4.55	8.00	5.00	0.00	0.00	0.00	3.33	0.00	0.00	0.00	2.03
瑞　士	0.00	4.00	5.00	0.00	0.00	6.67	0.00	0.00	0.00	4.76	2.03
马拉维	0.00	4.00	0.00	0.00	0.00	0.00	6.67	0.00	0.00	4.76	1.63
日　本	0.00	0.00	5.00	0.00	9.09	0.00	3.33	0.00	0.00	0.00	1.63
西班牙	9.09	0.00	0.00	0.00	0.00	0.00	0.00	0.00	8.00	0.00	1.63
奥地利	0.00	0.00	0.00	0.00	9.09	0.00	3.33	0.00	0.00	0.00	1.22
比利时	0.00	4.00	0.00	4.76	0.00	0.00	0.00	3.33	0.00	0.00	1.22
肯尼亚	0.00	0.00	5.00	0.00	0.00	0.00	3.33	0.00	0.00	4.76	1.22
尼日利亚	4.55	0.00	0.00	0.00	0.00	0.00	0.00	0.00	0.00	9.52	1.22

表 8-21　农业经济和政策 C 层人才排名前 20 的国家和地区的占比

单位：%

国家和地区	2010年	2011年	2012年	2013年	2014年	2015年	2016年	2017年	2018年	2019年	合计
美　国	28.77	31.12	28.23	29.44	26.41	25.00	23.37	30.43	31.91	22.51	27.47
德　国	5.02	8.71	9.57	7.01	9.96	7.81	7.56	8.36	4.67	4.50	7.25
英　国	9.13	9.96	6.70	7.01	6.93	5.31	6.87	8.36	5.84	4.50	6.94
意大利	1.37	4.15	4.31	4.21	5.63	3.44	8.59	7.02	6.23	9.32	5.63
中国大陆	4.11	3.32	6.22	4.21	1.30	4.38	5.84	4.35	5.06	9.65	4.98
澳大利亚	6.85	4.56	5.74	4.67	3.46	5.63	3.78	3.01	4.28	3.22	4.44
荷　兰	5.02	4.15	3.83	5.14	5.63	4.69	3.09	2.34	2.72	1.61	3.70
西班牙	4.11	4.56	4.78	3.27	1.30	3.13	4.12	2.01	1.95	1.61	3.01

续表

国家和地区	2010年	2011年	2012年	2013年	2014年	2015年	2016年	2017年	2018年	2019年	合计
法　　国	4.11	0.83	3.35	3.27	3.03	0.94	3.09	2.68	1.95	2.89	2.55
比 利 时	3.65	2.07	1.91	4.67	3.03	2.19	2.75	1.67	2.33	1.61	2.51
挪　　威	2.74	1.24	1.44	1.40	3.03	1.88	2.75	3.01	3.50	2.57	2.39
加 拿 大	1.83	2.07	3.35	1.87	2.16	2.50	3.09	1.67	1.17	1.29	2.08
肯 尼 亚	2.28	2.90	1.44	1.87	2.60	3.75	1.37	0.67	1.17	1.29	1.93
丹　　麦	1.83	0.83	0.96	2.34	0.43	0.94	1.72	1.34	2.33	0.96	1.35
印　　度	0.91	0.83	0.48	0.00	0.87	2.19	1.72	2.34	2.33	0.96	1.35
瑞　　士	1.83	0.41	1.44	1.40	1.30	1.25	1.72	0.33	1.56	1.61	1.27
埃塞俄比亚	0.91	2.07	0.96	1.40	2.16	0.94	0.34	1.34	0.39	0.64	1.08
瑞　　典	0.91	1.24	1.44	0.93	0.43	1.56	2.06	0.00	0.39	0.64	0.96
日　　本	0.91	0.41	0.00	1.40	3.90	0.94	0.34	0.00	0.39	1.61	0.96
新 西 兰	1.37	0.83	0.96	0.47	0.43	0.31	0.34	0.67	1.95	1.93	0.93

八　公共行政

公共行政A、B、C层人才最多的国家是美国，分别占该学科全球A、B、C层人才的33.33%、28.21%、25.16%。

英国、荷兰、意大利、澳大利亚、加拿大、中国大陆、丹麦的A层人才比较多，世界占比在14%~3%之间；比利时、巴西、德国、爱尔兰、韩国、西班牙、瑞典也有相当数量的A层人才，世界占比均为1.96%。

英国、荷兰、德国、澳大利亚、意大利、加拿大、瑞士、丹麦的B层人才比较多，世界占比在18%~3%之间；西班牙、瑞典、比利时、挪威、中国大陆、中国香港、韩国、法国、新加坡、南非、葡萄牙也有相当数量的B层人才，世界占比超过或接近1%。

英国、荷兰、德国、澳大利亚、丹麦、加拿大的C层人才比较多，世界占比在16%~3%之间；瑞典、西班牙、意大利、比利时、瑞士、中国大陆、挪威、韩国、中国香港、法国、新加坡、芬兰、奥地利也有相当数量的C层人才，世界占比超过、等于或接近1%。

表 8－22　公共行政 A 层人才的国家和地区的占比

单位：%

国家和地区	2010年	2011年	2012年	2013年	2014年	2015年	2016年	2017年	2018年	2019年	合计
美　　国	20.00	25.00	40.00	25.00	40.00	60.00	16.67	42.86	20.00	40.00	33.33
英　　国	0.00	25.00	20.00	25.00	20.00	0.00	33.33	0.00	20.00	0.00	13.73
荷　　兰	20.00	0.00	0.00	0.00	0.00	20.00	33.33	28.57	0.00	0.00	11.76
意 大 利	0.00	0.00	0.00	25.00	20.00	0.00	0.00	0.00	20.00	20.00	7.84
澳大利亚	0.00	25.00	0.00	0.00	0.00	20.00	0.00	14.29	0.00	0.00	5.88
加 拿 大	0.00	25.00	20.00	0.00	20.00	0.00	0.00	0.00	0.00	0.00	5.88
中国大陆	20.00	0.00	0.00	0.00	0.00	0.00	0.00	0.00	20.00	0.00	3.92
丹　　麦	0.00	0.00	0.00	0.00	0.00	0.00	0.00	14.29	0.00	20.00	3.92
比 利 时	20.00	0.00	0.00	0.00	0.00	0.00	0.00	0.00	0.00	0.00	1.96
巴　　西	0.00	0.00	20.00	0.00	0.00	0.00	0.00	0.00	0.00	0.00	1.96
德　　国	0.00	0.00	0.00	0.00	0.00	0.00	0.00	0.00	20.00	0.00	1.96
爱 尔 兰	0.00	0.00	0.00	0.00	0.00	0.00	0.00	0.00	0.00	20.00	1.96
韩　　国	20.00	0.00	0.00	0.00	0.00	0.00	0.00	0.00	0.00	0.00	1.96
西 班 牙	0.00	0.00	0.00	0.00	0.00	0.00	16.67	0.00	0.00	0.00	1.96
瑞　　典	0.00	0.00	0.00	25.00	0.00	0.00	0.00	0.00	0.00	0.00	1.96

表 8－23　公共行政 B 层人才排名前 20 的国家和地区的占比

单位：%

国家和地区	2010年	2011年	2012年	2013年	2014年	2015年	2016年	2017年	2018年	2019年	合计
美　　国	22.73	48.89	42.31	30.43	25.00	26.67	25.93	24.24	18.52	21.67	28.21
英　　国	20.45	22.22	17.31	15.22	16.67	20.00	16.67	15.15	24.07	8.33	17.32
荷　　兰	9.09	4.44	9.62	10.87	10.42	11.11	14.81	12.12	11.11	8.33	10.31
德　　国	6.82	0.00	0.00	0.00	12.50	6.67	7.41	6.06	5.56	13.33	6.03
澳大利亚	6.82	0.00	9.62	6.52	2.08	0.00	1.85	10.61	7.41	3.33	5.06
意 大 利	4.55	2.22	0.00	4.35	0.00	0.00	3.70	6.06	5.56	8.33	3.70
加 拿 大	0.00	2.22	5.77	4.35	6.25	8.89	1.85	0.00	5.56	3.33	3.70
瑞　　士	9.09	2.22	1.92	2.17	0.00	6.67	7.41	1.52	3.70	3.33	3.70
丹　　麦	0.00	2.22	0.00	6.52	0.00	4.44	1.85	9.09	1.85	3.33	3.11
西 班 牙	2.27	4.44	0.00	0.00	2.08	2.22	3.70	3.03	0.00	1.67	1.95
瑞　　典	0.00	2.22	3.85	0.00	6.25	0.00	1.85	0.00	1.85	3.33	1.95
比 利 时	2.27	4.44	0.00	2.17	0.00	2.22	0.00	1.52	3.70	1.67	1.75
挪　　威	2.27	0.00	0.00	2.17	2.08	0.00	3.70	3.03	0.00	1.67	1.56

续表

国家和地区	2010年	2011年	2012年	2013年	2014年	2015年	2016年	2017年	2018年	2019年	合计
中国大陆	0.00	0.00	1.92	2.17	0.00	0.00	0.00	0.00	3.70	3.33	1.17
中国香港	0.00	2.22	0.00	2.17	2.08	2.22	0.00	0.00	0.00	3.33	1.17
韩国	2.27	0.00	1.92	4.35	2.08	0.00	0.00	1.52	0.00	0.00	1.17
法国	0.00	0.00	1.92	2.17	0.00	0.00	1.85	0.00	1.85	1.67	0.97
新加坡	0.00	0.00	0.00	0.00	4.17	4.44	1.85	0.00	0.00	0.00	0.97
南非	0.00	0.00	0.00	0.00	0.00	2.22	0.00	1.52	1.85	1.67	0.78
葡萄牙	0.00	0.00	0.00	2.17	0.00	0.00	1.85	0.00	1.85	0.00	0.58

表 8-24 公共行政 C 层人才排名前 20 的国家和地区的占比

单位：%

国家和地区	2010年	2011年	2012年	2013年	2014年	2015年	2016年	2017年	2018年	2019年	合计
美国	32.88	30.25	29.62	26.51	27.04	25.31	23.18	19.47	20.07	21.53	25.16
英国	17.69	18.48	17.10	20.70	16.74	16.32	13.87	14.06	12.66	13.68	15.89
荷兰	7.03	9.93	7.36	7.91	8.58	8.16	10.04	10.05	11.03	11.67	9.27
德国	5.67	4.16	5.37	4.88	5.58	5.65	8.03	7.88	7.59	8.25	6.45
澳大利亚	3.85	5.77	3.38	3.49	5.58	3.56	5.84	4.33	4.52	3.82	4.42
丹麦	2.27	3.00	2.78	3.26	4.94	5.23	3.10	3.40	4.70	2.62	3.54
加拿大	2.49	4.16	4.77	3.72	2.58	4.18	4.20	3.25	2.89	2.01	3.42
瑞典	2.95	3.23	1.99	2.33	2.58	2.51	2.37	3.09	2.17	4.02	2.72
西班牙	2.72	1.39	2.58	2.56	2.79	2.72	3.10	2.47	2.53	2.41	2.54
意大利	1.81	1.85	1.19	0.93	1.29	2.51	3.47	3.09	4.34	3.02	2.44
比利时	1.81	2.08	1.19	2.56	1.93	2.51	2.19	2.47	3.80	2.41	2.32
瑞士	1.59	1.62	2.98	2.33	2.15	2.51	1.09	2.32	2.17	2.41	2.12
中国大陆	1.36	0.92	1.79	2.79	1.72	2.51	1.64	1.39	3.44	3.02	2.06
挪威	1.81	1.15	0.60	1.63	1.93	2.72	1.82	2.32	1.27	2.01	1.74
韩国	0.45	1.62	1.59	1.40	1.72	1.88	1.82	1.55	1.99	1.61	1.58
中国香港	3.17	2.31	1.99	0.93	2.15	1.05	1.09	1.24	0.90	1.41	1.58
法国	0.23	0.92	1.39	1.63	1.07	0.42	2.01	1.08	0.90	1.61	1.14
新加坡	0.23	0.46	0.60	0.93	0.64	2.51	1.28	1.55	1.27	1.61	1.14
芬兰	0.91	0.46	1.79	0.23	0.64	1.46	0.55	1.39	0.72	1.61	1.00
奥地利	1.13	0.46	0.80	1.16	1.07	0.63	0.73	1.08	1.27	1.01	0.94

九　卫生保健科学和服务

卫生保健科学和服务 A、B、C 层人才最多的国家是美国，分别占该学科全球 A、B、C 层人才的 28.35%、33.63%、34.21%。

英国、加拿大、荷兰、澳大利亚、西班牙、瑞士的 A 层人才比较多，世界占比在 18%~3% 之间；挪威、德国、中国大陆、南非、丹麦、埃及、中国香港、黎巴嫩、伊朗、墨西哥、奥地利、比利时、巴西也有相当数量的 A 层人才，世界占比超过或接近 1%。

英国、加拿大、荷兰、澳大利亚、德国的 B 层人才比较多，世界占比在 15%~3% 之间；挪威、西班牙、瑞士、瑞典、意大利、中国大陆、比利时、法国、丹麦、新加坡、新西兰、爱尔兰、以色列、日本也有相当数量的 B 层人才，世界占比超过或接近 1%。

英国、加拿大、澳大利亚、荷兰、德国的 C 层人才比较多，世界占比在 13%~3% 之间；西班牙、意大利、中国大陆、瑞士、瑞典、比利时、法国、挪威、丹麦、印度、爱尔兰、南非、巴西、韩国也有相当数量的C层人才，世界占比超过或接近 1%。

表 8-25　卫生保健科学和服务 A 层人才排名前 20 的国家和地区的占比

单位：%

国家和地区	2010年	2011年	2012年	2013年	2014年	2015年	2016年	2017年	2018年	2019年	合计
美　　国	23.53	12.50	22.73	34.78	36.36	18.52	29.03	28.13	27.78	40.00	28.35
英　　国	11.76	6.25	27.27	26.09	13.64	22.22	16.13	21.88	11.11	17.14	17.62
加 拿 大	35.29	12.50	13.64	8.70	13.64	11.11	19.35	9.38	2.78	8.57	12.26
荷　　兰	11.76	6.25	4.55	4.35	13.64	7.41	12.90	6.25	11.11	8.57	8.81
澳大利亚	0.00	6.25	22.73	4.35	0.00	11.11	0.00	6.25	5.56	2.86	5.75
西 班 牙	11.76	12.50	0.00	0.00	0.00	0.00	3.23	0.00	8.33	0.00	3.07
瑞　　士	0.00	12.50	0.00	0.00	4.55	3.70	0.00	3.13	5.56	2.86	3.07
挪　　威	0.00	12.50	4.55	0.00	4.55	3.70	3.23	0.00	2.78	0.00	2.68
德　　国	5.88	12.50	0.00	4.35	0.00	0.00	0.00	3.13	2.78	2.86	2.68
中国大陆	0.00	0.00	4.55	0.00	0.00	0.00	3.23	3.13	0.00	5.71	1.92
南　　非	0.00	0.00	0.00	0.00	4.55	7.41	0.00	0.00	2.78	0.00	1.53
丹　　麦	0.00	6.25	0.00	0.00	0.00	0.00	0.00	6.25	0.00	0.00	1.15
埃　　及	0.00	0.00	0.00	0.00	0.00	3.70	0.00	0.00	2.78	2.86	1.15

续表

国家和地区	2010年	2011年	2012年	2013年	2014年	2015年	2016年	2017年	2018年	2019年	合计
中国香港	0.00	0.00	0.00	0.00	4.55	0.00	0.00	0.00	2.78	0.00	0.77
黎巴嫩	0.00	0.00	0.00	0.00	0.00	0.00	3.23	0.00	0.00	2.86	0.77
伊　朗	0.00	0.00	0.00	0.00	0.00	3.70	0.00	0.00	2.78	0.00	0.77
墨西哥	0.00	0.00	0.00	0.00	0.00	0.00	0.00	3.13	2.78	0.00	0.77
奥地利	0.00	0.00	0.00	4.35	0.00	0.00	0.00	0.00	0.00	2.86	0.77
比利时	0.00	0.00	0.00	0.00	0.00	0.00	0.00	3.13	0.00	2.86	0.77
巴　西	0.00	0.00	0.00	0.00	0.00	3.70	0.00	0.00	2.78	0.00	0.77

表8-26　卫生保健科学和服务B层人才排名前20的国家和地区的占比

单位：%

国家和地区	2010年	2011年	2012年	2013年	2014年	2015年	2016年	2017年	2018年	2019年	合计
美　国	34.39	31.67	34.26	38.36	35.86	43.27	31.86	36.62	27.48	25.31	33.63
英　国	11.46	12.78	18.52	14.66	14.74	12.73	12.20	15.61	16.29	12.35	14.20
加拿大	11.46	13.33	13.43	10.34	10.76	8.73	11.86	9.55	6.71	6.79	9.93
荷　兰	7.64	6.67	6.02	6.90	6.77	5.45	7.12	4.46	4.47	3.70	5.71
澳大利亚	3.82	3.89	7.87	3.45	5.18	6.55	7.12	3.82	7.99	5.56	5.67
德　国	1.91	4.44	1.39	4.31	3.19	2.55	4.07	3.18	2.88	3.09	3.13
挪　威	1.91	6.11	2.31	3.88	1.20	0.73	2.71	0.96	1.92	1.85	2.19
西班牙	3.82	2.78	0.00	2.59	2.39	2.55	2.71	1.27	1.28	2.16	2.07
瑞　士	1.27	5.00	0.93	2.59	0.80	1.45	1.02	2.23	2.24	0.62	1.72
瑞　典	1.91	1.67	0.93	0.00	1.59	1.09	1.69	1.91	0.64	3.70	1.56
意大利	1.27	1.67	1.85	0.86	1.59	0.73	1.69	1.59	0.64	2.47	1.45
中国大陆	0.00	0.56	0.46	0.00	1.20	0.00	1.36	2.23	3.51	1.85	1.29
比利时	1.27	0.56	1.39	0.00	1.20	0.36	2.37	0.32	1.60	3.09	1.29
法　国	1.91	1.11	0.93	0.86	1.59	1.09	1.69	2.23	0.00	0.93	1.21
丹　麦	0.00	1.11	0.93	1.29	0.80	0.36	0.34	1.91	1.60	0.93	0.98
新加坡	0.64	1.11	0.93	0.00	0.80	0.00	1.02	0.64	1.28	1.85	0.86
新西兰	0.00	1.11	0.00	1.29	0.80	0.73	1.02	0.64	1.60	0.62	0.82
爱尔兰	1.27	0.56	0.00	0.43	1.99	0.73	0.68	0.00	0.96	0.31	0.66
以色列	0.64	0.00	1.39	1.29	0.40	0.36	0.00	0.00	0.64	1.85	0.66
日　本	1.91	0.56	0.00	0.43	0.40	0.00	1.02	0.32	0.32	1.85	0.66

表 8－27　卫生保健科学和服务 C 层人才排名前 20 的国家和地区的占比

单位：%

国家和地区	2010年	2011年	2012年	2013年	2014年	2015年	2016年	2017年	2018年	2019年	合计
美　国	41.46	36.58	35.47	34.88	37.22	34.86	33.73	31.13	31.23	30.65	34.21
英　国	12.28	14.39	13.64	13.43	12.97	13.13	13.23	12.29	12.42	10.96	12.80
加拿大	8.35	9.84	8.10	8.02	7.48	7.78	8.33	8.77	7.41	7.64	8.11
澳大利亚	6.27	6.54	7.08	6.50	6.63	7.52	6.67	6.06	6.62	6.12	6.60
荷　兰	5.89	5.63	6.28	6.02	5.15	5.23	4.94	4.95	5.63	4.65	5.38
德　国	3.10	3.47	3.12	3.47	3.56	2.90	2.86	3.55	3.29	3.54	3.29
西班牙	1.96	1.25	1.77	1.99	1.64	1.77	2.01	2.44	2.23	2.36	1.98
意大利	1.33	1.54	1.63	2.38	1.47	1.73	1.69	2.51	2.20	2.25	1.92
中国大陆	0.70	0.80	1.44	1.13	1.55	1.62	2.08	2.04	2.75	3.02	1.83
瑞　士	1.84	1.48	1.82	2.08	1.72	1.54	1.66	2.11	2.02	1.62	1.80
瑞　典	1.71	1.48	1.21	1.82	1.39	1.43	1.34	1.81	1.65	1.66	1.55
比利时	1.14	1.54	1.12	1.65	1.19	1.35	1.38	1.21	1.85	1.25	1.38
法　国	1.39	0.91	0.98	1.52	1.31	1.24	0.92	1.44	1.68	1.66	1.32
挪　威	1.08	1.37	1.21	1.52	1.19	1.05	1.45	1.41	1.34	1.00	1.27
丹　麦	1.01	0.91	0.88	1.08	0.90	0.98	1.16	1.00	1.17	1.40	1.06
印　度	0.44	0.23	0.65	0.48	1.10	0.86	0.88	1.00	0.69	1.40	0.82
爱尔兰	0.25	0.57	0.61	0.52	0.98	0.86	0.67	0.97	0.93	1.11	0.78
南　非	0.51	0.63	1.12	0.52	0.45	0.79	0.92	0.97	0.89	0.66	0.76
巴　西	1.01	1.19	0.74	0.35	0.74	0.64	0.46	0.80	0.58	0.74	0.70
韩　国	0.32	0.23	0.79	0.61	0.49	0.75	0.99	0.64	0.65	1.00	0.68

十　医学伦理学

医学伦理学 A、B、C 层人才最多的国家是美国，分别占该学科全球 A、B、C 层人才的 77.78%、38.99%、34.30%。

瑞士和英国也有一定数量的 A 层人才，世界占比均为 11.11%。

英国、加拿大、澳大利亚、德国、荷兰的 B 层人才比较多，世界占比在 16%~3%之间；南非、瑞典、瑞士、比利时、法国、爱尔兰、意大利、日本、马里、挪威、新加坡、喀麦隆、苏丹、克罗地亚也有相当数量的 B 层人才。

英国、加拿大、澳大利亚、荷兰、德国的 C 层人才比较多，世界占比在15%~3%之间；南非、瑞士、挪威、比利时、新西兰、瑞典、新加坡、丹麦、中国大陆、肯尼亚、意大利、西班牙、法国、加纳也有相当数量的C层人才。

表8－28　医学伦理学A层人才的国家和地区的占比

单位：%

国家和地区	2010年	2011年	2012年	2013年	2014年	2015年	2016年	2017年	2018年	2019年	合计
美　国	100.00	100.00	100.00	100.00	0.00	0.00	0.00	0.00	100.00	100.00	77.78
瑞　士	0.00	0.00	0.00	0.00	0.00	0.00	0.00	100.00	0.00	0.00	11.11
英　国	0.00	0.00	0.00	0.00	0.00	0.00	100.00	0.00	0.00	0.00	11.11

表8－29　医学伦理学B层人才排名前20的国家和地区的占比

单位：%

国家和地区	2010年	2011年	2012年	2013年	2014年	2015年	2016年	2017年	2018年	2019年	合计
美　国	54.55	26.67	50.00	50.00	46.15	30.00	30.00	15.79	35.29	68.75	38.99
英　国	27.27	33.33	16.67	12.50	7.69	15.00	20.00	15.79	5.88	6.25	15.72
加拿大	9.09	6.67	8.33	12.50	30.77	10.00	5.00	21.05	5.88	6.25	11.32
澳大利亚	0.00	0.00	0.00	6.25	0.00	10.00	15.00	10.53	0.00	12.50	6.29
德　国	0.00	0.00	8.33	6.25	0.00	5.00	5.00	5.26	5.88	0.00	3.77
荷　兰	0.00	6.67	0.00	0.00	7.69	10.00	0.00	5.26	5.88	0.00	3.77
南　非	9.09	0.00	0.00	0.00	0.00	5.00	0.00	0.00	0.00	6.25	1.89
瑞　典	0.00	0.00	0.00	6.25	0.00	5.00	0.00	5.26	0.00	0.00	1.89
瑞　士	0.00	0.00	8.33	0.00	0.00	5.00	0.00	0.00	5.88	0.00	1.89
比利时	0.00	0.00	8.33	0.00	7.69	0.00	5.00	0.00	0.00	0.00	1.89
法　国	0.00	13.33	0.00	0.00	0.00	0.00	0.00	0.00	5.88	0.00	1.89
爱尔兰	0.00	0.00	0.00	0.00	0.00	0.00	5.00	5.26	5.88	0.00	1.89
意大利	0.00	0.00	0.00	0.00	0.00	0.00	0.00	5.26	5.88	0.00	1.26
日　本	0.00	0.00	0.00	0.00	0.00	0.00	5.00	0.00	0.00	0.00	0.63
马　里	0.00	6.67	0.00	0.00	0.00	0.00	0.00	0.00	0.00	0.00	0.63
挪　威	0.00	0.00	0.00	0.00	0.00	0.00	0.00	5.26	0.00	0.00	0.63
新加坡	0.00	0.00	0.00	0.00	0.00	0.00	5.00	0.00	0.00	0.00	0.63
喀麦隆	0.00	0.00	0.00	0.00	0.00	0.00	0.00	0.00	5.88	0.00	0.63
苏　丹	0.00	6.67	0.00	0.00	0.00	0.00	0.00	0.00	0.00	0.00	0.63
克罗地亚	0.00	0.00	0.00	0.00	0.00	0.00	0.00	5.26	0.00	0.00	0.63

表 8-30　医学伦理学 C 层人才排名前 20 的国家和地区的占比

单位：%

国家和地区	2010年	2011年	2012年	2013年	2014年	2015年	2016年	2017年	2018年	2019年	合计
美　国	41.73	42.25	38.89	28.57	26.16	31.44	38.65	38.55	41.84	21.81	34.30
英　国	14.96	19.72	15.08	12.99	15.12	19.07	11.04	12.85	12.77	14.36	14.82
加拿大	11.02	9.15	8.73	8.44	12.21	7.22	8.59	11.17	5.67	4.26	8.58
澳大利亚	3.94	2.82	7.94	5.84	8.14	6.19	6.75	6.70	6.38	7.98	6.37
荷　兰	2.36	5.63	3.17	4.55	4.07	8.25	3.07	3.35	4.96	4.26	4.48
德　国	4.72	3.52	5.56	4.55	3.49	2.58	1.23	3.91	3.55	3.72	3.59
南　非	1.57	0.00	1.59	4.55	2.91	4.64	2.45	1.68	1.42	1.06	2.27
瑞　士	2.36	0.00	1.59	1.95	1.74	3.09	3.07	2.79	2.84	2.13	2.21
挪　威	1.57	2.11	0.79	3.90	2.33	1.03	4.29	3.35	2.13	0.53	2.21
比利时	0.79	3.52	3.97	1.95	2.33	1.03	1.84	2.23	2.13	2.13	2.14
新西兰	2.36	2.11	0.00	0.00	0.00	1.03	0.61	0.56	3.55	2.13	1.20
瑞　典	0.79	0.70	0.79	1.95	1.16	1.55	0.00	0.56	1.42	2.13	1.13
新加坡	0.00	0.00	0.00	0.65	0.00	1.03	1.23	2.79	0.71	2.13	0.95
丹　麦	0.00	0.00	0.00	1.95	0.00	1.03	2.45	0.00	1.42	1.60	0.88
中国大陆	0.79	0.70	0.79	0.65	0.58	0.52	0.00	1.12	2.13	1.06	0.82
肯尼亚	0.79	1.41	1.59	1.95	0.00	1.03	0.00	0.56	0.00	1.06	0.82
意大利	0.79	0.00	0.79	1.30	2.33	0.00	0.61	0.00	0.00	1.06	0.69
西班牙	0.79	1.41	0.79	0.65	1.16	0.52	0.61	0.00	0.00	1.06	0.69
法　国	0.79	0.00	0.00	0.65	1.16	0.00	1.84	0.00	1.42	1.06	0.69
加　纳	0.79	0.00	0.79	0.00	0.58	0.52	1.23	0.56	0.71	1.06	0.63

十一　区域和城市规划

区域和城市规划 A、B、C 层人才最多的国家是美国，分别占该学科全球 A、B、C 层人才的 20.00%、16.91%、14.88%。

英国、荷兰、澳大利亚、中国大陆、瑞典、法国、丹麦、德国、意大利、瑞士的 A 层人才比较多，世界占比在 17%～3%之间；塞浦路斯、黎巴嫩、韩国、阿联酋、比利时、巴西、加拿大也有相当数量的 A 层人才，世界占比均为 1.54%。

英国、中国大陆、荷兰、德国、澳大利亚、西班牙、瑞典、意大利、法国的 B 层人才比较多，世界占比在 14%～3%之间；中国香港、加拿大、奥地利、瑞士、比利时、丹麦、南非、芬兰、挪威、日本也有相当数量的 B 层人才，世界占比超过1%。

英国、中国大陆、荷兰、澳大利亚、德国、意大利、西班牙、加拿大、瑞典的C层人才比较多，世界占比在15%～3%之间；法国、中国香港、比利时、韩国、芬兰、挪威、瑞士、奥地利、中国台湾、丹麦也有相当数量的C层人才，世界占比超过1%。

表8－31　区域和城市规划A层人才的国家和地区的占比

单位：%

国家和地区	2010年	2011年	2012年	2013年	2014年	2015年	2016年	2017年	2018年	2019年	合计
美　国	25.00	0.00	0.00	16.67	42.86	16.67	28.57	22.22	28.57	11.11	20.00
英　国	50.00	40.00	40.00	16.67	0.00	0.00	28.57	11.11	0.00	11.11	16.92
荷　兰	0.00	20.00	20.00	0.00	0.00	50.00	14.29	11.11	0.00	11.11	12.31
澳大利亚	0.00	0.00	20.00	16.67	14.29	16.67	0.00	22.22	0.00	11.11	10.77
中国大陆	0.00	0.00	0.00	0.00	14.29	0.00	14.29	11.11	0.00	11.11	6.15
瑞　典	0.00	20.00	0.00	16.67	0.00	16.67	0.00	11.11	0.00	0.00	6.15
法　国	0.00	0.00	0.00	0.00	0.00	0.00	14.29	0.00	14.29	11.11	4.62
丹　麦	0.00	20.00	0.00	16.67	0.00	0.00	0.00	0.00	0.00	0.00	3.08
德　国	0.00	0.00	20.00	0.00	0.00	0.00	0.00	0.00	14.29	0.00	3.08
意大利	0.00	0.00	0.00	0.00	14.29	0.00	0.00	0.00	14.29	0.00	3.08
瑞　士	0.00	0.00	0.00	0.00	14.29	0.00	0.00	11.11	0.00	0.00	3.08
塞浦路斯	0.00	0.00	0.00	0.00	0.00	0.00	0.00	0.00	14.29	0.00	1.54
黎巴嫩	0.00	0.00	0.00	0.00	0.00	0.00	0.00	0.00	0.00	11.11	1.54
韩　国	25.00	0.00	0.00	0.00	0.00	0.00	0.00	0.00	0.00	0.00	1.54
阿联酋	0.00	0.00	0.00	0.00	0.00	0.00	0.00	0.00	0.00	11.11	1.54
比利时	0.00	0.00	0.00	0.00	0.00	0.00	0.00	0.00	0.00	11.11	1.54
巴　西	0.00	0.00	0.00	0.00	0.00	0.00	0.00	0.00	14.29	0.00	1.54
加拿大	0.00	0.00	0.00	16.67	0.00	0.00	0.00	0.00	0.00	0.00	1.54

表8－32　区域和城市规划B层人才排名前20的国家和地区的占比

单位：%

国家和地区	2010年	2011年	2012年	2013年	2014年	2015年	2016年	2017年	2018年	2019年	合计
美　国	20.45	29.79	24.56	8.20	21.13	20.83	15.07	13.83	16.46	7.32	16.91
英　国	11.36	23.40	14.04	19.67	14.08	6.94	15.07	17.02	11.39	9.76	13.97
中国大陆	6.82	0.00	7.02	9.84	7.04	6.94	16.44	11.70	11.39	12.20	9.56
荷　兰	11.36	6.38	5.26	4.92	5.63	11.11	5.48	8.51	7.59	6.10	7.21

续表

国家和地区	2010年	2011年	2012年	2013年	2014年	2015年	2016年	2017年	2018年	2019年	合计
德　　国	4.55	4.26	7.02	3.28	5.63	8.33	5.48	7.45	6.33	4.88	5.88
澳大利亚	4.55	8.51	8.77	3.28	7.04	4.17	0.00	2.13	5.06	4.88	4.56
西 班 牙	4.55	4.26	5.26	1.64	4.23	2.78	5.48	5.32	3.80	4.88	4.26
瑞　　典	2.27	0.00	5.26	4.92	2.82	5.56	2.74	3.19	3.80	3.66	3.53
意 大 利	0.00	0.00	3.51	3.28	2.82	4.17	2.74	3.19	3.80	7.32	3.38
法　　国	2.27	2.13	3.51	1.64	1.41	4.17	1.37	2.13	2.53	8.54	3.09
中国香港	0.00	4.26	0.00	0.00	4.23	2.78	5.48	4.26	3.80	0.00	2.65
加 拿 大	6.82	2.13	1.75	3.28	0.00	2.78	1.37	2.13	0.00	1.22	1.91
奥 地 利	2.27	2.13	0.00	1.64	2.82	2.78	2.74	0.00	2.53	1.22	1.76
瑞　　士	0.00	0.00	5.26	3.28	0.00	4.17	2.74	1.06	1.27	0.00	1.76
比 利 时	0.00	0.00	0.00	3.28	4.23	1.39	1.37	1.06	1.27	2.44	1.62
丹　　麦	4.55	2.13	0.00	1.64	2.82	0.00	2.74	1.06	0.00	1.22	1.47
南　　非	0.00	2.13	1.75	1.64	2.82	0.00	0.00	1.06	2.53	1.22	1.32
芬　　兰	2.27	0.00	0.00	1.64	2.82	0.00	1.37	0.00	1.27	1.22	1.03
挪　　威	0.00	2.13	3.51	0.00	0.00	0.00	1.37	1.06	0.00	2.44	1.03
日　　本	4.55	0.00	0.00	3.28	0.00	2.78	0.00	0.00	1.27	0.00	1.03

表 8-33　区域和城市规划 C 层人才排名前 20 的国家和地区的占比

单位：%

国家和地区	2010年	2011年	2012年	2013年	2014年	2015年	2016年	2017年	2018年	2019年	合计
美　　国	21.54	19.06	18.18	12.76	15.95	13.28	14.50	13.34	12.29	12.99	14.88
英　　国	15.65	13.70	17.64	19.14	12.68	13.87	10.22	14.66	14.36	11.69	14.14
中国大陆	4.76	3.00	5.45	5.52	7.69	9.78	12.15	7.83	10.61	12.21	8.38
荷　　兰	9.30	8.78	6.55	9.66	7.12	6.42	7.04	5.84	5.69	5.06	6.89
澳大利亚	5.90	5.14	8.18	6.55	6.84	4.96	5.25	6.17	5.17	4.81	5.85
德　　国	4.76	5.14	6.18	3.10	5.70	6.13	4.56	4.30	4.79	4.16	4.85
意 大 利	3.40	4.28	3.09	4.31	3.56	4.82	3.59	4.52	5.05	5.45	4.29
西 班 牙	2.49	3.64	2.55	4.31	3.42	3.50	5.39	3.53	4.14	3.51	3.71
加 拿 大	4.76	3.43	2.91	4.31	3.85	4.09	2.62	3.31	2.20	1.69	3.21
瑞　　典	2.49	4.28	2.36	2.93	2.85	3.21	2.21	3.20	3.49	3.51	3.06
法　　国	2.27	2.14	2.36	2.41	3.28	2.34	1.38	2.21	2.20	3.38	2.41
中国香港	0.91	2.14	2.36	2.24	2.42	1.75	2.76	2.43	2.46	2.34	2.24
比 利 时	1.13	1.07	1.09	1.03	1.57	0.44	1.80	2.32	1.55	2.60	1.55
韩　　国	1.36	1.07	0.91	0.52	1.42	3.21	2.21	1.65	1.29	1.17	1.53

续表

国家和地区	2010年	2011年	2012年	2013年	2014年	2015年	2016年	2017年	2018年	2019年	合计
芬　兰	1.81	0.86	1.09	1.90	1.71	1.02	1.10	2.43	0.91	1.69	1.49
挪　威	1.81	1.71	1.09	1.21	1.00	1.31	1.24	2.09	1.16	1.43	1.41
瑞　士	1.13	2.36	1.64	1.03	1.42	2.77	1.38	0.66	1.03	1.04	1.39
奥地利	0.45	1.71	1.09	1.55	0.85	2.34	0.97	0.66	1.42	1.69	1.27
中国台湾	1.13	0.43	1.27	0.69	1.99	1.75	0.83	1.32	1.55	0.65	1.20
丹　麦	0.45	0.43	1.27	1.03	1.14	1.31	1.93	1.21	1.29	1.04	1.17

十二　信息学和图书馆学

信息学和图书馆学 A、B、C 层人才最多的国家是美国，分别占该学科全球 A、B、C 层人才的 37.60%、30.06%、29.24%。

英国、加拿大、荷兰、德国、西班牙、芬兰、挪威的 A 层人才比较多，世界占比在 12%~3%；澳大利亚、中国大陆、印度、葡萄牙、丹麦、约旦、瑞典、中国台湾、奥地利、瑞士、巴西、法国也有相当数量的 A 层人才，世界占比超过或接近 1%。

英国、加拿大、中国大陆、荷兰、德国、中国香港、韩国的 B 层人才比较多，世界占比在 9%~3% 之间；澳大利亚、中国台湾、西班牙、芬兰、印度、马来西亚、新加坡、意大利、丹麦、法国、瑞典、瑞士也有相当数量的 B 层人才，世界占比超过 1%。

英国、中国大陆、加拿大、澳大利亚、西班牙、荷兰、德国的 C 层人才比较多，世界占比在 8%~3% 之间；韩国、中国台湾、中国香港、意大利、法国、芬兰、丹麦、新加坡、瑞典、印度、比利时、瑞士也有相当数量的 C 层人才，世界占比超过 1%。

表 8-34　信息学和图书馆学 A 层人才排名前 20 的国家和地区的占比

单位：%

国家和地区	2010年	2011年	2012年	2013年	2014年	2015年	2016年	2017年	2018年	2019年	合计
美　国	45.45	58.33	46.15	53.85	50.00	30.77	8.33	35.71	41.67	7.69	37.60
英　国	9.09	0.00	15.38	7.69	0.00	0.00	25.00	21.43	16.67	23.08	12.00
加拿大	9.09	0.00	0.00	7.69	0.00	7.69	8.33	0.00	16.67	15.38	6.40

续表

国家和地区	2010年	2011年	2012年	2013年	2014年	2015年	2016年	2017年	2018年	2019年	合计
荷　　兰	9.09	0.00	0.00	0.00	0.00	23.08	8.33	14.29	8.33	0.00	6.40
德　　国	9.09	0.00	7.69	7.69	0.00	7.69	0.00	0.00	8.33	0.00	4.00
西 班 牙	0.00	8.33	15.38	0.00	0.00	7.69	0.00	0.00	8.33	0.00	4.00
芬　　兰	0.00	8.33	0.00	0.00	0.00	7.69	8.33	0.00	0.00	7.69	3.20
挪　　威	9.09	8.33	0.00	0.00	0.00	0.00	16.67	0.00	0.00	0.00	3.20
澳大利亚	0.00	0.00	7.69	7.69	0.00	0.00	8.33	0.00	0.00	0.00	2.40
中国大陆	0.00	0.00	0.00	7.69	8.33	0.00	0.00	7.14	0.00	0.00	2.40
印　　度	0.00	0.00	0.00	0.00	8.33	0.00	0.00	0.00	0.00	15.38	2.40
葡 萄 牙	0.00	0.00	0.00	0.00	16.67	7.69	0.00	0.00	0.00	0.00	2.40
丹　　麦	0.00	0.00	0.00	0.00	0.00	0.00	16.67	0.00	0.00	0.00	1.60
约　　旦	0.00	0.00	0.00	0.00	0.00	0.00	0.00	14.29	0.00	0.00	1.60
瑞　　典	9.09	8.33	0.00	0.00	0.00	0.00	0.00	0.00	0.00	0.00	1.60
中国台湾	0.00	8.33	0.00	0.00	8.33	0.00	0.00	0.00	0.00	0.00	1.60
奥 地 利	0.00	0.00	0.00	0.00	0.00	0.00	0.00	0.00	0.00	7.69	0.80
瑞　　士	0.00	0.00	0.00	0.00	0.00	7.69	0.00	0.00	0.00	0.00	0.80
巴　　西	0.00	0.00	0.00	0.00	0.00	0.00	0.00	0.00	0.00	7.69	0.80
法　　国	0.00	0.00	0.00	0.00	0.00	0.00	0.00	0.00	0.00	7.69	0.80

表 8－35　信息学和图书馆学 B 层人才排名前 20 的国家和地区的占比

单位：%

国家和地区	2010年	2011年	2012年	2013年	2014年	2015年	2016年	2017年	2018年	2019年	合计
美　　国	42.48	37.39	41.18	39.37	34.09	28.46	22.66	25.18	18.11	14.05	30.06
英　　国	9.73	6.09	8.40	9.45	9.85	12.20	7.03	7.19	6.30	6.61	8.28
加 拿 大	6.19	7.83	5.88	5.51	8.33	8.94	7.81	5.04	2.36	3.31	6.11
中国大陆	3.54	1.74	3.36	3.15	6.06	5.69	9.38	10.07	8.66	6.61	5.95
荷　　兰	5.31	7.83	4.20	5.51	5.30	4.07	4.69	4.32	1.57	0.83	4.34
德　　国	4.42	4.35	1.68	3.94	5.30	6.50	3.13	2.16	1.57	1.65	3.46
中国香港	2.65	4.35	4.20	2.36	4.55	4.07	3.91	3.60	1.57	0.83	3.22
韩　　国	0.88	5.22	3.36	2.36	3.79	4.88	2.34	2.88	0.00	4.96	3.05
澳大利亚	0.88	3.48	4.20	4.72	2.27	1.63	2.34	3.60	4.72	1.65	2.97
中国台湾	1.77	3.48	1.68	3.15	3.79	3.25	3.13	3.60	3.15	1.65	2.89
西 班 牙	0.88	3.48	3.36	3.15	1.52	2.44	1.56	3.60	3.94	3.31	2.73
芬　　兰	3.54	0.87	4.20	1.57	0.76	2.44	3.91	1.44	4.72	2.48	2.57

续表

国家和地区	2010年	2011年	2012年	2013年	2014年	2015年	2016年	2017年	2018年	2019年	合计
印　度	0.00	0.87	0.00	0.79	0.00	0.81	0.78	2.16	6.30	4.96	1.69
马来西亚	0.00	0.87	0.00	1.57	1.52	1.63	4.69	0.72	0.00	4.96	1.61
新加坡	0.88	4.35	0.00	2.36	1.52	0.81	0.78	1.44	1.57	1.65	1.53
意大利	0.00	0.00	0.84	0.00	0.76	1.63	2.34	4.32	2.36	1.65	1.45
丹　麦	0.88	0.00	1.68	1.57	0.00	2.44	1.56	0.00	4.72	0.83	1.37
法　国	1.77	0.00	0.00	0.00	1.52	0.81	1.56	0.72	3.15	2.48	1.21
瑞　典	0.88	0.00	0.00	0.79	0.76	0.00	3.13	2.16	0.79	3.31	1.21
瑞　士	0.88	2.61	1.68	0.79	0.76	1.63	0.00	1.44	0.79	0.83	1.13

表 8-36　信息学和图书馆学 C 层人才排名前 20 的国家和地区的占比

单位：%

国家和地区	2010年	2011年	2012年	2013年	2014年	2015年	2016年	2017年	2018年	2019年	合计
美　国	38.40	33.42	34.92	33.52	32.61	29.17	26.35	23.59	23.07	18.53	29.24
英　国	7.82	8.29	7.54	8.38	8.27	7.14	7.09	7.13	7.40	9.04	7.79
中国大陆	3.87	4.99	5.37	6.45	6.57	7.23	7.32	7.91	9.24	12.18	7.13
加拿大	6.15	6.24	4.33	5.56	5.02	4.76	3.42	3.32	3.62	4.12	4.61
澳大利亚	4.39	4.10	4.16	4.03	4.71	4.42	4.46	5.23	3.30	3.67	4.27
西班牙	4.39	3.74	3.03	4.19	4.25	3.91	3.34	4.24	4.42	4.74	4.03
荷　兰	3.51	4.99	3.90	4.43	4.40	4.42	5.18	3.39	2.89	2.42	3.96
德　国	2.28	2.94	2.86	3.63	2.86	3.57	4.06	4.31	4.18	3.76	3.47
韩　国	2.46	3.12	2.51	2.66	3.40	2.98	3.42	2.54	2.33	2.86	2.83
中国台湾	2.64	3.65	3.03	3.06	2.70	2.72	1.99	2.05	1.93	2.33	2.59
中国香港	1.76	2.41	2.60	2.10	1.24	2.55	2.31	3.04	1.77	1.70	2.15
意大利	1.14	1.96	2.25	1.85	1.55	2.81	2.47	2.05	2.41	2.06	2.06
法　国	1.41	1.43	1.39	0.73	1.55	2.38	1.51	1.69	2.25	2.06	1.64
芬　兰	1.05	0.98	1.56	1.37	1.70	1.36	1.91	1.84	1.53	1.61	1.51
丹　麦	0.88	1.25	1.04	1.29	0.93	1.36	1.91	1.27	1.77	1.52	1.32
新加坡	1.49	1.52	1.65	1.29	1.08	1.53	1.35	1.34	0.96	0.98	1.32
瑞　典	0.97	1.87	1.91	1.13	1.16	1.02	1.35	1.13	1.53	0.72	1.27
印　度	1.05	0.71	0.61	0.24	1.31	0.94	1.04	1.84	2.25	1.79	1.19
比利时	2.28	1.34	1.04	1.13	1.00	1.36	1.19	0.78	1.13	0.72	1.18
瑞　士	1.05	0.80	0.87	1.45	1.08	0.94	1.35	1.34	0.80	0.98	1.08

第二节　学科组

在管理科学各学科人才分析的基础上，按照A、B、C层三个人才层次，对各学科人才进行汇总分析，可以从学科组层面揭示人才的分布特点和发展趋势。

一　A层人才

管理科学A层人才最多的国家是美国，占该学科组全球A层人才的33.44%，英国以12.22%的世界占比排名第二，这两个国家的A层人才合计占比接近全球的50%；其后是荷兰、加拿大、德国、澳大利亚，世界占比分别为6.16%、5.70%、5.03%、4.26%；中国大陆、法国、西班牙、意大利的A层人才也比较多，世界占比在4%~2%之间；瑞士、丹麦、瑞典、挪威、中国香港、比利时也有相当数量的A层人才，世界占比超过1%；奥地利、巴西、印度、韩国、新西兰、土耳其、葡萄牙、伊朗、黎巴嫩、以色列、新加坡、芬兰、马来西亚、爱尔兰、南非、中国台湾、波兰、塞浦路斯、埃及、沙特阿拉伯、阿联酋、哥伦比亚、墨西哥、阿根廷也有一定数量的A层人才，世界占比低于1%。

在发展趋势上，美国呈现相对下降趋势，澳大利亚、中国大陆、法国呈现相对上升趋势，其他国家和地区没有明显变化。

表8-37　管理科学A层人才排名前40的国家和地区的占比

单位：%

国家和地区	2010年	2011年	2012年	2013年	2014年	2015年	2016年	2017年	2018年	2019年	合计
美国	49.03	43.04	40.61	36.05	36.22	29.90	32.11	31.88	26.79	19.83	33.44
英国	8.39	9.49	10.91	13.37	10.81	9.80	15.60	13.97	14.29	13.08	12.22
荷兰	4.52	5.70	6.67	6.40	4.32	9.31	10.09	5.68	4.91	3.80	6.16
加拿大	7.74	6.96	6.67	7.56	5.95	4.41	5.05	3.93	4.91	5.49	5.70
德国	2.58	3.80	6.06	6.98	5.41	4.41	5.96	2.18	7.59	5.06	5.03
澳大利亚	1.94	1.90	6.06	4.65	2.16	7.84	4.13	5.68	4.02	3.38	4.26
中国大陆	3.23	1.90	0.61	1.16	2.16	2.45	2.29	4.37	4.46	8.44	3.34

续表

国家和地区	2010年	2011年	2012年	2013年	2014年	2015年	2016年	2017年	2018年	2019年	合计
法国	1.29	1.90	0.61	1.74	3.24	1.96	1.38	2.18	4.46	7.17	2.77
西班牙	3.87	5.70	1.82	2.33	1.62	0.98	1.38	3.49	2.23	2.53	2.52
意大利	1.29	0.00	3.03	1.16	1.08	1.96	2.29	2.62	3.57	2.11	2.00
瑞士	1.29	3.16	1.21	0.00	2.16	1.47	1.38	3.49	3.13	0.84	1.85
丹麦	0.00	2.53	0.61	2.33	5.41	1.47	1.83	2.18	0.00	0.42	1.64
瑞典	0.65	2.53	1.21	2.91	0.54	3.43	0.92	2.18	0.45	1.27	1.59
挪威	0.65	1.90	1.21	0.00	1.08	2.45	2.29	2.62	0.45	2.11	1.54
中国香港	3.23	3.16	3.64	0.58	2.70	0.00	0.92	0.00	1.79	0.42	1.49
比利时	1.29	1.27	1.21	1.16	2.16	0.49	0.92	1.31	0.45	1.69	1.18
奥地利	0.00	0.63	0.00	1.74	0.54	1.47	0.92	1.75	0.45	0.84	0.87
巴西	0.00	0.00	1.21	1.16	0.54	0.49	0.46	0.44	1.79	1.27	0.77
印度	0.00	0.00	0.00	0.00	0.54	0.00	1.38	0.87	1.79	2.11	0.77
韩国	1.94	0.63	1.21	1.16	0.00	1.47	0.46	0.00	1.34	0.00	0.77
新西兰	0.00	0.63	0.00	1.74	1.08	0.98	0.46	0.44	0.00	1.69	0.72
土耳其	1.29	0.63	1.82	0.58	0.54	0.98	0.46	0.44	0.00	0.42	0.67
葡萄牙	0.65	0.00	0.00	0.00	2.16	1.96	0.46	0.00	0.45	0.42	0.62
伊朗	0.65	0.00	0.61	0.00	0.00	1.96	0.00	0.00	0.89	1.27	0.56
黎巴嫩	0.00	0.00	0.00	0.00	0.00	0.00	0.46	1.31	0.89	2.11	0.56
以色列	0.00	0.63	0.00	1.16	1.62	0.00	0.46	0.00	1.79	0.00	0.56
新加坡	0.65	0.00	0.61	0.58	0.00	0.98	0.92	0.44	0.45	0.42	0.51
芬兰	0.00	0.63	0.00	0.00	0.00	1.47	0.92	0.00	0.45	0.84	0.46
马来西亚	0.00	0.00	0.61	0.00	0.00	1.96	0.00	0.00	0.45	1.27	0.46
爱尔兰	0.65	0.00	0.00	0.00	0.00	0.00	0.92	0.00	0.89	1.27	0.41
南非	0.00	0.00	0.00	0.00	1.08	1.47	0.00	0.87	0.45	0.00	0.41
中国台湾	0.65	0.63	0.00	0.00	1.08	0.00	0.00	0.44	0.45	0.42	0.36
波兰	0.00	0.00	0.61	0.00	1.62	0.00	0.00	0.87	0.00	0.42	0.36
塞浦路斯	0.00	0.00	0.00	1.16	0.00	0.00	0.46	0.00	1.34	0.00	0.31
埃及	1.29	0.00	0.00	0.00	0.00	0.49	0.00	0.00	0.45	0.42	0.26
沙特阿拉伯	0.00	0.00	0.00	0.00	0.00	0.00	0.46	1.31	0.00	0.42	0.26
阿联酋	0.00	0.00	0.00	0.00	0.00	0.00	0.00	0.44	0.00	1.27	0.21
哥伦比亚	0.65	0.00	0.00	0.58	0.00	0.00	0.46	0.00	0.00	0.42	0.21
墨西哥	0.00	0.00	0.00	0.00	0.00	0.00	0.46	0.44	0.45	0.42	0.21
阿根廷	0.00	0.00	0.00	1.16	0.54	0.49	0.00	0.00	0.00	0.00	0.21

二 B层人才

管理科学 B 层人才最多的国家是美国，占该学科组全球 B 层人才的 30.30%，英国以 11.60% 的世界占比排名第二，这两个国家的 B 层人才合计占全球的 45%；其后是中国大陆、加拿大、德国、荷兰，世界占比分别为 5.86%、5.29%、4.44%、4.38%；澳大利亚、法国、西班牙、意大利的 B 层人才也比较多，世界占比在 4%～2% 之间；中国香港、瑞士、瑞典、比利时、丹麦、新加坡、挪威、芬兰也有相当数量的 B 层人才，世界占比超过或等于 1%；奥地利、印度、中国台湾、韩国、新西兰、南非、马来西亚、土耳其、日本、伊朗、爱尔兰、葡萄牙、希腊、巴西、以色列、巴基斯坦、智利、阿联酋、俄罗斯、沙特阿拉伯、墨西哥、波兰也有一定数量的 B 层人才，世界占比低于 1%。

在发展趋势上，美国呈现相对下降趋势，中国大陆、瑞典、印度呈现相对上升趋势，其他国家和地区没有明显变化。

表 8－38 管理科学 B 层人才排名前 40 的国家和地区的占比

单位：%

国家和地区	2010年	2011年	2012年	2013年	2014年	2015年	2016年	2017年	2018年	2019年	合计
美国	37.51	38.94	37.68	34.67	32.86	32.22	27.99	26.57	22.45	19.90	30.30
英国	10.35	11.97	11.37	11.52	11.72	11.10	12.34	12.12	12.16	11.00	11.60
中国大陆	3.13	2.65	3.58	3.36	3.94	5.29	5.93	7.22	9.90	10.50	5.86
加拿大	6.88	5.73	6.83	5.88	5.42	5.19	4.96	5.44	4.02	3.71	5.29
德国	4.22	4.03	3.77	4.68	4.38	5.29	4.23	3.98	4.36	5.18	4.44
荷兰	4.70	4.79	5.24	4.62	4.87	4.37	4.23	4.53	4.12	2.89	4.38
澳大利亚	3.20	2.71	4.09	3.78	4.44	4.21	4.42	3.70	5.10	3.81	3.99
法国	2.93	2.27	2.17	2.46	3.23	3.44	3.64	2.79	2.75	4.54	3.08
西班牙	2.93	2.58	2.30	3.06	2.85	2.42	2.77	2.56	2.94	2.98	2.74
意大利	1.84	1.70	2.43	1.98	2.08	2.47	3.06	3.16	3.04	3.21	2.56
中国香港	1.97	2.65	2.23	1.74	1.70	1.85	2.19	1.69	1.42	1.33	1.85
瑞士	1.77	2.27	2.55	1.56	1.37	2.67	1.80	1.97	0.98	1.38	1.81
瑞典	1.36	1.58	1.15	1.56	1.48	1.23	1.60	2.06	1.32	2.25	1.59
比利时	1.50	1.58	1.28	1.80	1.37	1.49	1.70	1.51	1.52	1.28	1.50
丹麦	1.43	1.20	1.09	1.14	1.31	0.82	1.31	2.01	1.67	1.38	1.35
新加坡	0.88	1.01	0.96	1.44	1.48	1.54	1.55	0.91	1.52	1.38	1.28
挪威	1.29	1.70	1.34	1.32	0.93	0.87	1.02	1.37	1.23	1.38	1.24

续表

国家和地区	2010年	2011年	2012年	2013年	2014年	2015年	2016年	2017年	2018年	2019年	合计
芬兰	0.75	0.76	0.83	0.72	1.20	1.23	1.07	1.23	1.13	0.92	1.00
奥地利	1.16	0.50	1.02	0.96	1.53	0.77	0.92	0.78	0.64	0.96	0.92
印度	0.20	0.13	0.45	0.36	0.82	1.08	1.07	0.96	1.81	1.70	0.92
中国台湾	1.23	1.26	0.89	1.14	1.20	0.72	0.87	0.64	0.83	0.69	0.92
韩国	0.82	0.82	0.96	1.26	1.04	1.03	0.78	0.78	0.88	0.69	0.90
新西兰	0.54	1.13	0.38	0.60	0.33	0.57	0.53	0.37	0.78	0.73	0.59
南非	0.20	0.19	0.19	0.24	0.33	0.26	0.68	0.69	1.23	0.78	0.51
马来西亚	0.20	0.38	0.26	0.42	0.71	0.26	0.58	0.46	0.64	1.01	0.51
土耳其	0.75	0.69	0.45	0.36	0.38	0.41	0.58	0.23	0.39	0.87	0.51
日本	0.68	0.25	0.32	0.54	0.66	0.57	0.53	0.37	0.39	0.55	0.49
伊朗	0.27	0.19	0.13	0.48	0.71	0.46	0.53	0.59	0.59	0.69	0.49
爱尔兰	0.41	0.44	0.19	0.30	0.66	0.46	0.68	0.32	0.64	0.50	0.47
葡萄牙	0.20	0.50	0.38	0.42	0.44	0.67	0.15	0.64	0.54	0.64	0.47
希腊	0.34	0.63	0.45	0.48	0.33	0.36	0.29	0.50	0.54	0.60	0.45
巴西	0.34	0.13	0.13	0.24	0.49	0.51	0.24	0.64	0.44	0.83	0.42
以色列	0.61	0.25	0.45	0.90	0.33	0.41	0.34	0.14	0.29	0.46	0.40
巴基斯坦	0.07	0.19	0.13	0.24	0.16	0.15	0.53	0.69	0.34	0.64	0.34
智利	0.00	0.00	0.13	0.24	0.16	0.31	0.53	0.59	0.59	0.37	0.32
阿联酋	0.14	0.13	0.13	0.30	0.22	0.10	0.15	0.37	0.15	0.60	0.24
俄罗斯	0.00	0.00	0.13	0.12	0.05	0.00	0.24	0.41	0.54	0.64	0.24
沙特阿拉伯	0.07	0.00	0.00	0.18	0.16	0.05	0.05	0.37	0.34	0.64	0.21
墨西哥	0.27	0.13	0.13	0.24	0.16	0.41	0.19	0.18	0.05	0.28	0.21
波兰	0.14	0.00	0.06	0.24	0.11	0.21	0.19	0.32	0.34	0.23	0.19

三 C层人才

管理科学C层人才最多的国家是美国，占该学科组全球C层人才的26.96%，英国以11.02%的世界占比排名第二，这两个国家的C层人才合计占全球的近40%；其后是中国大陆、德国、加拿大、澳大利亚、荷兰，世界占比分别为5.81%、4.81%、4.63%、4.57%、4.22%；意大利、西班牙、法国的C层人才也比较多，世界占比在4%~2%之间；中国香港、瑞典、瑞士、比利时、丹麦、韩国、中国台湾、印度、挪威、新加坡、芬兰也有相当数量的C层人才，世界占比超过1%；奥地利、新西兰、葡萄牙、土耳其、巴西、日本、马来西亚、伊朗、南非、希腊、爱尔兰、以色列、波兰、智利、巴基斯坦、沙特阿拉伯、捷克、阿联酋、墨西哥也有一定数量的C层人才，世界占比低于1%。

在发展趋势上，美国呈现相对下降趋势，中国大陆、印度呈现相对上升趋势，其他国家和地区没有明显变化。

表8-39　管理科学C层人才排名前40的国家和地区的占比

单位：%

国家和地区	2010年	2011年	2012年	2013年	2014年	2015年	2016年	2017年	2018年	2019年	合计
美国	33.90	32.48	30.96	29.30	28.66	26.36	25.25	24.32	23.06	20.12	26.96
英国	10.28	10.98	11.68	11.60	11.29	11.42	11.05	10.94	10.71	10.34	11.02
中国大陆	3.37	3.77	4.44	4.39	4.80	5.53	6.35	6.59	7.71	9.27	5.81
德国	4.31	4.50	4.87	4.96	5.16	5.14	5.12	4.81	4.53	4.56	4.81
加拿大	5.35	5.19	4.72	5.10	4.71	4.54	4.59	4.49	4.25	3.80	4.63
澳大利亚	4.16	4.38	4.48	4.60	4.53	4.83	4.66	4.67	4.62	4.60	4.57
荷兰	4.57	4.61	4.57	4.79	4.34	4.13	4.25	3.91	3.89	3.56	4.22
意大利	2.59	2.44	2.65	2.86	2.78	3.33	3.36	3.30	3.42	3.89	3.11
西班牙	3.05	2.69	2.88	2.86	3.19	3.08	3.22	2.82	2.81	2.99	2.96
法国	2.71	2.53	2.36	3.02	2.84	2.98	2.90	2.80	3.04	2.99	2.83
中国香港	1.86	2.03	2.03	1.95	1.66	1.75	1.75	1.87	1.54	1.67	1.80
瑞典	1.67	1.75	1.60	1.78	1.86	1.68	1.87	1.97	1.67	1.54	1.74
瑞士	1.54	1.51	1.92	1.90	1.70	1.90	1.67	1.87	1.67	1.64	1.74
比利时	1.63	1.56	1.28	1.65	1.49	1.39	1.37	1.33	1.49	1.29	1.44
丹麦	1.10	1.26	1.19	1.34	1.49	1.37	1.45	1.28	1.40	1.30	1.33
韩国	1.18	1.20	1.32	1.11	1.18	1.39	1.28	1.32	1.34	1.40	1.28
中国台湾	2.14	1.98	1.79	1.40	1.18	1.26	0.87	0.92	0.90	0.88	1.28
印度	0.80	0.81	0.81	0.73	1.13	1.11	1.13	1.30	1.66	1.82	1.17
挪威	0.94	1.23	0.96	1.14	1.14	1.00	1.20	1.28	1.12	1.06	1.11
新加坡	1.01	1.10	1.10	1.01	0.97	1.38	1.21	1.12	1.03	1.08	1.11
芬兰	1.12	0.80	0.98	1.07	1.22	1.03	1.02	1.20	1.09	0.98	1.05
奥地利	0.77	0.77	0.90	0.98	0.88	0.80	0.96	0.74	0.82	0.92	0.85
新西兰	0.72	0.89	0.74	0.70	0.64	0.65	0.60	0.81	0.95	0.82	0.75
葡萄牙	0.61	0.72	0.75	0.57	0.68	0.62	0.75	0.86	0.96	0.82	0.74
土耳其	1.01	0.92	0.73	0.57	0.63	0.78	0.70	0.65	0.57	0.81	0.73
巴西	0.53	0.47	0.59	0.43	0.60	0.59	0.79	0.80	0.72	0.84	0.65

续表

国家和地区	2010年	2011年	2012年	2013年	2014年	2015年	2016年	2017年	2018年	2019年	合计
日　　本	0. 63	0. 57	0. 84	0. 67	0. 62	0. 63	0. 54	0. 68	0. 54	0. 66	0. 64
马来西亚	0. 31	0. 47	0. 25	0. 40	0. 62	0. 68	0. 78	0. 64	0. 76	0. 80	0. 59
伊　　朗	0. 52	0. 57	0. 45	0. 42	0. 43	0. 56	0. 53	0. 57	0. 66	0. 67	0. 54
南　　非	0. 30	0. 26	0. 42	0. 39	0. 47	0. 57	0. 52	0. 74	0. 75	0. 80	0. 54
希　　腊	0. 55	0. 49	0. 51	0. 67	0. 56	0. 56	0. 46	0. 50	0. 46	0. 60	0. 53
爱 尔 兰	0. 48	0. 55	0. 43	0. 48	0. 55	0. 51	0. 48	0. 58	0. 52	0. 49	0. 51
以 色 列	0. 66	0. 56	0. 53	0. 55	0. 50	0. 50	0. 40	0. 38	0. 43	0. 31	0. 47
波　　兰	0. 24	0. 15	0. 14	0. 21	0. 35	0. 39	0. 53	0. 56	0. 46	0. 65	0. 39
智　　利	0. 20	0. 10	0. 15	0. 27	0. 29	0. 32	0. 37	0. 33	0. 45	0. 42	0. 30
巴基斯坦	0. 05	0. 12	0. 10	0. 18	0. 13	0. 20	0. 19	0. 32	0. 47	0. 82	0. 28
沙特阿拉伯	0. 07	0. 15	0. 17	0. 16	0. 31	0. 33	0. 35	0. 26	0. 38	0. 41	0. 27
捷　　克	0. 07	0. 09	0. 17	0. 20	0. 24	0. 33	0. 35	0. 37	0. 33	0. 37	0. 27
阿 联 酋	0. 14	0. 17	0. 13	0. 19	0. 15	0. 19	0. 26	0. 24	0. 32	0. 57	0. 25
墨 西 哥	0. 20	0. 18	0. 23	0. 13	0. 23	0. 24	0. 31	0. 24	0. 32	0. 28	0. 24

第九章　医学

医学是研究机体细胞、组织、器官和系统的形态、结构、功能及发育异常以及疾病发生、发展、转归、诊断、治疗和预防的科学。

第一节　学科

医学学科组包括以下学科：呼吸系统，心脏和心血管系统，周围血管疾病，胃肠病学和肝脏病学，产科医学和妇科医学，男科学，儿科学，泌尿学和肾脏学，运动科学，内分泌学和新陈代谢，营养学和饮食学，血液学，临床神经学，药物滥用医学，精神病学，敏感症学，风湿病学，皮肤医学，眼科学，耳鼻喉学，听觉学和言语病理学，牙科医学、口腔外科和口腔医学，急救医学，危机护理医学，整形外科学，麻醉学，肿瘤学，康复医学，医学信息学，神经影像学，传染病学，寄生物学，医学化验技术，放射医学、核医学和医学影像学，法医学，老年病学和老年医学，初级卫生保健，公共卫生、环境卫生和职业卫生，热带医学，药理学和药剂学，医用化学，毒理学，病理学，外科学，移植医学，护理学，全科医学和内科医学，综合医学和补充医学，研究和实验医学，共计49个。

一　呼吸系统

呼吸系统A、B、C层人才最多的国家是美国，分别占该学科全球A、B、C层人才的20.63%、19.65%、25.88%。

加拿大、英国、法国、澳大利亚、德国、意大利、荷兰、比利时、西班牙、瑞士的A层人才比较多，世界占比在11%~3%之间；日本、丹麦、瑞典、巴西、中国大陆、阿根廷、南非、中国香港、爱尔兰也有相当数量的A层人才，世界占比超过或接近1%。

英国、加拿大、德国、意大利、法国、荷兰、澳大利亚、西班牙、比利时、瑞士的 B 层人才比较多，世界占比在 12% ~3% 之间；日本、瑞典、丹麦、中国大陆、南非、巴西、韩国、爱尔兰、希腊也有相当数量的 B 层人才，世界占比超过或接近 1%。

英国、德国、加拿大、意大利、荷兰、法国、澳大利亚、中国大陆、西班牙、日本的 C 层人才比较多，世界占比在 10% ~3% 之间；瑞士、比利时、瑞典、韩国、丹麦、巴西、奥地利、南非、希腊也有相当数量的 C 层人才，世界占比超过、等于或接近 1%。

表 9 –1　呼吸系统 A 层人才排名前 20 的国家和地区的占比

单位：%

国家和地区	2010年	2011年	2012年	2013年	2014年	2015年	2016年	2017年	2018年	2019年	合计
美国	15.79	31.82	16.67	42.42	13.33	17.07	23.68	8.33	18.37	14.89	20.63
加拿大	5.26	9.09	12.50	12.12	10.00	12.20	13.16	8.33	8.16	8.51	10.16
英国	21.05	9.09	16.67	3.03	10.00	9.76	7.89	8.33	12.24	8.51	10.16
法国	0.00	9.09	12.50	0.00	10.00	7.32	5.26	8.33	6.12	10.64	6.98
澳大利亚	5.26	9.09	4.17	3.03	6.67	9.76	2.63	8.33	8.16	8.51	6.67
德国	5.26	13.64	8.33	3.03	3.33	2.44	7.89	8.33	6.12	8.51	6.35
意大利	5.26	4.55	4.17	6.06	3.33	7.32	2.63	8.33	4.08	6.38	5.08
荷兰	15.79	0.00	4.17	12.12	3.33	0.00	2.63	0.00	2.04	0.00	3.49
比利时	5.26	0.00	0.00	0.00	6.67	7.32	0.00	8.33	4.08	2.13	3.17
西班牙	10.53	0.00	0.00	3.03	0.00	2.44	5.26	8.33	2.04	4.26	3.17
瑞士	0.00	0.00	4.17	0.00	3.33	7.32	7.89	0.00	2.04	2.13	3.17
日本	0.00	0.00	0.00	3.03	3.33	2.44	2.63	8.33	2.04	4.26	2.54
丹麦	5.26	0.00	0.00	3.03	0.00	2.44	0.00	0.00	6.12	0.00	1.90
瑞典	0.00	0.00	4.17	3.03	3.33	0.00	5.26	0.00	0.00	0.00	1.59
巴西	0.00	0.00	0.00	0.00	6.67	0.00	2.63	0.00	0.00	4.26	1.59
中国大陆	0.00	0.00	4.17	0.00	0.00	0.00	2.63	8.33	2.04	0.00	1.27
阿根廷	0.00	0.00	0.00	3.03	0.00	2.44	0.00	0.00	4.08	0.00	1.27
南非	0.00	0.00	0.00	0.00	3.33	2.44	0.00	0.00	2.04	2.13	1.27
中国香港	0.00	0.00	4.17	0.00	0.00	0.00	0.00	0.00	0.00	4.26	0.95
爱尔兰	0.00	4.55	0.00	0.00	0.00	4.88	0.00	0.00	0.00	0.00	0.95

表 9－2　呼吸系统 B 层人才排名前 20 的国家和地区的占比

单位：%

国家和地区	2010年	2011年	2012年	2013年	2014年	2015年	2016年	2017年	2018年	2019年	合计
美　　国	33. 51	22. 27	25. 42	24. 05	17. 33	20. 33	18. 47	13. 99	18. 47	14. 70	19. 65
英　　国	14. 36	9. 95	10. 42	12. 90	12. 00	10. 99	13. 07	10. 49	12. 39	8. 69	11. 39
加 拿 大	4. 26	8. 53	10. 83	5. 87	4. 00	5. 49	7. 10	6. 06	7. 21	6. 01	6. 45
德　　国	5. 32	7. 58	4. 58	3. 81	5. 33	5. 22	6. 25	6. 06	6. 31	5. 35	5. 58
意 大 利	3. 19	6. 64	3. 33	4. 40	4. 67	4. 40	4. 26	5. 83	6. 31	6. 24	5. 09
法　　国	4. 26	6. 16	2. 50	4. 40	6. 00	3. 57	6. 53	5. 83	4. 73	5. 12	4. 97
荷　　兰	4. 79	4. 27	4. 17	3. 81	4. 33	5. 49	3. 98	3. 73	4. 28	4. 01	4. 25
澳大利亚	4. 26	2. 37	3. 75	4. 40	5. 00	4. 12	3. 41	5. 36	4. 05	3. 56	4. 10
西 班 牙	4. 26	3. 79	5. 83	4. 69	3. 33	3. 85	4. 26	4. 43	3. 60	3. 56	4. 10
比 利 时	3. 19	3. 79	1. 67	2. 35	5. 33	1. 92	3. 98	3. 50	2. 70	2. 90	3. 10
瑞　　士	3. 19	3. 32	1. 25	2. 35	3. 00	4. 67	2. 27	4. 66	2. 48	2. 45	3. 01
日　　本	1. 60	0. 95	1. 25	1. 76	1. 00	2. 75	3. 41	2. 56	2. 25	2. 23	2. 11
瑞　　典	2. 13	1. 42	2. 08	2. 35	0. 33	2. 47	1. 70	2. 10	2. 25	2. 67	2. 02
丹　　麦	1. 06	1. 90	2. 50	3. 81	1. 00	1. 92	2. 56	0. 93	0. 45	1. 78	1. 75
中国大陆	0. 53	0. 00	0. 83	1. 47	1. 33	1. 10	2. 84	1. 86	2. 03	3. 12	1. 72
南　　非	1. 06	0. 95	0. 83	1. 47	1. 00	1. 65	1. 42	1. 17	0. 90	1. 56	1. 24
巴　　西	1. 60	0. 95	0. 00	0. 88	2. 00	1. 65	1. 70	0. 93	0. 90	0. 89	1. 15
韩　　国	0. 53	1. 90	2. 08	0. 59	0. 00	1. 37	1. 14	0. 23	1. 58	1. 56	1. 08
爱 尔 兰	0. 00	0. 00	0. 83	0. 88	0. 00	1. 37	1. 14	2. 10	1. 80	0. 89	1. 05
希　　腊	1. 06	0. 00	0. 83	0. 88	1. 33	0. 82	1. 14	1. 40	0. 90	0. 89	0. 96

表 9－3　呼吸系统 C 层人才排名前 20 的国家和地区的占比

单位：%

国家和地区	2010年	2011年	2012年	2013年	2014年	2015年	2016年	2017年	2018年	2019年	合计
美　　国	30. 56	27. 58	28. 74	26. 98	24. 98	26. 92	24. 87	24. 18	24. 53	23. 77	25. 88
英　　国	11. 12	10. 38	10. 47	10. 15	10. 14	9. 57	9. 75	10. 16	9. 22	8. 91	9. 86
德　　国	5. 74	6. 59	5. 46	5. 18	6. 42	5. 95	6. 07	5. 45	5. 41	5. 75	5. 76
加 拿 大	5. 58	5. 70	5. 83	6. 11	5. 71	5. 36	5. 23	6. 01	5. 47	6. 18	5. 73
意 大 利	4. 90	4. 63	4. 76	4. 40	4. 83	4. 74	4. 77	5. 04	5. 82	4. 71	4. 90
荷　　兰	3. 37	4. 07	4. 31	4. 88	4. 29	4. 15	4. 45	4. 12	4. 16	4. 22	4. 24
法　　国	4. 37	4. 53	3. 49	4. 25	3. 85	4. 38	4. 60	4. 43	3. 83	4. 38	4. 22

续表

国家和地区	2010年	2011年	2012年	2013年	2014年	2015年	2016年	2017年	2018年	2019年	合计
澳大利亚	3.00	3.69	3.45	4.22	3.68	3.59	4.60	4.73	3.58	3.97	3.92
中国大陆	1.95	2.06	1.60	2.79	2.87	3.99	4.02	3.92	5.11	5.90	3.71
西班牙	2.95	3.27	3.61	3.11	3.41	3.40	3.73	3.92	3.42	3.10	3.42
日本	3.58	3.83	3.90	3.62	3.31	3.17	3.18	2.90	3.33	3.03	3.33
瑞士	2.21	2.43	2.79	2.58	2.10	2.53	2.34	2.77	2.70	2.16	2.48
比利时	2.37	2.99	2.01	2.31	2.57	2.13	2.46	2.29	2.22	3.00	2.43
瑞典	1.37	1.17	1.56	1.74	2.16	1.43	1.76	1.32	2.24	1.40	1.65
韩国	1.63	1.40	1.44	1.41	1.69	1.35	1.39	1.12	1.34	1.53	1.41
丹麦	1.32	1.36	1.60	1.38	1.35	1.49	1.19	1.35	1.36	1.22	1.35
巴西	0.90	0.79	0.78	1.29	0.91	1.15	1.04	1.50	1.16	1.09	1.10
奥地利	0.68	0.75	1.27	1.08	1.45	1.15	0.75	0.84	0.74	1.27	1.00
南非	1.37	1.40	1.35	1.26	0.95	1.09	0.55	0.59	0.88	0.81	0.97
希腊	0.79	0.75	0.70	0.96	1.08	0.76	0.75	0.97	0.76	0.92	0.85

二 心脏和心血管系统

心脏和心血管系统 A、B、C 层人才最多的国家是美国，分别占该学科全球 A、B、C 层人才的 15.02%、19.23%、26.22%。

英国、加拿大、法国、德国、意大利、荷兰、瑞典的 A 层人才比较多，世界占比在 9%～3% 之间；澳大利亚、比利时、丹麦、瑞士、西班牙、日本、波兰、巴西、捷克、挪威、印度、俄罗斯也有相当数量的 A 层人才，世界占比超过或接近 1%。

英国、德国、加拿大、意大利、荷兰、法国、澳大利亚的 B 层人才比较多，世界占比在 9%～3% 之间；西班牙、瑞典、瑞士、丹麦、比利时、日本、波兰、巴西、奥地利、中国大陆、希腊、挪威也有相当数量的 B 层人才，世界占比超过 1%。

英国、德国、意大利、加拿大、荷兰、法国的 C 层人才比较多，世界占比在 9%～3% 之间；澳大利亚、西班牙、中国大陆、日本、瑞士、瑞典、丹麦、比利时、波兰、奥地利、韩国、希腊、挪威也有相当数量的C 层人才，世界占比超过 1%。

表 9－4　心脏和心血管系统 A 层人才排名前 20 的国家和地区的占比

单位：%

国家和地区	2010年	2011年	2012年	2013年	2014年	2015年	2016年	2017年	2018年	2019年	合计
美　　国	24.49	26.79	14.55	8.20	26.56	9.38	18.97	1.85	5.00	18.46	15.02
英　　国	16.33	8.93	12.73	6.56	7.81	3.13	12.07	1.85	5.00	9.23	8.09
加 拿 大	12.24	10.71	5.45	4.92	7.81	9.38	6.90	1.85	1.25	10.77	6.93
法　　国	4.08	7.14	12.73	8.20	3.13	9.38	5.17	1.85	3.75	3.08	5.78
德　　国	8.16	3.57	9.09	9.84	4.69	3.13	3.45	3.70	2.50	6.15	5.28
意 大 利	8.16	5.36	5.45	8.20	1.56	9.38	12.07	1.85	2.50	0.00	5.28
荷　　兰	4.08	8.93	5.45	9.84	1.56	3.13	10.34	3.70	1.25	1.54	4.79
瑞　　典	2.04	1.79	5.45	6.56	3.13	4.69	1.72	1.85	3.75	4.62	3.63
澳大利亚	2.04	8.93	1.82	3.28	4.69	3.13	1.72	0.00	2.50	1.54	2.97
比 利 时	2.04	1.79	1.82	4.92	4.69	4.69	3.45	1.85	2.50	1.54	2.97
丹　　麦	2.04	0.00	5.45	1.64	6.25	0.00	3.45	3.70	2.50	3.08	2.81
瑞　　士	0.00	0.00	1.82	1.64	0.00	0.00	6.90	3.70	3.75	1.54	1.98
西 班 牙	0.00	1.79	1.82	4.92	0.00	1.56	3.45	1.85	3.75	0.00	1.98
日　　本	2.04	0.00	1.82	1.64	6.25	1.56	0.00	0.00	1.25	3.08	1.82
波　　兰	0.00	3.57	0.00	3.28	0.00	1.56	3.45	1.85	1.25	3.08	1.82
巴　　西	0.00	1.79	1.82	3.28	1.56	1.56	0.00	0.00	1.25	3.08	1.49
捷　　克	2.04	1.79	1.82	1.64	0.00	1.56	0.00	1.85	1.25	1.54	1.32
挪　　威	0.00	0.00	0.00	1.64	0.00	4.69	1.72	1.85	1.25	0.00	1.16
印　　度	0.00	1.79	1.82	1.64	1.56	0.00	0.00	0.00	1.25	1.54	0.99
俄 罗 斯	0.00	0.00	0.00	0.00	1.56	1.56	0.00	1.85	1.25	3.08	0.99

表 9－5　心脏和心血管系统 B 层人才排名前 20 的国家和地区的占比

单位：%

国家和地区	2010年	2011年	2012年	2013年	2014年	2015年	2016年	2017年	2018年	2019年	合计
美　　国	22.77	22.79	26.78	19.68	20.17	20.28	16.64	17.61	15.17	14.47	19.23
英　　国	9.73	5.89	8.20	8.23	7.59	9.53	8.01	8.66	8.97	7.30	8.22
德　　国	9.94	6.68	7.47	9.84	8.10	8.49	6.63	7.61	6.76	5.62	7.62
加 拿 大	4.55	6.68	6.74	5.97	8.10	3.81	6.32	5.97	4.14	5.20	5.71
意 大 利	7.45	6.68	4.55	6.61	5.17	6.41	5.08	4.78	4.55	5.06	5.55
荷　　兰	6.42	5.11	5.83	5.16	4.14	5.03	5.39	4.63	5.52	4.49	5.14
法　　国	7.25	4.91	3.64	5.16	4.66	5.03	5.24	5.67	4.41	3.51	4.89
澳大利亚	2.07	2.55	3.83	2.42	3.45	3.81	2.62	4.18	3.59	3.23	3.21

续表

国家和地区	2010年	2011年	2012年	2013年	2014年	2015年	2016年	2017年	2018年	2019年	合计
西班牙	3.11	2.75	1.82	3.55	2.76	3.12	3.08	2.09	3.03	2.39	2.77
瑞典	2.48	3.14	2.37	2.26	2.59	2.60	2.00	3.13	2.48	2.81	2.58
瑞士	1.04	1.57	2.00	3.23	2.24	2.25	2.47	3.13	2.90	3.37	2.50
丹麦	2.90	1.38	2.55	2.26	3.45	2.43	2.62	2.69	2.21	2.11	2.45
比利时	3.11	2.36	1.28	2.58	2.93	3.81	2.62	1.04	2.62	1.69	2.37
日本	1.24	1.96	2.37	1.61	1.21	1.73	2.62	1.34	2.07	1.40	1.76
波兰	1.24	2.16	1.28	2.42	1.38	1.56	1.23	1.49	1.10	1.69	1.55
巴西	1.04	1.18	1.28	1.45	1.21	2.08	1.54	1.04	2.48	1.26	1.48
奥地利	1.45	1.96	1.46	1.61	0.86	1.21	1.23	1.04	1.24	1.12	1.30
中国大陆	0.62	0.59	0.91	1.29	1.55	1.21	1.39	1.49	1.52	1.97	1.30
希腊	2.07	0.98	0.73	1.13	1.21	0.35	1.39	1.34	1.38	1.40	1.20
挪威	1.04	1.57	0.00	0.65	1.03	1.21	1.54	1.79	1.66	1.12	1.19

表9-6 心脏和心血管系统C层人才排名前20的国家和地区的占比

单位：%

国家和地区	2010年	2011年	2012年	2013年	2014年	2015年	2016年	2017年	2018年	2019年	合计
美国	32.31	30.94	30.31	28.39	27.58	25.77	24.88	23.32	22.89	19.85	26.22
英国	7.76	7.88	7.92	7.59	7.94	8.19	8.26	8.58	8.49	8.11	8.09
德国	8.15	8.32	7.40	7.12	7.30	6.94	6.68	6.85	6.84	6.39	7.14
意大利	6.72	6.17	6.15	6.58	5.87	6.05	5.80	5.94	6.12	6.25	6.15
加拿大	5.30	5.30	5.76	5.57	6.03	4.99	5.48	5.31	5.48	4.91	5.41
荷兰	5.65	5.58	5.20	5.00	4.88	4.82	4.70	4.67	4.98	4.96	5.02
法国	3.68	3.99	4.10	3.83	3.84	4.32	4.47	4.10	3.74	3.72	3.98
澳大利亚	2.34	2.58	2.61	3.04	2.99	2.76	2.99	2.99	3.19	3.12	2.89
西班牙	2.44	2.92	2.78	2.48	2.69	3.02	2.86	2.98	3.20	2.93	2.84
中国大陆	1.53	2.02	2.65	3.12	3.02	2.88	3.07	3.22	3.10	3.17	2.83
日本	3.70	3.31	3.39	3.22	2.61	2.69	2.51	2.47	2.40	2.39	2.82
瑞士	2.36	2.66	2.40	2.62	2.45	2.55	2.59	2.82	2.60	2.57	2.57
瑞典	1.68	2.12	1.99	2.09	2.22	2.46	2.35	2.33	2.22	2.42	2.21
丹麦	1.57	1.47	1.72	1.57	2.05	2.22	2.00	2.36	2.43	2.23	1.99
比利时	1.97	1.63	1.70	1.75	1.72	2.10	2.03	2.17	1.99	2.40	1.96
波兰	0.99	0.93	0.71	1.10	1.06	1.32	1.41	1.28	1.29	1.50	1.18
奥地利	1.12	0.97	1.16	1.18	1.46	1.16	1.05	1.22	1.12	1.19	1.17
韩国	1.12	1.31	1.12	0.97	0.99	0.92	1.10	1.17	1.01	1.23	1.09
希腊	0.89	0.95	1.01	1.12	1.08	1.28	0.97	1.08	0.94	1.06	1.04
挪威	0.99	0.69	0.69	0.92	1.01	0.87	1.10	1.23	1.20	1.33	1.02

三　周围血管疾病学

周围血管疾病学 A、B、C 层人才最多的国家是美国，分别占该学科全球 A、B、C 层人才的 28.33%、24.49%、28.40%。

英国、加拿大、意大利、荷兰、德国、法国、比利时、瑞典的 A 层人才比较多，世界占比在 8%～3%之间；澳大利亚、希腊、奥地利、瑞士、爱尔兰、丹麦、日本、西班牙、新西兰、中国大陆、以色列也有相当数量的 A 层人才，世界占比超过 1%。

英国、德国、加拿大、荷兰、意大利、法国、澳大利亚的 B 层人才比较多，世界占比在 9%～3%之间；瑞典、日本、西班牙、瑞士、比利时、中国大陆、丹麦、奥地利、挪威、波兰、芬兰、爱尔兰也有相当数量的 B 层人才，世界占比超过或接近 1%。

英国、德国、加拿大、意大利、荷兰、中国大陆、法国、日本、澳大利亚的 C 层人才比较多，世界占比在 8%～3%之间；瑞典、西班牙、瑞士、丹麦、比利时、韩国、奥地利、希腊、芬兰、巴西也有相当数量的 C 层人才，世界占比超过、等于或接近 1%。

表 9－7　周围血管疾病学 A 层人才排名前 20 的国家和地区的占比

单位：%

国家和地区	2010年	2011年	2012年	2013年	2014年	2015年	2016年	2017年	2018年	2019年	合计
美　　国	20.83	35.71	25.93	8.57	42.31	41.94	71.43	33.33	22.58	21.43	28.33
英　　国	12.50	7.14	7.41	8.57	0.00	3.23	0.00	0.00	16.13	10.71	7.92
加 拿 大	4.17	7.14	7.41	2.86	15.38	12.90	14.29	0.00	0.00	7.14	7.08
意 大 利	4.17	10.71	7.41	5.71	3.85	3.23	0.00	0.00	6.45	3.57	5.42
荷　　兰	0.00	14.29	7.41	5.71	7.69	3.23	0.00	0.00	3.23	3.57	5.42
德　　国	8.33	3.57	0.00	5.71	11.54	6.45	0.00	0.00	3.23	3.57	5.00
法　　国	4.17	3.57	7.41	8.57	0.00	3.23	0.00	33.33	3.23	3.57	4.58
比 利 时	4.17	0.00	3.70	5.71	3.85	3.23	0.00	0.00	3.23	3.57	3.33
瑞　　典	4.17	7.14	0.00	2.86	3.85	0.00	0.00	0.00	3.23	7.14	3.33
澳大利亚	4.17	3.57	3.70	5.71	0.00	3.23	0.00	0.00	3.23	0.00	2.92
希　　腊	0.00	0.00	3.70	5.71	0.00	0.00	0.00	33.33	3.23	3.57	2.50
奥 地 利	8.33	7.14	3.70	0.00	0.00	0.00	0.00	0.00	0.00	3.57	2.50
瑞　　士	4.17	0.00	3.70	5.71	0.00	0.00	0.00	0.00	3.23	3.57	2.50

续表

国家和地区	2010年	2011年	2012年	2013年	2014年	2015年	2016年	2017年	2018年	2019年	合计
爱尔兰	4.17	0.00	0.00	2.86	3.85	0.00	14.29	0.00	3.23	3.57	2.50
丹麦	0.00	0.00	3.70	0.00	3.85	0.00	0.00	0.00	6.45	0.00	1.67
日本	0.00	0.00	0.00	2.86	0.00	0.00	0.00	0.00	0.00	10.71	1.67
西班牙	4.17	0.00	0.00	5.71	0.00	0.00	0.00	0.00	3.23	0.00	1.67
新西兰	4.17	0.00	3.70	0.00	0.00	3.23	0.00	0.00	3.23	0.00	1.67
中国大陆	0.00	0.00	3.70	2.86	0.00	3.23	0.00	0.00	0.00	0.00	1.25
以色列	0.00	0.00	3.70	0.00	0.00	0.00	0.00	0.00	0.00	7.14	1.25

表9－8 周围血管疾病学B层人才排名前20的国家和地区的占比

单位：%

国家和地区	2010年	2011年	2012年	2013年	2014年	2015年	2016年	2017年	2018年	2019年	合计
美国	28.42	31.50	31.97	27.74	21.40	21.83	24.66	15.21	24.50	17.45	24.49
英国	11.51	7.69	8.61	7.42	8.64	9.15	6.51	7.22	11.26	5.45	8.36
德国	8.99	8.06	8.20	9.35	8.64	7.75	5.82	6.08	5.63	4.73	7.31
加拿大	7.55	6.23	7.79	6.45	10.29	5.99	7.88	5.70	5.96	7.27	7.05
荷兰	6.12	4.76	5.74	4.52	5.76	4.58	4.11	2.66	5.96	3.64	4.78
意大利	7.19	5.13	4.10	5.16	5.76	4.23	5.48	2.66	3.64	3.27	4.67
法国	4.68	4.76	3.28	3.87	6.17	3.52	3.42	3.04	2.98	1.82	3.73
澳大利亚	1.44	2.56	1.64	3.23	4.12	4.23	2.40	4.56	5.63	3.27	3.33
瑞典	2.52	2.20	3.69	2.58	4.53	3.17	3.08	3.80	0.66	2.91	2.86
日本	2.52	1.83	1.64	1.94	1.65	2.46	2.40	1.14	2.98	1.82	2.06
西班牙	1.80	2.93	2.05	3.23	1.23	2.46	2.05	0.76	1.32	1.82	1.99
瑞士	1.80	1.47	1.64	2.90	1.23	1.76	1.71	1.90	1.66	3.27	1.95
比利时	1.80	1.83	2.05	0.65	1.65	2.46	2.05	1.52	2.65	2.18	1.88
中国大陆	1.44	1.83	2.05	0.97	2.47	1.06	1.71	1.52	2.32	1.82	1.70
丹麦	1.80	1.83	1.64	1.29	0.82	1.41	2.74	2.28	0.99	2.18	1.70
奥地利	1.08	1.10	1.23	1.94	2.06	1.41	1.03	0.76	1.32	1.09	1.30
挪威	0.00	0.73	1.64	1.29	0.41	0.70	1.71	1.52	2.32	1.82	1.23
波兰	1.08	2.56	0.82	0.97	0.82	1.06	1.03	1.14	0.33	1.45	1.12
芬兰	0.72	1.47	1.23	0.97	0.82	2.11	1.03	0.76	0.33	0.73	1.01
爱尔兰	1.44	0.37	0.00	0.65	0.00	0.00	2.74	0.76	1.32	1.09	0.87

表 9－9　周围血管疾病学 C 层人才排名前 20 的国家和地区的占比

单位：%

国家和地区	2010年	2011年	2012年	2013年	2014年	2015年	2016年	2017年	2018年	2019年	合计
美　　国	33. 02	31. 92	31. 24	29. 81	28. 84	28. 16	26. 52	26. 22	25. 32	22. 63	28. 40
英　　国	7. 87	7. 49	8. 34	8. 41	7. 79	8. 43	8. 04	8. 42	7. 61	7. 52	7. 99
德　　国	7. 06	7. 42	7. 63	6. 97	6. 57	6. 74	5. 93	5. 83	6. 61	5. 78	6. 67
加 拿 大	5. 20	4. 80	5. 10	4. 68	5. 77	6. 13	5. 97	5. 31	5. 39	5. 58	5. 38
意 大 利	5. 05	5. 02	5. 44	5. 18	4. 97	4. 45	4. 46	4. 71	5. 10	4. 53	4. 90
荷　　兰	5. 09	4. 98	4. 23	5. 37	5. 26	5. 34	4. 89	4. 79	4. 27	4. 65	4. 89
中国大陆	2. 93	2. 96	3. 86	3. 98	3. 96	4. 27	4. 77	5. 57	5. 84	4. 40	4. 26
法　　国	4. 50	4. 38	3. 57	3. 73	3. 96	3. 44	4. 00	3. 63	3. 69	4. 04	3. 89
日　　本	4. 28	3. 52	3. 61	3. 42	3. 20	3. 12	3. 50	3. 15	3. 50	2. 67	3. 41
澳大利亚	3. 18	3. 03	2. 74	3. 48	3. 58	3. 37	3. 50	3. 20	2. 89	3. 35	3. 23
瑞　　典	1. 94	2. 88	2. 28	2. 20	2. 48	2. 65	2. 58	2. 68	2. 15	2. 38	2. 41
西 班 牙	1. 76	2. 21	2. 70	2. 04	2. 48	2. 12	1. 54	2. 33	2. 54	2. 51	2. 21
瑞　　士	1. 83	2. 21	1. 99	2. 67	1. 43	1. 47	1. 62	1. 77	1. 73	2. 06	1. 89
丹　　麦	1. 43	1. 54	1. 58	1. 04	1. 77	1. 47	1. 85	2. 38	1. 35	1. 58	1. 57
比 利 时	1. 32	1. 35	1. 58	1. 63	1. 52	1. 47	1. 23	1. 51	1. 16	1. 49	1. 42
韩　　国	0. 95	1. 31	0. 91	1. 54	1. 18	1. 40	1. 27	1. 68	1. 38	1. 54	1. 32
奥 地 利	1. 21	1. 24	1. 08	1. 13	1. 18	1. 11	1. 12	1. 08	1. 28	1. 33	1. 18
希　　腊	0. 59	1. 24	1. 20	0. 94	1. 22	1. 29	1. 35	0. 99	1. 38	1. 37	1. 16
芬　　兰	1. 06	1. 42	0. 95	1. 16	1. 09	0. 79	0. 96	0. 82	0. 61	1. 13	1. 00
巴　　西	0. 92	0. 82	0. 58	0. 91	0. 51	1. 04	1. 00	0. 65	0. 99	1. 05	0. 86

四　胃肠病学和肝脏病学

胃肠病学和肝脏病学 A、B、C 层人才最多的国家是美国，分别占该学科全球 A、B、C 层人才的 24. 07%、19. 88%、24. 01%。

英国、意大利、西班牙、法国、加拿大、德国、荷兰、比利时的 A 层人才比较多，世界占比在 9%～3%之间；以色列、瑞士、澳大利亚、日本、丹麦、韩国、希腊、爱尔兰、瑞典、中国香港、奥地利也有相当数量的 A 层人才，世界占比超过 1%。

英国、法国、意大利、德国、加拿大、西班牙、荷兰、比利时的B层人才比较多，世界占比在8%~3%之间；澳大利亚、瑞士、日本、中国大陆、瑞典、奥地利、中国香港、韩国、丹麦、以色列、葡萄牙也有相当数量的B层人才，世界占比超过1%。

英国、意大利、德国、中国大陆、日本、法国、加拿大、荷兰、西班牙的C层人才比较多，世界占比在7%~3%之间；澳大利亚、韩国、比利时、瑞士、瑞典、丹麦、中国香港、中国台湾、奥地利、印度也有相当数量的C层人才，世界占比超过1%。

表9-10　胃肠病学和肝脏病学A层人才排名前20的国家和地区的占比

单位：%

国家和地区	2010年	2011年	2012年	2013年	2014年	2015年	2016年	2017年	2018年	2019年	合计
美　　国	23.81	21.21	22.86	19.35	36.84	25.58	13.51	11.11	50.00	27.66	24.07
英　　国	9.52	3.03	8.57	6.45	15.79	9.30	10.81	11.11	8.33	4.26	8.64
意大利	9.52	6.06	8.57	9.68	7.89	6.98	2.70	3.70	8.33	4.26	6.48
西班牙	4.76	9.09	8.57	3.23	10.53	4.65	8.11	3.70	8.33	2.13	6.17
法　　国	4.76	12.12	5.71	9.68	7.89	2.33	5.41	7.41	0.00	2.13	5.86
加拿大	0.00	6.06	2.86	9.68	2.63	9.30	5.41	11.11	0.00	2.13	5.25
德　　国	0.00	12.12	5.71	6.45	2.63	4.65	0.00	3.70	0.00	6.38	4.63
荷　　兰	4.76	3.03	8.57	6.45	0.00	2.33	2.70	3.70	0.00	2.13	3.40
比利时	4.76	3.03	0.00	9.68	0.00	2.33	2.70	3.70	0.00	4.26	3.09
以色列	9.52	3.03	2.86	0.00	0.00	4.65	2.70	0.00	0.00	4.26	2.78
瑞　　士	0.00	0.00	5.71	3.23	0.00	2.33	2.70	3.70	16.67	2.13	2.78
澳大利亚	0.00	3.03	0.00	0.00	2.63	2.33	2.70	7.41	8.33	2.13	2.47
日　　本	0.00	9.09	2.86	0.00	0.00	0.00	2.70	7.41	0.00	0.00	2.16
丹　　麦	4.76	0.00	2.86	0.00	2.63	4.65	0.00	0.00	0.00	2.13	1.85
韩　　国	0.00	0.00	2.86	3.23	2.63	0.00	2.70	0.00	0.00	2.13	1.54
希　　腊	4.76	0.00	2.86	3.23	0.00	0.00	0.00	3.70	0.00	2.13	1.54
爱尔兰	0.00	0.00	2.86	0.00	2.63	0.00	0.00	7.41	0.00	0.00	1.23
瑞　　典	0.00	0.00	0.00	0.00	0.00	2.33	2.70	0.00	0.00	4.26	1.23
中国香港	0.00	0.00	0.00	0.00	2.63	0.00	2.70	3.70	0.00	2.13	1.23
奥地利	9.52	3.03	0.00	0.00	0.00	2.33	0.00	0.00	0.00	0.00	1.23

表 9－11　胃肠病学和肝脏病学 B 层人才排名前 20 的国家和地区的占比

单位：%

国家和地区	2010年	2011年	2012年	2013年	2014年	2015年	2016年	2017年	2018年	2019年	合计
美　国	23.43	24.67	23.74	18.29	17.49	23.21	21.70	14.69	16.59	18.38	19.88
英　国	8.74	8.33	8.61	7.01	7.38	7.65	6.73	6.29	6.86	6.78	7.34
法　国	5.94	5.00	6.53	6.71	5.19	7.40	7.48	5.36	6.86	6.35	6.32
意大利	8.04	6.67	4.75	6.40	6.01	5.61	7.23	5.13	6.19	5.47	6.08
德　国	5.94	6.67	7.42	4.57	7.92	6.12	4.49	5.83	4.65	4.81	5.76
加拿大	5.24	6.33	5.64	5.18	5.19	5.61	3.24	4.43	1.99	5.03	4.67
西班牙	3.85	4.33	3.56	4.57	4.37	4.59	3.99	5.59	3.32	3.28	4.14
荷　兰	4.90	5.00	3.56	3.96	3.83	4.59	4.24	3.03	3.10	3.50	3.90
比利时	3.15	3.33	3.86	3.05	6.83	2.81	3.99	2.80	2.88	1.75	3.39
澳大利亚	1.75	4.33	2.97	3.05	3.28	3.32	2.49	2.33	2.88	3.06	2.93
瑞　士	3.50	2.33	4.15	3.05	2.19	2.30	2.99	2.56	3.10	2.19	2.80
日　本	2.10	2.67	3.86	2.44	1.09	3.32	3.74	1.86	3.54	2.84	2.77
中国大陆	1.05	1.67	2.37	1.22	1.09	1.53	3.74	2.80	3.32	5.69	2.61
瑞　典	3.85	1.67	0.89	2.74	3.83	2.04	1.50	3.03	1.11	1.31	2.13
奥地利	0.35	1.33	1.48	2.74	3.83	1.53	2.74	2.80	0.66	0.66	1.81
中国香港	2.45	0.00	0.89	0.91	0.27	1.02	1.25	1.86	3.54	1.97	1.49
韩　国	1.75	0.67	1.19	0.91	0.82	1.28	1.25	1.40	1.99	2.41	1.41
丹　麦	0.35	1.00	1.19	1.83	2.19	0.77	1.75	1.63	1.11	1.75	1.39
以色列	1.05	1.67	0.30	0.91	1.91	1.79	0.75	1.63	1.11	1.09	1.23
葡萄牙	0.70	0.33	0.59	1.83	1.91	2.04	0.25	1.40	1.77	0.88	1.20

表 9－12　胃肠病学和肝脏病学 C 层人才排名前 20 的国家和地区的占比

单位：%

国家和地区	2010年	2011年	2012年	2013年	2014年	2015年	2016年	2017年	2018年	2019年	合计
美　国	27.88	25.62	25.22	25.20	25.26	24.98	23.36	22.89	22.17	20.15	24.01
英　国	7.23	7.18	6.68	7.22	6.59	6.72	6.84	7.14	7.21	7.04	6.98
意大利	6.13	5.82	6.24	5.61	6.31	6.23	6.79	6.42	6.70	6.16	6.27
德　国	7.08	6.53	5.97	6.11	5.48	5.65	5.35	5.21	5.19	5.04	5.68
中国大陆	4.27	4.36	5.64	5.74	6.31	5.53	6.10	5.31	5.55	6.79	5.64
日　本	5.66	5.78	5.31	5.06	5.48	5.21	5.88	5.21	5.21	5.43	5.41
法　国	4.85	5.44	5.58	4.75	5.14	4.77	4.77	5.06	5.24	4.45	4.99
加拿大	3.91	3.57	3.70	3.24	3.83	4.18	4.01	3.86	3.87	4.11	3.85

续表

国家和地区	2010年	2011年	2012年	2013年	2014年	2015年	2016年	2017年	2018年	2019年	合计
荷　兰	4.64	3.71	3.85	4.35	3.27	3.35	3.63	3.96	3.46	3.13	3.69
西班牙	2.55	3.50	3.25	4.38	3.44	3.14	3.66	3.46	3.61	3.88	3.51
澳大利亚	2.59	2.93	2.45	2.65	2.54	3.22	3.00	2.86	2.70	2.50	2.75
韩　国	2.34	2.59	2.83	2.22	2.74	2.36	2.77	2.28	2.68	2.52	2.54
比利时	2.08	2.55	2.30	2.07	2.07	1.97	2.47	2.41	2.63	2.29	2.29
瑞　士	1.90	2.14	1.64	1.79	1.51	1.66	1.61	2.51	1.73	1.95	1.84
瑞　典	1.61	1.77	1.88	1.82	1.45	1.71	1.29	1.55	1.66	1.57	1.62
丹　麦	1.31	1.70	1.46	1.45	1.73	1.43	1.72	1.18	1.68	1.64	1.53
中国香港	1.24	1.67	1.34	1.36	1.17	1.09	1.51	1.35	1.27	1.34	1.33
中国台湾	1.06	1.43	1.37	1.30	0.89	0.96	1.29	0.73	1.32	1.23	1.15
奥地利	1.28	1.19	1.16	1.17	0.81	1.01	0.71	1.38	0.93	1.14	1.07
印　度	0.77	0.88	1.13	1.14	0.95	0.70	1.03	1.00	1.14	1.20	1.01

五　产科医学和妇科医学

产科医学和妇科医学 A、B、C 层人才最多的国家是美国，分别占该学科全球 A、B、C 层人才的 18.61%、21.16%、26.84%。

英国、澳大利亚、荷兰、意大利、比利时、瑞士、西班牙、加拿大的 A 层人才比较多，世界占比在 13%～3%之间；以色列、巴西、中国大陆、德国、南非、挪威、丹麦、法国、瑞典、芬兰、希腊也有相当数量的 A 层人才，世界占比超过 1%。

英国、澳大利亚、意大利、加拿大、荷兰、西班牙、法国、比利时的 B 层人才比较多，世界占比在 13%～3%之间；丹麦、瑞士、德国、瑞典、中国大陆、巴西、以色列、挪威、日本、印度、新西兰也有相当数量的 B 层人才，世界占比超过 1%。

英国、意大利、澳大利亚、加拿大、中国大陆、荷兰的 C 层人才比较多，世界占比在 10%～3%之间；西班牙、法国、德国、比利时、瑞典、丹麦、日本、瑞士、巴西、挪威、以色列、韩国、土耳其也有相当数量的 C 层人才，世界占比超过或等于 1%。

表 9－13　产科医学和妇科医学 A 层人才排名前 20 的国家和地区的占比

单位：%

国家和地区	2010年	2011年	2012年	2013年	2014年	2015年	2016年	2017年	2018年	2019年	合计
美　国	17.39	23.08	23.81	50.00	14.81	24.24	9.38	14.81	14.29	17.50	18.61
英　国	8.70	23.08	14.29	0.00	11.11	18.18	15.63	7.41	11.43	7.50	12.41
澳大利亚	13.04	7.69	9.52	10.00	0.00	9.09	9.38	3.70	8.57	2.50	6.93
荷　兰	8.70	3.85	9.52	0.00	3.70	3.03	6.25	0.00	2.86	2.50	4.01
意大利	0.00	11.54	4.76	0.00	3.70	3.03	0.00	7.41	2.86	5.00	4.01
比利时	8.70	7.69	0.00	0.00	3.70	0.00	3.13	7.41	5.71	0.00	3.65
瑞　士	8.70	0.00	14.29	0.00	0.00	3.03	9.38	0.00	2.86	0.00	3.65
西班牙	0.00	0.00	0.00	0.00	7.41	9.09	3.13	7.41	0.00	5.00	3.65
加拿大	8.70	0.00	0.00	0.00	3.70	0.00	3.13	3.70	5.71	5.00	3.28
以色列	0.00	0.00	0.00	20.00	7.41	3.03	3.13	7.41	0.00	0.00	2.92
巴　西	0.00	0.00	0.00	0.00	7.41	0.00	6.25	3.70	2.86	2.50	2.55
中国大陆	0.00	0.00	0.00	10.00	7.41	0.00	0.00	3.70	5.71	2.50	2.55
德　国	8.70	0.00	0.00	10.00	3.70	0.00	3.13	0.00	0.00	2.50	2.19
南　非	4.35	3.85	4.76	0.00	0.00	0.00	3.13	0.00	2.86	2.50	2.19
挪　威	4.35	3.85	0.00	0.00	0.00	0.00	6.25	3.70	0.00	2.50	2.19
丹　麦	0.00	3.85	0.00	0.00	0.00	3.03	0.00	7.41	0.00	5.00	2.19
法　国	4.35	0.00	0.00	0.00	0.00	3.03	0.00	0.00	2.86	5.00	1.82
瑞　典	0.00	0.00	0.00	0.00	0.00	6.06	6.25	0.00	0.00	2.50	1.82
芬　兰	0.00	0.00	0.00	0.00	3.70	0.00	0.00	0.00	2.86	5.00	1.46
希　腊	0.00	3.85	4.76	0.00	0.00	0.00	0.00	3.70	0.00	2.50	1.46

表 9－14　产科医学和妇科医学 B 层人才排名前 20 的国家和地区的占比

单位：%

国家和地区	2010年	2011年	2012年	2013年	2014年	2015年	2016年	2017年	2018年	2019年	合计
美　国	29.55	27.54	24.71	20.40	21.98	27.70	11.79	19.52	19.33	14.25	21.16
英　国	12.27	15.68	11.37	15.38	13.92	10.47	10.00	12.31	13.33	12.29	12.67
澳大利亚	9.09	6.36	4.31	4.35	6.59	4.39	6.79	3.90	8.00	4.75	5.72
意大利	2.73	1.27	5.49	3.34	6.59	5.74	3.93	5.11	5.33	5.59	4.63
加拿大	5.00	6.78	3.14	5.02	2.56	3.04	5.00	5.11	3.33	5.03	4.39
荷　兰	5.45	5.93	2.75	3.68	5.49	4.73	4.29	2.40	4.00	3.35	4.11
西班牙	2.73	4.66	4.31	2.34	4.76	4.73	3.93	4.80	4.33	3.35	4.00
法　国	3.18	2.54	4.31	1.67	2.56	3.04	3.93	2.70	3.33	4.47	3.19

续表

国家和地区	2010年	2011年	2012年	2013年	2014年	2015年	2016年	2017年	2018年	2019年	合计
比利时	2.73	2.54	2.35	2.68	2.56	2.70	5.00	2.40	3.67	3.91	3.09
丹麦	2.73	3.39	2.75	3.01	1.47	2.03	2.50	3.90	2.67	3.35	2.81
瑞士	1.82	1.69	3.92	2.34	2.93	2.36	4.64	2.40	2.67	3.07	2.81
德国	3.64	2.54	2.75	2.01	1.83	1.69	4.29	2.10	2.00	3.07	2.56
瑞典	1.82	1.69	1.57	2.68	1.10	2.36	3.21	1.50	2.00	4.47	2.32
中国大陆	2.27	2.12	1.57	2.34	3.66	1.35	2.86	2.40	3.00	1.12	2.25
巴西	0.91	0.42	1.18	1.00	1.83	1.35	2.14	3.30	2.00	0.84	1.54
以色列	0.91	2.12	1.18	1.34	1.10	0.68	1.79	1.80	1.00	1.68	1.37
挪威	0.00	2.54	0.00	1.67	1.10	0.34	1.07	1.50	1.00	2.79	1.26
日本	0.45	0.85	0.39	1.00	2.20	1.01	0.71	1.20	1.00	2.23	1.16
印度	0.91	0.85	1.18	1.00	0.73	1.35	0.71	0.90	1.67	1.68	1.12
新西兰	0.91	1.27	0.39	1.00	0.73	1.69	1.79	1.20	1.00	1.12	1.12

表 9-15 产科医学和妇科医学 C 层人才排名前 20 的国家和地区的占比

单位：%

国家和地区	2010年	2011年	2012年	2013年	2014年	2015年	2016年	2017年	2018年	2019年	合计
美国	31.20	29.04	28.00	27.73	28.35	29.21	26.06	26.00	23.33	22.54	26.84
英国	10.69	11.19	9.95	9.50	9.33	9.16	8.94	9.42	8.44	9.24	9.50
意大利	4.48	5.04	4.32	4.89	4.92	4.97	6.53	5.75	6.17	6.39	5.43
澳大利亚	4.29	4.37	4.69	5.21	5.95	5.07	5.44	5.52	5.66	5.63	5.24
加拿大	4.80	4.45	5.06	4.40	4.99	4.23	3.79	4.45	3.76	4.11	4.37
中国大陆	2.42	1.65	3.08	3.23	3.49	3.98	4.39	4.87	4.84	5.77	3.92
荷兰	4.11	4.58	4.11	3.87	4.08	3.59	3.73	3.48	3.35	3.59	3.81
西班牙	2.19	2.76	2.96	2.73	2.42	3.17	2.41	3.05	3.19	3.41	2.86
法国	3.20	2.54	3.54	2.87	2.83	2.68	2.90	2.79	2.59	2.57	2.83
德国	3.06	3.39	2.80	3.05	2.86	2.18	2.70	2.44	3.04	2.48	2.78
比利时	2.60	2.33	3.29	2.94	2.50	2.47	2.18	2.18	2.85	2.16	2.53
瑞典	2.47	2.63	2.63	2.45	2.39	2.43	2.41	2.31	2.12	1.98	2.36
丹麦	1.60	1.95	2.75	2.55	2.09	1.80	2.08	1.98	1.45	1.90	2.01
日本	1.87	1.57	1.77	1.38	2.09	1.41	1.39	1.46	1.55	2.19	1.67
瑞士	1.74	1.36	1.15	1.56	1.54	1.16	2.47	1.79	2.09	1.37	1.64
巴西	1.83	1.27	1.23	1.13	1.32	1.73	1.72	1.43	1.83	1.40	1.49
挪威	1.01	1.23	2.14	1.63	1.40	1.27	1.45	1.66	1.49	1.14	1.44
以色列	1.28	1.70	1.36	1.03	1.40	1.27	1.19	1.10	1.33	1.78	1.34
韩国	1.37	1.27	1.03	1.24	1.10	1.09	1.02	0.75	0.85	1.08	1.07
土耳其	0.87	0.93	0.82	1.28	1.14	1.20	0.89	0.71	0.95	1.17	1.00

六　男科学

男科学是小学科，人才数量少，本次统计中全球没有 A 层人才。

B 层人才最多的国家是美国，世界占比为 32.50%；澳大利亚、意大利、南非、巴西、加拿大、法国、荷兰、英国的 B 层人才比较多，世界占比在 9%～3% 之间；葡萄牙、西班牙、中国大陆、丹麦、德国、塞尔维亚、瑞典、比利时、瑞士、中国香港、以色列也有相当数量的 B 层人才，世界占比超过 1%。

C 层人才最多的国家是美国，世界占比为 20.04%；中国大陆、意大利、德国、英国、西班牙、丹麦、澳大利亚、巴西、法国、加拿大的 C 层人才比较多，世界占比在 9%～3% 之间；伊朗、荷兰、印度、南非、土耳其、瑞典、日本、埃及、韩国也有相当数量的 C 层人才，世界占比超过 1%。

表 9－16　男科学 B 层人才排名前 20 的国家和地区的占比

单位：%

国家和地区	2010年	2011年	2012年	2013年	2014年	2015年	2016年	2017年	2018年	2019年	合计
美国	42.86	22.22	0.00	37.50	37.50	37.50	44.44	41.67	33.33	0.00	32.50
澳大利亚	0.00	33.33	20.00	0.00	12.50	12.50	0.00	0.00	0.00	0.00	8.75
意大利	0.00	11.11	30.00	0.00	12.50	0.00	0.00	8.33	11.11	0.00	8.75
南非	0.00	0.00	0.00	0.00	12.50	12.50	0.00	0.00	22.22	0.00	5.00
巴西	0.00	0.00	0.00	0.00	0.00	0.00	33.33	0.00	0.00	0.00	3.75
加拿大	0.00	11.11	0.00	0.00	0.00	0.00	11.11	8.33	0.00	0.00	3.75
法国	0.00	0.00	0.00	12.50	0.00	12.50	0.00	8.33	0.00	0.00	3.75
荷兰	0.00	0.00	0.00	0.00	12.50	0.00	0.00	0.00	22.22	0.00	3.75
英国	28.57	0.00	0.00	0.00	0.00	0.00	0.00	8.33	0.00	0.00	3.75
葡萄牙	0.00	0.00	0.00	12.50	0.00	0.00	0.00	8.33	0.00	0.00	2.50
西班牙	0.00	0.00	0.00	12.50	0.00	0.00	0.00	8.33	0.00	0.00	2.50
中国大陆	0.00	0.00	0.00	0.00	0.00	12.50	0.00	8.33	0.00	0.00	2.50
丹麦	0.00	0.00	10.00	12.50	0.00	0.00	0.00	0.00	0.00	0.00	2.50
德国	14.29	0.00	0.00	0.00	12.50	0.00	0.00	0.00	0.00	0.00	2.50
塞尔维亚	0.00	0.00	0.00	0.00	0.00	0.00	0.00	0.00	11.11	0.00	1.25
瑞典	14.29	0.00	0.00	0.00	0.00	0.00	0.00	0.00	0.00	0.00	1.25
比利时	0.00	0.00	10.00	0.00	0.00	0.00	0.00	0.00	0.00	0.00	1.25
瑞士	0.00	0.00	10.00	0.00	0.00	0.00	0.00	0.00	0.00	0.00	1.25
中国香港	0.00	0.00	0.00	0.00	0.00	0.00	11.11	0.00	0.00	0.00	1.25
以色列	0.00	0.00	10.00	0.00	0.00	0.00	0.00	0.00	0.00	0.00	1.25

表 9－17 男科学 C 层人才排名前 20 的国家和地区的占比

单位：%

国家和地区	2010年	2011年	2012年	2013年	2014年	2015年	2016年	2017年	2018年	2019年	合计
美　　国	25.00	15.29	19.80	28.77	19.18	16.00	25.93	17.95	18.68	16.67	20.04
中国大陆	6.52	8.24	7.92	12.33	12.33	6.67	3.70	8.55	9.89	8.33	8.37
意 大 利	10.87	9.41	6.93	6.85	5.48	6.67	6.17	7.69	4.40	7.50	7.27
德　　国	7.61	7.06	3.96	4.11	4.11	5.33	3.70	6.84	1.10	5.00	4.96
英　　国	3.26	4.71	5.94	4.11	5.48	5.33	3.70	1.71	5.49	4.17	4.30
西 班 牙	3.26	2.35	0.99	8.22	4.11	6.67	6.17	4.27	2.20	1.67	3.74
丹　　麦	5.43	3.53	7.92	2.74	4.11	0.00	7.41	2.56	1.10	0.83	3.52
澳大利亚	2.17	7.06	1.98	2.74	2.74	6.67	1.23	4.27	2.20	3.33	3.41
巴　　西	1.09	2.35	1.98	0.00	1.37	1.33	8.64	6.84	6.59	2.50	3.41
法　　国	3.26	7.06	4.95	2.74	1.37	1.33	4.94	1.71	2.20	3.33	3.30
加 拿 大	3.26	5.88	1.98	1.37	2.74	9.33	3.70	0.85	3.30	2.50	3.30
伊　　朗	2.17	0.00	1.98	1.37	5.48	2.67	0.00	5.13	6.59	2.50	2.86
荷　　兰	1.09	4.71	3.96	2.74	2.74	4.00	2.47	1.71	3.30	0.83	2.64
印　　度	2.17	1.18	3.96	4.11	0.00	1.33	1.23	0.85	6.59	2.50	2.42
南　　非	5.43	3.53	2.97	0.00	0.00	4.00	1.23	0.85	3.30	1.67	2.31
土 耳 其	0.00	0.00	2.97	0.00	2.74	4.00	1.23	2.56	1.10	4.17	1.98
瑞　　典	2.17	2.35	0.99	1.37	4.11	1.33	3.70	0.85	2.20	0.00	1.76
日　　本	3.26	1.18	2.97	1.37	0.00	0.00	0.00	0.85	1.10	3.33	1.54
埃　　及	2.17	0.00	0.99	1.37	0.00	0.00	0.00	1.71	3.30	3.33	1.43
韩　　国	1.09	0.00	0.99	2.74	0.00	4.00	0.00	0.00	1.10	3.33	1.32

七 儿科学

儿科学 A、B、C 层人才最多的国家是美国，分别占该学科全球 A、B、C 层人才的 30.00%、33.20%、36.36%。

英国、加拿大、澳大利亚、法国、荷兰、德国的 A 层人才比较多，世界占比在 10%～3%；瑞士、意大利、瑞典、西班牙、丹麦、比利时、巴西、南非、以色列、奥地利、印度、芬兰、挪威也有相当数量的 A 层人才，世界占比超过或接近 1%。

英国、加拿大、澳大利亚、德国、荷兰、意大利的 B 层人才比较多，世界占比在 10%～3% 之间；瑞典、法国、西班牙、瑞士、比利时、丹麦、以色列、芬兰、新西兰、挪威、日本、波兰、印度也有相当数量的 B 层人才，世界占比超过或接近 1%。

英国、加拿大、澳大利亚、意大利、荷兰、德国的 C 层人才比较多，世界占比在 9%～3% 之间；法国、瑞典、西班牙、瑞士、比利时、中国大陆、挪威、日本、印度、芬兰、丹麦、以色列、巴西也有相当数量的 C 层人才，世界占比超过 1%。

表 9－18　儿科学 A 层人才排名前 20 的国家和地区的占比

单位：%

国家和地区	2010年	2011年	2012年	2013年	2014年	2015年	2016年	2017年	2018年	2019年	合计
美　国	16.13	58.62	25.00	60.87	32.26	34.62	15.38	26.32	30.00	20.00	30.00
英　国	9.68	6.90	25.00	0.00	12.90	7.69	5.13	13.16	10.00	8.89	10.00
加拿大	3.23	10.34	3.57	13.04	6.45	7.69	5.13	5.26	2.50	11.11	6.67
澳大利亚	0.00	0.00	0.00	8.70	3.23	11.54	2.56	2.63	10.00	6.67	4.55
法　国	9.68	3.45	3.57	0.00	3.23	11.54	5.13	5.26	5.00	0.00	4.55
荷　兰	3.23	0.00	7.14	4.35	9.68	3.85	2.56	5.26	2.50	2.22	3.94
德　国	3.23	0.00	3.57	8.70	3.23	0.00	2.56	2.63	2.50	4.44	3.03
瑞　士	3.23	0.00	0.00	0.00	0.00	3.85	7.69	2.63	5.00	2.22	2.73
意大利	3.23	0.00	7.14	0.00	3.23	0.00	2.56	5.26	2.50	2.22	2.73
瑞　典	3.23	0.00	0.00	4.35	0.00	0.00	2.56	5.26	2.50	4.44	2.42
西班牙	6.45	0.00	3.57	0.00	3.23	3.85	2.56	2.63	0.00	2.22	2.42
丹　麦	0.00	0.00	3.57	0.00	3.23	0.00	2.56	2.63	0.00	4.44	1.82
比利时	3.23	0.00	0.00	0.00	3.23	3.85	2.56	0.00	2.50	2.22	1.82
巴　西	3.23	0.00	0.00	0.00	0.00	3.85	5.13	2.63	0.00	2.22	1.82
南　非	3.23	3.45	3.57	0.00	0.00	0.00	2.56	0.00	2.50	2.22	1.82
以色列	3.23	3.45	3.57	0.00	3.23	0.00	0.00	0.00	0.00	2.22	1.52
奥地利	0.00	0.00	0.00	0.00	0.00	0.00	2.56	2.63	5.00	0.00	1.21
印　度	3.23	0.00	0.00	0.00	0.00	0.00	5.13	0.00	2.50	0.00	1.21
芬　兰	0.00	0.00	3.57	0.00	3.23	0.00	2.56	0.00	0.00	2.22	1.21
挪　威	0.00	0.00	0.00	0.00	0.00	0.00	2.56	2.63	0.00	2.22	0.91

表9－19　儿科学B层人才排名前20的国家和地区的占比

单位：%

国家和地区	2010年	2011年	2012年	2013年	2014年	2015年	2016年	2017年	2018年	2019年	合计
美　　国	37.63	38.08	36.68	35.66	41.36	34.28	33.82	25.07	28.53	26.26	33.20
英　　国	12.90	8.54	14.29	9.79	8.47	7.23	9.83	6.84	10.33	9.02	9.59
加 拿 大	2.87	6.05	8.11	5.94	3.39	5.03	7.80	6.55	8.97	6.63	6.23
澳大利亚	4.66	4.98	5.41	8.04	5.42	5.66	4.62	5.70	5.43	5.31	5.51
德　　国	5.02	4.63	2.32	3.50	3.05	4.40	2.31	4.56	4.08	4.24	3.83
荷　　兰	4.66	5.34	3.09	4.90	3.39	3.14	3.18	3.42	4.08	3.18	3.80
意 大 利	3.58	3.20	2.70	2.45	3.39	2.52	3.47	4.27	3.26	2.65	3.16
瑞　　典	2.15	2.85	1.93	2.80	1.36	1.26	2.89	2.28	2.17	4.77	2.50
法　　国	2.15	3.56	2.32	1.75	1.02	2.83	3.47	1.71	2.99	1.59	2.34
西 班 牙	1.79	0.71	1.16	3.15	2.03	2.52	1.45	3.99	1.63	3.18	2.22
瑞　　士	1.79	3.20	1.93	2.80	0.68	4.72	1.45	1.71	1.09	1.59	2.06
比 利 时	2.87	1.42	1.16	1.05	2.03	1.26	2.31	1.99	2.45	1.06	1.77
丹　　麦	1.43	0.71	2.70	2.45	2.03	2.52	0.87	1.14	0.00	1.33	1.46
以 色 列	0.72	1.07	1.54	1.05	1.69	1.89	1.45	1.42	2.17	0.80	1.39
芬　　兰	0.72	1.42	1.93	1.05	1.02	1.89	1.16	0.57	1.09	0.53	1.11
新 西 兰	0.36	1.78	0.39	0.70	1.36	1.26	1.16	1.42	0.82	1.06	1.04
挪　　威	1.08	1.07	0.00	1.05	1.02	1.26	2.02	0.85	0.54	1.33	1.04
日　　本	0.36	0.36	1.16	1.05	1.69	0.63	0.87	0.57	1.36	1.86	1.01
波　　兰	0.00	1.07	0.77	0.70	1.69	0.63	0.58	0.85	2.17	1.33	1.01
印　　度	0.00	0.36	0.39	1.05	1.36	1.89	1.16	1.14	0.82	1.33	0.98

表9－20　儿科学C层人才排名前20的国家和地区的占比

单位：%

国家和地区	2010年	2011年	2012年	2013年	2014年	2015年	2016年	2017年	2018年	2019年	合计
美　　国	38.46	40.07	39.13	39.17	38.18	36.11	37.02	34.35	32.20	31.74	36.36
英　　国	7.73	8.02	7.63	7.86	8.27	8.68	7.73	7.92	8.12	8.19	8.02
加 拿 大	6.22	7.50	5.98	7.23	6.73	6.77	6.25	7.33	7.18	6.29	6.75
澳大利亚	4.64	5.01	4.95	5.32	6.30	5.24	5.23	4.81	5.41	4.99	5.19
意 大 利	3.99	2.93	3.87	4.30	3.50	3.68	3.37	4.28	4.30	4.22	3.87
荷　　兰	4.85	3.68	4.30	3.91	3.40	3.40	3.78	3.87	3.72	3.17	3.78
德　　国	3.95	3.08	3.64	3.31	3.22	3.44	3.08	4.14	3.64	3.12	3.46

续表

国家和地区	2010年	2011年	2012年	2013年	2014年	2015年	2016年	2017年	2018年	2019年	合计
法　国	2.77	2.86	2.42	2.68	2.07	2.42	2.04	2.26	2.15	2.62	2.41
瑞　典	2.48	2.30	1.88	2.01	2.63	2.42	2.33	2.14	2.68	2.01	2.29
西班牙	1.83	1.56	1.38	1.34	1.51	1.57	1.77	2.43	1.95	2.18	1.78
瑞　士	1.69	1.26	1.30	1.59	1.30	1.91	1.45	1.44	2.21	2.07	1.64
比利时	1.40	1.45	1.23	1.30	1.12	1.53	1.57	1.35	1.51	1.60	1.42
中国大陆	0.61	1.15	1.00	0.71	1.26	1.19	1.34	1.61	1.19	2.45	1.29
挪　威	1.33	1.08	1.42	1.27	1.37	1.19	1.13	1.26	1.31	0.85	1.21
日　本	1.22	1.11	1.11	1.30	0.84	0.82	1.25	0.97	0.87	1.49	1.10
印　度	0.79	1.19	1.04	0.92	1.02	0.92	0.93	1.03	1.31	1.71	1.10
芬　兰	1.26	1.15	1.34	0.92	0.84	1.50	0.96	1.20	0.93	1.02	1.10
丹　麦	1.29	1.11	1.00	0.99	1.02	1.33	1.25	1.11	0.87	0.99	1.09
以色列	1.37	1.19	0.84	0.99	1.02	0.99	1.08	1.03	1.37	1.02	1.09
巴　西	0.90	0.85	0.88	0.92	0.95	0.95	1.22	1.17	1.37	1.30	1.07

八　泌尿学和肾脏学

泌尿学和肾脏学 A、B、C 层人才最多的国家是美国，分别占该学科全球 A、B、C 层人才的 14.94%、23.80%、28.24%。

英国、荷兰、法国、德国、比利时、意大利、瑞士、西班牙、澳大利亚、加拿大、捷克的 A 层人才比较多，世界占比在 11%～3%之间；芬兰、瑞典、奥地利、俄罗斯、中国大陆、日本、中国香港、南非也有相当数量的 A 层人才，世界占比超过或接近 1%。

英国、德国、加拿大、荷兰、意大利、法国、澳大利亚、比利时的 B 层人才比较多，世界占比在 8%～3%之间；瑞典、日本、西班牙、瑞士、奥地利、中国大陆、丹麦、巴西、芬兰、中国香港、波兰也有相当数量的 B 层人才，世界占比超过或接近 1%。

英国、德国、意大利、加拿大、法国、荷兰、中国大陆、澳大利亚的 C 层人才比较多，世界占比在 8%～3%之间；日本、比利时、西班牙、瑞典、瑞士、奥地利、韩国、丹麦、巴西、土耳其、希腊也有相当数量的 C 层人才，世界占比超过、等于或接近 1%。

表 9-21 泌尿学和肾脏学 A 层人才排名前 20 的国家和地区的占比

单位：%

国家和地区	2010年	2011年	2012年	2013年	2014年	2015年	2016年	2017年	2018年	2019年	合计
美国	14.81	30.00	35.71	11.54	7.14	12.50	19.23	6.67	5.00	9.38	14.94
英国	11.11	10.00	7.14	7.69	10.71	12.50	7.69	16.67	10.00	9.38	10.34
荷兰	14.81	5.00	7.14	7.69	10.71	8.33	3.85	10.00	10.00	12.50	9.20
法国	3.70	5.00	7.14	3.85	10.71	8.33	3.85	13.33	10.00	12.50	8.05
德国	11.11	10.00	0.00	7.69	10.71	4.17	7.69	10.00	10.00	6.25	7.66
比利时	7.41	10.00	7.14	3.85	10.71	4.17	0.00	10.00	10.00	6.25	6.90
意大利	0.00	5.00	7.14	3.85	10.71	8.33	0.00	3.33	10.00	9.38	5.75
瑞士	7.41	10.00	7.14	0.00	3.57	4.17	11.54	3.33	5.00	3.13	5.36
西班牙	0.00	5.00	3.57	3.85	10.71	0.00	0.00	6.67	5.00	6.25	4.21
澳大利亚	11.11	0.00	3.57	0.00	0.00	4.17	7.69	3.33	0.00	0.00	3.07
加拿大	0.00	5.00	0.00	11.54	0.00	4.17	3.85	0.00	5.00	3.13	3.07
捷克	3.70	0.00	0.00	3.85	0.00	4.17	3.85	3.33	5.00	6.25	3.07
芬兰	0.00	0.00	3.57	3.85	3.57	0.00	0.00	6.67	5.00	0.00	2.30
瑞典	3.70	0.00	3.57	0.00	3.57	4.17	3.85	0.00	0.00	3.13	2.30
奥地利	0.00	0.00	0.00	3.85	0.00	0.00	3.85	3.33	5.00	3.13	1.92
俄罗斯	0.00	5.00	0.00	0.00	7.14	0.00	0.00	3.33	0.00	3.13	1.92
中国大陆	0.00	0.00	3.57	3.85	0.00	4.17	3.85	0.00	0.00	0.00	1.53
日本	0.00	0.00	3.57	3.85	0.00	0.00	0.00	0.00	0.00	0.00	0.77
中国香港	0.00	0.00	0.00	3.85	0.00	0.00	3.85	0.00	0.00	0.00	0.77
南非	0.00	0.00	0.00	3.85	0.00	4.17	0.00	0.00	0.00	0.00	0.77

表 9-22 泌尿学和肾脏学 B 层人才排名前 20 的国家和地区的占比

单位：%

国家和地区	2010年	2011年	2012年	2013年	2014年	2015年	2016年	2017年	2018年	2019年	合计
美国	28.03	25.10	27.60	21.76	24.11	25.28	20.46	24.11	23.21	18.61	23.80
英国	7.11	7.41	6.09	8.37	7.91	8.30	7.72	8.16	8.87	9.49	7.96
德国	7.11	8.64	11.11	8.37	7.11	7.55	8.11	6.03	4.78	6.57	7.50
加拿大	7.11	7.00	6.81	8.79	6.32	4.15	4.25	6.74	5.46	6.57	6.28
荷兰	4.60	5.76	6.81	7.11	6.72	4.53	6.18	7.45	6.48	6.93	6.28
意大利	7.95	4.94	8.24	4.60	4.35	7.17	5.79	6.03	5.80	4.74	5.98
法国	5.44	6.58	5.02	5.86	5.14	7.55	4.63	5.32	4.44	5.84	5.56
澳大利亚	2.93	2.47	5.38	4.60	6.72	2.26	5.02	4.61	4.44	4.01	4.27

续表

国家和地区	2010年	2011年	2012年	2013年	2014年	2015年	2016年	2017年	2018年	2019年	合计
比利时	3.77	2.06	4.30	2.09	3.16	3.77	4.63	4.61	2.73	4.74	3.62
瑞典	2.09	3.70	1.79	3.35	4.35	3.02	3.47	2.48	1.37	2.92	2.82
日本	2.51	2.06	1.79	2.51	3.16	1.89	3.09	3.19	3.75	1.82	2.59
西班牙	2.09	5.35	1.43	2.09	1.58	2.64	1.93	2.13	1.71	2.55	2.32
瑞士	2.09	1.23	0.36	3.35	0.79	2.64	3.09	2.13	2.73	2.19	2.06
奥地利	2.51	2.88	1.79	1.67	1.19	1.89	1.93	0.00	1.71	1.46	1.68
中国大陆	0.00	1.65	1.43	0.00	1.58	2.26	0.39	3.19	1.71	2.55	1.52
丹麦	0.84	0.00	0.72	1.26	1.98	0.75	0.77	2.13	1.37	2.19	1.22
巴西	2.51	0.00	0.00	0.42	1.58	1.13	1.54	0.71	1.71	1.09	1.07
芬兰	1.26	1.65	0.00	1.26	1.19	1.13	1.16	0.71	1.02	0.73	0.99
中国香港	1.26	1.23	0.36	0.84	0.40	0.38	1.16	0.71	0.68	1.09	0.80
波兰	0.42	1.23	1.43	1.26	0.40	0.00	0.77	0.35	0.68	0.73	0.72

表 9－23　泌尿学和肾脏学 C 层人才排名前 20 的国家和地区的占比

单位：%

国家和地区	2010年	2011年	2012年	2013年	2014年	2015年	2016年	2017年	2018年	2019年	合计
美国	31.65	32.38	30.26	31.32	28.45	27.70	27.36	26.31	25.93	22.79	28.24
英国	5.91	6.28	6.74	6.92	7.39	7.32	7.02	7.91	7.28	7.06	7.01
德国	7.14	7.82	7.22	6.67	7.03	6.76	6.09	6.81	6.50	5.60	6.74
意大利	6.24	5.25	5.88	7.09	5.73	5.45	6.52	5.90	6.71	6.82	6.17
加拿大	6.94	6.45	5.88	5.66	5.69	6.05	5.82	5.86	5.22	4.94	5.83
法国	4.39	4.31	4.58	4.07	4.54	4.54	4.42	3.85	4.69	4.63	4.41
荷兰	4.47	4.57	4.28	4.65	4.74	4.70	3.92	4.77	3.94	4.07	4.40
中国大陆	2.01	2.35	3.31	4.19	2.73	4.22	3.53	4.20	4.19	3.48	3.45
澳大利亚	2.91	3.33	3.13	3.02	3.36	3.02	2.99	3.07	3.52	3.86	3.23
日本	3.08	2.69	3.91	2.94	3.16	2.47	2.72	2.33	3.13	3.44	2.99
比利时	2.71	2.31	2.64	2.22	2.73	3.10	2.87	2.75	2.31	3.24	2.70
西班牙	2.22	2.22	2.20	2.10	2.37	2.63	2.44	2.08	2.63	3.03	2.40
瑞典	2.42	2.18	1.79	2.52	1.98	2.35	2.25	2.47	2.24	2.40	2.26
瑞士	1.52	1.37	1.15	1.13	1.74	1.67	1.67	1.87	2.13	2.09	1.65
奥地利	1.23	1.41	1.56	1.51	1.62	1.67	1.09	1.69	1.53	1.70	1.51
韩国	1.15	1.03	0.86	1.26	1.26	1.15	1.20	1.38	1.21	1.77	1.24
丹麦	1.11	1.07	0.89	0.84	1.58	1.27	0.85	1.69	1.07	0.73	1.11
巴西	1.11	1.28	1.38	0.67	0.67	0.88	1.16	1.06	1.24	0.97	1.05
土耳其	1.19	1.28	1.38	0.84	1.07	0.68	1.05	1.06	0.67	0.84	1.00
希腊	0.57	0.43	0.63	0.50	0.87	0.76	0.78	0.92	0.64	1.04	0.72

九　运动科学

运动科学A、B、C层人才最多的国家是美国，分别占该学科全球A、B、C层人才的25.57%、25.38%、26.31%。

澳大利亚、英国、加拿大、挪威、瑞士、荷兰的A层人才比较多，世界占比在15%~3%之间；比利时、新西兰、瑞典、丹麦、德国、卡塔尔、新加坡、南非、肯尼亚、摩纳哥、中国大陆、奥地利、土耳其也有相当数量的A层人才，大部分世界占比超过1%。

澳大利亚、英国、加拿大、荷兰、挪威、瑞士、西班牙的B层人才比较多，世界占比在14%~3%之间；德国、瑞典、意大利、法国、丹麦、比利时、卡塔尔、巴西、新西兰、爱尔兰、葡萄牙、芬兰也有相当数量的B层人才，世界占比超过或接近1%。

澳大利亚、英国、加拿大、德国、西班牙、荷兰的C层人才比较多，世界占比在11%~3%之间；意大利、法国、瑞士、瑞典、巴西、挪威、丹麦、新西兰、比利时、日本、葡萄牙、韩国、中国大陆也有相当数量的C层人才，世界占比超过1%。

表9-24　运动科学A层人才排名前20的国家和地区的占比

单位：%

国家和地区	2010年	2011年	2012年	2013年	2014年	2015年	2016年	2017年	2018年	2019年	合计
美国	31.25	37.50	41.18	16.67	33.33	21.43	27.78	13.04	25.00	13.64	25.57
澳大利亚	25.00	6.25	17.65	8.33	22.22	7.14	22.22	17.39	10.00	9.09	14.77
英国	12.50	18.75	5.88	16.67	5.56	21.43	11.11	21.74	10.00	13.64	13.64
加拿大	12.50	12.50	11.76	8.33	5.56	0.00	16.67	4.35	10.00	9.09	9.09
挪威	0.00	0.00	0.00	8.33	22.22	0.00	5.56	8.70	5.00	4.55	5.68
瑞士	0.00	6.25	0.00	8.33	5.56	0.00	5.56	4.35	5.00	4.55	3.98
荷兰	0.00	0.00	0.00	0.00	0.00	0.00	0.00	4.35	15.00	9.09	3.41
比利时	6.25	0.00	0.00	0.00	0.00	7.14	5.56	0.00	5.00	0.00	2.27
新西兰	0.00	0.00	5.88	8.33	0.00	0.00	0.00	0.00	5.00	4.55	2.27
瑞典	0.00	6.25	5.88	0.00	0.00	0.00	0.00	4.35	5.00	0.00	2.27
丹麦	0.00	0.00	0.00	0.00	0.00	14.29	5.56	0.00	0.00	0.00	1.70
德国	0.00	0.00	0.00	0.00	0.00	0.00	0.00	4.35	5.00	4.55	1.70
卡塔尔	0.00	0.00	0.00	8.33	0.00	0.00	0.00	4.35	0.00	0.00	1.14

续表

国家和地区	2010年	2011年	2012年	2013年	2014年	2015年	2016年	2017年	2018年	2019年	合计
新加坡	6. 25	0. 00	5. 88	0. 00	0. 00	0. 00	0. 00	0. 00	0. 00	0. 00	1. 14
南非	0. 00	0. 00	0. 00	0. 00	0. 00	0. 00	0. 00	4. 35	0. 00	4. 55	1. 14
肯尼亚	6. 25	0. 00	5. 88	0. 00	0. 00	0. 00	0. 00	0. 00	0. 00	0. 00	1. 14
摩纳哥	0. 00	6. 25	0. 00	0. 00	0. 00	0. 00	0. 00	0. 00	0. 00	0. 00	0. 57
中国大陆	0. 00	0. 00	0. 00	0. 00	0. 00	0. 00	0. 00	0. 00	0. 00	4. 55	0. 57
奥地利	0. 00	0. 00	0. 00	0. 00	0. 00	0. 00	0. 00	0. 00	0. 00	4. 55	0. 57
土耳其	0. 00	0. 00	0. 00	0. 00	0. 00	0. 00	0. 00	0. 00	0. 00	4. 55	0. 57

表 9－25　运动科学 B 层人才排名前 20 的国家和地区的占比

单位：%

国家和地区	2010年	2011年	2012年	2013年	2014年	2015年	2016年	2017年	2018年	2019年	合计
美国	28. 57	25. 00	35. 71	24. 53	27. 81	25. 00	21. 21	24. 39	19. 63	25. 00	25. 38
澳大利亚	11. 56	14. 19	7. 74	11. 95	11. 24	14. 13	16. 67	14. 63	14. 02	13. 14	13. 07
英国	10. 20	8. 78	9. 52	8. 81	12. 43	14. 13	10. 61	13. 66	10. 75	12. 71	11. 32
加拿大	2. 04	6. 76	7. 14	5. 66	6. 51	6. 52	8. 59	7. 80	7. 48	5. 08	6. 46
荷兰	5. 44	1. 35	2. 98	2. 52	4. 73	7. 07	3. 03	2. 44	4. 67	1. 69	3. 56
挪威	5. 44	2. 03	2. 98	3. 14	3. 55	1. 63	5. 56	1. 95	2. 34	2. 97	3. 12
瑞士	2. 04	3. 38	1. 79	5. 66	0. 59	2. 72	3. 54	3. 41	3. 74	2. 97	3. 01
西班牙	3. 40	2. 70	2. 98	3. 77	1. 78	2. 17	2. 53	1. 95	3. 74	4. 66	3. 01
德国	6. 12	2. 70	1. 79	2. 52	2. 96	2. 72	2. 02	3. 41	3. 27	2. 12	2. 90
瑞典	4. 08	3. 38	2. 38	4. 40	2. 96	1. 09	2. 53	1. 46	2. 80	2. 97	2. 74
意大利	3. 40	4. 05	3. 57	3. 14	2. 37	2. 72	0. 00	1. 46	2. 34	2. 97	2. 52
法国	2. 72	2. 03	2. 98	1. 26	3. 55	3. 26	3. 54	1. 95	2. 80	0. 85	2. 46
丹麦	4. 08	4. 73	2. 98	1. 89	1. 18	2. 17	2. 02	0. 98	2. 80	1. 69	2. 35
比利时	0. 68	3. 38	0. 00	3. 77	1. 18	0. 54	3. 54	2. 93	2. 34	2. 97	2. 19
卡塔尔	1. 36	1. 35	0. 00	3. 14	3. 55	1. 09	3. 54	0. 98	2. 80	0. 42	1. 81
巴西	0. 00	0. 68	2. 38	1. 89	1. 18	1. 09	1. 52	3. 90	1. 87	2. 12	1. 75
新西兰	2. 72	2. 03	0. 60	1. 89	0. 59	1. 63	1. 52	1. 95	0. 93	0. 85	1. 42
爱尔兰	1. 36	0. 00	0. 00	1. 26	1. 78	1. 09	3. 03	2. 44	0. 93	1. 69	1. 42
葡萄牙	0. 00	1. 35	1. 79	0. 63	1. 18	1. 09	0. 00	1. 46	2. 34	0. 00	0. 98
芬兰	0. 68	1. 35	0. 60	1. 26	1. 18	1. 63	0. 51	0. 49	0. 47	1. 27	0. 93

表 9 – 26　运动科学 C 层人才排名前 20 的国家和地区的占比

单位：%

国家和地区	2010年	2011年	2012年	2013年	2014年	2015年	2016年	2017年	2018年	2019年	合计
美　　国	28.89	31.22	30.90	27.78	25.86	27.25	24.82	25.57	22.28	21.65	26.31
澳大利亚	9.05	9.20	9.70	10.18	9.64	10.33	11.07	10.57	12.17	10.22	10.31
英　　国	8.57	9.00	9.46	9.44	10.89	10.68	10.39	11.16	11.02	11.22	10.28
加 拿 大	6.91	4.98	5.99	6.47	7.46	6.06	5.77	5.95	6.04	6.24	6.18
德　　国	3.87	3.68	3.17	3.51	3.25	3.93	4.35	3.44	3.93	3.77	3.70
西 班 牙	3.32	2.73	2.75	3.10	3.49	2.60	3.52	3.34	4.36	4.66	3.44
荷　　兰	3.94	2.79	3.11	3.78	3.14	3.00	3.36	3.44	2.68	2.46	3.15
意 大 利	2.49	2.66	3.47	3.03	2.43	2.14	2.41	2.75	2.92	3.77	2.82
法　　国	3.25	3.95	2.81	2.56	2.84	2.83	3.10	2.46	2.11	2.15	2.76
瑞　　士	2.83	3.00	2.51	3.51	2.07	2.89	2.41	2.36	2.40	2.57	2.62
瑞　　典	2.35	3.20	2.16	2.36	2.31	1.79	2.41	2.36	2.59	2.04	2.35
巴　　西	1.38	1.16	2.46	2.02	1.89	2.37	2.68	2.51	2.59	3.30	2.30
挪　　威	3.18	1.50	1.26	2.63	2.37	1.91	1.89	1.97	2.35	1.57	2.04
丹　　麦	2.35	2.11	1.32	1.62	2.49	2.14	1.36	1.62	2.06	1.36	1.83
新 西 兰	1.73	2.45	2.16	1.48	2.07	1.79	1.36	2.26	1.25	1.57	1.80
比 利 时	2.14	1.70	2.10	1.55	2.19	1.73	1.42	1.77	2.06	1.31	1.79
日　　本	1.94	1.09	1.50	2.09	1.48	1.21	1.52	1.62	1.44	1.00	1.47
葡 萄 牙	0.90	1.02	1.62	0.81	1.42	1.15	1.36	0.88	1.20	1.94	1.25
韩　　国	1.52	1.43	1.44	1.75	1.36	1.33	1.05	1.13	0.86	0.68	1.22
中国大陆	0.55	0.95	1.08	0.94	0.95	1.15	1.36	1.18	1.15	1.42	1.10

十　内分泌学和新陈代谢

内分泌学和新陈代谢 A、B、C 层人才最多的国家是美国，分别占该学科全球 A、B、C 层人才的 22.67%、24.46%、27.16%。

英国、加拿大、意大利、澳大利亚、丹麦、德国、比利时、荷兰、瑞典、法国的 A 层人才比较多，世界占比在 9%～3%；中国大陆、印度、瑞士、韩国、阿根廷、日本、西班牙、南非、巴西也有相当数量的 A 层人才，世界占比超过或等于 1%。

英国、德国、加拿大、意大利、荷兰、澳大利亚、法国、丹麦、瑞典的B层人才比较多，世界占比在9%~3%之间；西班牙、瑞士、中国大陆、日本、比利时、奥地利、巴西、芬兰、以色列、韩国也有相当数量的B层人才，世界占比超过1%。

英国、德国、意大利、中国大陆、加拿大、澳大利亚、法国、荷兰的C层人才比较多，世界占比在9%~3%之间；瑞典、西班牙、丹麦、日本、瑞士、比利时、韩国、巴西、奥地利、芬兰、印度也有相当数量的C层人才，世界占比超过或接近1%。

表9-27　内分泌学和新陈代谢A层人才排名前20的国家和地区的占比

单位：%

国家和地区	2010年	2011年	2012年	2013年	2014年	2015年	2016年	2017年	2018年	2019年	合计
美国	21.21	44.44	20.59	13.33	31.82	0.00	30.00	25.00	23.40	6.38	22.67
英国	6.06	8.33	8.82	8.89	6.82	0.00	10.00	25.00	14.89	6.38	9.00
加拿大	6.06	5.56	2.94	4.44	4.55	0.00	20.00	0.00	10.64	2.13	5.67
意大利	3.03	2.78	11.76	4.44	4.55	0.00	10.00	0.00	10.64	2.13	5.67
澳大利亚	6.06	0.00	8.82	2.22	6.82	0.00	0.00	25.00	2.13	6.38	4.67
丹麦	3.03	0.00	5.88	4.44	6.82	0.00	10.00	0.00	6.38	2.13	4.33
德国	6.06	2.78	2.94	2.22	2.27	0.00	10.00	0.00	2.13	8.51	4.00
比利时	0.00	2.78	0.00	0.00	11.36	0.00	0.00	0.00	6.38	4.26	3.67
荷兰	6.06	5.56	5.88	2.22	4.55	0.00	0.00	25.00	0.00	2.13	3.67
瑞典	6.06	0.00	2.94	6.67	2.27	0.00	0.00	0.00	6.38	2.13	3.67
法国	0.00	2.78	0.00	8.89	4.55	0.00	10.00	0.00	0.00	2.13	3.00
中国大陆	6.06	0.00	2.94	4.44	0.00	0.00	0.00	0.00	2.13	2.13	2.33
印度	3.03	0.00	5.88	2.22	0.00	0.00	0.00	0.00	2.13	4.26	2.33
瑞士	3.03	13.89	0.00	0.00	0.00	0.00	0.00	0.00	0.00	0.00	2.00
韩国	3.03	2.78	2.94	0.00	0.00	0.00	0.00	0.00	2.13	2.13	1.67
阿根廷	0.00	2.78	2.94	2.22	2.27	0.00	0.00	0.00	0.00	2.13	1.67
日本	3.03	0.00	2.94	0.00	2.27	0.00	0.00	0.00	0.00	2.13	1.33
西班牙	3.03	0.00	0.00	2.22	2.27	0.00	0.00	0.00	0.00	2.13	1.33
南非	0.00	0.00	0.00	2.22	0.00	0.00	0.00	0.00	0.00	4.26	1.00
巴西	3.03	0.00	0.00	2.22	0.00	0.00	0.00	0.00	0.00	2.13	1.00

表 9-28 内分泌学和新陈代谢 B 层人才排名前 20 的国家和地区的占比

单位：%

国家和地区	2010年	2011年	2012年	2013年	2014年	2015年	2016年	2017年	2018年	2019年	合计
美国	24.15	33.73	31.52	32.03	29.93	23.21	17.59	16.53	25.89	16.35	24.46
英国	8.52	9.64	10.61	8.31	8.08	9.88	7.13	7.96	11.88	7.22	8.82
德国	4.55	5.12	5.76	6.36	6.18	6.91	5.35	5.51	7.84	4.88	5.86
加拿大	5.97	6.63	4.85	6.60	4.28	3.70	3.79	5.10	3.33	4.88	4.85
意大利	5.40	4.22	4.85	2.69	2.38	4.94	4.23	4.29	3.80	2.76	3.90
荷兰	5.40	3.61	3.03	3.91	3.56	4.69	3.34	4.08	2.85	4.25	3.87
澳大利亚	6.53	3.61	3.64	3.67	3.33	3.46	3.12	2.86	2.85	3.82	3.63
法国	6.25	3.31	3.03	1.96	3.09	3.70	3.12	3.06	2.85	3.61	3.36
丹麦	2.56	3.92	2.73	2.20	2.38	3.95	3.34	4.08	3.80	3.40	3.26
瑞典	1.70	3.61	3.33	2.93	3.33	3.46	3.79	2.45	4.04	2.97	3.16
西班牙	3.69	1.81	3.64	2.44	4.28	3.21	2.45	2.24	2.85	2.76	2.92
瑞士	3.41	3.92	3.94	2.44	1.66	1.73	2.67	1.84	0.95	2.76	2.45
中国大陆	0.28	1.51	1.52	2.69	3.33	1.98	1.78	1.22	2.85	2.97	2.06
日本	2.84	1.20	2.42	2.44	1.90	2.22	1.56	1.63	0.71	2.34	1.91
比利时	3.13	1.81	1.52	2.20	2.14	1.23	1.34	1.63	1.43	1.70	1.79
奥地利	0.57	0.60	0.61	1.71	0.95	1.23	1.56	1.63	1.66	1.70	1.27
巴西	1.70	0.30	0.61	1.96	1.19	0.99	1.78	1.02	1.19	1.70	1.27
芬兰	0.57	0.60	1.21	1.96	1.66	1.73	1.11	1.22	0.71	1.06	1.20
以色列	0.57	1.20	0.91	0.98	0.95	1.23	1.11	1.02	1.43	1.49	1.10
韩国	0.00	1.81	0.61	1.71	2.14	0.49	0.67	1.02	1.19	1.06	1.08

表 9-29 内分泌学和新陈代谢 C 层人才排名前 20 的国家和地区的占比

单位：%

国家和地区	2010年	2011年	2012年	2013年	2014年	2015年	2016年	2017年	2018年	2019年	合计
美国	33.66	31.69	30.01	28.74	27.49	27.27	25.56	24.82	23.56	22.03	27.16
英国	8.55	8.13	8.21	9.14	8.30	7.77	10.12	8.32	9.17	8.37	8.63
德国	5.57	6.05	5.52	6.03	5.75	6.24	5.10	5.92	5.51	5.36	5.69
意大利	4.77	4.64	4.88	5.37	5.60	4.41	4.60	5.65	5.41	5.55	5.12
中国大陆	2.49	2.59	3.54	3.92	4.47	4.73	5.49	5.69	6.08	7.07	4.74
加拿大	5.30	4.67	4.24	4.53	4.45	4.68	4.33	3.76	3.90	3.64	4.31
澳大利亚	3.95	4.10	3.71	3.63	4.62	4.41	3.88	3.89	4.17	4.08	4.05
法国	3.84	3.89	3.83	4.02	3.05	3.68	3.36	3.57	3.42	3.01	3.54

续表

国家和地区	2010年	2011年	2012年	2013年	2014年	2015年	2016年	2017年	2018年	2019年	合计
荷　兰	3.81	3.92	3.92	3.70	3.05	3.60	3.88	3.55	2.97	3.04	3.52
瑞　典	2.49	3.07	3.10	2.69	2.91	2.82	3.39	2.63	2.87	2.88	2.88
西班牙	2.61	2.86	3.21	2.67	2.91	2.90	2.42	2.76	2.44	2.56	2.72
丹　麦	2.17	2.44	2.48	2.62	2.53	2.53	3.17	2.70	2.97	2.69	2.64
日　本	2.49	2.26	3.16	2.57	2.69	2.34	2.33	2.40	2.20	2.41	2.48
瑞　士	1.99	2.02	2.37	2.43	2.07	2.04	1.73	2.12	1.80	1.99	2.05
比利时	1.52	1.69	1.84	1.59	1.68	1.53	1.36	1.77	1.72	1.34	1.60
韩　国	1.00	1.36	1.64	1.89	1.56	1.16	1.51	1.34	1.32	1.67	1.45
巴　西	0.73	1.17	0.96	1.10	1.61	1.24	1.24	1.36	1.48	1.58	1.27
奥地利	1.03	1.11	1.17	0.91	1.11	1.05	1.04	1.64	1.22	1.21	1.16
芬　兰	1.67	1.27	0.88	1.05	1.03	1.37	1.14	0.97	1.22	1.04	1.15
印　度	0.76	0.72	0.50	0.81	0.89	1.05	0.92	0.92	0.98	1.02	0.87

十一　营养学和饮食学

营养学和饮食学A、B、C层人才最多的国家是美国，分别占该学科全球A、B、C层人才的21.69%、18.48%、19.05%。

英国、加拿大、澳大利亚、荷兰、意大利、比利时、德国、西班牙、法国、瑞士、以色列的A层人才比较多，世界占比在11%～3%之间；巴西、波兰、瑞典、克罗地亚、印度、新西兰、奥地利、中国大陆也有相当数量的A层人才，世界占比超过1%。

英国、加拿大、意大利、澳大利亚、西班牙、法国、荷兰、德国的B层人才比较多，世界占比在9%～3%之间；中国大陆、比利时、瑞士、巴西、丹麦、瑞典、伊朗、波兰、希腊、印度、新西兰也有相当数量的B层人才，世界占比超过1%。

中国大陆、英国、西班牙、意大利、澳大利亚、加拿大、荷兰、德国、法国的C层人才比较多，世界占比在9%～3%之间；巴西、瑞士、丹麦、印度、比利时、伊朗、瑞典、韩国、波兰、日本也有相当数量的C层人才，世界占比超过1%。

表 9-30 营养学和饮食学 A 层人才排名前 20 的国家和地区的占比

单位：%

国家和地区	2010年	2011年	2012年	2013年	2014年	2015年	2016年	2017年	2018年	2019年	合计
美　国	0.00	41.18	16.67	41.67	33.33	10.53	50.00	0.00	16.00	0.00	21.69
英　国	8.33	5.88	16.67	12.50	11.11	5.26	10.00	11.11	16.00	9.09	10.84
加拿大	8.33	17.65	0.00	0.00	0.00	15.79	20.00	11.11	12.00	9.09	9.04
澳大利亚	0.00	11.76	0.00	8.33	0.00	15.79	10.00	5.56	4.00	0.00	6.02
荷　兰	16.67	0.00	8.33	4.17	5.56	5.26	0.00	11.11	4.00	9.09	6.02
意大利	8.33	0.00	8.33	4.17	5.56	5.26	0.00	5.56	12.00	0.00	5.42
比利时	8.33	5.88	0.00	0.00	0.00	5.26	0.00	11.11	4.00	9.09	4.22
德　国	16.67	0.00	8.33	0.00	5.56	5.26	0.00	5.56	0.00	9.09	4.22
西班牙	8.33	0.00	8.33	4.17	5.56	0.00	0.00	0.00	4.00	9.09	3.61
法　国	8.33	0.00	0.00	0.00	5.56	5.26	0.00	5.56	8.00	0.00	3.61
瑞　士	8.33	0.00	0.00	4.17	5.56	0.00	0.00	5.56	0.00	9.09	3.01
以色列	0.00	0.00	8.33	0.00	5.56	10.53	0.00	0.00	0.00	9.09	3.01
巴　西	0.00	0.00	0.00	4.17	0.00	0.00	0.00	0.00	8.00	0.00	1.81
波　兰	8.33	0.00	0.00	0.00	0.00	5.26	0.00	0.00	0.00	9.09	1.81
瑞　典	0.00	0.00	0.00	0.00	5.56	5.26	0.00	5.56	0.00	0.00	1.81
克罗地亚	0.00	0.00	0.00	0.00	5.56	0.00	0.00	5.56	0.00	0.00	1.20
印　度	0.00	0.00	0.00	0.00	0.00	0.00	10.00	0.00	4.00	0.00	1.20
新西兰	0.00	0.00	0.00	4.17	0.00	5.26	0.00	0.00	0.00	0.00	1.20
奥地利	0.00	0.00	0.00	0.00	0.00	0.00	0.00	5.56	0.00	9.09	1.20
中国大陆	0.00	0.00	0.00	0.00	5.56	0.00	0.00	0.00	4.00	0.00	1.20

表 9-31 营养学和饮食学 B 层人才排名前 20 的国家和地区的占比

单位：%

国家和地区	2010年	2011年	2012年	2013年	2014年	2015年	2016年	2017年	2018年	2019年	合计
美　国	24.31	23.60	27.67	25.00	23.31	23.41	20.10	9.70	12.16	7.12	18.48
英　国	8.33	9.94	10.69	10.65	7.98	11.22	8.61	7.17	7.21	4.63	8.41
加拿大	4.17	9.32	6.29	5.09	3.68	3.41	5.26	4.22	5.86	3.56	4.96
意大利	6.94	2.48	3.77	3.24	4.91	5.37	4.31	5.06	3.60	4.27	4.36
澳大利亚	3.47	3.73	4.40	2.78	5.52	7.32	6.70	3.80	4.05	2.14	4.31
西班牙	8.33	3.11	5.03	4.63	4.91	4.39	2.87	0.84	5.41	2.49	3.96
法　国	7.64	5.59	3.14	3.70	3.68	3.41	3.83	2.11	2.70	2.14	3.56
荷　兰	3.47	4.97	3.77	4.63	5.52	4.39	3.35	2.53	2.25	2.14	3.56

续表

国家和地区	2010年	2011年	2012年	2013年	2014年	2015年	2016年	2017年	2018年	2019年	合计
德　　国	4.17	3.73	5.03	3.24	2.45	3.41	2.39	4.22	3.15	3.20	3.46
中国大陆	0.69	1.24	0.00	1.39	0.61	2.93	6.70	2.53	5.86	4.27	2.90
比 利 时	3.47	3.73	1.26	0.93	1.84	1.46	3.35	3.80	2.25	2.14	2.40
瑞　　士	2.08	1.86	3.77	3.70	3.07	0.98	1.44	2.53	4.05	1.07	2.40
巴　　西	0.69	3.11	0.63	1.85	1.84	0.98	1.91	2.53	4.95	2.49	2.20
丹　　麦	2.08	2.48	2.52	2.78	3.07	2.44	2.87	1.69	0.45	0.71	2.00
瑞　　典	3.47	1.24	2.52	1.85	1.23	1.46	1.44	3.38	1.35	1.78	1.95
伊　　朗	2.08	0.00	0.63	1.39	1.23	1.95	1.91	3.38	1.35	2.49	1.75
波　　兰	1.39	0.62	0.63	0.46	3.68	0.98	0.48	3.38	2.70	0.36	1.45
希　　腊	1.39	2.48	0.63	0.93	1.84	1.95	1.91	0.84	2.25	0.71	1.45
印　　度	0.00	0.62	2.52	1.39	1.84	0.49	1.91	1.27	1.80	2.14	1.45
新 西 兰	0.69	1.24	1.26	0.93	1.23	1.46	0.96	0.84	2.25	1.42	1.25

表 9-32　营养学和饮食学 C 层人才排名前 20 的国家和地区的占比

单位：%

国家和地区	2010年	2011年	2012年	2013年	2014年	2015年	2016年	2017年	2018年	2019年	合计
美　　国	26.52	23.87	24.04	20.63	22.04	20.75	16.79	16.36	14.45	12.58	19.05
中国大陆	3.88	4.64	5.68	5.57	8.46	8.54	8.85	10.97	11.94	14.50	8.83
英　　国	9.45	9.65	8.06	7.76	7.03	8.34	8.14	6.33	6.82	5.99	7.58
西 班 牙	4.09	6.45	5.42	4.91	5.30	4.87	4.98	4.81	4.97	6.48	5.26
意 大 利	4.87	4.01	3.43	4.44	4.23	4.52	4.63	4.89	5.87	6.25	4.82
澳大利亚	4.23	4.39	3.90	4.82	5.60	4.67	5.29	5.06	4.31	4.03	4.63
加 拿 大	3.81	4.32	5.94	4.44	4.76	4.07	4.32	4.81	4.45	3.95	4.46
荷　　兰	4.02	3.95	3.83	4.44	2.86	2.83	3.61	3.21	3.08	2.45	3.37
德　　国	3.81	3.88	3.90	3.98	2.68	3.28	3.26	3.88	2.32	2.90	3.36
法　　国	4.16	3.07	3.57	3.79	3.04	3.28	2.70	2.78	3.03	2.75	3.16
巴　　西	1.06	1.50	2.11	1.64	2.38	2.58	2.49	2.74	3.55	3.50	2.47
瑞　　士	2.40	1.82	1.98	1.73	1.25	1.84	1.37	2.15	1.66	1.54	1.76
丹　　麦	2.19	1.94	1.59	1.82	2.03	1.24	2.14	1.27	2.13	1.36	1.73
印　　度	1.34	1.19	1.06	1.92	1.73	1.69	2.14	1.39	1.33	1.84	1.59
比 利 时	1.13	1.63	2.58	1.40	1.85	1.74	1.07	1.39	1.99	1.02	1.54
伊　　朗	0.71	0.88	1.06	1.50	1.79	1.04	2.14	1.31	1.61	2.60	1.54
瑞　　典	1.41	2.13	1.65	2.20	1.37	1.49	1.37	1.64	1.33	0.94	1.53
韩　　国	1.34	1.75	1.39	1.54	1.07	1.44	1.53	1.22	1.75	1.43	1.45
波　　兰	0.92	0.56	1.19	1.08	1.01	1.34	1.73	1.18	1.85	2.33	1.39
日　　本	1.83	1.50	1.19	1.50	1.13	1.34	1.42	1.05	1.56	1.20	1.36

十二 血液学

血液学 A、B、C 层人才最多的国家是美国，分别占该学科全球 A、B、C 层人才的 22.51%、25.86%、28.92%。

德国、意大利、英国、法国、加拿大、荷兰、澳大利亚、西班牙、比利时、奥地利的 A 层人才比较多，世界占比在 8%~3%之间；瑞典、日本、瑞士、捷克、以色列、新西兰、波兰、巴西、丹麦也有相当数量的 A 层人才，世界占比超过 1%。

德国、英国、意大利、法国、加拿大、荷兰、西班牙、瑞士的 B 层人才比较多，世界占比在 9%~3%之间；澳大利亚、中国大陆、奥地利、日本、瑞典、比利时、丹麦、以色列、波兰、韩国、希腊也有相当数量的 B 层人才，世界占比超过或接近 1%。

德国、英国、意大利、法国、荷兰、加拿大、中国大陆的 C 层人才比较多，世界占比在 8%~3%之间；西班牙、日本、澳大利亚、瑞典、瑞士、奥地利、比利时、丹麦、以色列、韩国、波兰、捷克也有相当数量的 C 层人才，世界占比超过或接近 1%。

表 9-33 血液学 A 层人才排名前 20 的国家和地区的占比

单位：%

国家和地区	2010年	2011年	2012年	2013年	2014年	2015年	2016年	2017年	2018年	2019年	合计
美国	10.71	51.43	23.68	14.71	19.05	20.45	20.00	22.22	23.81	19.15	22.51
德国	10.71	8.57	5.26	2.94	7.14	4.55	11.11	8.33	9.52	8.51	7.67
意大利	10.71	11.43	7.89	11.76	4.76	6.82	8.89	5.56	9.52	2.13	7.67
英国	10.71	5.71	5.26	11.76	11.90	2.27	6.67	5.56	9.52	8.51	7.67
法国	10.71	2.86	7.89	2.94	7.14	4.55	4.44	8.33	9.52	8.51	6.65
加拿大	3.57	2.86	7.89	8.82	4.76	6.82	2.22	5.56	4.76	8.51	5.63
荷兰	7.14	2.86	5.26	2.94	4.76	2.27	2.22	8.33	9.52	4.26	4.86
澳大利亚	7.14	0.00	2.63	5.88	4.76	2.27	4.44	5.56	4.76	8.51	4.60
西班牙	3.57	5.71	5.26	2.94	4.76	4.55	6.67	5.56	2.38	0.00	4.09
比利时	0.00	0.00	7.89	5.88	0.00	2.27	4.44	5.56	7.14	4.26	3.84
奥地利	7.14	2.86	5.26	2.94	4.76	4.55	0.00	0.00	0.00	4.26	3.07
瑞典	0.00	2.86	0.00	5.88	2.38	2.27	2.22	2.78	0.00	4.26	2.30

续表

国家和地区	2010年	2011年	2012年	2013年	2014年	2015年	2016年	2017年	2018年	2019年	合计
日　　本	3. 57	0. 00	2. 63	2. 94	2. 38	2. 27	2. 22	2. 78	0. 00	0. 00	1. 79
瑞　　士	3. 57	0. 00	5. 26	0. 00	2. 38	0. 00	2. 22	0. 00	2. 38	2. 13	1. 79
捷　　克	3. 57	0. 00	2. 63	2. 94	0. 00	4. 55	2. 22	0. 00	0. 00	0. 00	1. 53
以 色 列	3. 57	0. 00	2. 63	0. 00	0. 00	4. 55	2. 22	2. 78	0. 00	0. 00	1. 53
新 西 兰	0. 00	0. 00	0. 00	0. 00	0. 00	2. 27	2. 22	5. 56	0. 00	2. 13	1. 28
波　　兰	3. 57	0. 00	0. 00	0. 00	2. 38	2. 27	2. 22	0. 00	2. 38	0. 00	1. 28
巴　　西	0. 00	0. 00	2. 63	0. 00	0. 00	2. 27	2. 22	0. 00	0. 00	2. 13	1. 02
丹　　麦	0. 00	0. 00	0. 00	0. 00	0. 00	2. 27	2. 22	0. 00	0. 00	4. 26	1. 02

表 9-34　血液学 B 层人才排名前 20 的国家和地区的占比

单位：%

国家和地区	2010年	2011年	2012年	2013年	2014年	2015年	2016年	2017年	2018年	2019年	合计
美　　国	34. 91	28. 03	27. 75	24. 32	31. 70	23. 67	21. 88	23. 30	22. 63	22. 63	25. 86
德　　国	8. 88	9. 55	9. 54	7. 60	9. 28	8. 12	6. 59	7. 95	7. 37	6. 70	8. 08
英　　国	7. 69	8. 92	8. 38	9. 12	5. 41	7. 42	8. 47	7. 67	7. 11	7. 16	7. 68
意 大 利	7. 40	8. 60	5. 49	8. 21	6. 96	6. 26	5. 88	4. 26	7. 63	6. 24	6. 64
法　　国	4. 73	6. 69	6. 94	5. 47	5. 15	6. 73	6. 12	7. 95	6. 32	5. 77	6. 18
加 拿 大	3. 25	3. 50	5. 78	3. 34	7. 47	4. 41	5. 41	5. 68	4. 21	6. 00	4. 98
荷　　兰	4. 44	4. 14	4. 91	5. 17	3. 87	4. 41	5. 88	3. 98	3. 68	4. 39	4. 50
西 班 牙	2. 96	3. 18	3. 18	3. 95	2. 84	3. 94	3. 76	3. 13	4. 21	5. 77	3. 75
瑞　　士	4. 14	2. 87	2. 60	3. 95	2. 32	3. 48	3. 76	2. 84	1. 84	3. 23	3. 10
澳大利亚	2. 96	2. 55	1. 73	2. 43	2. 84	2. 32	2. 12	3. 13	4. 21	3. 70	2. 81
中国大陆	1. 78	0. 96	1. 16	2. 13	3. 35	2. 32	0. 94	1. 99	3. 68	5. 31	2. 44
奥 地 利	2. 07	2. 55	1. 16	3. 04	2. 32	2. 78	2. 59	2. 56	2. 37	2. 08	2. 36
日　　本	2. 07	1. 27	2. 02	1. 22	2. 32	2. 55	2. 82	3. 41	1. 32	2. 77	2. 22
瑞　　典	2. 07	3. 82	0. 87	2. 74	0. 77	2. 55	2. 59	2. 27	1. 32	0. 92	1. 95
比 利 时	0. 89	1. 59	2. 89	1. 52	1. 03	2. 55	2. 82	1. 14	2. 89	1. 62	1. 93
丹　　麦	0. 59	1. 27	2. 89	1. 52	0. 52	2. 09	2. 35	1. 99	1. 84	0. 23	1. 53
以 色 列	0. 59	1. 91	0. 29	1. 52	1. 29	0. 70	1. 88	1. 14	1. 58	0. 92	1. 18
波　　兰	0. 00	0. 96	1. 73	0. 30	0. 00	1. 62	0. 47	2. 27	1. 58	1. 85	1. 10
韩　　国	0. 89	0. 96	1. 45	0. 91	0. 77	0. 23	0. 47	0. 85	1. 58	1. 39	0. 94
希　　腊	0. 89	0. 96	1. 16	1. 52	0. 26	1. 62	0. 00	0. 57	1. 05	1. 15	0. 91

表 9－35　血液学 C 层人才排名前 20 的国家和地区的占比

单位：%

国家和地区	2010年	2011年	2012年	2013年	2014年	2015年	2016年	2017年	2018年	2019年	合计
美　国	31.17	30.96	31.08	29.39	28.91	28.59	27.55	27.72	28.12	26.76	28.92
德　国	8.33	8.52	8.50	8.61	8.18	7.73	7.71	7.69	7.22	7.68	7.98
英　国	8.51	8.07	7.89	8.98	8.05	8.04	8.22	7.96	6.10	7.81	7.94
意大利	6.65	6.74	7.14	7.07	7.00	6.36	6.87	6.17	6.49	6.68	6.71
法　国	5.82	5.44	5.88	5.59	5.76	5.18	5.54	5.43	5.66	5.75	5.60
荷　兰	4.45	4.87	4.52	5.10	4.52	4.41	4.78	3.85	4.25	4.32	4.50
加拿大	3.90	3.74	4.03	4.24	3.92	4.92	4.51	4.82	4.77	4.64	4.38
中国大陆	2.35	2.44	3.40	2.95	3.12	3.88	3.27	4.52	4.95	4.86	3.62
西班牙	2.47	2.69	2.25	2.77	2.97	2.67	2.66	3.23	3.13	3.09	2.80
日　本	3.14	3.07	2.53	2.46	2.35	2.35	2.76	2.44	2.53	2.33	2.58
澳大利亚	2.96	1.65	2.25	2.43	2.89	2.69	2.98	2.26	2.71	2.33	2.54
瑞　典	2.44	2.69	2.22	2.12	2.37	2.32	2.39	2.03	2.19	1.92	2.26
瑞　士	1.92	2.50	2.76	2.15	1.78	2.02	2.31	2.11	1.77	2.46	2.17
奥地利	1.62	1.77	1.67	1.41	1.91	1.86	1.82	1.85	1.51	1.57	1.70
比利时	1.25	1.55	1.50	1.48	1.78	1.51	1.45	1.70	2.03	1.67	1.60
丹　麦	1.13	1.49	1.15	1.48	1.63	1.63	1.53	1.59	1.15	1.30	1.41
以色列	1.52	1.08	1.07	0.95	1.01	0.93	1.26	1.06	1.41	1.42	1.17
韩　国	0.88	1.01	0.92	0.95	0.85	1.18	0.74	0.73	0.70	0.79	0.88
波　兰	0.49	0.54	0.43	0.61	0.65	0.70	0.86	1.09	1.17	0.98	0.76
捷　克	0.58	0.66	0.52	0.52	0.57	0.60	0.81	1.06	1.04	1.01	0.74

十三　临床神经学

临床神经学 A、B、C 层人才最多的国家是美国，分别占该学科全球 A、B、C 层人才的 15.66%、21.18%、26.32%。

德国、英国、加拿大、澳大利亚、法国、荷兰、意大利、西班牙、瑞典、瑞士的 A 层人才比较多，世界占比在 13%～3%之间；日本、丹麦、芬兰、爱尔兰、比利时、中国大陆、奥地利、巴西、阿根廷也有相当数量的 A 层人才，世界占比超过或接近 1%。

德国、英国、加拿大、荷兰、意大利、澳大利亚、法国、瑞典的B层人才比较多，世界占比在12%~3%之间；西班牙、瑞士、比利时、奥地利、丹麦、日本、中国大陆、巴西、挪威、芬兰、以色列也有相当数量的B层人才，世界占比超过或接近1%。

德国、英国、加拿大、意大利、荷兰、澳大利亚、法国的C层人才比较多，世界占比在11%~3%之间；中国大陆、西班牙、瑞士、瑞典、日本、比利时、丹麦、奥地利、韩国、巴西、芬兰、挪威也有相当数量的C层人才，世界占比超过或接近1%。

表9-36　临床神经学A层人才排名前20的国家和地区的占比

单位：%

国家和地区	2010年	2011年	2012年	2013年	2014年	2015年	2016年	2017年	2018年	2019年	合计
美　国	16.98	14.81	26.23	20.31	12.90	13.24	15.66	15.00	15.79	3.85	15.66
德　国	15.09	7.41	22.95	18.75	9.68	17.65	16.87	5.00	7.89	1.92	12.89
英　国	7.55	11.11	9.84	7.81	12.90	5.88	8.43	10.00	9.21	1.92	8.48
加拿大	5.66	11.11	4.92	6.25	4.84	11.76	6.02	10.00	6.58	1.92	6.85
澳大利亚	5.66	5.56	1.64	7.81	4.84	7.35	6.02	10.00	7.89	1.92	5.87
法　国	5.66	5.56	6.56	6.25	4.84	7.35	7.23	7.50	5.26	0.00	5.71
荷　兰	7.55	7.41	1.64	4.69	3.23	4.41	7.23	2.50	6.58	1.92	4.89
意大利	7.55	7.41	0.00	4.69	6.45	0.00	3.61	5.00	3.95	1.92	3.92
西班牙	1.89	3.70	3.28	3.13	3.23	4.41	4.82	2.50	6.58	1.92	3.75
瑞　典	0.00	3.70	4.92	3.13	6.45	2.94	6.02	2.50	2.63	1.92	3.59
瑞　士	3.77	3.70	4.92	1.56	3.23	1.47	6.02	2.50	2.63	0.00	3.10
日　本	0.00	3.70	1.64	3.13	4.84	2.94	1.20	5.00	3.95	1.92	2.77
丹　麦	1.89	1.85	1.64	0.00	3.23	2.94	1.20	0.00	2.63	1.92	1.79
芬　兰	1.89	0.00	0.00	0.00	1.61	2.94	1.20	2.50	1.32	1.92	1.31
爱尔兰	1.89	1.85	1.64	0.00	3.23	1.47	1.20	0.00	0.00	0.00	1.14
比利时	0.00	1.85	0.00	1.56	1.61	0.00	2.41	2.50	0.00	1.92	1.14
中国大陆	1.89	0.00	0.00	3.13	1.61	1.47	0.00	2.50	0.00	1.92	1.14
奥地利	0.00	0.00	1.64	1.56	0.00	1.47	1.20	2.50	1.32	0.00	0.98
巴　西	0.00	0.00	0.00	1.56	1.61	1.47	0.00	2.50	1.32	1.92	0.98
阿根廷	0.00	3.70	0.00	0.00	0.00	1.47	0.00	0.00	2.63	1.92	0.98

表 9－37　临床神经学 B 层人才排名前 20 的国家和地区的占比

单位：%

国家和地区	2010年	2011年	2012年	2013年	2014年	2015年	2016年	2017年	2018年	2019年	合计
美国	24.36	23.89	23.65	25.32	22.19	22.66	21.20	18.86	20.22	14.40	21.18
德国	15.05	16.57	12.84	14.42	13.31	13.31	16.03	6.37	6.88	7.09	11.71
英国	11.29	8.86	12.67	10.90	11.57	9.19	11.28	11.05	10.73	8.75	10.58
加拿大	5.35	6.74	7.77	5.61	7.45	6.02	5.71	5.98	5.50	5.32	6.09
荷兰	5.15	5.59	4.73	3.69	4.60	5.39	4.76	4.55	4.95	3.88	4.67
意大利	5.54	4.24	3.72	3.85	3.65	4.12	4.62	4.29	4.40	4.87	4.34
澳大利亚	3.37	4.43	4.05	4.01	3.80	4.44	4.21	3.77	4.68	4.32	4.13
法国	3.96	4.05	2.70	5.13	5.07	3.49	3.26	4.81	5.23	3.10	4.07
瑞典	3.56	1.93	3.55	3.04	3.33	3.33	3.40	3.64	3.58	3.21	3.28
西班牙	2.18	1.93	2.36	2.56	3.49	2.85	3.13	3.25	3.30	2.77	2.83
瑞士	2.38	1.73	2.20	1.92	3.17	3.01	3.13	3.51	3.85	1.55	2.67
比利时	2.38	1.73	2.03	2.08	2.06	1.74	1.63	1.95	2.06	1.99	1.96
奥地利	1.78	2.50	1.86	1.60	1.58	3.01	0.95	2.21	2.06	1.44	1.87
丹麦	1.78	1.54	0.68	1.44	1.74	1.74	1.77	2.21	2.20	1.55	1.69
日本	1.39	0.77	1.18	1.12	1.43	1.58	1.63	1.95	1.79	1.55	1.48
中国大陆	0.59	1.35	0.84	0.64	1.43	0.95	1.63	1.69	1.51	1.66	1.28
巴西	0.40	0.77	0.84	1.44	1.58	0.63	1.49	1.17	1.24	1.00	1.08
挪威	1.19	1.16	1.18	0.80	0.63	0.95	0.95	1.56	0.96	1.22	1.07
芬兰	1.19	0.96	1.69	0.96	0.79	1.11	0.27	0.91	0.96	0.89	0.95
以色列	1.39	0.77	0.68	1.12	0.63	0.95	0.82	0.52	0.41	0.89	0.80

表 9－38　临床神经学 C 层人才排名前 20 的国家和地区的占比

单位：%

国家和地区	2010年	2011年	2012年	2013年	2014年	2015年	2016年	2017年	2018年	2019年	合计
美国	29.48	30.26	27.28	26.81	26.03	25.20	24.16	25.56	25.41	25.35	26.32
德国	13.19	13.22	15.06	13.65	13.79	13.61	13.87	6.98	4.69	1.44	10.42
英国	9.07	8.53	9.09	8.89	9.32	9.04	8.36	9.52	9.62	9.42	9.11
加拿大	5.30	5.42	5.17	5.24	5.60	5.60	5.29	5.57	5.84	5.87	5.51
意大利	4.52	4.83	5.37	4.91	4.79	4.42	5.16	5.26	5.70	6.15	5.17
荷兰	4.66	3.95	4.18	4.48	3.92	3.84	3.66	4.29	4.12	4.51	4.16
澳大利亚	3.78	3.87	3.78	3.90	4.53	4.10	4.06	4.27	4.26	4.26	4.10
法国	3.98	3.74	3.76	3.58	3.63	3.65	4.00	3.93	4.13	4.04	3.86

续表

国家和地区	2010年	2011年	2012年	2013年	2014年	2015年	2016年	2017年	2018年	2019年	合计
中国大陆	1.26	1.72	1.97	2.10	2.09	2.51	2.57	3.32	3.48	4.27	2.66
西班牙	2.40	2.37	2.16	2.56	2.54	2.64	2.51	2.84	2.77	3.13	2.63
瑞士	1.88	2.41	2.34	2.38	2.53	2.24	2.34	2.61	2.88	3.16	2.52
瑞典	2.40	2.31	1.78	2.21	2.35	2.47	2.25	2.66	2.53	2.67	2.38
日本	2.20	1.96	2.26	2.41	2.04	2.05	2.33	2.14	2.10	1.97	2.14
比利时	1.54	1.56	1.33	1.62	1.54	1.57	1.63	1.69	1.84	2.01	1.65
丹麦	1.50	1.17	0.87	1.34	1.33	1.65	1.52	1.80	1.88	2.22	1.57
奥地利	1.20	1.35	0.98	1.39	1.10	1.39	1.07	1.46	1.33	1.61	1.30
韩国	0.86	1.02	1.10	1.16	1.25	1.09	1.42	1.35	1.58	1.41	1.25
巴西	0.88	0.84	0.79	0.79	0.91	0.88	1.34	1.34	1.24	1.26	1.06
芬兰	1.22	0.94	0.96	0.84	1.04	0.77	0.85	0.75	0.79	0.99	0.91
挪威	1.16	0.98	1.08	0.84	0.81	0.85	0.88	0.86	0.74	0.85	0.89

十四　药物滥用医学

药物滥用医学 A、B、C 层人才最多的国家是美国，分别占该学科全球 A、B、C 层人才的 36.51%、33.38%、46.84%。

英国、澳大利亚、加拿大、德国、波兰、瑞士、新西兰、瑞典的 A 层人才比较多，世界占比在 15%~3% 之间；比利时、法国、匈牙利、意大利、墨西哥、荷兰、挪威、南非也有相当数量的 A 层人才，世界占比超过 1%。

英国、澳大利亚、加拿大、德国的 B 层人才比较多，世界占比在 12%~4% 之间；荷兰、意大利、瑞士、法国、西班牙、瑞典、葡萄牙、新西兰、比利时、希腊、黎巴嫩、南非、挪威、匈牙利、以色列也有相当数量的 B 层人才，世界占比超过或接近 1%。

英国、澳大利亚、加拿大、德国的 C 层人才比较多，世界占比在10%~3% 之间；荷兰、西班牙、意大利、瑞典、瑞士、法国、中国大陆、新西兰、挪威、比利时、巴西、芬兰、丹麦、匈牙利、南非也有相当数量的 C 层人才。

表 9-39　药物滥用医学 A 层人才的国家和地区的占比

单位：%

国家和地区	2010年	2011年	2012年	2013年	2014年	2015年	2016年	2017年	2018年	2019年	合计
美　　国	0. 00	0. 00	20. 00	42. 86	62. 50	62. 50	28. 57	12. 50	0. 00	66. 67	36. 51
英　　国	0. 00	0. 00	40. 00	28. 57	12. 50	12. 50	14. 29	12. 50	0. 00	11. 11	14. 29
澳大利亚	16. 67	20. 00	20. 00	0. 00	0. 00	25. 00	0. 00	12. 50	0. 00	0. 00	9. 52
加 拿 大	16. 67	20. 00	0. 00	0. 00	0. 00	0. 00	0. 00	12. 50	0. 00	11. 11	6. 35
德　　国	16. 67	0. 00	0. 00	0. 00	0. 00	0. 00	0. 00	12. 50	0. 00	11. 11	4. 76
波　　兰	0. 00	0. 00	0. 00	14. 29	25. 00	0. 00	0. 00	0. 00	0. 00	0. 00	4. 76
瑞　　士	16. 67	20. 00	0. 00	0. 00	0. 00	0. 00	0. 00	12. 50	0. 00	0. 00	4. 76
新 西 兰	0. 00	40. 00	0. 00	0. 00	0. 00	0. 00	0. 00	0. 00	0. 00	0. 00	3. 17
瑞　　典	0. 00	0. 00	20. 00	0. 00	0. 00	0. 00	0. 00	12. 50	0. 00	0. 00	3. 17
比 利 时	0. 00	0. 00	0. 00	0. 00	0. 00	0. 00	14. 29	0. 00	0. 00	0. 00	1. 59
法　　国	0. 00	0. 00	0. 00	0. 00	0. 00	0. 00	0. 00	12. 50	0. 00	0. 00	1. 59
匈 牙 利	0. 00	0. 00	0. 00	0. 00	0. 00	0. 00	14. 29	0. 00	0. 00	0. 00	1. 59
意 大 利	0. 00	0. 00	0. 00	0. 00	0. 00	0. 00	14. 29	0. 00	0. 00	0. 00	1. 59
墨 西 哥	16. 67	0. 00	0. 00	0. 00	0. 00	0. 00	0. 00	0. 00	0. 00	0. 00	1. 59
荷　　兰	0. 00	0. 00	0. 00	14. 29	0. 00	0. 00	0. 00	0. 00	0. 00	0. 00	1. 59
挪　　威	0. 00	0. 00	0. 00	0. 00	0. 00	0. 00	14. 29	0. 00	0. 00	0. 00	1. 59
南　　非	16. 67	0. 00	0. 00	0. 00	0. 00	0. 00	0. 00	0. 00	0. 00	0. 00	1. 59

表 9-40　药物滥用医学 B 层人才排名前 20 的国家和地区的占比

单位：%

国家和地区	2010年	2011年	2012年	2013年	2014年	2015年	2016年	2017年	2018年	2019年	合计
美　　国	31. 03	28. 57	34. 78	48. 44	25. 00	49. 30	36. 62	48. 78	9. 82	33. 33	33. 38
英　　国	8. 62	15. 87	10. 14	12. 50	12. 50	11. 27	14. 08	15. 85	4. 46	16. 09	11. 88
澳大利亚	12. 07	4. 76	7. 25	4. 69	5. 56	7. 04	11. 27	8. 54	4. 46	10. 34	7. 48
加 拿 大	6. 90	4. 76	8. 70	14. 06	4. 17	1. 41	7. 04	9. 76	3. 57	6. 90	6. 54
德　　国	8. 62	9. 52	8. 70	6. 25	2. 78	4. 23	2. 82	1. 22	1. 79	2. 30	4. 41
荷　　兰	3. 45	6. 35	1. 45	0. 00	5. 56	2. 82	2. 82	0. 00	0. 89	2. 30	2. 40
意 大 利	1. 72	3. 17	4. 35	1. 56	4. 17	1. 41	0. 00	2. 44	2. 68	1. 15	2. 27
瑞　　士	1. 72	3. 17	1. 45	1. 56	5. 56	1. 41	2. 82	1. 22	2. 68	0. 00	2. 14
法　　国	5. 17	3. 17	2. 90	0. 00	4. 17	1. 41	0. 00	0. 00	0. 89	1. 15	1. 74
西 班 牙	3. 45	3. 17	1. 45	1. 56	2. 78	0. 00	1. 41	0. 00	0. 89	3. 45	1. 74
瑞　　典	1. 72	1. 59	2. 90	1. 56	4. 17	0. 00	1. 41	1. 22	0. 89	1. 15	1. 60

续表

国家和地区	2010年	2011年	2012年	2013年	2014年	2015年	2016年	2017年	2018年	2019年	合计
葡萄牙	1.72	0.00	2.90	0.00	2.78	1.41	1.41	1.22	1.79	2.30	1.60
新西兰	3.45	1.59	1.45	0.00	1.39	0.00	0.00	1.22	1.79	2.30	1.34
比利时	1.72	0.00	0.00	0.00	1.39	1.41	1.41	2.44	0.89	2.30	1.20
希腊	0.00	1.59	0.00	0.00	1.39	4.23	0.00	1.22	0.89	2.30	1.20
黎巴嫩	0.00	0.00	0.00	1.56	0.00	4.23	1.41	0.00	0.89	1.15	0.93
南非	1.72	1.59	0.00	3.13	1.39	0.00	0.00	0.00	1.79	0.00	0.93
挪威	0.00	1.59	0.00	0.00	1.39	1.41	1.41	1.22	0.89	0.00	0.80
匈牙利	0.00	1.59	1.45	0.00	0.00	0.00	2.82	1.22	0.00	1.15	0.80
以色列	3.45	0.00	1.45	0.00	0.00	0.00	0.00	0.00	0.89	1.15	0.67

表 9-41　药物滥用医学 C 层人才排名前 20 的国家和地区的占比

单位：%

国家和地区	2010年	2011年	2012年	2013年	2014年	2015年	2016年	2017年	2018年	2019年	合计
美国	49.65	51.43	49.63	48.31	45.86	47.50	47.09	49.25	43.53	39.78	46.84
英国	7.60	9.24	8.97	9.55	9.77	10.00	10.17	8.75	10.09	11.90	9.70
澳大利亚	7.77	8.24	8.82	6.18	8.55	8.47	7.99	9.00	7.95	6.85	7.97
加拿大	7.07	6.72	5.98	6.74	5.16	5.69	6.25	6.75	6.73	8.89	6.63
德国	2.65	2.86	2.39	4.35	4.21	3.06	3.20	3.00	3.36	3.97	3.34
荷兰	2.65	2.86	3.14	5.20	3.12	2.22	2.03	1.75	1.63	1.80	2.58
西班牙	1.77	1.85	1.94	1.54	1.90	1.67	2.62	2.38	2.04	1.68	1.95
意大利	1.41	1.18	0.90	1.54	2.17	1.67	2.18	1.25	1.94	2.52	1.71
瑞典	1.06	1.68	1.79	1.26	2.17	1.94	1.89	1.00	2.04	1.32	1.63
瑞士	1.59	0.84	1.49	2.81	1.36	1.81	1.60	1.38	2.04	1.20	1.63
法国	0.88	1.85	1.49	1.26	1.63	1.11	0.73	1.63	1.33	1.32	1.33
中国大陆	0.35	1.18	0.90	1.12	1.09	2.08	1.02	1.25	0.51	1.56	1.11
新西兰	1.94	0.50	1.35	0.70	0.81	1.53	0.87	0.25	1.22	0.96	1.00
挪威	1.24	0.84	0.75	1.12	1.22	0.69	1.45	0.50	1.22	0.60	0.96
比利时	0.88	0.17	0.75	0.98	1.36	0.69	0.87	1.38	1.02	0.36	0.86
巴西	0.88	0.34	1.20	0.28	0.41	0.28	0.44	1.00	0.41	0.60	0.58
芬兰	0.71	0.50	0.45	0.42	0.68	0.69	0.00	0.63	1.12	0.12	0.55
丹麦	0.18	0.67	0.60	0.56	0.41	0.56	0.73	0.75	0.41	0.48	0.53
匈牙利	0.35	0.00	0.30	0.28	0.68	0.28	0.15	0.63	0.92	0.96	0.49
南非	1.24	0.34	0.45	0.56	0.14	0.28	0.73	0.25	0.61	0.24	0.47

十五 精神病学

精神病学 A、B、C 层人才最多的国家是美国，分别占该学科全球 A、B、C 层人才的 22.05%、24.23%、29.09%。

英国、加拿大、澳大利亚、德国、荷兰、瑞士、瑞典的 A 层人才比较多，世界占比在 13%~3% 之间；意大利、巴西、爱尔兰、西班牙、法国、比利时、丹麦、南非、中国大陆、新西兰、日本、以色列也有相当数量的 A 层人才，世界占比超过 1%。

英国、澳大利亚、德国、荷兰、加拿大、意大利的 B 层人才比较多，世界占比在 13%~3% 之间；西班牙、瑞士、瑞典、法国、巴西、比利时、中国大陆、丹麦、爱尔兰、日本、挪威、奥地利、以色列也有相当数量的 B 层人才，世界占比超过或接近 1%。

英国、澳大利亚、德国、加拿大、荷兰、意大利的 C 层人才比较多，世界占比在 13%~3% 之间；中国大陆、西班牙、瑞士、瑞典、法国、丹麦、巴西、比利时、日本、挪威、爱尔兰、以色列、芬兰也有相当数量的 C 层人才，世界占比超过或接近 1%。

表 9-42 精神病学 A 层人才排名前 20 的国家和地区的占比

单位：%

国家和地区	2010年	2011年	2012年	2013年	2014年	2015年	2016年	2017年	2018年	2019年	合计
美国	55.56	12.50	30.77	28.95	28.26	0.00	27.45	13.73	4.55	19.05	22.05
英国	0.00	7.50	30.77	7.89	17.39	0.00	11.76	13.73	4.55	9.52	12.05
加拿大	11.11	2.50	5.13	10.53	6.52	0.00	7.84	9.80	2.27	7.94	6.92
澳大利亚	5.56	2.50	5.13	13.16	6.52	0.00	7.84	13.73	2.27	3.17	6.67
德国	5.56	7.50	5.13	10.53	4.35	0.00	5.88	3.92	4.55	6.35	5.90
荷兰	11.11	5.00	5.13	7.89	6.52	0.00	3.92	7.84	4.55	3.17	5.64
瑞士	0.00	2.50	7.69	5.26	0.00	0.00	0.00	3.92	4.55	3.17	3.08
瑞典	0.00	2.50	0.00	2.63	6.52	0.00	1.96	1.96	2.27	6.35	3.08
意大利	0.00	5.00	2.56	2.63	0.00	0.00	1.96	3.92	2.27	4.76	2.82
巴西	0.00	2.50	0.00	2.63	0.00	0.00	1.96	3.92	2.27	4.76	2.31
爱尔兰	0.00	0.00	0.00	2.63	4.35	0.00	7.84	1.96	2.27	0.00	2.31
西班牙	0.00	5.00	0.00	0.00	0.00	0.00	3.92	1.96	2.27	4.76	2.31

续表

国家和地区	2010年	2011年	2012年	2013年	2014年	2015年	2016年	2017年	2018年	2019年	合计
法　国	5.56	0.00	0.00	0.00	0.00	0.00	1.96	3.92	4.55	3.17	2.05
比利时	0.00	2.50	0.00	0.00	2.17	0.00	3.92	1.96	2.27	1.59	1.79
丹　麦	0.00	5.00	0.00	0.00	2.17	0.00	1.96	0.00	2.27	1.59	1.54
南　非	5.56	0.00	0.00	0.00	4.35	0.00	0.00	0.00	2.27	1.59	1.28
中国大陆	0.00	2.50	0.00	0.00	0.00	0.00	1.96	0.00	2.27	3.17	1.28
新西兰	0.00	2.50	5.13	0.00	0.00	0.00	0.00	1.96	0.00	0.00	1.03
日　本	0.00	2.50	0.00	0.00	0.00	0.00	0.00	0.00	4.55	1.59	1.03
以色列	0.00	0.00	0.00	0.00	2.17	0.00	1.96	1.96	2.27	0.00	1.03

表9-43　精神病学B层人才排名前20的国家和地区的占比

单位：%

国家和地区	2010年	2011年	2012年	2013年	2014年	2015年	2016年	2017年	2018年	2019年	合计
美　国	30.29	28.21	33.52	26.75	23.71	24.29	20.94	17.25	18.94	23.43	24.23
英　国	10.88	12.85	15.93	14.25	11.50	10.61	13.68	12.45	11.28	14.67	12.81
澳大利亚	5.88	4.47	4.95	6.50	7.28	6.33	8.33	7.64	8.30	7.51	6.85
德　国	6.18	4.75	5.22	5.75	4.93	4.69	5.56	4.80	5.96	5.55	5.33
荷　兰	6.18	5.31	3.57	7.50	4.93	4.29	5.13	4.80	5.32	4.29	5.08
加拿大	4.12	6.98	4.67	4.75	5.87	3.67	4.91	3.49	5.32	6.08	4.98
意大利	3.24	2.79	2.75	2.00	3.52	2.65	3.21	3.71	3.83	3.04	3.09
西班牙	2.06	2.79	2.47	2.50	2.35	2.04	2.99	2.18	3.62	3.22	2.65
瑞　士	2.06	3.07	2.20	2.50	2.35	2.04	2.35	2.84	3.40	1.79	2.45
瑞　典	1.47	0.84	1.92	2.50	1.64	1.63	1.92	2.62	3.62	3.22	2.22
法　国	1.76	3.07	2.75	3.00	3.05	2.04	1.71	1.75	1.06	2.15	2.19
巴　西	1.76	1.96	1.10	2.75	2.11	2.04	2.35	3.71	2.13	1.43	2.15
比利时	1.76	1.68	1.92	1.75	1.88	1.84	3.42	1.97	2.13	2.15	2.08
中国大陆	1.18	1.12	0.55	0.50	2.82	1.63	1.50	2.62	2.77	2.68	1.82
丹　麦	0.29	1.96	0.82	2.25	1.41	2.04	1.28	2.18	2.55	2.68	1.82
爱尔兰	1.76	1.12	2.75	0.50	1.17	1.84	1.50	1.75	1.49	1.97	1.59
日　本	2.06	1.12	1.10	1.75	1.88	0.82	1.92	1.97	1.06	1.43	1.50
挪　威	0.59	0.84	0.82	1.00	1.41	1.43	1.71	0.44	1.91	1.97	1.27
奥地利	1.18	0.84	1.10	1.25	1.17	0.82	0.85	0.87	0.43	1.07	0.95
以色列	2.06	1.12	1.37	0.00	1.64	1.02	0.64	0.87	0.43	0.72	0.95

表 9-44 精神病学 C 层人才排名前 20 的国家和地区的占比

单位：%

国家和地区	2010年	2011年	2012年	2013年	2014年	2015年	2016年	2017年	2018年	2019年	合计
美国	33.64	33.24	31.94	33.10	29.14	30.36	28.73	26.14	25.43	23.99	29.09
英国	11.80	12.59	12.34	13.01	12.78	11.85	13.05	11.33	11.86	12.30	12.28
澳大利亚	5.43	4.95	6.18	6.28	5.54	6.10	6.71	6.54	6.65	5.94	6.08
德国	7.06	6.55	5.96	6.30	6.21	6.33	5.16	5.42	5.32	6.40	6.03
加拿大	5.59	4.62	5.32	5.92	5.21	5.35	5.06	4.84	5.71	5.99	5.38
荷兰	5.27	5.40	6.18	5.14	5.35	4.77	5.44	4.40	4.43	4.15	4.99
意大利	3.39	3.95	3.05	3.59	2.91	3.13	3.49	3.57	3.69	3.96	3.49
中国大陆	1.35	1.40	1.75	1.44	2.05	2.41	2.51	3.29	3.82	4.17	2.56
西班牙	2.42	2.32	2.47	1.85	2.56	2.31	2.31	2.57	2.51	2.70	2.42
瑞士	1.88	2.01	2.30	2.18	2.63	2.43	2.16	2.63	2.12	2.32	2.28
瑞典	1.88	1.87	1.83	2.15	2.70	2.29	2.53	2.38	2.55	2.19	2.26
法国	1.88	2.18	2.13	1.72	2.48	2.29	1.91	2.29	2.09	1.82	2.08
丹麦	1.26	1.43	1.50	0.91	1.67	1.78	1.91	1.72	1.88	1.59	1.59
巴西	1.38	1.15	1.36	1.21	1.62	1.52	1.86	1.74	1.68	1.45	1.52
比利时	1.29	1.18	1.52	1.44	1.53	1.19	1.46	1.49	1.64	1.13	1.38
日本	1.19	1.04	1.22	1.34	1.05	1.17	1.56	1.55	1.35	1.33	1.29
挪威	0.97	1.18	1.30	0.96	1.15	1.03	1.37	1.32	1.46	1.47	1.24
爱尔兰	1.00	0.98	1.05	1.01	1.07	1.12	0.71	1.19	1.07	0.92	1.01
以色列	1.22	1.06	1.19	0.99	0.98	1.10	0.86	0.62	0.96	0.99	0.98
芬兰	0.97	0.87	0.67	0.56	0.86	1.10	0.62	0.68	0.81	0.65	0.77

十六 敏感症学

敏感症学 A、B、C 层人才最多的国家是美国，分别占该学科全球 A、B、C 层人才的 34.48%、14.45%、18.18%。

英国、加拿大的 A 层人才比较多，世界占比分别为 17.24% 和 10.34%；意大利、瑞典、瑞士也有相当数量的 A 层人才，世界占比均为 6.90%；德国、以色列、日本、西班牙、土耳其的 A 层人才，世界占比均为 3.45%。

英国、德国、意大利、瑞士、法国、荷兰、西班牙、日本、丹麦的 B 层人才比较多，世界占比在 8%~3% 之间；澳大利亚、加拿大、波兰、瑞典、奥地利、中国大陆、芬兰、比利时、土耳其、葡萄牙也有相当数量的 B 层人才，世界占比超过1%。

英国、德国、意大利、荷兰、法国、西班牙、瑞士、加拿大、澳大利亚、瑞典的C层人才比较多，世界占比在9%~3%之间；丹麦、日本、奥地利、比利时、波兰、芬兰、中国大陆、土耳其、希腊也有相当数量的C层人才，世界占比超过1%。

表9-45　敏感症学A层人才的国家和地区的占比

单位：%

国家和地区	2010年	2011年	2012年	2013年	2014年	2015年	2016年	2017年	2018年	2019年	合计
美　国	0.00	25.00	37.50	0.00	100.00	0.00	0.00	0.00	0.00	36.36	34.48
英　国	0.00	25.00	12.50	0.00	0.00	0.00	100.00	0.00	0.00	9.09	17.24
加拿大	0.00	0.00	12.50	0.00	0.00	0.00	0.00	0.00	0.00	18.18	10.34
意大利	0.00	0.00	0.00	0.00	0.00	0.00	0.00	0.00	0.00	18.18	6.90
瑞　典	0.00	12.50	12.50	0.00	0.00	0.00	0.00	0.00	0.00	0.00	6.90
瑞　士	0.00	25.00	0.00	0.00	0.00	0.00	0.00	0.00	0.00	0.00	6.90
德　国	0.00	0.00	0.00	0.00	0.00	0.00	0.00	0.00	0.00	9.09	3.45
以色列	0.00	0.00	12.50	0.00	0.00	0.00	0.00	0.00	0.00	0.00	3.45
日　本	0.00	0.00	0.00	0.00	0.00	0.00	0.00	0.00	0.00	9.09	3.45
西班牙	0.00	12.50	0.00	0.00	0.00	0.00	0.00	0.00	0.00	0.00	3.45
土耳其	0.00	0.00	12.50	0.00	0.00	0.00	0.00	0.00	0.00	0.00	3.45

表9-46　敏感症学B层人才排名前20的国家和地区的占比

单位：%

国家和地区	2010年	2011年	2012年	2013年	2014年	2015年	2016年	2017年	2018年	2019年	合计
美　国	29.33	16.67	2.99	20.93	13.75	12.00	13.19	13.98	7.84	14.58	14.45
英　国	9.33	11.11	1.49	8.14	7.50	6.67	6.59	9.68	4.90	10.42	7.48
德　国	6.67	8.33	2.99	8.14	8.75	8.00	8.79	4.30	4.90	12.50	7.10
意大利	6.67	6.94	1.49	3.49	6.25	4.00	5.49	6.45	5.88	4.17	5.20
瑞　士	2.67	2.78	2.99	6.98	6.25	2.67	6.59	5.38	4.90	4.17	4.69
法　国	4.00	2.78	1.49	3.49	5.00	4.00	3.30	4.30	3.92	8.33	3.93
荷　兰	6.67	1.39	2.99	2.33	2.50	4.00	4.40	4.30	4.90	2.08	3.68
西班牙	0.00	1.39	1.49	4.65	5.00	4.00	4.40	2.15	5.88	4.17	3.42
日　本	1.33	1.39	1.49	3.49	3.75	6.67	2.20	4.30	3.92	4.17	3.30
丹　麦	2.67	4.17	2.99	1.16	3.75	2.67	3.30	2.15	4.90	2.08	3.04

续表

国家和地区	2010年	2011年	2012年	2013年	2014年	2015年	2016年	2017年	2018年	2019年	合计
澳大利亚	4.00	2.78	1.49	2.33	1.25	8.00	2.20	3.23	1.96	2.08	2.92
加拿大	5.33	4.17	1.49	2.33	3.75	5.33	1.10	2.15	1.96	2.08	2.92
波兰	0.00	1.39	1.49	3.49	2.50	2.67	5.49	1.08	4.90	4.17	2.79
瑞典	5.33	2.78	1.49	2.33	2.50	1.33	4.40	2.15	0.00	0.00	2.28
奥地利	1.33	0.00	1.49	2.33	3.75	0.00	3.30	1.08	3.92	6.25	2.28
中国大陆	1.33	2.78	1.49	0.00	1.25	2.67	5.49	1.08	2.94	0.00	2.03
芬兰	1.33	1.39	1.49	1.16	3.75	1.33	1.10	3.23	1.96	2.08	1.90
比利时	0.00	2.78	1.49	2.33	0.00	1.33	4.40	2.15	0.98	0.00	1.65
土耳其	0.00	0.00	1.49	3.49	0.00	0.00	2.20	1.08	3.92	2.08	1.52
葡萄牙	0.00	1.39	1.49	3.49	3.75	1.33	0.00	1.08	0.98	0.00	1.39

表 9-47 敏感症学 C 层人才排名前 20 的国家和地区的占比

单位：%

国家和地区	2010年	2011年	2012年	2013年	2014年	2015年	2016年	2017年	2018年	2019年	合计
美国	23.29	19.56	19.29	21.76	21.15	16.81	18.49	18.02	15.06	11.86	18.18
英国	7.86	9.30	10.05	8.52	9.29	8.22	8.52	8.24	7.36	5.60	8.19
德国	7.86	8.21	8.83	8.65	7.33	6.87	4.99	6.95	7.13	5.88	7.18
意大利	6.97	4.38	4.48	4.72	4.16	5.03	5.72	5.65	5.10	3.70	4.94
荷兰	4.60	4.79	3.80	5.64	4.40	3.93	4.26	4.36	4.30	3.89	4.37
法国	4.60	5.06	4.08	4.59	4.52	4.05	4.14	3.89	4.19	3.51	4.22
西班牙	4.30	4.79	3.40	4.46	4.77	3.80	3.53	4.24	4.98	3.61	4.17
瑞士	2.82	5.61	3.67	3.15	3.55	3.80	3.77	4.00	3.85	3.51	3.77
加拿大	4.30	3.28	3.53	4.06	3.06	3.31	2.31	3.06	3.85	2.75	3.31
澳大利亚	3.12	2.74	3.80	2.88	3.06	3.56	3.65	3.30	3.51	2.56	3.20
瑞典	3.12	2.87	3.40	4.06	2.69	3.07	2.68	4.24	2.38	3.23	3.17
丹麦	2.52	3.15	1.90	2.36	2.69	2.45	2.68	3.30	2.60	2.94	2.68
日本	2.23	1.92	2.99	1.83	3.30	2.45	3.16	3.18	3.28	1.52	2.58
奥地利	2.08	2.74	2.45	1.83	2.44	2.82	1.34	2.36	3.17	2.28	2.36
比利时	2.82	2.87	1.22	2.10	1.59	1.96	1.95	3.06	2.49	3.04	2.33
波兰	1.04	2.60	1.90	1.83	1.71	1.60	1.70	2.12	2.83	2.47	2.01
芬兰	1.63	1.78	1.63	1.18	1.34	1.96	0.85	1.53	1.25	1.61	1.47
中国大陆	1.34	1.37	0.95	1.18	1.22	1.60	1.82	1.65	1.93	1.42	1.46
土耳其	0.74	0.96	1.09	0.92	0.61	0.86	1.09	1.41	1.70	1.52	1.12
希腊	0.45	0.96	0.95	1.18	1.22	1.47	0.97	1.65	0.91	1.14	1.10

十七　风湿病学

风湿病学A、B、C层人才最多的国家是美国，分别占该学科全球A、B、C层人才的10.11%、15.30%、18.79%。

英国、荷兰、法国、德国、加拿大、奥地利、瑞士、意大利、日本、丹麦的A层人才比较多，世界占比在10%~3%之间；比利时、挪威、西班牙、瑞典、捷克、希腊、葡萄牙、土耳其、澳大利亚也有相当数量的A层人才，世界占比超过1%。

英国、荷兰、德国、法国、加拿大、意大利、西班牙、瑞士的B层人才比较多，世界占比在10%~3%之间；澳大利亚、瑞典、奥地利、比利时、挪威、丹麦、日本、墨西哥、葡萄牙、土耳其、韩国也有相当数量的B层人才，世界占比超过1%。

英国、荷兰、德国、法国、意大利、加拿大、西班牙、瑞典、澳大利亚、日本的C层人才比较多，世界占比在11%~3%之间；中国大陆、瑞士、丹麦、比利时、挪威、奥地利、韩国、土耳其、巴西也有相当数量的C层人才，世界占比超过1%。

表9－48　风湿病学A层人才排名前20的国家和地区的占比

单位：%

国家和地区	2010年	2011年	2012年	2013年	2014年	2015年	2016年	2017年	2018年	2019年	合计
美　国	8.33	14.29	20.00	8.33	8.70	21.05	9.09	4.35	8.00	5.00	10.11
英　国	8.33	14.29	6.67	8.33	8.70	21.05	4.55	4.35	12.00	10.00	9.55
荷　兰	8.33	14.29	0.00	8.33	8.70	15.79	4.55	4.35	4.00	10.00	7.30
法　国	8.33	14.29	6.67	8.33	8.70	5.26	4.55	4.35	8.00	5.00	6.74
德　国	8.33	14.29	0.00	8.33	4.35	5.26	4.55	4.35	12.00	10.00	6.74
加拿大	8.33	28.57	20.00	0.00	4.35	5.26	9.09	4.35	0.00	0.00	6.18
奥地利	8.33	0.00	0.00	8.33	4.35	0.00	4.55	4.35	12.00	5.00	5.06
瑞　士	0.00	0.00	6.67	0.00	4.35	10.53	4.55	4.35	0.00	5.00	3.93
意大利	8.33	0.00	0.00	8.33	4.35	0.00	0.00	4.35	8.00	5.00	3.93
日　本	0.00	0.00	0.00	8.33	4.35	0.00	4.55	4.35	4.00	5.00	3.37
丹　麦	0.00	0.00	6.67	8.33	4.35	0.00	4.55	0.00	4.00	5.00	3.37
比利时	0.00	0.00	0.00	0.00	4.35	0.00	4.55	4.35	4.00	5.00	2.81

续表

国家和地区	2010年	2011年	2012年	2013年	2014年	2015年	2016年	2017年	2018年	2019年	合计
挪 威	8.33	0.00	0.00	0.00	4.35	0.00	4.55	4.35	4.00	0.00	2.81
西班牙	0.00	0.00	6.67	8.33	0.00	0.00	4.55	4.35	0.00	5.00	2.81
瑞 典	0.00	0.00	6.67	0.00	4.35	0.00	4.55	4.35	0.00	5.00	2.81
捷 克	8.33	0.00	0.00	0.00	4.35	0.00	0.00	4.35	0.00	5.00	2.25
希 腊	0.00	0.00	0.00	0.00	0.00	5.26	4.55	0.00	4.00	5.00	2.25
葡萄牙	0.00	0.00	0.00	0.00	4.35	0.00	4.55	4.35	4.00	0.00	2.25
土耳其	0.00	0.00	6.67	8.33	0.00	0.00	0.00	0.00	8.00	0.00	2.25
澳大利亚	0.00	0.00	0.00	0.00	4.35	0.00	4.55	4.35	0.00	5.00	2.25

表 9-49 风湿病学 B 层人才排名前 20 的国家和地区的占比

单位：%

国家和地区	2010年	2011年	2012年	2013年	2014年	2015年	2016年	2017年	2018年	2019年	合计
美 国	10.89	14.86	16.78	17.86	12.38	19.51	16.59	10.09	16.88	15.27	15.30
英 国	10.89	6.76	8.39	8.48	11.90	9.76	13.10	9.65	9.70	9.92	9.96
荷 兰	9.90	7.43	7.69	5.36	6.67	8.29	5.24	5.70	9.28	4.20	6.69
德 国	4.95	7.43	6.99	7.59	6.67	5.37	5.24	7.02	5.91	7.25	6.49
法 国	6.93	6.08	4.90	4.46	6.67	6.34	3.49	6.14	5.91	4.58	5.44
加拿大	3.96	4.73	2.80	5.36	6.19	8.29	4.80	3.95	5.06	6.87	5.39
意大利	3.96	6.08	6.29	2.68	3.33	5.85	3.93	3.95	4.64	5.34	4.53
西班牙	3.96	3.38	6.29	4.46	4.76	4.39	4.37	4.82	2.11	3.82	4.18
瑞 士	3.96	2.70	2.10	3.57	4.29	2.93	3.93	3.07	3.80	3.05	3.37
澳大利亚	3.96	4.73	1.40	3.57	5.24	2.44	4.37	1.75	0.84	2.29	2.97
瑞 典	3.96	2.03	3.50	2.23	1.90	2.44	4.37	2.63	1.27	2.29	2.57
奥地利	3.96	2.03	2.10	1.79	4.29	1.46	3.06	1.75	2.53	2.67	2.52
比利时	0.00	2.03	2.80	1.34	4.29	0.98	2.62	1.75	5.49	2.29	2.52
挪 威	3.96	2.70	1.40	0.89	1.43	1.46	1.75	3.51	2.53	1.15	1.96
丹 麦	0.00	2.70	1.40	1.79	1.43	3.41	2.62	0.88	2.53	1.91	1.96
日 本	0.00	0.00	2.80	1.34	1.43	0.98	1.31	2.63	2.53	3.44	1.81
墨西哥	0.00	2.03	1.40	1.79	0.95	2.93	1.75	2.63	1.27	2.29	1.81
葡萄牙	1.98	1.35	0.70	0.89	2.86	0.49	0.87	2.63	1.27	1.15	1.41
土耳其	0.99	1.35	0.70	1.34	0.48	0.49	1.75	1.75	1.69	1.53	1.26
韩 国	0.00	0.68	2.10	2.23	1.43	0.98	0.44	1.75	1.27	0.76	1.21

表 9－50　风湿病学 C 层人才排名前 20 的国家和地区的占比

单位：%

国家和地区	2010年	2011年	2012年	2013年	2014年	2015年	2016年	2017年	2018年	2019年	合计
美　国	18.27	20.49	21.57	21.79	19.12	18.41	18.83	17.35	17.99	15.82	18.79
英　国	11.60	10.39	9.92	10.70	10.42	9.73	9.90	9.86	10.10	9.44	10.12
荷　兰	6.77	7.99	6.59	7.38	6.71	6.66	6.19	5.96	5.23	4.89	6.32
德　国	7.05	6.71	6.59	6.12	6.28	5.80	5.66	5.74	6.42	4.80	6.01
法　国	4.73	6.29	6.13	4.92	5.38	5.66	5.84	4.99	5.36	6.01	5.53
意大利	4.64	4.52	3.93	5.45	5.04	4.99	5.75	5.43	6.82	5.89	5.37
加拿大	4.92	5.16	4.46	4.97	5.14	5.03	4.64	4.47	4.12	5.14	4.79
西班牙	3.90	3.39	3.40	3.09	3.81	4.65	3.93	3.11	3.50	3.17	3.58
瑞　典	2.97	3.53	3.00	3.71	3.19	3.45	3.71	3.02	2.44	2.63	3.16
澳大利亚	2.04	3.18	3.06	3.38	3.47	3.64	2.70	2.93	2.92	3.09	3.08
日　本	2.41	2.61	3.73	2.89	3.66	2.73	2.56	2.89	2.88	3.76	3.04
中国大陆	1.11	1.13	2.26	2.12	2.85	3.02	3.71	2.63	4.16	3.72	2.86
瑞　士	3.15	3.11	2.40	2.17	2.05	2.59	2.65	2.89	2.44	2.51	2.55
丹　麦	2.13	2.26	1.53	1.83	2.57	2.06	2.30	2.41	1.91	1.96	2.11
比利时	2.41	1.63	1.60	2.03	2.09	1.92	1.64	1.97	1.73	2.13	1.91
挪　威	1.39	1.98	1.20	1.59	1.47	1.73	1.99	1.93	1.46	1.25	1.61
奥地利	2.13	1.48	1.73	1.49	1.43	1.73	1.19	1.31	1.11	1.21	1.43
韩　国	0.93	0.71	1.26	1.11	0.95	1.10	1.28	1.18	1.37	1.54	1.18
土耳其	0.74	0.71	0.93	0.92	1.19	1.15	1.02	1.45	1.42	1.59	1.16
巴　西	1.02	0.92	1.07	1.01	1.09	1.20	0.84	1.14	0.80	1.25	1.04

十八　皮肤医学

皮肤医学 A、B、C 层人才最多的国家是美国，分别占该学科全球 A、B、C 层人才的 21.16%、22.96%、24.64%。

英国、德国、加拿大、法国、丹麦、日本、荷兰、西班牙、意大利、澳大利亚、波兰、瑞士的 A 层人才比较多，世界占比在 11%～3%之间；匈牙利、瑞典、中国台湾、奥地利、比利时、危地马拉、以色列也有相当数量的 A 层人才，大部分世界占比超过 1%。

德国、英国、法国、加拿大、意大利、荷兰、丹麦、日本、澳大利亚的 B 层人才比较多，世界占比在 11%～3% 之间；瑞士、西班牙、瑞典、奥地利、波兰、比利时、中国大陆、希腊、以色列、中国台湾也有相当数量的 B 层人才，世界占比超过或接近 1%。

德国、英国、法国、意大利、日本、荷兰、加拿大、澳大利亚、西班牙的 C 层人才比较多，世界占比在 10%～3% 之间；丹麦、中国大陆、韩国、瑞士、奥地利、瑞典、巴西、比利时、印度、波兰也有相当数量的 C 层人才，世界占比超过 1%。

表 9－51 皮肤医学 A 层人才排名前 20 的国家和地区的占比

单位：%

国家和地区	2010年	2011年	2012年	2013年	2014年	2015年	2016年	2017年	2018年	2019年	合计
美国	38.89	0.00	15.00	25.00	20.00	9.09	19.05	19.05	4.35	42.31	21.16
英国	16.67	50.00	10.00	18.75	15.00	9.09	4.76	9.52	0.00	11.54	10.58
德国	11.11	0.00	5.00	12.50	10.00	13.64	14.29	9.52	13.04	3.85	10.05
加拿大	5.56	0.00	5.00	0.00	10.00	4.55	19.05	14.29	4.35	7.69	7.94
法国	0.00	50.00	10.00	6.25	0.00	9.09	9.52	4.76	13.04	7.69	7.41
丹麦	0.00	0.00	15.00	0.00	0.00	4.55	4.76	0.00	8.70	3.85	4.23
日本	0.00	0.00	0.00	0.00	5.00	0.00	14.29	4.76	4.35	7.69	4.23
荷兰	11.11	0.00	5.00	6.25	0.00	9.09	0.00	4.76	0.00	3.85	4.23
西班牙	5.56	0.00	5.00	0.00	5.00	4.55	0.00	4.76	13.04	0.00	4.23
意大利	5.56	0.00	5.00	6.25	5.00	0.00	0.00	0.00	8.70	3.85	3.70
澳大利亚	0.00	0.00	0.00	0.00	10.00	0.00	0.00	14.29	4.35	0.00	3.17
波兰	0.00	0.00	5.00	0.00	0.00	4.55	4.76	4.76	8.70	0.00	3.17
瑞士	0.00	0.00	5.00	0.00	5.00	9.09	0.00	0.00	8.70	0.00	3.17
匈牙利	0.00	0.00	5.00	0.00	0.00	0.00	0.00	4.76	8.70	0.00	2.12
瑞典	5.56	0.00	0.00	0.00	0.00	4.55	0.00	0.00	0.00	3.85	1.59
中国台湾	0.00	0.00	0.00	6.25	5.00	0.00	0.00	0.00	0.00	0.00	1.06
奥地利	0.00	0.00	5.00	6.25	0.00	0.00	0.00	0.00	0.00	0.00	1.06
比利时	0.00	0.00	0.00	0.00	0.00	4.55	0.00	0.00	0.00	3.85	1.06
危地马拉	0.00	0.00	0.00	0.00	5.00	0.00	0.00	0.00	0.00	0.00	0.53
以色列	0.00	0.00	0.00	6.25	0.00	0.00	0.00	0.00	0.00	0.00	0.53

表 9 - 52　皮肤医学 B 层人才排名前 20 的国家和地区的占比

单位：%

国家和地区	2010年	2011年	2012年	2013年	2014年	2015年	2016年	2017年	2018年	2019年	合计
美　国	29.88	28.57	21.16	31.09	22.05	12.25	22.64	21.40	21.36	21.46	22.96
德　国	13.41	11.82	11.11	10.36	9.23	8.82	11.32	10.04	10.45	10.12	10.60
英　国	9.15	4.43	7.94	7.77	9.74	6.86	8.02	11.35	7.27	6.88	7.93
法　国	6.10	6.90	4.76	4.15	7.18	5.88	6.13	8.30	5.91	6.07	6.18
加拿大	1.83	1.97	3.17	4.66	4.10	7.35	4.25	4.37	6.36	5.67	4.47
意大利	4.88	3.45	5.82	6.22	3.59	6.37	4.25	2.62	3.18	2.83	4.23
荷　兰	3.66	5.42	3.17	5.18	4.10	4.41	6.13	3.49	2.73	3.24	4.13
丹　麦	3.66	3.94	3.70	2.59	2.56	2.94	5.66	3.93	2.73	3.64	3.55
日　本	3.66	4.43	4.23	5.70	2.05	2.94	3.30	3.49	3.64	2.02	3.50
澳大利亚	3.05	2.46	5.29	2.07	3.08	3.43	2.83	3.93	3.18	4.45	3.40
瑞　士	4.27	1.97	3.70	2.07	1.54	3.92	1.89	3.93	3.64	2.43	2.92
西班牙	0.00	1.97	2.12	1.04	4.10	2.94	2.83	3.93	2.27	4.05	2.63
瑞　典	2.44	2.96	2.12	1.55	1.03	1.47	2.83	2.18	1.36	3.24	2.14
奥地利	2.44	3.45	2.65	1.55	1.54	2.94	0.47	1.31	1.36	2.43	1.99
波　兰	1.22	0.99	3.17	1.55	0.51	3.43	1.42	1.75	1.82	1.62	1.75
比利时	0.00	1.97	1.59	1.04	1.03	2.45	1.89	0.44	1.82	3.24	1.61
中国大陆	2.44	1.48	1.06	1.04	2.56	0.98	0.47	1.31	1.36	0.40	1.26
希　腊	0.61	0.99	1.06	0.52	2.05	1.47	1.42	0.87	0.45	2.02	1.17
以色列	0.61	0.00	1.59	1.55	0.51	1.47	0.94	1.31	1.36	0.81	1.02
中国台湾	1.22	2.46	0.53	0.00	1.03	0.98	0.47	0.44	0.45	0.81	0.83

表 9 - 53　皮肤医学 C 层人才排名前 20 的国家和地区的占比

单位：%

国家和地区	2010年	2011年	2012年	2013年	2014年	2015年	2016年	2017年	2018年	2019年	合计
美　国	27.33	25.60	27.10	25.30	25.18	24.92	24.13	22.56	23.83	22.03	24.64
德　国	12.91	10.50	10.83	9.79	9.02	8.80	8.97	9.04	8.29	8.77	9.59
英　国	7.70	6.85	6.73	7.70	5.96	7.18	6.85	7.28	7.58	6.71	7.04
法　国	5.58	5.50	4.80	4.24	4.97	5.06	4.89	4.43	4.39	5.16	4.89
意大利	3.70	4.15	4.31	3.91	5.18	5.46	5.49	4.39	4.48	5.29	4.67
日　本	4.12	5.22	4.36	4.62	4.66	3.84	3.58	3.25	3.72	3.06	3.99
荷　兰	3.15	4.21	3.45	2.86	3.26	3.49	3.02	4.43	3.00	3.44	3.44

续表

国家和地区	2010年	2011年	2012年	2013年	2014年	2015年	2016年	2017年	2018年	2019年	合计
加拿大	2.79	2.75	2.91	2.92	3.06	2.68	4.23	3.35	3.77	2.81	3.14
澳大利亚	2.36	2.53	3.07	2.70	4.15	3.84	3.02	2.22	3.57	3.15	3.07
西班牙	2.48	2.64	2.75	3.30	2.69	2.88	2.97	3.39	3.00	3.73	3.02
丹麦	1.70	2.58	2.48	2.59	2.38	2.98	3.43	3.71	3.38	2.98	2.86
中国大陆	1.76	2.13	2.59	2.92	2.54	3.03	3.17	2.85	3.00	3.57	2.80
韩国	2.91	2.70	2.26	2.86	3.01	1.87	1.41	1.72	2.29	1.51	2.21
瑞士	2.24	2.02	1.83	1.71	1.35	2.02	1.86	2.58	2.38	2.43	2.06
奥地利	1.64	2.19	1.94	2.09	1.81	1.87	1.41	2.08	1.91	1.47	1.83
瑞典	1.88	1.68	1.72	1.93	1.24	1.87	2.07	1.54	1.57	1.55	1.70
巴西	2.00	2.02	1.83	1.82	2.33	1.62	1.56	1.27	1.38	1.30	1.69
比利时	1.15	1.12	1.78	1.49	1.50	1.16	1.51	1.72	1.81	1.59	1.50
印度	1.15	1.29	0.86	1.54	1.81	1.52	1.91	1.40	1.62	1.51	1.47
波兰	0.36	0.90	0.81	1.43	1.24	0.91	1.31	1.67	1.19	1.76	1.19

十九　眼科学

眼科学 A、B、C 层人才最多的国家是美国，分别占该学科全球 A、B、C 层人才的 30.67%、30.30%、30.93%。

英国、澳大利亚、德国、新加坡、法国、意大利、奥地利、日本、瑞士、中国大陆的 A 层人才比较多，世界占比在 8%~3%；中国香港、荷兰、韩国、巴西、比利时、加拿大、西班牙、印度、南非也有相当数量的 A 层人才，大部分世界占比超过 1%。

英国、德国、澳大利亚、日本、意大利、法国、中国大陆、新加坡的 B 层人才比较多，世界占比在 10%~3% 之间；加拿大、瑞士、西班牙、荷兰、巴西、印度、韩国、奥地利、中国台湾、中国香港、丹麦也有相当数量的 B 层人才，世界占比超过或接近 1%。

英国、德国、中国大陆、日本、澳大利亚、意大利的 C 层人才比较多，世界占比在 9%~3% 之间；西班牙、法国、印度、韩国、加拿大、新加坡、荷兰、瑞士、巴西、土耳其、奥地利、中国香港、以色列也有相当数量的 C 层人才，世界占比超过或接近 1%。

表 9－54　眼科学 A 层人才排名前 20 的国家和地区的占比

单位：%

国家和地区	2010年	2011年	2012年	2013年	2014年	2015年	2016年	2017年	2018年	2019年	合计
美　国	31.82	46.67	40.00	36.00	28.00	39.13	30.43	20.00	22.22	23.33	30.67
英　国	4.55	0.00	6.67	12.00	16.00	8.70	4.35	10.00	3.70	10.00	8.00
澳大利亚	18.18	6.67	6.67	4.00	0.00	4.35	8.70	5.00	14.81	3.33	7.11
德　国	0.00	13.33	13.33	8.00	12.00	8.70	8.70	5.00	3.70	3.33	7.11
新加坡	13.64	0.00	6.67	0.00	8.00	4.35	8.70	5.00	3.70	13.33	6.67
法　国	4.55	6.67	6.67	4.00	4.00	8.70	8.70	0.00	7.41	0.00	4.89
意大利	9.09	6.67	0.00	0.00	8.00	0.00	0.00	5.00	7.41	3.33	4.00
奥地利	0.00	6.67	6.67	4.00	4.00	0.00	0.00	0.00	3.70	10.00	3.56
日　本	4.55	0.00	6.67	0.00	4.00	4.35	0.00	10.00	0.00	3.33	3.11
瑞　士	0.00	6.67	6.67	8.00	0.00	4.35	0.00	0.00	7.41	0.00	3.11
中国大陆	0.00	0.00	0.00	4.00	0.00	8.70	0.00	10.00	7.41	0.00	3.11
中国香港	0.00	0.00	0.00	0.00	0.00	0.00	4.35	5.00	0.00	13.33	2.67
荷　兰	0.00	6.67	0.00	4.00	4.00	0.00	0.00	0.00	7.41	3.33	2.67
韩　国	4.55	0.00	0.00	0.00	4.00	0.00	4.35	5.00	3.70	3.33	2.67
巴　西	4.55	0.00	0.00	0.00	4.00	0.00	4.35	0.00	3.70	0.00	1.78
比利时	0.00	0.00	0.00	4.00	0.00	4.35	0.00	5.00	0.00	3.33	1.78
加拿大	0.00	0.00	0.00	0.00	0.00	4.35	0.00	5.00	0.00	3.33	1.33
西班牙	0.00	0.00	0.00	0.00	0.00	0.00	8.70	0.00	3.70	0.00	1.33
印　度	0.00	0.00	0.00	0.00	0.00	0.00	4.35	0.00	0.00	3.33	0.89
南　非	0.00	0.00	0.00	0.00	0.00	0.00	4.35	0.00	0.00	0.00	0.44

表 9－55　眼科学 B 层人才排名前 20 的国家和地区的占比

单位：%

国家和地区	2010年	2011年	2012年	2013年	2014年	2015年	2016年	2017年	2018年	2019年	合计
美　国	40.69	36.23	36.18	35.93	32.63	29.26	31.08	26.64	22.54	19.70	30.30
英　国	9.80	7.97	11.84	8.23	7.63	8.30	9.56	7.79	10.66	11.15	9.28
德　国	6.86	8.70	3.95	7.79	8.47	6.11	6.37	4.92	6.97	5.58	6.55
澳大利亚	6.37	7.25	5.26	6.49	5.51	4.37	3.98	4.92	3.69	9.29	5.69
日　本	4.90	7.97	4.61	5.63	4.66	3.49	3.98	4.92	2.87	4.09	4.55
意大利	3.43	2.90	1.97	3.90	4.66	4.37	3.98	4.92	6.56	5.20	4.37
法　国	1.96	2.17	1.97	3.46	3.81	5.68	4.38	2.46	4.92	3.72	3.59
中国大陆	2.45	2.17	3.29	3.46	4.66	2.62	3.19	3.28	3.69	4.46	3.41

续表

国家和地区	2010年	2011年	2012年	2013年	2014年	2015年	2016年	2017年	2018年	2019年	合计
新加坡	2.45	0.72	4.61	1.30	2.12	2.62	4.78	2.87	4.51	4.46	3.14
加拿大	1.96	1.45	4.61	2.60	1.69	2.62	2.39	3.69	1.64	3.72	2.64
瑞士	2.45	1.45	3.29	1.73	2.54	3.93	1.59	1.64	2.87	3.35	2.50
西班牙	2.94	2.17	1.32	1.30	2.12	2.62	1.59	3.69	3.28	2.23	2.37
荷兰	0.98	3.62	1.97	2.60	1.69	3.06	1.59	1.64	2.87	2.23	2.18
巴西	0.98	1.45	2.63	1.73	0.85	3.06	3.59	4.10	1.23	0.37	2.00
印度	0.00	1.45	1.32	1.73	1.27	2.18	3.59	1.64	2.87	2.60	1.96
韩国	3.43	2.90	1.97	1.73	0.42	1.31	1.99	2.87	1.64	0.37	1.77
奥地利	2.45	0.72	0.66	1.30	2.97	0.44	1.20	2.46	2.46	1.49	1.68
中国台湾	1.47	0.00	0.66	1.73	0.42	0.44	0.40	0.82	1.64	1.12	0.91
中国香港	0.49	0.72	1.32	0.87	0.85	0.87	0.80	0.82	0.41	1.86	0.91
丹麦	0.98	0.00	1.32	0.00	1.27	0.87	0.80	0.41	0.41	2.23	0.86

表 9-56　眼科学 C 层人才排名前 20 的国家和地区的占比

单位：%

国家和地区	2010年	2011年	2012年	2013年	2014年	2015年	2016年	2017年	2018年	2019年	合计
美国	34.37	38.13	33.82	31.20	32.18	30.15	31.01	29.91	28.01	25.53	30.93
英国	9.20	7.44	7.38	8.96	8.19	8.93	8.78	8.94	8.14	7.39	8.38
德国	5.80	5.74	4.92	5.91	6.19	6.69	4.92	5.44	5.66	5.61	5.71
中国大陆	4.05	3.83	4.25	5.12	5.72	5.99	6.06	5.77	6.33	7.16	5.58
日本	5.40	5.03	6.18	5.69	5.76	4.23	4.30	4.78	5.07	4.77	5.08
澳大利亚	5.90	5.60	5.05	4.90	4.68	5.19	4.87	3.83	4.62	4.70	4.88
意大利	3.00	2.76	3.19	3.18	3.03	3.74	3.43	4.66	4.30	4.81	3.69
西班牙	3.25	2.91	2.26	3.31	3.12	3.21	2.24	2.35	2.40	2.69	2.78
法国	2.25	2.69	2.66	2.60	2.43	2.99	3.38	3.05	2.67	2.58	2.74
印度	2.10	2.06	2.46	1.81	2.12	2.20	2.77	2.64	2.99	3.83	2.54
韩国	1.50	2.06	3.32	2.52	3.16	2.02	2.77	2.84	2.71	2.27	2.52
加拿大	2.75	2.20	2.52	3.27	2.34	2.68	1.80	1.98	2.22	2.31	2.40
新加坡	2.20	2.48	2.52	1.85	2.08	2.29	2.81	2.27	2.58	2.31	2.33
荷兰	2.30	2.48	2.52	2.07	1.91	2.29	1.62	2.27	2.35	1.93	2.14
瑞士	1.05	1.13	1.79	1.50	1.39	1.67	2.15	2.18	2.40	2.84	1.87
巴西	1.45	1.84	1.00	1.46	1.39	1.10	2.02	1.32	1.49	1.48	1.45
土耳其	0.90	0.57	0.66	0.93	1.39	1.19	1.14	1.24	1.40	1.67	1.16
奥地利	0.95	1.56	1.20	0.79	0.78	1.32	0.97	0.95	0.81	1.33	1.05
中国香港	1.10	0.92	0.80	1.24	1.00	1.06	0.97	0.87	1.00	0.72	0.97
以色列	0.90	0.35	0.93	0.84	0.78	0.84	0.83	1.03	1.00	0.80	0.84

二十　耳鼻喉学

耳鼻喉学 A、B、C 层人才最多的国家是美国，分别占该学科全球 A、B、C 层人才的 60.00%、35.91%、36.94%。

英国的 A 层人才比较多，世界占比为 15.00%；加拿大、德国、澳大利亚、丹麦、印度、爱尔兰、意大利、卢森堡也有相当数量的 A 层人才，世界占比超过 2%。

英国、德国、加拿大、澳大利亚、荷兰、比利时、法国的 B 层人才比较多，世界占比在 8%～3%之间；意大利、瑞典、日本、西班牙、瑞士、韩国、中国大陆、巴西、波兰、中国台湾、奥地利、丹麦也有相当数量的 B 层人才，世界占比超过或接近 1%。

英国、德国、意大利、加拿大、澳大利亚、荷兰的 C 层人才比较多，世界占比在 7%～4%之间；韩国、比利时、中国大陆、法国、日本、西班牙、瑞典、瑞士、中国台湾、巴西、土耳其、丹麦、奥地利也有相当数量的 C 层人才，世界占比超过或接近 1%。

表 9－57　耳鼻喉学 A 层人才的国家和地区的占比

单位：%

国家和地区	2010年	2011年	2012年	2013年	2014年	2015年	2016年	2017年	2018年	2019年	合计
美　　国	100.00	57.14	25.00	50.00	62.50	50.00	0.00	100.00	50.00	0.00	60.00
英　　国	0.00	28.57	12.50	50.00	12.50	0.00	0.00	0.00	0.00	0.00	15.00
加 拿 大	0.00	0.00	0.00	0.00	25.00	0.00	0.00	0.00	0.00	0.00	5.00
德　　国	0.00	14.29	12.50	0.00	0.00	0.00	0.00	0.00	0.00	0.00	5.00
澳大利亚	0.00	0.00	12.50	0.00	0.00	0.00	0.00	0.00	0.00	0.00	2.50
丹　　麦	0.00	0.00	12.50	0.00	0.00	0.00	0.00	0.00	0.00	0.00	2.50
印　　度	0.00	0.00	0.00	0.00	0.00	50.00	0.00	0.00	0.00	0.00	2.50
爱 尔 兰	0.00	0.00	0.00	0.00	0.00	0.00	0.00	0.00	50.00	0.00	2.50
意 大 利	0.00	0.00	12.50	0.00	0.00	0.00	0.00	0.00	0.00	0.00	2.50
卢 森 堡	0.00	0.00	12.50	0.00	0.00	0.00	0.00	0.00	0.00	0.00	2.50

表 9-58 耳鼻喉学 B 层人才排名前 20 的国家和地区的占比

单位：%

国家和地区	2010年	2011年	2012年	2013年	2014年	2015年	2016年	2017年	2018年	2019年	合计
美　国	46.97	50.75	43.06	39.24	57.53	39.56	29.00	20.00	20.25	26.67	35.91
英　国	7.58	2.99	5.56	5.06	10.96	5.49	12.00	9.47	7.59	4.76	7.26
德　国	4.55	5.97	4.17	3.80	2.74	7.69	5.00	9.47	8.86	5.71	5.93
加拿大	7.58	4.48	2.78	6.33	8.22	9.89	3.00	6.32	2.53	4.76	5.56
澳大利亚	4.55	4.48	5.56	8.86	4.11	2.20	6.00	4.21	5.06	4.76	4.96
荷　兰	6.06	7.46	8.33	3.80	0.00	2.20	7.00	4.21	7.59	3.81	4.96
比利时	1.52	1.49	5.56	2.53	4.11	4.40	4.00	3.16	7.59	6.67	4.23
法　国	3.03	2.99	2.78	5.06	2.74	3.30	1.00	0.00	3.80	6.67	3.14
意大利	3.03	0.00	1.39	2.53	0.00	2.20	3.00	3.16	5.06	4.76	2.66
瑞　典	3.03	1.49	4.17	1.27	1.37	2.20	1.00	3.16	2.53	4.76	2.54
日　本	0.00	1.49	0.00	3.80	0.00	3.30	2.00	7.37	2.53	2.86	2.54
西班牙	0.00	0.00	0.00	1.27	0.00	2.20	2.00	1.05	3.80	4.76	1.69
瑞　士	1.52	2.99	1.39	2.53	1.37	0.00	2.00	3.16	1.27	0.00	1.57
韩　国	0.00	0.00	0.00	1.27	0.00	3.30	2.00	2.11	0.00	2.86	1.33
中国大陆	1.52	1.49	1.39	0.00	0.00	2.20	3.00	1.05	1.27	0.95	1.33
巴　西	0.00	0.00	1.39	2.53	1.37	2.20	1.00	1.05	1.27	0.95	1.21
波　兰	0.00	0.00	1.39	3.80	0.00	0.00	1.00	2.11	1.27	1.90	1.21
中国台湾	1.52	2.99	1.39	1.27	0.00	0.00	1.00	1.05	1.27	0.95	1.09
奥地利	1.52	1.49	0.00	1.27	0.00	0.00	2.00	2.11	0.00	0.95	0.97
丹　麦	1.52	1.49	1.39	1.27	0.00	1.10	1.00	0.00	1.27	0.95	0.97

表 9-59 耳鼻喉学 C 层人才排名前 20 的国家和地区的占比

单位：%

国家和地区	2010年	2011年	2012年	2013年	2014年	2015年	2016年	2017年	2018年	2019年	合计
美　国	42.17	36.09	39.06	37.93	38.42	36.28	35.29	36.36	37.09	32.28	36.94
英　国	6.96	7.97	5.58	4.77	6.18	5.32	8.30	5.76	5.94	5.13	6.19
德　国	5.22	5.65	6.46	4.37	5.39	6.41	4.84	4.74	4.61	4.90	5.24
意大利	5.07	3.91	5.58	5.32	5.53	4.47	4.38	4.23	4.24	5.48	4.81
加拿大	3.62	4.20	4.99	5.87	4.74	5.08	5.42	6.15	4.00	3.50	4.76
澳大利亚	4.49	4.06	4.99	5.87	5.00	3.75	4.73	4.23	4.97	2.80	4.46
荷　兰	4.20	4.64	3.96	3.82	5.26	3.99	4.27	2.82	3.15	4.31	4.03

续表

国家和地区	2010年	2011年	2012年	2013年	2014年	2015年	2016年	2017年	2018年	2019年	合计
韩　国	2.17	1.74	1.62	3.00	1.71	3.02	2.42	2.82	2.67	3.26	2.48
比利时	2.46	1.16	2.64	2.73	2.76	2.42	2.08	2.18	2.30	3.61	2.45
中国大陆	0.87	2.03	1.76	2.46	1.58	2.18	1.61	3.33	3.27	3.85	2.33
法　国	3.19	2.46	1.76	2.18	2.24	0.97	1.50	1.28	1.82	3.61	2.09
日　本	1.59	2.90	1.76	1.50	1.71	2.06	1.61	1.66	2.67	2.21	1.97
西班牙	1.30	2.46	2.35	1.50	2.24	0.85	2.19	2.05	1.58	2.45	1.89
瑞　典	0.87	2.90	1.62	1.36	1.71	2.18	1.73	2.30	1.82	1.75	1.83
瑞　士	2.03	1.88	1.91	1.50	0.92	1.69	1.50	2.56	1.58	1.98	1.75
中国台湾	1.45	1.30	1.32	1.36	1.05	1.81	2.54	1.79	1.94	1.52	1.63
巴　西	1.30	1.88	1.76	1.77	1.18	1.45	1.96	1.66	1.33	1.40	1.57
土耳其	0.43	1.88	0.73	1.09	0.92	1.09	1.04	1.54	0.97	1.28	1.10
丹　麦	0.43	0.72	0.59	0.82	0.92	1.81	1.38	1.15	1.09	0.93	1.01
奥地利	0.72	1.01	1.17	0.68	0.92	1.57	0.92	0.51	0.61	1.05	0.92

二十一　听觉学和言语病理学

听觉学和言语病理学A、B、C层人才最多的国家是美国，分别占该学科全球A、B、C层人才的60.00%、36.56%、37.39%。

英国的A层人才比较多，世界占比为12.00%；新西兰、瑞典、巴西、中国大陆、捷克、法国、意大利也有相当数量的A层人才，世界占比均为4.00%。

英国、澳大利亚、德国、加拿大、荷兰、瑞典、比利时、丹麦的B层人才比较多，世界占比在13%~3%之间；法国、奥地利、以色列、西班牙、瑞士、意大利、韩国、捷克、芬兰、中国大陆、挪威也有相当数量的B层人才。

英国、澳大利亚、加拿大、德国、荷兰、法国的C层人才比较多，世界占比在11%~3%之间；瑞典、中国大陆、比利时、丹麦、意大利、西班牙、瑞士、韩国、奥地利、巴西、芬兰、新西兰、以色列也有相当数量的C层人才。

表 9-60 听觉学和言语病理学 A 层人才的国家和地区的占比

单位：%

国家和地区	2010年	2011年	2012年	2013年	2014年	2015年	2016年	2017年	2018年	2019年	合计
美国	50.00	100.00	66.67	100.00	33.33	66.67	100.00	50.00	66.67	0.00	60.00
英国	0.00	0.00	0.00	0.00	33.33	0.00	0.00	50.00	0.00	0.00	12.00
新西兰	0.00	0.00	33.33	0.00	0.00	0.00	0.00	0.00	0.00	0.00	4.00
瑞典	50.00	0.00	0.00	0.00	0.00	0.00	0.00	0.00	0.00	0.00	4.00
巴西	0.00	0.00	0.00	0.00	0.00	33.33	0.00	0.00	0.00	0.00	4.00
中国大陆	0.00	0.00	0.00	0.00	0.00	0.00	0.00	0.00	0.00	50.00	4.00
捷克	0.00	0.00	0.00	0.00	0.00	0.00	0.00	0.00	33.33	0.00	4.00
法国	0.00	0.00	0.00	0.00	33.33	0.00	0.00	0.00	0.00	0.00	4.00
意大利	0.00	0.00	0.00	0.00	0.00	0.00	0.00	0.00	0.00	50.00	4.00

表 9-61 听觉学和言语病理学 B 层人才排名前 20 的国家和地区的占比

单位：%

国家和地区	2010年	2011年	2012年	2013年	2014年	2015年	2016年	2017年	2018年	2019年	合计
美国	38.46	33.33	45.45	38.24	32.26	39.39	27.78	47.06	31.58	33.33	36.56
英国	15.38	6.67	9.09	8.82	25.81	12.12	13.89	14.71	10.53	13.89	12.99
澳大利亚	3.85	6.67	3.03	5.88	12.90	6.06	2.78	2.94	7.89	8.33	6.04
德国	7.69	10.00	6.06	5.88	6.45	6.06	5.56	0.00	7.89	2.78	5.74
加拿大	3.85	10.00	6.06	5.88	6.45	0.00	8.33	8.82	2.63	0.00	5.14
荷兰	7.69	3.33	9.09	2.94	0.00	3.03	11.11	2.94	5.26	0.00	4.53
瑞典	3.85	3.33	9.09	2.94	3.23	3.03	2.78	2.94	5.26	5.56	4.23
比利时	3.85	3.33	3.03	5.88	0.00	3.03	2.78	0.00	2.63	5.56	3.02
丹麦	0.00	3.33	0.00	2.94	3.23	6.06	2.78	5.88	2.63	2.78	3.02
法国	7.69	3.33	0.00	2.94	3.23	3.03	2.78	0.00	0.00	2.78	2.42
奥地利	0.00	0.00	0.00	2.94	0.00	3.03	0.00	5.88	5.26	0.00	1.81
以色列	3.85	0.00	3.03	2.94	0.00	0.00	0.00	0.00	2.63	2.78	1.51
西班牙	0.00	0.00	0.00	0.00	0.00	0.00	2.78	0.00	5.26	5.56	1.51
瑞士	0.00	0.00	0.00	2.94	3.23	0.00	2.78	2.94	0.00	0.00	1.21
意大利	0.00	3.33	3.03	0.00	0.00	3.03	2.78	0.00	0.00	0.00	1.21
韩国	3.85	3.33	0.00	0.00	0.00	0.00	2.78	0.00	2.63	0.00	1.21
捷克	0.00	3.33	0.00	0.00	0.00	0.00	2.78	2.94	0.00	0.00	0.91
芬兰	0.00	3.33	0.00	0.00	0.00	3.03	0.00	0.00	2.63	0.00	0.91
中国大陆	0.00	0.00	0.00	0.00	0.00	0.00	0.00	2.94	0.00	5.56	0.91
挪威	0.00	0.00	0.00	0.00	0.00	3.03	0.00	0.00	0.00	2.78	0.60

表 9－62　听觉学和言语病理学 C 层人才排名前 20 的国家和地区的占比

单位：%

国家和地区	2010年	2011年	2012年	2013年	2014年	2015年	2016年	2017年	2018年	2019年	合计
美　　国	46. 67	43. 11	38. 17	40. 26	38. 87	34. 13	30. 33	34. 97	33. 42	38. 23	37. 39
英　　国	10. 59	9. 89	11. 36	8. 77	10. 30	10. 78	9. 31	10. 88	9. 51	9. 48	10. 09
澳大利亚	8. 24	6. 36	8. 83	7. 14	9. 97	6. 29	8. 71	6. 74	7. 34	7. 03	7. 63
加 拿 大	4. 71	5. 30	5. 99	6. 49	4. 65	4. 79	6. 61	4. 40	3. 80	4. 59	5. 11
德　　国	3. 92	4. 95	5. 68	6. 17	4. 32	4. 79	5. 11	5. 18	3. 80	6. 42	5. 04
荷　　兰	4. 31	3. 18	4. 42	5. 52	5. 98	5. 39	5. 41	2. 85	5. 71	5. 50	4. 83
法　　国	3. 14	3. 89	3. 47	3. 57	2. 99	4. 79	5. 11	3. 37	3. 53	1. 83	3. 58
瑞　　典	1. 57	2. 47	2. 84	2. 27	2. 99	3. 89	3. 30	2. 07	3. 26	2. 14	2. 71
中国大陆	0. 00	2. 12	2. 84	0. 65	3. 65	2. 69	2. 40	3. 63	4. 08	3. 36	2. 65
比 利 时	3. 14	1. 77	2. 21	1. 30	1. 66	2. 40	2. 40	2. 85	1. 63	3. 06	2. 24
丹　　麦	1. 18	2. 83	3. 47	1. 30	1. 99	1. 80	1. 80	1. 55	2. 99	1. 53	2. 05
意 大 利	1. 57	1. 41	1. 89	2. 27	1. 66	1. 50	1. 50	2. 07	0. 82	1. 53	1. 62
西 班 牙	0. 78	1. 77	1. 26	1. 95	1. 00	1. 20	2. 40	1. 81	0. 54	1. 53	1. 43
瑞　　士	0. 78	1. 06	0. 32	1. 95	0. 33	2. 69	1. 50	1. 55	1. 63	1. 53	1. 37
韩　　国	0. 39	0. 35	0. 63	1. 30	0. 00	0. 30	0. 90	2. 33	1. 63	0. 31	0. 87
奥 地 利	0. 00	0. 71	0. 32	0. 32	1. 00	1. 80	1. 50	0. 52	1. 09	0. 92	0. 84
巴　　西	0. 78	0. 71	0. 95	0. 00	1. 33	0. 00	2. 10	0. 78	1. 09	0. 61	0. 84
芬　　兰	0. 00	1. 06	0. 63	0. 65	1. 00	0. 30	1. 20	1. 04	1. 36	0. 61	0. 81
新 西 兰	1. 18	0. 35	0. 95	1. 30	0. 33	0. 60	0. 60	1. 04	1. 09	0. 31	0. 78
以 色 列	0. 39	0. 00	0. 63	1. 30	0. 33	0. 30	0. 60	1. 04	0. 82	0. 31	0. 59

二十二　牙科医学、口腔外科和口腔医学

牙科医学、口腔外科和口腔医学 A、B、C 层人才最多的国家是美国，分别占该学科全球 A、B、C 层人才的 21. 52%、19. 05%、18. 28%。

英国、德国、意大利、荷兰、巴西、印度、瑞士、中国香港、丹麦、日本、瑞典、加拿大的 A 层人才比较多，世界占比在 9%～3% 之间；澳大利亚、比利时、伊朗、冰岛、法国、芬兰、以色列也有相当数量的 A 层人才，世界占比超过 1%。

英国、德国、瑞士、意大利、巴西、瑞典、比利时、荷兰、西班牙的 B 层

人才比较多，世界占比在 9%~3% 之间；日本、加拿大、澳大利亚、中国大陆、丹麦、中国香港、法国、芬兰、希腊、印度也有相当数量的 B 层人才，世界占比超过 1%。

巴西、德国、英国、意大利、中国大陆、瑞士、日本、西班牙、荷兰、瑞典的 C 层人才比较多，世界占比在 9%~3% 之间；加拿大、澳大利亚、韩国、比利时、土耳其、印度、沙特阿拉伯、法国、丹麦也有相当数量的 C 层人才，世界占比超过 1%。

表 9-63 牙科医学、口腔外科和口腔医学 A 层人才排名前 20 的国家和地区的占比

单位：%

国家和地区	2010年	2011年	2012年	2013年	2014年	2015年	2016年	2017年	2018年	2019年	合计
美国	46.15	28.57	26.67	26.67	17.65	17.65	11.11	26.32	13.33	6.67	21.52
英国	0.00	0.00	6.67	6.67	17.65	5.88	16.67	15.79	6.67	6.67	8.86
德国	0.00	7.14	0.00	0.00	5.88	11.76	5.56	10.53	6.67	6.67	5.70
意大利	7.69	7.14	0.00	20.00	5.88	0.00	5.56	5.26	6.67	0.00	5.70
荷兰	0.00	0.00	20.00	6.67	5.88	0.00	5.56	5.26	6.67	6.67	5.70
巴西	7.69	7.14	6.67	0.00	0.00	11.76	0.00	0.00	6.67	6.67	4.43
印度	0.00	0.00	0.00	0.00	0.00	0.00	0.00	5.26	0.00	40.00	4.43
瑞士	0.00	0.00	20.00	0.00	5.88	5.88	5.56	0.00	6.67	0.00	4.43
中国香港	0.00	7.14	6.67	0.00	0.00	0.00	11.11	5.26	13.33	0.00	4.43
丹麦	0.00	7.14	0.00	6.67	5.88	5.88	5.56	5.26	0.00	0.00	3.80
日本	0.00	14.29	0.00	6.67	0.00	5.88	5.56	5.26	0.00	0.00	3.80
瑞典	7.69	7.14	0.00	0.00	5.88	5.88	11.11	0.00	0.00	0.00	3.80
加拿大	0.00	0.00	0.00	6.67	11.76	0.00	5.56	0.00	0.00	6.67	3.16
澳大利亚	0.00	0.00	0.00	6.67	5.88	0.00	0.00	0.00	6.67	6.67	2.53
比利时	7.69	7.14	0.00	0.00	5.88	0.00	0.00	0.00	0.00	0.00	1.90
伊朗	23.08	0.00	0.00	0.00	0.00	0.00	0.00	0.00	0.00	0.00	1.90
冰岛	0.00	0.00	13.33	0.00	0.00	5.88	0.00	0.00	0.00	0.00	1.90
法国	0.00	0.00	0.00	0.00	5.88	0.00	5.56	5.26	0.00	0.00	1.90
芬兰	0.00	7.14	0.00	6.67	0.00	0.00	0.00	0.00	0.00	0.00	1.27
以色列	0.00	0.00	0.00	6.67	0.00	0.00	0.00	0.00	6.67	0.00	1.27

表9－64　牙科医学、口腔外科和口腔医学B层人才排名前20的国家和地区的占比

单位：%

国家和地区	2010年	2011年	2012年	2013年	2014年	2015年	2016年	2017年	2018年	2019年	合计
美　国	22. 69	26. 92	17. 14	28. 19	20. 51	14. 29	22. 93	12. 35	12. 43	17. 09	19. 05
英　国	8. 40	8. 46	10. 00	13. 42	6. 41	9. 09	5. 73	7. 41	7. 91	6. 03	8. 17
德　国	5. 88	5. 38	5. 71	7. 38	8. 33	7. 14	8. 92	9. 26	9. 60	6. 03	7. 45
瑞　士	5. 88	6. 15	7. 14	6. 71	7. 05	4. 55	8. 28	10. 49	6. 78	5. 03	6. 80
意大利	5. 88	6. 15	4. 29	3. 36	5. 13	6. 49	5. 10	8. 64	6. 78	7. 04	5. 96
巴　西	5. 88	7. 69	4. 29	3. 36	6. 41	3. 25	5. 10	5. 56	3. 95	5. 53	5. 06
瑞　典	5. 88	5. 38	5. 00	0. 00	7. 05	5. 19	5. 73	4. 94	5. 08	2. 01	4. 54
比利时	0. 84	2. 31	5. 00	1. 34	5. 13	3. 90	5. 10	6. 79	3. 95	2. 01	3. 69
荷　兰	4. 20	6. 15	2. 14	2. 68	5. 13	5. 84	1. 27	4. 94	1. 69	2. 51	3. 56
西班牙	4. 20	0. 00	2. 86	2. 68	0. 64	5. 19	1. 27	3. 09	5. 65	6. 53	3. 37
日　本	1. 68	3. 08	4. 29	1. 34	3. 85	1. 95	3. 18	1. 85	3. 39	2. 01	2. 66
加拿大	1. 68	0. 77	2. 14	4. 70	4. 49	1. 95	3. 18	0. 62	2. 82	2. 01	2. 46
澳大利亚	2. 52	1. 54	3. 57	0. 67	1. 92	0. 65	3. 82	2. 47	3. 95	2. 51	2. 40
中国大陆	4. 20	1. 54	3. 57	1. 34	1. 92	2. 60	2. 55	3. 09	0. 56	2. 01	2. 27
丹　麦	0. 00	1. 54	2. 14	1. 34	1. 92	1. 95	1. 91	2. 47	1. 69	2. 51	1. 81
中国香港	0. 84	0. 77	3. 57	0. 00	1. 92	0. 65	0. 64	0. 62	5. 08	2. 01	1. 69
法　国	3. 36	0. 00	1. 43	2. 01	1. 28	1. 30	0. 64	2. 47	1. 69	2. 01	1. 62
芬　兰	1. 68	3. 85	0. 71	4. 03	0. 64	1. 30	0. 00	0. 62	1. 69	0. 50	1. 43
希　腊	0. 00	0. 77	1. 43	1. 34	0. 64	1. 95	1. 27	1. 23	1. 69	2. 51	1. 36
印　度	0. 84	0. 00	0. 00	0. 00	0. 64	1. 95	1. 91	0. 00	2. 26	4. 02	1. 30

表9－65　牙科医学、口腔外科和口腔医学C层人才排名前20的国家和地区的占比

单位：%

国家和地区	2010年	2011年	2012年	2013年	2014年	2015年	2016年	2017年	2018年	2019年	合计
美　国	22. 63	21. 14	19. 97	19. 14	18. 90	17. 12	18. 06	16. 84	15. 76	15. 51	18. 28
巴　西	8. 03	7. 15	8. 42	9. 91	8. 14	8. 89	10. 03	9. 21	9. 34	8. 26	8. 79
德　国	6. 40	5. 72	6. 78	6. 25	7. 62	6. 44	6. 41	6. 99	5. 85	6. 13	6. 46
英　国	6. 06	6. 52	6. 78	7. 33	5. 64	5. 91	5. 44	6. 86	5. 23	5. 69	6. 11
意大利	5. 55	6. 84	7. 35	5. 23	6. 15	5. 11	5. 50	5. 84	6. 53	5. 57	5. 96
中国大陆	2. 56	4. 29	5. 28	4. 89	5. 25	5. 51	5. 76	4. 83	5. 06	5. 69	4. 98
瑞　士	3. 42	4. 93	4. 71	3. 87	5. 32	4. 91	4. 72	5. 02	5. 57	4. 94	4. 79

续表

国家和地区	2010年	2011年	2012年	2013年	2014年	2015年	2016年	2017年	2018年	2019年	合计
日　　本	3.67	3.42	3.07	3.87	2.37	2.99	3.62	3.18	3.49	2.81	3.24
西 班 牙	2.73	2.46	3.00	2.92	3.27	3.05	3.56	3.68	3.10	4.25	3.24
荷　　兰	4.01	3.74	2.78	3.60	3.52	3.19	3.62	2.60	2.64	2.63	3.19
瑞　　典	3.84	2.62	3.42	2.58	2.56	3.45	2.72	2.99	3.26	2.75	3.01
加 拿 大	2.65	2.78	2.28	2.65	2.43	2.85	2.91	2.54	1.97	1.81	2.47
澳大利亚	1.96	1.91	1.64	2.72	2.24	1.46	2.07	2.29	3.04	2.56	2.22
韩　　国	2.22	2.23	2.00	2.38	2.18	1.92	1.94	1.97	1.86	2.44	2.11
比 利 时	2.22	1.75	2.07	1.77	1.41	2.32	1.55	2.10	1.80	1.50	1.84
土 耳 其	1.71	1.51	1.50	1.83	2.31	1.99	1.81	1.59	1.52	1.63	1.74
印　　度	1.45	2.15	1.21	1.70	1.41	2.12	1.55	1.52	1.80	1.44	1.63
沙特阿拉伯	0.51	0.95	1.36	0.95	1.02	1.59	1.42	1.72	1.69	2.13	1.37
法　　国	1.54	1.03	1.14	1.36	0.83	1.26	1.23	1.91	1.58	1.38	1.33
丹　　麦	0.85	0.95	1.21	1.29	0.90	1.46	1.17	1.27	1.46	1.75	1.25

二十三　急救医学

急救医学A、B、C层人才最多的国家是美国，分别占该学科全球A、B、C层人才的26.00%、21.27%、31.05%。

英国、加拿大、法国、荷兰、瑞典、芬兰、意大利、日本、挪威的A层人才比较多，世界占比在14%~4%；爱尔兰、以色列、巴拉圭、南非、澳大利亚、瑞士、比利时、土耳其、中国大陆、德国也有相当数量的A层人才，世界占比均为2.00%。

英国、意大利、加拿大、澳大利亚、德国、荷兰的B层人才比较多，世界占比在8%~3%之间；法国、比利时、瑞典、挪威、芬兰、奥地利、巴西、瑞士、韩国、西班牙、丹麦、以色列、中国台湾也有相当数量的B层人才，世界占比超过1%。

英国、加拿大、澳大利亚、德国的C层人才比较多，世界占比在8%~3%之间；意大利、荷兰、瑞典、法国、韩国、日本、瑞士、西班牙、丹麦、中国大陆、挪威、奥地利、土耳其、芬兰、比利时也有相当数量的C层人才，世界占比超过1%。

表 9－66　急救医学 A 层人才排名前 20 的国家和地区的占比

单位：%

国家和地区	2010年	2011年	2012年	2013年	2014年	2015年	2016年	2017年	2018年	2019年	合计
美　国	50.00	25.00	33.33	50.00	50.00	0.00	0.00	25.00	25.00	12.50	26.00
英　国	0.00	25.00	16.67	16.67	0.00	16.67	0.00	12.50	12.50	12.50	14.00
加拿大	0.00	25.00	16.67	0.00	0.00	0.00	0.00	0.00	0.00	12.50	6.00
法　国	0.00	0.00	0.00	0.00	0.00	16.67	0.00	25.00	0.00	0.00	6.00
荷　兰	50.00	0.00	0.00	0.00	0.00	0.00	0.00	0.00	12.50	12.50	6.00
瑞　典	0.00	25.00	0.00	16.67	0.00	0.00	0.00	12.50	0.00	0.00	6.00
芬　兰	0.00	0.00	0.00	0.00	0.00	16.67	0.00	0.00	0.00	12.50	4.00
意大利	0.00	0.00	0.00	0.00	0.00	16.67	0.00	0.00	0.00	12.50	4.00
日　本	0.00	0.00	0.00	16.67	50.00	0.00	0.00	0.00	0.00	0.00	4.00
挪　威	0.00	0.00	0.00	0.00	0.00	16.67	0.00	12.50	0.00	0.00	4.00
爱尔兰	0.00	0.00	16.67	0.00	0.00	0.00	0.00	0.00	0.00	0.00	2.00
以色列	0.00	0.00	0.00	0.00	0.00	0.00	0.00	0.00	0.00	12.50	2.00
巴拉圭	0.00	0.00	0.00	0.00	0.00	0.00	0.00	0.00	0.00	12.50	2.00
南　非	0.00	0.00	0.00	0.00	0.00	0.00	0.00	12.50	0.00	0.00	2.00
澳大利亚	0.00	0.00	0.00	0.00	0.00	0.00	0.00	0.00	12.50	0.00	2.00
瑞　士	0.00	0.00	0.00	0.00	0.00	0.00	0.00	0.00	12.50	0.00	2.00
比利时	0.00	0.00	0.00	0.00	0.00	0.00	0.00	0.00	12.50	0.00	2.00
土耳其	0.00	0.00	0.00	0.00	0.00	0.00	0.00	0.00	12.50	0.00	2.00
中国大陆	0.00	0.00	16.67	0.00	0.00	0.00	0.00	0.00	0.00	0.00	2.00
德　国	0.00	0.00	0.00	0.00	0.00	16.67	0.00	0.00	0.00	0.00	2.00

表 9－67　急救医学 B 层人才排名前 20 的国家和地区的占比

单位：%

国家和地区	2010年	2011年	2012年	2013年	2014年	2015年	2016年	2017年	2018年	2019年	合计
美　国	20.00	30.51	49.12	24.24	36.59	9.72	9.84	15.07	10.29	19.23	21.27
英　国	16.36	6.78	7.02	4.55	9.76	13.89	4.92	1.37	8.82	5.13	7.62
意大利	5.45	3.39	3.51	6.06	4.88	6.94	4.92	4.11	4.41	6.41	5.08
加拿大	3.64	8.47	8.77	3.03	9.76	4.17	6.56	2.74	4.41	2.56	5.08
澳大利亚	3.64	6.78	5.26	6.06	4.88	1.39	4.92	5.48	2.94	5.13	4.60
德　国	7.27	6.78	3.51	3.03	2.44	6.94	4.92	2.74	4.41	2.56	4.44
荷　兰	7.27	3.39	0.00	4.55	9.76	6.94	3.28	1.37	2.94	1.28	3.81
法　国	1.82	1.69	5.26	0.00	2.44	1.39	1.64	2.74	7.35	3.85	2.86

续表

国家和地区	2010年	2011年	2012年	2013年	2014年	2015年	2016年	2017年	2018年	2019年	合计
比利时	5.45	0.00	0.00	1.52	0.00	6.94	3.28	0.00	4.41	1.28	2.38
瑞典	3.64	5.08	0.00	4.55	2.44	1.39	4.92	1.37	1.47	0.00	2.38
挪威	3.64	0.00	1.75	0.00	2.44	5.56	3.28	2.74	2.94	0.00	2.22
芬兰	0.00	1.69	0.00	4.55	0.00	1.39	3.28	4.11	2.94	2.56	2.22
奥地利	3.64	1.69	1.75	0.00	2.44	5.56	3.28	0.00	1.47	0.00	1.90
巴西	0.00	0.00	0.00	3.03	0.00	0.00	1.64	4.11	2.94	5.13	1.90
瑞士	3.64	1.69	0.00	0.00	2.44	4.17	3.28	0.00	1.47	1.28	1.75
韩国	0.00	1.69	1.75	4.55	2.44	1.39	0.00	2.74	1.47	1.28	1.75
西班牙	3.64	1.69	0.00	1.52	0.00	1.39	4.92	1.37	0.00	1.28	1.59
丹麦	1.82	1.69	0.00	0.00	0.00	1.39	1.64	2.74	1.47	3.85	1.59
以色列	0.00	0.00	0.00	1.52	0.00	0.00	1.64	4.11	4.41	2.56	1.59
中国台湾	0.00	1.69	1.75	1.52	2.44	1.39	0.00	1.37	1.47	1.28	1.27

表 9-68 急救医学 C 层人才排名前 20 的国家和地区的占比

单位：%

国家和地区	2010年	2011年	2012年	2013年	2014年	2015年	2016年	2017年	2018年	2019年	合计
美国	42.47	35.65	38.14	33.59	34.80	26.50	27.10	27.21	25.30	25.00	31.05
英国	8.02	11.41	7.05	7.86	6.70	8.49	7.42	7.26	5.79	6.75	7.60
加拿大	7.63	6.06	7.05	4.78	8.17	5.12	5.99	5.70	7.54	5.83	6.35
澳大利亚	5.68	5.88	5.61	5.39	5.23	4.69	5.28	5.27	4.98	4.91	5.27
德国	6.26	4.46	4.17	4.62	4.74	2.93	3.28	2.28	3.36	4.29	3.95
意大利	3.33	2.67	2.08	3.08	2.94	3.07	3.00	3.42	2.56	3.07	2.92
荷兰	1.96	3.92	2.24	1.54	2.45	3.22	2.71	3.70	3.10	3.37	2.84
瑞典	1.76	3.03	0.80	2.16	1.63	2.34	2.85	2.14	2.56	1.99	2.14
法国	0.78	1.78	1.92	2.77	2.12	2.34	1.71	1.85	2.69	2.76	2.11
韩国	1.17	1.25	2.56	2.47	1.31	1.90	3.00	1.71	1.75	2.76	2.02
日本	0.98	1.96	1.76	1.85	2.45	1.32	1.43	2.42	2.02	2.76	1.91
瑞士	1.37	1.43	2.40	3.24	1.31	1.90	2.71	1.28	1.62	1.38	1.88
西班牙	0.78	2.14	2.56	0.77	1.47	1.46	1.71	2.14	2.56	2.76	1.86
丹麦	1.76	1.78	0.96	1.54	1.47	2.93	1.14	1.85	2.29	1.84	1.77
中国大陆	1.17	1.25	1.28	1.85	2.29	1.02	1.85	1.85	2.29	1.69	1.68
挪威	2.74	1.78	1.44	2.00	1.63	1.76	1.28	1.71	1.08	1.38	1.65
奥地利	0.98	2.14	1.44	2.16	0.98	1.02	1.71	0.71	0.67	0.77	1.24
土耳其	0.59	1.07	0.64	2.00	1.31	1.46	1.85	0.57	0.94	1.84	1.24
芬兰	0.98	0.71	0.96	0.92	1.31	1.17	1.28	1.28	1.62	1.23	1.16
比利时	1.17	1.25	0.64	1.54	1.14	1.32	1.00	1.14	0.54	1.69	1.13

二十四 危机护理医学

危机护理医学A、B、C层人才最多的国家是美国，分别占该学科全球A、B、C层人才的18.71%、19.20%、27.36%。

加拿大、法国、英国、澳大利亚、荷兰、德国、意大利、比利时、瑞士、西班牙的A层人才比较多，世界占比在12%~3%之间；巴西、日本、沙特阿拉伯、瑞典、印度、丹麦、中国香港、葡萄牙、以色列也有相当数量的A层人才，世界占比超过1%。

英国、加拿大、法国、德国、意大利、荷兰、澳大利亚、比利时、西班牙的B层人才比较多，世界占比在10%~3%之间；瑞士、瑞典、奥地利、丹麦、巴西、挪威、日本、希腊、中国大陆、芬兰也有相当数量的B层人才，世界占比超过或等于1%。

英国、加拿大、法国、德国、澳大利亚、荷兰、意大利、比利时的C层人才比较多，世界占比在9%~3%之间；西班牙、瑞士、中国大陆、瑞典、日本、丹麦、巴西、奥地利、韩国、挪威、希腊也有相当数量的C层人才，世界占比超过或接近1%。

表9-69 危机护理医学A层人才排名前20的国家和地区的占比

单位：%

国家和地区	2010年	2011年	2012年	2013年	2014年	2015年	2016年	2017年	2018年	2019年	合计
美国	25.00	33.33	25.00	6.25	21.05	23.08	13.04	5.26	30.43	15.38	18.71
加拿大	0.00	16.67	25.00	6.25	5.26	23.08	13.04	5.26	17.39	11.54	11.70
法国	8.33	0.00	0.00	6.25	10.53	15.38	8.70	5.26	8.70	11.54	8.19
英国	16.67	16.67	12.50	6.25	5.26	7.69	8.70	5.26	8.70	3.85	8.19
澳大利亚	0.00	0.00	0.00	6.25	10.53	0.00	8.70	5.26	8.70	7.69	5.85
荷兰	25.00	0.00	0.00	0.00	5.26	0.00	8.70	5.26	4.35	0.00	4.68
德国	0.00	8.33	0.00	6.25	5.26	0.00	8.70	5.26	0.00	7.69	4.68
意大利	0.00	0.00	25.00	0.00	10.53	0.00	4.35	5.26	4.35	3.85	4.68
比利时	8.33	8.33	0.00	6.25	5.26	7.69	4.35	5.26	0.00	0.00	4.09
瑞士	0.00	0.00	12.50	6.25	5.26	15.38	4.35	0.00	0.00	3.85	4.09
西班牙	8.33	0.00	0.00	0.00	5.26	0.00	8.70	5.26	0.00	3.85	3.51
巴西	0.00	0.00	0.00	6.25	0.00	7.69	0.00	5.26	0.00	3.85	2.34

续表

国家和地区	2010年	2011年	2012年	2013年	2014年	2015年	2016年	2017年	2018年	2019年	合计
日　　本	0. 00	0. 00	0. 00	6. 25	0. 00	0. 00	0. 00	5. 26	0. 00	3. 85	1. 75
沙特阿拉伯	0. 00	0. 00	0. 00	0. 00	0. 00	0. 00	0. 00	5. 26	4. 35	3. 85	1. 75
瑞　　典	0. 00	16. 67	0. 00	0. 00	0. 00	0. 00	4. 35	0. 00	0. 00	0. 00	1. 75
印　　度	0. 00	0. 00	0. 00	6. 25	0. 00	0. 00	0. 00	5. 26	0. 00	3. 85	1. 75
丹　　麦	0. 00	0. 00	0. 00	0. 00	0. 00	0. 00	0. 00	5. 26	4. 35	0. 00	1. 17
中国香港	0. 00	0. 00	0. 00	0. 00	0. 00	0. 00	0. 00	0. 00	0. 00	7. 69	1. 17
葡萄牙	0. 00	0. 00	0. 00	6. 25	0. 00	0. 00	0. 00	5. 26	0. 00	0. 00	1. 17
以色列	0. 00	0. 00	0. 00	6. 25	0. 00	0. 00	0. 00	5. 26	0. 00	0. 00	1. 17

表 9－70　危机护理医学 B 层人才排名前 20 的国家和地区的占比

单位：%

国家和地区	2010年	2011年	2012年	2013年	2014年	2015年	2016年	2017年	2018年	2019年	合计
美　　国	26. 77	29. 31	24. 60	20. 26	19. 50	14. 66	17. 13	14. 69	18. 64	16. 38	19. 20
英　　国	9. 45	12. 07	10. 32	8. 50	12. 00	12. 57	8. 80	8. 53	12. 73	6. 03	9. 99
加拿大	7. 09	9. 48	15. 87	9. 80	5. 00	5. 24	6. 94	6. 64	8. 18	8. 19	7. 87
法　　国	4. 72	10. 34	4. 76	5. 88	6. 00	5. 76	6. 48	4. 27	5. 91	6. 03	5. 92
德　　国	5. 51	6. 03	4. 76	6. 54	4. 50	6. 28	8. 80	4. 27	5. 45	3. 02	5. 47
意大利	3. 94	5. 17	5. 56	5. 88	5. 50	6. 28	5. 09	3. 32	4. 55	4. 74	4. 97
荷　　兰	7. 87	1. 72	1. 59	3. 92	5. 50	5. 24	3. 70	2. 37	5. 45	4. 74	4. 30
澳大利亚	0. 79	3. 45	6. 35	2. 61	5. 00	5. 24	2. 31	5. 69	5. 00	2. 59	3. 96
比利时	4. 72	4. 31	2. 38	6. 54	4. 00	5. 24	1. 85	2. 84	3. 64	1. 29	3. 52
西班牙	6. 30	1. 72	3. 17	3. 27	2. 50	3. 66	5. 09	3. 32	1. 36	2. 16	3. 18
瑞　　士	2. 36	2. 59	2. 38	2. 61	2. 00	2. 62	2. 31	3. 32	4. 09	1. 29	2. 57
瑞　　典	1. 57	0. 00	3. 17	4. 58	1. 50	1. 57	1. 85	1. 42	1. 82	2. 16	1. 95
奥地利	3. 15	2. 59	0. 79	2. 61	1. 00	2. 62	1. 39	0. 95	0. 45	0. 43	1. 45
丹　　麦	0. 79	1. 72	0. 79	1. 96	1. 00	0. 52	3. 24	0. 95	0. 91	1. 29	1. 34
巴　　西	3. 15	0. 86	0. 79	0. 65	1. 50	1. 05	1. 39	1. 42	0. 91	1. 29	1. 28
挪　　威	0. 79	0. 00	3. 17	1. 31	1. 00	3. 14	0. 93	0. 47	1. 82	0. 43	1. 28
日　　本	0. 00	0. 00	0. 00	1. 31	1. 50	0. 52	2. 31	1. 90	1. 36	1. 29	1. 17
希　　腊	1. 57	0. 86	1. 59	0. 65	1. 50	1. 57	1. 39	0. 47	0. 91	0. 43	1. 06
中国大陆	0. 00	0. 00	0. 00	0. 00	1. 00	0. 52	1. 39	1. 90	2. 27	1. 72	1. 06
芬　　兰	0. 00	0. 00	1. 59	0. 65	1. 00	2. 62	0. 46	1. 42	0. 91	0. 86	1. 00

表 9－71　危机护理医学 C 层人才排名前 20 的国家和地区的占比

单位：%

国家和地区	2010年	2011年	2012年	2013年	2014年	2015年	2016年	2017年	2018年	2019年	合计
美　　国	31. 34	28. 96	31. 57	31. 09	29. 31	28. 93	26. 96	24. 34	24. 74	22. 02	27. 36
英　　国	7. 80	8. 09	8. 37	8. 66	7. 66	8. 03	7. 55	8. 86	8. 52	9. 11	8. 30
加 拿 大	6. 36	6. 96	6. 96	6. 89	6. 39	7. 13	8. 13	7. 96	7. 84	7. 10	7. 24
法　　国	7. 24	7. 04	6. 21	6. 26	5. 88	6. 35	6. 68	5. 87	6. 14	5. 56	6. 25
德　　国	6. 13	5. 58	4. 81	4. 04	5. 17	3. 96	5. 08	4. 63	4. 35	5. 39	4. 86
澳大利亚	4. 38	4. 77	4. 72	4. 67	4. 92	4. 57	5. 08	4. 93	4. 12	4. 40	4. 65
荷　　兰	3. 98	3. 72	4. 14	4. 16	4. 46	4. 57	4. 45	4. 48	4. 44	4. 45	4. 33
意 大 利	4. 06	3. 48	2. 65	4. 16	4. 16	3. 57	5. 61	3. 98	5. 24	4. 66	4. 29
比 利 时	3. 90	2. 67	2. 40	2. 96	3. 19	2. 95	3. 48	2. 74	3. 27	3. 38	3. 12
西 班 牙	2. 70	2. 91	3. 48	2. 96	2. 74	3. 01	3. 29	2. 99	2. 87	2. 95	2. 98
瑞　　士	2. 47	2. 27	2. 40	2. 62	1. 98	2. 51	2. 18	2. 24	2. 60	2. 61	2. 39
中国大陆	1. 83	1. 78	2. 32	1. 82	2. 08	2. 23	2. 76	2. 49	2. 11	3. 38	2. 35
瑞　　典	1. 59	1. 29	1. 66	1. 88	2. 18	2. 34	1. 16	2. 19	1. 88	1. 67	1. 81
日　　本	2. 15	1. 86	1. 16	1. 82	1. 67	1. 39	1. 79	1. 44	1. 84	1. 80	1. 70
丹　　麦	1. 59	0. 89	1. 41	1. 54	1. 01	1. 62	1. 45	2. 34	1. 75	2. 09	1. 62
巴　　西	1. 03	1. 46	1. 16	1. 08	1. 72	1. 39	1. 16	2. 14	1. 84	1. 62	1. 51
奥 地 利	1. 27	1. 38	1. 41	1. 65	1. 42	0. 89	1. 16	0. 75	1. 03	1. 62	1. 25
韩　　国	0. 88	0. 65	1. 49	0. 80	0. 66	0. 78	0. 82	0. 75	1. 03	1. 07	0. 88
挪　　威	0. 95	0. 89	1. 16	0. 63	1. 22	1. 06	0. 29	0. 70	0. 67	0. 77	0. 81
希　　腊	0. 64	1. 13	1. 24	0. 68	0. 81	0. 84	0. 44	1. 19	0. 40	0. 68	0. 77

二十五　整形外科学

整形外科学 A、B、C 层人才最多的国家是美国，分别占该学科全球 A、B、C 层人才的 35. 05%、40. 27%、36. 57%。

英国、澳大利亚、荷兰、加拿大、瑞典、法国的 A 层人才比较多，世界占比在 14%～3%之间；德国、丹麦、日本、中国大陆、新加坡、芬兰、瑞士、意大利、比利时、巴西、沙特阿拉伯、西班牙、克罗地亚也有相当数量的 A 层人才，大部分世界占比超过 1%。

英国、加拿大、澳大利亚、荷兰、意大利、德国、瑞士的B层人才比较多，世界占比在8%~3%之间；中国大陆、法国、瑞典、日本、丹麦、挪威、韩国、比利时、巴西、奥地利、西班牙、爱尔兰也有相当数量的B层人才，世界占比超过或等于1%。

英国、德国、加拿大、澳大利亚、中国大陆、荷兰、日本、意大利的C层人才比较多，世界占比在8%~3%之间；瑞士、法国、韩国、瑞典、丹麦、西班牙、比利时、挪威、奥地利、巴西、芬兰也有相当数量的C层人才，世界占比超过或接近1%。

表9-72 整形外科学A层人才排名前20的国家和地区的占比

单位：%

国家和地区	2010年	2011年	2012年	2013年	2014年	2015年	2016年	2017年	2018年	2019年	合计
美国	23.08	43.75	47.06	36.84	30.00	50.00	39.13	36.36	33.33	13.64	35.05
英国	15.38	18.75	17.65	10.53	15.00	11.11	8.70	18.18	8.33	18.18	13.92
澳大利亚	15.38	6.25	11.76	0.00	5.00	5.56	13.04	9.09	4.17	9.09	7.73
荷兰	15.38	6.25	0.00	0.00	5.00	11.11	8.70	0.00	8.33	4.55	5.67
加拿大	15.38	0.00	5.88	5.26	5.00	11.11	0.00	4.55	0.00	9.09	5.15
瑞典	7.69	12.50	5.88	10.53	5.00	0.00	0.00	4.55	0.00	4.55	4.64
法国	7.69	0.00	0.00	10.53	5.00	5.56	0.00	4.55	0.00	0.00	3.09
德国	0.00	6.25	0.00	0.00	5.00	0.00	4.35	0.00	8.33	0.00	2.58
丹麦	0.00	0.00	0.00	0.00	5.00	0.00	4.35	0.00	8.33	0.00	2.06
日本	0.00	0.00	0.00	5.26	5.00	0.00	0.00	0.00	0.00	4.55	1.55
中国大陆	0.00	0.00	0.00	0.00	0.00	0.00	0.00	4.55	4.17	4.55	1.55
新加坡	0.00	0.00	5.88	0.00	0.00	0.00	8.70	0.00	0.00	0.00	1.55
芬兰	0.00	0.00	0.00	5.26	0.00	5.56	0.00	0.00	0.00	4.55	1.55
瑞士	0.00	0.00	0.00	10.53	0.00	0.00	0.00	0.00	4.17	0.00	1.55
意大利	0.00	0.00	0.00	0.00	5.00	0.00	8.70	0.00	0.00	0.00	1.55
比利时	0.00	0.00	0.00	0.00	5.00	0.00	0.00	0.00	4.17	4.55	1.55
巴西	0.00	0.00	0.00	0.00	0.00	0.00	0.00	4.55	4.17	0.00	1.03
沙特阿拉伯	0.00	0.00	0.00	0.00	0.00	0.00	0.00	0.00	8.33	0.00	1.03
西班牙	0.00	0.00	0.00	0.00	0.00	0.00	0.00	4.55	0.00	4.55	1.03
克罗地亚	0.00	0.00	0.00	0.00	0.00	0.00	4.35	0.00	0.00	0.00	0.52

表 9－73 整形外科学 B 层人才排名前 20 的国家和地区的占比

单位：%

国家和地区	2010年	2011年	2012年	2013年	2014年	2015年	2016年	2017年	2018年	2019年	合计
美　国	38. 85	41. 67	34. 81	41. 42	49. 15	39. 15	36. 76	42. 11	44. 27	35. 02	40. 27
英　国	7. 19	10. 42	7. 59	5. 33	6. 21	6. 88	9. 31	6. 70	5. 73	6. 91	7. 17
加拿大	7. 19	5. 56	8. 86	5. 92	6. 21	5. 82	5. 39	4. 31	4. 69	3. 23	5. 56
澳大利亚	5. 04	2. 08	3. 16	5. 33	4. 52	5. 82	6. 37	6. 22	4. 69	7. 83	5. 28
荷　兰	5. 76	5. 56	6. 33	2. 96	2. 26	2. 65	3. 43	3. 35	3. 13	3. 69	3. 78
意大利	2. 16	6. 25	3. 80	1. 78	3. 39	3. 70	1. 47	2. 87	3. 13	4. 15	3. 23
德　国	6. 47	2. 08	1. 27	4. 73	1. 69	1. 59	3. 92	3. 35	4. 17	2. 30	3. 11
瑞　士	2. 88	2. 78	3. 16	4. 14	2. 26	3. 17	2. 45	1. 44	2. 08	5. 99	3. 06
中国大陆	0. 72	0. 69	1. 27	1. 78	1. 69	3. 17	2. 45	3. 83	3. 65	6. 91	2. 84
法　国	2. 16	2. 78	3. 16	1. 78	2. 82	1. 06	2. 94	3. 83	3. 65	3. 23	2. 78
瑞　典	5. 76	3. 47	1. 27	2. 37	3. 95	1. 59	0. 98	1. 44	1. 04	2. 30	2. 28
日　本	1. 44	0. 69	3. 16	2. 96	1. 69	2. 65	1. 96	1. 91	3. 13	2. 76	2. 28
丹　麦	2. 88	1. 39	2. 53	3. 55	1. 69	2. 12	2. 94	2. 87	1. 56	0. 92	2. 22
挪　威	3. 60	0. 69	1. 27	0. 59	1. 69	1. 59	3. 43	1. 44	1. 56	2. 30	1. 84
韩　国	0. 00	0. 00	1. 27	2. 37	3. 39	1. 59	0. 98	2. 87	2. 08	1. 84	1. 72
比利时	1. 44	3. 47	0. 63	1. 78	2. 26	0. 53	0. 98	0. 96	2. 08	0. 46	1. 39
巴　西	2. 16	0. 00	0. 63	1. 18	1. 13	1. 59	2. 45	1. 91	0. 00	0. 46	1. 17
奥地利	0. 00	3. 47	0. 63	1. 18	0. 00	1. 06	1. 96	0. 48	1. 56	0. 46	1. 06
西班牙	0. 00	0. 69	1. 27	1. 18	1. 13	2. 65	0. 98	0. 48	0. 52	0. 92	1. 00
爱尔兰	0. 00	0. 00	1. 27	1. 78	0. 00	1. 59	1. 47	0. 96	0. 52	1. 84	1. 00

表 9－74 整形外科学 C 层人才排名前 20 的国家和地区的占比

单位：%

国家和地区	2010年	2011年	2012年	2013年	2014年	2015年	2016年	2017年	2018年	2019年	合计
美　国	39. 82	34. 47	39. 82	35. 71	38. 86	39. 22	35. 35	35. 59	35. 82	33. 20	36. 57
英　国	6. 51	9. 24	7. 59	9. 43	5. 89	7. 94	7. 58	6. 41	6. 37	6. 93	7. 33
德　国	5. 85	4. 86	5. 45	5. 95	5. 54	4. 08	5. 02	4. 19	4. 85	5. 37	5. 08
加拿大	5. 70	5. 70	3. 76	4. 95	5. 20	5. 90	5. 55	4. 39	4. 31	4. 24	4. 93
澳大利亚	4. 81	5. 28	4. 54	3. 65	3. 43	4. 41	3. 81	5. 55	4. 95	4. 16	4. 44
中国大陆	2. 22	2. 92	3. 31	3. 65	3. 77	4. 47	4. 64	5. 86	4. 90	5. 97	4. 35
荷　兰	4. 00	4. 38	3. 83	4. 60	3. 49	3. 09	3. 52	3. 53	3. 23	3. 07	3. 62

续表

国家和地区	2010年	2011年	2012年	2013年	2014年	2015年	2016年	2017年	2018年	2019年	合计
日　本	2.66	2.29	3.05	2.24	3.60	3.36	3.28	3.89	3.43	3.07	3.13
意大利	2.59	2.64	4.60	3.36	3.83	2.87	2.61	2.68	2.30	3.29	3.06
瑞　士	3.26	3.89	2.92	3.24	2.57	2.21	2.90	2.78	2.55	3.38	2.95
法　国	2.29	3.96	2.66	2.65	2.51	2.76	3.09	2.73	2.40	3.07	2.81
韩　国	2.44	2.57	2.72	3.18	2.63	2.48	2.03	2.42	2.74	1.99	2.50
瑞　典	2.00	3.06	2.27	1.83	2.17	2.04	2.66	1.87	2.69	1.77	2.22
丹　麦	1.55	1.18	0.91	1.00	2.00	1.54	1.55	1.82	1.81	1.47	1.51
西班牙	1.63	1.39	1.43	1.77	1.54	1.16	1.40	0.91	1.27	1.65	1.41
比利时	1.18	1.32	1.17	1.18	1.20	1.43	1.35	1.56	1.52	1.30	1.33
挪　威	2.00	1.04	0.78	1.24	1.26	0.61	0.87	1.31	1.76	1.30	1.21
奥地利	0.74	1.25	1.10	1.12	1.26	0.94	1.55	0.96	1.32	1.34	1.18
巴　西	0.96	0.42	1.10	0.88	0.97	1.21	1.26	0.76	0.93	1.73	1.06
芬　兰	1.04	0.97	0.78	0.88	1.03	0.83	0.92	1.11	0.59	0.56	0.86

二十六　麻醉学

麻醉学 A、B、C 层人才最多的国家是美国，分别占该学科全球 A、B、C 层人才的 24.29%、23.39%、27.17%。

英国、荷兰、德国、加拿大、澳大利亚、比利时、丹麦的 A 层人才比较多，世界占比在 13%～4%之间；法国、意大利、瑞典、爱尔兰、中国台湾、以色列、日本、新西兰、挪威、葡萄牙、西班牙、中国香港也有相当数量的 A 层人才，世界占比超过 1%。

英国、加拿大、德国、澳大利亚、荷兰、丹麦、比利时、法国、意大利、西班牙的 B 层人才比较多，世界占比在 13%～3%之间；瑞典、瑞士、挪威、奥地利、爱尔兰、新西兰、以色列、巴西、南非也有相当数量的 B 层人才，世界占比超过或接近 1%。

英国、加拿大、德国、澳大利亚、荷兰、法国、丹麦、意大利、中国大陆的 C 层人才比较多，世界占比在 10%～3%之间；比利时、瑞士、瑞典、西班牙、日本、韩国、奥地利、巴西、新西兰、爱尔兰也有相当数量的 C 层人才，世界占比超过或接近 1%。

表 9－75　麻醉学 A 层人才排名前 20 的国家和地区的占比

单位：%

国家和地区	2010年	2011年	2012年	2013年	2014年	2015年	2016年	2017年	2018年	2019年	合计
美　国	22.22	40.00	30.00	60.00	11.11	0.00	30.00	0.00	25.00	8.33	24.29
英　国	0.00	20.00	20.00	0.00	22.22	50.00	10.00	0.00	12.50	8.33	12.86
荷　兰	11.11	0.00	20.00	20.00	0.00	0.00	10.00	0.00	12.50	8.33	10.00
德　国	22.22	0.00	0.00	0.00	11.11	0.00	0.00	0.00	12.50	8.33	7.14
加拿大	0.00	20.00	0.00	20.00	11.11	0.00	20.00	0.00	0.00	0.00	7.14
澳大利亚	0.00	0.00	0.00	0.00	11.11	0.00	10.00	0.00	12.50	8.33	5.71
比利时	0.00	0.00	20.00	0.00	0.00	0.00	0.00	0.00	12.50	8.33	5.71
丹　麦	22.22	0.00	0.00	0.00	0.00	0.00	0.00	0.00	0.00	8.33	4.29
法　国	0.00	0.00	0.00	0.00	11.11	0.00	0.00	0.00	0.00	8.33	2.86
意大利	0.00	0.00	0.00	0.00	0.00	0.00	10.00	0.00	0.00	8.33	2.86
瑞　典	0.00	0.00	10.00	0.00	0.00	0.00	0.00	0.00	0.00	8.33	2.86
爱尔兰	0.00	0.00	0.00	0.00	0.00	50.00	0.00	0.00	0.00	0.00	1.43
中国台湾	0.00	0.00	0.00	0.00	0.00	0.00	0.00	0.00	0.00	8.33	1.43
以色列	11.11	0.00	0.00	0.00	0.00	0.00	0.00	0.00	0.00	0.00	1.43
日　本	0.00	0.00	0.00	0.00	0.00	0.00	0.00	0.00	12.50	0.00	1.43
新西兰	0.00	0.00	0.00	0.00	0.00	0.00	10.00	0.00	0.00	0.00	1.43
挪　威	0.00	0.00	0.00	0.00	0.00	0.00	0.00	0.00	0.00	8.33	1.43
葡萄牙	0.00	20.00	0.00	0.00	0.00	0.00	0.00	0.00	0.00	0.00	1.43
西班牙	11.11	0.00	0.00	0.00	0.00	0.00	0.00	0.00	0.00	0.00	1.43
中国香港	0.00	0.00	0.00	0.00	11.11	0.00	0.00	0.00	0.00	0.00	1.43

表 9－76　麻醉学 B 层人才排名前 20 的国家和地区的占比

单位：%

国家和地区	2010年	2011年	2012年	2013年	2014年	2015年	2016年	2017年	2018年	2019年	合计
美　国	34.09	32.58	27.66	23.53	14.16	22.02	15.83	27.56	22.88	19.05	23.39
英　国	9.09	12.36	19.15	12.75	8.85	9.17	13.33	11.02	12.71	12.70	12.06
加拿大	6.82	6.74	10.64	7.84	6.19	7.34	6.67	7.09	7.63	8.73	7.55
德　国	10.23	8.99	6.38	6.86	6.19	10.09	6.67	3.94	3.39	5.56	6.63
澳大利亚	3.41	3.37	5.32	4.90	2.65	4.59	5.00	2.36	7.63	7.94	4.79
荷　兰	2.27	4.49	6.38	4.90	5.31	7.34	2.50	2.36	5.08	7.14	4.79
丹　麦	2.27	3.37	2.13	6.86	4.42	2.75	3.33	5.51	5.08	1.59	3.78
比利时	2.27	2.25	1.06	3.92	7.08	3.67	2.50	3.15	4.24	3.97	3.50

续表

国家和地区	2010年	2011年	2012年	2013年	2014年	2015年	2016年	2017年	2018年	2019年	合计
法国	3.41	5.62	2.13	2.94	4.42	4.59	3.33	3.94	2.54	2.38	3.50
意大利	0.00	2.25	1.06	2.94	4.42	3.67	4.17	4.72	2.54	4.76	3.22
西班牙	2.27	3.37	2.13	2.94	5.31	2.75	3.33	5.51	3.39	0.00	3.13
瑞典	4.55	2.25	1.06	2.94	1.77	4.59	5.00	1.57	0.85	1.59	2.58
瑞士	4.55	2.25	3.19	2.94	0.88	2.75	0.83	2.36	2.54	1.59	2.30
挪威	2.27	1.12	3.19	0.98	0.88	2.75	2.50	2.36	0.85	0.79	1.75
奥地利	2.27	1.12	1.06	0.98	2.65	0.92	2.50	2.36	1.69	0.79	1.66
爱尔兰	0.00	0.00	2.13	0.98	0.88	0.00	0.83	2.36	0.00	3.97	1.20
新西兰	2.27	0.00	2.13	0.00	0.88	0.92	0.83	0.79	0.85	2.38	1.10
以色列	2.27	0.00	1.06	0.98	0.88	1.83	2.50	0.79	0.00	0.00	1.01
巴西	0.00	0.00	0.00	0.00	1.77	1.83	0.83	0.79	2.54	0.79	0.92
南非	0.00	1.12	0.00	0.98	3.54	0.00	1.67	0.00	1.69	0.00	0.92

表 9－77 麻醉学 C 层人才排名前 20 的国家和地区的占比

单位：%

国家和地区	2010年	2011年	2012年	2013年	2014年	2015年	2016年	2017年	2018年	2019年	合计
美国	29.34	31.74	27.83	29.91	29.50	25.83	26.18	26.83	24.11	23.05	27.17
英国	9.20	10.26	9.68	9.65	7.88	11.30	9.36	8.68	10.78	9.94	9.66
加拿大	6.98	6.80	7.26	7.14	7.24	7.56	8.93	8.17	8.68	8.66	7.83
德国	7.45	6.21	7.59	7.03	6.77	7.07	6.01	5.67	5.21	5.33	6.36
澳大利亚	3.49	5.01	5.61	4.83	4.82	4.32	4.29	4.90	4.93	4.69	4.69
荷兰	6.05	3.22	2.86	3.57	4.17	3.93	2.92	4.13	4.20	3.50	3.83
法国	3.61	4.77	5.28	3.36	4.27	3.24	3.18	3.27	3.74	3.82	3.81
丹麦	2.79	3.82	3.52	3.15	4.17	4.62	4.29	3.18	3.38	2.70	3.56
意大利	3.38	2.74	3.19	3.15	3.34	3.83	3.18	2.84	3.65	3.58	3.30
中国大陆	1.75	2.03	2.53	3.04	3.34	3.73	4.38	4.30	3.38	2.15	3.13
比利时	2.33	2.15	1.87	2.62	2.23	3.24	1.80	3.18	2.83	3.90	2.66
瑞士	2.44	1.79	2.53	1.78	1.39	1.96	2.06	1.98	2.74	2.62	2.14
瑞典	3.03	2.63	2.09	1.68	1.58	1.96	1.97	1.81	1.55	2.23	2.02
西班牙	1.05	1.31	1.32	1.57	1.58	2.26	2.40	1.72	2.28	2.31	1.83
日本	1.28	0.95	1.32	1.99	2.04	1.18	1.89	1.55	1.46	1.35	1.52
韩国	0.93	1.07	1.98	1.57	0.74	1.08	1.55	2.15	1.64	0.95	1.37
奥地利	1.86	0.95	1.43	1.05	1.11	1.28	1.20	0.95	2.01	1.19	1.30
巴西	0.81	1.31	0.99	1.05	0.74	0.98	1.29	1.12	1.19	0.95	1.04
新西兰	1.75	0.72	0.77	0.84	0.65	1.38	0.77	1.63	0.82	1.03	1.04
爱尔兰	1.16	0.95	0.99	0.63	1.30	1.18	0.52	0.69	0.91	0.87	0.91

二十七　肿瘤学

肿瘤学A、B、C层人才最多的国家是美国，分别占该学科全球A、B、C层人才的18.71%、22.95%、28.14%。

法国、英国、德国、加拿大、意大利、西班牙、澳大利亚、日本、荷兰、韩国的A层人才比较多，世界占比在8%~3%之间；比利时、瑞士、俄罗斯、波兰、中国大陆、巴西、以色列、丹麦、瑞典也有相当数量的A层人才，世界占比超过1%。

英国、德国、法国、意大利、加拿大、西班牙、澳大利亚、中国大陆、荷兰、瑞士的B层人才比较多，世界占比在8%~3%；日本、比利时、韩国、丹麦、瑞典、波兰、奥地利、以色列、中国台湾也有相当数量的B层人才，世界占比超过或等于1%。

中国大陆、英国、德国、意大利、法国、加拿大、日本、荷兰的C层人才比较多，世界占比在12%~3%之间；澳大利亚、西班牙、瑞士、比利时、韩国、瑞典、丹麦、奥地利、中国台湾、挪威、以色列也有相当数量的C层人才，世界占比超过或接近1%。

表9-78　肿瘤学A层人才排名前20的国家和地区的占比

单位：%

国家和地区	2010年	2011年	2012年	2013年	2014年	2015年	2016年	2017年	2018年	2019年	合计
美国	29.49	23.60	24.24	17.35	21.10	19.19	19.13	11.76	15.83	14.00	18.71
法国	5.13	7.87	9.09	6.12	5.50	9.09	8.70	4.41	9.35	6.67	7.19
英国	10.26	6.74	8.08	7.14	7.34	5.05	6.96	4.41	5.76	6.67	6.65
德国	2.56	7.87	6.06	5.10	5.50	6.06	6.96	5.88	5.76	7.33	6.03
加拿大	8.97	8.99	8.08	8.16	6.42	6.06	3.48	3.68	3.60	4.00	5.76
意大利	2.56	6.74	4.04	6.12	5.50	5.05	4.35	5.15	5.04	4.67	4.95
西班牙	2.56	2.25	3.03	3.06	4.59	8.08	6.96	5.88	5.04	5.33	4.86
澳大利亚	6.41	4.49	4.04	8.16	4.59	5.05	3.48	3.68	5.76	3.33	4.77
日本	5.13	3.37	1.01	4.08	2.75	2.02	3.48	5.15	6.47	4.67	3.96
荷兰	5.13	3.37	5.05	2.04	1.83	4.04	3.48	3.68	2.16	2.67	3.24
韩国	2.56	1.12	2.02	2.04	4.59	1.01	2.61	4.41	4.32	4.00	3.06
比利时	1.28	4.49	1.01	5.10	3.67	1.01	4.35	1.47	1.44	2.67	2.61
瑞士	2.56	3.37	4.04	1.02	2.75	2.02	2.61	1.47	0.72	4.67	2.52

续表

国家和地区	2010年	2011年	2012年	2013年	2014年	2015年	2016年	2017年	2018年	2019年	合计
俄罗斯	1.28	0.00	5.05	4.08	3.67	3.03	0.87	1.47	2.88	2.00	2.43
波兰	1.28	1.12	4.04	1.02	1.83	4.04	0.87	1.47	2.16	2.67	2.07
中国大陆	0.00	2.25	0.00	1.02	1.83	0.00	0.87	2.21	2.88	2.67	1.53
巴西	1.28	0.00	1.01	1.02	0.92	2.02	1.74	1.47	2.88	2.00	1.53
以色列	0.00	1.12	0.00	0.00	0.92	1.01	4.35	0.74	1.44	2.67	1.35
丹麦	1.28	0.00	1.01	1.02	1.83	3.03	1.74	0.00	1.44	1.33	1.26
瑞典	0.00	2.25	0.00	2.04	2.75	2.02	0.87	0.74	1.44	0.00	1.17

表 9-79 肿瘤学 B 层人才排名前 20 的国家和地区的占比

单位：%

国家和地区	2010年	2011年	2012年	2013年	2014年	2015年	2016年	2017年	2018年	2019年	合计
美国	27.68	28.05	25.06	25.25	21.46	21.42	23.50	20.08	21.16	20.79	22.95
英国	8.48	8.55	8.09	7.72	7.42	8.74	7.52	6.15	6.47	7.28	7.53
德国	6.26	5.66	7.42	5.62	6.53	6.03	6.67	6.72	5.63	5.86	6.23
法国	5.42	6.54	5.06	5.84	6.03	6.29	6.15	6.96	6.39	5.79	6.10
意大利	5.15	4.78	4.72	5.51	6.13	5.07	5.04	5.43	5.94	5.72	5.39
加拿大	5.56	5.16	5.39	4.63	4.65	4.37	4.79	5.59	4.72	5.12	4.98
西班牙	3.62	3.52	4.27	3.86	4.06	3.76	3.85	5.34	4.79	4.75	4.26
澳大利亚	4.45	4.15	4.49	3.53	3.86	4.55	4.02	4.05	3.81	4.53	4.14
中国大陆	1.39	2.64	1.91	2.98	4.06	3.67	3.50	3.72	3.27	6.01	3.50
荷兰	3.20	4.15	2.92	2.87	4.06	3.15	3.42	3.81	3.42	3.34	3.44
瑞士	3.34	2.14	2.58	3.31	2.97	3.23	3.16	3.64	2.44	3.04	3.00
日本	3.34	2.39	2.13	3.09	2.27	3.67	2.05	2.51	3.27	2.90	2.77
比利时	2.78	3.27	2.92	2.65	3.76	2.97	2.48	2.67	1.98	2.38	2.73
韩国	0.70	1.26	1.57	2.09	2.18	2.53	2.56	2.59	2.89	2.38	2.19
丹麦	1.25	1.26	2.13	1.32	1.68	1.14	1.97	1.05	1.14	1.63	1.45
瑞典	1.53	2.01	1.35	1.54	1.38	1.49	1.45	1.70	1.22	0.89	1.42
波兰	1.25	1.51	1.91	1.87	1.48	0.96	0.85	1.94	1.29	1.11	1.40
奥地利	1.25	1.13	1.12	1.32	1.09	1.22	1.79	1.38	1.22	1.34	1.30
以色列	0.56	0.38	1.35	1.10	0.79	1.14	1.03	0.97	1.07	1.56	1.03
中国台湾	0.83	0.63	1.35	1.43	0.69	1.05	1.03	1.13	1.22	0.59	1.00

表 9-80　肿瘤学 C 层人才排名前 20 的国家和地区的占比

单位：%

国家和地区	2010年	2011年	2012年	2013年	2014年	2015年	2016年	2017年	2018年	2019年	合计
美　　国	33.76	33.48	31.08	29.94	30.10	27.56	26.72	26.37	25.10	23.27	28.14
中国大陆	4.08	5.21	6.25	7.80	10.43	11.40	13.52	14.13	14.99	15.50	11.06
英　　国	7.31	7.08	6.41	6.37	6.42	6.42	5.76	5.84	5.45	5.00	6.09
德　　国	6.18	6.04	5.75	6.10	5.53	5.19	5.57	5.12	5.29	5.03	5.51
意 大 利	4.95	4.68	5.51	4.65	5.13	5.36	5.17	5.04	4.83	5.73	5.13
法　　国	4.45	4.53	5.05	4.54	4.43	4.06	4.27	4.49	4.48	4.62	4.48
加 拿 大	4.53	4.39	4.36	4.28	3.68	3.96	3.82	4.26	3.64	3.49	3.99
日　　本	3.65	3.96	3.66	3.57	3.19	3.37	3.84	3.66	3.56	3.84	3.63
荷　　兰	3.85	3.60	4.01	3.54	3.09	3.50	3.06	2.98	3.27	3.11	3.35
澳大利亚	2.43	2.56	3.01	3.11	3.02	2.89	3.06	2.76	2.83	2.45	2.82
西 班 牙	2.78	2.40	2.47	2.40	2.77	2.75	2.66	2.70	3.16	3.08	2.75
瑞　　士	2.11	1.95	2.24	1.95	1.95	1.93	2.19	2.14	2.26	2.21	2.10
比 利 时	2.15	1.72	1.94	2.14	1.95	1.79	1.85	1.82	1.79	1.83	1.89
韩　　国	1.50	1.85	1.90	1.76	1.71	1.72	1.82	1.85	1.89	2.43	1.87
瑞　　典	2.10	1.97	1.85	1.72	1.60	1.60	1.64	1.43	1.40	1.32	1.62
丹　　麦	1.15	1.22	1.25	1.44	1.33	1.25	1.03	1.13	1.28	1.08	1.21
奥 地 利	1.23	1.00	0.93	1.27	1.02	1.01	1.03	1.04	1.21	1.03	1.07
中国台湾	1.19	0.93	1.03	1.21	1.01	1.09	1.13	1.02	0.86	1.12	1.06
挪　　威	1.09	1.05	0.91	0.89	0.93	0.85	0.67	0.63	0.81	0.68	0.83
以 色 列	0.83	0.67	0.62	0.70	0.72	0.78	0.92	0.82	0.84	0.81	0.78

二十八　康复医学

康复医学 A、B、C 层人才最多的国家是美国，分别占该学科全球 A、B、C 层人才的 32.39%、29.52%、30.86%。

英国、加拿大、荷兰、澳大利亚、德国、意大利的 A 层人才比较多，世界占比在 9%~4%之间；法国、西班牙、瑞士、比利时、中国大陆、丹麦、挪威、瑞典、中国台湾、奥地利、哥伦比亚、斯洛文尼亚、埃及也有相当数量的 A 层人才，世界占比超过或接近 1%。

澳大利亚、加拿大、英国、荷兰、德国、意大利的B层人才比较多，世界占比在10%~3%之间；中国大陆、瑞士、比利时、法国、西班牙、巴西、丹麦、瑞典、韩国、爱尔兰、新加坡、挪威、以色列也有相当数量的B层人才，世界占比超过1%。

澳大利亚、英国、加拿大、荷兰、意大利的C层人才比较多，世界占比在10%~3%之间；德国、瑞典、西班牙、巴西、比利时、瑞士、中国大陆、韩国、丹麦、法国、新西兰、挪威、爱尔兰、中国台湾也有相当数量的C层人才，世界占比超过1%。

表9-81 康复医学A层人才排名前20的国家和地区的占比

单位：%

国家和地区	2010年	2011年	2012年	2013年	2014年	2015年	2016年	2017年	2018年	2019年	合计
美国	63.64	33.33	64.29	53.85	6.25	10.00	35.71	37.50	18.75	15.00	32.39
英国	9.09	8.33	0.00	7.69	18.75	0.00	7.14	18.75	6.25	5.00	8.45
加拿大	0.00	8.33	14.29	7.69	6.25	0.00	14.29	0.00	12.50	15.00	8.45
荷兰	0.00	8.33	0.00	0.00	6.25	30.00	14.29	6.25	6.25	10.00	7.75
澳大利亚	0.00	16.67	0.00	0.00	6.25	10.00	7.14	0.00	6.25	10.00	5.63
德国	0.00	0.00	7.14	0.00	18.75	10.00	7.14	6.25	0.00	5.00	5.63
意大利	9.09	0.00	0.00	7.69	6.25	10.00	0.00	6.25	6.25	5.00	4.93
法国	0.00	0.00	0.00	0.00	6.25	0.00	7.14	0.00	6.25	5.00	2.82
西班牙	0.00	0.00	0.00	0.00	6.25	0.00	0.00	6.25	6.25	0.00	2.11
瑞士	0.00	8.33	0.00	0.00	0.00	10.00	0.00	0.00	0.00	5.00	2.11
比利时	9.09	0.00	0.00	0.00	0.00	10.00	0.00	0.00	0.00	0.00	1.41
中国大陆	0.00	0.00	0.00	0.00	0.00	0.00	0.00	12.50	0.00	0.00	1.41
丹麦	0.00	0.00	7.14	0.00	0.00	0.00	0.00	0.00	6.25	0.00	1.41
挪威	0.00	0.00	0.00	0.00	0.00	0.00	0.00	0.00	6.25	5.00	1.41
瑞典	9.09	0.00	0.00	0.00	0.00	0.00	0.00	0.00	6.25	0.00	1.41
中国台湾	0.00	8.33	7.14	0.00	0.00	0.00	0.00	0.00	0.00	0.00	1.41
奥地利	0.00	0.00	0.00	7.69	6.25	0.00	0.00	0.00	0.00	0.00	1.41
哥伦比亚	0.00	0.00	0.00	0.00	0.00	0.00	0.00	0.00	6.25	0.00	0.70
斯洛文尼亚	0.00	0.00	0.00	0.00	6.25	0.00	0.00	0.00	0.00	0.00	0.70
埃及	0.00	0.00	0.00	0.00	0.00	0.00	0.00	0.00	0.00	5.00	0.70

表 9-82　康复医学 B 层人才排名前 20 的国家和地区的占比

单位：%

国家和地区	2010年	2011年	2012年	2013年	2014年	2015年	2016年	2017年	2018年	2019年	合计
美　国	40.59	31.82	38.98	40.80	35.17	29.10	18.75	27.63	18.11	20.27	29.52
澳大利亚	4.95	8.18	9.32	5.60	8.28	11.94	9.72	13.16	11.02	9.46	9.36
加拿大	8.91	8.18	8.47	12.00	8.28	8.21	7.64	10.53	8.66	3.38	8.36
英　国	5.94	9.09	6.78	8.80	8.97	7.46	12.50	7.24	6.30	6.08	7.98
荷　兰	5.94	7.27	5.08	4.00	4.83	4.48	8.33	3.95	3.15	5.41	5.21
德　国	4.95	4.55	5.08	0.80	6.21	2.99	4.17	1.97	6.30	3.38	3.99
意大利	2.97	5.45	0.85	3.20	3.45	1.49	1.39	4.61	3.15	8.11	3.53
中国大陆	1.98	0.00	3.39	2.40	1.38	0.75	2.78	3.29	3.94	4.05	2.45
瑞　士	1.98	2.73	4.24	0.00	1.38	2.99	0.69	1.97	5.51	2.70	2.38
比利时	1.98	0.91	0.00	1.60	1.38	3.73	4.17	1.97	3.15	2.03	2.15
法　国	0.00	1.82	0.00	0.00	0.00	3.73	5.56	3.95	1.57	2.70	2.07
西班牙	2.97	1.82	1.69	1.60	2.07	2.99	2.78	0.66	1.57	2.70	2.07
巴　西	1.98	0.91	1.69	1.60	2.76	2.24	1.39	1.97	0.79	3.38	1.92
丹　麦	1.98	0.91	1.69	0.00	2.07	0.75	3.47	2.63	0.79	3.38	1.84
瑞　典	0.99	3.64	1.69	0.80	0.69	3.73	0.69	0.66	3.15	2.03	1.76
韩　国	0.00	0.00	0.85	4.00	1.38	2.24	0.69	1.32	0.79	0.68	1.23
爱尔兰	0.00	0.00	0.00	0.80	0.00	2.99	1.39	1.97	2.36	1.35	1.15
新加坡	1.98	0.91	0.00	0.80	0.00	0.00	0.00	1.32	1.57	4.05	1.07
挪　威	0.99	1.82	0.85	0.00	0.69	0.00	2.08	0.00	3.15	1.35	1.07
以色列	1.98	0.00	0.85	2.40	2.07	2.24	0.69	0.00	0.00	0.68	1.07

表 9-83　康复医学 C 层人才排名前 20 的国家和地区的占比

单位：%

国家和地区	2010年	2011年	2012年	2013年	2014年	2015年	2016年	2017年	2018年	2019年	合计
美　国	36.08	38.69	35.51	30.56	32.42	31.66	27.96	28.42	26.23	24.60	30.86
澳大利亚	7.34	7.85	7.01	9.70	9.10	9.75	11.04	10.01	9.10	11.02	9.30
英　国	7.04	7.57	8.11	8.64	8.00	8.28	7.23	8.85	9.88	7.90	8.19
加拿大	10.75	7.85	7.32	8.39	8.28	8.05	8.43	7.88	6.56	8.25	8.12
荷　兰	7.14	4.84	5.04	6.11	3.97	4.10	4.62	3.55	4.86	4.78	4.80
意大利	3.22	3.56	4.09	5.05	3.49	4.02	3.65	4.20	3.86	3.67	3.89
德　国	2.81	3.28	3.15	2.12	2.80	3.02	2.91	2.71	2.47	2.84	2.81

续表

国家和地区	2010年	2011年	2012年	2013年	2014年	2015年	2016年	2017年	2018年	2019年	合计
瑞　典	2.31	2.83	2.83	2.20	1.92	2.40	2.31	2.00	2.08	3.12	2.39
西班牙	1.41	1.46	2.13	2.44	2.60	1.93	2.39	2.39	2.47	3.26	2.30
巴　西	1.91	1.73	1.65	1.63	2.12	2.55	2.09	2.71	2.70	2.84	2.23
比利时	1.71	2.46	1.81	2.28	2.19	2.40	2.39	2.00	1.93	2.77	2.21
瑞　士	1.61	2.01	1.89	1.55	1.64	1.24	2.31	2.13	1.62	1.87	1.80
中国大陆	0.60	0.46	0.94	1.63	1.09	1.24	1.86	3.42	2.31	2.84	1.73
韩　国	0.90	1.46	1.50	1.79	2.26	1.86	1.94	1.87	1.77	1.39	1.70
丹　麦	1.41	1.55	1.81	0.98	0.82	1.01	1.79	1.16	1.77	1.80	1.40
法　国	1.61	0.82	1.18	0.81	1.23	1.47	1.94	1.61	1.23	0.97	1.30
新西兰	1.51	1.28	2.05	1.14	1.30	0.70	0.75	1.16	1.08	1.25	1.21
挪　威	1.51	1.28	1.97	0.98	1.23	1.08	0.82	1.03	1.16	1.04	1.20
爱尔兰	0.50	0.73	1.26	0.81	1.16	1.47	1.34	1.10	1.54	0.69	1.08
中国台湾	1.31	1.09	0.87	1.39	1.03	1.01	1.19	0.90	0.85	0.83	1.03

二十九　医学信息学

医学信息学 A、B、C 层人才最多的国家是美国，分别占该学科全球 A、B、C 层人才的 29.23%、27.44%、28.14%。

英国、荷兰、加拿大、澳大利亚、德国、新加坡、比利时、中国大陆、瑞士的 A 层人才比较多，世界占比在 24%～3%之间；巴西、埃及、芬兰、中国香港、马来西亚、新西兰、泰国也有相当数量的 A 层人才，世界占比均为 1.54%。

英国、加拿大、澳大利亚、中国大陆、荷兰的 B 层人才比较多，世界占比在 14%～4%之间；西班牙、印度、意大利、德国、瑞士、新加坡、挪威、法国、以色列、韩国、马来西亚、比利时、沙特阿拉伯、葡萄牙也有相当数量的 B 层人才，世界占比超过或接近 1%。

英国、澳大利亚、中国大陆、加拿大、荷兰、德国、西班牙的 C 层人才比较多，世界占比在 10%～3%之间；意大利、印度、法国、瑞士、韩国、瑞典、马来西亚、比利时、中国台湾、伊朗、新加坡、希腊也有相当数量的 C 层人才，世界占比超过 1%。

表 9－84　医学信息学 A 层人才的国家和地区的占比

单位：%

国家和地区	2010年	2011年	2012年	2013年	2014年	2015年	2016年	2017年	2018年	2019年	合计
美　国	25.00	25.00	25.00	16.67	16.67	42.86	12.50	37.50	42.86	36.36	29.23
英　国	50.00	25.00	25.00	50.00	0.00	0.00	12.50	37.50	14.29	27.27	23.08
荷　兰	0.00	25.00	0.00	16.67	16.67	0.00	12.50	0.00	0.00	9.09	7.69
加拿大	0.00	0.00	25.00	0.00	33.33	14.29	0.00	0.00	0.00	0.00	6.15
澳大利亚	0.00	0.00	0.00	16.67	0.00	14.29	12.50	0.00	0.00	0.00	4.62
德　国	0.00	25.00	0.00	0.00	0.00	0.00	0.00	12.50	0.00	9.09	4.62
新加坡	0.00	0.00	0.00	0.00	16.67	0.00	0.00	12.50	14.29	0.00	4.62
比利时	0.00	0.00	0.00	0.00	0.00	14.29	12.50	0.00	0.00	0.00	3.08
中国大陆	25.00	0.00	0.00	0.00	0.00	0.00	12.50	0.00	0.00	0.00	3.08
瑞　士	0.00	0.00	0.00	0.00	0.00	14.29	0.00	0.00	0.00	9.09	3.08
巴　西	0.00	0.00	0.00	0.00	0.00	0.00	12.50	0.00	0.00	0.00	1.54
埃　及	0.00	0.00	0.00	0.00	0.00	0.00	0.00	0.00	0.00	9.09	1.54
芬　兰	0.00	0.00	0.00	0.00	16.67	0.00	0.00	0.00	0.00	0.00	1.54
中国香港	0.00	0.00	0.00	0.00	0.00	0.00	0.00	0.00	14.29	0.00	1.54
马来西亚	0.00	0.00	0.00	0.00	0.00	0.00	0.00	0.00	14.29	0.00	1.54
新西兰	0.00	0.00	0.00	0.00	0.00	0.00	12.50	0.00	0.00	0.00	1.54
泰　国	0.00	0.00	25.00	0.00	0.00	0.00	0.00	0.00	0.00	0.00	1.54

表 9－85　医学信息学 B 层人才排名前 20 的国家和地区的占比

单位：%

国家和地区	2010年	2011年	2012年	2013年	2014年	2015年	2016年	2017年	2018年	2019年	合计
美　国	34.15	39.02	33.33	32.39	31.88	35.29	23.29	19.23	18.06	20.65	27.44
英　国	19.51	17.07	21.57	15.49	7.25	7.35	13.70	15.38	11.11	9.78	13.11
加拿大	4.88	14.63	9.80	11.27	8.70	1.47	12.33	6.41	9.72	4.35	8.08
澳大利亚	2.44	2.44	5.88	4.23	7.25	5.88	9.59	8.97	5.56	7.61	6.40
中国大陆	0.00	0.00	1.96	1.41	4.35	4.41	5.48	12.82	9.72	7.61	5.49
荷　兰	2.44	14.63	3.92	8.45	4.35	2.94	0.00	6.41	1.39	1.09	4.12
西班牙	0.00	4.88	1.96	2.82	1.45	5.88	2.74	1.28	2.78	4.35	2.90
印　度	2.44	0.00	1.96	0.00	5.80	1.47	0.00	2.56	4.17	1.09	1.98
意大利	4.88	0.00	0.00	1.41	4.35	2.94	1.37	2.56	1.39	0.00	1.83
德　国	0.00	0.00	0.00	2.82	2.90	2.94	1.37	3.85	1.39	1.09	1.83
瑞　士	4.88	2.44	0.00	1.41	0.00	2.94	2.74	1.28	0.00	2.17	1.68

续表

国家和地区	2010年	2011年	2012年	2013年	2014年	2015年	2016年	2017年	2018年	2019年	合计
新加坡	4.88	2.44	0.00	0.00	0.00	0.00	0.00	1.28	1.39	5.43	1.52
挪威	2.44	2.44	0.00	1.41	1.45	0.00	1.37	0.00	4.17	1.09	1.37
法国	4.88	0.00	1.96	2.82	1.45	0.00	2.74	0.00	0.00	1.09	1.37
以色列	4.88	0.00	1.96	2.82	1.45	0.00	0.00	0.00	0.00	2.17	1.22
韩国	2.44	0.00	3.92	0.00	1.45	2.94	0.00	0.00	2.78	0.00	1.22
马来西亚	0.00	0.00	0.00	1.41	0.00	0.00	1.37	0.00	2.78	3.26	1.07
比利时	0.00	0.00	1.96	0.00	2.90	1.47	0.00	0.00	1.39	2.17	1.07
沙特阿拉伯	0.00	0.00	0.00	0.00	1.45	1.47	1.37	0.00	1.39	3.26	1.07
葡萄牙	0.00	0.00	0.00	0.00	0.00	2.94	4.11	0.00	1.39	0.00	0.91

表 9-86 医学信息学 C 层人才排名前 20 的国家和地区的占比

单位：%

国家和地区	2010年	2011年	2012年	2013年	2014年	2015年	2016年	2017年	2018年	2019年	合计
美国	31.37	33.33	28.77	31.25	30.12	31.10	29.08	25.23	24.21	22.69	28.14
英国	8.25	9.07	10.37	10.86	10.09	9.45	8.45	10.27	8.72	10.13	9.65
澳大利亚	5.19	3.92	4.70	4.61	6.02	7.32	5.44	6.37	5.71	4.96	5.51
中国大陆	1.65	2.70	4.89	2.98	3.92	4.12	6.59	8.19	8.27	7.60	5.47
加拿大	3.54	7.11	7.05	5.06	6.33	4.42	4.44	5.98	5.11	4.85	5.33
荷兰	5.19	7.35	4.70	5.95	4.37	3.81	3.87	3.25	3.76	2.64	4.25
德国	2.59	2.94	3.91	5.80	3.77	4.88	2.58	4.03	3.46	3.63	3.83
西班牙	4.01	3.19	3.33	2.38	1.96	4.27	2.44	3.12	2.86	3.41	3.06
意大利	4.95	3.19	1.76	3.27	2.11	2.59	2.44	2.99	1.35	2.31	2.60
印度	0.94	0.74	1.37	1.49	2.11	1.83	3.44	3.12	3.76	4.07	2.51
法国	2.83	1.72	2.35	1.93	1.81	1.68	1.15	1.69	2.41	1.98	1.91
瑞士	2.59	1.96	1.17	2.08	1.36	1.68	0.86	2.21	1.35	1.98	1.71
韩国	1.42	0.98	2.15	0.74	1.96	1.07	3.01	0.78	1.80	1.87	1.60
瑞典	2.83	0.98	0.98	2.08	0.90	0.91	1.29	1.56	1.95	1.32	1.46
马来西亚	0.00	0.49	0.59	1.04	1.36	1.98	0.43	0.52	3.46	1.76	1.25
比利时	1.89	1.72	0.98	1.04	1.51	1.52	0.86	0.78	1.05	1.54	1.25
中国台湾	0.47	1.23	2.54	1.19	1.66	1.52	1.00	0.78	1.05	0.88	1.21

续表

国家和地区	2010年	2011年	2012年	2013年	2014年	2015年	2016年	2017年	2018年	2019年	合计
伊　　朗	1.18	1.23	0.98	0.74	1.51	0.76	0.72	1.56	1.35	1.32	1.15
新 加 坡	0.71	0.74	1.37	0.89	1.36	0.76	1.29	0.65	0.75	2.20	1.13
希　　腊	2.59	2.21	2.15	1.04	0.45	0.61	0.29	0.91	0.30	1.21	1.05

三十　神经影像学

神经影像学 A、B、C 层人才最多的国家是美国，分别占该学科全球 A、B、C 层人才的 37.50%、29.48%、31.45%。

英国的 A 层人才比较多，世界占比为 28.13%；澳大利亚、比利时、瑞士、德国、中国香港、荷兰、中国大陆也有相当数量的 A 层人才，世界占比超过 3%。

英国、德国、荷兰、加拿大、法国、澳大利亚、意大利、瑞士的 B 层人才比较多，世界占比在 13%～3%之间；中国大陆、西班牙、丹麦、韩国、芬兰、挪威、瑞典、比利时、匈牙利、奥地利、巴西也有相当数量的 B 层人才，世界占比超过或接近 1%。

英国、德国、荷兰、加拿大、中国大陆、法国、意大利、澳大利亚、瑞士的 C 层人才比较多，世界占比在 12%～3%之间；西班牙、比利时、丹麦、日本、韩国、瑞典、奥地利、芬兰、挪威、爱尔兰也有相当数量的 C 层人才，世界占比超过或接近 1%。

表 9－87　神经影像学 A 层人才的国家和地区的占比

单位：%

国家和地区	2010年	2011年	2012年	2013年	2014年	2015年	2016年	2017年	2018年	2019年	合计
美　　国	50.00	66.67	66.67	50.00	50.00	33.33	33.33	25.00	0.00	0.00	37.50
英　　国	0.00	33.33	33.33	50.00	25.00	33.33	33.33	25.00	0.00	33.33	28.13
澳大利亚	50.00	0.00	0.00	0.00	0.00	0.00	0.00	0.00	33.33	33.33	9.38
比 利 时	0.00	0.00	0.00	0.00	0.00	0.00	33.33	0.00	0.00	33.33	6.25
瑞　　士	0.00	0.00	0.00	0.00	25.00	0.00	0.00	25.00	0.00	0.00	6.25
德　　国	0.00	0.00	0.00	0.00	0.00	0.00	0.00	25.00	0.00	0.00	3.13
中国香港	0.00	0.00	0.00	0.00	0.00	0.00	0.00	0.00	33.33	0.00	3.13
荷　　兰	0.00	0.00	0.00	0.00	0.00	33.33	0.00	0.00	0.00	0.00	3.13
中国大陆	0.00	0.00	0.00	0.00	0.00	0.00	0.00	0.00	33.33	0.00	3.13

表9-88　神经影像学B层人才排名前20的国家和地区的占比

单位：%

国家和地区	2010年	2011年	2012年	2013年	2014年	2015年	2016年	2017年	2018年	2019年	合计
美　　国	39.39	32.26	42.86	34.29	24.39	26.19	21.74	32.61	26.92	21.74	29.48
英　　国	18.18	3.23	14.29	20.00	7.32	4.76	19.57	10.87	13.46	13.04	12.53
德　　国	12.12	16.13	22.86	8.57	9.76	11.90	8.70	6.52	5.77	8.70	10.57
荷　　兰	6.06	3.23	2.86	8.57	7.32	7.14	4.35	8.70	0.00	10.87	5.90
加 拿 大	3.03	12.90	2.86	5.71	2.44	4.76	6.52	8.70	5.77	4.35	5.65
法　　国	3.03	3.23	0.00	0.00	4.88	9.52	2.17	10.87	3.85	6.52	4.67
澳大利亚	6.06	3.23	2.86	5.71	2.44	2.38	2.17	4.35	5.77	6.52	4.18
意 大 利	0.00	3.23	5.71	5.71	7.32	4.76	0.00	2.17	3.85	4.35	3.69
瑞　　士	6.06	6.45	0.00	0.00	2.44	2.38	8.70	0.00	3.85	4.35	3.44
中国大陆	0.00	3.23	2.86	2.86	2.44	0.00	4.35	4.35	5.77	0.00	2.70
西 班 牙	0.00	3.23	0.00	0.00	2.44	4.76	4.35	4.35	1.92	2.17	2.46
丹　　麦	3.03	0.00	0.00	0.00	2.44	4.76	2.17	0.00	1.92	2.17	1.72
韩　　国	0.00	0.00	0.00	0.00	4.88	2.38	0.00	0.00	1.92	2.17	1.23
芬　　兰	0.00	0.00	0.00	2.86	2.44	4.76	0.00	0.00	1.92	0.00	1.23
挪　　威	0.00	0.00	0.00	2.86	4.88	0.00	2.17	0.00	0.00	2.17	1.23
瑞　　典	0.00	0.00	0.00	0.00	2.44	0.00	2.17	0.00	1.92	2.17	0.98
比 利 时	0.00	0.00	0.00	2.86	2.44	0.00	0.00	0.00	3.85	0.00	0.98
匈 牙 利	3.03	3.23	0.00	0.00	0.00	2.38	0.00	0.00	1.92	0.00	0.98
奥 地 利	0.00	3.23	2.86	0.00	0.00	0.00	0.00	2.17	0.00	0.00	0.74
巴　　西	0.00	0.00	0.00	0.00	0.00	0.00	2.17	0.00	3.85	0.00	0.74

表9-89　神经影像学C层人才排名前20的国家和地区的占比

单位：%

国家和地区	2010年	2011年	2012年	2013年	2014年	2015年	2016年	2017年	2018年	2019年	合计
美　　国	40.25	28.48	36.15	34.92	32.14	30.08	27.84	31.60	30.62	26.51	31.45
英　　国	12.58	15.53	15.74	10.55	12.24	10.28	12.76	8.73	10.71	12.07	11.94
德　　国	9.12	11.33	9.91	11.06	9.44	10.78	11.83	10.61	8.78	9.69	10.23
荷　　兰	4.09	4.85	5.83	6.03	5.61	5.01	4.87	3.77	5.78	5.67	5.19
加 拿 大	3.77	2.91	3.50	5.03	4.85	4.76	3.94	5.90	7.07	7.68	5.16
中国大陆	3.77	6.47	3.21	2.76	2.55	5.01	3.48	4.72	5.14	5.48	4.29
法　　国	2.52	5.18	2.92	5.28	3.06	4.51	3.94	4.48	4.50	5.12	4.22
意 大 利	2.52	3.56	2.33	4.02	3.06	4.51	4.18	2.59	2.78	3.11	3.28

续表

国家和地区	2010年	2011年	2012年	2013年	2014年	2015年	2016年	2017年	2018年	2019年	合计
澳大利亚	0.63	1.94	3.79	3.77	2.30	5.51	2.32	2.83	4.07	3.29	3.13
瑞　　士	2.52	3.88	2.62	3.77	4.34	3.01	3.02	2.36	1.71	3.84	3.10
西 班 牙	1.26	0.97	1.46	2.01	1.53	1.50	2.55	3.07	1.28	2.19	1.84
比 利 时	1.57	2.59	1.17	1.51	1.28	1.25	0.93	2.12	0.21	1.83	1.42
丹　　麦	1.57	0.65	0.87	1.01	1.53	1.75	1.16	1.89	1.93	1.28	1.39
日　　本	3.14	0.97	1.17	1.01	1.28	0.50	2.09	1.18	1.28	0.91	1.32
韩　　国	1.26	1.29	1.46	0.50	1.79	1.75	1.62	1.18	1.28	1.10	1.32
瑞　　典	0.94	1.29	1.17	1.26	0.77	1.75	1.86	0.71	0.64	1.65	1.22
奥 地 利	0.63	1.29	0.29	0.25	2.04	0.75	0.70	1.18	2.36	0.91	1.07
芬　　兰	0.94	0.97	1.17	0.50	1.02	0.75	1.62	0.94	1.07	0.55	0.94
挪　　威	0.94	0.65	0.87	0.75	1.53	1.25	0.93	0.94	0.21	0.55	0.84
爱 尔 兰	1.89	0.32	0.00	0.00	0.77	0.25	0.70	1.18	1.50	0.91	0.77

三十一　传染病学

传染病学 A、B、C 层人才最多的国家是美国，分别占该学科全球 A、B、C 层人才的 17.19%、16.93%、22.86%。

英国、法国、瑞士、加拿大、南非、巴西、瑞典、澳大利亚、德国、印度、泰国的 A 层人才比较多，世界占比在 9%~3% 之间；丹麦、荷兰、西班牙、奥地利、以色列、肯尼亚、意大利、希腊也有相当数量的 A 层人才，世界占比超过 1%。

英国、法国、瑞士、德国、荷兰、加拿大、澳大利亚的 B 层人才比较多，世界占比在 9%~3% 之间；意大利、南非、西班牙、比利时、巴西、丹麦、瑞典、印度、中国大陆、希腊、沙特阿拉伯、泰国也有相当数量的 B 层人才，世界占比超过或接近 1%。

英国、法国、瑞士、澳大利亚、德国、荷兰、加拿大的 C 层人才比较多，世界占比在 10%~3% 之间；意大利、西班牙、南非、中国大陆、比利时、巴西、瑞典、丹麦、泰国、印度、日本、肯尼亚也有相当数量的 C 层人才，世界占比超过或接近 1%。

表 9－90 传染病学 A 层人才排名前 20 的国家和地区的占比

单位：%

国家和地区	2010年	2011年	2012年	2013年	2014年	2015年	2016年	2017年	2018年	2019年	合计
美国	13.64	29.63	28.57	12.90	14.71	12.12	29.03	21.21	11.76	2.78	17.19
英国	9.09	7.41	14.29	6.45	8.82	6.06	6.45	15.15	11.76	2.78	8.42
法国	0.00	7.41	4.76	3.23	0.00	12.12	3.23	3.03	5.88	5.56	4.56
瑞士	4.55	7.41	9.52	3.23	2.94	6.06	0.00	6.06	5.88	2.78	4.56
加拿大	4.55	7.41	4.76	6.45	2.94	3.03	3.23	3.03	11.76	0.00	4.21
南非	9.09	3.70	0.00	3.23	2.94	6.06	3.23	6.06	5.88	0.00	3.86
巴西	4.55	3.70	0.00	0.00	2.94	9.09	9.68	3.03	0.00	0.00	3.51
瑞典	4.55	3.70	4.76	3.23	2.94	3.03	3.23	3.03	5.88	2.78	3.51
澳大利亚	4.55	0.00	4.76	6.45	0.00	6.06	3.23	0.00	5.88	2.78	3.16
德国	4.55	3.70	0.00	0.00	2.94	6.06	3.23	3.03	5.88	2.78	3.16
印度	9.09	3.70	0.00	6.45	5.88	0.00	3.23	3.03	0.00	0.00	3.16
泰国	4.55	3.70	4.76	3.23	8.82	3.03	3.23	0.00	0.00	0.00	3.16
丹麦	4.55	0.00	4.76	0.00	0.00	3.03	0.00	6.06	0.00	2.78	2.11
荷兰	0.00	0.00	4.76	0.00	2.94	0.00	0.00	6.06	5.88	2.78	2.11
西班牙	0.00	0.00	0.00	3.23	0.00	3.03	3.23	3.03	0.00	2.78	1.75
奥地利	0.00	0.00	0.00	0.00	0.00	0.00	3.23	3.03	5.88	2.78	1.40
以色列	0.00	3.70	4.76	3.23	0.00	0.00	0.00	0.00	5.88	0.00	1.40
肯尼亚	0.00	3.70	0.00	3.23	2.94	0.00	3.23	0.00	0.00	0.00	1.40
意大利	0.00	0.00	0.00	3.23	0.00	0.00	0.00	3.03	5.88	2.78	1.40
希腊	0.00	0.00	4.76	3.23	0.00	0.00	0.00	0.00	0.00	2.78	1.05

表 9－91 传染病学 B 层人才排名前 20 的国家和地区的占比

单位：%

国家和地区	2010年	2011年	2012年	2013年	2014年	2015年	2016年	2017年	2018年	2019年	合计
美国	22.61	18.33	18.52	25.27	17.53	25.25	11.98	18.71	8.88	9.47	16.93
英国	12.61	10.42	8.52	11.91	10.39	9.18	6.41	10.43	6.01	5.79	8.84
法国	4.78	5.00	5.56	5.42	7.47	5.57	4.18	5.52	2.35	2.63	4.71
瑞士	7.83	4.58	4.44	5.78	3.57	4.92	3.34	5.21	3.13	2.11	4.29
德国	2.61	3.75	3.70	5.05	4.87	3.61	2.79	4.91	3.66	3.42	3.83
荷兰	5.65	3.33	2.96	3.97	5.19	2.95	3.34	2.45	3.39	2.63	3.51
加拿大	5.65	2.92	3.70	2.89	2.60	1.97	2.51	4.60	2.61	3.95	3.28
澳大利亚	3.48	2.08	3.33	4.33	3.25	3.28	2.51	3.37	3.66	3.16	3.25

续表

国家和地区	2010年	2011年	2012年	2013年	2014年	2015年	2016年	2017年	2018年	2019年	合计
意大利	3.91	2.92	2.59	3.61	2.60	1.64	1.67	2.45	3.39	3.16	2.76
南非	3.91	4.17	2.22	1.44	2.27	2.62	1.11	3.37	2.35	2.89	2.57
西班牙	3.04	2.08	1.85	3.25	2.60	1.64	1.39	3.68	2.87	1.58	2.37
比利时	3.04	3.33	2.22	0.72	3.25	1.97	1.95	1.84	2.35	2.11	2.24
巴西	0.87	2.08	1.48	0.72	1.30	2.30	5.01	1.53	3.13	1.84	2.14
丹麦	2.61	2.50	2.22	1.81	1.95	2.30	1.95	1.53	1.83	0.79	1.88
瑞典	2.17	1.67	1.11	2.53	2.27	2.30	1.11	2.15	1.31	2.11	1.85
印度	0.87	1.67	1.48	0.36	1.30	1.31	2.23	1.84	2.87	1.84	1.66
中国大陆	0.00	0.83	1.48	1.08	1.95	1.64	1.39	2.45	2.35	1.32	1.53
希腊	0.43	1.67	1.48	1.08	1.62	0.66	0.28	0.92	1.31	1.05	1.04
沙特阿拉伯	0.00	0.00	0.37	1.81	1.62	0.98	1.67	0.92	0.78	1.32	1.01
泰国	0.00	2.92	0.74	0.00	0.65	0.98	1.11	0.92	0.78	1.58	0.97

表9－92　传染病学C层人才排名前20的国家和地区的占比

单位：%

国家和地区	2010年	2011年	2012年	2013年	2014年	2015年	2016年	2017年	2018年	2019年	合计
美国	26.85	25.76	26.37	25.14	24.36	23.36	22.18	21.51	18.67	18.59	22.86
英国	9.16	9.58	9.55	9.11	9.02	9.14	9.08	9.41	9.31	9.15	9.24
法国	5.08	5.33	4.87	4.93	5.07	4.42	4.95	4.41	5.08	4.18	4.81
瑞士	3.99	3.97	3.69	3.43	3.32	3.94	3.89	5.03	3.91	3.91	3.92
澳大利亚	3.66	3.14	4.15	4.21	3.44	4.35	3.69	3.58	3.35	3.70	3.71
德国	3.32	3.54	3.35	3.57	4.05	3.22	3.48	4.04	4.04	3.89	3.68
荷兰	3.24	2.74	3.50	3.82	3.32	3.53	3.13	3.39	3.80	3.38	3.40
加拿大	2.94	3.78	3.16	2.57	2.68	3.08	3.24	3.46	2.74	2.99	3.05
意大利	1.85	2.66	2.63	3.18	2.39	2.26	3.21	3.36	3.06	3.28	2.84
西班牙	2.35	2.54	2.74	3.39	3.03	2.33	2.36	3.30	3.08	2.64	2.79
南非	3.11	2.27	3.20	2.75	2.77	3.25	2.27	3.18	2.84	2.17	2.76
中国大陆	1.51	1.47	2.63	2.64	2.33	2.57	2.54	2.56	3.03	3.09	2.50
比利时	1.51	2.38	2.21	1.96	1.88	1.64	1.74	1.82	2.23	2.14	1.96
巴西	1.93	1.63	1.48	1.82	1.69	1.68	2.12	2.10	2.13	2.14	1.90
瑞典	1.26	1.35	1.37	1.79	1.59	1.75	1.36	1.76	2.15	1.75	1.64
丹麦	0.84	1.27	1.64	1.11	1.31	1.34	1.33	1.17	1.12	1.19	1.23
泰国	1.47	1.23	1.48	1.36	1.21	1.23	1.24	1.20	1.04	0.93	1.22

续表

国家和地区	2010年	2011年	2012年	2013年	2014年	2015年	2016年	2017年	2018年	2019年	合计
印　度	1.30	1.35	1.22	0.96	1.34	1.16	1.24	0.99	1.22	1.30	1.21
日　本	1.09	0.91	1.29	1.00	1.05	0.75	0.80	0.62	0.98	1.27	0.98
肯尼亚	1.05	0.95	1.10	1.00	0.99	0.89	1.03	0.89	0.74	0.71	0.92

三十二　寄生物学

寄生物学A、B、C层人才最多的国家是美国，分别占该学科全球A、B、C层人才的25.81%、33.06%、24.53%。

英国、加拿大、荷兰、法国、德国、中国大陆、意大利、巴西、澳大利亚、瑞典、丹麦、瑞士的A层人才比较多，世界占比在8%~3%之间；肯尼亚、伊朗也有相当数量的A层人才，世界占比均为2.15%；贝宁、西班牙、法属圭亚那、新喀里多尼亚、希腊的A层人才世界占比均为1.08%。

英国、德国、加拿大、巴西、澳大利亚、法国、中国大陆、瑞士的B层人才比较多，世界占比在9%~3%之间；意大利、荷兰、瑞典、日本、西班牙、比利时、新加坡、印度、爱尔兰、南非、以色列也有相当数量的B层人才，世界占比超过或接近1%。

英国、法国、德国、澳大利亚、瑞士、中国大陆、巴西的C层人才比较多，世界占比在10%~3%之间；荷兰、加拿大、意大利、西班牙、日本、比利时、印度、泰国、瑞典、南非、新加坡、丹麦也有相当数量的C层人才，世界占比超过或接近1%。

表9－93　寄生物学A层人才排名前20的国家和地区的占比

单位：%

国家和地区	2010年	2011年	2012年	2013年	2014年	2015年	2016年	2017年	2018年	2019年	合计
美　国	42.86	25.00	33.33	50.00	27.27	0.00	27.27	8.33	11.11	37.50	25.81
英　国	0.00	25.00	11.11	10.00	18.18	0.00	0.00	8.33	0.00	0.00	7.53
加拿大	0.00	0.00	0.00	0.00	9.09	0.00	0.00	16.67	11.11	12.50	5.38
荷　兰	0.00	12.50	11.11	10.00	9.09	0.00	0.00	0.00	11.11	0.00	5.38
法　国	14.29	0.00	0.00	10.00	9.09	0.00	9.09	0.00	11.11	0.00	5.38
德　国	14.29	0.00	11.11	0.00	0.00	0.00	9.09	8.33	11.11	0.00	5.38

续表

国家和地区	2010年	2011年	2012年	2013年	2014年	2015年	2016年	2017年	2018年	2019年	合计
中国大陆	0.00	0.00	0.00	0.00	0.00	12.50	9.09	0.00	11.11	12.50	4.30
意大利	14.29	0.00	11.11	0.00	0.00	0.00	9.09	8.33	0.00	0.00	4.30
巴西	14.29	0.00	11.11	0.00	0.00	12.50	9.09	0.00	0.00	0.00	4.30
澳大利亚	0.00	0.00	0.00	10.00	0.00	0.00	0.00	8.33	0.00	12.50	3.23
瑞典	0.00	12.50	0.00	0.00	0.00	12.50	0.00	0.00	11.11	0.00	3.23
丹麦	0.00	0.00	0.00	0.00	0.00	12.50	0.00	0.00	22.22	0.00	3.23
瑞士	0.00	12.50	0.00	0.00	9.09	0.00	0.00	8.33	0.00	0.00	3.23
肯尼亚	0.00	0.00	0.00	0.00	9.09	0.00	0.00	8.33	0.00	0.00	2.15
伊朗	0.00	0.00	0.00	0.00	0.00	0.00	0.00	8.33	0.00	12.50	2.15
贝宁	0.00	12.50	0.00	0.00	0.00	0.00	0.00	0.00	0.00	0.00	1.08
西班牙	0.00	0.00	0.00	0.00	0.00	0.00	9.09	0.00	0.00	0.00	1.08
法属圭亚那	0.00	0.00	0.00	0.00	0.00	0.00	9.09	0.00	0.00	0.00	1.08
新喀里多尼亚	0.00	0.00	0.00	0.00	0.00	0.00	9.09	0.00	0.00	0.00	1.08
希腊	0.00	0.00	11.11	0.00	0.00	0.00	0.00	0.00	0.00	0.00	1.08

表9-94　寄生物学B层人才排名前20的国家和地区的占比

单位：%

国家和地区	2010年	2011年	2012年	2013年	2014年	2015年	2016年	2017年	2018年	2019年	合计
美国	38.57	32.50	31.03	26.53	36.84	29.46	36.17	34.26	34.82	32.11	33.06
英国	8.57	13.75	12.64	5.10	9.47	7.14	7.45	12.04	8.04	3.67	8.60
德国	1.43	5.00	5.75	3.06	5.26	7.14	4.26	3.70	3.57	6.42	4.66
加拿大	2.86	5.00	4.60	4.08	3.16	4.46	4.26	3.70	3.57	5.50	4.15
巴西	1.43	0.00	3.45	2.04	5.26	3.57	10.64	4.63	4.46	2.75	3.94
澳大利亚	2.86	5.00	2.30	3.06	5.26	4.46	2.13	2.78	6.25	4.59	3.94
法国	5.71	3.75	6.90	5.10	2.11	2.68	3.19	3.70	2.68	3.67	3.83
中国大陆	2.86	0.00	3.45	4.08	3.16	2.68	4.26	0.93	6.25	5.50	3.42
瑞士	1.43	1.25	4.60	4.08	3.16	5.36	0.00	6.48	1.79	2.75	3.21
意大利	0.00	1.25	1.15	3.06	3.16	3.57	2.13	0.93	6.25	5.50	2.90
荷兰	2.86	1.25	3.45	5.10	4.21	1.79	1.06	3.70	1.79	0.92	2.59
瑞典	0.00	1.25	3.45	2.04	2.11	2.68	0.00	0.00	2.68	0.92	1.55
日本	2.86	1.25	2.30	1.02	4.21	0.00	1.06	0.93	0.89	1.83	1.55
西班牙	1.43	3.75	2.30	1.02	1.05	1.79	0.00	0.93	1.79	0.92	1.45
比利时	4.29	1.25	0.00	1.02	1.05	2.68	2.13	0.93	0.00	0.92	1.35

续表

国家和地区	2010年	2011年	2012年	2013年	2014年	2015年	2016年	2017年	2018年	2019年	合计
新加坡	1.43	0.00	1.15	3.06	0.00	0.89	2.13	2.78	0.89	0.92	1.35
印度	0.00	1.25	0.00	1.02	0.00	2.68	1.06	2.78	0.00	0.92	1.04
爱尔兰	0.00	0.00	1.15	3.06	0.00	0.89	1.06	0.00	0.00	1.83	0.83
南非	1.43	0.00	0.00	1.02	0.00	0.89	1.06	1.85	0.89	0.92	0.83
以色列	0.00	1.25	1.15	1.02	1.05	0.00	1.06	0.00	2.68	0.00	0.83

表 9-95 寄生物学 C 层人才排名前 20 的国家和地区的占比

单位：%

国家和地区	2010年	2011年	2012年	2013年	2014年	2015年	2016年	2017年	2018年	2019年	合计
美国	28.70	25.86	26.63	26.55	22.23	24.45	25.32	24.24	21.10	22.65	24.53
英国	9.42	10.77	9.60	9.48	10.49	11.18	9.46	9.32	10.05	9.40	9.92
法国	6.09	6.72	5.49	5.69	4.47	5.12	4.95	5.23	4.57	4.04	5.15
德国	6.38	3.80	5.60	6.53	4.66	5.50	4.50	5.13	4.20	4.61	5.05
澳大利亚	4.20	3.30	4.23	4.74	3.79	3.89	6.04	3.90	3.56	4.32	4.22
瑞士	5.07	5.07	4.46	4.00	4.37	3.98	3.42	4.18	4.20	3.95	4.21
中国大陆	1.59	3.30	2.40	3.27	3.69	3.51	4.41	4.85	4.66	4.79	3.77
巴西	2.03	2.53	2.40	2.85	4.47	3.60	3.06	3.99	5.11	4.98	3.62
荷兰	2.61	2.92	2.74	2.95	2.43	3.60	3.24	2.38	2.19	2.54	2.76
加拿大	3.62	2.53	3.09	3.27	2.82	2.37	2.97	1.43	2.10	2.16	2.59
意大利	1.59	2.15	1.94	2.63	2.82	3.32	2.34	3.14	2.92	1.97	2.53
西班牙	0.87	1.39	2.06	1.90	2.62	1.90	2.70	2.28	2.92	2.82	2.22
日本	2.75	2.66	2.63	1.90	1.65	1.71	1.53	1.52	1.19	1.50	1.83
比利时	1.45	2.03	1.03	1.16	1.17	1.14	1.08	1.62	1.64	1.88	1.41
印度	0.72	1.90	1.49	1.58	1.36	1.42	1.89	1.05	1.37	0.94	1.38
泰国	0.87	1.39	1.94	1.37	2.04	1.04	0.90	1.43	1.46	0.66	1.31
瑞典	1.59	1.14	1.26	0.84	0.68	1.14	0.45	1.05	0.64	1.13	0.96
南非	0.58	0.00	0.80	1.05	0.87	0.85	1.35	0.95	1.19	1.03	0.91
新加坡	1.01	1.14	1.03	0.74	1.55	1.14	0.72	0.67	0.46	0.38	0.87
丹麦	0.58	0.51	0.91	0.84	0.87	0.85	0.63	1.14	0.82	0.75	0.80

三十三 医学化验技术

医学化验技术 A、B、C 层人才最多的国家是美国，分别占该学科全球 A、B、C 层人才的 37.04%、26.64%、24.59%。

中国大陆、德国、英国、澳大利亚、瑞典的 A 层人才比较多，世界占比在

12%~7%之间；奥地利、法国、意大利、卢森堡、中国台湾也有相当数量的A层人才，世界占比均为3.70%。

英国、德国、荷兰、中国大陆、加拿大、意大利、法国、澳大利亚的B层人才比较多，世界占比在8%~4%之间；比利时、西班牙、瑞典、日本、印度、瑞士、丹麦、土耳其、挪威、奥地利、伊朗也有相当数量的B层人才，世界占比超过或接近1%。

中国大陆、意大利、英国、德国、加拿大、荷兰的C层人才比较多，世界占比在8%~3%之间；澳大利亚、西班牙、法国、比利时、日本、瑞典、印度、丹麦、瑞士、韩国、奥地利、巴西、伊朗也有相当数量的C层人才，世界占比超过1%。

表9－96　医学化验技术A层人才的国家和地区的占比

单位：%

国家和地区	2010年	2011年	2012年	2013年	2014年	2015年	2016年	2017年	2018年	2019年	合计
美国	33.33	42.86	60.00	33.33	0.00	25.00	0.00	0.00	0.00	100.00	37.04
中国大陆	0.00	0.00	20.00	0.00	0.00	25.00	0.00	25.00	0.00	0.00	11.11
德国	0.00	14.29	0.00	33.33	0.00	0.00	0.00	25.00	0.00	0.00	11.11
英国	0.00	0.00	20.00	0.00	0.00	0.00	0.00	25.00	0.00	0.00	7.41
澳大利亚	0.00	28.57	0.00	0.00	0.00	0.00	0.00	0.00	0.00	0.00	7.41
瑞典	0.00	14.29	0.00	0.00	0.00	0.00	0.00	25.00	0.00	0.00	7.41
奥地利	0.00	0.00	0.00	0.00	0.00	25.00	0.00	0.00	0.00	0.00	3.70
法国	0.00	0.00	0.00	33.33	0.00	0.00	0.00	0.00	0.00	0.00	3.70
意大利	0.00	0.00	0.00	0.00	0.00	25.00	0.00	0.00	0.00	0.00	3.70
卢森堡	33.33	0.00	0.00	0.00	0.00	0.00	0.00	0.00	0.00	0.00	3.70
中国台湾	33.33	0.00	0.00	0.00	0.00	0.00	0.00	0.00	0.00	0.00	3.70

表9－97　医学化验技术B层人才排名前20的国家和地区的占比

单位：%

国家和地区	2010年	2011年	2012年	2013年	2014年	2015年	2016年	2017年	2018年	2019年	合计
美国	21.43	24.29	29.79	27.66	28.89	31.58	26.00	45.71	23.08	19.48	26.64
英国	7.14	2.86	8.51	6.38	4.44	7.89	10.00	5.71	13.46	7.79	7.36
德国	11.90	4.29	4.26	8.51	11.11	2.63	2.00	0.00	3.85	9.09	5.96

续表

国家和地区	2010年	2011年	2012年	2013年	2014年	2015年	2016年	2017年	2018年	2019年	合计
荷　兰	7. 14	8. 57	8. 51	4. 26	4. 44	5. 26	6. 00	2. 86	3. 85	3. 90	5. 57
中国大陆	7. 14	5. 71	4. 26	6. 38	2. 22	5. 26	2. 00	5. 71	3. 85	9. 09	5. 37
加拿大	4. 76	1. 43	8. 51	10. 64	4. 44	2. 63	12. 00	0. 00	7. 69	1. 30	5. 17
意大利	9. 52	5. 71	6. 38	2. 13	4. 44	7. 89	2. 00	8. 57	3. 85	3. 90	5. 17
法　国	0. 00	5. 71	4. 26	8. 51	0. 00	5. 26	8. 00	8. 57	3. 85	3. 90	4. 77
澳大利亚	4. 76	5. 71	6. 38	4. 26	2. 22	7. 89	2. 00	2. 86	5. 77	2. 60	4. 37
比利时	2. 38	4. 29	0. 00	4. 26	2. 22	5. 26	0. 00	2. 86	3. 85	3. 90	2. 98
西班牙	0. 00	2. 86	0. 00	2. 13	0. 00	7. 89	4. 00	2. 86	3. 85	3. 90	2. 78
瑞　典	2. 38	4. 29	0. 00	2. 13	4. 44	0. 00	2. 00	0. 00	3. 85	2. 60	2. 39
日　本	7. 14	0. 00	2. 13	4. 26	4. 44	0. 00	2. 00	0. 00	1. 92	1. 30	2. 19
印　度	7. 14	1. 43	0. 00	2. 13	2. 22	0. 00	2. 00	2. 86	1. 92	2. 60	2. 19
瑞　士	0. 00	4. 29	0. 00	0. 00	0. 00	0. 00	6. 00	0. 00	1. 92	1. 30	1. 59
丹　麦	0. 00	1. 43	2. 13	2. 13	2. 22	0. 00	0. 00	2. 86	1. 92	1. 30	1. 39
土耳其	0. 00	1. 43	0. 00	0. 00	4. 44	0. 00	0. 00	0. 00	1. 92	2. 60	1. 19
挪　威	0. 00	1. 43	2. 13	0. 00	2. 22	2. 63	2. 00	0. 00	0. 00	1. 30	1. 19
奥地利	2. 38	1. 43	0. 00	2. 13	0. 00	0. 00	0. 00	0. 00	1. 92	1. 30	0. 99
伊　朗	0. 00	0. 00	2. 13	0. 00	0. 00	0. 00	4. 00	2. 86	0. 00	0. 00	0. 80

表 9－98　医学化验技术 C 层人才排名前 20 的国家和地区的占比

单位：%

国家和地区	2010年	2011年	2012年	2013年	2014年	2015年	2016年	2017年	2018年	2019年	合计
美　国	30. 86	27. 45	27. 33	28. 93	26. 99	25. 56	19. 46	24. 75	17. 18	19. 85	24. 59
中国大陆	3. 83	5. 88	5. 42	5. 92	7. 71	8. 00	7. 04	7. 10	12. 68	12. 06	7. 73
意大利	6. 94	6. 79	8. 03	6. 15	7. 47	6. 67	5. 59	7. 30	8. 38	7. 33	7. 07
英　国	6. 46	5. 73	6. 72	6. 38	5. 78	6. 67	6. 42	6. 90	6. 34	6. 11	6. 32
德　国	5. 02	5. 73	6. 29	6. 38	7. 47	4. 89	5. 38	4. 87	6. 34	5. 95	5. 82
加拿大	3. 83	4. 83	3. 25	4. 78	6. 27	5. 11	3. 31	4. 06	4. 50	3. 51	4. 31
荷　兰	4. 07	3. 92	2. 17	3. 42	3. 37	3. 56	7. 04	3. 04	5. 32	3. 82	3. 99
澳大利亚	2. 39	2. 26	5. 42	1. 37	3. 13	1. 78	3. 11	2. 43	3. 68	3. 82	2. 96
西班牙	2. 15	2. 71	2. 39	2. 73	2. 17	3. 11	4. 55	3. 85	2. 04	3. 51	2. 96
法　国	3. 35	2. 11	3. 04	3. 64	2. 65	1. 78	3. 73	3. 25	3. 68	2. 14	2. 88
比利时	3. 59	2. 11	2. 17	2. 51	2. 41	1. 78	2. 90	2. 43	1. 84	1. 83	2. 32
日　本	4. 55	4. 07	1. 95	1. 37	1. 20	1. 11	2. 48	1. 83	1. 23	1. 68	2. 19
瑞　典	1. 44	1. 36	2. 82	2. 28	2. 41	2. 44	2. 07	3. 04	2. 04	1. 68	2. 11

续表

国家和地区	2010年	2011年	2012年	2013年	2014年	2015年	2016年	2017年	2018年	2019年	合计
印　度	2.39	2.41	2.17	1.82	1.69	1.33	0.62	2.43	1.43	1.68	1.81
丹　麦	1.91	1.96	1.52	1.82	1.69	2.67	1.86	2.23	1.43	1.22	1.81
瑞　士	0.96	1.06	1.30	0.68	2.41	1.56	1.24	2.43	1.02	1.53	1.41
韩　国	1.44	1.81	1.52	1.59	0.48	1.33	1.24	1.22	0.82	1.83	1.37
奥地利	1.91	1.51	0.87	0.68	1.45	1.56	0.83	0.41	2.86	1.37	1.35
巴　西	1.20	1.96	0.87	1.59	0.72	2.00	1.45	1.62	1.43	0.46	1.33
伊　朗	0.72	0.75	0.65	0.91	1.20	1.33	1.45	1.42	0.61	3.21	1.29

三十四　放射医学、核医学和影像医学

放射医学、核医学和影像医学 A、B、C 层人才最多的国家是美国，分别占该学科全球 A、B、C 层人才的 25.48%、27.94%、29.46%。

德国、英国、荷兰、意大利、加拿大、法国、中国大陆、比利时、瑞士的 A 层人才比较多，世界占比在 11%～3%；奥地利、澳大利亚、丹麦、韩国、挪威、以色列、西班牙、罗马尼亚、日本、瑞典也有相当数量的 A 层人才，世界占比超过 1%。

英国、德国、加拿大、荷兰、法国、意大利、中国大陆的 B 层人才比较多，世界占比在 10%～3% 之间；澳大利亚、瑞士、韩国、比利时、奥地利、日本、西班牙、丹麦、瑞典、中国香港、挪威、印度也有相当数量的 B 层人才，世界占比超过或接近 1%。

德国、英国、荷兰、中国大陆、加拿大、意大利、法国、瑞士的 C 层人才比较多，世界占比在 10%～3% 之间；日本、韩国、澳大利亚、比利时、西班牙、奥地利、瑞典、丹麦、挪威、巴西、印度也有相当数量的 C 层人才，大部分世界占比超过 1%。

表 9－99　放射医学、核医学和影像医学 A 层人才排名前 20 的国家和地区的占比

单位：%

国家和地区	2010年	2011年	2012年	2013年	2014年	2015年	2016年	2017年	2018年	2019年	合计
美　国	26.32	36.11	34.04	21.95	30.43	16.00	21.95	24.07	21.43	25.86	25.48
德　国	10.53	16.67	6.38	12.20	10.87	14.00	7.32	11.11	1.79	13.79	10.28
英　国	13.16	8.33	17.02	12.20	8.70	8.00	9.76	7.41	8.93	8.62	10.06

续表

国家和地区	2010年	2011年	2012年	2013年	2014年	2015年	2016年	2017年	2018年	2019年	合计
荷 兰	5.26	2.78	8.51	0.00	4.35	6.00	9.76	9.26	3.57	8.62	6.00
意大利	5.26	0.00	6.38	7.32	8.70	6.00	0.00	3.70	5.36	1.72	4.50
加拿大	2.63	5.56	4.26	2.44	4.35	6.00	0.00	7.41	3.57	5.17	4.28
法 国	5.26	2.78	4.26	9.76	4.35	6.00	0.00	3.70	5.36	0.00	4.07
中国大陆	0.00	2.78	0.00	2.44	2.17	0.00	9.76	5.56	8.93	3.45	3.64
比利时	5.26	2.78	4.26	2.44	2.17	6.00	2.44	1.85	1.79	3.45	3.21
瑞 士	7.89	5.56	0.00	2.44	2.17	2.00	4.88	5.56	0.00	1.72	3.00
奥地利	5.26	2.78	2.13	2.44	0.00	4.00	0.00	3.70	7.14	0.00	2.78
澳大利亚	5.26	2.78	0.00	2.44	2.17	2.00	0.00	1.85	3.57	5.17	2.57
丹 麦	2.63	0.00	4.26	0.00	0.00	2.00	2.44	1.85	3.57	5.17	2.36
韩 国	0.00	0.00	2.13	0.00	4.35	2.00	4.88	3.70	3.57	1.72	2.36
挪 威	0.00	0.00	2.13	7.32	2.17	0.00	0.00	1.85	3.57	1.72	1.93
以色列	0.00	0.00	0.00	0.00	4.35	4.00	4.88	0.00	0.00	1.72	1.50
西班牙	0.00	2.78	0.00	2.44	0.00	2.00	2.44	0.00	1.79	1.72	1.28
罗马尼亚	0.00	0.00	2.13	4.88	0.00	0.00	0.00	1.85	3.57	0.00	1.28
日 本	0.00	0.00	0.00	0.00	4.35	4.00	0.00	1.85	1.79	0.00	1.28
瑞 典	0.00	0.00	0.00	0.00	0.00	2.00	0.00	1.85	1.79	3.45	1.07

表 9-100 放射医学、核医学和影像医学 B 层人才排名前 20 的国家和地区的占比

单位：%

国家和地区	2010年	2011年	2012年	2013年	2014年	2015年	2016年	2017年	2018年	2019年	合计
美 国	41.06	32.31	36.56	27.06	31.39	21.06	23.72	22.57	24.39	24.45	27.94
英 国	7.26	10.51	12.83	12.73	8.30	9.31	8.76	7.25	8.40	8.42	9.28
德 国	8.38	9.74	10.65	8.22	8.97	8.87	11.32	9.11	6.76	8.62	9.06
加拿大	5.87	4.36	5.81	6.10	4.48	6.87	4.49	6.21	6.35	5.21	5.58
荷 兰	4.19	5.13	3.39	5.84	4.48	5.76	6.41	4.76	5.74	6.01	5.21
法 国	3.07	5.38	3.63	3.45	3.36	6.87	3.85	5.80	5.12	3.81	4.48
意大利	3.07	4.10	2.91	5.04	3.81	5.76	4.27	3.93	4.10	4.21	4.14
中国大陆	2.79	1.79	2.91	1.59	4.04	3.10	2.78	3.93	4.51	5.41	3.38
澳大利亚	1.68	2.56	2.66	4.24	2.47	2.22	2.35	3.11	3.48	2.81	2.77
瑞 士	2.51	2.56	1.45	3.18	4.04	2.22	2.78	2.28	2.46	3.21	2.68
韩 国	0.56	1.79	1.45	1.59	3.81	2.66	1.71	2.69	4.30	4.21	2.58
比利时	2.23	1.54	2.66	1.86	1.79	2.66	3.21	2.48	1.43	2.20	2.22
奥地利	1.96	2.82	0.97	1.86	2.02	1.33	2.35	2.07	2.25	2.81	2.06

续表

国家和地区	2010年	2011年	2012年	2013年	2014年	2015年	2016年	2017年	2018年	2019年	合计
日　本	2.51	1.54	1.21	2.39	1.79	2.44	1.71	2.07	2.25	2.40	2.04
西班牙	2.23	1.03	1.94	1.59	1.79	2.88	1.71	2.48	2.25	1.20	1.92
丹　麦	1.40	1.28	1.45	1.86	1.12	2.88	2.56	1.45	1.84	2.61	1.88
瑞　典	1.96	2.05	1.45	1.86	0.90	1.55	2.35	1.24	1.02	0.60	1.46
中国香港	0.56	0.77	1.21	0.53	0.90	0.44	0.00	2.07	0.82	0.80	0.82
挪　威	0.56	0.51	0.24	0.80	1.12	0.67	1.71	1.04	0.41	0.80	0.80
印　度	0.28	0.77	0.00	0.80	1.12	0.22	1.07	1.45	1.02	0.80	0.78

表 9－101　放射医学、核医学和影像医学 C 层人才排名前 20 的国家和地区的占比

单位：%

国家和地区	2010年	2011年	2012年	2013年	2014年	2015年	2016年	2017年	2018年	2019年	合计
美　国	33.55	33.50	32.57	30.53	29.92	28.85	27.58	28.46	27.53	24.57	29.46
德　国	10.19	10.36	9.72	10.28	10.27	10.52	10.59	9.31	9.20	8.45	9.85
英　国	7.76	7.96	7.30	7.49	7.14	7.28	7.81	7.51	7.41	8.39	7.61
荷　兰	6.41	5.39	5.66	6.04	5.21	5.57	5.13	4.38	4.85	5.11	5.33
中国大陆	2.52	3.25	3.82	2.85	3.96	4.63	5.39	5.18	5.88	8.10	4.71
加拿大	4.98	4.76	4.54	4.91	4.45	4.88	4.35	4.86	4.93	4.28	4.68
意大利	4.01	3.83	4.10	4.56	4.57	4.29	4.76	5.01	4.95	5.19	4.56
法　国	4.01	3.90	4.03	4.56	4.29	4.04	4.52	4.12	4.01	3.95	4.14
瑞　士	2.63	3.20	2.74	3.63	3.08	2.83	3.26	2.91	3.47	3.24	3.10
日　本	3.49	3.67	3.38	2.47	2.67	2.14	2.72	2.58	2.31	2.20	2.73
韩　国	2.26	2.26	2.93	2.69	3.06	2.71	2.57	2.49	2.65	3.01	2.68
澳大利亚	1.66	1.80	1.99	2.23	1.95	2.33	2.35	2.06	2.78	2.50	2.19
比利时	2.18	1.69	2.06	2.34	1.85	1.92	1.61	1.71	2.05	1.97	1.93
西班牙	1.77	1.46	1.70	2.04	1.90	2.01	1.67	1.76	1.68	1.67	1.76
奥地利	1.69	1.22	1.44	1.32	1.25	1.44	1.54	1.84	1.74	1.63	1.52
瑞　典	1.52	1.20	1.49	1.40	1.11	1.46	1.15	1.65	1.46	1.38	1.38
丹　麦	0.94	0.78	1.03	1.45	1.65	1.32	1.87	1.34	1.64	1.55	1.38
挪　威	0.63	0.70	0.60	0.64	0.70	1.00	0.74	0.69	0.75	0.77	0.73
巴　西	0.52	0.57	0.72	0.59	0.60	0.52	0.65	0.85	0.73	0.63	0.64
印　度	0.34	0.57	0.60	0.56	0.76	0.57	0.89	0.72	0.56	0.67	0.63

三十五　法医学

法医学 A、B、C 层人才最多的国家是美国，分别占该学科全球 A、B、C 层人才的 33.33%、22.10%、19.69%。

英国、荷兰、瑞士的 A 层人才比较多，世界占比在 17%～11% 之间；波兰、澳大利亚、丹麦、希腊、爱尔兰也有相当数量的 A 层人才，世界占比均为 5.56%。

英国、德国、荷兰、瑞士、意大利、澳大利亚、奥地利、法国的 B 层人才比较多，世界占比在 11%～3% 之间；比利时、中国大陆、加拿大、挪威、葡萄牙、西班牙、日本、丹麦、波兰、沙特阿拉伯、爱尔兰也有相当数量的 B 层人才，世界占比超过 1%。

英国、德国、瑞士、澳大利亚、中国大陆、意大利、荷兰、西班牙的 C 层人才比较多，世界占比在 9%～3% 之间；法国、比利时、奥地利、丹麦、加拿大、日本、挪威、巴西、沙特阿拉伯、波兰、瑞典也有相当数量的 C 层人才，世界占比超过 1%。

表 9－102 法医学 A 层人才的国家的占比

单位：%

国家和地区	2010年	2011年	2012年	2013年	2014年	2015年	2016年	2017年	2018年	2019年	合计
美国	50.00	100.00	0.00	0.00	0.00	0.00	50.00	25.00	100.00	25.00	33.33
英国	50.00	0.00	0.00	0.00	0.00	0.00	0.00	25.00	0.00	25.00	16.67
荷兰	0.00	0.00	0.00	33.33	0.00	0.00	0.00	0.00	0.00	25.00	11.11
瑞士	0.00	0.00	0.00	0.00	0.00	0.00	50.00	25.00	0.00	0.00	11.11
波兰	0.00	0.00	0.00	33.33	0.00	0.00	0.00	0.00	0.00	0.00	5.56
澳大利亚	0.00	0.00	0.00	0.00	0.00	0.00	0.00	0.00	0.00	25.00	5.56
丹麦	0.00	0.00	0.00	0.00	100.00	0.00	0.00	0.00	0.00	0.00	5.56
希腊	0.00	0.00	0.00	33.33	0.00	0.00	0.00	0.00	0.00	0.00	5.56
爱尔兰	0.00	0.00	0.00	0.00	0.00	0.00	0.00	25.00	0.00	0.00	5.56

表 9－103 法医学 B 层人才排名前 20 的国家和地区的占比

单位：%

国家和地区	2010年	2011年	2012年	2013年	2014年	2015年	2016年	2017年	2018年	2019年	合计
美国	11.11	29.63	13.64	12.00	25.00	20.59	24.24	23.81	25.71	28.13	22.10
英国	16.67	14.81	18.18	4.00	25.00	8.82	3.03	7.14	8.57	12.50	10.14
德国	11.11	11.11	9.09	8.00	12.50	11.76	9.09	4.76	5.71	6.25	8.33

续表

国家和地区	2010年	2011年	2012年	2013年	2014年	2015年	2016年	2017年	2018年	2019年	合计
荷　　兰	5.56	7.41	13.64	4.00	0.00	8.82	9.09	7.14	5.71	0.00	6.52
瑞　　士	0.00	7.41	9.09	4.00	0.00	8.82	6.06	7.14	2.86	3.13	5.43
意 大 利	0.00	3.70	0.00	4.00	12.50	8.82	3.03	4.76	5.71	9.38	5.07
澳大利亚	16.67	7.41	0.00	8.00	0.00	0.00	0.00	2.38	2.86	3.13	3.62
奥 地 利	5.56	3.70	0.00	4.00	0.00	0.00	6.06	4.76	5.71	0.00	3.26
法　　国	0.00	0.00	4.55	4.00	12.50	2.94	0.00	4.76	5.71	3.13	3.26
比 利 时	0.00	0.00	0.00	4.00	0.00	8.82	6.06	2.38	2.86	0.00	2.90
中国大陆	0.00	3.70	4.55	0.00	0.00	2.94	0.00	2.38	5.71	6.25	2.90
加 拿 大	5.56	3.70	4.55	4.00	0.00	0.00	0.00	2.38	2.86	3.13	2.54
挪　　威	0.00	0.00	4.55	4.00	12.50	0.00	6.06	2.38	0.00	3.13	2.54
葡 萄 牙	5.56	3.70	0.00	4.00	0.00	0.00	3.03	2.38	2.86	3.13	2.54
西 班 牙	5.56	0.00	4.55	8.00	0.00	0.00	3.03	4.76	0.00	0.00	2.54
日　　本	11.11	0.00	0.00	4.00	0.00	2.94	0.00	4.76	2.86	0.00	2.54
丹　　麦	0.00	3.70	0.00	0.00	0.00	2.94	3.03	2.38	2.86	0.00	1.81
波　　兰	0.00	0.00	0.00	8.00	0.00	0.00	0.00	0.00	5.71	0.00	1.45
沙特阿拉伯	0.00	0.00	0.00	0.00	0.00	0.00	9.09	2.38	0.00	0.00	1.45
爱 尔 兰	0.00	0.00	4.55	0.00	0.00	5.88	0.00	2.38	0.00	0.00	1.45

表 9-104　法医学 C 层人才排名前 20 的国家和地区的占比

单位：%

国家和地区	2010年	2011年	2012年	2013年	2014年	2015年	2016年	2017年	2018年	2019年	合计
美　　国	18.72	20.25	18.43	21.17	17.56	23.08	19.44	19.54	21.41	17.41	19.69
英　　国	9.36	8.86	9.80	9.12	6.85	8.74	6.94	11.17	9.27	8.19	8.86
德　　国	12.81	8.44	7.45	6.57	6.55	4.90	5.56	7.61	5.75	4.78	6.84
瑞　　士	2.96	8.02	6.67	6.93	5.65	4.20	8.68	3.81	6.39	4.10	5.70
澳大利亚	6.40	6.33	4.31	6.57	5.95	5.24	5.21	4.31	4.79	4.10	5.24
中国大陆	2.46	2.11	1.96	2.55	2.38	4.90	6.25	4.82	10.86	8.53	4.86
意 大 利	4.43	2.53	5.10	3.65	5.65	3.85	5.90	5.33	3.19	6.48	4.69
荷　　兰	2.96	6.75	4.71	2.55	3.57	4.20	4.51	3.55	5.43	4.44	4.24
西 班 牙	2.46	3.38	5.49	4.01	2.98	2.80	2.78	3.30	2.24	2.73	3.20
法　　国	3.45	4.22	3.92	3.28	3.27	1.05	2.43	2.03	1.28	3.07	2.71
比 利 时	5.42	0.84	2.75	3.65	2.98	1.40	1.74	2.54	0.64	2.39	2.36
奥 地 利	0.99	1.27	1.57	1.46	3.57	2.10	2.43	2.54	2.56	2.73	2.22
丹　　麦	1.48	1.69	2.75	1.82	3.57	2.10	1.74	2.28	1.92	1.37	2.12
加 拿 大	2.96	1.69	1.57	2.19	1.79	3.50	1.74	2.28	2.24	1.02	2.08
日　　本	2.96	2.95	2.75	1.82	2.68	2.45	2.08	1.27	1.28	0.68	2.01

续表

国家和地区	2010年	2011年	2012年	2013年	2014年	2015年	2016年	2017年	2018年	2019年	合计
挪　　威	1.48	2.11	3.53	1.46	2.38	2.45	1.39	1.78	0.64	0.68	1.77
巴　　西	0.99	0.84	0.78	1.46	1.49	4.90	1.74	1.02	2.24	1.37	1.70
沙特阿拉伯	0.99	0.00	0.00	1.46	2.38	1.75	1.04	3.81	2.24	0.68	1.60
波　　兰	1.97	0.84	0.39	2.55	2.68	1.40	1.04	1.27	0.96	1.37	1.46
瑞　　典	1.48	1.27	1.96	1.09	0.89	1.05	1.39	2.03	0.96	2.39	1.46

三十六　老年病学和老年医学

老年病学和老年医学 A、B、C 层人才最多的国家是美国，分别占该学科全球 A、B、C 层人才的 20.45%、23.95%、26.04%。

英国、意大利、澳大利亚、荷兰、法国、德国、加拿大、比利时、西班牙、瑞士的 A 层人才比较多，世界占比在 15%～3% 之间；中国香港、中国台湾、爱尔兰、泰国、日本、土耳其、马来西亚、墨西哥、奥地利也有相当数量的 A 层人才，世界占比均为 1.14%。

英国、意大利、荷兰、澳大利亚、加拿大、德国、西班牙、法国、中国大陆的 B 层人才比较多，世界占比在 13%～3% 之间；瑞典、瑞士、日本、比利时、爱尔兰、中国香港、以色列、奥地利、新西兰、芬兰也有相当数量的 B 层人才，世界占比超过或接近 1%。

英国、意大利、中国大陆、澳大利亚、德国、加拿大、荷兰、西班牙、法国的 C 层人才比较多，世界占比在 10%～3% 之间；瑞典、日本、瑞士、比利时、巴西、韩国、爱尔兰、芬兰、丹麦、挪威也有相当数量的 C 层人才，世界占比超过或接近 1%。

表 9－105　老年病学和老年医学 A 层人才排名前 20 的国家和地区的占比

单位：%

国家和地区	2010年	2011年	2012年	2013年	2014年	2015年	2016年	2017年	2018年	2019年	合计
美　　国	0.00	33.33	42.86	10.00	18.18	33.33	7.69	28.57	33.33	6.67	20.45
英　　国	0.00	0.00	14.29	10.00	0.00	33.33	15.38	14.29	16.67	20.00	14.77
意 大 利	0.00	33.33	0.00	10.00	9.09	0.00	7.69	21.43	33.33	6.67	11.36
澳大利亚	0.00	0.00	14.29	0.00	0.00	0.00	23.08	7.14	0.00	6.67	6.82

续表

国家和地区	2010年	2011年	2012年	2013年	2014年	2015年	2016年	2017年	2018年	2019年	合计
荷　　兰	0.00	0.00	14.29	10.00	9.09	0.00	15.38	0.00	0.00	6.67	6.82
法　　国	0.00	0.00	0.00	10.00	0.00	0.00	0.00	7.14	16.67	6.67	4.55
德　　国	0.00	0.00	0.00	10.00	0.00	0.00	7.69	7.14	0.00	6.67	4.55
加 拿 大	0.00	0.00	0.00	20.00	0.00	22.22	0.00	0.00	0.00	0.00	4.55
比 利 时	0.00	0.00	0.00	10.00	0.00	0.00	0.00	7.14	0.00	6.67	3.41
西 班 牙	0.00	33.33	0.00	0.00	0.00	0.00	0.00	0.00	0.00	13.33	3.41
瑞　　士	0.00	0.00	0.00	0.00	0.00	0.00	15.38	7.14	0.00	0.00	3.41
中国香港	0.00	0.00	0.00	0.00	9.09	0.00	0.00	0.00	0.00	0.00	1.14
中国台湾	0.00	0.00	0.00	0.00	9.09	0.00	0.00	0.00	0.00	0.00	1.14
爱 尔 兰	0.00	0.00	0.00	0.00	0.00	11.11	0.00	0.00	0.00	0.00	1.14
泰　　国	0.00	0.00	0.00	0.00	9.09	0.00	0.00	0.00	0.00	0.00	1.14
日　　本	0.00	0.00	0.00	0.00	9.09	0.00	0.00	0.00	0.00	0.00	1.14
土 耳 其	0.00	0.00	0.00	0.00	0.00	0.00	0.00	0.00	0.00	6.67	1.14
马来西亚	0.00	0.00	0.00	0.00	9.09	0.00	0.00	0.00	0.00	0.00	1.14
墨 西 哥	0.00	0.00	0.00	10.00	0.00	0.00	0.00	0.00	0.00	0.00	1.14
奥 地 利	0.00	0.00	0.00	0.00	0.00	0.00	7.69	0.00	0.00	0.00	1.14

表 9－106　老年病学和老年医学 B 层人才排名前 20 的国家和地区的占比

单位：%

国家和地区	2010年	2011年	2012年	2013年	2014年	2015年	2016年	2017年	2018年	2019年	合计
美　　国	25.33	32.93	29.21	25.00	35.64	25.96	23.53	16.00	18.31	17.36	23.95
英　　国	6.67	15.85	8.99	10.87	13.86	15.38	10.92	14.40	14.79	9.03	12.21
意 大 利	8.00	6.10	8.99	4.35	5.94	7.69	7.56	8.80	7.04	7.64	7.27
荷　　兰	6.67	6.10	10.11	7.61	6.93	6.73	4.20	1.60	4.23	4.86	5.59
澳大利亚	6.67	2.44	5.62	7.61	1.98	3.85	4.20	5.60	4.93	4.86	4.75
加 拿 大	5.33	6.10	4.49	5.43	3.96	4.81	2.52	3.20	4.93	6.25	4.66
德　　国	10.67	6.10	4.49	4.35	1.98	3.85	3.36	4.00	4.23	4.17	4.47
西 班 牙	4.00	1.22	2.25	8.70	2.97	3.85	5.04	6.40	3.52	3.47	4.19
法　　国	2.67	2.44	4.49	9.78	2.97	3.85	3.36	6.40	2.11	2.78	4.01
中国大陆	0.00	0.00	0.00	0.00	2.97	0.96	3.36	4.80	6.34	8.33	3.26
瑞　　典	4.00	6.10	0.00	2.17	1.98	2.88	1.68	0.80	2.11	2.78	2.33
瑞　　士	2.67	2.44	3.37	2.17	0.99	0.96	4.20	0.00	2.11	3.47	2.24
日　　本	0.00	2.44	1.12	2.17	2.97	0.00	1.68	0.80	3.52	2.78	1.86
比 利 时	2.67	0.00	0.00	0.00	0.99	1.92	4.20	1.60	2.11	1.39	1.58

续表

国家和地区	2010年	2011年	2012年	2013年	2014年	2015年	2016年	2017年	2018年	2019年	合计
爱尔兰	1.33	3.66	1.12	1.09	2.97	1.92	0.84	1.60	0.70	0.69	1.49
中国香港	1.33	0.00	2.25	0.00	2.97	2.88	0.00	0.80	0.70	1.39	1.21
以色列	0.00	1.22	2.25	2.17	0.00	2.88	0.84	1.60	0.00	1.39	1.21
奥地利	2.67	0.00	2.25	1.09	0.00	1.92	0.00	0.00	2.82	0.69	1.12
新西兰	1.33	0.00	1.12	0.00	0.99	1.92	0.00	0.80	1.41	0.69	0.84
芬兰	0.00	0.00	2.25	1.09	0.99	0.00	1.68	0.80	0.00	1.39	0.84

表 9-107 老年病学和老年医学 C 层人才排名前 20 的国家和地区的占比

单位：%

国家和地区	2010年	2011年	2012年	2013年	2014年	2015年	2016年	2017年	2018年	2019年	合计
美国	36.62	37.55	31.28	29.47	27.05	24.86	22.54	22.54	20.52	20.01	26.04
英国	9.12	10.43	9.25	9.43	10.25	9.05	11.36	10.17	9.73	9.72	9.88
意大利	5.44	5.61	6.39	5.57	6.25	5.33	5.01	6.59	6.53	6.50	5.98
中国大陆	1.32	2.09	2.53	2.79	2.73	4.00	4.74	5.86	8.13	12.20	5.22
澳大利亚	5.74	3.91	4.96	5.36	4.39	5.24	6.17	4.07	5.32	4.97	5.01
德国	5.15	5.61	5.62	5.47	5.18	5.62	3.94	3.99	5.17	4.16	4.91
加拿大	5.44	4.17	5.95	4.82	4.10	5.71	4.38	4.15	4.41	4.60	4.72
荷兰	4.41	3.65	4.19	4.93	4.88	3.90	4.38	3.99	4.10	4.02	4.23
西班牙	1.62	3.26	3.63	3.64	3.71	4.10	3.94	3.99	4.03	2.99	3.57
法国	2.21	3.39	3.41	3.54	3.42	4.95	3.04	3.50	2.51	2.48	3.23
瑞典	2.06	2.22	2.42	2.36	2.83	1.71	2.42	2.60	2.89	1.75	2.34
日本	1.91	1.43	1.76	2.04	2.25	3.14	2.68	3.01	1.75	2.05	2.24
瑞士	2.06	2.48	1.43	1.61	1.95	2.19	2.15	2.60	2.13	1.97	2.07
比利时	1.32	0.65	1.21	1.82	1.76	1.52	1.70	1.79	1.75	2.63	1.69
巴西	0.29	0.65	0.88	1.18	1.46	1.14	2.15	1.55	1.29	1.75	1.32
韩国	0.88	0.13	1.21	1.93	1.46	1.05	1.16	1.14	1.90	1.61	1.31
爱尔兰	1.18	0.78	1.32	1.39	0.78	0.86	1.07	1.38	1.22	0.88	1.09
芬兰	1.03	1.43	0.99	1.18	1.66	0.86	0.89	1.06	0.99	0.37	1.01
丹麦	1.91	0.78	0.99	1.29	0.98	0.67	0.98	0.98	0.53	0.95	0.96
挪威	0.88	0.65	0.88	1.18	1.17	0.67	0.89	0.90	0.99	0.80	0.90

三十七 初级卫生保健

初级卫生保健 A、B、C 层人才最多的国家是美国，分别占该学科全球 A、B、C 层人才的 46.15%、38.83%、31.78%。

英国、荷兰、加拿大的 A 层人才比较多，世界占比在20%~11%之间；澳大利亚、爱尔兰、新西兰也有相当数量的 A 层人才，世界占比均为3.85%。

英国、加拿大、荷兰、澳大利亚的 B 层人才比较多，世界占比在19%~3%之间；西班牙、爱尔兰、丹麦、德国、瑞典、意大利、法国、墨西哥、波兰、中国台湾、韩国、希腊、比利时、巴西、智利也有相当数量的 B 层人才。

英国、加拿大、澳大利亚、荷兰的 C 层人才比较多，世界占比在19%~6%之间；西班牙、德国、比利时、丹麦、瑞典、挪威、新西兰、意大利、瑞士、爱尔兰、中国大陆、法国、韩国、南非、希腊也有相当数量的 C 层人才。

表 9-108　初级卫生保健 A 层人才的国家和地区的占比

单位：%

国家和地区	2010年	2011年	2012年	2013年	2014年	2015年	2016年	2017年	2018年	2019年	合计
美　国	0.00	50.00	50.00	66.67	100.00	50.00	66.67	33.33	50.00	33.33	46.15
英　国	33.33	50.00	0.00	0.00	0.00	25.00	0.00	0.00	50.00	33.33	19.23
荷　兰	0.00	0.00	0.00	33.33	0.00	0.00	0.00	66.67	0.00	0.00	11.54
加拿大	0.00	0.00	50.00	0.00	0.00	25.00	33.33	0.00	0.00	0.00	11.54
澳大利亚	33.33	0.00	0.00	0.00	0.00	0.00	0.00	0.00	0.00	0.00	3.85
爱尔兰	0.00	0.00	0.00	0.00	0.00	0.00	0.00	0.00	0.00	33.33	3.85
新西兰	33.33	0.00	0.00	0.00	0.00	0.00	0.00	0.00	0.00	0.00	3.85

表 9-109　初级卫生保健 B 层人才排名前 20 的国家和地区的占比

单位：%

国家和地区	2010年	2011年	2012年	2013年	2014年	2015年	2016年	2017年	2018年	2019年	合计
美　国	54.55	48.39	45.16	33.33	25.00	25.71	43.75	41.94	33.33	43.75	38.83
英　国	18.18	16.13	16.13	18.18	18.75	17.14	25.00	16.13	20.00	21.88	18.77
加拿大	9.09	6.45	9.68	6.06	9.38	11.43	12.50	12.90	23.33	6.25	10.68
荷　兰	9.09	9.68	9.68	3.03	15.63	5.71	3.13	12.90	0.00	0.00	6.80
澳大利亚	0.00	3.23	3.23	0.00	6.25	2.86	3.13	6.45	6.67	0.00	3.24
西班牙	0.00	0.00	3.23	6.06	3.13	5.71	0.00	3.23	6.67	0.00	2.91

续表

国家和地区	2010年	2011年	2012年	2013年	2014年	2015年	2016年	2017年	2018年	2019年	合计
爱尔兰	0.00	3.23	3.23	0.00	9.38	2.86	0.00	0.00	0.00	0.00	1.94
丹麦	0.00	3.23	3.23	3.03	0.00	2.86	3.13	0.00	0.00	3.13	1.94
德国	0.00	0.00	3.23	3.03	3.13	8.57	0.00	0.00	0.00	0.00	1.94
瑞典	0.00	0.00	0.00	0.00	3.13	2.86	3.13	0.00	0.00	0.00	0.97
意大利	0.00	0.00	0.00	6.06	0.00	2.86	0.00	0.00	0.00	0.00	0.97
法国	0.00	3.23	0.00	3.03	3.13	0.00	0.00	0.00	0.00	0.00	0.97
墨西哥	0.00	3.23	0.00	0.00	0.00	0.00	3.13	0.00	0.00	0.00	0.65
波兰	0.00	0.00	0.00	3.03	0.00	2.86	0.00	0.00	0.00	0.00	0.65
中国台湾	4.55	0.00	0.00	0.00	0.00	0.00	0.00	0.00	0.00	3.13	0.65
韩国	0.00	0.00	3.23	0.00	0.00	0.00	0.00	0.00	0.00	3.13	0.65
希腊	0.00	3.23	0.00	0.00	0.00	0.00	0.00	3.23	0.00	0.00	0.65
比利时	0.00	0.00	0.00	3.03	3.13	0.00	0.00	0.00	0.00	0.00	0.65
巴西	0.00	0.00	0.00	0.00	0.00	2.86	0.00	0.00	3.33	0.00	0.65
智利	0.00	0.00	0.00	0.00	0.00	0.00	0.00	3.23	3.33	0.00	0.65

表 9-110 初级卫生保健 C 层人才排名前 20 的国家和地区的占比

单位：%

国家和地区	2010年	2011年	2012年	2013年	2014年	2015年	2016年	2017年	2018年	2019年	合计
美国	32.12	34.55	32.56	32.18	31.67	32.66	33.54	28.18	30.63	28.91	31.78
英国	18.98	16.06	17.94	19.56	18.00	18.21	22.88	20.27	19.93	17.01	18.86
加拿大	6.93	10.00	6.31	5.99	9.00	10.40	8.46	7.56	9.96	8.16	8.31
澳大利亚	5.84	6.36	6.98	6.31	6.33	8.67	4.70	8.25	5.90	3.74	6.34
荷兰	6.20	6.36	5.98	5.99	5.67	6.07	10.34	5.50	4.06	6.12	6.28
西班牙	3.65	3.03	3.65	2.84	2.33	1.73	1.88	3.09	1.11	3.40	2.66
德国	1.46	3.03	2.66	1.58	4.00	1.73	2.19	1.03	2.58	1.36	2.17
比利时	1.82	3.03	1.66	3.15	2.67	1.16	1.25	1.72	0.74	1.70	1.91
丹麦	1.46	1.82	0.33	0.95	2.67	2.60	1.88	1.03	3.69	1.70	1.81
瑞典	2.19	2.42	1.66	1.58	1.33	1.45	1.25	1.72	3.32	1.36	1.81
挪威	2.55	2.73	1.99	1.58	2.00	1.73	0.63	2.06	1.11	1.02	1.74
新西兰	1.09	1.21	1.66	1.26	0.33	1.16	0.31	1.37	1.48	1.02	1.08
意大利	2.19	0.61	1.33	1.89	0.33	0.29	1.57	1.03	1.11	0.68	1.08
瑞士	1.46	1.21	1.00	0.00	0.67	0.29	1.25	0.69	0.74	3.40	1.05
爱尔兰	1.82	0.00	1.00	0.63	1.33	1.45	0.31	2.06	1.85	0.34	1.05

续表

国家和地区	2010年	2011年	2012年	2013年	2014年	2015年	2016年	2017年	2018年	2019年	合计
中国大陆	0.73	0.30	0.00	0.95	1.00	2.31	0.63	1.37	1.11	0.34	0.89
法　　国	1.09	0.61	1.66	0.95	0.67	0.00	0.31	0.69	0.37	2.04	0.82
韩　　国	0.36	0.30	0.33	2.21	0.67	0.00	0.94	0.69	0.37	2.38	0.82
南　　非	0.00	0.00	0.00	0.32	0.67	1.73	0.63	2.06	1.11	0.34	0.69
希　　腊	1.09	0.91	0.33	0.63	0.67	0.00	0.31	0.69	0.37	1.70	0.66

三十八　公共卫生、环境卫生和职业卫生

公共卫生、环境卫生和职业卫生 A、B、C 层人才最多的国家是美国，分别占该学科全球 A、B、C 层人才的 24.12%、22.02%、30.77%。

英国、加拿大、澳大利亚、荷兰、瑞士的 A 层人才比较多，世界占比在 10%~3%之间；德国、瑞典、西班牙、南非、中国大陆、印度、挪威、巴西、丹麦、新西兰、法国、墨西哥、新加坡、意大利也有相当数量的 A 层人才，世界占比超过 1%。

英国、加拿大、澳大利亚、瑞士的 B 层人才比较多，世界占比在 10%~3%之间；荷兰、德国、中国大陆、巴西、瑞典、西班牙、印度、法国、南非、丹麦、意大利、挪威、日本、韩国、芬兰也有相当数量的 B 层人才，世界占比超过 1%。

英国、加拿大、澳大利亚、中国大陆、荷兰的 C 层人才比较多，世界占比在 11%~3%之间；德国、瑞典、法国、瑞士、西班牙、意大利、丹麦、巴西、南非、挪威、比利时、印度、芬兰、日本也有相当数量的C层人才，世界占比超过或接近 1%。

表 9-111　公共卫生、环境卫生和职业卫生 A 层人才排名前 20 的国家和地区的占比

单位：%

国家和地区	2010年	2011年	2012年	2013年	2014年	2015年	2016年	2017年	2018年	2019年	合计
美　　国	44.00	16.00	3.33	25.93	12.28	0.00	0.00	16.67	30.59	27.78	24.12
英　　国	10.00	10.00	3.33	20.37	7.02	0.00	0.00	13.89	8.24	6.67	9.73
加 拿 大	14.00	14.00	3.33	3.70	1.75	0.00	0.00	2.78	5.88	4.44	6.19
澳大利亚	4.00	6.00	3.33	9.26	3.51	0.00	0.00	11.11	3.53	4.44	5.31

续表

国家和地区	2010年	2011年	2012年	2013年	2014年	2015年	2016年	2017年	2018年	2019年	合计
荷　　兰	6.00	4.00	3.33	5.56	1.75	0.00	0.00	8.33	4.71	3.33	4.42
瑞　　士	4.00	10.00	0.00	3.70	1.75	0.00	0.00	8.33	2.35	3.33	3.98
德　　国	6.00	6.00	0.00	3.70	1.75	0.00	0.00	5.56	1.18	1.11	2.88
瑞　　典	0.00	4.00	3.33	1.85	3.51	0.00	0.00	0.00	1.18	5.56	2.65
西 班 牙	4.00	8.00	3.33	0.00	0.00	0.00	0.00	0.00	4.71	1.11	2.65
南　　非	2.00	0.00	3.33	1.85	1.75	0.00	0.00	8.33	1.18	4.44	2.65
中国大陆	0.00	0.00	3.33	3.70	1.75	0.00	0.00	0.00	3.53	5.56	2.65
印　　度	0.00	0.00	3.33	3.70	1.75	0.00	0.00	5.56	3.53	1.11	2.21
挪　　威	0.00	8.00	0.00	1.85	1.75	0.00	0.00	0.00	1.18	1.11	1.77
巴　　西	2.00	0.00	0.00	1.85	1.75	0.00	0.00	0.00	2.35	3.33	1.77
丹　　麦	2.00	6.00	3.33	0.00	1.75	0.00	0.00	2.78	0.00	1.11	1.77
新 西 兰	0.00	2.00	3.33	3.70	1.75	0.00	0.00	0.00	0.00	1.11	1.33
法　　国	0.00	4.00	3.33	0.00	0.00	0.00	0.00	0.00	2.35	1.11	1.33
墨 西 哥	0.00	0.00	3.33	1.85	1.75	0.00	0.00	0.00	1.18	2.22	1.33
新 加 坡	0.00	0.00	3.33	0.00	3.51	0.00	0.00	5.56	0.00	0.00	1.11
意 大 利	0.00	0.00	3.33	0.00	1.75	0.00	0.00	5.56	0.00	1.11	1.11

表 9－112　公共卫生、环境卫生和职业卫生 B 层人才排名前 20 的国家和地区的占比

单位：%

国家和地区	2010年	2011年	2012年	2013年	2014年	2015年	2016年	2017年	2018年	2019年	合计
美　　国	35.99	32.05	19.76	22.92	19.77	17.34	14.04	16.09	27.29	22.41	22.02
英　　国	9.57	11.32	9.98	14.81	7.79	7.08	5.70	9.38	11.46	10.60	9.63
加 拿 大	5.92	7.26	4.19	3.85	4.94	4.34	2.63	4.69	4.09	4.38	4.51
澳大利亚	2.73	4.91	5.59	6.29	3.04	3.61	3.22	3.89	4.23	3.90	4.08
瑞　　士	3.19	4.49	3.79	4.67	2.47	2.60	2.05	2.55	3.68	2.56	3.10
荷　　兰	3.42	4.06	3.39	4.67	2.09	2.89	2.49	1.88	1.91	2.07	2.74
德　　国	2.96	2.99	1.80	3.85	2.66	1.45	1.17	3.49	2.46	2.19	2.44
中国大陆	0.91	1.28	2.00	2.03	1.33	1.30	1.90	1.34	3.55	3.90	2.08
巴　　西	1.82	2.14	2.20	1.22	2.09	2.60	1.90	1.47	3.00	1.34	1.98
瑞　　典	1.82	2.78	2.99	1.83	0.95	2.02	1.46	2.28	1.36	1.46	1.85
西 班 牙	2.05	2.14	1.60	2.23	1.33	1.59	1.17	1.61	1.91	2.31	1.79
印　　度	1.82	0.85	1.60	1.22	1.71	1.59	1.90	1.21	2.59	2.31	1.74
法　　国	2.28	2.14	2.40	1.62	1.14	1.59	1.17	2.28	1.64	1.22	1.70
南　　非	1.59	0.85	2.00	2.43	1.52	1.59	1.46	1.34	2.32	1.83	1.70

续表

国家和地区	2010年	2011年	2012年	2013年	2014年	2015年	2016年	2017年	2018年	2019年	合计
丹　麦	1.37	3.85	2.00	1.83	1.14	1.30	1.17	1.74	1.09	1.71	1.65
意大利	1.82	1.50	1.20	2.43	2.28	1.59	1.17	1.88	0.95	1.58	1.61
挪　威	2.05	1.92	2.20	2.43	0.95	1.30	1.46	1.34	1.36	0.97	1.52
日　本	0.68	1.28	1.40	1.42	1.33	1.30	0.88	1.07	1.09	0.85	1.11
韩　国	0.23	0.43	0.80	1.22	1.52	0.72	0.73	1.74	0.95	1.34	1.02
芬　兰	1.14	1.28	1.20	0.81	0.95	1.01	0.73	1.34	1.23	0.61	1.02

表9-113　公共卫生、环境卫生和职业卫生C层人才排名前20的国家和地区的占比

单位：%

国家和地区	2010年	2011年	2012年	2013年	2014年	2015年	2016年	2017年	2018年	2019年	合计
美　国	36.46	35.12	33.84	33.38	32.44	30.18	29.41	29.70	27.04	26.10	30.77
英　国	9.87	11.00	10.53	10.89	10.10	10.35	9.71	10.26	9.76	9.39	10.13
加拿大	5.01	5.57	5.51	5.46	5.78	4.93	5.31	5.06	5.07	4.43	5.17
澳大利亚	4.59	5.32	4.70	5.16	5.08	5.41	5.18	5.38	5.10	4.60	5.06
中国大陆	1.82	2.02	2.22	2.25	2.29	2.90	3.27	3.80	4.46	6.25	3.35
荷　兰	3.17	3.36	4.01	2.89	2.93	3.63	3.16	3.11	2.71	2.69	3.13
德　国	2.90	2.63	3.19	2.95	3.05	3.13	2.78	2.97	2.82	2.68	2.90
瑞　典	2.70	2.58	2.82	2.70	2.31	2.27	2.38	2.35	2.15	2.10	2.40
法　国	2.32	2.52	2.41	2.39	1.97	2.32	2.38	2.06	2.03	2.41	2.27
瑞　士	2.05	1.79	2.24	2.19	2.27	2.64	2.37	2.25	2.03	2.37	2.23
西班牙	1.96	2.07	2.00	2.11	2.29	2.13	2.20	2.15	2.24	2.52	2.19
意大利	1.78	1.98	1.79	2.17	1.71	2.27	2.07	2.15	2.31	2.50	2.11
丹　麦	1.71	1.79	2.15	1.82	1.81	1.96	1.98	1.75	1.58	1.49	1.79
巴　西	1.30	1.31	1.31	1.37	1.41	1.22	1.77	1.41	1.62	1.36	1.42
南　非	1.24	1.31	1.12	1.27	1.45	1.27	1.52	1.54	1.69	1.32	1.39
挪　威	1.46	1.31	1.42	1.33	1.43	1.43	1.41	1.48	1.21	1.15	1.35
比利时	0.94	0.97	1.40	1.17	1.61	1.38	1.09	1.12	1.25	1.26	1.22
印　度	1.24	0.73	1.16	1.27	0.90	1.17	1.16	1.05	1.26	1.54	1.17
芬　兰	1.26	1.18	1.01	0.92	1.12	1.10	1.12	0.89	0.99	0.86	1.03
日　本	1.08	1.01	0.90	0.68	0.74	0.77	0.88	0.94	1.00	0.97	0.90

三十九　热带医学

热带医学A层人才最多的国家是英国，占该学科全球A层人才的18.06%；B、C层人才最多的国家是美国，分别占该学科全球B、C层人才的

16.47%、16.00%。

美国、瑞士、法国、巴西、捷克、意大利、南非的A层人才比较多，世界占比在17%~4%之间；德国、泰国、法属圭亚那、澳大利亚、比利时、印度、马来西亚、印度尼西亚、柬埔寨、委内瑞拉、新喀里多尼亚、赞比亚也有相当数量的A层人才，世界占比超过1%。

英国、瑞士、巴西、澳大利亚、法国、泰国的B层人才比较多，世界占比在12%~3%之间；西班牙、意大利、加拿大、印度、荷兰、南非、坦桑尼亚、德国、肯尼亚、比利时、中国大陆、秘鲁、新加坡也有相当数量的B层人才，世界占比超过1%。

英国、巴西、瑞士、法国、澳大利亚的C层人才比较多，世界占比在11%~3%之间；中国大陆、德国、荷兰、西班牙、泰国、印度、意大利、肯尼亚、坦桑尼亚、比利时、南非、加拿大、乌干达、埃塞俄比亚也有相当数量的C层人才，世界占比超过或接近1%。

表9-114　热带医学A层人才排名前20的国家和地区的占比

单位：%

国家和地区	2010年	2011年	2012年	2013年	2014年	2015年	2016年	2017年	2018年	2019年	合计
英国	0.00	25.00	28.57	0.00	50.00	25.00	0.00	11.11	25.00	14.29	18.06
美国	0.00	25.00	42.86	0.00	50.00	25.00	12.50	0.00	8.33	28.57	16.67
瑞士	25.00	12.50	0.00	0.00	0.00	25.00	0.00	5.56	8.33	0.00	6.94
法国	25.00	0.00	0.00	0.00	0.00	0.00	25.00	11.11	0.00	0.00	6.94
巴西	0.00	0.00	0.00	0.00	0.00	25.00	12.50	5.56	8.33	0.00	5.56
捷克	0.00	0.00	0.00	0.00	0.00	0.00	12.50	0.00	8.33	14.29	4.17
意大利	25.00	0.00	0.00	0.00	0.00	0.00	0.00	0.00	8.33	14.29	4.17
南非	0.00	0.00	0.00	0.00	0.00	0.00	0.00	0.00	16.67	14.29	4.17
德国	25.00	0.00	0.00	0.00	0.00	0.00	12.50	0.00	0.00	0.00	2.78
泰国	0.00	0.00	14.29	0.00	0.00	0.00	0.00	0.00	8.33	0.00	2.78
法属圭亚那	0.00	0.00	0.00	0.00	0.00	0.00	12.50	5.56	0.00	0.00	2.78
澳大利亚	0.00	12.50	0.00	0.00	0.00	0.00	0.00	0.00	0.00	14.29	2.78
比利时	0.00	0.00	0.00	0.00	0.00	0.00	0.00	11.11	0.00	0.00	2.78

续表

国家和地区	2010年	2011年	2012年	2013年	2014年	2015年	2016年	2017年	2018年	2019年	合计
印度	0.00	0.00	0.00	0.00	0.00	0.00	0.00	5.56	0.00	0.00	1.39
马来西亚	0.00	12.50	0.00	0.00	0.00	0.00	0.00	0.00	0.00	0.00	1.39
印度尼西亚	0.00	12.50	0.00	0.00	0.00	0.00	0.00	0.00	0.00	0.00	1.39
柬埔寨	0.00	0.00	14.29	0.00	0.00	0.00	0.00	0.00	0.00	0.00	1.39
委内瑞拉	0.00	0.00	0.00	0.00	0.00	0.00	0.00	5.56	0.00	0.00	1.39
新喀里多尼亚	0.00	0.00	0.00	0.00	0.00	0.00	12.50	0.00	0.00	0.00	1.39
赞比亚	0.00	0.00	0.00	0.00	0.00	0.00	0.00	5.56	0.00	0.00	1.39

表 9－115　热带医学 B 层人才排名前 20 的国家和地区的占比

单位：%

国家和地区	2010年	2011年	2012年	2013年	2014年	2015年	2016年	2017年	2018年	2019年	合计
美国	16.67	11.11	22.39	14.94	22.39	16.90	12.09	17.42	17.89	14.17	16.47
英国	11.54	12.50	14.93	10.34	14.93	12.68	9.89	10.11	8.94	10.24	11.24
瑞士	2.56	5.56	8.96	4.60	10.45	7.75	4.40	8.43	6.50	4.72	6.49
巴西	1.28	2.78	2.99	4.60	2.99	5.63	10.99	4.49	4.88	5.51	4.84
澳大利亚	5.13	5.56	5.97	1.15	4.48	7.04	5.49	2.81	3.25	7.09	4.75
法国	6.41	5.56	1.49	4.60	4.48	2.82	5.49	3.93	4.07	3.94	4.17
泰国	3.85	5.56	2.99	0.00	0.00	4.23	3.30	3.93	1.63	3.94	3.10
西班牙	1.28	2.78	0.00	4.60	2.99	2.82	2.20	2.81	2.44	0.79	2.33
意大利	0.00	1.39	1.49	5.75	2.99	0.70	1.10	3.37	4.07	0.79	2.23
加拿大	0.00	2.78	2.99	0.00	4.48	3.52	2.20	1.12	4.07	0.79	2.13
印度	1.28	4.17	1.49	1.15	1.49	0.70	2.20	1.69	4.07	2.36	2.03
荷兰	0.00	0.00	2.99	3.45	1.49	2.11	3.30	3.93	0.00	1.57	2.03
南非	3.85	0.00	2.99	1.15	4.48	1.41	0.00	2.81	1.63	0.00	1.74
坦桑尼亚	2.56	2.78	0.00	3.45	1.49	2.11	1.10	0.56	1.63	1.57	1.65
德国	0.00	0.00	0.00	1.15	1.49	2.11	2.20	2.81	1.63	2.36	1.65
肯尼亚	7.69	1.39	1.49	1.15	1.49	0.70	2.20	0.56	1.63	0.79	1.65
比利时	3.85	2.78	0.00	1.15	0.00	2.11	3.30	0.56	0.81	0.79	1.45
中国大陆	0.00	1.39	2.99	0.00	1.49	1.41	1.10	0.56	3.25	2.36	1.45
秘鲁	2.56	1.39	0.00	3.45	1.49	1.41	1.10	0.00	0.81	1.57	1.26
新加坡	1.28	2.78	0.00	2.30	0.00	1.41	1.10	0.56	0.00	1.57	1.07

表 9 - 116 热带医学 C 层人才排名前 20 的国家和地区的占比

单位：%

国家和地区	2010年	2011年	2012年	2013年	2014年	2015年	2016年	2017年	2018年	2019年	合计
美国	16.94	15.85	17.02	15.84	13.92	15.07	18.22	16.12	15.88	15.61	16.00
英国	12.70	10.66	11.70	11.62	11.89	11.12	8.17	9.43	10.31	8.92	10.43
巴西	5.19	4.18	4.86	4.73	6.49	5.52	4.26	6.17	6.14	6.16	5.52
瑞士	6.28	5.76	5.47	4.60	5.14	4.04	3.20	4.31	4.66	4.46	4.66
法国	4.37	4.47	3.80	6.00	3.78	3.79	5.80	3.55	3.76	2.94	4.09
澳大利亚	3.01	4.03	4.71	3.83	2.97	3.29	4.26	3.84	3.60	4.19	3.76
中国大陆	1.64	1.01	3.04	2.43	2.70	3.13	4.02	2.62	3.19	3.21	2.78
德国	2.32	2.02	2.28	1.40	2.57	2.31	2.25	3.38	1.72	2.59	2.37
荷兰	1.64	2.31	1.67	1.79	2.16	3.38	3.08	2.21	1.80	1.61	2.20
西班牙	1.23	1.59	0.76	1.79	1.49	2.64	2.37	2.10	2.62	2.68	2.06
泰国	1.37	1.59	2.58	2.30	2.70	1.89	3.08	1.92	1.88	1.43	2.03
印度	2.19	2.16	1.52	2.68	1.76	2.14	2.01	1.80	1.23	2.68	1.99
意大利	1.09	1.59	1.52	2.43	2.70	1.89	2.25	2.04	1.55	2.05	1.92
肯尼亚	4.10	3.75	1.98	2.04	1.76	1.57	1.18	1.46	1.47	1.43	1.91
坦桑尼亚	3.01	3.17	2.13	2.43	2.57	1.15	0.83	1.46	1.23	1.96	1.84
比利时	1.64	2.02	1.37	2.30	2.30	1.81	1.42	1.75	1.80	1.69	1.80
南非	1.78	0.86	0.46	0.77	1.35	1.57	1.89	1.51	1.96	1.69	1.46
加拿大	0.68	0.86	2.13	0.89	1.62	1.73	1.78	1.28	1.72	0.89	1.37
乌干达	1.37	1.30	1.98	0.89	1.22	0.91	1.07	0.93	0.57	1.16	1.07
埃塞俄比亚	0.68	0.58	0.76	0.64	1.08	0.74	0.59	1.05	1.39	1.52	0.96

四十 药理学和药剂学

药理学和药剂学 A、B、C 层人才最多的国家是美国，分别占该学科全球 A、B、C 层人才的 32.02%、26.95%、22.82%。

英国、德国、瑞士、法国、中国大陆、澳大利亚、荷兰、印度、加拿大的 A 层人才比较多，世界占比在 11%~3% 之间；意大利、比利时、瑞典、丹麦、韩国、日本、西班牙、奥地利、葡萄牙、马来西亚也有相当数量的 A 层人才，世界占比超过或接近 1%。

英国、中国大陆、德国、意大利、澳大利亚、法国、印度、加拿大的B层人才比较多，世界占比在9%~3%之间；荷兰、西班牙、瑞士、日本、比利时、伊朗、韩国、瑞典、丹麦、巴西、新加坡也有相当数量的B层人才，世界占比超过或接近1%。

中国大陆、英国、意大利、德国、印度、法国的C层人才比较多，世界占比在12%~3%之间；澳大利亚、西班牙、加拿大、荷兰、日本、韩国、瑞士、伊朗、比利时、巴西、瑞典、丹麦、埃及也有相当数量的C层人才，世界占比超过或接近1%。

表9-117　药理学和药剂学A层人才排名前20的国家和地区的占比

单位：%

国家和地区	2010年	2011年	2012年	2013年	2014年	2015年	2016年	2017年	2018年	2019年	合计
美国	49.15	23.44	35.82	29.58	36.36	33.33	37.33	35.37	28.05	18.75	32.02
英国	8.47	9.38	10.45	14.08	7.58	13.33	12.00	9.76	8.54	11.46	10.58
德国	3.39	6.25	4.48	4.23	1.52	2.67	1.33	2.44	7.32	5.21	3.93
瑞士	1.69	4.69	5.97	2.82	3.03	6.67	1.33	6.10	0.00	4.17	3.66
法国	8.47	1.56	4.48	5.63	4.55	5.33	2.67	3.66	0.00	2.08	3.66
中国大陆	0.00	1.56	0.00	4.23	1.52	2.67	0.00	2.44	12.20	7.29	3.53
澳大利亚	3.39	0.00	0.00	5.63	1.52	2.67	4.00	3.66	4.88	6.25	3.39
荷兰	3.39	6.25	7.46	1.41	0.00	1.33	2.67	1.22	4.88	5.21	3.39
印度	1.69	0.00	4.48	2.82	4.55	4.00	4.00	6.10	2.44	2.08	3.26
加拿大	0.00	6.25	2.99	5.63	1.52	6.67	2.67	2.44	1.22	2.08	3.12
意大利	3.39	6.25	1.49	1.41	3.03	1.33	1.33	2.44	2.44	6.25	2.99
比利时	3.39	6.25	4.48	0.00	4.55	0.00	4.00	0.00	0.00	0.00	2.04
瑞典	1.69	6.25	0.00	4.23	0.00	1.33	2.67	3.66	1.22	0.00	2.04
丹麦	3.39	3.13	1.49	0.00	3.03	2.67	1.33	2.44	1.22	1.04	1.90
韩国	0.00	1.56	2.99	0.00	3.03	0.00	1.33	3.66	2.44	1.04	1.63
日本	0.00	1.56	0.00	1.41	3.03	1.33	0.00	4.88	1.22	1.04	1.49
西班牙	0.00	3.13	0.00	0.00	1.52	2.67	1.33	1.22	2.44	1.04	1.36
奥地利	0.00	0.00	2.99	0.00	0.00	1.33	2.67	1.22	0.00	2.08	1.09
葡萄牙	1.69	3.13	1.49	0.00	0.00	0.00	1.33	0.00	1.22	2.08	1.09
马来西亚	1.69	0.00	0.00	0.00	1.52	1.33	2.67	0.00	1.22	1.04	0.95

表 9－118　药理学和药剂学 B 层人才排名前 20 的国家和地区的占比

单位：%

国家和地区	2010年	2011年	2012年	2013年	2014年	2015年	2016年	2017年	2018年	2019年	合计
美　　国	37.38	29.55	33.22	29.42	26.75	28.36	25.92	24.62	21.20	19.00	26.95
英　　国	6.92	9.62	8.60	8.14	8.09	10.64	7.61	7.69	8.70	5.97	8.14
中国大陆	3.55	4.37	2.81	4.07	4.35	5.17	6.76	8.81	10.73	10.51	6.42
德　　国	7.10	4.55	4.79	5.16	6.22	6.06	4.65	2.80	3.94	3.11	4.72
意 大 利	4.30	2.97	4.63	3.76	4.20	5.61	3.94	5.17	5.57	4.42	4.50
澳大利亚	3.74	4.72	2.31	3.60	3.73	3.10	4.79	4.20	2.85	2.75	3.55
法　　国	2.43	4.55	5.29	4.38	3.42	2.36	3.10	3.08	3.13	3.82	3.54
印　　度	4.86	3.15	3.97	2.35	2.33	2.66	3.52	3.22	3.53	4.78	3.45
加 拿 大	3.18	3.32	3.80	3.76	3.58	2.36	2.96	3.08	3.26	2.51	3.15
荷　　兰	1.87	2.10	2.64	3.44	3.42	2.51	2.39	3.08	3.80	2.15	2.76
西 班 牙	2.80	2.80	1.65	3.13	2.02	2.07	3.24	2.38	1.90	2.39	2.43
瑞　　士	2.62	2.10	2.64	2.35	2.33	3.99	1.83	2.10	2.17	1.43	2.32
日　　本	1.87	2.97	2.98	2.82	1.87	2.07	2.25	0.98	1.09	1.79	2.02
比 利 时	1.12	1.40	1.32	2.82	3.11	2.07	1.55	1.96	1.49	1.79	1.87
伊　　朗	0.00	0.87	0.50	0.47	0.93	1.18	2.96	3.36	2.45	3.94	1.81
韩　　国	2.06	1.22	1.32	1.25	1.24	0.74	2.39	0.98	2.04	2.39	1.59
瑞　　典	1.68	1.40	1.16	1.10	2.18	1.77	1.69	1.40	1.90	1.55	1.59
丹　　麦	0.75	1.92	1.49	1.72	1.56	1.77	1.55	0.56	0.68	1.67	1.36
巴　　西	0.75	2.10	0.50	0.78	1.56	1.03	1.55	0.98	1.09	1.08	1.14
新 加 坡	0.19	0.70	0.99	2.19	0.62	1.03	1.41	0.56	1.36	0.48	0.96

表 9－119　药理学和药剂学 C 层人才排名前 20 的国家和地区的占比

单位：%

国家和地区	2010年	2011年	2012年	2013年	2014年	2015年	2016年	2017年	2018年	2019年	合计
美　　国	28.59	26.09	26.79	25.59	24.75	23.67	21.70	20.07	18.63	16.27	22.82
中国大陆	6.54	6.89	9.15	8.69	10.01	10.76	12.19	14.47	16.94	19.08	11.89
英　　国	7.55	7.43	7.30	7.43	7.00	6.38	6.27	6.09	5.54	5.33	6.55
意 大 利	4.47	4.50	4.88	5.18	4.57	4.14	4.72	5.15	5.35	4.79	4.79
德　　国	5.54	5.75	5.42	4.85	5.15	4.49	3.88	4.12	4.00	3.63	4.61

续表

国家和地区	2010年	2011年	2012年	2013年	2014年	2015年	2016年	2017年	2018年	2019年	合计
印　度	3.20	3.30	3.10	3.28	3.69	3.08	3.41	3.49	3.45	3.30	3.34
法　国	3.30	3.44	3.08	3.32	3.16	3.17	3.26	2.73	2.45	2.46	3.01
澳大利亚	2.45	2.55	2.85	3.10	3.05	3.11	3.38	2.78	2.90	2.93	2.92
西班牙	3.28	2.85	2.68	2.95	2.75	3.05	2.67	2.78	2.55	2.47	2.79
加拿大	3.38	2.92	2.85	2.89	2.56	2.73	2.35	2.86	2.47	2.50	2.73
荷　兰	2.52	2.66	2.52	2.75	2.83	3.01	2.66	2.45	2.10	1.92	2.52
日　本	3.49	3.89	2.73	2.69	2.53	2.38	2.02	2.11	1.91	1.84	2.50
韩　国	2.41	2.15	2.20	2.34	2.09	2.00	2.38	1.85	2.21	2.34	2.20
瑞　士	1.86	2.41	2.17	1.90	2.38	2.11	1.91	1.77	1.77	1.63	1.97
伊　朗	0.74	0.71	0.71	1.38	1.13	1.56	2.08	2.37	2.98	2.68	1.72
比利时	1.73	2.14	1.98	1.84	1.83	1.74	1.63	1.62	1.30	1.30	1.69
巴　西	1.44	1.32	1.58	1.67	1.51	1.85	1.89	1.78	1.43	1.67	1.62
瑞　典	1.50	2.00	1.42	1.56	1.46	1.54	1.39	1.23	1.14	1.04	1.41
丹　麦	1.06	1.30	1.51	1.23	1.21	1.45	1.37	1.12	0.95	0.96	1.21
埃　及	0.47	0.61	0.41	0.60	0.71	0.99	1.16	1.52	1.43	1.43	0.97

四十一　医用化学

医用化学A、B、C层人才最多的国家是美国，分别占该学科全球A、B、C层人才的28.57%、22.42%、19.30%。

英国、中国大陆、德国、意大利、瑞士、加拿大、印度、新西兰、澳大利亚的A层人才比较多，世界占比在8%~3%之间；西班牙、伊朗、法国、波兰、巴西、沙特阿拉伯、爱尔兰、韩国、奥地利、葡萄牙也有相当数量的A层人才，世界占比超过或接近1%。

中国大陆、印度、意大利、德国、英国的B层人才比较多，世界占比在10%~5%之间；澳大利亚、西班牙、韩国、伊朗、瑞士、法国、加拿大、日本、巴西、葡萄牙、荷兰、沙特阿拉伯、土耳其、波兰也有相当数量的B层人才，世界占比超过1%。

中国大陆、意大利、印度、德国、英国的C层人才比较多，世界占比在15%~4%之间；韩国、法国、西班牙、日本、澳大利亚、巴西、瑞士、加拿大、埃及、伊朗、沙特阿拉伯、比利时、葡萄牙、土耳其也有相当数量的C层人才，世界占比超过1%。

表 9-120 医用化学 A 层人才排名前 20 的国家和地区的占比

单位：%

国家和地区	2010年	2011年	2012年	2013年	2014年	2015年	2016年	2017年	2018年	2019年	合计
美国	44.44	28.57	47.62	9.52	28.57	22.73	22.73	38.10	45.45	7.14	28.57
英国	5.56	14.29	4.76	9.52	9.52	9.09	4.55	4.76	4.55	7.14	7.37
中国大陆	0.00	14.29	9.52	4.76	0.00	9.09	9.09	9.52	4.55	7.14	6.91
德国	5.56	9.52	4.76	9.52	9.52	0.00	9.09	4.76	0.00	3.57	5.53
意大利	16.67	0.00	4.76	4.76	4.76	0.00	9.09	0.00	9.09	7.14	5.53
瑞士	11.11	4.76	9.52	4.76	0.00	4.55	9.09	4.76	0.00	3.57	5.07
加拿大	0.00	14.29	4.76	4.76	4.76	4.55	0.00	4.76	0.00	3.57	4.15
印度	5.56	4.76	9.52	0.00	9.52	4.55	0.00	4.76	0.00	3.57	4.15
新西兰	0.00	0.00	4.76	4.76	0.00	4.55	4.55	4.76	4.55	3.57	3.23
澳大利亚	5.56	0.00	0.00	9.52	4.76	0.00	0.00	0.00	4.55	7.14	3.23
西班牙	0.00	4.76	0.00	0.00	0.00	0.00	0.00	0.00	4.55	7.14	1.84
伊朗	0.00	0.00	0.00	0.00	4.76	4.55	0.00	0.00	0.00	7.14	1.84
法国	0.00	0.00	0.00	4.76	4.76	4.55	0.00	0.00	4.55	0.00	1.84
波兰	5.56	0.00	0.00	0.00	0.00	4.55	4.55	0.00	0.00	0.00	1.38
巴西	0.00	0.00	0.00	0.00	4.76	4.55	0.00	0.00	4.55	0.00	1.38
沙特阿拉伯	0.00	0.00	0.00	0.00	0.00	4.55	4.55	4.76	0.00	0.00	1.38
爱尔兰	0.00	0.00	0.00	4.76	0.00	0.00	4.55	0.00	0.00	3.57	1.38
韩国	0.00	0.00	0.00	0.00	0.00	0.00	0.00	9.52	4.55	0.00	1.38
奥地利	0.00	0.00	0.00	4.76	0.00	0.00	4.55	0.00	0.00	0.00	0.92
葡萄牙	0.00	0.00	0.00	0.00	0.00	0.00	0.00	0.00	0.00	7.14	0.92

表 9-121 医用化学 B 层人才排名前 20 的国家和地区的占比

单位：%

国家和地区	2010年	2011年	2012年	2013年	2014年	2015年	2016年	2017年	2018年	2019年	合计
美国	24.85	27.60	26.20	23.53	23.08	21.50	21.32	20.59	20.19	17.72	22.42
中国大陆	3.55	6.77	5.35	11.76	8.72	10.50	5.08	13.24	10.33	17.72	9.66
印度	10.06	7.29	6.95	8.56	8.21	6.00	5.58	7.35	7.04	5.12	7.11
意大利	5.92	5.21	4.28	8.56	6.15	6.00	7.61	8.82	8.92	5.91	6.76
德国	7.69	3.65	9.63	2.67	7.69	4.50	5.58	5.88	6.10	5.51	5.86
英国	5.33	8.33	9.09	6.95	5.64	3.50	6.09	3.92	3.29	4.72	5.61
澳大利亚	2.37	2.60	2.67	1.60	3.08	5.00	4.06	1.96	1.41	1.97	2.65
西班牙	1.78	2.60	2.14	3.74	1.54	2.50	3.05	2.45	3.76	1.97	2.55

续表

国家和地区	2010年	2011年	2012年	2013年	2014年	2015年	2016年	2017年	2018年	2019年	合计
韩　　国	4.14	0.00	2.67	2.67	4.10	2.50	2.54	0.49	3.29	1.97	2.40
伊　　朗	0.59	2.08	0.53	2.67	2.56	2.50	3.55	2.45	4.23	1.97	2.35
瑞　　士	4.14	2.60	2.67	3.74	2.56	2.00	2.54	0.00	2.82	0.79	2.30
法　　国	1.18	2.60	3.21	1.60	3.08	0.50	2.03	2.45	1.41	2.76	2.10
加 拿 大	1.78	3.13	1.07	1.07	0.51	1.50	2.03	2.45	3.29	1.18	1.80
日　　本	3.55	3.13	1.07	2.14	1.54	1.50	2.54	0.00	0.94	1.97	1.80
巴　　西	1.18	2.08	1.60	2.14	2.05	2.00	2.03	1.96	1.88	0.79	1.75
葡 萄 牙	0.59	1.04	2.67	3.21	2.56	2.50	2.03	1.96	0.47	0.79	1.75
荷　　兰	0.59	2.08	3.74	1.07	1.54	0.50	0.51	1.96	1.41	1.97	1.55
沙特阿拉伯	0.00	0.52	0.00	1.07	0.51	2.50	2.54	3.43	1.41	2.36	1.50
土 耳 其	0.00	2.08	0.00	1.07	0.00	3.50	2.03	1.47	1.41	0.79	1.25
波　　兰	0.59	1.56	1.60	0.00	1.03	2.50	0.51	2.45	0.00	1.57	1.20

表 9－122　医用化学 C 层人才排名前 20 的国家和地区的占比

单位：%

国家和地区	2010年	2011年	2012年	2013年	2014年	2015年	2016年	2017年	2018年	2019年	合计
美　　国	20.31	22.51	23.25	22.64	19.52	19.00	18.49	18.46	15.63	14.39	19.30
中国大陆	9.38	9.85	11.20	12.34	13.47	14.80	14.14	15.08	18.50	19.99	14.06
意 大 利	5.58	6.67	5.94	6.65	6.56	5.73	7.15	8.07	6.31	6.89	6.58
印　　度	8.79	6.20	6.05	6.71	6.86	5.84	5.90	4.89	5.52	5.11	6.13
德　　国	5.58	4.98	5.10	4.99	5.95	4.86	5.18	5.19	4.43	4.44	5.06
英　　国	5.40	4.61	6.16	4.83	4.27	4.76	4.66	4.64	4.79	3.91	4.78
韩　　国	2.32	2.65	2.76	2.25	2.80	2.76	2.12	2.37	3.34	4.31	2.80
法　　国	2.91	2.65	2.97	2.84	2.64	2.56	2.33	2.42	2.34	2.40	2.60
西 班 牙	2.20	3.60	2.76	2.25	2.29	2.82	2.23	2.52	2.08	2.93	2.58
日　　本	2.55	4.24	2.28	1.88	1.73	1.79	1.81	1.87	1.62	1.42	2.10
澳大利亚	1.60	1.69	1.91	1.77	2.24	2.10	2.69	1.82	2.14	2.22	2.03
巴　　西	1.43	1.54	2.34	2.31	1.98	2.30	1.61	2.17	2.03	1.64	1.94
瑞　　士	2.08	2.33	1.65	1.72	1.27	1.84	1.81	2.07	1.51	1.64	1.79
加 拿 大	2.32	2.01	1.65	1.93	1.58	1.84	1.61	1.61	1.72	1.69	1.79
埃　　及	2.32	1.17	1.43	1.61	1.37	1.74	1.86	2.27	1.98	1.64	1.73
伊　　朗	1.25	0.85	1.06	1.77	1.27	2.00	1.81	1.77	1.88	1.55	1.53
沙特阿拉伯	1.13	0.69	1.01	0.86	1.73	1.43	2.54	2.02	1.98	1.29	1.47
比 利 时	1.66	2.12	1.75	1.45	1.63	1.13	1.29	0.76	0.83	0.84	1.33
葡 萄 牙	1.25	1.17	1.49	1.34	1.22	1.18	1.29	1.26	1.51	1.42	1.31
土 耳 其	1.66	1.06	0.90	1.29	0.76	1.13	2.54	1.26	1.09	1.29	1.29

四十二 毒理学

毒理学 A、B、C 层人才最多的国家是美国，分别占该学科全球 A、B、C 层人才的 26.20%、24.53%、22.21%。

英国、中国大陆、加拿大、意大利、德国、印度、澳大利亚的 A 层人才比较多，世界占比在 8%~3%之间；比利时、巴西、西班牙、瑞士、法国、葡萄牙、巴基斯坦、日本、斯洛伐克、韩国、孟加拉国、尼日利亚也有相当数量的 A 层人才，世界占比超过 1%。

英国、中国大陆、意大利、德国、法国、加拿大、荷兰的 B 层人才比较多，世界占比在 7%~3%之间；瑞士、印度、比利时、西班牙、澳大利亚、丹麦、瑞典、日本、韩国、巴西、伊朗、挪威也有相当数量的 B 层人才，世界占比超过 1%。

中国大陆、英国、意大利、德国、加拿大、法国、印度的 C 层人才比较多，世界占比在 12%~3%之间；西班牙、荷兰、韩国、巴西、瑞士、瑞典、丹麦、日本、比利时、澳大利亚、伊朗、葡萄牙也有相当数量的 C 层人才，世界占比超过 1%。

表 9-123 毒理学 A 层人才排名前 20 的国家和地区的占比

单位：%

国家和地区	2010年	2011年	2012年	2013年	2014年	2015年	2016年	2017年	2018年	2019年	合计
美国	58.82	16.67	33.33	37.50	11.11	30.00	28.57	27.78	17.39	15.38	26.20
英国	11.76	16.67	5.56	0.00	11.11	0.00	4.76	11.11	8.70	3.85	7.49
中国大陆	0.00	5.56	0.00	12.50	5.56	5.00	19.05	0.00	4.35	7.69	5.88
加拿大	5.88	5.56	5.56	0.00	5.56	10.00	4.76	0.00	4.35	3.85	4.81
意大利	5.88	5.56	0.00	0.00	11.11	5.00	0.00	11.11	4.35	3.85	4.81
德国	5.88	5.56	11.11	0.00	0.00	0.00	9.52	0.00	0.00	7.69	4.28
印度	0.00	0.00	0.00	12.50	0.00	10.00	4.76	0.00	4.35	7.69	3.74
澳大利亚	0.00	5.56	0.00	0.00	0.00	0.00	9.52	5.56	4.35	3.85	3.21
比利时	0.00	5.56	5.56	0.00	0.00	5.00	0.00	5.56	0.00	3.85	2.67
巴西	5.88	0.00	0.00	0.00	11.11	0.00	0.00	0.00	8.70	0.00	2.67
西班牙	0.00	5.56	0.00	0.00	0.00	0.00	0.00	11.11	4.35	3.85	2.67

续表

国家和地区	2010年	2011年	2012年	2013年	2014年	2015年	2016年	2017年	2018年	2019年	合计
瑞　　士	0.00	0.00	5.56	12.50	5.56	0.00	0.00	0.00	4.35	0.00	2.14
法　　国	0.00	0.00	0.00	0.00	5.56	5.00	0.00	0.00	4.35	3.85	2.14
葡 萄 牙	5.88	0.00	0.00	12.50	0.00	0.00	0.00	0.00	4.35	0.00	1.60
巴基斯坦	0.00	0.00	0.00	0.00	0.00	5.00	4.76	0.00	0.00	3.85	1.60
日　　本	0.00	0.00	0.00	0.00	5.56	0.00	0.00	0.00	4.35	3.85	1.60
斯洛伐克	0.00	11.11	0.00	0.00	0.00	0.00	4.76	0.00	0.00	0.00	1.60
韩　　国	0.00	0.00	5.56	0.00	0.00	10.00	0.00	0.00	0.00	0.00	1.60
孟加拉国	0.00	0.00	0.00	0.00	0.00	5.00	0.00	0.00	4.35	0.00	1.07
尼日利亚	0.00	0.00	0.00	0.00	0.00	0.00	0.00	5.56	0.00	3.85	1.07

表 9－124　毒理学 B 层人才排名前 20 的国家和地区的占比

单位：%

国家和地区	2010年	2011年	2012年	2013年	2014年	2015年	2016年	2017年	2018年	2019年	合计
美　　国	32.69	36.09	33.74	24.58	30.29	25.27	23.44	17.89	13.68	15.11	24.53
英　　国	8.33	8.28	4.91	6.70	8.57	6.45	3.65	5.26	5.66	5.78	6.28
中国大陆	2.56	2.96	3.68	2.79	2.29	5.91	5.73	4.74	9.91	13.33	5.74
意 大 利	3.85	4.14	2.45	3.91	6.29	5.91	4.69	5.79	7.55	3.11	4.82
德　　国	7.05	5.92	3.07	3.91	5.71	5.38	4.69	3.68	3.30	2.67	4.44
法　　国	4.49	3.55	5.52	3.91	4.00	4.30	4.69	4.74	3.30	1.33	3.90
加 拿 大	4.49	4.14	4.29	5.59	4.57	4.84	2.60	3.16	2.36	2.22	3.74
荷　　兰	3.21	3.55	4.91	2.79	4.57	4.30	3.65	2.63	1.89	2.67	3.36
瑞　　士	3.85	0.59	1.23	4.47	4.00	4.30	3.65	4.21	1.89	1.33	2.92
印　　度	1.28	2.37	3.07	1.12	1.71	2.15	2.08	1.05	5.19	5.33	2.65
比 利 时	1.92	1.18	3.07	3.35	1.14	4.84	2.60	3.68	1.89	1.78	2.54
西 班 牙	1.92	1.18	1.84	5.03	1.71	2.69	3.13	3.16	2.36	1.33	2.44
澳大利亚	0.64	3.55	1.84	2.79	2.29	2.15	3.13	1.58	1.42	3.56	2.33
丹　　麦	4.49	1.78	2.45	2.79	2.29	3.76	2.08	2.63	0.94	0.89	2.33
瑞　　典	1.28	0.59	1.84	3.35	1.71	2.15	4.17	1.58	1.42	1.33	1.95
日　　本	1.28	1.78	0.61	2.23	1.14	1.61	2.60	1.58	1.89	3.11	1.84
韩　　国	3.85	0.59	1.23	3.91	0.57	1.61	1.56	1.58	1.89	1.78	1.84
巴　　西	0.00	2.96	1.23	0.56	0.00	1.08	2.08	1.05	3.77	2.67	1.62
伊　　朗	0.00	0.59	0.61	1.12	1.14	0.00	0.00	3.16	5.66	2.67	1.62
挪　　威	2.56	0.00	3.07	1.68	1.71	0.54	0.00	1.58	1.42	0.44	1.25

表 9-125 毒理学 C 层人才排名前 20 的国家和地区的占比

单位：%

国家和地区	2010年	2011年	2012年	2013年	2014年	2015年	2016年	2017年	2018年	2019年	合计
美国	27.58	28.50	27.07	25.39	23.19	22.85	21.68	20.12	15.77	15.11	22.21
中国大陆	5.41	7.55	8.70	9.43	10.86	9.12	10.34	11.57	16.12	19.83	11.38
英国	6.25	5.05	5.47	5.63	6.77	5.95	4.99	4.54	4.74	3.81	5.24
意大利	3.80	3.65	4.26	5.52	4.43	4.78	4.79	5.25	4.54	4.39	4.55
德国	3.99	5.05	4.26	4.69	5.12	4.06	4.84	4.71	4.19	3.31	4.39
加拿大	3.99	4.57	3.10	3.20	4.21	3.45	3.18	4.22	2.69	2.32	3.43
法国	3.80	3.90	4.20	3.44	2.90	2.45	3.18	3.35	3.34	2.82	3.30
印度	3.22	3.23	2.86	3.26	2.90	3.61	3.68	2.92	3.09	3.77	3.28
西班牙	2.51	2.44	3.04	2.55	3.24	3.45	3.38	3.24	2.30	2.61	2.87
荷兰	2.64	2.25	2.92	2.61	3.07	3.28	3.28	3.19	2.40	2.15	2.77
韩国	2.96	2.86	2.49	3.02	2.96	1.95	2.22	1.62	2.20	1.74	2.36
巴西	1.80	1.40	1.89	1.42	2.10	1.67	2.12	1.95	2.99	2.15	1.98
瑞士	1.74	2.56	2.13	1.66	1.76	2.28	2.27	1.78	1.90	1.33	1.92
瑞典	1.61	1.83	2.74	1.90	2.05	1.83	1.66	1.84	1.85	1.37	1.84
丹麦	2.13	1.77	2.37	1.60	1.59	2.28	2.07	1.24	1.70	1.33	1.78
日本	2.13	2.07	1.58	1.54	1.08	2.50	1.77	1.78	1.55	1.74	1.77
比利时	1.93	1.71	1.28	2.14	1.99	2.00	1.71	1.84	1.95	1.33	1.77
澳大利亚	2.00	1.64	1.76	2.19	1.59	1.67	1.77	1.57	1.85	1.70	1.77
伊朗	0.97	0.55	0.91	0.59	0.91	0.67	1.21	1.89	2.99	2.40	1.39
葡萄牙	1.29	1.40	1.52	1.42	1.53	1.33	1.31	1.03	0.80	1.16	1.27

四十三 病理学

病理学 A、B、C 层人才最多的国家是美国，分别占该学科全球 A、B、C 层人才的 30.41%、31.43%、29.78%。

英国、德国、加拿大、法国、荷兰、日本、澳大利亚、瑞士、意大利的 A 层人才比较多，世界占比在 11%～3% 之间；丹麦、瑞典、新西兰、卡塔尔、韩国、奥地利、爱尔兰、比利时、中国大陆、捷克也有相当数量的 A 层人才，世界占比超过 1%。

英国、德国、加拿大、意大利、荷兰、法国、澳大利亚的 B 层人才比较多，世界占比在 10%～3% 之间；日本、中国大陆、瑞典、瑞士、西班牙、奥地利、比利时、韩国、巴西、丹麦、波兰、葡萄牙也有相当数量的 B 层人才，大部分世界占比超过1%。

中国大陆、英国、德国、日本、加拿大、意大利、荷兰、法国的C层人才比较多，世界占比在8%～3%之间；澳大利亚、西班牙、瑞士、韩国、瑞典、奥地利、巴西、比利时、中国台湾、丹麦、印度也有相当数量的C层人才，世界占比超过或接近1%。

表9－126　病理学A层人才排名前20的国家和地区的占比

单位：%

国家和地区	2010年	2011年	2012年	2013年	2014年	2015年	2016年	2017年	2018年	2019年	合计
美　国	52.63	52.63	23.53	13.33	10.53	31.82	26.32	27.27	23.81	38.10	30.41
英　国	10.53	10.53	11.76	13.33	5.26	4.55	10.53	13.64	14.29	14.29	10.82
德　国	0.00	15.79	17.65	0.00	5.26	13.64	5.26	9.09	4.76	9.52	8.25
加拿大	5.26	0.00	11.76	6.67	5.26	4.55	10.53	9.09	14.29	0.00	6.70
法　国	0.00	0.00	5.88	0.00	5.26	4.55	5.26	9.09	9.52	9.52	5.15
荷　兰	5.26	10.53	5.88	0.00	5.26	4.55	5.26	4.55	9.52	0.00	5.15
日　本	5.26	5.26	5.88	0.00	5.26	9.09	0.00	4.55	9.52	0.00	4.64
澳大利亚	10.53	5.26	0.00	0.00	5.26	0.00	5.26	0.00	4.76	4.76	3.61
瑞　士	0.00	0.00	0.00	6.67	5.26	9.09	5.26	4.55	4.76	0.00	3.61
意大利	5.26	0.00	5.88	20.00	5.26	0.00	0.00	0.00	4.76	0.00	3.61
丹　麦	0.00	0.00	0.00	6.67	0.00	0.00	0.00	4.55	0.00	4.76	1.55
瑞　典	0.00	0.00	0.00	6.67	5.26	0.00	5.26	0.00	0.00	0.00	1.55
新西兰	0.00	0.00	0.00	6.67	0.00	0.00	5.26	0.00	0.00	0.00	1.03
卡塔尔	0.00	0.00	0.00	0.00	5.26	0.00	0.00	0.00	0.00	4.76	1.03
韩　国	0.00	0.00	5.88	0.00	0.00	4.55	0.00	0.00	0.00	0.00	1.03
奥地利	0.00	0.00	0.00	0.00	5.26	0.00	0.00	4.55	0.00	0.00	1.03
爱尔兰	0.00	0.00	0.00	0.00	0.00	0.00	5.26	4.55	0.00	0.00	1.03
比利时	0.00	0.00	0.00	0.00	0.00	4.55	0.00	0.00	0.00	4.76	1.03
中国大陆	0.00	0.00	0.00	6.67	5.26	0.00	0.00	0.00	0.00	0.00	1.03
捷　克	0.00	0.00	0.00	6.67	5.26	0.00	0.00	0.00	0.00	0.00	1.03

表9－127　病理学B层人才排名前20的国家和地区的占比

单位：%

国家和地区	2010年	2011年	2012年	2013年	2014年	2015年	2016年	2017年	2018年	2019年	合计
美　国	35.83	41.48	38.31	31.79	31.22	27.36	23.71	29.59	29.85	26.57	31.43
英　国	8.02	12.50	8.96	9.23	6.83	11.94	13.40	9.69	11.44	7.73	9.93
德　国	8.56	5.68	7.96	9.23	9.76	7.96	8.76	7.65	7.46	7.73	8.10

续表

国家和地区	2010年	2011年	2012年	2013年	2014年	2015年	2016年	2017年	2018年	2019年	合计
加 拿 大	4. 81	4. 55	10. 45	10. 26	6. 83	6. 97	5. 67	4. 59	6. 47	4. 35	6. 52
意 大 利	5. 35	3. 98	4. 48	4. 10	2. 44	4. 48	6. 19	4. 59	3. 48	5. 31	4. 43
荷　　兰	4. 28	1. 70	4. 98	3. 59	2. 44	4. 98	5. 67	4. 08	5. 47	5. 31	4. 28
法　　国	2. 67	2. 84	2. 99	4. 10	3. 90	4. 48	4. 64	3. 57	5. 47	3. 38	3. 82
澳大利亚	3. 74	2. 84	1. 00	3. 08	4. 88	3. 48	4. 12	4. 08	2. 99	3. 86	3. 41
日　　本	5. 35	2. 27	2. 99	3. 59	2. 93	1. 49	2. 06	3. 06	3. 48	1. 45	2. 85
中国大陆	2. 14	1. 70	0. 50	2. 56	3. 90	4. 98	1. 55	1. 02	3. 48	5. 80	2. 80
瑞　　典	2. 14	3. 98	1. 49	1. 03	2. 44	1. 99	2. 06	3. 06	2. 49	4. 83	2. 55
瑞　　士	2. 14	1. 70	2. 49	4. 10	2. 44	2. 49	2. 58	1. 53	4. 48	0. 97	2. 50
西 班 牙	0. 53	2. 27	1. 49	1. 54	1. 46	1. 99	3. 61	3. 06	1. 49	4. 83	2. 24
奥 地 利	1. 60	1. 70	2. 99	2. 56	2. 93	1. 00	1. 03	3. 06	0. 50	0. 48	1. 78
比 利 时	1. 07	1. 14	2. 49	1. 54	0. 98	1. 99	3. 09	3. 06	1. 00	1. 45	1. 78
韩　　国	1. 07	0. 00	1. 00	0. 51	1. 46	1. 49	0. 52	2. 04	0. 50	1. 45	1. 02
巴　　西	0. 53	0. 57	0. 50	0. 51	1. 46	1. 49	2. 58	0. 51	1. 00	0. 00	0. 92
丹　　麦	0. 53	0. 00	0. 50	0. 00	0. 00	0. 50	0. 00	2. 04	1. 00	2. 90	0. 76
波　　兰	0. 53	0. 57	0. 50	0. 51	0. 98	1. 00	1. 55	1. 53	0. 00	0. 00	0. 71
葡 萄 牙	1. 60	1. 14	0. 00	0. 51	0. 98	0. 50	0. 00	0. 51	0. 50	0. 97	0. 66

表 9－128　病理学 C 层人才排名前 20 的国家和地区的占比

单位：%

国家和地区	2010年	2011年	2012年	2013年	2014年	2015年	2016年	2017年	2018年	2019年	合计
美　　国	36. 41	33. 09	30. 36	32. 20	30. 05	26. 79	32. 19	28. 94	24. 80	23. 82	29. 78
中国大陆	2. 96	4. 49	4. 06	6. 55	10. 73	14. 98	5. 28	5. 50	7. 80	12. 04	7. 50
英　　国	7. 55	7. 68	8. 32	7. 68	6. 82	6. 80	7. 19	7. 56	8. 15	5. 89	7. 36
德　　国	6. 60	6. 56	8. 07	6. 82	6. 98	5. 98	6. 16	6. 91	5. 23	6. 34	6. 56
日　　本	5. 28	5. 55	6. 56	4. 76	3. 70	5. 06	4. 87	4. 35	4. 28	4. 66	4. 91
加 拿 大	3. 38	5. 16	4. 96	4. 65	4. 06	4. 45	4. 92	5. 44	5. 23	4. 41	4. 66
意 大 利	5. 38	4. 54	4. 26	4. 55	4. 27	4. 09	4. 71	4. 95	5. 18	4. 56	4. 65
荷　　兰	4. 06	4. 21	3. 56	2. 98	4. 11	2. 66	3. 36	2. 99	3. 77	2. 48	3. 41
法　　国	3. 17	3. 53	3. 56	2. 65	3. 33	2. 86	2. 95	3. 97	3. 57	3. 42	3. 30
澳大利亚	2. 80	2. 64	2. 10	3. 08	2. 97	2. 76	2. 90	3. 21	3. 22	3. 22	2. 89
西 班 牙	2. 90	2. 92	2. 40	2. 81	2. 29	1. 99	2. 69	2. 34	2. 46	2. 28	2. 50
瑞　　士	2. 32	2. 24	1. 90	1. 35	1. 93	1. 69	2. 02	2. 61	2. 46	2. 82	2. 14
韩　　国	1. 06	1. 46	1. 65	2. 81	1. 93	1. 58	2. 17	1. 69	1. 11	1. 54	1. 69
瑞　　典	1. 06	1. 63	1. 35	1. 68	2. 14	1. 48	1. 40	1. 20	1. 56	2. 08	1. 56

续表

国家和地区	2010年	2011年	2012年	2013年	2014年	2015年	2016年	2017年	2018年	2019年	合计
奥地利	1.64	1.63	1.35	0.81	1.41	1.28	1.19	1.14	1.06	0.99	1.25
巴　西	1.06	0.84	1.00	1.08	0.94	1.12	1.40	1.41	2.11	1.34	1.24
比利时	0.69	1.01	1.35	1.14	1.15	1.18	0.62	1.25	1.76	0.94	1.11
中国台湾	0.90	1.07	0.80	1.14	0.83	1.18	1.04	0.92	0.55	0.94	0.93
丹　麦	0.90	0.56	0.65	0.92	0.83	0.66	0.83	1.20	0.96	1.29	0.88
印　度	0.58	0.62	0.95	0.81	0.16	0.66	0.62	1.09	1.51	0.79	0.78

四十四　外科学

外科学A、B、C层人才最多的国家是美国，分别占该学科全球A、B、C层人才的24.96%、29.74%、33.70%。

英国、加拿大、德国、荷兰、意大利、法国、瑞士、澳大利亚、西班牙、比利时的A层人才比较多，世界占比在10%~3%之间；瑞典、日本、爱尔兰、丹麦、印度、阿根廷、奥地利、芬兰、新西兰也有相当数量的A层人才，世界占比超过或接近1%。

英国、德国、意大利、加拿大、荷兰、法国、日本的B层人才比较多，世界占比在9%~3%之间；澳大利亚、西班牙、瑞士、比利时、瑞典、中国大陆、奥地利、丹麦、韩国、印度、挪威、阿根廷也有相当数量的B层人才，世界占比超过或接近1%。

英国、德国、意大利、日本、加拿大、荷兰、中国大陆、法国的C层人才比较多，世界占比在8%~3%之间；澳大利亚、韩国、瑞士、西班牙、瑞典、比利时、巴西、奥地利、丹麦、中国台湾、挪威也有相当数量的C层人才，世界占比超过或接近1%。

表9-129　外科学A层人才排名前20的国家和地区的占比

单位：%

国家和地区	2010年	2011年	2012年	2013年	2014年	2015年	2016年	2017年	2018年	2019年	合计
美　国	30.77	29.51	37.10	37.50	24.29	18.46	27.54	24.24	19.18	7.59	24.96
英　国	9.62	11.48	9.68	6.25	8.57	6.15	10.14	10.61	9.59	8.86	9.08
加拿大	9.62	9.84	9.68	10.94	2.86	4.62	4.35	3.03	4.11	5.06	6.20

续表

国家和地区	2010年	2011年	2012年	2013年	2014年	2015年	2016年	2017年	2018年	2019年	合计
德　国	7.69	3.28	6.45	3.13	5.71	6.15	2.90	7.58	5.48	5.06	5.30
荷　兰	7.69	8.20	6.45	3.13	5.71	6.15	1.45	6.06	4.11	5.06	5.30
意大利	3.85	6.56	1.61	6.25	5.71	6.15	2.90	6.06	4.11	3.80	4.69
法　国	3.85	4.92	4.84	1.56	4.29	4.62	4.35	4.55	4.11	5.06	4.24
瑞　士	0.00	1.64	3.23	7.81	4.29	4.62	1.45	0.00	4.11	6.33	3.48
澳大利亚	3.85	4.92	0.00	4.69	1.43	4.62	2.90	4.55	1.37	5.06	3.33
西班牙	3.85	3.28	1.61	1.56	2.86	1.54	2.90	4.55	6.85	3.80	3.33
比利时	3.85	0.00	1.61	0.00	7.14	4.62	2.90	1.52	5.48	3.80	3.18
瑞　典	0.00	3.28	1.61	6.25	1.43	1.54	1.45	3.03	2.74	5.06	2.72
日　本	1.92	3.28	3.23	1.56	1.43	1.54	4.35	1.52	0.00	2.53	2.12
爱尔兰	0.00	0.00	4.84	1.56	1.43	0.00	2.90	1.52	2.74	1.27	1.66
丹　麦	0.00	0.00	3.23	0.00	2.86	3.08	1.45	1.52	1.37	1.27	1.51
印　度	3.85	0.00	0.00	0.00	1.43	1.54	1.45	1.52	1.37	3.80	1.51
阿根廷	1.92	0.00	0.00	0.00	1.43	4.62	1.45	1.52	1.37	1.27	1.36
奥地利	3.85	1.64	0.00	0.00	1.43	1.54	0.00	3.03	0.00	1.27	1.21
芬　兰	0.00	0.00	1.61	0.00	1.43	0.00	1.45	1.52	4.11	0.00	1.06
新西兰	0.00	0.00	0.00	4.69	0.00	0.00	1.45	1.52	0.00	1.27	0.91

表9-130　外科学B层人才排名前20的国家和地区的占比

单位：%

国家和地区	2010年	2011年	2012年	2013年	2014年	2015年	2016年	2017年	2018年	2019年	合计
美　国	40.22	38.84	33.45	31.95	31.44	31.69	25.68	27.94	19.30	22.96	29.74
英　国	7.64	7.44	10.69	6.66	7.52	9.85	8.31	9.46	6.62	8.84	8.31
德　国	5.96	5.44	5.69	5.32	5.67	5.23	5.89	5.44	4.93	4.35	5.36
意大利	5.03	5.08	5.34	3.66	4.60	4.46	5.44	5.30	5.21	6.46	5.09
加拿大	5.59	4.90	5.00	4.66	4.29	5.23	4.38	5.44	3.24	5.94	4.86
荷　兰	3.54	3.45	4.14	3.83	4.29	5.08	3.93	3.44	6.34	5.94	4.47
法　国	3.91	4.72	5.00	3.49	4.14	4.77	4.08	3.15	4.93	4.49	4.27
日　本	3.54	2.36	3.45	4.16	4.45	4.15	2.57	2.15	3.38	3.43	3.36
澳大利亚	2.05	1.45	2.59	2.66	3.07	2.15	2.42	3.44	2.25	4.09	2.67
西班牙	1.86	2.00	2.59	2.66	2.91	2.77	2.57	2.87	2.25	2.90	2.56
瑞　士	2.61	2.72	2.93	3.00	1.99	2.15	2.11	1.72	2.11	3.69	2.50
比利时	2.79	2.36	2.07	1.33	1.53	1.85	1.66	1.72	2.54	2.77	2.06

续表

国家和地区	2010年	2011年	2012年	2013年	2014年	2015年	2016年	2017年	2018年	2019年	合计
瑞　典	1.86	2.54	1.38	1.16	2.45	2.15	1.66	1.72	1.97	2.90	2.00
中国大陆	1.12	0.73	1.55	1.50	1.99	1.54	1.81	1.72	1.69	2.37	1.64
奥地利	0.74	2.00	1.38	1.16	1.99	1.54	1.51	1.72	1.41	1.19	1.47
丹　麦	1.30	1.45	1.55	1.83	1.53	0.92	1.66	1.29	0.99	1.32	1.38
韩　国	1.86	0.91	0.86	2.00	1.53	1.69	0.76	0.86	1.97	1.32	1.38
印　度	0.37	0.54	0.86	1.66	1.38	1.23	0.76	1.15	1.69	0.79	1.06
挪　威	0.74	0.36	0.34	1.16	0.92	1.38	1.51	0.86	0.99	1.72	1.03
阿根廷	0.37	0.36	0.69	1.16	1.07	0.77	0.91	1.00	1.55	0.79	0.89

表 9-131　外科学 C 层人才排名前 20 的国家和地区的占比

单位：%

国家和地区	2010年	2011年	2012年	2013年	2014年	2015年	2016年	2017年	2018年	2019年	合计
美　国	36.23	36.09	35.20	34.68	36.34	33.59	32.72	32.08	32.23	29.87	33.70
英　国	8.43	8.20	8.14	7.88	7.18	7.14	7.70	7.33	6.38	6.12	7.37
德　国	6.10	6.10	6.02	5.71	5.29	5.14	5.25	5.38	5.53	5.39	5.56
意大利	4.87	4.47	5.36	4.89	4.98	5.01	5.33	4.99	5.24	5.44	5.08
日　本	4.19	4.43	4.56	4.30	5.13	4.61	4.49	4.30	4.18	3.96	4.41
加拿大	4.52	3.87	3.86	4.11	4.19	4.66	4.25	4.76	4.35	4.30	4.29
荷　兰	3.94	4.14	3.40	4.05	3.60	3.68	4.00	4.49	4.14	3.92	3.94
中国大陆	2.44	2.77	3.53	4.00	4.03	4.21	3.76	4.07	4.45	5.10	3.92
法　国	3.69	4.00	3.58	3.83	3.61	3.94	4.13	3.74	3.79	3.49	3.78
澳大利亚	2.33	2.48	2.51	2.52	2.19	2.81	2.83	2.54	2.62	2.31	2.51
韩　国	2.65	2.59	3.02	2.62	2.73	2.31	2.16	1.98	2.03	1.83	2.36
瑞　士	2.00	2.46	2.13	2.04	1.98	1.91	1.99	2.01	2.15	2.12	2.08
西班牙	2.25	2.17	1.69	2.06	2.05	1.63	2.02	1.93	1.78	2.25	1.98
瑞　典	1.54	1.52	1.43	1.38	1.80	1.72	1.74	1.73	1.67	1.79	1.64
比利时	1.15	1.39	1.25	1.48	1.18	1.27	1.55	1.22	1.41	1.55	1.35
巴　西	1.39	1.12	1.13	1.34	1.16	1.23	1.26	1.20	1.39	1.28	1.25
奥地利	0.81	1.00	1.30	1.10	0.93	1.15	1.04	0.90	1.21	1.34	1.09
丹　麦	0.77	0.67	0.92	0.96	1.05	1.18	0.88	1.25	1.00	1.13	0.99
中国台湾	1.15	1.30	1.25	0.91	0.84	0.90	0.88	0.80	1.10	0.81	0.98
挪　威	0.77	0.80	0.67	0.73	0.78	0.78	0.75	0.98	0.79	0.80	0.79

四十五 移植医学

移植医学 A、B、C 层人才最多的国家是美国，分别占该学科全球 A、B、C 层人才的 35.37%、25.06%、29.09%。

加拿大、德国、英国、澳大利亚、法国、比利时、意大利、西班牙的 A 层人才比较多，世界占比在 11%～3%之间；瑞士、日本、荷兰、奥地利、巴西、挪威、葡萄牙、罗马尼亚、中国大陆、新加坡、捷克也有相当数量的 A 层人才。

英国、德国、法国、意大利、加拿大、西班牙、荷兰、比利时、瑞士的 B 层人才比较多，世界占比在 8%～3%之间；澳大利亚、奥地利、瑞典、日本、中国大陆、以色列、捷克、波兰、巴西、土耳其也有相当数量的 B 层人才，世界占比超过、等于或接近 1%。

德国、英国、法国、意大利、加拿大、荷兰、西班牙、中国大陆、日本的 C 层人才比较多，世界占比在 8%～3%之间；澳大利亚、比利时、瑞士、瑞典、韩国、奥地利、巴西、波兰、以色列、中国台湾也有相当数量的 C 层人才，世界占比超过或接近 1%。

表 9－132 移植医学 A 层人才排名前 20 的国家和地区的占比

单位：%

国家和地区	2010年	2011年	2012年	2013年	2014年	2015年	2016年	2017年	2018年	2019年	合计
美国	20.00	30.77	29.41	27.78	45.00	36.84	33.33	46.67	31.25	44.44	35.37
加拿大	10.00	7.69	29.41	11.11	5.00	10.53	0.00	6.67	12.50	11.11	10.37
德国	10.00	15.38	11.76	5.56	5.00	5.26	11.11	6.67	6.25	5.56	7.93
英国	10.00	0.00	0.00	5.56	5.00	5.26	11.11	6.67	12.50	11.11	6.71
澳大利亚	10.00	0.00	0.00	5.56	5.00	5.26	0.00	13.33	12.50	5.56	5.49
法国	0.00	7.69	5.88	11.11	10.00	0.00	5.56	6.67	6.25	0.00	5.49
比利时	10.00	7.69	5.88	0.00	5.00	5.26	0.00	0.00	6.25	5.56	4.27
意大利	10.00	7.69	0.00	5.56	0.00	0.00	11.11	0.00	0.00	11.11	4.27
西班牙	10.00	0.00	0.00	0.00	0.00	10.53	5.56	6.67	6.25	0.00	3.66
瑞士	0.00	7.69	0.00	0.00	0.00	5.26	5.56	0.00	6.25	0.00	2.44
日本	0.00	0.00	0.00	11.11	0.00	5.26	0.00	0.00	0.00	0.00	1.83
荷兰	0.00	0.00	0.00	5.56	0.00	0.00	5.56	6.67	0.00	0.00	1.83
奥地利	10.00	7.69	0.00	0.00	0.00	5.26	0.00	0.00	0.00	0.00	1.83

续表

国家和地区	2010年	2011年	2012年	2013年	2014年	2015年	2016年	2017年	2018年	2019年	合计
巴　西	0. 00	0. 00	0. 00	0. 00	5. 00	5. 26	0. 00	0. 00	0. 00	0. 00	1. 22
挪　威	0. 00	0. 00	0. 00	5. 56	0. 00	0. 00	0. 00	0. 00	0. 00	0. 00	0. 61
葡萄牙	0. 00	0. 00	0. 00	0. 00	0. 00	0. 00	0. 00	0. 00	0. 00	5. 56	0. 61
罗马尼亚	0. 00	0. 00	5. 88	0. 00	0. 00	0. 00	0. 00	0. 00	0. 00	0. 00	0. 61
中国大陆	0. 00	0. 00	0. 00	0. 00	5. 00	0. 00	0. 00	0. 00	0. 00	0. 00	0. 61
新加坡	0. 00	0. 00	0. 00	0. 00	5. 00	0. 00	0. 00	0. 00	0. 00	0. 00	0. 61
捷　克	0. 00	0. 00	5. 88	0. 00	0. 00	0. 00	0. 00	0. 00	0. 00	0. 00	0. 61

表 9-133　移植医学 B 层人才排名前 20 的国家和地区的占比

单位：%

国家和地区	2010年	2011年	2012年	2013年	2014年	2015年	2016年	2017年	2018年	2019年	合计
美　国	32. 03	27. 46	22. 70	32. 12	26. 70	25. 67	19. 05	25. 00	19. 67	22. 65	25. 06
英　国	5. 47	7. 04	6. 75	7. 88	8. 90	5. 88	8. 33	9. 04	8. 74	8. 29	7. 72
德　国	7. 03	9. 15	9. 82	7. 88	7. 33	6. 95	5. 95	9. 57	9. 29	4. 42	7. 72
法　国	7. 81	5. 63	9. 20	6. 06	5. 76	5. 88	9. 52	5. 85	6. 01	6. 08	6. 72
意大利	7. 03	6. 34	6. 13	7. 27	8. 90	6. 95	4. 76	2. 13	5. 46	5. 52	6. 01
加拿大	6. 25	4. 23	3. 68	7. 88	5. 76	6. 95	5. 36	4. 79	5. 46	5. 52	5. 60
西班牙	3. 91	5. 63	3. 07	3. 03	4. 19	5. 35	3. 57	5. 85	6. 01	3. 87	4. 48
荷　兰	2. 34	2. 82	7. 36	1. 21	4. 71	3. 21	4. 17	3. 19	3. 28	5. 52	3. 83
比利时	4. 69	4. 23	2. 45	2. 42	2. 62	1. 60	4. 76	4. 26	2. 19	3. 87	3. 24
瑞　士	1. 56	3. 52	4. 91	3. 03	2. 62	3. 21	2. 98	2. 13	2. 73	4. 42	3. 13
澳大利亚	3. 13	2. 11	4. 91	2. 42	3. 66	2. 14	4. 17	2. 13	1. 64	2. 76	2. 89
奥地利	1. 56	2. 82	3. 07	1. 82	3. 14	3. 21	2. 38	3. 19	3. 28	1. 10	2. 59
瑞　典	0. 00	1. 41	3. 07	1. 82	1. 05	3. 21	1. 79	1. 06	5. 46	2. 76	2. 24
日　本	2. 34	0. 70	1. 84	1. 21	3. 66	2. 14	1. 79	1. 06	2. 19	2. 21	1. 95
中国大陆	0. 78	2. 11	2. 45	2. 42	1. 05	2. 67	0. 00	2. 66	2. 73	1. 10	1. 83
以色列	0. 00	1. 41	1. 23	0. 61	0. 52	1. 60	2. 38	0. 53	2. 73	3. 31	1. 47
捷　克	0. 78	0. 70	0. 61	0. 61	0. 00	0. 53	2. 38	2. 66	1. 64	2. 21	1. 24
波　兰	0. 78	0. 70	0. 00	1. 21	1. 05	0. 00	0. 60	1. 60	2. 73	2. 76	1. 18
巴　西	2. 34	0. 70	1. 84	0. 00	0. 52	1. 60	1. 79	0. 53	0. 00	1. 10	1. 00
土耳其	0. 00	0. 00	0. 61	1. 21	0. 52	1. 07	2. 38	0. 53	1. 09	0. 55	0. 83

表 9-134 移植医学 C 层人才排名前 20 的国家和地区的占比

单位：%

国家和地区	2010年	2011年	2012年	2013年	2014年	2015年	2016年	2017年	2018年	2019年	合计
美国	30.21	29.46	27.04	30.49	29.99	29.07	30.64	28.97	28.83	26.41	29.09
德国	8.08	7.50	8.66	7.20	6.85	7.57	7.72	6.19	7.45	6.04	7.28
英国	5.98	6.40	6.48	6.35	7.00	6.31	7.48	7.00	6.18	5.40	6.48
法国	5.74	5.64	5.23	4.42	4.96	5.43	5.42	6.03	5.03	5.40	5.32
意大利	5.01	4.75	5.11	4.96	4.75	5.87	4.42	4.68	5.66	5.22	5.05
加拿大	5.01	4.13	4.74	4.60	4.19	4.28	5.48	5.22	5.60	4.88	4.81
荷兰	4.52	4.96	3.05	4.78	4.19	4.33	4.01	4.68	4.10	4.41	4.30
西班牙	4.28	3.99	4.36	3.33	4.04	3.35	4.01	3.39	3.52	4.18	3.82
中国大陆	2.34	2.55	4.05	3.33	3.99	3.18	2.65	3.77	3.24	4.53	3.41
日本	3.31	3.58	3.30	3.15	3.27	3.07	4.01	2.80	3.06	2.67	3.21
澳大利亚	2.26	2.82	3.24	3.75	3.32	3.07	2.36	3.28	2.77	2.79	2.99
比利时	3.31	2.48	2.62	2.66	2.35	2.80	3.01	3.23	2.95	2.55	2.78
瑞士	1.86	2.68	2.06	1.88	1.79	1.97	2.00	2.53	3.00	2.55	2.23
瑞典	2.10	2.48	1.68	1.51	1.79	2.63	1.89	1.45	1.96	2.15	1.95
韩国	1.78	2.06	2.74	1.45	2.10	1.76	1.59	1.83	1.39	1.10	1.77
奥地利	1.62	1.58	2.12	1.69	1.69	2.14	1.24	1.18	2.02	1.51	1.68
巴西	1.70	1.10	1.31	1.45	0.97	1.26	1.12	1.51	0.81	0.46	1.15
波兰	0.73	0.96	0.50	0.79	1.18	1.10	1.00	0.65	1.10	1.10	0.92
以色列	0.65	0.62	0.75	0.67	0.72	0.93	0.77	0.86	1.39	1.16	0.86
中国台湾	1.13	1.31	0.69	1.09	1.23	0.66	0.53	0.54	0.69	0.46	0.82

四十六 护理学

护理学 A、B、C 层人才最多的国家是美国，分别占该学科全球 A、B、C 层人才的 33.57%、28.26%、30.79%。

英国、澳大利亚、加拿大、比利时的 A 层人才比较多，世界占比在 16%~3%之间；荷兰、瑞典、新西兰、挪威、韩国、西班牙、意大利、巴西、中国大陆、芬兰、爱尔兰、南非、丹麦、瑞士、厄瓜多尔也有相当数量的 A 层人才，世界占比超过或接近 1%。

澳大利亚、英国、加拿大、瑞典的 B 层人才比较多，世界占比在 12% ~ 3% 之间；中国大陆、西班牙、荷兰、挪威、爱尔兰、意大利、比利时、芬兰、德国、韩国、瑞士、中国台湾、新加坡、新西兰、葡萄牙也有相当数量的 B 层人才，世界占比超过或接近 1%。

澳大利亚、英国、加拿大、瑞典的 C 层人才比较多，世界占比在 12% ~ 4% 之间；中国大陆、挪威、中国台湾、荷兰、韩国、爱尔兰、芬兰、土耳其、西班牙、意大利、巴西、丹麦、伊朗、比利时、德国也有相当数量的 C 层人才，世界占比超过 1%。

表 9 – 135　护理学 A 层人才排名前 20 的国家和地区的占比

单位：%

国家和地区	2010年	2011年	2012年	2013年	2014年	2015年	2016年	2017年	2018年	2019年	合计
美　国	45. 45	25. 00	30. 77	20. 00	41. 67	31. 25	40. 00	47. 06	31. 58	23. 08	33. 57
英　国	9. 09	8. 33	15. 38	33. 33	8. 33	18. 75	6. 67	5. 88	15. 79	30. 77	15. 38
澳大利亚	27. 27	8. 33	7. 69	6. 67	16. 67	6. 25	13. 33	17. 65	5. 26	7. 69	11. 19
加拿大	9. 09	16. 67	15. 38	6. 67	8. 33	0. 00	6. 67	5. 88	5. 26	7. 69	7. 69
比利时	0. 00	0. 00	0. 00	13. 33	0. 00	12. 50	0. 00	0. 00	5. 26	0. 00	3. 50
荷　兰	0. 00	0. 00	0. 00	6. 67	8. 33	12. 50	0. 00	0. 00	0. 00	0. 00	2. 80
瑞　典	0. 00	8. 33	7. 69	0. 00	0. 00	0. 00	0. 00	5. 88	5. 26	0. 00	2. 80
新西兰	0. 00	0. 00	7. 69	0. 00	8. 33	0. 00	6. 67	0. 00	0. 00	0. 00	2. 10
挪　威	0. 00	8. 33	0. 00	6. 67	0. 00	0. 00	0. 00	0. 00	5. 26	0. 00	2. 10
韩　国	0. 00	0. 00	7. 69	0. 00	0. 00	6. 25	0. 00	0. 00	5. 26	0. 00	2. 10
西班牙	0. 00	0. 00	0. 00	0. 00	0. 00	6. 25	0. 00	5. 88	0. 00	7. 69	2. 10
意大利	0. 00	0. 00	0. 00	0. 00	0. 00	0. 00	0. 00	0. 00	10. 53	0. 00	1. 40
巴　西	9. 09	0. 00	0. 00	0. 00	0. 00	0. 00	6. 67	0. 00	0. 00	0. 00	1. 40
中国大陆	0. 00	0. 00	7. 69	0. 00	0. 00	0. 00	0. 00	0. 00	0. 00	7. 69	1. 40
芬　兰	0. 00	0. 00	0. 00	6. 67	0. 00	0. 00	6. 67	0. 00	0. 00	0. 00	1. 40
爱尔兰	0. 00	0. 00	0. 00	0. 00	0. 00	0. 00	6. 67	5. 88	0. 00	0. 00	1. 40
南　非	0. 00	0. 00	0. 00	0. 00	0. 00	0. 00	6. 67	0. 00	0. 00	0. 00	0. 70
丹　麦	0. 00	8. 33	0. 00	0. 00	0. 00	0. 00	0. 00	0. 00	0. 00	0. 00	0. 70
瑞　士	0. 00	8. 33	0. 00	0. 00	0. 00	0. 00	0. 00	0. 00	0. 00	0. 00	0. 70
厄瓜多尔	0. 00	0. 00	0. 00	0. 00	0. 00	0. 00	0. 00	0. 00	0. 00	7. 69	0. 70

表 9－136　护理学 B 层人才排名前 20 的国家和地区的占比

单位：%

国家和地区	2010年	2011年	2012年	2013年	2014年	2015年	2016年	2017年	2018年	2019年	合计
美　国	30. 77	28. 57	41. 32	34. 07	29. 32	32. 89	26. 99	25. 64	22. 45	16. 94	28. 26
澳大利亚	13. 68	8. 93	9. 92	11. 11	21. 80	10. 53	12. 88	10. 26	14. 97	6. 56	11. 91
英　国	11. 11	14. 29	6. 61	8. 89	10. 53	12. 50	12. 27	9. 62	10. 88	7. 65	10. 36
加拿大	12. 82	2. 68	6. 61	6. 67	3. 76	6. 58	4. 91	10. 26	8. 16	3. 83	6. 55
瑞　典	3. 42	7. 14	4. 96	2. 96	2. 26	1. 97	3. 68	4. 49	3. 40	1. 64	3. 45
中国大陆	0. 00	2. 68	1. 65	2. 96	3. 01	1. 97	0. 61	3. 85	5. 44	4. 37	2. 75
西班牙	3. 42	3. 57	2. 48	1. 48	0. 00	2. 63	2. 45	3. 21	2. 72	3. 83	2. 61
荷　兰	1. 71	5. 36	2. 48	4. 44	3. 01	3. 95	1. 23	0. 64	1. 36	1. 64	2. 47
挪　威	0. 85	0. 89	2. 48	4. 44	1. 50	1. 32	1. 84	3. 85	2. 72	2. 73	2. 33
爱尔兰	1. 71	3. 57	3. 31	2. 22	1. 50	1. 97	1. 84	0. 00	3. 40	3. 28	2. 26
意大利	2. 56	0. 89	1. 65	1. 48	1. 50	2. 63	1. 84	1. 28	2. 04	5. 46	2. 26
比利时	0. 85	2. 68	1. 65	4. 44	2. 26	2. 63	1. 84	1. 92	2. 04	2. 19	2. 26
芬　兰	1. 71	2. 68	1. 65	2. 96	2. 26	0. 00	2. 45	3. 21	1. 36	2. 19	2. 04
德　国	2. 56	0. 89	1. 65	2. 96	0. 75	1. 32	3. 07	1. 28	0. 68	1. 64	1. 69
韩　国	0. 00	0. 00	0. 83	0. 74	0. 00	3. 29	3. 07	1. 92	1. 36	1. 09	1. 34
瑞　士	0. 00	1. 79	1. 65	2. 96	0. 00	1. 32	2. 45	0. 00	0. 68	1. 64	1. 27
中国台湾	2. 56	0. 89	0. 83	0. 00	1. 50	1. 32	0. 61	3. 21	1. 36	0. 55	1. 27
新加坡	0. 85	1. 79	2. 48	0. 74	1. 50	0. 00	0. 00	0. 00	1. 36	0. 55	0. 85
新西兰	0. 85	0. 00	0. 00	0. 00	2. 26	1. 32	0. 00	0. 00	2. 04	1. 64	0. 85
葡萄牙	0. 85	1. 79	0. 00	0. 00	0. 00	0. 00	1. 84	1. 92	0. 00	1. 64	0. 85

表 9－137　护理学 C 层人才排名前 20 的国家和地区的占比

单位：%

国家和地区	2010年	2011年	2012年	2013年	2014年	2015年	2016年	2017年	2018年	2019年	合计
美　国	37. 50	31. 61	33. 09	34. 40	32. 65	28. 60	31. 13	31. 05	24. 60	27. 21	30. 79
澳大利亚	10. 07	13. 22	12. 15	12. 30	10. 83	12. 07	11. 88	13. 44	11. 82	11. 03	11. 89
英　国	10. 52	11. 38	9. 44	9. 87	8. 62	9. 40	9. 15	8. 56	9. 50	7. 40	9. 31
加拿大	7. 46	5. 43	6. 16	6. 38	5. 60	6. 04	4. 51	4. 46	4. 81	4. 04	5. 40
瑞　典	4. 41	5. 43	4. 19	4. 78	5. 38	4. 94	4. 83	3. 54	3. 96	3. 98	4. 52
中国大陆	1. 26	0. 70	1. 97	1. 44	2. 14	2. 74	2. 22	3. 32	3. 90	5. 21	2. 61
挪　威	3. 42	2. 63	3. 04	2. 58	2. 58	2. 33	2. 41	1. 77	2. 55	2. 40	2. 54

续表

国家和地区	2010年	2011年	2012年	2013年	2014年	2015年	2016年	2017年	2018年	2019年	合计
中国台湾	3.78	3.77	2.96	1.90	2.06	2.33	2.35	1.56	1.58	1.92	2.34
荷　　兰	2.70	2.01	2.63	2.81	2.51	2.47	1.91	1.77	2.09	2.60	2.33
韩　　国	0.81	1.66	0.99	1.29	2.06	2.40	1.78	2.40	2.38	2.19	1.85
爱 尔 兰	0.72	1.75	1.15	1.14	1.84	1.44	1.46	2.40	1.87	2.33	1.64
芬　　兰	1.17	1.49	1.48	1.37	1.69	1.99	1.52	1.13	1.87	1.92	1.58
土 耳 其	1.71	1.14	1.81	1.21	1.25	1.17	1.97	1.91	1.30	1.99	1.55
西 班 牙	0.45	1.05	0.82	0.68	1.47	1.71	2.16	1.77	1.98	2.19	1.50
意 大 利	0.72	0.96	1.07	0.99	1.25	1.92	1.52	1.98	1.92	1.99	1.48
巴　　西	0.72	0.79	1.40	1.21	1.92	1.51	1.97	1.91	1.53	0.55	1.38
丹　　麦	0.81	0.79	1.72	0.99	0.96	1.23	1.33	1.06	1.41	1.23	1.17
伊　　朗	0.54	0.79	0.82	0.53	1.18	0.69	0.89	1.06	1.92	2.33	1.12
比 利 时	1.35	1.75	0.90	1.29	1.40	0.89	0.95	0.85	1.02	0.69	1.09
德　　国	1.26	1.05	1.15	1.14	1.11	1.17	1.21	1.06	0.96	0.82	1.09

四十七　全科医学和内科医学

全科医学和内科医学A层人才最多的国家是美国，世界占比为19.61%，其次为英国，世界占比为16.67%；加拿大、澳大利亚、法国、荷兰、瑞士、丹麦的A层人才也比较多，世界占比在13%~3%之间；德国、日本、中国大陆、以色列、意大利、尼日利亚、南非、挪威、西班牙、波兰、瑞典、罗马尼亚也有相当数量的A层人才，世界占比超过或接近1%。

B层人才最多的国家是美国，世界占比为13.41%；英国、加拿大、澳大利亚、荷兰的B层人才也比较多，世界占比在10%~3%之间；德国、瑞典、意大利、瑞士、法国、比利时、中国大陆、挪威、西班牙、南非、丹麦、印度、巴西、波兰、芬兰也有相当数量的B层人才，世界占比超过1%。

C层人才最多的国家是美国，世界占比为31.06%；英国、加拿大、澳大利亚的C层人才也比较多，世界占比在13%~4%之间；瑞士、荷兰、德国、法国、中国大陆、意大利、瑞典、南非、丹麦、西班牙、印度、挪威、比利时、日本、新西兰、巴西也有相当数量的C层人才，世界占比超过或接近1%。

表 9 – 138 全科医学和内科医学 A 层人才排名前 20 的国家和地区的占比

单位：%

国家和地区	2010年	2011年	2012年	2013年	2014年	2015年	2016年	2017年	2018年	2019年	合计
美　国	33.33	16.67	16.67	0.00	21.43	29.41	16.67	6.25	0.00	17.65	19.61
英　国	25.00	16.67	25.00	0.00	21.43	11.76	16.67	6.25	0.00	17.65	16.67
加拿大	16.67	16.67	8.33	0.00	7.14	17.65	16.67	6.25	0.00	17.65	12.75
澳大利亚	8.33	0.00	8.33	0.00	7.14	5.88	16.67	0.00	0.00	11.76	6.86
法　国	0.00	0.00	0.00	50.00	7.14	0.00	16.67	0.00	0.00	5.88	3.92
荷　兰	0.00	0.00	8.33	0.00	0.00	5.88	0.00	6.25	0.00	5.88	3.92
瑞　士	8.33	16.67	0.00	0.00	7.14	0.00	0.00	6.25	0.00	0.00	3.92
丹　麦	8.33	16.67	0.00	0.00	0.00	0.00	16.67	0.00	0.00	5.88	3.92
德　国	0.00	0.00	0.00	0.00	0.00	5.88	0.00	6.25	0.00	0.00	1.96
日　本	0.00	0.00	0.00	0.00	0.00	0.00	0.00	6.25	0.00	5.88	1.96
中国大陆	0.00	0.00	0.00	0.00	7.14	0.00	0.00	0.00	0.00	5.88	1.96
以色列	0.00	0.00	0.00	0.00	0.00	5.88	0.00	0.00	0.00	5.88	1.96
意大利	0.00	0.00	0.00	0.00	0.00	11.76	0.00	0.00	0.00	0.00	1.96
尼日利亚	0.00	0.00	0.00	0.00	7.14	0.00	0.00	0.00	0.00	0.00	0.98
南　非	0.00	0.00	8.33	0.00	0.00	0.00	0.00	0.00	0.00	0.00	0.98
挪　威	0.00	16.67	0.00	0.00	0.00	0.00	0.00	0.00	0.00	0.00	0.98
西班牙	0.00	0.00	0.00	50.00	0.00	0.00	0.00	0.00	0.00	0.00	0.98
波　兰	0.00	0.00	0.00	0.00	0.00	5.88	0.00	0.00	0.00	0.00	0.98
瑞　典	0.00	0.00	0.00	0.00	0.00	0.00	0.00	6.25	0.00	0.00	0.98
罗马尼亚	0.00	0.00	0.00	0.00	0.00	0.00	0.00	6.25	0.00	0.00	0.98

表 9 – 139 全科医学和内科医学 B 层人才排名前 20 的国家和地区的占比

单位：%

国家和地区	2010年	2011年	2012年	2013年	2014年	2015年	2016年	2017年	2018年	2019年	合计
美　国	20.83	14.96	21.37	14.71	16.23	15.43	6.12	1.79	2.61	18.02	13.41
英　国	13.33	11.81	12.98	12.35	11.04	9.88	4.08	1.79	1.74	10.47	9.10
加拿大	12.50	5.51	9.92	9.41	7.14	4.94	3.06	1.19	2.61	2.91	5.86
澳大利亚	5.00	5.51	6.87	4.12	5.19	3.70	2.04	1.79	2.61	3.49	4.02
荷　兰	5.83	3.94	3.82	3.53	3.90	4.32	1.02	1.19	0.87	4.07	3.32
德　国	1.67	3.94	3.05	2.35	2.60	4.32	2.04	1.19	1.74	2.91	2.61
瑞　典	4.17	3.15	3.05	2.94	3.25	2.47	1.02	1.19	0.87	1.74	2.40
意大利	3.33	0.79	4.58	2.35	2.60	2.47	1.02	1.19	1.74	2.33	2.26

续表

国家和地区	2010年	2011年	2012年	2013年	2014年	2015年	2016年	2017年	2018年	2019年	合计
瑞　士	2.50	2.36	4.58	1.76	3.25	1.85	1.02	1.19	1.74	2.33	2.26
法　国	1.67	1.57	3.05	2.35	1.95	4.32	1.02	1.19	1.74	2.33	2.19
比利时	1.67	1.57	3.82	1.76	2.60	2.47	1.02	1.19	1.74	1.16	1.91
中国大陆	2.50	3.15	0.00	2.94	1.30	2.47	1.02	1.19	0.87	2.33	1.83
挪　威	2.50	3.15	2.29	1.76	0.65	1.85	1.02	1.79	2.61	1.16	1.83
西班牙	0.83	0.79	1.53	1.76	1.95	3.09	1.02	1.19	1.74	2.33	1.69
南　非	1.67	0.79	1.53	1.76	1.95	1.85	1.02	1.19	1.74	1.74	1.55
丹　麦	0.00	2.36	3.05	1.76	2.60	1.85	1.02	1.19	0.87	0.58	1.55
印　度	1.67	2.36	0.00	2.35	1.95	0.62	1.02	1.19	0.87	1.16	1.34
巴　西	0.83	1.57	0.76	1.18	1.95	1.23	1.02	1.19	0.87	1.74	1.27
波　兰	0.83	1.57	0.00	1.18	1.95	1.85	1.02	1.19	0.87	1.16	1.20
芬　兰	1.67	2.36	1.53	0.59	1.30	0.00	1.02	1.19	0.87	1.16	1.13

表 9-140　全科医学和内科医学 C 层人才排名前 20 的国家和地区的占比

单位：%

国家和地区	2010年	2011年	2012年	2013年	2014年	2015年	2016年	2017年	2018年	2019年	合计
美　国	33.96	35.60	33.31	35.84	35.03	33.14	28.34	26.01	19.61	34.00	31.06
英　国	14.64	14.76	14.62	15.94	14.53	14.91	12.68	9.85	6.86	13.16	12.97
加拿大	7.83	6.63	6.02	6.26	5.57	5.76	5.39	5.47	4.14	4.84	5.68
澳大利亚	5.87	5.13	6.10	5.60	4.48	5.12	4.53	4.44	3.63	4.72	4.89
瑞　士	3.40	3.31	2.97	2.31	3.12	3.01	2.64	2.88	2.21	2.13	2.75
荷　兰	2.47	2.45	4.14	3.16	2.51	2.75	2.47	2.76	1.64	2.30	2.63
德　国	3.15	2.84	2.89	2.37	3.33	1.79	2.07	2.10	2.10	2.36	2.45
法　国	2.98	2.29	2.27	2.37	1.90	2.69	2.81	2.04	1.98	2.07	2.32
中国大陆	1.19	2.21	1.56	2.17	2.85	2.24	2.18	2.40	1.76	3.42	2.24
意大利	1.70	1.34	1.80	1.45	2.65	2.43	1.84	2.04	1.47	1.95	1.88
瑞　典	1.19	0.95	1.09	1.05	1.22	1.60	2.35	1.38	0.96	1.30	1.33
南　非	1.53	1.50	2.19	0.99	1.09	0.83	1.49	1.14	1.25	1.24	1.30
丹　麦	1.45	0.95	1.80	1.58	1.15	1.02	1.49	1.02	1.53	0.77	1.27
西班牙	0.68	1.03	1.09	1.38	0.88	0.90	1.78	1.50	1.42	1.42	1.24
印　度	0.68	1.26	1.25	1.32	1.56	0.96	1.38	1.02	1.08	1.12	1.17
挪　威	0.85	1.03	1.09	0.59	0.81	1.22	0.92	1.86	1.08	1.18	1.08
比利时	1.02	0.55	0.86	0.59	1.29	1.02	1.09	0.96	1.25	1.06	0.98
日　本	1.11	1.26	0.63	0.53	0.75	1.22	0.75	1.14	1.02	0.89	0.92
新西兰	0.85	0.79	1.09	0.72	0.95	0.77	0.69	1.02	0.74	1.18	0.88
巴　西	0.26	0.39	0.63	0.53	0.48	0.77	1.26	1.02	1.25	0.83	0.78

四十八 综合医学和补充医学

综合医学和补充医学 A、B、C 层人才最多的是中国大陆，分别占该学科全球 A、B、C 层人才的 24.56%、21.89%、25.19%。

美国、韩国、澳大利亚、马来西亚、英国、巴西、德国、中国香港、伊朗、中国澳门、西班牙的 A 层人才比较多，世界占比在 11%~3% 之间；巴基斯坦、阿根廷、瑞典、保加利亚、瑞士、加拿大、印度、以色列也有相当数量的 A 层人才，世界占比均为 1.75%。

美国、韩国、印度、英国、意大利、澳大利亚、巴西、伊朗的 B 层人才比较多，世界占比在 8%~3% 之间；德国、中国香港、南非、巴基斯坦、中国澳门、西班牙、加拿大、土耳其、瑞士、荷兰、中国台湾也有相当数量的 B 层人才，世界占比超过 1%。

美国、韩国、印度、德国、中国台湾、巴西的 C 层人才比较多，世界占比在 10%~3% 之间；英国、马来西亚、伊朗、中国香港、澳大利亚、意大利、日本、南非、沙特阿拉伯、巴基斯坦、加拿大、西班牙、泰国也有相当数量的 C 层人才，世界占比超过 1%。

表 9-141 综合医学和补充医学 A 层人才排名前 20 的国家和地区的占比

单位：%

国家和地区	2010年	2011年	2012年	2013年	2014年	2015年	2016年	2017年	2018年	2019年	合计
中国大陆	25.00	40.00	20.00	60.00	28.57	14.29	28.57	0.00	16.67	16.67	24.56
美　国	25.00	0.00	20.00	0.00	0.00	14.29	14.29	20.00	0.00	16.67	10.53
韩　国	0.00	0.00	0.00	0.00	14.29	14.29	0.00	40.00	16.67	0.00	8.77
澳大利亚	0.00	0.00	0.00	0.00	14.29	0.00	14.29	20.00	0.00	16.67	7.02
马来西亚	0.00	20.00	0.00	20.00	0.00	0.00	0.00	20.00	16.67	0.00	7.02
英　国	25.00	0.00	0.00	0.00	14.29	0.00	0.00	0.00	0.00	0.00	3.51
巴　西	0.00	20.00	0.00	0.00	14.29	0.00	0.00	0.00	0.00	0.00	3.51
德　国	0.00	0.00	20.00	0.00	0.00	0.00	0.00	0.00	0.00	16.67	3.51
中国香港	0.00	0.00	0.00	0.00	0.00	0.00	14.29	0.00	0.00	16.67	3.51
伊　朗	0.00	0.00	0.00	0.00	14.29	0.00	14.29	0.00	0.00	0.00	3.51
中国澳门	0.00	0.00	0.00	0.00	0.00	0.00	0.00	0.00	16.67	16.67	3.51
西班牙	0.00	0.00	0.00	20.00	0.00	14.29	0.00	0.00	0.00	0.00	3.51

续表

国家和地区	2010年	2011年	2012年	2013年	2014年	2015年	2016年	2017年	2018年	2019年	合计
巴基斯坦	0.00	0.00	20.00	0.00	0.00	0.00	0.00	0.00	0.00	0.00	1.75
阿 根 廷	0.00	0.00	0.00	0.00	0.00	14.29	0.00	0.00	0.00	0.00	1.75
瑞　　典	0.00	0.00	0.00	0.00	0.00	0.00	0.00	0.00	16.67	0.00	1.75
保加利亚	0.00	20.00	0.00	0.00	0.00	0.00	0.00	0.00	0.00	0.00	1.75
瑞　　士	0.00	0.00	20.00	0.00	0.00	0.00	0.00	0.00	0.00	0.00	1.75
加 拿 大	25.00	0.00	0.00	0.00	0.00	0.00	0.00	0.00	0.00	0.00	1.75
印　　度	0.00	0.00	0.00	0.00	0.00	14.29	0.00	0.00	0.00	0.00	1.75
以 色 列	0.00	0.00	0.00	0.00	0.00	14.29	0.00	0.00	0.00	0.00	1.75

表 9-142　综合医学和补充医学 B 层人才排名前 20 的国家和地区的占比

单位：%

国家和地区	2010年	2011年	2012年	2013年	2014年	2015年	2016年	2017年	2018年	2019年	合计
中国大陆	10.81	8.00	17.74	23.53	25.37	22.58	19.12	35.29	22.92	29.31	21.89
美　　国	21.62	12.00	3.23	2.94	5.97	4.84	10.29	7.84	8.33	8.62	7.88
韩　　国	0.00	0.00	6.45	5.88	4.48	6.45	5.88	3.92	12.50	12.07	5.95
印　　度	10.81	18.00	3.23	5.88	4.48	1.61	5.88	5.88	6.25	1.72	5.95
英　　国	5.41	4.00	8.06	1.47	2.99	6.45	1.47	3.92	8.33	0.00	4.03
意 大 利	2.70	6.00	1.61	2.94	2.99	3.23	4.41	3.92	6.25	3.45	3.68
澳大利亚	5.41	4.00	9.68	4.41	0.00	0.00	5.88	3.92	0.00	3.45	3.68
巴　　西	2.70	2.00	3.23	4.41	0.00	6.45	2.94	5.88	2.08	3.45	3.33
伊　　朗	0.00	2.00	1.61	7.35	0.00	1.61	5.88	5.88	0.00	5.17	3.15
德　　国	5.41	0.00	6.45	1.47	5.97	4.84	2.94	0.00	0.00	1.72	2.98
中国香港	5.41	0.00	1.61	1.47	4.48	4.84	2.94	3.92	2.08	3.45	2.98
南　　非	2.70	4.00	1.61	2.94	1.49	3.23	0.00	5.88	0.00	3.45	2.45
巴基斯坦	5.41	4.00	3.23	0.00	2.99	3.23	0.00	0.00	2.08	3.45	2.28
中国澳门	0.00	2.00	3.23	2.94	0.00	1.61	5.88	1.96	2.08	0.00	2.10
西 班 牙	2.70	6.00	1.61	1.47	1.49	0.00	2.94	0.00	4.17	0.00	1.93
加 拿 大	0.00	0.00	1.61	4.41	1.49	1.61	4.41	1.96	0.00	0.00	1.75
土 耳 其	5.41	2.00	1.61	5.88	1.49	1.61	0.00	0.00	0.00	0.00	1.75
瑞　　士	2.70	4.00	1.61	0.00	0.00	1.61	0.00	1.96	6.25	0.00	1.58
荷　　兰	0.00	0.00	3.23	1.47	4.48	0.00	1.47	0.00	2.08	0.00	1.40
中国台湾	0.00	4.00	1.61	2.94	1.49	0.00	0.00	0.00	2.08	1.72	1.40

表 9－143 综合医学和补充医学 C 层人才排名前 20 的国家和地区的占比

单位：%

国家和地区	2010年	2011年	2012年	2013年	2014年	2015年	2016年	2017年	2018年	2019年	合计
中国大陆	18.52	17.91	23.17	23.51	22.49	25.24	28.72	27.16	28.74	33.33	25.19
美国	11.64	8.85	8.50	10.19	10.04	9.25	8.36	8.02	7.39	8.21	9.01
韩国	5.56	7.04	5.67	5.80	7.95	6.43	8.36	5.97	9.78	6.95	6.99
印度	7.94	5.84	5.67	7.68	5.25	3.29	3.50	4.73	4.39	3.48	5.06
德国	6.08	4.63	3.83	3.61	3.30	2.82	2.74	2.26	3.79	3.63	3.56
中国台湾	2.91	3.82	5.00	3.45	3.60	2.51	2.13	3.91	2.20	3.95	3.35
巴西	2.91	4.83	4.50	3.61	2.10	4.08	3.50	1.65	2.79	3.16	3.34
英国	3.97	3.42	4.00	3.29	2.85	2.98	2.43	2.06	0.80	1.11	2.67
马来西亚	2.65	2.82	2.83	4.55	3.60	2.82	0.91	2.06	1.40	2.05	2.60
伊朗	2.12	1.61	1.17	1.57	2.70	3.13	2.74	4.53	2.99	1.90	2.42
中国香港	2.65	4.23	2.33	1.72	1.95	3.29	2.13	1.85	1.40	2.69	2.41
澳大利亚	2.38	1.01	4.33	1.72	2.25	2.19	2.13	3.09	2.00	1.90	2.30
意大利	1.59	1.61	1.33	1.57	2.85	2.04	2.28	2.47	1.60	2.69	2.04
日本	1.85	3.62	2.00	0.63	1.80	1.10	0.91	1.23	1.80	1.26	1.56
南非	1.32	2.01	2.33	1.57	1.50	1.10	1.52	0.82	2.20	0.95	1.53
沙特阿拉伯	0.79	0.20	1.17	1.10	1.95	1.57	2.13	2.67	2.00	1.26	1.51
巴基斯坦	0.79	0.60	0.67	1.10	2.40	2.82	2.13	2.26	1.00	0.47	1.47
加拿大	2.38	1.01	1.67	1.25	1.05	1.72	1.37	1.23	0.60	1.58	1.37
西班牙	1.85	2.41	1.17	1.88	0.75	1.41	1.37	1.03	1.00	0.63	1.32
泰国	1.32	2.01	2.33	1.10	1.20	0.47	1.37	1.03	0.80	0.79	1.23

四十九 研究和实验医学

研究和实验医学 A、B、C 层人才最多的国家是美国，分别占该学科全球 A、B、C 层人才的 41.31%、34.90%、29.91%。

英国、意大利、德国、中国大陆、澳大利亚、荷兰、西班牙、法国的 A 层人才比较多，世界占比在 8%～3% 之间；瑞典、瑞士、韩国、加拿大、日本、印度、比利时、丹麦、芬兰、巴西、中国香港也有相当数量的 A 层人才，世界占比超过或接近 1%。

英国、中国大陆、德国、法国、加拿大、意大利、瑞士的 B 层人才比较多，世界占比在 8%～3% 之间；荷兰、日本、澳大利亚、瑞典、西班牙、韩国、比利时、印度、丹麦、以色列、奥地利、新加坡也有相当数量的 B 层人才，世界占比超过或接近 1%。

中国大陆、英国、德国、意大利、法国、加拿大的 C 层人才比较多，世界占比在 14%～3% 之间；日本、荷兰、澳大利亚、瑞士、西班牙、韩国、瑞典、比利时、印度、巴西、中国台湾、丹麦、伊朗也有相当数量的 C 层人才，世界占比超过或接近 1%。

表 9－144　研究和实验医学 A 层人才排名前 20 的国家和地区的占比

单位：%

国家和地区	2010年	2011年	2012年	2013年	2014年	2015年	2016年	2017年	2018年	2019年	合计
美　国	31.03	58.06	41.67	61.11	34.09	38.00	47.06	34.29	36.84	36.84	41.31
英　国	17.24	6.45	8.33	5.56	6.82	6.00	3.92	5.71	14.04	5.26	7.75
意大利	6.90	0.00	5.56	8.33	9.09	2.00	5.88	2.86	5.26	3.51	4.93
德　国	0.00	12.90	2.78	0.00	6.82	2.00	7.84	0.00	5.26	7.02	4.69
中国大陆	3.45	3.23	5.56	0.00	0.00	6.00	3.92	0.00	5.26	7.02	3.76
澳大利亚	6.90	0.00	2.78	8.33	9.09	2.00	3.92	0.00	1.75	1.75	3.52
荷　兰	3.45	12.90	5.56	0.00	0.00	2.00	0.00	11.43	1.75	1.75	3.29
西班牙	0.00	0.00	5.56	0.00	0.00	6.00	1.96	8.57	3.51	3.51	3.05
法　国	6.90	0.00	5.56	2.78	2.27	2.00	3.92	5.71	1.75	1.75	3.05
瑞　典	0.00	3.23	0.00	0.00	4.55	0.00	1.96	5.71	3.51	3.51	2.35
瑞　士	3.45	0.00	2.78	2.78	2.27	4.00	0.00	0.00	3.51	3.51	2.35
韩　国	0.00	0.00	0.00	0.00	2.27	6.00	1.96	2.86	3.51	1.75	2.11
加拿大	3.45	0.00	0.00	0.00	4.55	4.00	1.96	5.71	0.00	1.75	2.11
日　本	6.90	0.00	0.00	8.33	4.55	0.00	0.00	0.00	0.00	3.51	2.11
印　度	6.90	0.00	2.78	0.00	2.27	0.00	3.92	0.00	0.00	0.00	1.41
比利时	0.00	3.23	0.00	0.00	0.00	2.00	0.00	2.86	1.75	1.75	1.17
丹　麦	0.00	0.00	0.00	0.00	0.00	2.00	1.96	2.86	0.00	1.75	0.94
芬　兰	0.00	0.00	0.00	0.00	0.00	2.00	0.00	2.86	1.75	1.75	0.94
巴　西	0.00	0.00	2.78	0.00	2.27	0.00	1.96	0.00	0.00	1.75	0.94
中国香港	0.00	0.00	0.00	0.00	0.00	4.00	0.00	0.00	1.75	1.75	0.94

表 9－145 研究和实验医学 B 层人才排名前 20 的国家和地区的占比

单位：%

国家和地区	2010年	2011年	2012年	2013年	2014年	2015年	2016年	2017年	2018年	2019年	合计
美国	36.81	36.58	35.17	37.78	38.21	37.94	33.26	33.27	32.08	31.53	34.90
英国	8.68	5.37	7.95	8.24	6.41	7.46	7.20	8.02	6.93	5.22	7.09
中国大陆	1.39	3.02	1.83	5.11	5.38	6.58	6.36	8.22	10.69	13.25	6.89
德国	5.90	7.05	6.73	6.82	6.41	4.61	6.57	7.05	4.55	5.78	6.07
法国	6.60	4.03	4.28	5.11	3.08	4.17	4.45	2.35	3.56	2.99	3.89
加拿大	4.17	4.36	3.67	4.55	3.33	5.26	2.97	3.13	4.55	3.17	3.87
意大利	4.51	5.37	5.50	2.84	3.33	3.95	3.39	3.33	2.97	3.73	3.77
瑞士	3.82	3.69	2.14	1.99	5.13	3.51	2.75	2.35	2.57	3.17	3.07
荷兰	3.82	2.01	3.36	4.26	1.79	2.19	2.75	2.74	3.17	3.54	2.95
日本	3.13	5.37	5.50	3.69	2.05	1.32	2.97	1.76	3.17	1.87	2.88
澳大利亚	3.47	1.68	2.14	2.56	3.59	3.07	2.97	2.54	1.98	1.87	2.56
瑞典	1.39	2.01	1.83	1.99	2.05	2.41	3.60	1.76	1.58	2.24	2.13
西班牙	2.08	3.36	3.36	0.85	0.77	2.63	1.27	1.57	2.38	2.43	2.03
韩国	0.69	2.01	2.45	1.99	1.28	1.54	1.91	1.17	2.77	1.49	1.74
比利时	2.08	0.67	2.14	2.56	0.77	1.32	2.97	1.17	0.99	1.31	1.57
印度	1.04	0.67	0.61	0.00	1.54	0.66	0.64	1.76	1.78	1.49	1.09
丹麦	0.69	1.68	0.00	0.57	1.03	0.88	1.06	1.76	0.99	0.56	0.94
以色列	1.04	0.67	0.61	0.57	0.77	1.10	0.64	0.59	0.99	1.49	0.87
奥地利	0.69	1.68	0.61	0.57	0.51	0.44	1.69	0.00	0.99	0.56	0.75
新加坡	0.69	1.01	0.92	1.42	1.54	0.88	0.64	0.20	0.20	0.56	0.75

表 9－146 研究和实验医学 C 层人才排名前 20 的国家和地区的占比

单位：%

国家和地区	2010年	2011年	2012年	2013年	2014年	2015年	2016年	2017年	2018年	2019年	合计
美国	38.01	37.97	37.22	33.02	31.33	28.40	28.73	26.22	26.05	22.44	29.91
中国大陆	3.56	4.74	5.58	6.66	9.38	11.71	14.30	16.87	21.41	26.28	13.40
英国	6.45	6.43	5.98	6.54	6.54	6.67	6.18	6.87	5.44	5.22	6.19
德国	6.10	6.77	6.82	7.08	6.64	6.04	5.62	5.51	4.57	4.80	5.86
意大利	3.87	4.13	4.21	4.35	5.05	4.97	3.77	3.82	3.69	3.11	4.06
法国	4.67	3.76	4.34	4.55	3.00	3.37	3.64	3.25	2.67	2.60	3.47
加拿大	3.59	4.30	3.97	3.10	3.41	3.01	3.03	2.52	2.87	2.50	3.13
日本	4.25	4.50	3.50	3.16	2.79	2.88	1.96	2.71	2.45	2.02	2.88

续表

国家和地区	2010年	2011年	2012年	2013年	2014年	2015年	2016年	2017年	2018年	2019年	合计
荷　　兰	3.24	3.05	3.04	2.45	3.15	2.47	2.83	2.32	1.84	2.12	2.58
澳大利亚	2.13	2.13	2.48	2.76	2.46	2.67	2.41	2.59	3.04	2.10	2.50
瑞　　士	2.44	2.06	1.95	2.84	1.92	2.09	2.23	2.32	1.84	1.84	2.13
西 班 牙	1.95	1.79	2.17	2.59	2.03	2.11	2.03	2.12	1.67	2.04	2.04
韩　　国	1.43	1.79	1.98	1.42	2.05	2.31	1.87	1.49	1.51	1.49	1.73
瑞　　典	1.92	1.39	1.49	1.42	1.56	1.21	1.67	1.49	1.67	1.51	1.53
比 利 时	1.88	1.62	1.86	1.45	1.41	1.73	1.54	1.41	1.12	1.01	1.46
印　　度	1.22	1.02	1.02	1.48	1.67	1.19	1.56	1.66	2.04	1.27	1.45
巴　　西	1.22	0.54	0.93	0.85	1.00	1.12	1.03	0.95	0.86	0.87	0.94
中国台湾	1.19	1.22	1.05	1.00	0.87	0.94	1.00	0.87	0.84	0.63	0.93
丹　　麦	0.80	0.91	1.05	0.85	0.90	0.99	0.91	0.85	0.65	0.93	0.88
伊　　朗	0.28	0.24	0.06	0.51	0.41	0.58	1.14	1.21	1.41	1.45	0.82

第二节　学科组

在医学各学科人才分析的基础上，按照A、B、C层三个人才层次，对各学科人才进行汇总分析，可以从学科组层面揭示人才的分布特点和发展趋势。

一　A层人才

医学A层人才最多的国家是美国，占该学科组全球A层人才的24.22%，英国以9.62%的世界占比排名第二，这两个国家的A层人才合计占比超过全球的1/3；加拿大、德国、澳大利亚、法国、荷兰、意大利紧随其后，世界占比分别为5.77%、5.64%、4.66%、4.46%、4.30%、4.19%；瑞士、西班牙、比利时、瑞典的A层人才也比较多，世界占比在4%~2%之间；中国大陆、日本、丹麦、巴西、印度、奥地利、韩国也有相当数量的A层人才，世界占比超过1%；以色列、挪威、波兰、爱尔兰、南非、芬兰、新西兰、中国香港、捷克、俄罗斯、希腊、葡萄牙、新加坡、阿根廷、中国台湾、土耳其、匈牙利、墨西哥、泰国、罗马尼亚、沙特阿拉伯也有一定数量的A层人才，世界占比低于1%。

在发展趋势上，美国、英国呈现相对下降趋势，澳大利亚、中国大陆、巴西、印度呈现相对上升趋势，其他国家和地区没有明显变化。

表 9－147 医学 A 层人才排名前 40 的国家和地区的占比

单位：%

国家和地区	2010年	2011年	2012年	2013年	2014年	2015年	2016年	2017年	2018年	2019年	合计
美国	29.84	30.50	28.83	25.62	24.67	23.34	24.42	19.95	20.95	18.54	24.22
英国	10.49	9.90	11.46	9.88	10.16	8.21	8.74	10.02	9.25	8.70	9.62
加拿大	6.05	7.52	6.20	6.13	5.16	7.10	5.54	4.88	4.44	5.42	5.77
德国	6.05	6.73	5.82	5.67	5.25	5.54	6.23	5.23	4.52	5.76	5.64
澳大利亚	5.84	3.96	2.91	5.40	4.26	4.43	5.02	5.14	4.96	4.69	4.66
法国	4.11	3.76	4.79	4.67	4.34	5.63	4.59	4.44	4.74	3.68	4.46
荷兰	5.62	4.75	5.26	4.39	3.52	3.78	3.98	4.70	3.92	3.75	4.30
意大利	4.54	4.26	3.94	4.94	4.51	3.69	3.64	3.92	4.81	3.75	4.19
瑞士	2.81	3.76	3.94	2.74	2.38	3.51	3.55	3.05	2.74	2.61	3.07
西班牙	2.16	2.57	1.88	2.01	2.30	3.23	3.38	3.40	3.33	2.68	2.72
比利时	2.38	2.38	1.69	2.20	2.95	2.86	2.42	2.26	2.44	2.54	2.43
瑞典	1.41	2.97	1.88	2.93	2.38	1.85	2.34	2.18	1.92	2.54	2.25
中国大陆	0.65	1.29	1.22	2.01	1.31	1.85	1.90	1.92	3.03	2.81	1.88
日本	1.30	1.58	1.13	2.29	2.46	1.48	1.47	2.44	2.00	2.21	1.87
丹麦	1.51	1.19	2.25	0.73	2.05	2.12	1.73	1.39	2.15	1.81	1.72
巴西	1.08	0.50	0.56	0.82	1.39	1.75	1.90	1.05	1.63	1.81	1.29
印度	1.30	0.59	0.94	1.37	1.23	1.20	1.39	1.39	0.89	1.81	1.23
奥地利	1.84	0.89	1.03	1.19	0.66	0.92	1.04	1.22	1.26	1.14	1.11
韩国	0.65	0.40	1.03	0.46	1.80	1.29	0.95	1.66	1.48	1.07	1.11
以色列	0.86	0.50	0.85	0.82	0.90	1.29	1.30	0.87	0.52	1.20	0.92
挪威	0.22	1.09	0.56	1.37	0.57	0.92	0.78	1.05	0.96	0.87	0.85
波兰	1.08	0.40	0.75	0.73	0.98	1.01	0.69	0.52	0.74	0.87	0.78
爱尔兰	0.43	0.20	0.75	1.01	0.66	0.74	1.56	0.78	0.67	0.74	0.76
南非	0.76	0.30	0.38	0.55	0.66	0.83	0.61	1.05	0.81	1.07	0.72
芬兰	0.11	0.30	0.56	0.91	0.98	0.92	0.52	0.78	0.81	0.67	0.68
新西兰	0.54	0.50	1.03	1.01	0.25	0.65	0.78	0.61	0.67	0.60	0.66
中国香港	0.11	0.69	0.47	0.46	0.41	0.65	0.78	0.78	0.81	1.14	0.66
捷克	0.54	0.40	0.47	0.82	0.33	0.46	0.43	0.61	0.59	0.80	0.55
俄罗斯	0.22	0.10	0.66	0.46	0.82	0.74	0.09	0.61	0.59	1.00	0.55
希腊	0.43	0.20	0.56	0.82	0.41	0.37	0.61	0.70	0.67	0.60	0.55

续表

国家和地区	2010年	2011年	2012年	2013年	2014年	2015年	2016年	2017年	2018年	2019年	合计
葡萄牙	0.22	0.69	0.28	0.18	0.49	0.65	0.35	0.61	0.67	1.00	0.54
新加坡	0.43	0.10	0.66	0.27	1.07	0.18	0.61	0.61	0.52	0.67	0.53
阿根廷	0.32	0.69	0.28	0.37	0.25	0.83	0.17	0.35	0.59	0.54	0.44
中国台湾	0.32	0.30	0.28	0.37	0.57	0.55	0.26	0.35	0.44	0.60	0.42
土耳其	0.11	0.00	0.66	0.09	0.16	0.28	0.52	0.35	0.74	0.54	0.36
匈牙利	0.22	0.10	0.47	0.18	0.16	0.46	0.43	0.61	0.37	0.54	0.36
墨西哥	0.22	0.40	0.09	0.46	0.25	0.18	0.17	0.35	0.37	0.67	0.33
泰国	0.11	0.10	0.38	0.46	0.41	0.28	0.17	0.17	0.52	0.33	0.30
罗马尼亚	0.11	0.20	0.19	0.18	0.41	0.18	0.26	0.35	0.37	0.40	0.28
沙特阿拉伯	0.00	0.10	0.28	0.00	0.25	0.37	0.52	0.44	0.44	0.20	0.27

二　B层人才

医学B层人才最多的国家是美国，占该学科组全球B层人才的24.43%，英国以8.99%的世界占比排名第二，这两个国家的B层人才合计占比超过全球的1/3；德国、加拿大、意大利、澳大利亚、法国紧随其后，世界占比分别为5.93%、5.03%、4.39%、4.15%、4.03%；荷兰、西班牙、中国大陆、瑞士、比利时、瑞典的B层人才也比较多，世界占比在4%~2%之间；日本、丹麦、巴西、奥地利、韩国、印度也有相当数量的B层人才，世界占比超过1%；挪威、波兰、以色列、芬兰、希腊、爱尔兰、葡萄牙、新加坡、新西兰、南非、中国香港、中国台湾、捷克、土耳其、阿根廷、匈牙利、伊朗、俄罗斯、墨西哥、沙特阿拉伯、泰国也有一定数量的B层人才，世界占比低于1%。

在发展趋势上，美国呈现相对下降趋势，澳大利亚、中国大陆、巴西、印度呈现相对上升趋势，其他国家和地区没有明显变化。

表9-148　医学B层人才排名前40的国家和地区的占比

单位：%

国家和地区	2010年	2011年	2012年	2013年	2014年	2015年	2016年	2017年	2018年	2019年	合计
美国	30.89	29.24	28.60	26.79	25.73	24.41	21.99	21.00	20.97	19.84	24.43
英国	9.36	9.22	9.84	9.52	8.81	9.11	8.76	8.68	8.90	8.20	8.99
德国	6.84	6.42	6.41	6.23	6.40	5.97	6.10	5.45	5.24	4.97	5.93

续表

国家和地区	2010年	2011年	2012年	2013年	2014年	2015年	2016年	2017年	2018年	2019年	合计
加拿大	5.01	5.43	5.75	5.41	5.09	4.69	4.75	5.01	4.74	4.79	5.03
意大利	4.71	4.32	4.12	4.19	4.40	4.56	4.13	4.30	4.61	4.51	4.39
澳大利亚	3.93	3.88	3.98	4.09	4.36	4.14	4.23	4.25	4.22	4.29	4.15
法国	4.09	4.32	3.94	3.94	4.07	4.19	4.06	4.13	4.00	3.68	4.03
荷兰	4.36	4.29	4.06	4.14	4.11	4.16	3.91	3.51	3.99	3.65	3.99
西班牙	2.62	2.61	2.57	2.95	2.67	3.00	2.79	3.03	2.98	2.99	2.84
中国大陆	1.41	1.75	1.75	2.22	2.70	2.56	2.66	3.14	3.71	4.63	2.78
瑞士	2.82	2.63	2.74	3.05	2.61	2.95	2.72	2.82	2.78	2.55	2.76
比利时	2.15	2.03	2.01	2.04	2.43	2.27	2.48	2.02	2.16	2.05	2.17
瑞典	2.27	2.31	2.02	2.09	2.08	2.12	2.24	2.11	1.97	2.17	2.13
日本	2.03	1.78	1.97	2.14	1.92	2.01	2.00	1.78	2.08	2.03	1.98
丹麦	1.42	1.77	1.72	1.75	1.60	1.75	1.91	1.76	1.45	1.71	1.69
巴西	0.99	1.03	0.98	1.10	1.27	1.32	1.72	1.56	1.56	1.20	1.30
奥地利	1.13	1.43	1.25	1.32	1.37	1.26	1.34	1.22	1.24	1.12	1.26
韩国	0.82	0.94	1.01	1.25	1.13	1.23	1.09	1.25	1.64	1.54	1.22
印度	1.02	1.01	0.94	0.97	1.11	0.93	1.08	1.11	1.35	1.34	1.10
挪威	0.98	0.85	0.85	0.96	0.83	0.99	1.24	1.01	1.06	1.02	0.99
波兰	0.52	0.82	0.77	0.87	0.83	0.69	0.66	1.11	1.00	0.92	0.83
以色列	0.77	0.79	0.74	0.71	0.81	0.83	0.87	0.79	1.02	0.90	0.83
芬兰	0.67	0.90	0.75	0.84	0.82	0.85	0.71	0.70	0.72	0.62	0.75
希腊	0.65	0.59	0.68	0.70	0.84	0.76	0.60	0.79	0.82	0.81	0.73
爱尔兰	0.52	0.63	0.64	0.57	0.50	0.72	0.94	0.87	0.75	0.75	0.70
葡萄牙	0.35	0.45	0.59	0.61	0.67	0.55	0.78	0.77	0.76	0.74	0.64
新加坡	0.37	0.44	0.54	0.65	0.63	0.61	0.65	0.60	0.70	0.84	0.62
新西兰	0.50	0.50	0.54	0.63	0.51	0.64	0.60	0.68	0.59	0.71	0.60
南非	0.52	0.40	0.48	0.51	0.62	0.63	0.50	0.70	0.79	0.70	0.60
中国香港	0.49	0.44	0.49	0.52	0.45	0.54	0.54	0.74	0.74	0.72	0.58
中国台湾	0.50	0.44	0.58	0.44	0.40	0.48	0.48	0.58	0.66	0.62	0.52
捷克	0.43	0.40	0.40	0.41	0.42	0.44	0.76	0.52	0.60	0.57	0.50
土耳其	0.25	0.36	0.33	0.44	0.55	0.46	0.63	0.63	0.47	0.64	0.49
阿根廷	0.28	0.32	0.42	0.43	0.43	0.40	0.33	0.44	0.42	0.44	0.40
匈牙利	0.36	0.34	0.33	0.44	0.36	0.37	0.39	0.46	0.46	0.39	0.39
伊朗	0.07	0.14	0.19	0.26	0.32	0.28	0.47	0.60	0.57	0.70	0.39
俄罗斯	0.20	0.25	0.23	0.23	0.35	0.31	0.40	0.46	0.46	0.62	0.37
墨西哥	0.28	0.29	0.28	0.34	0.37	0.37	0.38	0.39	0.44	0.42	0.36
沙特阿拉伯	0.07	0.25	0.24	0.23	0.31	0.32	0.52	0.38	0.28	0.45	0.32
泰国	0.16	0.46	0.26	0.24	0.22	0.29	0.29	0.25	0.35	0.22	0.27

三　C 层人才

医学 C 层人才最多的国家是美国，占该学科组全球 C 层人才的 27.51%，英国以 8.11% 的世界占比排名第二，这两个国家的 C 层人才合计占比超过全球的 1/3；德国、中国大陆、意大利、加拿大紧随其后，世界占比分别为 5.72%、5.44%、4.58%、4.54%；澳大利亚、荷兰、法国、西班牙、日本、瑞士的 C 层人才也比较多，世界占比在 4%～2% 之间；瑞典、比利时、韩国、丹麦、巴西、印度、奥地利也有相当数量的 C 层人才，世界占比超过 1%；挪威、中国台湾、芬兰、以色列、希腊、波兰、爱尔兰、土耳其、中国香港、新加坡、新西兰、葡萄牙、伊朗、南非、捷克、沙特阿拉伯、埃及、泰国、匈牙利、墨西哥、阿根廷也有一定数量的 C 层人才，世界占比低于 1%。

在发展趋势上，美国呈现相对下降趋势，中国大陆呈现相对上升趋势，其他国家和地区没有明显变化。

表 9－149　医学 C 层人才排名前 40 的国家和地区的占比

单位：%

国家和地区	2010年	2011年	2012年	2013年	2014年	2015年	2016年	2017年	2018年	2019年	合计
美国	32.08	31.14	30.29	29.35	28.62	27.43	26.50	25.71	24.53	23.05	27.51
英国	8.38	8.44	8.25	8.45	8.11	8.18	8.09	8.10	7.78	7.64	8.11
德国	6.39	6.32	6.35	6.12	6.10	5.81	5.68	5.29	5.03	4.77	5.72
中国大陆	2.75	3.24	3.98	4.25	4.94	5.52	5.83	6.39	7.17	8.24	5.44
意大利	4.36	4.27	4.55	4.60	4.52	4.42	4.60	4.66	4.76	4.89	4.58
加拿大	4.75	4.61	4.57	4.62	4.56	4.59	4.49	4.58	4.46	4.33	4.54
澳大利亚	3.50	3.58	3.73	3.93	3.92	3.96	4.05	3.94	3.98	3.76	3.85
荷兰	4.05	3.95	3.91	4.01	3.72	3.73	3.71	3.58	3.47	3.43	3.73
法国	3.72	3.80	3.75	3.64	3.52	3.56	3.69	3.53	3.46	3.45	3.60
西班牙	2.40	2.52	2.49	2.56	2.62	2.60	2.60	2.70	2.68	2.85	2.62
日本	2.90	2.91	2.83	2.62	2.58	2.45	2.54	2.44	2.44	2.42	2.59
瑞士	2.17	2.36	2.25	2.25	2.14	2.21	2.26	2.41	2.33	2.36	2.28
瑞典	1.94	2.07	1.93	1.96	1.97	1.99	2.00	1.90	1.94	1.84	1.95
比利时	1.72	1.70	1.74	1.77	1.76	1.71	1.67	1.73	1.75	1.77	1.73
韩国	1.44	1.56	1.65	1.61	1.67	1.52	1.59	1.48	1.58	1.69	1.58
丹麦	1.30	1.34	1.41	1.38	1.50	1.54	1.53	1.54	1.50	1.44	1.46
巴西	1.17	1.13	1.26	1.27	1.28	1.37	1.46	1.50	1.52	1.43	1.35

续表

国家和地区	2010年	2011年	2012年	2013年	2014年	2015年	2016年	2017年	2018年	2019年	合计
印　　度	1.02	1.03	0.97	1.11	1.11	1.08	1.18	1.09	1.19	1.28	1.12
奥 地 利	1.00	1.02	1.04	1.00	1.03	1.04	0.93	1.04	1.02	1.06	1.02
挪　　威	0.91	0.84	0.88	0.82	0.87	0.86	0.83	0.89	0.86	0.84	0.86
中国台湾	0.81	0.84	0.81	0.79	0.71	0.76	0.71	0.67	0.70	0.74	0.75
芬　　兰	0.78	0.79	0.68	0.67	0.74	0.77	0.68	0.67	0.66	0.69	0.71
以 色 列	0.80	0.73	0.68	0.62	0.67	0.70	0.72	0.65	0.75	0.75	0.71
希　　腊	0.67	0.67	0.72	0.69	0.67	0.63	0.60	0.68	0.67	0.73	0.67
波　　兰	0.46	0.48	0.53	0.55	0.58	0.67	0.70	0.74	0.80	0.81	0.65
爱 尔 兰	0.50	0.53	0.52	0.58	0.54	0.59	0.56	0.62	0.65	0.66	0.58
土 耳 其	0.55	0.51	0.49	0.55	0.55	0.57	0.63	0.57	0.58	0.68	0.57
中国香港	0.58	0.55	0.54	0.58	0.55	0.48	0.53	0.55	0.54	0.62	0.55
新 加 坡	0.46	0.48	0.50	0.49	0.50	0.50	0.59	0.57	0.57	0.64	0.54
新 西 兰	0.54	0.50	0.49	0.48	0.52	0.56	0.46	0.59	0.58	0.57	0.53
葡 萄 牙	0.38	0.40	0.46	0.46	0.48	0.55	0.57	0.57	0.59	0.63	0.52
伊　　朗	0.27	0.29	0.33	0.42	0.43	0.45	0.56	0.61	0.74	0.82	0.51
南　　非	0.45	0.41	0.43	0.47	0.45	0.50	0.46	0.51	0.58	0.48	0.48
捷　　克	0.30	0.28	0.31	0.33	0.34	0.36	0.40	0.44	0.40	0.43	0.37
沙特阿拉伯	0.16	0.18	0.25	0.25	0.37	0.39	0.40	0.39	0.40	0.44	0.34
埃　　及	0.24	0.26	0.21	0.22	0.29	0.32	0.33	0.42	0.41	0.49	0.33
泰　　国	0.26	0.28	0.31	0.27	0.30	0.27	0.29	0.28	0.33	0.31	0.29
匈 牙 利	0.23	0.26	0.29	0.27	0.29	0.29	0.29	0.32	0.28	0.34	0.29
墨 西 哥	0.23	0.24	0.24	0.26	0.27	0.28	0.32	0.30	0.29	0.32	0.28
阿 根 廷	0.25	0.22	0.20	0.25	0.24	0.25	0.23	0.26	0.28	0.27	0.25

第十章　交叉学科

交叉学科是指跨学科组的多学科交叉的学科。在同一学科组内部的多学科交叉学科，归入该学科组，并已在上文相关学科组中进行了分析。

第一节　A 层人才

交叉学科 A 层人才最多的国家是美国，占该学科组全球 A 层人才的 32.95%；中国大陆、德国、英国、瑞士、法国、澳大利亚、加拿大、中国香港、意大利、新加坡的 A 层人才也比较多，世界占比在 8%～3% 之间；瑞典、丹麦、日本、西班牙、加纳、中国台湾、荷兰、越南、挪威也有相当数量的 A 层人才，世界占比均超过 1%。

表 10－1　交叉学科 A 层人才排名前 20 的国家和地区的占比

单位：%

国家和地区	2010年	2011年	2012年	2013年	2014年	2015年	2016年	2017年	2018年	2019年	合计
美　　国	0.00	40.00	33.33	25.00	20.00	50.00	33.33	38.46	46.15	9.09	32.95
中国大陆	0.00	0.00	0.00	0.00	20.00	10.00	0.00	15.38	7.69	9.09	7.95
德　　国	0.00	20.00	0.00	12.50	10.00	0.00	16.67	0.00	0.00	9.09	6.82
英　　国	0.00	0.00	0.00	12.50	0.00	0.00	16.67	0.00	15.38	9.09	6.82
瑞　　士	0.00	0.00	0.00	0.00	20.00	0.00	0.00	7.69	0.00	18.18	5.68
法　　国	0.00	0.00	0.00	0.00	10.00	10.00	8.33	0.00	0.00	9.09	4.55
澳大利亚	0.00	0.00	0.00	0.00	0.00	0.00	0.00	7.69	7.69	9.09	3.41
加 拿 大	0.00	20.00	16.67	0.00	0.00	0.00	0.00	0.00	7.69	0.00	3.41
中国香港	0.00	0.00	0.00	0.00	10.00	0.00	8.33	7.69	0.00	0.00	3.41
意 大 利	0.00	0.00	16.67	0.00	10.00	0.00	0.00	0.00	0.00	9.09	3.41
新 加 坡	0.00	0.00	0.00	12.50	0.00	20.00	0.00	0.00	0.00	0.00	3.41
瑞　　典	0.00	20.00	0.00	0.00	0.00	0.00	0.00	0.00	0.00	9.09	2.27
丹　　麦	0.00	0.00	16.67	0.00	0.00	0.00	8.33	0.00	0.00	0.00	2.27

续表

国家和地区	2010年	2011年	2012年	2013年	2014年	2015年	2016年	2017年	2018年	2019年	合计
日　　本	0.00	0.00	0.00	0.00	0.00	0.00	0.00	7.69	0.00	9.09	2.27
西 班 牙	0.00	0.00	0.00	0.00	0.00	0.00	0.00	7.69	0.00	0.00	1.14
加　　纳	0.00	0.00	0.00	12.50	0.00	0.00	0.00	0.00	0.00	0.00	1.14
中国台湾	0.00	0.00	0.00	0.00	0.00	10.00	0.00	0.00	0.00	0.00	1.14
荷　　兰	0.00	0.00	16.67	0.00	0.00	0.00	0.00	0.00	0.00	0.00	1.14
越　　南	0.00	0.00	0.00	12.50	0.00	0.00	0.00	0.00	0.00	0.00	1.14
挪　　威	0.00	0.00	0.00	0.00	0.00	0.00	8.33	0.00	0.00	0.00	1.14

第二节　B 层人才

交叉学科 B 层人才最多的国家是美国，占该学科组全球 B 层人才的 30.54%；英国、中国大陆、德国、荷兰、加拿大、日本的 B 层人才也比较多，世界占比在 9%~3% 之间；法国、新加坡、澳大利亚、西班牙、瑞士、瑞典、意大利、韩国、丹麦、比利时、奥地利、中国香港、以色列也有相当数量的 B 层人才，世界占比超过 1%。

表 10－2　交叉学科 B 层人才排名前 20 的国家和地区的占比

单位：%

国家和地区	2010年	2011年	2012年	2013年	2014年	2015年	2016年	2017年	2018年	2019年	合计
美　　国	18.75	50.00	36.76	25.64	32.97	36.27	29.57	25.81	23.26	36.44	30.54
英　　国	4.17	2.94	10.29	5.13	7.69	11.76	7.83	12.10	6.20	7.63	8.16
中国大陆	6.25	2.94	5.88	6.41	7.69	6.86	6.96	10.48	10.85	8.47	7.94
德　　国	4.17	0.00	4.41	5.13	5.49	2.94	3.48	8.87	4.65	5.93	4.96
荷　　兰	4.17	2.94	5.88	2.56	3.30	2.94	6.09	3.23	6.20	3.39	4.19
加 拿 大	4.17	8.82	5.88	5.13	3.30	3.92	2.61	2.42	3.10	3.39	3.75
日　　本	6.25	0.00	0.00	6.41	2.20	5.88	2.61	3.23	3.88	1.69	3.31
法　　国	4.17	0.00	4.41	3.85	3.30	1.96	1.74	2.42	5.43	1.69	2.98
新 加 坡	4.17	0.00	1.47	3.85	3.30	0.00	3.48	4.03	0.78	3.39	2.54
澳大利亚	4.17	2.94	1.47	7.69	1.10	1.96	3.48	0.81	3.10	0.85	2.54
西 班 牙	4.17	5.88	1.47	6.41	1.10	0.98	3.48	2.42	0.78	0.85	2.32
瑞　　士	0.00	2.94	1.47	0.00	2.20	1.96	2.61	2.42	2.33	5.08	2.32

续表

国家和地区	2010年	2011年	2012年	2013年	2014年	2015年	2016年	2017年	2018年	2019年	合计
瑞　典	2.08	2.94	1.47	1.28	1.10	4.90	3.48	0.81	2.33	1.69	2.21
意大利	2.08	0.00	2.94	1.28	3.30	0.00	2.61	0.00	4.65	0.85	1.87
韩　国	0.00	0.00	0.00	2.56	3.30	0.00	2.61	2.42	1.55	2.54	1.76
丹　麦	2.08	0.00	0.00	3.85	1.10	1.96	1.74	2.42	0.78	1.69	1.65
比利时	4.17	0.00	0.00	2.56	1.10	0.98	2.61	0.00	0.78	2.54	1.43
奥地利	0.00	0.00	0.00	0.00	2.20	2.94	0.00	2.42	1.55	1.69	1.32
中国香港	2.08	0.00	2.94	2.56	0.00	0.98	0.87	0.81	1.55	1.69	1.32
以色列	4.17	2.94	1.47	1.28	1.10	0.00	0.00	2.42	2.33	0.00	1.32

第三节　C层人才

交叉学科C层人才最多的国家是美国，占该学科组全球C层人才的29.28%；英国、中国大陆、德国、法国、加拿大、澳大利亚、日本的C层人才也比较多，世界占比在9%~3%之间；意大利、瑞士、荷兰、西班牙、韩国、瑞典、丹麦、比利时、奥地利、新加坡、巴西、印度也有相当数量的C层人才，世界占比超过或接近1%。

表10-3　交叉学科C层人才排名前20的国家和地区的占比

单位：%

国家和地区	2010年	2011年	2012年	2013年	2014年	2015年	2016年	2017年	2018年	2019年	合计
美　国	35.53	34.59	35.07	31.95	29.57	28.21	28.51	26.88	26.45	25.44	29.28
英　国	9.32	9.23	10.30	7.89	8.43	9.57	8.40	7.76	9.54	7.66	8.72
中国大陆	4.08	5.32	5.07	7.50	8.43	8.31	9.38	12.69	9.93	9.15	8.60
德　国	5.44	5.48	4.48	4.92	6.90	6.47	6.08	6.34	6.44	6.78	6.08
法　国	4.47	4.38	4.18	4.27	4.71	3.86	2.86	3.26	3.03	3.61	3.73
加拿大	4.27	3.91	3.73	3.62	4.38	2.90	3.31	2.92	3.65	2.82	3.46
澳大利亚	2.52	3.44	3.28	3.75	2.85	3.09	2.86	2.59	3.03	3.61	3.09
日　本	4.85	2.82	2.09	2.72	2.96	2.90	4.02	3.09	3.41	2.20	3.08
意大利	2.14	2.03	2.84	1.94	2.96	3.29	2.41	3.26	2.95	2.64	2.72
瑞　士	2.91	2.66	1.79	2.20	2.74	2.80	1.97	3.59	3.03	2.46	2.66
荷　兰	2.52	2.82	2.99	3.36	2.41	2.03	2.14	2.34	2.48	3.08	2.57

续表

国家和地区	2010年	2011年	2012年	2013年	2014年	2015年	2016年	2017年	2018年	2019年	合计
西班牙	1.94	2.50	1.64	1.94	2.41	2.51	2.06	2.84	2.02	2.46	2.27
韩国	0.78	1.41	1.34	1.68	1.86	2.03	3.04	1.09	2.25	1.85	1.83
瑞典	2.72	1.25	2.24	2.07	1.20	1.93	1.07	2.34	1.40	1.67	1.73
丹麦	1.17	0.78	1.49	0.65	1.53	1.74	1.25	1.17	1.09	2.02	1.32
比利时	0.97	0.63	1.19	1.29	1.20	1.06	1.07	1.09	1.32	1.94	1.22
奥地利	1.75	0.78	0.75	0.91	1.10	1.45	0.98	0.83	0.93	1.14	1.04
新加坡	0.78	0.47	0.45	1.68	0.88	1.16	1.16	1.00	1.09	1.32	1.04
巴西	0.78	1.10	1.04	0.78	1.20	0.97	0.89	1.25	1.24	0.70	1.01
印度	0.78	0.94	0.75	0.91	1.10	0.48	1.16	0.75	1.09	1.58	0.98

第十一章　自然科学

在各学科人才分析的基础上，按照 A、B、C 层三个人才层次，对所有学科人才进行汇总分析，从总体层面揭示自然科学基础研究人才的分布特点和发展趋势。

第一节　A 层人才

自然科学 A 层人才最多的国家是美国，占全球 A 层人才的 25. 15%，中国大陆和英国分别以 10. 03% 和 7. 92% 的世界占比排名第二和第三，这三者的 A 层人才合计占比达到全球的 43. 10%；德国、澳大利亚、加拿大紧随其后，世界占比分别为 5. 47%、4. 16%、4. 09%；法国、荷兰、意大利、瑞士、西班牙、日本的 A 层人才也比较多，世界占比在 4%～2% 之间；韩国、瑞典、新加坡、比利时、印度、丹麦、沙特阿拉伯、中国香港也有相当数量的 A 层人才，世界占比超过 1%；奥地利、巴西、伊朗、以色列、挪威、芬兰、新西兰、爱尔兰、中国台湾、葡萄牙、俄罗斯、波兰、南非、土耳其、马来西亚、希腊、捷克、巴基斯坦、墨西哥、阿尔及利亚、智利、罗马尼亚、阿根廷、埃及、匈牙利、卡塔尔、泰国、越南、哥伦比亚、中国澳门也有一定数量的 A 层人才，世界占比低于 1%。

在发展趋势上，美国、英国、德国、加拿大、法国呈现相对下降趋势，中国大陆、澳大利亚、沙特阿拉伯、伊朗呈现相对上升趋势，其他国家和地区没有明显变化。

表 11－1　自然科学 A 层人才排名前 50 的国家和地区的占比

单位：%

国家和地区	2010年	2011年	2012年	2013年	2014年	2015年	2016年	2017年	2018年	2019年	合计
美国	33. 95	31. 30	29. 50	28. 73	26. 32	23. 87	23. 50	22. 98	20. 23	18. 19	25. 15
中国大陆	5. 07	5. 24	6. 69	6. 84	7. 53	9. 83	10. 75	12. 21	14. 42	16. 31	10. 03
英国	8. 50	8. 60	8. 74	8. 42	8. 77	7. 93	7. 77	7. 56	7. 02	6. 77	7. 92
德国	6. 23	6. 01	5. 92	5. 90	5. 67	5. 63	5. 86	5. 05	4. 32	4. 87	5. 47

续表

国家和地区	2010年	2011年	2012年	2013年	2014年	2015年	2016年	2017年	2018年	2019年	合计
澳大利亚	3.88	2.80	3.89	4.07	4.44	4.14	4.11	4.18	4.69	4.80	4.16
加拿大	4.48	5.37	4.21	4.05	4.06	3.95	3.89	3.95	3.64	3.78	4.09
法国	3.99	3.70	4.09	4.28	4.16	3.47	3.29	3.22	3.10	3.07	3.59
荷兰	3.53	3.54	3.41	3.16	2.80	2.89	2.82	3.19	2.40	2.54	2.98
意大利	3.16	3.18	2.73	3.20	3.47	3.22	2.80	2.57	2.97	2.46	2.95
瑞士	2.21	2.70	2.56	2.24	2.45	3.18	2.47	2.53	2.40	1.95	2.46
西班牙	2.16	3.18	2.29	2.24	2.41	2.43	2.45	2.55	2.22	1.70	2.34
日本	2.45	2.75	2.04	2.31	1.95	1.84	1.73	1.75	2.33	2.29	2.13
韩国	1.70	1.59	1.58	1.58	1.65	2.34	2.02	1.92	1.90	1.53	1.79
瑞典	1.32	1.93	1.53	1.85	1.72	1.90	2.01	1.32	1.51	1.65	1.67
新加坡	1.00	1.31	2.19	2.06	1.13	1.26	1.62	1.06	1.81	1.58	1.51
比利时	1.35	1.57	1.22	1.62	1.63	1.51	1.30	1.36	1.34	1.44	1.43
印度	1.19	0.92	1.41	1.37	1.36	1.46	1.11	1.27	1.49	1.80	1.36
丹麦	1.38	1.36	1.34	1.24	1.65	1.51	1.13	1.07	1.04	0.96	1.25
沙特阿拉伯	0.19	0.31	0.39	0.34	0.88	1.36	1.85	1.86	1.56	1.70	1.13
中国香港	1.08	0.98	0.93	0.82	1.34	1.03	1.05	1.19	1.36	1.30	1.13
奥地利	1.11	1.18	0.80	0.98	0.54	0.77	0.97	1.06	0.99	0.89	0.92
巴西	0.73	0.64	0.34	0.64	0.67	1.09	1.23	0.90	1.18	0.81	0.85
伊朗	0.38	0.23	0.56	0.69	0.50	0.42	0.60	0.86	1.33	1.68	0.78
以色列	0.97	0.85	0.71	0.59	0.96	0.96	0.97	0.65	0.73	0.50	0.78
挪威	0.35	0.64	0.63	0.91	0.56	0.65	0.72	0.94	0.72	1.09	0.74
芬兰	0.54	0.59	0.49	0.57	0.86	0.82	0.80	0.63	0.61	0.51	0.64
新西兰	0.46	0.28	0.88	0.75	0.52	0.36	0.64	0.63	0.59	0.71	0.59
爱尔兰	0.59	0.62	0.68	0.78	0.52	0.46	0.84	0.50	0.48	0.50	0.59
中国台湾	0.35	0.54	0.78	0.57	0.61	0.54	0.47	0.69	0.63	0.59	0.58
葡萄牙	0.32	0.64	0.68	0.62	0.56	0.73	0.37	0.67	0.50	0.50	0.56
俄罗斯	0.38	0.36	0.68	0.78	0.56	0.44	0.37	0.69	0.61	0.61	0.55
波兰	0.67	0.36	0.51	0.37	0.73	0.44	0.66	0.56	0.45	0.66	0.55
南非	0.46	0.31	0.32	0.43	0.48	0.46	0.66	0.61	0.73	0.66	0.53
土耳其	0.38	0.31	0.46	0.48	0.40	0.54	0.70	0.50	0.59	0.69	0.52
马来西亚	0.24	0.54	0.34	0.18	0.54	0.48	0.49	0.44	0.79	0.74	0.50
希腊	0.19	0.26	0.49	0.48	0.31	0.33	0.39	0.38	0.48	0.40	0.38
捷克	0.35	0.28	0.32	0.39	0.31	0.23	0.35	0.42	0.27	0.40	0.33

续表

国家和地区	2010年	2011年	2012年	2013年	2014年	2015年	2016年	2017年	2018年	2019年	合计
巴基斯坦	0.16	0.08	0.15	0.27	0.08	0.29	0.45	0.36	0.59	0.63	0.33
墨西哥	0.13	0.39	0.19	0.14	0.40	0.38	0.29	0.29	0.43	0.30	0.30
阿尔及利亚	0.03	0.00	0.05	0.11	0.15	0.36	0.41	0.36	0.27	0.50	0.25
智利	0.38	0.13	0.17	0.41	0.31	0.27	0.16	0.19	0.20	0.23	0.24
罗马尼亚	0.19	0.21	0.10	0.16	0.23	0.13	0.27	0.25	0.30	0.45	0.24
阿根廷	0.13	0.26	0.17	0.23	0.21	0.33	0.23	0.25	0.27	0.20	0.23
埃及	0.13	0.10	0.15	0.05	0.13	0.23	0.37	0.31	0.27	0.35	0.22
匈牙利	0.16	0.18	0.27	0.14	0.15	0.40	0.23	0.29	0.20	0.20	0.22
卡塔尔	0.03	0.00	0.00	0.09	0.23	0.31	0.39	0.17	0.14	0.23	0.17
泰国	0.05	0.08	0.29	0.21	0.27	0.10	0.12	0.08	0.20	0.23	0.17
越南	0.03	0.00	0.07	0.02	0.13	0.06	0.18	0.23	0.27	0.36	0.15
哥伦比亚	0.08	0.10	0.12	0.11	0.06	0.06	0.18	0.13	0.14	0.21	0.13
中国澳门	0.00	0.00	0.00	0.00	0.10	0.17	0.06	0.15	0.29	0.21	0.11

第二节　B层人才

自然科学B层人才最多的国家是美国，占全球B层人才的22.64%，中国大陆和英国分别以12.62%和7.22%的世界占比排名第二和第三，这三者的B层人才合计占比达到42.48%；德国紧随其后，世界占比为5.23%；澳大利亚、加拿大、法国、意大利、荷兰、西班牙、瑞士、日本的B层人才也比较多，世界占比在4%~2%之间；韩国、印度、瑞典、新加坡、比利时、中国香港、丹麦、伊朗也有相当数量的B层人才，世界占比超过1%；沙特阿拉伯、奥地利、巴西、挪威、中国台湾、芬兰、以色列、葡萄牙、土耳其、波兰、爱尔兰、马来西亚、希腊、俄罗斯、新西兰、南非、捷克、巴基斯坦、墨西哥、埃及、匈牙利、智利、罗马尼亚、阿根廷、泰国、越南、斯洛文尼亚、哥伦比亚、阿联酋、塞尔维亚也有一定数量的B层人才，世界占比低于1%。

在发展趋势上，美国、英国、德国、加拿大、法国、日本呈现相对下降趋势，中国大陆、澳大利亚、伊朗、沙特阿拉伯呈现相对上升趋势，其他国家和地区没有明显变化。

表 11－2　自然科学 B 层人才排名前 50 的国家和地区的占比

单位：%

国家和地区	2010年	2011年	2012年	2013年	2014年	2015年	2016年	2017年	2018年	2019年	合计
美国	29.98	28.64	26.68	25.55	24.18	22.43	20.82	19.96	18.06	16.52	22.64
中国大陆	6.39	7.38	8.37	9.83	11.18	11.85	12.83	15.43	17.89	19.02	12.62
英国	7.75	7.76	7.87	7.66	7.33	7.39	7.30	7.02	6.56	6.24	7.22
德国	6.60	6.16	5.82	5.41	5.69	5.44	5.15	4.56	4.43	4.15	5.23
澳大利亚	3.31	3.30	3.60	3.72	3.93	3.98	3.97	4.33	4.31	4.33	3.93
加拿大	4.33	4.47	4.26	3.87	3.94	3.68	3.78	3.72	3.38	3.46	3.84
法国	3.94	3.94	3.67	3.79	3.47	3.44	3.38	3.08	2.82	2.65	3.36
意大利	3.27	3.08	3.16	3.13	3.19	3.28	3.09	2.92	2.91	2.82	3.07
荷兰	3.21	3.13	3.18	2.94	2.81	2.76	2.81	2.46	2.50	2.25	2.76
西班牙	2.71	2.75	2.71	2.69	2.62	2.63	2.40	2.31	2.21	2.16	2.49
瑞士	2.45	2.36	2.39	2.34	2.12	2.29	2.27	2.01	1.99	1.68	2.16
日本	2.44	2.38	2.21	2.34	2.09	2.00	2.01	1.79	1.76	1.94	2.07
韩国	1.54	1.83	1.98	2.14	1.97	1.94	1.76	1.77	1.90	1.90	1.88
印度	1.35	1.37	1.44	1.62	1.64	1.62	1.71	1.66	1.90	1.96	1.65
瑞典	1.66	1.49	1.58	1.55	1.59	1.67	1.63	1.56	1.57	1.50	1.58
新加坡	1.09	1.07	1.42	1.41	1.63	1.55	1.57	1.55	1.52	1.58	1.46
比利时	1.51	1.44	1.45	1.38	1.39	1.45	1.52	1.29	1.25	1.25	1.38
中国香港	1.04	0.94	1.08	1.15	1.17	1.31	1.19	1.53	1.44	1.38	1.25
丹麦	1.17	1.35	1.28	1.34	1.21	1.19	1.24	1.21	1.11	1.03	1.20
伊朗	0.54	0.51	0.73	0.76	0.88	0.81	1.22	1.16	1.38	1.68	1.02
沙特阿拉伯	0.19	0.47	0.44	0.59	0.89	1.14	1.24	1.24	1.37	1.33	0.95
奥地利	0.91	1.12	0.94	0.91	0.99	0.92	1.03	0.88	0.82	0.76	0.92
巴西	0.79	0.69	0.74	0.82	0.84	0.94	1.07	0.98	1.04	0.89	0.89
挪威	0.74	0.78	0.86	0.80	0.70	0.74	0.82	0.76	0.82	0.79	0.78
中国台湾	0.83	0.69	0.86	0.78	0.74	0.64	0.67	0.61	0.69	0.75	0.72
芬兰	0.74	0.78	0.64	0.74	0.69	0.82	0.73	0.71	0.71	0.64	0.72
以色列	0.84	0.80	0.65	0.69	0.74	0.69	0.71	0.64	0.63	0.63	0.70
葡萄牙	0.53	0.68	0.78	0.67	0.72	0.59	0.61	0.70	0.70	0.62	0.66
土耳其	0.49	0.68	0.57	0.58	0.62	0.54	0.66	0.60	0.68	0.82	0.63
波兰	0.47	0.56	0.55	0.55	0.58	0.59	0.62	0.62	0.74	0.68	0.61
爱尔兰	0.60	0.59	0.56	0.56	0.46	0.59	0.67	0.58	0.58	0.52	0.57
马来西亚	0.22	0.35	0.47	0.50	0.65	0.60	0.62	0.67	0.60	0.73	0.56
希腊	0.58	0.53	0.60	0.58	0.61	0.60	0.49	0.55	0.54	0.52	0.56
俄罗斯	0.40	0.42	0.50	0.43	0.46	0.55	0.61	0.61	0.56	0.67	0.53

续表

国家和地区	2010年	2011年	2012年	2013年	2014年	2015年	2016年	2017年	2018年	2019年	合计
新西兰	0. 52	0. 52	0. 51	0. 52	0. 43	0. 47	0. 51	0. 48	0. 47	0. 54	0. 50
南非	0. 36	0. 32	0. 32	0. 43	0. 44	0. 43	0. 51	0. 57	0. 64	0. 57	0. 47
捷克	0. 39	0. 39	0. 37	0. 39	0. 36	0. 38	0. 39	0. 42	0. 45	0. 39	0. 39
巴基斯坦	0. 14	0. 15	0. 21	0. 21	0. 26	0. 23	0. 41	0. 57	0. 61	0. 78	0. 38
墨西哥	0. 33	0. 34	0. 34	0. 31	0. 36	0. 38	0. 30	0. 36	0. 32	0. 35	0. 34
埃及	0. 11	0. 21	0. 18	0. 23	0. 21	0. 30	0. 33	0. 35	0. 34	0. 52	0. 29
匈牙利	0. 26	0. 26	0. 24	0. 28	0. 24	0. 30	0. 24	0. 30	0. 30	0. 28	0. 27
智利	0. 16	0. 22	0. 21	0. 25	0. 22	0. 25	0. 31	0. 28	0. 32	0. 24	0. 25
罗马尼亚	0. 13	0. 18	0. 19	0. 26	0. 23	0. 20	0. 24	0. 28	0. 29	0. 32	0. 24
阿根廷	0. 21	0. 22	0. 25	0. 26	0. 25	0. 22	0. 22	0. 25	0. 23	0. 25	0. 24
泰国	0. 15	0. 26	0. 23	0. 19	0. 23	0. 24	0. 22	0. 16	0. 23	0. 21	0. 21
越南	0. 09	0. 07	0. 09	0. 07	0. 08	0. 11	0. 15	0. 23	0. 24	0. 52	0. 18
斯洛文尼亚	0. 15	0. 09	0. 21	0. 16	0. 15	0. 18	0. 20	0. 16	0. 13	0. 20	0. 17
哥伦比亚	0. 12	0. 11	0. 13	0. 16	0. 12	0. 15	0. 20	0. 20	0. 20	0. 18	0. 16
阿联酋	0. 06	0. 09	0. 07	0. 11	0. 10	0. 14	0. 12	0. 15	0. 13	0. 29	0. 13
塞尔维亚	0. 14	0. 12	0. 09	0. 12	0. 13	0. 13	0. 12	0. 14	0. 12	0. 16	0. 13

第三节　C 层人才

自然科学 C 层人才最多的国家是美国，占全球 C 层人才的 22. 24%，中国大陆和英国分别以 13. 53% 和 6. 73% 的世界占比排名第二和第三，这三者的 C 层人才占全球的 42. 50%；德国紧随其后，世界占比为 5. 38%；加拿大、意大利、法国、澳大利亚、西班牙、荷兰、日本、韩国、印度的 C 层人才也比较多，世界占比在 4%～2% 之间；瑞士、瑞典、比利时、伊朗、巴西、新加坡、中国香港、丹麦也有相当数量的 C 层人才，世界占比超过 1%；中国台湾、奥地利、土耳其、波兰、沙特阿拉伯、芬兰、挪威、葡萄牙、以色列、希腊、俄罗斯、马来西亚、爱尔兰、新西兰、南非、捷克、埃及、巴基斯坦、墨西哥、泰国、智利、匈牙利、阿根廷、罗马尼亚、越南、斯洛文尼亚、哥伦比亚、塞尔维亚、阿联酋也有一定数量的 C 层人才，世界占比低于 1%。

在发展趋势上，美国、英国、德国、法国、加拿大、日本呈现相对下降趋势，中国大陆、澳大利亚、印度、伊朗、沙特阿拉伯呈现相对上升趋势，其他国家和地区没有明显变化。

表 11－3　自然科学 C 层人才排名前 50 的国家和地区的占比

单位：%

国家和地区	2010年	2011年	2012年	2013年	2014年	2015年	2016年	2017年	2018年	2019年	合计
美　　国	27.35	26.38	25.56	24.34	23.35	22.33	21.12	20.36	18.82	17.19	22.24
中国大陆	7.49	8.44	9.50	10.78	12.09	13.15	14.23	16.33	18.30	19.55	13.53
英　　国	7.24	7.18	6.97	6.99	6.75	6.74	6.80	6.62	6.34	6.07	6.73
德　　国	6.38	6.24	6.11	5.88	5.71	5.52	5.28	4.84	4.53	4.27	5.38
加 拿 大	4.13	3.98	3.87	3.82	3.72	3.67	3.59	3.44	3.34	3.22	3.64
意 大 利	3.52	3.45	3.52	3.64	3.57	3.60	3.54	3.49	3.42	3.42	3.51
法　　国	4.29	4.17	4.01	3.91	3.64	3.48	3.43	3.13	2.93	2.77	3.51
澳大利亚	3.02	3.22	3.26	3.44	3.46	3.59	3.56	3.63	3.69	3.63	3.48
西 班 牙	2.88	2.91	2.94	2.86	2.79	2.67	2.62	2.53	2.46	2.47	2.69
荷　　兰	2.96	2.84	2.79	2.76	2.57	2.52	2.49	2.31	2.24	2.19	2.53
日　　本	3.10	3.03	2.86	2.64	2.47	2.29	2.26	2.15	2.01	1.97	2.42
韩　　国	2.03	2.09	2.21	2.15	2.17	2.16	2.14	2.07	2.15	2.19	2.14
印　　度	1.67	1.78	1.79	1.94	2.05	2.08	2.20	2.19	2.31	2.53	2.09
瑞　　士	2.08	2.02	2.03	2.01	1.95	1.94	1.90	1.89	1.82	1.66	1.91
瑞　　典	1.52	1.54	1.50	1.55	1.53	1.49	1.54	1.46	1.44	1.33	1.48
比 利 时	1.41	1.36	1.36	1.37	1.29	1.30	1.20	1.17	1.16	1.12	1.26
伊　　朗	0.85	0.93	0.95	1.04	1.08	1.12	1.28	1.42	1.58	1.76	1.24
巴　　西	1.00	0.98	1.05	1.05	1.11	1.09	1.21	1.19	1.18	1.19	1.12
新 加 坡	0.97	0.99	1.08	1.08	1.11	1.16	1.16	1.18	1.17	1.10	1.11
中国香港	0.94	0.98	1.00	0.98	1.05	1.06	1.10	1.19	1.22	1.19	1.08
丹　　麦	1.03	1.06	1.09	1.07	1.12	1.14	1.10	1.07	1.04	1.01	1.07
中国台湾	1.33	1.32	1.24	1.09	1.01	0.94	0.83	0.78	0.76	0.80	0.98
奥 地 利	0.91	0.87	0.88	0.86	0.86	0.84	0.83	0.81	0.79	0.75	0.83
土 耳 其	0.77	0.76	0.72	0.69	0.69	0.71	0.74	0.70	0.71	0.83	0.73
波　　兰	0.57	0.57	0.61	0.63	0.68	0.75	0.76	0.75	0.75	0.78	0.70
沙特阿拉伯	0.20	0.30	0.41	0.51	0.68	0.81	0.84	0.85	0.89	1.00	0.68
芬　　兰	0.68	0.71	0.67	0.68	0.75	0.72	0.68	0.65	0.66	0.64	0.68
挪　　威	0.70	0.72	0.68	0.70	0.69	0.65	0.70	0.67	0.64	0.66	0.68
葡 萄 牙	0.60	0.67	0.70	0.71	0.70	0.68	0.70	0.64	0.66	0.70	0.68
以 色 列	0.79	0.76	0.69	0.66	0.66	0.67	0.64	0.58	0.57	0.54	0.65
希　　腊	0.66	0.60	0.62	0.59	0.56	0.57	0.54	0.54	0.50	0.55	0.57

续表

国家和地区	2010年	2011年	2012年	2013年	2014年	2015年	2016年	2017年	2018年	2019年	合计
俄罗斯	0.48	0.45	0.46	0.47	0.52	0.57	0.59	0.61	0.65	0.67	0.56
马来西亚	0.32	0.39	0.46	0.48	0.56	0.57	0.56	0.57	0.56	0.62	0.52
爱尔兰	0.52	0.52	0.49	0.49	0.48	0.49	0.48	0.47	0.48	0.45	0.49
新西兰	0.47	0.47	0.45	0.43	0.45	0.44	0.40	0.46	0.45	0.44	0.45
南非	0.37	0.35	0.37	0.42	0.43	0.44	0.46	0.48	0.48	0.48	0.43
捷克	0.40	0.37	0.38	0.39	0.42	0.43	0.43	0.43	0.42	0.44	0.41
埃及	0.24	0.28	0.25	0.28	0.34	0.37	0.40	0.45	0.51	0.64	0.39
巴基斯坦	0.15	0.16	0.17	0.23	0.25	0.30	0.37	0.47	0.54	0.74	0.36
墨西哥	0.31	0.34	0.35	0.34	0.33	0.31	0.35	0.36	0.32	0.39	0.34
泰国	0.27	0.26	0.26	0.23	0.24	0.23	0.25	0.25	0.27	0.28	0.26
智利	0.21	0.20	0.20	0.22	0.24	0.23	0.29	0.27	0.29	0.30	0.25
匈牙利	0.25	0.26	0.27	0.25	0.24	0.25	0.25	0.24	0.25	0.25	0.25
阿根廷	0.26	0.25	0.25	0.24	0.24	0.23	0.21	0.20	0.22	0.21	0.23
罗马尼亚	0.18	0.20	0.21	0.22	0.20	0.23	0.22	0.22	0.24	0.26	0.22
越南	0.06	0.08	0.08	0.09	0.10	0.12	0.14	0.17	0.25	0.37	0.16
斯洛文尼亚	0.16	0.17	0.16	0.14	0.16	0.17	0.15	0.14	0.15	0.15	0.16
哥伦比亚	0.11	0.12	0.12	0.13	0.12	0.14	0.16	0.17	0.16	0.19	0.14
塞尔维亚	0.11	0.12	0.14	0.14	0.14	0.14	0.13	0.11	0.12	0.13	0.13
阿联酋	0.06	0.07	0.07	0.09	0.12	0.15	0.15	0.13	0.18	0.24	0.13

图书在版编目(CIP)数据

全球基础研究人才指数报告.2020 / 柳学智等著
. -- 北京：社会科学文献出版社，2021.10
ISBN 978 - 7 - 5201 - 8947 - 7

Ⅰ.①全… Ⅱ.①柳… Ⅲ.①基础研究 - 人才 - 指数
- 研究报告 - 世界 - 2020 Ⅳ.①G316

中国版本图书馆 CIP 数据核字（2021）第 179288 号

全球基础研究人才指数报告（2020）

著　　者 / 柳学智　苗月霞　冯　凌　等

出 版 人 / 王利民
责任编辑 / 宋　静
责任印制 / 王京美

出　　版 / 社会科学文献出版社 · 皮书出版分社（010）59367127
地址：北京市北三环中路甲 29 号院华龙大厦　邮编：100029
网址：www.ssap.com.cn
发　　行 / 市场营销中心（010）59367081　59367083
印　　装 / 三河市龙林印务有限公司

规　　格 / 开 本：787mm × 1092mm　1/16
印 张：37　字 数：621 千字
版　　次 / 2021 年 10 月第 1 版　2021 年 10 月第 1 次印刷
书　　号 / ISBN 978 - 7 - 5201 - 8947 - 7
定　　价 / 298.00 元